공조냉동기계기사
필기총정리

김증식 · 김동범 공저

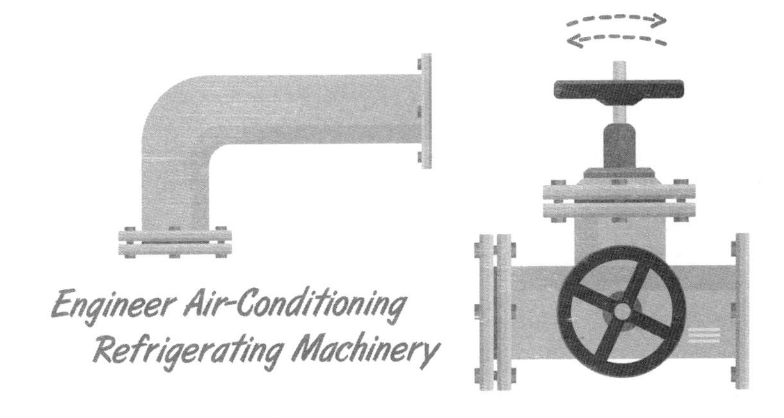

일진사

머리말

정보산업과 함께 급변하는 산업 사회는 우리에게 한 가지 이상의 기술을 요구하게 되었으며, 그 중에서도 부가가치가 높은 공기조화 부문의 필요성은 관련 산업의 발달과 더불어 우리 생활에서 차지하는 비중이 커짐에 따라 더욱 관심 있게 살펴보아야 할 분야이다.

이러한 추세에 부응하여 필자는 수십여 년간의 현장과 강단에서의 경험을 바탕으로, 2022년부터 개정된 출제기준에 따라 내용을 재구성하고 보충하여 공조냉동기계기사 자격증을 취득하려는 수험생들에게 길잡이가 되고자, 다음과 같은 특징으로 구성하였다.

첫째, 수십여 년간의 과년도 출제 문제를 분석·검토한 후 단원(에너지 관리, 공조냉동 설계, 시운전 및 안전관리, 유지보수 공사관리) 별로 중요한 이론을 상세하고도 명쾌하게 요점만을 간추려서 내용을 정리하였고, 공조냉동기계기사에서 필요한 각종 선도(線圖)를 다루었다.

둘째, 시대의 흐름과 출제 경향에 따라 출제가 예상되는 새로운 문제에는 산업현장에서 경험한 실무 데이터와 함께 자세한 해설을 실어 주었다.

셋째, 지금까지 출제되었던 과년도 기출문제를 중심으로 개정된 출제기준에 맞춰 출제 예상 문제를 자세한 해설과 함께 수록하여 줌으로써 수험생 스스로 출제 경향을 파악하고 문제 해결 능력을 배양하여 실전에서 합격할 수 있도록 하였다.

미흡한 부분과 앞으로 시행되는 출제 문제에 대해서는 자세한 해설을 달아 계속 수정·보완할 것이며, 수험생 여러분이 이 책을 통해 최소의 시간으로 최대의 효과를 거두길 바란다.

끝으로, 이 책을 출간하기까지 많은 도움을 주신 도서출판 **일진사** 직원 여러분께 감사드린다.

저자 씀

출제기준(필기)

직무분야	기계	중직무분야	기계장비 설비 · 설치	자격종목	공조냉동기계기사	적용기간	2022.1.1.~2024.12.31.

○ 직무내용 : 산업현장, 건축물의 실내 환경을 최적으로 조성하고, 냉동냉장설비 및 기타 공작물을 주어진 조건으로 유지하기 위해 공학적 이론을 바탕으로 공조냉동, 유틸리티 등 필요한 설비를 계획, 설계, 시공관리 하는 직무이다.

필기 검정방법	객관식	문제 수	80	시험시간	2시간

필기과목명	문제 수	주요항목	세부항목	세세항목
에너지 관리	20	1. 공기조화의 이론	1. 공기조화의 기초	1. 공기조화의 개요 2. 보건공조 및 산업공조 3. 환경 및 설계조건
			2. 공기의 성질	1. 공기의 성질 2. 습공기 선도 및 상태변화
		2. 공기조화 계획	1. 공기조화 방식	1. 공기조화 방식의 개요 2. 공기조화 방식 3. 열원 방식
			2. 공기조화 부하	1. 부하의 개요 2. 난방부하 3. 냉방부하
			3. 난방	1. 중앙난방 2. 개별난방
			4. 클린룸	1. 클린룸 방식 2. 클린룸 구성 3. 클린룸 장치
		3. 공조기기 및 덕트	1. 공조기기	1. 공기조화기 장치 2. 송풍기 및 공기정화 장치 3. 공기냉각 및 가열코일 4. 가습 · 감습 장치 5. 열교환기
			2. 열원기기	1. 온열원기기 2. 냉열원기기
			3. 덕트 및 부속설비	1. 덕트 2. 급 · 환기설비 3. 부속설비
		4. T.A.B	1. T.A.B 계획	1. 측정 및 계측기기
			2. T.A.B 수행	1. 유량, 온도, 압력 측정 · 조정 2. 전압, 전류 측정 · 조정
		5. 보일러설비 시운전	1. 보일러설비 시운전	1. 보일러설비 구성 2. 급탕설비 3. 난방설비 4. 가스설비 5. 보일러설비 시운전 및 안전대책
		6. 공조설비 시운전	1. 공조설비 시운전	1. 공조설비 시운전 준비 및 안전대책
		7. 급배수설비 시운전	1. 급배수설비 시운전	1. 급배수설비 시운전 준비 및 안전대책

필기과목명	문제 수	주요항목	세부항목	세세항목
공조냉동 설계	20	1. 냉동이론	1. 냉동의 기초 및 원리	1. 단위 및 용어 2. 냉동의 원리 3. 냉매 4. 신냉매 및 천연냉매 5. 브라인 및 냉동유 6. 전열과 방열
			2. 냉매선도와 냉동 사이클	1. 몰리에르선도와 상변화 2. 역 카르노 및 실제 사이클 3. 증기압축 냉동 사이클 4. 흡수식 냉동 사이클
		2. 냉동장치의 구조	1. 냉동장치 구성 기기	1. 압축기 2. 응축기 3. 증발기 4. 팽창밸브 5. 장치 부속기기 6. 제어기기
		3. 냉동장치의 응용과 안전관리	1. 냉동장치의 응용	1. 제빙 및 동결장치 2. 열펌프 및 축열장치 3. 흡수식 냉동장치 4. 신·재생에너지(지열, 태양열 이용 히트펌프 등) 5. 에너지절약 및 효율개선 6. 기타 냉동의 응용
		4. 냉동냉장 부하 계산	1. 냉동냉장 부하 계산	1. 냉동냉장 부하 계산
		5. 냉동설비 시운전	1. 냉동설비 시운전	1. 냉동설비 시운전 및 안전대책
		6. 열역학의 기본사항	1. 기본개념	1. 열역학 시스템과 검사 체적 2. 물질의 상태와 상태량 3. 과정과 사이클 등
			2. 용어와 단위계	1. 질량, 길이, 시간 및 힘의 단위계 등
		7. 순수물질의 성질	1. 물질의 성질과 상태	1. 순수물질 2. 순수물질의 상평형 3. 순수물질의 독립 상태량
			2. 이상기체	1. 이상기체와 실제기체 2. 이상기체의 상태방정식 3. 이상기체의 성질 및 상태변화 등
		8. 일과 열	1. 일과 동력	1. 일과 열의 정의 및 단위 2. 일이 있는 몇 가지 시스템 3. 일과 열의 비교
			2. 열전달	1. 전도, 대류, 복사의 기초
		9. 열역학의 법칙	1. 열역학 제1법칙	1. 열역학 제0법칙 2. 밀폐계 3. 개방계
			2. 열역학 제2법칙	1. 비가역과정 2. 엔트로피

필기과목명	문제 수	주요항목	세부항목	세세항목
		10. 각종 사이클	1. 동력 사이클	1. 동력 시스템 개요 2. 랭킨 사이클 3. 공기표준 동력 사이클 4. 오토, 디젤, 사바테 사이클 5. 기타 동력 사이클
		11. 열역학의 응용	1. 열역학의 적용사례	1. 압축기 2. 엔진 3. 냉동기 4. 보일러 5. 증기 터빈 등
시운전 및 안전관리	20	1. 교류회로	1. 교류회로의 기초	1. 정현파 및 비정현파 교류의 전압, 전류, 전력 2. 각속도 3. 위상의 시간표현 4. 교류회로(저항, 유도, 용량)
			2. 3상 교류회로	1. 성형결선, 환상결선 및 V결선 2. 전력, 전류, 기전력 3. 대칭좌표법 및 Y-Δ 변환
		2. 전기기기	1. 직류기	1. 직류전동기 및 발전기의 구조 및 원리 2. 전기자 권선법과 유도기전력 3. 전기자 반작용과 정류 및 전압변동 4. 직류발전기의 병렬운전 및 효율 5. 직류전동기의 특성 및 속도제어
			2. 유도기	1. 구조 및 원리 2. 전력과 역률, 토크 및 원선도 3. 기동법과 속도제어 및 제동
			3. 동기기	1. 구조와 원리 1. 특성 및 용도 1. 손실, 효율, 정격 등 1. 동기전동기의 설치와 보수
			4. 정류기	1. 회전 변류기 2. 반도체 정류기 3. 수은 정류기 4. 교류 정류자기
		3. 전기계측	1. 전류, 전압, 저항의 측정	1. 직류 및 교류전압 측정 2. 저전압 및 고전압 측정 3. 충격전압 및 전류 측정 4. 미소전류 및 대전류 측정 5. 고주파 전류 측정 6. 저저항, 중저항, 고저항, 특수저항 측정
			2. 전력 및 전력량 측정	1. 전력과 기기의 정격 2. 직류 및 교류 전력 측정 3. 역률 측정
			3. 절연저항 측정	1. 전기기기의 절연저항 측정 2. 배선의 절연저항 측정 3. 스위치 및 콘센트 등의 절연저항 측정

필기과목명	문제 수	주요항목	세부항목	세세항목
		4. 시퀀스 제어	1. 제어 요소의 동작과 표현	1. 입력기구 2. 출력기구 3. 보조기구
			2. 부울 대수의 기본 정리	1. 부울 대수의 기본 2. 드모르간의 법칙
			3. 논리회로	1. AND 회로 2. OR 회로(EX-OR) 3. NOT 회로 4. NOR 회로 5. NAND 회로 6. 논리연산
			4. 무접점회로	1. 로직시퀀스 2. PLC
			5. 유접점회로	1. 접점 2. 수동스위치 3. 검출스위치 4. 전자계전기
		5. 제어기기 및 회로	1. 제어의 개념	1. 제어계의 기초 2. 자동제어계의 기본적인 용어
			2. 조작용 기기	1. 전자밸브 2. 전동밸브 3. 2상 서보 전동기 4. 직류 서보 전동기 5. 펄스 전동기 6. 클러치 7. 다이어프램 8. 밸브 포지셔너 9. 유압식 조작기
			3. 검출용 기기	1. 전압검출기 2. 속도검출기 3. 전위차계 4. 차동변압기 5. 싱크로 6. 압력계 7. 유량계 8. 액면계 9. 온도계 10. 습도계 11. 액체 성분계 12. 가스 성분계
			4. 제어용 기기	1. 컨버터 2. 센서용 검출변환기 3. 조절계 및 조절계의 기본 동작 4. 비례 동작 기구 5. 비례 미분 동작 기구 6. 비례 적분 미분 동작 기구
		6. 설치 검사	1. 관련법규 파악	1. 냉동공조기 제작 및 설치 관련법규
		7. 설치 안전관리	1. 안전관리	1. 근로자 안전관리교육 2. 안전사고 예방 3. 안전보호구
			2. 환경관리	1. 환경요소 특성 및 대처방법 2. 폐기물 특성 및 대처방법
		8. 운영 안전관리	1. 분야별 안전관리	1. 고압가스 안전관리법에 의한 냉동기 관리 2. 기계설비법 3. 산업안전보건법
		9. 제어밸브 점검관리	1. 관련법규 파악	1. 냉동공조설비 유지보수 관련 관계법규

필기과목명	문제 수	주요항목	세부항목	세세항목
유지보수 공사관리	20	1. 배관재료 및 공작	1. 배관재료	1. 관의 종류와 용도 2. 관이음 부속 및 재료 등 3. 관지지장치 4. 보온·보랭 재료 및 기타 배관용 재료
			2. 배관공작	1. 배관용 공구 및 시공 2. 관 이음방법
		2. 배관관련 설비	1. 급수설비	1. 급수설비의 개요 2. 급수설비 배관
			2. 급탕설비	1. 급탕설비의 개요 2. 급탕설비 배관
			3. 배수통기설비	1. 배수통기설비의 개요 2. 배수통기설비 배관
			4. 난방설비	1. 난방설비의 개요 2. 난방설비 배관
			5. 공기조화설비	1. 공기조화설비의 개요 2. 공기조화설비 배관
			6. 가스설비	1. 가스설비의 개요 2. 가스설비 배관
			7. 냉동 및 냉각설비	1. 냉동설비의 배관 및 개요 2. 냉각설비의 배관 및 개요
			8. 압축공기설비	1. 압축공기설비 및 유틸리티 개요
		3. 유지보수공사 및 검사 계획수립	1. 유지보수공사 관리	1. 유지보수공사 계획 수립
			2. 냉동기 정비·세관 작업 관리	1. 냉동기 오버홀 정비 및 세관공사 2. 냉동기 정비 계획수립
			3. 보일러 정비·세관 작업 관리	1. 보일러 오버홀 정비 및 세관공사 2. 보일러 정비 계획수립
			4. 검사 관리	1. 냉동기 냉수·냉각수 수질관리 2. 보일러 수질관리 3. 응축기 수질관리 4. 공기질 기준
		4. 덕트설비 유지보수공사	1. 덕트설비 유지보수공사 검토	1. 덕트설비 보수공사 기준, 공사 매뉴얼, 절차서 검토 2. 덕트관경 및 장방형 덕트의 상당직경
		5. 냉동냉장설비 설계도면 작성	1. 냉동냉장설비 설계도면 작성	1. 냉동냉장 계통도 2. 장비도면 3. 배관도면(배관표시법) 4. 배관구경 산출 5. 덕트도면 6. 산업표준에 규정한 도면 작성법

차 례

1과목 에너지 관리

2과목 공조냉동 설계

3과목 시운전 및 안전관리

공조냉동기계기사

1 과목

에너지 관리

- 제1장 공기조화 이론
- 제2장 공기조화 계획
- 제3장 공조기기 및 덕트
- 제4장 TAB
- 제5장 보일러설비 시운전

Chapter 01

공기조화 이론

1-1 공기조화의 기초

1 공기조화의 개요

(1) 열의 이동

① 전도(conduction) : 물체의 온도가 높은 부분에서 낮은 부분 쪽으로 열이 물질 속에서 이동하는 것을 말한다. 열전도의 크기는 열전도율을 사용해 나타내는데, 열전도율은 길이 1 m, 단면적 1 m^2, 온도차 1℃일 때 1시간 동안에 물질 속을 1 m 길이로 전도하는 열량(kcal)으로 단위는 kJ/m·h·K이다.

② 열전달(heat transfer) : 고체의 표면과 그것과 접하는 유체 사이의 열이동(유체와 고체간에 열이 이동하는 것)을 열전달이라 하며, 실용단위로 열전달률 kJ/m^2·h·K로 표시된다.

③ 열통과(열관류 : heat transmission) : 열교환기의 격벽 또는 보온·보냉을 위한 단열벽 등에서 고체 벽을 통과하여 한쪽에 있는 고온 유체가 다른 쪽에 있는 저온 유체로 열이 이동하는 것으로 열통과율 또는 전열계수라 하는데, 이것은 단면적 1 m^2에 대하여 벽 양면의 온도차가 1℃일 때 1시간 동안의 통과 열량을 나타내는 것으로 단위는 kJ/m^2·h·K이다.

> **참고** ① 열전도량 $q=\lambda\dfrac{F\cdot\Delta t}{l}$ [kJ/h]
>
> ② 열전달량 $q=KF\Delta t$ [kJ/h]
>
> 여기서, λ : 열전도율(kJ/m·h·K), F : 전열면적(m^2), l : 물질의 길이(두께) (m)
> K : 열통과율(kJ/m^2·h·K), Δt : 온도차(K)

④ 대류(convection) : 열이 액체나 기체의 운동에 의하여 이동하는 것으로 밀도 차에 의해 부력이 작용하여 이동하는 것을 자연대류라 하며, 송풍기 등을 이용하여 강제로 유체를 움직이게 하여 열을 이동시키는 것을 강제대류라 한다.

⑤ 복사열(radiant heat) : 고온의 물체가 열원을 방사하여 공간을 거친 후 다른 저온의 물체에 흡수되어 일어나는 열로 방사열이라고도 한다.

⑥ 푸리에(Fourie)의 열전도법칙(평면벽의 열전도)

$$q = K \cdot F \cdot (t_1 - t_2) \text{ [kJ/h]}$$

$$q_1 = \alpha_1 \cdot F \cdot (t_1 - t_{s_1}) \text{ [kJ/h]}$$

$$q_2 = \frac{\lambda}{l} \cdot F \cdot (t_{s_1} - t_{s_2}) \text{ [kJ/h]}$$

$$q_3 = \alpha_2 \cdot F \cdot (t_{s_2} - t_2) \text{ [kJ/h]}$$

즉, $q = q_1 = q_2 = q_3$가 일정하다는 것이 푸리에의 열전도법칙이다.

벽체의 열이동

⑦ 원통에서의 열전도 : 원통이나 관 내에 열유체가 흐르고 있을 때 열전달이 관의 축에 대하여 직각으로 이루어지는 전(全)열량 Q는 반지름 r, 길이 L인 원관에 대하여

$$Q = -\lambda A \frac{dt}{dr}, \quad A = 2\pi r L \text{ 에서}$$

$$Q = -\lambda 2\pi r L \frac{dt}{dr}$$

$$-dt = \frac{Q}{2\pi\lambda L} \times \frac{dr}{r}$$

적분하면

$$-t = \frac{Q}{2\pi\lambda L} \cdot \ln r + C$$

r_1일 때 t_1, r_2일 때 t_2를 적용하면,

$$-t_1 = \frac{Q}{2\pi\lambda L} \ln r_1 + C$$

$$-t_2 = \frac{Q}{2\pi\lambda L} \cdot \ln r_2 + C \text{에서}$$

$$t_1 - t_2 = \frac{Q}{2\pi\lambda L}(\ln r_2 - \ln r_1) = \frac{Q}{2\pi\lambda L} \cdot \ln\frac{r_2}{r_1}$$

$$\therefore Q = \frac{\lambda 2\pi L(t_1 - t_2)}{\ln\left(\frac{r_2}{r_1}\right)} = \frac{2\pi L(t_1 - t_2)}{\frac{1}{\lambda}\ln\left(\frac{r_2}{r_1}\right)}$$

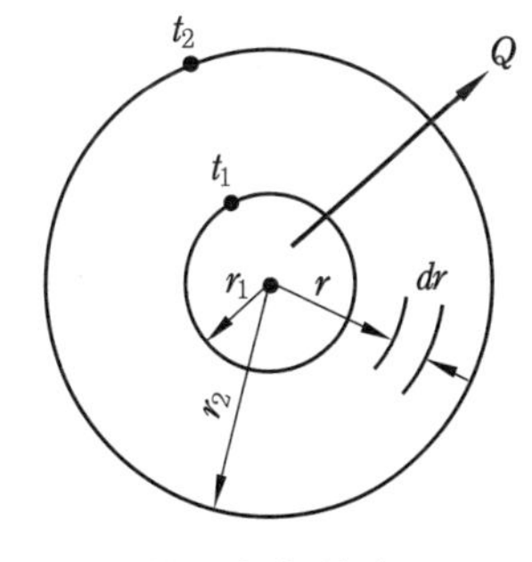

원통벽의 열전도

원통의 열저항 $R=\dfrac{\ln(r_2/r_1)}{2\pi\lambda L}$

⑧ 다층 원통의 열전도

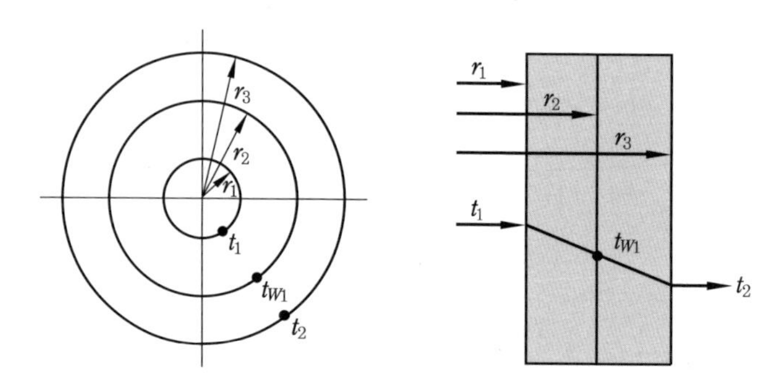

2층 원통관의 열전도

다층의 원통도 평판의 경우와 마찬가지로

$$Q=\frac{2\pi(t_1-t_2)L}{\sum_{i=1}^{n}\left(\frac{1}{\lambda_i}\cdot\ln\frac{r_{i-1}}{r_i}\right)}=\frac{t_1-t_2}{\sum_{i=1}^{n}R}$$

열저항 $R=\sum\dfrac{\ln(r_{i-1}/r_i)}{2\pi\lambda_i L}$

반지름이 r_1, r_2, r_3인 다층원관의 전열량 Q는,

$$Q=\frac{t_1-t_2}{\frac{1}{2\pi\lambda_1 L}\ln\frac{r_2}{r_1}+\frac{1}{2\pi\lambda_2 L}\ln\frac{r_3}{r_2}}$$

(2) 감열과 잠열

① 감열(sensible heat) : 상태의 변화 없이 온도가 변하는 데 필요한 열량

$$q_s=G\cdot C\cdot\Delta t$$

여기서, q_s : 감열량(kJ), G : 질량(kg)
C : 비열(kJ/kg·K), $\Delta t=t_2-t_1$: 온도차(K)

② 잠열(latent heat) : 온도의 변화는 없고 상태가 변화하는 데 필요한 열량

$$q_l=G\cdot R$$

여기서, q_l : 잠열량(kJ), G : 질량(kg), R : 잠열(kJ/kg)

(3) 온도

① 섭씨 1도 : 물의 응고점 0℃와 비등점 100℃ 사이를 100 등분한 것

② 화씨 1도 : 물의 응고점 32°F와 비등점 212°F 사이를 180 등분한 것

③ 화씨와 섭씨온도의 전환관계

(가) $°F = \frac{9}{5}℃ + 32$

(나) $℃ = \frac{5}{9}(°F - 32)$

④ 절대온도 : 0℃ (0°F) 기체의 압력을 일정하게 유지하여 냉각시키면 온도가 1℃ 낮아질 때마다 체적이 1/273 (1/460)씩 작아져서 −273℃ (−460°F)에서 체적이 완전히 없어진다. 이때의 온도를 절대온도 0 K (0°R)라 한다.

(가) K = 273 + ℃

(나) °R = 460 + °F

(4) 습도

① 상대습도 : 습공기의 비중량과 그것과 같은 온도의 포화습공기의 수증기 비중량의 비

② 절대습도 : 건조공기 1 kg에 포함되어 있는 수증기의 질량

③ 노점온도 : 대기 중의 수증기가 응축하기 시작하는 온도 (이슬점 온도)

(5) 열량

① 1 kcal : 물 1 kg을 1℃ 높이는 데 필요한 열량

② 1 Btu : 물 1 lb를 1°F 높이는 데 필요한 열량

③ 1 kJ : 공기 1 kg을 1 K 높이는 데 필요한 열량

> **참고** 1 kcal = 3.968 Btu (1 Btu = 0.252 kcal)
> 1 kcal = 1 kg × 1 ℃ = 2.2 lb × 1.8 °F = 3.968 Btu
> 1 kcal/kg · K = 1 Btu/lb °R (1 Btu/lb = 0.556 kcal/kg)

④ 열용량 : 어느 물질을 1℃ 높이는 데 필요한 열량

⑤ 비열

(가) 어느 물질 1 kg을 1 K 높이는 데 필요한 열량으로 단위는 kJ/kg · K, Btu/lb°F이다.

㈏ 정압비열(C_p) : 어느 기체의 압력을 일정하게 하고 1 kg을 1℃ 높이는 데 필요한 열량

㈐ 정적비열(C_v) : 어느 기체의 체적을 일정하게 하고 1 kg을 1℃ 높이는 데 필요한 열량

⑥ 비열비(C_p/C_v) : 정압비열을 정적비열로 나눈 값으로 항상 $C_p > C_v$ 이므로 비열비 k는 1보다 크다. 비열비가 큰 NH_3 냉매는 토출가스 온도가 높고 실린더가 과열되어 윤활유가 변질되므로 실린더 상부를 물로 냉각시키는 water jacket을 설치한다.

⑦ 엔탈피 : 어떤 물체가 갖는 단위중량당 열에너지를 엔탈피라 한다. 단위는 kcal/kg으로 표시하며, 0℃의 포화액의 엔탈피를 100 kcal/kg 또는 418.7 kJ/kg으로 기준하고 0℃의 건조공기의 엔탈피를 0 kcal/kg(0 kJ/kg)으로 기준 삼는다.

$$i = u + APv$$

여기서, i : 엔탈피 (kJ/kg), u : 내부에너지 (kJ/kg)
A : 일의 열당량 (J/N·m), P : 압력(kg/m^2), v : 비체적 (m^3/kg)

⑧ 엔트로피 : 단위중량의 물체가 일정온도 하에서 얻은 열량을 그 절대온도로 나눈 값을 엔트로피라 하며, 단위는 kJ/kg·K로 표시하고 0 K의 포화액의 엔트로피를 1로 한다.

(6) 압력

단위 면적 (m^2)에 작용하는 힘 (kg)을 말한다.

① 대기압력 : 공기가 지표면을 누르는 힘으로 토리첼리의 실험에 의한 방법으로 계산하면 $P = r \cdot h = 13595\,\text{kg/m}^3 \times 0.76\,\text{m} = 10332.2\,\text{kg/m}^2 = 1.0332\,\text{kg/cm}^2$ 이다.

② 진공도 : 단위 cmHg vac, inHg vac

그림 토리첼리의 실험에서 cmHg vac 를 kg/cm^2·a로 고치면 다음과 같다.

㈎ cmHg vac에서 kg/cm^2·a로 구할 때에는 $P = 1.033 \times \left(1 - \dfrac{h}{76}\right)$

㈏ cmHg vac 시에 lb/in^2·a로 구할 때에는 $P = 14.7 \times \left(1 - \dfrac{h}{76}\right)$

㈐ inHg vac 시에 kg/cm^2·a로 구할 때에는 $P = 1.033 \times \left(1 - \dfrac{h}{30}\right)$

㈑ inHg vac 시에 lb/in^2·a로 구할 때에는 $P = 14.7 \times \left(1 - \dfrac{h}{30}\right)$

③ 계기압력 : 대기압력의 상태를 0으로 기준한 것으로 단위는 kg/cm^2·g, lb/in^2·g로 표시한다.

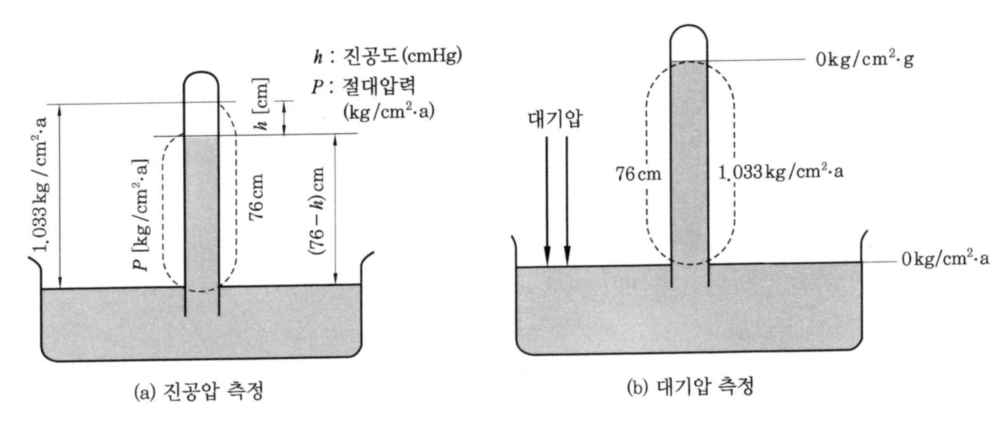

(a) 진공압 측정 (b) 대기압 측정

토리첼리의 실험

④ 절대압력 : 완전진공의 상태를 0으로 기준한 것으로 다음과 같이 계산된다.

(가) 절대압력 $kg/cm^2 \cdot a$ = 계기압력 $kg/cm^2 + 1.033\ kg/cm^2$

(나) 절대압력 $lb/in^2 \cdot a$ = 계기압력 $lb/in^2 + 14.7\ lb/in^2$

> **참고** 1 atm = 760 mmHg = 30 inHg = 1.0332 kg/cm^2 = 14.7 lb/in^2 = 1013.25 mbar = 10332 mmAq
> 1 bar = 1000 mbar = 1000 hpa = $10^5\ N/m^2 = 10^5$ pa
> 1 kg/cm^2 = 14.22 lb/in^2

(7) 일, 일량, 동력

① 일 = (힘)×(힘이 작용한 방향으로 물체가 움직인 거리) = (압력)×(체적)으로 표현되고 단위는 kg·m이다.

② 열역학 제1법칙에서 1 kcal의 열은 427 kg·m의 일로 변화할 수 있다는 뜻이다.

(가) 일의 열당량 $A = \dfrac{1}{427}$ kcal/kg·m

(나) 열의 일당량 $J = 427$ kg·m/kcal

(다) SI 단위계의 일의 열당량 $A = 1$ J/N·m, 열의 일당량 $J = 1$N·m/J

(라) 1 N·m = 1 J이다.

③ 동력 = 일/시간 = 힘×속도 = 압력×유량으로 표현되고, 단위는 kg·m/s이다.

> **참고** 1 HP (영 마력) = 76 kg·m/s = 641 kcal/h = 0.746 kJ/s = 2685.6 kJ/h
> 1 HP (국제 마력) = 75 kg·m/s = 632 kcal/h = 0.7359 kJ/s = 2647 kJ/h
> 1 kW = 102 kg·m/s = 860 kcal/h = 1 kJ/s = 3600 kJ/h

2 보건공조 및 산업공조

(1) 공기조화(air conditioning)의 정의

① 공기조화라 함은 실내의 온·습도, 기류, 박테리아, 먼지, 유독가스 등의 조건을 실내에 있는 사람 또는 물품에 대하여 가장 좋게 유지하는 것을 말한다.

② ASHRAE에서는 공기조화를 다음과 같이 정의하고 있다.
"일정한 공간의 요구에 알맞은 온도, 습도, 청결도, 기류 분포 등을 동시에 조절하기 위한 공기 취급 과정이다."

(2) 공기조화의 종류

① 보건용 공조(comfort air conditioning) : 쾌감공조라 하며 실내인원에 대한 쾌적한 환경을 만드는 것을 목적으로 하며, 주택, 사무실, 백화점 등의 공기조화가 이에 속한다.

② 공업용 또는 산업용 공조(industrial air conditioning) : 실내에서 생산 또는 조립되는 물품, 혹은 실내에서 운전되는 기계에 대하여 가장 적당한 실내조건을 유지하고, 부차적으로는 실내인원의 쾌적성 유지도 목적으로 한다. 각종 공장, 창고, 전화국, 실험실, 측정실 등의 공기조화가 이에 속한다.

(3) 공기조화의 효용

① 집무능력을 향상시킨다.

② 결근자의 수가 줄어든다.

③ 작업상의 과오가 줄어든다.

④ 세탁비, 세발비, 화장비 등 사원의 개인비용이 적게 든다.

⑤ 일상생활(근무 또는 퇴근 후)에 피로가 적다.

3 환경 및 설계조건

(1) 실내 공조조건

① 실내·외의 온도차를 적게 하여 온도 쇼크를 방지하여야 한다.

② 개인차에 따라 온·습도의 조건이 인체의 감각에 맞아야 한다.

③ 인체에 맞는 기류속도여야 한다. 즉, 정지공기에 가까운 기류이면 좋다.

> **참고** 정지공기라는 것은 실존할 수 없으며, 일반적으로 공기조화에서는 0.08 ~ 0.12 m/s 정도를 말한다.

④ 실내환경의 조건은 쾌적범위 내에 있어야 한다. 한국인의 쾌감도는 다음과 같다.

(가) 하계 유효온도 : 20 ~ 25℃, 상대습도 : 60 ~ 70 %

(나) 동계 유효온도 : 17 ~ 22℃, 상대습도 : 60 ~ 65 %

(다) 중간계 유효온도 : 16 ~ 21℃, 상대습도 : 50 ~ 60 %

> **참고** **불쾌지수** : 0.72 (건구온도 + 습구온도) + 40.6으로 단순히 기온 및 습도에 의한 것이므로 쾌적도에 대해서는 불충분하다.

(2) 인체의 열량

① 에너지 대사율 (체내 발생열량)

$$\text{R.M.R} = \frac{\text{작업 시의 소비 에너지} - \text{안정 시의 소비 에너지}}{\text{기초대사량}}$$

② 체외 방출열량

$$M = \pm S \pm E \pm R \pm C$$

여기서, M : 에너지 대사량 (kJ/h)
S : 체내 축열량 (kJ/h)
E : 증발에 의한 방출열량 (kJ/h)
R : 복사에 의한 방출열량 (kJ/h)
C : 대류에 의한 방출열량 (kJ/h)

(3) 소음 (noise)

① 실의 용도별 허용소음의 NC값

실명	NC 곡선	실명	NC 곡선
방송 스튜디오	15 ~ 20	주택	25 ~ 35
음악홀	20	영화관	30
극장 (500석 정도)	20 ~ 25	병원	30
교실	25	도서관	30
회의실	25	소형사무실	30 ~ 35
아파트, 호텔	25 ~ 30	대형사무실	45

② 진동의 일반 기준 (특정 공장)

구분 / 기준범위 / 지역	주간		야간	
	최저 (dB)	최고 (dB)	최저 (dB)	최고 (dB)
주택지역	60	65	55	60
상업지역	65	70	60	65

㈜ 주간, 야간의 구분이나 기준범위는 지방에 따라 달라진다.

③ 클린룸 (clean room) : 공기 중의 부유분진, 유해가스, 미생물 등의 오염물질을 제어해야 하는 곳에 clean room이 이용되는데 청정 대상이 주로 분진 (정밀 측정실, 전자산업, 필름공장 등)인 경우를 산업용 클린룸 (ICR ; Industrial Clean Room)이라 하고, 분진의 미립자뿐만 아니라 세균, 미생물의 양까지 제한시킨 병원의 수술실, 제약공장의 특별한 공정, 유전공학 등에 응용되는 것을 바이오 클린룸 (BCR ; Bio Clean Room)이라 한다 (우리나라에서는 미연방 규격을 준용한다).

참고 1 클래스 (class) 는 1 ft^3의 공기 체적 내에 있는 0.5μm 크기의 입자수

>>> 제1장

예상문제

1. Kelvin의 절대온도 T [K], 섭씨온도 t [℃], 화씨온도 t [°F]의 관계식 중 틀린 것은 어느 것인가?

① $t\ [℃] = \frac{5}{9}(t\ [°F] - 32)$

② $t\ [°F] = \frac{9}{5}t\ [℃] + 32$

③ $t\ [°F] = T[K] - 273$

④ $t\ [℃] = T[K] - 273$

해설 $t\ [°F] = T[K] \times 1.8 - 460 = t[°R] - 460$

2. 20℃는 몇 °R인가?

① 306 °R ② 501 °R
③ 528 °R ④ 716 °R

해설 °R=1.8 (20+273)=527.4 °R

3. 대기압력보다 높은 계기압력과 절대압력의 관계는?

① 절대압력=대기압력+계기압력
② 절대압력=대기압력−계기압력
③ 절대압력=대기압력×계기압력
④ 절대압력=대기압력÷계기압력

4. 표준 kJ의 정의로 옳은 것은?

① 공기 1 kg을 1 K 올리는 데 필요한 열량이다.
② 1 kg의 0 K 물을 100 K로 올리는 데 필요한 열량을 100 등분한 것이다.
③ 물을 14.5 K에서 15.5 K로 올리는 데 필요한 열량이다.
④ 14.5 K를 15.5 K로 올리는 데 필요한 열량을 100 등분한 것이다.

해설 1 kJ의 정의는 공기 1 kg을 1 K 높이는 데 필요한 열량이다.

5. 대기압이 101.325 kPa이고 계기압력이 10 kPa일 때 절대압력은?

① 8.9668 kPa ② 10.332 kPa
③ 103.32 kPa ④ 111.325 kPa

해설 $P_a = P + P_g = 101.325 + 10$
$= 111.325\,\text{kPa}$

6. 절대압력 0.76 kg/cm^{2}은 복합 압력계의 눈금으로 약 얼마인가?

① 10 cmHg ② 20 cmHg vac
③ 3.86 lb/in^2·a ④ 56 cmHg vac

해설 진공압력=대기압력−절대압력
$= 76 - \left(\frac{0.76}{1.033} \times 76\right)$
$= 20.1$ cmHg vac

7. 압력계의 지침이 9.80 cmHg vac였다면 절대압력은 몇 kPa·a인가?

① 88.26 kPa·a ② 1.3 kPa·a
③ 2.1 kPa·a ④ 3.5 kPa·a

해설 $P = \frac{76 - 9.8}{76} \times 101.325 = 88.259$ kPa·a

8. 35℃의 물 3 m^{3}을 5℃로 냉각하는 데 제거할 열량은 얼마인가? (단, 물의 비열은 4.2 kJ/kg·K이다.)

① 60000 kJ ② 80000 kJ
③ 378000 kJ ④ 120000 kJ

해설 $q = G \cdot C \cdot \Delta t = Q \cdot \gamma \cdot C \cdot \Delta t$
$= (3 \times 1000) \times 4.2 \times (35 - 5)$
$= 378000$ kJ

정답 1. ③ 2. ③ 3. ① 4. ① 5. ④ 6. ② 7. ① 8. ③

9. 다음은 열이동에 대한 설명이다. 옳지 않은 것은?

① 고체에서 서로 접하고 있는 물질 분자간의 열이동을 열전도라 한다.
② 고체 표면과 이에 접한 유동 유체간의 열이동을 열전달이라 한다.
③ 고체, 액체, 기체에서 전자파의 형태로의 에너지 방출을 열복사라 한다.
④ 열관류율이 클수록 단열재로 적당하다.

해설 열관류율이 작을수록 단열재로 적당하다.

10. 일의 열당량(A)을 옳게 표시한 것은 다음 중 어느 것인가?

① $A = 427$ kg·m/kcal
② $A = \frac{1}{427}$ kcal/kg·m
③ $A = 102$ kg·m
④ $A = 860$ kg·m/kcal

해설 ㉠ 열의 일당량은 427 kg·m/kcal
㉡ SI 단위에서 1 N·m=1 J이다.

11. 다음 중 인체의 온열환경에 미치는 요소의 조합으로 적당한 것은?

① 온도, 습도, 복사열, 기류속도
② 온도, 습도, 청정도, 기류속도
③ 온도, 습도, 기압, 복사열
④ 온도, 청정도, 복사열, 기류속도

해설 인체의 온열환경은 신유효온도를 말하며, 유효온도(온도, 습도, 기류속도)에 복사열을 포함한 것이다.

12. 여름철에 실내에서 사무를 보고 있는 사람에게 쾌적감을 주는 가장 적당한 조건은 어느 것인가?

구분	기온 (℃)	상대습도 (%)	기류속도 (m/s)
①	26.0	45.0	0.2
②	23.0	55.0	2.0
③	24.5	80.0	1.0
④	20.5	60.0	0.5

해설 20 ~ 25℃ DB, 60 ~ 70 % RH, 기류속도 냉방 시 0.12 ~ 0.18 m/s, 난방 시 0.18 ~ 0.25 m/s

정답 9. ④ 10. ② 11. ① 12. ④

1-2 공기의 성질

1 공기의 성질

(1) 건조공기 (dry air)

수분을 함유하지 않은 건조한 공기를 말하며, 실제로는 존재하지 않는다.

참고 대기 중의 공기의 구성

① 조성 (vol [%])

N_2 : 78.1 %	O_2 : 20.93 %
Ar : 0.933 %	CO_2 : 0.03 %
Ne : 1.8×10^{-3} %	He : 5.2×10^{-4} %

② 평균분자량 $m_a = 28.964$

③ 기체상수 $R_a = 29.27$ kg·m/kg·K, 289 J/kg·K

④ 비중량 $\gamma_a = 1.293$ kg/m^3 (20℃일 때 $= 1.2$ kg/m^3)

⑤ 비체적 $v_a = 0.7733$ m^3/kg (20℃일 때 $= 0.83$ m^3/kg)

(2) 습공기 (moist air)

대기 중에 있는 공기에 수분이 함유된 것을 습공기라 한다.

(3) 포화공기 (saturated air)

공기 중에 포함된 수증기량은 공기온도에 따라 한계가 있으며 (온도와 압력에 따라 변한다), 최대한도의 수증기를 포함한 공기를 포화공기라 한다.

(4) 무입공기 (fogged air)

안개 낀 공기라고도 하며 포화공기가 함유하는 수증기량, 즉 절대습도를 x [kg/kg′]로 표시할 때 함유 수증기량이 이 x보다 큰 x'로 되었다고 하며, $x'-x$의 여분의 수증기량은 일반적으로 수증기로서는 존재할 수 없고 미세한 물방울로서 존재하여 안개 모양으로 떠돌아다니는데, 이와 같이 안개가 혼입된 공기를 무입공기라 한다.

(5) 불포화공기 (unsaturated air)

포화점에 도달하지 못한 습공기로서 실제의 공기는 대부분의 경우 불포화공기이다. 포화공기를 가열하면 불포화공기로 되고, 냉각하면 과포화공기로 된다.

2 공기의 상태

(1) 건구온도 (dry bulb temperature ; DB) t [℃]

보통 온도계가 지시하는 온도이다.

(2) 습구온도 (wet bulb temperature ; WB) t' [℃]

보통 온도계 수은부분에 명주, 모슬린 등의 천을 달아서 일단을 물에 적신 다음 대기 중에 증발시켜 측정한 온도이다. 대기 중의 습도가 적을수록 물의 증발은 많아지고 따라서 습구온도는 낮아진다.

(3) 노점온도 (dew point temperature ; DP) t'' [℃]

공기의 온도가 낮아지면 공기 중의 수분이 응축 결로되기 시작하는 온도를 노점온도라 한다. 즉, 습공기의 수증기 분압과 동일한 분압을 갖는 포화습공기의 온도를 말하며, 습공기 중에 함유하는 수증기를 응축하여 물방울의 형태로 제거해 주는 것을 캐리어 (carrier)에서 생각한 노점 조절법이다.

(4) 절대습도 (specific humidity ; SH) x[kg/kg′]

건조공기 1 kg과 여기에 포함되어 있는 수증기량 (kg)을 합한 것에 대한 수증기량을 말하며, 절대습도를 내리려면 코일의 표면온도를 통과하는 공기를 노점온도 이하로 내려서 감습해 주어야 한다. 즉, 공기의 노점온도가 변하지 않는 이상 절대습도는 일정하다.

$$x = \frac{\gamma_w}{\gamma_a} = \frac{P_w / R_w T}{P_a / R_a T} = \frac{P_w / 47.06}{(P - P_w) / 29.27}$$

$$\therefore \ x = 0.622 \frac{P_w}{P - P_w}$$

여기서, P_w : 수증기의 분압 (kg/m²)

P_a : 건조공기의 분압 (kg/m²)

P : 대기압($P_a + P_w$)

T : 습공기의 절대온도 (K)

R_w : 수증기의 가스정수 (47.06 kg·m/kg·K)

R_a : 건조공기의 가스정수 (29.27 kg·m/kg·K)

(5) 상대습도 (relative humidity ; RH) ϕ [%]

대기 중에 함유하는 수분은 기온에 따라 최대량이 정해져 있다. 즉, 대기 중에 존재할 수 있는 최대습기량과 현존하고 있는 습기량의 비율이다. 이 상대습도는 관계습도라고도 불리며 습공기 중에 함유되는 수분의 압력 (수증기 분압)과 동일온도에서 포화상태에 있는 습공기 중의 수분압력과의 비로 정의될 때도 있다.

$$\phi = \frac{\gamma_w}{\gamma_s} \times 100 \qquad \phi = \frac{P_w}{P_s} \times 100$$

여기서, γ_w : 습공기 $1\,\text{m}^3$ 중에 함유된 수분의 중량

γ_s : 포화습공기 $1\,\text{m}^3$ 중에 함유된 수분의 중량

P_w : 습공기의 수증기 분압

P_s : 동일온도의 포화습공기의 수증기 분압

※ $P_w = \phi P_s$ 이므로, $x = 0.622 \dfrac{\phi P_s}{P - \phi P_s}$

$$\therefore \ \phi = \frac{xP}{P_s(0.622 + x)}$$

※ P_w 에 대한 Apjohn의 실험식 $P_w = P_{ws} - \dfrac{P}{1500}(t - t')$

(6) 포화도 (saturation degree ; SD) ψ [%] 또는 비교습도

습공기의 절대습도와 그와 동일온도의 포화습공기의 절대습도의 비

$$\psi = \frac{x}{x_s} \times 100$$

여기서, x : 습공기의 절대습도 (kg/kg′)

x_s : 동일온도의 포화습공기의 절대습도 (kg/kg′)

$$\psi = \frac{0.622\phi P_s / P - \phi P_s}{0.622 P_s / P - P_s} \quad (\because x_s \text{ 일 때 } \phi = 1\text{이므로})$$

$$\psi = \phi \frac{P - P_s}{P - \phi P_s}$$

(7) 비체적(specific volume ; SV) v [m³/kg]

1 kg의 무게를 가진 건조공기를 함유하는 습공기가 차지하는 체적을 비체적이라 한다.

※ 건조공기 1 kg에 함유된 수증기량을 x [kg]라 하면,

① 건조공기 1 kg의 상태식 $P_a V = R_a T$

② 수증기 x [kg]의 상태식 $P_w V = x R_w T$

③ $P = P_a + P_w$ 에서,

$$V(P_a + P_w) = V \cdot P = T(R_a + x R_w)$$

$$\therefore\ V = \frac{(R_a + x R_w)T}{P}$$

$$V = (29.27 + 47.06x)\frac{T}{P} = (0.622 + x)47.06\frac{T}{P}$$

여기서, T : 절대온도(K), P : 압력(kg/m²)

(8) 엔탈피(enthalpy ; TH) i [kJ/kg]

어떤 온도를 기준으로 해서 계측한 단위중량 중의 유체에 함유되는 열량을 말하며 i [kJ/kg] 로 표시한다. 건공기의 엔탈피(i_a)는 0℃의 건조공기를 0으로 하고, 수증기의 엔탈피(i_w)는 0℃의 물을 기준(0)으로 한다.

① 온도 t [℃]인 건공기의 엔탈피

$$i_a = C_p t = 1 \times t = t \text{ [kJ/kg]}$$

여기서, C_p : 공기의 정압비열(1 kJ/kg·K)

② 온도 t [℃]인 수증기의 엔탈피

$$i_w = \gamma + C_{pw} t = 2500.9 + 1.84t$$

여기서, γ : 0℃ 수증기의 증발잠열(2500.9 kJ/kg)

C_{pw} : 수증기의 정압비열(1.84 kJ/kg)

③ 건공기 1 kg과 수증기 x [kg]가 혼합된 습공기의 엔탈피

$$i = i_a + x i_w = C_p t + x(R + C_{pw} t)$$

$$= (C_p + C_{pw} x)t + Rx$$

$$= C_s t + Rx$$

$$= t + x(2500.9 + 1.84t) \text{ [kJ/kg]}$$

여기서, $C_s = C_p + C_{pw} x$ 를 습비열(濕比熱)이라고 한다.

3 습공기 선도(psychrometric chart)

공기 선도는 외기와 환기의 혼합비율을 공기조화기에서 처리하는 과정에 따라 실내를 희망하는 상태로 할 수 있는가의 여부 또는 운전 중 실내의 변화와 공기조화 중 공기의 상태 변화 등을 일목요연하게 판별할 수 있게끔 선도로 나타낸 것이다.

(1) $i-x$ 선도

엔탈피와 절대습도의 양을 사교 좌표로 취하여 그린 것으로 $i-x$ 선도의 구성 및 그래프는 다음과 같다.

$$\text{열수분비 } u = \frac{i_2 - i_1}{x_2 - x_1} = \frac{di}{dx}$$

여기서, i_1 : 상태 1인 공기의 엔탈피 (kcal/kg)
i_2 : 상태 2인 공기의 엔탈피 (kcal/kg)
x_1 : 상태 1인 공기의 절대습도 (kg/kg′)
x_2 : 상태 2인 공기의 절대습도 (kg/kg′)

이 열수분비(u)를 이용하면 공기의 상태 변화가 선도 상에서 일정방향으로 주어지게 된다. 즉, 수분비 u_1인 변화는 선도 상에서 u_2의 눈금과 ⊕표의 중점을 잇는 직선과 평행방향으로 된다. 이 중심점은 u 눈금의 기준이 되어 있으므로 기준점 (reference point)이라 한다.

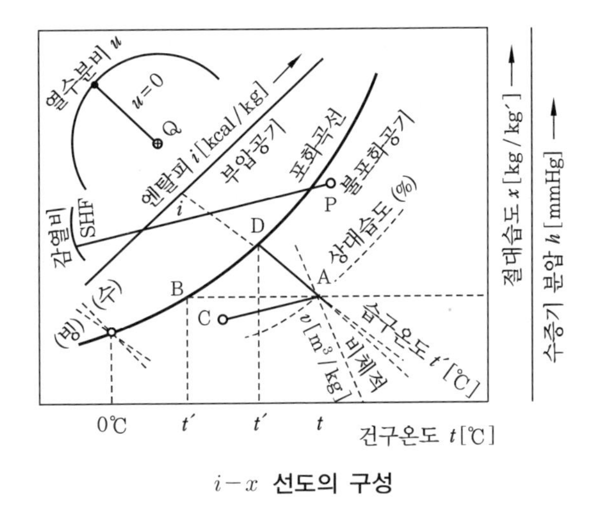

$i-x$ 선도의 구성

(2) $t-x$ 선도

$i-x$ 선도와 비슷한 점이 많으나 실용상 편리하도록 간략하게 되어 있다.

$t-x$ 선도는 열수분비(u) 대신에 감열비 SHF(sensible heat factor)가 표시되어 상태 변화 방향을 표시하는 것이다.

$$SHF = \frac{q_s}{q_s + q_l}$$

여기서, q_s : 감열량, q_l : 잠열량

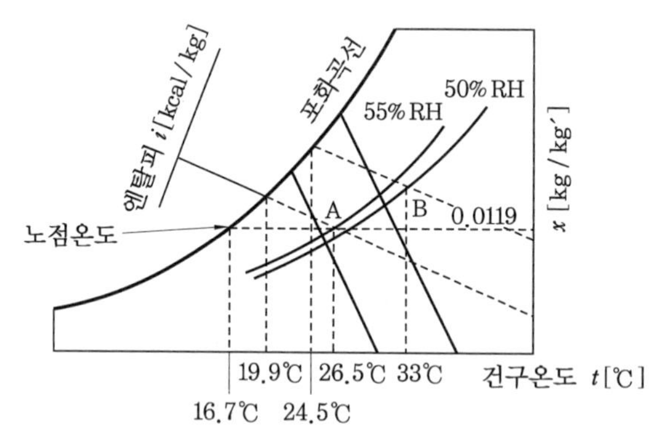

$t-x$ 선도의 구성

(3) $t-i$ 선도

물과 공기가 접촉하면서의 변화 과정을 나타낸 것으로 공기 세정기(air washer)나 냉각탑(cooling tower) 등의 해석에 이용된다.

(4) 공기 선도의 기본 상태 변화의 판독

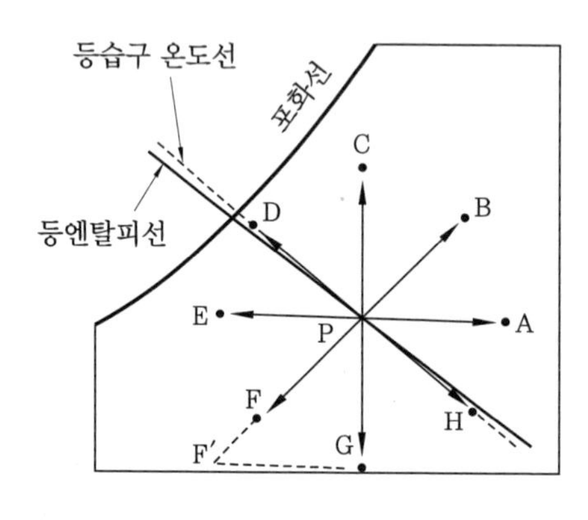

$\overrightarrow{PA}$: 가열 변화
$\overrightarrow{PB}$: 가열 가습 변화
$\overrightarrow{PC}$: 등온 가습 변화
$\overrightarrow{PD}$: 가습 냉각 변화(단열 가습)
$\overrightarrow{PE}$: 냉각 변화
$\overrightarrow{PF}$: 감습 냉각 변화
$\overrightarrow{PG}$: 등온 감습 변화
$\overrightarrow{PH}$: 가열 감습 변화

4 선도의 상태 변화

(1) 건구온도 24℃, 습구온도 17℃가 주어진 경우 공기 선도를 사용하여 그 공기의 상대습도, 노점온도, 절대습도, 엔탈피, 비체적을 구하기로 한다.

① 상대습도 $\phi = 50\,\%$

② 엔탈피 $h = 11.4\,\text{kcal/kg}$

③ 노점온도 $t'' = 12.5$℃

④ 비체적 $v = 0.856\,\text{m}^3/\text{kg}$

⑤ 절대습도 $x = 0.0093\,\text{kg/kg}'$

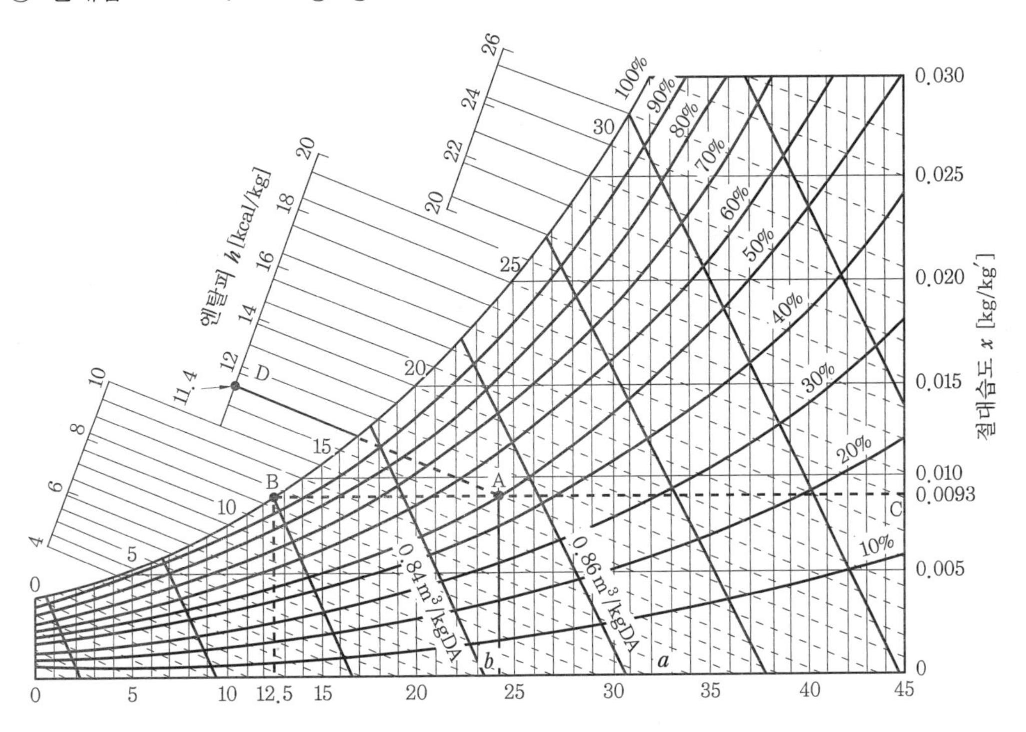

(2) 건구온도 30℃, 상대습도 40 %를 주어 이 공기의 습구온도 및 노점온도를 구하기로 한다. 횡좌표상의 건구온도 30℃ 점에서 수선을 세워 40 %의 상대습도 곡선과의 교점 A가 이 공기의 상태점이 된다.

점 A에서 습구온도선을 따라 왼쪽 위로 올라가 포화곡선과의 교점을 B라 하면, B점에서 횡좌표에 수선을 내려서 눈금을 읽으면 습구온도 20℃를 얻을 수 있다. 다음 A점에서 수평선을 따라 왼편으로 가서 포화곡선과의 교점을 C라고 하면 횡좌표에 수선을 내려 노점온도 14.8℃를 얻는다.

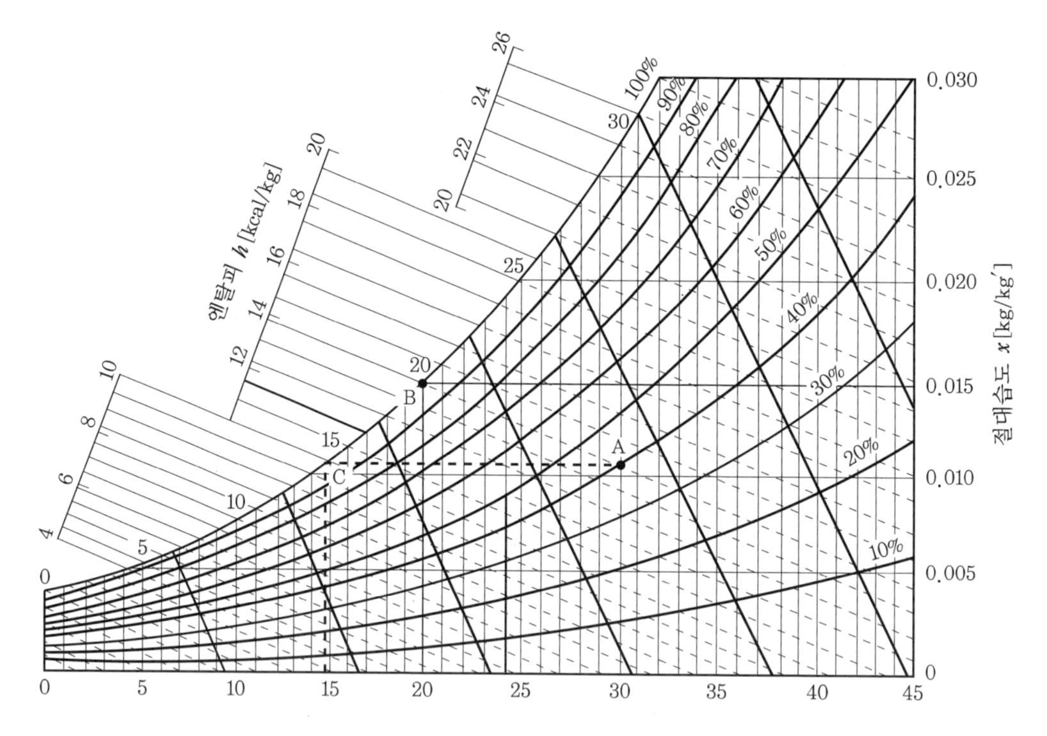

(3) 가열, 냉각

① 감열식

$$q_s = GC_p(t_2 - t_1) = G(h_2 - h_1)\ [\text{kJ/h}]$$

여기서, G : 질량

C_p : 비열 (kJ/kg·K) (공기 비열 1)

t_1, t_2 : 건구온도 (℃), h_1, h_2 : 엔탈피 (kJ/kg)

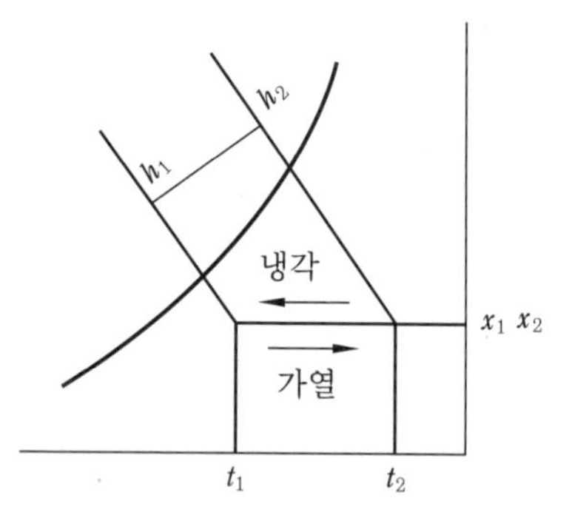

② 잠열식 : 절대습도의 변화가 없으므로 잠열이 없다.

(4) 혼합

실내환기를 1, 실내풍량을 Q_1, 외기를 2, 외기풍량을 Q_2 라고 한다면 혼합공기 3의 온도, 습도 및 엔탈피는 다음과 같다.

$$t_3 = \frac{t_1 \cdot Q_1 + t_2 \cdot Q_2}{Q_1 + Q_2} \qquad x_3 = \frac{x_1 \cdot Q_1 + x_2 \cdot Q_2}{Q_1 + Q_2} \qquad i_3 = \frac{i_1 \cdot Q_1 + i_2 \cdot Q_2}{Q_1 + Q_2}$$

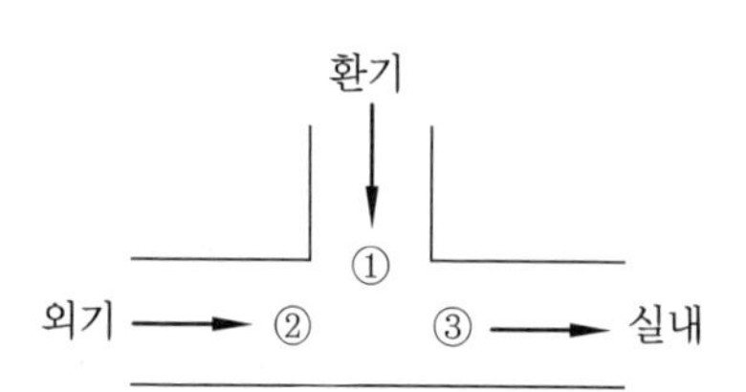

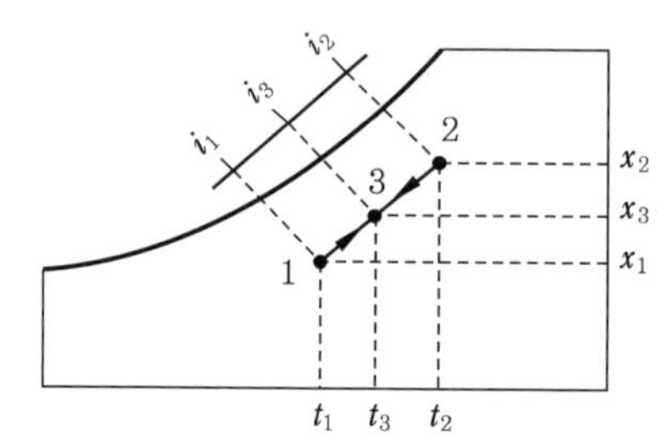

(5) 가습, 감습

① 수분량

$$L = G(x_2 - x_1)\ [\text{kg/h}]$$

② 잠열량

$$q = G(i_2 - i_1)$$
$$= Q \times 1.2 \times 2500.9(x_2 - x_1)\ [\text{kJ/h}]$$

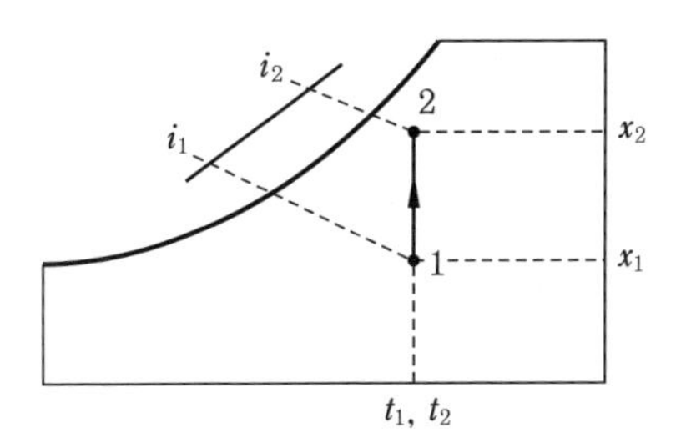

여기서, L : 가습량 (kg/h), G : 공기량 (kg/h)
Q : 풍량 (m^3/h), x : 절대습도 (kg/kg′)

(6) 가열, 가습

$$q_T = q_s + q_L = G(i_2 - i_1)$$
$$= G(i_3 - i_1) + G(i_2 - i_3)$$
$$= GC_p(t_2 - t_1) + G \cdot R(x_2 - x_1)$$
$$L = G(x_2 - x_1)$$

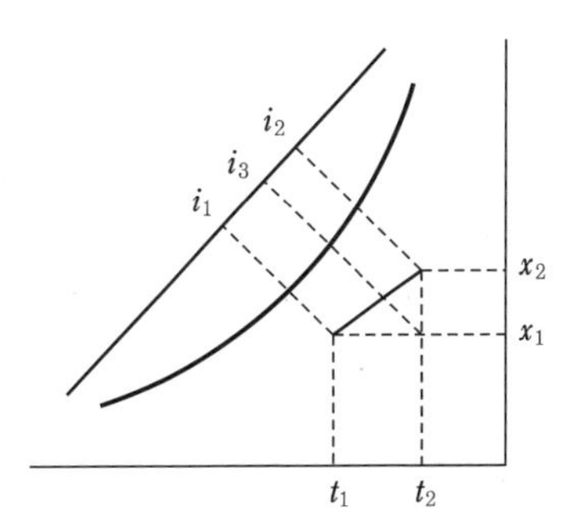

여기서, q_T : 전열량 (kJ/h), q_s : 감열량 (kJ/h)
q_L : 잠열량 (kJ/h), x : 절대습도 (kg/kg′)
G : 공기량 (kg/h), L : 가습량 (kg/h)
R : 물의 증발잠열 (kJ/kg) (※ 0℃ 물의 증발잠열 : 2500.9 kJ/kg)

참고 현열비 (감열비)

$$SHF = \frac{q_s}{q_t} = \frac{q_s}{q_s + q_l}$$

예제 1. 절대습도 0.004 kg/kg′, 건구온도 10℃의 공기 100 kg/h를 26℃, 절대습도 0.0175 kg/kg′로 가열 · 가습할 때 필요한 열량 및 가습 수량과 현열비를 계산하여라. (단, 공기의 비열은 1 kJ/kg · K이고, 0℃ 물의 증발잠열은 2500.9 kJ/kg이다.)

해설 ① $q_t = G(i_2 - i_1) = q_s + q_l$ 에서,

$q_s = GC_p \Delta t = 100 \times 1 \times (26 - 10) = 1600$ kJ/h

$q_l = G\gamma_o \Delta x = 100 \times 2500.9 \times (0.0175 - 0.004) = 3376.22$ kJ/h

$q_t = 1600 + 3376.22 = 4976.22$ kJ/h

② $SHF = \dfrac{q_s}{q_t} = \dfrac{1600}{4976.22} = 0.3215$

③ $L = G(x_2 - x_1) = 100(0.0175 - 0.004) = 1.35$ kg/h

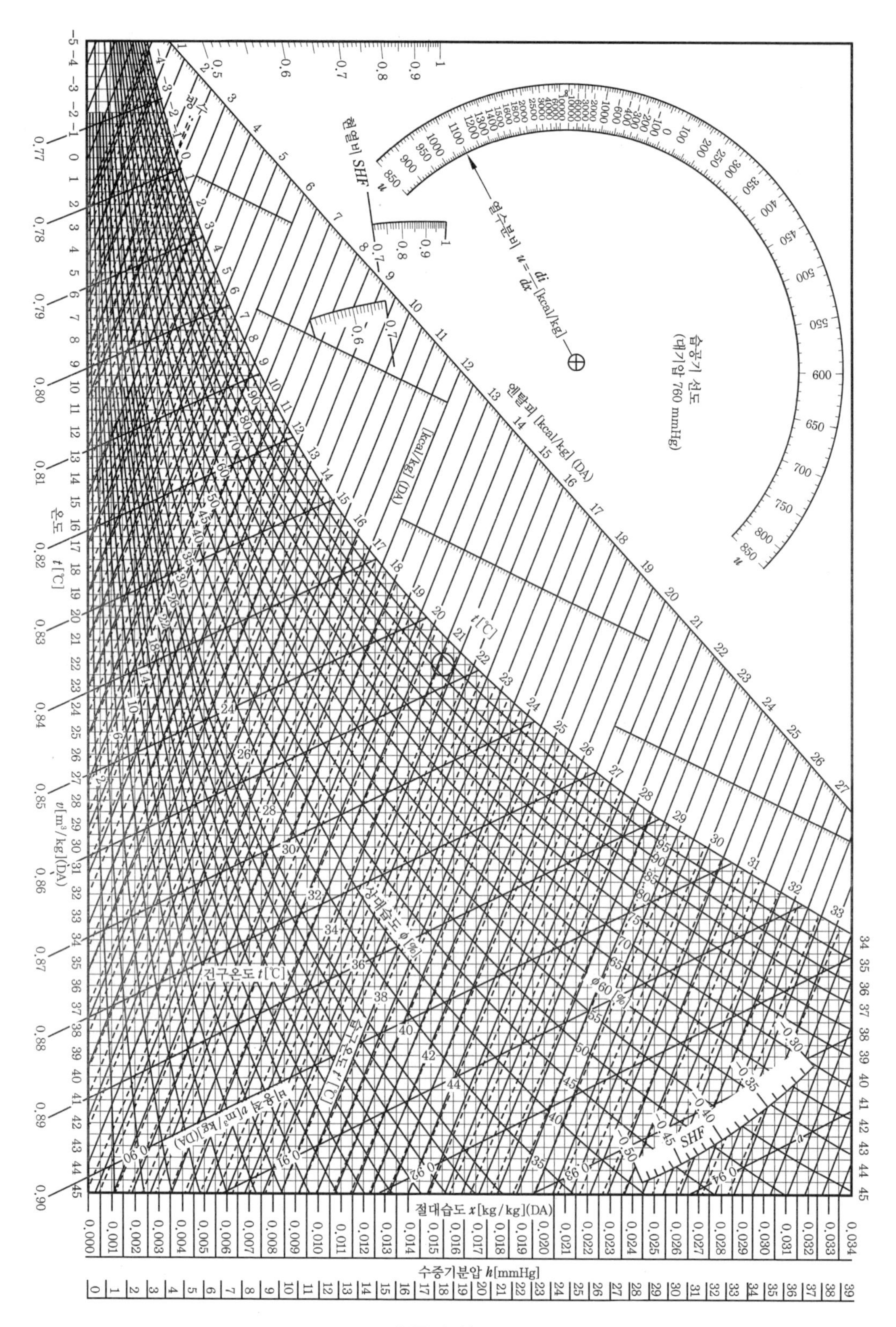
습공기 선도
(대기압 760 mmHg)
엔탈피 [kcal/kg] (DA)
현열비 SHF
열수분비 u = di/dx [kcal/kg]
절대습도 x[kg/kg](DA)
수증기분압 h[mmHg]
건구온도 t[℃]
상대습도 φ[%]
온도 t[℃]
v[m³/kg](DA)

습공기 선도

(7) 장치에 따른 선도 변화

① 혼합 냉각

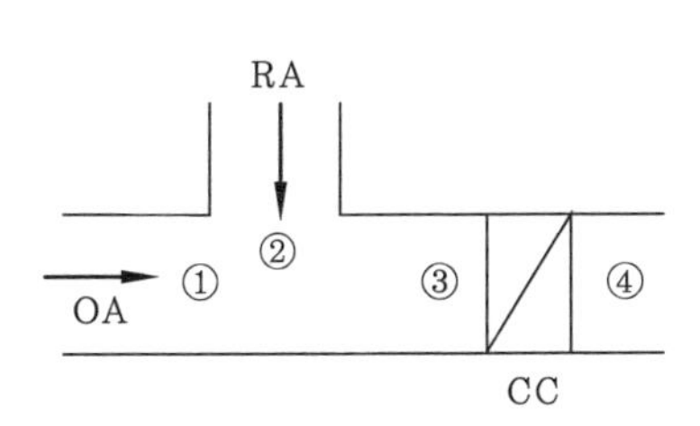

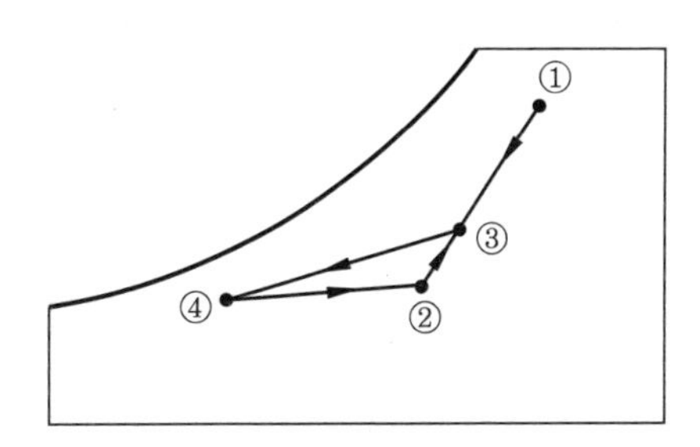

② 혼합 가열

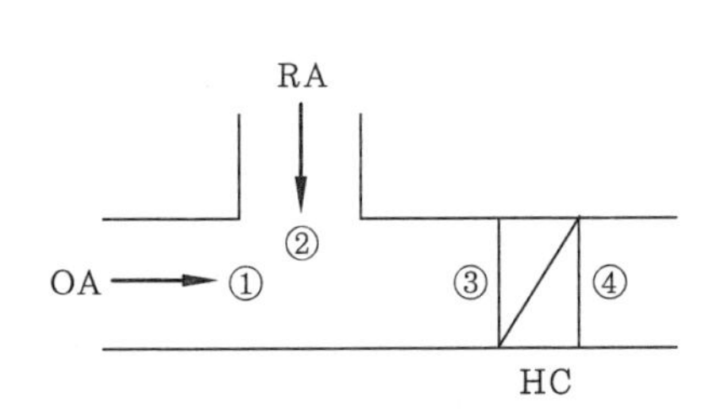

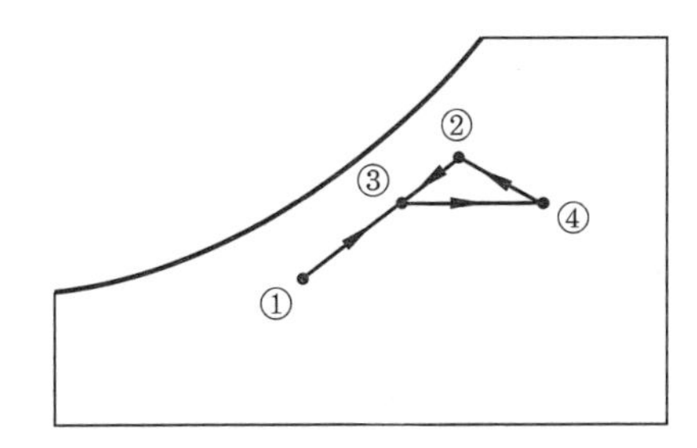

③ 혼합 → 세정(순환수 분무) → 가열

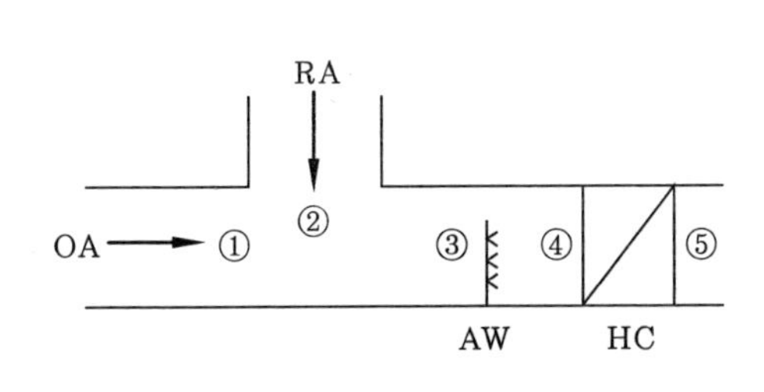

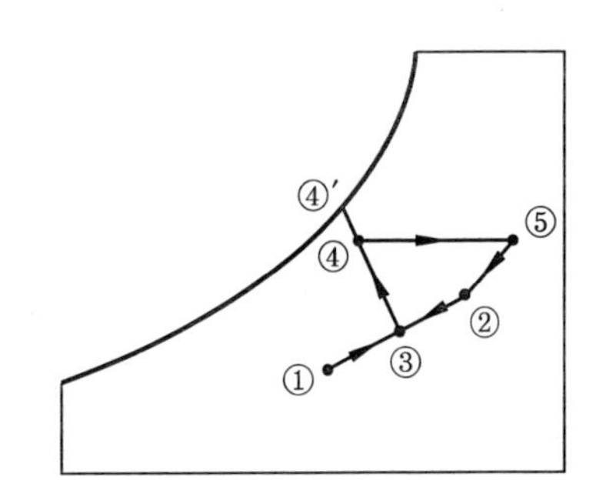

④ 혼합 → 예열 → 세정(순환수 분무) → 재열

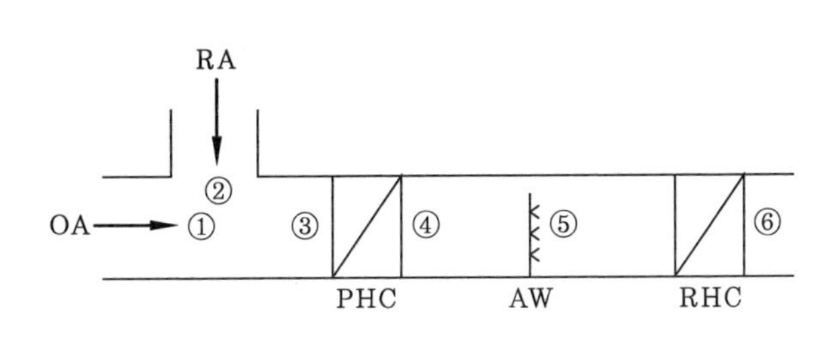

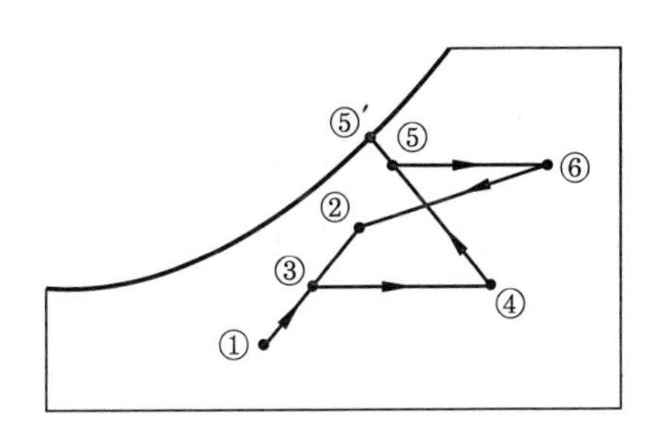

⑤ 혼합 → 증기 가습 → 가열

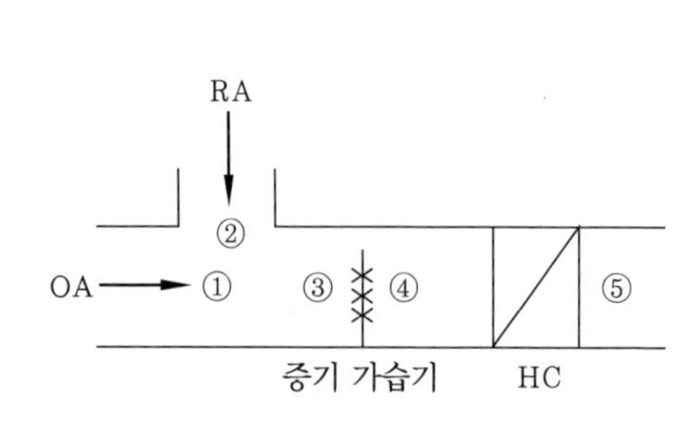

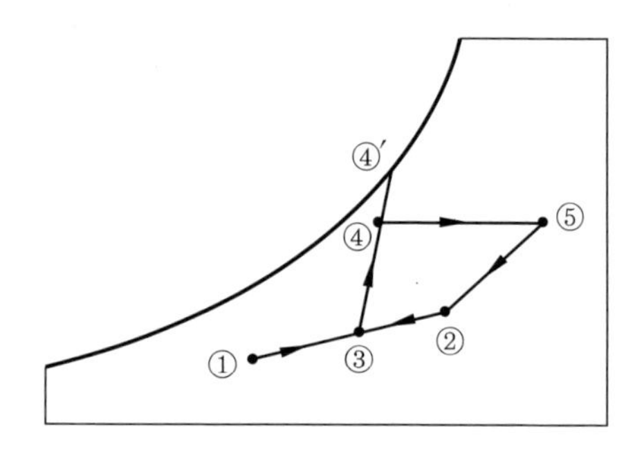

⑥ 외기예열 → 혼합 → 세정 → 재열

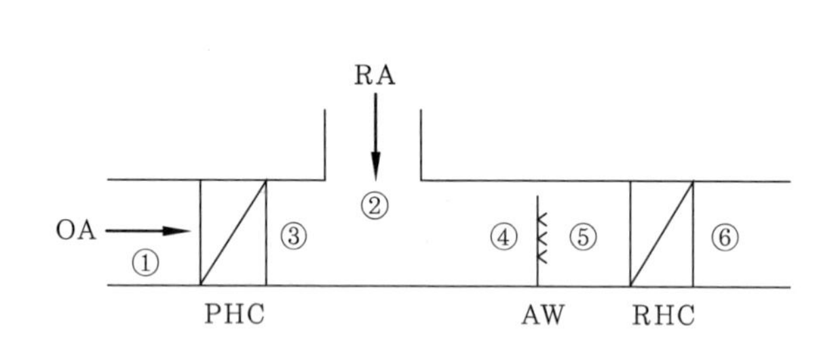

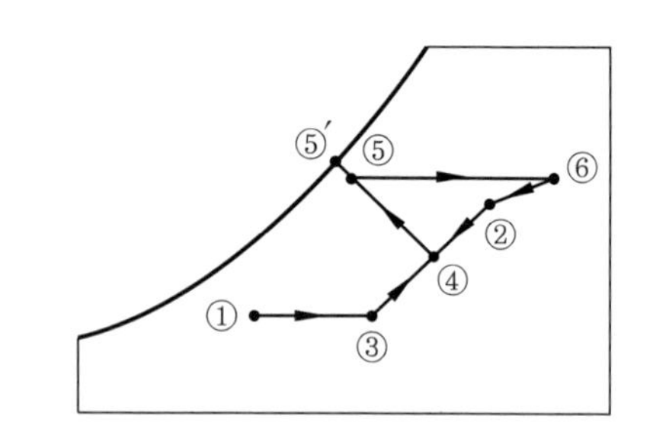

⑦ 외기예냉 → 혼합 → 냉각

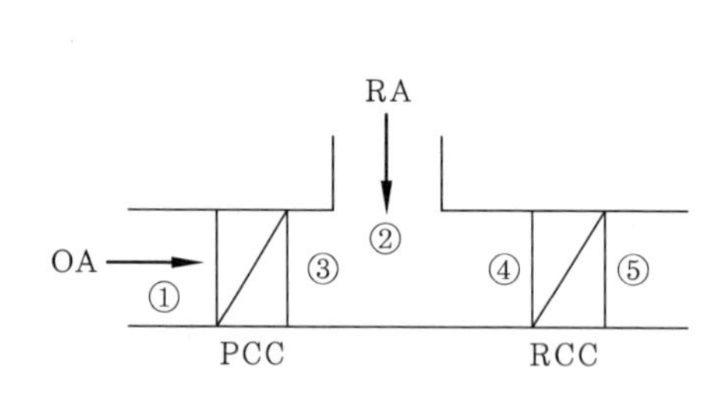

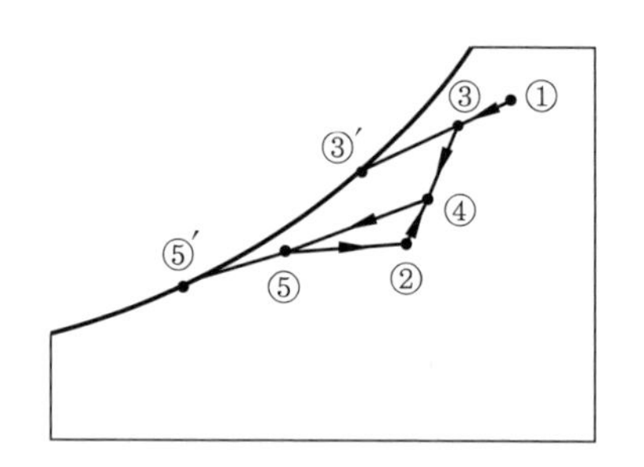

(8) 장치의 노점온도와 바이패스 팩터

점 A에서 B의 상태로 냉각하는 경우 냉각코일의 노점온도는 선분 AB의 연장선에서 포화곡선과 만나는 점 C가 노점온도가 되고, 여기서 BF는 B에서 C의 상태이고 CF(contact factor)는 A에서 B의 상태이다.

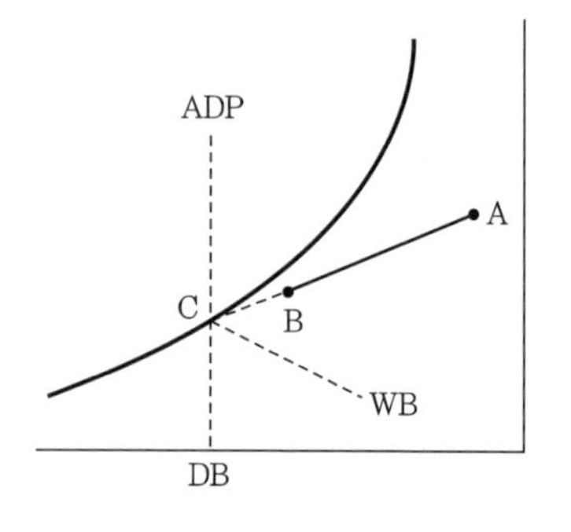

$$BF = \frac{B - C}{A - C}$$

$$CF = \frac{A - B}{A - C}$$

여기서, BF : 냉각 또는 가열코일과 접촉되지 않고 통과한 공기의 비율

CF : 냉각 또는 가열코일과 접촉하고 통과한 공기의 비율

>>> 제1장

예상문제

1. **건구온도와 습구온도는 어떤 특정한 공기 표본에 관해서 무엇을 결정할 수 있게 해 주는가?**

① 건구온도는 공기가 포함하고 있는 열량을, 습구온도는 포함된 수분의 양을 결정해 준다.
② 습구온도는 이슬점을, 건구온도는 상대습도를 결정하게 한다.
③ 두 가지 온도로 열량, 수분의 양, 이슬점, 상대습도를 결정하게 해 준다.
④ 두 온도의 차이로 상대습도를 구할 수 있게 해 준다.

해설 건구온도와 습구온도의 교점으로 엔탈피, 절대습도, 노점온도, 수증기 분압, 상대습도, 비체적 등을 알 수 있다.

2. **상대습도 100 %인 공기를 표현한 말 중 가장 적당한 것은?**

① 건공기(dry air)
② 습공기(moist air)
③ 포화습공기(saturated air)
④ 무입공기(fogged air)

3. **바이패스 팩터(bypass factor)란 무엇인가?**

① 신선한 공기와 환기의 중량비
② 흡입공기 중의 온공기의 비
③ 송풍공기 중에 있는 수분비
④ 송풍공기 중에 냉각코일에 접촉하지 않고 통과하는 공기의 비

4. **습공기의 상태 변화에 관한 설명 중 틀린 것은?**

① 습공기를 가열하면 건구온도와 상대습도가 상승한다.
② 습공기를 냉각하면 건구온도와 습구온도가 내려간다.
③ 습공기를 노점온도 이하로 냉각하면 절대습도가 내려간다.
④ 냉방할 때 실내로 송풍되는 공기는 일반적으로 실내공기보다 냉각 감습되어 있다.

해설 습공기를 가열하면 건구온도는 상승하고 상대습도는 감소한다.

5. **압력 760 mmHg, 기온 15℃의 대기가 수증기 분압 9.5 mmHg를 나타낼 때 대기 1 kg 중에 포함되어 있는 수증기의 중량은 얼마인가?**

① 0.00623 kg/kg′
② 0.00787 kg/kg′
③ 0.00821 kg/kg′
④ 0.00931 kg/kg′

해설 $x = 0.622 \times \dfrac{9.5}{760 - 9.5} = 0.00787$ kg/kg′

6. **대기압이 760 mmHg일 때 온도 30℃의 공기에 함유되어 있는 수증기 분압이 42.18 mmHg이었다. 이때 건공기의 분압은 얼마인가?**

① 717.82 mmHg
② 727.46 mmHg
③ 745.35 mmHg
④ 760 mmHg

해설 $P_a = P - P_w$
$= 760 - 42.18 = 717.82$ mmHg

정답 1. ③ 2. ③ 3. ④ 4. ① 5. ② 6. ①

7. 온도 30℃, 압력 4 kg/cm^2 (abs)인 공기의 비체적은 얼마인가?

① 0.4 m^3/kg　② 4.0 m^3/kg
③ 2.2 m^3/kg　④ 0.22 m^3/kg

해설 $v = \frac{29.27 \times (273+30)}{4 \times 10^4} = 0.22 \text{ m}^3/\text{kg}$

8. 상대습도 50 %, 냉방의 현열부하가 7500 kJ/h, 잠열부하가 2500 kJ/h일 때 현열비 (SHF)는 얼마인가?

① SHF =0.25　② SHF =0.65
③ SHF =0.75　④ SHF =0.85

해설 $SHF = \frac{7500}{7500+2500} = 0.75$

9. 온도 20℃, 상대습도 65 %의 공기를 30℃로 가열하면 상대습도는 몇 %가 되는가? (단, 20℃의 포화수증기압은 0.024 kg/cm^{2}이고, 30℃의 포화수증기압은 0.043 kg/cm^{2}이다.)

① 33 %　② 36 %
③ 41 %　④ 44 %

해설 $\phi = \frac{P_w}{P_s} = \frac{0.65 \times 0.024}{0.043}$
$= 0.3627 = 36.27\ \%$

10. 10×8×3.5 m 크기의 방에 10명이 거주할 때 실내의 탄산가스 서한도를 0.1 %로 하기 위해서는 외기도입량을 얼마로 하여야 하는가? (단, 외기의 탄산가스 함유량은 0.0005 m^3/m^3, 1인당 탄산가스 발생량은 0.02 m^3/h 이다.)

① 100 m^3/h　② 200 m^3/h
③ 250 m^3/h　④ 400 m^3/h

해설 $Q = \frac{10 \times 0.02}{0.001 - 0.0005} = 400 \text{ m}^3/\text{h}$

11. 32℃의 외기와 24℃의 환기를 1 : 3의 비로 혼합하여 BF (bypass factor) 0.3인 코일로 냉각 제습하는 경우 코일의 출구온도는 몇 도인가? (단, 코일 표면의 온도는 10℃이다.)

① 12℃　② 14.8℃
③ 16.3℃　④ 18.5℃

해설 ㉠ 혼합온도
$t_m = \frac{(1\times 32)+(3\times 24)}{1+3} = 26℃$
㉡ 코일의 출구온도
$t_r = \text{BF} \cdot t_m + (1-\text{BF}) \cdot t_c$
$= 0.3 \times 26 + (1-0.3) \times 10 = 14.8℃$

12. 다음 중 바이패스 팩터 (BF)가 증가하는 경우는 언제인가?

① ADP가 높을 때
② 냉수량이 적을 때
③ 송풍량이 적을 때
④ 코일 튜브의 간격이 넓을 때

해설 BF(bypass factor)가 작아지는 경우 (CF가 커지는 경우)
- ADP가 높을 때
- 송풍량이 적을 때
- 전열면적이 클 때
- 냉수량이 적을 때
- 코일이 정방향에 가까울 때
- 코일의 간격이 좁을 때
- 코일 지름이 클 때

13. 다음 그림은 공기 선도를 표시한 것이다. 옳게 설명하고 있는 것은?

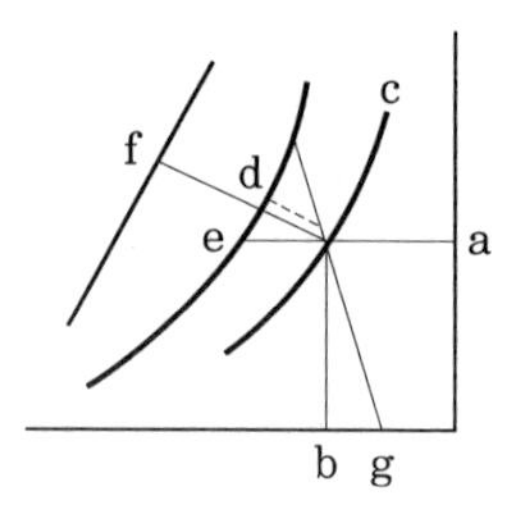

정답 7. ④　8. ③　9. ②　10. ④　11. ②　12. ④　13. ②

① a = 절대습도 c = 상대습도 f = 엔트로피
② b = 건구온도 d = 습구온도 e = 노점온도
③ c = 상대습도 d = 습구온도 g = 비열비
④ b = 건구온도 e = 노점온도 g = 비열비

14. 다음 공기조화 과정을 잘못 설명한 것은?

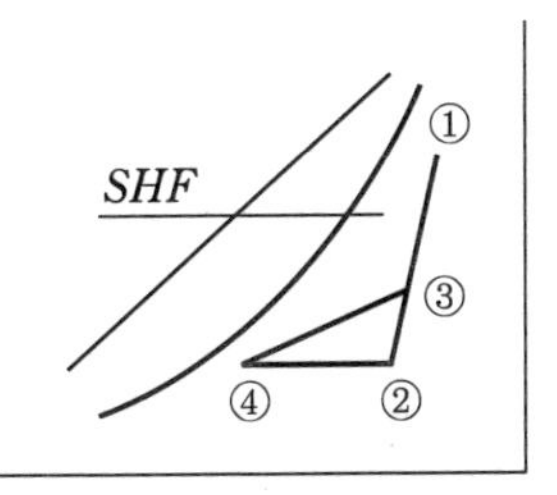

① *SHF*선과 ④–② 선은 평행하다.
② ③점은 외기 ①과 환기 ②를 혼합한 상태점이다.
③ ④–② 과정은 실내로 송풍하여 실내부하를 제거하는 과정이다.
④ ③–④ 과정은 냉각기의 냉각 가습 과정이다.

15. 다음과 같은 습공기 선도 상에서 틀린 것은?

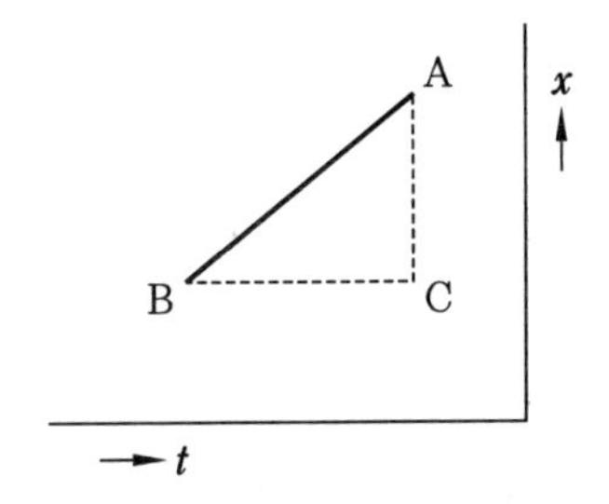

① B–C : 현열 증가 – 가열
② A–B : 전열 감소 – 냉각 감습
③ C–A : 잠열 증가 – 가습
④ C–B : 잠열 감소 – 냉각

16. 다음과 같은 습공기 선도 상의 상태에서 외기부하를 나타내고 있는 것은?

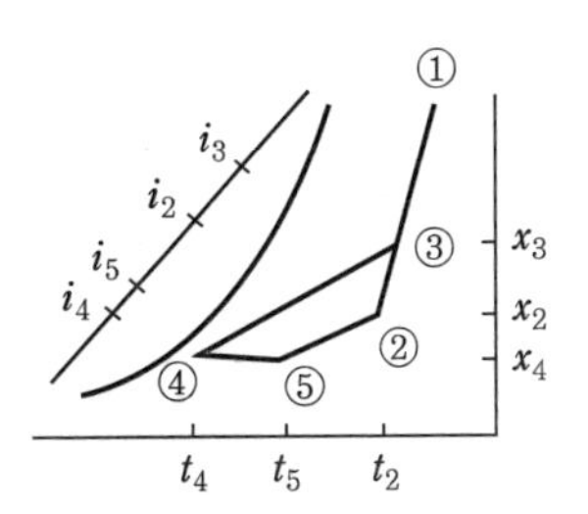

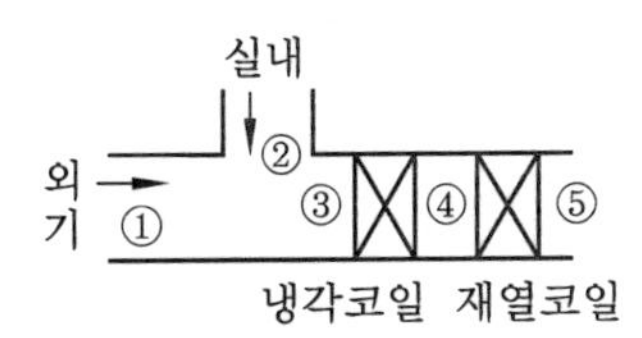

① $G(h_3 - h_4)$
② $G(h_5 - h_4)$
③ $G(h_3 - h_2)$
④ $G(h_2 - h_5)$

정답 14. ④ 15. ④ 16. ③

Chapter 02

공기조화 계획

2-1 공기조화 방식

1 공기조화 방식의 개요

(1) 공조설비 구성

① 공조기 : 송풍기, 에어 필터, 공기냉각기, 공기가열기, 가습기 등으로 구성
② 열운반장치 : 팬, 덕트, 펌프, 배관 등으로 구성
③ 열원장치 : 보일러, 냉동기 등을 운전하는 데 필요한 보조기기
④ 자동제어장치 : 실내 온·습도를 조정하고 경제적인 운전을 하는 기기

참고 실내환경의 쾌적함을 위한 외기도입량

외기도입량은 급기량의 25 ~ 30 % 정도를 도입한다.

$$Q \geq \frac{M}{C - C_a}$$

여기서, Q : 시간당 외기도입량 (m^3/h), C : 실내 유지를 위한 CO_2 함유량 (%)
C_a : 외기도입 공기 중의 CO_2 함유량 (%)

(2) 공조 방식의 분류

구분	에너지 매체에 의한 분류	시스템명	세분류
중앙식	전공기 방식	정풍량 단일덕트 방식	존 재열, 말단재열
		변풍량 단일덕트 방식	
		2중 덕트 방식	멀티 존 방식
	수-공기 방식	팬 코일 유닛 방식 (덕트 병용)	2관식, 3관식, 4관식
		유인 유닛 방식	2관식, 3관식, 4관식
		복사 냉난방 방식 (패널에어 방식)	
	수방식	팬 코일 유닛 방식	2관식, 3관식, 4관식
개별식	냉매방식	룸 쿨러 패키지 유닛 방식 (중앙식) 패키지 유닛 방식 (터미널 유닛 방식)	

2 공기조화 방식

(1) 전공기 방식의 특징

① 장점

㈎ 청정도가 높은 공조, 냄새 제어, 소음 제어에 적합하다.

㈏ 중앙집중식이므로 운전·보수 관리가 용이하고 선택 폭이 크다.

㈐ 공조하는 실에는 드레인 배관, 공기여과기 또는 전원이 필요 없다.

㈑ 리턴 팬을 설치하면 중간기 및 동절기에 외기냉방이 가능하다.

㈒ 폐열 회수장치를 이용하기 쉽다.

㈓ 많은 배기량에도 적응성이 있다.

㈔ 겨울철 가습하기가 용이하다.

㈕ 실내에 흡입구, 취출구를 설치하면 되고 팬 코일 유닛과 같은 기구가 노출되지 않는다 (실내공간이 넓다).

㈖ 건축 중 설계 변경 또는 완공 후 실내장치 변경에 융통성이 있다.

㈗ 계절 변화에 따른 냉·난방 전환이 용이하다.

② 단점

㈎ 덕트 치수가 커지므로 설치공간이 크다.

㈏ 존 (zone)별 공기 평형을 유지시키기 위한 기구가 없으면 공기 균형 유지가 어렵다.

㈐ 송풍동력이 커서 다른 방식에 비하여 반송동력이 크게 된다.

㈑ 대형의 공조기계실을 필요로 한다.

㈒ 동절기 비사용 시간대에도 동파 방지를 위해 공조기를 운전하여야 한다.

㈓ 재열장치 사용 시 에너지 손실이 크다.

㈔ 재순환공기에 의한 실내공기 오염의 우려가 있다.

③ 적용

㈎ 전공기방식을 요구하는 곳 (사무실, 학교, 실험실, 병원, 상가, 호텔, 선박 등)

㈏ 온·습도 및 양호한 청정 제어를 요하는 곳 (컴퓨터실, 병원 수술실, 방적공장, 담배공장 등)

㈐ 1실 1계통 제어를 요하는 곳 (극장, 스튜디오, 백화점, 공장 등)

(2) 유닛 병용 (공기 - 수) 방식의 특징

① 장점

㈎ 부하가 큰 방에 대해서도 환기공기만 보내므로 덕트의 치수가 작아질 수 있다.

㈏ 전공기 방식에 비하여 반송동력이 적다.

㈐ 유닛별로 제어하면 개별 제어가 가능하다.

㈑ 수동으로 개별 제어하면 경제적 운전이 가능하다.

㈒ 전공기 방식에 비해 중앙공조기가 작아진다.

㈓ 제습·가습이 중앙장치에서 행하여진다.

㈔ 동절기 동파 방지를 위한 공조기 가동이 불필요하다.

㈕ 환기가 양호하다.

② 단점

㈎ 유닛에 고성능 필터를 사용할 수가 없다.

㈏ 필터의 보수, 기기의 점검이 증대하여 관리비가 증가한다(기기 분산 설치로 유지 보수가 어렵다).

㈐ 실내기기를 바닥 위에 설치하는 경우 바닥 유효면적이 감소한다.

㈑ 외기냉방이 어렵다.

㈒ 습도 조절을 위하여 저온의 냉수가 필요하다.

㈓ 자동제어가 복잡하다.

㈔ 많은 양의 환기를 요하는 곳은 적용 불가능하다.

③ 적용 : 다수의 존(zone)을 가지며, 현열 부하의 변동폭이 크고 고도의 습도 제어가 요구되지 않는 곳(사무실, 병원, 호텔, 학교, 아파트, 실험실 등의 외주부)

(3) 수(물) 방식의 특징

실내에 설치된 유닛(fan coil unit, unit heater, convector 등)에 냉·온수를 순환하는 방식이다.

① 장점

㈎ 공조기계실 및 덕트 공간이 불필요하다.

㈏ 사용하지 않는 실의 열원 공급을 중단시킬 수 있으므로 실별 제어가 용이하다.

㈐ 재순환공기의 오염이 없다.

㈑ 덕트가 없으므로 증설이 용이하다.

㈒ 자동제어가 간단하다.

㈓ 4관식의 경우 냉·난방을 동시에 할 수 있고 절환이 불필요하다.

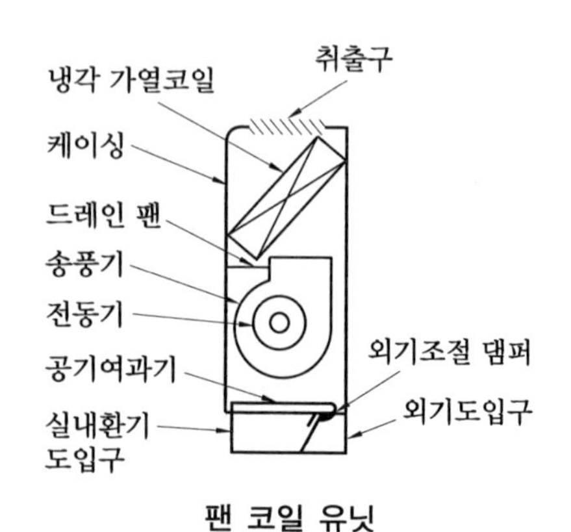

팬 코일 유닛

② 단점

㈎ 기기 분산으로 유지관리 및 보수가 어렵다.

㈏ 각 실 유닛에 필터 배관, 전기배선 설치가 필요하므로 정기적인 청소가 요구된다.

㈐ 환기량이 건축물 설치방향, 풍향, 풍속 등에 좌우되므로 환기가 좋지 못하다(자연 환기를 시킨다).
㈑ 습도 제어가 불가능하다.
㈒ 코일에 박테리아, 곰팡이 등의 서식이 가능하다.
㈓ 동력 소모가 크다(소형 모터가 다수 설치됨).
㈔ 유닛이 실내에 설치되므로 실 공간이 적어진다.
㈕ 외기냉방이 불가능하다.

③ 적용
㈎ 습도 제어가 필요 없다.
㈏ 재순환공기의 오염이 우려되는 곳으로 개별 제어가 필요한 호텔, 아파트, 사무실 등

3 열원방식

(1) 전공기식 단일 덕트 방식

① 정풍량 방식(constant air volume ; CAV)
㈎ 장점
㉮ 공조기가 중앙식이므로 공기 조절이 용이하다.
㉯ 공조기실을 별도로 설치하므로 유지관리가 확실하다.
㉰ 공조기실과 공조 대상실을 분리할 수가 있어서 방음·방진이 용이하다.
㉱ 송풍량과 환기량을 크게 계획할 수 있으며, 환기팬을 설치하면 외기냉방이 용이하다.
㉲ 자동제어가 간단하므로 운전 및 유지관리가 용이하다.
㉳ 급기량이 일정하므로 환기상태가 양호하고 쾌적하다.
㈏ 단점
㉮ 다실공조인 경우에는 각 실의 부하 변동에 대한 대응력이 약하다(개별실 제어가 어렵다).
㉯ 가변풍량 방식에 비하여 송풍기 동력이 커져서 에너지 소비가 증대한다.
㉰ 최대 부하를 기준으로 공조기를 선정하므로 용량이 커진다.
㈐ 적용
㉮ 1실 1계통의 공조가 필요한 곳(체육관, 극장, 강당, 백화점 등)
㉯ 부하 변동이 일정한 사무실 등
㉰ 온·습도 제어가 요구되는 항온 항습실 및 병원 수술실 등

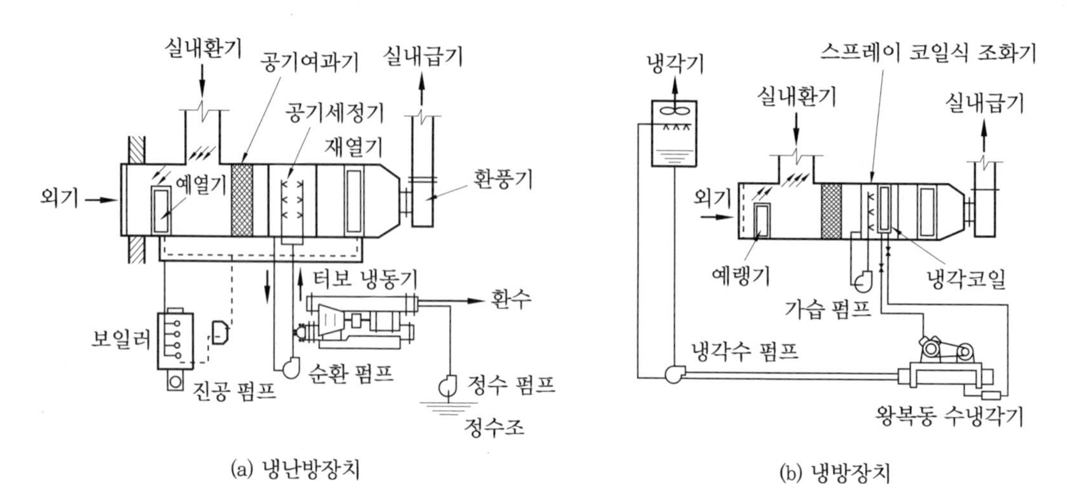

(a) 냉난방장치　　(b) 냉방장치

단일 덕트 방식의 중앙장치

고속과 저속덕트의 비교(개략치)

구분	주덕트 풍속(m/s)	분기 덕트 풍속 (m/s)	송풍기 전압(mmAq)	송풍기 동력(kW)
저속덕트	8 ~ 15	4 ~ 6	50 ~ 75	30 ~ 37
고속덕트	20 ~ 25	10 ~ 12	150 ~ 250	75 ~ 100

참고 ① **말단재열기** : CAV 방식에서는 실별 제어가 불가능하므로 각 실의 토출구 직전에 설치하여 취출온도를 희망하는 설정값으로 유지하는 방식으로 재열용 열매로 증기 또는 온수가 이용된다.
② **저속덕트와 고속덕트의 구분** : 풍속 15 m/s 이상을 고속덕트라 하며, 일반적으로 20 ~ 25 m/s가 채택되며 저속덕트는 8 ~ 15 m/s가 채용된다.

② 변풍량 방식(variable air volume ; VAV)

㈎ 장점

㉮ 개별실 제어가 용이하다.

㉯ 타 방식에 비해 에너지가 절약된다.

- 사용하지 않는 실의 급기 중단
- 급기량을 부하에 따라 공급할 수 있다.
- 부분부하시 팬(fan)의 소비전력이 절약된다.

㉰ 동시부하율을 고려하여 공조기를 설정하므로 정풍량에 비해 20 % 정도 용량이 적어진다.

㉱ 공기 조절이 용이하므로 부하 변동에 따른 유연성이 있다.

㉲ 부하 변동에 따른 제어응답이 빠르기 때문에 거주성이 향상된다.

㉳ 시운전 시 토출구의 풍량 조절이 간단하다.

(나) 단점

㉮ 급기류가 변화하므로 불쾌감을 줄 우려가 있다.

㉯ 최소 풍량 제어 시에 환기 부족 현상의 우려가 있고 소음 발생이 가능하다.

㉰ CAV에 비해 설비 시공비가 많다.

㉱ 자동제어가 복잡하여 운전 및 유지관리가 어렵다.

㉲ 실내환경의 청정화 유지가 어렵다.

(다) 적용 : 개별실 제어가 요구되는 일반 사무실 건물 등

(2) 전공기 이중 덕트 방식

① 정풍량 이중 덕트 방식(double duct constant air volume ; DDCAV)

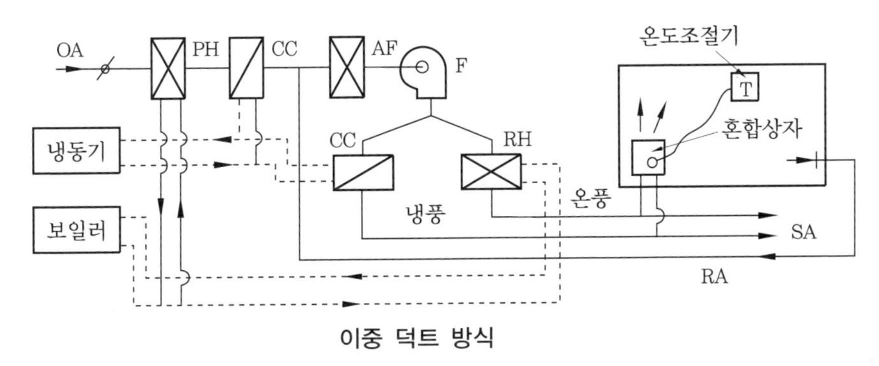

이중 덕트 방식

(가) 장점

㉮ 실내부하에 따라 개별실 제어가 가능하다.

㉯ 냉·온풍을 혼합하여 토출하므로 계절에 따라 냉·난방을 변환시킬 필요가 없다.

㉰ 실내의 용도 변경에 대해서 유연성이 있다.

㉱ 냉풍 및 온풍이 열매체이므로 부하 변동에 대한 응답이 빠르다.

㉲ 조닝(zoning)의 필요성이 크지 않다.

㉳ 외기냉방이 가능하다.

(나) 단점

㉮ 냉·온풍을 혼합하는 데 따른 에너지 손실 및 연간 일정한 풍량을 공급하기 위한 송풍동력으로 운전비가 상승한다.

㉯ 2계통의 덕트가 설치되므로 설비비가 높다.

㉰ 덕트의 설치공간이 커지므로 고속덕트 방식을 채택하게 된다.

㉱ 혼합 상자에서 소음과 진동이 발생한다.

㉲ 실내습도의 완전한 제어가 어렵다.

㉳ 실온 유지를 위하여 하절기에도 난방의 필요성이 있다.

(다) 적용

㉮ 냉·난방의 분포가 복잡하고 개별실 제어가 필요한 곳

㉯ 사용목적이 불투명하고 변동이 많은 건물

② 변풍량 이중 덕트 방식(double duct variable air volume ; DDVAV)

(가) 장점

㉮ 같은 기능의 변풍량 재열식에 비해 에너지가 절감된다.

㉯ 동시 사용률을 적용할 수가 있어서 주덕트에서 최대 부하 시보다 20 ~ 30 %의 풍량을 줄일 수 있으므로 설비용량을 적게 할 수 있다.

㉰ 부분부하시 송풍기 동력을 절감할 수가 있다.

㉱ 빈방에 급기를 정지시킬 수 있어서 운전비를 줄일 수 있다.

㉲ 부하 변동에 대하여 제어응답이 빠르다.

(나) 단점

㉮ 2중 덕트를 사용하므로 설비비가 크다.

㉯ 최소풍량 시 외기도입이 어렵다.

㉰ 실내공기의 분포가 나빠질 우려가 있으므로 토출구 선정 시 주의해야 한다.

③ 멀티 존 유닛 방식(multi zone unit system)

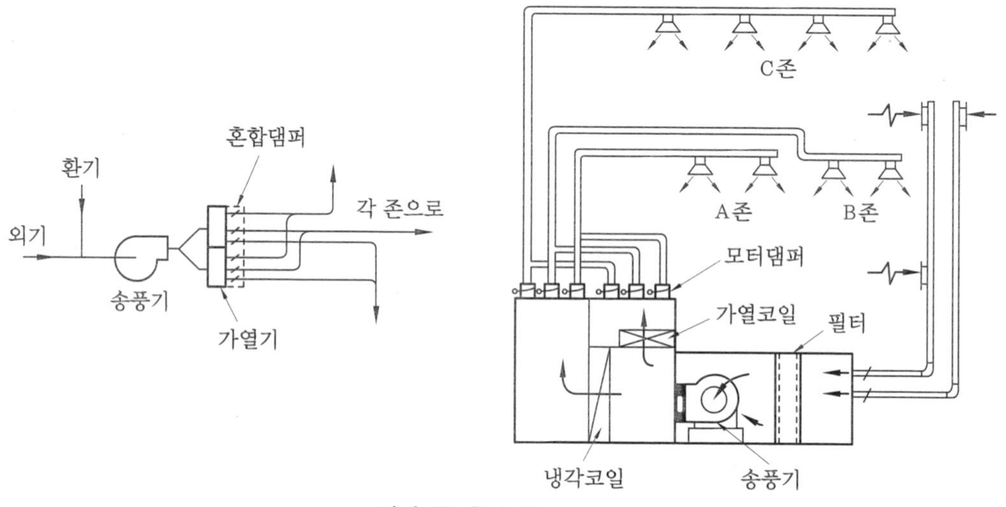

멀티 존 유닛 방식

(가) 장점

㉮ 소규모 건물의 이중 덕트 방식과 비교하여 초기 설비비가 저렴하다.

㉯ 이중 덕트 방식의 덕트 공간을 천장 속에 확보할 수 없는 경우에 적합하다.

㉰ 존 제어가 가능하므로 건물의 내부 존에 이용된다.

㈏ 단점

㉮ 이중 덕트 방식과 같은 혼합 손실이 있어서 에너지 소비량이 많다.

㉯ 동일 존에 있어서 내주부 부하 변동과 외주부 부하 변동이 거의 균일해야 한다.

㉰ 장차 존 혼합 댐퍼를 증설한다는 것은 경제적으로나 현실적으로 불가능하다.

㉱ 이중 덕트 방식에 비하여 정풍량장치가 없으므로 각 실의 부하 변동이 심하게 달라지면 각 실에 대한 송풍량의 균형이 깨진다.

㉲ 덕트 수가 많으므로 유닛을 건물 중앙에 두어 덕트 공간이 넓어지는 것을 방지한다.

(3) 덕트 병용 패키지 공조 방식

① 장점

㈎ 설비비가 저렴하다.

㈏ 운전에 전문 기술인이 필요 없다.

㈐ 유닛에 냉동기를 내장하므로 부분 운전에 중앙 열원장치를 운전하지 않아도 된다.

② 단점

㈎ 수명이 짧으므로 보수비용이 크다.

㈏ 실온 제어가 2위치이므로 습도 제어가 곤란하고 편차가 크다.

㈐ 소형장치 (15 RT 이하)에 고급 필터를 설치할 때는 송풍기 정압이 낮으므로 부스터 팬 (booster fan)을 설치해야 한다.

(4) 각층 유닛 방식

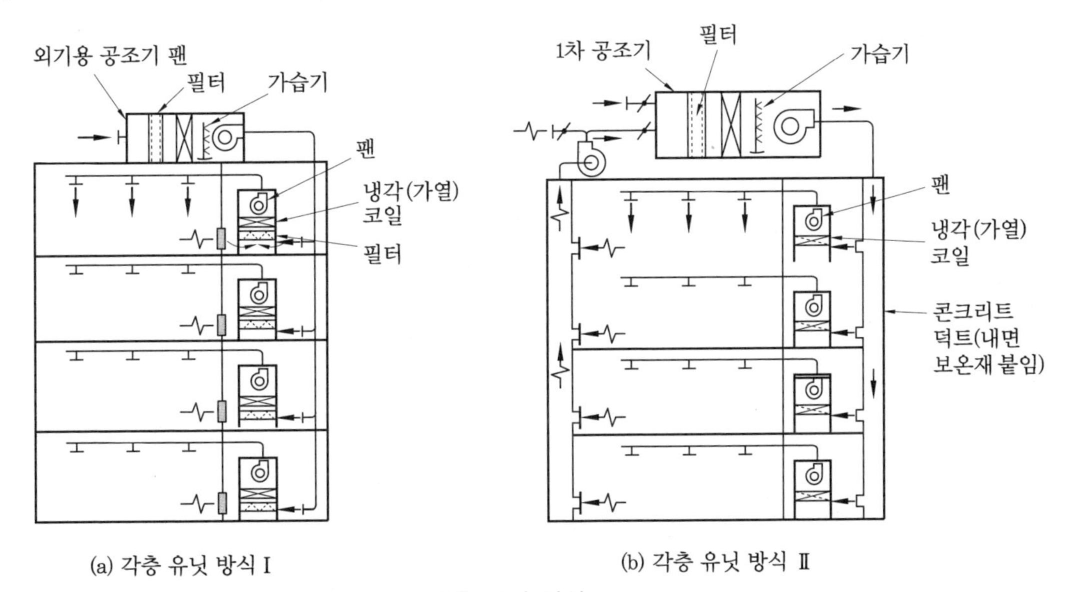

(a) 각층 유닛 방식 Ⅰ

(b) 각층 유닛 방식 Ⅱ

각층 유닛 방식

① 장점

(가) 송풍 덕트가 짧다.

(나) 시간차 운전에 적합하다.

(다) 각층 슬래브의 관통 덕트가 없으므로 방화상 유리하다.

(라) 층별 존 제어가 가능하다.

② 단점

(가) 공조기 수가 많으므로 설비비가 많이 든다.

(나) 보수관리가 복잡하다.

(다) 진동, 소음이 크다.

(라) 2차 공조용 기계실이 단일 덕트 공간보다 커진다.

(5) 유닛 병용식(수 – 공기 방식)

① 팬 코일 유닛 방식(fan coil unit system)(덕트 병용)

(가) 장점

㉮ 각 유닛마다 조절할 수 있으므로 각 실 조절에 적합하다.

㉯ 전공기식에 비해 덕트 면적이 적다.

㉰ 장내의 부하 증가에 대하여 팬 코일 유닛의 증설관으로 용이하게 계획될 수 있다.

(나) 단점

㉮ 일반적으로 외기 공급을 위한 별도의 설비를 병용할 필요가 있다.

㉯ 유닛이 실내에 설치되므로 건축계획상 지장을 받는 경우가 있다.

㉰ 다수 유닛이 분산 설치되므로 보수관리가 어렵다.

㉱ 전공기식에 비해 다량의 외기송풍량을 공급하기 곤란하므로 중간기나 겨울철의 효과적인 외기냉방을 하기가 힘들다.

㉲ 수배관으로 인한 누수의 염려가 있다.

㉳ 실내공기 청정도를 요구하기 힘들다.

② 유인 유닛 방식(induction unit system)

(가) 장점

㉮ 비교적 낮은 운전비로 개실 제어가 가능하다.

㉯ 1차 공기와 2차 냉·온수를 별도로 공급함으로써 재실자의 기호에 알맞은 실온을 선정할 수 있다.

㉰ 1차 공기를 고속덕트로 공급하고, 2차측에 냉·온수를 공급하므로 열 반송에 필요한 덕트 공간을 최소화한다.

㉱ 중앙공조기는 처리풍량이 적어서 소형으로 된다.

㉮ 제습, 가습, 공기여과 등을 중앙기계실에서 행한다.

㉯ 유닛에는 팬 등의 회전부분이 없으므로 내용연수가 길고, 일상점검은 온도 조절과 필터의 청소뿐이다.

㉰ 송풍량은 일반적인 전공기 방식에 비하여 적고 실내부하의 대부분은 2차 냉수에 의하여 처리되므로 열 반송 동력이 작다.

㉱ 조명이나 일사가 많은 방의 냉방에 효과적이고 계절에 구분 없이 쾌감도가 높다.

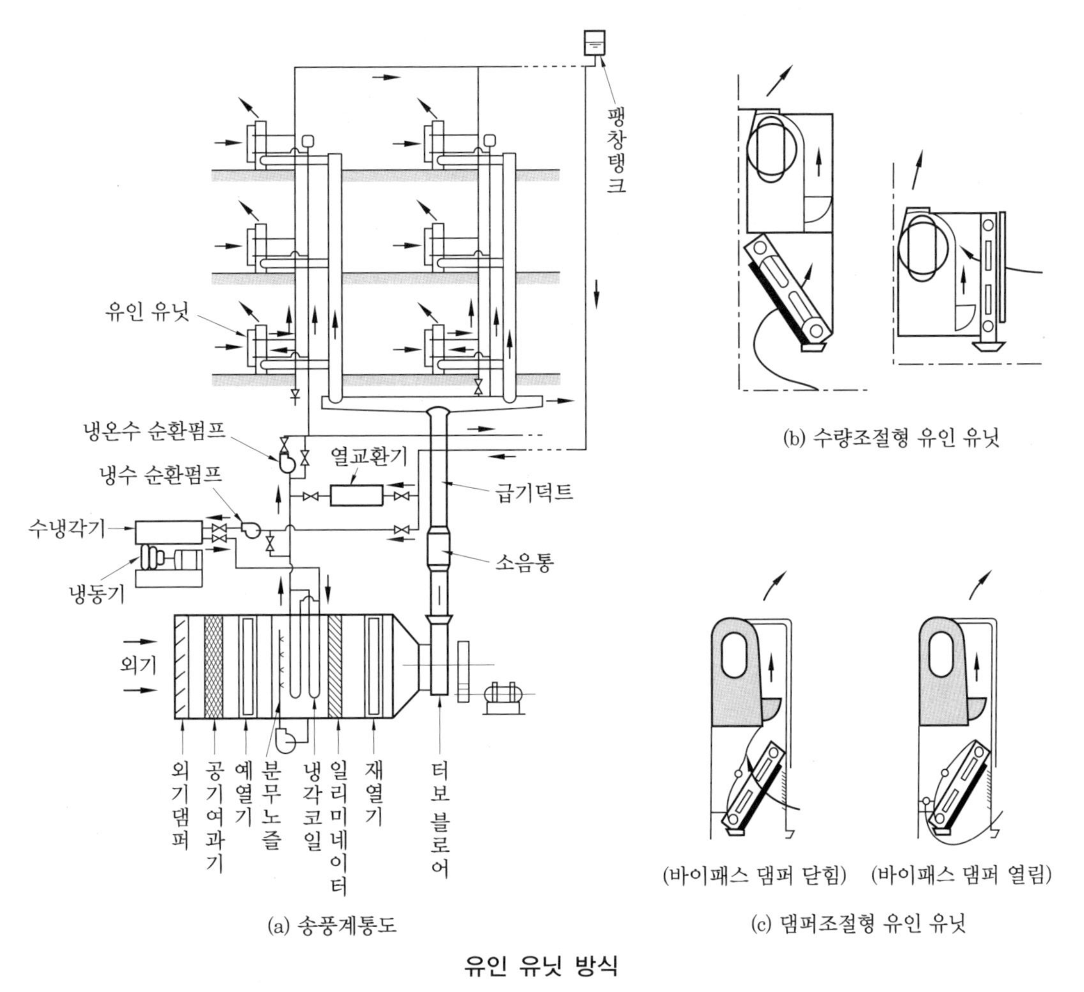

(a) 송풍계통도

(b) 수량조절형 유인 유닛

(c) 댐퍼조절형 유인 유닛

유인 유닛 방식

(나) 단점

㉮ 1차 공기량이 비교적 적어서 냉방에서 난방으로 전환할 때 운전 방법이 복잡하다.

㉯ 송풍량이 적어서 외기냉방 효과가 적다.

㉰ 자동제어가 전공기 방식에 비하여 복잡하다.

㉱ 1차 공기로 가열하고 2차 냉수로 냉각(또는 가열)하는 등 가열, 냉각을 동시에 행하여 제어하므로 혼합손실이 발생하여 에너지가 낭비된다.

㉮ 팬 코일 유닛과 같은 개별운전이 불가능하다.

㉯ 설비비가 많이 든다.

㉰ 직접난방 이외에는 사용이 곤란하고 중간기에 냉방운전이 필요하다.

참고 1차 공기와 2차 공기(합계 공기)와의 비는 일반적으로 1:3～4이고, 더블 코일일 때에는 1:6～7 정도이다.

$$\text{유인비 } n = \frac{\text{합계 공기}}{\text{1차 공기}} = \frac{T_i}{P_s}$$

③ 복사 냉·난방 방식(panel air system)

(가) 장점

㉮ 복사열을 이용하므로 쾌감도가 제일 좋다.

㉯ 천장이 높은 방에 온도 취출 차를 줄일 수 있다.

㉰ 건물의 축열을 기대할 수 있다.

㉱ 실내에 유닛이 없으므로 공간이 넓다.

㉲ 냉방시 일사 또는 조명부하를 쉽게 처리할 수 있다.

(나) 단점

㉮ 냉각 패널에 결로 우려가 있고 잠열이 많은 부하처리에 부적당하다.

㉯ 실내 수배관이 필요하고 설비비가 많이 든다.

㉰ 많은 환기량을 요하는 장소는 부적당하다.

㉱ 실 건축구조 변경이 어렵다.

(6) 개별 방식

① 장점

(가) 각 유닛에 냉동기를 내장하고 있기 때문에 필요시간에 가동하므로 에너지 절약이 되고, 또 잔업 시의 운전 등으로 국소적인 운전을 할 수 있다.

(나) 서모스탯을 내장하고 있어 개별 제어가 자유롭게 된다.

(다) 취급이 간단하고 대형의 것도 누구든지 운전할 수 있다.

② 단점

(가) 냉동기를 내장하고 있으므로 일반적으로 소음, 진동이 크다.

(나) 열펌프 이외의 것은 난방용으로서 전열을 필요로 하며, 운전비가 높다.

(다) 수명은 대형기기에 비하여 짧다.

(라) 외기냉방을 할 수 없다.

참고 열펌프 (heat pump) 유닛 방식

① **장점**

(가) 유닛마다 제어기구가 있어서 개별 운전 제어가 가능하다.
(나) 증설, 간벽 변경 등에 대한 대응이 용이하고, 공조 방식에 융통성이 있다.
(다) 냉·난방부하가 동시에 발생하는 건물에는 열 회수가 가능하다.
(라) 천장 안에 기기를 설치하면 기계실 면적을 최소화할 수 있다.
(마) 설치하기가 쉽고, 운전이 단순하다.

② **단점**

(가) 외기냉방이 어렵다.
(나) 기기의 발생 소음이 커서 기종 선정 시 주의를 요한다.
(다) 환기능력에 제한이 있다.
(라) 습도 제어가 어렵고, 필터효율이 나쁘다.
(마) 기기의 수명이 짧다.

>>> 제2장

예상문제

1. **다음의 전공기식 공기조화에 관한 설명 중 옳지 않은 것은?**

① 덕트가 소형으로 되므로 스페이스가 작게 된다.
② 송풍량이 충분하므로 실내공기의 오염이 적다.
③ 극장과 같이 대풍량을 필요로 하는 장소에 적합하다.
④ 병원의 수술실과 같이 높은 공기의 청정도를 요구하는 곳이 적합하다.

해설 전공기 방식은 덕트가 대형화된다.

2. **다음은 2중 덕트 방식을 설명한 것이다. 관계없는 것은?**

① 전공기 방식이다.
② 복열원 방식이다.
③ 개별실 제어가 가능하다.
④ 열손실이 거의 없다.

해설 2중 덕트 방식은 냉풍과 온풍의 혼합실에서 에너지 손실이 발생한다.

3. **VAV 공조 방식에 관한 다음 설명 중 옳지 않은 것은?**

① 각 방의 온도를 개별적으로 제어할 수 있다.
② 동시부하율을 고려하여 용량을 결정하기 때문에 설비가 크다.
③ 연간 송풍동력이 정풍량 방식보다 적다.
④ 부하의 증가에 대해서 유연성이 있다.

해설 동시부하율을 고려해서 정풍량의 80% 정도이다.

4. **각층 유닛(unit) 방식의 설명 중 바르게 설명된 것은?**

① 물-공기 방식이며 부분부하 운전이 가능하다.
② 설비비가 적으며, 관리도 용이하다.
③ 덕트 스페이스가 크고 시간차 운전이 불가능하다.
④ 전공기 방식이며 구역별 제어가 가능하다.

해설 각층 유닛 방식은 단일 덕트 방식의 변형이다.

5. **팬 코일 유닛 방식은 배관 방식에 따라 2관식, 3관식, 4관식이 있다. 다음의 설명 중 적당하지 않은 것은?**

① 3관식과 4관식은 냉수배관, 온수배관을 설치하여 각 계통마다 동시에 냉·난방을 자유롭게 할 수 있다.
② 4관식 중 2코일식은 냉수계와 온수계가 완전 분리되므로 냉·온수 간의 밸런스 문제가 복잡하고 열손실이 많다.
③ 3관은 환수관에서 냉·온수가 혼합되므로 열손실이 생긴다.
④ 환경 제어 성능이나 열손실면에서 4관식이 가장 좋으나 설비비나 설치면적이 큰 것이 단점이다.

6. **다음 그림은 냉각코일에서의 공기 상태 변화를 공기 선도 상에 표시한 것이다. 건코일(dry coil)에 해당되는 부분은?**

① $\overline{AB}$
② $\overline{AC}$
③ $\overline{BC}$
④ $\overline{CD}$

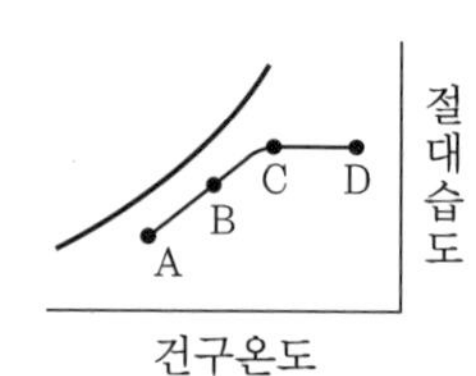

정답 **1.** ① **2.** ④ **3.** ② **4.** ④ **5.** ② **6.** ④

2-2 공기조화 부하

1 냉방부하

(1) 외벽, 지붕에서의 태양복사 및 전도에 의한 부하(kJ/h)

면적(m^2)×열관류율 (kJ/m^2·h·K)×상당 온도차 (K)

① 벽체의 구조

벽 구조와 K [kcal/m^2·h·℃]의 값

번호	구조	K	번호	구조	K
①	콘크리트 두께 5 cm	4.68	⑥	알루미늄 커튼 월	1.99
②	콘크리트 두께 10 cm	3.97	⑦	알루미늄 커튼 월 (보온재 5 cm)	0.550
③	콘크리트 두께 15 cm	3.44	⑧	목조벽 (보온재 3 cm)	0.842
④	콘크리트 두께 20 cm	3.04	⑨	ALC 판 (7.5 cm)	1.20
⑤	콘크리트 두께 25 cm	2.72	⑩	ALC 판 (12.5 cm)	0.858

벽 번호	구조	벽 번호	구조
① ~ ⑤	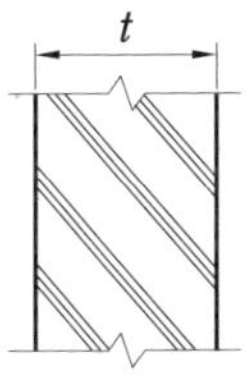 t / 콘크리트 (두께 t[cm]) 또는 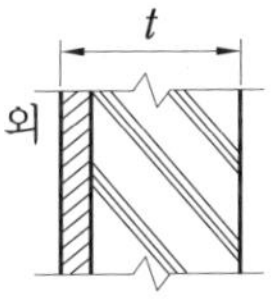 t / 외 / 콘크리트+모르타르 (두께 t[cm])	⑧	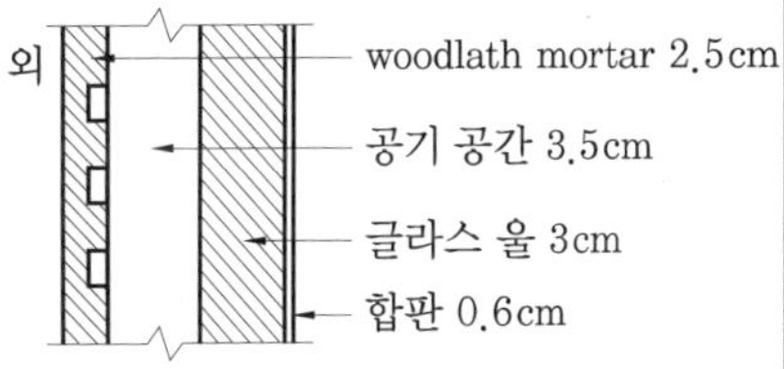 외 / woodlath mortar 2.5cm / 공기 공간 3.5cm / 글라스 울 3cm / 합판 0.6cm
⑥	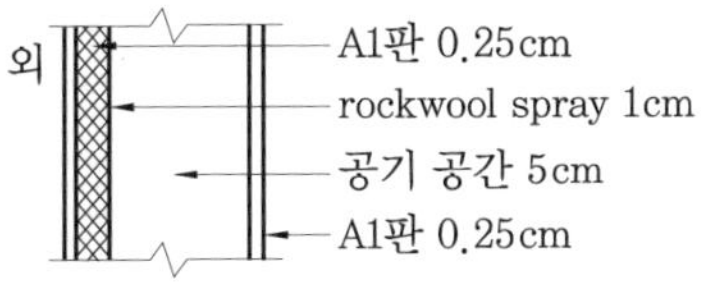 외 / A1판 0.25cm / rockwool spray 1cm / 공기 공간 5cm / A1판 0.25cm	⑨	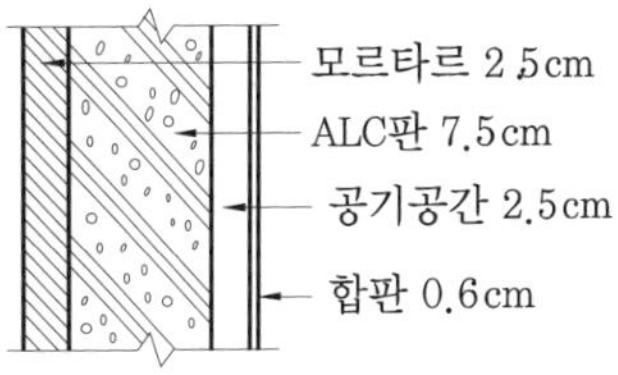 모르타르 2.5cm / ALC판 7.5cm / 공기공간 2.5cm / 합판 0.6cm
⑦	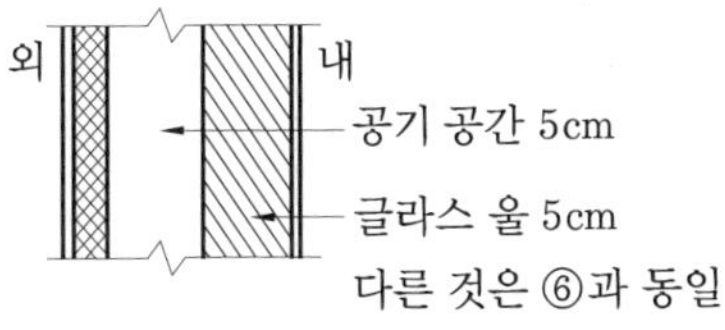 외 / 내 / 공기 공간 5cm / 글라스 울 5cm / 다른 것은 ⑥과 동일	⑩	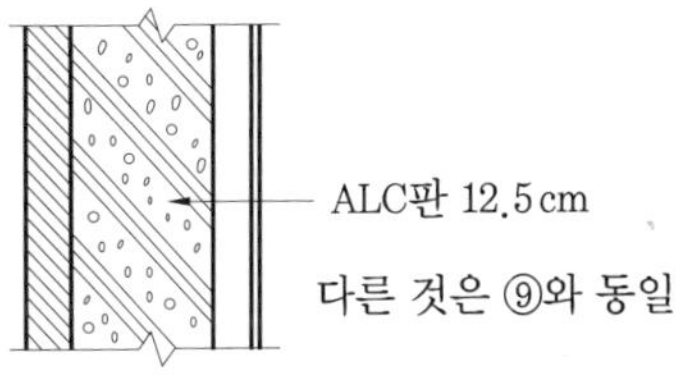 ALC판 12.5cm / 다른 것은 ⑨와 동일

② 상당 온도차 : 일사를 받는 외벽체를 통과하는 열량을 산출하기 위하여 실내·외 온도차에 축열계수를 곱한 것으로서 지역과 시간 및 방위(향)에 따라서 그 값이 다르다.

보정 상당 외기 온도차 $\Delta t_e{}' = \Delta t_e + (t_o{}' - t_i{}') - (t_o - t_i)$

여기서, $\Delta t_e{}'$: 보정 상당 온도차 (℃), Δt_e : 상당 온도차

$t_i{}'$: 실제 실내온도, t_i : 설계 실내온도

$t_o{}'$: 실제 외기온도, t_o : 설계 외기온도

상당 온도차의 예 (콘크리트벽, 설계 외기온도 31.7℃, 실내온도 26℃, 7월 하순)

벽	시각	Δt_e								
		수평	북	북동	동	남동	남	남서	서	북서
콘크리트두께 5 cm	8	14.2	6.6	21.4	24.2	15.5	2.6	2.8	3.0	2.5
	10	32.8	5.9	18.7	27.7	24.6	10.1	6.2	6.3	5.8
	12	43.5	8.2	8.6	17.1	20.4	16.6	9.4	8.5	8.0
	14	44.4	8.7	8.8	9.0	10.5	17.4	20.2	16.4	8.5
	16	36.2	8.1	8.2	8.4	8.4	12.8	26.5	29.1	19.8
콘크리트두께 10 cm	8	5.4	1.3	6.5	7.5	4.9	1.8	2.5	2.8	2.0
	10	20.1	4.8	19.8	24.6	18.8	4.5	4.6	4.8	4.2
	12	33.5	6.6	14.6	21.2	20.8	11.4	7.4	7.6	7.1
	14	40.7	7.8	8.2	11.3	15.8	15.6	11.2	8.6	8.2
	16	38.7	8.1	8.5	8.9	9.1	14.6	19.8	13.3	10.4
콘크리트두께 15 cm	8	6.5	1.7	3.1	4.7	3.8	2.5	3.7	4.2	2.9
	10	10.5	5.3	11.6	12.4	8.7	3.4	4.5	5.0	3.8
	12	23.7	4.7	15.5	19.9	17.6	6.6	6.3	6.4	5.6
	14	32.3	6.7	10.5	15.3	16.5	11.7	8.3	8.0	7.5
	16	35.6	7.3	8.0	8.9	11.6	13.6	13.2	9.1	8.1
콘크리트두께 20 cm	8	8.6	2.3	4.1	5.7	4.9	3.4	4.7	5.4	4.9
	10	8.6	2.3	4.0	5.7	4.8	3.3	4.7	5.3	4.8
	12	15.5	5.7	13.5	15.1	11.4	4.4	5.7	6.3	5.9
	14	25.3	5.3	12.3	16.4	15.4	8.0	7.2	7.7	7.5
	16	30.9	6.5	7.7	12.1	13.6	11.5	8.8	8.6	8.6
경량 콘크리트두께 10 cm	8	5.0	1.3	2.6	3.9	8.7	2.0	2.9	3.4	2.3
	10	14.9	5.9	16.9	18.8	13.3	3.6	4.3	4.9	3.8
	12	28.8	5.6	15.0	20.7	19.2	8.9	6.8	7.2	6.3
	14	37.0	7.2	7.9	14.0	16.5	13.4	9.0	8.6	7.8
	16	37.7	7.8	8.3	9.0	9.9	14.2	16.5	14.1	8.4
경량 콘크리트두께 15 cm	8	8.5	2.3	4.0	5.7	4.8	3.4	4.6	5.2	3.8
	10	8.4	2.2	3.9	5.7	4.8	3.3	4.6	5.1	3.8
	12	16.0	5.7	14.6	15.5	12.0	4.5	5.7	6.2	4.8
	14	25.8	5.4	12.4	16.2	15.4	8.4	7.3	7.7	6.6
	16	31.4	6.6	7.6	11.8	13.5	11.5	8.8	8.6	7.6

(2) 유리로 침입하는 열량

① 복사열량(일사량) : 면적(m^2) × 최대 일사량 ($kJ/m^2 \cdot h$) × 차폐계수

② 전도대류열량 : 창면적당 전도대류열량 ($kJ/m^2 \cdot h$) × 면적 (m^2)

③ 전도열량 : 면적(m^2) × 유리 열관류율 ($kJ/m^2 \cdot h \cdot K$) × 실내·외 온도차 (K)

차폐계수(k_s)

종류		k_s	참고값		
			흡수율	반사율	투과율
보통판유리		1.00	0.06	0.08	0.86
마판유리		0.94	0.15	0.08	0.77
내측 venetian blind	엷은색	0.56	0.37	0.51	0.12
	중간색	0.65	0.58	0.39	0.03
	진한색	0.75	0.72	0.29	0.01
외측 venetian blind	엷은색	0.12			
	중간색	0.15			
	진한색	0.22			

흡열유리를 통과하는 일사량 I_{gR} [kcal/h·m²]

시각	수평	NW	N	NE	E	SE	S	SW	W
6	30.1	8.9	33.9	133.2	144.8	63.1	8.9	8.9	8.9
7	110.0	11.9	24.6	222.0	278.9	146.8	11.9	11.9	11.9
8	216.0	13.2	13.2	183.2	308.8	216.0	15.0	13.2	13.2
9	301.9	18.5	18.5	113.0	247.1	201.3	30.7	18.5	18.5
10	362.3	24.2	24.2	52.5	163.3	164.7	55.6	24.2	24.2
11	413.7	24.6	24.6	24.6	72.8	113.6	78.6	24.6	24.6
12	426.3	24.6	24.6	24.6	24.6	55.0	85.0	55.0	24.6
13	413.7	24.6	24.6	24.6	24.6	24.6	78.6	113.6	72.8
14	362.3	52.5	24.2	24.2	24.2	24.2	55.6	164.7	163.3
15	301.9	113.0	18.5	18.5	18.5	18.5	30.7	201.3	247.1
16	216.0	183.2	13.2	13.2	13.2	13.2	15.0	216.0	308.8
17	110.0	222.0	24.6	11.9	11.9	11.9	11.9	146.8	278.9
18	30.1	133.2	33.9	8.9	8.9	8.9	8.9	63.1	144.8

(그레이 페인 5 mm, 7월 하순)

(3) 틈새바람에 의한 열량

- 감열 = 풍량 (m^3/h) × 비중량 (1.2 kg/m^3) × 비열 (1 $kJ/kg \cdot K$) × 실내·외 온도차 (K)

• 잠열 = 풍량 (m^3/h) × 비중량 $(1.2\ kg/m^3)$ × 잠열 (2500 kJ/kg)
× 실내·외 절대습도차 (kg/kg′)

흡열유리를 통과하는 전도대류량 I_{gC} [kcal/h·m²]

시각	수평	NW	N	NE	E	SE	S	SW	W
6	9.6	1.9	11.1	27.0	28.3	16.7	1.9	1.9	1.9
7	37.7	9.4	17.5	55.0	62.0	43.5	9.4	9.4	9.4
8	67.7	18.8	18.8	61.9	79.8	67.1	20.9	18.8	18.8
9	89.5	27.9	27.9	58.3	80.2	73.4	36.6	27.9	27.9
10	103.8	35.4	35.4	49.3	73.4	73.8	50.3	35.4	35.4
11	115.0	39.0	39.0	39.0	58.3	67.6	59.2	39.2	39.0
12	118.2	41.3	41.3	41.3	41.3	56.2	63.9	56.2	41.3
13	118.5	42.4	42.4	42.4	42.4	42.6	62.6	71.0	61.8
14	118.7	56.1	42.3	42.3	42.3	42.3	57.2	80.7	80.3
15	102.6	71.5	41.1	41.1	41.1	41.1	49.3	86.5	93.3
16	84.2	78.5	35.4	35.4	35.4	35.4	37.4	83.7	96.3
17	58.8	76.2	38.6	30.6	30.6	30.6	30.6	64.7	83.1
18	31.4	48.6	32.9	23.6	23.6	23.6	23.6	38.4	50.0

(그레이 페인 5 mm, 7월 하순)

① 환기 횟수에 의한 방법 : 이 방법은 주택이나 점포, 상가 등의 소규모 건물에 자주 사용되며, 다음 식에 의해 계산한다.

$$Q = n \cdot V$$

여기서, Q : 환기량 (m^3/h), n : 환기 횟수 (회/h), V : 실체적 (m^3)

환기 횟수는 건축구조에 따라 달라지며, 일반적으로 0.5 ~ 1.0회를 사용하는데, 정확한 계산법은 아니지만 간단하므로 자주 이용된다.

② crack 법 (극간길이에 의한 방법) : 창 둘레의 극간길이 L [m]에 극간길이 1 m 당 극간풍량을 곱하여 구한다. 이 방법은 외기의 풍속과 풍압을 고려하고, 창문의 형식에 따라 누기량이 정해진다.

③ 창면적에 의한 방법 : 창의 면적 또는 문의 면적을 구하여 극간용량을 계산하는 방법으로서 창의 크기 및 기밀성, 바람막이의 유무에 따라 극간풍이 달라진다.

$$Q\,[m^3/h] = A\,[m^2] \times g_f\ [m^3/h \cdot m^2]$$

여기서, A : 창문면적 (m^2), g_f : 면적당 극간풍량

④ 출입문의 극간풍 : 현관의 출입문은 사람에 의하여 개폐될 때마다 많은 풍량이 실내로 유입된다. 특히, 건물 자체의 연돌효과로 인해 현관은 부압이 되며, 극간풍량은 증가한다.

⑤ 건물 내 개방문 : 건물 내의 실(室)과 복도, 실과 실 사이의 문으로서 양측의 온도차가 발생하여 극간풍이 발생한다.

극간풍에 의한 환기 횟수(n)

(회/h)

건축 구조	환기 횟수(n)	
	난방 시	냉방 시
콘크리트조(대규모 건축)	0 ~ 0.2	0
콘크리트조(소규모 건축)	0.2 ~ 0.6	0.1 ~ 0.2
양식 목조	0.3 ~ 0.6	0.1 ~ 0.3
일식 목조	0.5 ~ 1.0	0.2 ~ 0.6

㈜ 창 섀시는 전부 알루미늄 섀시로 한다.

참고 극간풍을 방지하는 방법

① 에어 커튼(air curtain)의 사용
② 회전문을 설치
③ 충분히 간격을 두고 이중문을 설치
④ 이중문의 중간에 강제대류 convector or FCU 설치
⑤ 실내를 가압하여 외부압력보다 높게 유지하는 방법
⑥ 건축의 건물 기밀성 유지와 현관의 방풍실 설치, 층간의 구획 등

예제 2. Al 섀시 두 짝 미닫이에서 창문 높이가 2 m이고 폭이 2 m일 때 crack에 의한 극간길이는 얼마이며 침입풍량이 10 m^3/h·m일 때 극간풍량을 계산하여라.

해설 ① 극간길이=3×2+2×2=10 m
② 극간풍량=10×10=100 m^3/h

(4) 내부에서 발생하는 열량

① 인체에서 발생하는 열량

현열=재실인원수×1인당 발생현열량(kJ/h)

잠열=재실인원수×1인당 발생잠열량(kJ/h)

② 전동기(실내 운전 시)[kcal/h]=전동기 입력(kVA)×860 kcal/h (3600 kJ/h)

$$\text{전동기 입력(kVA)} = \text{전동기 정격출력(kW)} \times \text{부하율} \times \frac{1}{\text{전동기 효율}}$$

③ 조명부하

백열등 발열량=W×전등 수×0.86 kcal/h (3.6 kJ/h)

형광등 발열량=W×전등 수×1.25×0.86 kcal/h (3.6 kJ/h)

> **참고** 형광등 1 kW의 열량은 점등관 안전기 등의 열량을 합산하여 860×1.25×1000 kcal/h (1×1.25×3600 = 4500 kJ/h)이다.

④ 실내기구 발생열 (현열)(kJ/h) = 기구 수 × 실내기구 발생현열량 (kJ/h)

인체에서 발생하는 열량 (kcal/h)

작업상태	실온		28℃		27℃		26℃		25℃		24℃		23℃		21℃	
	예	발전열량	SH	LH	SH	LH	SH	LH	SH	LH	SH	LH	SH	LH	SH	LH
정좌	극장	88	44	44	49	39	53	35	56	33	58	30	60	28	65	23
경작업	학교	101	45	56	49	52	53	48	57	44	61	40	64	38	69	32
사무실 업무 가벼운 보행	사무실, 호텔, 백화점	113	45	68	50	63	54	59	58	55	62	51	65	47	72	41
서다 앉다 걷다	은행	126	45	81	50	76	55	71	60	67	64	62	67	59	73	53
좌업	레스토랑	139	48	91	56	83	62	77	67	73	71	68	74	64	81	58
착석작업	공장의 경작업	189	48	141	56	133	62	127	68	121	74	115	80	109	92	97
보통의 댄스 보행	댄스홀	125	56	159	62	153	69	146	76	140	82	133	88	126	101	114
(4.8 km/h)	공장의 중작업	252	68	184	76	176	83	169	90	163	96	156	103	149	116	136
볼링	볼링	365	113	252	117	248	121	244	132	239	132	233	139	226	153	212

㈜ SH (Sensible Heat) : 현열, LH (Latent Heat) : 잠열

각종 기구의 발열량 (kcal/h)

기구		감열	잠열
전등 전열기	(kW 당)	860	0
형광등	(kW 당)	1000	0
전동기	(94 ~ 375 W)	1060	0
전동기	(0.375 ~ 2.25 kW)	920	0
전동기	(2.25 ~ 15 kW)	740	0
가스 커피포트	(1.8 L)	100	25
가스 커피포트	(11 L, 지름 38×높이 85 cm)	720	720
토스터	(전열, 15×28×23 cm 높이)	610	110
분젠버너	(도시가스, 10 mmϕ)	240	60
가정용 가스스토브		1800	200
가정용 가스오븐		2000	1000

기구 소독기	(전열 15×20×43 cm)	680	600
기구 소독기	(전열 23×25×50 cm)	1300	1000
미장원 헤어드라이어	(헬멧형 115 V, 6.5 A)	470	80
미장원 헤어드라이어	(블로어형 115 V, 15 A)	600	100
퍼머넌트 웨이브기	(25 W 히터 60개)	220	40

(5) 장치 내의 취득열량

① 급기덕트의 열 취득 : 실내 취득감열량×(1～3) %

② 급기덕트의 누설손실 : 시공오차로 인한 누설 (송풍량×5 % 정도)

③ 송풍기 동력에 의한 취득열량 : 송풍기에 의해 공기가 가압될 때 주어지는 에너지의 일부가 열로 변환된다.

④ 장치 내 취득열량의 합계가 일반적인 경우 취득감열의 10 %이고, 급기덕트가 없거나 짧은 경우에는 취득감열의 5 % 정도이다.

참고 **실내 전열취득량(q_r) = 실내 현열부하(q_s) + 실내 잠열부하(q_L)**

① q_s = 실내 현열소계 + 여유율 + 장치 내 취득열량

② q_L = 실내 잠열소계 + 여유율 + (기타 부하)

(6) 외기부하

실내환기 또는 기계환기의 필요에 따라 외기를 도입하여 실내공기의 온·습도에 따라 조정해야 한다.

$$\text{감열 } q_s = Q_o \gamma C_p (t_o - t_i) \text{ [kJ/h]} \qquad \text{잠열 } q_L = GR(x_o - x_i) \text{ [kJ/h]}$$

여기서, Q_0 : 외기도입량 (m³/h), G : 외기도입 공기 질량 (kg/h), γ : 비중량 (kg/m³)

C_p : 공기 비열 (kJ/kg·K), R : 0℃ 물의 증발잠열 (2500 kJ/kg)

t_o, t_i : 실내·외 공기의 건구온도 (℃), x_o, x_i : 실내·외 공기의 절대습도 (kg/kg′)

(7) 냉각부하

$$q_{cc} = \text{실내 취득열량} + \text{외기부하} + \text{재열부하} + \text{기기 취득열량 (kJ/h)}$$

2 난방부하

(1) 전도대류에 의한 열손실

구조체에 의한 열손실, 즉 벽, 지붕 및 천장, 바닥, 유리창, 문 등

(2) 극간풍(틈새바람)에 의한 열손실

침입공기에 의한 열손실

(3) 장치에 의한 열손실

실내 손실열량의 3 ~ 7 %로 본다.

(4) 외기부하

재실인원 또는 기계실에 필요한 환기에 의한 열손실 등이 있다.

참고 전도대류 손실열량

q = 면적(m^2)×열관류율(kJ/m^2·h·K)×실내·외 온도차(K)×방위계수

방위계수는 북·북서·서 등은 1.2, 북동·동·남서 등은 1.1, 남동·남 등은 1.0이 일반적이다.

2-3 클린룸

1 클린룸 방식

(1) 클린룸의 정의

클린룸(clean room)이란 분진 입자의 크기에 따라 분진수를 측정하여 청정도를 등급별로 체계화한 공간을 말한다.

(2) 클린룸의 분류

① 산업용 클린룸(ICR : industrial clean room) : 공기 중의 미세 먼지, 유해 가스, 미생물 등의 오염 물질까지도 극소로 만든 클린룸으로 반도체 산업, 디스플레이 산업, 정밀 측정, 필름 공업 분야에 적용되며 주로 미세먼지를 청정 대상으로 한다.

② 바이오 클린룸(BCR : bioclean room) : 미세 먼지 미립자뿐만 아니라 세균, 곰팡이, 바이러스 등도 극소로 제한하는 클린룸으로 병원의 수술실 등 무균 병실, 동물 실험실, 제약 공장, 유전 공학 등에 적용되고 있다.

③ 공기 청정도의 등급 : 클린룸의 청정도는 공간 내의 부유 입자 농도에 따른 청정도 클래스에 의해 나타낸다. 우리나라의 클린룸의 등급은 Class M1, Class M10, Class M100 Class 1,000, Class M10,000, Class M10,000,000으로 표기한다. 청정도 클래스 입자 크기 범위 내의 상한 농도는 다음 식으로 구한다.

$$NC = N \times \left(\frac{0.3}{D}\right)^{2.1}$$

여기서, NC : 입자 크기 이상의 상한 농도(개/m^3)
N : 청정도 클래스
D : 입자의 크기(μm)

2 클린룸 구성

(1) 에어 필터의 개요

에어 필터란 어떠한 유체(공기, 기름, 연료, 물, 기타)를 일정한 시간 내에 일정한 용량을 일정한 크기의 입자로 통과시키는 기기를 말하며 대기 중에 존재하는 분진을 제거하여 필요에 맞는 청정한 공기를 만들어낸다.

(2) 에어 필터의 구조

① 외곽 틀　② 여과재　③ 밀봉재
④ 분리판　⑤ 개스킷　⑥ 기타

(3) 에어 필터의 포집효과

① 관성 충돌효과　② 확산효과　③ 차단효과

(4) 에어 필터의 종류

① 저성능 필터　② 중성능 필터　③ 고성능 필터
④ 초고성능 필터　⑤ 전기 집진식 필터

3 클린룸 장치

① 에어 샤워　② 패스 박스　③ 팬 필터 유닛
④ 급기 유닛　⑤ 차압 댐퍼　⑥ 클린 벤치
⑦ 클린 부스

>>> 제2장

예상문제

1. 다음 중 공기조화기의 풍량 결정과 관련이 없는 것은?

① 인체에서의 발생잠열
② 전등의 발생열
③ 태양 복사열
④ 외벽에서의 전도열

해설 풍량 결정은 실내 취득감열만 해당된다.

2. 다음은 건물의 열손실을 줄이기 위한 방안이다. 맞는 것은?

① 열전도율이 양호한 재료를 사용한다.
② 건물의 층고를 가급적 작게 한다.
③ 개구부를 크게 계획한다.
④ 환기량을 크게 한다.

해설 건물의 층고를 작게 하면 전열면적이 작아지므로 침입열량이 적다.

3. 다음 설명 중 틀린 것은?

① 벽을 통해 침입하는 열은 현열뿐이다.
② 유리창을 통해 실내로 들어오는 열은 현열뿐이다.
③ 여름에 인체로부터 발생하는 열은 현열과 잠열로 구성되어 있다.
④ 형광등이나 비등기와 같이 실내 발열기기가 발생하는 열은 모두 현열뿐이다.

해설 조명기구는 현열뿐이고, 조리기구는 비등기이며 잠열이 있다.

4. 사람 주위에 흐르는 기류의 쾌적한 속도는 얼마인가?

① 0.1 ~ 0.2 m/s ② 0.3 ~ 0.4 m/s
③ 0.5 ~ 0.6 m/s ④ 0.7 ~ 0.8 m/s

해설 설계 유속률
㉠ 여름 : 0.11 ~ 0.18 m/s
㉡ 겨울 : 0.18 ~ 0.25 m/s

5. 코일의 냉각열량 Q_c [kJ/h], 냉각수의 입구 및 출구온도를 각각 t_i, t_o [K]라 할 때 냉각수량 W_c [L/min]을 계산하는 식은 무엇인가? (단, 물의 비열은 4.2 kJ/kg·K이다.)

① $W_c = 60\dfrac{Q_c}{t_i - t_o}$

② $W_c = \dfrac{Q_c}{60 \times 4.2(t_i - t_o)}$

③ $W_c = \dfrac{600\,Q_c}{0.29(t_i - t_o)}$

④ $W_c = \dfrac{0.29\,Q_c}{60(t_i - t_o)}$

6. 다음 그림은 냉수를 이용한 공기 냉각기이다. 냉각기의 열통과율이 3768 kJ/m²·h·K, 1열의 전열면적으로 2 m²으로 하면 냉각열량은 얼마가 되는가?

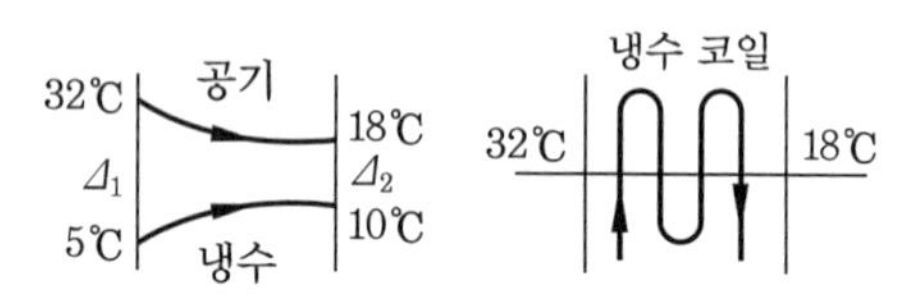

① 56304 kJ/h ② 68212 kJ/h
③ 470849 kJ/h ④ 36424 kJ/h

해설 $MTD = \dfrac{(32-5)-(18-10)}{\ln\dfrac{32-5}{18-10}} = 15.62℃$

$\therefore q_c = 3768 \times (2 \times 4) \times 15.62$
$= 470849.3$ kJ/h

정답 1. ① 2. ② 3. ④ 4. ① 5. ② 6. ③

7. 어느 건물의 서편의 유리 면적이 40 m²이다. 안쪽에 크림색의 베니션 블라인드를 설치한 것으로서 오후 4시에 유리면에서 실내에 침입하는 열량을 구하면 얼마인가?(단, 외기는 33℃, 실내는 27℃, 유리는 1중, 유리의 열통과율 k : 21 kJ/m²·h·K, 유리창의 복사량 I_{gr} : 2196 kJ/m²·h·K, 차폐계수 K_s : 0.56이다.)

① 532080 kJ/h ② 1219 kJ/h
③ 11715 kJ/h ④ 70291 kJ/h

해설 ㉠ 복사열량=2196×40×0.56
=527040 kJ/h
㉡ 전도열량=21×40×(33−27)
=5040 kJ/h
㉢ 침입열량=527040+5040
=532080 kJ/h

8. 외기온도 −13℃, 실내온도 18℃, 실내습도 70 %(노점온도 12.5℃)의 경우 외벽의 내면에 이슬이 생기지 않도록 하기 위하여 외벽의 열통과율을 얼마로 해야 하는가?(단, 내면의 열전달률은 37 kJ/m²·h·K이다.)

① 6.56 kJ/m²·h·K 이하
② 7.5 kJ/m²·h·K 이하
③ 8.5 kJ/m²·h·K 이하
④ 9.2 kJ/m²·h·K 이상

해설 $K\times F\times\{18-(-13)\}$
$=37\times F\times(18-12.5)$

$$K=\frac{37\times5.5}{31}=6.56\ \mathrm{kJ/m^2\cdot h\cdot K}$$

9. 벽체의 두께 15 cm, 열관류율 16.7 kJ/m²·h·K, 실내온도 20℃, 외기온도 2℃, 벽의 면적 10 m²일 때 벽면의 열손실량은 몇 kJ/h인가?

① 3006 kJ/h ② 8640 kJ/h
③ 9600 kJ/h ④ 1152 kJ/h

해설 $Q=K\times F\times\Delta t=16.7\times10\times(20-2)$
$=3006\ \mathrm{kJ/h}$

10. 벽의 두께 l =100 mm인 물질의 양표면 온도가 각각 t_1 =320℃, t_2 =40℃일 때 이 벽의 단위시간, 단위면적당 방열량과 벽의 중심에서의 온도를 구하면 얼마인가? (단, 벽의 열전도율은 0.2 kJ/m·h·K이다.)

① 340 kJ/m²·h, 180℃
② 340 kJ/m²·h, 165℃
③ 560 kJ/m²·h, 165℃
④ 560 kJ/m²·h, 180℃

해설 ㉠ 단위면적당 방열량

$$Q=\frac{0.2}{0.1}\times(320-40)=560\ \mathrm{kJ/h\cdot m^2}$$

㉡ 중심에서의 온도

$$t_m=\frac{320+40}{2}=180℃$$

11. 두께 15 cm, λ =5.9 kJ/m·h·K인 철근 콘크리트의 외벽체에 대한 열관류율 K [kJ/m²·h·K]의 값은 얼마인가?(단, α_1 = 33.5 kJ/m²·h·K, α_0 =83.7 kJ/m²·h·K이다.)

① 0.4 kJ/m²·h·K
② 14.88 kJ/m²·h·K
③ 16.33 kJ/m²·h·K
④ 19.3 kJ/m²·h·K

해설 $$\frac{1}{K}=\frac{1}{83.7}+\frac{0.15}{5.9}+\frac{1}{33.5}$$
$\therefore K=14.876\ \mathrm{kJ/m^2\cdot h\cdot K}$

12. 두께 30 cm의 벽돌벽이 있다. 내면의 온도가 20℃, 외면의 온도가 35℃일 때 이 벽을 통해 흐르는 열량은 몇 kJ/m²·h인가?(단, 벽돌의 열전도율 λ =3.35 kJ/m·h·K이다.)

① 167.5 kJ/m²·h ② 200 kJ/m²·h
③ 240 kJ/m²·h ④ 280 kJ/m²·h

정답 7. ① 8. ① 9. ① 10. ④ 11. ② 12. ①

해설 $Q = \frac{\lambda}{l}(t_o - t_i)$
$= \frac{3.35}{0.3} \times (35-20) = 167.5 \text{ kJ/m}^2 \cdot \text{h}$

13. 다음 틈새바람에 의한 손실열량 중 잠열부하(kJ/h)는 어느 것인가?

① $Q(t_o - t_i)$
② $3000Q(t_o - t_i)$
③ $Q(x_o - x_i)$
④ $3000Q(x_o - x_i)$

14. 송풍량을 Q [m³/h], 외기 및 실내온도를 각각 t_o, t_r [℃]라 할 때 침입외기에 의한 손실열량 중 현열부하(kJ/h)를 구하는 공식은 어느 것인가?

① $q = Q(t_o - t_r)$
② $q = 1.2Q(t_o - t_r)$
③ $q = 3000Q(t_o - t_r)$
④ $q = 2400Q(t_o - t_r)$

15. q_s =31500 kJ/h, 실내온도 26℃, 취출온도 16℃일 때 송풍량은 몇 kg/h인가? (단, 공기의 비열은 1 kJ/kg·K이다.)

① 2586 kg/h ② 3150 kg/h
③ 3532 kg/h ④ 4225 kg/h

해설 $G = \frac{q_s}{C \cdot \Delta t} = \frac{31500}{1 \times (26-16)}$
$= 3150 \text{ kg/h}$

16. 다음 중 x_1 : 0.01 kg/kg′, x_2 : 0.006 kg/kg′일 때 잠열량을 구하면 얼마인가?

① 7 kJ/h ② 18.4 kJ/h
③ 13 kJ/h ④ 10 kJ/h

해설 $q_l = \Delta x \times 2500 = (0.01 - 0.006) \times 2500$
$= 10 \text{ kJ/h}$

17. 다음 그림과 같은 공기조화에서 전열량(q_r)의 표시가 바른 것은? (단, q_s : 실내의 현열손실열량, q_L : 실내의 잠열손실열량, G_F : 외기량, $t_1 - t_6$: 각 상태점의 건구온도이다.)

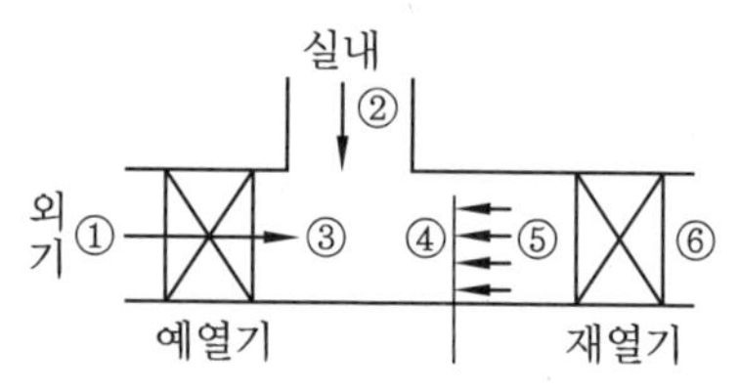

① $q_r = (q_s - q_L) - G_F(t_2 - t_4)$
② $q_r = (q_s + q_L) + G_F(t_2 - t_3)$
③ $q_r = (q_s - q_L) - G_F(t_3 - t_2)$
④ $q_r = (q_s - q_L) + G_F(t_2 - t_1)$

18. 실내의 냉방 현열부하가 21000 kJ/h, 잠열부하가 4200 kJ/h인 방을 실온 26℃로 냉방하는 경우 송풍량은 약 몇 m³/h인가? (단, 냉풍온도는 15℃이며, 건공기의 정압비열(C_p)은 1 kJ/kg·K, 공기의 비중량(γ)은 1.2 kg/m³이다.)

① 660 m³/h ② 1590 m³/h
③ 1890 m³/h ④ 2100 m³/h

해설 $Q = \frac{21000}{1.2 \times 1 \times (26-15)} = 1591 \text{ m}^3/\text{h}$

19. 10명의 사무원이 사무를 보는 이 실내에 0.8 kW의 형광등 1개가 켜져 있을 때 발생되는 열량은 얼마인가? (단, 재실원 1인당 현열량은 210 kJ/h이고, 잠열량은 176.4 kJ/h이며, 형광등 1 kW당 발생열은 4200 kJ/h이다.)

① 5460 kJ/h ② 5124 kJ/h
③ 7224 kJ/h ④ 3696 kJ/h

해설 $q = 0.8 \times 4200 + 10 \times (210 + 176.4)$
$= 7224 \text{ kJ/h}$

정답 13. ④ 14. ② 15. ② 16. ④ 17. ② 18. ② 19. ③

Chapter 03

공조기기 및 덕트

3-1 공조기기

1 공기조화기 장치(Air Handling Unit ; AHU)

일반적으로 공기냉각기는 냉수코일, 공기가열기는 증기 또는 온수코일이 사용되며 냉수와 온수를 겸한 냉·온수코일도 이용된다. 그 외에도 공기여과기, 가습기, 송풍기 등을 포함하여 공장 등에 주로 사용한다.

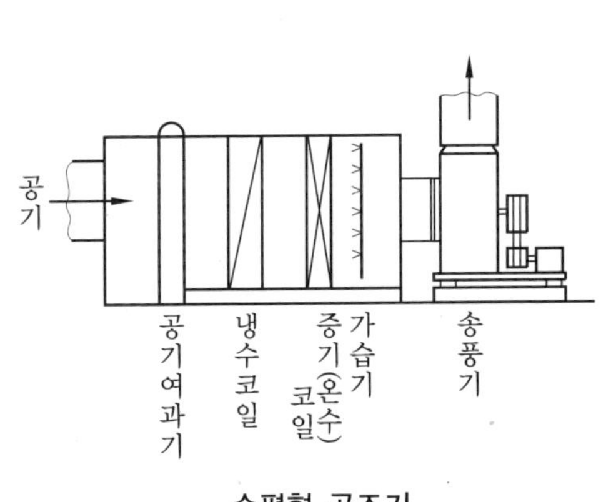

수평형 공조기

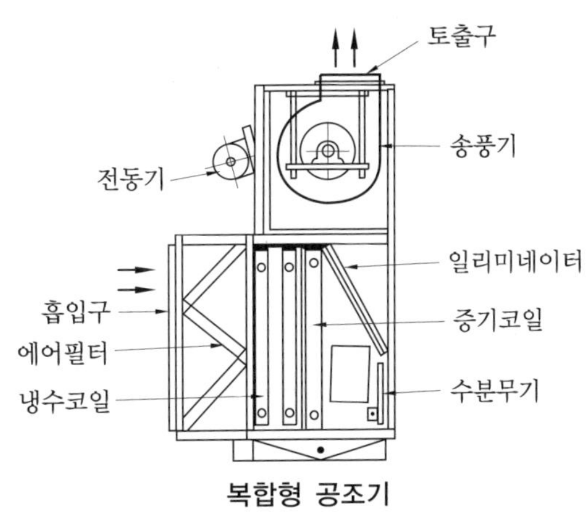

복합형 공조기

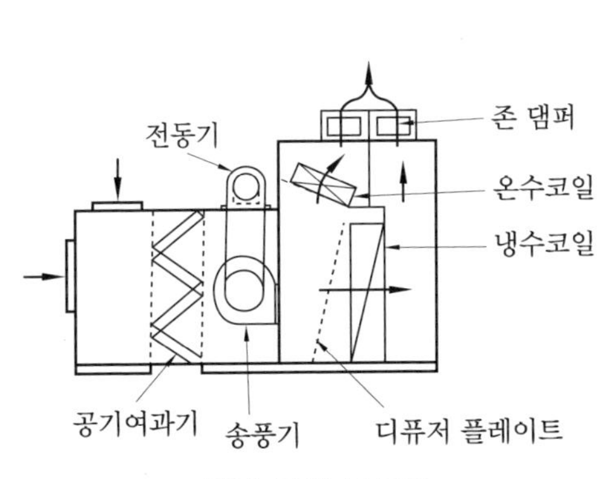

멀티 존형 공조기

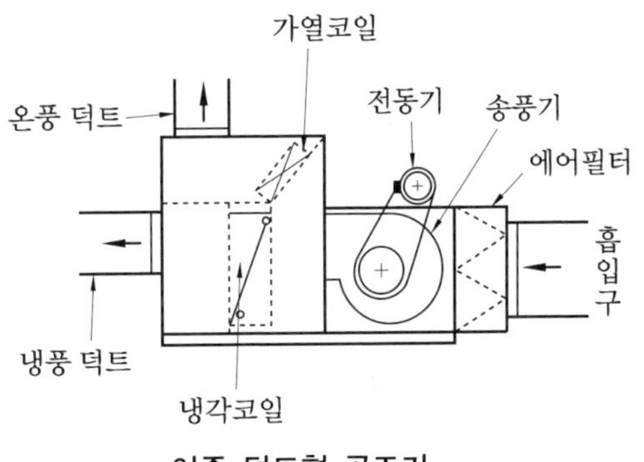

이중 덕트형 공조기

2 송풍기 및 공기정화장치

(1) 송풍기에 관한 공식

① 소요동력

$$L[\text{kW}] = \frac{P_t \cdot Q}{102\eta_t \times 3600} \qquad P_t = P_v + P_s$$

여기서, P_t : 전압 (kg/m²), Q : 풍량 (m³/h), η_t : 전압효율, P_v : 동압 (kg/m²), P_s : 정압 (kg/m²)

② 다익 송풍기 번호 (No.) $= \dfrac{\text{날개의 지름(mm)}}{150\text{ mm}}$

③ 축류형 송풍기 번호 (No.) $= \dfrac{\text{날개의 지름(mm)}}{100\text{ mm}}$

(2) 송풍기의 법칙

조건	변화	공식
공기 비중이 일정하고 같은 덕트장치일 때	$N \rightarrow N_1$ (비중=일정)	$Q_1 = \frac{N_1}{N}Q$, $P_1 = \left(\frac{N_1}{N}\right)^2 P$, $HP_1 = \left(\frac{N_1}{N}\right)^3 HP$
	$d \rightarrow d_1$ (N=일정)	$Q_1 = \left(\frac{d_1}{d}\right)^3 Q$, $P_1 = \left(\frac{d_1}{d}\right)^2 P$, $HP_1 = \left(\frac{d_1}{d}\right)^5 HP$
필요압력이 일정할 때	$\gamma \rightarrow \gamma_1$	$N_1 = N\sqrt{\frac{\gamma}{\gamma_1}}$, $Q_1 = Q\sqrt{\frac{\gamma}{\gamma_1}}$, $HP_1 = HP\sqrt{\frac{\gamma}{\gamma_1}}$
송풍량이 일정할 때	$\gamma \rightarrow \gamma_1$	$P_1 = \frac{\gamma_1}{\gamma}P$, $HP_1 = \frac{\gamma_1}{\gamma}HP$
송풍 공기질량 일정	$\gamma \rightarrow \gamma_1$	$Q_1 = \frac{\gamma}{\gamma_1}Q$, $N_1 = \frac{\gamma}{\gamma_1}N$, $P_1 = \frac{\gamma}{\gamma_1}P$, $HP_1 = \left(\frac{\gamma}{\gamma_1}\right)^2 HP$
송풍 공기질량 일정	$t \rightarrow t_1$ $P \rightarrow P_1$	$Q_1 = \sqrt{\frac{P_1}{P} \cdot \frac{(t_1+273)}{(t+273)}}\,Q$, $N_1 = N\sqrt{\frac{P_1}{P} \cdot \frac{(t_1+273)}{(t+273)}}$, $HP_1 = HP\sqrt{\left(\frac{P_1}{P}\right)^3 \left(\frac{(t_1+273)}{(t+273)}\right)}$

㈜ Q : 공기량 (m³/h), P : 정압 (mmAq), N : 회전수 (rpm)
γ : 비중량 (kg/m³), t : 공기온도 (℃), d : 송풍기 임펠러 지름 (mm)

(3) 공기정화장치(air filter)

공기 중의 먼지에는 1 μm 이하의 증기, 연소에 의한 연기 등이 있고 눈에 보이는 것은 10 μm 이상이다. 사람의 폐 등으로 침입하는 것은 5 μm 이하이고, 이것이 먼지 중의 85 % 이상을 차지하므로 공기여과를 시켜야 한다.

① 여과효율 η_f [%]

$$\eta_f = \frac{C_1 - C_2}{C_1} \times 100$$

여기서, C_1 : 필터 입구 공기 중의 먼지량, C_2 : 필터 출구 공기 중의 먼지량

② 효율의 측정법

(가) 중량법 : 비교적 큰 입자를 대상으로 측정하는 방법으로 필터에서 제거되는 먼지의 중량으로 효율을 결정한다.

(나) 비색법(변색도법) : 비교적 작은 입자를 대상으로 하며, 필터의 상류와 하류에서 포집한 공기를 각각 여과지에 통과시켜 그 오염도를 광전관으로 측정한다.

(다) 계수법(DOP 법 ; Di-Octyl-Phthalate) : 고성능의 필터를 측정하는 방법으로 일정한 크기(0.3 μm)의 시험입자를 사용하여 먼지의 수를 계측한다.

③ 공기저항 : 필터에 먼지가 퇴적함에 따라 공기저항은 증가하고 포집효과는 커진다.

④ 분진 보유용량 : 필터의 공기저항이 최초의 1.5배로 될 때까지 필터면에서 포집된 먼지의 양 (g/m^2, g/1대)으로, 고성능일수록 적어진다.

3 공기냉각 및 가열코일

(1) 공기냉각코일의 설계

① 공기와 물의 흐름은 대향류로 하고 대수 평균온도차(MTD)는 되도록 크게 한다.

$$MTD = \frac{\Delta_1 - \Delta_2}{2.3\log\frac{\Delta_1}{\Delta_2}} \fallingdotseq \frac{\Delta_1 - \Delta_2}{\ln\frac{\Delta_1}{\Delta_2}}$$

여기서, Δ_1 : 공기 입구측에서의 온도차(℃)

Δ_2 : 공기 출구측에서의 온도차(℃)

대향류 : $\Delta_1 = t_1 - t_{w_2}$, $\Delta_2 = t_2 - t_{w_1}$

병류 : $\Delta_1 = t_1 - t_{w_1}$, $\Delta_2 = t_2 - t_{w_2}$

② $t_2 - t_{w_1}$을 5℃ 이상으로 하며, 그 이하이면 코일의 열수가 많아진다.

③ 보편적으로 공기냉각용 코일의 열수는 4 ~ 8열이다(t_2가 12℃ 이하 또는 MTD가 작을 때는 8열 이상이 될 때도 있다).

④ 코일을 통과하는 유속은 2 ~ 3 m/s가 적당하다.

⑤ 수속은 1 m/s 전후이고, 2.3 m/s를 넘으면 저항이 증가해 부식을 촉진시킬 우려가 있다.

⑥ 물의 입·출구 온도차는 5℃ 전후로 한다.

$$\text{냉수코일의 전열량 } q = G(i_1 - i_2) = G_w \cdot C_w \cdot \Delta t = K \cdot F \cdot MTD \cdot N \cdot C_m$$

여기서, N : 코일의 오행 열수, C_m : 습면계수
K : 코일의 열관류율 (kJ/m^2·h·K), C_w : 물의 비열(kJ/kg·K)
MTD : 대수 평균온도차 (℃), i_1, i_2 : 공기엔탈피 (kJ/h)
G_w : 냉수량 (kg/h), Δt : 냉수 입·출구 온도차 (℃), G : 송풍량 (kg/h)

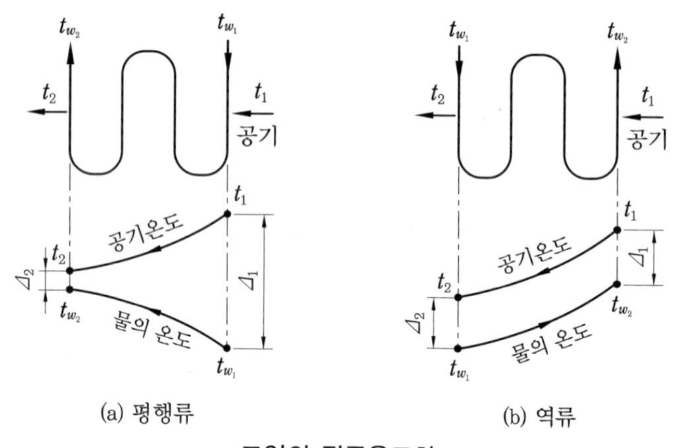

코일의 평균온도차

(2) 가열코일의 설계

$$q_r = KF\left(t_s - \frac{t_1 + t_2}{2}\right)N \qquad G_s = \frac{q_r}{R} = \frac{C}{R}G(t_2 - t_1)$$

여기서, G : 풍량 (kg/h), G_s : 증기량 (kg/h), t_s : 증기온도 (℃), C : 비열(kJ/kg·K)
t_1, t_2 : 공기 입·출구 온도 (℃), q_r : 가열량, R : 증발잠열 (kJ/kg)

(3) 에어 와셔 (air washer)의 설계

단열 가습은 분무수를 순환 사용하여 외부와 열 교환이 없을 때 행하여지며 공기는 습구온도 선상에서 가습된다. 노즐의 분무압은 1 ~ 2 kg/cm^{2}를 사용한다.

① 수공기비

$$수공기비 = \frac{수량}{공기량} = \frac{L\,[\text{kg/h}]}{G\,[\text{kg/h}]}$$

감습 냉각 시 $\begin{cases} 2\text{ bank } L/G = 0.8 \sim 1.2 \\ 3\text{ bank } L/G = 1.2 \sim 2.0 \end{cases}$

가습 시 $1\text{ bank } L/G = 0.2 \sim 0.6$

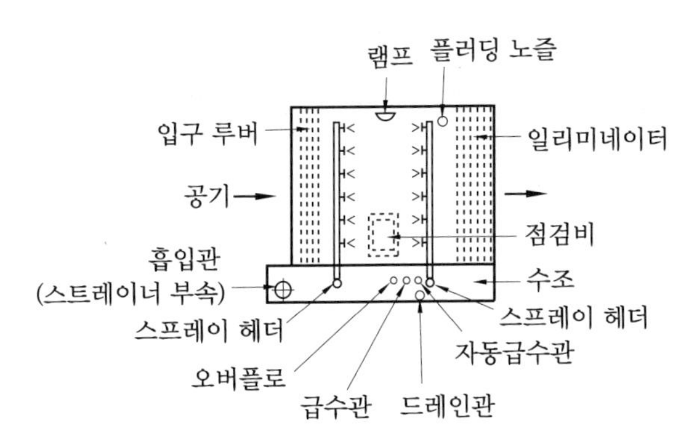

공기 세정기(air washer)의 구조

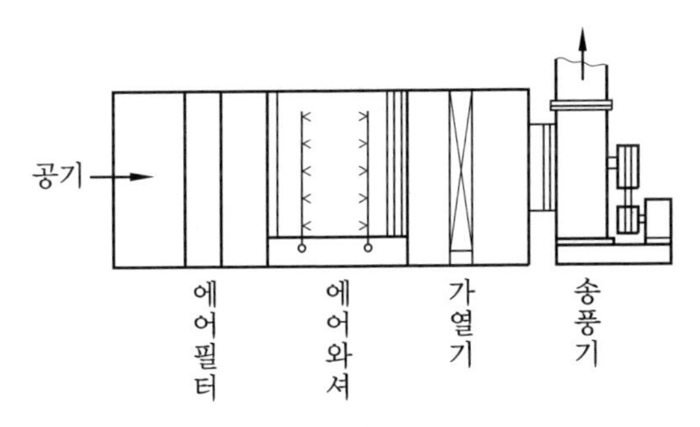

에어 와셔형 조화기

② CF(Contact Factor) 단열 포화효율

$$\eta_s = \frac{t_1 - t_2}{t_1 - t_2'}$$

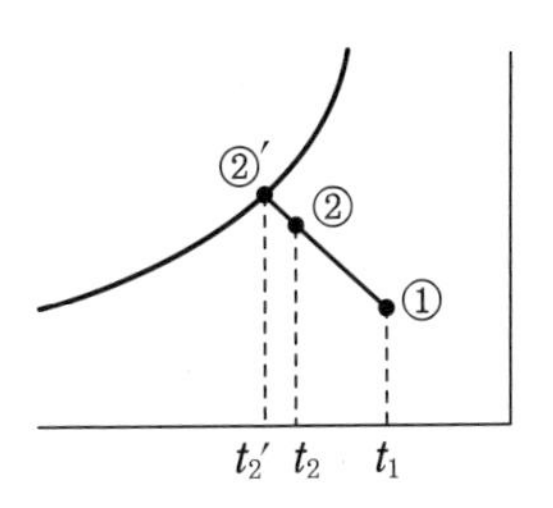

③ 와셔의 단면적

$$A = \frac{Q_a}{3600\,V_a} \fallingdotseq \frac{G}{4300\,V_a}$$

여기서, Q_a : 풍량(m^3/h), G : 풍량(kg/h), V_a : 풍속(m/s)

참고 V_a는 2～3 m/s로 하며, 일반적으로 2.5 m/s를 사용한다.

4 가습 및 감습장치

(1) 가습

① 순환수 분무 가습(단열 가습, 세정) : 순환수를 단열하여 공기 세정기(air washer)에서 분무할 경우 입구공기 'A'는 선도에서 점 'A'를 통과하는 습구온도 선상을 포화곡선을 향하여 이동한다. 여기서 열 출입은 일정하며($i_A = i_B$), 이것을 단열 변화(단열 가습)라 한다. 공기 세정기의 효율 100 %가 되면 통과공기는 최종적으로 포화공기가 되어 점 'B'의 상태로 되나, 실제로는 효율 100 % 이하이기 때문에 선도에서 'C'의 상태가 되고, 일반적으로 공기 세정기의 효율은 분무노즐의 열수가 1열인 경우 65 ~ 80 %, 2열인 경우 80 ~ 98 %이다.

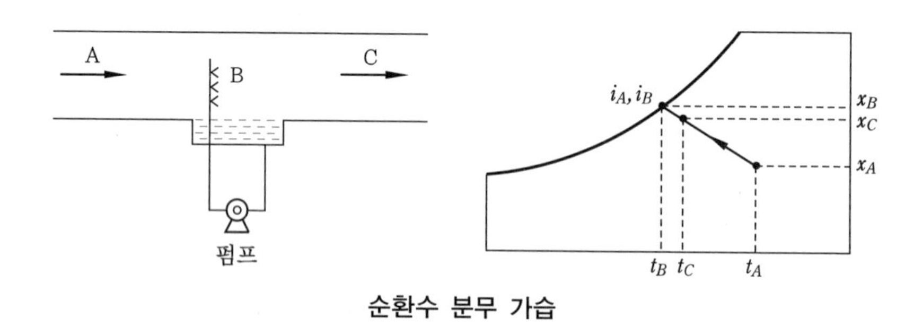

순환수 분무 가습

> **참고** AW의 효율 $= \dfrac{A-C}{A-B} \times 100$

② 온수 분무 가습 : 공기의 상태 변화는 단열가습선보다 위쪽으로 변화한 AB선으로, 통과공기의 온도 변화는 분무수의 온도와 수량에 의해서 결정되지만 건구온도는 낮아지고 습구온도와 절대습도, 엔탈피 등은 상승된다. AC선은 증기가습이고 가습기 출구는 상대습도 100 %인 포화습공기까지는 불가능하므로 실제 변화는 D와 E 상태가 된다.

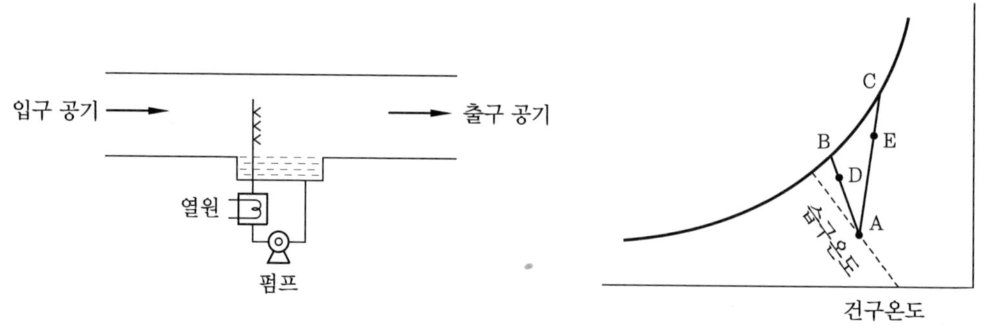

온수 분무 가습

③ 증기 가습 : 포화증기를 공기에 직접 분무하는 것으로 가습효율은 그의 100 %에 해당된다.

> **예제** 3. **건구온도 20℃, 습구온도 10℃의 공기 10000 kg/h를 향하여 압력 1 kg/cm^2 · g의 포화증기(650 kcal/kg) 60 kg/h를 분무할 때 공기 출구의 상태를 계산하여라.**

해설 ① 건조공기 1 kg에 분무되는 포화증기량

$$\Delta x = \frac{L}{G} = \frac{60}{10000} = 0.006 \ \text{kg/kg}'$$

$$\therefore x_2 = x_1 + \Delta x = 0.0036 + 0.006$$

$$= 0.0096 \ \text{kg/kg}'$$

② 출구 엔탈피

$$i_2 = i_1 + \Delta i = i_1 + (u \cdot \Delta x)$$

$$= 6.9 + (650 \times 0.006)$$

$$= 10.8 \ \text{kcal/kg}$$

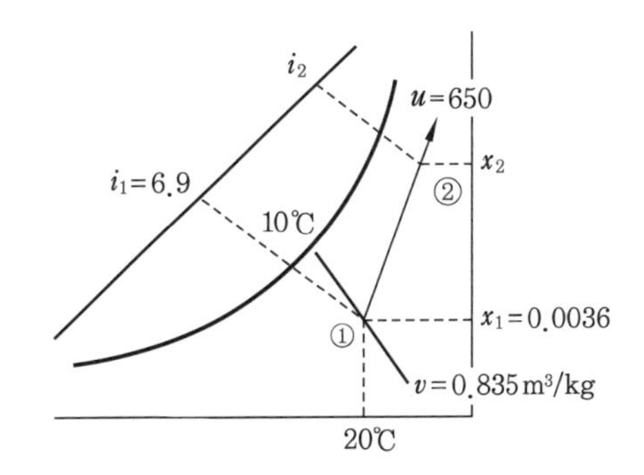

참고 습공기 선도의 엔탈피 1 kcal를 4.187 kJ로 환산하면 SI 단위로 계산할 수 있다.

5 열교환기 (heat exchange)

넓은 의미에서는 공기냉각코일, 가열코일을 비롯하여 냉동기의 증발기, 응축기 등도 포함되나, 공조기에서는 증기와 물, 물과 물, 공기와 공기의 것을 말하고, 종류는 원통 다관식, 플레이트형, 스파이럴형의 3종류가 있다.

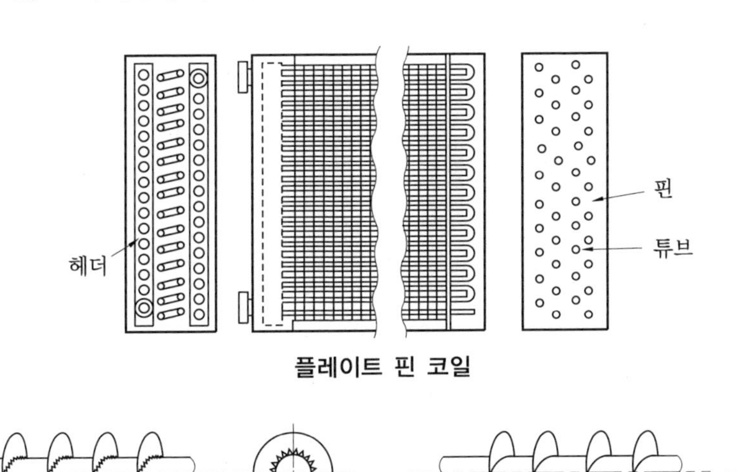

플레이트 핀 코일

(a) 링클 핀

(b) 스무드 스파이럴 핀

에로 핀 코일

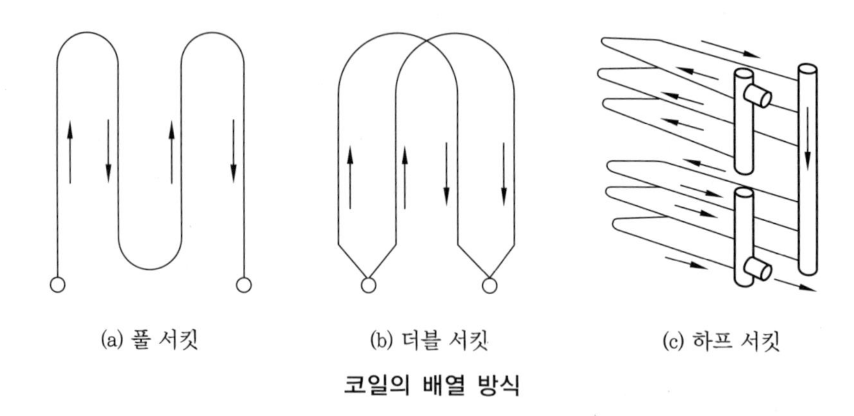

(a) 풀 서킷　(b) 더블 서킷　(c) 하프 서킷

코일의 배열 방식

(1) 열교환기의 용량과 전열면적

$$q_h = W \cdot C \cdot (t_2 - t_1) = K \cdot F \cdot MTD$$

$$F = \frac{q_h}{K \cdot MTD} = \frac{W \cdot C \cdot (t_2 - t_1)}{K \cdot MTD}$$

여기서, q_h : 열교환량 (kJ/h), W : 물순환량 (kg/h)

C : 물의 비열 (kJ/kg·K), t_1, t_2 : 물의 입·출구 온도 (℃)

F : 전열면적 (m^2), MTD : 평균온도차 (℃)

(2) 평균온도차

$$MTD = \frac{(t_s - t_1) - (t_s - t_2)}{\ln \frac{(t_s - t_1)}{(t_s - t_2)}} \quad \text{또는} \quad \Delta t_m = t_s - \frac{(t_1 + t_2)}{2}$$

여기서, t_s : 가열 증기온도 (℃)

>>> 제2장

예상문제

1. 공기조화에서 송풍기의 운전에 사용되는 동력은 저압일 경우 어느 식으로 계산하는가?(단, P_r : 팬의 전압(mmAq), Q : 풍량(m^3/min), η_r : 효율이다.)

① $L = \dfrac{P_r \times Q}{60 \times 75 \times \eta_r}$ [PS]

② $L = \dfrac{P_r \times Q}{60 \times 860 \times \eta_r}$ [kW]

③ $L = \dfrac{P_r \times Q}{60 \times 632 \times \eta_r}$ [PS]

④ $L = \dfrac{P_r \times Q}{60 \times 427 \times \eta_r}$ [kW]

2. 동일 송풍기에서 회전수가 일정하고 지름이 d_1에서 d_2로 커졌을 때 동력 kW_1은 다음 식 중 어느 것인가?

① $kW_1 = (d_2/d_1)^2 \cdot Q$

② $kW_1 = (d_2/d_1)^3 \cdot Q$

③ $kW_1 = (d_2/d_1)^4 \cdot Q$

④ $kW_1 = (d_2/d_1)^5 \cdot Q$

해설 송풍기의 상사법칙

(1) 회전수가 변할 때

㉠ 송풍량 $Q_2 = \dfrac{N_2}{N_1} \cdot Q_1$

㉡ 전압 $P_2 = \left(\dfrac{N_2}{N_1}\right)^2 \cdot P_1$

㉢ 축동력 $L_2 = \left(\dfrac{N_2}{N_1}\right)^3 \cdot L_1$

(2) 지름이 변할 때

㉠ 송풍량 $Q_2 = \left(\dfrac{d_2}{d_1}\right)^3 \cdot Q_1$

㉡ 전압 $P_2 = \left(\dfrac{d_2}{d_1}\right)^2 \cdot P_1$

㉢ 축동력 $L_2 = \left(\dfrac{d_2}{d_1}\right)^5 \cdot L_1$

3. 다음과 같은 조건일 때 송풍기의 소요동력 계산식으로 알맞은 것은?

조건
• TP : 전압 (mmAq) • SP : 정압 (mmAq) • Q : 풍량 (m^3/min) • η_t : 전압효율 • η_r : 정압효율 • kW : 필요동력

① $kW = Q(TP)/6120\eta_t$

② $kW = Q(TP)/4500\eta_t$

③ $kW = Q\eta_t/6120(TP)$

④ $kW = Q\eta_t/4500(TP)$

4. 급수 순환펌프로 사용되는 원심펌프에서 회전수가 20 % 증가하면 양정은 어떻게 되는가?

① 20 % 증가한다.

② 44 % 증가한다.

③ 73 % 증가한다.

④ 50 % 증가한다.

5. 다음 손실수두 공식 중 관 내 마찰손실수두를 구하는 식은 어느 것인가?(단, d : 관의 안지름, l : 관의 길이, g : 중력가속도, v : 유속, f : 마찰계수이다.)

① $h = f\dfrac{l}{d} \cdot \dfrac{v^2}{2g}$ ② $h = f\dfrac{v^2}{2g}$

③ $h = \dfrac{(v_1 - v_2)^2}{2g}$ ④ $h = \left(\dfrac{1}{f} - 1\right)^2 \cdot \dfrac{v^2}{2g}$

정답 1. ① 2. ④ 3. ① 4. ② 5. ①

6. 시간당 10000 m^3의 공기가 지름 100 cm의 원형 덕트 내를 흐를 때 풍속은?

① 1.5 m/s ② 2.5 m/s
③ 3.5 m/s ④ 4 m/s

해설 $v = \frac{Q}{A} = \frac{4Q}{\pi D^2} = \frac{4 \times 10000}{\pi \times 1^2 \times 3600}$
$= 3.5$ m/s

7. 유체의 속도가 10 m/s일 때 이 유체의 속도수두는 얼마인가? (단, 지구의 중력가속도는 9.8 m/s^2이다.)

① 2.26 m ② 3.19 m
③ 5.10 m ④ 10.2 m

해설 $H_v = \frac{v^2}{2g} = \frac{10^2}{2 \times 9.8} = 5.102$ m

8. 원심 송풍기의 풍량 제어 방법 중 풍량 제어에 의한 소요동력을 가장 경제적으로 할 수 있는 방법은?

① 회전수 제어
② 베인 제어
③ 스크롤 댐퍼 제어
④ 댐퍼 제어

9. 다음 중 공기의 가습 방법으로 맞는 것을 모두 고른 것은?

㉠ 에어 와셔에 의해서 단열 가습을 하는 방법 ㉡ 소량의 물 또는 온수를 분무하는 방법 ㉢ 실내에 직접 분무하는 방법 ㉣ 증기를 분무하는 방법

① ㉠, ㉡, ㉢
② ㉠, ㉡, ㉢, ㉣
③ ㉡, ㉢, ㉣
④ ㉠, ㉢, ㉣

10. 다음 가습장치 중 효율이 가장 좋은 가습 방법은?

① 에어 와셔에 의한 단열 가습하는 방법
② 에어 와셔 내에 온수를 분무하는 방법
③ 증기를 분무하는 방법
④ 소량의 물 또는 온수를 분무하는 방법

해설 증기분무 가습효율은 100 %에 가깝다.

11. 공기 세정기에서 와셔의 공기 풍속은 대략 얼마 정도가 사용되는가?

① 0.5 ~ 1 m/s
② 2 ~ 3 m/s
③ 5 ~ 6 m/s
④ 8 ~ 10 m/s

12. 다음은 공기 세정기에 대한 설명이다. 옳지 않은 것은?

① 공기 세정기의 통과풍속은 일반적으로 2 ~ 3 m/s이다.
② 공기 세정기의 가습기는 노즐에서 물을 분무하여 공기에 충분히 접촉시켜 세정과 급습하는 것이다.
③ 공기 세정기의 구조는 순환펌프로 물을 순환분무시켜 단열 변화로 물을 증발시켜 가습하는 것이다.
④ 공기 세정기의 분무 수압은 노즐 성능상 0.2 ~ 0.5 kg/cm^2이다.

해설 분무 노즐 압력은 1 ~ 2 $kg/cm^2 \cdot g$ 정도이다.

13. 에어 와셔에서 분무수의 온도가 입구공기의 습구온도와 같을 때 포화효율(E)은? (단, t_1 : 입구공기의 건구온도(℃), t_2 : 출구공기의 건구온도(℃), t' : 입구공기의 습구온도(℃)이다.)

정답 6. ③ 7. ③ 8. ① 9. ② 10. ③ 11. ② 12. ④ 13. ①

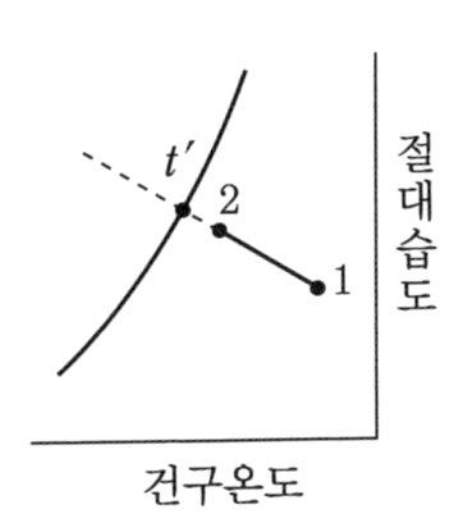

① $E=\frac{t_1-t_2}{t_1-t'}\times 100$

② $E=\frac{t_2-t'}{t_1-t_2}\times 100$

③ $E=\frac{t_2-t'}{t_1-t'}\times 100$

④ $E=\frac{t_1-t'}{t_1-t_2}\times 100$

14. 공기 중의 악취제거를 위한 공기정화장치로서 적합한 것은?

① 세정 가능한 유닛형 에어 필터
② 여재 교환형 패널 에어 필터
③ 활성탄 필터
④ 초고성능 에어 필터

15. 다음 그림은 에어 와셔에서의 공기상태를 습공기 선도에 나타낸 것이다. 에어 와셔 내의 물을 가열이나 냉각을 하지 않고 순환 스프레이할 경우 출구공기의 상태점은?(단, P 점은 입구공기의 상태점이다.)

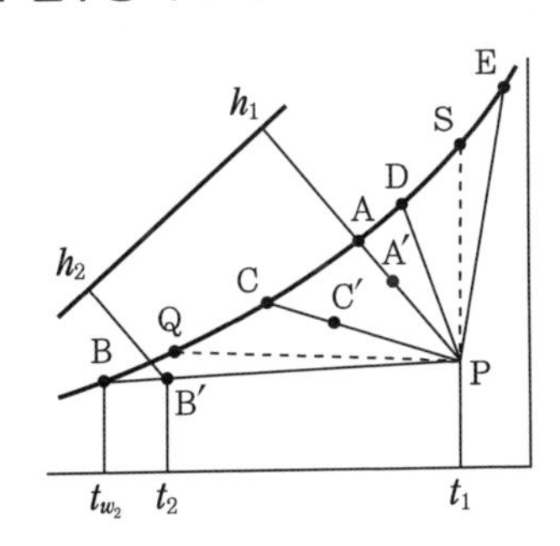

① A′ ② C
③ Q ④ B′

16. 공기의 감습장치가 아닌 것은?

① 냉각 감습장치
② 압축 감습장치
③ 흡수식 감습장치
④ 강제식 감습장치

해설 감습장치의 종류
㉠ 냉각 감습
㉡ 압축 감습
㉢ 흡수 감습(액체 제습)
㉣ 흡착 감습(고체 제습)

17. 여과기 효율 측정법이 아닌 것은?

① 중량법 ② 전압법
③ DOP 법 ④ 비색법

해설 효율 측정법
㉠ 중량법 $=\frac{C_1-C_2}{C_1}\times 100$
여기서, C_1 : 필터 입구 공기 중의 먼지량
C_2 : 필터 출구 공기 중의 먼지량
㉡ 비색법(변색도법) : 필터의 상류와 하류에서 포집한 공기를 각각 여과지에 통과시켜 오염도를 광전관으로 측정한다.
㉢ 계수법(DOP법) : 고성능 필터를 측정하는 방법으로 일정한 크기(0.3 μ)의 시험 입자를 사용하여 먼지수를 계측한다.

18. 분진 보유용량이란 무엇인가?

① 필터가 1시간 반 동안에 필터면에 포집된 먼지의 양
② 필터면에 포집된 먼지의 양을 나타내며 (g/1대)로만 나타낸다.
③ 필터의 공기저항이 최초의 1.5배가 될 때까지 필터면에 포집된 먼지의 양
④ 필터의 공기저항이 최초의 1.3배가 될 때까지 필터면에 포집된 먼지의 양

해설 분진 보유용량 : 필터의 공기저항이 최초의 1.5배로 될 때까지 필터면에서 포집된 먼지의 양(g/m^2, g/1대)으로서 고성능일수록 적다.

정답 **14.** ③ **15.** ① **16.** ④ **17.** ② **18.** ③

3-2 덕트 및 부속설비

1 덕트

(1) 동압(dynamic pressure)과 정압(static pressure)

덕트 내의 공기가 흐를 때 에너지 보존의 법칙에 의한 베르누이(Bernoulli)의 정리가 성립된다(p는 정압이고, $\frac{v^2}{2g}\gamma$을 동압, $p+\frac{v^2}{2g}\gamma$을 전압이라 한다).

$$p_1+\frac{{v_1}^2}{2g}\gamma=p_2+\frac{{v_2}^2}{2g}\gamma+\Delta p$$

여기서, γ : 공기의 비중량(kg/m^3), g : 중력가속도(m/s^2)

p, v : 덕트 내의 임의의 점에 있어서의 압력(kg/m^2 또는 mmAq) 및 공기의 속도(m/s)로서 첨자 1, 2는 각 점을 나타낸다.

Δp : 공기가 2점 간을 흐르는 동안에 생기는 압력손실(kg/m^2)

(정압(p_s), 동압(p_v) $=\frac{v^2}{2g}\gamma$, 전압(p_t) $=p_s+\frac{v^2}{2g}\gamma$)

(2) 덕트의 연속법칙

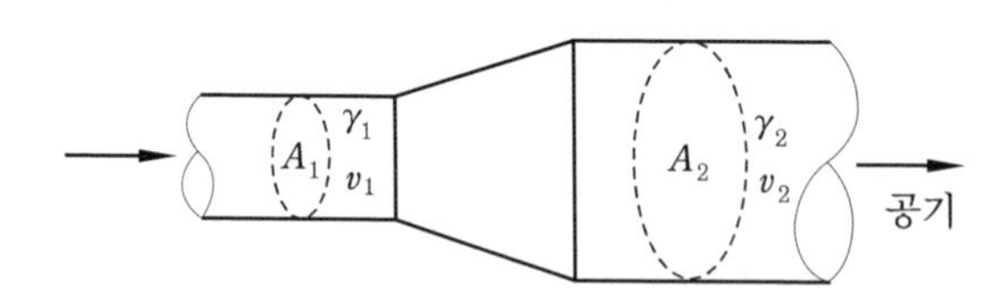

$$A_1\cdot v_1\cdot \gamma_1=A_2\cdot v_2\cdot \gamma_2$$

여기서, A : 관 단면적(m^2), γ : 유체의 비중량(kg/m^3), v : 유속(m/s)

즉, 각 단면을 흐르는 유체의 질량은 동일하다.

(3) 마찰저항과 국부저항

① 직관형 덕트의 마찰저항

$$\Delta p_f=\lambda\cdot\frac{l}{d}\cdot\frac{v^2}{2g}\cdot\gamma$$

여기서, λ : 마찰계수, l : 덕트 길이(m), d : 덕트 지름(m)

γ : 공기 비중량(kg/m^3), v : 풍속(m/s)

② 장방형 덕트에서 원형 덕트 지름으로의 환산식

$$d_e = 1.3\left[\frac{(a\cdot b)^5}{(a+b)^2}\right]^{\frac{1}{8}}$$

여기서, d_e : 장방형 덕트의 상당지름(원형 덕트 지름), a : 장변, b : 단변

참고 애스펙트비 $\left(\frac{a}{b}\right)$는 최대 8:1 이상이 되지 않도록 하며, 가능하면 4:1 이하로 제한한다.

③ 국부저항에 의한 전압력 손실 : Δp_t [mmAq]

$$\Delta p_t = \zeta_T \frac{\gamma}{2g} v_1^2 = \zeta_T \frac{\gamma}{2g} v_2^2$$

④ 국부저항에 의한 정압 손실 : Δp_s [mmAq]

$$\Delta p_s = \zeta_s \frac{\gamma}{2g} v_1^2 = \zeta_s \frac{\gamma}{2g} v_2^2$$

⑤ 덕트의 국부저항계수

덕트의 국부저항계수

<table>
<tr><th>명칭</th><th>그림</th><th>계산식</th><th colspan="5">저항계수</th></tr>
<tr><td rowspan="5">(1)
장방형 엘보
(90°)</td><td rowspan="5"></td><td rowspan="5">$\Delta p_t = \lambda \frac{l_e}{d} \frac{v^2}{2g}\gamma$</td><td>$H/W$</td><td>$\gamma/W=0.5$</td><td>0.75</td><td>1.0</td><td>1.5</td></tr>
<tr><td>0.25</td><td>$l_e/W=25$</td><td>12</td><td>7</td><td>3.5</td></tr>
<tr><td>0.5</td><td>33</td><td>16</td><td>9</td><td>4</td></tr>
<tr><td>1.0</td><td>45</td><td>19</td><td>11</td><td>4.5</td></tr>
<tr><td>4.0</td><td>90</td><td>35</td><td>17</td><td>6</td></tr>
<tr><td rowspan="4">(2)
장방형 엘보
(90°)</td><td rowspan="4"></td><td rowspan="4">$\Delta p_t = \lambda \frac{l_e}{d} \frac{v^2}{2g}\gamma$</td><td colspan="2">$H/W=0.25$</td><td colspan="3">$l_e/W=25$</td></tr>
<tr><td colspan="2">0.5</td><td colspan="3">49</td></tr>
<tr><td colspan="2">1.0</td><td colspan="3">75</td></tr>
<tr><td colspan="2">4.0</td><td colspan="3">110</td></tr>
<tr><td rowspan="5">(3)
베인이 있는
장방형 엘보
(2매 베인)</td><td rowspan="5"></td><td rowspan="5">$\Delta p_t = \zeta_T \frac{v^2}{2g}\gamma$</td><td>$R/W$</td><td>$R_1/W$</td><td>$R_2/W$</td><td colspan="2">$\zeta_T$</td></tr>
<tr><td>0.5</td><td>0.2</td><td>0.4</td><td colspan="2">0.45</td></tr>
<tr><td>0.75</td><td>0.4</td><td>0.7</td><td colspan="2">0.12</td></tr>
<tr><td>1.0</td><td>0.7</td><td>1.0</td><td colspan="2">0.10</td></tr>
<tr><td>1.5</td><td>1.3</td><td>1.6</td><td colspan="2">0.15</td></tr>
</table>

명칭	그림	계산식	저항계수
(4) 베인이 있는 장방형 엘보 (소형 베인)		$\Delta p_t = \zeta_T \dfrac{v^2}{2g}\gamma$	1매판의 베인 $\zeta_T=0.35$ 성형된 베인 $\zeta_T=0.10$
(5) 원형 덕트의 엘보(성형)		$\Delta p_t = \lambda \dfrac{l_e}{d} \dfrac{v^2}{2g}\gamma$	$R/d=0.75$: $l_e/d=23$ 1.0 : 17 1.5 : 12 2.0 : 10
(6) 원형 덕트의 엘보 (새우이음)		$\Delta p_t = \lambda \dfrac{l_e}{d} \dfrac{v^2}{2g}\gamma$	(아래 표 참조)
(7) 확대부		$\Delta p_t = \zeta_T \dfrac{\gamma}{2g}(v_1 - v_2)^2$	(아래 표 참조)
(8) 축소부		$\Delta p_t = \zeta_T \dfrac{{v_2}^2}{2g}\gamma$	(아래 표 참조)
(9) 원형 덕트의 분류		직통관(1→2) $\Delta p_t = \zeta_1 \dfrac{{v_1}^2}{2g}\gamma$ 분기관(1→3) $\Delta p_t = \zeta_B \dfrac{{v_3}^2}{2g}\gamma$	(아래 표 참조)
(10) 분류 (원추형 토출)		직통관(1→2) 분기관(1→3) $\Delta p_t = \zeta_B \dfrac{{v_3}^2}{2g}\gamma$	직통관(1→2): (9)의 직통관과 동일 분기관(1→3): (아래 표 참조) 위의 값은 $A_1/A_3=8.2$일 때이며, $A_1/A_3=2$이면 위의 값에서 약 30% 증가시킨다.

(6) 원형 덕트의 엘보(새우이음)

R/d	0.5	1.0	1.5	2.0
2쪽	$l_e/d=65$	65	65	65
3쪽	49	21	17	17
4쪽		19	14	12
5쪽		17	12	9.7

(7) 확대부

θ [°]=5	10	20	30	40
$\zeta_T=0.17$	0.28	0.45	0.59	0.73

(8) 축소부

θ [°]=30	45	60
$\zeta_T=0.02$	0.04	0.07

(9) 원형 덕트의 분류 — 직통관(1→2)

v_2/v_1	0.3	0.5	0.8	0.9
ζ_1	0.09	0.075	0.03	0

(9) 원형 덕트의 분류 — 분기관(1→3)

v_3/v_1	0.2	0.4	0.6	0.8	1.0	1.2
ζ_B	28.0	7.50	3.7	2.4	1.8	1.5

(10) 분류(원추형 토출) — 분기관(1→3)

v_3/v_1	0.6	0.7	0.8	1.0	1.2
ζ_B	1.96	1.27	0.97	0.50	0.37

명칭	그림	계산식	저항계수						
(11) 분류 (경사 토출) $\theta=45°$	1, 2, v_1, v_2, θ, 3, v_3	직통관 (1→2) $\Delta p_t=\zeta_1 \frac{v_1^2}{2g}\gamma$	$\zeta_1=0.05\sim0.06$ (대개 무시한다.)						
		분기관 (1→3) $\Delta p_t=\zeta_B \frac{v_3^2}{2g}\gamma$	v_3/v_1	0.4	0.6	0.8	1.0	1.2	
			$A_1/A_3=1$	3.2	1.02	0.52	0.47	–	
			3.0	3.7	1.4	0.75	0.51	0.42	
			8.2			0.79	0.57	0.47	
(12) 장방형 덕트의 분기	v_1, v_2, A_2, A_3, a, 1, v_3	직통관 (1→2) $\Delta p_t=\zeta_T \frac{v_1^2}{2g}\gamma$	• $v_2/v_1<1.0$인 때에는 대개 무시한다. • $v_2/v_1\geq1.0$인 때에는 $\zeta_T=0.46-1.24x+$ $+0.93x^2$ $x=\left(\frac{v_3}{v_1}\right)\times\left(\frac{a}{b}\right)^{\frac{1}{4}}$						
		분기관 $\Delta p_t=\zeta_B \frac{v_1^2}{2g}\gamma$							
(13) 장방형 덕트의 합류	v_3, v_1, v_2	직통관 (1→3) $\Delta p_t=\zeta_T \frac{v_3^2}{2g}\gamma$	v_1/v_3	0.4	0.6	0.8	1.0	1.2	1.5
			A_1/A_3 $=0.75$	-1.2	-0.3	0.35	0.8	1.1	
			0.67	-1.7	-0.9	-0.3	0.1	0.45	0.7
			0.60	-2.1	-1.3	-0.8	0.4	0.1	0.2
		합류관 (2→3) $\Delta p_t=\zeta_B \frac{v_3^2}{2g}\gamma$	v_2/v_3	0.4	0.6	0.8	1.0	1.2	1.5
			ζ_B	-1.30	-0.90	-0.5	0.1	0.55	1.4

㈜ 국부저항손실은 같은 저항을 갖는 직관형 덕트 길이 (l_e)로 치환하여 계산할 수도 있다.

(4) 덕트 설계법

① 덕트 설계의 순서

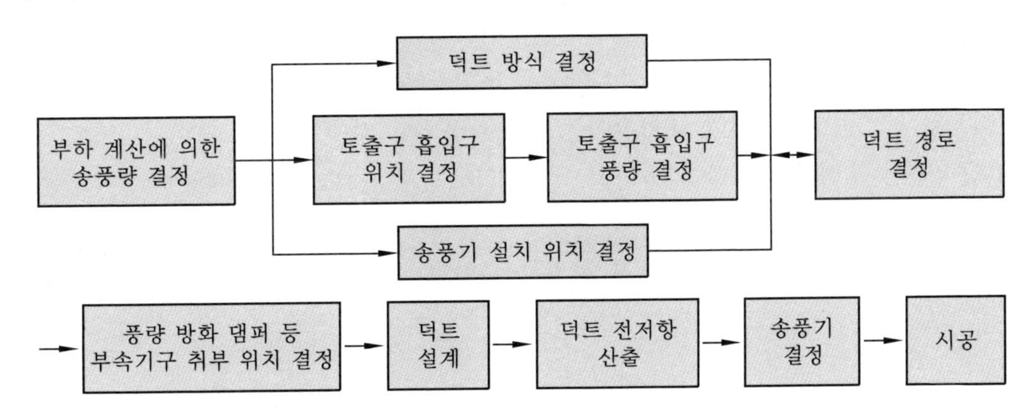

② 저속덕트의 허용풍속

구분	권장속도 (m/s)			최대풍속 (m/s)		
	주택	일반 건물	공장	주택	일반 건물	공장
주덕트	3.5 ~ 4.5	5 ~ 6.5	6 ~ 9	4 ~ 6	5.5 ~ 8	6.5 ~ 11
분기덕트	3.0	3 ~ 4.5	4 ~ 5	3.5 ~ 5	4 ~ 6.5	5 ~ 9
분기수직덕트	2.5	3 ~ 3.5	4	3.25 ~ 4	4 ~ 6	5 ~ 8
외기 도입구	2.5	2.5	2.5	4	4.5	6
송풍기 토출구	5 ~ 8	6.5 ~ 10	8 ~ 12	8.5	7.5 ~ 11	8.5 ~ 14

③ 고속덕트의 허용풍속

통과풍량 (m^3/h)	최대풍속 (m/s)
5000 ~ 10000	12.5
10000 ~ 17000	17.5
17000 ~ 25000	20
25000 ~ 40000	22.5
40000 ~ 70000	25
70000 ~ 100000	30

(5) 덕트 설계 시 주의사항

① 덕트 풍속은 15 m/s 이하, 정압 50 mmAq 이하의 저속덕트를 이용하여 소음을 줄인다.
② 재료는 아연도금철판, 알루미늄판 등을 이용하여 마찰저항손실을 줄인다.
③ 종횡비 (aspect ratio)는 최대 8 : 1 이하로 하고 가능한 한 4 : 1 이하로 하며, 또한 일반적으로 3 : 2이고 한 변의 최소길이는 15 cm 정도로 억제한다.
④ 압력손실이 적은 덕트를 이용하고, 확대각도는 20° 이하 (최대 30°), 축소각도는 45° 이하로 한다.
⑤ 덕트가 분기되는 지점은 댐퍼를 설치하여 압력 평행을 유지시킨다.

2 급환기 설비

(1) 축류형 취출구

① 노즐형(nozzle diffuser) : 분기 덕트에 접속하여 급기하는 것으로 도달거리가 길고 구조가 간단하며, 또한 소음이 적고 토출풍속 5 m/s 이상으로도 사용되며, 실내공간이 넓은 경우 벽에 부착하여 횡방향으로 토출하고 천장이 높은 경우 천장에 부착하여 하향 토출할 때도 있다.

② 펑커 루버(punka louver) : 선박 환기용으로 제작된 것으로 목을 움직여서 토출 기류의 방향을 바꿀 수 있으며, 토출구에 달려 있는 댐퍼로 풍량 조절도 쉽게 할 수 있다.

③ 베인(vane) 격자형 : 각형의 몸체(frame)에 폭 20 ~ 25 mm 정도의 얇은 날개(vane)를 토출면에 수평 또는 수직으로 설치하여 날개 방향 조절로 풍향을 바꿀 수 있다.

(가) 고정베인형 : 날개가 고정된 것

(나) 가로베인형(유니버설형) : 베인을 움직일 수 있게 한 것으로 벽면에 설치하지만 천장에 설치한 것을 로 보이형(low-boy-type)이라고 하며, 팬 코일 유닛과 같이 창 밑에 설치하는 경우도 있다.

(다) 그릴(grille) : 토출구 흡입구에 셔터(shutter)가 없는 것

(라) 레지스터(register) : 토출구 흡입구에 셔터가 있는 것

④ 라인(line)형 토출구

(가) 브리즈 라인형(breeze line) : 토출부분에 있는 홈(slot)의 종횡비가 커서 선의 개념을 통한 실내 디자인에 조화시키기 쉽고 외주부의 천장 또는 창틀 위에 설치하여 출입구의 에어 커튼(air curtain) 및 외주부 존(perimeter zone)의 냉·난방부하를 처리하도록 하며, 토출구 내에 있는 블레이드(blade)의 조절로 토출 기류의 방향을 바꿀 수가 있다.

(나) 캄 라인형(calm line) : 종횡비가 큰 토출구로서 토출구 내에 디플렉터(deflector)가 있어서 정류작용을 하며 흡입용으로 이용 시 디플렉터를 제거하여야 한다.

(다) T-라인형 : 천장이나 구조체에 T-bar를 고정시키고 그 홈 사이에 토출구를 설치한 것으로 내실부 또는 외주부의 어디서나 사용할 수 있고, 흡입구로 사용할 때는 토출구 속의 베인을 제거하여야 한다.

(라) 슬롯(slot)형 : 종횡비(aspect ratio)가 대단히 크고 폭이 좁으며, 길이가 1 m 이상 되는 것으로 평면 분류형의 기류를 토출한다. 트로퍼(troffer)형은 슬롯형 토출구를 조명기구와 조합한 것으로 조명등의 외관으로 토출구의 역할까지 겸하고 있어 더블 셸 타입 조명기구라 한다.

㈎ 다공판(multi vent)형 토출구 : 천장에 설치하여 작은 구멍을 개공률 10% 정도 뚫어서 토출구로 만든 것이다(천장판의 일부 또는 전면에 걸쳐서 개공률 3~4% 정도로서 지름 1mm 이하의 많은 구멍을 뚫어서 토출구로 만든 통기 흡음판도 이 기구의 일종이다).

(2) 복류형 취출구

① 팬(pan)형 : 천장의 덕트 개구단의 아래쪽에 원형 또는 원추형의 판을 달아서 토출풍량을 부딪히게 하여 천장면에 따라서 수평으로 공기를 보내는 것이다(팬의 위치를 상하로 이동시켜 조정이 가능하고 유인비 및 발생 소음이 적다).

② 아네모스탯(anemostat)형 : 팬형의 결점을 보강한 것으로 천장 디퓨저라 한다(확산 반경이 크고 도달거리가 짧다).

(3) 흡입구

① 벽과 천장 설치형으로 격자형(고정 베인형)이 가장 많이 사용되고 있으며, 그 외에 천장에 T-라인을 사용하고 천장 속에 리턴 체임버로 하여 직접 천장 속으로 흡인시킨다.

② 바닥 설치형으로 버섯모양의 머시룸(mushroom)형 흡입구로서 바닥면의 오염공기를 흡입하도록 되어 있고, 바닥 먼지도 함께 흡입하기 때문에 필터와 냉각코일을 더럽히므로 먼지를 침전시킬 수 있는 저속기류의 세틀링 체임버(settling chamber)를 갖추어야 한다.

머시룸(mushroom)형 흡입구

(4) 환기 설비

① 환기량 : $q = Q_o \times 1.2 \times C_p(t_r - t_o)$에서,

$$Q_o = \frac{q}{1.2\,C_p(t_r - t_o)}$$

여기서, q : 실내열량(kJ/h), t_r : 실내온도(℃), t_o : 외기온도(℃), Q_o : 환기량(m^3/h)
γ : 공기비중(kg/m^3), C_p : 공기정압비열(kJ/kg·K)

② 변압기 열량

$$q_T = (1-\eta_T)\times\varphi\times KVA\times 860\text{ kcal/h},\ (1-\eta_T)\times\varphi\times KVA\times 3600\text{ kJ/h}$$

여기서, φ : 역률, KVA : 용량, η_T : 변압기 효율

(5) 환기 방법

① 병용식(combined system) : 제1종 환기법으로 송풍기와 배풍기를 설치하여 강제 급·배기하는 방식

② 압입식(forced system) : 제 2 종 환기법으로 송풍기만을 설치하여 강제 급기하는 방식
③ 흡출식(exhaust system) : 제 3 종 환기법으로 배풍기만 설치하여 강제 배기하는 방식으로 부엌, 흡연실, 변소 등에 설치
④ 자연식 : 제 4 종 환기법으로 급·배기가 자연풍에 의해서 환기되는 방식

3 부속설비

(1) 등마찰손실법(등압법)

덕트 1 m 당 마찰손실과 동일값을 사용하여 덕트 치수를 결정한 것으로 선도 또는 덕트 설계용으로 개발한 계산으로 결정할 수 있다.

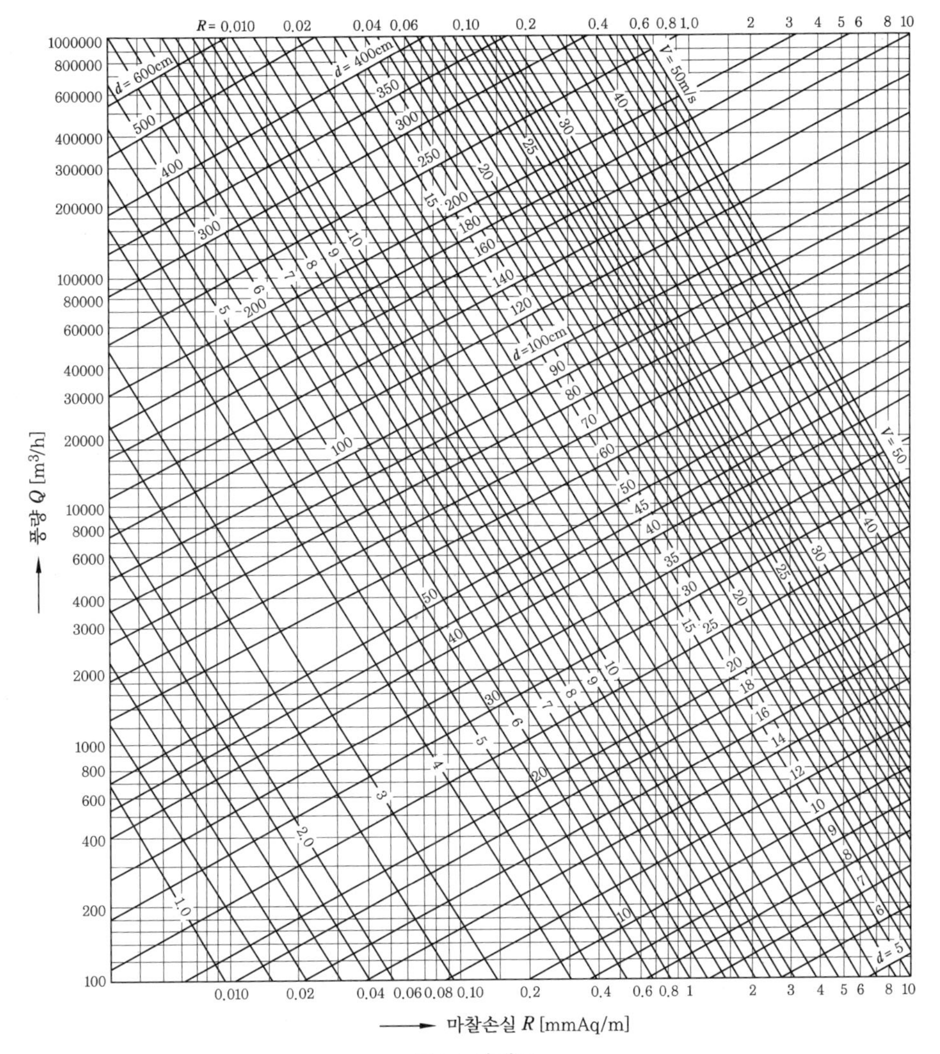

덕트 설계도

참고 1 m당 마찰저항손실이 저속덕트에서 급기덕트의 경우 0.1 ~ 0.12 mmAq/m, 환기덕트의 경우 0.08 ~ 0.1 mmAq/m 정도이고, 고속덕트에서는 1 mmAq/m 정도이며, 주택 또는 음악 감상실은 0.07 mmAq/m, 일반건축은 0.1 mmAq/m, 공장과 같이 소음 제한이 없는 곳은 0.15 mmAq/m이다.

(2) 정압 재취득법

급기덕트에서는 일반적으로 주덕트에서 말단으로 감에 따라서 분기부를 지나면 차츰 덕트 내 풍속은 줄어든다. 베르누이의 정리에 의하여 풍속이 감소하면 그 동압의 차만큼 정압이 상승하기 때문에 이 정압 상승분을 다음 구간의 덕트의 압력손실에 이용하면 덕트의 각 분기부에서 정압이 거의 같아지고 토출풍량이 균형을 유지한다. 이와 같이 분기 덕트를 따낸 다음 주덕트에서의 정압 상승분을 거기에 이어지는 덕트의 압력손실로 이용하는 방법을 정압 재취득법이라고 한다.

$$\Delta p = k\left(\frac{v_1^2}{2g}\gamma - \frac{v_2^2}{2g}\gamma\right)$$

여기서, 정압 재취득계수 k 의 값은 일반적으로 1이지만, 실험에 의하면 0.5 ~ 0.9 정도이고 단면 변화가 없는 경우 0.8 정도로 한다.

(3) 전압법

① 정압법에서는 덕트 내에서의 풍속 변화에 따른 정압의 상승, 강하 등을 고려하지 않고 있기 때문에 급기덕트의 하류측에서 정압 재취득에 의한 정압이 상승하여 상류측보다 하류측에서의 토출풍량이 설계치보다 많아지는 경우가 있다. 이와 같은 불합리한 상태를 없애기 위하여 각 토출구에서의 전압이 같아지도록 덕트를 설계하는 방법을 전압법이라고 한다.

② 전압법은 가장 합리적인 덕트 설계법이지만 일반적으로 정압법에 의하여 설계한 덕트계를 검토하는 데 이용되고 있으며, 전압법을 사용하게 되면 정압 재취득법은 필요가 없게 된다.

(4) 등속법

① 덕트 주관이나 분기관의 풍속을 권장풍속 내의 임의의 값으로 선정하여 덕트 치수를 결정하는 방법이다.

② 등속법은 정확한 풍량 분배가 이루어지지 않기 때문에 일반 공조에서는 이용하지 않으며 주로 공장의 환기용이나 분체 수송용 덕트 등에 사용되고 있다.

③ 송풍기 용량을 구하기 위해서 덕트 전체 구간의 압력손실을 구해야 된다.

(5) 덕트 시공법

① 아연도금판 (KS D 3506)이 사용되며 표준 판두께는 0.5, 0.6, 0.8, 1.0, 1.2 mm가 사용된다.

② 온도가 높은 공기에 사용하는 덕트, 방화 댐퍼, 보일러용 연도, 후드 등에 열관 또는 냉간 압연 강판 등에 사용되고 있다.

③ 다습한 공기가 통하는 덕트에는 동판, Al판, STS 판, PVC 판 등을 이용한다.

④ 단열 및 흡음을 겸한 글라스 파이버판으로 만든 글라스 울 덕트 (fiber glass duct)를 이용한다.

(6) 댐퍼

① 풍량조절 댐퍼 (VD ; Volume Damper)

(가) 버터플라이 댐퍼 (butterfly damper) : 소형덕트 개폐용 또는 풍량조절용

(나) 루버 댐퍼(louver damper)

㉮ 평형익형 : 대형덕트 개폐용 (날개가 많다.)

㉯ 대향익형 : 풍량조절용 (날개가 많다.)

(다) 스플릿 댐퍼(split damper) : 분기부 풍향조절용

② 방화 댐퍼 (FD ; Fire Damper) : 화재 시 연소공기 온도 약 70℃에 덕트를 폐쇄시키도록 되어 있다.

③ 방연 댐퍼 (SD ; Smoke Damper) : 실내의 연기감지기 또는 화재 초기의 발생연기를 감지하여 덕트를 폐쇄시킨다.

(7) 토출기류의 성질과 토출풍속

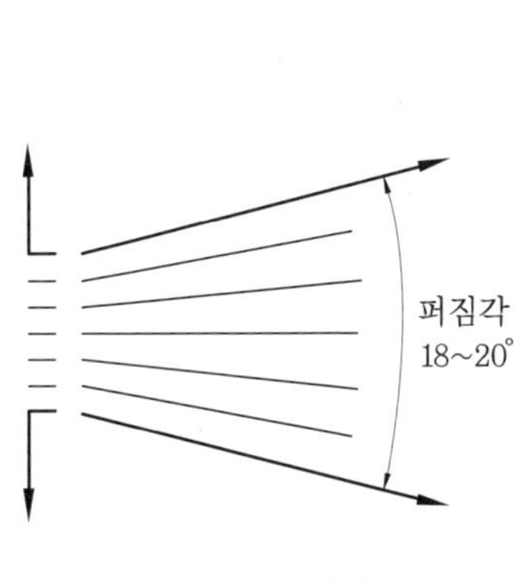

토출공기의 퍼짐각

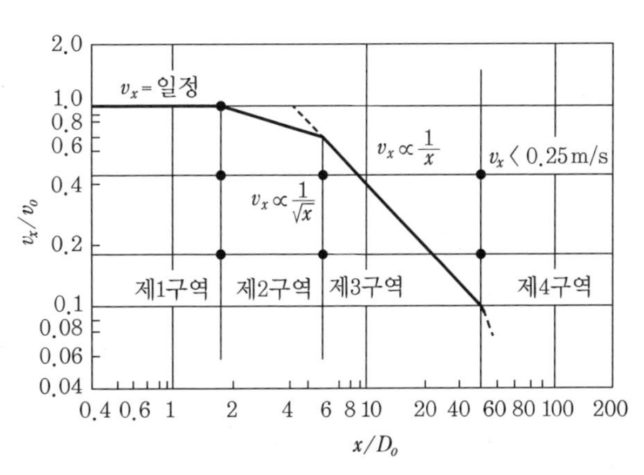

토출기류의 4구역

$$Q_1 V_1 = (Q_1 + Q_2) V_2$$

여기서, Q_1 : 토출공기량 (m^3/s), Q_2 : 유인공기량 (m^3/s)
V_1 : 토출풍속 (m/s), V_2 : 혼합공기의 풍속 (m/s)

앞의 그림에서 v_0는 토출풍속이고, v_x는 토출구에서의 거리 x [m]에 있어서 토출기류의 중심풍속 (m/s)이며, D_0는 토출구의 지름 (m)이다.

① 제 1 구역 : 중심풍속이 토출풍속과 같은 영역($v_x = v_0$)으로 토출구에서 D_0의 2 ~ 4배 ($x/D_0 = 2 \sim 4$) 정도의 범위이다.

② 제 2 구역 : 중심풍속이 토출구에서의 거리 x의 평방근에 역비례하는 ($v_x \propto \frac{1}{\sqrt{x}}$) 범위이다.

③ 제 3 구역 : 중심풍속이 토출구에서의 거리 x에 역비례하는 ($v_x \propto \frac{1}{x}$) 영역으로서 공기조화에서 일반적으로 이용되는 것은 이 영역의 기류이다.

$$x = 10 \sim 100\, D_0$$

④ 제 4 구역 : 중심풍속이 벽체나 실내의 일반 기류에서 영향을 받는 부분으로 기류의 최대풍속은 급격히 저하하여 정체한다.

⑤ 도달거리 (throw) : 토출구에서 토출기류의 풍속이 0.25 m/s로 되는 위치까지의 거리이다.

⑥ 최대강하거리 : 냉풍 및 온풍을 토출할 때 토출구에서 도달거리에 도달하는 동안 일어나는 기류의 강하 및 상승을 말하며, 이를 강하도 (drop) 및 최대상승거리 또는 상승도 (rise)라 한다.

⑦ 유인비 (entrainment ratio) : 토출공기 (1차 공기)량에 대한 혼합공기 (1차 공기 + 2차 공기)량의 비 $\frac{Q_1 + Q_2}{Q_1}$ 이다.

⑧ 토출구의 허용 토출풍속

실의 용도		허용 토출풍속 (m/s)
방송국		1.5 ~ 2.5
주택, 아파트, 교회, 극장, 호텔, 고급 사무실		2.5 ~ 3.75
개인 사무실		4.0
영화관		5.0
일반 사무실		5.0 ~ 6.25
상점	2층 이상	7.0
	1층	10.0

(8) 흡입기류의 성질

① 흡입구의 설치 위치는 실내의 천장, 벽면 등이 많으나 출입문, 벽면에 그릴 또는 언더컷 (undercut)을 설치하여 복도를 걸쳐 흡입하는 경우도 있다.

② 실내의 흡입구는 거주구역 가까이 설치할 때는 흡입구에서 발생하는 소음 문제와 풍속이 너무 빠르면 드래프트를 느끼게 되므로 흡입풍속을 너무 크지 않도록 한다.

③ 바닥에 설치하는 머시룸 등은 바닥 먼지류를 함께 흡입하므로 공기를 환기로 재이용하는 경우에는 바람직하지 못하다.

④ 흡입구의 허용 흡입풍속

흡입구의 위치		허용 흡입풍속(m/s)
거주구역보다 윗부분		4 이상
거주구역 내	부근에 좌석이 없는 경우	3 ~ 4
	좌석이 있는 경우	2 ~ 3
출입문에 설치한 그릴		1 ~ 1.5
출입문의 언더컷		1 ~ 1.5

(9) 실내기류 분포

① 실내기류와 쾌적감 : 공기조화를 행하고 있는 실내에서 거주자의 쾌적감은 실내공기의 온도, 습도 및 기류에 의하여 좌우되며, 일반적으로 바닥면에서 높이 1.8 m 정도까지의 거주구역의 상태가 쾌적감을 좌우한다.

② 드래프트 (draft) : 습도와 복사가 일정한 경우에 실내기류와 온도에 따라서 인체의 어떤 부위에 차가움이나 과도한 뜨거움을 느끼는 것이다.

③ 콜드 드래프트 (cold draft) : 겨울철 외기 또는 외벽면을 따라서 존재하는 냉기가 토출기류에 의해 밀려 내려와서 바닥을 따라 거주구역으로 흘러 들어오는 것으로 다음과 같은 원인이 현상을 더 크게 한다.

(가) 인체 주위의 공기온도가 너무 낮을 때

(나) 인체 주위의 기류속도가 클 때

(다) 주위 공기의 습도가 낮을 때

(라) 주위 벽면의 온도가 낮을 때

(마) 겨울철 창문의 틈새를 통한 극간풍이 많을 때

④ 공기확산 성능계수 (air diffusion performance index ; ADPI) : 쾌적감을 주는 범위 내에 있는 측정점수를 전 측정점수에 대한 비로 나타낸다.

>>> 제3장

예상문제

1. 흡인 유닛의 분출속도로 맞는 것은?

① 5 ~ 7 m/s ② 10 ~ 12 m/s
③ 15 ~ 20 m/s ④ 30 ~ 35 m/s

2. 고속덕트와 저속덕트는 주덕트 내에서 최대 풍속 몇 m/s를 경계로 하여 구별되는가?

① 5 ② 10 ③ 15 ④ 30

3. 공장의 저속덕트 방식에 있어서 주덕트 내에서의 최적풍속은 얼마인가?

① 23 ~ 27 m/s ② 17 ~ 22 m/s
③ 12 ~ 15 m/s ④ 6 ~ 9 m/s

4. 덕트의 분기점에서 풍량을 조절하기 위하여 설치하는 댐퍼는 어느 것인가?

① 방화 댐퍼 ② 스플릿 댐퍼
③ 볼륨 댐퍼 ④ 터닝 베인

5. 덕트의 재료로서 현재 가장 많이 이용되는 것은?

① 아연도금강판 ② 알루미늄판
③ 염화비닐판 ④ 스테인리스강판

6. 공기조화 덕트의 부속품이 아닌 것은?

① 가이드 베인 ② 방화 댐퍼
③ 풍량 조절 댐퍼 ④ 노즐

7. 취출구의 방향을 좌우상하로 바꿀 수 있으며, 주방 등의 스폿(spot) 냉방에 적합한 공기취출구는 어느 것인가?

① T 라인형 ② 펑커 루버형
③ 아네모스탯형 ④ 팬형

8. 고속덕트의 특징으로 옳지 않은 것은 어느 것인가?

① 마찰에 의한 압력손실이 크다.
② 소음이 작다.
③ 운전비가 낮아진다.
④ 장방형 대신에 스파이럴관이나 원형 덕트를 사용하는 경우가 많다.

9. 다음은 단일 덕트 방식에 대한 설명이다. 관계없는 것은?

① 단일 덕트 일정풍량 방식은 개별 제어에 적합하다.
② 중앙기계실에 설치한 공기조화기에서 조화한 공기는 주덕트를 통해 각 실로 분배된다.
③ 단일 덕트 일정 풍량 방식에서는 재열을 필요로 할 때도 있다.
④ 단일 덕트 방식에서는 큰 덕트 스페이스를 필요로 한다.

10. 다음 방법들은 극간풍의 풍량을 계산하는 방법이다. 옳지 않은 것은?

① 환기 횟수에 의한 방법
② 극간 길이에 의한 방법
③ 창 면적에 의한 방법
④ 재실 인원수에 의한 방법

11. 등속법에 대한 설명이 아닌 것은?

① 이 방식은 덕트 내의 풍속을 일정하게 유지할 수 있도록 덕트치수를 결정하는 방법이다.
② 덕트를 통해 먼지나 산업용 분말을 이송시키는 데 적합하지 않다.

정답 1. ① 2. ③ 3. ④ 4. ② 5. ① 6. ④ 7. ② 8. ② 9. ① 10. ④ 11. ②

③ 이 방식은 각 구간마다 압력손실이 다르다.
④ 송풍기 용량을 구하기 위해서는 전체 구간의 압력손실을 구해야 하는 번거로움이 있다.

12. 지름 0.6 m, 길이 15 m인 원형 덕트 내에 흐르는 공기의 속도가 10 m/s였다면 이때의 마찰손실저항은 몇 mmAq인가? (단, 공기의 비중량 γ = 1.2 kg/m^3, 마찰저항계수 λ = 0.3, 중력가속도 g = 9.8 m/s^{2}이다.)

① 21.5 ② 36.7
③ 45.9 ④ 56.8

해설 $\Delta P = \lambda \cdot \frac{l}{d} \cdot \frac{v^2}{2g} \cdot \gamma$

$= 0.3 \times \frac{15}{0.6} \times \frac{10^2}{2 \times 9.8} \times 1.2$

$= 45.9$ mmAq

13. 다음 그림과 같이 점차 확대된 관의 각도가 θ = 30° 이고 속도가 v_1 = 11.9 m/s, v_2 = 7.0 m/s인 경우 점차 확대된 부분에서의 국부저항은 몇 mmAq인가? (단, θ = 30° 인 경우 국부저항계수(f_p) = 0.59이며, 흐르는 공기의 비중량(γ)은 1.2 kg/m^3, 중력가속도(g)는 9.8 m/s^{2}이다.)

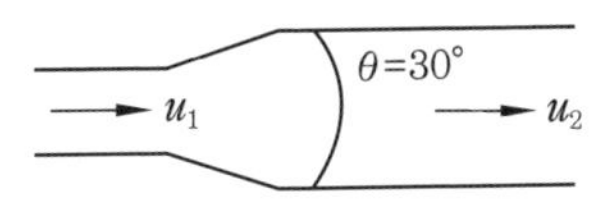

① 1.85 ② 2.34
③ 2.68 ④ 3.35

해설 $\Delta P = f_p \cdot \frac{\gamma}{2g}(v_1^2 - v_2^2)$

$= 0.59 \times \frac{1.2}{2 \times 9.8} \times (11.9^2 - 7^2)$

$= 3.345$ mmAq

14. 500명을 수용하는 극장에서 1인당 CO_2 토출량이 17 L/h일 때 CO_2가 0.05 %인 외기를 도입하여 0.1 %로 유지하는 데 필요한 환기량은 얼마인가?

① 425 m^3/h ② 1700 m^3/h
③ 4250 m^3/h ④ 17000 m^3/h

해설 $Q = \frac{500 \times 0.017}{0.001 - 0.0005} = 17000$ m^3/h

15. 인체에 해가 되지 않는 탄산가스의 한계오염 농도는 얼마인가?

① 500 ppm (0.05 %)
② 1000 ppm (0.1 %)
③ 1500 ppm (1.15 %)
④ 2000 ppm (0.2 %)

16. 1500명을 수용할 수 있는 강당에 전등에 의해 매시간 5192 kJ의 열이 발생하고 있다. 실내의 온도를 24℃로 유지하기 위하여 시간당 필요한 환기량은 얼마인가? (단, 외기의 온도는 12℃이며, 1인당 발열량은 230 kJ/h이다.)

① 24400 m^3/h ② 26400 m^3/h
③ 27400 m^3/h ④ 28400 m^3/h

해설 $Q = \frac{5192 + 1500 \times 230}{1.2 \times 1 \times (24 - 12)}$

$= 24319$ m^3/h

17. 다음의 도시기호 중 천장 부착형 취출구(송기구)는?

① 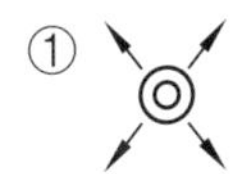
② 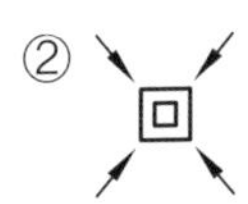
③ 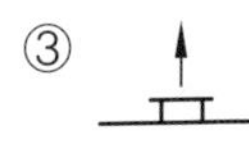
④

정답 12. ③ 13. ④ 14. ④ 15. ② 16. ① 17. ①

Chapter 04

TAB

4-1 TAB(Testing Adjusting & Balancing) 계획

(1) 측정

① 계통 검토
② 공기 분배 계통의 성능 측정 및 조정
③ 물 분배 계통의 성능 측정 및 조정
④ 자동제어 계통의 작동 성능 확인
⑤ 전기 계측
⑥ 소음 및 진동 측정
⑦ 설계치를 공급할 수 있는 전 시스템의 조정
⑧ 최종 점검 및 조정
⑨ 종합 보고서 작성

(2) 계측기

① 공통 장비 : 회전수 측정 장비, 온도 측정 장비, 전기 계측 장비, 소음 측정계
② 공기계통 장비 : 공기 압력 측정 장비, 피토튜브, 풍속/풍량 측정 장비, 습도 측정 장비
③ 물계통 장비 : 온도 측정 장비, 압력 측정 장비, 차압 측정 장비, 초음파 유량계 등 냉온수 계통 장비
④ 자동제어 장비 : 온도 측정 장비, 압력 측정 장비, 습도 측정 장비, 풍속 측정 장비

4-2 TAB 수행

(1) 유량 온도, 압력 측정 조절

① 덕트 또는 배관의 분기구나 유량 조절 필요개소에 유량 조절 장치를 둠
② 유량 측정 개소에 측정공 설치(풍속 및 차압 등 측정구 설치)

③ 밸런싱에 필요한 풍량 또는 유량을 도면에 명기하여 현장 TAB 시 정확성 유지

(2) 전압 전류 측정 조정

① 장비의 TAB에 적용되는 각종 Factor의 data화
② 자동제어 장치의 완벽한 구성
③ 시스템 검토
④ 측정점의 확보 및 선정

제4장 예상문제

1. 공조설비 및 기기를 구성하는 부품시험에 해당되지 않는 것은 어느 것인가?

① 시스템 계통의 시험
② 시스템 계통의 조정
③ 시스템 계통의 평가
④ 시스템 계통의 업무

해설 공조설비 시스템 계통의 종합적인 점검 사항에 해당하는 것이 시스템 실내 환기 계통의 시험, 조정, 평가를 한다.

2. 다음 중 T(시험), A(조정), B(평가) 적용 목적이 아닌 것은?

① 설계 목적에 부합되는 시설의 완성
② 인접기기 상호 간섭에 의한 영향 검토
③ 설계 및 시공 오류 수정
④ 시설 및 기기의 수명 연장

해설 ②항은 TAB 설계 시 주요업무 사항이다.

3. TAB 설계 시 주요업무 사항이 아닌 것은?

① 인접기기 상호 간섭에 의한 영향 검토 필요성
② 국부적인 마찰손실검토 필요성
③ 시스템 효과의 최소화를 위한 배례 필요성
④ 운전장에 가능성에 대한 검토의 필요성 없음

해설 ④항은 필요성이 있다.

4. 다음 계측기 종류 중 자동제어장비에 포함되지 않는 것은 무엇인가?

① 온도 측정
② 압력 측정
③ 습도 측정
④ 초음파 유량 측정

해설 자동제어장비에는 온도, 압력, 습도, 풍속 측정장비 등이 있다.

정답 1. ④ 2. ② 3. ④ 4. ④

Chapter 05

보일러설비 시운전

5-1 보일러설비의 구성

(1) 보일러 구성

① 기관본체 : 원통형 보일러 (shell)와 수관식 보일러 (drum)가 있다.

② 연소장치 : 연료를 연소시키는 장치로 연소실, 버너, 연도, 연통으로 구성된다.

③ 부속설비 : 지시기구, 안전장치, 급수장치, 송기장치, 분출장치, 여열장치, 통풍장치, 처리장치 등으로 구성된다.

(2) 방열량 계산

① 표준 방열량

(가) 증기 : 열매온도 102℃ (증기압 1.1 ata), 실내온도 18.5℃일 때의 방열량

$$Q = K(t_s - t_1) = 8 \times (102 - 18.5) \fallingdotseq 650 \text{ kcal/m}^2 \cdot \text{h} = 755.8 \text{ W/m}^2$$

여기서, K : 방열계수 (증기 : 8 kcal/m^2·h, 온수 : 7.2 kcal/m^2·h)

t_s : 증기온도 (℃), t_1 : 실내온도 (℃)

(나) 온수 : 열매온도 80℃, 실내온도 18.5℃일 때의 방열량

$$Q = K(t_w - t_r) = 7.2(80 - 18.5) \fallingdotseq 450 \text{ kcal/m}^2 \cdot \text{h} = 523 \text{ W/m}^2$$

여기서, K : 방열계수, t_w : 열매온도 (℃), t_r : 실내온도 (℃)

② 표준 방열량의 보정

$$Q' = Q/C$$

$$C = \left(\frac{102 - 18.5}{t_s - t_1}\right)^n \text{ : 증기난방,} \quad C = \left(\frac{80 - 18.5}{t_w - t_1}\right)^n \text{ : 온수난방}$$

여기서, Q' : 실제상태의 방열량 (kJ/m^2·h)

Q : 표준 방열량 (kJ/m^2·h)

C : 보정계수

n : 보정지수 (주철·강판제 방열기 : 1.3, 대류형 방열기 : 1.4, 파이프 방열기 : 1.25)

5-2 급탕설비

(1) 온수난방의 분류

① 온수의 순환 방법

㈎ 중력순환식 온수난방법 (gravity circulation system)

㈏ 강제순환식 온수난방법 (forced circulation system)

② 배관 방식에 의한 분류

㈎ 단관식 ㈏ 복관식

③ 온수를 보내는 방식에 의한 분류

㈎ 하향식 온수난방 ㈏ 상향식 온수난방

④ 사용하는 온수의 압력 및 온도에 따른 분류

㈎ 고압 온수난방 : 물의 온도 100 ~ 150℃, 압력 10 ~ 70 ata

㈏ 중압 온수난방 : 물의 온도 120℃, 압력 2 ata

㈐ 저압 온수난방 : 물의 온도 85 ~ 90℃, 압력 1 ata

(2) 온수난방의 특징

① 장점

㈎ 난방부하의 변동에 따른 온도조절이 용이하다.

㈏ 현열을 이용한 난방이므로 쾌감도가 높다.

㈐ 방열기 표면온도가 낮으므로 표면에 부착한 먼지가 타서 냄새나는 일이 적다.

㈑ 배관과 방열기를 냉방으로의 사용이 가능하다.

㈒ 예열시간은 길지만 잘 식지 않으므로 환수관의 동결 우려가 적다.

㈓ 열용량이 증기보다 크고 실온 변동이 적다.

㈔ 관 내의 온도차가 증기보다 적고 또 증기의 경우와 같이 응축손실도 없으므로 배관 열손실이 적다.

㈕ 워터 해머(water hammer)가 생기지 않으므로 소음이 없다.

㈖ 연료소비량이 적다.

㈗ 보일러 취급이 용이하고 안전하다.

② 단점

㈎ 증기난방에 비해 방열면적과 배관의 관지름이 커야 하므로 설비비가 약간 (20 ~ 30 %) 비싸다.

㈏ 예열시간이 길다.

(다) 공기의 정체에 따른 순환 저해의 원인이 생기는 수가 있다.
(라) 열용량이 크기 때문에 온수 순환시간이 길다.
(마) 야간에 난방을 휴지할 때는 동결할 염려가 있다.
(바) 보일러의 허용수두가 50 mAq 이하이므로 높은 건물에 사용할 수 없다.

(3) 팽창탱크 (expansion tank)

① 온수의 팽창량

$$\Delta v = \left(\frac{1}{\rho_2} - \frac{1}{\rho_1}\right) V \text{ [L]}$$

여기서, Δv : 온수의 팽창량 (L)
ρ_2 : 가열한 온수의 밀도 (kg/L)
ρ_1 : 불을 때기 시작할 때의 물의 밀도 (kg/L)
V : 난방장치 내에 함유되는 전수량 (L)

② 팽창탱크의 용량

(가) 개방식 팽창탱크 (open type expansion tank)

$$V = \alpha \cdot \Delta v = \alpha \left(\frac{1}{\rho_2} - \frac{1}{\rho_1}\right) v \text{ [L]}$$

여기서, V : 팽창탱크의 용량
α : 2 ~ 2.5 (팽창탱크의 용량은 온수 팽창량의 2 ~ 2.5배)

(나) 밀폐식 팽창탱크 (closed type expansion tank)

㉮ 공기층의 필요압력

$$P = h + h_s + \frac{h_p}{2} + 2 \text{ mAq}$$

여기서, P : 밀폐식 팽창탱크의 필요압력 (게이지압)에 상당하는 수두 (mAq)
h : 밀폐식 팽창탱크 내 수면에서 장치의 최고점까지의 거리 (m)
h_s : 소요온도에 대한 포화증기압 (게이지압)에 상당하는 수두 (mAq)
h_p : 순환펌프의 양정(m)

㉯ 밀폐식 팽창탱크의 체적

$$V = \frac{\Delta v}{\dfrac{P_o}{P_o + 0.1h} - \dfrac{P_o}{P_a}} \text{ [L]}$$

여기서, V : 밀폐식 팽창탱크의 체적 (L), Δv : 온수의 팽창량 (개방식과 같다.) (L)
P_o : 대기압 (=1 kg/cm^2), P_a : 최대 허용압력 (절대압력) (kg/cm^2)
h : 밀폐탱크 내 수면에서 장치의 최고점까지의 거리 (m)

5-3 난방설비

1 난방의 종류

(1) 개별난방법

가스, 석탄, 석유, 전기 등의 스토브 또는 온돌, 벽난로에서 발생되는 열기구의 대류 및 복사에 의한 난방법

(2) 중앙난방법

일정한 장소에 열원(보일러 등)을 설치하여 열매를 난방하고자 하는 특정 장소에 공급하여 공조하는 방식

① 직접난방 : 실내에 방열기를 두고 여기에 열매를 공급하는 방법
② 간접난방 : 일정 장소에서 공기를 가열하여 덕트를 통하여 공급하는 방법
③ 복사난방 : 실내 바닥, 벽, 천장 등에 온도를 상승시켜 복사열에 의한 방법

(3) 지역난방법

특정한 곳에서 열원을 두고 한정된 지역으로 열매를 공급하는 방법

> **참고** 공조설비 난방에는 열매로 포화증기를 이용한 증기난방과 온수를 이용한 온수난방의 두 종류가 있다.

2 증기난방

(1) 증기난방의 분류

① 증기압력에 의한 분류(순환 방법에 의한 분류)
(가) 저압 증기난방 : 증기압력이 보통 $0.15 \sim 0.35\,kg/cm^2$ 정도
(나) 고압 증기난방 : 증기압력 $1\,kg/cm^2$ 이상

② 응축수의 환수 방법에 의한 분류
(가) 중력환수식(소규모 난방에 사용)
㉮ 단관식 : 급기와 환수를 동일관에 겸하게 하는 방식
㉯ 복관식 : 급기관과 환수관을 별개로 배관하는 방식

(나) 기계환수식 (대규모 난방에 사용) : 응축수를 탱크에 모아 펌프로 보일러에 급수하는 방식

(다) 진공환수식 (대규모 난방에 사용) : 환수관의 끝 보일러 직전에 진공 컴프레셔을 접속하여 난방하는 방식

③ 환수관의 배관 방법에 의한 분류

(가) 습식 환수관 : 환수주관이 보일러 수면보다 낮은 곳에 배관되어 환수관 속은 응축수가 항상 만수 상태로 흐르고 있다 (환수관의 지름을 가늘게 할 수 있으나 겨울철 동결의 염려가 있다).

(나) 건식 환수관 : 환수주관이 보일러 수면보다 높이 배관되어 응축수는 관의 밑부분에만 흐르고 있다 (환수관에 증기가 침입하는 것을 방지하기 위해 증기트랩을 장치한다).

④ 증기공급의 배관 방법에 의한 분류

(가) 상향식 : 단관식, 복관식

(나) 하향식 : 단관식, 복관식

(2) 증기난방의 특징

① 장점

(가) 열의 운반능력이 크다.

(나) 예열시간이 온수난방에 비해 짧고 증기 순환이 빠르다.

(다) 방열면적을 온수난방보다 작게 할 수 있으며 관지름이 가늘어도 된다.

(라) 설비비와 유지비가 싸다 (20 ~ 30 % 정도 절감).

(마) 보일러의 연소율 조정으로 부분난방을 대처할 수 있다.

② 단점

(가) 방열기의 표면온도가 높아 화상의 우려가 있으며 먼지 등의 상승으로 불쾌감을 준다.

(나) 소음이 난다 (steam hammering).

(다) 배관 수두손실이 커져 배관저항이 증가한다.

(라) 환수관의 부식이 우려된다.

(마) 방입구까지의 배관길이가 8 m 이상일 때 관지름이 큰 것을 사용한다.

(바) 초기 통기 시 주관 내 응축수를 배수할 때 열손실이 일어난다.

3 복사난방

(1) 복사난방의 종류

① 저온 복사난방 : 바닥이나 천장 전체를 30 ~ 50℃의 방열면으로 하는 복사난방

② 고온 복사난방 : 건축 구조체와는 별도로 패널 코일 (panel coil)을 장치한 복사 패널에 고온이나 증기를 통하여 표면온도를 100℃ 이상으로 하는 복사난방
③ 연소식 고온 복사난방 : 가스의 연소열에 의한 난방
④ 전열식 고온 복사난방 : 전열기 발생열량에 의한 난방

(2) 설치 위치에 따른 패널의 종류

① 바닥 패널 : 실내 바닥면을 가열면으로 한 것으로 가열 표면의 온도를 30℃ 이상 올리는 것은 좋지 않으며, 열량손실이 큰 실내에서는 바닥면만으로는 방열량이 부족하다. 또한 바닥면에서 설치하므로 시공이 용이하여 많이 이용된다.
② 천장 패널 : 실내 천장을 가열면으로 하기 때문에 시공이 곤란하고 가열면의 온도는 50℃ 정도까지 올릴 수 있다. 또한 패널 면적이 적어도 되며, 열손실이 큰 실내에는 적합하나 천장이 높은 강당이나 극장 등에는 부적합하다.
③ 벽 패널 : 실내 벽면을 가열면으로 한 것으로 바닥 및 천장 패널의 보조로 사용된다. 시공 시 열손실 방지를 위하여 단열 시공이 필요하며 실내가구 등의 장식물에 의하여 방열이 방해되는 수가 많다.

(3) 열매체에 따른 분류

① 건축 구조체에 관을 매설하여 온수를 통과시키는 방식
② 콘크리트 또는 토관으로 덕트를 만들어 여기에 온풍이나 고온의 열가스를 통과시키는 방식 (우리나라 온돌에 해당)
③ 니크롬선 등의 저항선을 매설하여 전류를 통하게 하는 방식

(4) 복사난방의 특징

① 장점
(가) 실내온도 분포가 균일하여 쾌감도가 높다.
(나) 방열기 설치가 불필요하므로 바닥면의 이용도가 높다.
(다) 실내공기의 대류가 적어 공기의 오염도가 적어진다.
(라) 동일 방열량에 대해 손실열량이 대체로 적다.
(마) 실내가 개방상태에서도 난방효과가 좋다.
(바) 인체가 방열면에서 직접 열복사를 받는다.
(사) 실의 천장이 높아도 난방이 가능하다.
② 단점
(가) 방열체의 열용량이 크기 때문에 온도 변화에 따른 방열량의 조절이 어렵다.

(나) 일시적인 난방에는 비경제적이다.

(다) 가열코일을 매설하므로 시공, 수리 및 설비비가 비싸다.

(라) 벽에 균열이 생기기 쉽고 매설배관이므로 고장의 발견이 어렵다.

(마) 방열벽 배면으로부터 열이 손실되는 것을 방지하기 위하여 단열시공이 필요하다.

(5) 복사난방 설계상 주의사항

① 가열면 표면온도 : 가열면의 온도는 높을수록 복사방열은 크지만, 주거 환경을 고려하여 적절한 온도가 되도록 한다.

패널의 표면온도

종류		패널의 표면온도(℃)	
		보통	최고
바닥 패널		27	35
벽 패널	플라스터 마감	32	43
	철판(온수)	71	–
	철판(증기)	81	–
천장 패널(플라스터 마감)		40	54
전선 매설 패널		93	–

② 매설 배관의 관지름 : 일반적으로 바닥 매설 배관은 20 ~ 40 A의 가스관 3/8 ~ 5/8 B의 동관, 천장의 경우는 이보다 작은 관지름의 가스관을 쓴다. 보통 바닥매설은 25 A, 천장매설은 15 A의 가스관을 많이 사용한다.

③ 배관 피치 : 방열량을 고르게 할 경우 피치는 적게, 매설 깊이는 깊게 하는 것이 온도분포가 고르게 되어 바람직하지만, 경제적인 면에서는 20 ~ 30 cm 정도가 적당하다.

④ 매설 깊이 : 표면온도의 분포와 열응력으로 인한 바닥 균열 등을 고려하여, 적어도 관위에서 표면까지의 두께를 관지름의 1.5 ~ 2.0배 이상으로 한다.

⑤ 온수온도와 온도차 : 온수온도는 콘크리트에 매설한 경우 최고 60℃ 이하로 평균 50℃ 정도가 많이 쓰이고 있다. 공기층일 경우 일반 온수난방과 같이 평균 80℃까지 써도 된다. 순환온수의 온도차는 가열면의 온도 분포를 균일하게 한다는 점에서 5 ~ 6℃ 이내로 한다.

4 온풍로난방

(1) 열풍로 배치법

① 덕트 배관을 짧게 하고 가장 편안한 위치를 선정한다.

② 굴뚝의 위치가 되도록 가까워야 한다.

③ 열풍로의 전면(버너 쪽)은 1.2~1.5 m 띄운다.

④ 열풍로의 후면(방문 쪽)은 0.6 m 이상 띄운다.

⑤ 열풍로 측면이 한쪽 면은 후방으로의 통로로서 충분한 폭을 띄운다.

⑥ 서비스 탱크나 냉동기는 버너나 방문의 정면에서 멀리 떨어진 위치에 설치해야 한다.

⑦ 습기와 먼지가 적은 장소를 선정한다.

(2) 온풍로의 특징

① 장점

㈎ 열효율이 높고 연소비가 절약된다.

㈏ 직접난방에 비하여 설비비가 싸다.

㈐ 설치면적이 작고 설치장소도 자유로이 택할 수 있다.

㈑ 설치공사가 간단하고 보수관리도 용이하다.

㈒ 환기가 병용으로 되며, 공기 중의 먼지가 제거되고 가습도 할 수 있다.

㈓ 예열부하가 적으므로 장치는 소형이 되며 설비비와 경상비도 절감된다.

㈔ 운전은 자동식이 많고 압력부분도 없으므로 보일러와 같이 유자격자를 필요로 하지 않으며, 미경험자도 안전운전이 될 수 있어 인건비가 절감된다.

② 단점

㈎ 취출풍량이 적으므로 실내 상하의 온도차가 크다.

㈏ 덕트 보온에 주의하지 않으면 온도강하 때문에 끝방의 난방이 불충분하다.

㈐ 소음이 생기기 쉽다.

㈑ 온기로 여러 대를 설치하는 것은 설비비 점에서 불리하다.

5-4 가스설비

(1) 작업준비를 한다.

① 공구 및 재료를 준비한다.

② 도면을 이해한다.

(2) 가스계량기와 보일러를 설치한다.

① 가스계량기를 계량하기 쉬운 위치에 견고히 설치한다.

② 보일러 설치장소 지반과 배관통과부 연통루트를 고려하여 설치한다.

(3) 분기헤더를 설치한다.

① 공급관을 중심으로 적당한 위치에 설치한다.
② 헤더 입구 출구를 위치에 따라 배치한다.
③ 플렉서블관 접속나사는 1/2B PT나사로 연결하고, 배관용 탄소강관 접속나사는 3/4B PT나사로 연결시킨다.

(4) 배관을 연결한다.

① 가스계량기 출구부분과 보일러 입구부분을 연결한다.
② 헤더에서 각 기구장치로 배관을 한다.

(5) 누설부분이 없는지 확인한다.

① 너무 무리한 조임이 없도록 한다.
② 누설은 비눗물 검사 또는 가스기밀시험으로 확인한다.

(6) 공급압력

가스공급방식	공급압력	특징
저압공급방식	1.0 kg/cm^2 미만	• 홀더 압력을 이용해서 저압 배관만으로 공급하므로 공급 계통이 간단하고 공급 구역이 좁으며 공급량이 적은 경우에 적합하다. • 홀더 압력과 수요가의 압력차가 100 ~ 200 mmAq 정도로 공급가스량이 많은 경우, 큰 관의 저압 본관이 필요하다.
중압공급방식	1.0 ~ 10 kg/cm^2 미만	공장에서 중압으로 송출하여 정압기에 의해 저압으로 정압시켜 수요가에 공급하는 방식으로 가스 공급량이 많거나 공급구역이 넓어 저압공급으로는 배관비가 많아지는 경우 채택된다. 이 방식에는 저압공급과 병용하는 경우가 있으며 공급의 안전성이 높다.
고압공급방식	10 kg/cm^2 이상	공장에서 고압으로 보내서 고압 및 중압의 공급배관과 저압의 공급용 지관을 조합하여 공급하는 방식을 말한다. 이 방식은 공장에서의 수송능력의 크기 때문에 먼 곳에 많은 양의 가스를 공급하는 경우 채용한다.

(7) 용기의 각인

① 용기 제조사의 명칭 또는 그 약호
② 충전 가스의 명칭

③ 용기의 번호
④ 용기 검사 합격 년 월
⑤ 내용적 (기호 : V, 단위 : l)
⑥ 용기의 질량 (기호 : W, 단위 : kg)
⑦ 내압 시험 압력 (기호 : TP, 단위 : kg/cm^2)
⑧ 최고 충전 압력 (기호 : FP, 단위 : kg/cm^2)
⑨ 합격 표시 (바깥지름 10 mm)

(8) 압력 조정기

압력 조정기는 공급 가스의 압력 (0.7 ~ 15.6 kg/cm^2)을 연소기에 알맞은 압력 (가정용 : 230 ~ 330 mmAq)으로 낮추어 주는 기기이다. 압력 조정기가 고장이 나면 공급 가스의 압력이 높아져서 불완전 연소되거나 불이 꺼져서 가스가 누설되어 사고의 원인이 될 수 있다. 조정기는 용기와 직렬하여 사용하거나 또는 용기에서 고압 고무호스 (측도관이라고 함)를 이용하여 조정기에 연결하는 방법 및 용기 집합대에 연결하는 방법으로 설치 사용해야 한다. 압력 조정기는 연소기의 입구 압력과 압력 조정기의 공급 압력이 일치해야 하는데 가령 가스레인지의 옆면 명판에 가스 사용 압력이 280±50 mmAq이라는 표기가 있고 압력 조정기의 윗면 또는 뒷면에 R-280이라는 숫자가 기재된 조정기가 부착되어 있으면 연소기와 압력 조정기가 정확하게 설치된 것이다.

(9) 가스계량기

가스계량기는 가스의 사용량을 측정하는 계기로 건식 및 습식 가스계량기가 있으나 도시가스 및 LPG에는 대부분 건식 가스계량기를 사용한다. 가스계량기는 사용하는 가스에 따라 도시가스 및 LPG용, 또는 겸용으로 구분하고 있으며, 용량에 따라 가정에서는 일반적으로 2호와 3호를 사용하고 있다. 가스계량기의 계량 능력(최대 유량)은 그 계량기의 호수와 같다. 즉 2호는 1시간당 가스 유량을 2 m^{3}를 흘려보낼 수 있는 능력을 갖춘 계량기라고 할 수 있다. 가스계량기는 정밀 기기이므로 화기와 2 m 이상의 이격거리를 유지하고 환기가 잘 되는 장소에 설치해야 하며, 지면으로부터 1.6 ~ 2 m 높이에 수직·수평이 되도록 설치한 다음 밴드 등으로 고정시킨다. 다만, 격납 상자 안에 설치할 때에는 설치 높이에 제한이 없다.

>>> 제5장

예상문제

1. 다음 중 난방부하를 줄일 수 있는 요인이 아닌 것은?

① 극간풍에 의한 잠열
② 태양열에 의한 복사열
③ 인체의 발생열
④ 기계의 발생열

2. 난방 방식에 대한 설명 중 틀린 것은?

① 증기난방에서 응축수는 보일러로 순화시켜 사용하는 건식과 습식이 있다.
② 온수난방의 배관에는 반드시 팽창탱크를 설치하는 개방식과 밀폐식이 있다.
③ 패널난방은 천장이 높은 경우 다른 난방에 비해 불리한 방법이다.
④ 온풍난방은 배관 도중에 습도를 가감할 수 있는 장치를 할 수 있다.

해설 방열 패널의 열복사는 상당히 높은 천장에서 바닥까지 도달하므로, 보통 난방으로 불가능한 천장이 높은 실의 난방이 가능하다.

3. 난방하는 방의 실내온도로 적당한 것은 어느 것인가?

① 15 ~ 17℃ ② 18 ~ 22℃
③ 25 ~ 27℃ ④ 30 ~ 33℃

해설 ㉠ 노동하는 장소 : 16℃
㉡ 사무실 : 20℃
㉢ 주택, 호텔 : 18℃
㉣ 일반 설계 기준온도 : 22℃

4. 다음 중 보일러수로서 적당한 것은 어느 것인가?

① pH 7 ② pH 10
③ pH 12 ④ pH 14

5. 다음 중 노통 연관 보일러의 장점이 아닌 것은?

① 고압증기를 얻을 수 있다.
② 효율이 높다.
③ 높이가 낮아서 천장을 요하지 않는다.
④ 능력이 부족할 때는 섹션을 늘릴 수 있다.

해설 섹션을 늘릴 수 있는 것은 주철제 보일러이다.

6. 다음 중 보일러의 정격출력은 어느 것인가?

① 난방부하 + 급탕부하 + 배관부하
② 난방부하 + 급탕부하 + 배관부하 + 예열부하
③ 난방부하 + 배관부하 + 예열부하 - 급탕부하
④ 난방부하 + 급탕, 급기부하 + 배관부하 - 예열부하

7. 수관 보일러에 관한 다음 설명 중 틀린 것은?

① 보일러의 물 순환이 빠르기 때문에 증발량이 많다.
② 고압에 적당하다.
③ 비교적 자유롭게 전열면적을 증대시킬 수 있다.
④ 구조가 간단하여 내부 청소를 하기 쉽다.

해설 구조가 복잡하고 청소, 보수 등이 곤란하다.

8. 다음 난방 방식 중에서 직접난방법이 아닌 것은?

① 온풍난방 ② 고온수 난방
③ 저압 증기난방 ④ 복사난방

해설 직접난방 : 실내에 방열기 등의 발열체를 놓고 여기에 열매를 공급하여 대류 또는 복사에 의하여 실내공기 또는 인체를 따뜻하게 하는 방식

정답 1. ① 2. ③ 3. ② 4. ③ 5. ④ 6. ② 7. ④ 8. ①

9. 1기압 100℃의 포화수 5 kg을 100℃의 건조 포화증기로 만들기 위해서는 몇 kJ의 열량이 필요한가? (단, 100℃ 물의 증발잠열은 2256 kJ/kg이다.)

① 11280 kJ ② 7700 kJ
③ 8250 kJ ④ 16800 kJ

해설 $5 \times 2256 = 11280$ kJ

10. 다음 중 1보일러 마력을 알맞게 표시한 것은?

① 31126 kJ/h ② 35318.8 kJ/h
③ 39500 kJ/h ④ 43687 kJ/h

11. 다음 공식 중 상당 증발량은?(단, G_a : 실제 증발량, h_2 : 발생증기의 엔탈피, h_1 : 급수의 엔탈피이다.)

① $\dfrac{G_a(h_2-h_1)}{2256}$

② $\dfrac{2256}{G_a(h_2-h_1)}$

③ $\dfrac{G_a(h_2-h_1)}{2256 \times \text{증발 전열면적}}$

④ $\dfrac{G_a(h_2-h_1)}{\text{연료소비량} \times \text{저위발열량}}$

12. 매 시간마다 40 ton의 석탄을 연소시켜서 80 kg/cm^2, 온도 400℃의 증기를 매시간 250 ton 발생시키는 보일러의 효율은 얼마인가?(단, 급수 엔탈피 500 kJ/kg, 발생증기 엔탈피 3360 kJ/kg, 석탄의 저발열량 23100 kJ/kg이다.)

① 68 % ② 77 %
③ 86 % ④ 92 %

해설 $\eta = \dfrac{250000 \times (3360-500)}{40000 \times 23100} \times 100 = 77\ \%$

13. 다음과 같은 사무실에서 방열기의 설치위치로 가장 적당한 곳은?

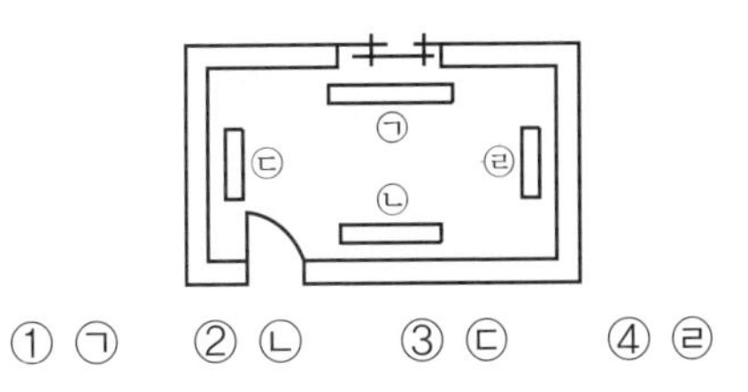

① ㉠ ② ㉡ ③ ㉢ ④ ㉣

14. 온수를 사용하는 주철제 방열기의 표준 방열량은 얼마인가?

① 1674.8 kJ/m^2·h
② 1882.8 kJ/m^2·h
③ 2512 kJ/m^2·h
④ 2797.25 kJ/m^2·h

15. 증기를 사용하는 주철제 방열기의 표준 방열량은 얼마인가?

① 1674.8 kJ/m^2·h
② 1854.23 kJ/m^2·h
③ 2512 kJ/m^2·h
④ 2720.9 kJ/m^2·h

16. 방열기의 표준 방열량이 650 kcal/m^2·h이고 증발잠열이 539 kcal/kg일 때 방열면적 1 m^{2}당 응축수량은 얼마인가?

① 1.21 kg/h ② 2.21 kg/h
③ 5.39 kg/h ④ 6.50 kg/h

해설 $G = \dfrac{650}{539} = 1.21$ kg/h

17. 열매온도 및 실내온도가 표준상태와 다른 경우에 강판제 패널형 증기난방 방열기의 상당 방열면적을 구하면? (단, 방열기의 전방열량은 9211 kJ/h이고, 실온이 20℃, 증기온도 104℃, 증기의 표준방열량 2700 kJ/m^2·h 이다.)

정답 9. ① 10. ② 11. ① 12. ② 13. ① 14. ② 15. ④ 16. ① 17. ③

① 2.0 m^2 ② 2.5 m^2
③ 3.4 m^2 ④ 4.0 m^2

해설 $Q' = \dfrac{2700}{\left(\dfrac{102-18.5}{104-20}\right)^{1.3}} = 2721\ \text{kJ/m}^2\cdot\text{h}$

$\therefore EDR = \dfrac{9211}{2721} = 3.385 = 3.4\ \text{m}^2$

18. 온수난방에서 공기분리기의 부착 요령 중 옳지 않은 것은?

① 관 내의 온도가 가장 낮은 보일러의 입구측에 부착한다.
② 반드시 수평으로 접속한다.
③ 공기분리기 본체의 표 방향과 온수 진행방향이 같게 부착한다.
④ 개방 시스템의 경우 보일러와 펌프 사이에 부착한다.

해설 공기분리기는 관 내의 온도가 가장 높은 부분, 즉 보일러 출구와 가까운 본관에 수평으로 부착한다.

19. 다음 고온수 난방의 특징 중 틀린 것은 어느 것인가?

① 온수난방의 장점에 증기난방의 장점을 갖춘 것과 같다.
② 보통 온수난방에 비해 방열면적이 작아도 된다.
③ 보통 온수난방보다 안전하다.
④ 강판제 방열기를 써야 한다.

해설 고온수 난방은 취급 관리가 곤란하므로 숙련된 기술을 요한다.

20. 다음은 고온수 난방 시스템의 2차측 배관접속 방법을 설명한 것이다. 2차측 배관접속 방법과 직접 관계가 없는 것은 어느 것인가?

① 열교환 방식
② 직결 방식
③ 리버스 리턴(reverse return) 방식
④ 블리드 인(bleed in) 방식

21. 밀폐식 팽창탱크에 대한 다음 설명 중 옳지 않은 것은?

① 밀폐식 팽창탱크는 고온수식 난방용 배관에 적합하다.
② 고온수의 경우에는 물이 증발하지 않는 압력을 유지한다.
③ 팽창량은 장치 내의 전수량에 비례하고 물용적의 증가량에 비례한다.
④ 장치로부터 배수할 때는 진공방지기가 필요하다.

해설 장치로부터 배수할 때는 진공방지기가 필요 없다.

22. 5℃인 물 1000 m^3를 80℃까지 가열했을 때 온수의 팽창량 Δv는 얼마인가? (단, 5℃ 물의 비중량 γ_1 = 999.8 kg/m^3, 80℃ 물의 비중량 γ_2 = 972 kg/m^3이다.)

① 2.86 L ② 14.3 L
③ 28.6 L ④ 57.2 L

해설 $\Delta v = 1\times10^6 \times \left(\dfrac{1}{972} - \dfrac{1}{999.8}\right) = 28.6\ \text{L}$

23. 일반적으로 온수난방이 증기난방과 다른 점 중 틀린 것은?

① 부하에 대한 조절이 용이하다.
② 쾌적성이 좋다.
③ 배관의 부식이 적다.
④ 방열기의 방열면적이 작다.

해설 온수난방의 장점
- 부하 변동에 따른 온도 조절이 용이하다.
- 난방의 쾌감도가 높다.
- 증기난방에 비해 배관 부식이 적다.
- 환수관의 동결우려가 적다.

정답 18. ① 19. ③ 20. ③ 21. ④ 22. ③ 23. ④

24. 증기난방 설비에서 일반적으로 사용 증기압이 어느 정도부터 고압식이라고 하는가?

① 0.1 kg/cm² ② 0.5 kg/cm²
③ 1 kg/cm² ④ 5 kg/cm²

해설 ㉠ 저압식 : 0.1 ~ 0.35 kg/cm²
㉡ 고압식 : 1 kg/cm² 이상

25. 다음 난방 방식 중 자연환기가 많이 일어나도 비교적 난방효율이 좋은 것은 어느 것인가?

① 온수난방 ② 증기난방
③ 온풍난방 ④ 복사난방

26. 다음 중 복사난방의 특징과 관계없는 것은 어느 것인가?

① 복사에 의한 방열이 크므로 대류난방에 비해 난방효과가 좋다.
② 실내에 방열기를 두지 않기 때문에 바닥면적의 이용도가 높다.
③ 예열시간이 짧으므로 일시적으로 쓰는 방에도 적합하다.
④ 비교적 개방된 방에서도 난방효과가 있다.

해설 예열시간이 길어 일시적으로 사용하는 곳은 불리하다.

27. 다음 중 패널 히팅(panel heating)에 사용되는 4방 밸브의 이점이 아닌 것은 어느 것인가?

① 난방계통의 온수온도 조절을 자유로이 할 수 있다.
② 연료가 많이 든다.
③ 보일러 사용연한을 연장시킨다.
④ 외기온도에 따라 난방이 가능하다.

28. 다음 복사난방 중 시공이 쉬워 널리 사용되지만 표면온도를 33℃ 이상 올릴 수 없으므로 면적이 크게 되는 것은?

① 천장 패널
② 바닥 패널
③ 벽 패널
④ 코일 패널

29. 높고 낮은 광범위한 지역에 산재하고 있는 건물을 일괄하여 난방하고자 할 때 가장 적당한 방법은?

① 고압 증기난방
② 고온·고압 온수난방
③ 저압 증기난방
④ 온풍난방

30. 각종 난방 방식에 따른 수직온도 분포 중 바닥 패널 난방 방식일 경우의 온도 분포를 나타내는 것은?

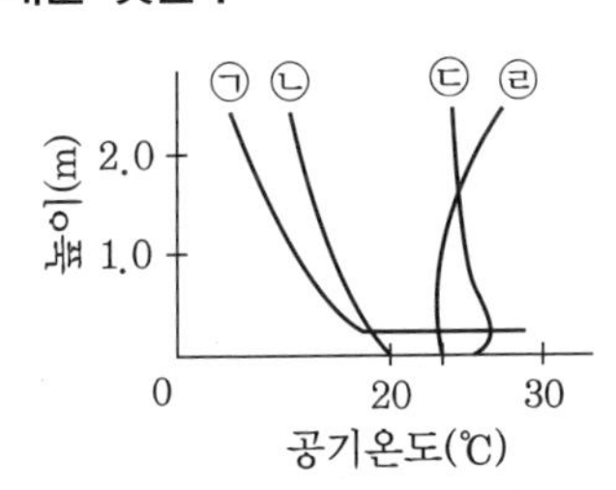

① ㉠ ② ㉡
③ ㉢ ④ ㉣

해설 ㉠ 바닥 패널 복사난방
㉡ 온수난방
㉢ 증기난방
㉣ 온풍난방 (전공기식)

정답 24. ③ 25. ④ 26. ③ 27. ② 28. ② 29. ② 30. ①

공조냉동기계기사

2 과목

공조냉동 설계

냉동이론

1-1 냉동의 기초 및 원리

1 단위 및 용어

(1) 냉동 (refrigeration)

어느 공간 또는 특정한 물체의 온도를 현재의 온도보다 낮게 (0℃ 이하) 하고 그 낮게 한 온도를 계속 유지시켜 나가는 것, 즉 물체의 열의 결핍을 냉동 (refrigeration)이라 한다.

① 냉각 : 어떤 물체의 온도를 낮게만 내려주는 것
② 냉장 : 어떤 물체가 얼지 않을 정도의 상태에서 저장하는 것
③ 동결 : 수분이 있는 물질을 상하지 않도록 동결점 이하의 온도까지 얼려 버리는 것
④ 제빙 : 상온의 물을 −9℃ 정도의 얼음으로 만드는 것
⑤ 저빙 : 상품화된 얼음을 저장하는 것
⑥ 제습 : 공기나 제품의 습기를 제거하는 것

(2) 냉동톤

① 냉동효과 (냉동력, 냉동량) : 압축기 흡입가스 엔탈피에서 팽창밸브 직전 엔탈피를 뺀 값, 즉 냉매 1 kg이 증발기에서 흡수하는 열량이다.

> **참고** 기준 냉동 사이클에서 냉동효과 (kcal/kg)는 다음과 같다.
> • 암모니아 : 269 • R−22 : 40.2 • R−11 : 38.6 • R−113 : 30.9
> • R−12 : 29.6 • R−114 : 25.1 • R−21 : 50.9 • R−500 : 34

② 냉동능력 : 단위시간에 증발기에서 흡수하는 열량을 냉동능력이라 한다 (단위 : kJ / h).
③ 1 냉동톤 (RT) : 0℃의 물 1 ton을 24시간에 0℃의 얼음으로 만드는 데 제거할 열량이다.

$$\begin{aligned} 1\,\text{RT} &= 79680\,\text{kcal/24 h} \\ &= 3320\,\text{kcal/h} \\ &= 3.86\,\text{kW} \end{aligned}$$

④ 1 USRT (미국 RT) : 32°F의 물 2000 lb를 24시간에 32 °F의 얼음으로 만드는 데 제거할 열량이다.

$$1\ \text{USRT} = 288000\ \text{BTU/24 h} = 12000\ \text{BTU/h} = 3024\ \text{kcal/h} \fallingdotseq 12661.5\ \text{kJ/h}$$

⑤ 제빙능력 : 하루 동안 제빙공장에서 생산되는 양을 톤으로 나타낸 것이다. 25℃의 물 1 ton을 24시간 동안에 −9℃의 얼음으로 만드는 데 제거하는 냉동능력은 다음과 같이 계산한다.

(가) 25℃ 물 1 ton → 0℃의 물

$1000 \times 1 \times 25 = 25000\ \text{kcal/24 h}$

(나) 0℃의 물 1 ton → 0℃의 얼음

$1000 \times 79.68 = 79680\ \text{kcal/24 h}$

(다) 0℃ 얼음 1 ton → −9℃ 얼음

$1000 \times 0.5 \times 9 = 4500\ \text{kcal/24h}$

총 열량 $= 25000 + 79680 + 4500\ \text{kcal/24 h}$

$= 109180\ \text{kcal/24 h}$

(라) 열손실 20 %

$109180 \times 1.2 = 131016\ \text{kcal/24 h}$

RT로 고치면 $131016 \div 79680 = 1.642\ \text{RT}$

즉, 1 제빙톤 = 1.642 RT이고, 한국 1제빙톤은 1.65 RT로 한다.

제빙에 따른 냉동톤

원수온도 (℃)	냉동톤
5	1.44
10	1.5
15	1.56
20	1.62
25	1.64
30	1.72
35	1.78
40	1.84

참고 결빙시간 $H = \dfrac{0.564t^2}{-t_b}$

여기서, t : 얼음 두께 (cm), t_b : 브라인 온도 (℃)

2 냉동의 원리

(1) 자연 냉동법 (natural refrigeration)

① 고체의 용해잠열을 이용하는 방법 : 얼음은 0℃에서 용해할 때 333.54 kJ/kg 열을 흡수한다.

② 고체의 승화잠열을 이용하는 방법 : CO_2 (드라이아이스)의 승화잠열은 −78.5℃에서 승화할 때 573.6 kJ/kg 열을 흡수한다.

③ 액체의 증발잠열을 이용하는 방법 : N_2, CO_2 등을 이용하며 N_2는 −196℃에서 201 kJ/kg, −20℃에서 376.8 kJ/kg의 열을 흡수한다.

(2) 기계 냉동법(mechanical refrigeration)

① 증기 압축식 냉동법 : 액체의 증발잠열을 이용하여 피냉각물로부터 열을 흡수하여 냉각하는 방법으로 냉매의 순환 경로는 증발기, 압축기, 응축기, 팽창밸브 순이다.

② 흡수식 냉동법 : 증기 압축식 냉동기에 압축기의 기계적 일 대신 가열에 의하여 압력을 높여 주기 위하여 흡수기와 가열기가 있으며, 저온에서 용해되고 고온에서 분리되는 두 물질을 이용하여 열에너지를 압력에너지로 전환하는 방법이다.

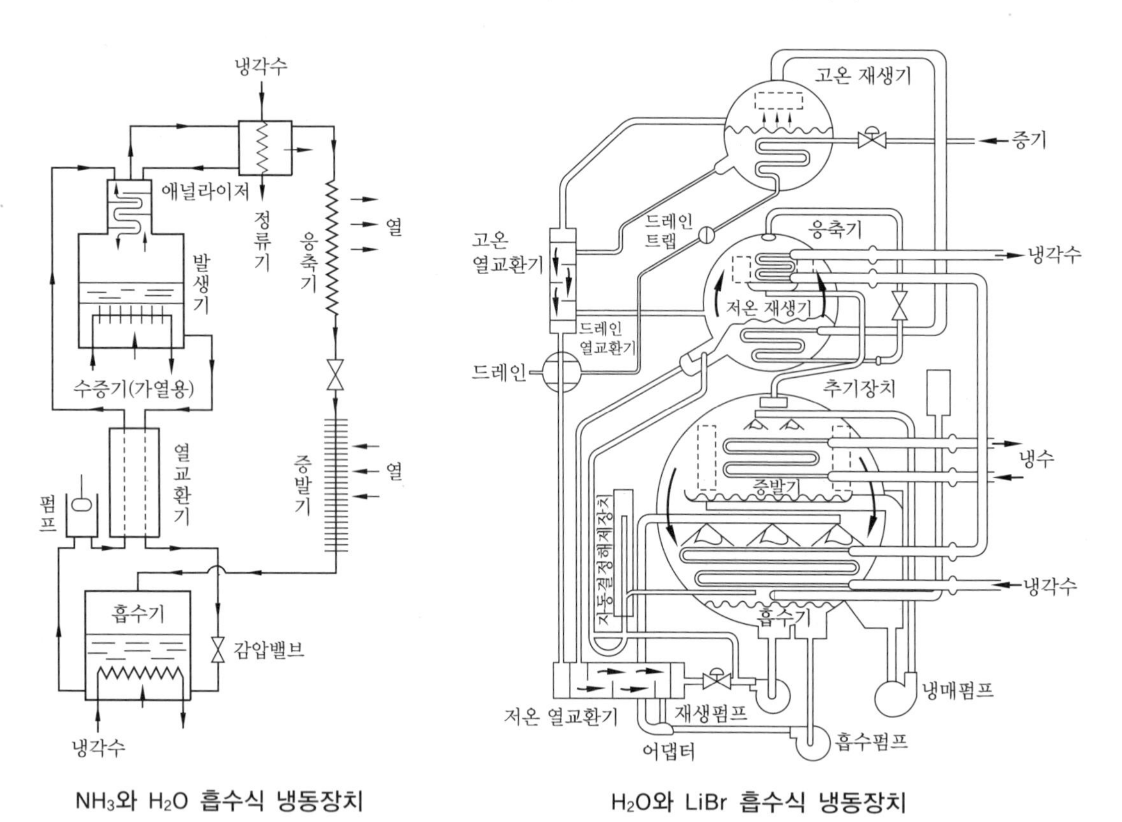

NH_3와 H_2O 흡수식 냉동장치

H_2O와 LiBr 흡수식 냉동장치

참고 흡수식 냉동장치 용량제어 방법

① 구동열원 입구 제어
② 가열 증기 또는 온수 유량 제어(10 ~ 100 %)
③ 바이패스 제어
④ 흡수액 순환량 제어(10 ~ 100 %)

③ 증기 분사식 냉동법 : 물을 냉매로 하며 이젝터로 다량의 증기를 분사할 때의 부합작용을 이용하여 냉동을 하는 방법 (3 ~ 10 kg/cm^{2}의 폐증기를 이용한다)이다.

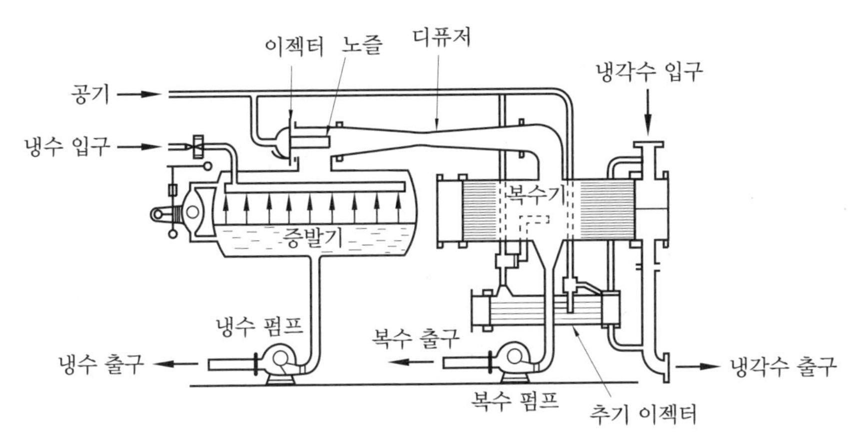

증기 분사식 냉동기

④ 공기 압축식 냉동기 : 공기를 냉매로 하여 팽창기에서 단열 팽창시켜 냉각기에서 열을 흡수한다. 압축기는 체적이 크고 효율이 나쁘다. Joule-Thomson 효과를 이용한 것으로 대표적인 것이 역 Brayton cycle이며 가볍고 단순하여 항공기에 적합한 장치이다.

⑤ 전자 냉동기 (열전 냉동기)

(가) 어떤 두 종의 다른 금속을 접합하여 이것에 직류 전기를 통하면 접합부에서 열의 방출과 흡수가 일어나는 현상을 이용하여 저온도를 얻을 수 있다. 전류의 흐름 방향을 반대로 하면 열의 방출과 흡수가 반대로 된다(펠티에 효과 이용).

(나) 전자 냉동기는 운전부분이 없어 소음이 없고 냉매가 없으므로 배관이 없으며 대기오염과 오존층 파괴의 위험이 전혀 없고 반영구적이다(비스무트 텔루르 안티몬·텔루르, 비스무트·텔루르 비스무트 등의 조합으로 된 재료 이용).

⑥ 자기 냉각 (단열탈자법, 단열소자법)

(가) 상자성염 (Gd_2SO_4 : 황산 gadolinium)이 갖는 성질을 이용하여 단열 과정에 의해 극저온을 얻는 냉각법

(나) 원리는 자계 (magnetic field)를 형성시키면 온도가 올라가고 자계를 제거하면 온도가 내려가게 되는데 이때 냉각되는 부분을 이용한 것이 자기냉각 (magnetic refrigeration)이다 (현재 0.001 K 정도의 극저온도 가능함).

3 냉매

냉매는 냉동 사이클을 순환하면서 저온부의 열을 고온부로 운반하는 작동 유체이다.

(1) 냉매의 구비조건

① 물리적인 조건

㈎ 저온에서도 대기압력 이상의 압력으로 증발하고 상온에서도 비교적 저압으로 응축액화할 것

㈏ 임계온도가 높을 것

㈐ 응고점이 낮을 것

㈑ 증발열이 크고, 액체비열이 적을 것

㈒ 윤활유와 작용하여 영향이 없을 것

㈓ 누설탐지가 쉽고, 누설 시 피해가 없을 것

㈔ 수분과 혼합하여 영향이 적을 것

㈕ 비열비가 적을 것(단열지수값)

㈖ 절연내력이 크고, 전기 절연물질을 침식시키지 않을 것

㈗ 패킹 재료에 영향이 없을 것

㈘ 점도가 낮고 전열이 양호하며 표면장력이 작을 것

② 화학적인 조건

㈎ 화학적으로 결합이 양호하고 안정하며 분해하는 일이 없을 것

㈏ 금속을 부식하는 성질이 없을 것

㈐ 인화 및 폭발성이 없을 것

③ 생물학적인 조건

㈎ 인체에 무해하고 누설 시 냉장품에 손상이 없을 것

㈏ 악취가 없고, 독성이 없을 것

④ 경제적인 조건

㈎ 가격이 저렴하고 구입이 용이할 것

㈏ 동일 냉동능력에 비하여 소요동력이 적을 것

㈐ 자동운전이 가능할 것

(2) 냉동장치에서 일어나는 각종 현상

① 에멀션 현상(emulsion, 유탁액 현상) : 암모니아 냉동기에서 윤활유에 수분이 섞이면 유분리기에서 기름이 분리되지 않고 응축기와 증발기로 흘러 들어가는 예가 있으며 우윳빛으로 변질되는데 이것을 에멀션 현상이라 한다.

② 오일 포밍(oil foaming) 현상 : 압축기 정지 중에 크랭크실 내의 윤활유에 용해되었던 냉매가 기동 시에 급격히 압력이 낮아져 증발하게 된다. 이때 윤활유가 거품이 일어나고 유면이 약동하게 되는 현상을 오일 포밍 현상이라 한다. 이와 같은 현상을 방지하기 위하여 오일 히터(oil heater)를 설치한다.

③ 코퍼 플레이팅(copper plating) 현상 : 프레온 냉동장치에서 동이 오일에 용해되어 금속 표면에 도금되는 현상으로, 도금이 되는 장소는 비교적 온도가 높은 실린더, 밸브, 축수 메달 등이며 원인은 다음과 같다.

(가) 분자 중 H(수소)가 많은 냉매

(나) 오일에 S(황) 성분이 많을 때(왁스 성분이 많을 때)

(다) 장치에 수분이 많을 때

(라) 오일의 온도가 너무 높을 때

④ 임계 용해온도 : 온도가 저온이 되면 윤활유와 프레온 냉매는 잘 용해되나 더 낮아지면 오히려 분리되는데, 이 분리되는 온도를 임계 용해온도라 한다.

4 신냉매 및 천연냉매

(1) 냉매의 명명법(命名法)

냉매의 종류는 무기 화합물과 유기 화합물이 있으며, 화학명도 복잡하고 길다. 화학식은 다르나 화학명이 같은 경우도 있으므로 화학명을 그대로 쓰는 것은 아주 불편하여 프레온과 같이 개발된 상품명으로 명칭하기도 한다.

① 할로겐화탄화수소 냉매와 탄화수소 냉매의 명명법

(가) 화학식 $C_kH_lF_mCl_n$이고 냉매번호는 $R-xyz$이다.

(나) 'R'은 냉매의 영문자 Refrigerant의 머리글자이다.

(다) $x=k-1$: 100 단위 숫자로 탄소(C) 원자수−1이다.

(라) $y=l+1$: 10 단위 숫자로 수소(H) 원자수+1이다.

(마) $z=m$: 1 단위 숫자로 불소(F) 원자수이다.

(바) Br(취소)이 들어 있으면 오른쪽에 영문자 Bromine의 머리글자 'B'를 붙이고, 그 오른쪽에 취소 원자수를 쓴다.

참고 $CBrF_2CBrF_2$의 냉매번호는 R-114 B이다.

(사) C_2H_6의 수소원자 대신에 할로겐원소(F, Br, Cl, I, At 등)로 치환한 냉매의 경우는 이성체(isomer)가 존재하므로 할로겐원소의 안정도에 따라서 냉매번호 우측에 a, b, c 등을 붙인다.

② 기타 냉매의 명명법

(가) 불포화 탄화수소 냉매 : R-○ ○ ○ ○과 같이 4개 단위로 명명하며, 1000단위에 1을 붙이고 나머지는 할로겐화탄화수소의 명명법과 같다.

> **참고** $CH_3CH=CH_2$ (프로필렌, propylene)은 R-1270, $CHCl=CCl_2$ (3염화에틸렌, trichloroethylene)은 R-1120으로 명명한다.

(나) 공비 혼합냉매 (azeotropic refrigerant) : R-500 부터 개발된 순서대로 R-501, R-502 …와 같이 일련번호를 붙인다.

(다) 환식 유기 화합물 냉매 : R-C ○ ○ ○ 과 같이 할로겐화탄화수소의 명명법 앞에 사이클을 뜻하는 'C'를 붙인다.

> **참고** C_4ClF_7 (monochloroheptafluorocyclobutane)은 R-C317로 명명한다.

(라) 유기 화합물 냉매 : R-6 ○ ○ 으로 명명하되, 부탄계는 R-60 ○, 산소 화합물은 R-61 ○, 유황 화합물은 R-62 ○, 질소 화합물은 R-63 ○ 으로 명명하며 개발된 순서대로 일련번호를 붙인다.

(마) 무기 화합물 냉매 : R-7 ○ ○으로 명명하되, 뒤의 2자리에는 분자량을 쓴다.

> **참고** 암모니아 (NH_3)는 분자량이 17이므로 R-717, 물은 분자량이 18이므로 R-718로 명명한다.

③ 국제적인 냉매 명명법

(가) CFC (chloro fluoro carbon) 냉매 : 염소 (Cl : chlorine), 불소 (F : fluorine) 및 탄소 (C : carbon)만으로 화합된 냉매를 CFC 냉매라 부르며 많은 냉매가 규제 대상이다. CFC 뒤의 숫자는 공식적인 명명법과 같은 방법으로 붙인다.

> **참고** R-11 (CCl_3F)은 CFC-11, R-12 (CCl_2F_2)는 CFC-12, R-113 (CCl_3CF_3)은 CFC-113으로 명명한다.

(나) HFC (hydro fluoro carbon) 냉매 : HFC 냉매란 수소 (H : hydrogen), 불소, 탄소로 구성된 냉매를 말하며, R-125 (CHF_2CF_3)는 HFC-125, R-134 a (CH_2FCF_3)는 HFC-134 a, R-152 a (CH_3CHF_2)는 HFC-152 a로 명명한다. HFC 냉매는 오존을 파괴하는 염소가 화합물 중에 없으므로 규제되는 CFC 대체 냉매로 사용된다.

(다) HCFC (hydro chloro fluoro carbon) 냉매 : HCFC 냉매란 수소, 염소, 불소, 탄소로 구성된 냉매를 말하며, 염소가 포함되어 있어도 공기 중에서 쉽게 분해되지 않아 오존층에 대한 영향이 적으므로 대체냉매로 쓰인다. R-22 ($CHClF_2$)는 HCFC-22, R-123 ($CHCl_2CF_3$)는 HCFC-123, R-124 ($CHClFCF_3$)는 HCFC-124, R-141 b(CH_3CCl_2F)

는 HCFC-141b로 명명한다.

④ 할론(halon) 냉매 : 화합물 중 취소(bromide)를 포함하는 냉매를 halon 냉매라 하며 halon -○ ○ ○ ○와 같이 4자리의 숫자로 표시한다.

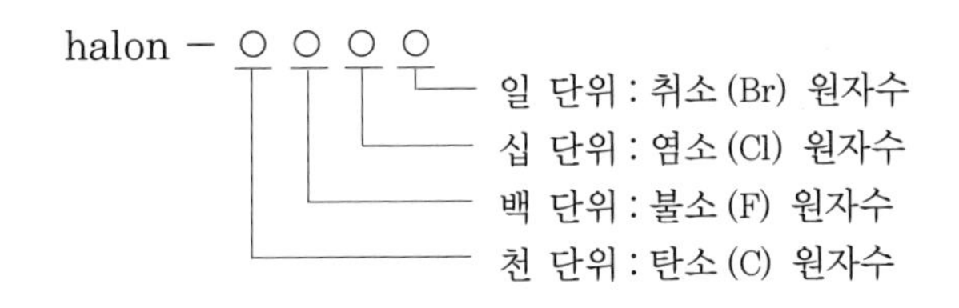

> **참고** **C_2H_6 계열 냉매** : R-116 (CF_3CF_3)과 같은 냉매는 불소와 탄소만으로 구성되어 있으므로 CF (fluoro carbon) 냉매라 한다.

(2) 냉매의 주요 특성표

① 주요 냉매표

냉매명	암모니아	R-11	R-12	R-21	R-22	R-113	R-114	R-500	프로판	메틸클로라이드	탄산가스
화학식	NH_3	CCl_3F	CCl_2F_2	$CHCl_2F$	$CHClF_2$	$C_2Cl_3F_3$	$C_2Cl_2F_4$	CCl_2F_2 $C_2H_4F_2$	C_3H_8	CH_3Cl	CO_2
분자량	17.03	137.4	120.9	162.9	86.5	187.4	170.9	97.29	44.06	50.48	44.0
비등점(℃)	-33.3	23.6	-29.8	8.89	-40.8	47.6	3.6	-33.3	-42.3	-23.8	-78.5
응고점(℃)	-77.7	-111.1	-158.2	-155	-160	-35	-93.9	-159	-189.9	-97.8	-78.5
임계온도(℃)	133	198	111.5	178.5	96	214.1	145.7	-	94.4	143	31
임계압력 ($kg/cm^2 \cdot abs$)	116.5	44.7	40.9	52.7	50.3	34.8	33.33	44.4	46.5	68.1	75.3
-15℃에서의 증발압력 ($kg/cm^2 \cdot abs$)	2.41	0.21	1.86	0.367	3.025	0.0689	0.476	2.13	2.94	1.49	23.34
30℃에서의 응축압력 ($kg/cm^2 \cdot abs$)	11.895	1.30	7.59	2.19	12.27	0.552	2.58	8.73	10.91	6.66	73.34
응축온도 30℃, 증발온도 -15℃에서의 압축비	4.94	6.19	4.08	5.95	4.06	8.02	5.42	4.10	3.71	4.48	3.14
-15℃에서의 증발잠열(kcal/kg)	313.5	45.8	38.6	60.8	51.9	39.2	34.4	46.7	94.56	100.4	-

기준 냉동 사이클에 있어서의 냉동력 (kcal/kg)	269	38.6	29.6	50.9	40.2	30.9	25.1	34	70.7	85.4	37.9
한국 1 냉동톤당의 냉매순환량 (kg/h)	12.34	86.1	112.3	65.2	82.7	107.4	132.1	98	47	38.9	87.6
−15℃에서의 포화증기의 비체적(m^3/kg)	0.5087	0.766	0.0927	0.57	0.078	1.69	0.264	0.095	0.155	0.279	0.0166
25℃에서의 포화액의 비체적 (L/kg)	1.66	0.679	0.764	0.733	0.838	0.64	0.688	0.86	2.025	1.10	−
압축기 토출가스의 온도 (℃)	98	44.4	37.8	61.1	55.0	30.0	30.0	41.0	36.1	77.8	66.1
한국 1 냉동톤에 대한 이론 피스톤 압축량 (m^3/h·RT)	6.28	65.9	10.8	37.2	6.42	171.4	34.8	9.25	7.27	10.8	1.46
이론 소요마력(HP/t)	1.08	0.99	1.10	1.01	1.06	1.02	1.055	1.12	1.08	1.047	1.661
성적계수	4.8	5.23	4.7	5.13	4.87	5.09	4.90	4.6	4.8	5.32	3.16

② 초저온용 냉매 특성표

냉매명	R−13	R−14	R−22	프로판	에탄	에틸렌
화학기호	$CClF_3$	CF_4	$CHClF_2$	C_3H_8	C_2H_6	C_2H_4
분자량	104.5	88.0	86.5	44.1	16.0	28.0
비등점 (℃)	−81.5	−128	−40.8	−42.3	−88.5	−103.9
응고점 (℃)	−160	−181	−160	−190	−172	−169
임계온도 (℃)	28.8	−45.5	96.0	94.2	32.2	9.3
임계압력 (kg/cm^2·abs)	39.4	38.1	50.2	46.5	49.8	51.4
−90℃에 있어서의 증발압력 (kg/cm^2·abs)	0.64	8.4	0.049	0.084	0.959	2.17
−40℃에 있어서의 응축압력 (kg/cm^2·abs)	6.15	임계온도 보다 고온	1.055	1184	7.93	14.8
응축온도 −40℃, 증발온도 −90℃에서의 압축비	9.63	−	22.2	14.0	8.3	6.3
−90℃에서의 증발열 (kcal/kg)	36.8	약 25	62.5	101.4	116.3	107.9
응축온도 −40℃, 증발온도 −90℃에서의 냉동력 (kcal/kg)	25.9	−	49.8	83.7	86.4	79.5
−90℃에서의 포화증기의 비체적 (m^3/kg)	0.225	0.019	3.64	4.17	0.517	0.236
한국 1 냉동톤에 대한 이론 피스톤 압축량 (m^3/h·RT)	29.3	−	24.3	165	19.7	9.85

(3) 혼합냉매

혼합냉매에는 단순한 혼합물과 공비(共沸) 혼합물이 있다.

① 단순한 혼합냉매 : 혼합비에 따라 액상기상의 조성이 다르므로 사용하였을 때 항상 조성이 변화하여 냉동효과가 변동한다. 즉, 증발 시 비점이 낮은 쪽이 먼저 다량으로 증발하여 비점이 높은 것이 남게 되므로 운전상태가 조성에까지 영향을 미친다. 이것을 단순한 혼합냉매라고 한다.

② 공비 혼합냉매

조합	비등점 (℃)			냉매 (1)의 중량 (%)
	냉매 (1)	냉매 (2)	공비물체	
R152 – R12 (R500)	−24	−30	−33.3	26.2
R12 – R22 (R501)	−30	−41	−41	25
R40 – R12	−23.7	−30	−32	22
R115 – R22 (R502)	−38	−41	−45.5	51.2
R22 – 프로판	−41	−42	−45	68
R21 – R114	8.9	3.5	1.3	25
R218 – R22	−37	−41	−43	34
R227 – R12	−16.2	−30	−30	13.5
R152 – R115	−24	−40	−41	16
R13 – R23 (R503)	−81.5	−82.2	−89.1	59.9
R115 – R32 (R504)	−38.7	−51.7	−57.2	51.8

(4) 냉매의 일반적인 성질

① NH_3 냉매

(가) 표준 냉동장치에서 포화압력이 별로 높지 않으므로 냉동기 제작 및 배관에 어려움이 없다.

(나) 임계온도가 높아 냉각수 온도가 높아도 액화시킬 수 있다.

(다) 사용냉매 중에서 전열이 3000 ~ 5000 $kcal/m^2 \cdot h \cdot ℃$로 가장 우수하다.

(라) 금속에 대한 부식성으로 철 또는 강에 대해서는 부식성이 없고 동 또는 동합금을 부식하며 수분이 있으면 아연도 부식된다. 수은, 염소 등은 폭발적으로 결합되고 에보나이트나 베이클라이트 등의 비금속도 부식한다 (축수 메달에 인청동 또는 연청동을 사용한다).

(마) 폭발범위가 15 ~ 28 %인 제 2 종 가연성 가스이고 폭발성이 있다.

(바) 전기적 절연내력이 약하고 절연물질인 에나멜 등을 침식시키므로 밀폐형 압축기에는 사용할 수 없다.

(사) 천연고무는 침식하지 않고, 인조고무인 아스베스토스는 침식한다.

(아) 허용농도 25 ppm인 독성가스로서 0.5 ~ 0.6 % 정도를 30분 정도 호흡하면 질식하고 성분은 알칼리성이다.

(자) 수분에 800 ~ 900배 용해된 암모니아수는 재질을 부식시키는 촉진제가 되며 냉매 중에 수분 1 %가 용해되면 증발온도가 0.5℃ 상승하여 기능이 저하되고 장치에 나쁜 영향을 미친다.

(차) 윤활유와 분리하고 오일보다 가볍다.

(카) 비열비가 1.31로 높은 편이고 실린더가 과열되고 토출가스 온도가 상승되므로 압축기를 수랭식으로 한다.

(타) 1 atm에서 327 kcal/kg, 증발압력 2.41 $kg/cm^2 \cdot a$, 온도 −15℃에서 313.5 kcal/kg의 증발잠열을 갖고 있다.

(파) S (황), SO_2 (아황산), H_2SO_4 (황산), Cl_2 (염소), HCl (염화수소) 등에 접촉하면 백색 연기가 난다.

(하) 적색 리트머스 시험지는 청색이 되고, 페놀프탈레인지는 홍색으로 변한다.

② Freon 냉매

(가) 열에 500℃까지 안전하며 800℃ 이상의 화염에 접촉되며 포스겐, 불화수소, 일산화탄소 등의 맹독성 가스를 발생한다 (철의 촉매작용이 있으면 200 ~ 300℃에서 맹독성이 발생한다).

(나) 일반적으로 무독이지만 분자 중에서 F 수가 많고 Cl 수가 적을수록 독성이 적다.

(다) 일반적으로 무색·무취이나 약한 알코올 냄새가 나며 누설 시 저장물에 피해가 없다.

(라) 불연성이고 폭발성이 없지만 R−40 (CH_3Cl) 등은 8.1 ~ 17.2 %의 폭발범위를 갖는 가연성이다.

(마) 일반적인 금속에는 부식성이 없고, Mg 또는 2 % 이상의 Mg이 함유한 Al 합금은 부식하고 장치에 수분이 함유되며 HCl이 형성되어 재질을 부식시킨다.

(바) 천연고무 수지는 잘 침식하므로 패킹 재료로 아스베스토스를 사용한다.

(사) 수분과 분리하여 냉동장치를 순환하면서 팽창밸브를 빙결시킨다.

(아) 오일에 용해되며 일반적으로 잘 용해되는 냉매는 R−11, R−12, R−21, R−113 등이고, 저온에서 쉽게 분리하는 냉매는 R−13, R−22, R−114 등이다 (오일보다 무겁다).

(자) 비열비가 적어서 압축기는 공랭식으로 한다.

(차) 증발잠열이 적고 전기적 절연내력이 크다.

㈎ 전열작용이 불량하며 사용용도에 따라서 선택범위가 넓다.

㈏ 누설이 되어도 냉장품에 손상을 시키지 않고 증기밀도가 커서 배관에서 압력강하가 크다.

㈐ 화학적으로 안정되고 독성이 거의 없다.

5 브라인 및 냉동유

(1) 브라인 (brine)

증발기에서 발생하는 냉매의 냉동력을 피냉각물질 또는 냉각물질에 열전달의 중계역할을 하는 부동액이다. 냉매는 잠열에 의하여 열을 운반하고 brine은 감열에 의해 열을 운반한다.

① brine의 구비조건

㈎ 비열이 클 것

㈏ 점성이 작을 것

㈐ 열전도율이 클 것

㈑ 동결온도가 낮을 것

㈒ 부식성이 적을 것

㈓ 불연성일 것

㈔ 악취·독성·변색·변질이 없을 것

㈕ 구입이 용이하고 가격이 저렴할 것

② brine의 종류

㈎ 무기질 brine

㉮ 물 : 냉방장치에서 0℃ 이상의 온도에서 사용

㉯ $CaCl_2$ (염화칼슘)

- 브라인으로 널리 사용 (제빙, 냉방)
- 흡수성이 강하고 식품에 닿으면 맛이 떫어 좋지 않다.
- 공정점 : −55℃

> **참고** **공정점** : 브라인은 농도가 짙어짐에 따라 동결온도가 하강하게 되며, 어떤 농도에서의 제일 낮은 동결온도를 의미한다.

- 사용범위 : −21.2 ~ −31.2℃
- 비중 : 1.2 ~ 1.24 (20 ~ 28°Be′)

- $CaCl_2$ 1 L에 대하여 중크롬산소다 1.6 g, 중크롬산소다 100 g 마다 가성소다 27 g을 첨가하면 부식성이 작아진다.

㉰ NaCl (염화나트륨 식염수)

- 식품 저장 및 제빙용으로 사용
- 인체에 무해하며 독성이 없다.
- 가격이 저렴하다.
- 공정점 : −21.2 ℃ (비중 1.17, 22°Be′)
- 금속의 부식성이 크다.
- 사용범위 : −15 ~ −18℃ (비중 : 1.15 ~ 1.18, 19 ~ 22°Be′)
- NaCl 1 L에 중크롬산소다 3.2 g, 중크롬산소다 100 g 마다 가성소다 27 g을 첨가하면 부식성이 작아진다.

㉱ $MgCl_2$ (염화마그네슘)

- $CaCl_2$ 부족 시에는 사용하였으나 지금은 사용하지 않는다.
- 공정점 : −33.6℃
- 무기질 브라인 중에서 부식성이 약간 크다.
- 무기질 브라인의 강에 대한 부식 순서 : NaCl > $MgCl_2$ > $CaCl_2$

(나) 유기질 brine

㉮ 에틸렌글리콜 ($C_2H_6O_2$)

- 다소 부식성이 있으나 첨가제를 이용하여 부식성을 감소시킨다.
- 물보다 무거우며 (비중 1.1), 점성이 크고 무색 액체로서 단맛이 난다.
- 제상용으로도 사용한다.
- 응고점 −12.6℃, 비등점 177.2℃, 인화점 116℃이다.

㉯ 프로필렌글리콜 ($C_3H_6(OH)_2$)

- 부식성이 작고 독성이 없으므로 냉동식품의 동결용에 사용된다 (분무식 식품 동결).
- 물보다 무거우며 (비중 1.04), 무색·무독의 액체로서 점성이 크다.
- 50 % 수용액으로 식품에 접촉시킨다.
- 응고점 −59.5℃, 비등점 188.2℃, 인화점 107℃이다.

㉰ 에틸알코올 (C_2H_5OH)

- 마취성이 있고 식품의 초저온 동결용으로 사용할 수 있다.
- 인화점이 낮은 가연성이다.
- 비중이 0.8로서 물보다 가볍다.

㉱ 기타 brine : R-11, R-113 등과 같은 1차 냉매도 brine으로 사용한다.

③ brine의 금속 부식성

㈎ 브라인의 농도가 짙으면 부식성이 작다.

㈏ 브라인의 산소량이 많으면 부식성이 강하다.

㈐ 브라인의 pH 값을 7.5 ~ 8.2로 유지하면 부식성이 작다.

㈑ 방식 아연판을 사용한다.

④ brine 순환장치의 동파방지 방법

㈎ 증발압력 조정밸브 (EPR)를 설치한다.

㈏ 단수 릴레이 (relay)를 설치한다.

㈐ 동결방지용 TC를 설치한다.

㈑ 부동액을 첨가시킨다.

㈒ 순환펌프를 압축기 모터와 인터로크 (interlock) 시킨다.

(2) 윤활유

① 냉동유의 구비조건

㈎ 유동점이 낮을 것 : 유동할 수 있는 온도 (응고점보다 2.5℃ 높은 온도)

㈏ 인화점이 높을 것 : 140℃ 이상일 것

㈐ 점도(성)이 알맞을 것 : 점도 측정 (say bolt)

㈑ 수분함량이 2 % 이하일 것

㈒ 절연저항이 크고 절연물을 침식하지 말 것

㈓ 저온에서 왁스분, 고온에서 슬러지가 없을 것

㈔ 냉매와 작용하여 영향이 없을 것 (냉매와 분리되는 것이 좋다.)

㈕ 반응은 중성일 것 (산성·알칼리성은 부식의 우려)

② 윤활의 목적

㈎ 기계적 마찰부분의 마모방지 (기계효율 증대)

㈏ 기계적 마찰부분의 열 흡수

㈐ 유막 형성으로 기밀 보장 (누설의 방지, 특히 축봉 부분)

㈑ 패킹 (packing) 보호

㈒ 진동·소음·충격의 방지

㈓ 동력 소모의 절감

③ 윤활 방법

㈎ 비말식 : 소형 압축기의 윤활 방식이며, 크랭크축의 밸런스 웨이터 끝부분에 오일 디프가 크랭크실의 오일을 쳐올려서 윤활시킨다.

㉮ 장점

- 제작이 간편하다.
- 고장이 없다.

㉯ 단점

- 유면이 일정해야 한다.
- 정밀부분까지 윤활이 곤란하다.
- 불필요한 부분에 윤활이 되어서 오일의 소비가 많다.

㈏ 압력식 : 중·대형 압축기의 윤활 방식이며, 크랭크축 끝에 오일펌프(oil pump)가 있어 크랭크실의 오일에 압력을 가하여 윤활시킨다.

㉮ 장점

- 유면이 일정하지 않아도 무방하다.
- 정밀부분까지 윤활이 가능하다.
- 회전속도와 윤활속도가 비례한다.

㉯ 단점

- 제작이 어려우며 제작비가 고가이다.
- 오일펌프가 고장나면 압축 운전이 불가능하다.

참고 1. **유압** : 유압계 지시압력 – 흡입압력(왕복식 압축기)

2. **유압계 지시압력**

① 저속 압축기 : 0.5 ~ 1 kg/cm^2 + 저압

② 고속 다기통 압축기 : 1.5 ~ 3 kg/cm^2 + 저압

③ 스크루 압축기 : 2 ~ 3 kg/cm^2 + 고압

④ 터보 압축기 : 6 ~ 7 kg/cm^2 + 저압

제1장 예상문제

1. 한국 1 냉동톤을 미국 냉동톤으로 환산하면 얼마인가?

① 0.911 RT ② 1.098 RT
③ 1.344 RT ④ 1.722 RT

해설 $RT = \dfrac{3320}{3024} = 1.0978\ \text{RT}$

2. 1 제빙톤은 몇 kJ/h인가?(단, 원수온도 25℃, 각빙온도 -9℃, 열손실 20 %이다.)

① 28158 kJ/h ② 22936 kJ/h
③ 13901 kJ/h ④ 9714 kJ/h

해설 ㉠ 1 제빙톤=1.65 RT이므로,
1.65×3320=5478 kcal/h=22936.32 kJ/h

㉡ $q = \dfrac{1000 \times \{25 + 79.68 + (0.5 \times 9)\} \times 1.2}{24}$
$= 5459\ \text{kcal/h} = 22856.8\ \text{kJ/h}$

3. 압축식 냉동장치에 있어 냉매의 순환경로가 맞는 것은?

① 압축기 → 수액기 → 응축기 → 증발기
② 압축기 → 팽창밸브 → 증발기 → 응축기
③ 압축기 → 팽창밸브 → 수액기 → 응축기
④ 압축기 → 응축기 → 팽창밸브 → 증발기

4. 얼음을 이용하는 냉각 방법은 다음 중 어느 것과 관계가 있는가?

① 융해열 ② 증발열
③ 승화열 ④ 펠티에 효과

해설 얼음 1 kg이 용해되면서 주위로부터 79.68 kcal (약 80 kcal)의 열을 흡수한다.

5. 제빙장치에서 두께가 290 mm인 얼음을 만드는데 48시간이 걸렸다. 이때 브라인 온도는?

① 0℃ ② -10℃
③ -20℃ ④ -30℃

해설 $H = \dfrac{0.56 \times t^2}{-t_b}$ 에서,

$-t_b = \dfrac{0.56 \times t^2}{H} = \dfrac{0.56 \times 29^2}{48} = 9.811℃$

$\therefore t_b = -9.811℃$

6. 다음 냉동법 중 펠티에 효과를 이용하는 냉동법은 어느 것인가?

① 기계적 냉동법 ② 증발식 냉동법
③ 보르텍스 튜브 ④ 열전 냉동장치

해설 Peltier's effect (펠티에 효과) : 종류가 다른 금속을 링 (ring) 모양으로 접속하여 전류를 흐르게 하면 한쪽의 접합점은 고온이 되고 다른 한쪽의 접합점은 저온이 된다.

7. 다음은 열이동에 대한 설명이다. 옳지 않은 것은?

① 고체에서 서로 접하고 있는 물질 분자간의 열이동을 열전도라 한다.
② 고체 표면과 이에 접한 유동 유체간의 열이동을 열전달이라 한다.
③ 고체, 액체, 기체에서 전자파의 형태로의 에너지 방출을 열복사라 한다.
④ 열관류율이 클수록 단열재로 적당하다.

해설 열관류율이 작을수록 단열재로 적당하다.

8. 증기 압축식 냉동장치의 주요 구성요소가 아닌 것은?

① 압축기 ② 흡수기
③ 응축기 ④ 팽창밸브

해설 증기 압축식 냉동장치 : 압축기, 응축기, 팽창밸브, 증발기

정답 1. ② 2. ② 3. ④ 4. ① 5. ② 6. ④ 7. ④ 8. ②

9. 2중 효용 흡수식 냉동기에 대한 설명 중 옳지 않은 것은?

① 단중 효용 흡수식 냉동기에 비해 훨씬 증기소비량이 적다.
② 2개의 재생기를 갖고 있다.
③ 2개의 증발기를 갖고 있다.
④ 증기 대신 가스 연소를 사용하기도 한다.

해설 2중 효용 흡수식 냉동기의 증발기는 1개이다.

10. 다음 2원 냉동법의 설명 중 맞지 않는 것은?

① 고온측과 저온측의 사용냉매가 다르다.
② 캐스케이드 응축기를 사용하여 저온측 증발기와 고온측 응축기를 열교환 한다.
③ −70℃ 이하의 저온도를 얻는데 이용하는 냉동법이다.
④ 안전장치로 팽창탱크를 사용한다.

해설 2원 냉동법은 저온 응축기와 고온 증발기를 열교환하는 구조로 되어 있다.

11. 다음은 냉매가 구비해야 할 이상적인 성질을 나열하였다. 맞지 않는 것은?

① 비열비가 적을 것
② 증발잠열이 클 것
③ 임계압력과 응고점이 높을 것
④ 증기의 비체적이 작을 것

해설 임계압력이 높고, 응고점이 낮을 것

12. 암모니아 냉매 누설 검지법으로 잘못된 것은?

① 불쾌한 냄새로 발견
② 유황을 태우면 흰 연기 발생
③ 페놀프탈레인이 홍색으로 변화
④ 적색 리트머스 시험지가 갈색으로 변화

해설 적색 리트머스 시험지는 청색으로 변한다.

13. 암모니아를 취급하는 시설에서 취급자의 부주의로 인해서 눈에 들어갔을 때 조치 방법으로 옳지 않은 것은?

① 물로 세척한다.
② 2% 붕산액으로 세척한다.
③ 피크르산 용액을 점안한다.
④ 유동 파라핀을 점안한다.

해설 피크르산 용액은 피부에 바르는 연고이다.

14. 암모니아 냉동장치에 수분이 2% 함유되었다면 증발온도는 몇 ℃ 달라지는가?

① 1℃ 상승 ② 2℃ 상승
③ 2℃ 강하 ④ 3℃ 강하

해설 수분 1% 함유 시 증발온도는 0.5℃ 상승한다.

15. 냉매와 배관 재료의 선택을 바르게 나타낸 것은 어느 것인가?

① NH_3−Cu 합금
② R−11 ($CFCl_3$)−Mg 합금
③ R−21 ($CHFCl_2$)−2% 이상의 Mg을 함유하는 Al 합금
④ CO_2−Fe 합금

해설 NH_3에는 동 또는 동합금을 사용할 수 없고, Freon에는 Mg 또는 2% 이상의 Mg 합금을 사용하지 못한다.

16. 암모니아(NH_3)를 사용하는 흡수식 냉동기의 흡수제는 다음 중 어느 것인가?

① 물 ② 질소
③ 프레온 ④ 리튬브로마이드

해설 흡수식 냉동기의 사용냉매와 흡수제

냉매	용매(흡수제)
NH_3	H_2O
H_2O	LiBr

정답 9. ③ 10. ② 11. ③ 12. ④ 13. ③ 14. ① 15. ④ 16. ①

17. 불꽃과 접했을 경우 포스겐을 발생하는 가스는 어느 것인가?

① SO_2 가스
② R-12 가스
③ 클로로메틸 가스
④ 암모니아 가스

18. 프레온(CCl_2F_2) 12 냉매의 물리적 성질에 관한 설명으로 옳은 것은?

① 응고점이 -135℃이다.
② 임계온도는 44.6℃이다.
③ 1기압에서 끓는점이 -29.8℃이다.
④ 임계압력은 52.6 kg/cm^{2}로 비교적 높다.

해설 R-12 : 응고점 -158.2℃, 임계온도 111.5℃, 비등점 -29.8℃, 임계압력 40.9 kg/cm^2

19. 핼라이드 토치로 누설을 탐지할 때 누설이 있는 곳에서는 토치의 색깔이 어떻게 되는가?

① 빨간색 ② 파란색
③ 노란색 ④ 초록색

20. 다음 냉매 중 오일(oil)과 냉매의 용해성이 가장 큰 것은?

① R-12 ② R-22
③ NH_3 ④ R-13

해설 ㉠ 윤활유에 잘 용해하는 냉매
: R-11, R-12, R-21, R-113
㉡ 윤활유와 저온에서 쉽게 분리되는 냉매
: R-13, R-22, R-114

21. 냉동장치에 사용하는 브라인의 산성도로 가장 적당한 것은?

① 7.5 ~ 8.2 ② 8.2 ~ 9.5
③ 6.5 ~ 7.0 ④ 5.5 ~ 6.5

22. 다음 무기질 brine 중에 공정점이 제일 낮은 것은?

① $MgCl_2$ ② $CaCl_2$
③ H_2O ④ NaCl

해설 공정점
① $MgCl_2$: -33.6℃
② $CaCl_2$: -55℃
③ H_2O : 0℃
④ NaCl : -21.2℃

23. 다음 중 브라인에 대한 설명으로 옳은 것은 어느 것인가?

① 에틸렌글리콜, 프로필렌글리콜, 염화칼슘 용액은 유기질 브라인이다.
② 브라인은 냉동능력을 낼 때 자명형태로 열을 운반한다.
③ 프로필렌글리콜은 부식성, 독성이 없어 냉동식품의 동결용으로 사용된다.
④ 식염수의 공정점(공융점)은 염화칼슘의 공정점보다 낮다.

24. 냉동기용 윤활유로서 필요조건에 해당되지 않는 사항은?

① 냉매와 친화반응을 일으키지 않을 것
② 열 안정성이 좋을 것
③ 응고점이 낮을 것
④ 비열이 클 것

25. 다음 중 냉동기에 사용하는 윤활유의 구비조건으로 틀린 것은?

① 불순물을 함유하지 않을 것
② 인화점이 상당히 높을 것
③ 냉매와 분리되지 않을 것
④ 응고점이 낮을 것

정답 17. ② 18. ③ 19. ④ 20. ① 21. ① 22. ② 23. ③ 24. ④ 25. ③

1-2 냉매 선도와 냉동 사이클

1 몰리에르선도와 상 변화

(1) $P-i$ 선도 (Mollièr diagram)

냉매 1 kg이 냉동장치를 순환하면서 일어나는 열 및 물리적 변화를 그래프에 나타낸 것이다.

① 과냉각액 구역 : 동일 압력 하에서 포화온도 이하로 냉각된 액의 구역

② 과열증기 구역 : 건조포화증기를 더욱 가열하여 포화온도 이상으로 상승시킨 구역

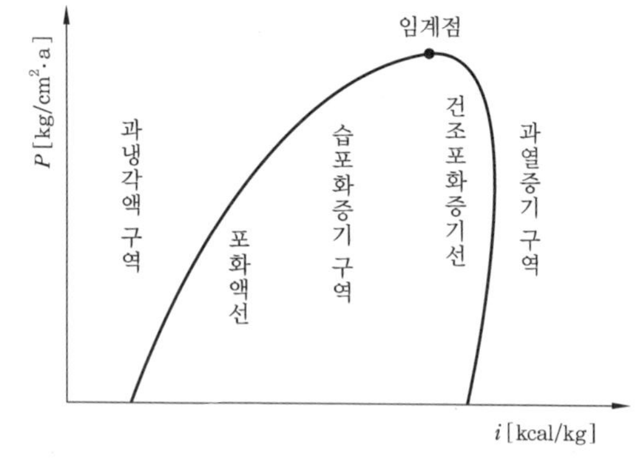

$P-i$ 선도

③ 습포화증기 구역 : 포화액이 동일 압력 하에서 동일 온도의 증기와 공존할 때의 상태구역

④ 포화액선 : 포화온도 압력이 일치하는 비등 직전 상태의 액선

⑤ 건조포화증기선 : 포화액이 증발하여 포화온도의 가스로 전환한 상태의 선

(2) 기준 냉동 사이클의 $P-i$ 선도

① 기준 냉동 사이클

(가) 증발온도 : -15℃

(나) 응축온도 : 30℃

(다) 압축기 흡입가스 : -15℃의 건조포화증기

(라) 팽창밸브 직전 온도 : 25℃

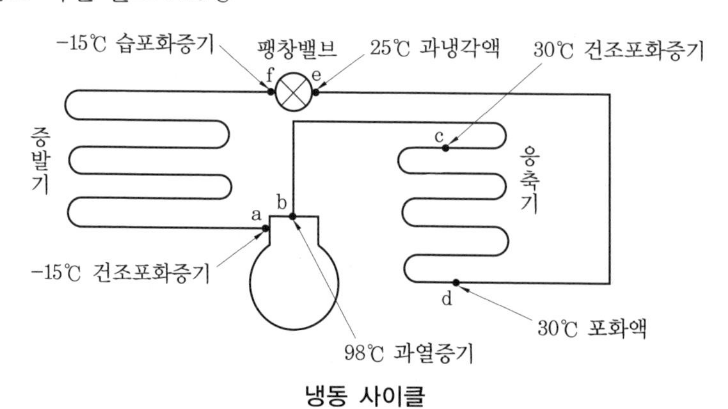

냉동 사이클

② 몰리에르 선도

(가) a → b : 압축기 → 압축 과정

(나) b → e : 응축기 → (b ~ c) → 과열 제거 과정
(c ~ d) → 응축 과정
(d ~ e) → 과냉각 과정

(다) e → f : 팽창밸브 → 팽창 과정

(라) g → a : 증발기 → 증발 과정

(마) f → a : 냉동효과 (냉동력)

(바) g → f : 팽창 직후 플래시 가스 (flash gas) 발생량

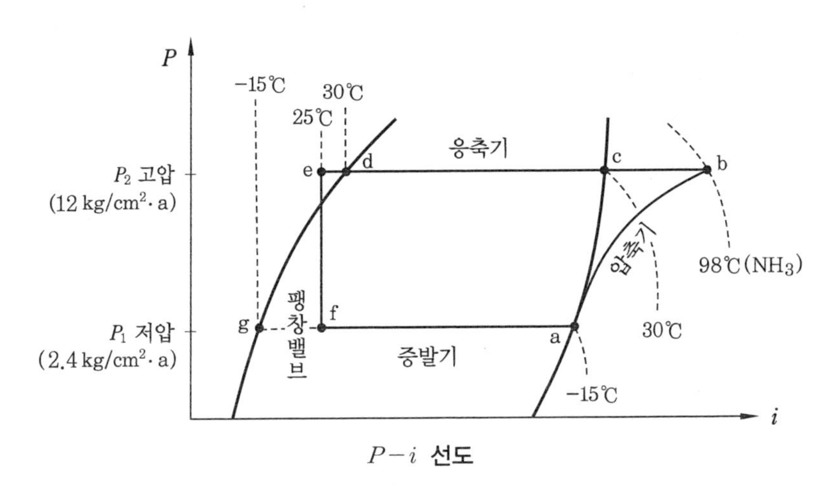

$P-i$ 선도

(3) 냉동장치 $P-i$ 선도 계산

① 1단 냉동 사이클

(가) 냉동효과 (냉동력) : 냉매 1 kg이 증발기에서 흡수하는 열량

$$q_e = i_a - i_f \text{ [kJ/kg]}$$

(나) 압축일의 열당량

$$AW = i_b - i_a \text{ [kJ/kg]}$$

(다) 응축기 방출열량

$$q_c = q_e + AW = i_b - i_e \text{ [kJ/kg]}$$

(라) 증발잠열 $q = i_a - i_g$[kJ/kg]

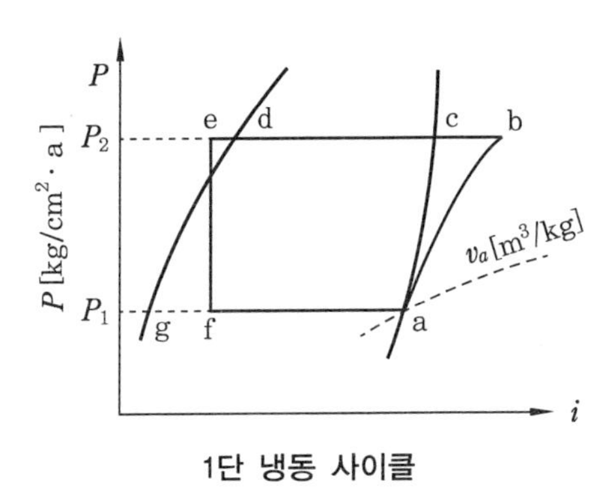

1단 냉동 사이클

(마) 팽창밸브 통과 직후(증발기 입구) 플래시 가스 발생량

$$q_f = i_f - i_g \text{ [kJ/kg]}$$

(바) 팽창밸브 통과 직후 건조도 x는 선도에서 f점의 건조도를 찾는다.

$$x = 1 - y = \frac{q_f}{q} = \frac{i_f - i_g}{i_a - i_g}$$

(사) 팽창밸브 통과 직후의 습도

$$y = 1 - x = \frac{q_e}{q} = \frac{i_a - i_f}{i_a - i_g}$$

(아) 성적계수

㉮ 이상적 성적계수 : $COP = \dfrac{T_2}{T_1 - T_2}$

㉯ 이론적 성적계수 : $COP = \dfrac{q_e}{AW}$

㉰ 실제적 성적계수 : $COP = \dfrac{q_e}{AW}\eta_c\eta_m = \dfrac{Q_e}{N}$

여기서, T_1 : 고압(응축) 절대온도(K), T_2 : 저압(증발) 절대온도(K)
η_c : 압축효율, η_m : 기계효율, Q_e : 냉동능력(kJ/h), N : 축동력(kJ/h)

(자) 냉매순환량 : 시간당 냉동장치를 순환하는 냉매의 질량

$$G = \frac{Q_e}{q_e} = \frac{V}{v_a}\eta_v = \frac{Q_c}{q_c} = \frac{N}{AW} \text{ [kg/h]}$$

여기서, V : 피스톤 압출량(m^3/h), v_a : 흡입가스 비체적(m^3/kg), η_v : 체적효율

참고 (가) ~ (사)까지의 양에 냉매순환량을 곱하면 시간당 능력의 계산이 된다.

(차) 냉동능력 : 증발기에서 시간당 흡수하는 열량

$$Q_e = Gq_e = G(i_a - i_e) = \frac{V}{v_a}\eta_v(i_a - i_e) \text{ [kJ/h]}$$

(카) 냉동톤

$$RT = \frac{Q_e}{3.86 \times 3600} = \frac{Gq_e}{3.86 \times 3600} = \frac{V(i_a - i_e)}{3.86 \times 3600\, v_a}\eta_v \text{ [RT]}$$

참고 **법정 냉동능력** : $R = \dfrac{V}{C}$

여기서, V : 피스톤 압출량(m^3/h), C : 정수

(타) 압축비

$$a = \frac{P_2}{P_1}$$

② 2단 냉동 사이클

(가) 냉동효과

$$q_e = i_a - i_h \ [\text{kJ/kg}]$$

(나) 저단 압축기 냉매순환량

$$G_L = \frac{Q_e}{q_e} = \frac{V_L}{v_a}\eta_{v_L} \ [\text{kg/h}]$$

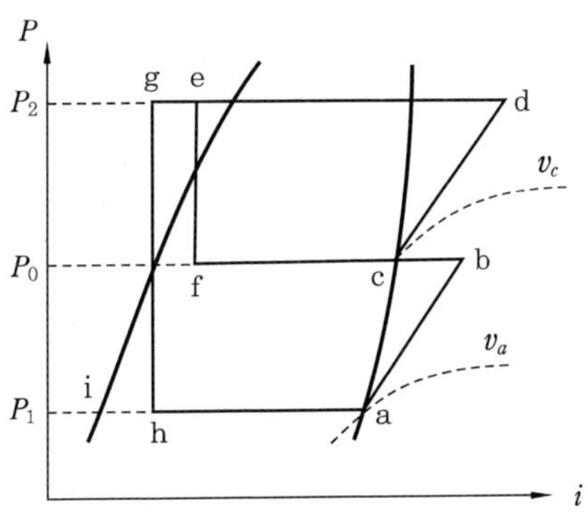

2단 압축 1단 팽창

(다) 중간 냉각기 냉매순환량

$$G_o = G_L \cdot \frac{(i_b{}' - i_c) + (i_e - i_g)}{i_c - i_e} \ [\text{kg/h}]$$

(라) 고단 냉매순환량

$$G_H = G_L + G_o = \frac{V_H}{v_c}\eta_{v_H}$$

$$= G_L \frac{i_b{}' - i_g}{i_c - i_e} \ [\text{kg/h}]$$

참고 $i_b{}' = i_a + \frac{i_b - i_a}{\eta_{c_L}}$ [kJ/kg]

(마) 저단 압축일의 열당량

$$N_L = \frac{G_L(i_b - i_a)}{\eta_{c_L}\eta_{m_L}} \ [\text{kJ/h}]$$

(바) 고단 압축일의 열당량

$$N_H = \frac{G_H(i_d - i_c)}{\eta_{c_H}\eta_{m_H}} \ [\text{kJ/h}]$$

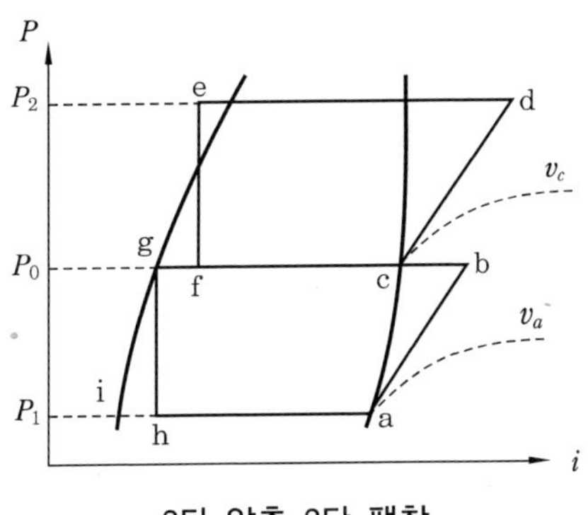

2단 압축 2단 팽창

(사) 성적계수

$$COP = \frac{Q_e}{N_L + N_H}$$

(아) 압축비

$$a = \sqrt{\frac{P_2}{P_1}}$$

㈎ 중간압력

$$P_0 = \sqrt{P_1 P_2} \ [\text{kg/cm}^2 \cdot \text{a}]$$

③ 2원 냉동장치

고온측 냉매와 저온측 냉매를 사용하는 두 개의 냉동 사이클을 조합하는 형태로 된 초저온장치로서 한 개의 선도 상에 표현할 수 없으나 순수한 온도만으로 그린다면 다음 선도와 같으며, 계산식은 2단 냉동장치와 동일하다.

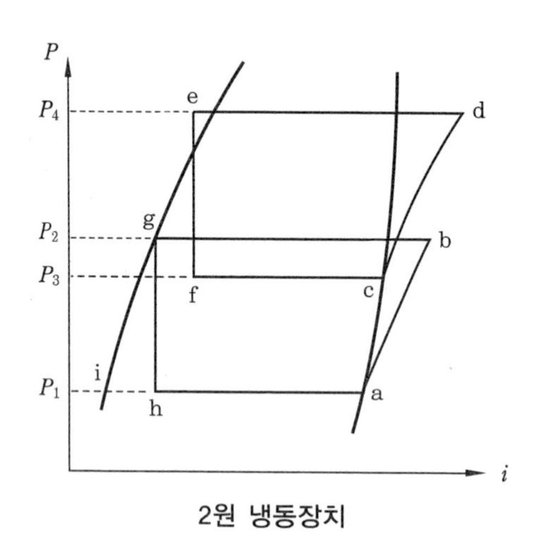

2원 냉동장치

참고 압축비

① 저온측 압축비$= \dfrac{P_2}{P_1}$

② 고온측 압축비$= \dfrac{P_4}{P_3}$

2 역카르노 및 실제 사이클

(1) 카르노 사이클(Carnot cycle)

열기관의 이상 사이클로서 현실적으로 실현 불가능하며, 완전가스를 작업물질로 하는 두 개의 가역 등온 과정과 두 개의 가역 단열 과정으로 구성된다.

① 카르노 사이클의 원리

㈎ 열기관의 이상 사이클로서 최대의 효율을 갖는다.

㈏ 동작물질의 온도를 열원의 온도와 같게 한다.

㈐ 같은 두 열원에 작동하는 모든 가역 사이클은 효율이 같다.

② 카르노 사이클의 $P-v$, $T-s$ 선도

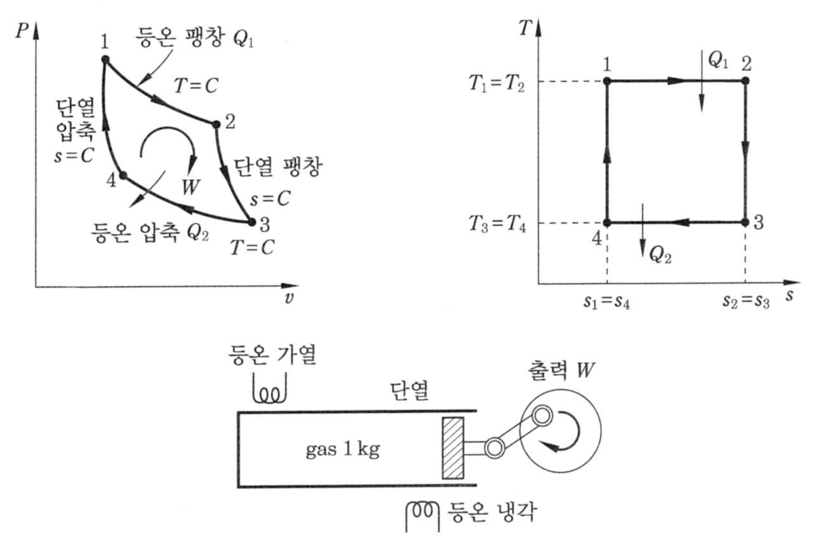

카르노 사이클의 $P-v$, $T-s$ 선도

(가) 1→2 : 등온 팽창(열량 Q_1을 받아 등온 T_1을 유지하면서 팽창하는 과정)

(나) 2→3 : 단열 팽창 과정(외부에 일을 하는 과정)

(다) 3→4 : 등온 압축(열량 Q_2를 방출하고 등온 T_2를 유지하면서 압축하는 과정)

(라) 4→1 : 단열 압축 과정

따라서, 유효일 $W = Q_1 - Q_2$

$$\text{열효율 } \eta_c = \frac{\text{유효일}(W)}{\text{공급열량}(Q_1)} = \frac{Q_1 - Q_2}{Q_1} = 1 - \frac{Q_2}{Q_1}$$

(2) 역카르노 사이클

역카르노 사이클은 증기압축식 냉동사이클의 원리이다.

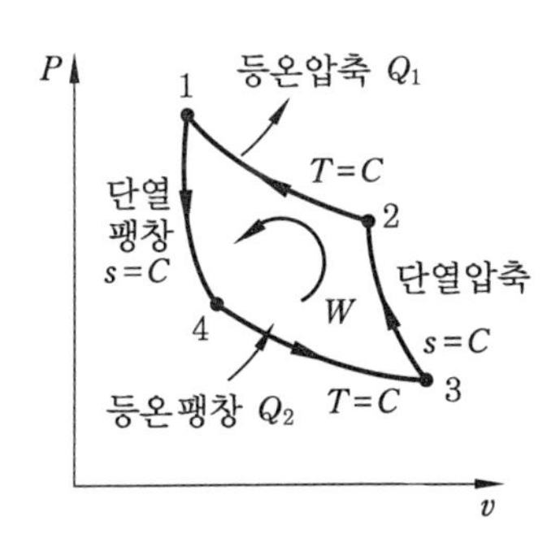

① 4→3 : 등온 팽창 (열량 Q_2를 받아 등온 T_2를 유지하면서 팽창하는 과정) : 증발 과정

② 3→2 : 단열 압축 (외부에서 일을 받아 저온저압의 기체를 고온고압으로 압축하는 과정) : 압축 과정

③ 2→1 : 등온 압축 (열량 Q_1을 방출하고 등온 T_1을 유지하면서 압축하는 과정) : 응축 과정

④ 1→4 : 단열 팽창 (고온고압의 기체를 터빈에서 저온저압으로 팽창하는 과정) : 팽창밸브의 과정으로 실제 냉동장치에서는 고온고압의 액냉매를 교축 과정으로 저온저압의 냉매로 만드는 과정

3 증기압축 냉동 사이클

(1) 기본 냉동 사이클

냉동 사이클은 증발, 압축, 응축, 팽창의 4요소를 순환하면서 냉매를 액체에서 기체로, 기체에서 액체로 반복하면서 이루어진다.

① 증발

㈎ 증발기 (evaporator) 내의 액냉매는 기화하면서 냉각관 주위에 있는 공기 또는 물질로부터 증발에 필요한 열을 흡수한다.

㈏ 열을 빼앗긴 공기는 냉각되어 온도가 낮아진 상태에서 자연대류 또는 fan에 의하여 강제 대류되어 냉장고 내에 퍼져 저온으로 유지시킨다.

㈐ 팽창밸브를 통하여 감압되어 저온도로 되며 증발하는 과정에서는 압력과 온도가 일정한 관계를 유지하면서 변화가 없다.

㈑ 외부로부터 열을 흡수하는 장치이다.

② 압축

㈎ 냉매를 상온에서 액화하기 쉬운 상태로 만든다.

㈏ 증발기에서 낮은 온도를 유지하기 위하여 기화된 냉매를 압축기로 흡수시켜서 냉매 압력을 낮게 유지시킨다.

③ 응축

㈎ 압축기에서 나온 과열증기를 물 또는 공기와 열교환시켜서 액화시킨다.

㈏ 외부와 열교환하여 방출하는 열을 응축열이라 하고, 이 열은 증발기에서 흡수한 열과 압축하기 위하여 가해진 일의 열당량을 합한 값이다.

㈐ 응축기에는 냉매기체와 액체가 공존하고 있는 상태이며, 기체에서 액체로 변화하는 동안에 압력과 온도가 일정한 관계를 유지한다.

㈑ 응축기에서 액화되는 과정은 압력과 온도가 일정하나 응축기 전체에서는 온도는 감소한다.

④ 팽창

㈎ 액화한 냉매를 증발기에서 기화하기 쉬운 상태의 압력으로 조절하는 감압장치이다.

㈏ 감압작용을 함과 동시에 증발온도에 따라서 필요한 냉매량을 조절하여 공급하는 유량제어 장치이다.

(2) 액체 냉각장치의 냉동 사이클

① 건식 증발기의 경우

㈎ 건식 셸 앤드 튜브식 (dry expansion shell and tube type) 증발기는 냉각관 내의 냉매와 관 외측 셸 안에 냉각액체가 열교환하는 것이다.

㈏ 냉각 유체의 접촉을 좋게 하기 위하여 배플 플레이트 (baffle plate)가 설치되어 있다.

㈐ 수냉각장치 (water chilling unit)의 경우 압축기는 주로 밀폐형을 많이 사용한다.

② 만액식의 경우

㈎ 대용량이나 NH_3 냉매를 사용하는 경우에 사용한다.

㈏ 다음 그림과 같이 냉각관 내에 냉각 유체가 흐르고 관 외측에 냉매액이 흐른다.

㈐ 냉각부의 반 이상이 냉매에 잠겨 있어서 열효율이 양호하다.

㈑ 셸 내의 냉매 액면 유지를 위하여 액면 높이에 따라서 부자(float)로 냉매공급량을 조절하여 감압시키는 자동밸브를 사용한다.

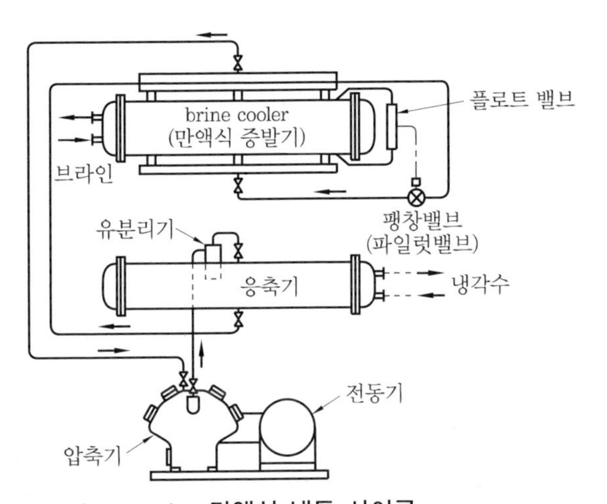

brine cooler 만액식 냉동 사이클

③ 액펌프식 냉동 사이클 : 냉동장치가 대용량이 되면 증발기 한 개의 냉매 배관 길이가 매우 길어지게 되어 배관 저항이 증대하고 장치의 능률이 낮아지므로 액펌프를 사용하여 강제로 냉매를 증발기에 공급하는 방법이다.

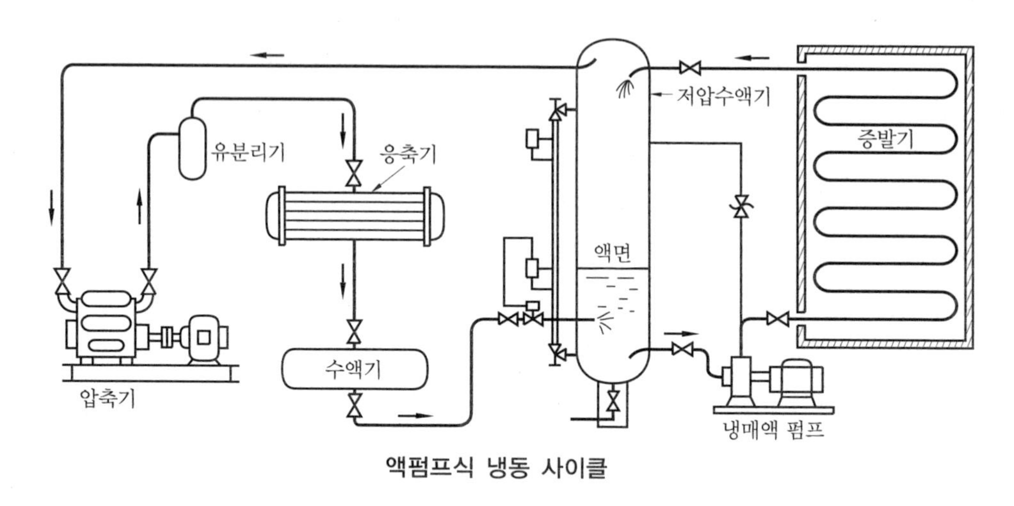

액펌프식 냉동 사이클

㈎ 타 증발기에서 증발하는 액냉매량의 4～5배를 강제로 공급한다.

㈏ 팽창밸브는 부자식을 사용하여 저압수액기의 액면이 일정하게 되도록 한다.

④ 2단 압축 냉동 사이클

㈎ NH_3 장치는 증발온도가 −35℃ 이하이고 압축비가 6 이상일 때 채용한다.

㈏ Freon 장치는 증발온도가 −50℃ 이하이고 압축비가 9 이상일 때 채용한다.

㈐ 다음 그림은 2단 압축 1단 팽창밸브의 장치도와 $P-i$ 선도이다.

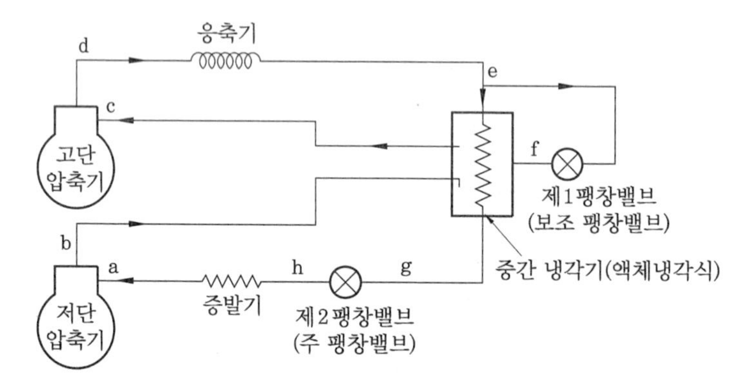

2단 압축 1단 팽창 장치도

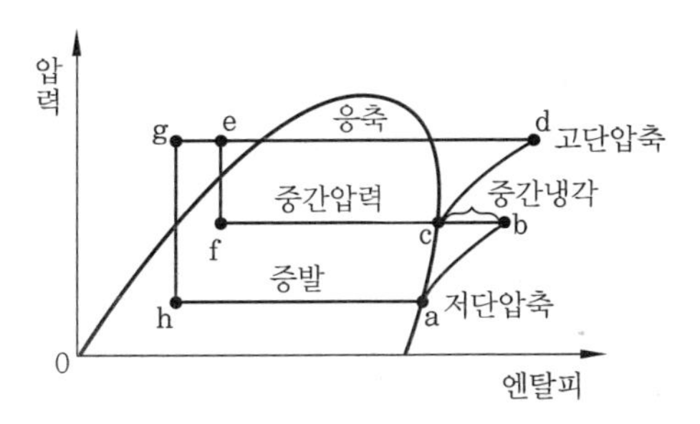

2단 압축 1단 팽창 $P-i$ 선도

㈑ 다음 그림은 2단 압축 2단 팽창밸브의 장치도와 $P-i$ 선도이다.

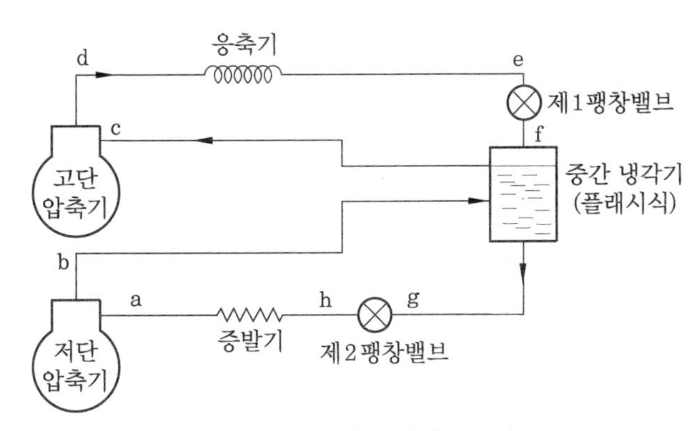

2단 압축 2단 팽창 장치도

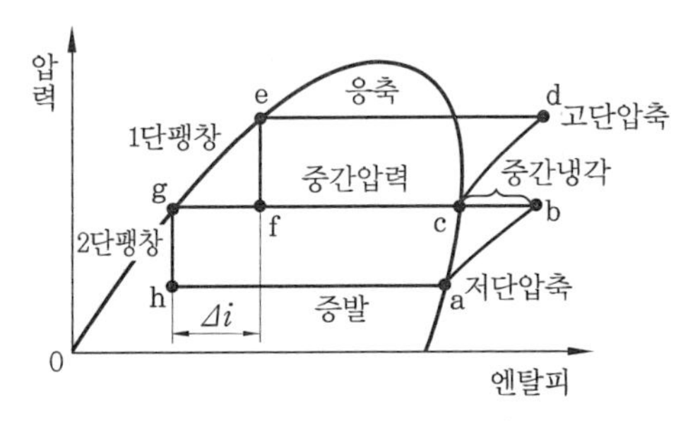

2단 압축 2단 팽창 $P-i$ 선도

㈒ 중간 냉각기의 역할

㉮ 저단 압축기 토출가스 온도의 과열도를 제거하여 고단 압축기 과열 압축을 방지해서 토출가스 온도 상승을 감소시킨다.

㉯ 팽창밸브 직전의 액냉매를 과냉각시켜 플래시 가스의 발생량을 감소시켜서 냉동효과를 향상시킨다.

㉰ 고단 압축기 액압축을 방지한다.

(바) 중간 냉각기의 종류

㉮ 플래시식(NH_3)

㉯ 액체 냉각식(NH_3)

㉰ 직접 팽창식 (Freon)

⑤ 2원 냉동 사이클

(가) 목적 : 증발온도가 -80 ~ -120℃ 이하가 되면 일반냉매는 증발압력이 현저히 낮아 압축비가 증대하여 다단 압축을 실현해도 -80 ~ -120℃ 이하의 온도를 얻기 어렵다. 그러나 2원 냉동장치로는 실현할 수 있다.

(나) 구조 (cascade condenser) : 저온 냉동 사이클의 응축기와 고온 냉동 사이클의 증발기가 조합되어 열교환을 하는 구조로 되어 있다.

(다) 사용냉매

㉮ 고온측 : R-12, R-22, R-500, R-501, R-502, R-290 (C_3H_8) 등

㉯ 저온측 : R-13, R-14, R-503, C_3H_8, C_2H_4, C_2H_6, CH_4 등

(라) 팽창탱크 : 저온측 압축기를 정지하였을 때 초저온 냉매의 증발로 인한 압력이 냉동장치 배관 등을 파괴하는 일이 있는데, 이를 방지하기 위해 일정압력 이상이 되면 팽창탱크로 가스를 저장하는 장치이다.

(마) 다음 그림은 2원 냉동 장치도와 $P-i$ 선도이다.

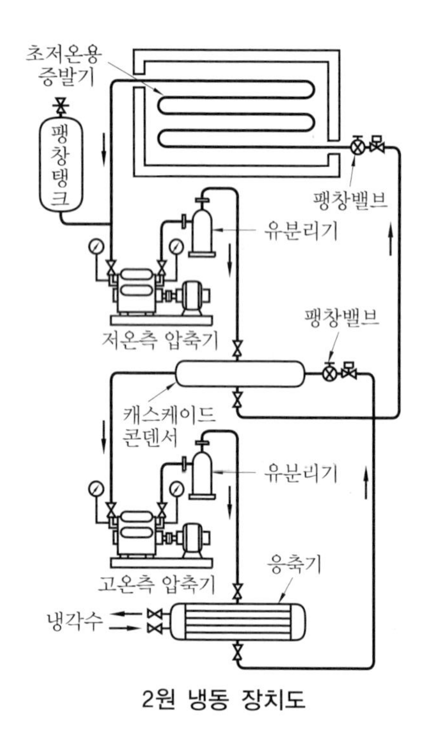

2원 냉동 장치도

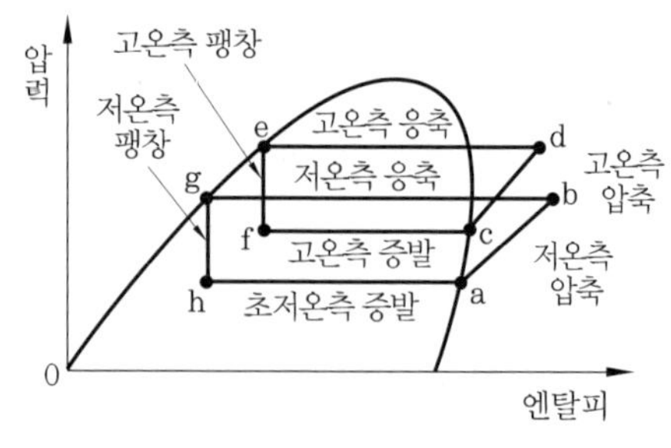

2원 냉동장치 $P-i$ 선도

⑥ 원심식 냉동 사이클

㈎ 압축기 : 증발기의 저온 저압의 기체 냉매를 임펠러를 회전운동시킴으로써 원심력을 주어 디퓨저에서 속력에너지를 압력에너지로 전환시키는 방식이며, 압축기 단수는 사용 냉매에 따라서 1단, 2단, 3단, 다단으로 구성된다.

㈏ 응축기 : 횡형 shell and tube 식의 수랭식을 사용한다.

㈐ 팽창밸브 : 2개의 부자실로 되어 있고 제 1 부자실은 액면 높이가 높아지면 밸브가 열려 중간 압력으로 팽창되어 제 2 부자실로 유입되며, 이때 발생되는 플래시 가스(flash gas)는 상단에 모아서 2단 임펠러로 유출시킨다. 제 2 부자실을 일명 economizer (이코노마이저 ; 절약기)라 한다.

㈑ 증발기 : 횡형 shell and tube 만액식 증발기이며 shell 속에 냉매가 있고 배관 내에 냉수(brine)가 흐르는 구조이고, 상부에 액냉매 유출을 방지하는 eliminator (일리미네이터)가 설치되어 액립을 분리하여 기체 냉매만 압축기로 흡입되게 한다.

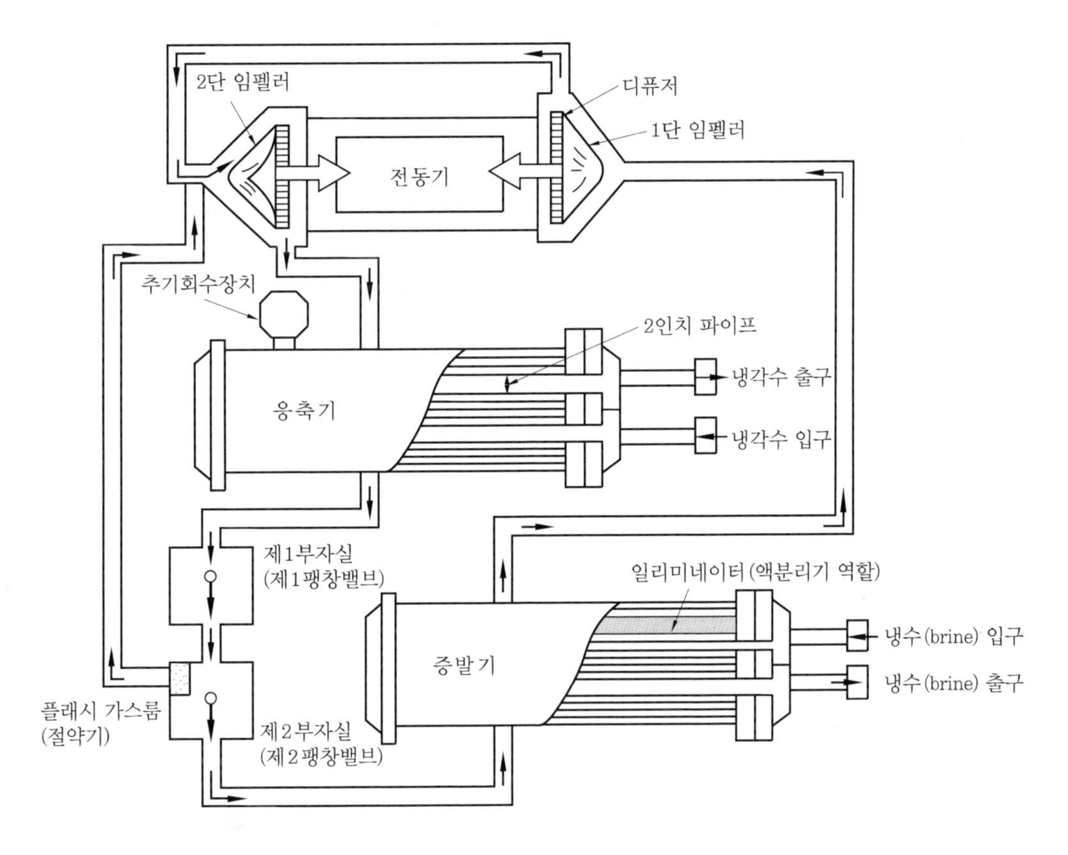

터보 냉동기 장치도

(마) 장치에 사용되는 냉매가 4～5℃에서 증발할 경우 증발압력이 대기압력 이하인 진공상태가 되므로 외부공기가 침투하여 불응축가스의 생성 원인이 되며, 응축기 상부에 모여 전열면적을 감소시켜 응축압력과 온도가 상승하게 하여 서징 (surging) 현상을 유발하므로 운전 중에 공기를 자동 배출시키는 추기 회수 장치를 둔다.

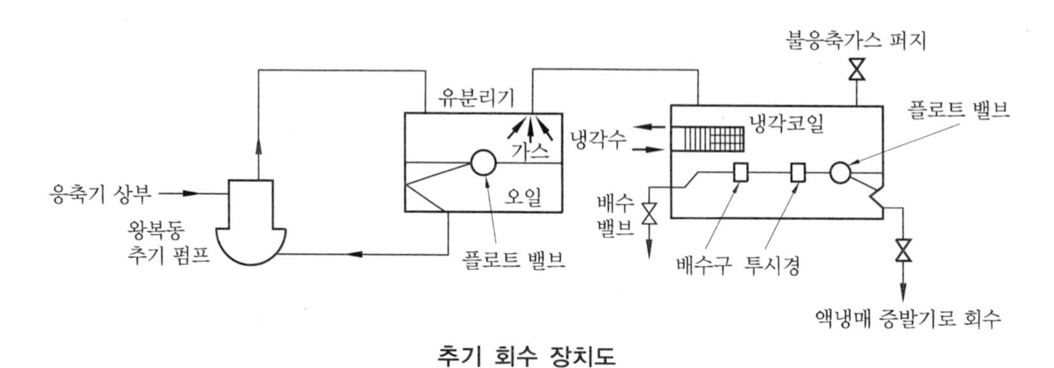

추기 회수 장치도

㉮ 추기 펌프에서 배출되는 가스는 유분리기에서 oil이 분리된다.

㉯ oil이 분리된 가스는 퍼지에서 냉매는 응축되어 하부에 고이고 불응축가스는 상부에 고인다.

㉰ 응축된 냉매액은 부자밸브에 의해서 증발기로 유입하고 불응축가스는 퍼지밸브를 열어서 방출하거나 TV에 의해 자동적으로 방출한다.

㉱ 냉매액 상부에 물이 고여 있을 경우 사이트글라스를 보면서 배수한다.

(바) 터보 냉동장치의 특징

㉮ 장점

- 회전운동이므로 진동이 없다.
- 마찰부분이 없으므로 마모로 인한 기계적 성능저하나 고장이 적다.
- 장치가 유닛(unit)으로 되어 있기 때문에 설치면적이 작다.
- 자동운전이 용이하며 정밀한 용량 제어를 할 수 있다.
- 왕복동의 최대용량은 150 RT 정도이지만, 일반적으로 터보 냉동기는 최저용량이 150 RT 이상이다.
- 흡입 토출밸브가 없고 압축이 연속적이다.

㈏ 단점

- 고속회전이므로 윤활에 민감하다(4000 ~ 6000 rpm, 특수한 경우 12000 rpm이다).
- 윤활유 부분에 오일 히터(oil heater)를 설치하여 정지 시 항상 통전시키며, 윤활유 온도를 평균 55℃(50 ~ 60℃)로 유지시켜서 오일 포밍(oil foaming)을 방지한다.
- 0℃ 이하의 저온에는 거의 사용하지 못하며 냉방 전용이다.
- 압축비가 결정된 상태에서 운전되고 운전 중 압축비 변화가 없다.

(사) 서징(surging) 현상 : 흡입압력이 결정되어 있을 때 운전 중 압축비의 변화가 없으므로 토출압력에 한계가 있어서 토출측에 이상압력이 형성되면 응축가스가 압축기 쪽으로 역류하여 압축이 재차 반복되는 현상으로 다음과 같은 영향이 있다.

㉮ 소음 및 진동 발생

㉯ 응축압력이 한계치 이하로 감소한다.

㉰ 증발압력이 규정치 이상으로 상승한다.

㉱ 압축기가 과열된다.

㉲ 전류계의 지침이 흔들리고, 심하면 운전이 불가능하다.

(아) 용량 제어 방법

㉮ 흡입 베인 제어(30 ~ 100 %)

㉯ 바이패스 제어(30 ~ 100 %)

㉰ 회전수 제어(20 ~ 100 %)

㉱ 흡입 댐퍼 제어

㉲ diffuser 제어

⑦ 히트 펌프(heat pump)

(가) 응축기의 방열작용을 이용하여 난방을 한다.

(나) 실내측과 실외측에 각각의 열교환기를 두고, 실내측 열교환기는 여름에 증발기로 사용하고 겨울에는 응축기로 사용한다.

(다) 냉동장치의 1 kW 전력소비로 3 ~ 4 kW의' 전력소비의 전열기와 동등한 난방을 할 수 있다.

(라) 히트 펌프의 겨울철의 저온측 열원으로 공기 또는 정수(井水) 및 지열 등을 이용한다.

>>> 제1장

예상문제

1. 다음 중 1보다 작은 수치는?

① 폴리트로픽 지수 ② 성적계수
③ 건조도 ④ 비열비

해설 건조도는 $0 \leq x \leq 1$ 이다.

2. 몰리에르 선도에 관한 다음 설명 중 옳은 것은 어느 것인가?

① 등엔트로피 변화는 압축 과정에서 일어난다.
② 등엔트로피 변화는 증발 과정에서 일어난다.
③ 등엔트로피 변화는 팽창 과정에서 일어난다.
④ 등엔트로피 변화는 응축 과정에서 일어난다.

해설 • 압축 : 등엔트로피 변화(단열 변화)
• 응축 : 등압 변화
• 팽창 : 등엔탈피 변화
• 증발 : 등온 등압 변화

3. 다음 중 몰리에르 선도상에서 알 수 없는 것은 어느 것인가?

① 냉동능력 ② 성적계수
③ 압축비 ④ 압축효율

4. 다음의 몰리에르 선도를 참고로 했을 때 5냉동톤의 냉동기 냉매순환량은 얼마인가?

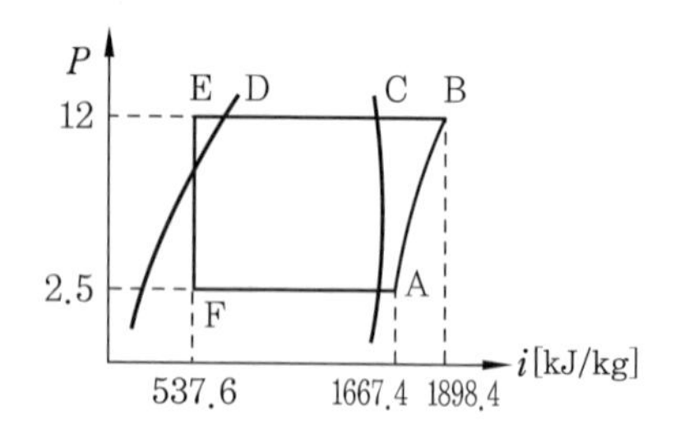

① 31.8 kg/h ② 51.3 kg/h
③ 61.5 kg/h ④ 67.7 kg/h

해설 $G = \frac{5 \times 3.86 \times 3600}{1667.4 - 537.6} = 61.5 \text{ kg/h}$

5. 다음은 냉동 사이클의 선도이다. 다음 선도의 설명 중 틀린 것은?

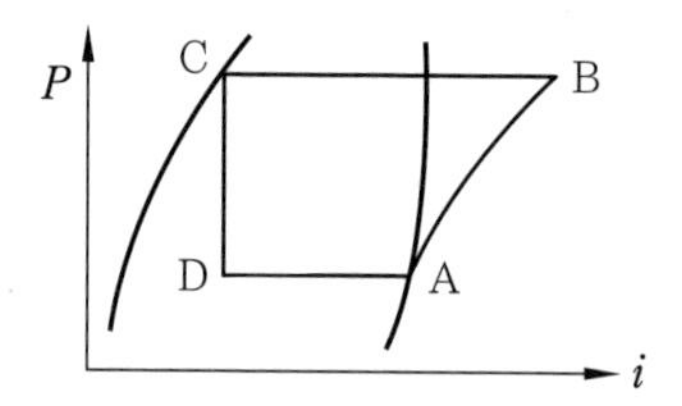

① A–B 과정은 압축 과정으로 등엔트로피 과정이다.
② B–C 과정은 응축 과정으로 등온 과정이다.
③ C–D 과정은 팽창 과정으로 등엔탈피 과정이다.
④ D–A 과정은 증발 과정으로 등온 과정이다.

해설 B–C 과정은 응축 과정으로 등압 과정이다.

6. 다음 그림과 같은 상태에서 운전되는 암모니아 냉동기에 있어서 냉동 사이클의 압축비는 얼마인가?

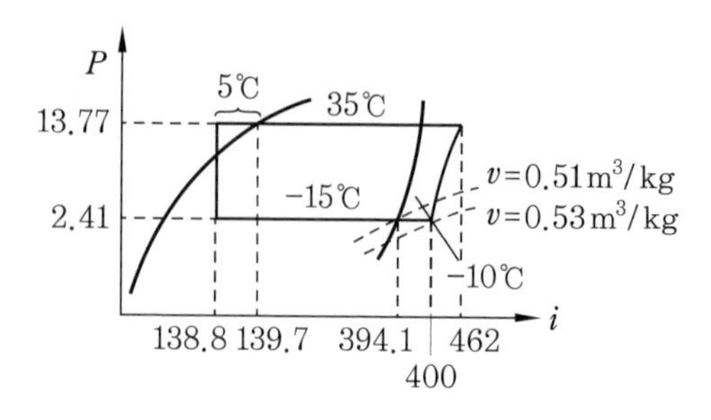

정답 1. ③ 2. ① 3. ④ 4. ③ 5. ② 6. ②

① 6.2 ② 5.7
③ 3.5 ④ 3.0

해설 $a=\frac{13.77}{2.41}=5.713$

7. 냉동공장을 표준 사이클로 유지하고 암모니아의 순환량을 186 kg/h로 운전했을 때의 소요동력은 몇 kW인가?(단, NH_3 1 kg을 압축하는 데 필요한 열량은 몰리에르 선상에서는 234.5 kJ/kg이라 한다.)

① 24.2 kW ② 12.1 kW
③ 36.4 kW ④ 28.6 kW

해설 $N=\frac{G\cdot AW}{3600}=\frac{186\times 234.5}{3600}$
$=12.11\,\text{kW}$

8. 모든 냉매에 있어서 0℃ 포화액의 엔탈피는 얼마인가?

① 0 kcal/kg
② 100 kcal/kg
③ 112 kcal/kg
④ 269 kcal/kg

해설
- 0℃ 건조공기 엔탈피 : 0 kcal/kg
- 0℃ 포화액 엔탈피 : 100 kcal/kg
- 0℃ 포화액 엔트로피 : 1 kcal/kg·K

참고 1 kcal를 4.187 kJ로 환산할 수 있다.

9. 다음과 같은 $P-h$ 선도에서 온도가 가장 높은 곳은?

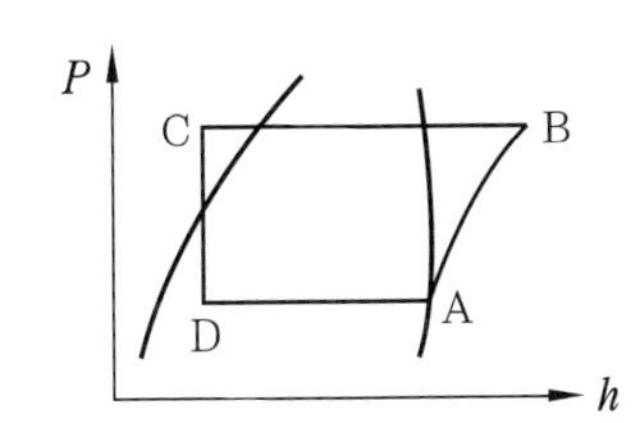

① A ② B
③ C ④ D

10. 냉동톤 R, 시간당 피스톤 압축량 V_a [m³/h], 흡입가스 비체적 v [m³/kg], 냉동효과 q [kJ/kg], 체적효율 η_v 일 때 $R=\frac{V_a}{C}$로 계산된다. 이때 C의 값은 어떻게 표시되는가?

① $C=\frac{13896\cdot v}{q\cdot\eta_v}$ ② $C=\frac{v\cdot\eta_v}{13896\cdot q}$

③ $C=\frac{q\cdot\eta_v}{13896\cdot v}$ ④ $C=\frac{13896\cdot q}{v\cdot\eta_v}$

해설 $R=\frac{V_a}{C}=\frac{V_a\cdot q}{13896\cdot v}\cdot\eta_v$에서,

$C=\frac{V_a\cdot 13896\cdot v}{V_a\cdot q\cdot\eta_v}=\frac{13896\cdot v}{q\cdot\eta_v}$

11. 다음 중 습압축 냉동 사이클을 나타낸 것은 어느 것인가?

①
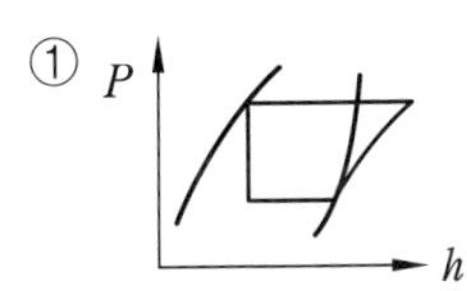

②
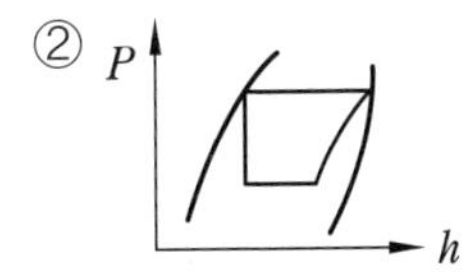

③
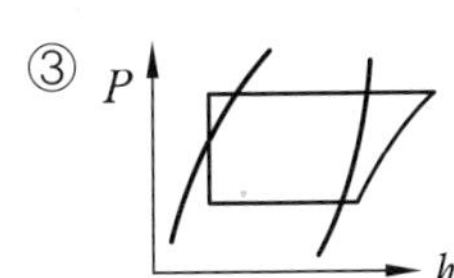

④
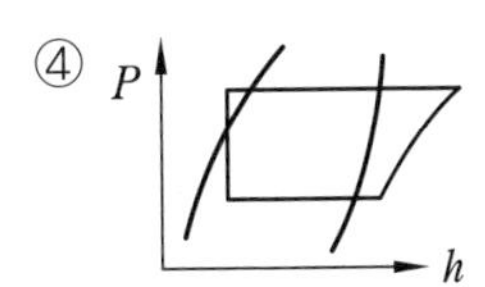

해설
- 표준 압축 : ①
- 과열 압축 : ③, ④
- 습압축 : ②

정답 7. ② 8. ② 9. ② 10. ① 11. ②

12. 증기 압축식 냉동 사이클에서 팽창밸브를 통과하여 증발기에 유입되는 냉매의 엔탈피를 A, 증발기 출구 엔탈피를 B, 포화액의 엔탈피를 C라 할 때 팽창밸브를 통과한 곳에서 증기로 된 냉매의 양을 몰리에르 선도 ($P-h$ 선도)에서 A, B, C의 계산식으로 나타낸 것 중 옳은 것은?

① $\dfrac{\mathrm{B-A}}{\mathrm{B-C}}$　② $\dfrac{\mathrm{A-C}}{\mathrm{B-A}}$

③ $\dfrac{\mathrm{B-C}}{\mathrm{A-C}}$　④ $\dfrac{\mathrm{A-C}}{\mathrm{B-C}}$

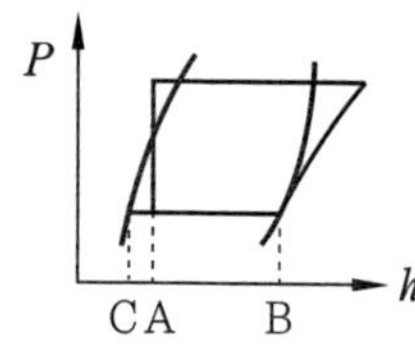

• 건조도 $x=\dfrac{h_A-h_C}{h_B-h_C}$

• 습도 $y=1-x=\dfrac{h_B-h_A}{h_B-h_C}$

13. 암모니아 냉동기에서 증발기 입구 엔탈피가 380 kJ/kg, 출구 엔탈피가 1596 kJ/kg, 응축기 입구의 엔탈피가 1810 kJ/kg이다. 이 냉동기의 냉동효과는 얼마인가?

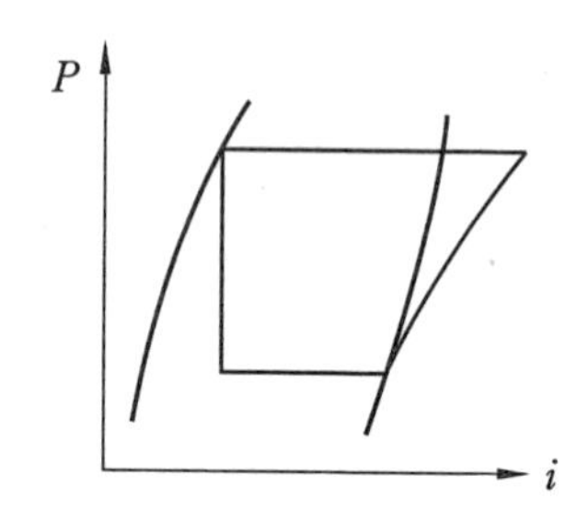

① 1430 kJ/kg
② 1216 kJ/kg
③ 214 kJ/kg
④ 1976 kJ/kg

해설 $q_e=1596-380=1216$ kJ/kg

14. 역카르노 사이클로 작동하는 냉동기가 30 마력의 일을 받아서 저온체로부터 84 kW의 열을 흡수한다면 고온체로 방출하는 열량은 몇 kW인가? (단, 1 PS=0.74 kW이다.)

① 2270 kW
② 82 kW
③ 2230 kW
④ 106.1 kW

해설 $Q_1-Q_2=AW$

$\therefore Q_1=Q_2+AW=84+30\times\dfrac{75}{102}$

$=106.1$ kW

15. 다음과 같은 카르노 사이클의 설명 중 틀린 것은?

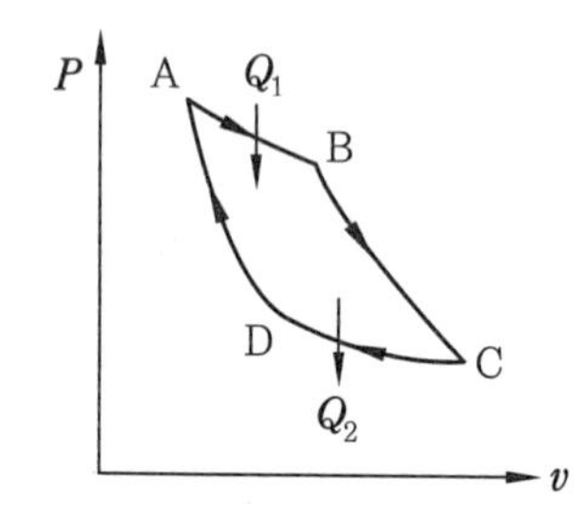

① 등온 팽창 및 등온 압축에서 급열 및 방열한다.
② 외부에서 일을 주는 과정은 B–C 과정이다.
③ 단열 팽창 및 단열 압축 과정은 B–C 및 D–A 과정이다.
④ 한 사이클당 한 일량은 면적과 같다.

해설 외부에서 일을 주는 과정은 D–A 과정이다.

정답 **12.** ④ **13.** ② **14.** ④ **15.** ②

Chapter 02

냉동장치의 구조

2-1 압축기

(1) 구조상의 분류

① 밀폐형

(가) 반밀폐형 : 조립 형식이며 서비스 밸브 (service valve)가 고저압측에 있다.

(나) 전밀폐형 : 서비스 밸브가 저압측에 있다.

(다) 완전밀폐형 : 서비스 밸브가 없다.

② 개방형

(가) 전동기 직결식 (direct coupling) : 모터의 축과 압축기의 축이 커플링 (coupling)에 의하여 접속되어 동력이 전달되는 구조이다.

(나) 벨트 구동식 (belt driven) : 모터와 압축기간에 V 벨트로 동력이 전달되는 구조이다.

(2) 압축 방식에 의한 분류

① 왕복 (동)식 : 피스톤의 왕복운동으로 행하는 압축 방식 (회전수가 저속, 중속, 고속이다.)

② 회전식 : 로터리 컴프레서 (rotary compressor)라고도 하며 로터의 회전에 의하여 압축하는 방식 (회전수가 1000 rpm 이상의 고속이다.)

③ 원심식 : 터보 (turbo) 또는 센트리퓨걸 컴프레서 (centrifugal compressor)라고도 하며 임펠러 (impeller)의 고속회전에 의하여 압축하는 방식 (회전수가 4000 ~ 6000 rpm 정도이고 특수한 경우 12000 rpm도 있다.)

④ 스크루 압축기 (screw compressor) : 2개 이상의 스크루의 회전운동에 의하여 압축하는 방법 (회전수가 1000 rpm 이상의 고속이다.)

(3) 실린더 배열에 의한 분류

① 입형 (立形) 압축기 (vertical compressor)

② 횡형 (横形) 압축기 (Horizontal compressor)

③ V 형, W 형, VV 형, 성형 (星型) (고속 다기통 압축기)

1 왕복(동)식 압축기

(1) 왕복식 압축기(reciprocating compressor)

왕복식 압축기는 외부에서 일을 공급받고 저압증기를 실린더 내에서 압축하여 고압으로 송출하는 용적식 기계이며 중고압, 소용량 용도에 적용된다.

(2) 압축기의 압축일(공업일) W_t

단열압축일 $W_t = -\int_1^2 VdP = V(P_1 - P_2) = \frac{k}{k-1} P_1 V_1 \left\{1 - \left(\frac{P_2}{P_1}\right)^{\frac{k-1}{k}}\right\}$

(3) 왕복식 압축기의 압축 과정과 $P-V$, $T-s$ 선도

① 압축을 할 때는 등온, 단열, 폴리트로픽 압축 과정이 있고 다음 선도와 같으며, 크기는 등온 < 폴리트로픽 < 단열의 순이다.

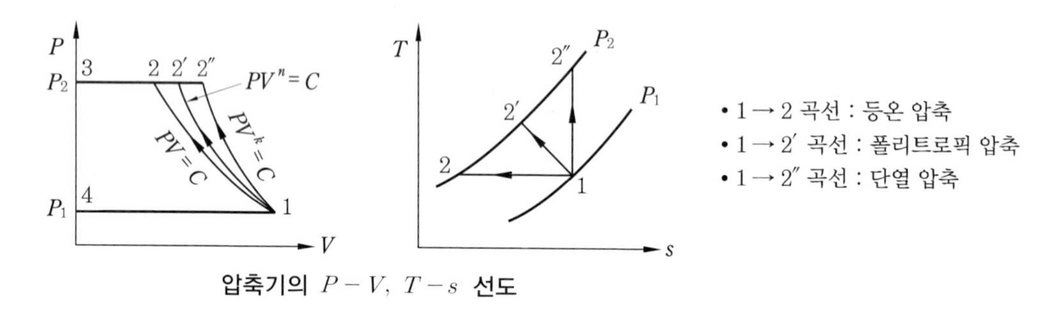

압축기의 $P-V$, $T-s$ 선도

② 간극 체적(V_c)이 없는 1단 압축기의 압축 후의 온도(T_2), 방열량 q [kJ/kg]

(가) 압축 후의 온도 T_2

㉮ 등온 압축일 경우 : $T_1 = T_2 = T$

㉯ 단열 압축일 경우 : $T_2 = T_1 \left(\frac{P_2}{P_1}\right)^{\frac{k-1}{k}}$

㉰ 폴리트로픽 압축일 경우 : $T_2 = T_1 \left(\frac{P_2}{P_1}\right)^{\frac{n-1}{n}}$

(나) 압축 시 방열량 q_{12} [kJ/kg]

㉮ 등온 압축 시 방열량 $q_{12} = ART_1 \ln\left(\frac{V_1}{V_2}\right) = AP_1 V_1 \ln\left(\frac{P_2}{P_1}\right)$

㉯ 단열 압축 시 방열량 $q_{12}=0$

㉰ 폴리트로픽 압축 시 방열량 $q_{12}=C_n(T_2-T_1)$

2 압축 사이클

(1) 흡입행정

① 피스톤의 상사점(上死點)(A점)에 있어서, 토출밸브가 닫히고 피스톤의 하강행정(下降行程)으로 들어감과 동시에 흡입밸브가 열리기 시작한다.

② 피스톤이 상사점 A에서 B점까지 하강하는 동안은 톱 클리어런스(top clearance) 내의 가스가 팽창해 흡입압력까지 감압(減壓)될 때까지는 실제로 가스의 흡입 작용이 없으므로 이 동안은 유휴행정(遊休行程)이 된다.

③ 피스톤이 B점에서 하사점(下死點) C까지 이르는 동안의 하강행정에서는 냉매가스가 실린더 내로 흡입된다. 하사점에서 흡입밸브는 닫히고, 흡입행정이 끝나게 된다.

(2) 압축행정

① 피스톤이 하사점 C에 있을 때, 흡입밸브는 닫히고 토출밸브도 닫혀 있다.

② 피스톤이 하사점에서 D점으로 상승하는 동안은 실린더 내의 가스의 압축작용이 행해져 압력이 점점 상승한다.

③ D점에 있어서, 소요의 토출압력에 도달하게 되면 토출밸브가 열리기 시작하여 압축가스가 토출한다.

④ D점에서 A점에 이르는 동안 압축가스는 일정한 압력으로 토출되며, 상사점에 이르러 압축행정이 끝난다.

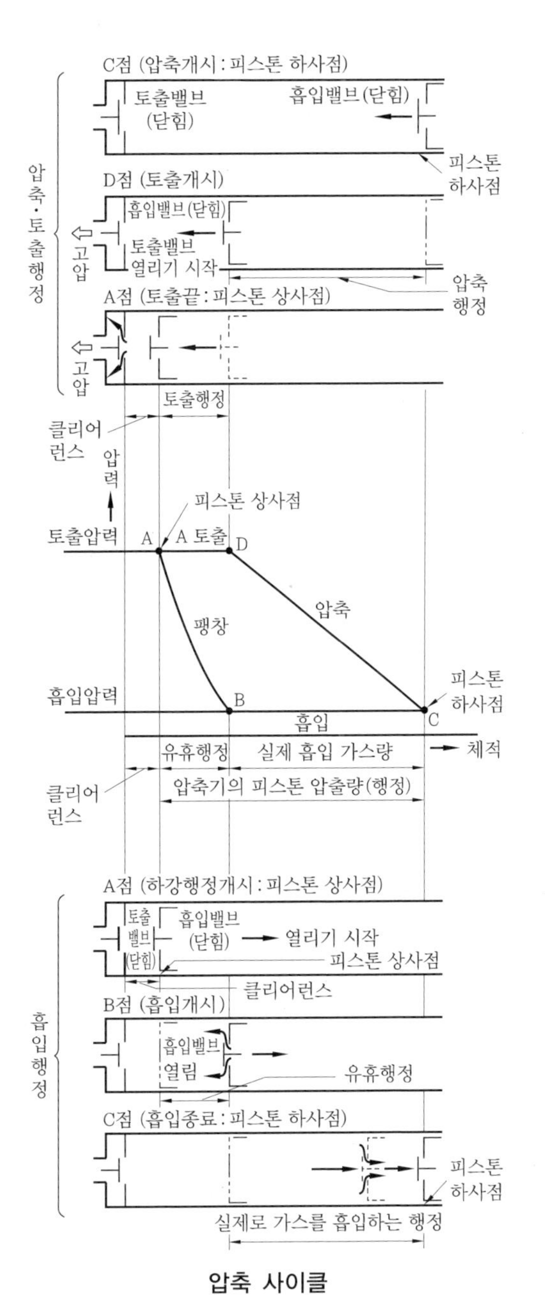

압축 사이클

(3) 체적효율

① 간극비 (통극체적비)

$$\varepsilon_v = \frac{V_c}{V_s}$$

여기서, V_c : 간극체적 (clearance volume)

V_s : 행정체적 (stroke volume)

② 압축비

$$a = \frac{P_2}{P_1} = \frac{\text{토탈 절대압력}}{\text{흡입 절대압력}}$$

③ 체적효율 : 압축기의 체적효율은 간극비 ε_v와 압축비 $\dfrac{P_2}{P_1}$의 함수이다.

$$\eta_v = 1 - \epsilon_v \left\{ \left(\frac{P_2}{P_1} \right)^{\frac{1}{n}} - 1 \right\}$$

④ 체적효율에 미치는 영향

㈎ 클리어런스 (clearance)가 크면 체적효율은 감소한다.

$$\eta_v = \frac{G'}{G} = \frac{v}{v'} \times \frac{V'}{V}$$

여기서, G : 이론적 냉매 흡입량 (kg/h)

G' : 실제로 흡입하는 냉매량 (kg/h)

v : 실린더에 흡입 직전의 비체적 (m^3/kg)

v' : 실린더에 흡입 후의 비체적 (m^3/kg)

V : 피스톤 압출량 (m^3/h)

V' : 실제 흡입되는 냉매가스량 (m^3/h)

㈏ 압축비가 클수록 체적효율은 감소한다.

㈐ 실린더 체적이 작을수록 체적효율은 감소한다 (실린더 체적당 표면적이 커져서 가스가 가열되기 쉽다).

㈑ 회전수가 클수록 체적효율은 감소한다.

㈒ 냉매 종류, 실린더 체적, 밸브 구조, 실린더 냉각 등에 의해서 체적효율이 좌우된다.

(4) 압축기의 소요동력

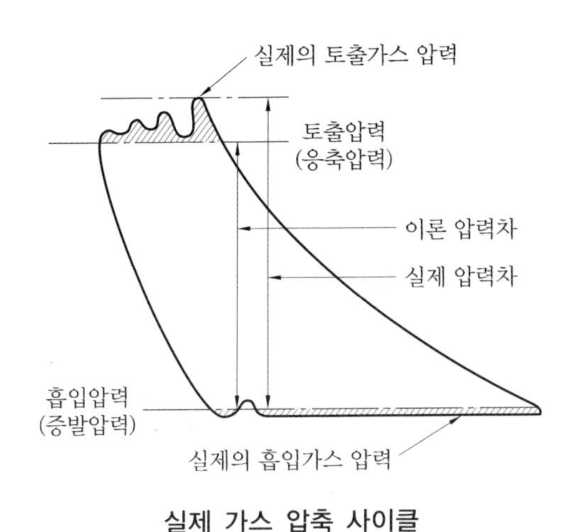

실제 가스 압축 사이클

① 이론동력(P)

$$P = \frac{G \times AW}{3600}\ [\text{kW}] = \frac{G \times AW}{2647}\ [\text{PS}]$$

$$P = \frac{Q_e}{COP \times 3600}\ [\text{kW}] = \frac{Q_e}{COP \times 2647}\ [\text{PS}]$$

② 지시동력(P_a)

$$P_a = \frac{P}{\eta_c}$$

여기서, η_c : 압축효율 (compression efficiency)

$$\eta_c = \frac{\text{이론적으로 가스를 압축하는 데 소요되는 동력(이론동력)}}{\text{실제로 가스를 압축하는 데 소요되는 동력(지시동력)}}$$

③ 축동력(N)

$$N = \frac{P_a}{\eta_m} = \frac{P}{\eta_c \times \eta_m}$$

여기서, η_m : 기계효율 (mechanical efficiency)

$$\eta_m = \frac{\text{실제로 가스를 압축하는 데 소요되는 동력(지시동력)}}{\text{압축기를 운전하는 데 필요한 동력(축동력)}}$$

(5) 압축기 피스톤 압출량

① 왕복식 압축기 : $V = \frac{\pi}{4} D^2 LNR \cdot 60\ [\text{m}^3/\text{h}]$

여기서, D : 실린더 지름 (m), L : 행정 (m)
N : 기통수, R : 회전수 (rpm)

② 회전식 압축기 : $V = \frac{\pi}{4}(D^2 - d^2)t \cdot R \cdot 60\ [\text{m}^3/\text{h}]$

여기서, D : 실린더 지름 (m), d : 로터 지름 (m)
t : 실린더 높이 (두께, m), R : 회전수 (rpm)

③ 스크루 압축기 : $V = C \cdot D^3 \cdot \dfrac{L}{D} \cdot k \cdot R \cdot 60$ [m³/h]

여기서, C : 로터 계수, D : 실린더 지름 (m), L : 로터 길이 (m)
k : 클리어런스, R : 회전수 (rpm)

3 압축기의 특징

(1) 중저속 입형 압축기 (vertical low speed compressor)

실린더가 소형은 2개, 중·대형은 2 ~ 4개이고, 암모니아 냉매인 경우 흡입·토출밸브로는 포핏밸브 (poppet valve)를 사용하고 회전수가 350 ~ 550 rpm이다. 프레온 냉매일 때는 플레이트 밸브 (plate valve)를 사용하며 회전수가 450 ~ 700 rpm 정도이고 장·단점은 다음과 같다.

① 체적효율이 비교적 크다.
② 윤활유의 소비량이 비교적 적다.
③ 구조가 간단하여 취급이 용이하다.
④ 부품의 수가 적고 수명이 길다.
⑤ 압축기의 전체높이가 높다 (동일한 토출량일 때 피스톤의 행정이 커야 된다).
⑥ 용량 제어나 자동운전이 고속 다기통 압축기에 비해 떨어진다.
⑦ 다량 생산이 어렵다.
⑧ 중량이나 가격면에서 고속 다기통보다 불리하다.

(2) 고속 다기통 압축기

운동부의 강도와 진동을 개선해서 고속회전 (900 ~ 1000 rpm)을 할 수 있음과 동시에 용량을 크게 할 수 있도록 한 것으로, 동력은 3.7 ~ 2000 kW 범위에 사용되고 점차 중형·소형 분야까지 사용되고 있다.

① 장점
㈎ 안전두가 있어서 액 압축 시 소손을 방지한다.
㈏ 냉동능력에 비하여 소형이고 경량이며 진동이 적고 설치면적이 작다.
㈐ 부품 교환이 용이하고 정비 보수가 간단하다.
㈑ 무부하 경감 (unload) 장치로 단계적인 용량 제어가 되며 기동 시 무부하 기동으로 자동운전이 가능하다.

② 단점

(가) 소음이 커서 이상음 발견이 어렵다.

(나) 톱 클리어런스(top clearance)가 커서 체적효율이 나쁘고 고속이므로 흡입밸브의 저항 때문에 고진공이 잘 안 된다.

(다) 압축비 증가에 따른 체적효율 감소가 많아지며 냉동능력이 감소하고 동력 손실이 커진다.

(라) NH_3 압축기에서 냉각이 불충분하면 oil이 탄화 또는 열화되기 쉽다.

(마) 마찰부에서의 활동속도, 베어링 하중이 커서 마모가 빠르다.

(바) 이상운전 상태를 신속하게 파악하여 조치하는 안전장치가 필요하다.

참고 1. **안전두(safety head)** : 흡입가스 중에 액냉매가 함유되어 압축하면 액은 비압축성이므로 큰 힘이 작용하여 압축기 상부가 파손될 우려가 있다. 이것을 방지하기 위하여 밸브판 상부에 스프링을 설치하여 액압축 시에 스프링이 들려 압축기 파손을 방지하는 보호장치(내장형 안전밸브)이며, 작동이 되면 냉매가스는 압축기 흡입측으로 분출된다.

2. **용량 제어 방법**
① 회전수를 가감하는 방법
② 클리어런스를 증감시키는 방법
③ bypass 시키는 방법
④ 일부 실린더를 놀리는 방법(흡입밸브 강제개방 : unload 장치)
⑤ on·off 제어 : 기기 수명이 단축되고, 경제적으로 불리하다.

(3) 회전 압축기(rotary compressor)

소형 냉동장치에 많이 사용되며 회전 익형(rotary blade type)은 로터에 베인이 2～10개 정도 끼워져 있고 로터의 고속회전(1000 rpm 이상)으로 원심력에 의해 베인이 실린더 벽에 항상 밀착되어 회전한다. 고정 익형(stationary blade type)은 실린더 벽을 따라 로터가 직접 냉매가스를 흡입·압축·토출시키며, 실린더 홈에서 스프링으로 지지되어 있는 브레이드가 항상 로터에 밀착되어 있어 고압과 저압을 분리한다.

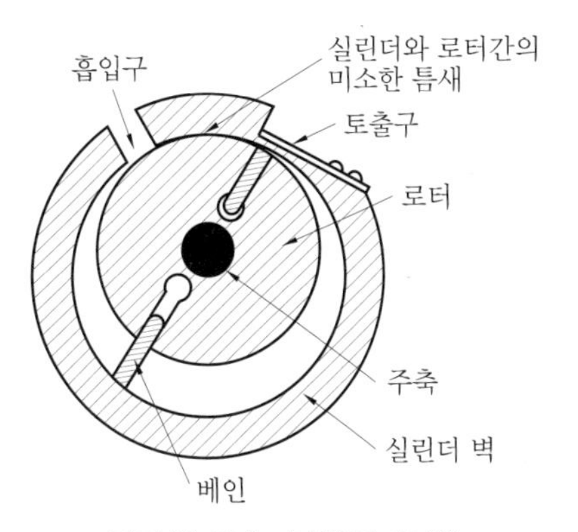

회전식 압축기(회전 익형)

① 장점

㈎ 흡입밸브가 없는 대신 역류방지밸브가 설치되고 연속 흡입·토출하며 토출밸브는 있다.

㈏ 체적효율이 100%에 가깝고 고진공을 얻을 수 있다(진공 컴프레서로 많이 사용한다).

㈐ 소음, 진동이 적고 정숙한 운전이 되므로 실내에 설치하는 냉동장치(가정용 냉장고, 에어컨 등)에 적합하다.

② 단점

㈎ 축이 회전자의 편심에 위치하므로 제작 시 고도의 정밀도가 요구된다.

㈏ 압축기 정비 보수가 불가능하다.

㈐ 실린더 내부가 고온·고압으로 압축기 및 윤활유를 냉각시키는 장치가 필요하다.

㈑ 압축기 흡입측에 액분리기 또는 열교환기 등이 반드시 필요하다.

(4) 스크루 압축기(screw compressor)

서로 맞물려 돌아가는 암나사와 수나사의 나선형(螺旋形) 로터가 일정한 방향으로 회전하면서 두 로터와 케이싱 속에 흡입된 냉매증기를 연속적으로 압축시키는 동시에 배출시킨다.

로터 지지 베어링 및 스러스트 베어링, 스러스트 베어링을 보호하는 밸런스 피스톤, 메커니컬 실(mechanical seal) 등의 구조로 되어 있으며, 케이싱의 압축측에 용량 제어용 슬라이드 밸브가 내장되어 있고 냉매가스와 함께 송출되는 오일을 분리 회수시키는 오일 회수기와 분리된 기름을 냉각시키는 오일 냉각기, 윤활유 펌프 등이 있다.

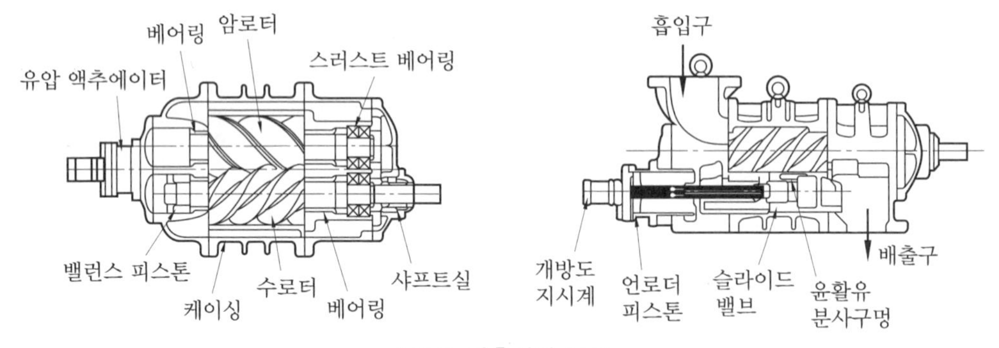

스크루 압축기의 구조

① 장점

㈎ 소형이고 가볍다.

㈏ 부품수가 적고 수명이 길다.

㈐ 진동이 없으므로 견고한 기초가 필요 없다.

㈑ 무단계 용량 제어 (10 ~ 100 %)가 가능하며 자동운전에 적합하다.

㈒ 액압축 (liquid hammer) 및 오일 해머링 (oil hammering)이 적다 (NH_3 자동운전에 적격이다).

㈓ 흡입 토출밸브와 피스톤이 없어 장시간의 연속 운전이 가능하다 (흡입 토출밸브 대신 역류방지밸브를 설치한다).

② 단점

㈎ 오일 회수기 및 유냉각기가 크다.

㈏ 오일펌프를 따로 설치한다.

㈐ 경부하 기동력이 크다.

㈑ 소음이 비교적 크고 설치 시에 정밀도가 요구된다.

㈒ 정비 보수에 고도의 기술력이 요구된다.

㈓ 압축기의 회전방향이 정회전이어야 한다 (1000 rpm 이상인 고속회전).

③ 용량 제어 방법

㈎ 슬라이드 밸브 제어 (10 ~ 100 %) : 무단계 용량 제어

㈏ 회전수 제어 : 회전수 변화에 대한 진동 등이 없음

㈐ on · off 제어

㈑ bypass 제어법

>>> 제2장

예상문제

1. 압축기의 설치 목적에 대하여 바르게 기술된 것은?

① 엔탈피 증가로 비체적 증가
② 상온에서 응축 액화를 용이하게 하기 위해 압력을 상승
③ 수랭식 및 공랭식 응축기의 사용을 위해
④ 압축 시 임계온도 상승으로 상온에서 응축 액화를 용이

해설 압축기는 상온에서 쉽게 액화시키기 위하여 압력과 온도를 상승시키는 장치로서 등엔트로피 변화이고, 엔탈피는 상승, 비체적은 감소한다.

2. 왕복식 압축기의 용량 조절 방법이 아닌 것은?

① 바이패스법
② 클리어런스 조절
③ 안전두 스프링 강도 조정
④ 흡입밸브를 열어 놓는다.

해설 안전두 : 이상 압축 시 (액압축)에 압축기 파손을 방지하기 위해 설치된 내장형 안전밸브

3. 다음 증기 압축식 냉동 사이클의 표현 중 틀린 것은?

① 압축기에서의 과정은 단열 과정이다.
② 응축기에서는 등압, 등온 과정이다.
③ 증발기에서의 증발 과정은 등압, 등온 과정이다.
④ 팽창밸브에서는 교축 과정이다.

해설 응축기는 등압 과정이고 액화되는 과정만 등온이다.

4. 증기 압축식 냉동 사이클에서 증발온도를 일정하게 유지하고 응축온도를 상승시킬 경우에 나타나는 현상이 아닌 것은?

① 성적계수 감소
② 토출가스 온도 상승
③ 소요동력 증대
④ 플래시 가스 발생량 감소

해설 응축온도를 상승시킴에 따라 고압이 높아지므로 압축비가 증가된다.

5. 밀폐형 압축기의 장점이 아닌 것은?

① 소형이며 경량이다.
② 누설의 염려가 적다.
③ 압축기 회전수의 가감이 가능하다.
④ 과부하 운전이 가능하다.

해설 밀폐형 압축기는 전동기와 압축기가 용기에 내장되어 있으므로 전동기 회전수의 가감을 할 수 없다.

6. 회전식 압축기의 특징에 관한 설명 중 틀린 것은?

① 용적형이다.
② 흡입밸브가 있으며 크랭크케이스 내는 저압이다.
③ 왕복식 압축기에 비해 구조가 간단하다.
④ 로터의 회전에 의하여 압축하며, 압축이 연속적이고 고진공을 얻을 수 있다.

해설 흡입밸브가 없고 대신 역지밸브가 설치되고, 토출밸브가 있으면 압축기 내부압력이 고압이고 압축이 연속적이며, 소음이 적고 고진공 압축기로 적합하다.

정답 1. ② 2. ③ 3. ② 4. ④ 5. ③ 6. ②

7. 다음은 스크루(screw) 냉동기의 특징을 설명한 것이다. 틀린 것은 ?

① 부품의 수가 적고 수명이 길다.
② 10 ~ 100 % 사이의 무단계 용량 제어가 되므로 자동운전에 적합하다.
③ 오일 해머와 액 해머가 없다.
④ 소형 경량이긴 하나 진동이 많으므로 강고한 기초가 필요하다.

해설 압축이 연속적이고 소음은 크나 진동이 적고 액압축의 우려가 적다.

8. 스크루식 압축기의 재원이 다음과 같을 때 1시간당의 토출 체적(m^3/h)을 구하면 얼마인가?(단, 비대칭 치형이며, 로터계수 C는 0.486이다. 로터의 지름 : 200 mm, 분당 회전수 : 4000 rpm, 로터의 길이 : 200 mm, 클리어런스 : 0이다.)

① 412 m^3/h ② 612 m^3/h
③ 816 m^3/h ④ 933 m^3/h

해설 압출량

$$V = C \cdot D^3 \cdot \frac{L}{D} \cdot R \cdot 60$$
$$= 0.486 \times 0.2^3 \times \frac{0.2}{0.2} \times 4000 \times 60$$
$$= 933.12\ \mathrm{m^3/h}$$

9. 기통 지름 70 mm, 행정 60 mm, 기통수 8, 매분 회전수 1800인 단단 압축기의 피스톤 압출량은 얼마인가?

① 165.8 m^3/h ② 172.3 m^3/h
③ 188.8 m^3/h ④ 199.4 m^3/h

해설 $V = \frac{\pi}{4} D^2 \cdot L \cdot N \cdot R \cdot 60$

$$= \frac{\pi}{4} \times 0.07^2 \times 0.06 \times 8 \times 1800 \times 60$$
$$= 199.4\ \mathrm{m^3/h}$$

10. 압축기 실린더 지름 110 mm, 행정 80 mm, 회전수 900 rpm, 기통수가 8기통인 암모니아 냉동장치의 냉동능력은 얼마인가?(단, 냉동능력은 $R = \frac{V}{C}$로 산출하며, 여기서, R은 냉동능력(RT), V는 피스톤 토출량(m^3/h), C는 상수로 8.4이다.)

① 30.8 RT ② 35.4 RT
③ 39.1 RT ④ 48.2 RT

해설 $R = \dfrac{\frac{\pi}{4} \times 0.11^2 \times 0.08 \times 8 \times 900 \times 60}{8.4}$

$$= 39.07\ \mathrm{RT}$$

11. 클리어런스에 의한 체적효율을 구하면 얼마인가? (단, 압축비 $\frac{P_2}{P_1}$ = 5, 지수 n = 1.25, 극간비 $\frac{V_c}{V}$ = 0.05이다.)

① 75 % ② 80.5 %
③ 87 % ④ 92 %

해설 $\eta_v = 1 - \frac{V_c}{V}\left\{\left(\frac{P_2}{P_1}\right)^{\frac{1}{n}} - 1\right\}$

$$= 1 - 0.05\left\{(5)^{\frac{1}{1.25}} - 1\right\} = 0.8688 ≒ 0.87$$

12. 압력이 2 kg/cm², 온도가 20℃인 공기를 압력이 20 kg/cm²로 될 때까지 가역 단열 압축하였을 때 ℃로 계산한 온도는 다음 수치에서 어느 것과 가장 가까운가?

(단, $10^{\frac{0.4}{1.4}}$ = 1.930이다.)

① 273.5℃ ② 225.7℃
③ 292.5℃ ④ 358.2℃

해설 $T_2 = \left(\frac{20}{2}\right)^{\frac{1.4-1}{1.4}} \times (273+20)$

$$= 1.93 \times 293 = 565.49\mathrm{K} = 292.49℃$$

정답 7. ④ 8. ④ 9. ④ 10. ③ 11. ③ 12. ③

2-2 응축기

1 입형 셸 앤드 튜브식 응축기(vertical shell and tube condenser)

(1) 구조

입형의 원통 (지름 660 ~ 910 mm, 유효길이 4800 mm) 상하 경판에 바깥지름 50 mm인 다수의 냉각관을 설치한 것으로, 상단에 수조가 설치되어 있고 배관 내에는 물이 고르게 흐르게 하기 위하여 소용돌이를 일으키는 주철제 물 분배기를 설치한다.

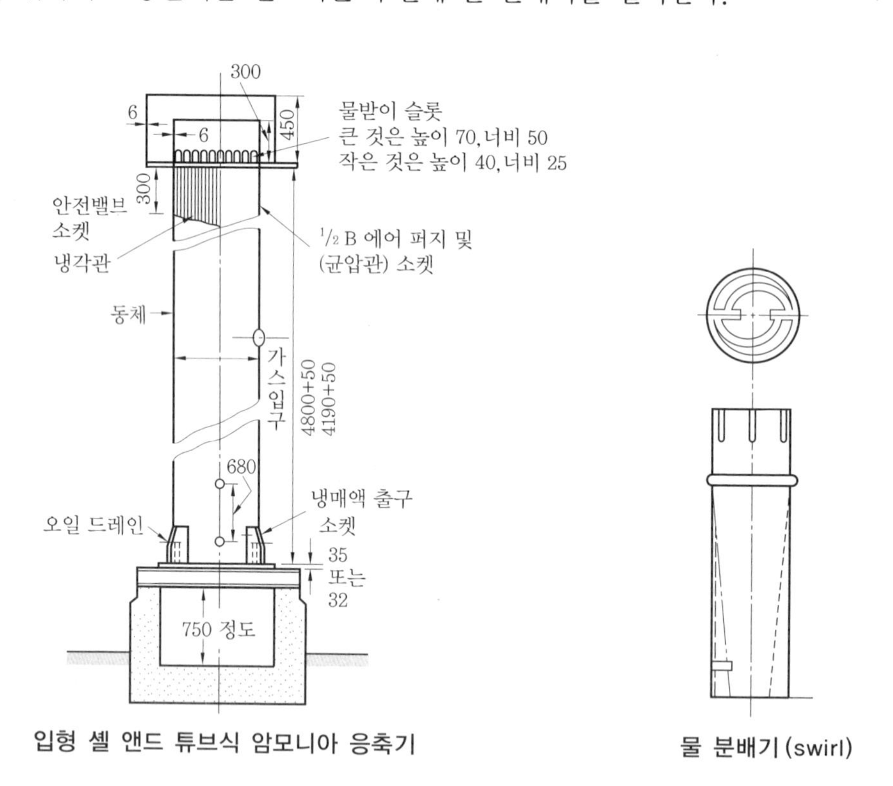

입형 셸 앤드 튜브식 암모니아 응축기

물 분배기 (swirl)

(2) 특징

① 소형 경량으로 설치장소가 좁아도 되며 옥외에 설치가 용이하다.

② 전열이 양호하며 냉각관 청소가 가능하다 (운전 중 청소가 가능하다).

③ 가격이 저렴하고 과부하에 견딘다.

④ 주로 대형의 암모니아 냉동기에 사용된다.

⑤ 냉매가스와 냉각수가 평행류로 되어 냉각수가 많이 필요하고 과냉각이 잘 안 된다.

⑥ 냉각관이 부식되기 쉽다.

⑦ 전열계수 3140 kJ/m^2·h·K, 냉각면적 1.2 m^2/RT, 냉각수량 20 L/min·RT이다.

2 이중관식 응축기(double pipe condenser)

(1) 구조

암모니아, 프레온계, 클로로메틸 등의 비교적 소형 냉동기에 사용되며 탄산가스용으로도 사용할 수 있다. 보통 길이가 3 ~ 6 m의 관을 상하 6 ~ 12단으로 조립하여 사용하고 암모니아용은 $1\frac{1}{4}B$의 내관, $2B$의 외관이 사용되며 (소형은 $\frac{3}{4}B$의 내관과 $1\frac{1}{4}B$의 외관), 프레온과 클로로메틸용은 외관이 $\frac{3}{4} \sim \frac{5}{6}B$, 내관이 $\frac{1}{2} \sim \frac{3}{5}B$로 된 것과 굵은 외관에 작은 지름의 내관을 4 ~ 5개 삽입한 것도 있다.

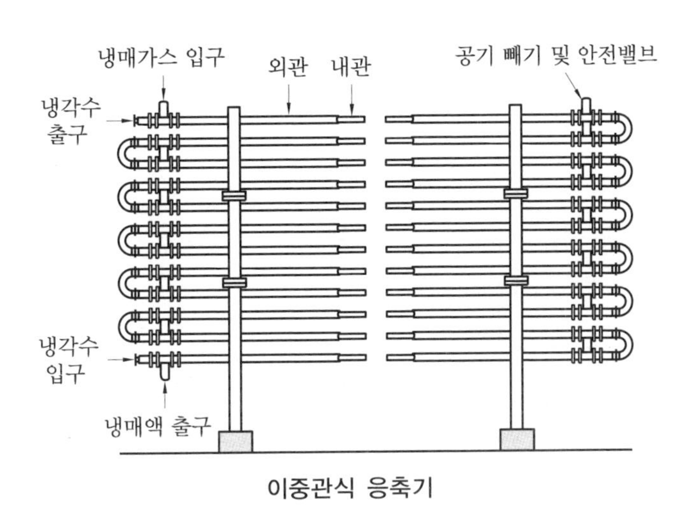

이중관식 응축기

(2) 특징

① 냉매증기와 냉각수가 대향류로 되게 함으로써 냉각효과가 양호하며 고압에도 견딘다.
② 암모니아나 프레온 등의 소형 냉동기에 사용하며 CO_2 냉동기에도 설치가 가능하다.
③ 냉각수량이 적어도 되므로 과냉각 냉매를 얻을 수 있으나 한 대로는 대용량이 불가능하다.
④ 벽면을 이용하는 공간에도 설치할 수 있으므로 설치면적이 작아도 된다.
⑤ 구조가 복잡하여 냉각관의 점검·보수가 어려워 냉각관의 부식을 발견하기 곤란하며 냉각관의 청소가 곤란하다.
⑥ 전열계수는 냉각수 유속이 1.5 m/s일 때 3768 kJ/m^2·h·K, 냉각면적은 유속이 1 ~ 2 m/s일 때 0.8 ~ 0.9 m^2/RT, 냉각수량은 12 L/min·RT이다.

3 횡형 셸 앤드 튜브식 응축기(horizontal shell and tube condenser)

(1) 구조

암모니아 또는 프레온 장치의 소형에서 대용량까지 광범위하게 사용되는 수랭식의 응축기이다. 즉, 소용량으로부터 대용량의 프레온 콘덴싱 유닛(condensing unit), 워터 칠링 유닛(water chilling unit), 패키지형 에어컨디셔너(packaged type air conditioner) 등에 사용된다. 또한, 물을 유턴(U-turn) 시켜 통과시키는 횟수를 pass라 하며 2～6회가 보통이다. 유속은 강관인 경우 0.6～1 m/s, 동관의 경우 1～1.5 m/s, 니켈관은 1.5～2 m/s이고 유속은 통로수(패스 횟수)에 따라 달라지며 1～2 m/s 사이가 되도록 한다.

① 암모니아용 횡형 셸 앤드 튜브식 응축기 : 냉각수 유속은 0.5～1.5 m/s이며 냉각관 부식을 감소시키기 위하여 1 m/s 전후로 설계한다.

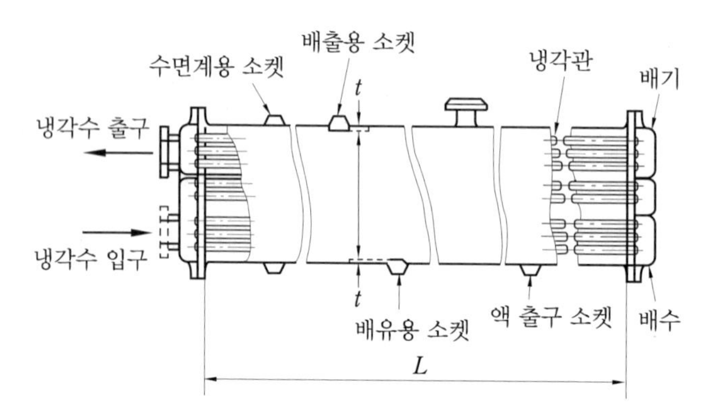

암모니아 횡형 셸 앤드 튜브식 응축기

② 프레온용 횡형 셸 앤드 튜브식 응축기 : 냉각관은 나관의 경우에는 바깥지름 16～25 mm, 두께 1～1.6 mm 정도의 동관이 사용되고, 바닷물이나 부식하기 쉬운 냉각수를 사용하는 경우에는 알루미늄 청동이나 큐프로니켈관 등이 사용된다. 냉매측의 전열저항이 크기 때문에 핀 튜브(fin tube)를 사용하며 냉각수의 유속은 2 m/s가 보통이고 2.5 m/s를 넘지 않는다.

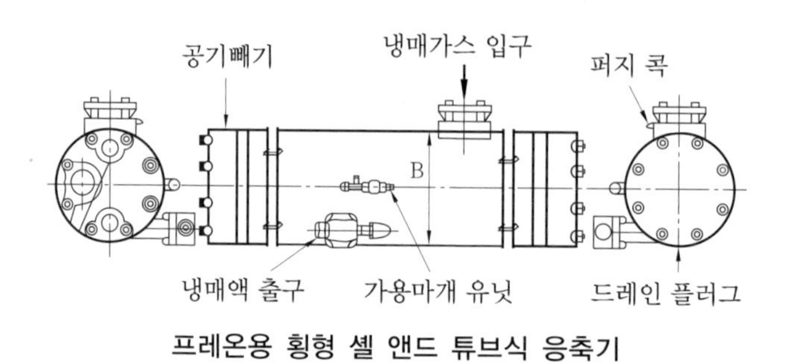

프레온용 횡형 셸 앤드 튜브식 응축기

(2) 특징

① 전열이 양호하여 냉각수량이 입형에 비하여 적어도 된다.

② 설치면적이 좁아도 된다.

③ 암모니아, 프레온 등 대·중·소형 냉동기에 광범위하게 사용된다.

④ 냉각관이 부식되기 쉽고, 냉각관의 청소가 곤란하며, 입형에 비하여 과부하에 견디기 곤란하다.

⑤ 전열계수는 유속 1 m/s일 때 3768 kJ/m^2·h·K이며, 냉각면적은 0.8 ~ 0.9 m^2/RT, 냉각수량은 12 L/min·RT이다.

4 7통로 응축기(seven pass condenser)

(1) 구조

7통로 응축기는 횡형 셸 앤드 튜브식 응축기의 일종으로, 안지름 200 mm (8 inch), 길이가 4800 mm인 원통 속에 바깥지름이 51 mm (2 inch)인 냉각관 7개를 설치하는 구조로 되어 있다. 냉각수는 아래에 있는 냉각관으로 유입되어 순차적으로 7개의 냉각관을 흐르며 냉매는 위로 유입되어 냉각관 외부를 통과하면서 응축된다. 1기 (基)당 10 RT로 설계되며 대용량이 필요할 때에는 여러 조로 병렬 연결하여 사용할 수 있다.

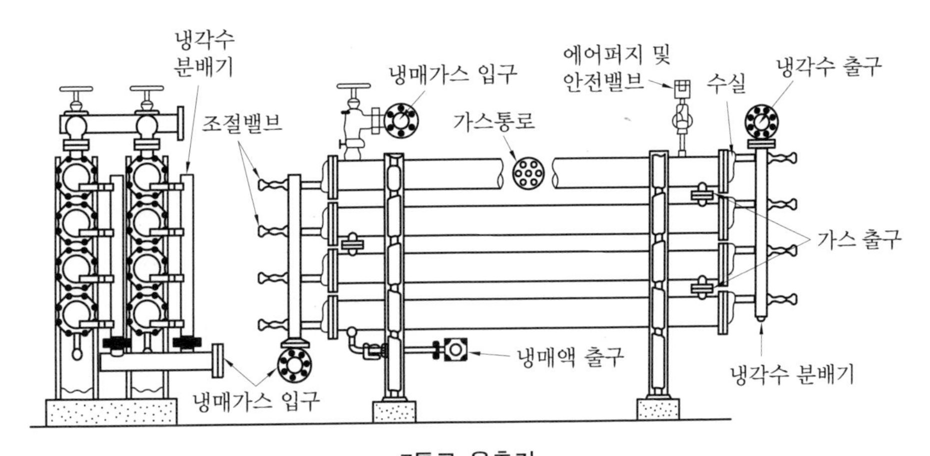

7통로 응축기

(2) 특징

① 전열이 양호하여 냉각수량이 입형에 비하여 적어도 된다.

② 공간이나 벽을 이용하여 상하로 설치할 수 있어 설치면적이 좁아도 된다.

③ 암모니아 냉동기에 사용하며 1조로는 대용량에 사용할 수 없다.
④ 구조가 복잡하고 냉각관의 청소가 곤란하다.
⑤ 유속 1.3 m/s일 때 전열계수는 4187 kJ/m^2·h·K이고, 냉각면적은 유속 1.5 m/s일 때 0.5 m^2/RT이며 냉각수량은 12 L/min·RT이다.

5 대기식 응축기(atmospheric condenser)

(1) 구조

지름 50 mm, 길이 2000 ~ 6000 mm의 수평관을 상하로 6 ~ 16단 겹쳐 리턴 밴드(return bend)로 직렬 연결하여 그 속에 냉매 증기를 흐르게 하고 냉각수를 최상단에 설치한 냉각수 통으로부터 관 전 길이에 걸쳐 균일하게 흐르도록 한 구형 암모니아용 응축기이다.

현재는 냉매관 중간에 응축된 냉매액을 추출할 수 있는 블리더(bleeder)를 설치한 블리더형 대기식 응축기는 하단으로 냉매증기가 유입되어 냉각수와 반대방향으로 흐르며 냉매가 상승하면서 응축되고, 관 중간에 설치한 여러 개의 냉매 액출구관(bleeder)으로는 액냉매를 유출시키며 냉매관 4단 정도에 1개씩 액출구관을 설치한다.

(2) 특징

① 냉각효과가 커 냉각수량이 적어도 되며 물의 증발에 의해서도 냉각된다.
② 부식에 대한 내력이 커 수질이 나쁜 곳이나 해수(海水)를 사용할 수 있다.
③ 냉각관의 청소가 쉽고, 암모니아 냉동기에 사용한다.
④ 설치장소가 너무 크고, 구조가 복잡하며 가격이 비싸다.
⑤ 전열계수 2512 kJ/m^2·h·K, 냉각면적 1.4 m^2/RT, 냉각수량 15 L/min·RT이다.

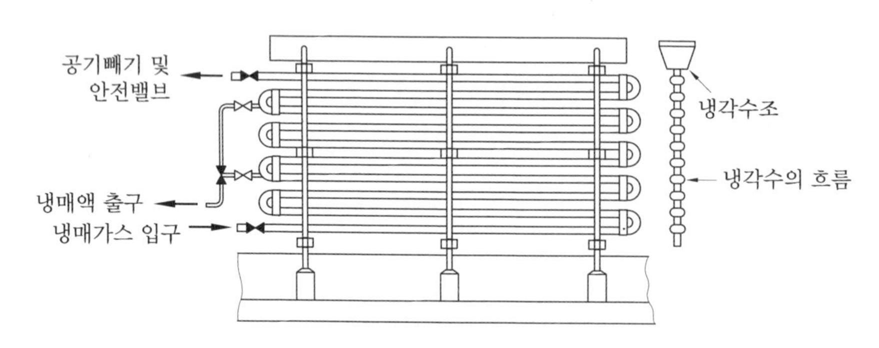

암모니아용 대기식 응축기(블리더형)

6 지수식 응축기(submerged condenser)

(1) 구조

셸 앤드 코일 응축기 (shell and coil condenser)라고도 하며 나선(螺線) 모양의 관에 냉매 증기를 통과시키고 이 나선관을 원형 또는 구형의 수조에 담그고 물을 수조에 순환시켜 냉매를 응축시키는 응축기이다(암모니아, CO_2, SO_2 등의 소형 냉동기에 사용된다).

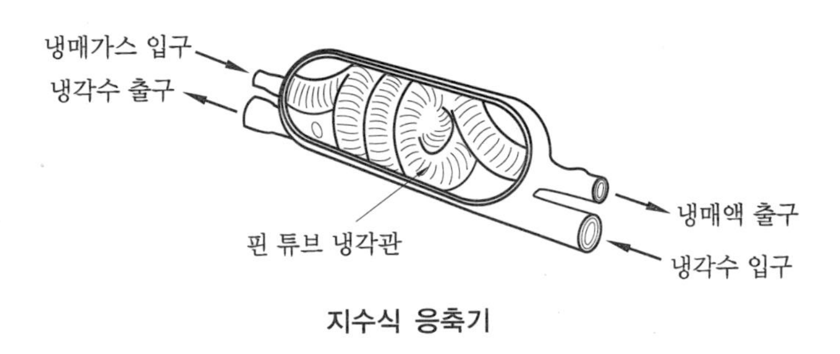

지수식 응축기

(2) 특징

① 구조가 간단하여 제작이 용이하다.

② 고압에 잘 견디고 제작비가 싸다.

③ 점검보수가 곤란하다.

④ 다량의 냉각수가 필요하다.

⑤ 전열효과가 나빠서 현재 거의 사용되지 않는다.

⑥ 전열계수 837 $kJ/m^2 \cdot h \cdot K$, 냉각면적 4 m^2/RT, 냉각수량이 다량 필요하다.

7 증발식 응축기(evaporative condenser)

(1) 구조

수랭식 응축기와 공랭식 응축기의 작용을 혼합한 것이다. 냉매가 흐르는 관에 노즐을 이용해 물을 분무시키고 상부에 있는 송풍기로 공기를 보내면 관 표면에서 물의 증발열에 의해서 냉매가 액화되고, 분무된 물은 아래에 있는 수조에 모여 순환펌프에 의해 다시 분무용 노즐로 보내지므로 물 소비량이 적고 다른 수랭식에 비하여 3 ~ 4 % 냉각수를 순환시키면 된다. 주로 소·중형 냉동장치(10 ~ 150 RT)가 사용되며 겨울철에는 공랭식으로 사용할 수 있으며, 실내·외 어디든지 설치가 가능하다.

(2) 특징

① 전열작용은 공랭식보다 양호하지만 타 수랭식보다 좋지 않다.

② 냉각수를 재사용하여 물의 증발잠열을 이용하므로 소비량이 적다.

③ 응축기 내부의 압력강하가 크고 소비동력이 크다.

④ 사용되는 응축기 중에서 응축압력(응축온도)이 제일 높다.

⑤ 냉각탑(cooling tower)을 사용하는 경우에 비하여 설치비가 싸게 드나 고압측의 냉매 배관이 길어진다.

⑥ 전열계수가 나관의 경우 $1256\,kJ/m^2 \cdot h \cdot K$이고 냉각공기량이 $7.5 \sim 8\,m^3/min \cdot RT$일 때 전열면적이 $2.2\,m^2/RT$이며 풍속은 $3\,m/s$ 정도이다.

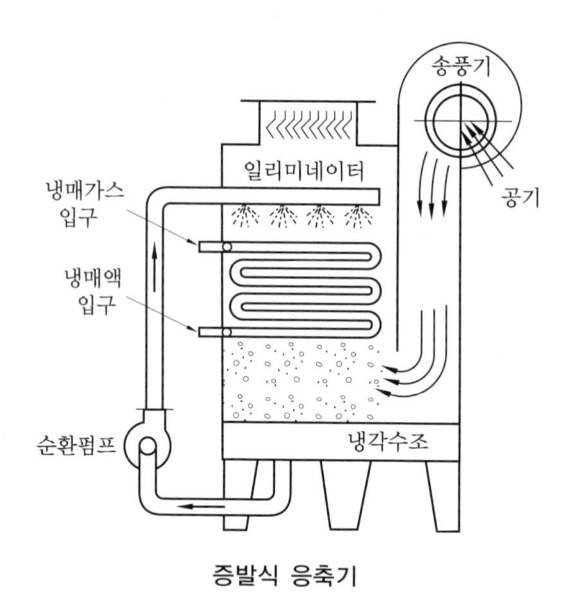

증발식 응축기

8 공랭식 응축기(air cooling type condenser)

(1) 구조

공기는 물에 비해 전열이 대단히 불량하여 소형(1/8 마력)은 대개 자연대류에 의해 통풍을 한다. 냉각관을 핀 튜브관으로 하여 자연대류를 시키면 관을 수평으로 하였을 경우 전열계수는 약 $21\,kJ/m^2 \cdot h \cdot K$ 정도이며, 관을 수직으로 하면 약 $12.6\,kJ/m^2 \cdot h \cdot K$로 감소한다. 대개 1/8 마력 이상은 강제 대류식이고, 이때의 전열계수는 $84 \sim 105\,kJ/m^2 \cdot h \cdot K$이며 응축온도는 입구에서의 공기온도보다 15 ~ 20℃가 높다.

구조는 지름 5 mm인 동관 안으로 냉매가스를 통과시키고 그 외면을 공기로 냉각시켜 냉매를 응축시키는 형식으로 자연 대류식과 강제 대류식이 있으며, 강제 대류식은 풍속이

2 ~ 3 m/s인 공기를 송풍기로 보내 냉각한다. 냉각수를 얻기 어려운 장소나 룸 에어컨, 차량용 냉방기 등 가정용 냉장고나 소형 냉동기에 사용되지만, 공기의 냉각효과가 물보다 작기 때문에 많은 냉각면적이 필요하다.

(2) 특징

① 보통 2 ~ 3 HP 이하의 소형 냉동장치의 아황산, 염화메틸, 프레온 등에 사용된다.

② 냉수 배관이 곤란하고 냉각수가 없는 곳에 사용한다.

③ 배관 및 배수설비가 불필요하다.

④ 공기의 전열작용이 불량하므로 응축온도와 압력이 높아 형상이 커진다.

⑤ 전열계수는 84 kJ/m^2·h·K이고 냉각면적은 5 m^2/RT이며 풍량은 3.5 ~ 4.5 m^3/min·RT, 풍속은 3 m/s이다.

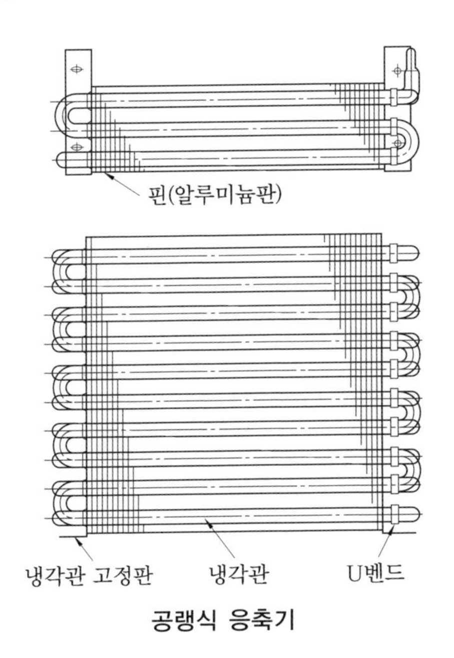

공랭식 응축기

9 냉각탑(cooling tower)

물을 공기와 접촉시켜서 냉각하는 장치로 1 kg의 물이 증발하면 자체 순환수 열량을 약 2513 kJ 정도 흡수한다. 즉, 물 순환량의 2 %를 증발시키면 자체 온도를 1℃ 내릴 수 있다.

① 쿨링 레인지(cooling range) : 냉각수 입구온도 − 출구온도

② 쿨링 어프로치(cooling approach) : 냉각수 출구온도 − 대기 습구온도

③ 냉각톤 : 냉각탑의 입구수온 37℃, 출구수온 32℃, 대기 습구온도 27℃, 순환수량 13 L/min일 때 4.6 kW의 방열량을 말한다.

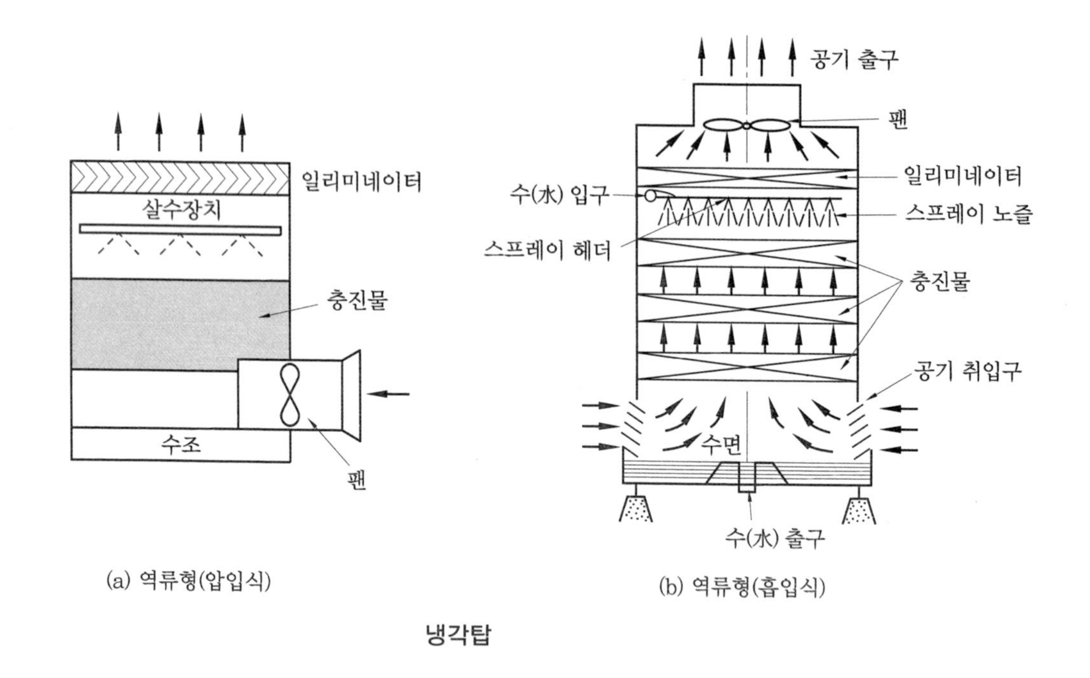

(a) 역류형(압입식)

(b) 역류형(흡입식)

냉각탑

10 불응축가스

응축기 상부에 고여 응축되지 않은 가스로서 주성분이 공기 또는 유증기이다.

(1) 불응축가스의 발생원인

① 외부에서 침입하는 경우

㈎ 오일 및 냉매 충전 시 부주의에 의한 침입

㈏ 냉동기를 진공 운전할 때

② 내부에서 발생하는 경우

㈎ 진공 시험 시 완전진공을 하지 않았을 경우 장치 내에 남아 있던 공기

㈏ 오일이 탄화할 때 생긴 가스

㈐ 냉매 및 오일의 순도가 불량할 때

(2) 불응축가스 퍼지(purge)

① 응축기 상부로 제거하는 법 : 냉동기 운전을 정지하고 응축기에 냉각수를 30분간 계속(냉각수 입·출구 온도가 같을 때까지) 통수하여 냉매를 완전히 액화시킨 다음에 응축기 입·출구밸브를 닫고 상부의 공기 배기밸브를 열어 불응축가스를 배기하고 정상 운전한다.

② york gas purge

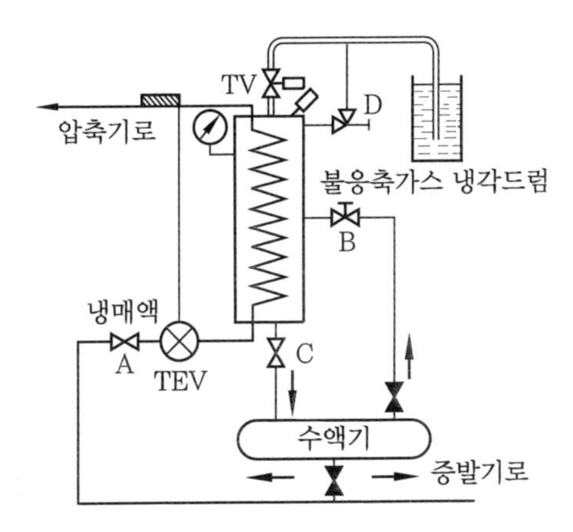

(3) 불응축가스가 냉동기에 미치는 영향

① 체적효율 감소
② 토출가스 온도 상승
③ 응축압력 상승
④ 냉동능력 감소
⑤ 소요동력 증대(단위능력당)

11 응축기 방출열량 계산

(1) 응축부하(kJ/h)

냉매가스로부터 단위시간당 제거하는 열량

$$Q = G(i_b - i_e) = G_w C_w (t_{w_2} - t_{w_1})$$

$$= Q_e + N = K \cdot F \cdot \Delta t_m = Q_e \cdot C \text{ [kJ/h]}$$

여기서, G: 냉매순환량(kg/h), t_{w_1}, t_{w_2} : 냉각수 입·출구온도(℃)
i_b : 응축기 입구 냉매 엔탈피(kJ/kg), Q_e : 냉동능력(kJ/h)
i_e : 응축기 출구 냉매 엔탈피(kJ/kg), N: 압축일의 열당량(kJ/h)
G_w : 냉각수 순환량(kg/h), K: 열통과율(kJ/m²·h·K)
C_w : 비열(=4.187 kJ/kg·K), Δt_m : 냉매와 냉각수의 평균온도차(℃)
F: 면적(m²), C: 방열계수(냉장과 냉방 : 1.2, 냉동 : 1.3)

(2) 열통과율 (kJ/m²·h·K)

① 열관류율

$$\frac{1}{K} = \frac{1}{\alpha_r} + \Sigma\frac{l}{\lambda} + \frac{1}{\alpha_w}$$

여기서, α_r : 냉매측 열전달률 (kJ/m²·h·K)
α_w : 냉각수측 열전달률 (kJ/m²·h·K)
λ : 재질 또는 물질의 열전도율 (kJ/m·h·K)
l : 재질 또는 물질의 두께 (m)

② 냉매측 열관류율 (재질 안팎의 전열면적이 다를 때)

$$\frac{1}{K \cdot A_r} = \frac{1}{\alpha_r \cdot A_r} + \frac{l_o}{\lambda_o \cdot A_r} + \frac{l_w}{\lambda_w \cdot A_w} + \frac{1}{\alpha_w \cdot A_w}$$

$$\frac{1}{K} = \frac{1}{\alpha_r} + \frac{l_o}{\lambda_o} + \frac{A_r}{A_w}\left(\frac{l_w}{\lambda_w} + \frac{1}{\alpha_w}\right)$$

내외면적비 $a = \dfrac{A_r}{A_w}$

③ 냉각수측 열관류율 (재질 안팎의 전열면적이 다를 때)

$$\frac{1}{K \cdot A_w} = \frac{1}{\alpha_r \cdot A_r} + \frac{l_o}{\lambda_o \cdot A_r} + \frac{l_w}{\lambda_w \cdot A_w} + \frac{1}{\alpha_w \cdot A_w}$$

$$\frac{1}{K} = \frac{A_w}{A_r}\left(\frac{1}{\alpha_r} + \frac{l_o}{\lambda_o}\right) + \frac{l_w}{\lambda_w} + \frac{1}{\alpha_w}$$

외내면적비 $m = \dfrac{A_w}{A_r}$

(3) 온도차 (℃)

① 냉각수 온도차 : $\Delta t = t_{w_2} - t_{w_1}$

② 산술 평균온도차 : $\Delta t_m = t_c - \dfrac{t_{w_1} + t_{w_2}}{2}$

③ 대수 평균온도차 : $MTD = \dfrac{\Delta_1 - \Delta_2}{2.3\log\dfrac{\Delta_1}{\Delta_2}} \fallingdotseq \dfrac{\Delta_1 - \Delta_2}{\ln\dfrac{\Delta_1}{\Delta_2}}$

$$\Delta_1 = t_c - t_{w_1}, \quad \Delta_2 = t_c - t_{w_2}$$

여기서, t_c : 응축온도 (℃), t_{w_1} : 냉각수 입구온도 (℃), t_{w_2} : 냉각수 출구온도 (℃)

>>> 제2장

예상문제

1. 다음 응축기 중 외기 습도의 영향을 받는 응축기는?

① 입형 셸 앤드 튜브식
② 이중관식
③ 증발식
④ 7통로식

해설 증발식 응축기는 물의 증발잠열을 이용하기 때문에 외기 습도의 영향을 받는다.

2. 다음 조건의 입형 셸 앤드 튜브식(vertical shell and type) 응축기에서 1시간당 제거되는 열량은 얼마인가?

조건
- 열통과율 : $3140\ \text{kJ/m}^2 \cdot \text{h} \cdot \text{K}$
- 냉각면적 : $1.2\ \text{m}^2$
- 암모니아액과 냉각수의 온도차 : 5℃

① 15700 kJ/h ② 18840 kJ/h
③ 10400 kJ/h ④ 19000 kJ/h

해설 $Q_c = K \cdot F \cdot \Delta t_m = 3140 \times 1.2 \times 5$
$= 18840\ \text{kJ/h}$

3. 다음 중 쿨링 타워 능력(kJ/h)을 계산하는 식으로서 옳은 것은?

① 순환수량(L/min)×60×쿨링 레인지
② 순환수량(L/h)×4.2×쿨링 레인지
③ 순환수량(L/min)×360×5℃
④ 순환수량(L/min)×60×5℃

해설 쿨링 레인지(cooling range) : 냉각탑 냉각수 입·출구 온도차로서 평균 5℃ 정도가 적합하다.

4. 냉각탑에 관한 설명 중 틀린 것은?

① 냉각탑에서 냉각된 물의 온도는 대기의 습구온도보다 높다.
② 송풍량을 많게 하면 수온은 낮아지지 않는다.
③ 송풍량을 많게 하면 수온은 내려간다.
④ 설치 장소는 습기가 적고 통풍이 좋은 곳이 좋다.

해설 냉각탑은 순환수량의 2%가 증발하는 데 자체 온도가 1℃ 낮아지는 것을 이용한 것으로 대기 습구온도의 영향을 받으며, 통과 송풍량이 많으면 냉각이 잘 된다.

5. 고압 수액기에 부착되지 않는 것은?

① 액면계 ② 안전밸브
③ 전자밸브 ④ 오일드레인 밸브

해설 수액기에 부착되는 것은 ①, ②, ④ 외에 압력계, 온도계 등과 각종 출·입구 배관이 연결된다.

6. 냉동장치에 이용되는 응축기에 관한 다음 설명 중 옳은 것은?

① 수랭식 응축기에서 냉각관을 관판에 부착하는 방법으로 확관법과 용접이 있다.
② 프레온 수랭식 응축기에서는 냉각수측의 전열저항이 냉매측보다 크므로 로 핀 튜브를 사용한다.
③ 증발식 응축기는 주로 물의 증발로 인해 냉각하므로 현열 이용 방식으로 볼 수 있다.
④ 횡형 수랭식 응축기에서 냉각수 입구온도가 일정하고 수량이 감소되면 출구온도는 낮아진다.

해설 ② : 프레온 장치에서 냉각수측이 냉매측보다 전열저항이 작다.
③ : 증발식 응축기는 물의 잠열을 이용한다.
④ : 냉각수량이 감소하면 출구온도는 높아진다.

정답 1. ③ 2. ② 3. ② 4. ② 5. ③ 6. ①

7. 냉동장치에 있어서 응축기 속에 공기가 들어 있음은 무엇을 보고 알 수 있는가?

① 응축온도가 떨어진다.
② 저압측 압력이 보통보다 높다.
③ 응축기에서 소리가 난다.
④ 고압측 압력이 보통보다 높다.

해설 응축기 속에 불응축가스(공기)가 체류하면 전열면적의 감소로 응축압력과 온도가 상승한다.

8. 응축압력이 현저하게 상승되는 원인 중 관계가 깊은 것은?

① 유분리기 기능 불량
② 부하 감소
③ 구동 전동기 벨트 이완
④ 냉각수량 과대

해설 유분리기 기능이 불량하면 오일의 분리가 안 되고 응축기에 유입되어 유막을 형성하므로 전열작용이 방해된다.

9. 다음 중 냉각탑의 능력 산정 쿨링 레인지의 설명으로 옳은 것은?

① 냉각수 입구수온 × 냉각수 출구수온
② 냉각수 입구수온 − 냉각수 출구수온
③ 냉각수 출구온도 × 입구공기 습구온도
④ 냉각수 출구온도 − 입구공기 습구온도

해설 쿨링 레인지는 약 5℃ 정도가 적당하고 쿨링 레인지가 너무 크면 냉각수 순환량은 적어지나 응축온도가 높아져 압축 소요동력이 증가한다.

10. 수랭식 콘덴싱 유닛의 사이클을 짧게 하는 원인으로 틀린 것은?

① 모터의 제어가 나쁘다.
② 냉각수가 부족하다.
③ 장치 내에 공기가 있다.
④ 냉매가 부족하다.

해설 condensing unit은 압축기, 응축기, 수액기가 한 세트로 되어 있는 것이다.

11. 다음의 냉각탑에서 냉각범위(cooling range)와 도달도(cooling approach)를 구하면? (단, 대기 습구온도는 18℃이다.)

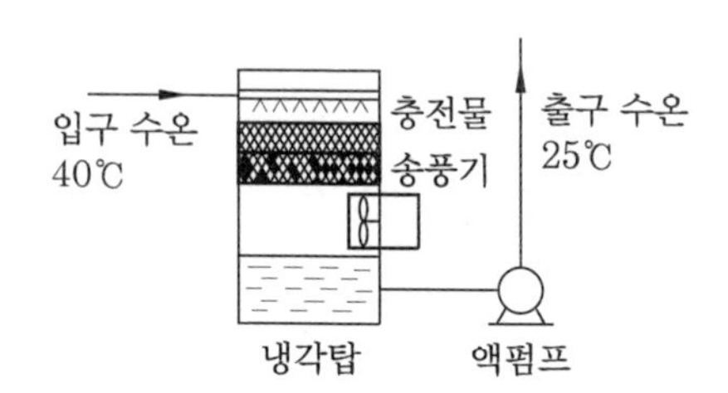

① 5℃, 15℃ ② 7℃, 22℃
③ 15℃, 7℃ ④ 15℃, 22℃

해설 • cooling range=40−25=15℃
• cooling approach=25−18=7℃

12. 어떤 냉동장치의 냉동능력이 3 RT이고, 이때의 압축기 소요동력이 3.7 kW이었다면 응축기에서 제거하여야 할 열량은 약 몇 kW인가? (단, 1 RT는 3.9 kW이다.)

① 20.9 kW ② 11.4 kW
③ 2.9 kW ④ 15.4 kW

해설 $Q_c = Q_e + N = 3 \times 3.9 + 3.7 = 15.4$ kW

13. 다음과 같은 횡형 응축기를 설계하고자 한다. 1 RT당 응축기 면적은 얼마인가? (단, 방열계수 1.3, 응축온도 35℃, 냉각수 입구온도 28℃, 냉각수 출구온도 32℃, 응축온도와 냉각수 평균온도의 차 5℃, K는 3768 kJ/m²·h·K이고, 1 RT는 3.9 kW이다.)

① 약 0.45 m² ② 약 0.62 m²
③ 약 0.97 m² ④ 약 1.25 m²

정답 7. ④ 8. ① 9. ② 10. ② 11. ③ 12. ④ 13. ③

해설 $Q_c = Q_e \times 1.3 = K \cdot F \cdot \Delta t_m$

$$F = \frac{1 \times 3.9 \times 3600}{3768 \times \left(35 - \frac{28+32}{2}\right)} = 0.969\,\text{m}^2$$

14. 다음과 같은 대향류(對向流) 열교환기에서 열교환량을 구하면?(단, 열통과율 3768 kJ/m²·h·K, 전열면적 5 m², t_1 : 27℃, t_2 : 13℃, t_{w_1} : 5℃, t_{w_2} : 10℃이다.)

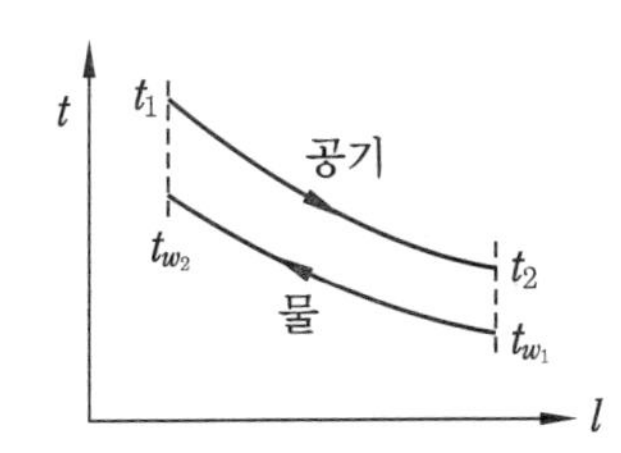

① 112833 kJ/h
② 224950 kJ/h
③ 189000 kJ/h
④ 379029 kJ/h

해설 대수 평균온도차 $MTD = \dfrac{\Delta_1 - \Delta_2}{\ln\dfrac{\Delta_1}{\Delta_2}}$

$(\Delta_1 = 27 - 10 = 17℃,\ \Delta_2 = 13 - 5 = 8℃)$

$$MTD = \frac{17-8}{\ln\frac{17}{8}} = 11.939 ≒ 11.94℃$$

$$\therefore\ Q = K \cdot F \cdot MTD = 3768 \times 5 \times 11.94 = 224949.6\ \text{kJ/h}$$

15. 프레온용 냉방장치에서 횡형 셸 앤드 튜브식 응축기를 사용했을 때 1 RT당 매분 10 L의 냉각수가 사용된다. 응축기 입구온도를 32℃로 했을 때 출구온도는 약 몇 K가 되는가?(단, 응축부하는 냉방부하의 1.2배이고, 물의 비열은 4.2 kJ/kg, 1 RT는 3.9 kW이다.)

① 30 K ② 34 K
③ 39 K ④ 42 K

해설 $t_{w_2} = t_{w_1} + \dfrac{Q_e \cdot 1.2}{G \cdot C}$

$$= 32 + \frac{1 \times 3.9 \times 3600 \times 1.2}{10 \times 60 \times 4.2} = 38.69\ \text{K}$$

정답 **14.** ② **15.** ③

2-3 팽창밸브

1 역할

① 냉동부하의 변동에 의하여 증발기에 공급하는 냉매량을 제어한다.
② 고압측과 저압측 간에 소정의 압력차를 유지시켜 준다.
③ 밸브의 교축작용에 의하여 온도 압력이 낮아지며, 이때 플래시 가스가 발생한다.
④ 증발기의 형식, 크기, 냉매의 종류, 사용조건에 따라 선택이 틀려진다.

참고 ① 냉매 공급이 부족하면 과열 운전이 된다.
② 냉매 공급이 지나치면 습압축이 된다.

2 종류

(1) 수동 팽창밸브 (manual expansion valve)

① 구형 밸브라고 하며 암모니아 냉동장치에 사용한다.
② 일반 스톱밸브와 구조가 비슷하다.
③ 대형장치, 제빙장치에 사용한다.
④ 자동 팽창밸브의 bypass valve로 사용한다.

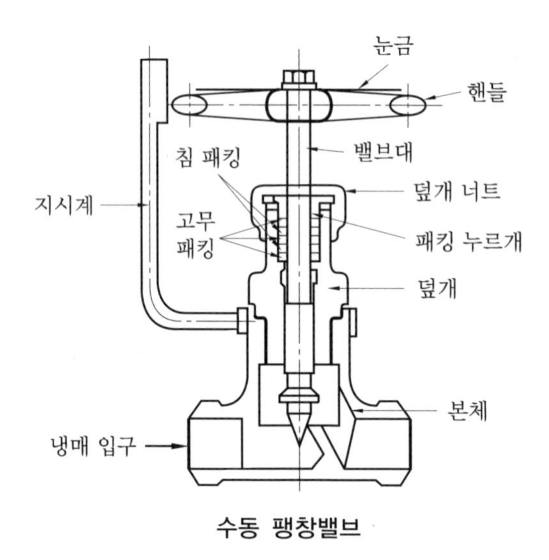

수동 팽창밸브

(2) 모세관 (capillary tube)

① 전기냉장고, 윈도 쿨러, 소형 패키지에 많이 사용한다.

② 냉매 유량 조절을 위한 것이 아니고 응축기와 증발기간의 압력비를 일정하게 유지해 준다.

③ 모세관이 길어지면 압력강하가 커진다.

④ 모세관 속의 압력강하는 안지름에 반비례한다.

⑤ 안지름이 작은 모세관 입구에는 필터가 필요하다.

⑥ 고압측에 액이 고이는 부분 (수액기 등)을 설치하지 않는 것이 좋다.

⑦ 압축기 정지 시에 저압부 냉매량이 최대가 되고 정상적인 운전이 되면 최소가 되므로 냉매충전량을 가능한 한 약간 부족하게 충전한다.

(3) 정압식 자동 팽창밸브 (constant pressure expansion valve)

① 증발기 내의 냉매 증발압력을 항상 일정하게 해 준다.

② 냉동부하 변동이 심하지 않은 곳, 냉수 브라인의 동결 방지에 쓰인다.

③ 증발기 내 압력이 높아지면 벨로스가 밀어 올려져 밸브가 닫히고, 압력이 낮아지면 벨로스가 줄어들어 밸브가 열려져 냉매가 많이 들어온다.

④ 부하 변동에 민감하지 못하다는 결점이 있다.

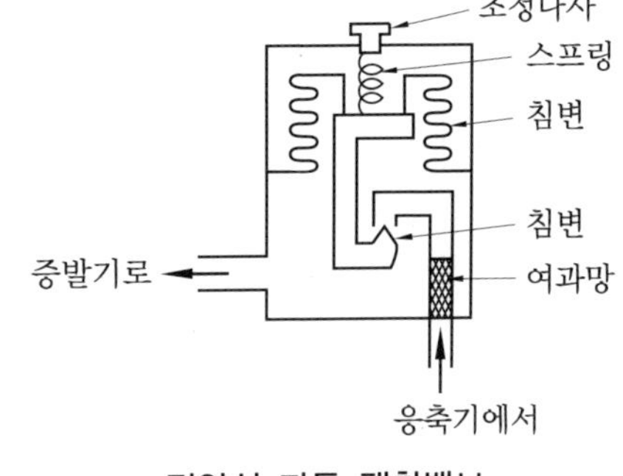

정압식 자동 팽창밸브

(4) 온도식 (감온 · 조온) 팽창밸브 (temperature expansion valve)

증발기 출구 냉매의 과열도를 일정하게 유지하게끔 냉매 유량을 조절하는 밸브이다.

① 구조 및 작용

(가) 벨로스와 다이어프램의 두 형이 있다.

(나) 두 형의 작동 원리는 같다.

(다) 감온통에는 냉동장치의 냉매와 같은 것을 충전한다.

(라) 증발기 출구 냉매의 과열도가 증가하면 감온통 속의 냉매의 부피가 늘어나 다이어프램 상부 압력이 커지므로 밸브가 열려지게 된다.

(마) 증발기 출구 냉매의 온도가 정상보다 저하하면 반대현상이 생긴다.

(바) 증발기관에 압력강하가 작을 때는 내부균압형을, 압력강하가 클 때는 외부균압형을 사용한다 (압력강하가 0.14 kg/cm^2 이상일 때).

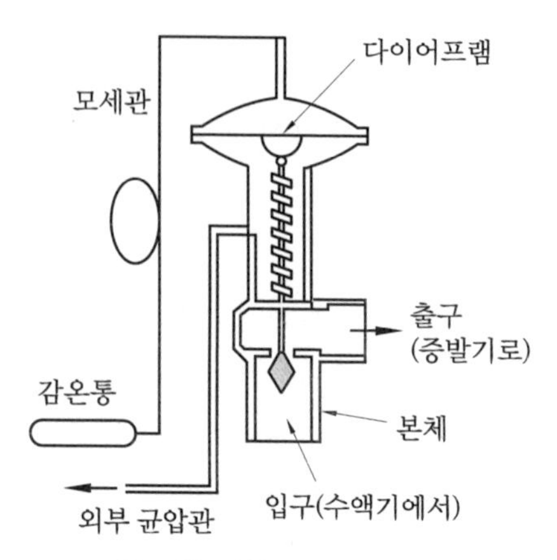

온도식 팽찰밸브

② 감온통 내의 충전 방법

(가) 가스 충전 (gas charging)

㉮ 냉동장치에 냉매와 같은 가스를 충전한다.

㉯ 가스 충전이란 감온통 속에 액을 넣되, 일정 이상 증발하면 감온통 내의 가스가 꽉 차인 상태를 의미한다.

㉰ 이와 같은 것은 과열도가 커져도 감온통 속의 가스는 과열만 될 뿐 압력은 별로 상승되지 않으므로 밸브가 닫혀져 있다.

㉱ 이 원인으로 액압축은 방지된다.

㉲ 감온통은 밸브의 온도보다 낮은 부분에 정착한다.

(나) 액 충전 (liquid charging)

㉮ 동력부 내에서는 어떠한 경우라도 액체 상태의 냉매가 남아 있도록 많이 충전한다.

㉯ 과열도에 민감하므로 압축기 가동 시에 부하가 장시간 걸린다.

(다) 액 크로스 충전 (liquid cross charging)

㉮ 저온용 냉동장치에 잘 사용한다.

㉯ 냉동장치의 냉매와 다른 가스를 충전한다.

㉰ 액압축과 과부하가 방지된다.

③ 감온통 설치 방법

(가) 증발기 출구에 가까운 압축기 흡입관 수평부에 밀착한다.

(나) 녹이 슨 부분에는 벗겨내고 정착한다.

(다) 흡입관의 바깥지름이 $20\,A\left(\frac{7}{8}\right)$ 이하이면 관 상부, 흡입관의 바깥지름이 $20\,A\left(\frac{7}{8}\right)$를 초과하면 수평보다 45° 아래에 정착한다.

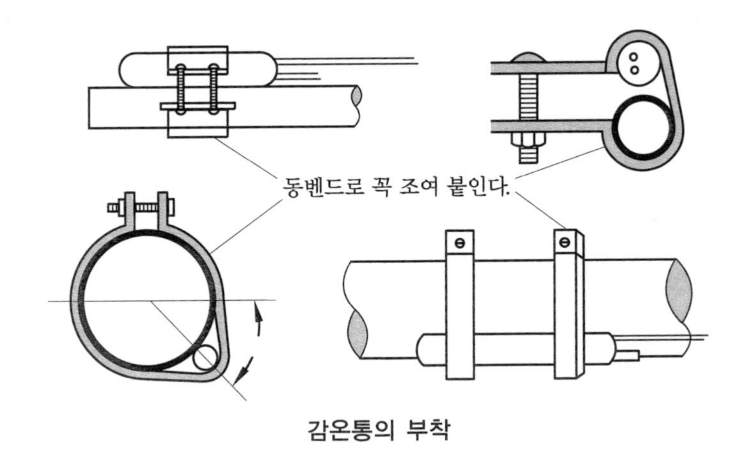

감온통의 부착

㈑ 감온통이 정착된 주위에 공기에 의한 영향이 있을 때는 방열제로 피복한다.

㈒ 감온통을 흡입관 내에 정착해도 된다.

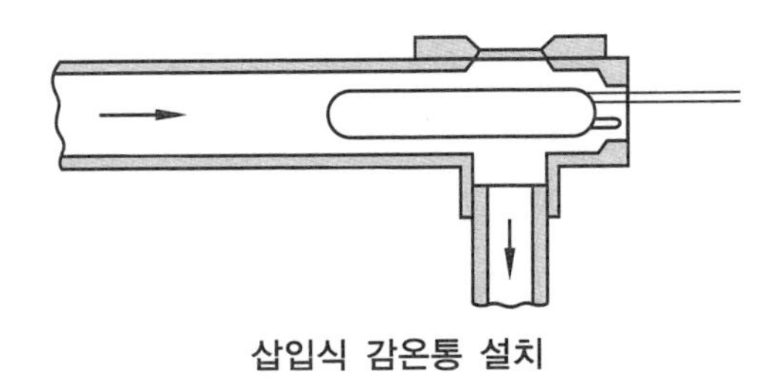

삽입식 감온통 설치

㈓ 감온통은 흡입 트랩에 부착을 피한다.

㈔ 흡입관이 입상한 경우에는 감온통 부착위치를 지나서 액 트랩을 만들어준다.

㈕ 2대 이상의 증발기에서 각각의 TEV를 사용한 경우 다음 그림과 같이 다른 TEV에 영향이 미치지 않도록 한다.

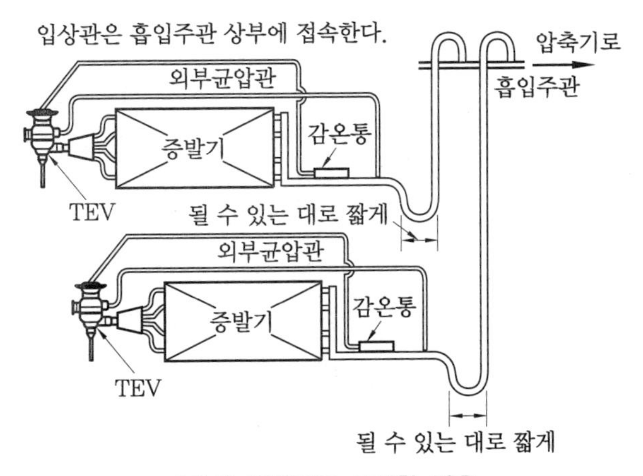

2대의 증발기로 설치한 경우

④ 외부균압의 배관

㈎ 감온통을 지나 압축기 쪽에 배관한다.

㈏ 관은 흡입관 상부에 연락한다.

㈐ 냉매 분류기가 정착되어 있을 때는 R-12를 기준하여 다음 압력강하의 위치를 넘지 않는 경우에 분류기 여러 관 중 어느 하나에 연락한다.

㉮ 공기조화용 0.2 kg/cm² (2.8 PSI)

㉯ 저온동결용 0.04 kg/cm² (0.6 PSI)

㉰ 냉장고 0.1 kg/cm²

㈑ 압력강하가 ㈐의 2배를 초과하지 않으면 증발관 중앙에 설치한다.

㈒ 흡입관에 컨트롤 장치가 있을 때는 컨트롤 밸브에서 증발기 쪽에 설치한다.

㈓ 균압관은 공통관에 접촉하면 안 된다.

㈔ 외부균압형이 필요 없다고 캡이나 플러그로 막지 말고 내부균압형으로 바꿔줘야 한다.

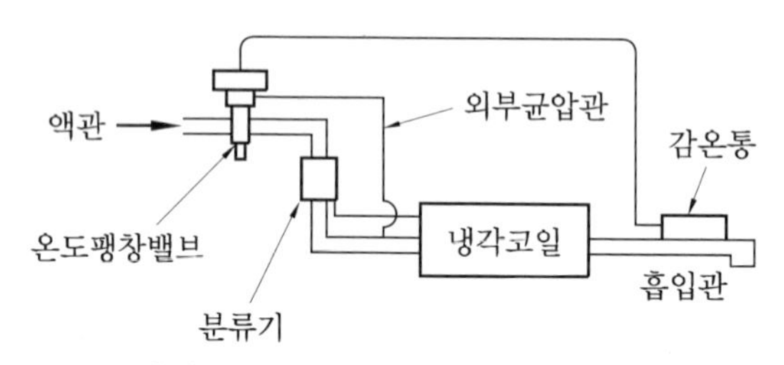

압력강하를 고려한 외부균압관 설치

⑤ 액 분류기 (distributor)

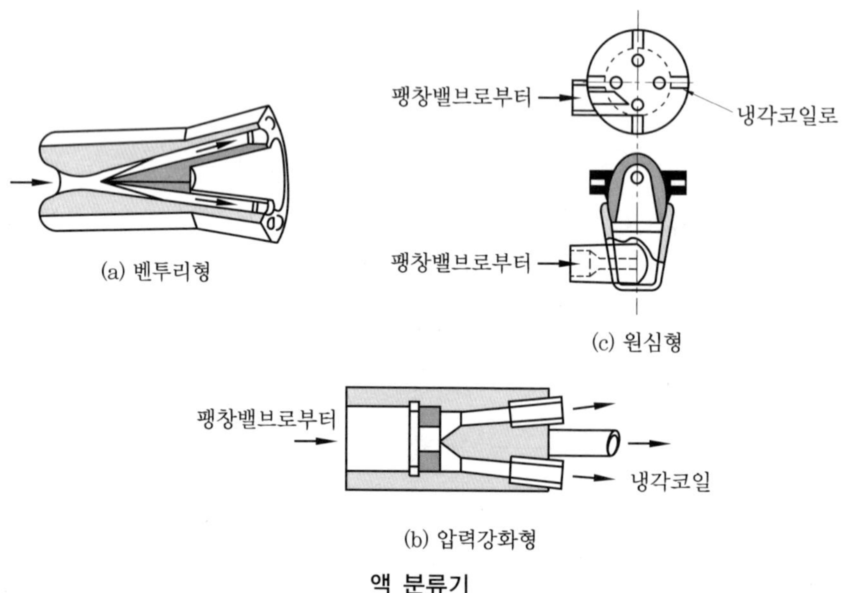

(a) 벤투리형

(c) 원심형

(b) 압력강화형

액 분류기

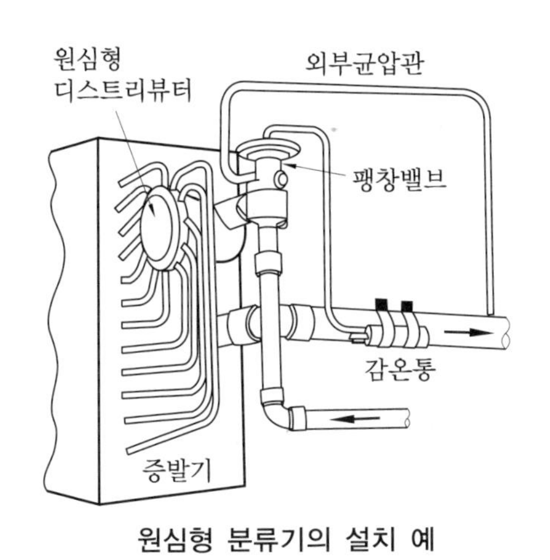

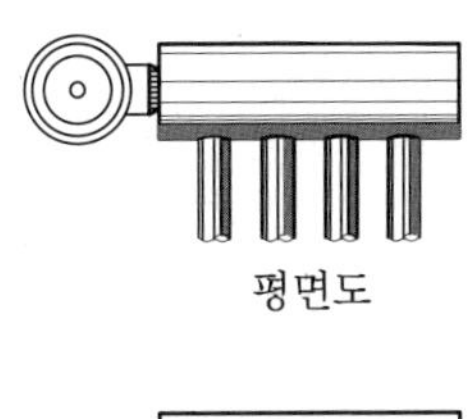

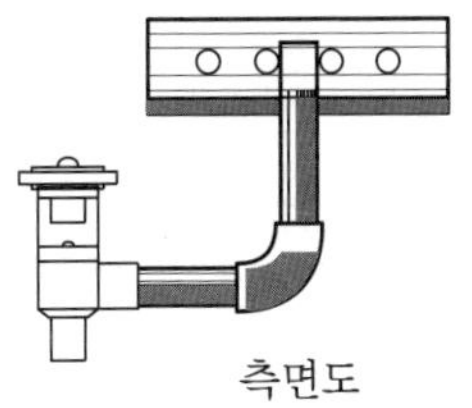

원심형 분류기의 설치 예

분류 헤드의 종류

(가) 직접 팽창식 증발기에 사용한다.

(나) 각 관에 액을 분배하여 공급한다.

(다) 벤투리형, 압력강하형, 원심형 등의 3종이 있다.

⑥ 파일럿 밸브식 온도 자동 팽창밸브

(가) 보통의 온도 자동 팽창밸브는 크기에 한도가 있어 대형에는 부적당하다.

(나) 100 ~ 270 RT, R-12를 사용하는 냉동장치에는 파일럿 밸브식 팽창밸브가 잘 사용되며, 이는 주팽창밸브와 파일럿으로서 사용되는 소형 온도 자동 팽창밸브로 구성된다.

(다) 파일럿은 증발기에서 나오는 냉매 과열도에 의해서 작동하고 이 작동에 의하여 주팽창밸브가 열린다.

(라) 대용량에 사용되며, 만액식에는 사용 불가능하다.

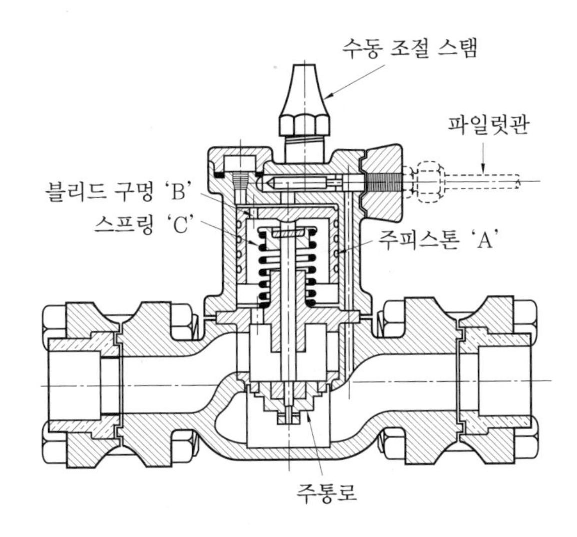

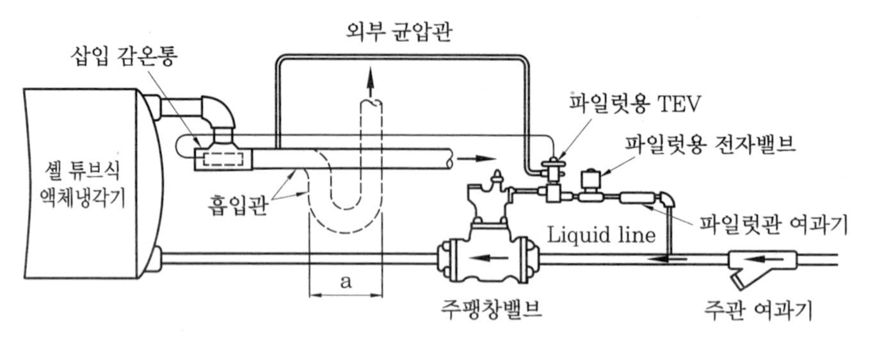

㊟ 흡입관이 입상관인 경우에는 되도록 'a' 부분을 짧게 할 것

파일럿식 자동 팽창밸브의 배관도

참고 파일럿 밸브식 온도 자동 팽창밸브 (작동설명)

① 주피스톤 A에 압력이 걸리면 이것이 상·하부로 움직임으로써 밸브가 닫히고 열리게 되어 있으며, 피스톤 상부에는 오리피스 B가 뚫려 있어 출구에 통한다.

② 파일럿 팽창밸브가 흡입가스의 과열로 많이 열리면 파일럿 밸브의 파일럿관으로부터 많은 냉매가 흘러 들어와 피스톤 A 상부의 압력이 증가함에 따라 파일럿 밸브가 열리게 되어 냉매공급량이 증가한다. 반대로 흡입가스의 과열도가 감소하면 파일럿 팽창밸브는 닫히는 방향으로 움직여 주팽창밸브로 들어오는 냉매량이 감소하고 오리피스로부터는 압력이 새어나가기 때문에 피스톤 A 상부의 압력이 작아져 피스톤도 닫히는 방향으로 움직여 냉매공급을 감소시킨다.

(5) 고압측 플로트 밸브 (high side float valve)

① 고압측 냉매 액면에 의하여 작동된다.

② 부자실 상부에 불응축가스가 모일 염려가 있다.

③ 증발기의 부하 변동에 민감하지 못하다.

④ 만액식 증발기에 적당하다.

⑤ 응축기에 액냉매는 부자실로 들어와 액면이 높아지면 부자구가 들려서 밸브가 열려진다.

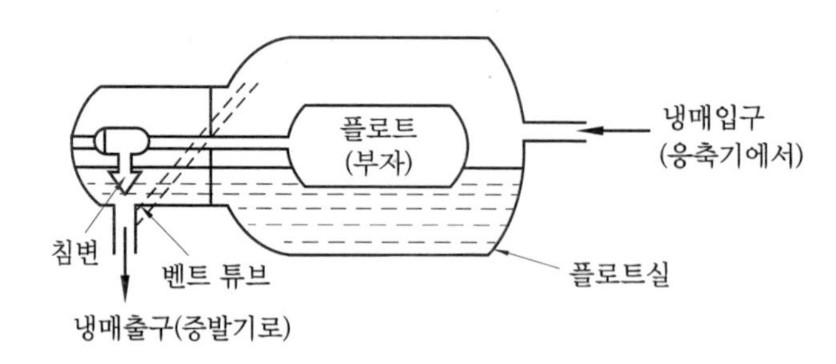

고압측 플로트 밸브의 구조

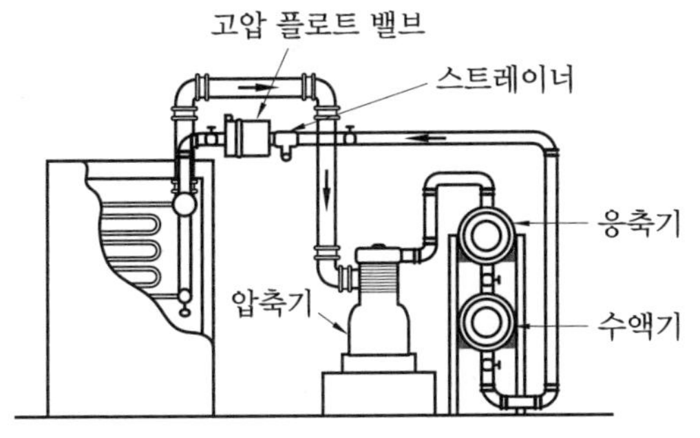

고압측 플로트 밸브의 설치 예

(6) 저압측 플로트 밸브(low side float valve)

① 저압측에 정착되어 증발기 내 액면을 일정하게 해 준다.

② 암모니아, 프레온에 관계없이 잘 사용한다.

③ 증발기 내 액면이 상승하면 부자에 의하여 밸브가 닫히고, 액면이 내려가면 반대로 밸브가 열린다.

④ 증발기 내에 직접 부자를 띄우는 형식과 부자실을 따로 만드는 형이 있다.

⑤ 부자실 상·하부에 균압관이 연락되었다.

⑥ 증발온도가 일정하지 않을 때는 증발압력 조정밸브를 설치한다.

참고 플래시 가스(flash gas)란 일반적으로 증발기가 아닌 곳에서 증발한 냉매가스를 말하며, 이러한 가스가 많이 발생하면 실제 증발기로 공급되는 액량이 적어 손실이 많다. 특히, 팽창밸브에서 팽창할 때 압력강하에 의하여 많이 발생한다.

1. 발생원인

① 압력손실이 있는 경우
- 액관이 현저하게 수직상승된 경우
- 액관이 현저하게 지름이 가늘고 긴 경우
- 각종 밸브의 사이즈가 현저하게 작은 경우
- 여과기가 막힌 경우

② 주위온도에 의하여 가열될 경우
- 액관이 보온되지 않았을 경우
- 수액기에 광선이 비쳤을 경우
- 너무 저온으로 응축되었을 경우

2. 대책

① 열교환기를 설치하여 액냉매액을 과냉각시킨다.

② 액관의 압력손실을 작게 해 준다.

③ 액관을 보온한다.

>>> 제2장

예상문제

1. **냉동장치의 팽창밸브의 열림이 작을 때 발생하는 현상이 아닌 것은?**

① 증발압력은 저하한다.
② 순환 냉매량은 감소한다.
③ 압축비는 감소한다.
④ 체적효율은 저하한다.

해설 팽창밸브의 개도가 작으면 압력이 감소하므로 압축비는 증가한다.

2. **냉매가 팽창밸브(expansion valve)를 통과할 때 변하는 것은?(단, 이론상의 표준 냉동 사이클이다.)**

① 엔탈피와 압력
② 온도와 엔탈피
③ 압력과 온도
④ 엔탈피와 비체적

해설 팽창밸브를 통과할 때 단열 변화이므로 외부와의 열출입이 없고 등엔탈피 변화이다.

3. **프레온 냉동장치에 수분이 혼입했을 때 일어나는 현상이라고 볼 수 있는 것은?**

① 프레온은 수분과 반응하는 양이 매우 적어 뚜렷한 영향을 나타내지 않는다.
② 프레온과 수분이 혼합하면 황산이 생성된다.
③ 프레온과 수분은 분리되어 장치의 저온부에서 수분이 동결한다.
④ 프레온은 수분과 화합하여 동 표면에 강 도금 현상이 나타난다.

해설 Freon 냉매는 수분과 분리하기 때문에 장치 저온부에서 동결하여 팽창밸브를 폐쇄하므로 운전불능을 초래한다.

4. **냉동설비 중 자동압력 팽창밸브는 다음 어느 것에 의하여 제어작용을 하는가?**

① 증발기의 온도
② 증발기의 코일 과열도
③ 냉방의 응축속도
④ 증발기의 압력

해설 정압식 팽창밸브는 증발기 압력을 일정하게 유지하는 목적으로 사용한다.

5. **다음 설명 중 틀린 것은?**

① 온도 자동 팽창밸브는 증발기를 나온 냉매의 과열도가 일정하도록 작동한다.
② 온도 자동 팽창밸브는 감온통의 냉매 압력으로 작동한다.
③ 온도 자동 팽창밸브의 감온통은 증발기의 입구측에 부착한다.
④ 온도 자동 팽창밸브는 부하의 광범위한 변화에도 잘 적응한다.

해설 TEV의 감온통은 증발기 출구에 부착하며 과열도를 감지하여 개도를 조정한다.

6. **모세관에 의한 감압에 관한 기술 중 부적당한 것은 어느 것인가?**

① 냉동부하가 일정한 경우에 적합하다.
② 증발온도와 응축온도가 아주 높을 때 적합하다.
③ 압축기 기동토크가 적은 경부하 기동일 때 이점이 있다.
④ 항상 일정량의 냉매가 흐르는 것으로 만족될 때 사용된다.

해설 모세관은 응축, 증발온도에 관계없이 고압측과 저압측의 소정의 압력차를 유지하는 데 사용한다.

정답 1. ③ 2. ③ 3. ③ 4. ④ 5. ③ 6. ②

2-4 증발기

1 액냉매 공급에 따른 종류

(1) 건식 증발기(dry expansion type evaporator)

① 냉매량이 적게 소비되나 전열작용이 나쁘다.
② 유(oil)가 압축기에 쉽게 회수된다.
③ 냉장식에 주로 사용하며, 냉각관에 핀(fin)을 붙여 공기냉각용에 주로 사용된다.
④ 암모니아용은 아래로부터 공급되지만 프레온은 유의 체류를 꺼려 위에서부터 공급된다.
⑤ 증발기 출구에 적당한 냉매의 과열도가 있게 조정되므로 액분리기의 필요성이 적다.

(2) 반 만액식 증발기(semi-flooded type evaporator)

증발기 중에 냉매가 어느 정도 고이게 한 것으로 건식과 만액식의 중간 상태이며, 전열효과는 건식에 비하여 양호하지만 만액식에는 미치지 못한다. 냉매액은 아래로부터 공급된다.

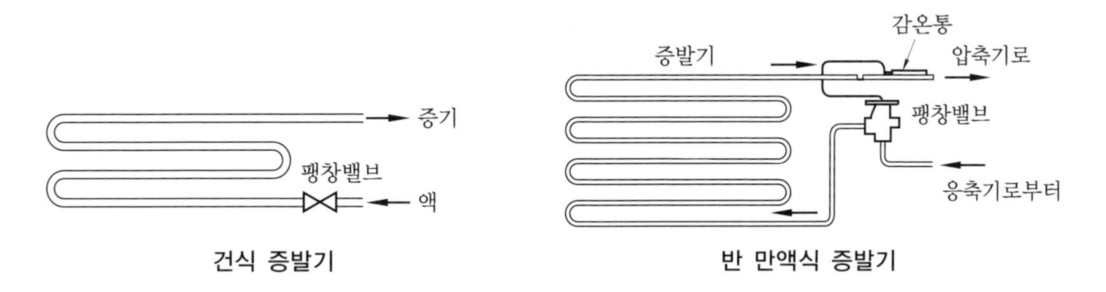

건식 증발기 반 만액식 증발기

(3) 만액식 증발기

① 증발기 내의 대부분은 항상 일정량의 액으로 충만하게 하여 전열작용을 양호하게 한 것이다.
② 증발기에 들어가기 전에 역지밸브를 설치하여 가스의 역류를 방지한다.
③ 액냉매가 압축기로 흡입될 우려가 있으므로 액분리기를 설치하여 가스만 압축기로 공급하고 액은 증발기에 재사용한다.
④ 증발기에 윤활유가 체류할 우려가 있기 때문에 Freon 냉동장치에서 윤활유를 회수시키는 장치가 필수적이다.

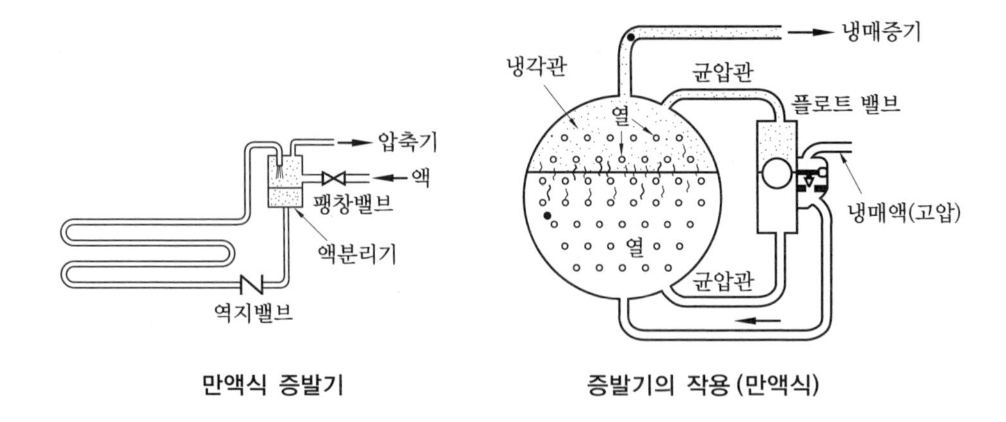

만액식 증발기　　　　증발기의 작용 (만액식)

(4) 액순환식 증발기 (liquid pump type evaporator)

① 타 증발기에서 증발하는 액화 냉매량의 4 ~ 6배의 액을 펌프를 통해 강제로 냉각관을 흐르게 하는 방법이다.

② 냉각관 출구에서는 대체로 중량 80 %의 액이 있다.

③ 건식 증발기와 비교하면 전열이 20 % 이상 양호하다.

④ 한 개의 팽창밸브로 여러 대의 증발기를 사용할 수 있다.

⑤ 저압수액기 액면과 펌프와의 사이에 1 ~ 2 m의 낙차를 둔다.

⑥ 구조가 복잡하고 시설비가 많이 드는 결점이 있다.

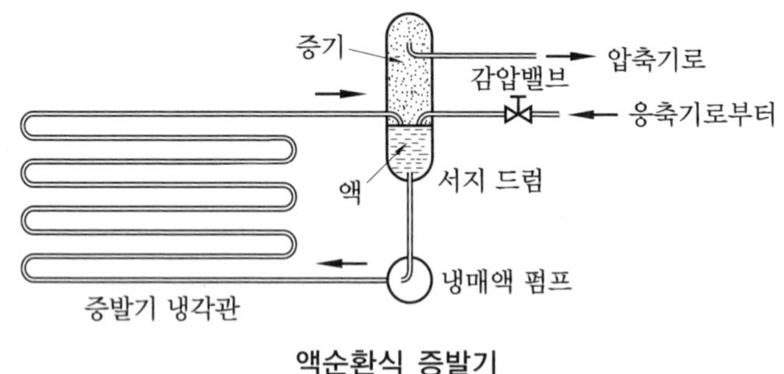

액순환식 증발기

2 냉각코일의 종류

(1) 핀 코일 증발기

0℃ 이상의 공기 냉각에 주로 사용되며 0℃ 이하 저온의 경우 제상장치를 설치하여야 되고, 증발관 표면에 원형 또는 4각형의 핀을 붙인 증발기이다. 열통과율이 20 ~ 40 kJ/m^2·h·K이고 고내온도와 증발온도가 10℃의 경우 1 RT당 면적이 40 m^2가 적당하며 코일의 피치는

6 ~ 25 mm, 열수는 2 ~ 4열이 일반적이다. 자연대류식에서는 고내온도와 증발온도차를 10 ~ 15℃로 하는 것이 일반적이다. 핀 코일은 설치 위치에 따라 냉각능력에 차이가 있으므로 천장에 설치할 때는 70 mm 정도 떨어지게 하면 좋다.

핀 코일 증발기

(2) 캐스케이드 증발기 (cascade type evaporator)

벽코일 또는 동결실의 동결선반에 사용되고 구조는 만액식이다. 다음 그림에서 액분리기의 냉매는 2, 4, 6 (액 헤더)으로 공급되고 코일에서 증발한 가스는 1, 3, 5 (가스 헤더)로 유출되어 액분리기에서 분리된 가스는 압축기로 흡입된다.

(3) 멀티피드 멀티석션 증발기 (multi-feed, multi-suction evaporator)

캐스케이드 증발기와 비슷한 방법으로 냉매공급과 증기분리를 취하며 그 기능도 대체로 동일하다. NH_3를 냉매로 하고 공기 동결실의 동결선반에 이용된다.

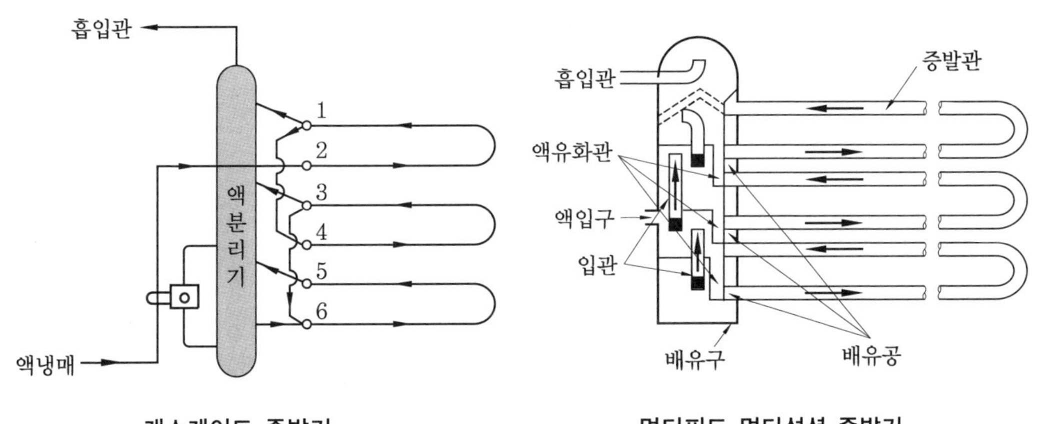

캐스케이드 증발기　　　멀티피드 멀티석션 증발기

3 액체냉각용 증발기

(1) 셸 앤드 코일식 증발기

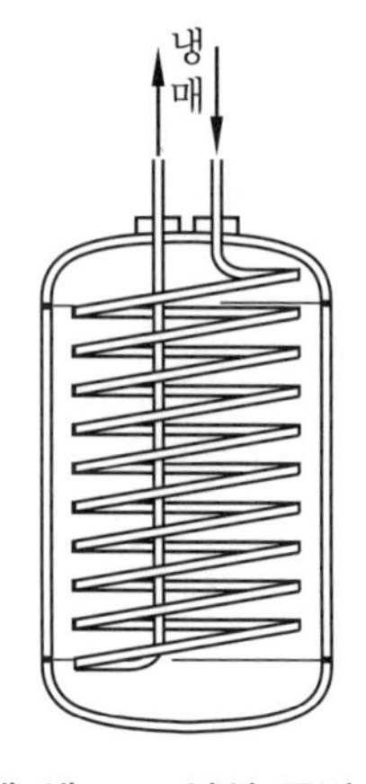

셸 앤드 코일식 증발기

음료용 수냉각장치, 공기조화장치, 제빵·제과 공장에 주로 사용되며 온도식 자동팽창밸브를 사용하는 건식 증발기로 간헐적으로 큰 냉각부하가 걸리는 장치에 적합하다.

물의 용량을 크게 하면 부하가 증가할 경우 물이 가지고 있는 열용량에 의해 물의 온도변화가 급격히 일어나는 것을 방지할 수 있는 특징이 있다.

(2) 프레온 만액식 셸 앤드 튜브식 증발기

공기조화장치, 화학, 식품 공업 등에 사용되는 물이나 브라인을 냉각시키는 증발기로 대용량으로 제작된다. 주의사항으로 증발온도가 너무 낮으면 관 내에 흐르는 유체가 동결하여 관을 파괴시키는 경우가 있으므로 이것을 방지하기 위하여 증발압력 조정밸브와 온도조절기 등을 설치하여 압력과 온도가 규정 이하가 되는 것을 방지한다.

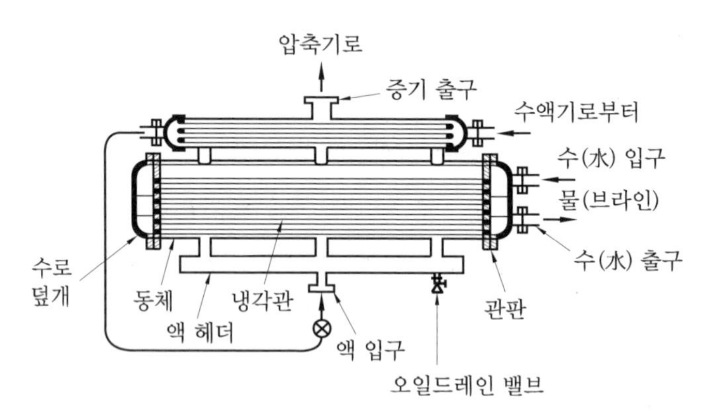

프레온 만액식 셸 앤드 튜브식 증발기

(3) 건식 셸 앤드 튜브식 증발기

공기조화장치, 일반 화학공업에서 액체 냉각 목적으로 사용되며 특징은 다음과 같다.

① 유가 증발기에 고이는 일이 없으므로 유회수장치가 불필요하다.

② 만액식에 비하여 냉매량이 적고 (1 RT당 2 ~ 3 kg) 수액기 겸용 응축기를 설치할 수 있다.

③ 냉매제어에 온도식 자동 팽창밸브를 사용할 수 있어서 구조가 간단하다.

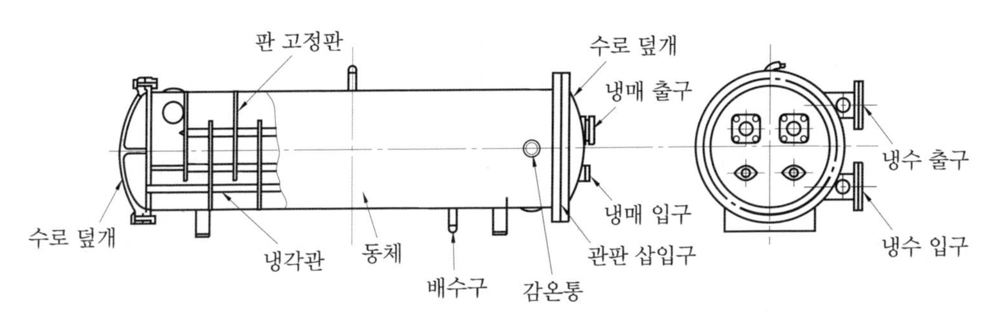

건식 셸 앤드 튜브식 증발기

(4) 보데로 냉각기(baudelot type cooler)

물이나 우유 등을 냉각하기 위하여 2 ~ 3℃ 정도의 온도를 유지하는 데 사용된다. NH_3용은 보통 만액식으로 제작되며, Freon용은 건식 또는 건식과 만액식의 혼합형이 사용된다.

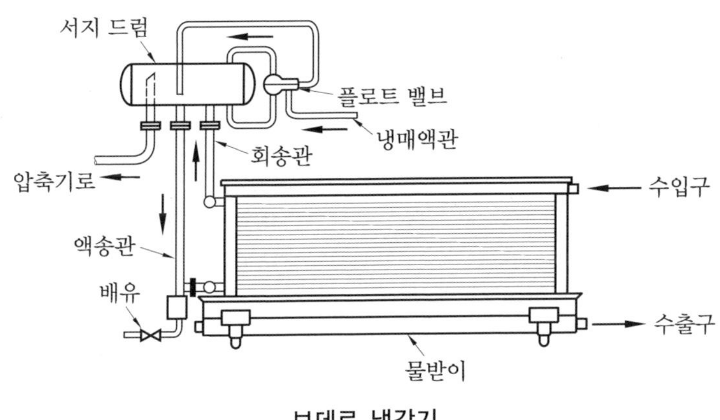

보데로 냉각기

(5) 탱크형 냉각기

제빙용 증발기로 물 또는 브라인 냉각장치로 사용되며 냉각관의 모양에 따라서 수직관식, 패럴렐식으로 구분한다. 만액식 증발기로 암모니아용의 대표적인 것은 헤링본식이다. 피냉각액 탱크 내의 칸막이 속에 설치되며, 브라인은 교반기에 의해서 0.3 ~ 0.75 m/s로 수평 또는 수직으로 통과한다.

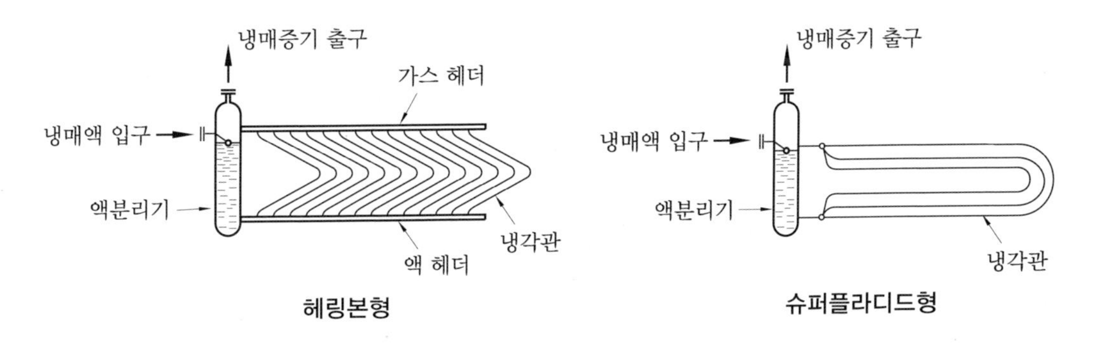

헤링본형 슈퍼플라디드형

>>> 제2장

예상문제

1. 다음의 냉동설비 중에서 저압측 장치에 속하는 것은?

① 유분리기 ② 응축기
③ 수액기 ④ 증발기

해설 • 고압측 : 압축기 토출측에서 팽창밸브 직전까지
• 저압측 : 팽창밸브 직후에서 압축기 흡입측까지

2. 만액식 증발기의 냉각관의 전열효과를 증대하는 방법이 아닌 것은?

① 냉각관의 표면을 매끈하게 한다.
② 냉매와 냉각수의 온도차를 크게 한다.
③ 냉각관에 핀을 부착한다.
④ 관을 깨끗하게 한다.

해설 냉각관의 전열효과를 증대시키기 위하여 관 표면에 핀을 부착하여 전열면적을 증가시킨다.

3. 다음 중 액펌프 냉각 방식의 이점으로 옳은 것은?

① 자동제상이 용이하지 않다.
② 리퀴드 백(liquid back)을 방지한다.
③ 증발기의 열통과율은 타 증발기보다 양호하지 못하다.
④ 펌프의 캐비테이션 현상방지를 위해 낙차를 크게 하고 있다.

해설 액펌프식 증발기의 특징
• 전열이 타 방식에 비하여 20% 정도 양호하다.
• 고압가스 제상의 자동화가 용이하다.
• 액압축의 우려가 없다.
• 냉각기에 오일이 체류할 우려가 없다.
• 액면과 펌프 사이에 낙차를 두어야 한다(보통 1~2 m 정도).
• 베이퍼 로크 현상(캐비테이션 현상)의 우려가 있다.

4. 제빙공장에서 냉동기를 가동하여 30℃의 물 2톤을 −9℃ 얼음으로 만들고자 한다. 이 냉동기에서 발휘해야 할 능력은 얼마인가? (단, 물의 응고잠열은 335 kJ/kg, 정압비열 4.19 kJ/kg·K, 얼음비열 2.1 kJ/kg·K, 외부로부터의 침입열량은 209500 kJ이고, 1 RT는 13900.8 kJ/h이다.)

① 2.9 RT ② 3.5 RT
③ 69 RT ④ 84 RT

해설 RT
$$= \frac{2000 \times \{(4.19 \times 30) + 335 + (2.1 \times 9)\} + 209500}{13900.8}$$
$= 84.07$ RT

5. 증발기의 증발온도 −25℃, 냉장실 온도 −18℃, 열통과율 46 kJ/m^2·h·K이고 냉각면적이 50 m^{2}일 때 냉동능력은 얼마인가?

① 16100 kJ/h ② 17760 kJ/h
③ 19093 kJ/h ④ 19820 kJ/h

해설 $Q_e = 46 \times 50 \times \{(-18) - (-25)\}$
$= 16100$ kJ/h

6. 브라인 냉각기로서 유량 200 L/min의 브라인을 −16℃에서 −20℃까지 냉각할 경우, 이 브라인 냉각기에 필요한 냉동 능력은 몇 kJ/h인가? (단, 브라인의 비중량은 1.25 kg/L, 비열 2.7 kJ/m^2·h·K로서 열손실은 없는 것으로 본다.)

① 117600 kJ/h ② 162000 kJ/h
③ 189000 kJ/h ④ 231000 kJ/h

해설 $Q_e = G \cdot C \cdot \Delta t$
$= 200 \times 60 \times 1.25 \times 2.7 \times \{(-16) - (-20)\}$
$= 162000$ kJ/h

정답 1. ④ 2. ① 3. ② 4. ④ 5. ① 6. ②

2-5 부속기기

(1) 유분리기 (oil separator)

① 설치 목적 : 토출되는 고압가스 중에 미립자의 윤활유가 혼입되면 윤활유를 냉매증기로부터 분리시켜서 응축기와 증발기에서 유막을 형성하여 전열이 방해되는 것을 방지하는 역할을 한다. 또한 유분리기 속에서 유동속도가 급격히 감소하므로 일종의 소음방지기 역할도 하며, 왕복동식 압축기의 경우에는 순환냉매의 맥동을 감소시키기도 한다.

② 설치 위치 : 압축기와 응축기 사이의 토출 배관 중에 설치한다. NH_3 장치는 응축기 가까이 설치하고 Freon 장치는 압축기 가까이에 설치한다.

③ 배플형 유분리기 (baffle type oil separator)는 방해판을 이용하여 방향을 변환시켜서 oil을 판에 부착하여 분리시키는 장치이며, 원심분리형 유분리기 (centrifugal extractor oil separator)는 선회판을 붙여 가스에 회전운동을 줌으로써 oil을 분리시키는 장치로 철망형과 사이클론형이 있다.

④ 유분리기를 설치하는 경우는 다음과 같다.

(가) NH_3 냉동장치

(나) 저온용의 냉동장치

(다) 토출 배관이 길어지는 장치

(라) 운전 중 다량의 유 (oil)가 장치 내로 유출되는 장치

(마) 만액식 또는 액순환식 증발기를 사용하는 경우

(2) 수액기 (liquid receiver)

① 장치를 순환하는 냉매액의 일시 저장으로 증발기의 부하변동에 대응하여 냉매 공급을 원활하게 하며, 냉동기 정지 시에 냉매를 회수하여 안전한 운전을 하게 한다.

② 응축기와 팽창밸브 사이의 고압액관에 설치하며, 응축기에서 액화한 냉매를 바로 흘러내리게 하기 위하여 균압관을 응축기 상부와 수액기 상부에 설치한다.

③ 냉동장치를 수리하거나, 장기간 정지시키는 경우에 장치 내의 냉매를 회수시킨다.

④ NH_3 장치에서는 냉매충전량을 1 RT당 15 kg으로 하고 그 충전량의 $\frac{1}{2}$을 저장할 수 있는 것을 표준으로 한다.

⑤ 소용량의 Freon 냉동장치에서는 응축기 (횡형 수랭식)를 수액기 겸용으로 사용한다.

(3) 액 분리기 (accumulator)

① 증발기와 압축기 사이의 흡입배관 중에 증발기보다 높은 위치에 설치하는데, 증발기 출구관을 증발기 최상부보다 150 mm 입상시켜서 설치하는 경우도 있다.

② 흡입가스 중의 액립을 분리하여 증기만 압축기에 흡입시켜서 액압축 (liquid hammer)으로부터 위험을 방지한다.

③ 냉동부하 변동이 격심한 장치에 설치한다.

④ 액 분리기의 구조와 작동원리는 유 분리기와 비슷하며, 흡입가스를 용기에 도입하여 유속을 1 m/s 이하로 낮추어 액을 중력에 의하여 분리한다.

(4) 액 회수장치 (liquid return system)

① 열교환기 등을 이용하여 냉매액을 증발시켜서 압축기로 회수한다 (소형장치).

② 만액식 증발기나 액 순환식 증발기의 경우 증발기에 재사용한다.

③ 액 회수장치에서 고압으로 전환하여 수액기로 회수한다.

㈎ 액 펌프를 설치하여 수액기에 밀어 넣는 방법

㈏ 액받이에 받아서 고압으로 전환하여 회수하는 방법

㈐ FS (플로트 스위치)와 전자밸브를 이용하여 자동 회수하는 방법

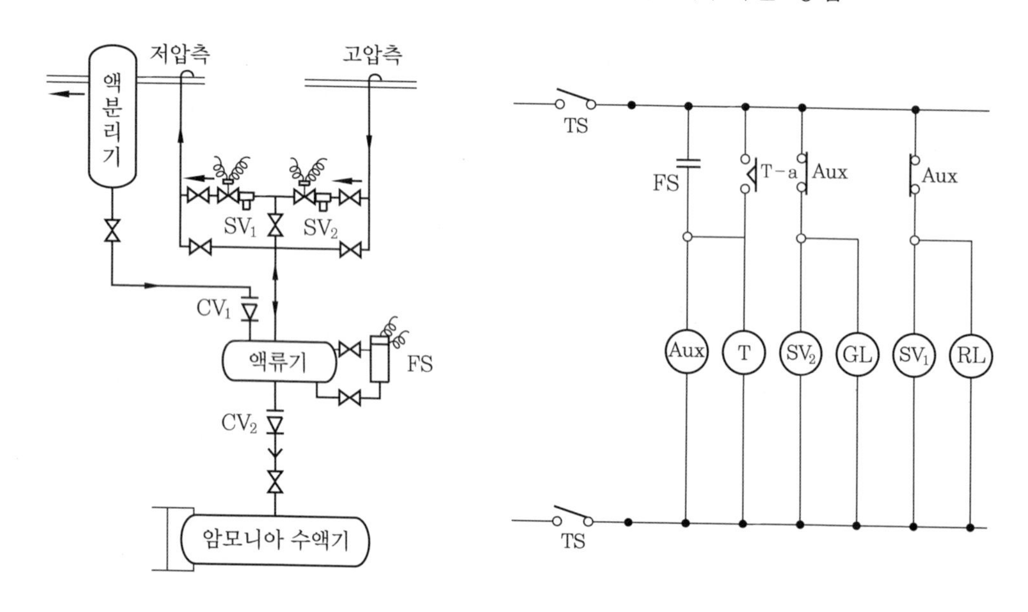

TS : 토글 스위치 Aux : 보조계전기 T : 한시계전기 SV : 전자밸브
CV : 역지밸브 F : 퓨즈 GL : 녹색표시등 RL : 적색표시등
FS : 플로트 스위치

자동 액 회수장치와 전기동작회로

참고 자동 액 회수장치의 작동원리

① 냉동장치가 정상운전을 하고 있을 때는 전자밸브(1)이 열려 있고 (2)가 닫혀 있으며, 액받이는 저압이 되어 있어 액분리기 내에 고인 액은 액받이에 흘러내린다.
② 액받이의 액이 일정 레벨에 도달하면 플로트 스위치가 작용하며, 전자밸브(1)이 닫히고 (2)가 열려 액받이 내가 저압에서 고압으로 변한다.
③ 이 때문에 역류방지밸브(1)이 닫히고 (2)가 열려 액받이 내의 액은 중력에 의하여 수액기에 흘러 떨어진다.
④ 사전에 액 회수에 필요한 시간을 정하고 타이머를 작동시켜 전자밸브의 개폐를 변환(變換)하여 정상운전상태로 돌아가게 한다.

(5) 액－가스 열교환기(liquid－gas heat exchanger)

① Freon 냉동장치의 응축기에서 나온 냉매액과 압축기 흡입가스가 열교환한다.
② 액을 과냉각시켜서 플래시 가스 발생량을 감소시켜서 냉동효과를 증가시킨다.
③ 흡입가스를 과열시켜서 액압축을 방지한다.
④ Freon-12 냉동장치에서는 흡입가스를 과열시켜서 응축능력을 향상시키고 성적계수를 향상시킨다.
⑤ 종류는 이중관식, 셸 앤드 튜브식, 배관접촉식 등이 있다.

(6) 중간냉각기(inter－cooler)

① 저단압축기 토출가스 온도의 과열도를 제거하여 고단압축기가 과열압축하는 것을 방지하여 토출가스 온도 상승을 감소시킨다.
② 팽창밸브 직전의 액냉매를 과냉각시켜서 플래시 가스 발생량을 감소시킴으로써 냉동효과를 증가시킨다.
③ 고단압축기 액압축을 방지시킨다.
④ 종류는 플래시형, 액냉각형, 직접팽창형 등이 있다.

(7) 여과기(strainer or filter)

① 팽창밸브와 전자밸브 및 압축기 흡입측에 여과기를 설치한다.
② 여과기는 냉매배관, 윤활유배관, 건조기 내부에 삽입, 팽창밸브나 감압밸브류 등 제어기 앞에 사용하는 것이 있다.
③ 윤활유용 여과기는 oil 속에 포함된 이물질을 제거하는 것으로 80～100 mesh 정도이다.
④ 냉매용 여과기는 보통 70～100 mesh 사이로 팽창밸브에 삽입되거나 직전 배관에 설치되며 흡입측에는 압축기에 내장되어 있다.

(8) 건조기(dryer)

성분		실리카 겔 (SiO_2nH_2O)	알루미나 겔 ($Al_2O_3nH_2O$)	S/V소바비드 (규소의 일종)	모레큐라시브스 합성제올라이트
외관	흡착 전	무색 반투명 가스질	백색	반투명 구상	미립결정체
	흡착 후	변화없음	변화없음	변화없음	변화없음
독성, 연소성, 위험성		없음	없음	없음	없음
미각		무미 / 무취	무미 / 무취	무미 / 무취	무미 / 무취
건조강도 (공기 중의 성분)		• A형 0.3 mg/L • B형은 A형보다 약함	실리카 겔과 같음	실리카 겔과 대략 같음	실리카 겔보다 큼
포화흡온량		• A형은 약 40 % • B형은 약 80 %	실리카 겔보다 작음	실리카 겔과 대략 같음	실리카 겔보다 큼
건조제 충전용기		용기의 재질에 제한 없음	용기의 재질에 제한 없음	용기의 재질에 제한 없음	용기의 재질에 제한 없음
재생		약 150 ~ 200℃로 1 ~ 2시간 가열해서 재생한다. 재생 후 성질의 변화 없음	대체적으로 실리카 겔과 같음	200℃로 8시간 이내에 재생할 것	가열에 의하여 재생 용이 (약 200 ~ 250℃)
수명		반영구적	반영구적	반영구적	반영구적

(9) 제상장치

① 살수 제상(water spray defrost) : 증발기의 표면에 온수나 브라인을 위로부터 뿌려 물이나 브라인의 감열을 이용하여 제상하는 방법이다. 증발온도가 -10℃ 정도까지는 응축기 출구의 온수를 사용하고 그 이하의 온도에서는 브라인을 사용한다. 살수하는 물의 양은 보통 1 RT당 20 L/min 정도이며 약 5분간 살수한다. 분무수 온도는 10 ~ 30℃ 정도이다.

② 전열식 제상(electric defrost) : 증발기 코일의 아래에 밀폐된 전열선을 설치하거나 전면에 전열기를 설치하여 제상하는 방법이다. 장치는 매우 간단하지만 전열량에 제한이 있어 제상시간이 고압가스 제상보다 길어진다.

③ 냉동기의 정지에 의한 제상(off cycle defrost) : 냉장고 내의 온도가 0℃ 이상인 경우에는 냉동기를 정지시키면 자연히 서리가 녹으므로 제상이 된다. 이와 같은 방법은 저압스위치(low pressure switch)를 적당히 조정하여 흡입압력이 낮아지면 냉동기가 정지되고 증발기 내의 압력이 높아지면 냉동기가 시동되도록 전기회로를 형성하거나, 자동타이머 스위치로 냉동기를 시동하거나 정지하도록 하는 방법이 쓰인다.

④ 고압가스 제상(hot gas defrost) : 압축기에서 토출되는 과열증기를 증발기로 공급하여 현열 또는 잠열로 제상한다.

㈎ 고압가스 인출 위치 : 토출배관에서 유분리기와 응축기 사이 배관 상부로 인출한다(대형장치에서는 주로 균압관에서 인출함).

㈏ 잠열제상 : 대형 냉동장치에서 고압가스를 증발기에서 제상하면서 액화된다(액화된 냉매를 유출시키는 장치가 필요함).

㈐ 현열제상 : 토출되는 고압가스를 소공(교축현상이 일어남)으로 감압시켜 증발기에서 현열제상하고 압축기로 회수시킨다.

2-6 제어기기

(1) 압력 제어

① 저압 스위치(low pressure cut out switch)

㈎ 냉동기 저압측 압력이 저하했을 때 압축기를 정지시킨다.

㈏ 압축기를 직접 보호해 준다.

② 고압 스위치(high pressure cut out switch)

㈎ 냉동기 고압측 압력이 이상적으로 높으면 압축기를 정지시킨다.

㈏ 고압 차단장치라고도 한다.

㈐ 작동압력은 정상고압 $+3 \sim 4\,kg/cm^2$이다.

③ 고저압 스위치(dual pressure cut out switch)

㈎ 고압 스위치와 저압 스위치를 한 곳에 모아 조립한 것이다.

㈏ 듀얼 스위치라고도 한다.

④ 유압 보호 스위치(oil protection switch)

㈎ 윤활유 압력이 일정 압력 이하가 되었을 경우 압축기를 정지한다.

㈏ 재 기동 시 리셋 버튼을 눌러야 한다.

㈐ 조작회로를 제어하는 접점이 차압으로 동작하는 회로와 별도로 있어서 일정 시간(60 ~ 90초)이 지난 다음에 동작되는 타이머 기능을 갖는다.

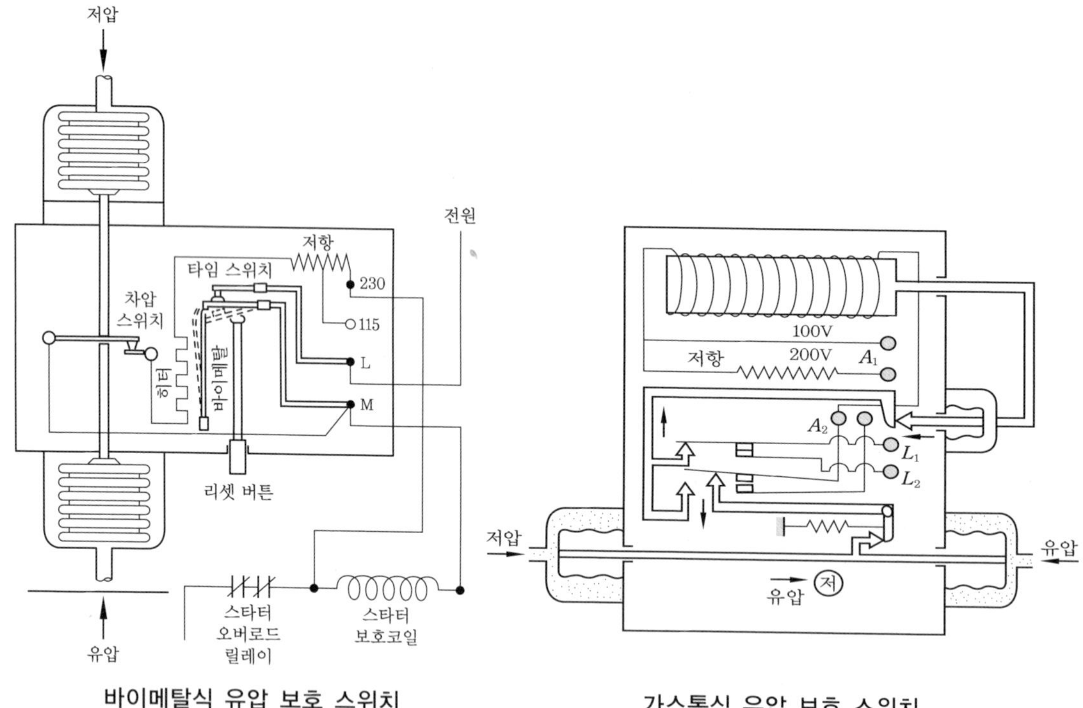

바이메탈식 유압 보호 스위치　　　　가스통식 유압 보호 스위치

(2) 냉매 유량제어

① 증발압력 조정밸브(evaporator pressure regulator) : 증발압력이 일정 압력 이하가 되는 것을 방지하고 흡입관 증발기 출구에 설치하며, 밸브 입구 압력에 의해서 작동되고 압력이 높으면 열리고 낮으면 닫힌다(냉각기 동파 방지).

(가) 물, 브라인 등의 냉각기에서의 동파 방지용

(나) 야채 냉장고 등에서의 동결 방지용

(다) 과도한 제습을 요구하지 않는 저온장치

(라) 증발온도를 일정하게 유지하는 장치

(마) 증발압력이 다른 두 개 이상의 냉각기에서 압력이 높은 쪽 출구에 설치

② 흡입압력 조정밸브(suction pressure regulator) : 흡입압력이 일정 압력 이상이 되는 것을 방지하고 흡입관 압축기 입구에 설치하며, 밸브 출구 압력에 의해서 작동되고 압력이 높으면 닫히고 낮으면 열린다(전동기 과부하 방지).

(가) 높은 흡입압력으로 기동할 때(과부하 방지)

(나) 흡입압력의 변동이 심할 때(압축기 운전을 안정시킨다.)

(다) 고압가스 제상으로 흡입압력이 높을 때

(라) 높은 흡입압력으로 장시간 운전할 때

(마) 저전압으로 높은 흡입압력 상태일 때

(3) 안전장치

① 안전밸브(relief valve)

(가) 기밀시험압력 이하에서 작동하여야 하며, 일반적으로 안전밸브의 분출압력은 상용압력에 5 kg/cm^2를 더한 값이 적당하다. 즉, 정상고압 +4 ~ 5 kg/cm^2 정도이다.

예 암모니아 : 16 ~ 18 kg/cm^2, R-12 : 15 kg/cm^2

(나) 압축기에 설치하는 안전밸브의 최소지름(d_1)

$$d_1 = C_1 \sqrt{V} \ [\text{mm}]$$

(다) 압력용기(수액기 및 응축기)에 설치하는 안전밸브의 지름(d_2)

$$d_2 = C_2 \sqrt{\left(\frac{D}{1000}\right)\cdot\left(\frac{L}{1000}\right)} \ [\text{mm}]$$

② 가용전(fusible plug)

(가) 토출가스의 영향을 받지 않는 곳으로서 안전밸브 대신 응축기, 수액기의 안전장치로 사용된다.

(나) Pb, Sn, Cd, Sb, Bi 등의 합금으로 되어 있다.

(다) 용융온도는 75℃이다.

(라) 안전밸브 최소 지름의 $\frac{1}{2}$ 이상이어야 한다.

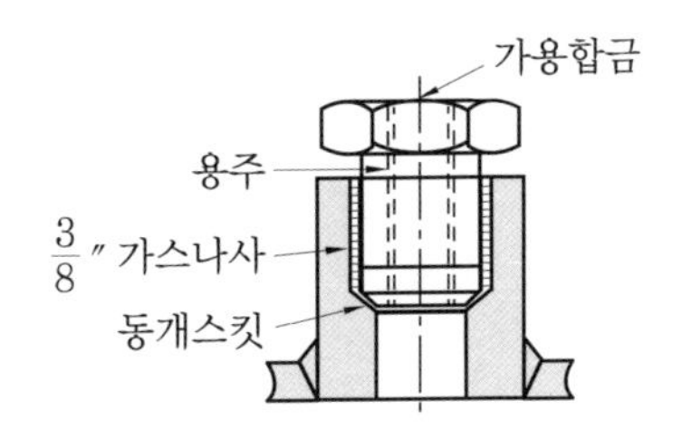

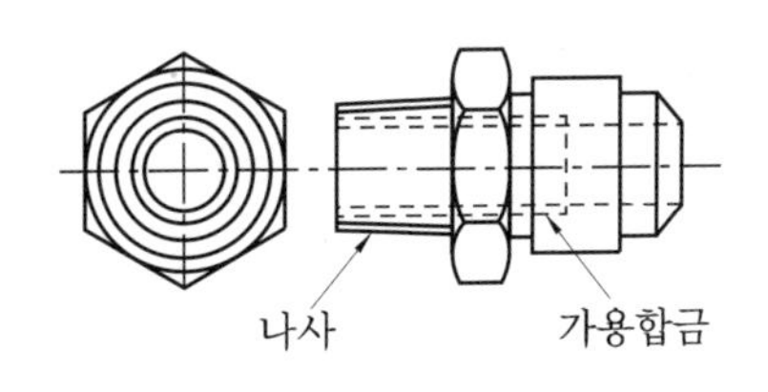

③ 파열판(rupture disk)

(가) 주로 터보 냉동기에 사용함으로써 화재 시 장치의 파괴를 방지한다.

(나) 얇은 금속으로 용기의 구멍을 막는 구조로 되어 있다.

(다) 파열판 선정 시 고려사항은 다음과 같다.

㉮ 정상적인 운전압력과 파열압력

㉯ 정상적인 운전온도

㉰ 냉매의 종류(특히 금속에 대한 부식성)

㉱ 대기압력 이상인가, 진공상태가 생기는가의 여부

㉲ 지름의 크기는 플랜지형(12.7 ~ 1000 mm), 유니언형(12.7 ~ 50 mm), 나사형(6.4 ~ 12.7 mm)이 있다.

(4) 각종 제어장치

① 온도 조절기(thermo control) : 냉장실, 브라인, 냉수 등의 온도를 일정하게 유지하기 위하여 서모스탯을 사용한다.

㈎ 바이메탈식 온도 조절기

㈏ 증기압력식 온도 조절기

㈐ 전기저항식 온도 조절기

② 절수밸브(water regulating valve) : 압력 작동식 급수밸브와 온도 작동식 급수밸브가 있다.

㈎ 응축기 냉각수 입구에 설치한다.

㈏ 압축기에서 토출압력에 의해서 응축기에 공급하는 냉각수량을 증감시킨다.

㈐ 냉동기 정지 시 냉각수 공급도 정지한다.

㈑ 응축기 응축압력을 안정시키고 경제적인 운전이 된다.

③ 전자밸브(solenoid valve)

㈎ 냉매 배관 중에 냉매 흐름을 자동적으로 개폐하는 데 사용한다.

㈏ 전자밸브는 전자력으로 플런저를 끌어올려 밸브가 열리고 전기가 끊어지면 플런저가 무게로 떨어져 밸브를 닫는다.

㈐ 작동 전자밸브와 파일럿 전자밸브가 있다.

④ 습도 제어(humidity control) : 모발, 나일론, 리본 등의 습도에 따른 신축을 이용한 것으로서 간단한 장치에서는 일반적으로 모발이 사용되며, 이 신장(伸張)이 상대습도에 의하여 신축하는 것을 이용한다.

>>> 제2장

예상문제

1. 다음 설명 중 옳은 것은?

① 증발압력 조정밸브의 능력은 밸브의 지름, 증발온도와 밸브 전후의 압력차에 의하여 결정된다.
② 플로트 밸브의 지름이 크면 클수록 조정하기가 쉽다.
③ 암모니아의 액관 중에 건조기를 설치하여 액 중의 수분을 제거하는 것이 꼭 필요하다.
④ R-12 만액식 증발기에는 냉동유 회수장치가 필요 없다.

해설 ② : 플로트 밸브 지름은 적정한 것이 좋다.
③ : 건조기는 Freon용 장치에 사용한다.
④ : 만액식 증발기는 유 회수장치가 있어야 한다.

2. 저압 차단 스위치(LPS)가 작동할 때의 점검사항에 속하지 않는 것은?

① 냉각수 배관 계통의 막힘 점검
② 팽창밸브 개도 점검
③ 증발기의 적상 및 유막 점검
④ 액관 플래시 가스의 발생 유무 점검

해설 냉각수 배관은 고압 응축기에 연결된다.

3. 다음 중 브라인의 동결 방지 목적으로 사용하는 기기가 아닌 것은?

① 서모스탯
② 단수릴레이
③ 흡입압력 조절밸브
④ 증발압력 조절밸브

해설 흡입압력 조절밸브는 압축기용 전동기의 과부하 방지용으로 사용한다.

4. 압축기 보호장치 중 고압 차단 스위치(HPS)는 정상적인 고압에 몇 kg/cm^2 정도 높게 조절하는가?

① 1 kg/cm^2　② 4 kg/cm^2
③ 10 kg/cm^2　④ 25 kg/cm^2

해설 ㉠ 안전두 : 정상고압 $+2 \sim 3\ kg/cm^2$
㉡ HPS : 정상고압 $+3 \sim 4\ kg/cm^2$
㉢ 안전밸브 : 정상고압 $+4 \sim 5\ kg/cm^2$

5. 암모니아 냉동기에서 불응축가스 분리기의 작용에 대한 설명 중 틀린 것은?

① 냉각할 때 침입한 공기와 냉매를 분리시킨다.
② 분리된 냉매가스는 압축기에 흡입된다.
③ 분리된 액체 냉매는 수액기로 들어간다.
④ 분리된 공기는 대기로 방출된다.

해설 불응축가스는 분리하여 대기 방출하고, 분리된 냉매액은 수액기로 공급하거나 자체 냉각드럼을 냉각시킨 후 압축기로 회수된다.

6. 암모니아 압축기의 운전 중에 암모니아 누설 유무를 알 수 있는 방법 중 틀린 것은?

① 특유한 냄새로 발견한다.
② 페놀프탈레인 액이 파랗게 변한다.
③ 유황을 태우면 누설 개소에 흰 연기가 난다.
④ 브라인 중에 암모니아가 새고 있을 때는 네슬러 시약을 쓴다.

해설 페놀프탈레인 액은 홍색으로 변한다.

7. 프레온 냉동장치의 응축기나 수액기에 설치되는 가용전의 용융온도는?

정답 1. ①　2. ①　3. ③　4. ②　5. ②　6. ②　7. ②

① 0 ~ 35℃ ② 68 ~ 75℃
③ 110 ~ 130℃ ④ 140 ~ 210℃

해설 가용전
- 프레온 냉동장치 고압 액관에 설치한다.
- 설치 시 주의사항은 토출가스의 영향을 받는 곳은 피한다.
- 가용합금은 Pb, Sn, Sb, Cd, Bi 등으로 용해 온도는 70 ~ 75℃ 정도이다.

8. 냉동장치의 운전에 관한 내용 중 맞는 것은?

① R-22 냉동장치 내에 공기가 침입하면 응축압력은 낮아진다.
② R-22 냉동장치 내에 공기가 침입하면 토출가스 온도는 저하한다.
③ R-22 냉동장치 내에 공기가 침입하면 토출가스 온도는 상승한다.
④ R-22 냉동장치 내에 공기가 침입하면 응축압력은 상승하지만 토출가스 온도는 변함이 없다.

해설 냉동장치에 공기가 침입하면 토출가스 온도와 압력은 상승한다.

9. 다음 장치도에서 증발압력 조정밸브(EPR)의 부착 위치는 어디인가?

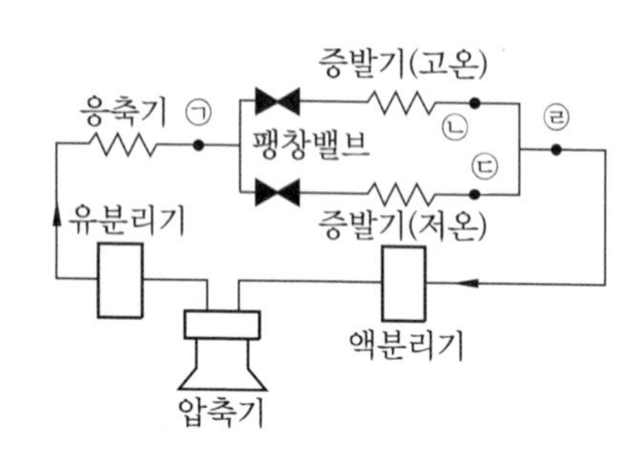

① ㉠ ② ㉡
③ ㉢ ④ ㉣

해설 ㉢에는 역지밸브를 설치한다.

10. 압축기 제어에 대한 설명 중 옳은 것은 어느 것인가?

① 흡입가스의 과열도가 클수록 압축기가 흡입하는 냉매량은 감소한다.
② 2단 압축 냉동장치에서 콤파운드 압축기를 사용하면 중간압력은 임의로 선정할 수 있다.
③ 이론 단열 압축을 행할 때 외부에서 냉매에 가해지는 압축일의 열당량과 그 때의 냉매의 엔탈피 증가량은 다르다.
④ 압축기에서 토출밸브가 열리는 토출행정에서 실린더 내부의 압력과 실린더 헤드의 압력은 동일하다.

해설 흡입가스가 과열되면 비체적이 증가하므로 흡입가스량은 적어진다.

정답 8. ③ 9. ② 10. ①

Chapter 03

냉동장치의 응용과 안전관리

3-1 제빙 및 동결장치

(1) 제빙

① 제빙장치의 일반적인 설명

㈎ 현재 시장에 있는 얼음은 거의 인조빙으로서 냉동장치에 의하여 물을 얼게 한 것이다. 소위 천연빙이라고 하는 겨울에 추운 기후를 이용해서 (물을 얼게 하여) 만든 얼음을 잘라내어 저장한 것은 시장에는 거의 없다.

㈏ 현재 쓰여지고 있는 얼음은 아연 도금을 한 강판제의 용기 중에 물을 채워서 찬 브라인 속에 넣어서 만든 것이 많다.

② 관빙(罐氷)제조법

㈎ 제빙조(ice tank)는 강판제 (강판의 두께 1/4인치, 소형에는 3/16인치)의 대형수조 (깊이 1220 mm)로서 제빙실의 대부분을 점하고 있다. 이 탱크에 비중 1.18 ~ 1.2 정도 (보메도 20 ~ 24)의 염화칼슘의 용액, 즉 브라인이 채워져 있다.

㈏ 브라인 온도 −10℃ 이하로 유지되고 브라인 교반기의 작용으로 아이스캔 주변으로 순환속도 7.6 m/min 이상(9 ~ 12 m/min) 속도로 순환시킨다.

㈐ 제빙조는 외부로부터 열이 침입하는 것을 막기 위하여 외면에 방열재를 설치할 필요가 있다. 보통 저면(底面)은 100 ~ 125 mm의 콜크판을 설치하며 측면에는 같은 두께의 콜크판이나 25 ~ 35 cm 정도의 입상(粒狀) 콜크 등의 방열층을 설치한다.

③ 아이스캔

㈎ 제빙공장에서는 얼음 무게 135 kg 크기이고, 내용적 136 ~ 137 L 정도이다.

㈏ 135 kg, 두께 279 mm, −9℃ 투명빙 얼음의 결빙 시간은 약 48시간 정도이다.

㈐ 결빙에 요하는 시간 $= \dfrac{0.56 \times t^2}{-t_b}$

여기서, t_b : 브라인의 온도 (℃)

t : 빙괴의 두께 (cm)

(2) 어선용 냉동장치

① 빙장(氷藏) 또는 물 얼음에 의한 냉장을 보조해서 얼음의 융해를 막는 동시에 어획어를 예냉(豫冷)하는 목적에 사용되는 것이다.

② 빙장을 주로하는 어창 : 잡은 생선을 부순 얼음 사이에 냉장하는 어창

③ 예냉조 또는 냉해수 제조조 : 열대의 따뜻한 바다에서 잡은 생선은 30℃에 가까운 온도이기 때문에 이 생선을 빙장 또는 동결하기 전에 0～1℃의 냉해수에 채워서 예냉하는 장치

④ 수빙에 의한 냉각 또는 빙장 : 물에 부순 얼음을 혼합하여 수온을 0℃ 가까이 낮게 해서 그중에 잡은 생선을 투입 냉각하는 방법(빙장에서 어창 1 m^2당 450 kg의 생선을 수용할 수 있다.)

⑤ 동결어창 : 동결된 생선을 −20℃ 정도의 저온으로 저장하기 위하여 천정, 옆벽, 격벽, 바닥 또는 해치의 주벽에 냉각판을 설치한다. 동결어창에서는 1 m^3당 560 kg의 동결어를 수용할 수 있다.

⑥ 동결창 : 250톤 이상의 대형어선에서는 어장도 멀어지고 항해일수도 수개월에 걸치기 때문에 물 얼음이나 빙장으로는 선도가 유지되지 않으므로 선내동결이 행해지고 있다.

⑦ 예냉조(豫冷槽) : 예냉조에 찬 해수제조장치가 같이 있는 것은 4 m^3 정도이다.

⑧ 어창의 온도

㈎ 냉각시험은 어창을 비워놓은 상태로 해서 12시간 이상 실시

㈏ 어창 내의 동일한 층의 온도가 3℃ 이상 차이 나지 않을 것

㈐ 동결창에서는 12시간 이내에 다음의 온도 이하가 될 것

㉮ 공기냉각식의 경우 : −30℃

㉯ 탱크식의 경우 : −25℃

㈑ 예냉조 또는 냉해수 제조조에서는 6시간 이내에 0℃가 될 것

⑨ 어창온도 상승률 $= 100\dfrac{\Delta t}{\delta_1 Z}$

$$= 100\,U\frac{A\delta_1}{H}\cdot\frac{1}{\delta_1}\ [\%/\mathrm{h}]$$

여기서, Δt : 온도상승(℃), δ_1 : 초온도차(℃), Z : 시간(h),
U : 총괄 열전달계수($\mathrm{kJ/m^2 \cdot h \cdot K}$), A : 전열면적($\mathrm{m^2}$),
H : 열용량(kJ)

3-2 흡수식 냉동장치

(1) 흡수식 냉동장치의 종류

① 1중 효용 흡수식 냉동장치

㈎ 증기식 1중 효용 냉동장치

㈏ 온수식 1중 효용 냉동장치

② 2중 효용 흡수식 냉동장치 : 고온 발생기(재생기)와 저온 발생기(재생기) 즉, 두 개의 재생기를 둔다.

③ 직화식 흡수 냉온수기

㈎ 흡수 냉온수기

㈏ 난방능력 중대형 냉온수기

㈐ 고온수 공급용 냉온수기

㈑ 냉온수 동시 공급형 냉온수기

㈒ 공랭식 냉온수기

㈓ 주변기기 일체형 냉온수기

④ 흡수식 히트펌프

㈎ 1종 흡수식 히트펌프

㈏ 2종 흡수식 히트펌프

(2) 흡수식 냉동장치의 구조

① 구성

흡수 냉온수기는 냉동작용을 일으키는 증발기, 압축기의 흡입작용과 같이 냉매를 흡입, 흡수하는 흡수기, 압축기의 압축작용과 같이 냉매증기를 압축, 발생하는 고온재생기 및 저온재생기, 냉매를 응축하는 응축기 등의 기본 열교환기 외에 열효율을 향상시키기 위한 용액 열교환기, 용액 순환 및 냉매 순환을 위한 용액 및 냉매펌프, 기내 진공유지를 위한 추기장치, 열원공급을 위한 연소장치, 용량제어장치 및 안전장치 등의 요소로 구성되어 있다.

② 쌍동형과 단동형

㈎ 쌍동형의 장점

㉮ 전열손실이 적다.

㉯ 열응력 및 응력부식이 적다.

㉰ 설치면적이 작다.

㉱ 본체의 분할 반입이 가능하다.

㈏ 단동형의 장점

㉮ 본체의 구조가 간단하다.

㉯ 높이가 낮다.

㉰ 기밀성이 우수하다.

3-3 축열장치

(1) 축열

① 개요

비공조 시간에 열원기기를 운전하여 열을 에너지 형태로 저장한 후, 공조 시간에 부하측에 공급하는 시스템(열원기기와 공조기기를 독립적으로 분리운전)

② 장점

㈎ 경제적 측면

㉮ 펌프 등 부속설비의 축소

㉯ 설비비, 설치면적 감소, 수전설비 축소, 계약 전력 감소

㉰ 심야전력 이용으로 경비절감이 가능(전기료 1/3 정도, 기본 요금은 거의 없음)

㉱ 공조 시간 외에도 열원기기를 연속 운전하므로 냉동기 등 열원설비 용량의 대폭 감소를 가져옴

㈏ 기술적 측면

㉮ 고효율 정격 운전 가능(전부하 연속운전)

㉯ 열공급의 신뢰성 향상(축열조의 완충제 역할, 안정된 열공급)
특히 공조계통이 많고, 부하 변동이 크고, 운전시간대가 다른 경우

㉰ 열회수 시스템 채용 가능

㉱ 타열원(태양열, 폐열) 이용 용이

㉲ 전력 부하 균형에 기여

㉳ 열원기기 고장에 대한 융통성

㉴ 저온 급기 및 송수 방식 적용 가능

(다) 전력회사의 발전 측면

㉮ 전력 사정의 변화

㉯ 발전설비의 가동률 증대

㉰ 전력 저장 기술개발 의욕 증대

(라) 공조설비 회사의 측면

축열 공조 시스템의 보급

③ 단점

(가) 축열조의 열손실이 있다.

(나) 축열조 및 단열공사로 추가 비용이 발생한다.

(다) 축열조를 냉각, 가열하기 위한 배관계통 필요로 배관 설비비, 반송 동력비가 증가한다.

(라) 2차측 배관계가 개회로이므로 실양정을 가산한 펌프가 필요하다.

(마) 축열에 따른 혼합 열손실(에너지 손실은 없음)에 의해 공조기의 코일 열수, 펌프 용량, 2차측 배관계의 설비가 증가할 가능성이 있다.

(바) 축열조의 효율적인 운전을 위하여 제어, 감시 장치 필요, 또한 수처리가 필요한 것도 있다.

(사) 야간에서의 열원기 운전의 자동화나 소음에 대응하는 배려가 필요하다.

④ 축열체의 구비조건

물성	단위체적당 축열량이 클 것
	열의 출입이 용이
	상변화 온도가 작동하는 온도에 가까울 것
	취급이 용이
경제성	취급이 용이
	가격이 저렴
	자원이 풍부해서 대량으로 구입 가능할 것
신뢰성	화학적으로 안정
	부식성이 없을 것
	반복 사용해도 성능이 저하되지 않을 것
안전성	독성이 없을 것
	폭발성이 없을 것

(2) 냉수축열과 빙축열 비교

① 냉수축열과 빙축열 시스템의 비교

	장점	단점
냉수 축열	• 설계, 시공, 취급이 간단 • 냉동기는 일반적인 제품이 사용 가능 (용량에 맞는 기준을 자유롭게 선정 가능) • 높은 성적 계수 (동력 감소) • 온수 축열과 병용 용이 • 축열조 내 물을 소화용수로 사용 가능 • 수변전 설비용량 감소 • 부분부하 시 대처 용이 • 열원고장 시 대처 용이	• 동력 증가 • 유지비 증가 • 대용량의 경우 이중 Slab가 없는 건물에는 적용이 불가능 • 유용에너지 감소 (혼합 열손실) • Baffle 설치, 방수공사, 단열공사 필요 • 수조의 표면적이 커짐으로써 열손실이 증가 (5 ~ 10 %) • 펌프 양정이 커짐 (부하측 순환회로는 개회로) • 배관 및 열교환기 부식 (개회로) • 수조의 누설 가능성 • 수조가 크므로 유지 여러움 • 온도차가 적으므로 대형 열교환기 필요
빙축열	• 설비비가 감소 • 축열조의 용적이 감소 (1/4 ~ 1/5) • 유용 에너지의 감소 (혼합 열손실)가 거의 없음 → 열손실 감소 (1 ~ 3 %) • 축열조의 가격이 저렴 • 펌프, 팬의 동력비 감소 • 배관 부식 문제가 작음 (밀폐회로) • 강판재 또는 건물 내 이중 Slab 이용 가능 • 옥상에 설치 가능 • 부하측 순환회로가 폐회로이므로 부식이 적음 • 저온급기 시스템 채용 가능 • 기존 건물의 냉방부하 증가 시 열원기기의 용량증가 없이 대응 가능	• 설계 시공이 다소 복잡 • COP 감소 (증발온도 낮음) • 냉동기의 능력 저하 • 온수축열과 병용 시 제약 • 직접 팽창형 열교환기 사용 시 고압가스 취급법이 적용됨 • 터보 냉동기 적용은 부적합 • 숙련자가 냉수축열보다 적음

② 빙축열 시스템의 장·단점

(가) 장점

㉮ 심야전력요금의 적용으로 운전 경비 절감 (심야 시간대는 기본요금이 거의 없으며 전기료는 주간 요금의 1/3 수준)

㉯ 공조 부하변동에 상관없이 열원기기의 효율적인 운전이 가능함 (항상 최대부하로 운전될 수 있음)

㉰ 공조부하가 어느 정도 증가할 경우에도 열원의 증설 없이 대응이 가능함 (운전 시간과 운전 방법의 조절로 어느 정도의 증가부하를 담당할 수 있으며, 저온송수,

저온 급기가 가능하므로 배관, 덕트 등 2차 설비의 변경 없이 대응 가능)

㉣ 열원기기의 고장 시에도 축열부분 만큼의 냉방운전이 가능함 (빙축열조 단독으로도 60% 이상 냉방부하를 담당 가능)

㉤ 지역 냉방을 위한 저온송수 방식, 저온 급기 방식 등과 같은 2차측 시스템의 적용 가능함 (빙축열 시스템에서 증가되는 설치 공사비를 빙축열조에서 생성되는 저온의 열매 공급에 의한 2차측 설비비 감소로 상쇄시킬 수 있음)

㉥ 난방용으로 별도 보일러를 설치하므로 난방시스템 선택의 융통성이 크며, 특히 고층빌딩에 유리함

㈏ 단점

㉮ 축열조, 별도 난방 열원기기 등의 설치공간이 증가함 (냉동용량 감소로 인한 설치공간 감소보다는 축열조의 추가 설치에 더 많은 공간이 필요)

㉯ 초기 투자비가 고가 (빙축열조, 자동제어 공사비 등)

㉰ 축열조에 의한 에너지 손실이 발생함

㉣ CFC 대체 냉매에 대한 고려가 필요함

㉤ 설계, 시공, 관리 등에 주의를 요함 (일반 시스템과는 달리 제빙, 해빙 과정이 반복되므로 성능 저하 방지를 위한 철저한 유지관리가 요망됨, 또한 경제적인 제빙량 예측이 쉽지 않음)

㉥ 건물 특성에 맞는 시스템, 용량 및 운전 패턴 등의 선정에 주의를 요함

(3) 빙축열 시스템의 분류

① 제빙 형식에 따른 분류

㈎ 정적형

㉮ 관외착빙형 ㉯ 관내착빙형 ㉰ 캡슐형 또는 용기형

㈏ 동적형

㉮ 빙 박리형 ㉯ 액체식 빙 생성형

㈐ 운전구성에 따른 분류

㉮ 전부하 축열 방식 ㉯ 부분부하 축열 방식

㈑ 브라인 회로 방식

㉮ 밀폐형 ㉯ 개방형

㈒ 운전방식

㉮ 냉동기 우선 방식 ㉯ 축열조 우선 방식

㈓ 2차측에서의 열반송 방식

㉮ 직송 방식 ㉯ 열교환 방식

>>> 제3장

예상문제

1. 암모니아(NH_3)를 사용하는 흡수식 냉동기의 흡수제는 다음 중 어느 것인가?

① 질소
② 프레온
③ 물
④ 리튬브로마이드

해설 흡수식 냉동기의 사용냉매와 흡수제

냉매	용매(흡수제)
NH_3	H_2O
H_2O	LiBr

2. 제빙장치에서 브라인의 유속(m/min)은 얼마 이상인가?

① 3.5 m/min
② 5.5 m/min
③ 7.6 m/min
④ 15.5 m/min

해설 유속은 7.6 m/min (9 ~ 12 m/min) 이상의 순환속도이다.

3. 어선용 냉동장치에서 얼음에 의한 냉장을 보조해서 얼음의 용해를 막는 동시에 어획어를 예냉하는 목적으로 사용되는 것은 다음 중 어느 것인가?

① 빙장
② 어창
③ 예냉조
④ 냉해수 제조조

4. 2중 효용 흡수식 냉동장치의 구성은 무엇인가?

① 압축기 2개
② 증발기 2개
③ 응축기 2개
④ 재생기 두개

해설 2중 효용 흡수식은 고온 재생기기와 저온 재생기를 사용한다.

5. 제빙형식에 따른 빙축열 시스템에서 정적형의 종류가 아닌 것은?

① 관외착빙형
② 관내착빙형
③ 캡슐형
④ 빙 박리형

해설 빙 박리형과 액체식 빙 생성형은 동적형이다.

정답 1. ③ 2. ③ 3. ① 4. ④ 5. ④

Chapter 04

냉동설비 시운전

4-1 냉동설비 시운전

(1) 운전 준비

① 압축기의 유면을 점검한다. 전동기는 필요에 따라 그 베어링의 유면을 점검한다.
② 냉매량을 확인한다.
③ 응축기, 유냉각기의 냉각수 출입구 밸브를 연다.
④ 압축기의 흡입측 및 토출측 스톱밸브를 전개한다. 단, 흡입측의 냉매배관 중에 액냉매가 고여 있을 우려가 있는 경우 및 리퀴드백(liquid back)의 우려가 있는 경우에는 흡입측 스톱밸브를 전폐로 둔다.
⑤ 압축기를 서너 번 손으로 돌려 자유롭게 돌아가는 것을 확인한다.
⑥ 운전 중에 열어 두어야 할 밸브를 전부 연다.
⑦ 액관 중에 있는 전자밸브의 작동을 확인한다.
⑧ 벨트의 상황을 점검한다(직선과 장력). 직결의 경우는 커플링을 점검한다.
⑨ 전기결선, 조작회로를 점검하고, 절연저항을 측정해 둔다 (메가테스트).
⑩ 냉각수펌프를 운전하여 응축기 및 실린더 케트의 통수를 확인한다.
⑪ 각 전동기에 대하여 수 초 간격으로 2～3회 전동기를 발정시켜 기동상태 (전류와 압력), 회전방향을 확인해 둔다.

(2) 운전 개시

① 냉각수펌프를 기동하여, 응축기 및 압축기의 실린더 자케트에 통수한다.
② 쿨링타워 (증발식 콘덴서)를 운전한다.
③ 응축기의 워터자케트 상부에 있는 에어벤트 플러그 또는 배관 중의 벤트밸브를 열어 냉각수계통 내의 공기를 방출하여 완전하게 만수시킨 후, 확실하게 조인다.
④ 증발기 (쿨러)의 송풍기 또는 냉수 (브라인) 순환펌프를 운전한다.
⑤ 압축기를 시동하여 흡입측 스톱밸브를 서서히 열어나가 전개한다. 이때 압축기에 노크 (knock) 소리가 발생하면 즉시 흡입 스톱밸브를 닫는다. 이것은 오일 또는 냉매의

리퀴드 섹션 (liquid suction)의 증조이므로 이 노크 소리가 없어지는 것을 기다린 후에 다시 밸브를 서서히 열어 노크 소리가 없어질 때까지 이 조작을 반복한다.

⑥ 수동팽창밸브의 경우에는 팽창밸브를 서서히 열어 규정의 개도까지 연다. 자동팽창밸브의 경우, 팽창밸브전의 수동밸브가 닫혀 있을 때는 이것을 전개한다.

⑦ 압축기의 유압확인, 조정을 한다. 유압을 「흡입압력+1.5~3 kg/cm^2」으로 하고 메이커의 취급설명서를 참조하여 조정한다.

⑧ 운전상태가 안정되었으면 전동기의 전압, 운전전류를 확인한다.

⑨ 압축기의 크랭크 케이스 유면을 자주 체크한다.

⑩ 응축기 또는 수액기의 액면에 주의한다.

⑪ 응축기 또는 수액기에서 팽창밸브에 이르기까지의 액배관에 손을 대서 현저한 온도변화 (온도저하)가 있는 개소가 없는지 확인한다.

⑫ 리퀴드 아이 (liquid eye)가 있을 때는 기포발생 여부를 확인한다.

⑬ 팽창밸브의 상태에 주의하여 소정의 흡입압력, 적당한 과열도가 되도록 조정한다.

⑭ 토출가스압력을 체크하여 필요에 따라 냉각수량, 냉각수 조절밸브를 조정한다.

⑮ 증발기에서의 냉각상황, 적상 (積霜)상황, 냉매의 액면 등을 체크한다.

⑯ 고저압 압력 스위치, 유압 보호 압력 스위치, 냉각수 압력 스위치 등의 작동을 확인하여, 필요에 따른 압력을 조정한다.

(3) 운전 정지

① 팽창밸브 직전의 밸브를 닫는다.

냉매가 응축기 또는 수액기에 회수되어서 흡입가스 압력이 점차 저하하여 정상적인 운전 압력보다 1~1.5 kg/cm^2 정도 내려갔을 때, 압축기의 흡입측 스톱밸브를 전폐하고 전동기를 정지한다. 이때 계통 내의 압력은 프레온 냉매의 경우 0.1 $kg/cm^2 \cdot g$, 암모니아에서는 0 $kg/cm^2 \cdot g$ 이하가 되어서는 안 된다.

이것은 증발기나 흡입관 내의 냉매를 될 수 있는 대로 회수함으로써 저압부의 냉매가 액화해서 고여 다음 기동 시에 리퀴드 섹션하지 않도록 하기 위한 조작이다.

② 압축기의 토출측 스톱밸브를 전폐한다.

③ 유 분리기의 반유밸브 (返油 valve)를 전폐한다. 이것은 정지 중 분리기 내에 응축한 냉매가 압축기로 들어오는 것을 방지하기 위한 조작이다.

④ 응축기, 실린더 재킷의 냉각수를 정지시킨다. 겨울철에 동파 (凍破)의 위험성이 있을 때는 기내의 물을 배제해 둔다.

4-2 냉동설비 안전대책

(1) 내압시험

내압시험은 압축기, 압력용기, 밸브 등 냉동 장치의 배관을 제외한 구성기기의 개별적인 것에 대하여 기기 생산 공장에서 액체(H_2O, oil)압력으로 실시한다.

① 내압시험은 압축기, 부스터(booster), 압력용기 등 내압강도를 확인하지 않으면 안되는 구성기기 또는 그 부품마다 실시한다.

② 내압시험은 높은 압력을 걸었을 때 일어나는 위험을 예상하여 액압시험 (掖壓試驗)을 하는 것이 원칙이다.

③ 시험압력은 최소 누설시험압력의 15/8배 이상의 압력으로 실시한다.

④ 시험은 피시험품에 액체(물, 오일 등)를 채우고, 공기를 완전하게 배제한 다음 액압을 서서히 가하면서 피시험품의 각부에 이상이 없는 것을 확인한다.

⑤ 이때 피시험품의 각부에 누설, 이상한 변형, 파괴 등이 없는 것을 확인하여 합격된 것으로 한다.

⑥ 시험에 사용하는 압력계는 눈금판의 크기가 75 mm 이상이고, 그 최고눈금이 시험압력의 1.5 ~ 2배의 것을 사용한다.

(2) 기밀시험

기밀시험은 내압시험을 실시한 압축기, 부스터, 압력용기, 밸브 등 냉동장치의 배관을 제외한 구성기기에 대하여 개별적으로 실시하고, 일반적으로 내압시험이 끝나면 계속해서 실시한다.

① 기밀시험은 내압강도가 확인된 압축기, 부스터, 압력용기, 밸브 등 구성기기마다 실시하는 것이나, 이들 부품은 모두 조립된 상태에서 한다. 내압시험을 부품마다 실시한 경우에도 기밀시험은 부품별로 실시할 수 없다.

② 시험은 누설의 확인이 쉽도록 가스압 시험으로 한다. 시험에 사용하는 압축가스는 공기 또는 불연성가스, 비독성가스 (탄산가스, 질소가스)를 사용해서 작업의 안전을 도모한다. 또한 산소 등의 지연성가스 (支然性 gas)를 쓰면 안되고, 암모니아 냉동장치의 경우는 탄산가스를 쓰지 말아야 한다.

③ 시험은 피시험품 내의 가스압을 시험압력 (최소 누설시험 압력의 5/4배 이상)으로 유지한 다음 수조 (水槽) 내에 넣어 기포발생이 없는 것을 확인하거나, 또는 외부에 비눗물 등의 발포액을 발라서 거품이 일지 않는 것으로써 누설이 없는 것을 확인한다.

(3) 누설시험

냉매배관공사가 완료될 때, 발열공사의 시공 및 냉매를 충전하기 전에 냉매배관 전 계통에 걸쳐 누설시험을 하여야 한다.

① 압축기의 흡입측, 토출측 밸브를 닫고, 압축기를 차단한다.

② 지시도가 정확한 압력계를 냉매계통의 고압측, 저압측에 각각 적어도 1개씩 적당한 개소에 접속한다. 압력계의 눈금판의 크기는 75 mm 이상이고, 그 최고눈금은 시험압력이 1.5 ~ 2배의 범위에 있는 것을 사용하여야 한다.

③ 응축기, 수액기 등의 안전밸브에 대한 스톱밸브 및 외기에 통하는 모든 밸브(에어퍼지밸브, 냉매충전밸브 등)를 닫는다.

④ 자동제어밸브나 팽창밸브의 외부균압관 등 시험압력이 걸리면 좋지 않는 것은 떼어내거나, 또는 적당한 보호 조치를 한다.

⑤ 팽창밸브의 입구는 플러그(plug)하여, 고압측과 저압측의 구분을 붙인다.

⑥ 계통 중의 밸브는 모두 연다. 전자밸브는 통전하거나 또는 적당한 방법으로 열어둔다.

⑦ 가스압을 가할 때는 가스 실린더를 수직으로 세워서 실린더에는 압력계와 조정밸브를 반드시 붙여야 한다. 또한 조정밸브와 충전밸브 사이에도 1개의 압력계를 설치하여야 한다.

⑧ 실린더에 접속된 공급파이프에는 T자관을 접속해서 한쪽은 고압측(예를 들어, 냉매충전밸브)에 다른 한끝은 저압측(떼어낸 외부균압관 접속구)에 접속하고, 저압측에는 도중에 스톱밸브를 삽입한다.

⑨ 실린더의 밸브를 열거나, 또는 공기압축기를 운전하여 서서히 가압해서 약 5 kg/cm^2까지 압력을 올린다.

⑩ 여기서 일단 전 계통에 이상이 없는 것을 확인한 다음 서서히 저압측의 시험압력까지 압력을 높여간다.

⑪ 저압측 시험압력의 상태에서 누설의 유무를 조사한다. 누설은 발포액을 각 나사부, 이음쇠, 용접부, 기타 누설이 예상되는 모든 개소에 충분히 발라서 면밀하게 검사한다. 이때 검사개소를 가볍게 망치로 두들겨 보면 좋다. 또한 발포하는데 1 ~ 2분이 걸리는 미소한 누설개소도 빠트리지 않도록 주의한다.

⑫ 누설시험에 사용하는 발포액으로는 적당한 농도의 비눗물에 몇 방울의 글리세린을 혼합한 것 또는 네카아르와 같이 발포하기 쉽고, 거품의 지속성이 있는 것을 사용한다. 또한 비눗물을 사용했을 때는 나중에 잘 수세하도록 한다.

⑬ 전 계통(고압과 저압측)이 저압측 시험압력 하에서 누설이 없을 때는 저압측 가스공급파이프의 스톱밸브를 닫고, 고압측만을 고압측 시험압력으로 높여서 ⑪과 마찬가지 방

법으로 고압측의 누설검사를 한다. 이때 응축기, 수액기, 유분리기 등 압력용기도 함께 점검한다.

⑭ 누설개소가 발견됐을 때는 압력이 있는 상태인 채로 용접을 하거나, 무리가 걸리는 볼트 조임 등의 작업을 하면 위험하므로 가스를 퍼지 한 다음에 하도록 해야 한다. 따라서 누설이 멈출 때까지 몇 번이고 반복 시험한다는 원칙을 소홀히 해서는 안 된다.

⑮ 누설개소가 없어지면 압력을 그대로 두고 24시간 방치시험을 하여 압력강하가 없는 것을 확인한다. 압력강하에 대해 주위 온도 변화가 현저할 때는 온도에 의한 보정을 고려하여야 한다. 압력은 보통 5℃ 오르내릴 때마다 0.19 kg/cm^{2}씩 상하한다.

⑯ 계통에 누설이 없는 것이 확인되면 계통 중의 낮은 위치에 있는 드레인 밸브나 특히 먼지가 고이기 쉬운 부분의 밸브, 플러그 등으로부터 내부의 가스를 방출한다.

(4) 공기운전

설치와 배관이 끝나고 누설시험을 완료한 경우에는 압축기의 설치가 정상적이고 이상 없이 운전할 수 있는가를 점검하기 위하여 공기운전을 실시하는 것이 좋다.

① 압축기의 실린더 자케트에 냉각수를 통한다.

② 압축기의 토출측에 공기의 토출구를 설치한다. 이를 위해서는 배관을 분해하거나 원래 붙어있는 토출구 플러그를 풀어낸다.

③ 압축기 흡입측의 배관을 분해하거나 흡입구 플러그를 풀어내서 공기의 흡입구로 한다.

④ 압축기의 유면을 확인한다.

⑤ 압축기를 손으로 돌려봐서 이상이 없는 것을 확인한다.

⑥ 압력스위치등의 접점이 「컷아웃」의 상태로 있으면 이것을 단락한다.

⑦ 전동기를 수 초 간격으로 2～3회 발정시켜 이상 없이 기동되는 것을 확인한 다음 운전에 들어간다.

⑧ 운전과 동시에 유압의 상승정도를 조사하여 필요에 따라 조정한다.

⑨ 운전 중 압축기 각부의 이상음 발생, 이상발열이 없는 것을 확인한다.

⑩ V 벨트의 상황을 확인한다.

⑪ 토출구를 서서히 조여서 토출압력의 상승정도를 확인한다. 이때 필요 이상의 고압으로 하지 말고, 또한 너무 장시간에 걸쳐 고압을 유지해서 실린더를 과열시키지 않도록 주의한다.

⑫ 흡입구를 서서히 조여서 흡입압력(진공도)의 저하상황을 확인한다. 압축기의 도달 진공도는 대형 압축기에서는 700 mmHg, 소형 압축기에서는 680 mmHg 이상으로 있으면 된다.

⑬ 특히 길들이기 우전이 필요할 때는 토출압력을 걸지 않는 상태(개방상태)에서 행한다.

⑭ 공기운전은 토출압력이 걸리지 않는 상태에서 약 20분간 계속해서 각부의 온도상승, 음향에 이상이 없는 것을 확인한다.

(5) 진공시험

누설시험에 의하여 냉매계통이 완전하게 기밀이 확보된 것이 확인되었으면 계통 내를 진공 건조함으로써 공기 기타 불응축가스를 배출하고, 동시에 계통 내의 수분을 완전하게 배제한다.

① 계통을 진공으로 하기 위하여 압축기를 사용해서는 안되고 진공펌프를 사용한다.

② 진공펌프는 압축기의 흡입측 스톱밸브 및 액관에 있는 충전밸브의 양쪽에 연결한다.

③ 진공계는 팽창밸브의 양쪽(고압측, 저압측)에 설치한다.

④ 진공펌프는 운전 전에 화살표로 지시되는 회전 방향으로 손으로 천천히 돌리면서 필요에 따라 흡입구로부터 진공펌프유를 본체에 주입하여 마찰면에 충분히 기름을 퍼지게 한 다음 운전하여야 한다.

⑤ 진공펌프를 장시간 운전하여도 고도의 진공이 얻어지지 않는 원인은 다음과 같다.

㈎ 계통 내에 다량의 수분이 있을 때

㈏ 진공계의 불량

㈐ 계통과 진공펌프 또는 연락관의 누설

㈑ 진공펌프의 효율이 나쁠 때는 펌프 자체의 누설, 펌프유의 오손에 원인이 있으며, 이것은 펌프단체로서 테스트하면 판명될 수 있다.

⑥ 계통이 필요한 진공도에 도달하면 진공펌프를 계속 1～3시간 정도 운전하고 그 다음 연락관 중의 스톱밸브를 닫아서 진공방치 시험에 들어간다.

⑦ 진공상태로 적어도 10시간(보통, 24시간) 방치하고, 방치 후의 진공도 저하를 측정하여 5 mm 이내인 것을 확인한다.

⑧ 진공시험에 합격하면 냉매충전의 준비가 완료된 것이며 충전 시까지 외기가 계통 내로 누입하지 않도록 주의한다. 따라서 곧 충전작업에 들어가도록 한다.

(6) 냉매충전

냉매계통의 기밀이 완전한 것이 확인된 다음에는 냉매를 충전하게 된다.

① 최초의 냉매충전은 고압측으로부터 하는 편이 단시간에 완료할 수 있다. 즉, 냉매충전밸브에 실린더를 연결한다. 충전밸브의 플레어 너트를 꼭 죄이기 전에 실린더 용기 밸브를 약간 열어서 가스를 분출시켜 충전용 연락관 내의 공기를 몰아낸다.

② 프레온 냉동장치에서는 진공건조가 충분히된 다음이 아니면 냉매를 충전하지 말아야 한다.
③ 실린더를 저울위에 올려놓고, 30° 이상 밑을 들어 올려서 받침대로 고여 기울게 하여 액 냉매만이 충전되도록 한다.
④ 응축기 및 압축기의 실린더 자케트에 냉각수를 통수한다.
⑤ 드라이어 바이패스 밸브를 닫고, 드라이어 출입구 밸브를 연다. 계통 중의 전자밸브도 열어둔다.
⑥ 실린더 밸브를 약간 열어 계통 내의 압력이 2 ~ 3 kg/cm^{2}에 달하면 일단, 각부에 냉매 누설을 점검한다.
⑦ 이상이 없으면 압축기의 운전을 하여 흡입가스 압력이 너무 낮지 않도록 주의하면서 운전을 계속한다. 흡입가스 압력이 0 kg/cm^2·g 이하가 되면 압축기를 정지한다. 수냉각기를 사용하고 있을 때 흡입가스 압력을 너무 내리면 동결의 위험성이 있으므로 냉수의 온도, 유량에 주의한다.
⑧ 실린더의 무게를 계량하면서 충전을 계속하여 규정량의 냉매가 충전되면 운전을 중지하고 충전밸브를 닫는다.
⑨ 충전이 끝나면 드라이어 바이패스 밸브를 열고 드라이어 출입구 밸브를 닫는다.

(7) 펌프다운

냉동장치의 점검, 수리 등을 위하여 냉매계통을 개방하고자 할 때는 계통 내의 냉매를 응축기 (또는 수액기)에 회수한다.

① 압축기의 토출측 및 흡입측 스톱밸브를 연다.
② 응축기 또는 수액기의 액출구 밸브를 닫는다. 액배관의 도중에 있는 전자밸브는 열어 둔다.
③ 저압압력스위치는 흡입가스 압력이 어느 정도 진공이 되어도 접점이 컷아웃 되지 않도록 낮은 압력으로 조절하거나 단락해 둔다.
④ 응축기에 냉각수 (냉각공기)를 통수하여 압축기를 기동한다.
⑤ 냉매의 회수운전을 계속하여 흡입가스 압력이 0 kg/cm^2(freon의 경우 0.1 kg/cm^2)보다 다소 낮은 압력이 되면 압축기를 정지하여 즉시 압축기토출측 스톱밸브를 닫는다. 잠시 방치하여 윤활유 중의 냉매증발로 크랭크케이스 내의 압력이 다시 상승하게 되면 다시 토출측 스톱밸브를 열어 압축기를 기동한다.

⑥ 크랭크케이스 내 압력이 약 0.1 kg/cm^2·g에서 평준화되기까지 이와 같은 조작을 2 ~ 3회 반복한다. 정지 후 토출측 스톱밸브, 유분리기의 반유밸브, 응축기 (수액기)의 입구밸브를 닫는다. 그리고 흡입측 스톱밸브를 닫으면 거의 모든 냉매가 응축기 (수액기)에 회수된 결과가 된다.

⑦ 냉각수 (냉각공기)의 공급을 정지한다.

(8) 윤활유 충전

냉동기용 윤활유는 냉매의 종류, 냉동기의 전 조건에 적합한 양질의 것을 선정할 필요가 있으나, 운전 조건 중 가장 중요한 요소는 윤활유의 저온에서의 유동성에 관계가 있는 증발온도이다.

① 오일충전 밸브에 기름통을 배관으로 연락하고, 될 수 있으면 기름통을 높은 곳에 둔다.

② 압축기의 흡입측 및 토출측 스톱밸브를 닫고, 토출측의 에어퍼지 밸브를 연 다음 압축기를 4 ~ 5회 손으로 돌려서 크랭크케이스 내를 약간 진공으로 한다.

③ 오일충전 밸브를 열어 크랭크케이스 내에 기름을 넣어 유면계에 주의하면서 규정 유면까지 충전한다.

④ 충전한 윤활유량을 기록해 둔다.

(9) 윤활유 배출(숙청)

① 윤활유는 오일충전 밸브로부터 뽑아낸다. 밸브에 오일충전 파이프를 접속하여 기름통에 연락해 둔다.

② 압축기를 펌프 다운하여 압력을 0.1 kg/cm^2 정도로 한다.

③ 밸브를 조용히 열어 유면계에 주의하면서 소정량만큼 뽑아낸다.

④ 뽑아낸 기름의 계량은 잠시 방치하여 용해된 냉매가 거품져 전부 증발한 다음에 하도록 한다.

⑤ 기름을 다 뽑아냈으면 오일차지 밸브를 꼭 닫고, 압축기를 운전해서 유면이 안정된 다음 유면계를 체크해 둔다.

⑥ 윤활유의 배출은 크랭크케이스 하부의 드레인 플러그를 이용해서 하여도 된다.

제4장 예상문제

1. 다음 중 냉동설비를 시설할 때 작업의 순서가 옳게 연결된 것은?

㉠ 냉각운전 ㉡ 냉매의 누설 확인 ㉢ 누설시험 ㉣ 진공운전 ㉤ 배관의 방열공사

① ㉣ → ㉤ → ㉢ → ㉡ → ㉠
② ㉢ → ㉣ → ㉡ → ㉤ → ㉠
③ ㉢ → ㉤ → ㉣ → ㉡ → ㉠
④ ㉣ → ㉡ → ㉢ → ㉤ → ㉠

해설 냉동장치의 각종 시험 순서 : 내압시험 → 기밀시험 → 누설시험 → 진공시험 → 냉매충전 → 냉각시험 → 보냉시험 → 방열시공 → 시운전 → 해방시험 → 냉각운전

2. 냉동장치를 장기간 운전 휴지하고자 할 경우 주의하여야 할 사항이 아닌 것은?

① 냉매는 장치 내에 잔류시키고, 장치 내의 압력은 0.1 kg/cm^2 이하로 유지한다.
② 밸브류는 전부 글랜드 및 캡을 꼭 조여 냉매누설을 조사하여 둔다.
③ 냉각수는 드레인 밸브 및 플러그에서 완전 배출한다.
④ 냉동장치 전체의 누설을 조사한다.

해설 저압측의 압력은 정지 시 NH_3는 0 $kg/cm^2 \cdot g$에 가까이 하고, Freon은 0.1 $kg/cm^2 \cdot g$에 가까이 하며 대기압 이하가 되지 않도록 주의한다.

3. 다음 중 냉동기를 정지할 때의 순서로 맞게 나열된 것은?

㉠ 전동기를 정지시킨다. ㉡ 팽창판 직전의 밸브를 닫는다. ㉢ 유 분리기의 반유밸브를 닫는다. ㉣ 냉각수를 정지시킨다. ㉤ 압축기의 토출측 스톱밸브를 닫는다.

① ㉠ → ㉡ → ㉢ → ㉣ → ㉤
② ㉤ → ㉣ → ㉢ → ㉡ → ㉠
③ ㉡ → ㉠ → ㉤ → ㉢ → ㉣
④ ㉤ → ㉡ → ㉠ → ㉢ → ㉣

해설 정지 순서
1. 수액기 출구지변 또는 팽창밸브를 닫는다.
2. 저압이 0 $kg/cm^2 \cdot g$ 가까이 될 때 흡입지변을 닫는다.
3. 냉동기를 정지한다.
4. 압축기의 회전이 정지하면 토출지변을 닫는다.
5. 응축기의 입·출구 수온이 같을 때 냉각수 펌프를 정지한다.
6. 장기 휴지 시 냉각수를 배출한다.
7. 각종 부분을 누설검사한다.
8. 압축기 축봉부의 글랜드 너트를 조인다.

정답 1. ② 2. ① 3. ③

Chapter 05

열역학의 기본사항

5-1 기본 개념

1 열역학 시스템

(1) 기계 열역학

① 열역학 : 어떤 물질이 열에 의하여 한 형태에서 다른 형태로 변화할 때 일어나는 제 상호관계의 정적인 역학이다.

② 기계 열역학 : 열적인 성질 또는 작용 등을 기계분야에 응용한 에너지 변환의 관계이다.

(2) 열과 온도와의 상호관계

① 열 (heat) : 일 (work)을 할 수 있는 에너지를 말한다.

② 에너지 (energy) : 일 (work)을 할 수 있는 능력을 말한다.

③ 온도 (temperature) : 물체가 보유한 열에너지의 강도 또는 세기를 말하며, 열 (heat)과 온도 (temperature)는 상호 비례한다.

④ 열량 : 열에너지의 양이며, 에너지 보존 법칙을 나타내는 열역학 제 1 법칙에서 다루어진다.

2 물질의 상태와 상태량

① 동작물질 : 열기관에서 열을 일로 전환시킬 때, 또는 냉동기에서 온도가 낮은 곳의 열을 온도가 높은 곳으로 이동시킬 때 반드시 매개물질이 필요하며, 이 매개물질을 동작물질이라 한다.

② 작업유체 : 동작물질은 열에 의하여 압력이나 체적이 쉽게 변하거나, 액화나 증발이 쉽게 이루어지는 물질로서 이것을 작업유체 또는 동작유체라 한다.

③ 계와 주위 : 이러한 물질의 일정한 양 또는 한정된 공간 내의 구역을 계(系)라 하며, 그 외부를 주위(surrounding)라 하고 계와 주위를 한정시키는 칸막이를 경계(boundary)라 한다.

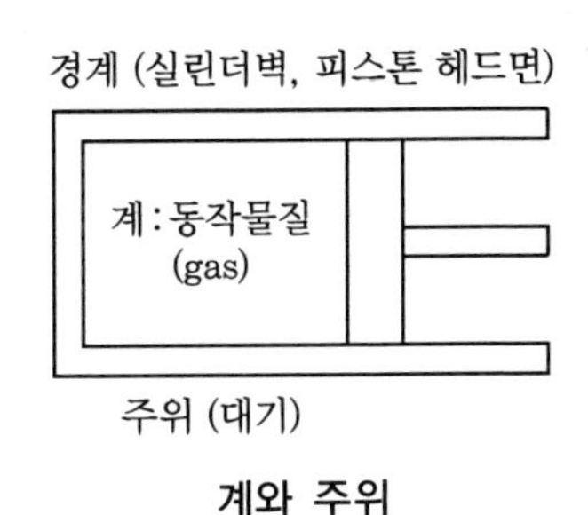

계와 주위

④ 개방계 : 계와 주위의 경계를 통하여 열과 일을 주고 받으면서 동작물질이 계와 주위 사이를 유동하는 계를 말한다.

⑤ 밀폐계 : 열이나 일만을 전달하나 동작물질이 유동되지 않는 계이다.

⑥ 유동과정 : 개방계는 물질이 이 경계를 통하여 유동하므로 이 과정(process)을 유동과정이라 한다.

⑦ 비유동과정 : 밀폐계는 경계를 통한 물질의 유동이 없으므로 비유동과정이 된다.

(가) 절연계 : 계와 주위 사이에 아무런 상호작용이 없는 계

(나) 단열계 : 경계를 통하여 열의 출입이 없는 계

⑧ 상태(state) : 상태량으로 표시되거나 측정되는 계의 조건이다. 상태가 변화할 때는 변화량을 처음 상태값과 나중 상태값으로 나타낸다.

⑨ 과정(process) : 계가 정상상태에서 에너지 전달이나 상태 변화를 겪을 때 항상 일어나는 경로이다.

⑩ 사이클(cycle) : 계가 에너지 전달이나 상태 변화를 겪을 때 초기상태와 최종상태가 같은 일련의 과정을 말한다.

⑪ 상태량(properity) : 계의 관찰할 수 있는 특성을 말하며, 다음과 같이 구분할 수 있다.

(가) 강도성 상태량(intensive properity) : 계의 질량과 무관한 상태량이다.

예 압력, 온도, 높이, 점도 등

(나) 종량성 상태량(extensive properity) : 계의 질량에 의존하는 상태량이다.

예 체적, 모든 종류의 에너지 등

3 과정과 사이클

(1) 열과 일

① 열 Q [kcal 또는 kJ] : 열이 주위로부터 계로 전달될 때 계가 받은 열은 + (陽)로 하고, 열이 계에서 주위로 전달될 때 계가 방출한 열은 − (陰)로 한다.

(가) 계가 받은 열 $=+Q$

(나) 계가 방출한 열 $=-Q$

② 일 W [kg·m 또는 kJ] : 계가 주위에 대해 일을 할 때 (에너지가 일의 형태로 계에서 주위로 전달될 때) 계가 한 일은 + (陽)로 하고, 주위가 계에 대해 일을 할 때 계가 받은 일은 − (陰)로 한다.

(가) 계가 한 일 $=+W$

(나) 계가 받은 일 $=-W$

(2) 열역학 제 1 법칙

열은 에너지의 하나로서 일을 열로 교환하거나 또는 열을 일로 변환시킬 수 있는데 이것을 열역학 제 1 법칙이라 한다.

$$Q = AW, \quad W = JQ$$

여기서, J : 열의 일당량 (mechanical equivalent of heat)

A : 일의 열당량 (heat equivalent of work)

$$J = 426.79 \fallingdotseq 427 \text{ kg}\cdot\text{m/kcal} = 1\text{ N}\cdot\text{m/J}$$

$$A = \frac{1}{J} = \frac{1}{426.79}\text{ kcal/kg}\cdot\text{m} = 1\text{ J/N}\cdot\text{m}$$

(3) 엔탈피(enthalpy)

- 비엔탈피 $h = u + Apv$ [kJ/kg]
- 엔탈피 $H = U + APV$ [kJ]

① 정지계에 대한 일반 에너지식

(가) 절대일

$$dq = du + Apdv \text{ [kJ/kg]}$$

$$q = \int du + A\int pdv \text{ [kJ/kg]}$$

이 식을 에너지 기초식 또는 열역학 제 1 법칙이라 한다.

㈏ 공업일

$$dq = dh - Avdp\ [\text{kJ/kg}]$$

$$q = \int dh - A\int vdp\ [\text{kJ/kg}]$$

② 정상유동에서의 일반 에너지식

$$u_1 + Ap_1v_1 + \frac{Aw_1^2}{2g} + AZ_1 + q$$

$$= u_2 + Ap_2v_2 + \frac{Aw_2^2}{2g} + AZ_2 + AW$$

1
w_1
AW
q
2
w_2

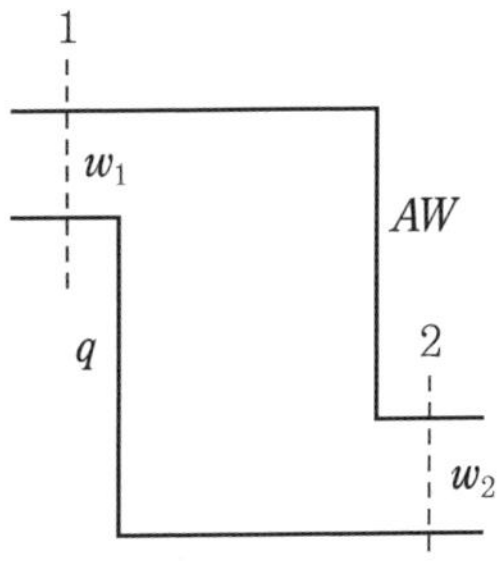

유동계

따라서, $h = u + Apv$로 표시하면

$$h_1 + \frac{Aw_1^2}{2g} + AZ_1 + q$$

$$= h_2 + \frac{Aw_2^2}{2g} + AZ_2 + AW$$

(4) $P-v$ 선도

① 절대일(absolute work)

$P-v$ 선도에서와 같이 곡선 1에서 곡선 2까지 변화하는 동안 면적 122′1′는 $\int_1^2 Pdv$ 이고, 이 면적에 대한 일은 다음과 같다.

$$W_a = \int_1^2 Pdv$$

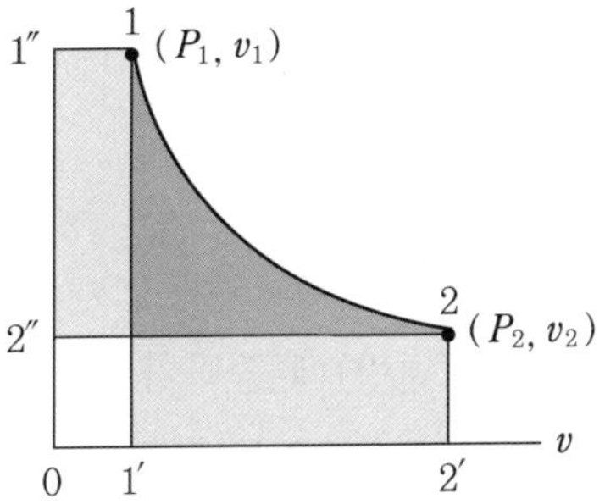

1″
1 (P_1, v_1)
2 (P_2, v_2)
2″
v
0
1′
2′

② 공업일(technical work)

면적 122″1″은 $-\int_1^2 vdP$이고, 이 면적에 대한 일은 다음과 같다.

$$W_t = -\int_1^2 vdP$$

5-2 용어와 단위계

(1) 단위 (unit)

어떤 양을 수치로 표시하기 위하여 비교의 기준으로 사용되는 같은 종류의 양 (量)이다.

① 절대 단위계 : 물리학에서 사용하는 단위계이다. 절대 단위의 종류는 M.K.S 단위계와 C.G.S 단위계로 나뉜다.

㈎ M.K.S 단위계 : 질량 (kg), 길이 (m), 시간 (s)을 기본으로 하는 단위계이며, 힘은 N으로 표시한다.

$$1\,\mathrm{N} = 1\,\mathrm{kg} \times 1\,\mathrm{m/s^2} = 1\,\mathrm{kg \cdot m/s^2}$$

㈏ C.G.S 단위계 : 질량 (g), 길이 (cm), 시간 (s)을 기본으로 하는 단위계이며, 힘은 dyn으로 표시한다.

$$1\,\mathrm{dyn} = 1\,\mathrm{g} \times 1\,\mathrm{cm/s^2} = 1\,\mathrm{g \cdot cm/s^2} = 10^{-5}\,\mathrm{N}$$

② 중력 단위계 : 공학에서 각종 계산 시 사용되는 단위계이다. 힘 또는 중량 (kgf), 길이 (m), 시간 (s)을 기본으로 하는 단위계이며, 힘은 kgf로 표시한다.

$$1\,\mathrm{kgf} = 1\,\mathrm{kg} \times 9.8\,\mathrm{m/s^2} = 9.8\,\mathrm{kg \cdot m/s^2} = 9.8\,\mathrm{N}\ (1\,\mathrm{kgf \cdot m} = 9.8\,\mathrm{N \cdot m})$$

③ S.I 단위계 : 국제적인 공통 단위계이다. 힘 또는 중량 (N), 길이 (m), 시간 (s)을 기본으로 하는 단위계이며, 힘은 N으로 표시한다.

$$1\,\mathrm{N} = \frac{1}{9.8}\,\mathrm{kgf}$$

(2) 질량 (mass)

질량은 물체가 갖는 고유량이며, 물체의 위치에 따라 변화하지 않는 양이다. 질량의 단위는 kg, g으로 표시한다.

(3) 중량 (weight ; 힘, 무게, 하중)

중량은 물체가 갖는 고유량 (질량)에 중력가속도를 곱한 양 (量)으로서 물체의 위치에 따라 변화하는 양이다. 중량은 기호 W 또는 F로 표시하고, 단위는 kgf 또는 N으로 표시한다.

질량과 중량의 상호 변환은 Newton의 제2법칙,

$F = ma = \dfrac{W}{g} \cdot a$ 를 이용하여 구한다.

단위의 비교

물리량 \ 단위계	MKS 단위계	SI 단위계
길이	m	m
시간	s	s
질량	kgf·s^2/m	kg
힘(중량)	kgf	N
온도	℃	K
속도	m/s	m/s
가속도	m/s^2	m/s^2
비열	kcal/kg·℃	J/kg·K
엔탈피	kcal, kcal/kg	J, J/kg
압력	kgf/m^2	Pa (N/m^2)
열량, 일량, 에너지	kcal, kgf·m	J, N·m
동력	HP, PS, kW, kcal/s, kg·m/s	W
밀도(비질량)	kgf·s^2/m^4	N·s^2/m^4 (kg/m^3)
비중량	kgf/m^3	N/m^3
체적	m^3	m^3
비체적	m^3/kgf	m^3/kg

>>> 제5장

예상문제

1. 다음 설명은 일과 열에 관한 것이다. 옳지 않은 것은?

① 일과 열은 수송 중의 에너지이며 성질은 아니다.
② 계의 외부에서 유일한 효과가 물체를 들어 올릴 때 계는 일을 한다.
③ 한 일의 양은 무게(힘)와 올려진 거리를 곱한 값이다.
④ 규약에 의하면 계가 한 일은 −이고, 계가 받은 일은 +이다.

해설 • 계가 한 일 : $+W$
• 계가 받은 일 : $-W$

2. 실린더 내의 혼합가스 3 kg을 압축시키는 데 소비된 일이 15 kN·m이었다. 혼합가스의 내부 에너지는 1 kg에 대해서 3.36 kJ 증가했다면, 이때 방출된 열량은 얼마인가?

① 4.92 kJ ② 1.21 kJ
③ 6.92 kJ ④ 2.21 kJ

해설 열역학 제1법칙의 식으로부터

$${}_1Q_2 = (U_2 - U_1) + W_a$$
$$= m(u_2 - u_1) + W_a$$
$$= 3 \times 3.36 + (-15) = -4.92 \text{ kJ} : \text{방열량}$$

3. 압력 10 kg/cm², 용적 0.1 m³의 기체가 일정 압력 하에서 팽창하여 용적이 0.2 m³로 되었다. 이 기체가 한 일을 kg·m로 계산하면 다음 수치 중 몇 kg·m에 가장 가까운가?

① 2000 kg·m ② 10 kg·m
③ 10000 kg·m ④ 1000 kg·m

해설 $\delta w = Pdv$

$${}_1W_2 = P(v_2 - v_1) = 10 \times 10^4 (0.2 - 0.1)$$
$$= 10000 \text{ kg} \cdot \text{m}$$

4. 일을 $W = -\int_1^2 v\,dP$로 나타낼 수 있는 경우는?

① 가역 비유동 과정의 일
② 가역 정상류 과정의 일
③ 비가역 비유동 과정의 일
④ 비가역 정상류 과정의 일

해설 공업일($W_t = -\int v\,dP$)은 압축일, 개방계에서의 일, 가역 정상류 과정의 일이라 한다.

5. 동력(공률)의 단위가 아닌 것은?

① kg·m/s ② kW·h
③ HP ④ PS

해설 1 kW = 3600 kJ/h, 즉 1 kW·h = 3600 kJ이다. 다시 말하면 1 kW·h는 열량 단위이다.

6. 열역학 제1법칙에 어긋나는 사항은?

① 수열량에서 외부에 한 일을 빼면 내부에너지의 증가량이 된다.
② 열은 고온체에서 저온체로 흐른다.
③ 계가 한 참일은 계가 받은 참열량과 같다.
④ 에너지 보존 법칙이다.

해설 ②는 열역학 제2법칙이다.

7. 열 및 일의 에너지에 대한 설명 중 옳지 않은 것은?

① 어떤 과정에서 열과 일은 모두 그 경로에는 관계없다.
② 열과 일은 서로 변할 수 있는 에너지이며, 그 관계는 1 J=1 N·m이다.
③ 열은 계에 공급될 때, 일은 계에서 나올 때가 (+) 값을 가진다.

정답 1. ④ 2. ① 3. ③ 4. ② 5. ② 6. ② 7. ①

④ 열역학 제1법칙은 열과 일의 에너지 변환에 대한 수량적 관계를 표시한다.

해설 열과 일은 도정 함수(path function)이므로 경로에 관계가 있다.

8. 에너지만을 교환하는 계를 열역학에서는 무엇이라 하는가?

① 개방계 ② 밀폐계
③ 고립계 ④ 상태계

해설 ① 개방계(open system) : 가변질량을 갖는 영역이며, 계의 경계를 넘어서 에너지 전달과 질량 전달이 모두 가능한 계이다.
② 밀폐계(closed system) : 일정한 질량을 갖는 영역이며, 계의 경계를 넘어서 에너지 전달만 가능하다.
③ 고립계(isolated system) : 주위와 완전히 격리된 영역이며 계의 경계를 넘어서 에너지 전달과 질량 전달이 모두 불가능한 계이다.

9. 공기 2 kg이 처음 상태($V_1 = 2.5\text{ m}^3$, $P_1 = 98$ kPa)에서 나중 상태($V_2 = 1\text{ m}^3$, $P_2 = 294$ kPa)로 되었고, 내부에너지가 42 kJ/kg 증가했다면 이때 엔탈피 변화량은 얼마인가?

① 133 kJ ② 233 kJ
③ 333 kJ ④ 203 kJ

해설 $\Delta h = G(u_2 - u_1) + (P_2V_2 - P_1V_1)$
$= (2 \times 42) + (294 \times 1 - 98 \times 2.5)$
$= 133\text{ kJ}$

10. 50℃, 25℃, 10℃의 온도인 3가지 종류의 액체 A, B, C가 있다. A와 B를 동일 중량으로 혼합하면 40℃로 되고, A와 C를 동일 중량으로 혼합하면 30℃로 된다. B와 C를 동일 중량으로 혼합할 때는 몇 ℃로 되겠는가?

① 16 ② 18.4
③ 20 ④ 22.5

해설 ㉠ $\frac{50A + 25B}{A + B} = 40 \rightarrow A = 1.5B$

㉡ $\frac{50A + 10C}{A + C} = 30 \rightarrow A = C$

㉢ $\frac{25B + 10C}{B + C} = \frac{25 \times \frac{A}{1.5} + 10A}{\frac{A}{1.5} + A} = 16℃$

11. 엔트로피에 관한 설명 중 맞는 것은?

① Clausius 방정식에 들어가는 온도값은 절대온도(K)와 섭씨온도(℃)를 모두 사용할 수 있다.
② 엔트로피는 경로에 따라 값이 다르다.
③ 가역과정의 열량은 hs 선도상에서 과정 밑부분의 면적과 같다.
④ 엔트로피 생성항은 항상 양수이다.

12. 완전히 열 절연된 실린더 안의 공기가 피스톤을 밀어 올려 일을 수행하였다. 이때 일의 양은 어느 것과 같은가?

① 공기의 내부에너지의 차
② 공기의 엔탈피의 차
③ 공기의 엔트로피의 차
④ 단열되었으므로 일의 수행은 없다.

정답 8. ② 9. ① 10. ① 11. ④ 12. ①

Chapter 06

순수물질의 성질

6-1 물질의 성질과 상태

(1) 가스(gas)와 증기(steam)의 차이점

① 가스는 액화가 용이하지 못한 것으로 공기, 수소, 산소, 질소, 연소가스 등의 기체이다.

② 증기는 액화가 용이한 것으로 수증기, 냉매 등이다.

(2) 완전가스(perfect gas)

① 실제로 존재하지 않는 기체

② 보일-샤를의 법칙을 만족하는 기체

③ 원자수가 1 또는 2인 기체

④ 완전가스의 상태 방정식을 만족하는 기체

(3) 완전가스로 성립하기 위한 조건

① 기체를 구성하는 분자 상호간에 인력이 없을 것

② 분자의 크기나 용적이 없을 것

③ 완전 탄성체일 것

④ 분자 운동에너지는 절대온도에 비례할 것 등

6-2 ∘ 이상기체

1 이상기체와 실제기체

(1) 보일의 법칙 (Boyle's law) ; 등온 법칙

온도가 일정할 때 비체적과 압력은 반비례한다.

$T=$ 일정 ; $Pv=$ 일정 $\quad P_1 v_1 = P_2 v_2$

(2) 샤를의 법칙 (Charle's law) ; 등압 법칙

압력이 일정할 때 비체적은 절대온도에 비례한다.

$P=$ 일정 ; $\dfrac{v}{T}=$ 일정 $\quad \dfrac{v_1}{T_1} = \dfrac{v_2}{T_2}$

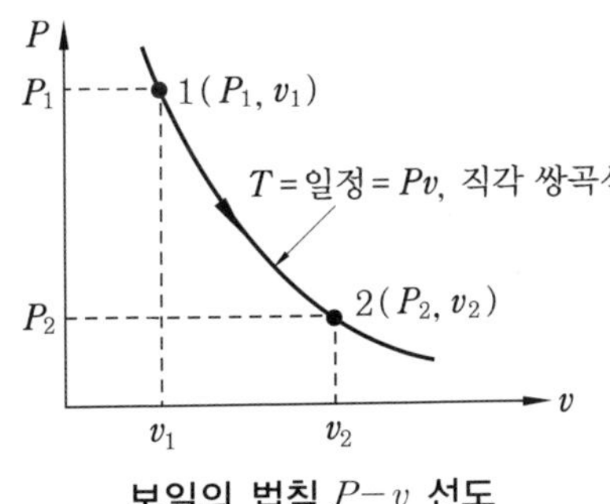

보일의 법칙 $P-v$ 선도

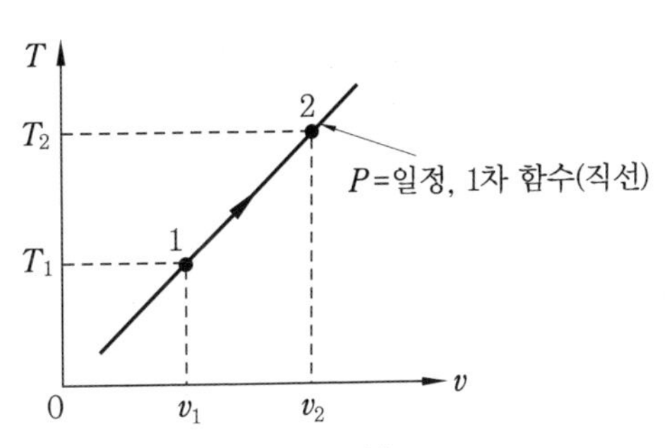

샤를의 법칙 $T-v$ 선도

(3) 완전가스의 상태 방정식

① 1 kg에 대하여 : $PV = RT$ $\quad \left(\dfrac{P_1 V_1}{T_1} = \dfrac{P_2 V_2}{T_2} = R\right)$

여기서, R : 가스상수 (kg·m/kg·K)

② G kg에 대하여 : $PV = GRT$

③ 중력 단위 : $R = \dfrac{848}{M}$ [kg·m/kg·K]

④ SI 단위 : $R = \dfrac{8314.3}{M}$ [J/kg·K]

(4) 가스 비열과 정수와의 관계

① $C_p = C_v + A \cdot R$

② $C_p = \dfrac{k}{k-1} \cdot A \cdot R$

③ $C_v = \dfrac{1}{k-1} \cdot A \cdot R$

2 이상기체의 상태 방정식

참고 완전가스의 상태 방정식에 의한 기초식

① 완전가스의 상태 방정식 : $Pv = RT$
② 열역학 제1법칙 : $dq = du + APdv = dh - AvdP$
③ 엔탈피의 정의식 : $h = u + APv$

(1) 등적 변화(Isochoric change)

① P, v, T의 상호관계

$$\frac{P_1}{T_1} = \frac{P_2}{T_2} = \frac{P}{T} = \text{일정}$$

② 절대일 : $W_a = \int_1^2 P dv = 0 \ (\because \ dv = 0)$

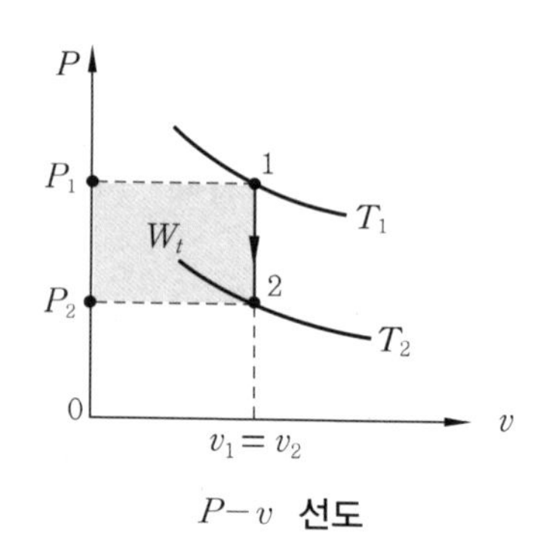

$P-v$ 선도

③ 공업일 : $W_t = -\int_1^2 v dP = -v(P_2 - P_1)$

$= v(P_1 - P_2) = R(T_1 - T_2)$

④ 내부에너지 변화

$du = u_2 - u_1$

$= C_v(T_2 - T_1) = dq - Pdv$

$= dq \ (\because dv = 0)$

⑤ 엔탈피 변화

$\Delta h = C_p(T_2 - T_1)$

⑥ 열량 : $\delta q = du + APdv$

$= dh - AvdP$

$\therefore \ {}_1q_2 = \Delta u = u_2 - u_1 = C_v(T_2 - T_1)$

즉, 가열량 전부가 내부에너지 변화로 표시된다.

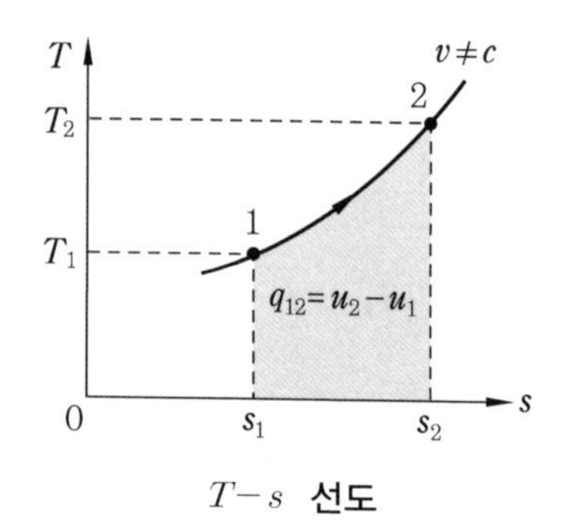

$T-s$ 선도

(2) 등압 변화(Isobaric change)

① $P,\ v,\ T$의 상호관계

$$\frac{v_1}{T_1}=\frac{v_2}{T_2}=\frac{v}{T}=\text{일정}$$

② 절대일

$$W_a=\int_1^2 Pdv=P(v_2-v_1)$$
$$=R(T_2-T_1)$$

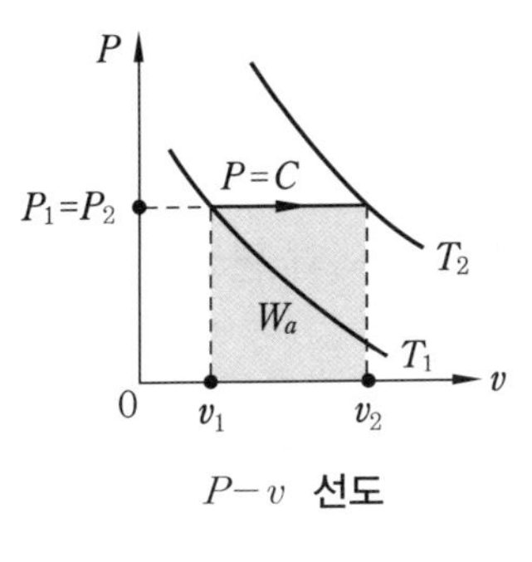

$P-v$ 선도

③ 공업일

$$W_t=-\int_1^2 vdP=0\ (\because\ dP=0)$$

④ 내부에너지 변화

$$du=u_2-u_1=C_v(T_2-T_1)$$

⑤ 엔탈피 변화

$$dh=h_2-h_1=C_p(T_2-T_1)$$
$$(\because\ \delta q=dh-AvdP)$$

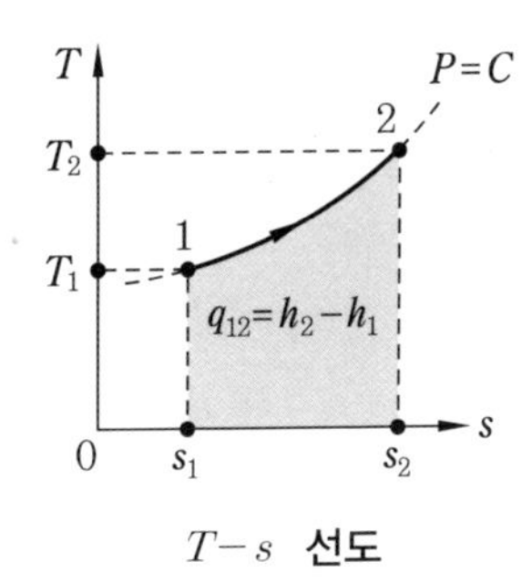

$T-s$ 선도

⑥ 열량 : $\delta q=du+APdv=dh-AvdP$

$$\therefore\ {}_1q_2=\Delta h=h_2-h_1$$

즉, 가열량은 모두 엔탈피 변화로 나타낸다.

(3) 등온 변화(isothermal change)

① $P,\ v,\ T$의 상호관계

$$P_1v_1=P_2v_2=Pv=\text{일정}$$

② 절대일

$$W_a=\int_1^2 Pdv=\int_1^2 P_1v_1\frac{dv}{v}$$
$$\left(P_1v_1=Pv\text{에서 }P=\frac{P_1v_1}{v}\right)$$

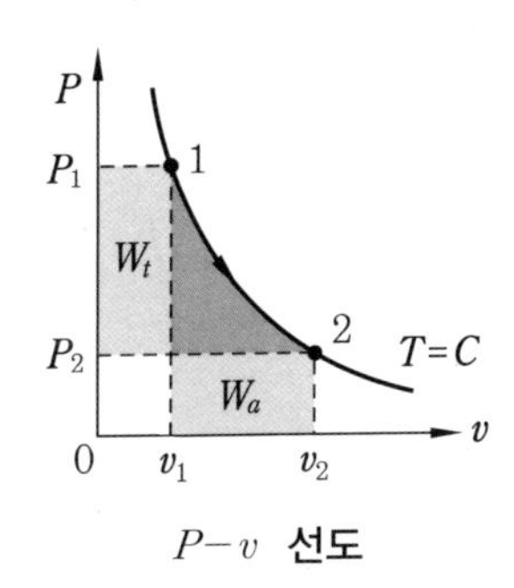

$P-v$ 선도

$$W_a=RT_1\ln\frac{v_2}{v_1}=RT_1\ln\frac{P_1}{P_2}$$
$$=P_1v_1\ln\frac{v_2}{v_1}=P_1v_1\ln\frac{P_1}{P_2}$$

③ 공업일

$$W_t = -\int_1^2 v\,dP = -\int_1^2 P_1 v_1 \frac{dP}{P} \left(P_1 v_1 = Pv \text{에서, } v = \frac{P_1 v_1}{P}\right)$$

$$\therefore\ W_t = -P_1 v_1 \ln\frac{P_2}{P_1} = P_1 v_1 \ln\frac{P_1}{P_2} = P_1 v_1 \ln\frac{v_2}{v_1} (P_1 v_1 = RT_1)$$

$$\therefore\ W_a = W_t = C$$

즉, 등온 변화에서 절대일과 공업일은 서로 같다.

④ 내부에너지 변화

$$du = u_2 - u_1 = \int_1^2 C_v\,dT$$
$$= C_v(T_2 - T_1) = 0$$

⑤ 엔탈피 변화

$$dh = h_2 - h_1 = \int_1^2 C_p\,dT$$
$$= C_p(T_2 - T_1) = 0$$

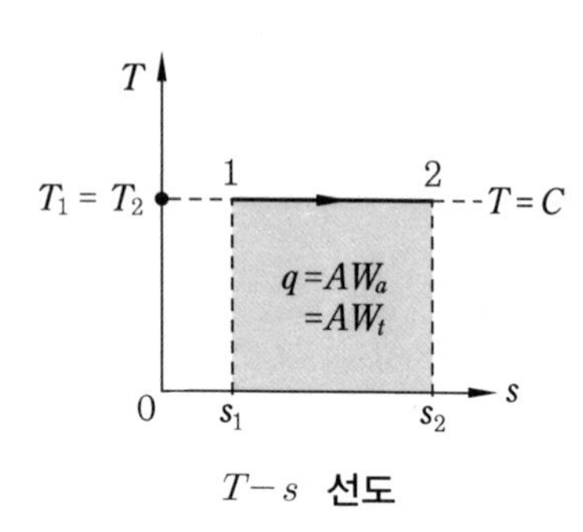

$T-s$ 선도

⑥ 열량 : $\delta q = du + APdv = dh - AvdP$

$$= C_v dT + A\delta W_a = C_p dT + A\delta W_t$$

결국, 가열량$({}_1q_2)$ = 절대일(AW_a) = 공업일(AW_t)

즉, 가열한 열량은 전부 일로 변한다.

(4) 단열 변화

① P, v, T의 상호관계

$$\frac{T_2}{T_1} = \left(\frac{V_1}{V_2}\right)^{k-1} = \left(\frac{P_2}{P_1}\right)^{\frac{k-1}{k}}$$

② 절대일

$$W_a = \int_1^2 Pdv \text{ 이고, } dq = du + Pdv = 0 \text{에서}$$

$Pdv = -du$ 이므로,

$$W_a = \int_1^2 Pdv = -\int_1^2 du = -\int_1^2 C_v\,dT$$

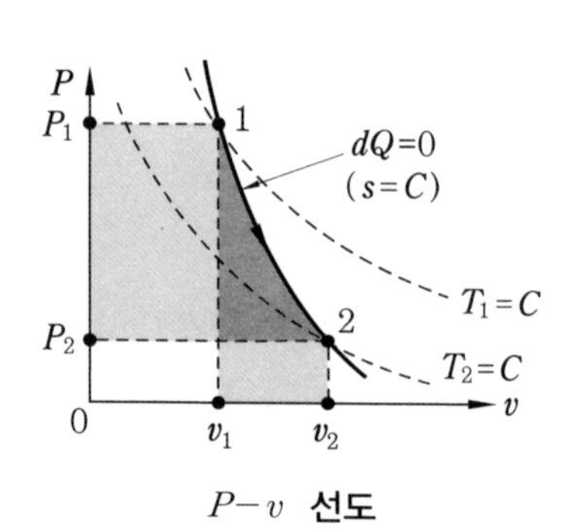

$P-v$ 선도

$$= -C_v(T_2 - T_1) = C_v(T_1 - T_2)$$

$$= \frac{R}{k-1}(T_1 - T_2) = \frac{P_1 v_1}{k-1}\left(1 - \frac{T_2}{T_1}\right)$$

③ 공업일

$$W_t = -\int_1^2 v\,dp$$

$dq = dh - v\,dP = 0$에서 $v\,dp = dh$이므로,

$$W_t = -\int_1^2 v\,dP = -\int_1^2 dh = \int_1^2 C_p\,dT$$

$$= -C_p(T_2 - T_1) = C_p(T_1 - T_2)$$

$$= \frac{kR}{k-1}(T_1 - T_2) = \frac{kP_1 v_1}{k-1}\left(1 - \frac{T_2}{T_1}\right)$$

$$\therefore\ W_t = kW_a$$

즉, 단열 변화에서 공업일은 절대일과 비열비의 곱과 같다.

④ 내부에너지 변화

$du = C_v\,dT = -P\,dv$에서,

$$\Delta u = u_2 - u_1 = C_v(T_2 - T_1) = -AW_a$$

즉, 내부에너지 변화량은 절대일량과 같다.

⑤ 엔탈피 변화

$$dh = C_p(T_2 - T_1)$$

$$= -AW_t$$

즉, 엔탈피 변화량은 공업일량과 같다.

⑥ 열량

$$q = C$$

즉, $\delta q = 0$이므로 열의 이동이 없다.

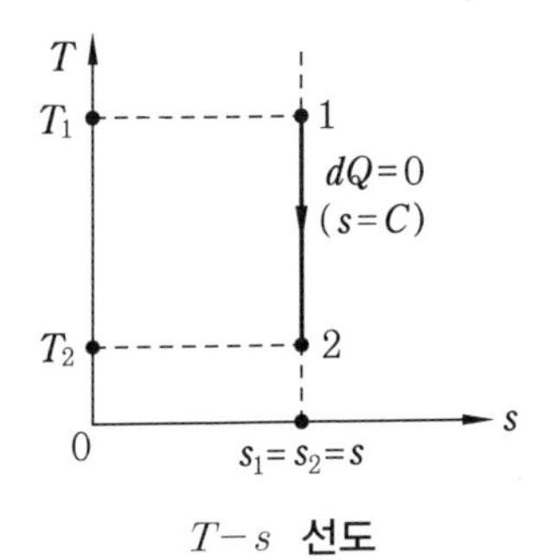

$T-s$ 선도

(5) 폴리트로픽 변화(polytropic change)

① P, v, T의 상호관계

$$Pv^n = C(P_1 v_1^{\ n} = P_2 v_2^{\ n} = \text{일정})$$

$$Tv^{n-1} = C(T_1 v_1^{\ n-1} = T_2 v_2^{\ n-1} = \text{일정})$$

$$T^n P^{1-n} = C\ (T_1^{\ n} P_1^{\ 1-n} = T_2^{\ n} P_2^{\ 1-n} = \text{일정})$$

여기서, n : 폴리트로픽 지수

② 절대일

$$W_a = \frac{1}{n-1}(P_1 v_1 - P_2 v_2)$$

$$= \frac{R}{n-1}(T_1 - T_2)$$

③ 공업일

$$W_t = \frac{n}{n-1}(P_1 v_1 - P_2 v_2)$$

$$= \frac{nR}{n-1}(T_1 - T_2)$$

$$= n \cdot W_a$$

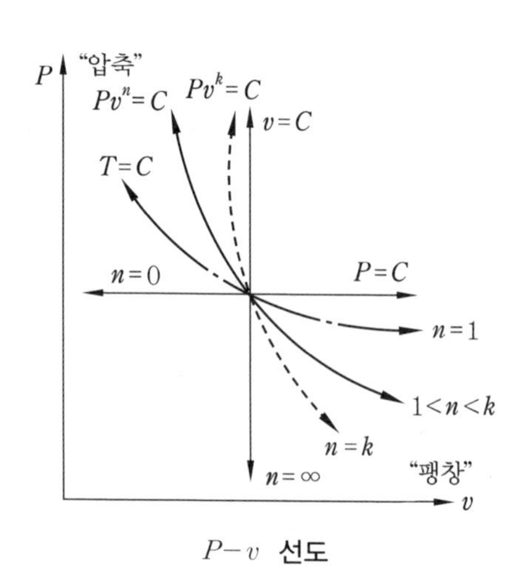

$P-v$ 선도

④ 내부에너지 변화

$$u = u_2 - u_1 = C_v(T_2 - T_1)$$

⑤ 엔탈피 변화

$$h = h_2 - h_1 = C_p(T_2 - T_1)$$

⑥ 열량

$$\delta q = du + APdv$$

$$= C_n(T_2 - T_1)$$

$$= \left(\frac{n-k}{n-1}\right) C_v(T_2 - T_1)$$

여기서, 폴리트로픽 비열 $C_n = \left(\dfrac{n-k}{n-1}\right) C_v$

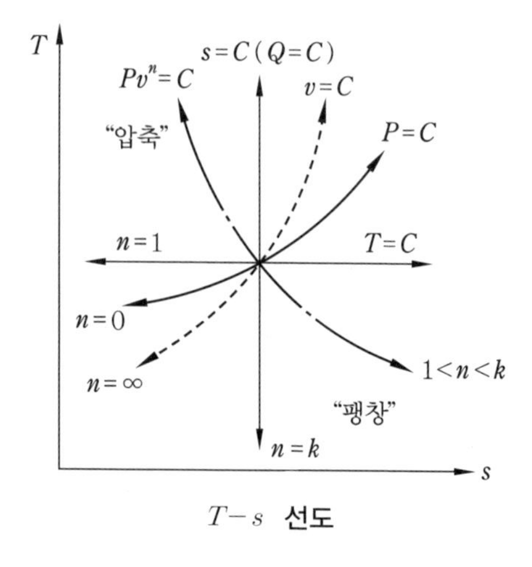

$T-s$ 선도

>>> 제6장

예상문제

1. 온도 100℃, 압력 167 kPa gauge에서 20 kg의 이산화탄소(CO_2)를 넣을 용기의 체적은 얼마인가?(단, 이산화탄소의 기체상수 R = 188.9 J/kg·K이다.)

① 5.25 m^3 ② 6.31 m^3
③ 5.65 m^3 ④ 6.61 m^3

해설 $V = \frac{20 \times 188.9 \times (273 + 100)}{(101325 + 167000)}$
$= 5.25\ m^3$

2. 다음 관계식 중 틀린 것은?(단, U : 내부에너지, Q : 열량, T : 온도, h : 엔탈피, C_p : 정압비열, C_v : 정적비열이다.)

① $C_v = \left(\frac{\partial U}{\partial T}\right)_v = \left(\frac{\partial Q}{\partial T}\right)_v$

② $C_p - C_v = AR$

③ $C_p = \left(\frac{\partial h}{\partial T}\right)_v = \left(\frac{\partial Q}{\partial T}\right)_v$

④ $C_p = \frac{k}{k-1}AR$

해설 ① $C_v = \left(\frac{\partial U}{\partial T}\right)_v = \left(\frac{\partial Q}{\partial T}\right)_v = T\left(\frac{\partial s}{\partial T}\right)_v$

② $C_p - C_v = AR$

③ $C_p = \left(\frac{\partial h}{\partial T}\right)_p = \left(\frac{\partial Q}{\partial T}\right)_p = T\left(\frac{\partial s}{\partial T}\right)_p$

④ $C_v = \frac{1}{k-1}AR,\ C_p = \frac{k}{k-1}AR = {}_kC_v$

3. 이상기체의 폴리트로픽 과정(polytropic process)에 대한 설명 중 틀린 것은?

① 폴리트로픽 지수(n)가 1이면 등온 과정이다.

② $0 < n < 1$ 범위에서는 기체를 가열하여도 온도가 내려간다.

③ 공업일$\left(\int v\,dP\right)$이 절대일$\left(\int P\,dv\right)$의 n배가 된다.

④ n은 $\ln P - \ln v$ 선도($P-v$ 대수선도)에서 직선의 기울기를 나타낸다.

해설 $0 < n < 1$의 범위 내에서 가스를 가열하면 온도는 상승한다.

4. 공기 5 kg을 압력 103 kPa, 체적 4.5 m^3의 상태에서 압력을 800 kPa까지 가역 단열 압축하는 데 필요한 일량은 몇 kJ인가?

① −1207 kJ ② 1207 kJ
③ −1267 kJ ④ 1267 kJ

해설 ㉠ 체적 $V_2 = V_1 \times \left(\frac{P_1}{P_2}\right)^{\frac{1}{k}}$
$= 4.5 \times \left(\frac{103}{800}\right)^{\frac{1}{1.4}} = 1.041\ m^3$

㉡ 압축일 $W_t = \frac{1.4}{1.4-1} \times (103 \times 4.5 - 800 \times 1.04) \fallingdotseq -1266.700\ kN \cdot m$
$\fallingdotseq -1267\ kJ$

5. 수증기를 이상기체로 볼 때 그 정압비열(kJ/kg·K)의 값은 얼마인가?(단, 수증기의 가스 상수 = 467.41 J/kg·K, 비열비 = 1.33이다.)

① 1.88 ② 1.33
③ 1.54 ④ 1.64

해설 $C_p = \frac{k}{k-1}AR$
$= \frac{1.33}{1.33-1} \times 0.46741 = 1.88$

※ $C_v = \frac{1}{k-1}AR$

정답 1. ① 2. ③ 3. ② 4. ③ 5. ①

6. 어떤 기체의 정압비열 C_p =0.187+0.000021t kcal/kg·℃로 주어질 때 0℃에서 400℃까지 가열할 때의 내부에너지 증가는 몇 kJ/kg인가? (단, 이 기체의 k 값은 1.44이다.)

① 111.33 kJ/kg ② 222.33 kJ/kg
③ 333.44 kJ/kg ④ 555.22 kJ/kg

해설 $\Delta u = \int du = \int \frac{C_p}{k} dT$

$= \frac{1}{k}\int_0^{400}(0.187 + 0.000021t)\,dT$

$= \frac{1}{1.44} \times \left[0.187t + 0.000021\frac{t^2}{2}\right]_0^{400}$

$= \frac{1}{1.44} \times \left[0.187 \times 400 + 0.000021 \times \frac{400^2}{2}\right]$

$= 53.1\ \text{kcal/kg} = 53.1 \times 4.187$

$= 222.33\ \text{kJ/kg}$

7. 다음은 이상기체의 등온 과정을 설명한 것이다. 다음 중 옳은 것은?

① $dS = 0$ (엔트로피 일정)
② $\delta Q = 0$ (열의 출입이 없음)
③ $dU = 0$ (내부 엔트로피 일정)
④ $\delta Q = 0$ (없음)

8. 분자량 30, 기체상수 277 J/kg·K인 기체 1 kg과 분자량 40, 기체상수 208 J/kg·K인 기체 2 kg을 혼합한 혼합기체의 평균 기체상수의 값은 얼마인가?

① 227 J / kg·K ② 231 J / kg·K
③ 242.5 J / kg·K ④ 254 J / kg·K

해설 평균 기체상수

$= \frac{(1 \times 277) + (2 \times 208)}{1+2} = 231\ \text{J/kg·K}$

9. 760 mmHg, 20℃, 상대습도 75 %인 습공기의 비중량은 얼마인가? (단, 습공기 1 m^3 중 건공기는 1.178 kg/m^3, 20℃에서 포화수증기의 압력은 2.335 kPa, 비체적은 51.81 m^3/kg이다.)

① 1.191 kg/m^3 ② 2.237 kg/m^3
③ 3.345 kg/m^3 ④ 4.134 kg/m^3

해설 $\gamma = \gamma_a + \gamma_w$

$= \gamma_a + \phi\gamma_s = 1.178 + 0.75 \times \frac{1}{51.81}$

$= 1.191\ \text{kg/m}^3$

10. 폴리트로픽 과정의 비열을 옳게 표시한 것은?

① $C_n = \frac{n-k}{1-n} C_v$ ② $C_n = \frac{n-1}{n-k} C_v$
③ $C_n = \frac{n-k}{n-1} C_v$ ④ $C_n = \frac{k-n}{k-1} C_v$

11. 다음 중 정상류 압축일이 가장 작은 과정은?

① 가역 단열 과정
② 가역 등온 과정
③ 폴리트로픽 과정
④ 가역 정적 과정

해설 정상류 압축일=공업일 (W_t)

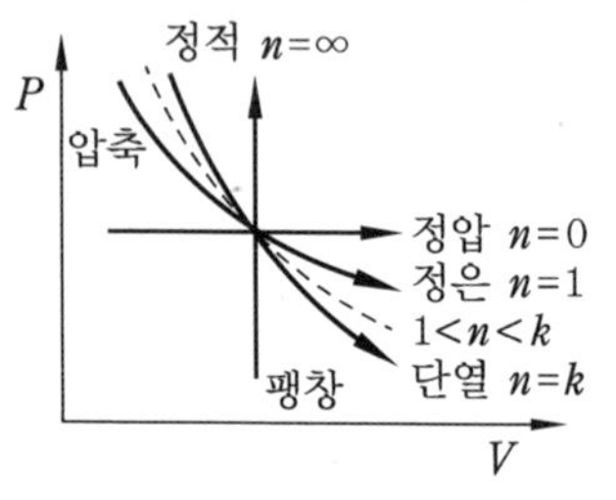

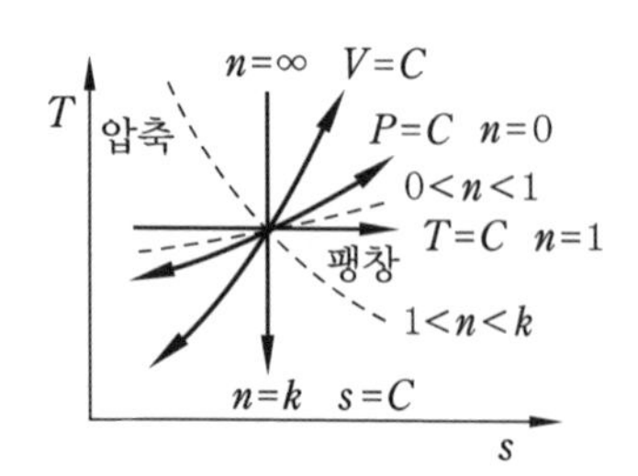

정답 6. ② 7. ③ 8. ② 9. ① 10. ③ 11. ②

Chapter 07

일과 열

7-1 일과 동력

1 일과 열의 정의 및 단위

(1) 열역학 제1법칙

열과 일의 에너지 변환에 대한 양적인 변환을 나타내는 법칙으로 열과 일의 이동의 성립 방향에 제한을 두지 않고 에너지 보존 법칙을 표현한 것으로써 실제의 자연현상에는 제약이 있게 된다.

(2) 열역학 제2법칙

열역학 제1법칙의 에너지 변환에 대한 실현 가능성을 나타내는 경험 또는 자연 법칙이다. 즉, 열역학 제1법칙의 성립 방향성에 대하여 제약을 가하는 법칙이며, 제2종 영구 기관의 존재 가능성을 부정하는 법칙이다.

① 어떤 주어진 조건 하에서 작동되는 열기관의 최대효율은 어떠한가?

② 주어진 조건 하에서 냉동기의 최대성능 계수는 얼마인가?

③ 어떤 과정이 일어날 수 있는가?

④ 동작물질과 관계없는 절대온도의 정의

$$\text{열효율}(\eta) = \frac{AW}{Q_1} = \frac{Q_1 - Q_2}{Q_1} = 1 - \frac{Q_2}{Q_1}$$

(3) 열역학 제3법칙

어떤 계의 온도를 절대온도 0K까지 내릴 수 없다.

2 일이 있는 몇 가지 시스템

(1) 클라우지우스 (Clausius) 적분

$$\oint \frac{dQ}{T} \leqq 0$$

여기서 가역 과정이면 0이고, 비가역 과정이면 0보다 작다.

열역학 제 2 법칙의 표현으로 열은 저온 물체에서 고온 물체로 자발적인 이동이 불가능하다 (성능계수가 무한대인 냉동기는 제작할 수 없다).

(2) 엔트로피 (entropy)

$$dS = \frac{dQ}{T} \text{ 또는 } dQ = TdS$$

여기서, S : 엔트로피

$$S_2 - S_1 = \int_1^2 \frac{dQ}{T} \text{ [kcal/K, J/K]}$$

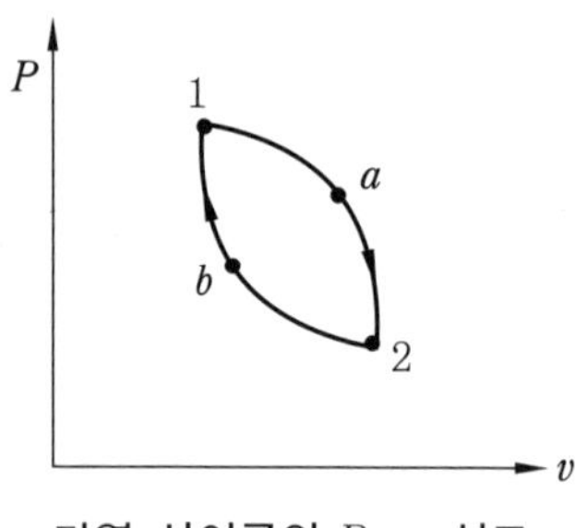

가역 사이클의 $P-v$ 선도

가역 단열 변화는 엔트로피가 일정하게 유지되고, 비가역 과정에서는 $dS > 0$ 이 되므로 엔트로피는 증가한다. 따라서, 자연계는 엔트로피가 항상 증가한다.

3 일과 열의 비교

(1) T 와 V 의 함수로 표시한 엔트로피

$$\Delta S = S_2 - S_1 = C_v \ln \frac{T_2}{T_1} + AR \ln \frac{V_2}{V_1}$$

(2) T 와 P 의 함수로 표시한 엔트로피

$$\Delta S = S_2 - S_1 = C_p \ln \frac{T_2}{T_1} - AR \ln \frac{P_2}{P_1}$$

(3) P 와 V 의 함수로 표시한 엔트로피

$$\Delta S = S_2 - S_1 = C_p \ln \frac{V_2}{V_1} + C_v \ln \frac{P_2}{P_1}$$

(4) 등적 변화 $(v = C)$

완전가스 상태 1에서 2로 등적 팽창하면,

$$dq = du + Pdv = du = C_v\, dT$$

$dq = C_v\, dT = T \cdot ds$에서,

$$\therefore \Delta s = s_2 - s_1 = \int_1^2 ds = \int_1^2 \frac{dq}{T}$$

$$= \int_1^2 \frac{C_v dT}{T} = C_v \ln\frac{T_2}{T_1} = C_v \cdot \ln\left(\frac{P_2}{P_1}\right)$$

(5) 등압 변화 $(P = C)$

완전가스 상태 1에서 2로 등압 팽창하면,

$$dq = dh - v\,dP = dh = C_p dT$$

$dq = C_p\, dT = T \cdot ds$에서,

$$\therefore \Delta s = s_2 - s_1 = \int_1^2 ds = \int_1^2 \frac{dq}{T}$$

$$= \int_1^2 \frac{C_p dT}{T} = C_p \ln\frac{T_2}{T_1} = C_p \cdot \ln\left(\frac{v_2}{v_1}\right)$$

(6) 등온 변화 $(T = C)$

$ds = \dfrac{dq}{T}$ 에서 등온 과정은 $T =$ 일정하므로 $\Delta s = \displaystyle\int_1^2 ds = \int_1^2 \frac{dq}{T} = \frac{1}{T} q_{12}$ 이다.

$T =$일정에서 $q_{12} = RT \ln\dfrac{v_2}{v_1} = RT \ln\dfrac{P_1}{P_2}$ 이므로,

$$\therefore \Delta s = s_2 - s_1 = \frac{q_{12}}{T} = R \ln\frac{v_2}{v_1} = R \ln\frac{P_1}{P_2}$$

(7) 단열 변화 $(dq = 0)$

$ds = \dfrac{dq}{T}$ 에서 $dq = 0$이므로 $ds = 0$이다.

따라서, $ds = 0$ 또는 $\Delta s = s_2 - s_1 = 0$ $(\therefore\ s_1 = s_2)$이므로,

단열 변화는 등 엔트로피 변화 $(s = C)$이다.

(8) polytropic 변화

$$dq = C_v \frac{n-k}{n-1} \cdot dT = C_n \cdot dT = Tds \text{에서, } q = C_n (T_2 - T_1) = C_v \frac{n-k}{n-1} \cdot (T_2 - T_1)$$

$$\therefore \Delta s = s_2 - s_1 = \int_1^2 ds = \int_1^2 \frac{dq}{T} = C_n \int_1^2 \frac{dT}{T} = C_n \ln \frac{T_2}{T_1}$$

$$= C_v \frac{n-k}{n-1} \ln \frac{T_2}{T_1}$$

7-2 열전달

(1) 유효에너지

$$Q_a = Q_1 - Q_2 = \eta_c Q_1 = \left(1 - \frac{T_2}{T_1}\right) Q_1 = Q_1 - T_2 \cdot \Delta S$$

(2) 무효에너지

$$Q_2 = Q_1 (1 - \eta_c) = Q_1 \cdot \frac{T_2}{T_1} = T_2 \cdot \Delta S = T_2 \cdot (S_2 - S_1)$$

(3) 유효·무효에너지 (그림에서)

① 가열량 (공급열량 또는 수열량) : Q_1 = 면적 1, 2, 3, 5, 6, 4, 1

② 방출열량 : Q_2 = 면적 4, 3, 5, 6, 4

③ 유효열량 : Q_a = 면적 1, 2, 3, 4, 1

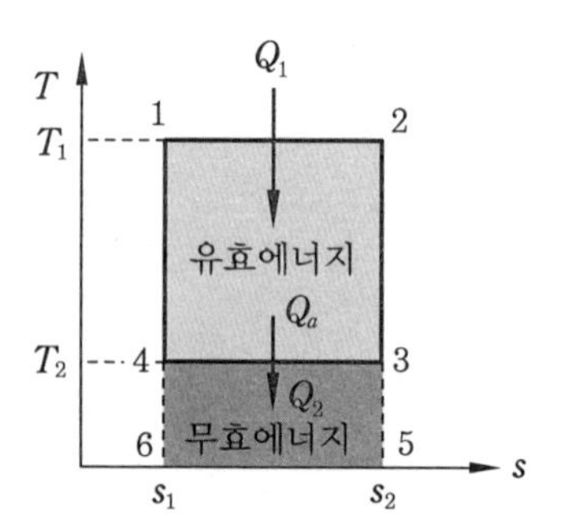

유효에너지와 무효에너지

(4) 유효일 (유용일)

계가 한 일 중에서 대기에 대하여 한 일을 제외한 일의 값

(5) 유용도

계가 대기와만 열교환을 하면서 임의의 상태로부터 대기 상태로 변화하는 동안 계와 대기에서 조합으로 얻을 수 있는 최대 유효일 (비가역 과정에서 계의 유용도는 감소)이다.

>>> 제7장

예상문제

1. 압력과 온도가 같은 2기체를 혼합하면 혼합 기체의 엔트로피는 어떻게 변하는가?

① 단열 과정이므로 변하지 않는다.
② 등온 비가역 과정이므로 증가한다.
③ 등온 과정이므로 변하지 않는다.
④ 감소할 수도 있고 증가할 수도 있다.

해설 혼합은 비가역이 되는 원인 중의 하나이며, 비가역은 증가하고 가역은 일정하다.

2. 대기의 온도가 15℃일 때 20℃의 물 3 kg과 90℃의 물 3 kg을 혼합하였더니 55℃가 되었다. 이때 무효에너지는 몇 kJ인가?(단, 물의 비열은 4187 J/kg·K로 본다.)

① 28.92 ② 39.27
③ 41.43 ④ 56.37

해설 $\Delta S = GC \cdot \ln\dfrac{T_m}{T_1} + GC \cdot \ln\dfrac{T_m}{T_2}$

$$= 3 \times 4187 \times \ln\frac{273+55}{273+20} + 3 \times 4187 \times \ln\frac{273+55}{273+90}$$

$$= 143.85 \text{ J/k}$$

$$\therefore\ Q_2 = T_0 \cdot \Delta S = (273+15) \times 143.85 = 41429 \text{ J} ≒ 41.43 \text{ kJ}$$

3. 열역학에서 유용일은 어떻게 정의되는가?

① 계가 한 일 중에서 대기에 대해서 한 일을 제외한 일로 정의된다.
② 계가 한 일 중에서 마찰일을 제외한 일로 정의된다.
③ 전력으로 바꿀 수 있는 일로 정의된다.
④ 사이클 간에 계가 한 일로 정의된다.

4. 에너지 공급 없이 영구적으로 일할 수 있는 기관은 다음 어느 법칙에 위배되는가?

① 열역학 제 0 법칙
② 열역학 제 1 법칙
③ 열역학 제 2 법칙
④ 열역학 제 3 법칙

5. 1 kg의 공기가 온도 20℃인 상태에서 등온적으로 변화하여 체적이 1 m³, 엔트로피가 0.84 kJ/kg·K로 증가했다. 처음 압력은 얼마인가?

① 1.326 MPa ② 1.762 MPa
③ 1.475 MPa ④ 2.023 MPa

해설 ㉠ $\Delta S = R \cdot \ln\dfrac{v_2}{v_1} = R \cdot \ln\dfrac{v_1+1}{v_1}$

$$\ln\frac{v_1+1}{v_1} = \frac{\Delta S}{R} = \frac{840}{287} = 2.927$$

$\dfrac{v_1+1}{v_1} = e^{2.927}$ 식에서 $v_1 = 0.057 \text{ m}^3/\text{kg}$

㉡ $P_1 = \dfrac{RT_1}{v_1} = \dfrac{287 \times 293}{0.057}$

$$= 1475280 \text{ N/m}^2 = 1.475 \times 10^6 \text{ N/m}^2$$

6. 폴리트로픽 변화에서 $0 < n < 1$인 경우에 해당되는 것은?

① 체적의 팽창에 따라 온도가 상승한다.
② 내부에너지 감소보다 팽창일의 에너지 쪽이 더 크다.
③ 외부로 열을 방출한다.
④ 압력만이 급히 증가한다.

해설 $\dfrac{T_2}{T_1} = \left(\dfrac{V_1}{V_2}\right)^{k-1} = \left(\dfrac{P_2}{P_1}\right)^{\frac{n-1}{n}}$ 에서,

정답 1. ② 2. ③ 3. ① 4. ② 5. ③ 6. ①

n이 0보다 크고 1보다 작으므로 $\frac{V_2}{V_1} > 1$, $\frac{P_2}{P_1} < 1$, 즉 $\frac{P_1}{P_2} > 1$(압력감소)이므로 $q > 0$, $du > \delta w$이다.

7. 공기 5 kg이 온도 20℃에서 정적상태로 가열되어 엔트로피가 3.6 kJ/kg·K로 증가되었다. 이때 가해진 열량은 몇 kJ인가? (단, 정적비열은 718 J/kg·K이다.)

① 1072 kJ ② 1263 kJ
③ 1816 kJ ④ 2538 kJ

해설 ㉠ $\Delta S = S_2 - S_1 = GC_v \cdot \ln\frac{T_2}{T_1}$ 식에서

$$\ln\frac{T_2}{273+20} = \Delta S \times \frac{1}{GC_v} = 3600 \times \frac{1}{5\times 718} = 1.003$$

$\therefore T_2 = e^{1.003} \times 293 = 798.8\text{ K} = 525.8℃$

㉡ $Q = G \cdot C_v(T_2 - T_1) = 5 \times 718(525.8 - 20) = 1815822\text{ J} ≒ 1816\text{ kJ}$

8. 어떤 보일러에서 발생한 증기를 열원으로 사용한다면 온도 t_1= 300℃에서 매 시간당 Q_1= 2101873 kJ의 열을 낼 수 있다. 고열원 t_2= 20℃인 냉각수의 온도를 이 증기의 저열원으로 하고, 이 양 온도 사이에 가역 카르노 사이클로 작동되는 손실이 없는 열기관을 가동시켰다면 냉각수에 버리는 열량은 몇 kJ/h인가?

① 1074780 kJ/h ② 2074870 kJ/h
③ 266900 kJ/h ④ 2397600 kJ/h

해설 $Q_2 = Q_1 \times \frac{T_2}{T_1} = 2101873 \times \frac{273+20}{273+300} = 1074780\text{ kJ/h}$

9. 계(系)가 한 상태에서 다른 상태로 변할 때 엔트로피는 어떻게 되는가?

① 감소하거나 불변이다.
② 항상 증가한다.
③ 증가하거나 불변이다.
④ 증가, 감소할 수도 있고, 불변일 경우도 있다.

해설 엔트로피의 가역은 0과 같고(일정하다), 비가역일 때는 0보다 크다(증가한다).

10. 처음의 압력이 5 bar이고, 체적이 2 m³인 기체가 PV = 일정한 과정으로 압력이 1 bar까지 팽창할 때 밀폐계가 하는 일을 나타내는 식은?

① $1000\ln\frac{2}{5}$ [kJ] ② $1000\ln\frac{5}{2}$ [kJ]
③ $1000\ln 5$ [kJ] ④ $1000\ln\frac{1}{5}$ [kJ]

11. 가역 사이클로 작동되는 이상적인 기관(냉동기 및 열펌프 겸용)이 −10℃의 저열원에서 열을 흡수하여 30℃의 고열원으로 열을 방출한다. 이때 냉동기의 성능(성적)계수와 열펌프의 성능계수는 어느 것인가?

① 3.58, 4.58 ② 4.58, 5.58
③ 5.58, 6.58 ④ 6.58, 7.58

해설 ㉠ $\varepsilon_r = \frac{Q_2}{Q_a} = \frac{Q_2}{Q_1 - Q_2} = \frac{T_2}{T_1 - T_2} = \frac{263}{303-263} = 6.58$

㉡ $\varepsilon_h = \frac{Q_1}{Q_a} = \frac{Q_1}{Q_1 - Q_2} = \frac{Q_1 - Q_2 + Q_2}{Q_1 - Q_2} = 1 + \frac{Q_2}{Q_1 - Q_2} = 1 + \varepsilon_r = 1 + 6.58 = 7.58$

정답 7. ③ 8. ① 9. ③ 10. ③ 11. ④

Chapter 08

각종 사이클

8-1 동력 사이클

1 랭킨 사이클 (Rankine cycle)

(1) 랭킨 사이클

랭킨 사이클은 1854년 영국인 랭킨에 의하여 고안되었으며, 2개의 단열 변화와 2개의 정압 변화로 이루어지는 사이클이다.

(2) 랭킨 사이클의 계통도와 구성 요소

랭킨 사이클은 보일러 (boiler), 과열기 (super-heater), 터빈 (turbine), 복수기 (condenser) 및 급수 펌프 (feed water pump)로 구성된다.

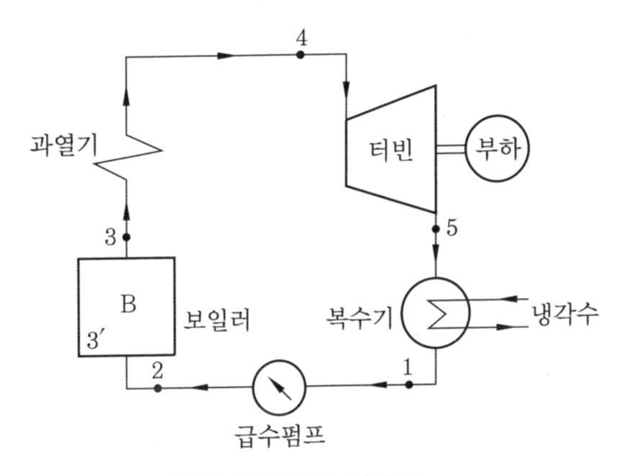

랭킨 사이클의 계통도

(3) 랭킨 사이클의 $P-v$, $T-s$, $h-s$ 선도

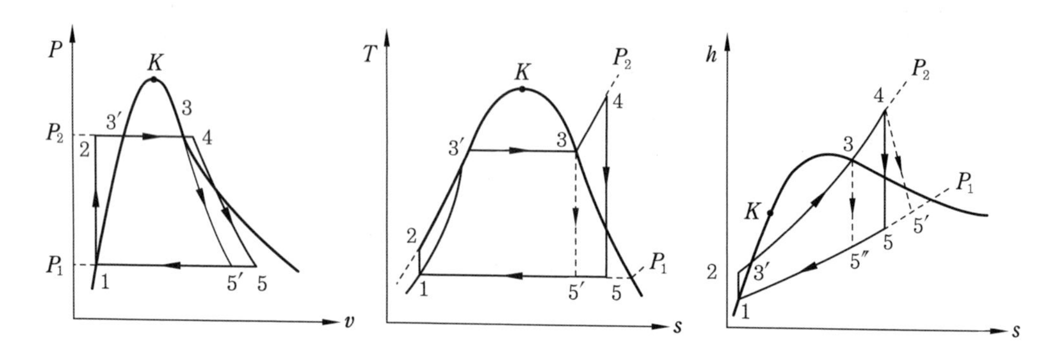

(4) 랭킨 사이클의 상태 변화 과정

① 1→2 : 급수 펌프에서 가역 단열 압축 과정 (정적 압축 과정 : 복수기에서 응축된 포화수→압축수)

② 2→3 : 보일러에서 정압 가열 과정 (포화수→건포화증기)

③ 3→4 : 과열기에서 정압 가열 과정 (건포화증기→과열증기)

④ 4→5 : 터빈에서 가역 단열 팽창 과정 (과열증기→습증기)

⑤ 5→1 : 복수기에서 정압 방열 과정 (습증기→포화수)

(5) 열효율

초온 (터빈 입구온도), 초압 (터빈의 입구압력)이 높을수록 배압 (복수기 입구압력)이 낮을수록 효율이 커진다.

① 고열원으로부터 공급받는 열량

$$q_1 = \text{보일러에서 가열량}(q_B) + \text{과열기에서 가열량}(q_S)$$
$$= (h_3 - h_2) + (h_4 - h_3)$$
$$= h_4 - h_2 \text{ [kJ/kg]}$$

② 복수기에서 방출한 열량

$$q_2 = h_5 - h_1 \text{ [kJ/kg]}$$

③ 터빈에서 증기가 외부로 행한 일의 열상당량

$$AW_T = h_4 - h_5 \text{ [kJ/kg]}$$

④ 급수 펌프에서 포화수를 압축하는 데 소비하는 일의 열상당량

$$AW_P = h_2 - h_1 = Av_1(P_2 - P_1) \text{ [kJ/kg]}$$

⑤ 증기 1 kg당 유효일의 열상당량

$$A W_{net} = A W_T - A W_P$$
$$= (h_4 - h_5) - (h_2 - h_1) \text{ [kJ/kg]}$$

⑥ 랭킨 사이클의 이론 열효율

$$\eta_R = \frac{q_1 - q_2}{q_1} = 1 - \frac{q_2}{q_1}$$
$$= \frac{A W_{net}}{q_1} = \frac{A W_T - A W_P}{q_B + q_S}$$
$$= \frac{(h_4 - h_5) - (h_2 - h_1)}{h_4 - h_2} \text{ (펌프일 고려)}$$
$$\eta_R = \frac{A W_T}{q_1} = \frac{h_4 - h_5}{h_4 - h_2} \text{ (펌프일 무시)}$$

2 재열 사이클 (reheat cycle)

(1) 재열 사이클의 계통도

랭킨 사이클에서 열효율을 높이기 위하여 초온·초압을 높게 하면 터빈에서 팽창 중의 증기의 건도가 저하되어 터빈 날개를 부식시키게 되므로 재열 사이클은 팽창일을 증대시키고 터빈 출구의 습도를 감소(건도 증가)시키기 위하여 터빈 후의 증기를 가열장치로 보내어 재가열한 후 다시 터빈에 보내는 사이클을 말하며 열효율도 개선된다. 터빈은 재열기의 개수보다 하나 더 많다.

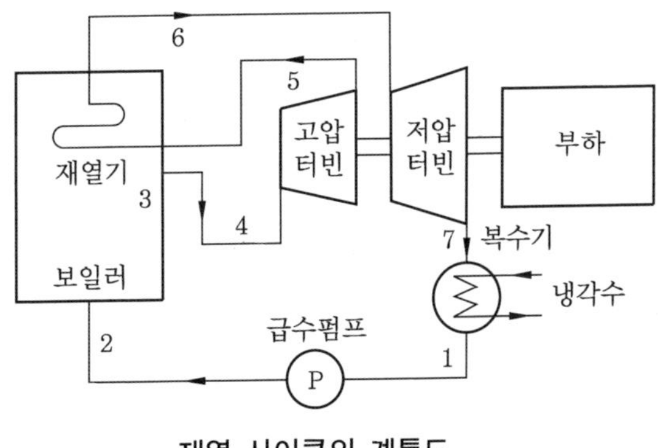

재열 사이클의 계통도

(2) 재열 사이클의 $P-v$, $T-s$, $h-s$ 선도

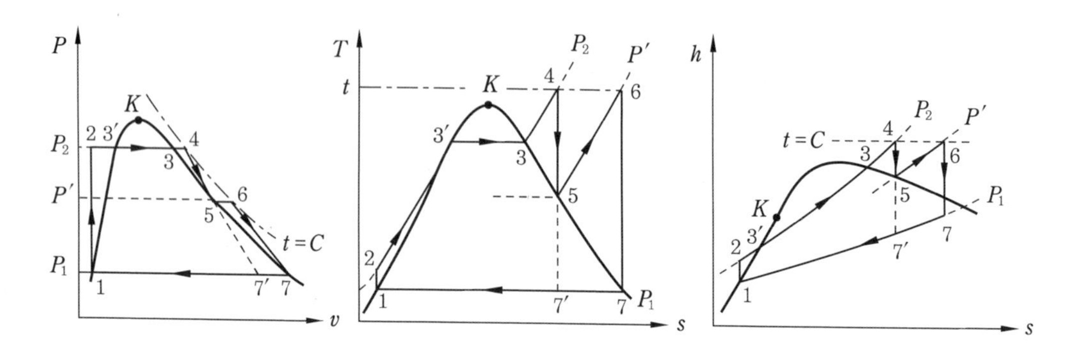

(3) 재열 사이클의 상태 변화 과정

① 1→2 : 급수 펌프에서 단열 압축 과정 (포화수 → 압축수)
② 2→3 : 보일러에서 정압 가열 과정 (압축수 → 건포화증기)
③ 3→4 : 과열기에서 정압 가열 과정 (건포화증기 → 과열증기)
④ 4→5 : 고압 터빈에서 단열 팽창 과정 (과열증기 → 건포화증기)
⑤ 5→6 : 재열기에서 정압 가열 과정 (건포화증기 → 과열증기)
⑥ 6→7 : 저압 터빈에서 단열 팽창 과정 (과열증기 → 습증기)
⑦ 7→1 : 복수기에서 정압 방열 과정 (습증기 → 포화수)

(4) 열효율

① 고열원으로부터 공급받는 열량

q_1 = 보일러에서의 흡열량(q_B) + 과열기에서의 흡열량(q_S)

+ 재열기에서의 흡열량(q_{RH})

$= (h_3 - h_2) + (h_4 - h_3) + (h_6 - h_5) = (h_4 - h_2) + (h_6 - h_5)$ [kJ/kg]

② 복수기에서 방출한 열량

$q_2 = h_7 - h_1$ [kJ/kg]

③ 터빈일의 열상당량

AW_T = 고압 터빈일의 열상당량(AW_{T_1}) + 저압 터빈일의 열상당량(AW_{T_2})

$= (h_4 - h_5) + (h_6 - h_7)$ [kJ/kg]

④ 급수 펌프일의 열상당량

$AW_P = h_2 - h_1$ [kJ/kg]

⑤ 증기 1kg당 유효일의 열상당량

$$AW = AW_{T_1} + AW_{T_2} - AW_P$$
$$= (h_4 - h_5) + (h_6 - h_7) - (h_2 - h_1)\ [\text{kJ/kg}]$$

⑥ 재열 사이클의 이론 열효율

$$\eta_{RH} = 1 - \frac{q_2}{q_1} = \frac{AW}{q_1}$$
$$= \frac{(h_4 - h_5) + (h_6 - h_7) - (h_2 - h_1)}{(h_4 - h_2) + (h_6 - h_5)}$$

펌프일을 무시하는 경우 보일러에서 흡열량 (q_B)은 $q_B = h_3 - h_1$이므로 이론 열효율은

$$\eta_{RH} = \frac{AW_{T_1} + AW_{T_2}}{q_1} = \frac{(h_4 - h_5) + (h_6 - h_7)}{(h_3 - h_1) + (h_6 - h_5)}$$

3 재생 사이클(regenerative cycle)

재생 사이클의 구성 요소는 보일러, 과열기, 터빈, 복수기, 저압 급수 펌프, 급수 가열기, 고압 급수 펌프이다.

(1) 개방형 1단 재생 사이클의 계통도

터빈에서 나오는 증기의 온도가 낮으므로 팽창 도중의 증기를 일부 추출해 급수의 가열에 이용하여 복수기에서 방출되는 열량의 감소만큼 열효율을 개선하여 공급열량을 가능한 한 적게 함으로써 열효율을 향상시키고 연료를 절감한다.

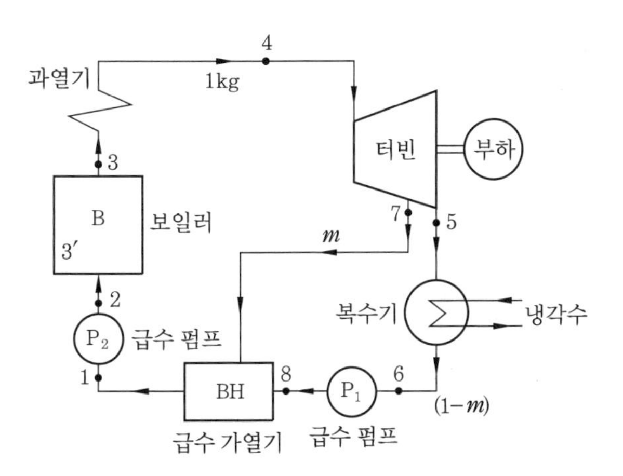

개방형 1단 재생 사이클의 계통도

(2) 개방형 1단 재생 사이클의 $P-v$, $T-s$, $h-s$ 선도

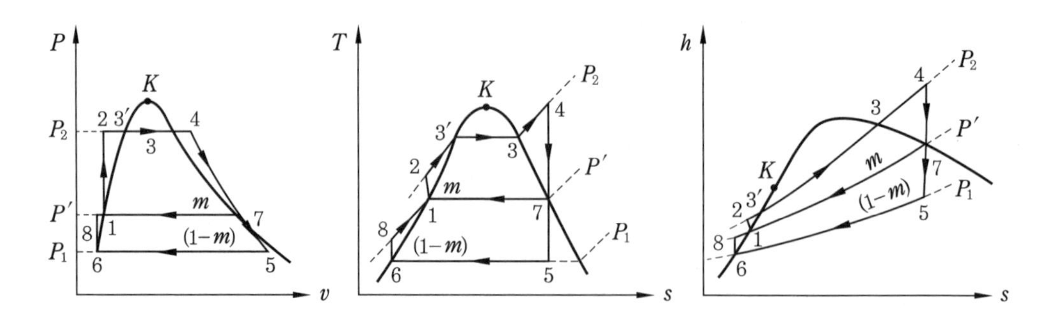

(3) 재생 사이클의 상태 변화 과정

① 1→2 : 제 2 고압 펌프에서 단열 압축 과정 (포화수 → 압축수)

② 2→3 : 보일러에서 정압 가열 과정 (압축수 → 건포화증기)

③ 3→4 : 과열기에서 정압 가열 과정 (건포화증기 → 과열증기)

④ 4→7→5 : 터빈에서 단열 팽창 과정 (과열증기 → 습증기)

⑤ 5→6 : 복수기에서 증기 $(1-m)$[kg]의 정압 하에서 방열 과정 (습증기 → 포화수)

⑥ 6→8 : 저압 펌프에서 단열 압축 과정 (포화수 → 압축수)

⑦ 8→1 : 급수 가열기에서 정압하에 $(1-m)+m$이 되는 과정 (압축수 → 포화수)

⑧ 7→1 : 급수 가열기에서 추기량 m의 정압 방열 과정 (포화수)

(4) 열효율

① 추기량

$$m = \frac{h_1 - h_8}{h_7 - h_8} \text{ [kg/kg}'\text{]}$$

② 제 1 (저압) 급수 펌프와 제 2 (고압) 급수 펌프에서 압축일의 열상당량

$$AW_P = AW_{P_1} + AW_{P_2}$$
$$= (1-m)(h_8 - h_6) + (h_2 - h_1) \text{ [kJ/kg]}$$

③ 고열원으로부터 공급받는 열량

$$q_1 = \text{보일러에서의 흡열량}(q_B) + \text{과열기에서의 흡열량}(q_S)$$
$$= (h_3 - h_2) + (h_4 - h_3) = (h_4 - h_2) \text{ [kJ/kg]}$$

④ 터빈에서 팽창일의 열당량

$$AW_T = (h_4 - h_5) - m(h_7 - h_5) \text{ [kJ/kg]}$$

⑤ 복수기에서의 방열량

$$q_2 = (1-m)(h_5 - h_6)\ [\text{kJ/kg}]$$

⑥ 증기 1 kg당 유효일의 열상당량

$$AW = AW_T - AW_P$$

⑦ 열효율

$$\eta_{RG} = \frac{AW}{q_1} = \frac{AW_T - (AW_{P_1} + AW_{P_2})}{q_B + q_S}$$

$$= \frac{(h_4 - h_5) - m(h_7 - h_5) - (1-m)(h_8 - h_6) - (h_2 - h_1)}{h_4 - h_2}$$

펌프일을 무시하면 보일러에서 흡열량은 $q_B = h_3 - h_1$ [kJ / kg]이고,

$$m = \frac{(h_1 - h_8)}{(h_7 - h_8)}$$

$$\eta_{RG} = \frac{AW_T}{q_1} = \frac{(h_4 - h_5) - m(h_7 - h_5)}{h_4 - h_2}$$

4 재열 – 재생 사이클

(1) 재열 – 재생 사이클의 계통도

재열 사이클은 실제에서 생기는 내부 손실을 작게 하고 효율비를 높이는 특징이 있고, 재생 사이클은 열효율을 열역학적으로 증가시키는 특징이 있으므로 동일한 사이클에 이용하여 증기 원동소 전체의 사이클 효율을 증진시킬 수 있다.

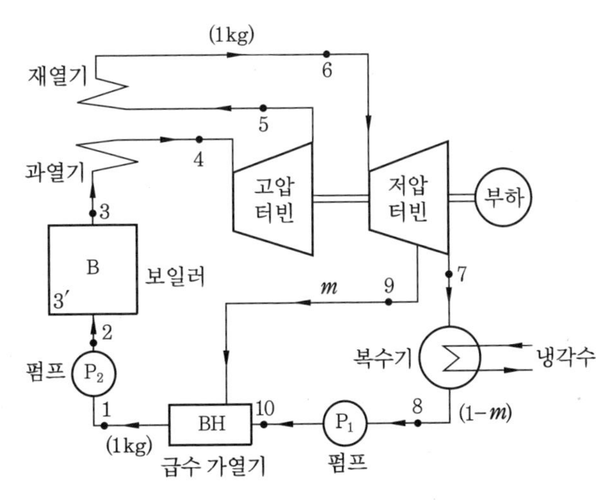

재열 – 재생 사이클의 계통도

1단 재열-재생 사이클의 구성 요소는 보일러, 과열기, 고압 터빈, 재열기, 저압 터빈, 복수기, 저압 펌프, 급수 가열기, 고압 펌프로 되어 있다.

(2) 재열-재생 사이클의 $P-v$, $T-s$, $h-s$ 선도

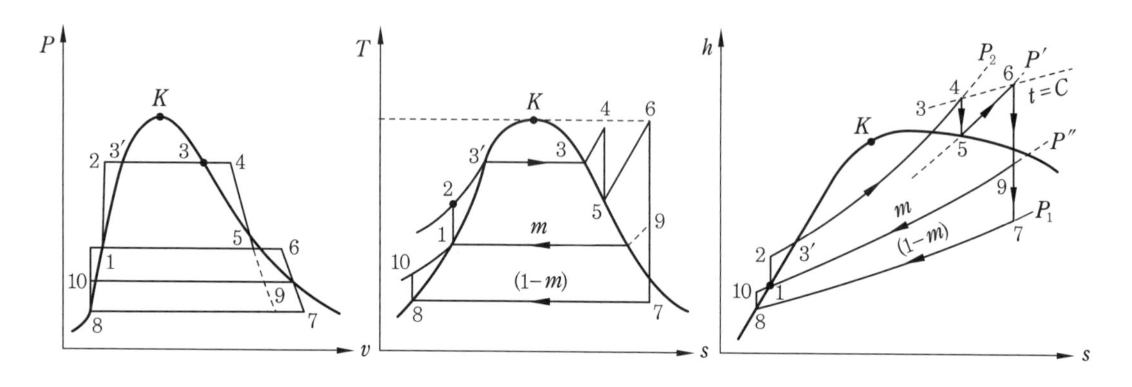

(3) 재열-재생 사이클의 상태 변화 과정

① 1→2 : 제 2 고압 급수 펌프로 단열 압축 과정 (포화수→압축수)

② 2→3 : 보일러에서 정압 가열 과정 (압축수→건포화증기)

③ 3→4 : 과열기에서 정압 가열 과정 (건포화증기→과열증기)

④ 4→5 : 고압 터빈에서 단열 팽창 과정 (과열증기→건포화증기)

⑤ 5→6 : 재열기에서 정압 가열 과정 (건포화증기→과열증기)

⑥ 6→7 : 저압 터빈에서 단열 팽창 과정 (과열증기→습증기)

⑦ 7→8 : 복수기에서 증기 $(1-m)$ [kg]의 정압 방열 과정 (습증기→포화수)

⑧ 8→10 : 제 1 급수 펌프에서 단열 압축 과정

⑨ 10→1 : 급수 가열기에서 정압 가열 과정

⑩ 9→10 : 저압 터빈에서 추기량 m [kg]의 열교환 과정

(4) 열효율

① 고열원에서 흡열량

$$q_1 = \text{보일러에서의 흡열량}\ (q_B) + \text{과열기에서의 흡열량}\ (q_S) + \text{재열기에서의 흡열량}\ (q_{RH})$$

$$= (h_3 - h_2) + (h_4 - h_3) + (h_6 - h_5)$$

$$= (h_4 - h_2) + (h_6 - h_5)\ \text{[kJ/kg]}$$

② 터빈일의 열상당량

$$AW_T = \text{고압 터빈일의 열상당량}(AW_{T_1}) + \text{저압 터빈일의 열상당량}(AW_{T_2})$$

$$= (h_4 - h_5) + (h_6 - h_7)$$

$$= h_4 - h_7 \text{ [kJ/kg]}$$

③ 급수 펌프 압축일의 열상당량

$$AW_P = \text{제 1 급수 펌프일}(AW_{P_1}) + \text{제 2 급수 펌프일}(AW_{P_2})$$

$$= (1-m)(h_{10} - h_8) + (h_2 - h_1) \text{ [kJ/kg]}$$

④ 복수기의 방열량

$$q_2 = (1-m)(h_7 - h_8) \text{ [kJ/kg]}$$

⑤ 추기량

$$m(h_9 - h_1) = (1-m)(h_1 - h_{10})$$

$$m = \frac{h_1 - h_{10}}{h_9 - h_{10}} \text{ [kg/kg']}$$

⑥ 이론 열효율(펌프일 고려 시)

$$\eta_{GH} = \frac{AW}{q_1} = \frac{(AW_{T_1} + AW_{T_2}) - (AW_{P_1} + AW_{P_2})}{q_B + q_S + q_{RH}}$$

$$= \frac{(h_4 - h_5) + \{(h_6 - h_7) - m(h_9 - h_7)\} - (1-m)(h_{10} - h_8) - (h_2 - h_1)}{(h_4 - h_2) + (h_6 - h_5)}$$

⑦ 이론 열효율(펌프일 무시할 때)

$$\eta_{GH} = \frac{AW_T}{q_1} = \frac{AW_{T_1} + AW_{T_2}}{q_S + q_B + q_{RH}}$$

$$= \frac{(h_4 - h_5) + \{(h_6 - h_7) - m(h_9 - h_7)\}}{(h_4 - h_2) + (h_6 - h_5)}$$

단, 보일러의 가열량 $q_B = h_3 - h_2$ [kJ/kg]이고,

추기량 $m = \dfrac{h_1 - h_{10}}{h_9 - h_{10}}$ [kg/kg']

>>> 제8장

예상문제

1. 다음의 기본 랭킨 사이클에서 2→2′→3′의 상태 변화는 어떠한가?

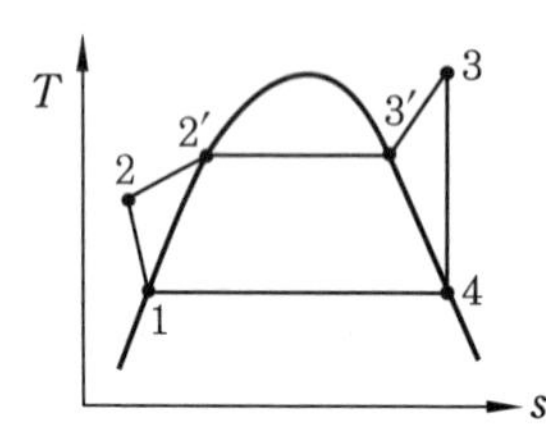

① 단열 압축　② 등압 냉각
③ 단열 팽창　④ 등압 가열

2. 증기 원동소의 사이클에서 터빈 출구의 증기 건조도를 증가시키기 위하여 개선한 사이클은 무엇인가?

① 재생 사이클　② 재열 사이클
③ 2유체 사이클　④ 개방 사이클

해설 ① 재생 사이클 : 급수 가열을 하기 위하여 팽창 도중의 증기를 빼낸 사이클
② 재열 사이클 : 습도에 의한 터빈 날개의 부식을 방지하기 위하여, 즉 건조도를 높이기 위한 사이클

3. 다음 중 재생 랭킨 사이클에 대한 설명으로 잘못된 것은?

① 고압 터빈에서 추기(抽氣)를 이용하여 급수를 가열한다.
② 기본 랭킨 사이클보다 열효율이 크다.
③ 보일러에 공급해야 할 연료를 절감시킨다.
④ 터빈 출구의 습증기의 습도를 감소시킨다.

4. 재열 랭킨 사이클에서 재열의 주목적은 어느 것인가?

① 펌프일을 감소시킨다.
② 복수기 압력을 감소시킨다.
③ 터빈 출구 습증기의 질(건도)을 높인다.
④ 이론 열효율을 증가시킨다.

해설 재열 사이클은 이론 열효율을 증가시키도록 고안한 것으로 건조도를 향상시킨다.

5. 다음 중 랭킨 사이클의 과정은 어느 것인가?

① 단열 압축 → 정압 가열 → 단열 팽창 → 응축
② 단열 압축 → 단열 팽창 → 정압 가열 → 응축
③ 정압 가열 → 단열 압축 → 등온 팽창 → 응축
④ 정압 가열 → 단열 압축 → 단열 팽창 → 응축

해설 랭킨 사이클은 정압 가열(보일러와 과열기), 단열 팽창(터빈), 정압 가열(복수기), 단열 압축(급수 펌프)로 구성되어 있다.

6. 다음 그림 중 증기 원동기의 터빈에서 일어나는 과정은?

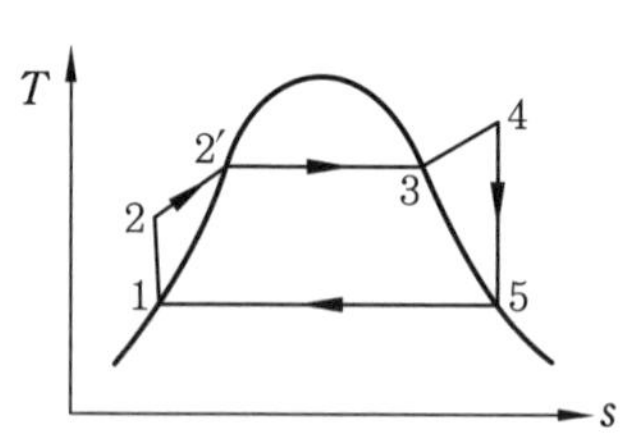

① 1−3　② 3−4　③ 4−5　④ 5−1

해설 1−2 : 급수 펌프, 2−4 : 보일러와 과열기
4−5 : 터빈, 5−1 : 복수기

7. 엔탈피 3679 kJ/kg인 증기를 25 t/h의 비율로 터빈으로 보냈더니 출구에서 엔탈피가 2159 kJ/kg이었다. 터빈의 출력은 약 몇 kW인가?

정답 1. ④　2. ②　3. ④　4. ③　5. ①　6. ③　7. ③

① 12366.5 ② 18555.6
③ 10555.6 ④ 21326.5

해설 열낙차

$$\Delta h = 25\times10^3(3679-2159) = 25\times10^3\times1520\ \text{kJ/h} = \frac{25000\times1520}{3600} = 10555.6\ \text{kW}$$

8. 압력 980 kPa abs, 온도 300℃인 증기를 건 포화증기가 될 때까지 팽창시키고, 그 압력 하에 최초의 온도까지 재열하여 압력 9.8 kPa abs 까지 팽창시켰다. 이 재열 사이클의 이론 열효율은 얼마인가? (단, $h_4 = 3062$, $h_7 = 2512$, $h_1 = 189$, $h_5 = 2713$, $h_6 = 3083$ kJ/kg이고, 펌프일은 무시한다.)

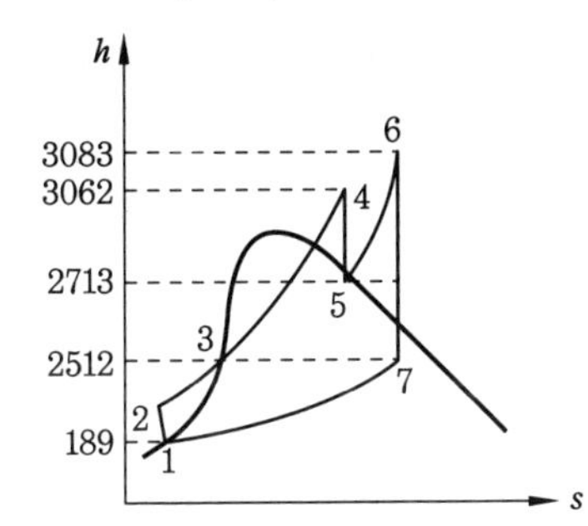

① 0.254 ② 0.263
③ 0.284 ④ 0.293

해설 $$\eta_{reh} = \frac{(h_4-h_5)+(h_6-h_7)}{(h_4-h_1)+(h_6-h_5)} = \frac{(3062-2713)+(3083-2512)}{(3062-189)+(3083-2713)} = 0.284$$

9. 증기 터빈(steam turbine)에서 터빈 효율이 커지면 어떻게 되는가?

① 터빈 출구의 건조도가 커진다.
② 터빈 출구의 건조도가 감소한다.
③ 터빈 출구의 온도가 올라간다.
④ 터빈 출구의 압력이 올라간다.

해설 랭킨 사이클을 예로서 생각하면 터빈 효율이 커지기 위해서는 h_2-h_3의 값이 커져야 한다. 즉, h_2는 커져야 하고 h_3은 작아져야 한다. 다시 말하면 h_2가 커지기 위해서는 초압과 초온이 높아야 하고 h_3이 작아지기 위해서는 배압(복수기의 압력)이 낮아야 한다. 배압이 낮으면 그림에서 보는 바와 같이 건조도가 작아진다.

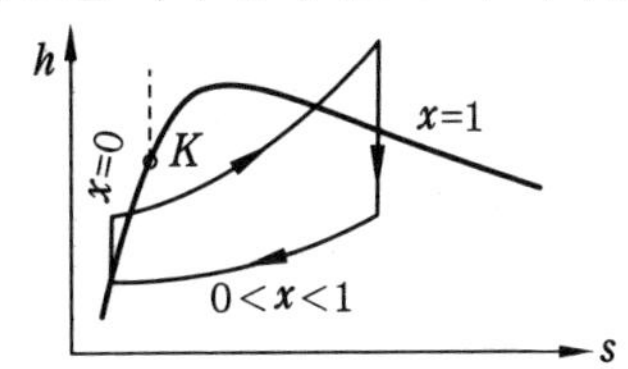

10. 재열 사이클의 $T-s$ 선도로 옳은 것은 어느 것인가?

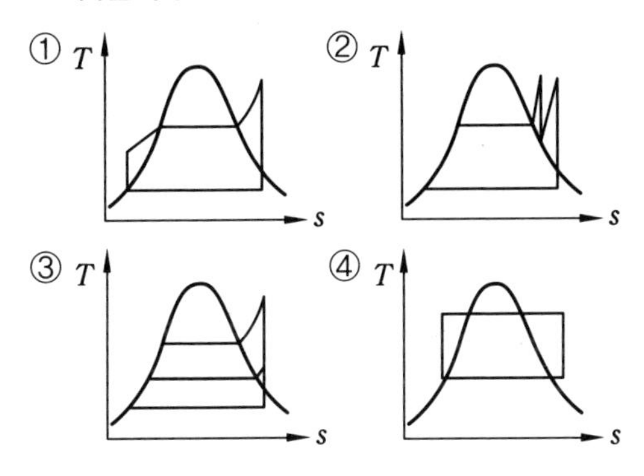

11. 증기 원동소의 열효율 η_p 의 표현식으로 맞는 것은?

① $\eta_p = \dfrac{\text{연료 소비율} \times 4539}{\text{연료 저위 발열량}}$

② $\eta_p = \dfrac{539 \times \text{연료 저위 발열량}}{\text{정미 발생 전력량} \times \text{연료 소비율}}$

③ $\eta_p = \dfrac{\text{정미 발생 전력량} \times 860}{\text{연료 소비량} \times \text{기계 효율}}$

④ $\eta_p = \dfrac{3600 \times \text{정미 발생 전력량}}{\text{연료 저위 발열량} \times \text{연료 소비량}}$

해설 $\eta_p = \dfrac{\text{동력}}{\text{연료 소비량} \times \text{저위 발열량}}$

정답 8. ③ 9. ② 10. ② 11. ④

8-2 열역학 응용 사례

1 오토 사이클(Otto cycle)

가솔린 기관, 즉 전기 점화 기관의 기본 사이클로서 동작가스에 대한 열의 출입이 정적하에서 이루어지므로 정적 사이클이라고도 한다. 고속 가솔린 기관의 기본 사이클이며 2개의 정적 과정과 2개의 단열 과정으로 구성된다.

(1) 오토 사이클의 $P-v$, $T-s$ 선도

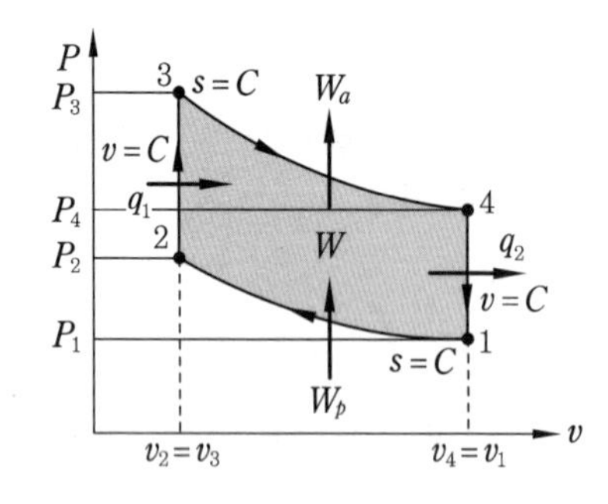

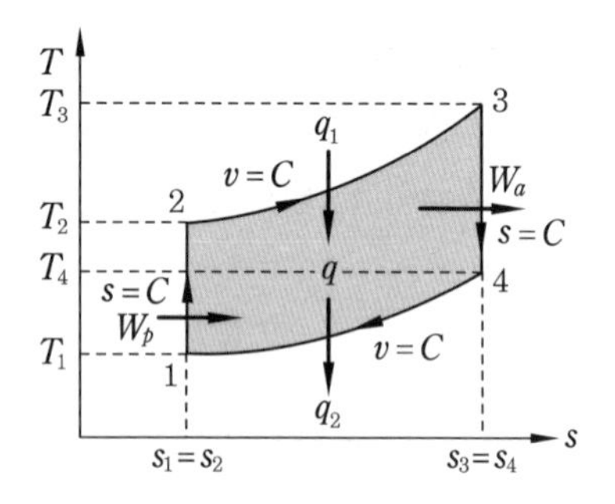

(2) 열효율

① 가열량

$$q_1 = q_{23} = \int_2^3 dq = \int_2^3 du + A\int_2^3 Pdv = \int_2^3 du = \int_2^3 C_v dT$$
$$= C_v(T_3 - T_2) \text{ [kJ/kg]}$$

② 방열량

$$q_2 = q_{14} = \int_1^4 dq = \int_1^4 du + A\int_1^4 Pdv = \int_1^4 du = \int_1^4 C_v dT$$
$$= C_v(T_4 - T_1) \text{ [kJ/kg]}$$

③ 유효일량

$$AW_a = q_1 - q_2 = q_{23} - q_{41} \text{ [kJ/kg]}$$

④ 오토 사이클의 열효율

$$\eta_0 = \frac{\text{유효한 일량}}{\text{공급한 열량}} = \frac{AW_a}{q_1} = \frac{q_1 - q_2}{q_1} = 1 - \frac{q_2}{q_1}$$

$$= 1 - \frac{C_v(T_4 - T_1)}{C_v(T_3 - T_2)} = 1 - \frac{(T_4 - T_1)}{(T_3 - T_2)}$$

⑤ 압축비의 함수로 표시된 오토 사이클의 열효율

$$\eta_0 = 1 - \frac{(T_4 - T_1)}{(T_3 - T_2)} = 1 - \left(\frac{v_3}{v_4}\right)^{k-1} = 1 - \left(\frac{v_2}{v_1}\right)^{k-1}$$

$$= 1 - \left(\frac{1}{\varepsilon}\right)^{k-1}$$

여기서, 압축비 (compression ratio) $\varepsilon = \frac{v_1}{v_2}$ 이다.

(3) 오토 사이클의 이론 평균 유효압력

$$P_{mo} = \frac{\text{1사이클 중에 이루어지는 일}}{\text{행정 체적}} = \frac{W}{v_s} = \frac{AW}{A(v_1 - v_2)}$$

$$= \frac{\eta_0 \cdot q_1}{Av_1\left(1 - \frac{1}{\varepsilon}\right)} = \frac{P_1 \cdot q_1 \cdot \left\{1 - \left(\frac{1}{\varepsilon}\right)^{k-1}\right\}}{ART_1\left\{1 - \left(\frac{1}{\varepsilon}\right)\right\}}$$

$$= \frac{C_v[T_3 - T_2 - T_4 + T_1]}{Av_1\left[1 - \frac{1}{\varepsilon}\right]}$$

$$= P_1 \frac{(\alpha - 1)(\varepsilon^k - \varepsilon)}{(k-1)(\varepsilon - 1)} \ [\text{kg/cm}^2]$$

여기서, 압력비 (pressure ratio) $d = \frac{p_3}{p_2}$ 이다.

2 디젤 사이클(Diesel cycle)

디젤 사이클은 2개의 단열 과정과 1개의 정적 과정, 1개의 등압 과정으로 구성된 사이클이며 정압 하에서 가열하므로 정압(등압) 사이클이라고 한다. 또한 저속 디젤 기관의 기본 사이클이다.

(1) 디젤 사이클의 $P-v$, $T-s$ 선도

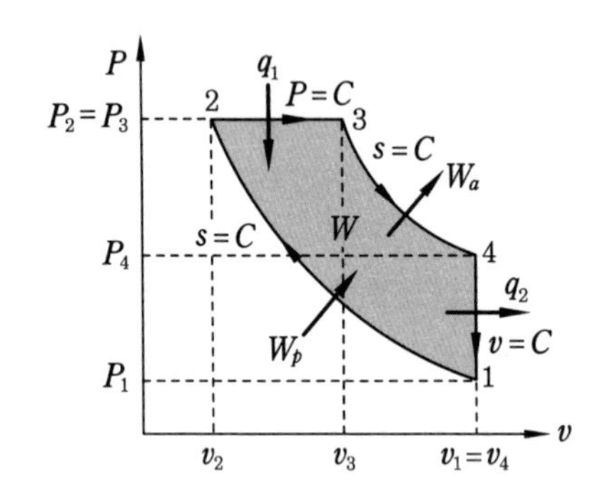

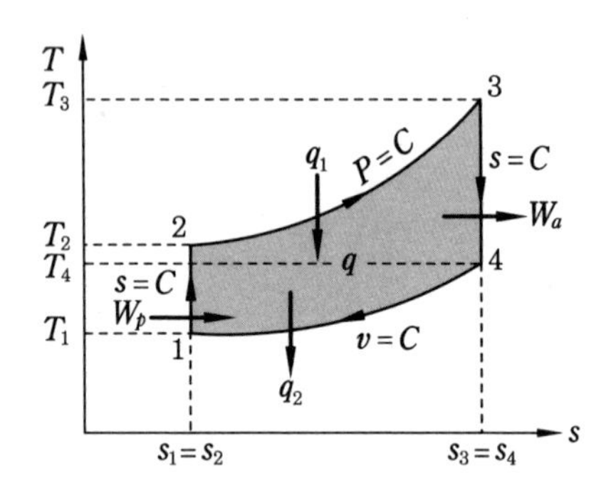

(2) 열효율

① 가열량

$$q_1 = q_{23} = \int_2^3 dq = \int_2^3 dh = h_3 - h_2 = C_p(T_3 - T_2)\ [\mathrm{kJ/kg}]$$

② 방열량

$$q_2 = q_{14} = \int_1^4 dq = \int_1^4 du = u_4 - u_1 = C_v(T_4 - T_1)\ [\mathrm{kJ/kg}]$$

③ 유효일량

$$AW_a = q_1 - q_2\ [\mathrm{kJ/kg}]$$

④ 디젤 사이클의 열효율

$$\eta_d = \frac{\text{유효한 일량}}{\text{공급한 열량}} = \frac{AW_a}{q_1} = \frac{q_1 - q_2}{q_1}$$

$$= 1 - \frac{q_2}{q_1} = 1 - \frac{C_v(T_4 - T_1)}{C_p(T_3 - T_2)} = 1 - \frac{(T_4 - T_1)}{k(T_3 - T_2)}$$

(가) 1→2 과정 : 단열 압축이므로

$$\frac{T_2}{T_1} = \left(\frac{v_1}{v_2}\right)^{k-1} = \varepsilon^{k-1}$$

압축비 $\varepsilon = \dfrac{v_1}{v_2}$ 이다 (등압 연소).

$$\therefore\ T_2 = T_1 \cdot \varepsilon^{k-1}$$

(나) 2→3 과정 : 등압 가열이므로 $v \propto T$

$$\frac{T_3}{T_2} = \frac{v_3}{v_2} = \sigma = \text{절단비, 차단비, 체절비, 단절비}$$

$$\therefore\ T_3 = T_2 \cdot \sigma = T_1 \cdot \sigma \cdot \varepsilon^{k-1}$$

(다) 3→4 과정 : 단열 팽창이므로

$$\frac{T_4}{T_3} = \left(\frac{v_3}{v_4}\right)^{k-1}$$

$$\therefore\ T_4 = T_3 \cdot \left(\frac{v_3}{v_4}\right)^{k-1} = T_3 \cdot \left(\frac{v_3}{v_2} \cdot \frac{v_2}{v_4}\right)^{k-1} = T_3 \cdot \left(\frac{v_3}{v_2} \cdot \frac{v_2}{v_1}\right)^{k-1}$$

$$= \left(\sigma \cdot \frac{1}{\epsilon}\right)^{k-1} \cdot \sigma \cdot \varepsilon^{k-1} \cdot T_1 = \sigma^k \cdot T_1$$

따라서, 디젤 사이클의 열효율 η_d 는

$$\eta_d = 1 - \frac{(T_4 - T_1)}{k(T_3 - T_2)} = 1 - \frac{\sigma^k \cdot T_1 - T_1}{k(T_1 \cdot \sigma \cdot \varepsilon^{k-1} - T_1 \cdot \varepsilon^{k-1})}$$

$$= 1 - \frac{T_1(\sigma^k - 1)}{T_1 \cdot k \cdot \varepsilon^{k-1}(\sigma - 1)} = 1 - \left(\frac{1}{\varepsilon}\right)^{k-1} \cdot \frac{\sigma^k - 1}{k(\sigma - 1)}$$

(3) 디젤 사이클의 이론 평균 유효압력

$$P_{md} = \frac{\text{유효일량}}{\text{행정 체적}} = \frac{W_e}{v_s} = \frac{AW_a}{A(v_1 - v_2)} = \frac{\eta_d \cdot q_1}{A(v_1 - v_2)}$$

$$= \frac{P_1 \cdot q_1}{ART_1} \cdot \frac{1 - \left(\frac{1}{\varepsilon}\right)^{k-1} \cdot \frac{(\sigma^k - 1)}{k(\sigma - 1)}}{1 - \left(\frac{1}{\varepsilon}\right)}$$

$$= P_1 \cdot \frac{\varepsilon^k \cdot k \cdot (\sigma - 1) - \varepsilon(\sigma^k - 1)}{(k-1)(\varepsilon - 1)}\ [\mathrm{kg/cm^2}]$$

3 사바테 사이클(Sabathe cycle)

사바테 사이클은 오토 사이클과 디젤 사이클을 합성한 사이클로 합성 사이클, 정압 및 정적 하에서 연소하므로 정압-정적 사이클, 이중 연소 사이클이라 한다.

(1) 사바테 사이클의 $P-v$, $T-s$ 선도

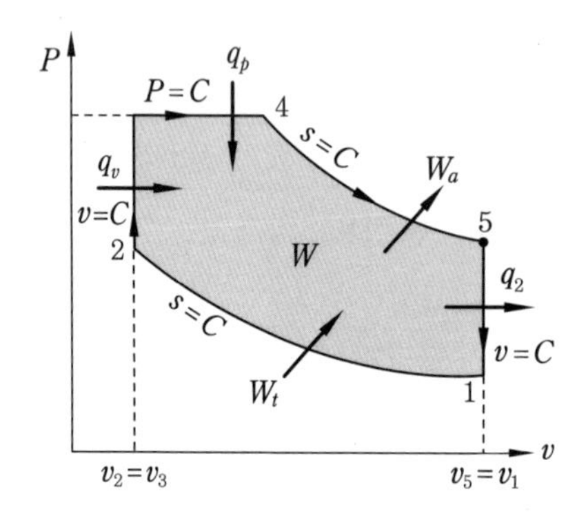

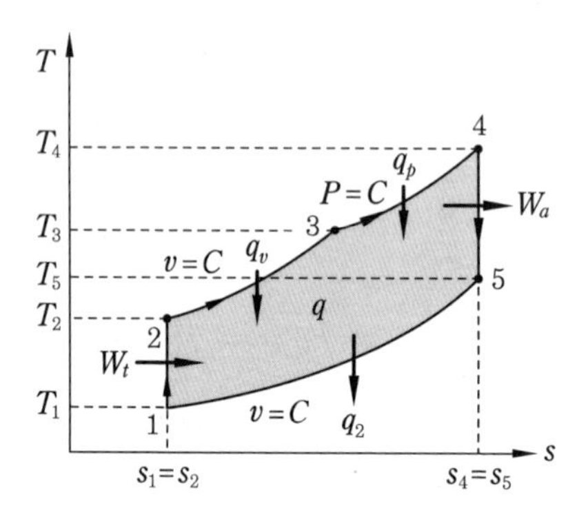

(2) 이론 열효율

① 가열량

$$q_1 = C_v(T_3 - T_2) + C_p(T_4 - T_3)\ [\text{kJ/kg}]$$

② 방열량

$$q_2 = u_5 - u_1 = C_v(T_5 - T_1)\ [\text{kJ/kg}]$$

③ 유효일량

$$AW_a = q_1 - q_2 = (q_{23} + q_{34}) - q_{15}\ [\text{kJ/kg}]$$

④ 열효율

$$\eta_s = \frac{\text{행한 일량}}{\text{공급한 열량}} = \frac{AW_a}{q_1} = \frac{q_1 - q_2}{q_1} = 1 - \frac{q_2}{q_1}$$

$$= 1 - \frac{(T_5 - T_1)}{(T_3 - T_2) + k(T_4 - T_3)}$$

$$= 1 - \left(\frac{1}{\varepsilon}\right)^{k-1} \cdot \frac{(\alpha \cdot \sigma^k - 1)}{(\alpha - 1) + k \cdot \alpha(\sigma - 1)}$$

⑤ 단열 압축 과정(1→2 과정)

$$\frac{T_2}{T_1} = \left(\frac{v_1}{v_2}\right)^{k-1}$$

$$\therefore T_2 = T_1\left(\frac{v_1}{v_2}\right)^{k-1} = \varepsilon^{k-1} \cdot T_1$$

(3) 사바테 사이클의 이론 평균 유효압력

$$P_{ms} = \frac{\text{1사이클 중에 이루어지는 일}}{\text{행정 체적}}$$

$$= \frac{W}{v_s} = \frac{q_1 - q_2}{A(v_1 - v_2)} = \frac{q_1 \cdot \eta_s}{A(v_1 - v_2)}$$

$$= P_1 \cdot \frac{\varepsilon^k\{(\alpha-1)+k\cdot\alpha\cdot(\sigma-1)\}-\varepsilon(\sigma^k\cdot\alpha-1)}{(\varepsilon-1)(k-1)} \text{ [kg/cm}^2\text{]}$$

4 브라이턴 사이클(Brighton cycle)

브라이턴 사이클은 2개의 단열 과정과 2개의 등압 과정으로 이루어진 가스 터빈의 이상적인 사이클이다.

역브라이턴 사이클은 NG, LNG, LPG 가스의 액화용 냉동기의 기본 사이클로 사용된다.

(1) 브라이턴 사이클의 $P-v$, $T-s$ 선도

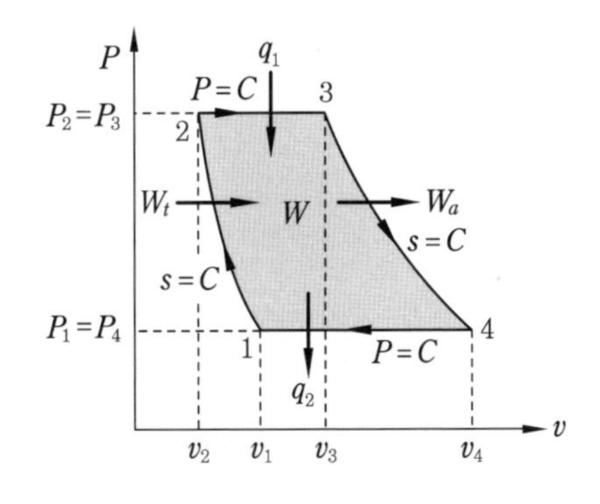

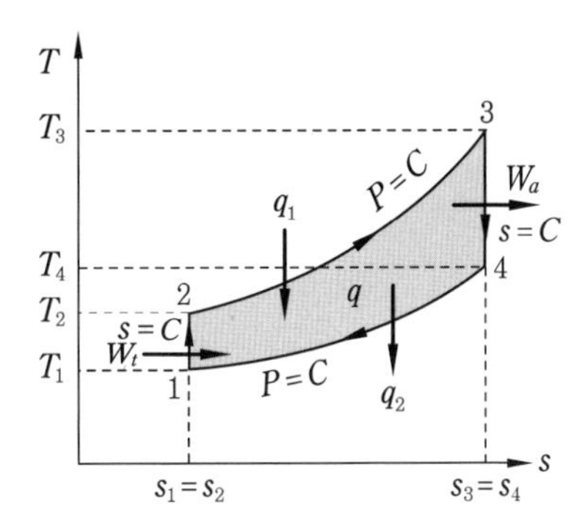

(2) 열효율

① 가열량

$$q_1 = \int_2^3 dq = \int_2^3 dh = \int_2^3 C_p dT = C_p(T_3 - T_2) \text{ [kJ/kg]}$$

② 방열량

$$q_2 = \int_2^3 C_p dT = C_p(T_4 - T_1)\ [\mathrm{kJ/kg}]$$

③ 유효일의 열당량

$$AW_a = q_1 - q_2 = q_{23} - q_{41}\ [\mathrm{kJ/kg}]$$

④ 열효율

$$\eta_B = \frac{AW_a}{q_1} = \frac{q_1 - q_2}{q_1} = 1 - \frac{q_2}{q_1} = 1 - \frac{C_p(T_4 - T_1)}{C_p(T_3 - T_2)}$$

$$= 1 - \frac{T_4 - T_1}{T_3 - T_2}\ \text{(온도를 함수로 할 때)}$$

$$\eta_B = 1 - \frac{T_4 - T_1}{T_3 - T_2} = 1 - \left(\frac{P_1}{P_2}\right)^{\frac{k-1}{k}}$$

$$= 1 - \left(\frac{1}{\phi}\right)^{\frac{k-1}{k}}\ \text{(압력을 함수로 할 때)}$$

여기서, 압력비 (pressure ratio) $\phi = \dfrac{p_2}{p_1}$ 이다.

>>> 제8장

예상문제

1. 다음 그림은 브라이턴 사이클의 역인 공기 표준 사이클의 가장 간단한 형태를 나타낸 것이다. 그림에서 냉동효과는 무엇으로 표시되는가?

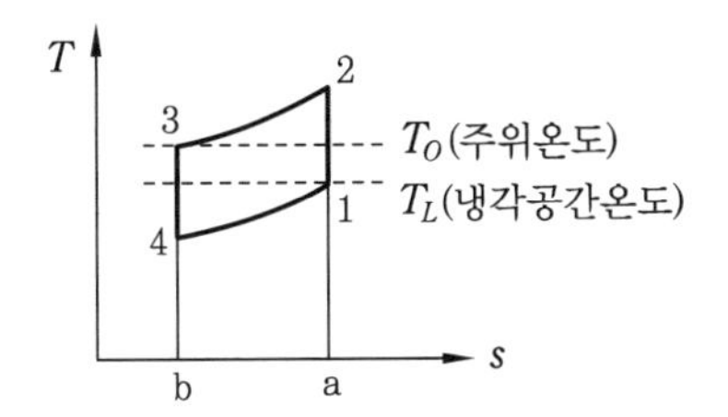

① 면적 a1234ba로 표시된다.
② (면적 12341)÷(면적 41ab4)로 표시된다.
③ 면적 12341로 표시된다.
④ 면적 41ab4로 표시된다.

2. Otto 사이클에서 압축비가 일정하고, 비열비가 1.3과 1.4인 경우 어느 쪽의 효율이 더 좋은가?

① $\eta_{1.3} > \eta_{1.4}$
② $\eta_{1.3} = \eta_{1.4}$
③ $\eta_{1.3} \le \eta_{1.4}$
④ $\eta_{1.3} < \eta_{1.4}$

해설 $\varepsilon = 3$이라 가정하면,

$$\eta_{1.3} = 1 - \left(\frac{1}{\varepsilon}\right)^{1.3-1} = 1 - \left(\frac{1}{3}\right)^{1.3-1} = 0.28$$

$$\eta_{1.4} = 1 - \left(\frac{1}{\varepsilon}\right)^{1.4-1} = 1 - \left(\frac{1}{3}\right)^{1.4-1} = 0.43$$

$\therefore \eta_{1.3} < \eta_{1.4}$

3. 오토 사이클의 각 점에서의 온도가 다음 그림과 같다고 할 때, 이 사이클의 열효율은 얼마인가?

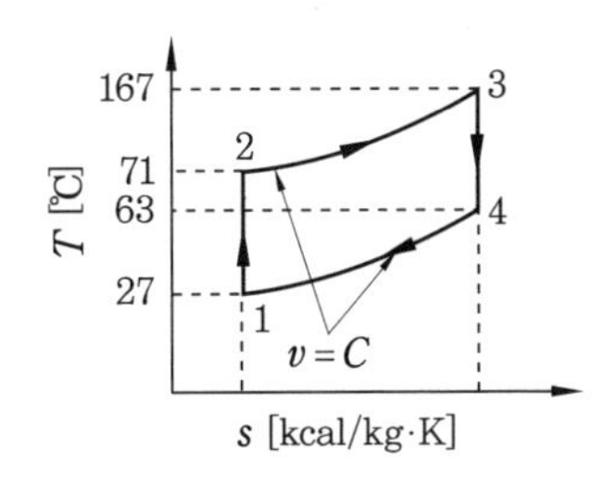

① 40.1 %
② 41.9 %
③ 45.2 %
④ 62.5 %

해설 $\eta_0 = 1 - \dfrac{Q_2}{Q_1}$

$$= 1 - \frac{T_4 - T_1}{T_3 - T_2}$$

$$= 1 - \frac{36}{96} = 62.5\ \%$$

4. W는 사이클당의 일, V_c는 통극체적, V는 실린더 체적일 때, 다음 중 평균 유효압력(P_{me})을 표시하는 것은?

① $\dfrac{V_c + V}{W}$ ② $\dfrac{W}{V} + V_c$
③ $\dfrac{V - V_c}{W}$ ④ $\dfrac{W}{V - V_c}$

5. 다음 중 사이클의 열효율을 높이는 데 가장 유효한 방법은 무엇인가?

① 급열온도를 높게 한다.
② 동작물질의 양을 증가시킨다.
③ 배열온도를 높게 한다.
④ 밀도가 큰 동작물질을 사용한다.

해설 사이클의 열효율을 높이려면 급열온도를 높게 해 주면 된다.

정답 1. ④ 2. ④ 3. ④ 4. ④ 5. ①

6. 이상적인 냉동 사이클의 기본 사이클은 어느 것인가?

① 카르노 사이클
② 브라이턴 사이클
③ 랭킨 사이클
④ 역카르노 사이클

해설 냉동 사이클의 이상적 사이클은 역카르노 사이클이다.

7. 다음 중 브라이턴 사이클의 급열 과정은 무엇인가?

① 등적 과정 ② 단열 과정
③ 등압 과정 ④ 등온 과정

해설 브라이턴 사이클은 열의 출입이 등압 하에서 일어난다.

8. 브라이턴 사이클은 다음 중 어느 사이클에 가장 적합한가?

① 등적 연소 사이클
② 등압 연소 사이클
③ 등온 연소 사이클
④ 합성 연소 사이클

해설 브라이턴 사이클 = 가스 터빈의 이상 사이클 = 정압 연소 사이클

9. 브라이턴 사이클에 관한 설명으로 옳은 것은 어느 것인가?

① 압축 점화 기관의 이상 사이클이다.
② 가솔린 기관의 이상 사이클이다.
③ 증기 원동기의 이상 사이클이다.
④ 가스 터빈의 이상 사이클이다.

해설 브라이턴 사이클은 가스 터빈의 이상 사이클이다.

10. 브라이턴 사이클의 열 공급 및 방출은 어떠한가?

① 정적 하에서 열이 들어오고, 정적 하에서 열이 나간다.
② 정압 하에서 열이 들어오고, 정적 하에서 열이 나간다.
③ 정압 하에서 열이 들어오고, 정압 하에서 열이 나간다.
④ 정적 및 정압 하에서 열이 들어오고, 정적 하에서 열이 나간다.

정답 6. ④ 7. ③ 8. ② 9. ④ 10. ③

공조냉동기계기사

3 과목

시운전 및 안전관리

Chapter 01

교류회로

1-1 교류회로의 기초

(1) 사인파 (정현파) 교류 (sinusoidal wave AC)

시간의 변화에 따라서 크기와 방향이 주기적으로 변화하는 전류, 전압을 교류라 하며, 변화하는 파형이 사인파의 형태를 가지므로 사인파 교류라 한다.

$$i = I_m \sin\omega t \text{ [A]}$$

$$v = V_m \sin\omega t \text{ [V]}$$

여기서, I_m, V_m : 최댓값, ω : 각 주파수 ($= 2\pi f$)

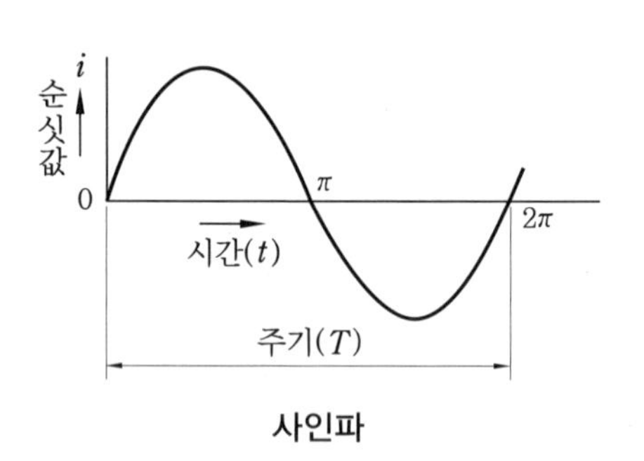

사인파

(2) 주기와 주파수

① 주기 : 1사이클의 변화에 요하는 시간을 주기(period)라 한다. 기호는 T, 단위는 s (sec)로 나타낸다.

$$T = \frac{1}{f} \text{ [s]}$$

여기서, T : 주기 (s), f : 주파수 (Hz)

② 주파수 : 1초 동안에 반복되는 사이클의 수를 주파수 (frequency)라 한다.

$$f = \frac{1}{T} \text{ [Hz]}$$

③ 각속도 : 도체가 1회전하면 1 Hz의 변화를 하므로 1 sec 동안 각도의 변화율이다.

$$\omega = \frac{2\pi}{T} = 2\pi f \text{ [rad/s]}$$

(3) 위상 (phase)

2개 이상의 동일한 교류의 시간적인 차를 위상이라 한다.

$v_1 = V_{m_1} \sin(\omega t + \theta_1)$ [V], $v_2 = V_{m_2} \sin(\omega t + \theta_2)$ [V]일 때 위상차 θ는

$$\theta = \theta_1 - \theta_2 \text{ [rad]}$$

(4) 교류의 값

① 순싯값(instantaneous value) : 교류의 임의의 시간에 있어서 전압 또는 전류의 값을 순싯값이라 한다.

$$v = V_m \sin\omega t = \sqrt{2}\, V \sin\omega t \ [\mathrm{V}]$$

$$i = I_m \sin\omega t = \sqrt{2}\, I \sin\omega t \ [\mathrm{A}]$$

여기서, v : 전압의 순싯값(V), V_m : 전압의 최댓값(V), ω : 각주파수(rad/s), t : 시간(s)
V : 실횻값(V), i : 전류의 순싯값(A), I_m : 전류의 최댓값(A)

② 최댓값(maximum value) : 순싯값 중에서 가장 큰 값을 최댓값이라 한다.

$$V_m = \sqrt{2}\, V \ [\mathrm{V}]$$

$$I_m = \sqrt{2}\, I \ [\mathrm{A}]$$

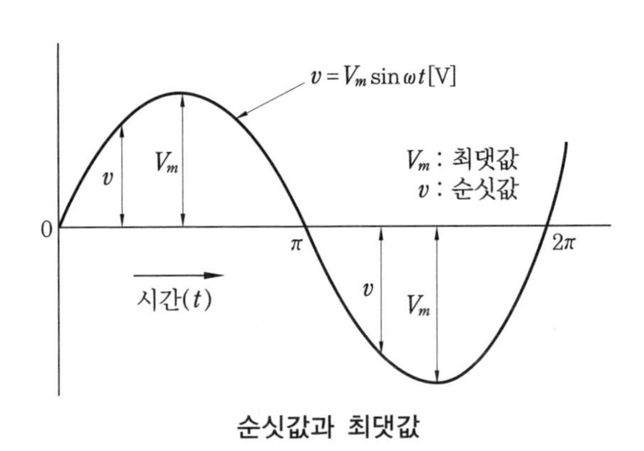

순싯값과 최댓값

③ 평균값 : 교류의 순싯값이 0이 되는 시점부터 다음의 0으로 되기까지의 양(+)의 반주기에 대한 순싯값의 평균이라고 하며, 정현파에서 전압에 대한 평균값 V_a와 전압의 최댓값 V_m 사이는 다음과 같이 나타낼 수 있다.

$$V_a = \frac{2}{\pi} V_m \fallingdotseq 0.637 V_m \ (\text{전파정류일 때})$$

참고 반파정류일 때 $V_a = \dfrac{V_m}{\pi}$

④ 실횻값 : 교류의 크기를 직류의 크기로 바꿔놓은 값을 실횻값이라 한다.

$$\text{실횻값} = \sqrt{(\text{순싯값})^2 \text{의 합의 평균}}$$

일반적으로 표시되는 전압 및 전류는 실횻값을 나타내며, 정현파 교류에서 전압에 대한 실횻값 V와 최댓값 V_m 사이는 다음과 같이 나타낼 수 있다.

$$V=\frac{1}{\sqrt{2}}V_m=0.707V_m$$

참고 평균값 및 실횻값(전류일 때)

① 평균값 : $I_{av}=\frac{2}{T}\int_0^{T/2}I_m\sin\omega t\,d(\omega t)=\frac{1}{\pi}\int_0^{\pi}I_m\sin\omega t\,d(\omega t)=\frac{2}{\pi}I_m=0.637I_m$

② 실횻값 : $I=\sqrt{\frac{1}{T}\int_0^{T}(I_m\sin\omega t)^2d(\omega t)}=\sqrt{\frac{1}{2\pi}\int_0^{2\pi}(I_m\sin\omega t)^2d(\omega t)}=\frac{I_m}{\sqrt{2}}=0.707I_m$

⑤ 파고율 및 파형률

(가) 파고율 : 교류의 최댓값과 실횻값의 비

$$\text{파고율}=\frac{\text{최댓값}}{\text{실횻값}}=\frac{V_m}{V}=V_m\div\frac{V_m}{\sqrt{2}}=\sqrt{2}=1.414$$

(나) 파형률 : 실횻값과 평균값의 비

$$\text{파형률}=\frac{\text{실횻값}}{\text{평균값}}=\frac{V_m}{\sqrt{2}}\div\frac{2}{\pi}V_m=\frac{\pi}{2\sqrt{2}}=1.111$$

1-2 교류회로 저항(R), 유도(L), 용량(C)

(1) 단독회로

$v=V_m\sin\omega t$ [V]인 경우

[기본 적용 방법] L, C는 특성상 직접 옴의 법칙을 적용할 수 없으므로

$$L\,[\text{H}]\rightarrow j\omega L=jX_L\,[\Omega]$$

$$C\,[\text{F}]\rightarrow\frac{1}{j\omega C}=-jX_c\,[\Omega]$$

회로	전압·전류 특성	회로 전류	크기의 관계	위상관계
R만의 회로	$v=Ri$ $i=\frac{v}{R}$	$i=\frac{V_m}{R}\sin\omega t$	$I=\frac{V}{R}$	$\theta=0$ 전압과 전류는 동위상
L만의 회로	$v=-v_L=L\frac{di}{dt}$ $i=\frac{1}{L}\int v\,dt$	$i=\frac{V_m}{X_L}\sin\left(\omega t-\frac{\pi}{2}\right)$ $=I_m\sin\left(\omega t-\frac{\pi}{2}\right)$	$I=\frac{V}{X_L}=\frac{V}{\omega L}$	$\theta=-\frac{\pi}{2}$ 전류는 전압보다 $\frac{\pi}{2}$만큼 뒤진다.
C만의 회로	$v=\frac{1}{C}\int i\,dt$ $i=C\frac{dv}{dt}$	$i=\frac{V_m}{X_c}\sin\left(\omega t+\frac{\pi}{2}\right)$ $=I_m\sin\left(\omega t+\frac{\pi}{2}\right)$	$I=\frac{V}{X_c}=\omega CV$	$\theta=\frac{\pi}{2}$ 전류는 전압보다 $\frac{\pi}{2}$만큼 앞선다.

단, $G=\frac{1}{R}$ [℧] : 컨덕턴스

$X_L=\omega L=2\pi fL$ [Ω] : 유도 리액턴스

$B_L=\frac{1}{X_L}$ [℧] : 유도 서셉턴스

$X_c=\frac{1}{\omega C}=\frac{1}{2\pi fC}$ [Ω] : 용량 리액턴스

$B_c=\frac{1}{X_c}$ [℧] : 용량 서셉턴스

(2) 회로 소자의 축적에너지 및 변화

회로	축적에너지	에너지 변화
R	$W_R=I^2R$ [J]	열로 소모되는 전기적 에너지
L	$W_L=\frac{1}{2}LI^2$ [J]	축적되는 자계에너지
C	$W_c=\frac{1}{2}CV^2$ [J]	축적되는 전계에너지

(3) 직렬회로

$v = V_m \sin\omega t$ [V]인 경우

회로	회로 전류	임피던스 Z [Ω] 크기	위상관계
$R-L$	$i = \frac{V_m}{Z}\sin(\omega t - \theta)$ $= I_m \sin(\omega t - \theta)$	$Z = R + j\omega L$ $Z = \sqrt{R^2 + (\omega L)^2}$	$\theta = \tan^{-1}\frac{\omega L}{R}$ 전류는 전압보다 θ 만큼 뒤진다.
$R-C$	$i = \frac{V_m}{Z}\sin(\omega t + \theta)$ $= I_m \sin(\omega t + \theta)$	$Z = R + j\frac{1}{\omega C}$ $Z = \sqrt{R^2 + \left(\frac{1}{\omega C}\right)^2}$	$\theta = \tan^{-1}\frac{1}{\omega CR}$ 전류는 전압보다 θ 만큼 앞선다.
$R-L-C$	$i = \frac{V_m}{Z}\sin(\omega t - \theta)$ ($X_L > X_c$인 경우)	$Z = R + j\left(\omega L - \frac{1}{\omega C}\right)$ $Z = \sqrt{R^2 + \left(\omega L - \frac{1}{\omega C}\right)^2}$	$\theta = \tan^{-1}\frac{\omega L - \frac{1}{\omega C}}{R}$ $\omega L > \frac{1}{\omega C}$ 일 때 진상 $\omega L < \frac{1}{\omega C}$ 일 때 지상 $\omega L = \frac{1}{\omega C}$ 일 때 동위상 (직렬공진)

참고 1. $R-L$인 경우 ($R-C$와 같은 방법으로 적용)

① L[H] → $j\omega L = jX_L$ [Ω]

② 합성 임피던스 : $Z = R + j\omega L$, $|Z| = \sqrt{R^2 + (\omega L)^2}$

③ 옴의 법칙 적용 : $I = \frac{V}{Z} = \frac{V}{\sqrt{R^2 + (\omega L)^2}}$

④ 위상각 : $\tan\theta$ (전압이 전류보다 θ 만큼 앞선다.)

2. 임피던스 Z[Ω]와 위상각 θ [rad]의 관계

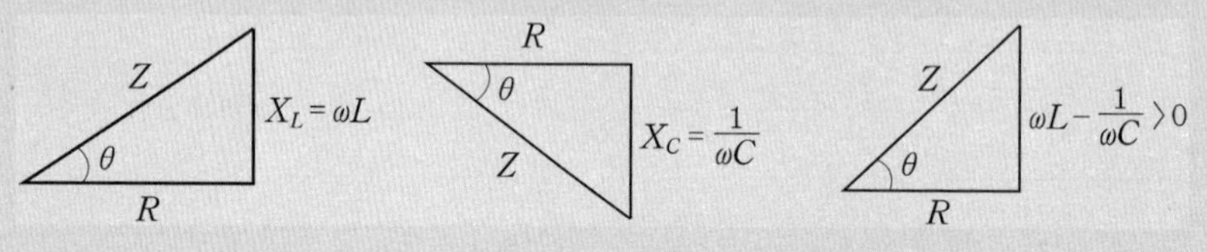

① $\cos\theta = \frac{R}{Z}$ → 실수부 $R = Z\cos\theta$

② $\sin\theta = \frac{X}{Z}$ → 허수부 $X = Z\sin\theta$

(4) 병렬회로

$v = V_m \sin\omega t$ [V]인 경우

회로	회로 전류	어드미턴스 Y [℧] 크기	위상관계
$R-L$	$i = YV_m \sin(\omega t - \theta)$ $= I_m \sin(\omega t - \theta)$	$Y = \frac{1}{Z} = \frac{1}{R} + j\frac{1}{\omega L}$ $Y = \sqrt{\left(\frac{1}{R}\right)^2 + \left(\frac{1}{\omega L}\right)^2}$	$\theta = \tan^{-1}\frac{R}{\omega L}$ 전류는 전압보다 θ만큼 뒤진다.
$R-C$	$i = YV_m \sin(\omega t + \theta)$ $= I_m \sin(\omega t + \theta)$	$Y = \frac{1}{Z} = \frac{1}{R} + j\omega C$ $Y = \sqrt{\left(\frac{1}{R}\right)^2 + (\omega C)^2}$	$\theta = \tan^{-1}\omega CR$ 전류는 전압보다 θ만큼 앞선다.
$R-L-C$	$i = YV_m \sin(\omega t - \theta)$ ($X_L > X_c$인 경우)	$Y = \frac{1}{Z} = \frac{1}{R} + j\left(\omega C - \frac{1}{\omega L}\right)$ $Y = \sqrt{\left(\frac{1}{R}\right)^2 + \left(\omega C - \frac{1}{\omega L}\right)^2}$	$\theta = \tan^{-1}R\left(\frac{1}{\omega L} - \omega C\right)$ $\omega C > \frac{1}{\omega L}$일 때 진상 $\omega C < \frac{1}{\omega L}$일 때 지상 $\omega C = \frac{1}{\omega L}$일 때 동위상 (병렬공진)

참고 $R-L$인 경우 ($R-C$와 같은 방법으로 적용)

① 직렬과 동일 : $L \rightarrow j\omega L$

② 임피던스 Z [Ω] 대신 어드미턴스 Y [℧]$= \frac{1}{Z} = G + jB = \frac{1}{R} + j\frac{1}{\omega L}$

$|Y| = \sqrt{\left(\frac{1}{R}\right)^2 + \left(\frac{1}{\omega L}\right)^2}$

③ 옴의 법칙 적용 : $I = \frac{V}{Z} = YV = \sqrt{\left(\frac{1}{R}\right)^2 + \left(\frac{1}{\omega L}\right)^2}$

④ 위상각 : ELI : θ (직렬과 동일)

(5) 공진

구분 \ 공진의 종류	직렬공진	병렬공진
회로의 Z, Y	$Z=R+j\left(\omega L-\frac{1}{\omega C}\right)$	$Y=\frac{1}{R}+j\left(\omega C-\frac{1}{\omega L}\right)$
공진조건	$\omega_r L=\frac{1}{\omega_r C}$	$\omega_r C=\frac{1}{\omega_r L}$
공진 각 주파수	$\omega_r=\frac{1}{\sqrt{LC}}$	$\omega_r=\frac{1}{\sqrt{LC}}$
공진 주파수	$f_r=\frac{1}{2\pi\sqrt{LC}}$	$f_r=\frac{1}{2\pi\sqrt{LC}}$
공진 시 Z_r, Y_r	$Z_r=R$ (최소)	$Y_r=\frac{1}{R}$ (최소)
공진전류	$I_r=\frac{V}{Z_r}=\frac{V}{R}$ (최대)	$I_r=Y_r V=\frac{V}{R}$ (최소)
선택도	$Q=\frac{\omega_r}{\omega_2-\omega_1}=\frac{\omega_r L}{R}=\frac{1}{\omega_r CR}=\frac{1}{R}\sqrt{\frac{L}{C}}$	$Q=\frac{\omega_r}{\omega_2-\omega_1}=\frac{R}{\omega_r L}=\omega_r CR=R\sqrt{\frac{C}{L}}$

1-3 교류전력

(1) 단상 교류전력

$v=\sqrt{2}\,V\sin\omega t$ [V], $i=\sqrt{2}\,I\sin(\omega t-\theta)$ [A]라 하면,

① 순시전력 : $P=vi=VI\cos\theta-VI(2\omega t-\theta)$

② 유효전력 : $P=VI\cos\theta=I^2R$ [W] (=소비전력=평균전력)

③ 무효전력 : $P_r=VI\sin\theta=I^2X$ [Var]

④ 피상전력 : $P_a=VI=\sqrt{P^2+{P_r}^2}=I^2Z$ [VA]

⑤ 역률 : $\cos\theta=\frac{P}{P_a}=\frac{P}{VI}=\frac{R}{Z}$

⑥ 무효율 : $\sin\theta=\frac{P_r}{P_a}=\frac{P_r}{VI}=\frac{X}{Z}$

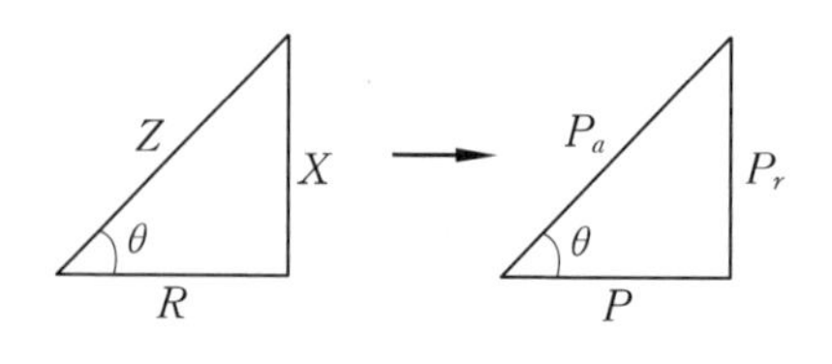

$\cos\theta=\frac{P}{P_a}=\frac{R}{Z}$, $\sin\theta=\frac{P_r}{P_a}=\frac{X}{Z}$

(2) 복소전력

$$V = V_1 + jV_2\,[\mathrm{V}],\ I = I_1 + jI_2\,[\mathrm{A}]$$라 하면,

$$P_a = \overline{V}I = (V_1 - jV_2)(I_1 + jI_2) = (V_1I_1 + V_2I_2) - j(V_2I_1 + V_1I_2)$$
$$= P - jP_r\,[\mathrm{VA}]$$

① 유효전력 : $P = (V_1I_1 + V_2I_2)\,[\mathrm{W}]$ (실수부)

② 무효전력 : $P_r = (V_2I_1 + V_1I_2)\,[\mathrm{Var}]$ (허수부)

③ 피상전력 : $P_a = \sqrt{P^2 + {P_r}^2}\,[\mathrm{VA}]$

1-4 3상 교류회로

(1) 3상 전력

① 유효전력 : $P = 3V_pI_p\cos\theta = \sqrt{3}\,V_lI_l\cos\theta = 3{I_p}^2R\,[\mathrm{W}]$

② 무효전력 : $P_r = 3V_pI_p\sin\theta = \sqrt{3}\,V_lI_l\sin\theta = 3{I_p}^2X\,[\mathrm{Var}]$

③ 피상전력 : $P_a = 3V_pI_p = \sqrt{3}\,V_lI_l = \sqrt{P^2 + {P_r}^2} = 3{I_p}^2Z\,[\mathrm{VA}]$

(2) Δ 결선과 Y 결선의 환산

① Δ 결선→Y 결선 환산

$$Z_a = \frac{Z_{ab}Z_{ca}}{Z_{ab} + Z_{bc} + Z_{ca}} \quad Z_b = \frac{Z_{bc}Z_{ab}}{Z_{ab} + Z_{bc} + Z_{ca}} \quad Z_c = \frac{Z_{ca}Z_{bc}}{Z_{ab} + Z_{bc} + Z_{ca}}$$

평형부하인 경우 Y로 환산하려면 $\frac{1}{3}$배, 즉

$$Z_Y = \frac{1}{3}Z_\Delta$$

② Y 결선→Δ 결선 환산

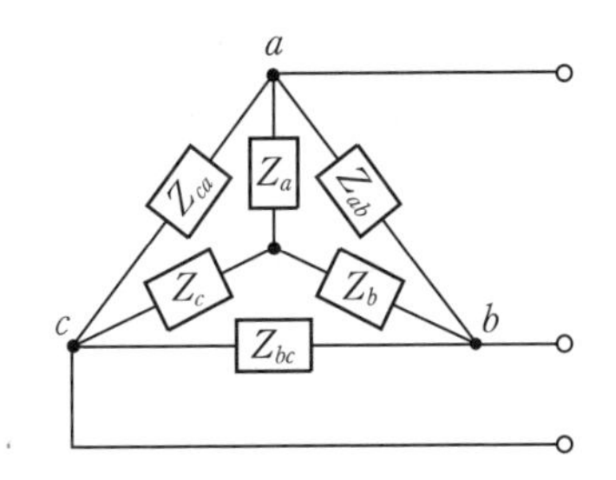

$$Z_{ab} = \frac{Z_aZ_b + Z_bZ_c + Z_cZ_a}{Z_c}$$

$$Z_{bc} = \frac{Z_aZ_b + Z_bZ_c + Z_cZ_a}{Z_a}$$

$$Z_{ca} = \frac{Z_aZ_b + Z_bZ_c + Z_cZ_a}{Z_b}$$

평형부하인 경우 Y → Δ로 환산하려면 3배, 즉

$$Z_{\Delta}=3Z_{Y}$$

(3) 브리지 회로

평형조건	브리지 회로
$Z_1 Z_4 = Z_2 Z_3$	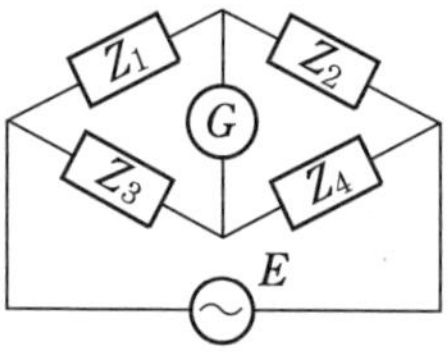

(4) V 결선

① 출력

$$P=V_{ab}I_{ab}\cos\left(\frac{\pi}{6}-\theta\right)+V_{ca}I_{ca}\cos\left(\frac{\pi}{6}+\theta\right)=\sqrt{3}\ VI\cos\theta\ [\mathrm{W}]$$

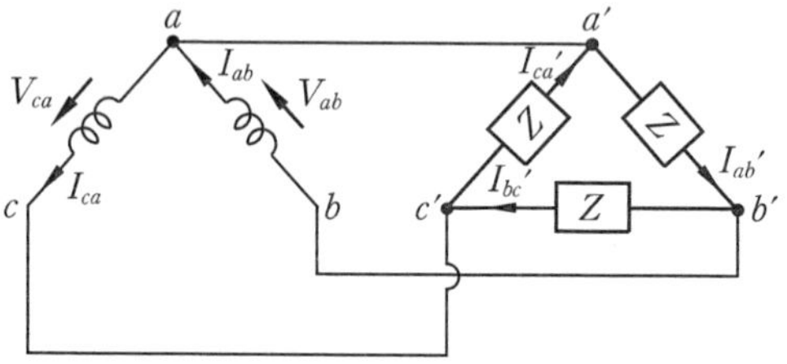

② 변압기 이용률 및 출력비

$$\text{이용률 } U=\frac{\text{2대의 V 결선 출력}}{\text{2대 단독 출력의 합}}=\frac{\sqrt{3}\ VI\cos\theta}{2VI\cos\theta}=\frac{\sqrt{3}}{2}=0.866$$

$$\text{출력}=\frac{\text{V 결선 출력}}{\Delta\text{ 결선 출력}}=\frac{\sqrt{3}\ VI\cos\theta}{3VI\cos\theta}=\frac{\sqrt{3}}{3}=0.577$$

1-5 2단자 회로망

(1) 역회로 및 정저항 회로

① 역회로 : 구동점 임피던스가 Z_1, Z_2라 할 때,

$$Z_1 Z_2=K^2 \text{ 또는 } \frac{Z_1}{Y_2}=K^2 \text{ (단, } K\text{는 정의 실수)}$$

의 관계가 있을 때 Z_1, Z_2는 K에 관해서 역회로라 한다.

예를 들어, $Z_1 = j\omega L$, $Z_2 = \dfrac{1}{j\omega C}$이라 하면

$$Z_1 Z_2 = \frac{L}{C} = K^2$$

② 정저항 회로 : 구동점 임피던스가 주파수에 관계없이 실수부는 일정하고 허수부는 0인 회로를 정저항 회로라 한다.

$$Z_1 Z_2 = R^2$$

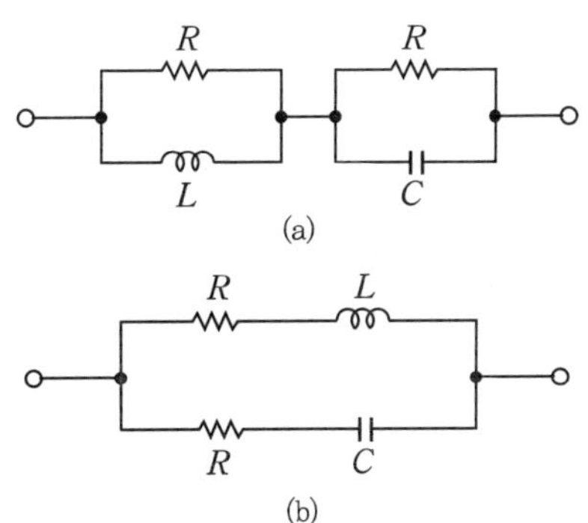

그림에서 $Z_1 = j\omega L$, $Z_2 = \dfrac{1}{j\omega C}$이라 하면

$$Z_1 Z_2 = R^2 = \frac{L}{C}$$

$$\therefore\ R = \sqrt{\frac{L}{C}}$$

(2) 2단자 회로망의 구성

① $R-L-C$ 직렬회로

$$Z(j\omega) = R + j\omega L + \frac{1}{j\omega C}$$

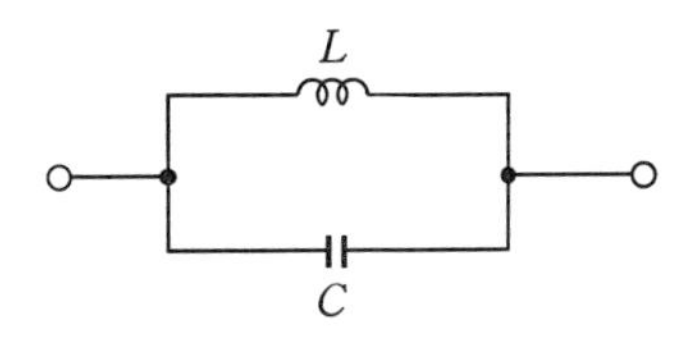

여기서, $S = j\omega$

$$Z(s) = R + SL + \frac{1}{SC}$$

여기서, R : 상수, L : 곱의 함수, C : 곱의 역함수

따라서, 직렬 회로의 구동점 임피던스에서 알 수 있는 바와 같이 전체 함수가 합의 함수가 된다.

② $L-C$ 병렬회로

L

C

$$Z(s) = \frac{SL\dfrac{1}{SC}}{SL + \dfrac{1}{SC}} = \frac{1}{SC + \dfrac{1}{SL}}$$

병렬 회로의 구동점 임피던스 값은 전체 함수가 역수를 취하고 있고, 직렬과 반대이므로 C는 L의 형태를, L은 C의 형태를 취한다.

>>> 제1장

예상문제

1. $i = 50\sin 314t$ 의 주기는 얼마인가?

① 0.2 s ② 0.02 s
③ 0.4 s ④ 0.04 s

해설 $T = \frac{1}{f} = \frac{1}{\frac{w}{2\pi}} = \frac{2\pi}{w} = \frac{6.28}{314} = 0.02\ \text{s}$

※ $w = 2\pi f$ 에서, $f = \frac{w}{2\pi}$ [Hz]

2. 60 Hz의 각속도는 얼마인가?

① 314 rad/s ② 377 rad/s
③ 412 rad/s ④ 427 rad/s

해설 $w = 2\pi f = 2 \times \pi \times 60 = 120\pi$
$= 377\text{rad/s}$

3. 다음 그림의 사인파 순싯값을 나타낸 것은?

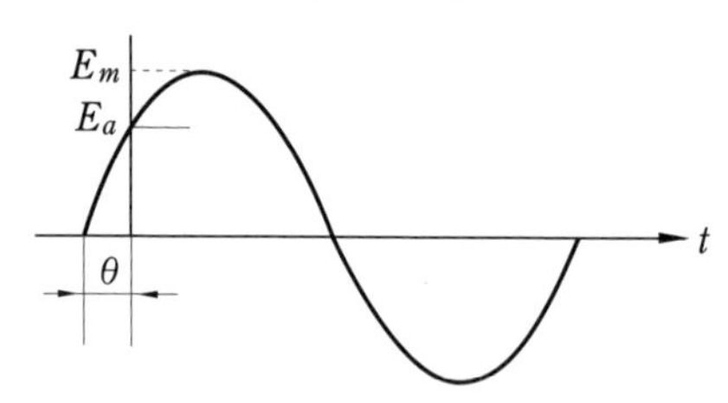

① $e = E_m \sin(\omega t - \theta)$
② $e = E_m \sin(\omega t + \theta)$
③ $e = E_a \sin(\omega t - \theta)$
④ $e = E_a \sin(\omega t + \theta)$

해설 θ만큼 위상이 빠르기 때문에
$e = E_m \sin(\omega t + \theta)$ [V]

4. 정현파 교류의 실횻값은 최댓값과 어떠한 관계가 있는가?

① π 배 ② $\frac{2}{\pi}$ 배
③ $\frac{\sqrt{2}}{2}$ 배 ④ $\sqrt{2}$ 배

해설 $V_e = \frac{1}{\sqrt{2}} V_m$ $\therefore \frac{1}{\sqrt{2}}$ 배가 된다.

5. 어떤 정현파 전압의 평균값이 191 V 이면 최댓값은 몇 V인가?

① 100 V ② 200 V
③ 300 V ④ 450 V

해설 $\text{Var} = \frac{2V_m}{\pi}$ 에서, $191 = \frac{2V_m}{3.14}$
$\therefore V_m = 300\ \text{V}$

6. 파고율을 바르게 나타낸 식은?

① $\frac{\text{최댓값}}{\text{실횻값}}$ ② $\frac{\text{실횻값}}{\text{최댓값}}$
③ $\frac{\text{실횻값}}{\text{평균값}}$ ④ $\frac{\text{평균값}}{\text{실횻값}}$

해설 최댓값을 실횻값으로 나눈 값을 파고율이라 한다.

7. 어느 전동기가 회전하고 있을 때 전압 및 전류의 실횻값이 각각 50 V, 3 A이고 역률은 0.8인 경우 무효전력은 몇 Var인가?

① 150 Var ② 120 Var
③ 90 Var ④ 70 Var

해설 무효전력 $P_r = VI\sin\theta$ 에서,
$= 50 \times 3 \times 0.6 = 90\ \text{Var}$

$$\begin{cases} \cos^2\theta + \sin^2\theta = 1 \\ \sin^2\theta = 1 - \cos^2\theta = 1 - 0.8^2 \\ \sin\theta = 0.6 \end{cases}$$

8. 100 V 교류전원에 1 kW 배연용 송풍기를 접속하였더니 15 A의 전류가 흘렀다. 이 송풍

정답 1. ② 2. ② 3. ② 4. ③ 5. ③ 6. ① 7. ③ 8. ③

기의 역률은 얼마인가?

① 0.87 ② 0.77
③ 0.67 ④ 0.57

해설 $P = VI\cos\theta$에서,

역률 $\cos\theta = \frac{P}{VI} = \frac{1000}{100 \times 15} = 0.67$

9. 60 Hz 두 개의 교류전압에서 위상차가 $\frac{\pi}{3}$ rad일 때 위상차를 시간으로 표시하면 몇 s인가?

① $\frac{1}{180}$ ② $\frac{1}{360}$
③ $\frac{1}{720}$ ④ $\frac{1}{20}$

해설 $\theta = \omega t$ [rad]에서,

$$t = \frac{\theta}{\omega} = \frac{\theta}{2\pi f} = \frac{\frac{\pi}{3}}{2 \times \pi \times 60} = \frac{1}{360} \text{ s}$$

10. $i = I_m \sin\omega t$ 인 사인파 전류에 있어서 순싯값이 실횻값과 같을 때 ωt 의 값은?

① $\frac{\pi}{2}$ ② $\frac{\pi}{3}$
③ $\frac{\pi}{4}$ ④ $\frac{\pi}{6}$

해설 $i = I_m \sin\omega t = \sqrt{2} I \sin\omega t$, $\sin\omega t = \frac{1}{\sqrt{2}}$

$\therefore \omega t = \sin^{-1}\frac{1}{\sqrt{2}} = \frac{\pi}{4}$

11. 순시전류 $i = I_m \sin\omega t$ 로서 표시된 정현파 교류의 주파수는 몇 Hz인가?

① $2\pi\omega$ ② $\frac{\omega}{\pi}$
③ $\frac{2\pi}{\omega}$ ④ $\frac{\omega}{2\pi}$

해설 $\omega = 2\pi f$이므로, 주파수 $f = \frac{\omega}{2\pi}$이다.

12. 다음 그림과 같은 파형의 평균값은?

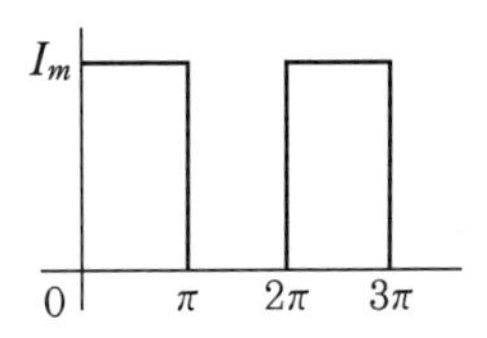

① I_m ② $\frac{I_m}{2}$
③ $2I_m$ ④ $\frac{I_m}{4}$

해설 ㉠ 펄스파(막대기파)

- 실횻값 $I = \frac{I_m}{\sqrt{2}}$
- 평균값 $I_a = \frac{I_m}{2}$

㉡ 맥류(구형파)

- 실횻값 $I = \sqrt{\frac{2(I_m^2 \cdot \pi)}{2\pi}} = I_m$
- 평균값 $I_a = \frac{I_m \cdot \pi}{\pi} = I_m$

13. $R-C$ 직렬회로의 전압과 전류의 위상각 θ[rad]는?

① $\theta = \tan^{-1}\frac{1}{\omega CR}$
② $\theta = \tan^{-1}\frac{\omega C}{R}$
③ $\theta = \tan^{-1}\omega CR$
④ $\theta = \tan^{-1}\frac{R}{\omega C}$

해설 $\theta = \tan^{-1}\frac{X_C}{R} = \tan^{-1}\frac{1}{\omega CR}$ [rad]

14. 저항 6 Ω, 유도리액턴스 2 Ω, 용량 리액턴스 10 Ω인 직렬 회로의 임피던스는 얼마인가?

정답 9. ② 10. ③ 11. ④ 12. ② 13. ① 14. ③

① 6 Ω ② 8 Ω
③ 10 Ω ④ 12 Ω

해설 $Z=\sqrt{R^2+(X_C-X_L)^2}$
$=\sqrt{6^2+(10-2)^2}=10\ \Omega$

15. 60 Hz, 6극인 교류 발전기의 회전수는 얼마인가?

① 3600 rpm ② 1800 rpm
③ 1500 rpm ④ 1200 rpm

해설 $N=\frac{120f}{P}\left(\because f=\frac{PN}{120}\right)=\frac{120\times 60}{6}$
$=1200\text{ rpm}$

16. 다음 그림과 같은 회로에서 전류 I [A]는 얼마인가?

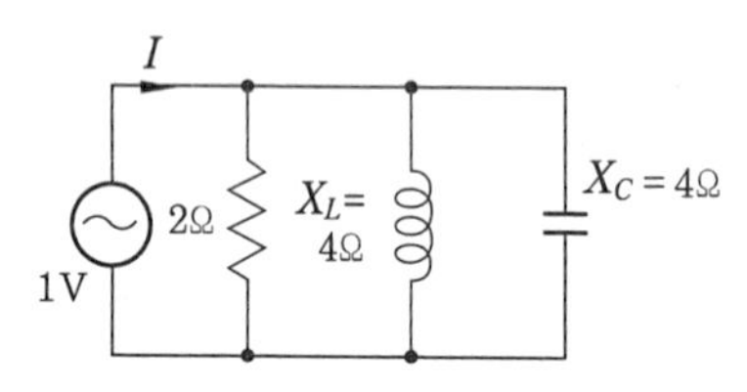

① 1 A ② 0.2 A
③ 0.5 A ④ 0.6 A

해설 $I=I_R+I_L+I_C=\frac{1}{2}+\frac{1}{j4}+\frac{1}{-j4}$
$=0.5-j\,0.25+j\,0.25=0.5\text{ A}$

17. $V_m\sin\omega t$ [V]로서 표현되는 교류전압을 가하면 전력 P [W]를 소비하는 저항이 있다. 이 저항의 값 (Ω)은 얼마인가?

① $\frac{{V_m}^2}{2P}$ ② $\frac{{V_m}^2}{P}$
③ $\frac{2{V_m}^2}{P}$ ④ $\frac{4{V_m}^2}{P}$

해설 $P=\frac{V^2}{R}$ 에서,

$$R=\frac{V^2}{P}=\frac{(V_e)^2}{P}=\frac{\left(\frac{V_m}{\sqrt{2}}\right)^2}{P}=\frac{{V_m}^2}{2P}$$

18. 다음 그림과 같은 부하에서 부하전류가 30 A일 때 부하의 선간전압은 몇 V인가?

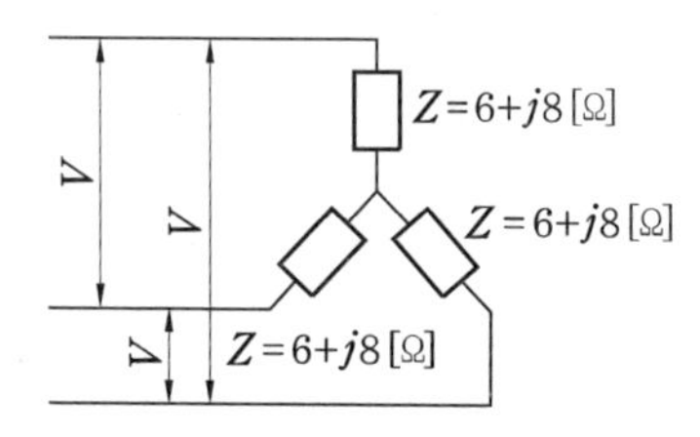

① 380 V ② 440 V
③ 520 V ④ 600 V

해설 $V_p=IZ=30\times(\sqrt{6^2+8^2})=300\text{ V}$
Y 결선 선간전압 $V_l=\sqrt{3}\,V_p=\sqrt{3}\times 300$
$=519.6$

19. $R-L-C$ 직렬회로에서 전류가 전압보다 위상이 앞서기 위해서는 다음 중 어떤 조건이 만족되어야 하는가?

① $X_L=X_C$ ② $X_L>X_C$
③ $X_L<X_C$ ④ $X_L=\frac{1}{X_C}$

20. 그림 $R-C$ 병렬회로의 위상각은?

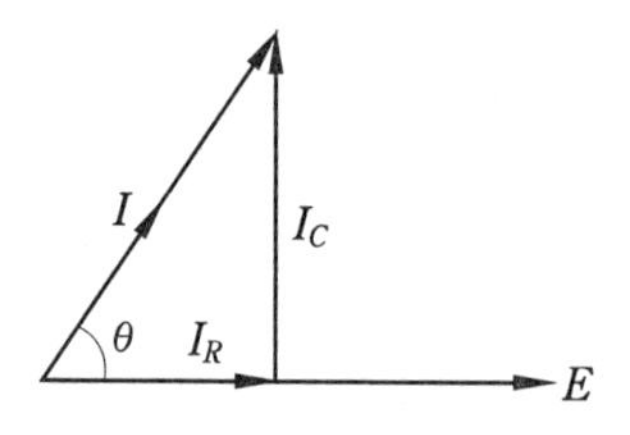

① $\theta=\tan^{-1}\frac{R}{\omega C}$
② $\theta=\tan^{-1}\frac{\omega C}{R}$

정답 15. ④ 16. ③ 17. ① 18. ③ 19. ③ 20. ③

③ $\theta = \tan^{-1}\omega CR$

④ $\theta = \tan^{-1}\dfrac{1}{\omega CR}$

21. Δ로 결선되어 있는 3상 교류 발전기의 정격전류가 15.6 A일 때 그 한 상의 전류는 얼마인가?

① 6 A ② 9 A

③ 12.5 A ④ 15.6 A

해설 $I = \dfrac{I_l}{\sqrt{3}} = \dfrac{15.6}{\sqrt{3}} \fallingdotseq 9\text{ A}$

22. $R-L-C$ 직렬회로에서 전원 주파수 값이 공진 주파수 값보다 커지면 어떤 회로가 구성되는가?

① 유도성 회로

② 용량성 회로

③ 무유도성 회로

④ 무관계

해설 ㉠ 주파수가 높아지면,
$X_L > X_C$가 되어 유도성이 된다.
㉡ 주파수가 낮아지면,
$X_L < X_C$가 되어 용량성이 된다.

23. 어떤 회로에 전압 V를 인가할 경우 전류 I가 회로에 흐른다면 $P = VI = Pa$이다. 이 회로는 어떤 부하인가? (단, $P > 0$이다.)

① 순저항 ② 유도성

③ 용량성 ④ 무용량성

24. 다음 그림과 같은 브리지 회로가 평형이 되기 위한 조건은?

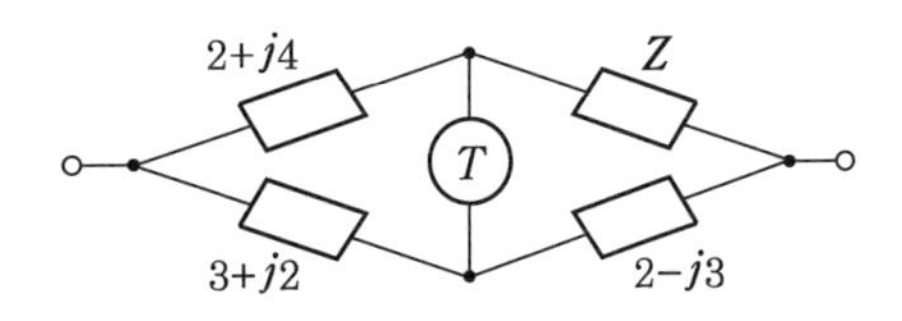

① $2+j\,4$ ② $-2+j\,4$

③ $4+j\,2$ ④ $4-j\,2$

해설 $Z = \dfrac{(2+j4)\times(2-j\,3)}{3+j2}$

$= \dfrac{(16+j\,2)\cdot(3-j\,2)}{(3+j\,2)\cdot(3-j\,2)} = \dfrac{52-j\,26}{13}$

$= 4-j\,2$

25. 어드미턴스 $Y = a + j\,b$에서 a는 무엇을 나타내는가?

① 저항 ② 리액턴스

③ 컨덕턴스 ④ 서셉턴스

해설 a는 컨덕턴스, b는 서셉턴스를 나타낸다.

26. 9 μF인 콘덴서가 50 Hz인 전원에 연결되어 있다. 용량 리액턴스 값은 얼마인가?

① 350 Ω ② 2500 Ω

③ 2600 Ω ④ 2753 Ω

해설 $X_C = \dfrac{1}{2\pi f\,C} = \dfrac{1}{2\times 3.14\times 50\times 9\times 10^{-6}}$

$= 3.5\times 10^{-4}\times 10^{6}$

$= 3.5\times 10^{2} = 350\ \Omega$

정답 21. ② 22. ① 23. ① 24. ④ 25. ③ 26. ①

Chapter 02

전기기기

2-1 직류기

(1) 직류 전동기 및 발전기의 구조 및 원리

① 직류기의 3요소

㈎ 전기자 (armature) : 원동기로 회전시켜 자속을 끊어서 기전력을 유도하는 부분

㈏ 계자 (field magnet) : 전기자가 쇄교하는 자속을 만들어 주는 부분

㈐ 정류자 (commutator) : 브러시와 접촉하여 유도 기전력을 정류시켜 직류로 바꾸어 주는 부분

② 전기자 : 전기자 철심은 철손을 적게 하기 위하여 두께 0.35 ~ 0.5 mm의 규소 강판(저규소 강판 ; 규소 함유율 1 ~ 1.4 % 정도)을 성층하여 사용한다.

③ 계자 : 계자 권선, 계자 철심, 계철 등으로 구성되며 계철, 계자 철심, 자극편 공극, 전기자 철심을 직류기의 회로라고 한다. 자극편은 두께 0.8 또는 1.6 mm의 연강판을 성층하여 사용한다. 공극은 자극편과 전기자 사이의 간격으로서 소형기에서는 3 mm, 대기형에서는 6 ~ 8 mm 정도이다.

④ 정류자 : 쐐기 모양의 경동으로 된 정류자편의 상호간을 편간 마이카로 절연해서 원통형으로 조립한 것이다.

⑤ 브러시 : 정류자면에 접촉해서 전기자 권선과 외부 회로를 연결해 주는 것으로 탄소질 브러시, 흑연질 브러시, 전기 흑연질 브러시, 금속 흑연질 브러시 등이 있다.

(2) 전기자 권선법과 유기 기전력

① 직류기의 전기자 권선법에는 많은 종류가 있으나 대표적인 것에는 중권과 파권이 있다.

② 어느 권선법을 채용하는가는 기계의 용량과 전압의 대소에 따라서 다르나 일반적으로 중권은 저전압 대전류용에 적합하기 때문에 대용량이 많고, 파권은 고전압 소전류용에 적합하기 때문에 중용량 이하에 많이 사용된다.

③ 중권에 있어서 자기 회로의 재료 불균일이나 갭 길이가 일정하지 않기 때문에 각 자극은 자속이 동일하지 않은 경우에도 유도 기전력이 동일하게 되지 않는다. 그러므로 권선 중에 순환 전류가 생겨서 정류를 방해하므로 순환 전류가 브러시를 통하지 않도록 균압환을 설치한다.

④ 코일을 슬롯에 넣는 방법에 단층권과 2층권이 있으며 후자가 일반적으로 채용된다.

⑤ 전기자 도체 1개당 유기 기전력 e는 다음과 같이 나타낼 수 있다.

$$e = Blv = \frac{p}{60}\phi N\,[\mathrm{V}]$$

여기서, B : 자속 밀도 (Wb/m^2) / N : 회전수 (rpm)
l : 코일의 유효 길이 (m) / v : 도체의 주변 속도 (m/s)
p : 자극수 / ϕ : 1극당의 자속 (Wb)

⑥ 직류기의 단자간에 얻어지는 유기 기전력 E는 다음과 같이 나타낼 수 있다.

$$E = \frac{Z}{a}e = \frac{pZ}{60a}\phi N\,[\mathrm{V}]$$

여기서, Z : 전기자 도체수
a : 권선의 병렬 회로수 (중권에서는 $a=p$, 파권에서는 $a=2$)

⑦ 직류 발전기의 단자 전압 V와 유기 기전력 E의 관계

$$V = E - IR - e_b - e_a\,[\mathrm{V}]$$

여기서, IR : 부하 전류에 의한 전기자 권선, 직권 권선, 보상 권선 등의 전전압 강호 (V)
e_b : 브러시 전압 강하 (V)
e_a : 전기자 반작용에 의한 전압 강하 (V)

(3) 전기자 반작용과 정류 및 전압 변동

① 전기자에 전류가 흐르면 암페어의 오른 나사 법칙에 따르는 방향으로 자속이 생긴다. 이 자속은 계자속의 일부와 서로 합해지는 방향으로 또한 계자속의 다른 일부를 감소하는 방향으로 생기기 때문에 전체적으로는 주자극의 자속 분포를 변화시키게 되어 직류기의 특성에 악영향을 준다. 이와 같이 직류기의 전기자 전류에 의해 주자극의 자속을 변화시키는 작용을 전기자 반작용이라 한다.

② 전기자 반작용의 결과, 주자극의 자속이 평균적으로 감소하고 자속 밀도의 불균일에 의한 정류 악화를 초래한다.

③ 정류에 의해 교류에서 직류를 인출하게 되지만 전기자 코일의 수가 작을 경우는 기전력의 맥동이 크기 때문에 다수의 코일을 적당한 간격으로 배치하여 평활한 직류 기전력을 얻도록 하고 있다. 이 역할을 하는 것이 정류자이다.

④ 정류 시간 내의 전류는 여러 가지의 변화를 가진다.
  ㈎ 정현파 정류 : 정류의 시작과 끝의 전류 변화가 완만하고 정현파 모양으로 되는 것, 불꽃이 없는 정류이다.
  ㈏ 부족 정류 : 정류 초기에 전류 변화가 느리고 후기에 급변하는 것, 브러시의 후단에서 불꽃을 발생하기가 쉽다.
  ㈐ 과정류 : 정류 초기에 전류의 변화가 급하고 브러시의 전단에서 불꽃을 발생하기가 쉽다.

⑤ 불꽃이 없는 정류를 얻기 위해서는 저항 정류법과 전압 정류법의 2종류가 있다.

(4) 직류 발전기의 병렬 운전 및 효율

① 타여자 발전기 : 다른 직류 전원(축전지 또는 다른 직류 발전기)으로부터 계자 전류를 받아서 계자 자속을 만드는 것

② 자여자 발전기 : 자체에서 발생한 유기 기전력에 의해서 계자 전류를 통하여 여자하는 것
  ㈎ 직권 발전기 : 계자 권선과 전기자 권선이 직렬로 접속되어 있는 것으로 부하 전류에 의해서 여자된다.
  ㈏ 분권 발전기 : 계자 권선과 전기자 권선이 병렬로 접속된 것이다.
  ㈐ 복권 발전기 : 분권 계자 권선과 직권 계자 권선인 두 개의 계자 권선을 가지고 있는 것이며, 이 두 계자 권선의 기자력이 서로 합해지도록 접속되어 있는 것을 가동 복권이라 하고, 두 계자 권선의 기자력이 서로 상쇄되도록 접속되어 있는 것을 차동 복권이라 한다.

③ 전압 변동률

$$\varepsilon = \frac{V_n - V_0}{V_n} \times 100\,\%$$

여기서, V_n : 정격 전압(V), V_0 : 무부하 전압(V)

④ 병렬 운전의 조건
  ㈎ 부하 전류가 용량에 정비례하여 분류할 것
  ㈏ 외부 특성이 동일할 것
  ㈐ 병렬 운전이 안정할 것

⑤ 병렬 운전에서 부하 분담을 결정하는 것은 각각의 외부 특성이다. 동일 용량인 2대의 발전기를 병렬 운전할 경우, 양기의 외부 특성이 동일하면 모든 부하 상태에서 균등한 부하 분담이 되지만 다른 경우는 그렇지 못하다.

⑥ 복권 발전기의 경우는 외부 특성이 예를 들어 동일하다고 하여도 균압 모선이 필요하다.

(5) 직류 전동기의 특성 및 속도제어

① 속도 N 및 토크 T는 다음의 중요한 식으로 관계된다.

$$N = K' \frac{V - I_a R_a}{\phi}$$

$$T = K'' \phi I_a$$

여기서, V : 단자 전압 (V) I_a : 전기자 전류 (A)
R_a : 전기자 회로 저항 (Ω) K', K'' : 비례 정수

이러한 것은 직류 전동기의 종류에 관계없이 적용되는 중요한 일반식으로 다음의 설명에서 이해할 수 있다.

② 타여자 전동기 : 부하 (전류)의 크기에 관계없이 ϕ는 일정하므로 속도 N은 $V - I_a R_a$에 비례한다. 단자 전압 V는 일정하므로 부하 전류 (전기자 전류 I_a)의 증가와 함께 속도는 약간 감소하게 된다. 토크 T는 계자속 ϕ가 일정하기 때문에 전기자 전류 I_a에 비례한다.

③ 분권 전동기 : 단자 전압을 일정하게 하면 계자 전류는 일정하게 되므로 자속은 일정하게 된다. 따라서, 타여자 전동기와 동일한 특성을 나타낸다.

④ 직권 전동기 : 계자속 ϕ는 전기자 전류 I_a로 만들어지기 때문에 $\phi \propto I_a$, 따라서 속도 N은 부하의 증가와 함께 감소하고 토크 T는 I_a^2에 비례하여 크게 된다. 그러나, I_a가 크게 됨에 따라서 ϕ는 자기 포화하므로 T는 I_a에 비례하게 된다.

⑤ 회전수(N)

$$N = K' \frac{E}{\phi} = K' \frac{V - I_a R_a}{\phi} \text{ [rpm]}$$

여기서, E : 전기자 역기전력 (V) ϕ : 매극당 자속 (Wb)
V : 단자 전압 (V) I_a : 전기자 전류 (A)
R_a : 전기자 회로 저항 (Ω) K' : 정수

⑥ 토크(τ)

$$\tau = \frac{pZ}{2\pi a} \cdot \phi I_a = K'' \phi I_a \text{ [N} \cdot \text{m]}$$

여기서, p : 극수 a : 병렬 회로수
Z : 전기자 도체수 K'' : 정수

⑦ 출력(P)

$$P = EI_a = 2\phi \cdot \left(\frac{N}{60}\right)\tau \text{ [W]}$$

여기서, τ : 토크 (N·m)

ω : 각속도 (rad/s)

⑧ 속도제어

제어방법	장·단점	적용 전동기		
		타여자	분권	직권
전압 제어 V	• 넓은 범위의 속도 제어가 가능하고 효율이 좋다. • 전부하 토크에서 기동하거나 회전 방향의 변경이 자유롭고 원활하다.	○	−	○
저항 제어 R_s	• 구성이 간단한 속도 제어법이다. • R_s에 의한 저항손 때문에 효율은 낮다. • 속도 변동률이 크다.	○	○	○
계자 제어 ϕ	• 비교적 넓은 범위의 속도 제어에서 효율이 양호하다. • 전기자 반작용에 의한 정류 불량, 속도의 불안정 때문에 고속 운전에는 일정한 한도가 있다.	(계자 ○	전류 ○	제어) −
		(계자 −	전류 −	제어) ○

⑨ 효율

(가) 실측 효율 $\eta = \dfrac{\text{출력}}{\text{입력}} \times 100\,\%$

(나) 규약 효율 $\eta = \dfrac{\text{출력}}{\text{출력}+\text{손실}} \times 100\,\%$ (발전기)

$= \dfrac{\text{입력}-\text{손실}}{\text{입력}} \times 100\,\%$ (전동기)

2-2 유도기

(1) 구조 및 원리

① 동기속도

$$N_s = \frac{120f}{P} \text{ [rpm]}$$

② 슬립

$$s = \frac{N_s - N}{N_s}$$

여기서, f : 주파수, P : 극수, N : 회전속도

③ 회전자의 회전자에 대한 상대속도

$$N = (1-s)N_s \text{ [rpm]}$$

④ 2차 입력과 2차 동손의 관계 : 2차 동손 P_{c_2} [W]는 슬립 s로 운전 중에 2차 입력이 P_2 [W] 일 것

$$P_{c_2} = sP_2 \text{ [W]}$$

⑤ 2차 입력과 기계적 출력의 관계 : 기계적 출력 P_0 [W]는 슬립 s로 운전 중에 2차 입력이 P_2 [W]일 것

$$P_0 = (1-s)P_2 \text{ [W]}$$

⑥ 2차 입력과 2차 동손과 기계적 출력의 관계

$$P_2 : P_{c_2} : P_0 = 1 : s : (1-s)$$

(2) 전력과 역률, 토크 및 원선도

① 손실

(가) 고정손 : 철손, 베어링 마찰손, 브러시 전기손, 풍손

(나) 직접 부하손 : 1차 권선의 저항손, 2차 회로의 저항손, 브러시의 전기손

(다) 표유 부하손 : 도체 및 철 속에 발생하는 손실

② 효율 및 2차 효율

(가) 효율 $\eta = \frac{\text{출력}}{\text{입력}} \times 100 = \frac{\text{입력} - \text{손실}}{\text{입력}} \times 100 = \frac{P}{\sqrt{3}\, V_1 I_1 \cos\theta_1} \times 100\ \%$

(나) 2차 효율 $\eta_2 = \frac{\text{2차 출력}}{\text{2차 입력}} \times 100 = \frac{P_0}{P_2} \times 100 = \frac{P_2(1-s)}{P_2} \times 100 = (1-s) \times 100$

$$= \frac{n}{n_s} \times 100\ \%$$

③ 유도 전동기의 원선도는 간이 등가회로에 의해 그려지는 L형 원선도가 일반적으로 사용된다.

④ 원선도는 유도 전동기의 특성을 알기 위하여 필요하며, 원선도의 지름은 $\frac{V}{x_1 + x_2{}'}$ 이다.

⑤ 원선도를 그리려면 다음 3가지의 시험을 행하여 그 결과에서 산출한 기본량을 사용하여야 한다.

(가) 저항 측정

(나) 무부하 시험

(다) 구속 시험

(3) 기동법과 속도제어 및 제동

① 유도 전동기의 기동법

(가) 전전압 기동 : 전동기에 정격전압을 직접 인가하여 기동하는 방법이다. 이 방법은 전동기의 기동 (kVA)에 대하여 전원 용량이 크고 전전압 기동을 행하여도 전압 변동에 의한 악영향을 주지 않는 경우에 채용된다 (기동전류는 정격전류의 5 ~ 7배이고 3.7 kW (5 HP)까지 기동장치 없이 직접 기동한다).

(나) Y − Δ 기동 : 전동기의 각 상 권선의 양단을 단자에서 인출하여 기동시에는 Y 결선으로 기동하고, 정격속도 부근에 가속하였을 때 Δ 결선으로 전환하는 방법이다. 이 방법에 의하면 기동전류와 기동토크는 모두 1/3이 된다 (10 ~ 15 kW 이하의 전동기에 사용한다).

(다) 보상기 기동 : 3상 단권 변압기를 성형 결선 또는 V 결선으로 하고 2차 전압을 1차 전압의 80 %, 65 % 또는 50 %의 전압으로 기동할 수 있게 한 것으로, 이 경우의 기동전류와 기동토크는 모두 전압 탭의 제곱에 비례한다 (15 kW 이상의 전동기에 사용한다).

(라) 리액터 기동 : 1차측의 각 상에 직렬로 가변 탭 (표준은 80, 65, 50 %) 부착의 리액터를 접속하여 기동하고, 가속 후는 이것을 단락하는 방법이다.

(마) 3상 권선형 유도 전동기 기동법 : 기동 저항 기법으로 슬립링을 통하여 외부에서 조절할 수 있는 저항기를 접속해 기동 시 저항을 조정하여 기동전류를 억제하고 속도가 커짐에 따라 저항을 원위치시킨다.

② 유도 전동기의 속도 제어

(가) 2차 저항 제어 : 권선형 유도 전동기에 채용되며, 토크의 비례 추이를 응용하여 2차 저항을 조정하여 속도 제어를 행하는 방법이다.

(나) 극수 변환 : 농형 유도 전동기에 채용되며, 예를 들면 4극 → 8극 또는 6극 → 12극 등 1 : 2의 비로 극수를 변환하거나 또는 고정자 권선을 2조 동일 홈 안에 넣어, 예를 들어 4극 → 6극 → 8극 또는 4극 → 8극 → 12극 등 3단계의 속도를 얻는 방법이다.

(다) 1차 주파수 제어 : 1차 주파수를 가변으로 하고 동기 속도를 변환하여 속도 제어를 행하는 방법으로 가변 주파수의 전원으로서 정지형이 일반화되어 있고, 이것에는 인버터 제어 (간접 변환식)와 사이클로 컨버터 제어 (직접 변환식)가 있다. 1차 주파수를 제어할 경우, 철심 중의 자속밀도를 일정하게 하므로 V/f 일정 제어가 행해진다.

(라) 1차 전압 제어 : 전동기의 발생토크가 1차 전압의 제곱에 비례하는 것을 이용하여, 1차 전압을 변화시켜서 슬립을 변화시키려는 방법이다.

(마) 2차 여자 : 권선형 유도 전동기의 2차측에 전동기의 2차 전압과 평형하는 전압을 발생시키는 장치를 설치하고, 이 전압의 크기를 제어하는 것에 의해 전동기의 속도를 제어하는 방법을 2차 여자법이라고 하며 크레머식과 세르비우스식이 있다.

참고 회전방향 전환

전원에 접속된 3개의 단자 중 어느 2개를 서로 바꾸어 접속하면 1차 권선에 흐르는 3상 교류의 상회전이 반대가 되므로 자장의 회전방향도 바뀌어 역전한다.

③ 토크 (torque)

(가) 토크 : 회전체를 돌리고자 하는 힘

$$T = F \cdot R$$

여기서, T : 토크 (kg·m), F : 접선방향의 힘 (kg), R : 반지름 (m)

(나) 토크와 일

$$W = F \cdot R \cdot \omega = T \cdot \omega$$

$$\therefore \; T = \frac{W}{\omega} = \frac{\text{PS} \times 75}{\omega} = \frac{\text{PS} \times 75 \times 60}{2\pi N} = \frac{4500\text{PS}}{2\pi N}$$

여기서, ω : 각속도 $= \frac{2\pi N}{60}$

④ 유도 전동기 제동

(가) 회생 제동 : 유도 전동기를 전원에 연결한 상태에서 유도 발전기로 동작시켜 발생전력을 전원으로 반환하면서 제동하는 방법으로, 기계적 제동과 같은 큰 발열이 없고 마모도 적으며 또한 전력 회수에도 유리하다. 특히 권선형에 많이 사용된다.

(나) 발전 제동 : 3상 유도 전동기의 1차 권선을 전원에서 분리하여 두 개를 합쳐서 이것과 다른 한 선과의 사이에 직류 여자 전류를 통하여 발전기로 동작시켜 제동하는 방법으로, 발생 전력을 외부의 저항기를 통해서 열로 방산되게 한다.

(다) 역상 제동 : 3상 유도 전동기를 운전 중 급히 정지시킬 경우에 1차측 3선 중 2선을 바꾸어 접속하여 제동을 가하는 방식으로, 정지를 검출해서 회로를 분리하지 않으면 그대로 역전해 버리므로 타임 릴레이 (time relay)나 영회전 검출 릴레이 (plugging relay)를 사용한다.

⑤ 단상 유도 전동기

(가) 단상 전원에 의해 운전되는 단상 유도 전동기는 원리적으로 기동토크가 0이므로 기동장치가 필요하다.

(나) 단상 유도 전동기의 종류

종류	약도	특성
셰이딩 코일형	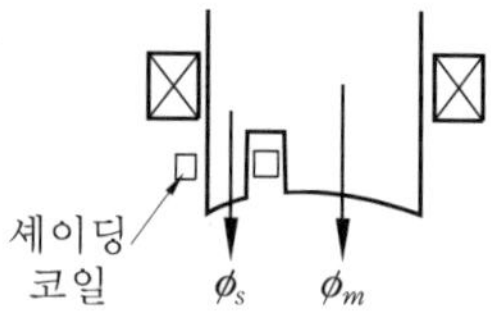 셰이딩 코일 ϕ_s ϕ_m	출력 20 W 정도 이하 저토크형
분상 기동형	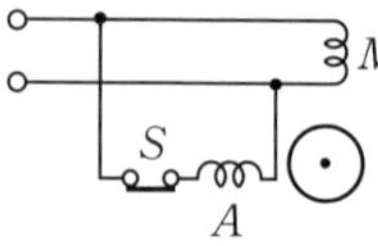 M S A	출력 35 ~ 250 W 기동토크 약 150 % 기동전류 약 600 %
콘덴서 기동형	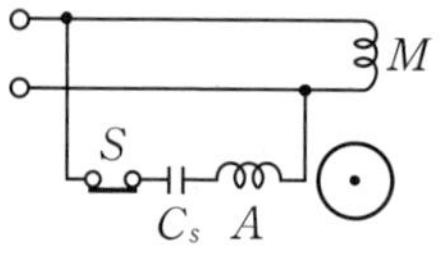 M S C_s A	출력 100 ~ 450 W 기동토크 200 ~ 350 % 기동전류 400 ~ 500 %
콘덴서형	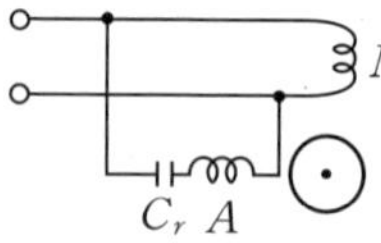 M C_r A	출력 50 ~ 200 W 기동토크 50 ~ 100 % 기동전류 350 ~ 450 %
콘덴서 기동 콘덴서형	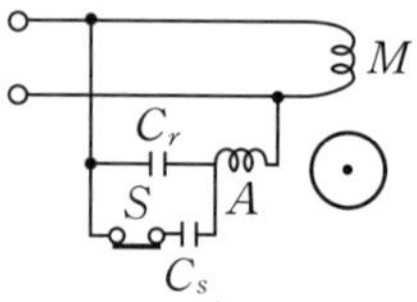 M C_r A S C_s	출력 400 ~ 750 W 기동토크 200 ~ 300 % 기동전류 550 ~ 600 %
반발 기동형	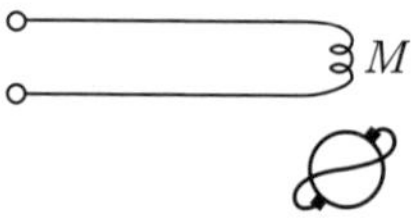 M	출력 400 ~ 750 W 기동토크 300 ~ 500 % 기동전류 250 ~ 350 %

2-3 동기기

(1) 구조 및 원리

① 동기 속도

$$n_s = \frac{2f}{P}\ [\text{rps}] \qquad N_s = \frac{120f}{P}\ [\text{rpm}]$$

여기서, N_s : 동기 속도(rpm), f : 주파수(Hz), P : 자극수

② 유기 기전력(실횻값)

1상의 유기 기전력 E는 다음과 같이 나타낼 수 있다.

$$E = 4.44 fw\phi \cdot \frac{K_d \cdot K_p}{K_\phi}\ [\text{V}]$$

여기서, f : 주파수(Hz), w : 1상의 직렬권 회수, ϕ : 매극의 자속(Wb), K_d : 분포권 계수, K_p : 단절권 계수, K_ϕ : 자속 분포 계수

(2) 특성 및 용도

① 동기 발전기의 전기자 반작용

㈎ 교차 자화 작용 : 역률이 1일 때의 전기자 기자력은 자극편측의 자속을 증가하고 다른 편의 자속을 감속시킨다.

㈏ 감자 작용 : 전기자 전류가 유도 기전력보다 90° 뒤짐의 경우는 전기자 기자력이 계자속과 반대 방향으로 작용하여 주자속을 감소시킨다. 이것에 의해 유도 기전력을 저하시킨다.

㈐ 증자 작용(자화 작용) : 전기자 전류가 유도 기전력보다 90° 앞섬의 경우는 감자 작용과 반대로 전기자 기자력이 계자속과 동일 방향으로 더해지므로 유도 기전력을 상승시킨다.

㈑ 임의의 역률에서는 그 진상(또는 지상) 성분이 증자(또는 감자) 작용을 한다.

② 동기 전동기의 전기자 반작용 : 전기자에 전류가 흐르면 이것에 의해 전기자 자속이 발생하고 주계자속의 분포에 영향을 준다. 이 현상을 전기자 반작용이라 한다. 또한, 전기자 반작용은 전기자 전류, 권선의 분포, 자기 회로의 자기 저항 등에 따라 다를 뿐만 아니라 역률에 따라서도 현저하게 다르게 나타난다.

③ 여자기의 운전 방식

㈎ 여자기가 동기기의 축단에 직결되어 있는 것

㈏ 여자기가 동기기와 동일 모선에 접속된 전동기에 의하여 운전되는 것

㈐ 동기기의 계통과는 별도의 원동기에 의하여 운전되는 것

④ 여자 방식 : 종래는 직류 여자 방식이 사용되고 있었으나 최근에는 반도체 정류기의 발달에 의해 사이리스터 여자 방식, 교류 여자기를 사용한 브러시리스 여자 방식이 널리 채용되고 있다.

⑤ 속응 여자 방식 : 전력 계통의 사고 시에 전력 안정도의 향상을 위해 사고 전류는 크게 되어도 전압 상승률 및 정상 전압이 큰 여자기를 선택하여 사고 시의 전압 변동을 작게 하고 계통의 안정도를 좋게 하려는 것이다.

(3) 손실 및 효율

① 손실

㈎ 고정손 : 철손, 베어링 마찰손, 브러시 마찰손, 풍손

㈏ 직접 부하손 : 전기자 권선의 저항손, 회전 전기자형의 브러시 전기손

㈐ 여자손 : 계자 권선의 저항손, 브러시의 전기손

㈑ 표유 부하손 : 도체 내부와 와류손, 자극편 및 전기 장치에 생기는 화류손

② 효율

㈎ 발전기의 효율 $\eta_G = \dfrac{\text{출력}}{\text{출력}+\text{손실}} \times 100 = \dfrac{\sqrt{3}\,VI\cos\varphi}{\sqrt{3}\,VI\cos\varphi + P_l} \times 100\,\%$

㈏ 전동기의 효율 $\eta_M = \dfrac{\text{입력}-\text{손실}}{\text{입력}} \times 100 = \dfrac{\sqrt{3}\,VI\cos\varphi - P_l}{\sqrt{3}\,VI\cos\varphi} \times 100\,\%$

여기서, V : 정격 전압, I : 정격 부하 전류, $\cos\varphi$: 역률, P_l : 전손실

2-4 정류기

(1) 회전 변류기

① 전압비

$$\frac{E_i}{E_d} = \frac{1}{\sqrt{2}}\sin\frac{\pi}{m}$$

여기서, E_i : 슬립 링 사이의 전압 (V), E_d : 직류 전압 (V)

② 전류비

$$\frac{I_l}{I_d} = 2\sqrt{2m\cos\theta}$$

여기서, I_l : 교류측 선전류(A), I_d : 직류측 전류(A)

③ 회전 변류기의 기동

(가) 교류측 기동법

(나) 직류측 기동법

(다) 기동 전동기에 의한 기동법

④ 회전 변류기의 전압 조정법

(가) 직렬 리액턴스에 의한 방법

(나) 유도 전압 조정기를 사용하는 방법

(다) 부하 시 전압 조정 변압기를 사용하는 방법

(라) 동기 승압기에 의한 방법

(2) 반도체 정류

① 역저지 3단자 사이리스터(SCR) : 일반적으로 사이리스터라고 하면 이것을 말한다. 이것의 기본 특성은 다음 그림과 같다.

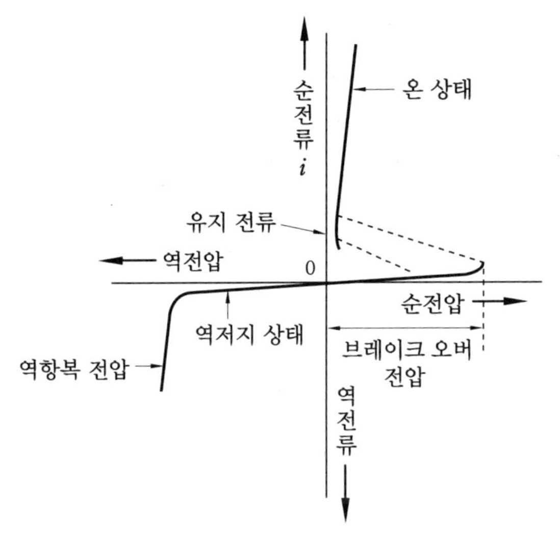

사이리스터의 전압-전류 특성

② 게이트 턴오프 사이리스터(GTO) : 이것도 역저지 3단자 사이리스터에 속하지만 게이트에 정(+)의 펄스 게이트 전류를 통하게 함으로써 온 상태로 트리거할 수 있게 함과 동

시에 게이트에 부(−)의 펄스 게이트 전류를 통하게 함으로써 턴오프하는 능력을 가질 수 있게 한 것이다.

③ 광트리거 사이리스터(LASCR) : 사이리스터의 게이트 트리거 전류를 입사광으로 치환한 것으로 빛을 조사하여 점호시키는 것이다.

④ 트라이액(TRIAC) : 이것은 순, 역 어느 방향으로도 게이트 전류에 의해 도통할 수 있는 소위 AC 스위치이다.

(3) 수은 정류기

① 아크 전압 강하

(가) 음극 강하 : 약 10 V 정도

(나) 양극 강하 : 약 4 ~ 7 V 정도

(다) 양광주 강하 : 약 0.05 ~ 0.3 V/cm × 아크 길이

이상의 3가지 강하를 합한 아크 전압은 16 ~ 30 V 정도이다.

② 이상 현상

(가) 역호

(나) 이상 전압

(다) 통호

(라) 실호

③ 역호 발생의 원인

(가) 내부 잔존 가스 압력의 상승

(나) 화성 불충분

(다) 양극의 수은 방울 부착

(라) 양극 표면의 불순물 부착

(마) 양극 재료의 불량

(바) 전류, 전압의 과대

(사) 증기 밀도의 과대

④ 역호의 방지 방법

(가) 정류기를 과부하가 되지 않도록 할 것

(나) 냉각 장치에 주의하여 과열, 과랭을 피할 것

(다) 진공도를 충분히 높게 할 것

(라) 양극 재료의 선택에 주의할 것

(마) 양극에 직접 수은 증기가 접촉되지 않도록 양극부의 유리를 구부린다.

(바) 철제 수은 정류기에서는 그리드를 설치하고, 이것을 부전위로 하여 역호를 저지시킨다.

(4) 교류 정류자기

① 순변환 회로의 종류 : 순변환 장치에는 단상식과 다상식이 있으나 대전력의 교직 변환에는 3상 전원이 적당하므로 다상식을 사용한다. 다음 그림은 단상 브리지와 3상 브리지의 정류 회로이다.

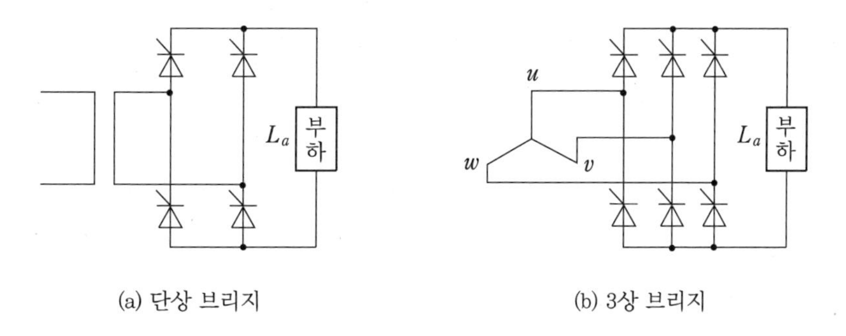

(a) 단상 브리지 (b) 3상 브리지

② 순변환 회로의 직류측 출력 전압

(가) 단상 브리지 회로의 직류측 출력 전압

교류측의 전압이 $e = \sqrt{2}\,E_a \sin wt$ [V]라 하고 제어각을 α라 하면 직류측 출력 전압은 순저항 부하와 유도성 부하에 의해 다음 식으로 표시된다.

㉮ 순저항 부하의 경우

$$E_d = \frac{\sqrt{2}\,E_a}{\pi}(1 + \cos\alpha)\,[\text{V}]$$

㉯ 유도성 부하에서 전류 연속의 경우

$$E_d = \frac{2\sqrt{2}\,E_a}{\pi}\cos\alpha\,[\text{V}]$$

(나) 3상 브리지 회로의 직류측 출력 전압

$$E_d = \frac{3\sqrt{2}\,E_a}{\pi}\cos\alpha\,[\text{V}]$$

③ 인버터 : 인버터는 직류를 교류로 변환하는 장치로 다음과 같이 분류된다.

(가) 전류(轉流) 방법에 의한 분류

㉮ 자여자식

㉯ 타여자식

(나) 자여자식의 전류(轉流) 콘덴서의 접속 방법에 의한 분류

㉮ 직렬형

㉯ 병렬형

㈐ 자여자식의 주파수 제어 방법에 의한 분류

㉮ 자계식

㉯ 타제식

④ 사이클로 컨버터 : 사이클로 컨버터는 사이리스터를 조합하여 어떤 주파수의 교류에서 직접 주파수가 다른 기타의 낮은 주파수의 교류로 변환하는 직접식 주파수 변환 장치이다. 사이클로 컨버터는 인버터에 비하여 다음과 같은 특징을 가지고 있다.

㈎ 주파수의 변환에 직류를 개재하지 않으므로 회로는 간단하게 되어 장치의 효율이 좋다.

㈏ 부하측에서 전원측으로 전력이 직접 반환되므로 안정된 운전을 할 수 있다.

㈐ 전원 전압에 의해 전류(轉流)를 행하므로 자여자식 인버터에서 전류(轉流) 실패가 되는 영구 단락이 없다.

㈑ 출력 주파수 f_2는 전원 주파수 f_1보다 낮고 대략 $f_2 = \frac{f_1}{3}$ 정도까지이다.

㈒ 전원 주파수를 조합하여 출력을 얻고 있으므로 일반적으로 출력 파형은 좋지 않다.

㈓ 일반적으로 다상 결선이 되어 각 상의 이용률이 나쁘다.

⑤ 초퍼

초퍼는 일정 전압의 직류를 온·오프하여 부하에 가하는 전압을 조정하는 장치이다. 전원 전압을 E_d, 사이리스터의 온 시간을 T_{on}, 오프 시간을 T_{off}라 하면 직류 출력 전압 E_L은 다음 식으로 표시된다.

$$E_L = E_d \frac{T_{on}}{T_{on} + T_{off}}$$

>>> 제2장

예상문제

1. 50 Hz, 4극, 20 kW인 3상 유도 전동기가 있다. 전부하 시의 회전수가 1450 rpm이라면 발생토크는 약 얼마인가?

① 8.75 kg·m　② 10.02 kg·m
③ 11.25 kg·m　④ 13.45 kg·m

해설 $T=\dfrac{P}{9.8\omega}=\dfrac{P}{9.8\times2\pi\dfrac{N}{60}}=0.975\times\dfrac{P}{N}$

$=0.975\times\dfrac{20\times10^3}{1450}=13.45\ \text{kg}\cdot\text{m}$

2. 유도 전동기 슬립(slip) s 의 범위는 어느 것인가?

① $0>s>1$　② $0>s>-1$
③ $1>s>0$　④ $-1<s>1$

해설 ㉠ 유도 전동기 슬립의 범위 : $0<s<1$
㉡ 유도 발전기 슬립의 범위 : $0<s$
㉢ 제동기 슬립의 범위 : $s>1$

3. 30 kW인 농형 유도 전동기의 기동에 가장 적당한 방법은?

① 저항 기동
② 직접 기동
③ $\Delta-$Y 기동
④ 기동 보상기에 의한 기동

해설 15 kW 이상의 농형 유도 전동기에는 기동 보상기에 의한 기동이 적당하다.

4. 유도 전동기의 기동 방식 중 권선형에만 사용할 수 있는 방식은?

① 2차 회로의 저항 삽입
② Y$-\Delta$ 기동
③ 기동 보상기
④ 리액터 기동

해설 ㉠ 농형 유도 전동기 : 10 kW 정도에서 Y$-\Delta$ 기동, 15 kW 이상에서 기동 보상기 기동
㉡ 권선형 유도 전동기 : 2차 회로의 저항 삽입이며 그 목적은 다음과 같다.
- 속도 제어를 하기 위하여
- 기동토크를 크게 하기 위하여
- 기동전류를 줄이기 위하여

5. 무부하 전압 250 V, 정격전압 210 V인 발전기의 전압 변동률은 얼마인가?

① 22 %　② 19 %
③ 17 %　④ 16 %

해설 전압 변동률 $\varepsilon=\dfrac{V_i-V}{V}\times100$

$\therefore\ \varepsilon=\dfrac{250-210}{210}\times100=19.05\ \%$

6. 다음 그림은 단상 콘덴서 전동기의 주회로이다. 회로 이름은?

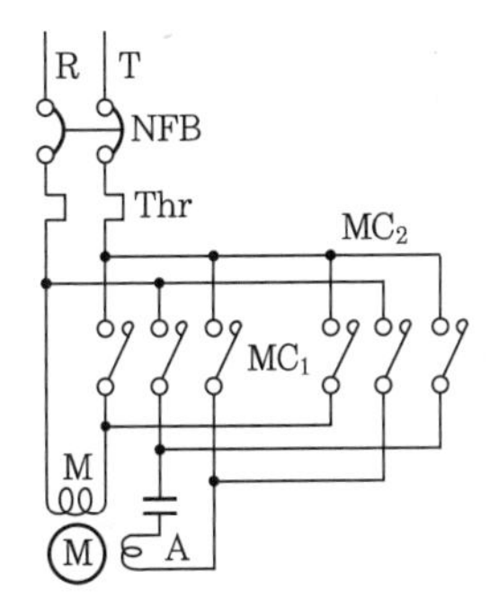

① 속도 제어
② 전압 제어
③ 정역운전
④ 2상 변환 회로

정답 1. ④　2. ③　3. ④　4. ①　5. ②　6. ③

7. 로크아웃 릴레이(lockout relay)에 관한 설명 중 적합하지 않은 것은?

① 컴프레서 모터의 보호장치로 사용된다.
② 릴레이 코일은 기동기나 접촉기 코일과 병렬로 연결한다.
③ 과도한 전류에 의한 손상으로부터 주부하를 보호한다.
④ 정상 폐쇄 접점으로 연결한다.

8. 다음 중 단상 유도 전동기의 기동 방법이 아닌 것은?

① 분상 기동형
② 모노 사이클형
③ 리액터 기동형
④ 콘덴서형

9. 보통 소형 유도 전동기의 직입 기동전류는 정격전류의 대략 몇 배인가?

① 1 ~ 2배 ② 3 ~ 4배
③ 4.5 ~ 6배 ④ 9 ~ 10배

10. 두 대의 단상 변압기를 병렬운전하려고 한다. 다음 중 병렬운전 조건이 안 되는 것은 어느 것인가?

① 극성이 같을 것
② 용량이 같을 것
③ 권수비가 같을 것
④ 저항과 리액턴스의 비가 같을 것

11. 직류 전동기의 속도 제어법에서 정출력 제어에 속하는 것은?

① 워드 레너드 제어법
② 전기자 저항 제어법
③ 전압 제어법
④ 계자 전압법

해설 ϕ가 변화할 경우 토크는 ϕ에 비례하나 회전수는 ϕ에 반비례하므로 계자 제어는 정출력 제어이고, 계자 자속이 거의 일정하고 전기자 공급 전압만을 변화시키는 전압 제어법은 정토크 제어법이다.

12. 3상 유도 전동기의 1차 권선의 결선을 Δ 결선에서 Y 결선으로 바꾸면 시동토크는 약 몇 %가 되는가?

① 25 % ② 30 %
③ 33 % ④ 35 %

13. 3상 유도 전동기의 출력이 5 HP, 전압 200 V, 효율 90 %, 역률 85 %일 때 이 전동기에 유입되는 전류는 얼마인가?

① 6 A ② 8 A
③ 10 A ④ 14 A

해설 $FLA = \dfrac{5 \times \dfrac{75}{102} \times 10^3}{\sqrt{3} \times 200 \times 0.9 \times 0.85} \fallingdotseq 14\text{ A}$

14. 출력이 3 kW인 전동기의 효율이 80 %이다. 이 전동기의 손실은 몇 W인가?

① 375 W ② 750 W
③ 1200 W ④ 2400 W

해설 $\text{효율} = \dfrac{\text{출력}}{\text{출력} + \text{손실}}$의 식으로 계산한다.

15. 직류 전동기의 규약효율은 다음 어떤 식에 의하여 구해진 값인가?

① $\eta = \dfrac{\text{출력}}{\text{입력}} \times 100\ \%$
② $\eta = \dfrac{\text{출력}}{\text{출력} + \text{손실}} \times 100\ \%$
③ $\eta = \dfrac{\text{입력} - \text{손실}}{\text{입력}} \times 100\ \%$
④ $\eta = \dfrac{\text{입력}}{\text{출력} + \text{손실}} \times 100\ \%$

정답 7. ② 8. ③ 9. ③ 10. ② 11. ④ 12. ③ 13. ④ 14. ② 15. ③

해설 규약에 의하면

㉠ 전동기 $\eta = \frac{입력 - 손실}{입력} \times 100\ \%$

㉡ 발전기 $\eta = \frac{출력}{출력 + 손실} \times 100\ \%$

16. 변압기는 다음 중 어떤 원리를 이용한 전기 기계인가?

① 전자 유도작용
② 정전 유도작용
③ 전기자 반작용
④ 전류의 열작용

17. 단상 전동기의 기동에 사용되는 기동 릴레이의 종류가 아닌 것은?

① 전자 릴레이
② 원심력 릴레이
③ 전압 릴레이
④ 전류 릴레이

18. 어느 전동기가 5분간에 2.25×10^6 J의 일을 하였다. 이 전동기의 출력은 몇 kW인가?

① 0.75 ② 5.7
③ 7.5 ④ 9.5

해설 $P = \frac{2.25 \times 10^6}{5 \times 60 \times 1000} = 7.5\ \text{kW}$

19. 변압기에 대한 다음 설명 중 틀린 것은?

① 변압기의 2차측 권선수가 1차측 권선수보다 적은 경우 1차측의 전압보다 2차측의 전압이 낮다.
② 변압기의 1차측 전압이 2차측 전압보다 높을 경우 2차측에 부하가 연결될 때 흐르는 전류는 1차측에서 공급되는 전류값보다 크다.
③ 변압기는 교류에만 사용되는 기기이다.
④ 변압기의 1차측과 2차측의 권선수가 다를 경우 1차측에 인가한 전압의 주파수와 2차측에 나타나는 전압의 주파수는 다르다.

정답 16. ① 17. ① 18. ③ 19. ④

Chapter 03

전기계측

3-1 전압 측정

(1) 직류전압 측정

직류전압을 측정할 때 최초로 주의해야 할 일은 측정전압의 크기나 측정 정도를 잘 파악해서 목적에 맞는 계기를 고르는 일이다. 또, 직류는 극성이 있으므로 극성에도 주의할 필요가 있다.

① 배율기 : 가동 코일형의 전압계로 최대 눈금보다 큰 전압을 측정하고자 할 때는 다음 그림에 나타낸 바와 같이 계기에 직렬로 저항을 접속해서 측정범위를 확대하는 방법이 있다. 이때 직렬로 접속된 저항을 배율기(培率器)라 한다.

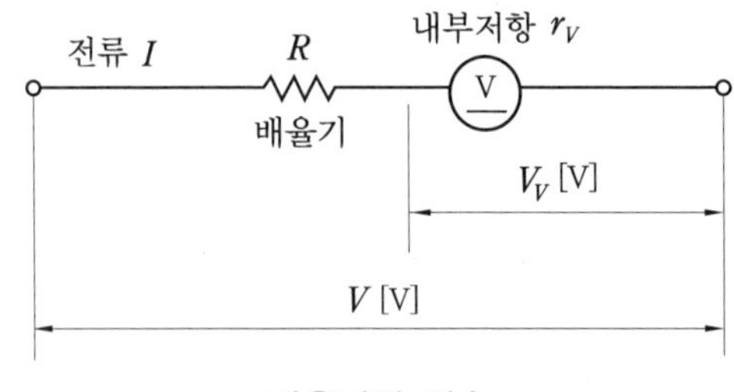

배율기의 접속

그림에서 측정전압을 V[V], 계기의 동작전류를 I[A], 계기의 내부저항을 r_V[Ω], 배율기의 저항을 R[Ω], 계기의 단자전압을 V_V[V]으로 하면 다음 식이 성립한다.

$$\frac{V}{V_V}=\frac{r_V+R}{r_V}=1+\frac{R}{r_V}=M_V$$

여기서, M_V를 배율기의 배율이라 한다.

② 분압기(分壓器) : 분압기는 배율기와 같은 목적으로 사용되는 것으로 저항 분압기이다. 이것은 주로 직류용이다. 다음 그림과 같이 저항 분압기 R'에 내부저항 r_V의 전압계를 접속할 때(단, $R' \ll r_V$) 측정전압 V[V]는 다음 식으로 구해진다.

$$V=\frac{R+R'}{R'}V_V$$

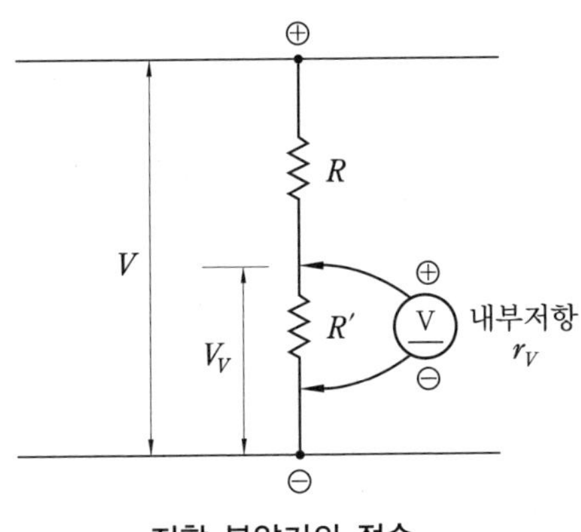

저항 분압기의 접속

(2) 교류전압 측정

교류전압의 측정은 가동 철편형의 교류 전압계가 주로 사용된다. 이외에 정류형, 전류력계형 및 유도형 등이 쓰인다.

이 경우 접속도 직류 전압계의 접속과 같이 피측정물에 병렬로 접속한다. 교류전압을 측정할 때에도 직류전압을 측정할 때와 같이 주의가 필요하다. 대단히 높은 교류전압을 측정할 때는 계기용 변압기나 분압기 등으로 전압계의 측정범위를 확대해서 측정한다.

계기용 변압기는 1차측에 높은 교류전압 (피측정 전압)을 가하고 2차측에 교류 전압계 등의 계기를 접속하여 변압비를 곱해서 구한다.

$$\text{피측정 전압} = \left(\frac{N_1}{N_2}\right) \times \text{2차측의 교류전압}$$

여기서, N_1 : 계기용 변압기의 1차측 권수

N_2 : 2차측의 권수

3-2 전류 측정

(1) 직류전류의 측정

직류전압을 측정할 때와 같이 목적에 맞는 계기를 써서 측정하는 것이 중요하다. 직류전류의 측정에도 일반적으로 가동 코일형 계기가 많이 쓰이고, 그 접속은 다음 그림과 같이 부하에 직렬로 접속된다.

피측정 전류의 크기가 10 μA ~ 30 mA 정도까지는 가동 코일형 계기에 직접 전류를 흘려서 측정하나, 이 이상으로 되면 30 A 정도까지는 계기 내부에 분류기가 취부되고, 이것을 넘는 전류일 때는 분류기에서 발열이나 자계의 영향을 적게 하기 위해서 외부에 설치해서 사용한다.

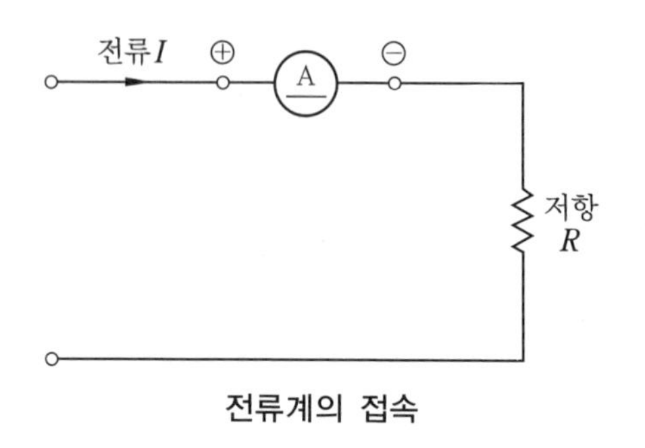

전류계의 접속

(2) 직류 전류계의 측정범위 확대

전류계의 측정범위를 넘는 측정의 경우에는 저항에 의한 분류기(分流器)가 사용된다.

① 분류기는 전류 측정범위를 확대하기 위해 전류계에 병렬로 접속하는 저항이다. 분류기의 재질은 일반으로 온도계수가 적은 망가닌선을 쓰고 저항기의 양단에는 열의 확산을 좋게 하기 위해 동의 블록이 취부되어 있다.

② 다음 그림과 같이 계기의 동작전류를 i [A], 계기의 내부저항을 r_a [Ω], 분압기의 저항을 R_s [Ω], 회로의 측정전류를 I[A]라 하면,

$$\frac{I}{i}=\frac{R_s+r_a}{R_s}=1+\frac{r_a}{R_s}=M_a$$

로 된다. 이 M_a를 분류기의 배율이라 한다.

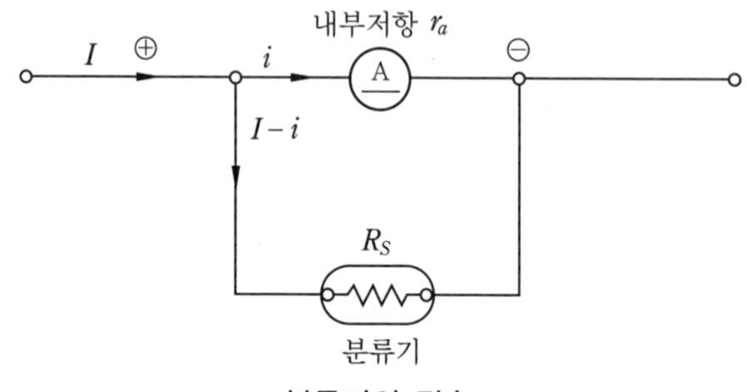

분류기의 접속

(3) 교류전류의 측정

교류전류의 측정에는 가동 철편형의 계기가 주로 사용된다. 이외에도 전류력계형, 유도형, 열전형 등의 계기가 교류 전류계로서 사용된다.

대단히 큰 교류전류를 측정할 때에는 주로 변류기를 써서 1차측에 전류회로를 거치고 2차측에 전류계를 접속해서 그 변류비로 피측정 전류를 아는 방법이 있다.

변류기는 대전류일수록 특성이 좋게 되나, 2차측을 개로(開路)하면 2차 단자 사이에 고압이 발생한다. 이것은 1차 전류가 클수록 2차측을 개로할 때 전압이 높게 되므로 위험하다. 2차측을 개로하지 않도록 하는 일이 중요하다.

3-3 전력 측정

(1) 직류전력의 측정

① 직접 측정법 : 직류전력을 측정하는데는 전류력계 계기의 전력계로 직접 측정할 수 있다. 즉, 전력계의 접속에 있어서 전류코일과 전압코일의 접속에 주의하여 전류코일은 부하에 직렬로 접속하고 전압코일은 부하에 병렬로 접속한다. 이 접속은 전력계에 표시되어 있으므로 그 지시에 따른다.

전력계의 지시값＝(전압코일에 가해진 전압)×(전류코일에 흐르는 전류)＝VI[W]

② 간접 측정법 : 직류전력을 측정하는 또 하나의 방법은 전압계와 전류계에 의한 간접적인 측정법이다. 직류전력을 P[W], 부하의 단자전압을 V[V], 부하에 흐르는 전류를 I[A]라 하면 다음 식이 성립한다.

$$P = VI\,[\mathrm{W}]$$

(2) 단상교류 전력 측정

① 직접 측정법 : 단상교류 전력 P는 역률 $\cos\varphi$를 고려해서 다음과 같이 나타낼 수 있다.

$$P = VI\cos\varphi\,[\mathrm{W}]$$

② 간접 측정법 : 단상교류 전력은 전압계나 전류계만으로 측정하는 간접적인 방법도 있다. 교류전력을 측정하는 하나의 방법으로서 전압계 3대와 기지(既知)의 무유도 저항을 다음 그림과 같이 접속한 회로의 전압계의 지시값을 읽어 구할 수 있다.

단, 여기서 사용하는 전압계의 내부저항은 대단히 높고 흐르는 전류는 부하에 흐르는 전류에 비해 무시할 수 있을 정도로 적어야 한다.

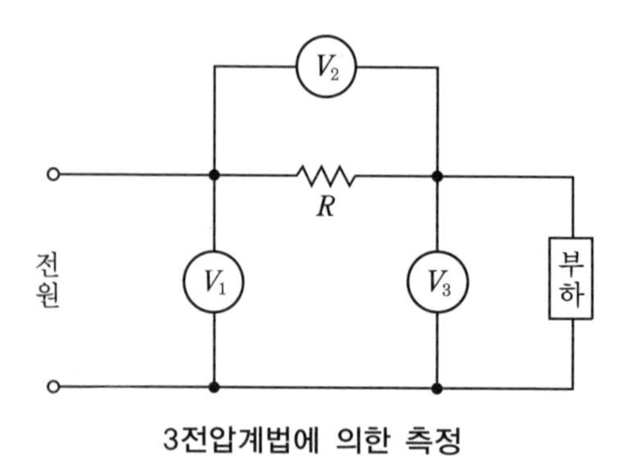

3전압계법에 의한 측정

부하전력은 3대의 전압계 지시값에 의해서 다음 식으로 구해진다.

$$P = \frac{1}{2R}\left(V_1^2 - V_2^2 - V_3^2\right)\,[\mathrm{W}]$$

(3) 3상 교류전력의 측정

3상 교류전력의 측정은 일반적으로 간접 측정으로 한다. 단상 전력계를 2대 또는 3대 써서 측정하는 일이 많다.

① 3전력계법 : 3상 부하의 전력을 측정할 때, 각 상의 전력 W_1, W_2, W_3를 측정할 수 있으면 3상 전력은 각 상의 전력의 합이 되므로 다음 식이 성립한다.

$$P = W_1 + W_2 + W_3$$

다음 그림의 접속처럼 부하가 Y 결선이고 중성점에 전력계의 전압코일의 한쪽 단자를 접속할 수 있을 때, 단상 전력계 3대로 3상 전력을 측정할 수 있는 방법이다.

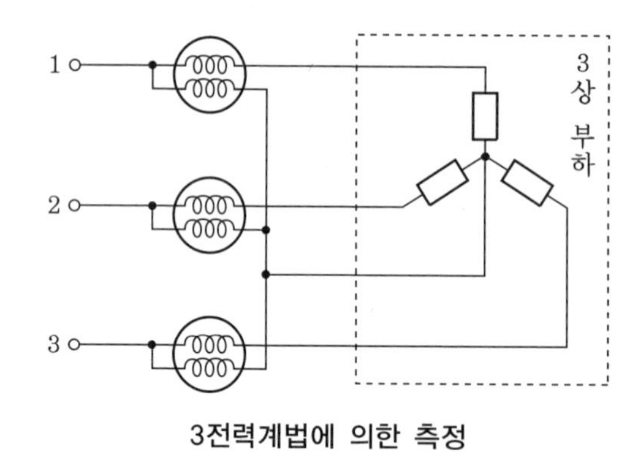

3전력계법에 의한 측정

② 2전력계법 : 3상 부하인 경우 중성점을 얻을 수 없는 경우가 많다. 2대의 단상 전력계를 접속해서 3상 전력을 측정한다. 2대의 단상 전력계의 지시가 P_1, P_2일 때, 3상 전력 P는 다음 식과 같다.

$$P = P_1 + P_2$$

>>> 제3장

예상문제

1. 최대눈금 100 mV, 저항 20 Ω의 직류 전압계에 10 kΩ 의 배율기를 접속하면 몇 V까지 측정이 가능한가?

① 50 ② 60
③ 500 ④ 600

해설 $V_0 = V\left(\frac{R}{R_m}+1\right)$

$= 100\times10^{-3}\left(\frac{10\times10^3}{20}+1\right) = 50\text{ V}$

2. 3상 전력계법에서 교류전력을 측정하니 $W_1 = 100\text{ W}$, $W_2 = 105\text{ W}$, $W_3 = 95\text{ W}$ 였다면 3상 전력은 몇 W인가?

① 195 ② 200
③ 205 ④ 300

해설 $P = W_1 + W_2 + W_3 = 100+105+95$

$= 300\text{ W}$

3. 3상 부하의 경우 중성점을 얻을 수 없는 경우에 2대의 단상 전력계로 측정한 값이 $P_1 = 155\text{ W}$, $P_2 = 145\text{ W}$ 라면 3상 전력은 몇 W인가?

① 145 ② 150
③ 155 ④ 300

해설 $P = P_1 + P_2 = 155+145 = 300\text{ W}$

4. 접지에 관한 설명 중 틀린 것은?

① 전로 또는 선로 이외의 금속 부분을 보완할 목적으로 대지에 접속하는 것이다.
② 감전, 누전에 의한 사고방지를 위한 것이 목적이다.
③ 접지할 경우는 전동기의 절연불량이 되어도 접지선에만 전류가 흐르고 인체에는 완전절연된다.
④ 접지선의 색상은 녹색으로 사용한다.

5. 100 V, 100 W의 전구와 100 V, 200 W의 전구가 그림과 같이 직렬 연결되어 있다면 100 W 전구와 200 W의 전구가 실제 소비하는 전력의 비는 얼마인가?

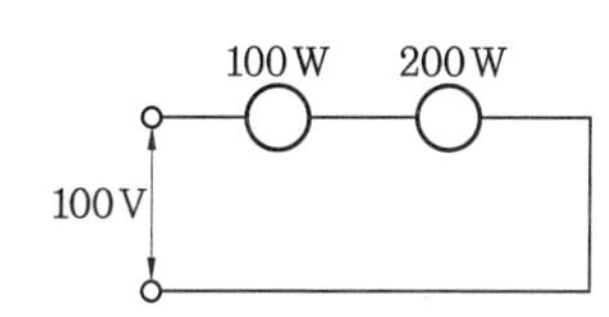

① 4 : 1 ② 1 : 2
③ 2 : 1 ④ 1 : 1

해설 $P_1 = 100\text{ W}$, $P_2 = 200\text{ W}$ 라면

$P_1 = \frac{V_1^2}{R_1}$, $R_1 = \frac{V_1^2}{P_1} = \frac{100^2}{100} = 100\,\Omega$

$P_2 = \frac{V_2^2}{R_2}$, $R_2 = \frac{V_2^2}{P_2} = \frac{100^2}{200} = 50\,\Omega$

직렬접속이므로 전류가 일정하기 때문에

$P = I^2 R \propto R$

정답 1. ① 2. ④ 3. ④ 4. ③ 5. ③

Chapter 04

시퀀스 제어

4-1 제어 요소 동작과 표현

1 입력 기구

(1) 조합 회로

회로 요소 또는 회로 중에서 시간 지연이 없는 것 또는 무시할 수 있을 때 그 출력 신호가 현재 입력 신호의 값만으로 결정되는 논리 회로를 조합 회로라 한다. 특징은 기억을 포함하지 않는 것이다.

(2) 순서 회로

시간 지연을 갖고 그 지연이 적극적인 역할을 하는 논리 회로를 순서 회로라 하며, 조합 회로보다 복잡하다. 특징은 기억을 가지고 있는 것이며, 시퀀스 제어 회로에서 대단히 유용한 역할을 한다.

(3) 명령 처리부 구성

시퀀스 제어 회로는 다음 그림에 나타나는 바와 같이 명령 처리부를 가지며, 이는 순서 제어 회로와 조작 회로의 2개 부분으로 나뉜다. 순서 제어 회로는 조합 회로와 순서 회로로 되어 있고, 그 중의 조합 회로는 내부 상태의 제어에 사용되고 순서 회로는 보통 전력 수준이 높은 회로 요소로 되어 있다.

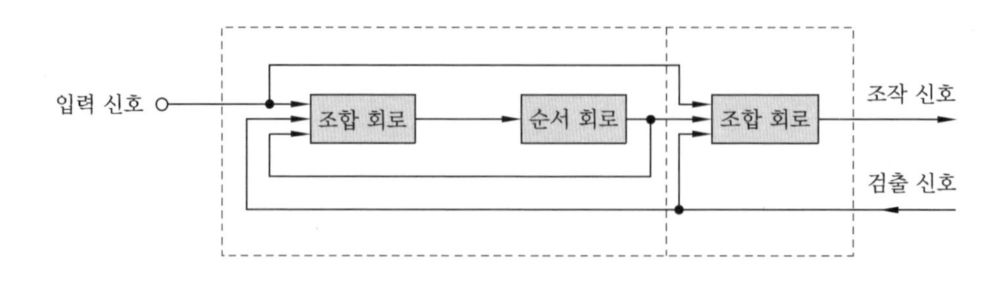

(4) 시퀀스 제어계의 구성

시퀀스 제어계는 일반적으로 다음 그림과 같이 각 블록 제어의 각 단계를 순차로 진행시킬 수 있게 되어 있으며, 그 체계를 만들기 위하여 필요한 신호가 블록 간을 연결하고 있다.

그림의 명령 처리부는 푸시버튼 등 기타의 입력장치로부터 오는 p개의 신호 및 제어 대상에 붙여진 검출단으로부터 오는 r개의 신호로 구성되는 $p+r$개의 입력 변수를 가지고 있다. 그 출력 변수로서는 조작단에 보내는 q개의 조작 신호가 있다.

제어 대상은 조작 신호를 입력 변수로 하고, 제어 대상의 실제 상태를 출력 변수로 한다. 이 출력 변수는 각 검출단을 거쳐서 명령 처리부에 피드백이 된다.

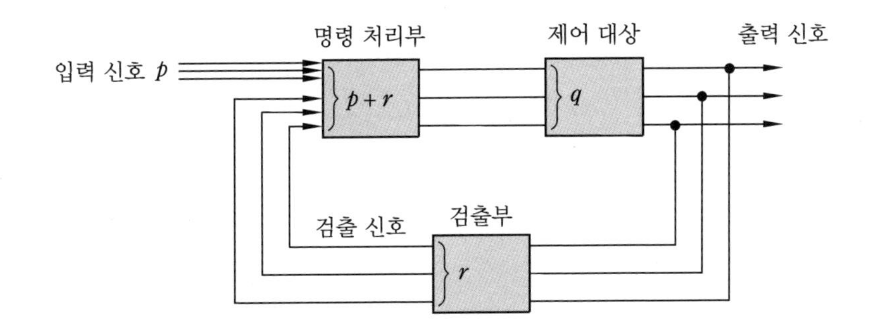

(5) 시퀀스 제어의 특징

① 입력 신호에서 출력 신호까지 정해진 순서에 따라 일방적으로 제어 명령이 정해진다.

② 어떠한 조건을 만족하여도 제어 신호가 전달된다.

③ 제어 결과에 따라 조작이 자동적으로 이행된다.

2 출력 기구

명칭	그림 기호		적요
	a 접점	b 접점	
접점 (일반) 또는 수동 조작	(a) (b)	(a) (b)	• a 접점 : 평시에 열려 있는 접점 (NO) • b 접점 : 평시에 닫혀 있는 접점 (NC) • c 접점 : 전환 접점
수동 조작 자동 복귀 접점	(a) (b)	(a) (b)	손을 떼면 복귀하는 접점이다. 누름형, 당김형, 비틈형으로 공통이며, 버튼 스위치, 조작 스위치 등의 접점에 사용된다.

기계적 접점	(a) (b) 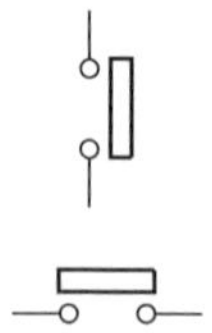	(a) (b) 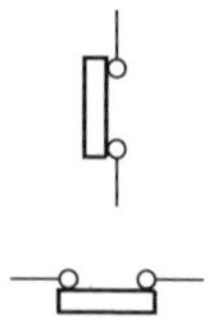	리밋 스위치와 같이 접점의 개폐가 전기적 이외의 원인에 의하여 이루어지는 것에 사용된다.
조작 스위치 잔류 접점	(a) (b) 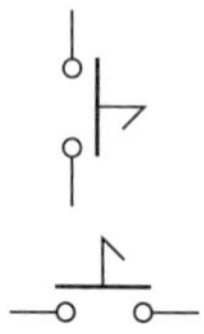	(a) (b) 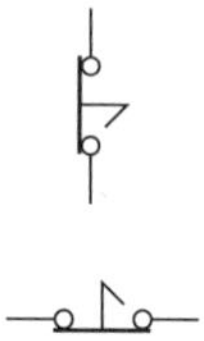	
전기 접점 또는 보조 스위치 접점	(a) (b) 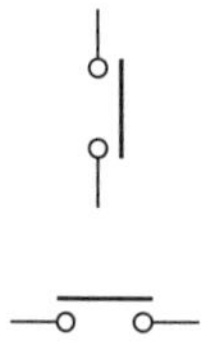	(a) (b) 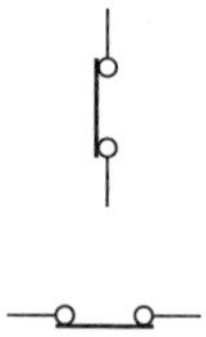	

4-2 부울 대수의 기본 정리

(1) 부울 대수의 기본

논리 대수에서 취급하는 변수로는 2진법의 "0"과 "1"만으로 된다. 논리 회로의 해석, 설계 및 응용 등에 이용되고 있다.

(2) 드 모르간의 법칙

① 쌍대(duality)의 원리

논리 대수의 식에서 0과 1, +와 ·를 동시에 교환한 식은 반드시 성립한다는 것이다.
즉, $0+A=A$에 위의 쌍대의 원리를 적용시키면 $1 \cdot A=A$ 식으로 된다.
또한 $A+A=A$에 쌍대의 원리를 적용시키면 $A \cdot A=A$ 식이 된다.

② 일반화된 드 모르간의 정리

$$\overline{(X_1+X_2+X_3 \cdots\cdots X_n)}=\overline{X_1} \cdot \overline{X_2} \cdot \overline{X_3} \cdots\cdots \overline{X_n}$$

$$\overline{(X_1 \cdot X_2 \cdot X_3 \cdots\cdots X_n)}=\overline{X_1}+\overline{X_2}+\overline{X_3}+\cdots\cdots+\overline{X_n}$$

이것은 논리합(OR)과 논리적(AND)이 완전히 독립되어 성립하는 것이 아니라 부정(NOT)을 조합시켜 상호 교환이 가능하도록 하는 중요한 정리로서 논리적 결합의 구성상 필수적인 성질인 것이다.

③ 논리 함수의 부정

$$\overline{f(X_1,\ X_2\cdots\cdots,\ X_n,\ +,\ \cdot)}f(\overline{X_1},\ \overline{X_2},\ \overline{X_n},\ \cdot,\ +)$$

정리	스위치 회로
T1 : 교환의 법칙 (a) $A+B=B+A$ (b) $A\cdot B=B\cdot A$	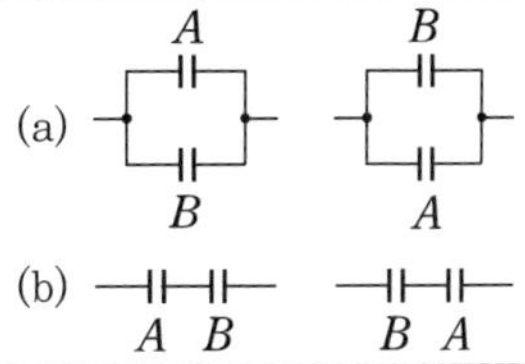 (a) A, B B, A (b) A B B A
T2 : 결합의 법칙 (a) $(A+B)+C=A+(B+C)$ (b) $(A\cdot B)\cdot C=A\cdot(B\cdot C)$	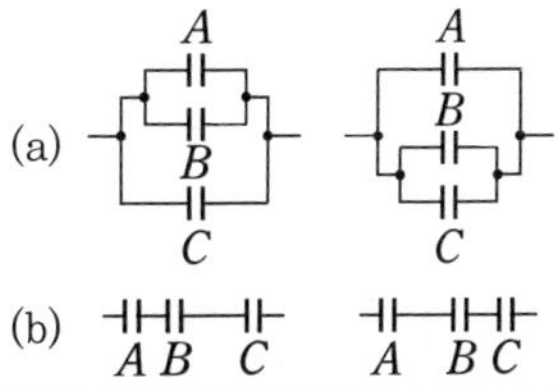 (a) A, B, C A, B, C (b) A B C A B C
T3 : 분배의 법칙 (a) $A\cdot(B+C)=A\cdot B+A\cdot C$ (b) $A+(B\cdot C)=(A+B)\cdot(A+C)$	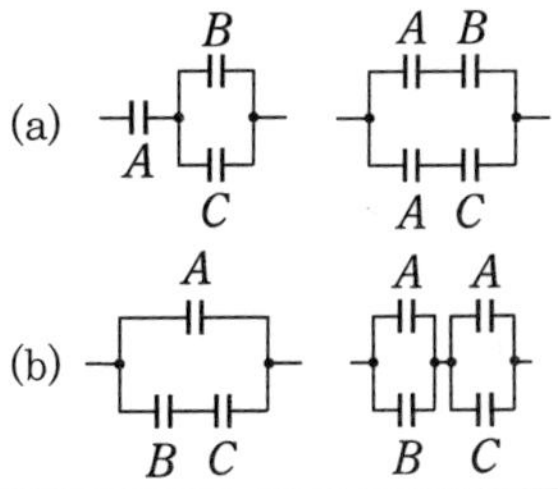 (a) A, B, C A B, A C (b) A, B C A A, B C
T4 : 동일의 법칙 (a) $A+A=A$ (b) $A\cdot A=A$	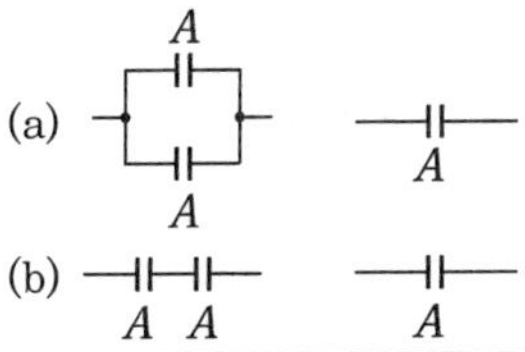 (a) A, A A (b) A A A
T5 : 부정의 법칙 (a) $(A)=\overline{A}$ (b) $(\overline{A})=A$	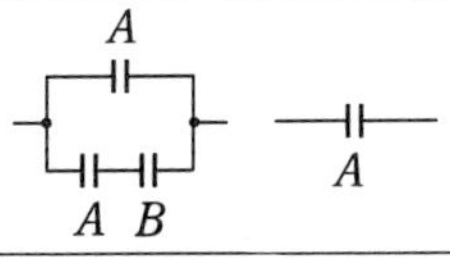 A, A B A
T6 : 흡수의 법칙 (a) $(A+A)\cdot B=A$ (b) $A\cdot(A+B)=A$	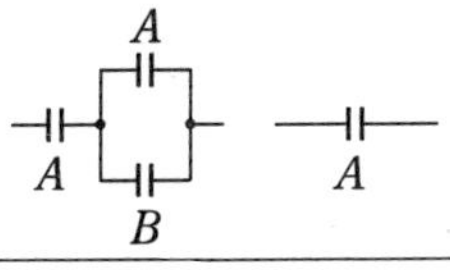 A, A, B A
T7 : 공리 (a) $0+A=A$ (b) $1\cdot A=A$ (c) $1+A=1$ (d) $0\cdot A=0$	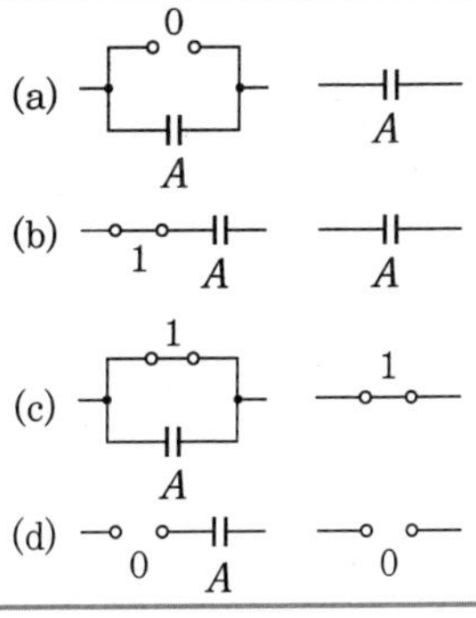 (a) 0, A A (b) 1 A A (c) 1, A 1 (d) 0 A 0

4-3 논리 회로

(1) 논리적 회로(AND gate)

2개의 입력 A와 B가 모두 '1'일 때만 출력이 '1'이 되는 회로로서 AND 회로의 논리식은 $X=A\cdot B$로 표시한다.

(2) 논리합 회로(OR gate)

입력 A 또는 B의 어느 한쪽이든가, 양자가 '1'일 때 출력이 '1'이 되는 회로로서 OR 회로의 논리식은 $X=A+B$로 표시한다.

(3) 논리 부정 회로(NOT gate)

입력이 '0'일 때 출력은 '1', 입력이 '1'일 때 출력은 '0'이 되는 회로로서 입력 신호에 대해서 부정(NOT)의 출력이 나오는 것이다. NOT 회로의 논리식은 $X=\overline{A}$로 표시한다.

(4) NAND 회로(NAND gate)

AND 회로에 NOT 회로를 접속한 AND-NOT 회로로서 논리식은 $X=\overline{A\cdot B}$가 된다.

(5) NOR 회로(NOR gate)

OR 회로에 NOT 회로를 접속한 OR-NOT 회로로서 논리식은 $X=\overline{A+B}$가 된다.

(6) 배타적 논리합 회로(exclusive-OR gate)

입력 A, B가 서로 같지 않을 때만 출력이 '1'이 되는 회로이며, A, B가 모두 '1'이어서는 안 된다는 의미가 있다. 논리식은 $X=\overline{A}\cdot B+A\cdot\overline{B}=A\oplus B$로 표시된다.

(7) 한시 회로

① 한시 동작 회로 : 입력 신호가 0에서 1로 변할 때에만 출력 신호의 변화가 뒤지는 회로
② 한시 복귀 회로 : 입력 신호가 1에서 0으로 변할 때 출력 신호의 변화가 뒤지는 회로
③ 뒤진 회로 : 어느 때나 출력 신호의 변화가 뒤지는 회로

유접전 회로는 동작 시간 및 복귀 시간이 늦고 장시간 사용하면 접점이 마모되어 수명이 단축되는 등의 결점이 있다. 따라서 사용 전류 용량이 작은 범위 내에서 다이오드, 트랜지스터 등과 같이 접점을 갖지 않는 소자를 이용하여 무접점 계전기로 사용할 수 있다.

유무 접점 계전기 논리 기호

회로	유접점	무접점	논리기호	진리값 표
AND 회로	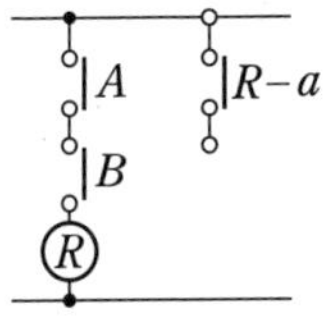 A, B, R−a, R	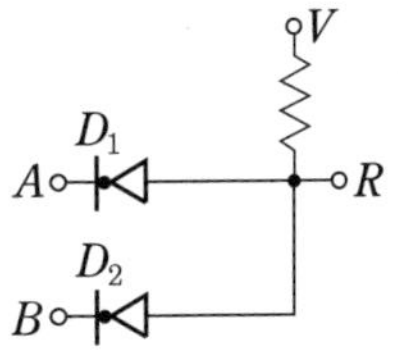 V, D_1, D_2, A, B, R	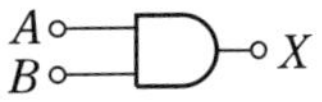 A, B, X $X = A \cdot B$	A B X′ 0 0 0 0 1 0 1 0 0 1 1 1
OR 회로	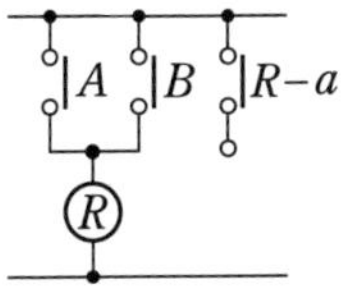 A, B, R−a, R	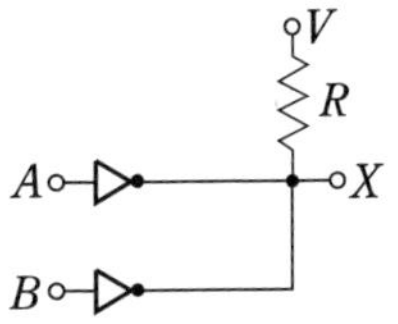 V, R, A, B, X	 A, B, X $X = A + B$	A B X′ 0 0 0 0 1 1 1 0 1 1 1 1
NOT 회로	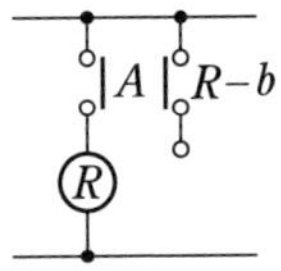 A, R−b, R	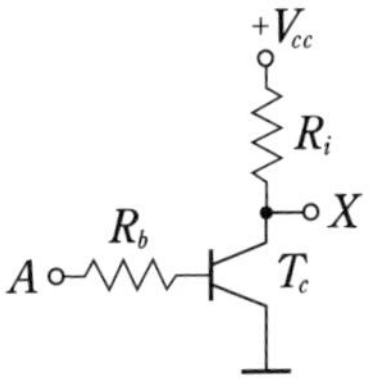 $+V_{cc}$, R_i, R_b, A, X, T_c	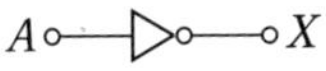 A, X $X = \overline{A}$	A X′ 0 1 1 0
NAND 회로	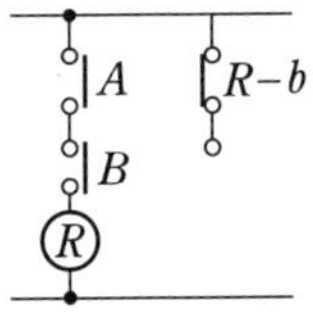 A, B, R−b, R	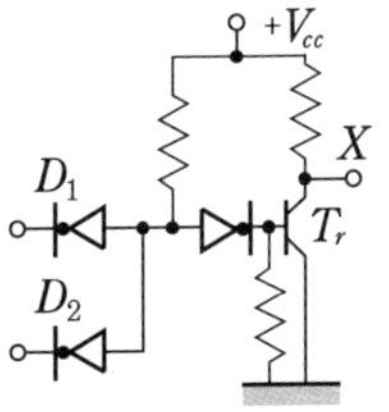 $+V_{cc}$, D_1, D_2, X, T_r	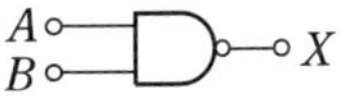 A, B, X $X = \overline{A \cdot B}$ $= \overline{A} + \overline{B}$	A B X′ 0 0 1 0 1 1 1 0 1 1 1 0
NOR 회로	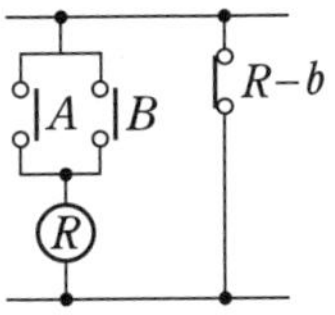 A, B, R−b, R	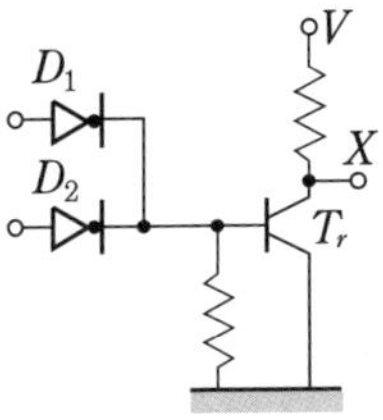 V, D_1, D_2, X, T_r	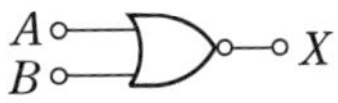 A, B, X $X = \overline{A + B}$ $= \overline{A} \cdot \overline{B}$	A B X′ 0 0 1 0 1 0 1 0 0 1 1 0
exclusive -OR 회로			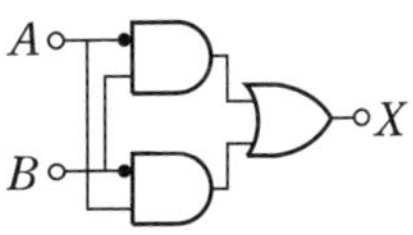 A, B, X $X = \overline{A} \cdot B + A \cdot \overline{B}$ $= A \oplus B$	A B X′ 0 0 0 0 1 1 1 0 1 1 1 0

4-4 유접점 회로

(1) 접점

명칭	그림 기호		적요
	a 접점	b 접점	
한시 동작 접점	(a) (b)	(a) (b)	특히, 한시 접점이라는 것을 표시할 필요가 있는 경우에 사용한다.
한시 복귀 접점	(a) (b)	(a) (b)	
수동 복귀 접점	(a) (b)	(a) (b)	인위적으로 복귀시키는 것인데, 전자식으로 복귀시키는 것도 포함된다. 예를 들면, 수동 복귀의 열전 계전기 접점, 전자 복귀식 벨 계전기 접점 등이다.
전자접촉기 접점	(a) (c) (b) (d)	(a) (c) (b) (d)	잘못이 생길 염려가 없을 때에는 계전 접점 또는 보조 스위치 접점과 똑같은 그림 기호를 사용해도 된다.
제어기 접점 (드럼형 또는 캠형)			그림은 하나의 접점을 가리킨다.

(2) 수동 스위치

① 복귀형 수동 스위치 : 푸시버튼 스위치와 같이 사람이 조작할 때에만 스위치의 작용을 하는 것이며, 다음 그림은 복귀형 수동 스위치의 심벌이다. 그림 (a)는 a 접점, 그림 (b)는 b 접점을 나타낸 것이다.

예 푸시버튼 스위치

a 접점 : 조작할 때에만 닫히는 접점으로 메이크 접점이라고도 한다.

b 접점 : 조작할 때에만 열리는 접점으로 브레이크 접점이라고도 한다.

② 유지형 수동 스위치 : 나이프 스위치와 같이 한번 수동 조작을 하면 반대의 조작을 할 때까지 접점의 개폐 상태가 그대로 지속된다. 다음 그림은 유지형 수동 스위치의 심벌이다. 그림 (a)는 조작점이 한 개인 것이고, 그림 (b)는 조작점이 두 개인 것이다.

예 그림 (a) : 토글 스위치, 키 스위치

그림 (b) : 양쪽 누름 단추 스위치, 텀블러 스위치

복귀형 수동 스위치의 심벌　　유지형 수동 스위치의 심벌

(3) 검출 스위치 : 제어 대상의 상태 또는 변화를 검출하기 위한 스위치로 위치, 액면, 압력, 온도, 전압 등의 제어량을 검출한다.

(4) 전자 계전기 : 유접점 시퀀스 제어에 사용되는 기기의 중심 역할을 하는 것으로 전자력에 의해 접점을 개폐하는 장치이다.

>>> 제4장

예상문제

1. 다음 중 변위→전압 변환장치는 어느 것인가?

① 벨로스 ② 노즐 플래퍼
③ 서미스터 ④ 차동 변압기

해설 ① 벨로스 : 압력→변위
② 노즐 플래퍼 : 변위→압력
③ 서미스터 : 온도→전압
④ 차동 변압기 : 변위→전압

2. 다음 중 백열전등의 점등 스위치는 어떤 스위치인가?

① 복귀형 a 접점 스위치
② 복귀형 b 접점 스위치
③ 유지형 스위치
④ 검출 스위치

해설 한번 조작을 하면 반대의 조작을 할 때까지 접점의 개폐 상태가 그대로 지속되므로 유지형 스위치이다.

3. 회전 운동계의 각속도를 전기적 요소로 전환시키면 상대적 관계는?

① 전압 ② 전류
③ 정전용량 ④ 인덕턴스

해설 ㉠ 전압 : 토크
㉡ 전류 : 각속도
㉢ 저항 : 회전마찰
㉣ 정전용량 : 비틀림 강도
㉤ 인덕턴스 : 관성모멘트
㉥ 전하 : 각도

4. 다음의 제어 스위치 중 조작 스위치에 해당되지 않는 것은?

① push button 스위치
② rotary 스위치
③ toggle 스위치
④ limit 스위치

5. 다음 중 검출용 스위치의 작용에 이용되지 않는 것은?

① 리밋 스위치 ② 광전 스위치
③ 온도 스위치 ④ 푸시버튼 스위치

6. 다음 중 온도조절 모터 제어기의 사용에 가장 기본적인 것이 아닌 것은?

① 바이메탈 ② 센싱 밸브
③ 인덕턴스 ④ 서미스터

7. 스텝 컨트롤러(step controller)에 의하여 제어되는 기기는 어느 것인가?

① 직팽식 냉각코일
② 증기용 가열코일
③ 전기식 가열코일
④ 냉수용 냉각코일

8. 팬 릴레이(fan relay)에 관한 설명 중 틀린 것은?

① 겨울에 팬 제어를 한다.
② 팬 모터를 작동시킨다.
③ 접점은 팬 모터에 흐르는 전류에 견딜 수 있는 용량을 가져야 한다.
④ 릴레이는 정상폐쇄 접점만을 가진다.

9. 다음 과도응답에 관한 설명 중 옳지 않은 것은?

① 오버슈트는 응답 중에 생기는 입력과 출력 사이의 오차량을 말한다.

정답 1. ④ 2. ③ 3. ② 4. ④ 5. ④ 6. ② 7. ③ 8. ④ 9. ②

② 지연시간 (delay time)이란 응답이 최초로 희망값의 10 %가 진행되는데 요하는 시간을 말한다.
③ 입상시간 (rise time)이란 응답이 희망값의 10 %에서 90 %까지 도달하는데 요하는 시간을 말한다.
④ 감쇠비 = $\frac{\text{제2의 오버슈트}}{\text{최대 오버슈트}}$ 이다.

해설 지연시간 (delay time)은 응답이 최초로 희망값의 50 %가 되는데 요하는 시간이다.

10. 다음 그림은 펄스파를 확대한 것이다. a를 무엇이라 하는가?

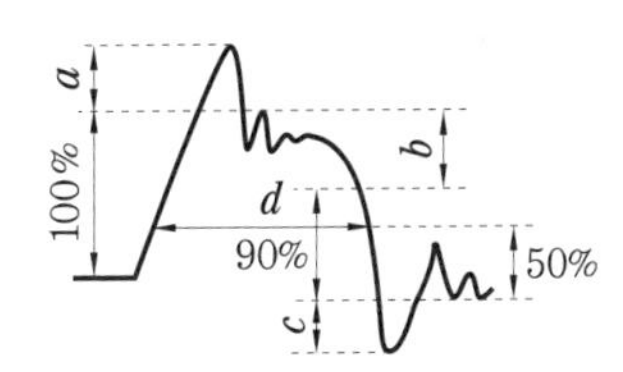

① 오버슈트 ② 언더슈트
③ 스파이크 ④ 새그

해설 • a : 오버슈트 (overshoot)
• b : 새그 (sag)
• c : 언더슈트 (undershoot)

11. 제어계의 전향 경로 이득이 증가할수록 일반적으로 어떻게 되는가?

① 최대 초과량은 증가한다.
② 정상 시간이 짧아진다.
③ 상승 시간이 늦어진다.
④ 오차가 증가한다.

해설 제어계의 전향 경로 이득이 증가할수록 상승 시간은 빨라지며 정상 상태에서의 오차를 감소시킬 수 있다. 그러나 이득이 클수록 오버슈트는 증가되고, 이득이 지나치게 크면 정상 상태에 도달하기까지의 진동 시간이 길어지게 되며 제어계는 불안정해지기 쉽다.

12. 파워 파일 시스템에 관한 설명 중 틀린 것은 어느 것인가?

① 250 ~ 750 mV까지 발생 가능하다.
② 단순한 열전대들로 이루어졌다.
③ 밀리볼트 제어 회로에는 전동작 전류를 발생시키는데 사용한다.
④ 30 mV 정도의 제어장치에도 사용 가능하다.

13. 오차의 크기와 오차가 발생하고 있는 시간에 둘러싸인 면적의 크기에 비례하여 조작부를 제어하는 것으로 offset을 소멸시켜 주는 동작은 무엇인가?

① 적분 동작 ② 미분 동작
③ 비례 동작 ④ ON-OFF 동작

14. 다음 제어 방법에 대한 설명 중에서 틀린 것은?

① 2위치 동작 : ON-OFF 동작이라고도 하며, 편차의 +, -에 따라 조작부를 전폐 또는 전개하는 것이다.
② 비례 동작 : 편차의 크기에 비례한 조작 신호를 낸다.
③ 적분 동작 : 편차의 적분치 (積分値)에 비례한 조작신호를 낸다.
④ 미분 동작 : 편차의 미분치 (微分値)에 비례한 조작신호를 낸다.

15. 가정용 전기냉장고의 제어동작에 해당되는 것은 어느 것인가?

① 시퀀스 제어
② 서보 기구 제어
③ 불연속 제어
④ 프로세스 제어

정답 10. ① 11. ① 12. ④ 13. ① 14. ④ 15. ③

16. 직류 서보모터와 교류 2상 서보모터의 비교에서 잘못된 것은?

① 교류식은 회전 부분의 마찰이 크다.
② 기동토크는 직류식이 월등히 크다.
③ 회로의 독립은 교류식이 용이하다.
④ 대용량의 제작은 직류식이 용이하다.

해설 교류식은 베어링 마찰뿐으로 마찰이 적다.

17. 자동 제어장치에 쓰이는 서보모터의 특성을 나타낸 것 중 옳지 않은 것은?

① 빈번한 기동, 정지, 역전 등에 고장이 적고 큰 돌입전류에 견딜 수 있는 구조일 것
② 기동토크는 크나, 회전부의 관성모멘트가 적고 전기적 시정수가 짧을 것
③ 발생토크는 입력 신호에 비례하고 그 비가 클 것
④ 직류 서보모터에 비하여 교류 서보모터의 기동토크가 매우 클 것

해설 기동토크는 직류식이 교류식보다 월등히 크다.

18. 다음 서보모터의 특성 중 옳지 않은 것은?

① 기동토크가 클 것
② 회전자의 관성모멘트가 작을 것
③ 제어 권선 전압 v_c가 0일 때 기동할 것
④ 제어 권선 전압 v_c가 0일 때 속히 정지할 것

해설 $v_c=0$일 때 기동해서는 안 되고, $v_c=0$이 되었을 때 곧 정지해야 한다.

19. 제어계에 가장 많이 사용되는 전자 요소는 무엇인가?

① 증폭기 ② 변조기
③ 주파수 변환기 ④ 가산기

20. 서보 전동기는 서보 기구에서 주로 어느 부위 기능을 맡는가?

① 검출부 ② 제어부
③ 비교부 ④ 조작부

21. 회전형 증폭기기는 어느 것인가?

① 자기 증폭기 ② 앰플리다인
③ 사이리스터 ④ 사이러트론

22. 제어용 증폭기기로서 요망되는 조건이 아닌 것은?

① 수명이 길 것
② 늦은 응답일 것
③ 큰 출력일 것
④ 안정성이 높을 것

해설 제어용 증폭기기는 안정, 빠른 응답, 큰 출력, 간단한 보수, 튼튼하고 수명이 긴 것이 요망된다.

23. 자기증폭기의 장점이 아닌 것은?

① 정지기기로 수명이 길다.
② 한 단당의 전력 증폭도가 큰 직류 증폭기이다.
③ 소전력에서 대전력까지 임의로 사용할 수 있다.
④ 응답속도가 빠르다.

해설 자기증폭기는 다른 증폭기에 비하여 ①, ②, ③과 같은 장점이 있으나 응답속도가 늦은 (0.01 ~ 0.1 s) 결점이 있다.

24. AC 서보 전동기(AC servomotor)의 설명 중 옳지 않은 것은?

① AC 서보 전동기는 그다지 큰 회전력이 요구되지 않는 계에 사용되는 전동기이다.

정답 16. ① 17. ④ 18. ③ 19. ① 20. ④ 21. ② 22. ② 23. ④ 24. ④

② 이 전동기에는 기준권선과 제어권선의 두 고정자 권선이 있으며, 90° 위상차가 있는 2상 전압을 인가하여 회전 자계를 만든다.
③ 고정자의 기준권선에는 정전압을 인가하며 제어권선에는 제어용 전압을 인가한다.
④ 이 전동기의 속도 회전력 특성을 선형화하고, 제어 전압의 입력으로 회전자의 회전각을 출력해 보았을 때 이 전동기의 전달함수는 미분 요소와 2차 요소의 직렬 결합으로 볼 수 있다.

해설 AC 서보 전동기의 전달함수는 적분 요소와 2차 요소의 직렬 결합으로 취급된다.

25. 배리스터의 주된 용도는 무엇인가?

① 서지 전압에 대한 회로 보호용
② 온도 보상
③ 출력 전류 조절
④ 전압 증폭

해설 배리스터는 SiC 분말과 점토를 혼합해서 소결시켜 만든 것으로, 비직선적인 전압, 전류 특성을 갖는 2단자 반도체 소자로 서지 전압에 대한 회로 보호용으로 쓰인다.

26. SCR에 관한 설명으로 틀린 것은?

① PNPN 소자이다.
② 직류, 교류, 전력 제어용으로 사용된다.
③ 스위칭 소자이다.
④ 쌍방향성 사이리스터이다.

해설 SCR은 제어 정류 소자이므로 단일 방향성이다.

27. 다음 중 SCR의 심벌은?

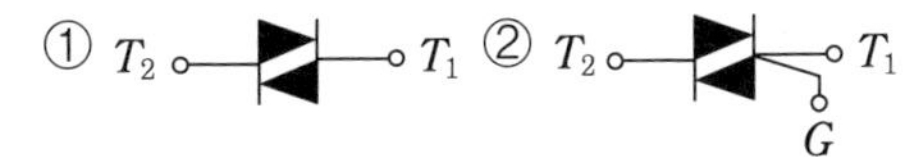

해설 ① DIAC, ② TRIAC, ③ 배리스터, ④ SCR

28. SCR을 사용할 경우 올바른 전압 공급 방법은 무엇인가?

① 애노드 ⊖ 전압, 캐소드 ⊕ 전압, 게이트 ⊕ 전압
② 애노드 ⊖ 전압, 캐소드 ⊕ 전압, 게이트 ⊖ 전압
③ 애노드 ⊕ 전압, 캐소드 ⊖ 전압, 게이트 ⊕ 전압
④ 애노드 ⊕ 전압, 캐소드 ⊖ 전압, 게이트 ⊖ 전압

해설 SCR 전압 공급

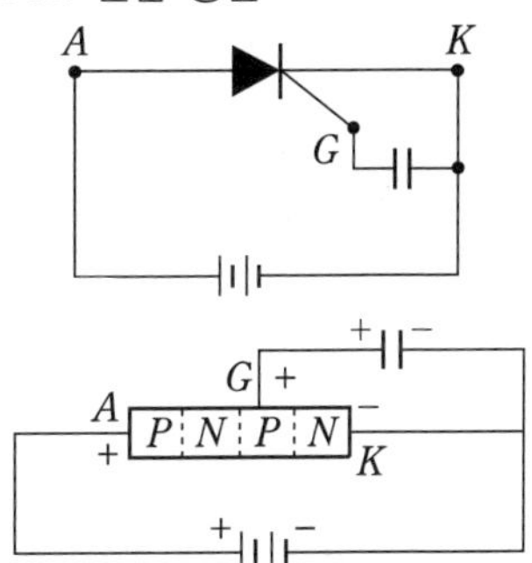

29. 실리콘 제어 정류 소자(silicon controlled rectifier)의 성질이 아닌 것은?

① PNPN의 구조를 하고 있다.
② 게이트 전류에 의하여 방전 개시 전압을 제어할 수 있다.
③ 특성 곡선에 부저항(negative resistance) 부분이 있다.
④ 온도가 상승하면 피크전류(peak current)도 증가한다.

해설 온도가 상승하여 고온이 되면 누설전류가 증가한다.

정답 25. ① 26. ④ 27. ④ 28. ③ 29. ④

Chapter 05

제어기기 및 회로

5-1 제어의 개념

(1) 제어계의 기초

출력 신호를 입력 신호로 되돌려서 제어량의 목표값과 비교하여 정확한 제어가 가능하도록 한 제어계를 피드백 제어계 (feedback system) 또는 폐루프 제어계 (closed loop system)라 한다.

- 자동 제어 (automatic control) : 제어장치에 의해 자동적으로 행해지는 제어
- 제어 (control) : 기계나 설비 등을 사용 목적에 알맞도록 조절하는 것

(2) 피드백 제어계의 특징

① 정확성의 증가
② 계의 특성변화에 대한 입력 대 출력비의 감도 감소
③ 비선형성과 외형에 대한 효과의 감소
④ 감대폭의 증가
⑤ 발진을 일으키고 불안정한 상태로 되어 가는 경향성
⑥ 구조가 복잡하고 시설비의 증가

(3) 제어계의 구성 및 용어 해설

① 제어 대상 (controlled system) : 제어의 대상으로 제어하려고 하는 기계의 전체 또는 그 일부분이다.

② 제어 장치 (control device) : 제어를 하기 위해 제어 대상에 부착되는 장치이고, 조절부, 설정부, 검출부 등이 이에 해당된다.

③ 제어 요소 (control element) : 동작 신호를 조작량으로 변화하는 요소이고, 조절부와 조작부로 이루어진다.

④ 제어량 (controlled value) : 제어 대상에 속하는 양으로, 제어 대상을 제어하는 것을 목적으로 하는 물리적인 양을 말한다.

⑤ 목표값(desired value) : 제어량이 어떤 값을 목표로 정하도록 외부에서 주어지는 값이다.

⑥ 기준 입력(reference input) : 제어계를 동작시키는 기준으로 직접 제어계에 가해지는 신호를 말한다.

⑦ 기준 입력 요소(reference input element) : 목표값을 제어할 수 있는 신호로 변환하는 요소이며 설정부라고 한다.

⑧ 외란(disturbance) : 제어량의 변화를 일으키는 신호로 변환하는 장치이다.

⑨ 검출부(detecting element) : 제어 대상으로부터 제어에 필요한 신호를 인출하는 부분이다.

⑩ 조절기(blind type controller) : 설정부, 조절부 및 비교부를 합친 것이다.

⑪ 조절부(controlling units) : 제어계가 작용을 하는 데 필요한 신호를 만들어 조작부에 보내는 부분이다.

⑫ 비교부(comparator) : 목표값과 제어량의 신호를 비교하여 제어 동작에 필요한 신호를 만들어 내는 부분이다.

⑬ 조작량(manipulated value) : 제어 요소가 제어 대상에 주는 양이다.

⑭ 편차 검출기(error detector) : 궤환 요소가 변환기로 구성되고 입력에도 변환기가 필요할 때 제어계의 일부를 편차 검출기라 한다.

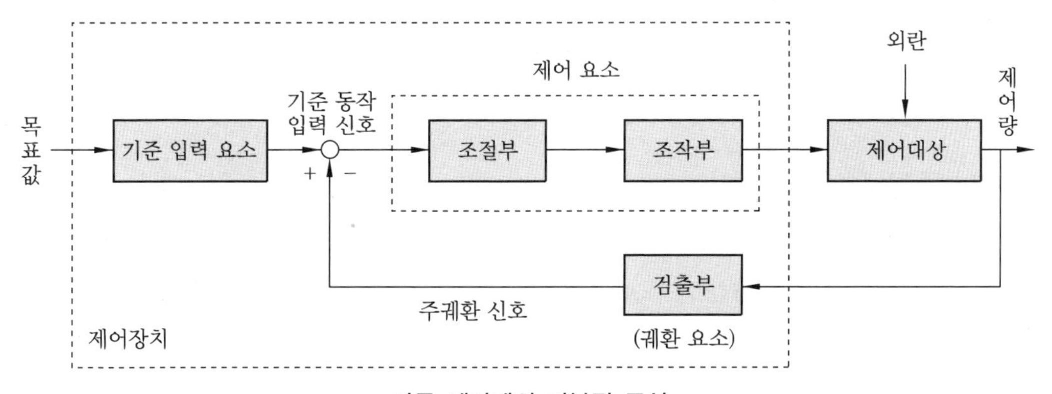

자동 제어계의 기본적 구성

(4) 자동 제어계의 기본적인 용어

① 개루프 제어계 : 가장 간편한 장치로서 제어 동작이 출력과 관계없이 신호의 통로가 열려 있는 제어 계통을 개루프 제어계라 한다.

② 폐루프 제어계 : 출력의 일부를 입력방향으로 피드백시켜 목표값과 비교되도록 폐루프를 형성하는 제어계로서 피드백 제어계라 한다.

(5) 자동 제어계의 특징

① 장점

(가) 정확도, 정밀도가 높아진다.

(나) 대량 생산으로 생산성이 향상된다.

(다) 신뢰성이 향상된다.

② 단점

(가) 공장 자동화로 인한 실업률이 증가된다.

(나) 시설 투자비가 많이 든다.

(다) 설비의 일부가 고장 시 전 라인 (line)에 영향을 미친다.

(6) 제어량의 성질에 의한 분류

① 프로세스 제어 : 온도, 유량, 압력, 액위, 농도, 밀도 등의 플랜트나 생산 공정 중의 상태량을 제어량으로 하는 제어로서 외란의 억제를 주목적으로 한다 (온도, 압력 제어장치 등).

② 서보 기구 : 물체의 위치, 방위, 자세 등의 기계적 변위를 제어량으로 해서 목표값이 임의의 변화에 추종하도록 구성된 제어계 (비행기 및 선박의 방향 제어계, 미사일 발사대의 자동 위치 제어계, 추적용 레이더, 자동 평형 기록계 등)이다.

③ 자동 조정 : 전압, 전류, 주파수, 회전속도, 힘 등 전기적·기계적 양을 주로 제어하는 것으로서 응답속도가 대단히 빨라야 하는 것이 특징이다 (전전압장치, 발전기의 조속기 제어 등).

(7) 제어 목적에 의한 분류

① 정치 제어 : 제어량을 어떤 일정한 목표값으로 유지하는 것을 목적으로 하는 제어법

② 프로그램 제어 : 미리 정해진 프로그램에 따라 제어량을 변화시키는 것을 목적으로 하는 제어법

③ 추종 제어 : 미지의 임의 시간적 변화를 가지는 목표값에 제어량을 추종시키는 것을 목적으로 하는 제어법

④ 비율 제어 : 목표값이 다른 것과 일정 비율 관계를 가지고 변화하는 경우의 추종 제어

(8) 제어 동작에 의한 분류

① ON－OFF 동작 : 설정값에 의하여 조작부를 개폐하여 운전한다. 제어 결과가 사이클링 (cycling) 또는 오프셋 (offset)을 일으키며 응답속도가 빨라야 되는 제어계는 사용 불가능하다.

② 비례 제어(P 동작) : 검출값 편차의 크기에 비례하여 조작부를 제어하는 것으로 정상오차를 수반한다. 사이클링은 없으나 오프셋을 일으킨다.

③ 적분 제어(I 동작) : 적분값의 크기에 비례하여 조작부를 제어하는 것으로 오프셋을 소멸 시키지만 진동이 발생한다.

④ 비례 적분 동작(PI 동작, 비례 reset 동작) : 오프셋을 소멸시키기 위하여 적분 동작을 부가시킨 제어 동작으로서 제어 결과가 진동적으로 되기 쉽다.

⑤ 미분 동작(D 동작, rate 동작) : 제어 오차가 검출될 때 오차가 변화하는 속도에 비례하여 조작량을 가감하는 동작이다.

⑥ 비례 미분 동작(PD 동작) : 제어 결과에 속응성이 있게 미분 동작을 부가한 것이다.

⑦ 비례 적분 미분 동작(PID 동작) : 제어 결과의 단점을 보완시킨 제어로서 온도, 농도 제어 등에 사용된다.

5-2 조작용 기기

(1) 증폭기기의 종류

전기식, 공기식, 유압식 등이 있다.

구분	전기계	기계계
정지기	진공관, 트랜지스터, 사이리스터(SCR, 사이러트론, 자기 증폭기)	공기식(노즐 플래퍼, 벨로스), 유압식(안내 밸브), 지렛대
회전기	앰플리다인, 로토트롤	

(2) 조절기기

검출부에서 측정된 제어량을 기준입력과 비교하여 2차의 동작 신호를 증폭하여 조작량으로 변환한 뒤 조작부에 보내는 곳이다.

① 연속 동작 : 동작 신호를 x_i, 조작량을 x_0이라 하면 다음과 같이 나타낼 수 있다.

㈎ 비례 동작(P 동작) : $x_0 = K_p x_i$ [단, K_p : 비례이득(비례감도)]

㈏ 적분 동작(I 동작) : $x_0 = \dfrac{1}{T_1}\int x_i\, dt$ (단, T_1 : 적분시간)

㈐ 미분 동작 (D 동작) : $x_0 = T_D \frac{dx_i}{dt}$ (단, T_D : 미분시간)

㈑ 비례+적분 동작 (PI 동작) : $x_0 = K_p\left(x_i + \frac{1}{T_I}\int x_i\, dt\right)$

㈒ 비례+미분 동작 (PD 동작) : $x_0 = K_p\left(x_i + T_D\frac{dx_i}{dt}\right)$

㈓ 비례+적분+미분 동작 (PID 동작) : $x_0 = K_p\left(x_i + \frac{1}{T_I}\int x_i dt + T_D\frac{dx_i}{dt}\right)$

② 불연속 동작 (non-continuous-data control) : 제어량과 목표값을 비교하여 편차가 어느 값 이상일 때 조작 동작을 하는 경우로서 릴레이형 (일명 개폐형 : ON-OFF type) 제어계가 이에 속하며, 열, 온도, 수위면 조정 등에 사용된다.

예 냉동기, 전기다리미, 난방용 보일러 등

③ 샘플값 제어 (sampled-data control) : 제어 신호가 계속적으로 측정한 샘플값 제어라 한다. 제어계의 일부에서 반드시 펄스 (pulse) 열로 전송된다.

예 주사 레이더(radar tracking)

(3) 조작기기

① 종류

㈎ 전기계 : 전자밸브, 2상 서보 전동기, 직류 서보 전동기, 펄스 전동기

㈏ 기계계 : 클러치, 다이어프램 밸브, 밸브 포지셔너, 유압식 조작기(조작 실린더, 조작 피스톤 등)

② 특성

구분	전기식	공기식	유압식
적응성	대단히 넓고, 특성의 변경이 쉽다.	PID 동작을 만들기 쉽다.	관성이 적고, 큰 출력을 얻기가 쉽다.
속응성	늦다.	장거리에서는 어렵다.	빠르다.
전성	장거리의 전송이 가능하고, 지연이 적다.	장거리가 되면 지연이 크다.	지연은 적으나, 배관에서 장거리 전송은 어렵다.
부피, 무게에 대한 출력	감속장치가 필요하고, 출력은 작다.	출력은 크지 않다.	저속이고, 큰 출력을 얻을 수 있다.
안전성	방폭형이 필요하다.	안전하다.	인화성이 있다.

(4) DC 서보 전동기

제어용의 전기적 동력으로는 주로 DC 서보 전동기가 사용된다. 이 전동기에는 분권식, 직권식 및 복권식 등이 있다. 분권식은 분권 권선에 흐르는 전류를 가감하여 그 속도를 제어할 수 있고 직권식은 전기자에 흐르는 전류에 의하여 속도 제어를 한다.

구분	전기자 제어	계자 제어
운전조건	일정 계자	정전류 전원 또는 고저항 등으로 일정 전류 공급
제어압력	전기자에 가한다.	계자에 가한다.
증폭기 용량	큰 것이 필요하다	작다.
댐핑	내부 댐핑	외부 댐핑
출력	크다.	작다.

(5) AC 서보 전동기

AC 서보 전동기는 그다지 큰 토크가 요구되지 않는 계에 사용되는 전동기이다. 이 전동기에는 기준 권선과 제어 권선의 두 가지 권선이 있으며 90° 위상차가 있는 2상 전압을 인가하여 회전 자계를 만들어 회전시키는 유도 전동기이다.

다음은 일반용 단상 유도 전동기와의 차이점이다.

① 기동, 정지 및 역전의 동작을 자주 반복한다.

② 속응성이 충분히 높다(시정수가 작다).

③ $v_c=0$일 때는 기동해서는 안 되고 $v_c=0$이 되었을 때 곧 정지해야 한다.

④ 적당한 내부 제동 특성을 가져야 한다.

⑤ 전류를 흘리고 있으면서 정지하고 있는 시간이 길기 때문에 발열이 크다. 따라서, 강제 냉각을 채용하여야 한다.

⑥ 회전방향에 따라 특성의 차가 작아야 한다.

⑦ 과부하에 견디도록 충분한 기계적 강도가 필요하다.

⑧ 높은 신뢰도가 필요하다.

(6) DC 서보 전동기와 AC 서보 전동기의 비교

DC 서보 전동기	AC 서보 전동기
브러시의 마찰에 의한 부동작 시간(지연시간)이 있다.	마찰이 적다(베어링 마찰뿐이다).
정류자와 브러시의 손질이 필요하다.	튼튼하고 보수가 쉽다.
직류 전원이 필요하고, 또한 회로의 독립이 곤란하다.	회로는 절연 변압기에 의해 쉽게 독립시킬 수 있다.
직류 서보 증폭기는 드리프트에 문제가 있다.	비교적 제어가 용이하다.
기동토크는 AC식보다 월등히 크다.	토크는 DC식에 비하여 뒤떨어진다.
회전속도를 임의로 선정할 수 있다.	극수와 주파수로 회전수가 결정된다.
회전 증폭기, 제어 발전기의 조합으로 대용량의 것을 만들 수 있다.	대용량의 것은 2차 동손 때문에 온도 상승에 대한 특별한 고려를 해야 한다.
전기자 및 계자에 의해서 제어할 수 있다.	전압 및 위상 제어를 할 수 있다.
계자에 여러 종류의 제어 권선을 병용할 수 있다.	제어 전압의 임피던스가 특성에 영향을 미친다.

5-3 검출용 기기

(1) 자동 조정용

① 전압 검출기 : 전자관 및 트랜지스터 증폭기, 자기 증폭기

② 속도 검출기 : 회전계 발전기, 주파수 검출법, 스피더

(2) 서보 기구용

① 전위차계 : 권선형 저항을 이용하여 변위, 변각을 측정

② 차동 변압기 : 변위를 자기 저항의 불균형으로 변환

③ 싱크로 : 변각을 검출

④ 마이크로 신 : 변각을 검출

(3) 공정 제어용

압력계	① 기계식 압력계(벨로스, 다이어프램, 부르동관) ② 전기식 압력계(전기저항 압력계, 피라니 진공계, 전리 진공계)
유량계	① 조리개 유량계 ② 넓이식 유량계 ③ 전자 유량계
액면계	① 차압식 액면계(노즐, 오리피스, 벤투리관) ② 플로트식 액면계
온도계	① 저항 온도계(백금, 니켈, 구리, 서미스터) ② 열전 온도계(백금－백금 로듐, 크로멜－알루멜, 철－콘스탄탄, 동－콘스탄탄) ③ 압력형 온도계(부르동관) ④ 바이메탈 온도계 ⑤ 방사 온도계 ⑥ 광온도계
가스 성분계	① 열전도식 가스 성분계 ② 연소식 가스 성분계 ③ 자기 산소계 ④ 적외선 가스 성분계
습도계	① 전기식 건·습구 습도계 ② 광전관식 노점 습도계
액체 성분계	① pH계 ② 액체 농도계

(4) 변환 요소의 종류

변환량	변환 요소
압력 → 변위	벨로스, 다이어프램, 스프링
변위 → 압력	노즐 플래퍼, 유압 분사관, 스프링
변위 → 임피던스	가변 저항기, 용량형 변환기, 가변 저항 스프링
변위 → 전압	퍼텐쇼미터, 차동 변압기, 전위차계
전압 → 변위	전자석, 전자코일
광 → 임피던스	광전관, 광전도 셀, 광전 트랜지스터
광 → 전압	광전지, 광전 다이오드
방사선 → 임피던스	GM관, 전리함
온도 → 임피던스	측온 저항(열선, 서미스터, 백금, 니켈)
온도 → 전압	열전대(백금－백금 로듐, 철－콘스탄탄, 구리－콘스탄탄, 크로멜－알루멜)

5-4 제어용 기기

1 센서용 검출 변환기

(1) 라플라스 변환의 특징

① 연산을 간단히 할 수 있다.
② 함수를 간단히 대수적인 형태로 변형할 수 있다.
③ 임펄스(impulse)나 계단(step) 응답을 효과적으로 사용할 수 있다.
④ 미분방정식에서 따로 적분상수를 결정할 필요가 없다.

(2) 수의 라플라스 변환

함수명	$f(t)$	$F(s)$
단위 임펄스 함수	$\delta(t)$	1
단위 계단 함수	$u(t)=1$	$\frac{1}{s}$
단위 램 함수	t	$\frac{1}{s^2}$
포물선 함수	t^2	$\frac{2}{s^3}$
n차 램프 함수	t^n	$\frac{n!}{s^{n+1}}$
지수 감쇠 함수	e^{-at}	$\frac{1}{s+a}$
지수 감쇠 램프 함수	te^{-at}	$\frac{1}{(s+a)^2}$
지수 감쇠 포물선 함수	t^2e^{-at}	$\frac{2}{(s+a)^3}$
지수 감쇠 n차 램프 함수	t^ne^{-at}	$\frac{n!}{(s+a)^{n+1}}$
정현파 함수	$\sin\omega t$	$\frac{\omega}{s^2+\omega^2}$
여현파 함수	$\cos\omega t$	$\frac{s}{s^2+\omega^2}$
지수 감쇠 정현파 함수	$e^{-at}\sin\omega t$	$\frac{\omega}{(s+a)^2+\omega^2}$

지수 감쇠 여현파 함수	$e^{-at}\cos\omega t$	$\frac{s+a}{(s+a)^2+\omega^2}$
쌍곡 정현파 함수	sinhat	$\frac{a}{s^2-a^2}$
쌍곡 여현파 함수	coshat	$\frac{s}{s^2-a^2}$

2 전달함수

(1) 전달함수

전달함수는 모든 초기값을 0으로 하였을 때 출력 신호의 라플라스 변환과 입력 신호의 라플라스 변환의 비이다.

$$G(s)=\frac{C(s)}{R(s)}$$

입력 $r(t)$ / $R(s)$ → 시스템 $G(s)$ → 출력 $c(t)$ / $C(s)$

(2) 제어 요소의 전달함수

종류	입력과 출력의 관계	전달함수	비고
비례 요소	$y(t)=Kx(t)$	$G(s)=\frac{Y(s)}{X(s)}=K$	K: 비례감도 또는 이득 정수
적분 요소	$y(t)=\frac{1}{K}\int x(t)\,dt$	$G(s)=\frac{Y(s)}{X(s)}=\frac{K}{s}$	
미분 요소	$y(t)=K\frac{d}{dt}x(t)$	$G(s)=\frac{Y(s)}{X(s)}=Ks$	
1차 지연 요소	$b_1\frac{d}{dt}y(t)+b_0y(t)$ $=a_0x(t)$	$G(s)=\frac{Y(s)}{X(s)}=\frac{a_0}{b_1s+b_0}$ $=\frac{\frac{a_0}{b_0}}{\frac{b_1}{b_0}s+1}=\frac{K}{Ts+1}$	$K=\frac{a_0}{b_0}$ $T=\frac{b_1}{b_0}$ (T : 시정수)
2차 지연 요소	$b_2\frac{d^2}{dt^2}y(t)+b_1\frac{d}{dt}y(t)$ $+b_0y(t)=a_0x(t)$	$G(s)=\frac{Y(s)}{X(s)}$ $=\frac{K\omega_n^{\,2}}{s^2+2\zeta\omega_ns+\omega_n^{\,2}}$ $=\frac{K}{1+2\zeta Ts+T^2s^2}$	$K=\frac{a_0}{b_0}$, $T^2=\frac{b_2}{b_0}$ $2\zeta T=\frac{b_1}{b_0}$, $\omega_n=\frac{1}{T}$ (ζ : 감쇠계수, ω_n : 고유 각주파수)
부동작 시간 요소	$y(t)=Kx(t-L)$	$G(s)=\frac{Y(s)}{X(s)}=Ke^{-LS}$	L : 부동작시간

3 물리계와 전기계의 상대적 관계

전기계	기계계		유체계		열계
	직선 운동계	회전 운동계	액면계	유압계	
전압 E[V]	힘 F[N]	토크 T[N·m]	액위 h [m]	압력 P[kg/m^2]	온도 θ [℃]
전류 i [A]	속도 v [m/s]	각속도 ω [rad/s]	유량 q [m^3/s]	유량 q [m^3/s]	열유량 q [kJ/s]
전기량 q [C]	위치변위 x [m]	각변위 θ [rad]	액체량 V[m^3]	액체량 V[m^3]	열량 Q [kJ]
전기저항 R [Ω] 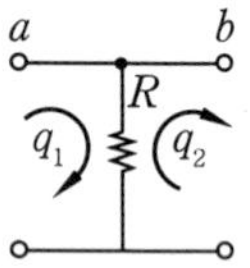 a b R q_1 q_2 $E_R= R\frac{d(q_1-q_2)}{dt}$	제동마찰계수 μ [N/m/s] 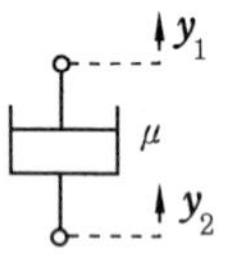 y_1 μ y_2 $F= \mu\frac{d(y_1-y_2)}{dt}$	제동마찰계수 μ [N/m/s] 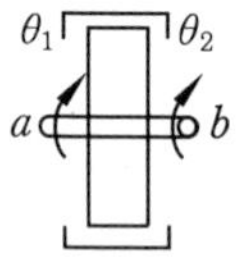 θ_1 θ_2 a b $T= \mu\frac{d(\theta_1-\theta_2)}{dt}$	출구저항 R [m/m^3/s]	유체저항 R [kg/m^2/m^3/s]	열저항 R [℃/kJ/s] 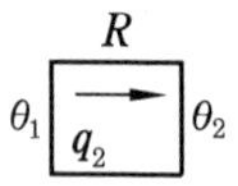 R θ_1 q_2 θ_2 $i=\frac{E_1-E_2}{R}$ $q_t=\int q dt$
인덕턴스 L [H] 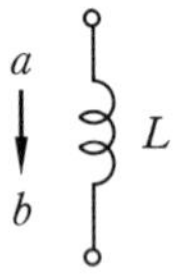 a b L $E_L=L\frac{d^2q}{dt}$	질량 M[kg] 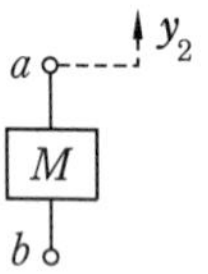 a y_2 M b $F=M\frac{d^2y}{dt^2}$	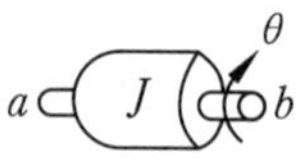 관성모멘트 J[kg·m^2] a J θ b $T=J\frac{d^2\theta}{dt^2}$			
용량 C[F] 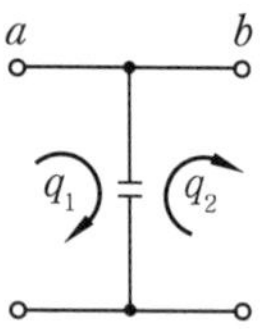 a b q_1 q_2 $E_c=\frac{1}{C}(q_1-q_2)$	스프링 상수(강도) K[N/m] 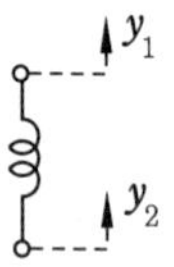 y_1 y_2 $F=K(y_1-y_2)$	비틀림 강도 K[N·m/rad] 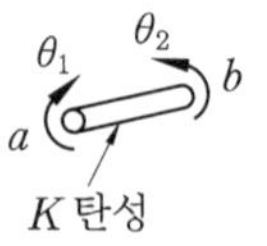 θ_1 θ_2 a b K 탄성 $T=K(\theta_1-\theta_2)$	액면 면적 A [m^2]		열용량 C[kJ/℃] 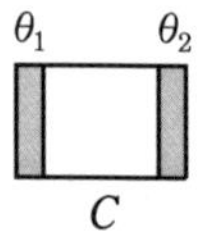 θ_1 θ_2 C $q=C(\theta_1-\theta_2)$

>>> 제5장

예상문제

1. 피드백 제어에서 반드시 필요한 장치는 어느 것인가?

① 구동장치
② 응답속도를 빠르게 하는 장치
③ 안정도를 좋게 하는 장치
④ 입력과 출력을 비교하는 장치

해설 제어계의 구성 : 비교부, 증폭부, 조작부, 검출부, 피드백 회로

2. 다음 중 피드백 제어계에서 제어 요소에 대한 설명으로 옳은 것은?

① 목표값에 비례하는 신호를 발생하는 요소이다.
② 조작부와 검출부로 구성되어 있다.
③ 조절부와 검출부로 구성되어 있다.
④ 동작 신호를 조작량으로 변환시키는 요소이다.

해설 제어 요소(control element) : 제어 동작 신호를 조작량으로 변환하는 요소로서 조절부와 조작부가 있다.

3. 목표값이 미리 정해진 시간적 변화를 하는 경우 제어량을 그것에 추종시키기 위한 제어는 무엇인가?

① 프로그램 제어 ② 정치 제어
③ 추종 제어 ④ 비율 제어

해설 목표값이 미리 정해진 시간적 변화를 하는 추치 제어를 프로그램 제어라 하며, 열차의 무인 운전, 열처리로의 온도 제어 등이 이에 속한다.

4. 인공위성을 추적하는 레이더(radar)의 제어 방식은?

① 정치 제어 ② 비율 제어
③ 추종 제어 ④ 프로그램 제어

해설 추종 제어 : 목적물의 변화에 추종하여 목표값이 변화할 경우의 제어 방식으로 예를 들면 대공포 포신 제어, 레이더의 제어 등이다.

5. 자동 제어 분류에서 제어량의 종류에 의한 분류가 아닌 것은?

① 서보 기구 ② 프로세스 제어
③ 자동 조정 ④ 정치 제어

해설 ㉠ 제어량의 종류에 의한 분류 : 서보 기구, 프로세스 제어, 자동 조정
㉡ 목표값에 의한 분류 : 정치 제어, 추치 제어

6. 다음 중 추치(追値) 제어에 속하지 않는 것은 어느 것인가?

① 프로그램 제어
② 추종 제어
③ 비율 제어
④ 위치 제어

해설 추치 제어 : 목표값이 시간에 따라 변화할 경우로 자동추미(自動追尾)라고도 하며, 다음 3가지가 있다.
㉠ 추종 제어, ㉡ 프로그램 제어, ㉢ 비율 제어

7. 제어계가 부정확하고 신뢰성은 없으나 설치비가 저렴한 제어계는?

① 폐회로 제어계
② 개회로 제어계
③ 자동 제어계
④ 궤환 제어계

해설 개회로 제어계 : 신호의 흐름이 열려 있는 경우로 출력이 입력에 전혀 영향을 주지 못하며, 부정확하고 신뢰성은 없으나 설치비가 저렴한 제어계이다.

정답 1. ④ 2. ④ 3. ① 4. ③ 5. ④ 6. ④ 7. ②

8. 시퀀스 제어에 관한 설명 중 옳지 않은 것은 어느 것인가?

① 조합 논리 회로도 사용한다.
② 기계적 계전기도 사용된다.
③ 전체 계통에 연결된 스위치가 일시에 동작할 수도 있다.
④ 시간지연 요소도 사용된다.

해설 시퀀스 제어 : 미리 정해 놓은 순서 또는 일정한 논리에 의하여 정해진 순서에 따라 제어의 각 단계를 순서적으로 진행하는 제어

9. 사이클링(cycling)을 일으키는 제어는 어느 것인가?

① 비례 제어 ② 미분 제어
③ ON-OFF 제어 ④ 연속 제어

해설 ON-OFF 동작 : 제어량이 설정값에서 어긋나면 조작부를 전폐하여 운전을 정지하거나, 반대로 전개하여 운동을 시동하는 것으로서 제어 결과가 사이클링을 일으키며 오프셋(offset)을 일으키는 결점이 있다.

10. 제어량이 온도, 유량 및 액면 등과 같은 일반 공업량일 때의 제어는 어느 것인가?

① 프로세스 제어 ② 자동 조정
③ 프로그램 제어 ④ 추종 제어

해설 프로세스 제어 : 압력, 온도, 유량, 액위, 농도, 점도 등의 공업 프로세스의 상태량을 제어량으로 하는 제어계

11. 전압, 속도, 주파수, 장력 등을 제어량으로 하여 이것을 일정하게 유지하는 것을 목적으로 하는 제어는 어느 것인가?

① 정치 제어 ② 추치 제어
③ 자동 조정 ④ 추종 제어

해설 자동 조정(automatic regulation) : 전압, 속도, 주파수, 장력 등을 제어량으로 하여 이것을 일정하게 유지하는 것을 목적으로 하는 제어

12. 시한 제어(時限制御)란 어떤 제어를 말하는가?

① 동작 명령의 순서가 미리 프로그램으로 짜여져 있는 제어
② 앞 단계의 동작이 끝나고 일정 시간이 경과한 후 다음 단계로 이동하는 제어
③ 각 시점에서의 조건을 논리적으로 판단하여 행하는 제어
④ 목적물의 변화에 따라 제어 동작이 행하여지는 제어

해설 시한 제어 : 네온사인의 점멸과 같이 일정 시간이 경과한 후에 어떤 동작이 일어나는 제어

13. PI 제어 동작은 프로세스 제어계의 정상 특성 개선에 흔히 쓰인다. 이것에 대응하는 보상 요소는 무엇인가?

① 지상 보상 요소
② 진상 보상 요소
③ 지진상 보상 요소
④ 동상 보상 요소

해설 PI 제어 동작은 정상 특성, 즉 제어의 정도를 개선하는 지상 요소이다. 따라서, 지상 보상의 특징은 다음과 같다.

㉠ 주어진 안정도에 대하여 속도 편차 상수 K_V가 증가한다.
㉡ 시간 응답이 일반적으로 늦다.
㉢ 이득 여유가 증가하고 공진값 M_P가 감소한다.
㉣ 이득 교점 주파수가 낮아지며 대역폭은 감소한다.

※ PI 동작은 지상 요소, PD 동작은 진상 요소에 대응된다.

14. offset을 제거하기 위한 제어법은 무엇인가?

① 비례 제어 ② 적분 제어
③ ON-OFF 제어 ④ 미분 제어

정답 8. ③ 9. ③ 10. ① 11. ③ 12. ② 13. ① 14. ②

해설 비례 적분 제어(PI 동작)는 잔류 편차(offset : 정상 상태에서의 오차)를 제거할 목적으로 사용된다.

15. 다음 제어계에서 적분 요소는?

① 물탱크에 일정 유량의 물을 공급하여 수위를 올린다.
② 트랜지스터에 저항을 접속하여 전압증폭을 한다.
③ 마찰계수, 질량이 있는 스프링에 힘을 가하여 그 변위를 구한다.
④ 물탱크에 열을 공급하여 물의 온도를 올린다.

해설 ② 비례 요소, ③ 2차 뒤진 요소, ④ 1차 뒤진 요소

16. 다음 그림과 같은 논리 회로는?

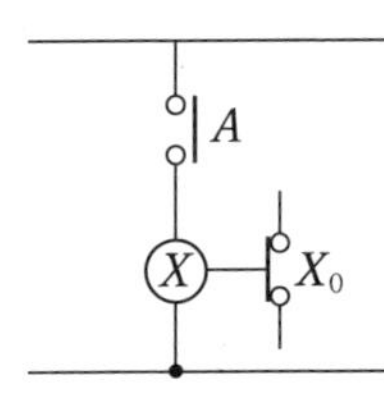

① OR 회로 ② AND 회로
③ NOT 회로 ④ NAND 회로

17. 다음 그림과 같은 논리 회로는 무엇인가?

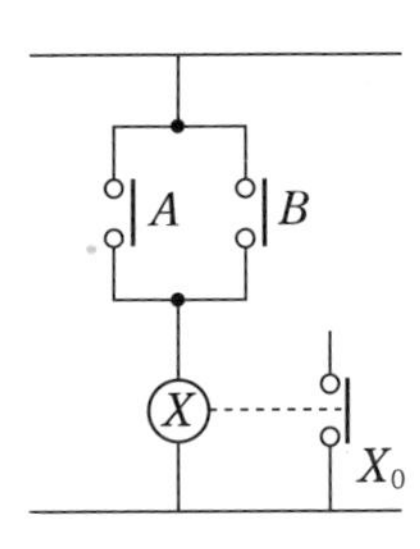

① OR 회로 ② AND 회로
③ NOT 회로 ④ NOR 회로

해설 A, B 중 어느 한 개가 ON이 되면 X_0이 ON이 되므로 OR 회로이다.

18. 다음 그림과 같은 계전기 접점 회로의 논리식은?

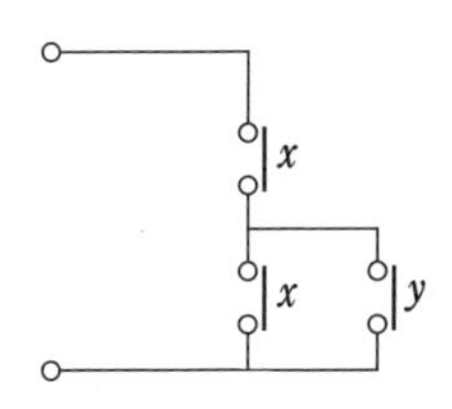

① $x \cdot (x-y)$ ② $x + x \cdot y$
③ $x + (x+y)$ ④ $x \cdot (x+y)$

19. 다음 그림과 같은 신호 흐름 선도에서 C/R은?

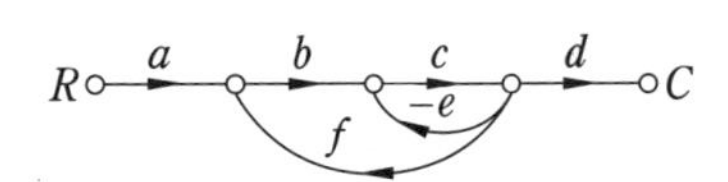

① $\dfrac{abcd}{1+ce-bcf}$ ② $\dfrac{abcd}{1-ce+bcf}$
③ $\dfrac{abcd}{1+ce+bcf}$ ④ $\dfrac{abcd}{1-ce-bcf}$

해설 $G_1 = abcd,\ \Delta_1 = 1$

$L_{11} = -ce,\ \ L_{21} = bcf$

$\Delta = 1-(L_{11}+L_{21}) = 1+ce-bcf$

$\therefore\ G = \dfrac{C}{R} = \dfrac{G_1\Delta_1}{\Delta} = \dfrac{abcd}{1+ce-bcf}$

20. 다음 그림과 같이 2개의 인버터(inverter)를 연결했을 때의 출력은?

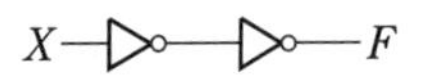

① $F = X$ ② $F = \overline{X}$
③ $F = O$ ④ $F = X^2$

21. 다음 그림과 같은 논리 회로의 출력 Y는?

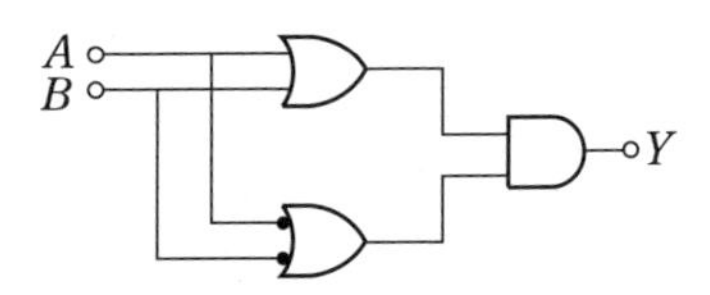

정답 15. ① 16. ③ 17. ① 18. ④ 19. ① 20. ① 21. ③

① $A+B$　　② AB

③ $A \oplus B$　　④ $\overline{AB}$

해설 $y=(A+B)\cdot(\overline{A}+\overline{B})$

$=A\overline{A}+A\overline{B}+\overline{A}B+B\overline{B}$

$=A\overline{B}+\overline{A}B=A\oplus B$

22. 다음 논리식 중 옳지 않은 것은?

① $A+A=A$　　② $A\cdot A=A$

③ $A+\overline{A}=1$　　④ $A\cdot\overline{A}=1$

해설 보원의 법칙에 의하여,

$A+\overline{A}=1$, $A\cdot\overline{A}=0$이다.

23. 다음 그림과 같은 논리 회로의 출력은?

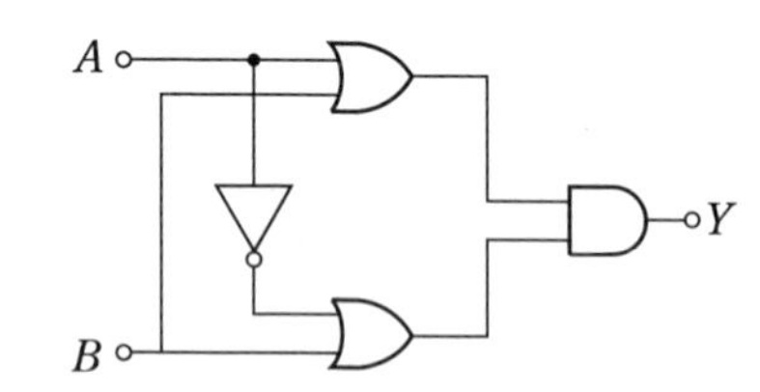

① AB　② $A+B$　③ A　④ B

해설 $Y=(A+B)(\overline{A}+B)$

$=A\cdot\overline{A}+\overline{A}\cdot B+A\cdot B+B\cdot B$

$=B(\overline{A}+A)+B=B+B=B$

24. 다음 논리식 중 다른 값을 나타내는 논리식은 무엇인가?

① $XY+X\overline{Y}$　　② $(X+Y)(X+\overline{Y})$

③ $X(X+Y)$　　④ $X(\overline{X}+Y)$

해설 ① $XY+X\overline{Y}=X(Y+\overline{Y})$

$=X\cdot 1=X$

② $(X+Y)(X+\overline{Y})$

$=XX+X(Y+\overline{Y})+Y\overline{Y}$

$=X+X\cdot 1+0=X+X=X$

③ $X(X+Y)=XX+XY=X+XY$

$=X(1+Y)=X\cdot 1=X$

④ $X(\overline{X}+Y)=X\overline{X}+XY$

$=0+XY=XY$

25. 다음 중 전자접촉기의 보조 a 접점에 해당되는 것은?

①　②　③　④

해설 접점에 대해서 a 접점은 ⊸⊸, ⊸로 표시하며, b 접점은 ⊸⊸, ⊸로 표시한다.

26. 다음 중 계전기 전자코일의 그림 기호가 아닌 것은?

①　②

③　④

27. 다음 그림의 회로는 어느 게이트(gate)에 해당되는가?

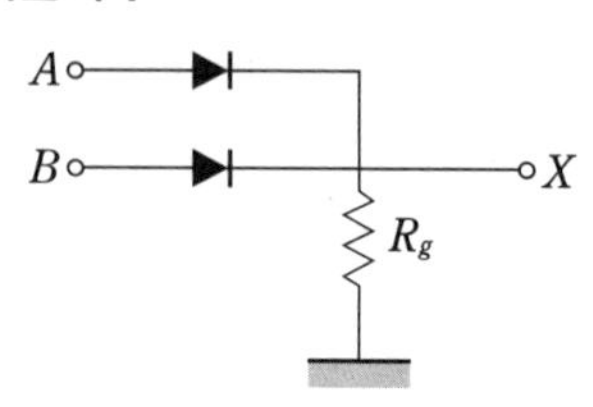

① OR　② AND　③ NOT　④ NOR

해설 입력 신호 A, B 중 어느 하나라도 1이면 출력 신호 X가 1이 되는 OR gate이다.

28. 다음 그림과 같은 회로의 전달함수는?

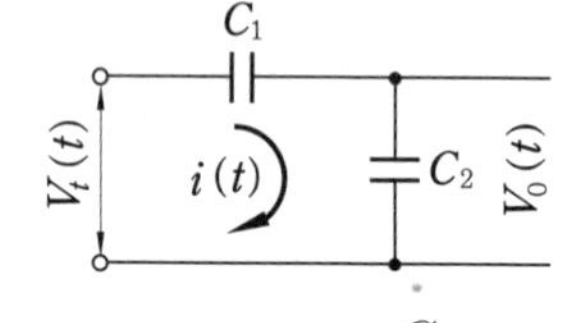

① C_1+C_2　　② $\dfrac{C_2}{C_1}$

③ $\dfrac{C_1}{C_1+C_2}$　　④ $\dfrac{C_2}{C_1+C_2}$

해설 $G(s)=\dfrac{V_0(s)}{V_t(s)}=\dfrac{\dfrac{1}{C_2 s}}{\dfrac{1}{C_1 s}+\dfrac{1}{C_2 s}}$

정답 22. ④　23. ④　24. ④　25. ③　26. ①　27. ①　28. ③

$$= \frac{\frac{1}{C_2 s}}{\frac{1}{s}\left(\frac{C_1+C_2}{C_1 C_2}\right)} = \frac{C_1}{C_1+C_2}$$

29. 다음 사항 중 옳게 표현된 것은?

① 비례 요소의 전달함수는 $\frac{1}{Ts}$ 이다.

② 미분 요소의 전달함수는 K 이다.

③ 적분 요소의 전달함수는 Ts 이다.

④ 1차 지연 요소의 전달함수는 $\frac{K}{Ts+1}$ 이다.

해설 ① 비례 요소의 전달함수 : K

② 미분 요소의 전달함수 : Ks

③ 적분 요소의 전달함수 : $\frac{K}{s}$

30. 다음 자동 조절기의 전달함수에 대한 설명 중 옳지 않은 것은?

$$G(s) = K_p\left(1 + \frac{1}{T_I s} + T_d s\right)$$

① 이 조절기는 비례-적분-미분 동작 조절기이다.

② K_p 를 비례 감도라고도 한다.

③ T_d 는 미분 시간 또는 레이트 시간(rate time)이라 한다.

④ T_I 은 리셋(reset rate)이다.

해설 T_I 은 적분 시간이다.

31. 다음 그림과 같은 계통의 전달함수는?

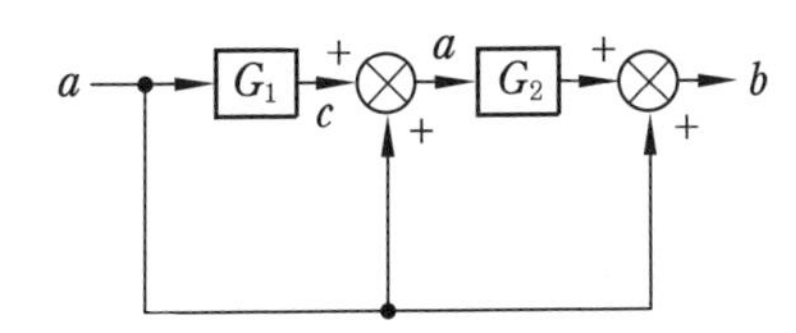

① $G_1 G_2 G_3 + 1$

② $G_1 G_2 + G_2 + 1$

③ $G_1 G_2 + G_2 G_3$

④ $G_1 G_2 + G_1 + 1$

해설 $(aG_1 + a)G_2 + a = b$

$a(G_1 G_2 + G_2 + 1) = b$

$\therefore\ G(s) = \frac{b}{a} = G_1 G_2 + G_2 + 1$

32. 다음 그림과 같은 궤환회로의 블록선도에서 전달함수는?

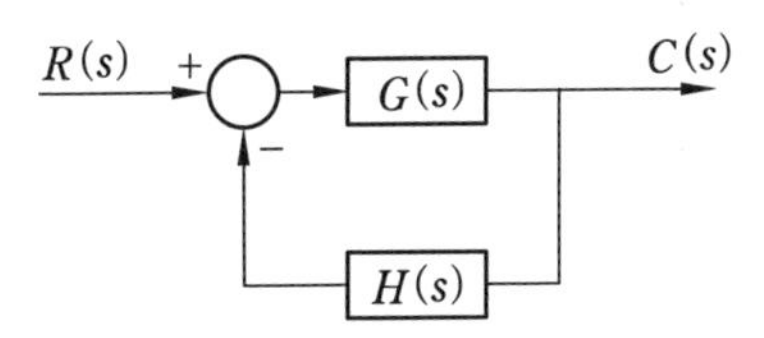

① $[1 - G(s)H(s)]^{-1} \cdot R(s)$

② $[1 + G(s)H(s)]^{-1} \cdot R(s)$

③ $[1 + G(s)H(s)]^{-1} \cdot H(s)$

④ $[1 + G(s)H(s)]^{-1} \cdot G(s)$

해설 $(R - CHs)Gs = C$

$RGs = C + CGsHs = C(1 + GsHs)$

$\therefore\ \frac{C}{R} = \frac{Gs}{1 + GsHs} = (1 + GsHs)^{-1} Gs$

33. $\sin\omega t$ 를 라플라스 변환한 값은?

① $\frac{\omega}{s^2+\omega^2}$ ② $\frac{s}{s^2+\omega^2}$

③ $\frac{s+\omega}{s^2+\omega^2}$ ④ $\frac{1}{s^2+\omega^2}$

정답 29. ④ 30. ④ 31. ② 32. ④ 33. ①

Chapter 06

설치 안전관리

6-1 안전관리

1 근로자 안전관리교육

(1) 심리적 원인

① 무지 : 기계의 취급방법, 취급품의 성질 등을 몰라서 일어나는 재해
② 미숙련 : 기능의 미숙으로 망치로 손을 때리거나, 기계의 조작을 잘못하여 일어나는 재해
③ 과실 : 부주의로 인하여 물건을 떨어뜨리거나, 취급이나 조작을 잘못하여 일어나는 재해
④ 난폭 흥분 : 물건을 취급하는데 난폭하였거나, 매사에 흥분하였거나, 서둘러서 일어나는 재해
⑤ 고의성 : 고의로 위험한 일을 하거나, 경솔하게 작업명령이나 안전수칙을 지키지 않아서 일어나는 재해

(2) 생리적 원인

① 체력의 부적응 : 체력이 충분하지 못한데 무거운 물건을 운반하거나, 무리하게 힘겨운 작업을 하여 재해를 일으키는 것
② 신체의 결함 : 손이 부자유스럽다거나, 귀가 잘 들리지 않는 것이 원인이 되어서 재해를 일으키는 것
③ 질병 : 병중이거나 병후 충분히 회복하지 않은데서 일어나는 작업 중에 졸거나, 졸려서 주의력이 없어짐으로써 재해를 일으키는 것
④ 음주 : 술을 과음하여 재해를 일으키는 것
⑤ 과로 : 장시간 동안 작업을 하였거나 더운 장소에서의 작업 등으로 피로해서 재해를 일으키는 것

(3) 기타의 원인

① 복장 : 작업에 적합하지 않은 복장, 보안경 등 보호구의 착용을 태만히 함으로써 재해를 일으키는 것
② 공동작업 : 공동작업자의 기능 수준이 평준화되어 있지 않았거나 신호방법 불량, 취급방법 혼동 등에 의해 재해를 일으키는 것

(4) 안전교육의 필요성

① 산업에 종사하는 사람들의 생명을 보호한다.
② 사고나 재해를 없애고, 안전하게 일하는 수단과 방법을 연구한다.

2 안전사고 예방

(1) 사고 예방 대책의 기본

① 안전관리 조직 : 안전 활동 방침 및 계획을 수립하고 전문적 기술을 가진 조직을 통한 안전 활동을 전개한다.
② 사실의 발견 : 현장 작업분석, 점검검사, 사고 기록 검토와 조사, 안전에 관한 토의·연구 등을 통하여 불안전 요소를 발견한다.
③ 분석평가 : 사실 발견을 토대로 자료분석, 작업환경적 조건분석, 작업공정 분석 등을 분석하여 안전 수칙 등을 교육 및 훈련하여 사고의 직접 및 간접 원인을 찾아낸다.
④ 시정 방법 선정 : 분석을 통하여 색출된 원인을 토대로 효과적인 개선방법을 선정한다.
⑤ 시정책의 적용 : 시정방법을 반드시 적용하여 목표를 설정함으로써 결과를 얻을 수 있다.

(2) 재해 예방의 원칙

① 예방 가능의 원칙 : 천재지변을 제외한 모든 인재는 예방이 가능하다.
② 손실 우연의 원칙 : 사고의 결과 손실의 유무 또는 대소는 사고 당시의 조건에 따라 우연적으로 방생한다.
③ 원인 연계의 원칙 : 사고에는 반드시 원인이 있고 대부분 복합적 연계 원인이다.
④ 대책 선정의 원칙 : 기술적, 교육적, 규제적 대책을 선정하여 실시한다.

(3) 재해 발생률

① 연천인율 $= \dfrac{\text{산업재해 건수}}{\text{근로자 수}} \times 1000$

② 도수율 = $\frac{\text{재해발생 건수}}{\text{연근로 시간 수}} \times 1000000$

③ 강도율 = $\frac{\text{노동손실 일수}}{\text{연근로 시간 수}} \times 1000$

④ 연천인율과 도수율의 관계

$$\text{연천인율} = \text{도수율} \times 2.4 \qquad \text{도수율} = \frac{\text{연천인율}}{2.4}$$

(4) 재해 빈도

① 계절 : 여름

② 요일 : 월요일

③ 시간 : 오전 10시 ~ 11시, 오후 2시 ~ 3시

3 안전보호구

고열작업 (용접, 용해, 단조 등)과 먼지가 발생하는 작업장에서는 보호구를 사용해야 한다. 보호구에는 보호복, 보호 에이프런, 보호 장갑, 보호 장화, 안전화, 신발커버, 안전모, 방진 두건, 방독 마스크, 귀마개, 보호 안경 등이 있다.

(1) 보호구의 종류

① 안전 보호구 : 안전대, 안전모, 안전화, 안전장갑 등이다.

② 위생 보호구 : 마스크 (방진, 방독, 호흡용), 보호의, 보안경 (차광, 방진), 방음 보호구 (귀마개, 귀덮개), 특수복 등이 있다.

(2) 보호구 선택 시 유의사항

① 사용 목적에 알맞은 보호구를 선택 (작업에 알맞은 보호구 선정)

② 산업 규격에 합격하고 보호 성능이 보장되는 것을 선택

③ 작업 행동에 방해되지 않는 것을 선택

④ 착용이 용이하고 크기 등 사용자에게 편리한 것을 선택

⑤ 필요한 수량을 준비할 것

⑥ 보호구의 올바른 사용법을 익힐 것

⑦ 관리를 철저히 할 것

(3) 보호구의 관리

① 정기적인 점검 관리(적어도 한 달에 1회 이상 책임 있는 감독자가 점검)
② 청결하고 습기가 없는 곳에 보관할 것
③ 항상 깨끗이 보관하고 사용 후 세척하여 둘 것
④ 세척한 후에는 완전히 건조시켜 보관할 것
⑤ 개인 보호구는 관리자 등에 일관 보관하지 말 것

(4) 보호구 사용을 기피하는 이유

① 필요한 개수를 갖추지 않았을 때(지급 기피)
② 보호구의 올바른 사용법을 모를 때(사용방법 미숙)
③ 보호구 사용 의의를 모를 때(이해 부족)
④ 보호구의 성능이 나쁠 때(불량품)
⑤ 보호구의 관리 상태가 나쁠 때(비위생적)

6-2 환경관리

(1) 보건관리인

100인 이상의 근로자를 사용하는 사업장의 사용자는 보건관리인 1인을 두어야 한다.

(2) 조명

① 초정밀 작업 : 750 Lux 이상
② 정밀작업 : 300 Lux 이상
③ 보통작업 : 150 Lux 이상
④ 기타(일반)작업 : 75 Lux 이상

(3) 옥내의 기적(氣籍)

지면으로부터 4 m 이상의 높이를 제외하고 1인당 10 m^3 이상이어야 한다.

(4) 습도

작업하기 가장 적당한 습도는 50 ~ 68 %이다.

(5) 작업온도

① 법정온도
- (가) 가벼운 작업 : 34℃
- (나) 보통작업 : 32℃
- (다) 중(重)작업 : 30℃

② 표준온도
- (가) 가벼운 작업 : 20 ~ 22℃
- (나) 보통작업 : 15 ~ 20℃
- (다) 중(重)작업 : 18℃

③ 쾌적온도(감각온도)
- (가) 지적작업 : 15.6 ~ 18.3 ET
- (나) 경작업 : 12.6 ~ 18.3 ET
- (다) 근육작업 : 10 ~ 16.7 ET

(6) 탄산가스 함유량과 인체

① 1 ~ 4 % : 호흡이 가빠지며 쉽게 피로한 현상
② 5 ~ 10 % : 기절
③ 11 ~ 13 % : 신체장애
④ 14 ~ 15 % : 절명

(7) 채광 및 환기

① 채광 : 창문의 크기 - 바닥 면적의 $\frac{1}{5}$ 이상
② 환기 : 창문의 크기 - 바닥 면적의 $\frac{1}{25}$ 이상

(8) 작업환경의 측정 단위

① 조명 : Lux(룩스)
② 오염도 : p.p.m(피피엠)
③ 소음 : db, phone(데시벨, 폰)
④ 분진 : mg/m^3(밀리그램)

제6장 예상문제

1. 기업의 모든 영역에는 물론 종업원들의 생활로부터 노동 조합의 태도까지도 관계를 가지게 되는 기업 전체의 활동은?

① 생산 ② 안전
③ 품질 ④ 임금

해설 안전제일의 이념으로 기업을 운영하고, 사회적, 인도적 측면에서도 안전은 선행되어야 한다.

2. 안전관리의 목적은 근로자의 안전유지와 다음 어느 것을 향상 유지하는데 있는가?

① 생산 능률 ② 생산량
③ 생산 과정 ④ 생산 경제

해설 안전관리의 주목적은 안전 확보와 생산 능률 향상에 있다.

3. 안전관리의 목적을 바르게 설명한 것은 어느 것인가?

① 사회적 안정
② 경영 관리의 혁신 도모
③ 좋은 물건의 대량 생산
④ 안전과 능률 향상

해설 안전이 확보되면 근로자의 사기 진작, 생산 능률 향상, 여론 개선, 비용 절감 등이 이루어져 기업은 활성화될 것이다.

4. 안전관리의 중요성과 거리가 먼 것은?

① 사회적 책임 완수
② 인도주의 실현
③ 생산성 향상
④ 준법 정신 함양

해설 사회적 책임, 인도주의, 생산성 향상 측면에서 안전관리는 매우 중요한 일이다.

5. 안전관리의 목적에 대한 설명으로 거리가 먼 것은?

① 노동력 손실의 방지
② 재해자의 복지향상
③ 근로자의 재해예방
④ 기업이윤의 증대

6. 안전표지에서 안전 위생 표식은?

① 흑색 ② 녹색
③ 백색 ④ 적색

7. 안전업무의 중요성이 아닌 것은?

① 기업의 경영에 기여함이 크다.
② 생산 능률을 향상시킬 수 있다.
③ 경비를 절약할 수 있다.
④ 근로자의 작업 안전에는 크게 영향을 주지 않는다.

8. 다음 중 안전사고가 아닌 것은?

① 교통 사고
② 화재 사고
③ 전기 사고
④ 낙뢰 사고

해설 낙뢰는 천재지변이며, 안전사고는 인위적으로 예방 가능한 사고를 말한다.

9. 다음 안전사고 시 정의에 모순이 되는 것은?

① 작업 능률을 저하시킨다.
② 불안전한 행동과 조건이 선행된다.
③ 고의가 개재된 사고이다.
④ 재산의 손실을 가져올 수 있다.

해설 고의가 개재되면 사고가 아닌 사건이다.

정답 1. ② 2. ① 3. ④ 4. ④ 5. ② 6. ② 7. ④ 8. ④ 9. ③

10. 근로자수가 200명인 어떤 직장에서 1년에 4건의 사상자가 발생했다면 연천인율은 얼마인가?

① 12 ② 15 ③ 20 ④ 25

해설 연천인율 $= \frac{\text{근로재해 건수}}{\text{평균 근로자 수}} \times 1000$

$= \frac{4}{200} \times 1000 = 20$

11. 사고 방지를 위해 가장 먼저 조치하여야 할 사항은?

① 안전 조치 ② 안전 계획
③ 사고 조사 ④ 안전 교육

해설 제5 사고 방지 5단계 중 첫 단계가 안전 조직이다. 종합적인 생산 관리를 합리적으로 조정, 통제하기 위해서는 조직적인 생산 관리가 필요한 것처럼 생산 활동에서 재해사고 방지를 위해서는 안전관리 조직의 중요성이 강조된다.

12. 안전사고 조사는 사고의 재발을 방지하는 것 외에 무엇을 하기 위함인가?

① 사고 발생자의 규명
② 관련자의 책임 소재 규명
③ 재산 및 인명 피해 정도의 파악
④ 불안전한 상태와 행동의 사실 발견

해설 불안전한 상태와 불안전한 행동의 사실을 발견함으로써 정확한 원인 규명으로 사고 재발을 방지하기 위한 대책을 수립하기 위함이다.

13. 사고의 예방과 관계가 없는 것은?

① 행동하기 전에 생각하고 행동한다.
② 언제나 보안경을 쓴다.
③ 경미한 부상도 치료를 받는다.
④ 가죽으로 된 안전화를 신는다.

해설 부유 분진 또는 비래, 비말 물질로부터, 또한 유해 광선으로부터 눈을 보호하기 위한 방진 안경, 차광안경이 있으나 언제나 쓰는 것은 아니다.

14. 채광에 대한 다음 설명 중 옳지 않은 것은 어느 것인가?

① 채광에는 창의 모양이 가로로 넓은 것보다 세로로 긴 것이 좋다.
② 지붕창은 환기에는 좋으나 채광에는 좋지 않다.
③ 북향의 창은 직사 일광은 들어오지 않으나 연중 평균 밝기를 얻는다.
④ 자연 채광은 인공조명보다 평균 밝기의 유지가 어렵다.

해설 지붕창이 보통창보다 3배의 채광 효과가 있다.

15. 다음 중 조명 방법에 해당되지 않는 것은?

① 국부 조명
② 직접 조명
③ 근접 조명
④ 전반 확산 조명

해설 ②, ③, ④ 이외에도 반직접 조명, 간접 조명, 반간접 조명 등이 있다.

16. 조명 장치 설계 시 고려하여야 할 요소가 아닌 것은?

① 가급적 많은 광도
② 광원이나 작업 표면의 광도
③ 손놀림에 적당한 광도
④ 과업에 대해 균일한 광도

해설 작업에 따라 알맞은 광도가 좋다.

17. 우리나라 산업 안전 보건법상의 조명 기준에 맞지 않는 것은?

① 초정밀 작업 : 750 Lux 이상
② 정밀작업 : 200 Lux 이상
③ 보통작업 : 150 Lux 작업
④ 기타작업 : 75 Lux 이상

해설 정밀작업 : 300 Lux 이상

정답 10. ③ 11. ① 12. ④ 13. ② 14. ② 15. ① 16. ① 17. ②

18. 색을 식별하는 작업장의 조명색으로 가장 적절한 것은?

① 황색 ② 황적색
③ 황녹색 ④ 주광색

해설 물건을 정확하게 보기 위해서는 ①, ②, ③의 광원색이 좋으나, 색의 식별은 주광색(晝光色)이 좋다.

19. 다음 중 재해발생 빈도가 가장 낮은 온도는?

① 10 ~ 12℃ ② 14 ~ 17℃
③ 18 ~ 22℃ ④ 23 ~ 26℃

20. 감각 온도(ET)를 결정하는 요소가 아닌 것은?

① 기온 ② 습도
③ 기압 ④ 기류

해설 감각 온도는 기압과 직접 관련이 없다.

21. 체열의 방산에 영향을 주는 4가지 외적 조건이 아닌 것은?

① 기온 ② 습도
③ 채광 ④ 기류

해설 온열 조건 : 기온, 습도, 기류, 복사열

22. 보호구의 사용을 기피하는 이유에 해당되지 않는 것은?

① 위생품
② 이해 부족
③ 지급 기피
④ 사용방법 미숙

해설 비위생적이거나 불량품인 경우에도 사용을 기피하게 된다.

23. 다음 중 검정 대상 보호구가 아닌 것은 어느 것인가?

① 안전대 ② 안전모
③ 산소 마스크 ④ 안전화

해설 검정 대상 보호구 : 안전대, 안전모, 방진 마스크, 안전화, 귀마개, 보안경, 보안면, 안전 장갑, 방독 마스크

24. 안전모를 쓸 때 모자와 머리끝 부분과의 간격은 몇 mm 이상이 되도록 조절해야 하는가?

① 20 ② 22
③ 25 ④ 30

해설 모체와 정부의 접촉으로 인한 충격 전달을 예방하기 위하여 안전 공극이 25 mm 이상이 되도록 조절하여 쓴다.

25. 다음 중 안전 보호구가 아닌 것은?

① 안전대 ② 안전모
③ 안전화 ④ 보호의

해설 보호의는 위생 보호구이다.

26. 다음 중 보호구의 선택 시 유의 사항이 아닌 것은?

① 사용 목적에 알맞은 보호구를 선택한다.
② 검정에 합격된 것이면 좋다.
③ 작업 행동에 방해되지 않는 것을 선택한다.
④ 착용이 용이하고 크기 등 사용자에게 편리한 것을 선택한다.

해설 KS나 검정에 합격되었다 하여도 전수 검사를 받은 것이 아니고, 또한 제품의 변질을 고려하여 선택 시 보호 성능이 보장된 것을 선택한다.

정답 18. ④ 19. ③ 20. ③ 21. ③ 22. ① 23. ③ 24. ③ 25. ④ 26. ②

27. 다음 중 안전대의 규격 기준에 맞는 것은? (ILO 기준)

① 폭 10 cm, 두께 5 mm, 파단강도 1100 kg
② 폭 11 cm, 두께 6 mm, 파단강도 1150 kg
③ 폭 12 cm, 두께 6 mm, 파단강도 1200 kg
④ 폭 12 cm, 두께 6 mm, 파단강도 1150 kg

해설 ④의 규격에 맞아야 하고, 끈은 상질의 마닐라 로프 또는 동등 이상의 강도를 지닌 재료로서 1150 kg의 최대 파단강도를 지녀야 한다.

28. 고소작업 시 추락 방지를 위한 구명줄 사용상의 안전 수칙이 아닌 것은?

① 구명줄의 설치를 확실히 한다.
② 한번 큰 낙하 충격을 받은 구명줄은 사용하지 않는다.
③ 구명줄은 낙하 거리가 2.5 m 이상이 되지 않게 한다.
④ 끊어지기 쉬운 예리한 모서리에 접촉을 피한다.

해설 구명줄은 낙하 거리가 2 m 이상이 되지 않게 한다.

29. 안전대용 로프의 구비조건에 맞지 않는 것은 어느 것인가?

① 부드럽고 되도록 매끄럽지 않을 것
② 충분한 강도를 가질 것
③ 완충성이 높을 것
④ 마모성이 클 것

해설 내마모성이 크고, 습기나 약품에 잘 견디며 내열성도 높아야 한다.

30. 안전대 사용 시 주의사항을 설명한 것 중 옳지 않은 것은?

① 훅을 D고리에 걸 때 확실히 걸렸는가 확인한다.
② 사용 전에 점검을 철저히 한다.
③ 로프는 작업 전보다 높게 매달아 사용한다.
④ 소가죽제 벨트는 강도가 크므로 안전하다.

해설 소가죽은 가죽 부위에 따라 강도 차이가 크므로 특별한 주의를 요한다.

31. 안전화의 가죽 손상을 방지하기 위한 주의사항이 아닌 것은?

① 탄닌 무두질 가죽에는 산화철의 접촉을 피한다.
② 가성소다 함유 절삭유 등이 묻지 않도록 한다.
③ 땀에 젖은 안전화는 즉시 말린다.
④ 젖은 안전화는 양지 바른 곳에서 말린 후 구두약칠을 해 둔다.

해설 땀속의 염분과 황산 등의 영향으로 가죽은 악영향을 받으므로 즉시 그늘에서 말리고 완전히 마르기 전에 구두약을 칠해 둔다.

32. 다음은 귀마개의 재질 조건을 설명한 것이다. 잘못 설명한 것은?

① 내습, 내열, 내한, 내유성을 가진 것이어야 한다.
② 피부에 유해한 영향을 주지 말아야 한다.
③ 적당한 세정이나 소독에 견디는 것이어야 한다.
④ 세기나 탄력성 없이 꼭 끼는 것이어야 한다.

해설 귀에 압박감을 주어서는 안 된다.

정답 27. ④ 28. ③ 29. ④ 30. ④ 31. ④ 32. ④

Chapter 07

운영 안전관리

7-1 분야별 안전관리

1 고압가스 안전관리법에 의한 냉동기 관리

(1) 냉동능력 합산기준

① 냉매가스가 배관에 의하여 공통으로 되어 있는 냉동설비
② 냉매 계통을 달리하는 2개 이상의 설비가 1개의 규격품으로 인정되는 설비 내에 조립되어 있는 것 (유닛형의 것)
③ 2원(元) 이상의 냉동방식에 의한 냉동설비
④ 모터 등 압축기의 동력설비를 공통으로 하고 있는 냉동설비
⑤ brine을 공통으로 하고 있는 둘 이상의 냉동설비 (brine 중 물과 공기는 포함하지 않는다.)

(2) 누설된 냉매가스가 체류하지 않는 구조

① 시설기준
(가) 당해 기계실에는 냉동능력/톤당 0.05 m^2의 비율로 계산한 면적의 통풍구 (창 또는 문)를 설치하도록 하고, 그 통풍구는 직접 외기에 접하도록 한다.
(나) 당해 냉동설비의 냉동능력에 대한 통풍구를 갖지 아니한 경우에는 그 부족한 통풍구 면적분에 대하여 냉동능력 1톤당 2 m^3/min 이상의 환기능력을 갖는 기계적 통풍장치를 설치하여야 한다.
② 다음의 경우 기계적인 강제 통풍장치를 설치한다.
(가) 지하실 등 통풍구부의 외측이 직접 외기와 통하고 있지 않는 경우
(나) 해풍 등에 의한 바람이 불었을 때 통풍구로부터 역풍이 예상되는 경우 등과 같이 환기가 충분하지 않거나 부적합한 경우는 기계적 환기장치를 설치할 것

㈐ 개구부의 외측 주변에 타 건물의 통풍구가 있거나 왕래가 빈번한 도로 등이 있어 누설된 가스의 배출이 적합하지 않은 경우
㈑ 통풍구의 외측 주변 가까운 곳에 건물 등이 있는 경우
㈒ 넓은 건물 내의 중간에 냉동시설이 설치되어 있는 경우 등으로 작업장으로 누설된 가스가 확산될 우려가 있는 경우

(3) 냉매설비와 화기설비의 이격거리 기준

① 화기설비의 종류

화기설비의 종류	기준화력
제1종 화기설비	• 전열면적이 14 m^2를 초과하는 온수 보일러 • 정격열출력이 500000 kcal/h를 초과하는 화기설비
제2종 화기설비	• 전열면적이 8 m^2를 초과하는 온수 보일러 • 정격열출력이 300000 kcal/h 초과 500000 kcal/h 이하인 화기설비
제3종 화기설비	• 전열면적이 8 m^2를 초과하는 온수 보일러 • 정격열출력이 300000 kcal/h 이하인 화기설비

② 냉매가스, 흡수용액 또는 2차 냉매(이하 "냉매가스 등"이라 한다.)가 가연성가스인 경우

화기설비의 종류	조건	이격거리(m)	
		당해 냉매설비의 냉동능력이 20톤 이상인 경우	당해 냉매설비의 냉동능력이 20톤 미만인 경우
제1종 화기설비 제2종 화기설비 제3종 화기설비	내화방열벽을 설치하지 아니한 경우	8	4
	내화방열벽을 설치한 경우	4	2
그 밖의 발열기구	내화방열벽을 설치하지 아니한 경우	8	2
	내화방열벽을 설치한 경우	4	1

[비고] 1. 내화방열벽은 다음의 기준에 따른다.
- 다음에 열거한 것 중 1에 해당하는 구조일 것
  - 두께 1.5 mm 이상의 강판
  - 가로, 세로 20 mm 이상인 강재골조 양면에 두께 0.6 mm 이상의 강판을 용접할 패널 구조
  - 두께 10 mm 이상인 경질의 불연재료로 강도가 큰 구조
- 내화방열벽의 냉매설비를 화기로부터 충분히 격리할 수 있는 높이 및 너비일 것
- 내화방열벽에 출입문을 설치하는 경우에는 방화구조의 것으로 자동폐쇄식 문일 것

2. 그 밖의 발연기구란 스토브 등 표면온도가 400℃ 이상인 발연체를 말한다.

③ 냉매가스 등이 불연성가스인 경우

화기설비의 종류	조건	이격거리(m)	
		당해 냉매설비의 냉동능력이 20톤 이상인 경우	당해 냉매설비의 냉동능력이 20톤 미만인 경우
제1종 화기설비	내화방열벽을 설치하지 아니한 경우	5	1.5
	내화방열벽을 설치한 경우 또는 온도과상승 방지조치를 한 경우	2	0.8
제2종 화기설비	내화방열벽을 설치하지 아니한 경우	4	1
	내화방열벽을 설치한 경우 또는 온도과상승 방지조치를 한 경우	2	0.5
제3종 화기설비	내화방열벽을 설치하지 아니한 경우	1	–

[비고] 온도과상승 방지조치란 내구성이 있는 불연재료로 간극 없이 피복함으로써 화기의 영향을 감소시켜 그 표면의 온도가 화기가 없는 경우의 온도보다 10℃ 이상 상승하지 아니하도록 하는 조치이다.

2 기계설비법

(1) 다음의 경우에는 방류둑을 설치한 것으로 본다.

① 저장탱크 등의 저부가 지하에 있고 주위가 피트선 구조로 되어 있는 것으로서 그 용량이 규정된 용량 이상인 것(빗물의 고임 등으로 인하여 용량이 감소되지 아니하는 것에 한한다.)이어야 한다.

② 지하에 묻은 저장탱크 등으로서 그 저장탱크 내의 액화가스가 전부 유출된 경우에 그 액면이 지면보다 낮도록 된 구조로 한다.

③ 저장탱크 등의 주위에 충분한 안전용 공지를 확보한 경우에는 저장탱크 등으로부터 유출된 액화가스가 체류하지 아니하도록 지면을 경사시킨 안전한 유도구에 의해 유출한 액화가스를 유도해서 고이도록 구축한 피트상의 구조물(피트상 구조물에 체류된 액화가스를 펌프 등의 이송설비에 의하여 안전한 위치에 이송할 수 있는 조치를 강구한 것에 한한다.)이어야 한다.

④ 동 법의 적용을 받는 시설에 설치된 2중 구조의 저장탱크 등으로서 외조가 내조의 상용온도에서 동등 이상의 내압 강도를 가지고 있고, 외피와 내피 사이의 가스를 흡인하여 누출된 가스를 검지할 수 있는 것으로서 긴급차단장치를 내장한 것이어야 한다.

(2) 수액기의 방류둑 용량

① 방류둑의 용량은 당해 방류둑 내에 설치된 수액기 내용적의 90% 이상의 용적(저장능력 상당용적)일 것. 이 경우 암모니아에 있어서는 그 압력이 다음 표의 위 칸의 압력구분에 해당하는 것에는 수액기 내의 압력구분에 따라서 기화하는 액화냉매가스의 용적을 감하여 산출한 용적(저장능력 상당용적에 다음 표에서 기재한 수액기 내의 압력에 대한 비율을 곱하여 얻는 용적으로 한다.)으로 할 수 있다. 다만, 당해 수액기 내의 압력의 수치에 폭이 있는 경우는 다음 표 중 낮은 쪽의 압력구분에 대한 수치로 한다.

수액기 내의 압력(kg/cm^2)	7.0 이상 21.0 미만	21.0 이상
압력에 따른 비율(%)	90	80

② 2기 이상의 수액기가 동일 방류둑 내에 설치된 경우의 용량은 당해 수액기 중 내용적이 최대인 내용적에 다른 수액기의 내용적 합계의 10%를 더한 것으로 할 수 있다. 이 경우 동일 방류둑 내에 설치된 수액기의 내용적 합계에 대하여 하나의 수액기의 내용적 비율을 곱하여 얻은 용량에 따라 수액기 마다 칸막이를 설치한다. 그리고 칸막이의 높이는 방류둑 본체의 높이보다 10 cm 낮게 한다.

(3) 방류둑의 구조

① 방류둑의 재료는 철근콘크리트, 철골·철근콘크리트, 금속, 흙 또는 이들을 혼합하여야 한다.

② 철근콘크리트, 철골·철근콘크리트는 수밀성 콘크리트를 사용하고 균열발생을 방지하도록 배근, 리베팅이음, 신축이음 및 신축이음의 간격, 배치 등을 정하여야 한다.

③ 금속은 당해 가스에 침식되지 아니하는 것 또는 부식 방지·녹 방지 조치를 강구한 것이어야 하고, 대기압 하에서 액화가스의 기화 온도에 충분히 견디는 것이어야 한다.

④ 성토는 수평에 대하여 45° 이하의 기울기로 하여 쉽게 허물어지지 아니하도록 충분히 다져 쌓고, 강우 등에 의하여 유실되지 아니하도록 그 표면에 콘크리트 등으로 보호하고, 성토 윗 부분의 폭은 30 cm 이상으로 하여야 한다.

⑤ 방류둑은 액밀한 것이어야 한다.

⑥ 독성가스 저장탱크 등에 대한 방류둑의 높이는 방류둑 내의 저장탱크 등의 안전거리 및 방재 활동에 지장이 없는 범위에서 방류둑 내에 체류한 액의 표면적이 될 수 있는 한 적게 되도록 하여야 한다.

⑦ 방류둑은 그 높이에 상당하는 당해 액화가스의 액두압에 견딜 수 있는 것이어야 한다.

⑧ 방류둑에는 계단, 사다리 또는 토사를 높이 쌓아 올림 등에 의한 출입구를 둘레 50 m마다 1개 이상씩 두되, 그 둘레가 50 m 미만일 경우에는 2개 이상을 분산하여 설치하여야 한다.

⑨ 배관관통부는 내진성을 고려하여 틈새로부터의 누출 방지 및 부식 방지를 위한 조치를 하여야 한다.

⑩ 방류둑 내에 고인 물을 외부로 배출할 수 있는 조치를 하여야 한다. 이 경우 배수 조치는 방류둑 밖에서 배수 및 차단조작을 할 수 있어야 하며, 배수할 때 이외에는 반드시 닫혀 있도록 하여야 한다.

⑪ 집합 방류둑 내에는 가연성가스 또는 조연성가스 또는 가연성가스와 독성가스의 저장탱크를 혼합하여 배치하지 아니할 것. 다만, 가스가 가연성가스이고 또한 독성가스인 것으로서 집합 방류둑 내에 동일한 가스의 저장탱크가 있을 경우에는 그러하지 아니한다.

⑫ 저장탱크 등을 건축물 내에 설치한 경우에 있어서는 그 건축물 구조가 방류둑의 기능도 갖도록 하는 구조로 하여 유출된 가스가 건축물 외부로 흘러나가지 않는 구조로 하여야 한다.

3 산업안전보건법

(1) 제독제의 보유량

제독제는 독성가스의 종류에 따라 다음 표 중 적합한 흡수·중화제 1가지 이상의 것 또는 이와 동등 이상의 제독효과가 있는 것으로서 다음 보유량의 수량(용기 보관실에는 그의 1/2로 하고, 가성소다수용액 또는 탄산소다수용액은 가성소다 또는 탄산소다를 100 %로 환산한 수량을 표시한다.) 이상 보유하여야 한다.

제독제의 보유량

가스별	제독제	보유량
염소	가성소다수용액	670 kg (저장탱크 등이 2개 이상 있을 경우 저장탱크에 관계되는 저장탱크의 수의 제곱근의 수치. 그 밖의 제조설비와 관계되는 저장설비 및 처리설비 [내용적이 5 m^3 이상의 것에 한 한다.] 수의 제곱근의 수치를 곱하여 얻은 수량. 이하 염소에 있어서는 탄산소다수용액 및 소석회에 대하여도 같다.)
	탄산소다수용액	870 kg
	소석회	620 kg

황화수소	가성소다수용액	390 kg
	소석회	360 kg
	가성소다수용액	1140 kg
	탄산소다수용액	1500 kg
시안화수소	가성소다수용액	250 kg
아황산수소	가성소다수용액	530 kg
	탄산소다수용액	700 kg
	물	다량
암모니아, 산화에틸렌, 염화메탄	물	다량

(2) 보호구의 종류와 수량

독성가스의 종류에 따라 다음의 것 및 그 밖에 필요한 보호구를 구비할 것. 이 경우 ① 또는 ④의 보호구는 긴급작업에 종사하는 작업원에 적절한 예비 개수를 더한 수 또는 상시 작업에 종사하는 작업원 10인당 3개의 비율로 계산한 개수(2 개수가 3개 미만인 경우 3개로 한다.) 중 많은 개수 이상을 구비하여야 하며, ①의 보호구를 상시작업에 종사하는 작업원 수에 상당하는 개수를 갖춘 경우에는 ②의 보호구를 구비하지 아니하는 것으로 한다. 그리고 ② 또는 ③의 보호구는 독성가스를 취급하는 전 종업원 수의 수량을 구비한다.

① 공기 호흡기 또는 송기식 마스크(전면형)
② 격리식 방독 마스크(농도에 따라 전면 고농도형, 중농도형, 저농도형 등)
③ 보호장갑 및 보호장화(고무 또는 비닐제품)
④ 보호복(고무 또는 비닐제품)

(3) 보호구의 보관 및 장착훈련

① 보관장소 : 독성가스가 누출할 우려가 있는 장소에 가까우면서 관리하기가 쉽고 긴급 시 독성가스에 접하지 아니하고 반출할 수 있는 장소에 보관하여야 한다.
② 보관방법 : 항상 청결하고 그 기능이 양호한 상태로 보관하여야 하며 정화통 등의 소모품은 정기적 또는 사용 후에 점검하고, 교환 및 보충하여야 한다.
③ 장착훈련 : 작업원에게 3개월마다 1회 이상 사용훈련을 실시하고 사용방법을 숙지시켜야 한다.
④ 기록의 보관 : 보호구의 점검 및 변동사항 또는 보호구의 장착훈련 실적을 기록·보존하여야 한다.

(4) NH_3 상해에 의한 구급법

① 피부에 묻었을 때 : 물로 깨끗이 닦은 후 피크린산 용액을 바른다.
② 눈에 들어갔을 때 : 2% 붕산액을 점안 후 청결한 물로 15분 이상 세안한다.
③ NH_3 가스에 질식한 사람은 안전한 곳으로 이동시켜 몸을 따뜻하게 하고 안정시킨 뒤 식초와 올리브유를 같은 양으로 혼합한 것을 마시게 한다.

(5) 프레온(freon) 상해에 의한 구급법

약한 붕산수 또는 2% 식염수로 눈이나 피부를 씻는다.

7-2 관련법규 파악

1 냉동공조설비 유지

다음의 조건을 갖추고 있는 장치는 자동제어장치를 구비한 것으로 한다.

① 압축기의 고압측 압력이 상용압력을 초과할 때 압축기의 운전을 정지하는 장치를 고압차단장치라 한다.
② 개방형 압축기인 경우는 저압측 압력이 상용압력보다 이상 저하할 때 압축기의 운전을 정지하는 장치를 저압차단장치라 한다.
③ 강제윤활장치를 갖는 개방형 압축기인 경우는 윤활유 압력이 운전에 지장을 주는 상태에 이르는 압력까지 저하할 때 압축기를 정지하는 장치. 다만, 작용하는 유압이 $1\,kg/cm^2$ 이하의 경우는 생략할 수 있다.
④ 압축기를 구동하는 동력장치의 과부하 보호장치
⑤ 쉘형 액체 냉각기인 경우는 액체의 동결방지장치
⑥ 수랭식 응축기인 경우는 냉각수 단수 보호장치(냉각수 펌프가 운전되지 않으면 압축기가 운전되지 않도록 하는 기계적 또는 전기적 연동기구를 갖는 장치를 포함한다.)
⑦ 공랭식 응축기 및 증발식 응축기인 경우는 당해 응축기용 송풍기가 운전되지 않는 한 압축기가 운전되지 않도록 하는 연동기구. 다만, 응축온도 제어기구를 갖는 경우에는 당해 장치가 상용압력 이하의 상태를 유지하는 범위 내에서 연동기구를 해제하는 기구인 것은 그러하지 아니한다.
⑧ 난방용 전열기를 내장한 에어컨 또는 이와 유사한 전열기를 내장한 냉동설비에서의 과열방지장치

2 공조냉동설비 관련 법규

(1) 압력계

① 내동능력 20 ton 이상의 냉동설비의 압력계는 다음 각 호의 기준에 의하여 부착할 것

(가) 냉매설비에는 압축기의 토출압력 및 흡입압력을 표시하는 압력계를 보기 쉬운 위치에 부착할 것

(나) 압축기가 강제윤활 방식인 경우에는 윤활유 압력을 표시하는 압력계를 부착할 것. 다만, 윤활유 압력에 대한 보호장치가 있는 경우에는 그러하지 아니하다.

(다) 발생기에는 냉매가스의 압력을 표시하는 압력계를 부착할 것

② 압력계는 다음 각 호의 기준에 적합한 것일 것

(가) 압력계는 KS B 5305 (부르동관 압력계) 또는 이와 동등 이상의 성능을 갖는 것을 사용하고, 냉매가스, 흡수용액 및 윤활유의 화학작용에 견디는 것일 것

(나) 압력계 눈금판의 최고눈금 수치는 당해 압력계의 설치 장소에 따른 시설의 기밀시험 압력 이상이고, 그 압력의 2배 이하 (다만, 정밀한 측정 범위를 갖춘 압력계에 대하여는 그러하지 아니하다.)일 것. 또한 진공부의 눈금이 있는 경우에는 그 최저 눈금이 76 cmHg일 것

(다) 이동식 냉동설비에 사용하는 압력계는 진동에 견디는 것일 것

(라) 압력계는 현저한 맥동, 진동 등에 의하여 눈금을 읽는데 지장이 발생하지 아니하도록 부착할 것

(2) 냉동장치의 각종 시험

① 내압시험 : 압축기 압력용기 등과 같이 냉동장치의 각종 기기의 강도를 확인하기 위하여 액체 (물 또는 기름)로 가압하는 것이다.

② 기밀시험 : 압축기, 압력용기 등과 같이 냉동장치의 각종 기기의 제작 시 접합부 주위의 누설유무를 판단하기 위하여 기체압력 (공기, CO_2, N_2 등)으로 설치한다.

③ 누설시험 : 냉매 배관공사가 완료된 후 배관 연결부 및 기기와 접속부 등의 전 계통에 걸쳐 완전한 기밀을 유지하기 위한 시험으로 기체압력 (공기, CO_2, N_2 등)으로 실시한다.

④ 진공시험 : 냉매배관 연결부의 강도와 공기 유입 여부를 시험하고 장치 내부의 불순물을 배출하며 진공건조시킨다.

⑤ 냉매충전 : 진공건조 후 적정량의 냉매를 충전한다.

⑥ 냉각시험 : 냉동장치의 각종 상태를 확인하고, 냉각기가 정상적으로 규정온도를 얻을 수 있는지 확인한다.

⑦ 보랭시험 : 규정된 온도로 낮추어진 냉장실 방열벽의 보랭상태를 점검한다.

⑧ 방열시공 : 저온배관부 및 액관의 외부 열량 침입우려가 있는 부분의 단열과 부식 방지 처리를 한다.

⑨ 시운전 : 일정 부하가 있는 장치에 냉동장치의 각종 기기를 정상적으로 운전할 수 있는지를 점검한다.

⑩ 해방시험 : 운전하기 전에 각종 시험으로 인하여 마모된 부위 및 압축기의 전반적인 상태를 점검하여 정비한다.

⑪ 정상운전

제7장 예상문제

1. 방류둑에 대한 설명으로 옳은 것은?

① 기화 가스가 누설된 경우 저장 탱크 주위에서 다른 곳으로의 유출을 방지한다.
② 지하 저장 탱크 내의 액화 가스가 전부 유출되어도 액면이 지면보다 낮을 경우에는 방류둑을 설치하지 않을 수도 있다.
③ 저장 탱크 주위에 충분한 안전용 공지가 확보되고 유도구가 있는 경우에 방류둑을 설치한다.
④ 비 독성가스를 저장하는 저장 탱크 주위에는 방류둑을 설치하지 않아도 무방하다.

해설 지하 저장 탱크의 액이 전부 유출되어도 액면이 지면보다 낮으면 방류둑을 설치할 필요가 없다.

2. 냉동장치에서 안전상 운전 중에 점검해야 할 중요 사항에 해당되지 않는 것은?

① 흡입압력과 온도
② 유압과 유온
③ 냉각수량과 수온
④ 전동기의 회전방향

해설 전동기의 회전방향은 설치 시에 점검한다.

3. 독성 가스의 제독작업에 필요한 보호구가 아닌 것은?

① 안전화 및 귀마개
② 공기호흡기 또는 송기식 마스크
③ 보호 장화 및 보호 장갑
④ 보호복 및 격리식 방독 마스크

4. 냉동제조의 시설 및 기술기준으로 적당하지 않은 것은?

① 냉동제조설비 중 특정설비는 검사에 합격한 것일 것
② 냉동제조시설 중 냉매설비에는 자동제어 장치를 설치할 것
③ 제조설비는 진동, 충격, 부식 등으로 냉매가스가 누설되지 아니할 것
④ 압축기 최종단에 설치한 안전장치는 2년에 1회 이상 작동시험을 할 것

해설 압축기를 설치한 안전밸브는 1년에 1회 이상 시험한다.

5. 냉동제조시설에 설치된 밸브 등을 조작하는 장소의 조도는 몇 Lux 이상인가?

① 10 ② 50
③ 150 ④ 200

해설 ㉠ 기타작업 : 75 Lux
㉡ 보통작업 : 150 Lux
㉢ 정밀작업 : 300 Lux
㉣ 초정밀 작업 : 750 Lux

6. 독성가스를 냉매로 사용할 때 수액기 내용적이 몇 L 이상이면 방류둑을 설치하는가?

① 4000 ② 6000
③ 8000 ④ 10000

해설 독성가스 방류둑은 내용적 10000 L 이상, 저장 능력 5000 kg 이상일 때 설치한다.

7. 고압가스가 충전되어 있는 용기는 몇 ℃ 이하에서 보관해야 하는가?

① 40 ② 45
③ 50 ④ 55

해설 고압가스가 충전되어 있는 용기는 40℃ 이하의 용기 보관실에 저장한다.

정답 1. ② 2. ④ 3. ① 4. ④ 5. ③ 6. ④ 7. ①

8. 냉동기 제조의 시설기준 중 갖추어야 할 설비가 아닌 것은?

① 프레스설비 ② 용접설비
③ 제관설비 ④ 누출방지설비

9. 암모니아 가스의 제독제로 올바른 것은?

① 물 ② 가성소다
③ 탄산소다 ④ 소석회

해설 암모니아는 물에 약 800～900배 용해된다.

10. 제독작업에 필요한 보호구의 종류와 수량을 바르게 설명한 것은?

① 보호복은 독성가스를 취급하는 전 종업원 수의 수량을 구비할 것
② 보호 장갑 및 보호 장화는 긴급작업에 종사하는 작업원 수의 수량만큼 구비할 것
③ 소화기는 긴급작업에 종사하는 작업원 수의 수량을 구비할 것
④ 격리식 방독 마스크는 독성가스를 취급하는 전 종업원의 수량만큼 구비할 것

11. 다음 가연성 또는 독성가스를 냉매로 사용하는 냉매설비의 통풍구로서 적당한 것은?

① 냉동능력 1 ton당 0.05 m^2 이상 면적의 통풍구
② 냉동능력 1 ton당 0.5 m^2 이상 면적의 통풍구
③ 냉동능력 1 ton당 1 m^2 이상 면적의 통풍구
④ 냉동능력 1 ton당 1.2 m^2 이상 면적의 통풍구

해설 냉동능력 1 ton당 통풍구 면적 0.05 m^2 이상, 환기능력 2 m^3/min 이상일 것

12. 헬라이드 토치의 연료로 적합하지 않은 것은?

① 부탄 ② 알코올
③ 프로판 ④ 아세틸렌

13. 암모니아 냉동장치 중 냉매를 모을 수 있는 수액기의 보편적 크기는 다음 중 어느 것인가?

① 순환 냉매량 전량
② 순환 냉매량의 1/2
③ 순환 냉매량의 1/3
④ 순환 냉매량의 1/4

해설 ㉠ 대형장치는 순환하는 최저 냉매 순환량의 1/2 이상 저장능력일 것
㉡ 소형장치는 장치 내부의 전냉매를 저장하는 능력일 것

14. NH_3의 누설검사와 관계 없는 것은?

① 붉은 리트머스 시험지를 물에 적셔 누설 개소에 대면 청색으로 변한다.
② 유황초에 불을 붙여 누설 개소에 대면 백색 연기가 발생한다.
③ 브라인에 NH_3 누설 시에는 네슬러 시약을 사용하면 다량 누설 시 자색으로 변한다.
④ 페놀프탈렌지를 물에 적셔 누설 개소에 대면 청색으로 변한다.

해설 페놀프탈렌지는 NH_3와 접촉하면 홍색으로 변한다.

15. R-12를 사용하는 밀폐식 냉동기의 전동기가 타서 냉매가 수백 도의 고온에 노출되었을 경우 발생하는 유독 기체는?

① 일산화탄소 ② 사염화탄소
③ 포스겐 ④ 염소

정답 8. ④ 9. ① 10. ④ 11. ① 12. ① 13. ② 14. ④ 15. ③

해설 프레온 냉매는 600℃ 이상일 때 유독성 가스를 발생하고, R-12 냉매에서 제일 많이 발생되는 가스는 포스겐 ($COCl_2$)이다.

16. 프레온 냉매의 누설검사 방법 중 헬라이드 토치를 이용하여 누설검지를 하였다. 헬라이드 토치의 불꽃색이 녹색이면 어떤 상태인가?

① 정상이다.
② 소량 누설되고 있다.
③ 다량 누설되고 있다.
④ 누설 양에 상관없이 항상 녹색이다.

해설 헬라이드 불꽃색은 소량 누설 시 녹색이고, 다량 누설하면 꺼진다.

17. 냉동장치 내압시험의 설명으로 적당한 것은?

① 물을 사용한다.
② 공기를 사용한다.
③ 질소를 사용한다.
④ 산소를 사용한다.

해설 내압시험은 물 또는 오일과 같은 액체압력으로 주 기기 및 부속 또는 보조 기기의 강도를 시험한다.

18. 다음 중 냉동기 토출압력의 이상 상승 시 제일 먼저 작동되는 안전장치는?

① 안전두 스프링
② 저압차단 스위치
③ 고압차단 스위치
④ 유압차단 스위치

해설 안전두는 내장형 안전밸브로서 작동압력이 정상고압 $+2 \sim 3\ kg/cm^2$이고, 고압차단 스위치는 정상고압 $+3 \sim 4\ kg/cm^2$이다.

19. 수액기를 설치할 때 2개의 수액기 지름이 서로 다른 경우 어떻게 설치해야 안정성이 있는가?

① 상단을 일치시킨다.
② 하단을 일치시킨다.
③ 중단을 일치시킨다
④ 어느 쪽이든 관계없다.

해설 지름이 다른 수액기를 병렬로 2개 설치할 때 상단을 일치시킨다.

20. 암모니아 누설 검지법이 아닌 것은?

① 유황초 사용
② 리트머스 시험지 사용
③ 네슬러 시약 사용
④ 헤라이드 토치 사용

해설 헤라이드 토치는 프레온 누설 검지용으로 누설 시에 불꽃은 녹색으로 변색된다.

정답 16. ② 17. ① 18. ① 19. ① 20. ④

공조냉동기계기사

4 과목

유지보수 공사관리

Chapter 01

배관재료 및 공작

1-1 배관재료

1 관의 종류와 용도

(1) 강관의 규격표시

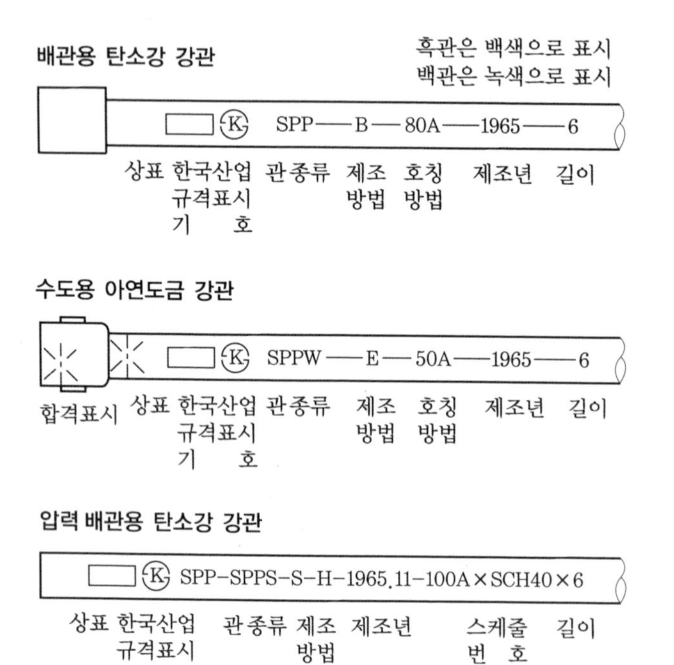

(2) 스케줄 번호(SCH)

$$\mathrm{SCH} = 10 \times \frac{P}{S}$$

여기서, P : 사용압력 ($\mathrm{kg/cm^2}$)

S : 허용응력 ($\mathrm{kg/mm^2}$: 인장강도/안전율)

$$t=\left(\frac{PD}{175\sigma_w}\right)+2.54$$

여기서, t : 관의 살두께 (mm)

σ_w : 허용 인장응력 (kg/mm^2)

P : 사용압력 (kg/cm^2)

D : 관의 바깥지름 (mm)

(3) 강관의 종류와 용도

종류		규격 기호 (KS)	주요 용도와 기타 사항
배관용	배관용 탄소강 강관	SPP	사용압력이 비교적 낮은 (10 kg/cm^2 이하) 증기, 물, 기름, 가스 및 공기 등의 배관용으로서 흑관과 백관이 있으며, 호칭지름 6 ~ 500 A이다.
	압력 배관용 탄소강 강관	SPPS	350℃ 이하의 온도에서 압력이 10 ~ 100 kg/cm^{2}까지의 배관에 사용한다. 호칭은 호칭지름과 두께 (스케줄 번호)에 의한다. 호칭지름 6 ~ 500 A이다.
	고압 배관용 탄소강 강관	SPPH	350℃ 이하의 온도에서 압력 100 kg/cm^2 이상의 배관에 사용한다. 호칭은 SPPS 관과 동일하며, 호칭지름 6 ~ 500 A이다.
	고온 배관용 탄소강 강관	SPHT	350℃ 이상의 온도에서 사용하는 배관용이다. 호칭은 SPPS 관과 동일하며, 호칭지름 6 ~ 500 A이다.
	배관용 합금 강관	SPA	주로 고온도의 배관에 사용한다. 두께는 스케줄 번호에 따르며, 호칭지름 6 ~ 500 A이다.
	배관용 스테인리스 강관	STS×TP	내식용, 내열용 및 고온 배관용 저온 배관용에 사용한다. 두께는 스케줄 번호에 따르며, 호칭지름 6 ~ 300 A이다.
	저온 배관용 강관	SPLT	빙점 이하의 특히 저온도 배관에 사용한다. 두께는 스케줄 번호에 따르며, 호칭지름 6 ~ 500 A이다.
수도용	수도용 아연도금 강관	SPPW	SPP 관에 아연도금을 실시한 관으로 정수두 100 m 이하의 수도에서 주로 급수 배관에 사용한다. 호칭지름 6 ~ 500 A이다.
	수도용 도복장 강관	STPW	SPP 관 또는 아크 용접 탄소강 강관에 피복한 관으로 정수두 100 m 이하의 수도용에 사용한다. 호칭지름 80 ~ 1500 A이다.

열전달용	보일러 열교환기용 탄소강 강관	STH	관의 내외에서 열의 교환을 목적으로 하는 곳에 사용한다. 보일러의 수관, 연관, 과열관, 공기 예열관, 화학공업이나 석유공업의 열교환기, 콘덴서관, 촉매관, 가열로관 등에 사용한다. 관지름 15.9~139.8 mm, 두께 1.2~12.5 m이다.
	보일러 열교환기용 합금 강관	STHA	
	보일러 열교환기용 스테인리스 강관	STS×TB	
	저온 열교환기용 강관	STLT	빙점 이하의 특히 낮은 온도에 있어서 열교환을 목적으로 하는 관, 열교환기관, 증발기 코일관에 사용한다.
구조용	일반 구조용 탄소강 강관	SPS	토목, 건축, 철탑, 발판, 지주, 비계, 말뚝, 기타의 구조물에 사용한다. 관지름 21.7~1016 mm, 관두께 1.9~16.0 mm이다.
	기계 구조용 탄소강 강관	STM	기계, 항공기, 자동차, 자전거, 가구, 기구 등의 기계 부품에 사용한다.
	구조용 합금 강관	STA	항공기, 자동차, 기타의 구조물에 사용한다.

(4) 주철관 (cast iron pipe)

급수관, 배수관, 통기관, 케이블 매설관, 오수관 등에 사용되며, 일반 주철관, 고급 주철관, 구상 흑연 주철관 등이 있다.

> **참고** 1. **고급 주철관**: 흑연의 함량을 적게 하고 강성을 첨가하여 금속 조직을 개선하며, 기계적 성질이 좋고 강도가 크다.
> 2. **구상 흑연 주철관(덕타일)**: 양질의 선철(cast iron)을 강에 배합하며, 주철 중에 흑연을 구상화시켜서 질이 균일하고 치밀하며 강도가 크다.

① 특징 및 개선 내용

(가) 내구력이 크다.

(나) 내식성이 강해 지중 매설용으로 적합하다.

(다) 재래식에서 덕타일 (ductile) 주철관으로 전환한다.

(라) 납 (Pb) 코킹 이음에서 기계적 접합으로 전환한다.

(마) 내식성을 주기 위한 모르타르 라이닝을 채용한다.

(바) 두께가 얇은 관 및 대형 관 (지름 2400 mm) 제작이 가능하다.

② 주철관의 종류

(가) 수도용 원심력 사형 주철관 (cast iron pipe centrifugally cast in sand lined molds for water works)

(나) 수도용 수직형 (입형) 주철관 (cast iron pit cast pipe for water works)

(다) 수도용 원심력 금형 주철관 (cast iron pipe centrifugally cast in metal molds for water works)

(라) 원심력 모르타르 라이닝 주철관 (centrifugally mortar lining cast iron pipe) : 시멘트와 모래의 혼합비를 1 : 1.5 ~ 2 (중량비)로 하여 라이닝 한다. 모르타르를 전부 제거한 다음 다습한 곳에서 7 ~ 14일 양생하여 수증기로 양생 건조시킨다.

(마) 배수용 주철관 (cast iron pipe for drainage) : 관두께에 따라서 두꺼운 것은 1종 (⊘), 얇은 것은 2종 (⊘), 이형관은 ⊗ 표로 나타낸다.

(바) 수도용 원심력 구상 흑연 주철관

참고 수도용 원심력 구상 흑연 주철관의 특징

① 보통 회주철관보다 관의 수명이 길다.
② 강관과 같이 높은 강도와 인성이 있다.
③ 변형에 대한 높은 가용성 및 가공성이 있다.
④ 보통 주철관과 같이 내식성이 풍부하다.

(5) 비철금속관

① 동 및 동합금관 (copper pipes and copper alloy pipe) : 동은 전기 및 열의 전도율이 좋고 내식성이 뛰어나며, 전성과 연성이 풍부하여 가공도 용이하다. 또한, 판, 봉, 관 등으로 제조되어 전기 재료, 열교환기, 급수관 등에 사용되고 있다.

참고 동 및 동합금관의 특징

① 담수에 내식성은 크나 연수에는 부식된다.
② 경수에는 아연화동, 탄산칼슘의 보호피막이 생성되므로 동의 용해가 방지된다.
③ 상온공기 속에서는 변하지 않으나 탄산가스를 포함한 공기 중에는 푸른 녹이 생긴다.
④ 아세톤, 에테르, 프레온가스, 휘발유 등 유기약품에는 침식되지 않는다.
⑤ 가성소다, 가성칼리 등 알칼리성에 내식성이 강하다.
⑥ 암모니아수, 습한 암모니아가스, 초산, 진한 황산에는 심하게 침식된다.

참고 **1. 두께별 분류**

① K type : 가장 두껍다.
② L type : 두껍다.
③ M type : 보통 두께이다.
④ N type : 얇은 두께(KS 규격에 없음)이다.

2. 용도별 분류

① K type : 의료용
② L, M type : 의료, 급·배수, 냉·난방, 급탕, 가스 배관

② 스테인리스 강관(austenitic stainless pipe)

(가) 내식성이 우수하며 계속 사용 시 안지름의 축소, 저항 증대 현상이 없다.

(나) 위생적이어서 적수, 백수, 청수의 염려가 없다.

(다) 강관에 비해 기계적 성질이 우수하고 두께가 얇아 운반 및 시공이 쉽다.

(라) 저온 충격성이 크고 한랭지 배관이 가능하며 동결에 대한 저항은 크다.

(마) 나사식, 용접식, 몰코이음(molco joint), 플랜지 이음법 등의 특수 시공법으로 시공이 간단하다.

③ 연관(lead pipe) : 수도의 인입 분기관, 기구 배수관, 가스 배관, 화학 배관용에 사용되며 1종(화학공업용), 2종(일반용), 3종(가스용), 4종(통신용)으로 나뉜다.

(가) 장점

㉮ 부식성이 적다(내산성).
㉯ 굴곡이 용이하다.
㉰ 신축에 견딘다.

(나) 단점

㉮ 중량이 크다.
㉯ 횡주배관에서 휘어 늘어지기 쉽다.
㉰ 가격이 비싸다(가스관의 약 3배).
㉱ 산에 강하나 알칼리에 부식된다.

④ 알루미늄관(aluminium pipe)

(가) 비중이 2.7로 금속 중에서 Na, Mg, Ba 다음으로 가볍다.

(나) 알루미늄의 순도가 99.0% 이상인 관은 인장강도가 9～11 kg/mm^2이다.

(다) 구리, 규소, 철, 망간 등의 원소를 넣은 알루미늄관은 기계적 성질이 우수하여 항공기 등에 많이 쓰인다.

(라) 열전도율이 높으며 전연성이 풍부하고 가공성도 좋으며 내식성이 뛰어나 열교환기, 선박, 차량 등 특수 용도에 사용된다.

(마) 공기, 물, 증기에 강하고 아세톤, 아세틸렌, 유류에는 침식되지 않으나 알칼리에 약하고 특히 해수, 염산, 황산, 가성소다 등에 약하다.

⑤ 주석관(tin pipe) : 주석관은 연관과 마찬가지로 냉간 압출 방법에 의하여 제조한다.

(가) 주석은 상온에서 물, 공기, 묽은 산에는 전혀 침식되지 않는다.

(나) 비중은 7.3이고 용융온도는 232℃로서 납보다 낮은 온도에서 녹는다.

(다) 양조공장, 화학공장에서 알코올, 맥주 및 병원 제약 공장의 증류수(극연수), 소독액 등의 수송관에 사용된다.

(6) 비금속관

① 합성수지관(plastic pipe) : 합성수지관은 석유, 석탄, 천연가스 등으로부터 얻어지는 에틸렌, 프로필렌, 아세틸렌, 벤젠 등을 원료로 만들어지며, 경질 염화비닐관과 폴리에틸렌관으로 나누어진다.

(가) 경질 염화비닐관

㉮ 장점

- 내식성이 크고 산, 알칼리 등의 부식성 약품에 대해 거의 부식되지 않는다.
- 비중은 1.43으로 알루미늄의 약 1/2, 철의 1/5, 납의 1/8 정도로 대단히 가볍고 운반과 취급에 편리하다. 인장력은 20℃에서 500 ~ 550 kg/cm^{2}로 기계적 강도도 비교적 크고 튼튼하다.
- 전기절연성이 크고 금속관과 같은 전식(電蝕) 작용을 일으키지 않으며 열의 불량도체로 열전도율은 철의 1/350 정도이다.
- 가공이 용이하다(절단, 벤딩, 이음, 용접 등).
- 다른 종류의 관에 비하여 값이 싸다.

㉯ 단점

- 열에 약하고 온도 상승에 따라 기계적 강도가 약해지며 약 75℃에서 연화한다.
- 저온에 약하며 한랭지에서는 외부로부터 조금만 충격을 주어도 파괴되기 쉽다.
- 열팽창률이 크기 때문에(강관의 7 ~ 8배) 온도 변화에 신축이 심하다.
- 용제에 약하고, 특히 방부제(크레오소트 액)와 아세톤에 약하며 또한 파이프 접착제에도 침식된다.
- 50℃ 이상의 고온 또는 -10℃ 이하의 저온 장소에 배관하는 것은 부적당하다. 온도 변화가 심한 노출부의 직선 배관에는 10 ~ 20 m마다 신축 조인트를 만들어야 한다.

(나) 폴리에틸렌관 : 전기적, 화학적 성질이 염화비닐관보다 우수하고 비중이 0.92 ~ 0.96(염화비닐의 약 2/3배)이며, 90℃에서 연화하고 저온(-60℃)에 강하므로 한랭지 배관으로 우수하다.

② 콘크리트관(concrete pipe)

(가) 원심력 철근 콘크리트관 : 오스트레일리아인 흄(Hume) 형제에 의해 발명되었고, 주로 상·하수도용으로 사용된다.

(나) 철근 콘크리트관 : 철근을 넣은 수제 콘크리트관이며, 주로 옥외 배수용으로 사용된다.

③ 석면 시멘트관(asbestos cement pipe) : 이탈리아의 Eternit 회사가 제작한 것으로 eternit pipe라고도 한다. 석면과 시멘트를 중량비로 1 : 5 ~ 6으로 배합하고 물을 혼입하여 풀 형상으로 된 것을 윤전기에 의해 얇은 층을 만들고 고압(5 ~ 9 kg/cm^2)을 가하여 성형한다.

④ 도관(vitrified-clay pipe) : 점토를 주원료로 하여 잘 반죽한 재료를 제관기에 걸어 직관 또는 이형관으로 성형한 뒤 자연건조, 또는 가마 안에 넣고 소성하여 식염가스화로 표면에 규산나트륨의 유리 피막을 입힌다.

⑤ 유리관(glass pipe) : 붕규산 유리로 만들어져 배수관으로 사용되며, 일반적으로 관지름 40 ~ 150 mm, 길이 1.5 ~ 3 m의 것이 시판되고 있다.

2 관이음 부속 및 재료

(1) 정지 밸브(stop valve)

① 글로브 밸브(globe valve)

(가) 옥형 밸브라고도 하며 관로가 갑자기 바뀌기 때문에 유체의 저항이 크다.

(나) 관로 폐쇄 또는 유량 조절용으로 좋다.

(다) 보통 50 A 이하는 포금제 나사형, 65 A 이상은 밸브 디스크와 시트는 청동제, 본체는 주철(주강) 플랜지 이음형이다. 밸브 디스크의 모양은 평면형, 반구형, 원뿔형 등의 형상이 있다.

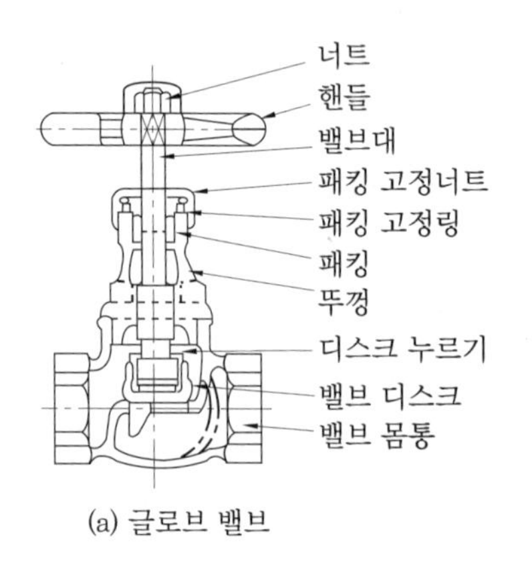

(a) 글로브 밸브

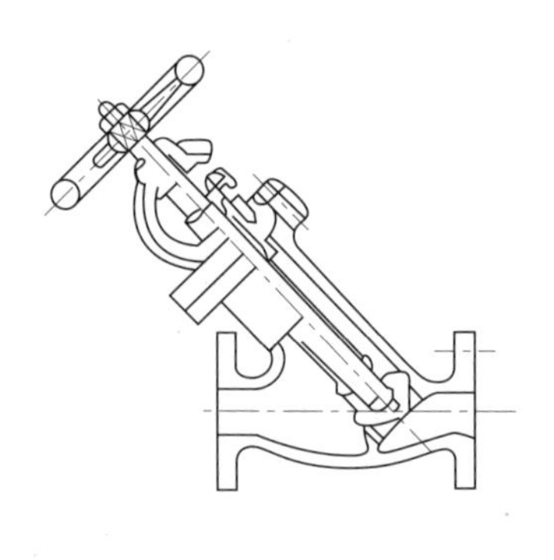
(b) Y형 글로브 밸브

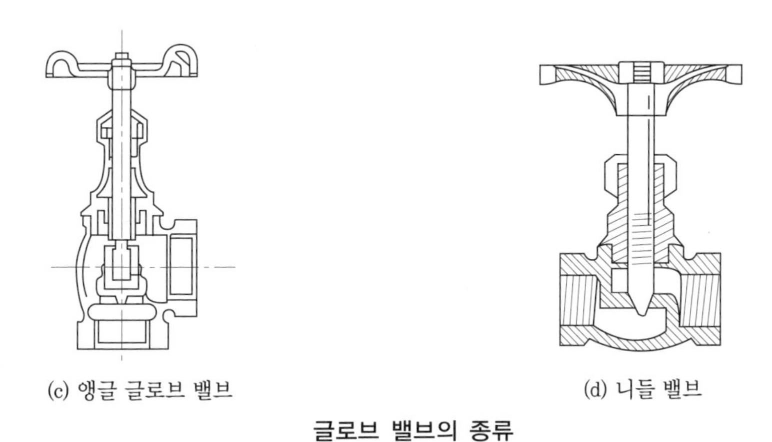

(c) 앵글 글로브 밸브 (d) 니들 밸브

글로브 밸브의 종류

② 슬루스 밸브(sluice valve) : 게이트 밸브(gate valve)라고도 하며 유체의 흐름을 단속하는 밸브로서 배관용으로 많이 사용된다. 밸브를 완전히 열면 유체흐름의 단면적 변화가 없어서 마찰저항이 없다. 그러나 리프트(lift)가 커서 개폐(開閉)에 시간이 걸리며, 더욱이 밸브를 절반 정도 열고 사용하면 와류(渦流)가 생겨 유체의 저항이 커지기 때문에 유량 조절이 적당하지 않다.

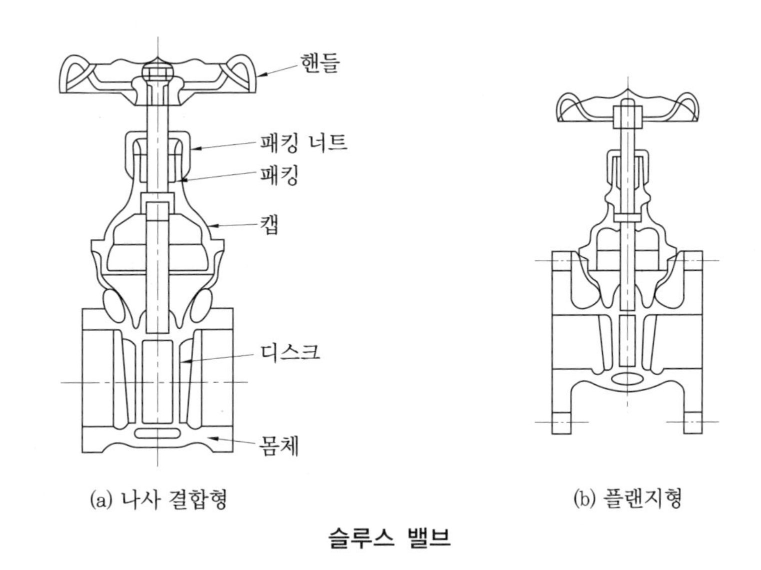

(a) 나사 결합형 (b) 플랜지형

슬루스 밸브

③ 체크 밸브(check valve) : 유체를 일정한 방향으로만 흐르게 하고 역류를 방지하는 데 사용한다. 밸브의 구조에 따라 리프트형, 스윙형, 풋형이 있다.

㈎ 리프트형 체크 밸브(lift type check valve) : 글로브 밸브와 같은 밸브 시트의 구조로서 유체의 압력에 밸브가 수직으로 올라가게 되어 있다. 밸브의 리프트는 지름의 1/4 정도이며 흐름에 대한 마찰저항이 크므로 구조상 수평 배관에만 사용된다.

㈏ 스윙형 체크 밸브(swing type check valve) : 시트의 고정핀을 축으로 회전하여 개폐되므로 유수에 대한 마찰저항이 리프트형보다 적고, 수평, 수직 어느 배관에도 사용할 수 있다.

㈐ 풋형 체크 밸브(foot type check valve) : 개방식 배관의 펌프 흡입관 선단에 부착하여 사용하는 체크 밸브로서 펌프 운전 중에 흡입관 속을 만수 상태로 만들도록 고려된 것이다.

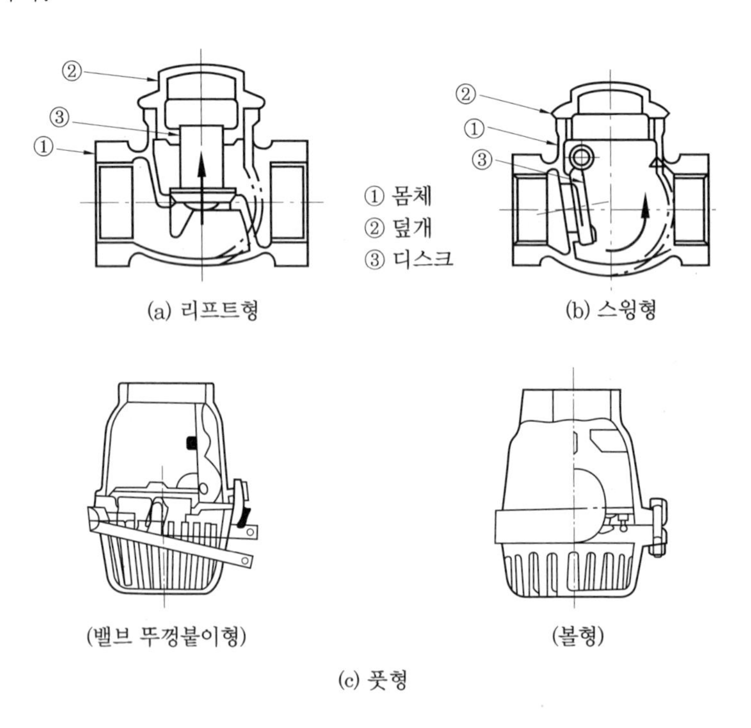

(c) 풋형

④ 콕(cock) : 콕은 원뿔에 구멍을 뚫은 것으로 90° 회전함에 따라 구멍이 개폐되어 유체가 흐르고 멈추게 되어 있는 밸브이다. 유로의 면적이 단면적과 같고 일직선이 되기 때문에 유체의 저항이 작고 구조도 간단하나 기밀성이 나빠 고압 유량에는 적당하지 않다.

⑤ 버터플라이 밸브(butterfly valve) : 밸브판의 지름을 축으로 하여 밸브판을 회전함으로써 유량을 조정하는 밸브이다. 이 밸브는 기밀을 완전하게 하는 것은 곤란하나 유량을 조절하는 데는 편리하다.

⑥ 볼 밸브(ball valve) : 구멍이 뚫리고 활동하는 공 모양의 몸체가 있는 밸브로서 비교적 소형이며, 핸들을 90°로 움직여 개폐하므로 개폐시간이 짧아 가스 배관에 많이 사용한다.

⑦ 다이어프램 밸브(diaphragm valve) : 산 등의 화학약품을 차단하는 경우에 내약품, 내열 고무제의 다이어프램을 밸브 시트에 밀착시키는 것으로 유체의 흐름에 대한 저항이 작아 기밀용으로 사용한다.

(2) 조정 밸브

① 감압 밸브(pressure reducing valve) : 고압을 사용압력으로 감압하는 밸브

② 온도 조절 밸브(temperature regulating valve) : 열교환기나 가열기 등에 사용하며 기구 속의 온도를 자동적으로 조정하는 자동 제어 밸브

③ 안전 밸브(safety valve) : 보일러 등의 압력용기와 그 밖에 고압 유체를 취급하는 배관에 설치하여 관 또는 용기 내의 압력이 규정한도에 달하면 내부에너지를 자동적으로 외부로 방출하여 용기 안의 압력을 항상 안전한 수준으로 유지하는 밸브로서 관 속의 압력을 일정하게 조정한다. 종류는 스프링식, 추식, 지렛대식 등이 있다.

④ 전동 밸브(motor valve)

(가) 콘덴서 모터를 구동하여 감속된 회전력을 링크 기구에 의한 왕복운동으로 바꾸어서 제어 밸브를 개폐한다.

(나) 출구 수에 따라 2방향 밸브와 3방향 밸브가 있다.

(다) 유체의 온도, 압력, 유량 등의 원격 제어나 자동 제어에 사용한다.

⑤ 전자 밸브(solenoid valve) : 전자 코일의 전자력에 의해 밸브를 개폐시키는 것만 가능하다.

(3) 스트레이너(strainer)

① Y형 스트레이너 : 금속망의 개구면적은 호칭지름 단면적의 약 3배이고 본체에는 흐름의 방향을 표시하는 화살표가 새겨져 있으므로 시공 시 주의하여야 한다.

② U형 스트레이너 : 주철제의 본체 안에 원통형 여과망을 수직으로 넣어 유체가 망의 안쪽에서 바깥쪽으로 흐른다. 구조상 유체가 내부에서 직각으로 흐르게 됨으로써 Y형 스트레이너에 비해 유체에 대한 저항이 크나 보수나 점검 등에 매우 편리한 점이 있으므로 기름 배관에 많이 쓰인다.

③ V형 스트레이너 : Y, U형과 같으나 유체가 직선으로 흘러 저항이 작고 여과망의 교환, 점검, 보수가 편리하다.

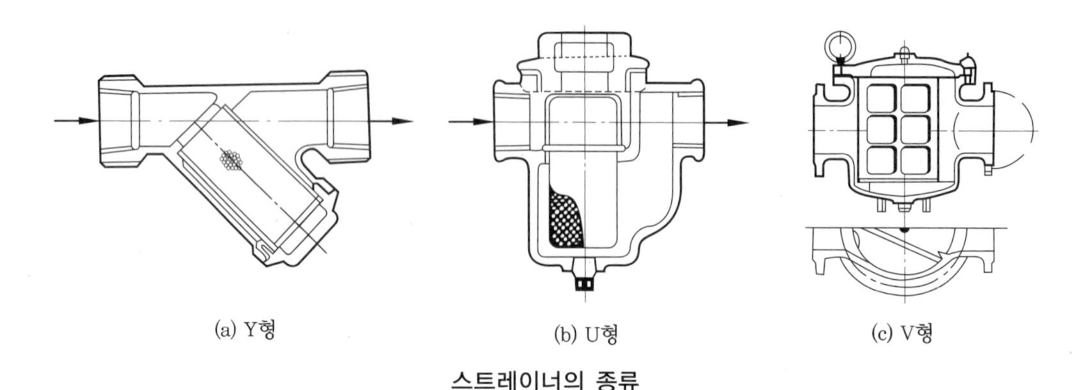

스트레이너의 종류

(4) 트랩(trap)

① 증기 트랩(steam trap) : 방열기 또는 증기관 내에 생긴 응축수 및 공기를 증기로부터 분리하여 증기는 통과시키지 않고 응축수만 환수관으로 배출하는 장치이다.

㈎ 열동식 트랩

㉮ 인청동의 박판으로 만든 벨로스 내부에 휘발성이 많은 액체(에테르)를 채운 것으로 방열기 출구에 설치한다.

㉯ 드레인이나 공기가 들어오면 온도가 내려가 벨로스가 수축하여 밸브를 열게 된다.

㉰ 내압력이 $1\,kg/cm^2$ 이하의 방열기나 관 끝 트랩에 사용된다.

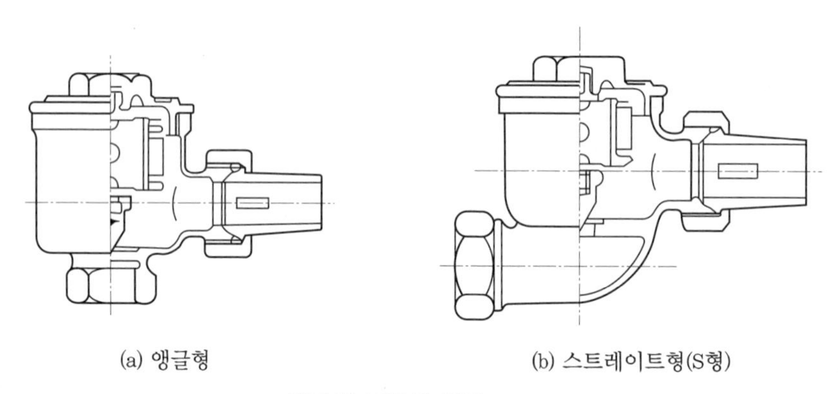

열동식 트랩의 종류

㈏ 버킷 트랩(bucket trap) : 버킷의 부력에 의해 밸브를 개폐하여 간헐적으로 응축수를 배출하는 구조의 트랩이다.

㉮ 상향식과 하향식이 있다.

㉯ 이론적으로는 증기관 내와 환수관 내의 압력차 1 kg/cm^{2}에 대해 10 m까지 응축수를 밀어 올릴 수 있으나 실제로는 8 m 정도로 하고 있다.

㉰ 고압, 중압의 증기 환수관용으로 쓰인다.

㉱ 환수관을 트랩보다 높은 위치로 배관할 수 있다.

(다) 다량 트랩 (float trap) : 트랩 속에 응축수가 차면 플로트가 떠오르고 밸브가 열려 하부 배출구로 응축수가 배출된다.

㉮ 플로트의 부력으로 밸브를 개폐한다.

㉯ 저압, 중압 (4 kg/cm^2 이하)의 공기 가열기, 열교환기 등에서 다량의 응축수를 처리할 때 사용된다.

(라) 충동 증기 트랩 (impulse steam trap) : 온도가 높아진 응축수는 압력이 낮아지면 다시 증발하게 된다. 이때 증발로 인하여 생기는 부피의 증가를 밸브의 개폐에 이용한 것이 임펄스 증기 트랩이다 (또는 디스크 증기 트랩이라고도 한다).

㉮ 구조가 간단하고 취급하는 드레인 양에 비해 소형이다.

㉯ 공기 배제도 가능하며 고압, 중압, 저압 어느 것에나 사용할 수 있으나 항상 다소의 증기가 새는 결점이 있다.

② 배수 트랩

(가) 관 트랩 (pipe trap)

㉮ S트랩 : 세면기, 대변기, 소변기 등의 위생기를 바닥에 설치된 배수 수평관에 접속할 때 사용한다.

㉯ P트랩 : 벽면에 매설하는 배수 수직관에 접속할 때 사용한다.

㉰ U트랩 : 가옥 트랩 (house trap) 또는 메인 트랩 (main trap)으로서 건물 내의 배수 수평주관 끝에 설치하여 공공 하수관에서 유독가스가 건물 안으로 침입하는 것을 방지하는 데 사용한다.

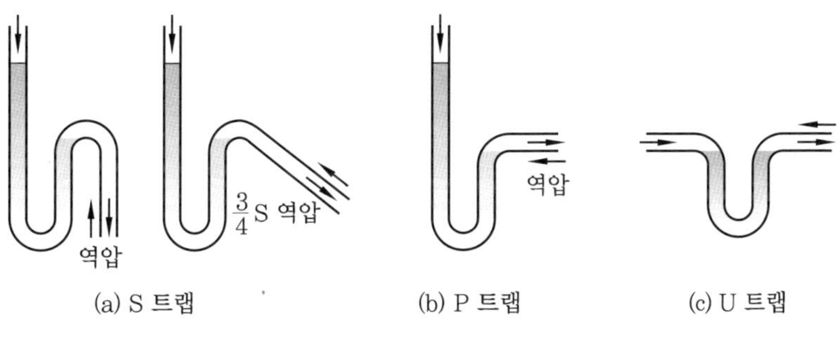

관 트랩의 종류

(나) 박스형 트랩(box trap)

㉮ 그리스 트랩 : 조리대 배수에 함유된 지방분의 관 내 부착을 방지한다.

㉯ 가솔린 트랩 : 휘발성의 석유, 가솔린 등을 배수관에서 분리함으로써 인화의 위험을 막는다.

㉰ 벨 트랩 : 바닥 배수를 모아 배수관에 유출시키고, 배수관 내에 발생하는 유독가스의 실내 혼입을 방지한다. 일명 바닥 배수라고도 한다.

㉱ 드럼 트랩 : 개숫물 내의 찌꺼기를 트랩 바닥에 모이게 하여 배수관 내에는 찌꺼기가 흐르지 않게 한다.

3 관지지 장치

(1) 행어(hanger)

배관의 하중을 위에서 걸어 당겨 받치는 지지구이며 리지드 행어, 스프링 행어, 콘스턴트 행어 등이 있다.

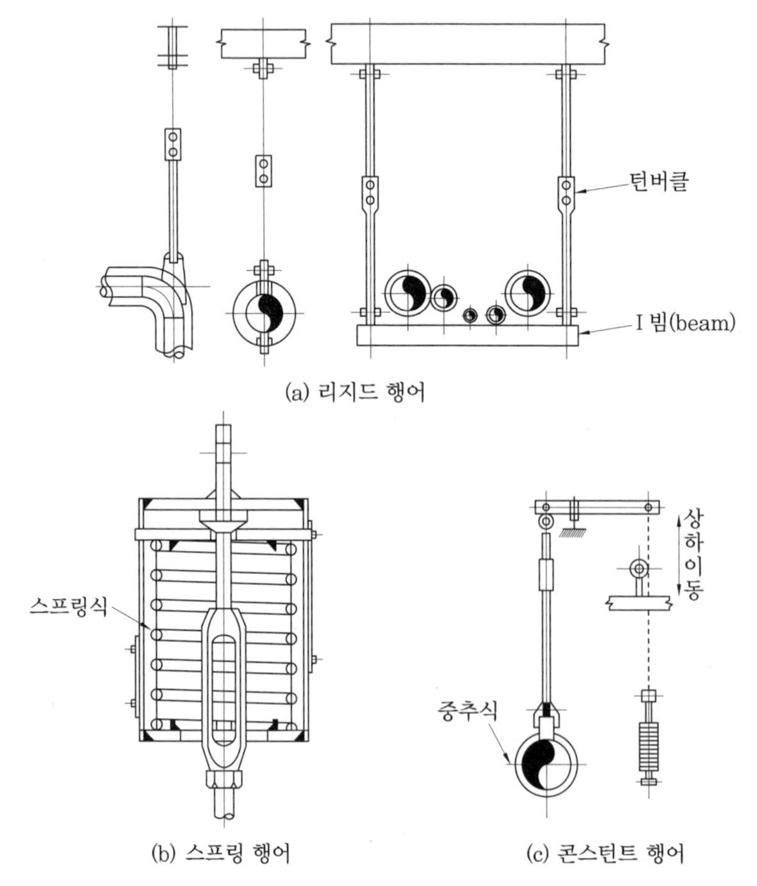

행어의 종류

(2) 서포트 (support)

아래에서 위로 떠받쳐 지지하는 기구로서 파이프 슈 (pipe shoe), 리지드 서포트 (rigid support), 롤러 서포트 (roller support), 스프링 서포트 (spring support) 등이 있다.

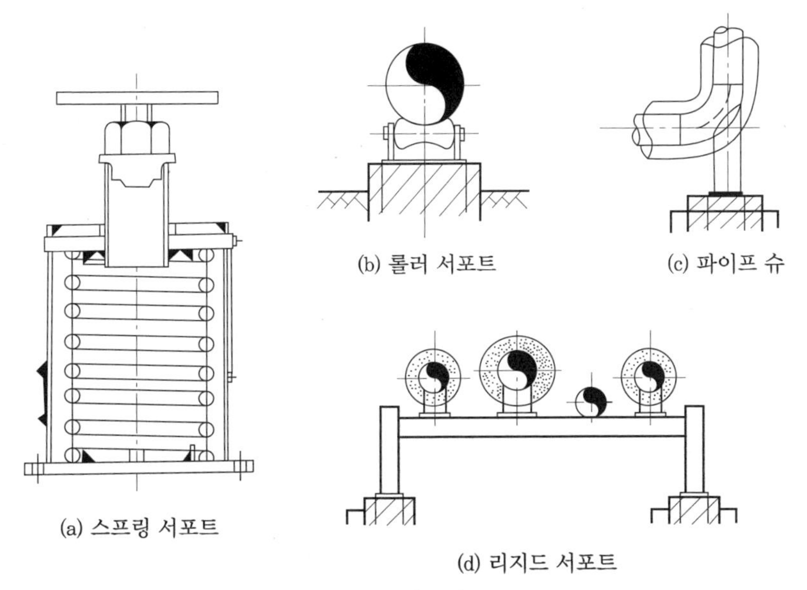

(a) 스프링 서포트 (b) 롤러 서포트 (c) 파이프 슈 (d) 리지드 서포트

서포트의 종류

(3) 리스트레인트 (restraint)

열팽창에 의한 배관의 이동을 구속 또는 제한한다.

① 앵커 (anchor) : 배관을 지지점 위치에 완전히 고정하는 지지구이다.

② 스톱 (stop) : 배관의 일정방향의 이동과 회전만 구속하고 다른 방향은 자유롭게 이동하게 한다.

③ 가이드 (guide) : 축과 직각방향의 이동을 구속한다. 파이프 랙 (rack) 위 배관의 곡관부분과 신축 이음 부분에 설치한다.

(4) 브레이스 (brace)

펌프, 압축기 등의 진동을 흡수하는 데 사용한다.

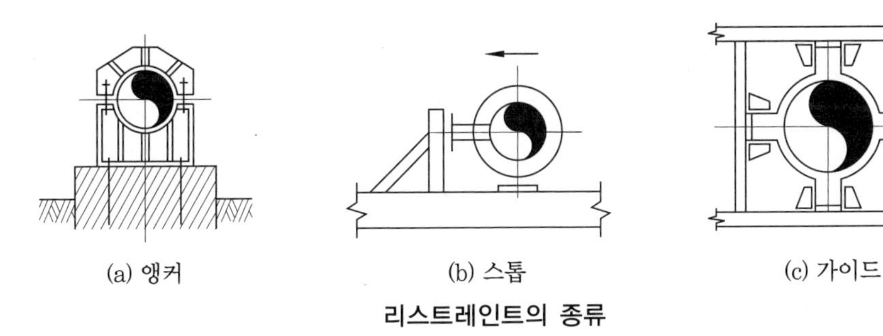

(a) 앵커 (b) 스톱 (c) 가이드

리스트레인트의 종류

4 보온·보랭 재료 및 기타 배관용 재료

물체의 보온성은 주로 내부에 있는 거품이나 기류층의 상태와 그 양 등에 의하여 달라지며, 화학성분과는 거의 관계가 없다.

보온 효과는 내열도에 의하여 저온용(100℃ 이하), 중온용(100 ~ 400℃), 고온용(400℃ 이상)으로 나누어진다. 저온용 보온 재료에는 코르크, 펠트, 목재의 코크스 등이 있고, 고온용 보온 재료에는 석면, 규조토, 광재면, 유리면, 운모 등이 있다.

(1) 유기질 보온재

① 펠트(felt)

㈎ 양모 펠트와 우모 펠트가 있다.

㈏ 아스팔트를 방습한 것은 −60℃까지의 보냉용에 사용할 수 있다.

㈐ 곡면의 시공에 편리하게 쓰인다.

㈑ 동물성 펠트는 100℃ 이하에 사용한다.

㈒ 안전 사용온도 : 100℃ 이하(열전도율 0.176 ~ 2.09 kJ/m·h·K)

참고 펠트의 원료

- **광물성 섬유** : 석면, 암면, 슬래그 섬유
- **동물성 섬유** : 양, 소, 말 등 동물의 털
- **식물성 섬유** : 마, 솜, 툰트라, 기타 풀줄기

② 코르크(cork)

㈎ 액체 및 기체를 쉽게 침투시키지 않아 보랭·보온재로 우수하다.

㈏ 냉수, 냉매 배관, 냉각기, 펌프 등의 보냉용에 주로 사용된다.

㈐ 판형, 원통형의 모형으로 압축해서 300℃로 가열하여 만든 것으로 굽힘성이 없어 곡면 시공에 사용하면 균열이 생긴다.

㈑ 안전 사용온도 : 130℃ 이하(열전도율 0.167 ~ 0.205 kJ/m·h·K)

③ 기포성 수지

㈎ 열전도율, 흡수성이 작다.

㈏ 굽힘성이 풍부하며 불연소성이 있고 경량이다.

㈐ 보랭재로 우수하다.

㈑ 합성수지 또는 고무질 재료를 사용하여 다공질 제품으로 만든 것이다.

㈒ 안전 사용온도 : 80℃ 이하

④ 텍스류

㈎ 톱밥, 목재, 펄프를 원료로 해서 압축판 모양으로 제작한 것이다.

㈏ 실내벽, 천장 등의 보온 및 방음에 사용한다.

(다) 안전 사용온도 : 120℃ 이하 (열전도율 0.238 ~ 0.243 kJ/m·h·K)

(2) 무기질 보온재

① 석면

(가) 석면은 아스베스토스 (asbestos)가 주원료로 온석면, 청석면 (철분이 적은 것을 아모사이트라 부른다), 투각섬 석면, 직섬 석면의 4종류가 있는데 선박과 같이 진동이 심한 곳에 사용되며, 450℃ 이하의 파이프, 탱크, 노벽 등에 보온재로 쓰인다 (열전도율 0.201 ~ 0.272 kJ/m·h·K).

(나) 800℃ 정도에서 강도와 보온성이 감소된다.

(다) 석면은 사용 중에 부서지거나 뭉그러지지 않으며 곡관부와 플랜지 등의 보온재로 많이 사용된다.

② 암면

(가) 주원료는 슬래그이며 성분 조정용으로 안산암 (andesite), 현무암 (basalt), 미분암, 감람암에 석회석을 섞어 용융하여 섬유 모양으로 만든 것이다.

(나) 석면에 비해 섬유가 거칠고 굳어서 부서지기 쉬운 결점이 있다.

(다) 식물성·내열성 합성수지 등의 접착제를 써서 띠모양, 판모양, 원통형으로 가공하여 400℃ 이하의 파이프, 덕트, 탱크 등에 보온재로 사용한다 (열전도율 0.163 ~ 0.201 kJ/m·h·K).

③ 규조토 (diatomaceous earth)

(가) 규조토는 광물질의 잔해 퇴적물로 좋은 것은 순백색이고 부드러우나 일반적으로 사용되고 있는 것은 불순물을 함유하고 있어 황색이나 회녹색을 띠고 있다.

(나) 단독으로 성형할 수 없고 점토 또는 탄산마그네슘을 가하여 형틀에 압축·성형한다.

(다) 단열효과가 떨어지므로 두껍게 시공해야 하는데, 석면 사용 시 500℃ 이하의 파이프, 탱크, 노벽 등의 보온에 사용한다 (열전도율 0.348 ~ 0.409 kJ/m·h·K, 삼여물을 사용할 때의 안전 사용온도는 250℃).

④ 탄산마그네슘 ($MgCO_3$)

(가) 염기성 탄산마그네슘 85 %, 석면 15 %를 배합한 것으로 물에 개어 사용하는 보온재이다.

(나) 석면 혼합 비율에 따라 열전도율이 좌우되고 300 ~ 320℃에서 열분해한다.

(다) 방습 가공한 것은 옥외나 암거 배관의 습기가 많은 곳에 사용하며, 250℃ 이하의 파이프, 탱크 등에 보냉용으로도 사용한다 (열전도율 0.209 ~ 0.293 kJ/m·h·K).

⑤ 유리섬유 (glass wool) : 사용 방법은 암면과 같으며 300℃ 이하의 보온·보냉용에 사용한다.

⑥ 슬래그 섬유(slag wool) : 제철할 때 생기는 용광로의 슬래그를 용융하여 압축공기를 분사해서 섬유 모양으로 만들어 암면과 같은 용도로 사용한다.

⑦ 보온 시멘트 : 석면, 암면, 점토, 기타 화학 접착제를 가해서 혼합물에 개어 사용한다.

⑧ 규산칼슘 : 규산과 석회를 수중에서 처리할 때 생성되는 규산칼슘 수화물을 의미하는 것으로, 상온에서는 반응하지 않으므로 규조토, 규사 등의 규산질 원료와 석회질 원료 및 석면을 혼합·가열하여 겔화한 것을 수열합성(水熱合成)한 것이다.

밀도와 기계적 강도는 다른 고온용 보온재에 비하여 우수하고, 이 종류의 성형품은 밀도와 곡강도가 밀접한 관계가 있어 밀도를 증가시키면 강도가 현저하게 향상된다.

KS에서 보온통 1호는 밀도 0.22 이하, 보온통·보온관 2호는 0.35 이하로 규정하고 있다. 내열·내수성이 우수하여 700℃ 이하의 장치에 적합하다.

(3) 패킹(packing)

① 성질 : 패킹은 접합부의 누설을 방지하기 위하여 접합부 사이에 삽입하는 것으로 개스킷이라고도 하며, 누설을 방지하기 위하여 약간의 탄성이 있어야 된다. 선정 시 고려사항은 다음과 같다.

(가) 관 내 물체의 물리적 성질 : 온도, 압력, 가스체와 액체의 구분, 밀도, 점도 등

(나) 관 내 물체의 화학적 성질 : 화학 성분과 안정도, 부식성, 용해능력, 휘발성, 인화성과 폭발성 등

(다) 기계적 성질 : 교환의 난이, 진동의 유무, 내압과 외압의 정도 등의 조건을 검토한 후에 종합적으로 가장 적합한 개스킷 재료를 선정해야 한다.

재료의 종류에는 다음의 6종류가 있다.

㉮ 고무류와 그 가공품　　㉯ 식물 섬유 제품

㉰ 동물 섬유 제품　　㉱ 광물 섬유 제품

㉲ 합성수지 제품　　㉳ 금속 제품

② 플랜지용 패킹

(가) 고무 패킹

㉮ 천연고무

- 탄성은 우수하나 흡수성이 없다.
- −55℃에서 경화, 변질된다.
- 내산·내알칼리성은 크지만, 열과 기름에 약하다.
- 100℃ 이상의 고온 배관용으로는 사용 불가능하며, 주로 급·배수, 공기의 밀폐용으로 사용된다.

㉯ 네오프렌 (neoprene)
- 내열 범위가 −46 ~ 120℃인 합성고무이다.
- 내유 (耐油)·내후·내산화성이며 기계적 성질이 우수하다.
- 물, 공기, 기름, 냉매 배관에 사용한다.

(나) 석면 조인트 시트
㉮ 섬유가 가늘고 강한 광물질로 된 패킹제이다.
㉯ 450℃까지의 고온에도 견딘다.
㉰ 증기, 온수, 고온의 기름 배관에 적합하며 슈퍼 히트 (super heat) 석면이 많이 쓰인다.

(다) 합성수지 패킹
㉮ 가장 많이 쓰이는 테플론은 기름에도 침해되지 않고 내열 범위도 −260 ~ 260℃이다.
㉯ 탄성이 부족하여 석면, 고무, 파형 금속관 등으로 표면 처리하여 사용한다.

(라) 금속 패킹
㉮ 구리, 납, 연강, 스테인리스 강제 금속이 많이 사용된다.
㉯ 탄성이 적어 관의 팽창, 수축, 진동 등으로 누설할 염려가 있다.

(마) 오일 실 패킹
㉮ 한지를 일정한 두께로 겹쳐 내유 가공한 것이다.
㉯ 펌프, 기어 박스 등에 사용되며 내열도가 낮다.

③ 나사용 패킹
(가) 페인트 (paint) : 페인트와 광명단을 혼합하여 사용하며 고온의 기름 배관을 제외하고는 모든 배관에 사용할 수 있다.
(나) 일산화연 (litharge) : 일산화연은 냉매 배관에 많이 사용하며 빨리 굳기 때문에 페인트에 섞어서 사용한다.
(다) 액상 합성수지 : 액상 합성수지는 약품에 강하고 내유성이 크며 내열 범위는 −30 ~ 130℃이다 (증기, 기름, 약품 배관에 사용).

④ 글랜드용 패킹
(가) 석면 각형 패킹 : 석면 실을 각형으로 짜서 흑연과 윤활유를 침투시킨 패킹이며, 내열·내산성이 좋아 대형 밸브에 사용한다.
(나) 석면 얀 패킹 : 석면 실을 꼬아서 만든 것으로 소형 밸브의 글랜드에 사용한다.
(다) 아마존 패킹 : 면포와 내열고무 콤파운드를 가공하여 만든 것으로 압축기의 글랜드에 사용한다.

㈑ 몰드 패킹 : 석면, 흑연, 수지 등을 배합 성형하여 만든 것으로 밸브, 펌프 등에 사용한다.

(4) 페인트 (paint)

① 광명단 도료
㈎ 밀착력이 강하고 도막도 단단하여 풍화에 강하다.
㈏ 다른 착색 도료의 초벽 (under coating)으로 우수하다.
㈐ 연단에 아마인유 (linseed oil)를 혼합하여 만들며 녹 방지용이다.

② 산화철 도료
㈎ 산화 제2철에 보일러유나 아마인유를 섞은 도료이다.
㈏ 도막이 부드럽고 값도 저렴하다.
㈐ 녹 방지 효과는 불량하다.

③ 알루미늄 도료 (은분)
㈎ Al 분말에 유성 바니시 (oil varnish)를 섞은 도료이다.
㈏ Al 도막은 금속 광택이 있으며 열을 잘 반사한다.
㈐ 400 ~ 500℃의 내열성을 지니고 있고 난방용 방열기 등의 외면에 도장한다.

④ 합성수지 도료
㈎ 프탈산 (phthalic acid) : 상온에서 도막을 건조시키는 도료이다. 내후성, 내유성이 우수하고 내수성은 불량하며, 특히 5℃ 이하의 온도에서는 잘 건조되지 않는다.
㈏ 요소 (尿素) 멜라민 : 내열·내유·내수성이 좋다. 특수한 부식에서 금속을 보호하기 위한 내열 도료로 사용되고 내열도는 150 ~ 200℃ 정도이며 베이킹 도료로 사용된다.
㈐ 염화비닐계 : 내약품성, 내유·내산성이 우수하여 금속의 방식 도료로 쓰인다. 부착력과 내후성이 나쁘며 내열성이 약한 결점이 있다.
㈑ 실리콘 수지계 : 요소 멜라민계와 같이 내열 도료 및 베이킹 도료로 사용된다 (내열도 200 ~ 350℃).

⑤ 타르 및 아스팔트
㈎ 관의 벽면과 물 사이에 내식성 도막을 만들어 물과의 접촉을 방해한다.
㈏ 노출 시에는 외부 원인에 따라 균열이 발생하기 쉽다.
㈐ 주트 (jute) 등과 함께 사용하거나, 130℃ 정도 가열해서 사용하는 것이 좋다.

⑥ 고농도 아연 도료 : 최근 배관공사에 많이 사용되는 방청 도료의 일종으로 도료를 칠했을 경우 생기는 핀 홀 (pin hole)에 물이 고여도 주위의 철 대신 아연이 희생전극이 되어 부식되므로 철이 부식되는 것을 방지하는 전기 부식 작용이 생기는 특징이 있어 오랫동안 미관을 유지할 수 있다.

>>> 제1장

예상문제

1. 급수관의 길이가 15 m, 안지름이 40 mm일 때 관 내 유수속도가 2 m/s라면 이때의 마찰손실수두는 얼마인가? (단, 마찰손실계수 λ=0.04이다.)

① 1.5 m　　② 3.06 m
③ 6.08 m　　④ 6.12 m

해설 $h=\lambda\cdot\frac{l}{d}\cdot\frac{V^2}{2g}$

$=0.04\times\frac{15}{0.04}\times\frac{2^2}{2\times9.8}=3.06\ \text{mAq}$

2. 배관 설비에 있어서 유속을 V, 유량을 Q라고 할 때 관지름 d를 구하는 식은 다음 중 어느 것인가?

① $d=\sqrt{\frac{\pi V}{Q}}$　　② $d=\sqrt{\frac{4Q}{\pi V}}$
③ $d=\sqrt{\frac{\pi V}{4Q}}$　　④ $d=\sqrt{\frac{Q}{\pi V}}$

해설 $Q=AV$의 식에 $A=\frac{\pi d^2}{4}$를 대입하면,

$Q=\frac{\pi d^2}{4}V,\ \pi d^2 V=4Q$

$\therefore\ d=\sqrt{\frac{4Q}{\pi V}}$

3. 300 A 강관의 지름을 B (inch) 호칭으로 지름을 표시하면?

① 4 B　　② 6 B
③ 10 B　　④ 12 B

해설 강관의 치수 표시는 mm 단위에는 A자로, inch 단위에는 B자를 숫자 다음에 표시한다. 주요 관지름을 A와 B로 나타내면 다음과 같다.

A (mm)	B (in)	A (mm)	B (in)
10	$\frac{3}{8}$	80	3
15	$\frac{1}{2}$	90	$3\frac{1}{2}$
20	$\frac{3}{4}$	100	4
25	1	150	6
32	$1\frac{1}{4}$	200	8
40	$1\frac{1}{2}$	250	10
50	2	300	12
65	$2\frac{1}{2}$		

4. 다음은 동관에 관한 설명이다. 틀린 것은?

① 전기 및 열전도율이 좋다.
② 산성에는 내식성이 강하고 알칼리성에는 심하게 침식된다.
③ 가볍고 가공이 용이하며 동파되지 않는다.
④ 전연성이 풍부하고 마찰저항이 적다.

해설 동관은 알칼리성에는 내식성이 강하나 산성에는 심하게 침식된다.

5. 다음은 연관의 특성을 열거한 것이다. 잘못된 것은?

① 산성에 몹시 약하다.
② 굴곡성이 좋아 가공이 쉽다.
③ 내식성이 매우 좋다.
④ 중량이 크며 가격도 비싸다.

해설 연관은 산성에는 강하고 알칼리성에는 약해 콘크리트 매설 시에는 나관배관을 하면 안 된다.

6. 고온·고압용에 이용하며 내식성이 있는 관은 어느 것인가?

정답 1. ② 2. ② 3. ④ 4. ② 5. ① 6. ②

① 압력 배관용 탄소 강관
② 스테인리스관
③ 경질 염화비닐관
④ 동관

해설 스테인리스관은 이음매 없는 관(seamless pipe)과 용접관의 두 종류가 있으며, 고도의 내식·내열성을 지니므로 화학공장, 실험실, 연구실 등의 특수 배관에 사용되고 있다.

7. 다음은 경질 염화비닐관에 관한 설명이다. 잘못된 것은?

① 약품 수송용으로는 부적합하다.
② 전기의 절연성도 크고, 열전도율은 철의 1/350이다.
③ 굴곡, 접합 및 용접가공이 용이하다.
④ 열에 약하고 충격강도도 작다.

해설 경질 염화비닐관은 내식성, 내산·내알칼리성이 크기 때문에 약품 수송용으로 적합하다.

8. 다음 중 폴리에틸렌관에 관한 설명으로 틀린 것은?

① 염화비닐관에 비해 가볍다.
② 인장강도가 염화비닐관의 1/5 정도이다.
③ 충격강도가 작고 내한성도 나쁘다.
④ 화력에 극히 약하다.

해설 폴리에틸렌관은 충격강도가 크고 내한성도 좋으며, 또한 내열성과 보온성도 우수하다.

9. 고압난방의 관 끝 트랩 및 기구 트랩 또는 저압난방 기구 트랩에 많이 사용되는 것은?

① 열동식 트랩 ② 버킷 트랩
③ 플로트 트랩 ④ 박스형 트랩

해설 버킷 트랩은 상향식과 하향식이 있으며 고압, 중압의 증기 배관에 많이 쓰이고 있다.

10. 다음 옥형 밸브에 관한 설명 중 틀린 것은 어느 것인가?

① 유체의 저항이 크다.
② 관로폐쇄 및 유량조절용에 적당하다.
③ 게이트 밸브라고 통용된다.
④ 50 A 이하는 나사 결합형, 65 A 이상은 플랜지형이 일반적이다.

해설 옥형 밸브는 스톱 밸브 또는 글로브 밸브라고 통용된다. 경량이고 값이 싸며 고온 고압용에는 주강 또는 합금강제가 많다.
※ ③의 게이트 밸브는 사절 밸브의 통용어이다.

11. 사절 밸브에 관한 다음 설명 중 틀린 것은 어느 것인가?

① 찌꺼기(drain)가 체류해서는 안 되는 배관 등에 적합하다.
② 속 나사식과 바깥 나사식이 있다.
③ 유체의 흐름에 따른 마찰저항손실이 적다.
④ 유량의 조절용으로 적합하다.

해설 사절 밸브는 슬루스 밸브 또는 게이트 밸브라고도 하며, 핸들을 회전함에 따라 밸브 스템이 상하 운동하는 바깥 나사식(50 A 이하용)과 핸들을 회전하면 밸브 시트만 상하 운동하고 스템은 운동하지 않는 속 나사식(65 A 이상용)이 있다.

12. 다량 트랩이라고도 하는 것은 무엇인가?

① 열동식 트랩
② 버킷 트랩
③ 플로트 트랩
④ 충동 증기 트랩

해설 플로트 트랩은 다량(多量) 트랩이라고도 하며, 저압, 중압의 공기가열기, 열교환기 등에서 다량의 응축수 처리 시 사용된다.

정답 7. ① 8. ③ 9. ② 10. ③ 11. ④ 12. ③

13. 트랩의 봉수(water seal)에 대한 설명 중 틀린 것은?

① 트랩의 기능은 하수가스의 실내 침입을 방지하는 것이다.
② 봉수의 깊이가 너무 크면 저항이 증대하여 통수능력이 감소된다.
③ 통수능력이 감소되면 통수력의 세척력이 약해진다.
④ 봉수의 깊이는 50 mm 이하로 하는 것이 좋다.

해설 봉수 깊이는 50 ~ 100 mm가 표준이다. 봉수 깊이를 너무 깊게 하면 유수의 저항이 증대하여 자기세척력이 약해져 트랩 밑에 침전물이 쌓여 막히는 원인이 되고, 50 mm 보다 얕으면 트랩의 역할을 해내지 못해 위생상 좋지 못하다.

14. 빗물 배수와 건물 사이에 사용되는 트랩은 무엇인가?

① X형 트랩 ② U형 트랩
③ Y형 트랩 ④ Z형 트랩

해설 U형 트랩은 관 트랩의 일종으로 빗물 배수간과 가옥 배수관 사이에 설치하며, 메인 트랩(main trap) 또는 하우스 트랩(house trap)이라고도 한다.

15. 행어는 배관을 지지할 목적에 사용된다. 다음 중 행어의 종류에 속하지 않는 것은?

① 리지드 행어(rigid hanger)
② 스프링 행어(spring hanger)
③ 콘스턴트 행어(constant hanger)
④ 서포트 행어(support hanger)

해설 서포트(support)는 배관 하중을 아래에서 위로 지지하는 것이고, 행어(hanger)는 위에서 걸어 당겨 지지한다.

16. 다음 중 수평 배관의 구배를 자유롭게 조정할 수 있는 지지금속은 무엇인가?

① 고정 인서트 ② 앵커
③ 롤러 ④ 턴버클

해설 ① 고정 인서트 : 행어의 일종으로서 콘크리트 천장 또는 빔 등에 행어를 고정하고자 할 때 콘크리트 속에 인서트를 매설하여 이것에 관을 고정할 행어용 볼트를 끼워 준다.
② 앵커 : 배관을 지지점 위치에 완전히 고정하는 지지구이다.
③ 롤러 : 관을 지지하면서 신축을 자유롭게 하는 서포트의 일종이다.
④ 턴버클 : 양 끝에 오른나사와 왼나사가 있어 막대나 로프를 당겨서 조이는 데 사용한다. 행어로 고정한 지점에서 배관의 구배를 수정할 때 쓰인다.

17. 급수, 배수, 공기 등의 배관에 쓰이는 패킹은 어느 것인가?

① 고무 패킹
② 금속 패킹
③ 합성수지 패킹
④ 석면 조인트 패킹

해설 고무 패킹은 탄성은 우수하나 흡수성이 없고, 산·알칼리에는 강하나 열과 기름에는 약하다.

18. 다음은 테플론에 대한 설명이다. 잘못된 것은 어느 것인가?

① 합성수지 제품의 패킹제이다.
② 내열범위는 −260 ~ 260℃이다.
③ 약품이나 기름에 침해된다.
④ 탄성이 부족하다.

해설 테플론은 어떤 약품, 기름에도 침식되지 않는다.

19. 다음 중 플랜지 패킹이 아닌 것은 어느 것인가?

① 네오프렌 ② 테플론
③ 석면 ④ 일산화연

정답 13. ④ 14. ② 15. ④ 16. ④ 17. ① 18. ③ 19. ④

해설 ㉠ 플랜지용 패킹 : 고무 패킹, 석면 패킹, 합성수지 패킹, 금속 패킹 등
㉡ 나사용 패킹 : 페인트, 일산화연, 액상 합성수지 등
㉢ 글랜드용 패킹 : 석면 각형, 석면 얀, 아마존 패킹, 몰드 패킹 등

20. 다음 보온재 중 고온에서 사용할 수 없는 것은?

① 석면 ② 규조토
③ 탄산마그네슘 ④ 스티로폼

해설 석면은 400℃ 이하, 규조토는 500℃ 이하, 탄산마그네슘은 250℃ 이하의 배관의 보온재로 쓰이고 있으나 스티로폼은 열에 몹시 약해 고온에서는 사용할 수 없다.

21. 다음 중 피복 재료로서 적당하지 않은 것은 어느 것인가?

① 코르크와 기포성 수지
② 석면과 암면
③ 광명단
④ 규조토

해설 피복 재료란 보온재를 말하며 펠트, 코르크, 기포성 수지 등의 유기질 보온재와 석면, 암면, 규조토, 탄산마그네슘 등의 무기질 보온재가 있다.
※ ③은 녹 방지용 도료이다.

22. 강관의 녹을 방지하기 위해 페인트 밑칠에 사용하는 도료는 무엇인가?

① 산화철 도료 ② 알루미늄 도료
③ 광명단 도료 ④ 합성수지 도료

해설 광명단 도료는 연단과 아마인유를 혼합한 방청 도료로서 녹 방지용 페인트 밑칠(under coating)에 사용된다.

23. 난방용 방열기 등의 외면에 도장하는 도료로서 열을 잘 반사하고 확산하는 것은?

① 산화철 도료 ② 콜타르
③ 알루미늄 도료 ④ 합성수지 도료

해설 Al 도료는 현장에서 은분이라고 통용된다. 이 도료를 칠하고 나면 Al 도막이 형성되어 금속광택이 생기고 열도 잘 반사하게 된다.

24. 방열기 및 배관 중 높은 곳에 설치하는 밸브는 무엇인가?

① 안전 밸브 ② 감압 밸브
③ 온도조절 밸브 ④ 에어 벤트 밸브

해설 에어 벤트 밸브(air vent valve)란 공기빼기 밸브를 말하며, 배관계 내의 공기를 배출하는 역할을 담당하고 단구와 쌍구 2종이 있다.

25. 다음 중 냉동 배관용 밸브로 쓰이지 않는 것은?

① 냉매 밸브 ② 팽창 밸브
③ 지수전 ④ 전자 밸브

해설 ㉠ 냉매 밸브 : 냉매 스톱 밸브라고 할 수 있으며 글로브 밸브의 일종이다.
㉡ 팽창 밸브 : 냉동부하의 증발온도에 따라 증발기로 들어가는 냉매량을 조절한다.
㉢ 전자 밸브 : 솔레노이드 밸브(solenoid valve)라고도 하며 팽창 밸브 앞에서 냉동기의 압축기가 정지하고 있을 때 냉매액이 증발기 내에 유입되는 것을 방지한다.

정답 20. ④ 21. ③ 22. ③ 23. ③ 24. ④ 25. ③

1-2 배관공작

1 배관용 공구 및 시공

(1) 사고의 원인

① 사용하는 수공구의 선정 미숙
② 사용 전의 점검, 정비의 불충분
③ 이용방법이 익숙하지 못했다.
④ 사용방법을 그르쳤다.

(2) 수공구의 관리

① 정리정돈이 잘 되어 있어야 한다.
② 공구는 다른 공구의 대용이 되어서는 안 된다.
③ 안전관리 담당자들은 정기적으로 공구를 점검해야 한다.

(3) 사용상 유의사항

① 사용 전의 주의사항
㈎ 결함 유무를 확인할 것
㈏ 그 성능을 충분히 파악한 다음 사용할 것
㈐ 손이나 공구에 묻은 기름은 깨끗하게 닦을 것
㈑ 주위 환경에 주의해서 작업을 시작할 것
㈒ 정 작업 시는 칸막이를 준비할 것
② 사용 중의 주의사항
㈎ 좋은 공구를 사용할 것
㉮ 해머에 쐐기가 없는 것, 자루가 빠지려고 하는 것은 사용하지 말 것
㉯ 스패너는 너트에 잘 맞는 것을 사용할 것
㉰ 드라이버는 구부러진 것이나 끝이 둥글게 된 것은 사용하지 말 것
㉱ 날물류는 잘 연마하여 예리하게 만들고 잘 깎이는 것을 사용할 것
㈏ 수공구는 그 목적 이외의 용도에는 사용하지 말 것(본래의 용도에만 사용할 것)
③ 사용 후의 주의사항
㈎ 사용한 공구의 정리정돈을 잘해둘 것
㈏ 공구는 기계나 재료 등의 위에 놓지 말 것

㈐ 사용 후 반드시 점검하여 보관 및 관리할 것
㈑ 반드시 지정된 장소에 갖다 놓을 것

(4) 수공구류의 안전수칙

① 해머작업
㈎ 해머는 장갑을 낀 채로 사용하지 말 것
㈏ 해머는 처음부터 힘을 주어 치지 말 것
㈐ 녹이 슨 공작물을 칠 때는 보호 안경을 착용할 것
㈑ 해머 대용으로 다른 것을 사용하지 말 것
㈒ 좁은 장소에서 사용하지 말 것
㈓ 큰 해머 사용 시 작업자의 힘을 생각하여 무리하지 말 것

② 정 작업
㈎ 정 작업을 할 때는 보호 안경을 착용할 것
㈏ 담금질 된 재료를 깎아내지 말 것
㈐ 자르기 시작할 때와 끝날 무렵에는 세게 치지 말 것
㈑ 절단 시 조각이 튀는 방향에 주의할 것
㈒ 정을 잡은 손은 힘을 뺄 것

③ 스패너 작업
㈎ 스패너에 무리한 힘을 가하지 말 것
㈏ 만약 벗겨져도 안전하도록 주위를 살필 것
㈐ 넘어지지 않도록 몸을 가눌 것
㈑ 스패너의 손잡이에 파이프를 끼워서 사용하거나, 해머로 두들겨서 사용하지 말 것
㈒ 스패너와 너트 사이에는 절대로 다른 물건을 끼우지 말 것
㈓ 스패너의 고정된 자루에 힘이 걸리도록 하여 앞으로 당길 것

④ 그라인더 작업
㈎ 그라인더 작업은 정면을 피해서 작업할 것
㈏ 받침대가 3 mm 이상 열렸을 때는 사용하지 말 것
㈐ 그라인더 작업 시 반드시 보호 안경을 착용할 것
㈑ 숫돌의 옆면은 압력에 약하므로 절대 측면을 사용하지 말 것
㈒ 안전 덮개를 반드시 부착 후 사용할 것

⑤ 줄, 드라이버, 바이스 및 기타작업
㈎ 줄을 망치 대용으로 쓰지 말 것

(나) 줄은 반드시 자루에 끼워서 사용할 것
(다) 줄질 후 쇳가루를 입으로 불어내지 말 것
(라) 드라이버의 끝이 상하지 않은 것을 사용할 것
(마) 드라이버는 홈에 잘 맞는 것을 사용할 것
(바) 바이스에 물건을 물릴 때 확실하게 물릴 것
(사) 바이스에 공구, 재료 등을 올려 놓지 말 것
(아) 서피스 게이지는 사용 후, 즉시 뾰족한 끝이 아래로 향하게 할 것

(5) 산업 안전색채

① 적색 : 방화, 정지, 금지, 방향, 위험물 표시
② 녹색 : 진행, 구호, 구급, 안전지도 표시, 응급처치용 장비
③ 백색 : 통로, 정리, 정돈 (보조용)
④ 주황색 : 위험
⑤ 황색 : 조심, 주의, 위험표시
⑥ 흑색 : 보조용 (다른 색을 돕는다.)
⑦ 청색 : 출입금지, 수리 중, 송전 중

2 관이음 방법

(1) 나사 접합

소구경관의 접합 (50 A 이하)으로 테이퍼 나사 (PT)와 평행 나사 (PF)가 있다.

① 절 단 : 수동공구, 동력기계, 가스절단
② 나사 절삭 : 오스터, 동력기계
③ 패킹 : 페인트, 흑연, 일산화연, 액상수지
④ 관용 테이퍼 나사 : 테이퍼 1/16, 나사산 55°
⑤ 조립 : 관과 소켓 사용
⑥ 관 이음쇠의 사용 목적에 따른 분류
(가) 관의 방향을 바꿀 때 : 엘보 (elbow), 벤드 (bend) 등
(나) 배관을 분기할 때 : 티 (tee), 와이 (Y), 크로스 (cross) 등
(다) 동경의 관을 직선 연결할 때 : 소켓 (socket), 유니언 (union), 플랜지 (flange), 니플 (nipple) 등
(라) 이경관을 연결할 때 : 이경엘보, 이경소켓, 이경티, 부싱 (bushing) 등

(마) 관의 끝을 막을 때 : 캡 (cap), 플러그 (plug)

(바) 관의 분해 수리 교체가 필요할 때 : 유니언, 플랜지 등

⑦ 이음쇠는 제조 후 25 kg/cm^2의 수압시험과 5 kg/cm^2 공기압 시험을 실시하여 누설이나 기타 이상이 없어야 한다. 이음쇠의 크기를 표시하는 방법은 다음 그림과 같다.

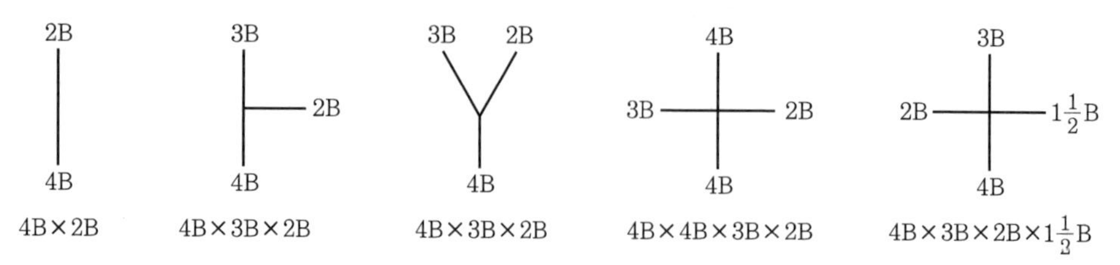

이음쇠의 크기 표시와 종류

(가) 지름이 같은 경우에는 호칭지름으로 표시한다.

(나) 지름이 2개인 경우에는 지름이 큰 것을 첫 번째, 작은 것을 두 번째 순서로 기입한다.

(다) 지름이 3개인 경우에는 동일 중심선 또는 평행 중심선상에 있는 지름이 큰 것을 첫 번째, 작은 것을 두 번째, 세 번째로 기입한다. 단, 90° Y 인 경우에는 지름이 큰 것을 첫 번째, 작은 것을 두 번째, 세 번째로 기입한다.

(라) 지름이 4개인 경우에는 가장 큰 것을 첫 번째, 이것과 동일 중심선상에 있는 것을 두 번째, 나머지 2개 중에서 지름이 큰 것을 세 번째, 작은 것을 네 번째로 기입한다.

(2) 용접 접합

① 방법 : 가스 용접, 전기 용접

② 종류 : 맞대기 이음, 슬리브 이음, 플랜지 용접 이음

③ 누수가 없고 관지름의 변화도 없다.

④ 용접봉 : 고산화티탄계, 일미나이트계

참고 용접 이음쇠 엘보 및 벤드의 장반경 (long elbow)은 호칭지름의 1.5배, 단반경 (short elbow)은 호칭지름과 같고, 슬리브 용접의 슬리브 길이는 지름의 1.2 ~ 1.7배이다.

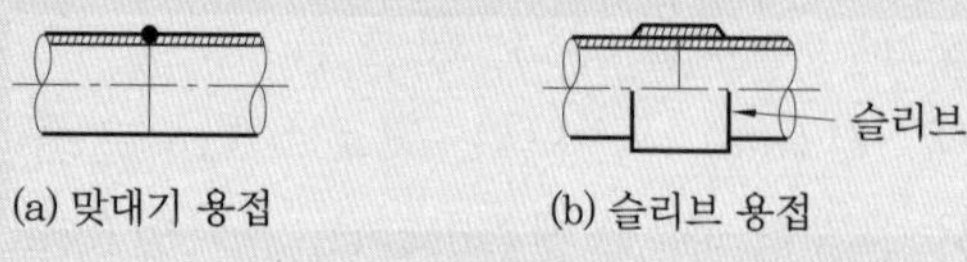

(a) 맞대기 용접 (b) 슬리브 용접

⑤ 장점

㈎ 유체의 저항 손실이 적다.

㈏ 접합부의 강도가 강하며 누수의 염려도 없다.

㈐ 보온 피복 시공이 용이하다.

㈑ 중량이 가볍다.

㈒ 시설유지 보수비가 절감된다.

㈓ 일미나이트계, 고산화티탄계 ϕ 3 ~ 5 mm를 사용한다.

(3) 플랜지(flange) 접합

① 설치하는 경우

㈎ 압력이 높은 경우

㈏ 분해할 필요성이 있는 경우

㈐ 관지름이 큰 경우(65 mm 이상)

㈑ 밸브, 펌프, 열교환기, 압축기 등의 각종 기기 접속

② 부착 방법 : 용접식, 나사식(볼트, 너트는 대각선으로 균일한 압력으로 조일 것)

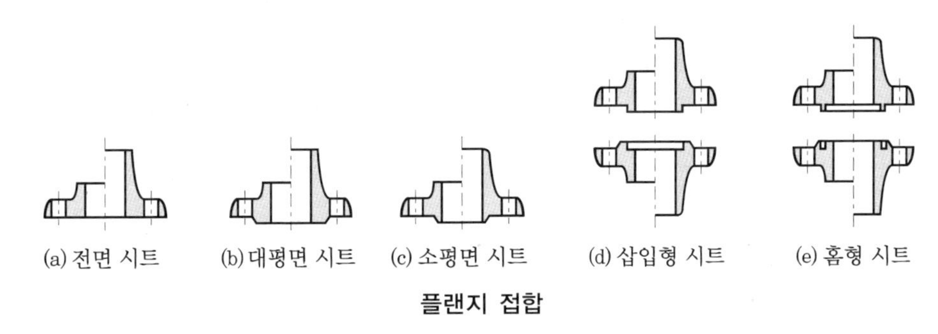

플랜지 접합

플랜지 시트의 형상

플랜지의 종류	호칭압력(kg/cm^2)	용도
전면 시트	16 이하	주철제 및 구리합금제 플랜지
대평면 시트	63 이하	부드러운 패킹을 사용하는 플랜지
소평면 시트	16 이상	경질의 패킹을 사용하는 플랜지
삽입형 시트	16 이상	기밀을 요하는 경우
홈꼴형 시트	16 이상	위험성 유체 배관 및 기밀 유지

(4) 벤딩

① 곡률 반지름 : 관지름의 3～6배 이상으로 하며, 6 이상 시에는 마찰저항이 적다.

② 벤딩의 산출길이

$$L = l_1 + l_2 + l \quad (\text{여기서, } l = \pi D \frac{\theta}{360} = 2\pi R \frac{\theta}{360})$$

③ 직선길이의 산출

$$L = l + 2(A-a),\ l = L - 2(A-a),\ l' = L - (A-a)$$

④ 빗변길이의 산출

$$L = \sqrt{l_1^2 + l_2^2}$$

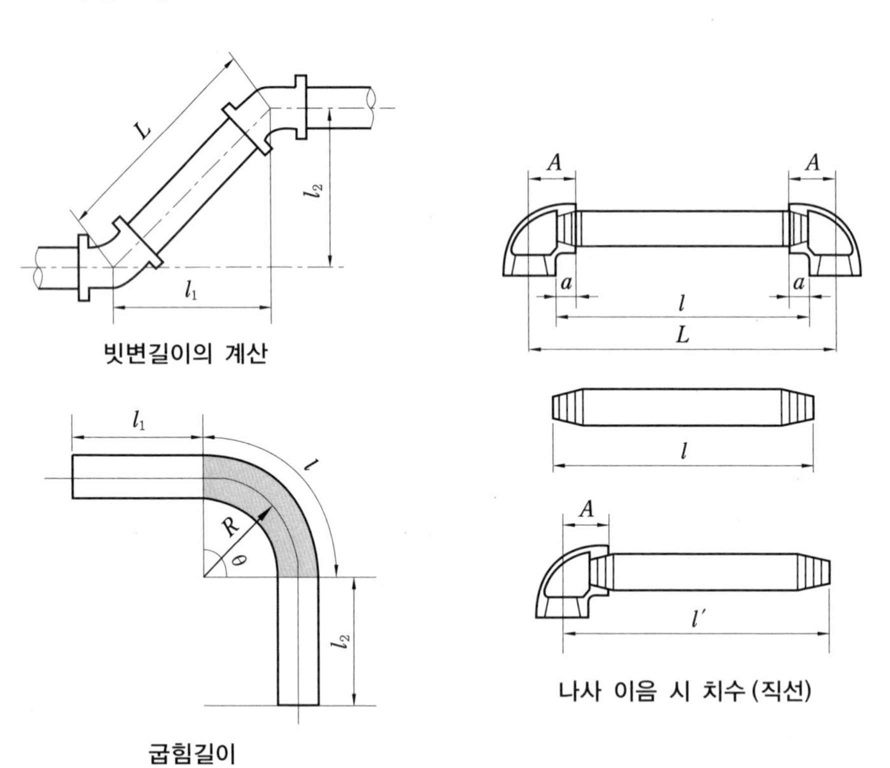

빗변길이의 계산

굽힘길이

나사 이음 시 치수(직선)

3 신축 이음(expansion joint)

(1) 슬리브형(sleeve type expansion joint)

① 설치 공간을 넓게 차지하지 않는다.
② 고압 배관에는 부적당하다(8 kg/cm^2 이하).
③ 자체 응력 및 누설이 없다.
④ 50 A 이하는 청동제의 나사형 이음쇠이고, 65 A 이상은 본체의 일부 또는 전부가 주철제이고 슬리브관은 청동제이다.
⑤ 신축량은 50 ~ 300 mm 정도이다.

(2) 벨로스형 신축 이음쇠(bellows type joint)

① 설치 공간을 넓게 차지하지 않는다.
② 고압 배관에는 부적당하다.
③ 자체 응력 및 누설이 없다.
④ 벨로스는 부식되지 않는 스테인리스 제품을 사용한다.
⑤ 신축량은 6 ~ 30 mm 정도이다.

(3) 루프형 신축 이음쇠(loop type expansion joint)

① 설치 공간을 많이 차지한다.
② 신축에 따른 자체 응력이 생긴다.
③ 고온·고압의 옥외 배관에 많이 사용된다.
④ 관의 곡률 반지름은 6배 이상으로 한다(관을 주름잡을 때는 곡률 반지름을 2 ~ 3배로 한다).

(4) 스위블형 신축 이음쇠(swivel type expansion joint)

① 증기 및 온수난방용 배관에 많이 사용된다. 2개 이상의 엘보를 사용하여 이음부의 나사 회전을 이용해서 배관의 신축을 이 부분에서 흡수한다.
② 신축의 크기는 회전관의 길이에 따라 정해지며, 직관의 길이 30 m에 대하여 회전관 1.5 m 정도 조립한다.

(5) 볼 조인트

① 평면상의 변위뿐만 아니라 입체적인 변위까지도 안전하게 흡수하여 볼 이음쇠를 2개 이상 사용하면 회전과 기울임이 동시에 가능하다.
② 축방향의 힘과 굽힌 부분에 작용하는 회전력을 동시에 처리할 수 있으므로 온수 배관 등에 많이 사용된다.
③ 어떠한 형태의 신축에도 배관이 안전하고, 타 신축 이음에 비하여 앵커, 가이드, 스폿에도 간단히 설치할 수 있으며, 면적이 적게 소요된다.
④ 증기, 물, 기름 등 30 kg/cm^2에서 220℃까지 사용된다.

4 주철관의 집합

(1) 소켓 접합 (socket joint)

관의 소켓부에 납과 얀 (yarn)을 넣는 접합 방식이다.

> **참고** ① **석면 얀** : 석면 실을 꼬아서 만든 것
> ② **얀** : 마 (麻)를 가늘게 여러 가닥 합쳐 20 mm 정도 되도록 꼬아서 만든 것

① 접합부 주위는 깨끗하게 유지한다. 만일 물이 있으면 납이 비산하여 작업자에게 해를 준다.
② 얀 (누수 방지용)과 납 (얀의 이탈 방지용)의 양은 다음과 같다.
(가) 급수관일 때 : 깊이의 약 1/3을 얀, 2/3를 납으로 한다.
(나) 배수관일 때 : 깊이의 약 2/3를 얀, 1/3을 납으로 한다.
③ 납은 충분히 가열한 후 산화납을 제거하고, 접합부 1개소에 필요한 양을 단 한번에 부어 준다.
④ 납이 굳은 후 코킹 (다지기)작업을 한다.

(2) 기계적 접합 (mechanical joint)

150 mm 이하의 수도관용으로 소켓 접합과 플랜지 접합의 장점을 취한 방법이다.
① 지진, 기타 외압에 대한 가요성이 풍부하여 다소의 굴곡에도 누수되지 않는다.
② 작업이 간단하며 수중작업도 용이하다.
③ 기밀성이 좋다.

④ 간단한 공구로서 신속하게 이음이 되며 숙련공이 필요하지 않다.
⑤ 고압에 대한 저항이 크다.

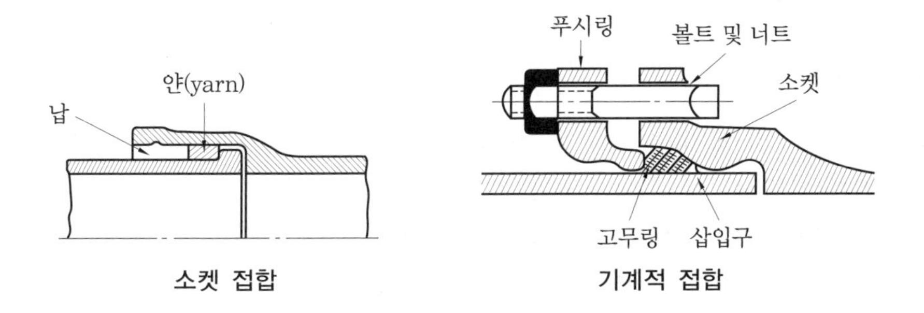

소켓 접합 기계적 접합

(3) 빅토릭 접합(victoric joint)

가스 배관용으로 빅토릭형 주철관을 고무링과 칼라(누름판)를 사용하여 접합한다. 압력이 증가할 때마다 고무링이 더욱더 관벽에 밀착되어 누수를 방지하게 된다.

(4) 타이톤 접합(tyton joint)

이 방법은 미국 US 파이프 회사에서 개발한 세계 특허품으로서 현재 널리 이용되고 있는 새로운 이음 방법이다.

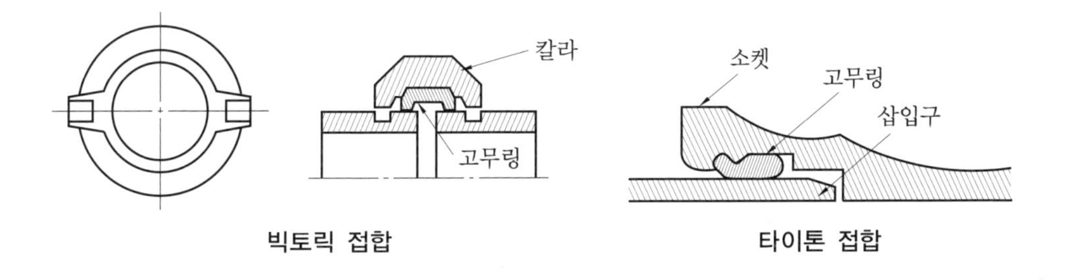

빅토릭 접합 타이톤 접합

(5) 플랜지 접합(flanged joint)

고압의 배관, 펌프 등의 기계 주위에 이용된다. 시공 시에는 플랜지를 죄는 볼트를 균등하게 대각선상으로 조인다. 패킹제로는 고무, 석면, 마, 납판 등이 사용된다.

5 동관 접합

땜 접합(납땜, 황동납땜, 은납땜)에 쓰이는 슬리브식 이음재와 관 끝을 나팔 모양으로 넓혀 플레어 너트(flare nut)로 죄어서 접속하는 이음 방법이 있다.

(1) 순동 이음재

① 용접 가열시간이 짧아 공수가 절감된다.
② 벽 두께가 균일하므로 취약부분이 적다.
③ 재료가 순동이므로 내식성이 좋아 부식에 의한 누수 우려가 없다.
④ 내면이 동관과 같아 압력 손실이 적다.
⑤ 외형이 크지 않은 구조이므로 배관 공간이 적어도 된다.
⑥ 다른 이음쇠에 의한 배관에 비해 공사비용을 절감할 수 있다.

(2) 동합금 이음재(bronze fitting)

나팔관식 접합용과 한쪽은 나사식, 다른 한쪽은 연납땜(soldering)이나 경납땜(brazing) 접합용의 이음재로 대별한다.

>>> 제1장

예상문제

1. 다음 그림과 같이 관 규격 20 A로 이음 중심 간의 길이를 300 mm로 할 때 직관길이 l은 얼마로 하면 좋은가? (단, 20 A의 90° 엘보는 중심선에서 단면까지의 거리가 32 mm이고, 나사가 물리는 최소길이가 13 mm이다.)

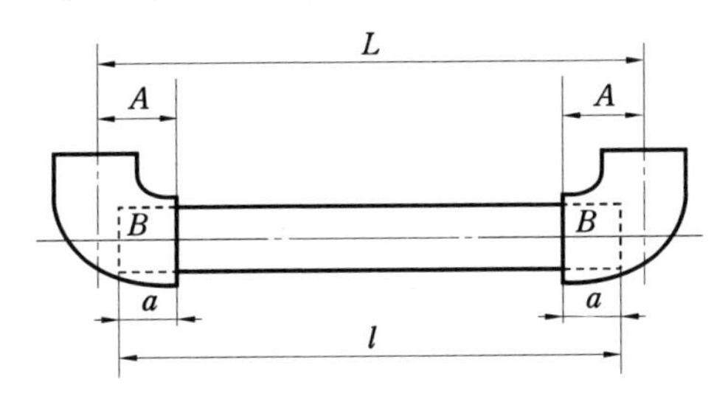

① 282 mm ② 272 mm
③ 262 mm ④ 252 mm

해설 배관의 중심선 길이를 L, 관의 실제 길이를 l, 부속의 끝 단면에서 중심선까지의 치수를 A, 나사가 물리는 길이를 a라 하면,
$L=l+2(A-a)$
∴ 실제 절단길이 $l=L-2(A-a)$이다.
따라서 식에 대입하여 풀면,
∴ $l=300-2(32-13)=262$ mm이다.

2. 다음 중 관용 나사 테이퍼는 얼마인가?

① $\frac{1}{16}$ ② $\frac{1}{32}$ ③ $\frac{1}{64}$ ④ $\frac{1}{50}$

해설 관용 나사는 주로 테이퍼 나사를 많이 이용하며, 테이퍼는 $\frac{1}{16}$이고 나사산의 각도는 55°이다.

3. 다음 중 용도가 다른 공구는?

① 벤드벤 ② 사이징 툴
③ 익스팬더 ④ 튜브 벤더

해설 ①은 연관용 공구이고, ②, ③, ④는 모두 동관용 공구이다.

4. 호칭지름 20 A의 강관을 180° 로 100 mm 반지름으로 구부릴 때 곡선의 길이는?

① 약 280 mm ② 약 158 mm
③ 약 315 mm ④ 약 400 mm

해설 $l=\pi D\cdot\frac{\theta}{360}=2\pi r\frac{\theta}{360}$
$=2\times\pi\times100\times\frac{180}{360}\fallingdotseq 315$ mm

5. 다음 중 관의 용접 접합 시의 이점이 아닌 것은 어느 것인가?

① 돌기부가 없어서 시공이 용이하다.
② 접합부의 강도가 커서 배관 용적을 축소할 수 있다.
③ 관 단면의 변화가 적다.
④ 누설의 염려가 없고 시설 유지비가 절감된다.

해설 용접 접합의 이점은 위의 ①, ③, ④ 외에 유체의 저항 손실 감소, 보온 피복 시공 용이, 중량이 가벼운 점 등을 들 수 있다.

6. 주철관의 접합 방법 중 옳은 것은?

① 관의 삽입구를 수구에 맞대어 놓는다.
② 얀은 급수관이면 틈새의 1/3, 배수관이면 2/3 정도로 한다.
③ 접합부에 클립을 달고 2차에 걸쳐 용연을 부어 넣는다.
④ 코킹 시 끌의 끝이 무딘 것부터 차례로 사용한다.

해설 ① 관의 삽입구를 수구(受口)에 끼워 놓는다.
③ 1차에 걸쳐 용연(녹은 납)을 부어 넣는다.
④ 코킹 시 끌의 끝이 얇은 것부터 차례로 사용한다.

정답 1. ③ 2. ① 3. ① 4. ③ 5. ② 6. ②

7. 다음은 주철관의 메커니컬 조인트(mechanical joint)에 대한 설명이다. 틀린 것은?

① 일본 동경의 수도국에서 창안한 방법이다.
② 수중작업도 용이하다.
③ 소켓 접합과 플랜지 접합의 장점만을 택하였다.
④ 작업은 간단하나 다소의 굴곡이 있어도 누수된다.

해설 메커니컬 조인트란 기계적 접합을 일컫는 것이며, 일본에서 지진과 외압에 견딜 수 있도록 창안해 낸 주철관의 접합법이다. 이 접합법은 다소의 굴곡이 있다고 해도 누수되지 않는다는 큰 장점을 지니고 있다.

8. 다음은 주철관의 빅토릭 접합에 관한 설명이다. 틀린 것은?

① 고무링과 금속제 칼라가 필요하다.
② 칼라는 관지름 350 mm 이하이면 2개의 볼트로 죄어 준다.
③ 관지름이 400 mm 이상일 때는 칼라를 4등분하여 볼트를 죈다.
④ 압력의 증가에 따라 더 심하게 누수되는 결점을 지니고 있다.

해설 빅토릭 접합은 압력이 증가함에 따라 고무링이 더욱더 관벽에 밀착하여 누수를 막는 작용을 한다.

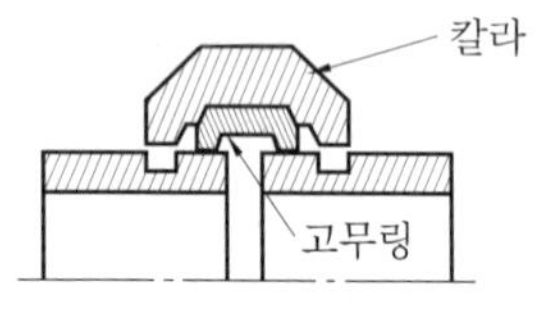

9. 주철관의 플랜지 접합 시 사용되는 패킹제에 해당되지 않는 것은?

① 고무　② 석면
③ 마, 납　④ 파이버

해설 고온의 증기가 통하는 배관에는 아스베스토스, 연동판, 슈퍼 히트 패킹 등이 주철관 플랜지 이음에 사용된다.

10. 지름 20 mm 이하의 동관을 이음할 때 또는 기계의 점검, 보수, 기타 관을 떼어내기 쉽게 하기 위한 동관의 이음 방법은?

① 플레어 이음　② 슬리브 이음
③ 플랜지 이음　④ 사이징 이음

해설 플레어 이음은 고정쇠 이음이라고도 하며 강관이 유니온에 의한 접합과 동일한 방법이라고 생각해도 좋다.

11. 플라스탄이 연관 내부에 흘러 들어가는 것을 방지하는 것은?

① 네오타니시　② 그리스
③ 프탈산암모늄　④ 벤젠

해설 네오타니시(neotarnish)는 밀가루에 설탕, 아교 등을 배합한 풀의 일종으로, 열에 의해 팽창하며 연관과의 접합면을 밀폐한다. 물에 잘 용해되며 수질에는 무해하다.

12. 만다린 이음(mandarin duck joint)의 순서 중 틀린 것은?

① 재료를 경사지게 자른다.
② 가열하여 벤드벤으로 구부린다.
③ 관에는 네오타니시, 소켓에는 크림 플라스탄을 바른다.
④ 접합부의 자연건조를 위하여 양지쪽에 둔다.

해설 만다린 이음은 연관 접합 중 수전 소켓을 접합하는 경우에 이용된다. ①, ②, ③의 순서 다음에 "접합부를 가열해 플라스탄으로 납땜한다."의 과정으로 마무리를 지어야 한다.

13. 다음은 경질 염화비닐관 접합에 관한 설명이다. 틀린 것은?

정답 7. ④ 8. ④ 9. ④ 10. ① 11. ① 12. ④ 13. ④

① 나사 접합 시 나사가 외부에 나오지 않도록 한다.
② 냉간 삽입 접속 시 관의 삽입길이는 바깥지름의 길이와 같게 한다.
③ 열간법 중 일단법은 50 mm 이하의 소구경관용이다.
④ PVC 관의 모떼기 작업은 보통 45° 각도로 한다.

해설 경질 염화비닐관의 나사 접합 시에는 나사의 길이를 강관보다 1~2산 짧게 하고 접합부 밖으로 나사산이 전혀 나오지 않게 삽입한다. 열간법은 일단법과 이단법이 있으며 이단법은 65 mm 이상의 대구경관용이다. 열간 접합법 시공 시 관 단부에 해 주는 모떼기 작업의 각도는 보통 30°로 한다.

14. 경질 염화비닐관의 삽입 접합 시 관지름에 따른 표준 삽입길이를 잘못 나타낸 것은?

① 16 A, 30 mm ② 20 A, 35 mm
③ 25 A, 45 mm ④ 40 A, 60 mm

해설 표준 삽입길이 (단위 : mm)

호칭지름	10	13	16	20	25	30
삽입길이	20	25	30	35	40	45
호칭지름	40	50	65	80	100	125
삽입길이	60	70	80	90	110	135
호칭지름	150	200	250	300	–	–
삽입길이	160	180	230	290	–	–

15. PVC 관 벤딩법에 관한 설명 중 틀린 것은?

① 경질 염화비닐관 벤딩 시 20 mm 이하의 관에는 모래 충진이 불필요하다.
② 경질 염화비닐관의 굽힘 반지름은 관지름의 3~6배가 적당하다.
③ 폴리에틸렌관을 바깥지름의 4배 이상의 굽힘 반지름으로 벤딩할 때는 상온 벤딩도 가능하다.
④ 굽힘 반지름이 작은 폴리에틸렌관의 벤딩은 열간으로 벤딩하여야 한다.

해설 폴리에틸렌관의 상온 벤딩이 가능한 굽힘 반지름은 관 바깥지름의 8배 이상이다.

16. 다음 중 이터닛관의 접합법에 해당되지 않는 것은?

① 기볼트 접합 ② 칼라 접합
③ 심플렉스 접합 ④ 테이퍼 접합

해설 이터닛관은 석면 시멘트관의 통칭이다. 기볼트 접합법은 흄관(원심력 철근 콘크리트관)의 접합에도 이용된다.

17. 다음 이종 관끼리의 접합 방법 중 잘못 설명된 것은?

① 연관의 끝에 도관을 접속할 때는 접속부 사이에 얀을 넣고 퍼티를 충진시켜 준다.
② 석면 시멘트관과 주철관의 접합 시에는 주철제 특수관을 매체로 한다.
③ 동관과 연관을 연결할 때는 동관의 끝을 플레어 공구로 넓혀 준 후 연관을 끼운다.
④ 주철관과 도관을 접합할 때에는 도관의 수구에 삽입구의 끝을 끼우고 그 틈새에 얀을 박은 후 모르타르를 채운다.

해설 동관과 연관을 접합할 때는 연관의 끝을 턴핀으로 넓힌 후에 동관을 삽입 밀착시켜 땜납으로 접합한다.

18. 폴리에틸렌관의 이음법 중에서 이음강도가 가장 확실하고 안전한 방법은?

① 용착 슬리브 이음
② 심플렉스 이음
③ 칼라 접합
④ 기볼트 접합

해설 ②, ③, ④는 석면 시멘트관의 접합이다.

정답 14. ③ 15. ③ 16. ④ 17. ③ 18. ①

19. 다음 중 철근 콘크리트관의 접합 방법을 잘못 설명한 것은?

① 칼라 접합 방법에서는 관과 관 사이에 주철제 칼라를 씌운다.
② 칼라를 씌운 후에는 관과의 사이에 콤포(compo)를 충진한다.
③ 모르타르 접합은 굽힘성이 전혀 없는 방법이므로 기볼트 접합을 병행한다.
④ 모르타르 접합에서 모르타르가 유출될 염려가 있을 때는 관과 관 사이에 얀(yarn)을 1 cm 정도 삽입하면 좋다.

해설 칼라 접합에는 철근 콘크리트제 칼라를 사용한다. 콤포(compo)는 모래와 시멘트를 수분 17 %에 1 : 1의 비율로 배합한 혼합물이다.

20. 주철관의 이음 방법 중에서 타이톤 이음(tyton joint)의 특징을 설명한 것으로 틀린 것은?

① 이음에 필요한 부품은 고무링 하나뿐이다.
② 이음 과정이 간단하며, 관 부설을 신속히 할 수 있다.
③ 비가 올 때나 물기가 있는 곳에서는 이음이 불가능하다.
④ 고무링에 의한 이음이므로 온도 변화에 따른 신축이 자유롭다.

해설 타이톤 접합은 원형의 고무링 하나만으로 접합하는 방법이다. 소켓 안쪽의 홈은 고무링을 고정시키도록 되어 있고, 삽입구의 끝은 고무링을 쉽게 끼울 수 있도록 테이퍼져 있다.

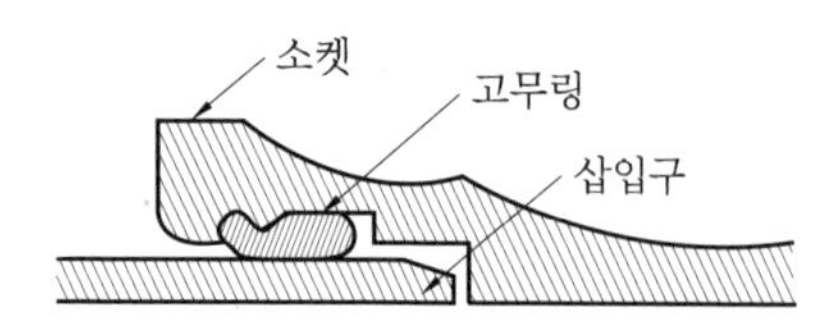

21. 25 mm 강관의 용접 이음용 롱 엘보의 중심선의 반지름은 얼마 정도로 하면 되는가?

① 25 mm ② 32 mm
③ 38 mm ④ 50 mm

해설 롱 엘보(long elbow)의 굽힘 반지름은 강관 호칭지름의 1.5배, 쇼트 엘보(short elbow)는 강관의 호칭지름과 같다.

22. 다음 패킹 시트의 종류 중 고압 위험성이 있을 때 적당한 것은?

① 홈 시트 ② 소평면 시트
③ 대평면 시트 ④ 삽입형 시트

해설 관 플랜지의 패킹 시트(packing seat)는 위의 4가지 외에 전면 시트를 포함하여 모두 5가지이다. 홈 시트는 채널형 시트라고도 하며, 호칭압력 16 kg/cm^2 이상의 위험성이 있고 극히 기밀을 요할 때 사용된다.

23. 다음 배관용 연결 부속 중 분해 조립이 가능하도록 하려면 무엇을 설치하면 되는가?

① 엘보, 티
② 리듀서, 부싱
③ 유니언, 플랜지
④ 캡, 플러그

해설 유니언은 후일 배관 도중에서 분기 증설할 때나 배관의 일부를 수리할 때 분해 조립이 가능해 편리하며, 주로 관지름 50 A 이하의 소구경관에 사용하고 그 이상의 대구경관에는 플랜지를 사용한다.

24. 강관 신축 이음은 직관 몇 m마다 설치해 주는 것이 좋은가?

① 10 ② 20
③ 30 ④ 40

해설 강관 신축 이음은 직관 30 m마다 1개소씩 설치하고, 경질 염화비닐관은 10 ~ 20 m마다 1개소씩 설치한다.

정답 19. ① 20. ③ 21. ③ 22. ① 23. ③ 24. ③

Chapter 02

배관관련 설비

2-1 ∘ 급수설비

1 급수설비 개요

(1) 급수량 (사용수량 = L/cd ; litre per capita per day)

① 평균 사용 수량을 기준으로 하면 여름에는 20 % 증가하고 겨울에는 20 % 감소한다.

② 도시의 1인당 평균 사용수량 (건축물의 사용수량) = 거주 인명수×(200 ~ 400) L/cd

③ 매시 평균 예상 급수량 $Q_h = \dfrac{Q_d}{T}$ [L/h]로 1일의 총급수량을 건물의 사용시간으로 나눈 것이다.

④ 매시 최대 예상 급수량 $Q_m = (1.5 \sim 2) Q_h$ [L/h]

⑤ 순간 최대 예상 급수량 $Q_p = \dfrac{(3 \sim 4) Q_h}{60}$ [L/min]

(2) 급수량의 산정 방법

① 건물 사용 인원에 의한 산정 방법

$$Q_d = q \cdot N \text{ [L/d]}$$

여기서, Q_d : 그 건물의 1일 사용수량 (L/d) q : 건물별 1인 1일당 급수량 (L/h)
N : 급수 대상인원 (인)

② 건물 면적에 의한 산정 방법

$$Q_d = A \cdot K \cdot N \cdot q = Q \cdot N \text{ [L/d]}$$

$$A' = A \cdot \frac{K}{100}$$

$$N = A' \times a$$

여기서, A' : 건물의 유효면적 (m^2)
A : 건물의 연면적 (m^2)
K : 건물의 연면적에 대한 유효면적 비율
a : 유효면적당 비율
N : 유효면적당 인원 (인/m^2)
q : 건물 종류별 1인 1일당 급수량 (L/cd)

③ 사용기구에 의한 산정 방법

$$Q_d = Q_f \cdot F \cdot P \text{ [L/d]}$$

$$q_m = \frac{Q_d}{H} \cdot m \text{ [L/d]}$$

여기서, Q_d : 1인당 급수량 (L/d)
Q_f : 기구의 사용수량 (L/d)
q_m : 시간당 최대 급수량 (L/h)
H : 사용시간
F : 기구 수 (개)
P : 동시 사용률
m : 계수 (1.5 ~ 2)

(3) 급수 방법

① 직결 급수법 (direct supply system)

(가) 우물 직결 급수법
(나) 수도 직결 급수법

② 고가탱크식 급수법 (elevated tank system) : 탱크의 크기는 1일 사용 수량의 1 ~ 2시간분 이상의 양 (소규모 건축물은 2 ~ 3시간분)을 저수할 수 있어야 되며 설치높이는 샤워실 플러시 밸브의 경우 7 m 이상, 보통 수전은 3 m 이상이 되도록 한다.

③ 압력탱크식 급수법 (pressure tank system) : 지상에 압력탱크를 설치하여 높은 곳에 물을 공급하는 방식으로 압력탱크는 압력계·수면계·안전밸브 등으로 구성된다.

참고 옥상탱크식에 비교한 압력탱크의 결점

① 정전 시 단수된다.
② 양정이 높은 펌프가 필요하다.
③ 급수압이 일정하지 않고 압력차가 크다.
④ 고장이 많고 취급이 어렵다.
⑤ 소규모를 제외하고 압축기로 공기를 공급해야 된다.
⑥ 압력탱크는 기밀을 요하며, 높은 압력에 견딜 수 있어야 되므로 제작비가 고가이다.

④ 가압 펌프식 : 압력탱크 대신에 소형의 서지탱크 (surge tank)를 설치하여 연속 운전이 되는 펌프 한 대 외에 보조 펌프를 여러 대 작동시켜서 운전한다.

2 급수설비 배관

(1) 급수 배관

① 배관의 구배

(가) 1/250 끝올림 구배 (단, 옥상 탱크식에서 수평주관은 내림 구배, 각 층의 수평지관은 올림 구배)

(나) 공기빼기 밸브의 부설 : 조거형 (ㄷ자형) 배관이 되어 공기가 괼 염려가 있을 때 부설한다.

(다) 배니 밸브 설치 : 급수관의 최하부와 같이 물이 괼 만한 곳에 설치한다.

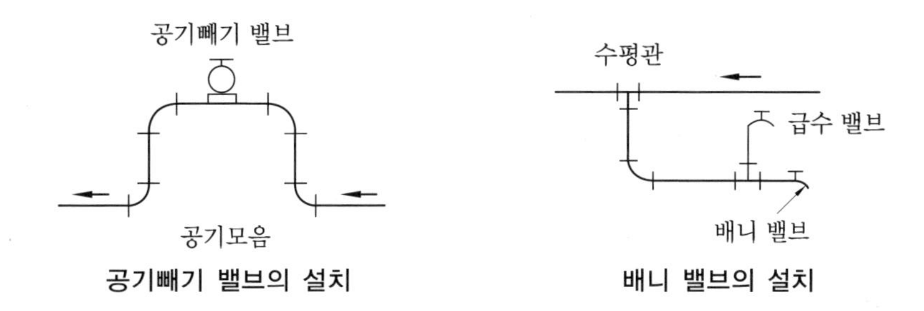

공기빼기 밸브의 설치 배니 밸브의 설치

② 수격작용 : 세정 밸브 (flush valve)나 급속개폐식 수전 사용 시 유속의 불규칙한 변화로 유속을 m/s로 표시한 값의 14배 이상의 압력과 소음을 동반하는 현상이다. 그 방지책으로는 급속개폐식 수전 근방에 공기실 (air chamber)을 설치한다.

③ 급수관의 매설 (hammer head) 깊이

(가) 보통 평지 : 450 mm 이상

(나) 차량 통로 : 750 mm 이상

(다) 중차량 통로, 냉한 지대 : 1 m 이상

④ 분수전 (corporation valve) 설치

(가) 각 분수전의 간격은 300 mm 이상, 1개소당 4개 이내로 설치한다.

(나) 급수관 지름이 150 mm 이상일 때는 25 mm의 분수전을 직결한다.

(다) 100 mm 이하일 때 50 mm의 급수관을 접속하려면 T자관이나 포금제 리듀서를 사용한다.

⑤ 급수 배관의 지지 : 서포트 곡부 또는 분기부를 지지하며 급수 배관 중 수직관에는 각 층마다 센터 레스트 (center rest)를 장치한다.

수평관의 지지간격

관 지름	지지간격	관 지름	지지간격
20 A 이하	1.8 m	90 ~ 150 A	4.0 m
25 ~ 40 A	2.0 m	200 ~ 300 A	5.0 m
50 ~ 80 A	3.0 m	–	–

(2) 펌프 설치

① 펌프와 모터 축심을 일직선으로 맞추고 설치 위치는 되도록 낮춘다.
② 흡입관의 수평부 : 1/50 ~ 1/100의 끝올림 구배를 주며, 관지름을 바꿀 때는 편심 이음쇠를 사용한다.
③ 풋 밸브(foot valve)의 장치 : 동수위면에서 관지름의 2배 이상 물속에 장치한다.
④ 토출관 : 펌프 출구에서 1 m 이상 위로 올려 수평관에 접속한다. 토출양정이 18 m 이상 될 때는 펌프의 토출구와 토출 밸브 사이에 역지 밸브를 설치한다.

2-2 급탕설비

1 급탕설비의 개요

(1) 배관 구배

중력 순환식은 1/150, 강제 순환식은 1/200의 구배로 하고, 상향 공급식은 급탕관을 끝올림 구배, 복귀관을 끝내림 구배로 하며 하향 공급식은 급탕관, 복귀관 모두 끝내림 구배로 한다.

(2) 팽창탱크와 팽창관의 설치

팽창탱크의 높이는 최고층 급탕 콕보다 5 m 이상 높은 곳에 설치하며 팽창관 도중에 절대로 밸브류 장치를 해서는 안 된다.

2 급탕설비 배관

(1) 저장탱크와 급탕관

① 급탕관은 보일러나 저탕탱크에 직결하지 말고 일단 팽창탱크에 연결한 후 급탕한다.
② 복귀관은 저장탱크 하부에 연결하며 급탕 출구로부터 최원거리를 택한다.
③ 저장탱크와 보일러의 배수는 일반 배수관에 직결하지 말고 일단 물받이(route)로 받아 간접 배수한다.

(2) 관의 신축대책

① 배관의 곡부 : 스위블 조인트를 설치한다.
② 벽 관통부 배관 : 강관제 슬리브를 사용한다.
③ 신축 조인트 : 루프형 또는 슬리브형을 택하고 강관일 때 직관 30 m마다 1개씩 설치한다.
④ 마룻바닥 통과 시에는 콘크리트 홈을 만들어 그 속에 배관한다.

(3) 복귀탕의 역류방지

각 복귀관을 복귀주관에 연결하기 전에 역지 밸브를 설치한다. 45° 경사의 스윙식 역지 밸브를 장치하며 저항을 작게 하기 위하여 1개 이상 설치하지 않는다.

(4) 관지름 결정

다음 계산식에 의해 산출한 순환수두에서 급탕관의 마찰손실 수두를 뺀 나머지 값을 복귀관의 허용 마찰손실로 하여 산정하고, 보통 복귀관을 급탕관보다 1～2 구경 작게 한다.

(5) 자연순환식(중력순환식)의 순환수두 계산법

$$H = 1000(\rho_r - \rho_f)h \text{ [mmAq]}$$

여기서, h : 탕비기에서의 복귀관 중심에서 급탕 최고 위치까지의 높이(m)
ρ_r : 탕비기에서의 복귀 탕수의 밀도(kg/L)
ρ_f : 탕비기 출구의 열탕의 밀도(kg/L)

(6) 강제순환식의 펌프 전양정

$$H = 0.01\left(\frac{L}{2} + l\right) \text{[mmH}_2\text{O]}$$

여기서, L : 급탕관의 전 길이(m), l : 복귀관의 전 길이(m)

(7) 온수 순환펌프의 수량

$$Q = 60\,W\rho\,C\Delta t \text{ [kcal/h]} \qquad W = \frac{Q}{60\Delta t} \text{ [L/min]}$$

여기서, W : 순환수량(L/min)　　ρ : 탕의 밀도(kg/L)
C : 탕의 비열(kcal/kg·℃)　　Q : 방열량(kcal/h)
Δt : 급탕관탕의 온도차(℃) [강제순환식일 때 5～10℃]

2-3 배수통기 설비

1 배수통기 설비의 개요

배수설비라 하면 건물 내부에서 사용되는 각종 위생기구로부터 사용하고 남은 폐수와 그 폐수 중 특히 대, 소변기 등에서 나오는 오수를 합친 설비를 말하며, 그 배수관에서 발생하는 유취, 유해 가스의 옥내 침입방지를 위해 설치하는 배관을 통기설비라 한다.

(1) 트랩의 구비조건

① 구조가 간단할 것
② 봉수가 유실되지 않는 구조일 것
③ 트랩 자신이 세정 작용을 할 수 있을 것
④ 재료의 내식성이 풍부할 것
⑤ 유수면이 평활하여 오수가 머무르지 않는 구조일 것

(2) 트랩의 봉수 유실 원인

① 자기 사이펀 작용 : 배수 시에 트랩 및 배수관은 사이펀관을 형성하여 기구에 만수된 물이 일시에 흐르게 되면 트랩 내의 물이 자기 사이펀 작용에 의해 모수 배수관 쪽으로 흡인되어 배출하게 된다. 이 현상은 S 트랩의 경우에 특히 심하다.

② 흡출 작용 : 수직관 가까이에 기구가 설치되어 있을 때 수직관 위로부터 일시에 다량의 물이 낙하하면 그 수직관과 수평관의 연결부에 순간적으로 진공이 생기고 그 결과 트랩의 봉수가 흡입 배출된다.

③ 분출 작용 : 트랩에 이어진 기구 배수관이 배수 수평지관을 경유 또는 직접 배수 수직관에 연결되어 있을 때, 이 수평지관 또는 수직관 내를 일시에 다량의 배수가 흘러내리는 경우 그 물덩어리가 일종의 피스톤 작용을 일으켜 하류 또는 하층 기구의 트랩 속 봉수를 공기의 압력에 의해 역방향인 실내 쪽으로 역류시키기도 한다.

④ 모세관 현상 : 트랩의 오버 플로우관 부분에 머리카락·걸레 등이 걸려 아래로 늘어뜨려져 있으면 모세관 작용으로 봉수가 서서히 흘러내려 마침내 말라버리게 된다.

⑤ 증발 : 위생 기구를 오래도록 사용하지 않는 경우 또는 사용도가 적고 사용하는 시간 간격이 긴 기구에서는 수분이 자연 증발하여 마침내 봉수가 없어지게 된다. 특히 바닥을 청소하는 일이 드문 바닥 트랩에서는 물의 보급을 게을리 하면 이 현상이 자주 일어난다.

⑥ 운동량에 의한 관성 : 보통은 일어나지 않는 현상이나 위생 기구의 물을 갑자기 배수하는 경우, 또는 강풍 기타의 원인으로 배관 중에 급격한 압력변화가 일어났을 경우, 트랩 U자형의 양 봉수면에 상하 번갈아 동요가 일어나 봉수가 감소하며 결국은 봉수가 전부 없어지는 경우가 있다.

2 배수통기 설비 배관

(1) 배수관의 시공법 : 배수관의 배관은 다음과 같은 요령으로 시공한다.

① 회로 (환상) 통기 방식의 기구 배수관을 배수 수평관에 연결할 때는 배수 수평관의 측면에 45° 경사지게 접속하며 배수 수평관 위에 수직으로 연결하여서는 안 된다.
② 각 기구의 일수관은 기구 트랩의 배수 입구쪽에 연결하되, 배수관에 2중 트랩을 만들어서는 안된다.
③ 연관 배수관의 구부러진 부분에 다른 배관을 접속해서는 안 된다.
④ 자동차 차고의 수세기 배수관은 반드시 가솔린 트랩에 유도한다.
⑤ 냉장고의 배수관은 반드시 간접 배관을 하여 물을 일단 루트에 받아서 모아 하류 배수관으로 배출시킨다.
⑥ 빗물 배수 수직관에 다른 배수관을 연결해서는 안 된다.

(2) 통기관 시공법

① 각 기구의 각개 통기관은 기구의 오버 플로선보다 150 mm 이상 높게 세운 다음 수직 통기관에 접속한다.
② 바닥에 설치하는 각개 통기관에 수평부를 만들어서는 안 된다.
③ 회로 통기관은 최상층 기구의 앞쪽에 수평 배수관에 연결한다.
④ 통기 수직관을 배수 수직관에 접속할 때는 최하위 배수 수평 분기관보다 낮은 위치에 45° Y 조인트로 접속한다.
⑤ 통기관의 출구는 그대로 옥상까지 수직으로 뽑아 올리거나 배수 신정 통기관에 연결한다.
⑥ 차고 및 냉장고의 배수관 통기관은 단독으로 수직 배관을 하여 안전한 곳에서 대기 속에 배기 구멍을 내며, 다른 통기관에 연결하여서는 안 된다.
⑦ 추운 지방에서 얼거나 강설 등으로 통기관 개구부가 막힐 염려가 있을 때에는 일반 통기 수직관보다 개구부를 크게 한다.

⑧ 간접 특수 배수 수직관의 신정 통기관은 다른 일반 배수 수직관의 신정 통기관 또는 통기 수직관에 연결시켜서는 안 되며, 단독으로 옥외로 뽑아 대기 중에 배기시킨다.
⑨ 배수 수평관에서 통기관을 뽑아 올릴 때는 배수관 윗면에서 수직으로 뽑아 올리든가 45°보다 작게 기울여 뽑아 올린다.

(3) 청소구의 설치

① 실내 청소구(clean out) : 크기는 배관의 지름과 같게 하고 배수 관경이 100 mm 이상일 때는 100 mm로 하여도 무관하다. 설치 간격도 관경 100 mm 미만은 수평관 직선거리 15 m마다, 관경 100 mm 이상의 관은 30 m마다 1개소씩 설치한다.
〈설치 장소〉
㈎ 가옥 배수관이 부지 하수관에 연결되는 곳
㈏ 배수 수직관의 가장 낮은 곳
㈐ 배수 수평관의 가장 위쪽의 끝
㈑ 가옥 배수 수평지관의 시작점
㈒ 각종 트랩의 하부

② 실외 청소구(box seat : man hole) : 배수관의 크기, 암거(pit)의 크기, 매설 깊이 등에 따라 검사나 청소에 지장이 없는 크기로 하며 직진부에서는 관경의 120배 이내마다 1개소씩 설치한다.
〈설치 장소〉
㈎ 암거의 기점, 합류점, 곡부
㈏ 배수관의 경우에는 지름이나 종류가 다른 암거의 접속점

(4) 배수관의 지지

관의 종류	수직관	수평관	분기관 접속 시
주철관일 때	각 층마다	1.6 m마다 1개소	1.2 m마다 1개소
연관일 때	1.0 m마다 1개소 수직관은 새들이 달아 지지, 바닥 위 1.5 m까지 강판으로 보호한다.	1.0 m마다 1개소 수평관이 1 m를 넘을 때는 관을 아연제 반원 홈통에 올려놓고 2군데 이상 지지한다.	0.6 m 이내에 1개소

2-4 난방설비

1 난방설비의 개요

(1) 수배관

① 통수 방식에 의한 분류

(가) 개방류 방식 : 한번 사용한 물을 재순환시키지 않고 배수하는 방식이다.

(나) 재순환 방식 : 한번 사용한 물을 환수시켜 재사용하는 방식이다.

② 회로 방식에 의한 분류

(가) 개방회로 (open circuit) 방식 : 냉각탑이나 축열조를 사용하는 냉수 배관과 같이 순환수가 대기와 개방되어 접촉하는 방식이다.

(나) 밀폐회로 (closed circuit) 방식 : 열교환기와 방열기를 연결하는 배관과 같이 순환수를 대기와 접촉시키지 않으므로 물의 체적 팽창을 흡수하기 위한 팽창탱크를 설치하여야 한다.

③ 환수 방식에 의한 분류

(가) 다이렉트 리턴 (직접 환수 회로) 방식 : 방열기 전체의 수저항이 배관의 마찰손실에 비하여 큰 경우 또는 방열기 수저항이 다른 경우에 채용한다.

(나) 리버스 리턴 방식 : 공급관과 환수관의 이상적인 수량의 배분과 입상관에서 정수두의 영향이 없게 하기 위하여 채용한다.

(다) 다이렉트 리턴과 리버스 리턴 병용식 : 경제성 수량 밸런스의 난이, 시공의 난이 등을 고려하기 위하여 채용한다.

④ 제어 방식에 의한 분류

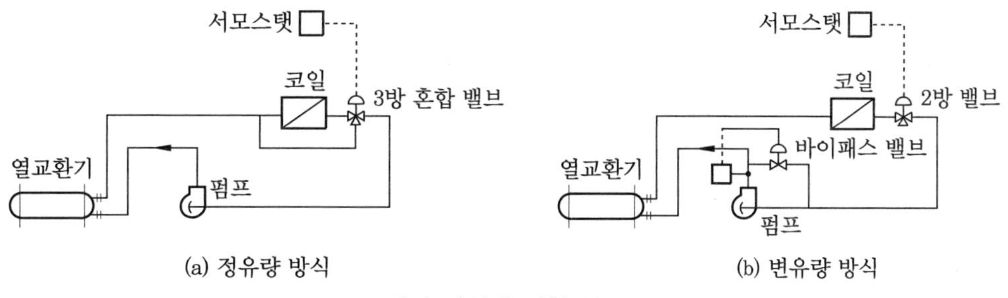

제어 방식에 의한 분류

(가) 정유량 방식 : 3방 밸브를 사용하는 방식이며 부하변동에 대하여 순환수의 온도차를 이용하는 방식이다.

(나) 변유량 방식 : 2방 밸브를 사용하는 방식이며 부하변동에 대하여 순환수량을 변경시켜 대응하는 방식이다.

⑤ 배관 개수에 의한 분류

(가) 1관식 : 공급관과 환수관의 역할을 함께 하며 소규모의 온수난방에 사용한다. 결점으로 실온 개별 제어가 곤란하고 실온의 언밸런스가 생긴다. 바이패스 방식과 루프 방식이 있다.

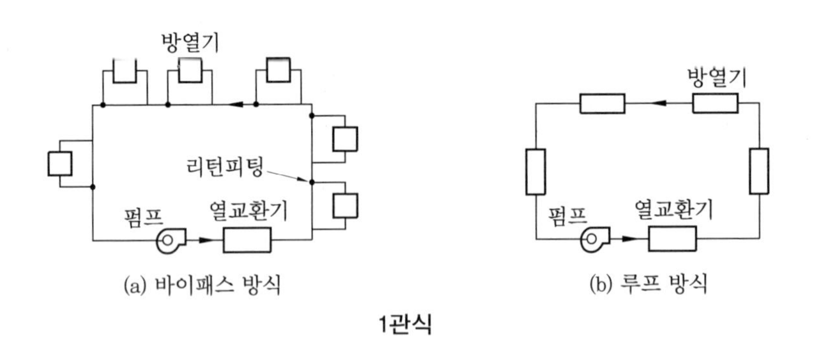

1관식

(나) 2관식 : 공급관과 환수관이 1개씩이며 가장 일반적으로 사용된다.

(다) 3관식 : 2개의 공급관과 1개의 공통환수관을 접속하여 냉수 또는 온수를 공급하는 방식으로, 배관공사는 2관식보다 복잡하나 완전 개별 제어를 할 수 있어 부하변동에 대한 응답이 신속하다. 결점으로 환수관이 1개이므로 냉·온수의 혼합 열손실이 있다.

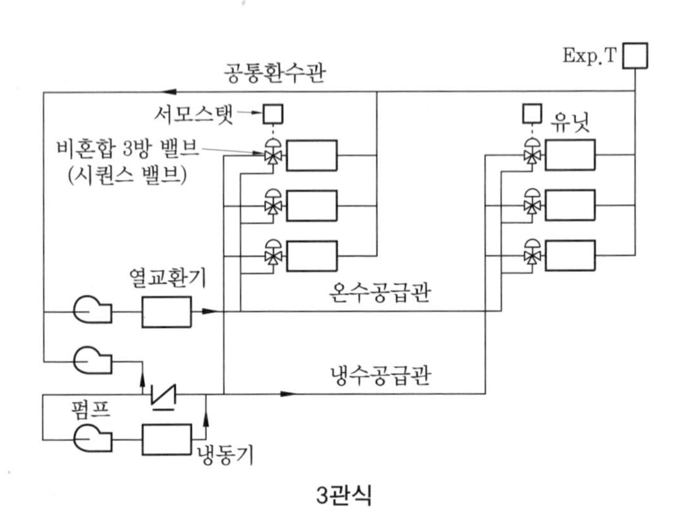

3관식

㈑ 4관식 : 공급관 2개, 환수관 2개를 접속하므로 배관공사는 복잡하나 3관식과 같은 장점이 있으며 혼합 열손실도 없다. 4관식 유닛은 코일이 1개인 원 코일 유닛과 코일이 두 개로 분할된 유닛이 있다.

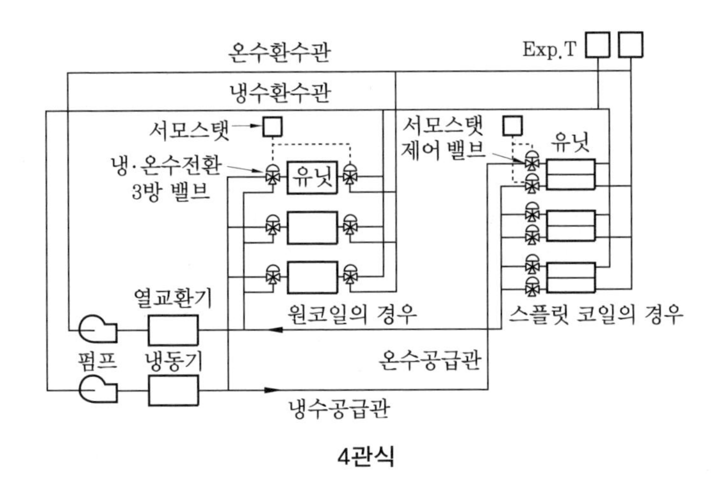

4관식

(2) 증기 배관

① 사용 증기압에 의한 분류

㈎ 저압식 증기난방 압력은 0.15 ~ 0.35 kg/cm^{2}이다.

㈏ 고압식 증기난방 압력은 1 kg/cm^2 이상이다.

② 응축수 환수 방법에 의한 분류

㈎ 중력 환수 방식 : 방열기가 보일러 수위보다 높은 위치에 설치되어야 되고 증기주관의 관말에서 환수주관과의 높이가 150 mm 정도의 여유를 두어야 된다.

㈏ 기계 환수 방식 : 콘덴세이션 펌프 또는 진공급수 펌프 등을 이용하며 전자는 응축수를 대기압 이상으로 압송하는 방식이고, 후자는 환수관의 진공을 보통 100 ~ 250 mmHg vac 정도 유지하여 환수한다.

(3) 수배관의 관지름 결정

① 유량

㈎ 증발기의 냉수량 (L/min)

$$L_e = \frac{RT \cdot 3.86 \times 3600}{C \cdot \Delta t_e \cdot 60}$$

여기서, RT : 냉동능력, C : 비열 (4.187 kJ/kg·K)

Δt_e : 냉수 입·출구 온도차 (℃) (일반적으로 5℃ 정도)

(나) 응축기 냉각수량 (L/min)

$$L_c = \frac{RT \cdot 3.86 \times 3600 \cdot k}{C \cdot \Delta t_c \cdot 60}$$

여기서, k : 방열계수 (냉방 : 1.2, 냉동 : 1.3)

Δt_c : 냉각수 입·출구 온도차 (℃) (일반적으로 5℃ 정도)

참고 ① 터보 냉동기와 왕복동이 우물물을 사용하는 경우 : $k=1.25$, $\Delta t_c=8$℃, $L_c=8$RT
② 터보 냉동기와 왕복동이 냉각탑의 조합일 경우 : $k=1.3$, $\Delta t_c=5$℃, $L_c=13$RT
③ 보통 흡수식 냉동기와 냉각탑의 조합일 경우 : $k=2.5$, $\Delta t_c=8$℃, $L_c=16$RT
④ 2중 효용 흡수식 냉동기와 냉각탑의 조합일 경우 : $k=2$, $\Delta t_c=6.3$℃, $L_c=16$RT

(다) 온수 순환량 (L/min)

$$L_H = \frac{H_b}{C \cdot \Delta t_H \cdot 60}$$

여기서, H_b : 보일러 용량 (kJ/h)

Δt_H : 보일러 입·출구 온도차 (℃)

(라) 냉각 코일의 냉수량 (L/min)

$$L = \frac{H_e}{C \cdot 60 \cdot \Delta t}$$

여기서, H_e : 코일의 냉각능력 (kJ/h)

Δt : 코일의 입·출구 온도차 (℃) (5℃)

(마) 온수 방열기 온수량 (L/min)

$$L_r = \frac{EDR \cdot 1860}{C \cdot 60 \cdot \Delta t_r}$$

$$L_r = 0.7EDR$$

여기서, EDR : 상당 방열면적

Δt_r : 방열기 입·출구 온도차 (℃) (11℃)

② 유속

㈎ 유속을 적당한 값으로 유지하는 것은 배관 지름을 결정할 수 있으므로 일반적인 기준은 다음과 같다.

사용 장소	유속(m/s)	사용 장소	유속(m/s)
펌프 토출관	2.4~3.6	입상관	0.9~3.0
펌프 흡입관	1.2~2.1	일반배관	1.5~3.0
배수관	1.2~2.1	상수관	0.9~2.1

㈏ 유속을 빠르게 하면 소음이 발생하거나 배관 내면의 침식을 증대시키는 일이 있다. 배관 침식을 억제하기 위한 최대유속은 다음과 같다.

연간 운전시간(h)	유속(m/s)	연간 운전시간(h)	유속(m/s)
1500	3.6	4000	3.0
2000	3.5	6000	2.7
3000	3.3	8000	2.4

㈐ 실험에 의하면 이 유속의 최저한도는 0.6 m/s 정도로 되어 있다.

③ 마찰손실

㈎ 마찰손실의 크기는 유속, 수온, 배관의 안지름, 배관 내면의 조도, 배관길이와 관계가 있다.

㈏ $\Delta P = \lambda \cdot \frac{l}{d} \cdot \frac{V^2}{2g} \cdot r$ [mmAq]

㈐ 곡관부분의 마찰손실(국부저항, 밸브 이음쇠 등)

$$\Delta P' = \psi \frac{V^2}{2g} \cdot r$$

여기서, V : 관 내 수속(m/s)

참고 **곡관의 직관 상당길이** : 곡관과 동일한 마찰손실이 생기는 같은 지름의 직관길이

㈑ 배관 전체의 마찰손실

(직관길이+상당길이)×단위길이당 마찰손실 L 또는 $\Delta P + \Delta P'$

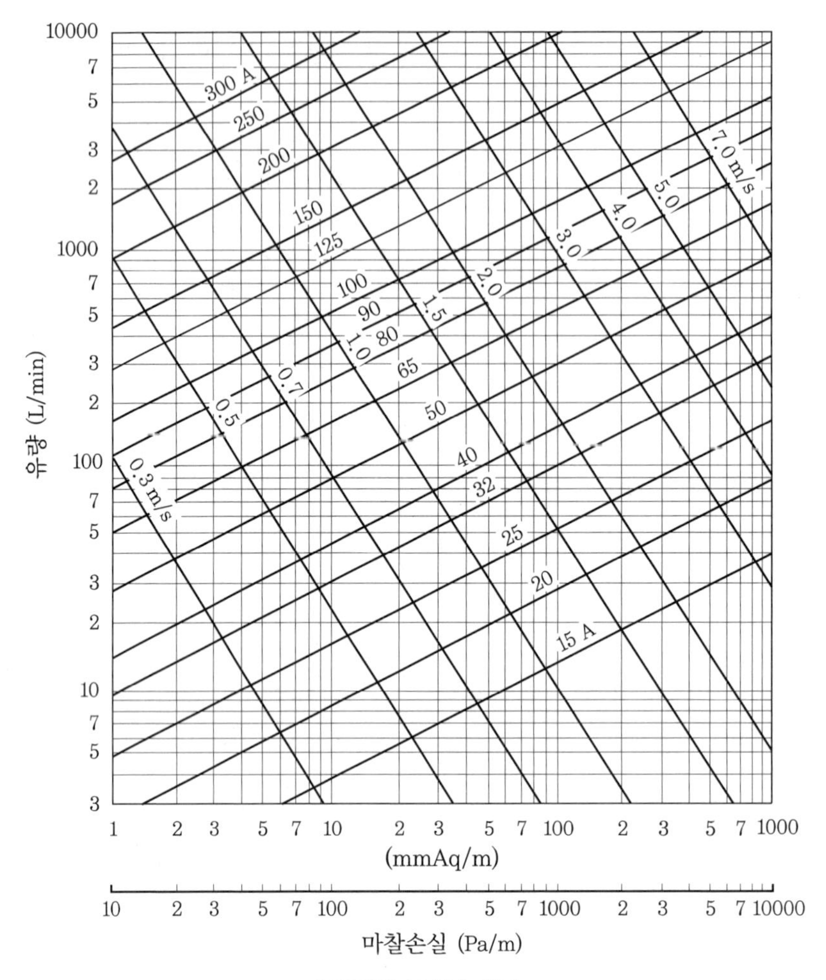

수배관의 마찰손실표

(4) 증기 배관의 관지름 결정

증기관의 관지름을 결정하는 요소는 증기와 환수의 유량, 증기속도, 초기 증기압력과 허용압력강하, 배관의 길이, 증기와 환수 (응축수)의 흐름방향이다.

① 증기량

㈎ 방열기 용량 q [kJ/h]가 주어졌을 때,

$$X = \frac{q}{i_1 - i_2}$$

여기서, X : 필요 증기량 (kg/h)

i_1 : 입구 증기 엔탈피(kJ/kg)

i_2 : 출구 증기 엔탈피(kJ/kg)

㈏ 방열기의 상당 방열면적 EDR [m^2]이 주어졌을 때

$$X = \frac{2790 \cdot EDR}{i_1 - i_2}$$

㈐ 가열 코일의 입구 공기온도 t_1 [℃], 출구 공기온도 t_2 [℃] 및 풍량 Q [m^3/hr] 가 주어졌을 때,

$$X = \frac{Q \times 1.2 \times (t_2 - t_1)}{i_1 - i_2}$$

㈑ 물-증기 열교환기의 입구수온 t_{w_1} [℃], 출구수온 t_{w_2} [℃] 및 수량 L [m^3/min] 이 주어졌을 때,

$$X = \frac{L \times 1000 \times 60 \times C \times (t_{w_2} - t_{w_1})}{i_1 - i_2}$$

㈒ 단일 효용 흡수식 냉동기의 증기량 (kg/h)

$$X = 8.5 \times RT$$

㈓ 2중 효용 흡수식 냉동기의 증기량 (kg/h)

$$X = 5.5 \times RT$$

② 증기유속 (m/s)의 결정 요소

㈎ 증기관 내에서 발생하는 응축수량

㈏ 상향 급기입관, 역구배 횡주관 등으로 구분

㈐ 배관 내 응축수가 고이게 되는 개소의 유·무

③ 증기압력과 허용압력강하

㈎ 증기관의 전압력강하 : 초기압력 1/2 ~ 1/3 이하로 하고, 저압 2관식의 경우 초기압력의 1/4 이하로 한다.

㈏ 압력강하는 증기속도가 지나치게 빠르지 않도록 결정한다.

㈐ 습식 환수 방식 : 증기관과 환수관의 합계 마찰손실 수두분만큼 관말에 있어서의 응축 수위가 보일러 수위보다 높아지게 되는데, 수위가 상승하여도 증기주관에 응축수가 고이지 않도록 증기관 및 환수관의 압력강하를 결정하여야 한다.

④ 증기 배관의 전압력강하 : 배관 전체 상당길이 × 단위길이당 압력강하

⑤ 고압 2관식 증기 배관의 지름 결정

㈎ 등마찰손실법

㈏ 속도법에 의한 설계 : 증기속도를 30 ~ 45 m/s의 범위로 해서 선정한다.

㈐ 증기측과 환수측의 차압 1 kg/cm^2 당 5 m 정도 응축수의 압상 높이로 한다.

2 난방설비 배관

(1) 증기난방 배관

① 배관 구배

(가) 단관 중력 환수식 : 상향 공급식, 하향 공급식 모두 끝내림 구배를 주며, 표준 구배는 다음과 같다.

㉮ 상향 공급식 (역류관)일 때 : $\frac{1}{50} \sim \frac{1}{100}$

㉯ 하향 공급식 (순류관)일 때 : $\frac{1}{100} \sim \frac{1}{200}$

(나) 복관 중력 환수식

㉮ 건식 환수관 : $\frac{1}{200}$의 끝내림 구배로 배관하며 환수관은 보일러 수면보다 높게 설치해 준다. 증기관 내 응축수를 환수관에 배출할 때는 응축수의 체류가 쉬운 곳에 반드시 트랩을 설치하여야 한다.

㉯ 습식 환수관 : 증기관 내 응축수 배출 시 트랩장치를 하지 않아도 되며 환수관이 보일러 수면보다 낮아지면 된다. 증기주관도 환수관의 수면보다 약 400 mm 이상 높게 설치한다.

(다) 진공 환수식 : 증기주관은 $\frac{1}{200} \sim \frac{1}{300}$의 끝내림 구배를 주며 건식 환수관을 사용한다. 리프트 피팅 (lift fitting)은 환수주관보다 지름이 1 ~ 2 정도 작은 치수를 사용하고 1단의 흡상 높이는 1.5 m 이내로 하며, 그 사용 개수를 가능한 한 적게 하고 급수 펌프의 근처에서 1개소만 설치해 준다.

② 배관 시공 방법

(가) 분기관 취출 : 주관에 대해 45° 이상으로 지관을 상향 취출하고 열팽창을 고려해 스위블 이음을 해 준다. 분기관의 수평관은 끝올림 구배, 하향 공급관을 위로 취출한 경우에는 끝내림 구배를 준다.

(나) 매설 배관 : 콘크리트 매설 배관은 가급적 피하고 부득이할 때는 표면에 내산 도료를 바르거나 연관제 슬리브 등을 사용해 매설한다.

(다) 암거 내 배관 : 기기는 맨홀 근처에 집결시키고 습기에 의한 관 부식에 주의한다.

(라) 벽, 마루 등의 관통 배관 : 강관제 슬리브를 미리 끼워 그 속에 관통시켜 배관 신축에 적응하며, 나중에 관 교체, 수리 등을 편리하게 해 준다.

(마) 편심 조인트 : 관지름이 다른 증기관 접합 시공 시 사용하며 응축수 고임을 방지한다.

㈓ 루프형 배관 : 환수관이 문 또는 보와 교체할 때 이용되는 배관 형식으로, 위로는 공기, 아래로는 응축수를 유통시킨다.

㈔ 증기관의 지지법

㉮ 고정 지지물 : 신축 이음이 있을 때는 배관의 양끝을, 없을 때는 중앙부를 고정한다. 또한 주관에 분기관이 접속되었을 때는 그 분기점을 고정한다.

㉯ 지지간격 : 증기 배관의 수평관과 수직관의 지지간격은 다음 표와 같다.

수평주관			수직관
호칭지름 (A)	최대 지지간격 (m)	행어의 지름 (mm)	
20 이하	1.8	9	각 층마다 1개소를 고정하되, 관의 신축을 허용하도록 고정한다.
25 ~ 40	2.0	9	
50 ~ 80	3.0	9	
90 ~ 150	4.0	13	
200	5.0	16	
250	5.0	19	
300	5.0	25	

③ 기기 주위 배관

㈎ 보일러 주변 배관 : 저압 증기난방 장치에서 환수주관을 보일러 밑에 접속하여 생기는 나쁜 결과를 막기 위해 증기관과 환수관 사이에 표준 수면에서 50 mm 아래에 균형관을 연결한다 (하트포드 연결법 : hartford connection).

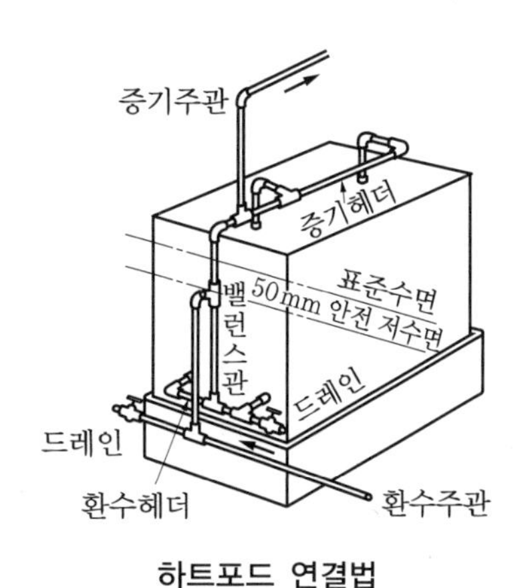

하트포드 연결법

㈏ 방열기 주변 배관 : 방열기 지관은 스위블 이음을 이용해 따내고 지관의 구배는 증기관은 끝올림, 환수관은 끝내림으로 한다. 주형 방열기는 벽에서 50 ~ 60 mm 떼어서 설치하고 벽걸이형은 바닥에서 150 mm 높게 설치하며, 베이스보드 히터는 바닥면에서 최대 90 mm 정도의 높이로 설치한다.

㈐ 증기주관 관말 트랩 배관

㉮ 드레인 포켓과 냉각관(cooling leg)의 설치 : 증기주관에서 응축수를 건식 환수관에 배출하려면 주관과 같은 지름으로 100 mm 이상 내리고 하부로 150 mm 이상 연장해 드레인 포켓(drain pocket)을 만들어 준다. 냉각관은 트랩 앞에서 1.5 m 이상 떨어진 곳까지 나관 배관한다.

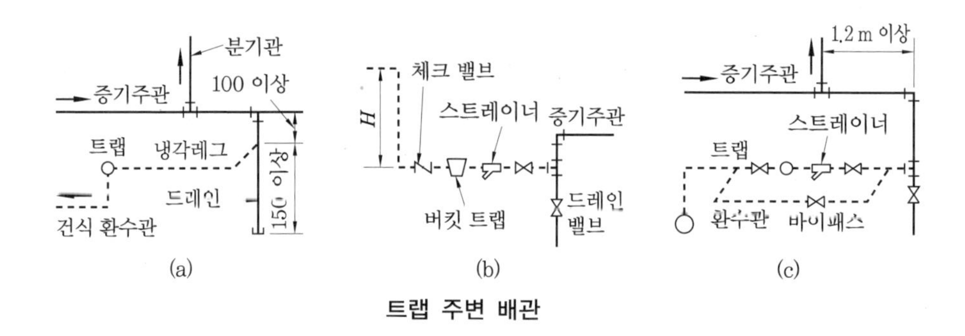

트랩 주변 배관

㉯ 바이패스관 설치 : 트랩이나 스트레이너 등의 고장, 수리, 교환 등에 대비하기 위해 설치해 준다.

㉰ 증기주관 도중의 입상 개소에 있어서의 트랩 배관 : 드레인 포켓을 설치해 준다. 건식 환수관일 때는 반드시 트랩을 경유시킨다.

㉱ 증기주관에서의 입하관 분기 배관 : T 이음은 상향 또는 45° 상향으로 세워 스위블 이음을 경유하여 입하 배관한다.

㉲ 감압 밸브 주변 배관 : 고압증기를 저압증기로 바꿀 때 감압 밸브를 설치한다. 파일럿 라인은 보통 감압 밸브에서 3 m 이상 떨어진 곳의 유체를 출구측에 접속한다.

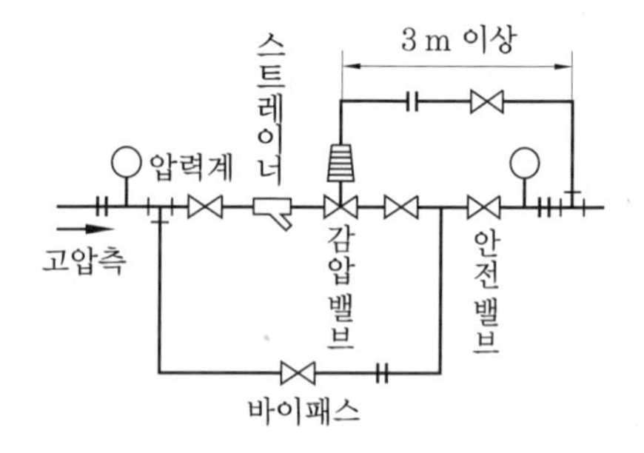

감압 밸브의 설치 배관도

㈑ 증발탱크 주변 배관 : 고압증기의 환수관을 그대로 저압증기의 환수관에 직결해서 생기는 증발을 막기 위해 증발탱크를 설치하며, 이때 증발탱크의 크기는 보통 지름 100 ~ 300 mm, 길이 900 ~ 1800 mm 정도이다.

(2) 온수난방 배관

① 배관 구배 : 공기빼기 밸브(air vent valve)나 팽창탱크를 향해 1/250 이상 끝올림 구배를 준다.

(가) 단관 중력 순환식 : 온수주관은 끝내림 구배를 주며 관 내 공기를 팽창탱크로 유인한다.

(나) 복관 중력 순환식 : 상향 공급식에서 온수 공급관은 끝올림, 복귀관은 끝내림 구배를 주나, 하향 공급식에서는 온수 공급관, 복귀관 모두 끝내림 구배를 준다.

(다) 강제 순환식 : 끝올림 구배이든 끝내림 구배이든 무관하다.

② 일반 배관법

(가) 편심 조인트 : 수평 배관에서 관지름을 바꿀 때 사용한다. 끝올림 구배 배관 시에는 윗면을, 내림 구배 배관 시에는 아랫면을 일치시켜 배관한다.

(나) 지관의 접속 : 지관이 주관 아래로 분기될 때는 45° 이상 끝올림 구배로 배관한다.

(다) 배관의 분류와 합류 : 직접 티를 사용하지 말고 엘보를 사용하여 신축을 흡수한다.

(라) 공기 배출 : 배관 중 에어 포켓(air pocket)의 발생 우려가 있는 곳에 사절 밸브(sluice valve)로 된 공기빼기 밸브를 설치한다.

(마) 배수 밸브의 설치 : 배관을 장기간 사용하지 않을 때 관 내 물을 완전히 배출시키기 위해 설치한다.

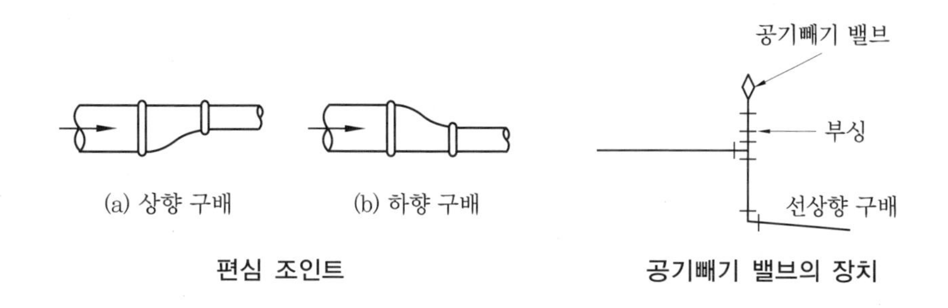

편심 조인트 **공기빼기 밸브의 장치**

③ 온수난방 기기 주위의 배관

(가) 온수 순환수두 계산법 : 다음 식은 중력 순환식에 적용되며 강제 순환식은 사용 순환 펌프의 양정을 그대로 적용한다.

$$H_W = 1000(\rho_1 - \rho_2)h$$

여기서, H_W : 순환수두(mmAq), h : 보일러 중심에서 방열기 중심까지의 높이(m)

ρ_1 : 방열기 출구 밀도(kg/L), ρ_2 : 방열기 입구 밀도(kg/L)

(나) 팽창탱크의 설치와 주위 배관 : 보일러 등 밀폐기기로 물을 가열할 때 생기는 체적 팽창을 도피시키고 장치 내의 공기를 대기로 배제하기 위해 설비하며 팽창관을 접속한다. 팽창탱크에는 개방식과 밀폐식이 있으며 개방식에는 팽창관, 안전관, 일수관(over flow pipe), 배기관 등을 부설하고, 밀폐식에는 수위계, 안전밸브, 압력계, 압축 공기 공급관 등을 부설한다. 밀폐식은 설치 위치에 제한을 받지 않으나 개방식은 최고 높은 곳의 온수관이나 방열기보다 1 m 이상 높은 곳에 설치한다.

(다) 공기가열기 주위 배관 : 온수용 공기가열기 (unit heater)는 공기의 흐름방향과 코일 내 온수의 흐름방향이 거꾸로 되게 접합 시공하며, 1대마다 공기빼기 밸브를 부착한다.

(3) 방사난방 배관

패널은 그 방사 위치에 따라 바닥 패널·천장 패널·벽 패널 등으로 나뉘며, 주로 강관, 동관, 폴리에틸렌관 등을 사용한다. 열전도율은 동관 > 강관 > 폴리에틸렌관의 순으로 작아지며, 어떤 패널이든 한 조당 40 ~ 60 m의 코일 길이로 하고 마찰손실 수두가 코일 연장 100 m당 2 ~ 3 mAq 정도가 되도록 관지름을 선택한다.

2-5 공기조화설비

1 공기조화설비의 개요

공기조화 설비를 중앙식과 개별식으로 구분 설명할 수 있다. 중앙식은 지하실 등의 중앙 기계실에 공기조화 장치를 설치하여 덕트 또는 파이프에 의해 조화 공기를 각 실에 분배하는 방식으로 큰 건물에 사용된다. 개별식은 공기조화 장치가 되어 있는 유닛을 각 실마다 설치하여 공기조화를 하는 방식으로 주택이나 작은 사무실 등에 적합하다. 이것을 표로 나타내면 다음과 같다.

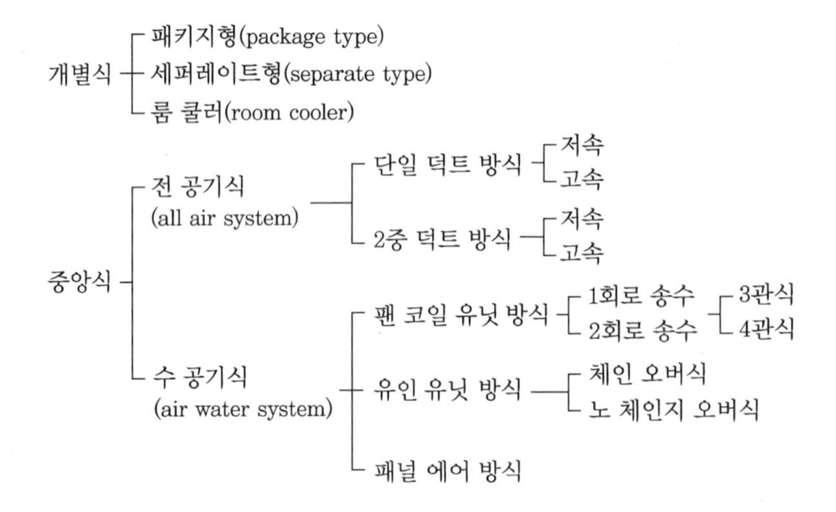

2 공기조화설비

(1) 단일 덕트식

각 실에 송급하는 공기를 중앙 공기조화기로 고온 습도를 조화하여 하나의 주 덕트를 거쳐 각 실에 송풍한다. 실내 공기는 되돌림 덕트에 의하여 재순환된다. 이 방식에는 저속 덕트식과 고속 덕트식이 있으며, 저속 덕트식은 오래 전부터 사용되어 왔다. 현재도 극장이나 공장 등 덕트의 설치장소가 충분한 건물에 많이 사용되며, 고속 덕트는 사무실이나 호텔, 병원 등 고층 다실의 건물에 사용된다.

(2) 2중 덕트식

이 방식은 최근 발달한 것으로 공기조화기에 있어서 냉각, 감습(減濕)한 공기를 두 계통으로 나누어 한편에는 가열장치를 설치하여 온풍을 만들고, 다른 편에서는 냉풍을 송풍하여 각 존(zone)별로 양자를 적당량 혼합하여 실내에 송풍한다. 혼합에는 실내 온도 조화기에 의하여 온풍과 냉풍의 적당량을 자동적으로 혼합하여 실내의 열 부하에 대해 불어 내어 온도를 적당히 조절한다. 이 방식은 계절에 따라서 남쪽의 방은 냉방을 필요로 하나, 북쪽의 방은 온방을 필요로 하고, 또는 건물의 면적이 넓은 경우 외기에 접하는 방에서는 온방을 요구하지만, 내부에 속하는 방에서는 냉방을 필요로 하는 경우가 많다. 이와 같은 요구에서 2중 덕트식이 고안된 것이다.

(3) 팬 코일 유닛식

이 방식은 송풍기 코일과 공기 여과기를 철제 상자속에 조립하여 실내에 설치하는 유닛식이다. 각 유닛에는 급수 배관을 접속하여 여름에는 냉수, 겨울에는 온수를 흐르게 한다. 팬 코일 방식은 외기 흡입구를 창 아래의 벽에 만들어 팬 코일 흡입구에 연결하면 냉수 또는 온수 배관만 하면 되므로 덕트의 설비 면적이 필요없고, 따라서 설비비도 적게 든다. 그러나 외부의 풍속과 바람의 방향에 영향을 많이 받고 흡입구에서 빗물, 벌레 등이 흡입되는 결점이 있다. 급수 배관에는 1회로 방식과 2회로 방식이 있다. 1회로 방식은 항상 한쪽 관은 온수, 다른 관은 냉수를 흐르게 하는 것이다.

(4) 2차 유인 유닛식

웨더 마스터(weather master)라고 하는 유인 유닛을 실내 창 밑에 설치해 놓고, 중앙에서 송풍되는 온·습도를 조정한 1차 공기(외기)를 고압 덕트(정압 170 ~ 200 mmAq)에 의하여 각 니트에 송풍한다. 이 공기는 각 유닛에서 소음장치를 거쳐 송풍 노즐로부터 위쪽으로 분출한다. 이때 실내 공기가 2차 공기로 유인되어 냉·온수 코일을 지날 때 냉각(하절) 또는 가열(동절)되어 1차 공기와 혼합하여 상부로부터 분출된다. 더욱이 이때 코일을 흐르는 냉수 또는 온수의 유량을 각각의 유닛에서 조절함에 따라 각 실마다 분출되는 공기의 온도를 자유로이 조절할 수 있으므로 병원, 호텔, 사무실 등에 적합하다.

(5) 윈도형 룸 클러

외벽을 뚫거나 창을 이용하여 설치하고 틈새는 밀폐한다. 공랭식의 응축기를 창밖으로 내놓고 증발기로 냉각한 공기를 송풍기로 실내에 송풍한다. 실내 공기를 냉각하였을 때 생긴 드레인은 응축기에 뿜어서 응축력을 증가시킬 수 있다. 이 형식의 것은 1/3~2마력 정도의 소형의 것이 많이 쓰인다.

(6) 패키지형 클러

압축기 그 밖의 공기조화 장치를 철판제의 캐비닛 속에 넣어서 응축기는 수랭식을 사용한다. 패키지형에는 3~15마력 정도의 것이 많이 사용되며, 설치한 방 이외에도 덕트를 거쳐 냉방할 수 있다. 설치가 간단하므로 다방이나 사무실 등에 적합하다.

(7) 환기 방식과 송풍기

환기 방법에는 자연 환기법과 기계 환기법이 있다. 공기조화설비에 사용되는 송풍기는 소음이 적어야 하는 것이 필요조건이며, 원심형과 축류형이 있고 원심형에는 시로코형(sirocco fan)과 터보형(turbo fan)이 있고, 축류형에는 디스크형(disk fan)과 프로펠러형(propeller fan)이 있다.

① 시로코형 송풍기 : 날개가 앞으로 구부러진 형으로 전굴익(前屈翼) 또는 다익(多翼) 송풍기라 부르며, 소음이 적고 회전수가 느리나 풍량이 많고 풍압이 낮은 곳에 사용된다.

② 터보형 송풍기 : 날개가 뒤로 구부러진 형으로 후굴익(後屈翼)이라 부르며, 소음이 많고 회전수가 빠르나 풍량과 풍압이 적고, 풍압이 높은 곳에 사용된다.

③ 디스크형 송풍기 : 날개가 원판으로 되어 있으며, 소형은 환기용의 무압 배풍기로 사용되고 대형은 저압 송풍기로 클리닝 타워 등에 사용되며, 송풍량이 많은 것이 장점이다.

④ 프로펠러형 송풍기 : 축류 송풍기로 소음이 큰 것이 단점이나, 디스크형에 비해 효율은 높다.

2-6 냉동 및 냉각설비

(1) 냉동·냉각설비의 개요

냉·온수 배관 : 복관 강제 순환식 온수난방법에 준하여 시공한다. 배관 구배는 자유롭게 하되, 공기가 괴지 않도록 주의한다. 배관의 벽, 천장 등의 관통 시에는 슬리브를 사용한다.

(2) 냉동·냉각설비 배관

① 토출관(압축기와 응축기 사이의 배관)의 배관 : 응축기는 압축기와 같은 높이이거나 낮은 위치에 설치하는 것이 좋으나, 응축기가 압축기보다 높은 곳에 있을 때에는 그 높이가 2.5 m 이하이면 다음 그림 (b)와 같이, 그보다 높으면 (c)와 같이 트랩장치를 해 주며, 시공 시 수평관도 (b), (c) 모두 끝내림 구배로 배관한다. 수직관이 너무 높으면 10 m마다 트랩을 1개씩 설치한다.

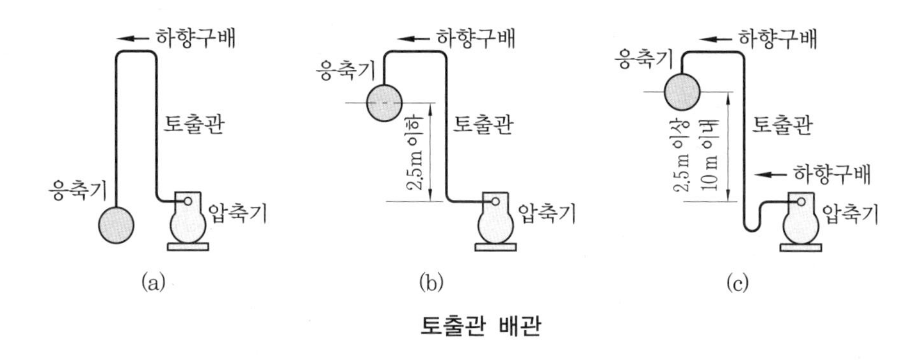

토출관 배관

② 액관(응축기와 증발기 사이의 배관)의 배관 : 다음 그림과 같이 증발기가 응축기보다 아래에 있을 때에는 2 m 이상의 역루프 배관으로 시공한다. 단, 전자 밸브의 장착 시에는 루프 배관이 불필요하다.

③ 흡입관(증발기와 압축기 사이의 배관)의 배관 : 수평관의 구배는 끝내림 구배로 하며 오일 트랩을 설치한다. 증발기와 압축기의 높이가 같을 경우에는 흡입관을 수직 입상시키고 1/200의 끝내림 구배를 주며, 증발기가 압축기보다 위에 있을 때에는 흡입관을 증발기 윗면까지 끌어올린다.

윤활유를 압축기로 복귀시키기 위하여 수평관은 3.75 m/s, 수직관은 7.5 m/s 이상의 속도이어야 한다.

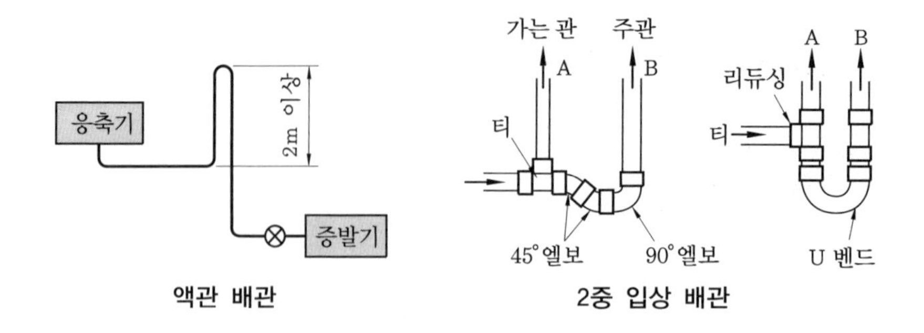

액관 배관 2중 입상 배관

(3) 기기 설치 배관

① 플렉시블 이음(flexible joint)의 설치 : 압축기의 진동이 배관에 전해지는 것을 방지하기 위해 압축기 근처에 설치한다. 이때 압축기의 진동방향에 직각으로 취부해 준다.

② 팽창 밸브(expansion valve)의 설치 : 감온통 설치가 가장 중요하며 감온통은 증발기 출구 근처의 흡입관에 설치해 준다. 수평관에 달 때 관지름 25 mm 이상 시에는 45° 경사 아래에, 25 mm 미만 시에는 흡입관 바로 위에 설치한다. 감온통을 잘못 설치하면 액해머 또는 고장의 원인이 된다.

③ 기타 계기류의 설치 : 다음 그림 (a)는 공기 세척기 주위에서 스프레이 노즐의 분무압력을 측정하기 위해 압력계를 부착한 예이고, 그림 (b)는 펌프를 통과하는 물의 온도를 측정하기 위해 온도계를 부착한 예이다.

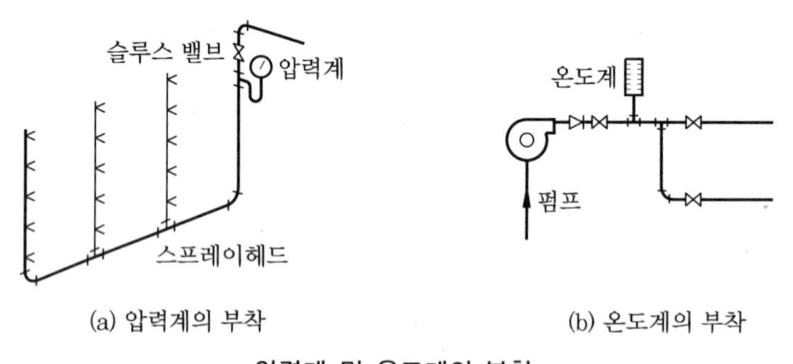

(a) 압력계의 부착 (b) 온도계의 부착

압력계 및 온도계의 부착

>>> 제2장

예상문제

1. 급수 배관 시공 시 중요한 배관 구배에 관한 다음 설명 중 잘못된 것은?

① 배관은 공기가 체류되지 않도록 시공한다.
② 급수관의 배관 구배는 모두 끝내림 구배로 한다.
③ 급수관의 표준 구배는 $\frac{1}{250}$ 정도이다.
④ 급수관의 최하부에는 배니 밸브를 설치하여 물을 빼줄 수 있도록 한다.

해설 급수관의 배관 구배는 모두 끝올림 구배로 하나 옥상 탱크식과 같은 하향 급수 배관법에서 수평주관은 내림 구배, 각 층의 수평지관은 올림 구배로 한다.

2. 플러시 밸브나 급속 개폐식 수전 사용 시 급수의 유속이 불규칙하게 변해 생기는 작용은 무엇인가?

① 수격작용 ② 수밀작용
③ 파동작용 ④ 맥동작용

해설 수격작용(water hammering)은 수추작용이라고도 하며, 평시 유속의 14배에 준하는 이상 압력이 발생되고 이상 소음까지도 동반하여 심하면 배관이 파손되기도 한다.

3. 급속 폐쇄식 수전을 닫았을 때 생기는 수격작용에 의한 수압은 약 얼마인가?(단, 유속은 2 m/s이다.)

① 16 kg/cm^2 ② 24 kg/cm^2
③ 28 kg/cm^2 ④ 34 kg/cm^2

해설 수격작용이 발생되면 유속의 14배에 준하는 이상 압력이 생기므로 $2 \times 14 = 28$ kg/cm^{2}이다.

4. 다음은 고가탱크 방식의 특징을 설명한 것이다. 옳지 않은 것은?

① 일정한 수압으로 급수할 수 있다.
② 저수량을 확보할 수 있으므로 단수가 되지 않는다.
③ 대규모 급수설비에 적합하다.
④ 급수압의 변동이 극심하다.

5. 펌프의 흡입 배관에 관한 설명 중 맞지 않는 것은?

① 흡입관은 가급적 길이를 짧게 한다.
② 흡입관은 토출관보다 관 지름을 1~2배 굵게 한다.
③ 흡입 수평관에 리듀서를 다는 경우는 동심 리듀서를 사용한다.
④ 흡입 수평관이 긴 경우는 $\frac{1}{50} \sim \frac{1}{100}$의 상향 구배를 준다.

해설 수평관의 지름을 바꿀 때에는 편심 리듀서(eccentric reducer)를 사용한다.

6. 급탕 배관 시공 시 표준 구배는?

① 중력 순환식 $\frac{1}{200}$, 강제 순환식 $\frac{1}{150}$
② 중력 순환식 $\frac{1}{150}$, 강제 순환식 $\frac{1}{200}$
③ 중력 순환식, 강제 순환식 모두 $\frac{1}{150}$
④ 중력 순환식, 강제 순환식 모두 $\frac{1}{200}$

7. 다음 급탕 배관 시공법을 열거한 것 중 잘못된 것은?

① 벽, 마루 등을 관통할 때는 슬리브를 넣는다.

정답 1. ② 2. ① 3. ③ 4. ④ 5. ③ 6. ② 7. ②

② 긴 배관에는 10 m 이내마다 신축 조인트를 장치한다.
③ 마찰저항을 적게 하기 위해 가급적 사절 밸브를 사용한다.
④ 팽창탱크 도중에는 절대로 밸브류를 장치하지 않는다.

해설 급탕 배관이므로 강관이 주로 사용된다. 강관제 신축 조인트는 30 m마다 1개소씩 설치해 준다.

8. 급탕 배관 중 관의 신축에 대한 대책을 열거한 것 중 틀린 것은?

① 배관의 곡부에는 슬리브 신축 이음을 설치한다.
② 마룻바닥 통과 시에는 콘크리트 홈을 만들어 그 속에 배관한다.
③ 벽 관통부 배관에는 강제 슬리브를 박아 준 후 그 속에 배관한다.
④ 직관 배관에는 도중에 신축곡관 등을 설치한다.

해설 배관의 곡부(曲部)에는 스위블 이음을 이용하여 신축을 흡수한다.

9. 개방형에서 장치 내의 전수량이 500 L이다. 이때 50℃의 물을 80℃로 가열할 때 팽창탱크에서의 온수 팽창량은 얼마인가?(단, 물의 열팽창계수는 0.5×10^{-3}이다.)

① 7 L ② 15 L
③ 20 L ④ 7.5 L

해설 $\Delta v = 500 \times 0.5 \times 10^{-3} \times (80-50)$
$= 7.5\text{L}$

10. 다음은 통기관의 시공법을 설명한 것이다. 잘못된 것은?

① 각 기구의 통기관은 기구의 일수선(overflow line)보다 100 mm 이상 높게 세운다.
② 회로 통기관은 최상층 기구의 앞쪽 수평 배수관에 연결한다.
③ 통기관 출구는 옥상으로 뽑아 올리거나 배수 신정 통기관에 연결한다.
④ 얼거나 눈으로 인해 개구부 폐쇄가 염려될 때에는 일반 통기 수직관보다 개구부를 크게 한다.

해설 각 기구의 통기관은 기구의 일수선보다 150 mm 이상 높게 세운 다음 수직 통기관에 연결한다. 그 외의 시공법을 열거하면 다음과 같다.
㉠ 배수 수평관에서 통기관 입상 시 배수관 윗면에서 수직으로 올리거나 45° 보다 낮게 기울여 뽑아 올린다.
㉡ 통기 수직관을 배수 수직관에 연결할 때는 최하위 배수 수평 분기관보다 낮은 위치에서 45° Y로 연결한다.
㉢ 차고 및 냉장고 통기관의 단독 수직 입상 배관한다.
㉣ 바닥용 각개 통기관에서 수평부를 만들어서는 안 된다.

11. 다음 배수관의 지지 시공법 중 잘못된 사항은 어느 것인가?

① 분기관 접속 시 주철관의 수직 및 수평 배관은 1.2 m 마다 1개소씩 고정한다.
② 연관일 때 수평 및 하향관은 1 m 마다 1개소씩 고정한다.
③ 연관의 수평관이 1 m를 넘을 때에는 관을 적당한 길이의 아연 철판으로 싸서 두 군데 이상 지지한다.
④ 연관의 수직관은 바닥 위 2 m까지 강판으로 보호한다.

해설 연관의 수직관은 새들을 달아 지지하고, 바닥 위 1.5 m까지는 강판으로 보호한다.

12. 다음은 중력 환수식 증기난방 시공법에 관한 설명이다. 잘못된 것은?

정답 8. ① 9. ④ 10. ① 11. ④ 12. ②

① 단관식은 상향식이든 하향식이든 끝내림 구배를 준다.
② 복관식은 증기주관을 증기 흐름방향으로 $\frac{1}{200}$의 끝올림 구배를 준다.
③ 단관식에서 순류관일 때는 $\frac{1}{100} \sim \frac{1}{200}$의 구배를 준다.
④ 단관식에서 역류관일 때는 $\frac{1}{50} \sim \frac{1}{100}$의 구배를 준다.

해설 단관식에서 배관 구배는 되도록 크게 하며, ③의 순류관이란 증기와 응축수가 평행으로 흐르는 하향 공급식을 말하고, ④의 역류관이란 증기와 응축수가 거꾸로 흐르는 상향 공급식을 일컫는다. 복관식은 습·건식 모두 $\frac{1}{200}$의 끝내림 구배를 준다.

13. 복관 중력 환수식 증기난방법 중 건식 환수관의 배관은?

① $\frac{1}{200}$의 끝올림 구배로 배관한다.
② 보일러의 수면에서 최고 증기압력에 상당하는 수두와 응축수의 마찰손실수두를 합한 것보다 높게 설치한다.
③ 환수관 끝의 수면이 보일러 수면보다 응축수의 마찰손실수두만큼만 높아지면 된다.
④ 트랩장치를 하지 않아도 응축수를 환수관에 직접 배출할 수 있다.

해설 ①은 "$\frac{1}{200}$의 끝내림 구배로 배관한다"로 고친다. ③, ④는 습식 환수관에 관한 설명이다.

14. 건식 환수관에서 증기관 내의 응축수를 환수관에 배출할 때는 응축수가 체류하기 쉬운 곳에 무엇을 설치하여야 하는가?

① 공기빼기 밸브
② 드레인 포켓
③ 안전밸브
④ 열동식 트랩

해설 건식 환수관식에는 트랩이 항상 부설되어야 하며, 특히 환수관의 하향관 끝부분에 자동 공기빼기 밸브를 설치해서 환수관 내 공기를 수시로 빼 주어야 한다. 습식 환수관식에서는 트랩장치를 하지 않아도 되며, 대신 드레인 포켓(drain pocket)을 만들어 준다.

15. 진공 환수식 증기난방법에서 저압 증기 환수관이 진공펌프의 흡입구보다 저 위치에 있을 때 응축수를 끌어올리기 위해 설치하는 시설을 무엇이라 하는가?

① 리프트 피팅
② 진공펌프 배관
③ 역압 방지기
④ 배큐엄 (vacuum) 브레이커

해설 리프트 피팅 (lift fitting)의 원리는 이음부에 응축수가 고이면 진공펌프의 작동에 따라 이음부 앞뒤의 압력차가 생겨 물을 끌어 올릴 수 있게 되는 것이다.

16. 진공 환수관이 50 mm짜리 강관이라면 리프트 피팅의 구경을 얼마로 하면 되겠는가?

① 20 ~ 25 mm
② 32 ~ 40 mm
③ 40 ~ 50 mm
④ 50 mm 이상

해설 리프트 피팅은 환수주관보다 지름이 1 ~ 2 정도 작은 치수를 사용한다.

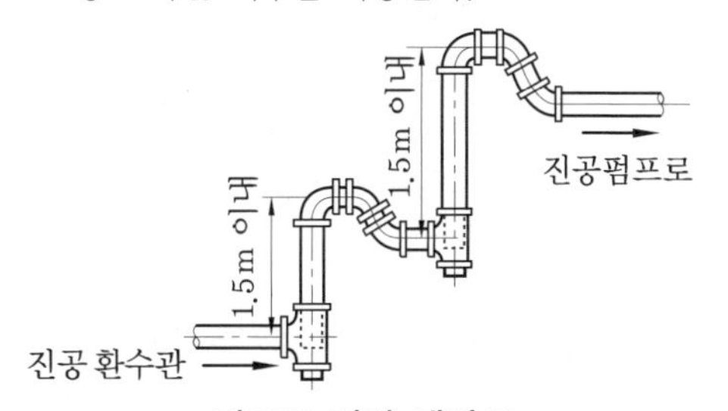

리프트 피팅 배관도

정답 13. ② 14. ④ 15. ① 16. ②

17. 암거 내에 증기난방 배관 시공을 하고자 할 때 나관 상태라면 관 표면에 무엇을 발라 주는가?

① 콜타르
② 시멘트
③ 석면
④ 테플론 테이프

해설 나관(bare pipe)일 때는 표면에 콜타르를 바른 후 배관하며, 아스팔트 테이프 등의 방수성 피복제로 보온한다.

18. 증기난방 배관 시공법 중 환수관이 출입구나 보와 교체할 때의 배관으로 맞는 것은?

① 루프형 배관으로 위로는 공기를, 아래로는 응축수를 흐르게 한다.
② 루프형 배관으로 위로는 응축수를, 아래로는 공기를 흐르게 한다.
③ 사다리꼴형으로 배관한다.
④ 냉각 레그(cooling leg)를 설치한다.

해설 환수관이 출입구나 보(beam)와 마주칠 때는 다음 배관도와 같이 연결하는 것이 이상적이다. 응축수 출구는 입구보다 25 mm 이상 낮은 위치에 배관한다.

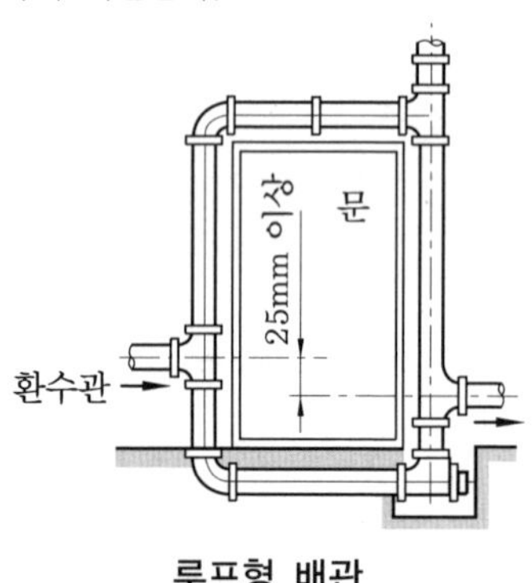

루프형 배관

19. 파이프 지지의 구조와 위치를 정하는 데 꼭 고려해야 할 것은 다음 중 어느 것인가?

① 중량과 지지간격
② 유속 및 온도
③ 압력 및 유속
④ 배출구

해설 배관의 지지 목적은 배관의 자체 중량을 지지하고 배관의 신축에 의한 응력을 억제 하는 데 있다.

20. 다음은 증기 배관의 최대 지지간격을 호칭지름별로 연결한 것이다. 틀린 것은?

① 호칭지름 20 A 이하－1.8 m
② 호칭지름 50 ～ 80 A－3 m
③ 호칭지름 200 A－5 m
④ 호칭지름 300 A－6 m

해설 수평주관은 25 ～ 40 A일 때는 2 m 마다, 90 ～ 150 A 이하일 때는 4 m마다 지지하고, 200 A 이상의 관일 때는 5 m마다 지지해 주도록 한다.

21. 저압 증기난방 장치에서 증기관과 환수관 사이에 설치하는 균형관은 표준 수면에서 몇 mm 아래에 설치하는가?

① 30 ② 40 ③ 50 ④ 60

해설 저압 증기난방 장치에서 환수주관을 보일러 하단에 직결하면 보일러 내의 증기압력에 의해 보일러 내 수면이 안전 저수위 이하로 떨어지는 경우가 있다. 또한, 환수관의 일부가 파손되면서 보일러 내 물이 유출되어 수면이 안전 저수위 이하로 내려가는 경우도 있다. 이러한 위험을 방지하기 위해서 균형관(balancing pipe)을 설치한다.

22. 방열기 설치 시공에 관한 설명 중 틀린 것은?

① 방열기 지관은 신축 흡수를 위해 스위블 이음을 한다.
② 지관의 구배를 증기관은 상향, 환수관은 하향으로 한다.

정답 17. ① 18. ① 19. ① 20. ④ 21. ③ 22. ④

③ 방열기는 응축수 체류를 막기 위해 약간의 구배를 주어 설치한다.
④ 공기의 체류를 방지하기 위해 중력 환수식이든 진공 환수식이든 공기빼기 밸브를 설치한다.

해설 방열기에는 공기의 체류를 방지하기 위해 진공 환수식을 제외하고 공기빼기 밸브를 설치해 준다.

23. 벽걸이형 방열기는 바닥에서 아랫면까지의 높이를 몇 mm로 설치하여야 하는가?

① 50 ② 90 ③ 150 ④ 300

24. 다음은 압축기에서 응축기에 이르는 배관에서 주의해야 할 사항을 열거한 것이다. 틀린 것은?

① 2개의 파이프를 하나로 합칠 때 T형보다는 Y형을 택할 것
② 압축기에서 수직 상승된 토출관의 수평 부분은 응축기 쪽으로 상향구배로 할 것
③ 헤더의 굵기는 가스가 충돌되지 않도록 굵게 할 것
④ 2개의 파이프를 하나로 합칠 때 T형을 택할 경우에는 한쪽의 관을 굵은 관으로 할 것

해설 토출관은 응축기 쪽으로 하향구배한다.

25. 다음 증기주관의 관말 트랩 배관 시공법 중 잘못 설명된 것은?

① 증기주관에서 응축수를 건식 환수관에 배출하려면 250 mm 이상 연장해서 드레인 포켓을 설치한다.
② 냉각관은 트랩 앞에서 2 mm 이상 떨어진 곳까지 설치한다.
③ 증기주관이 길어져 응축수가 과다할 때는 플로트식 열동 트랩을 설치해 주면 좋다.
④ 고압증기를 저압증기로 바꿀 때는 감압 밸브를 설치한다.

해설 냉각관(cooling leg)은 고온의 응축수가 트랩을 통과하여 환수관에 들어가면 압력강하로 인해 관 내에서 재증발하여 트랩 기능을 저하시킬 염려를 없애기 위해 트랩 앞에서 1.5 m 이상 떨어진 곳까지 나관으로 설치하는 관이다. 드레인 포켓은 쇠 부스러기나 찌꺼기가 트랩에 유입하는 일을 방지한다.

26. 다음 중 바이패스관 설치 시 필요하지 않은 부속은 어느 것인가?

① 엘보 ② 사절 밸브
③ 유니언 ④ 안전 밸브

해설 바이패스관 : 증기 관말 트랩의 바이패스관은 보통 다음 그림과 같이 제작한다. 그러므로 ①, ②, ③ 외에, 스트레이너, 트랩, 티 등의 부속이 더 필요하다.

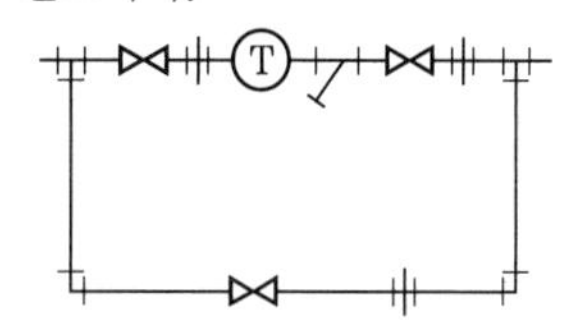

27. 다음 그림은 온수난방의 분류, 합류를 나타낸 것이다. 틀린 것은?

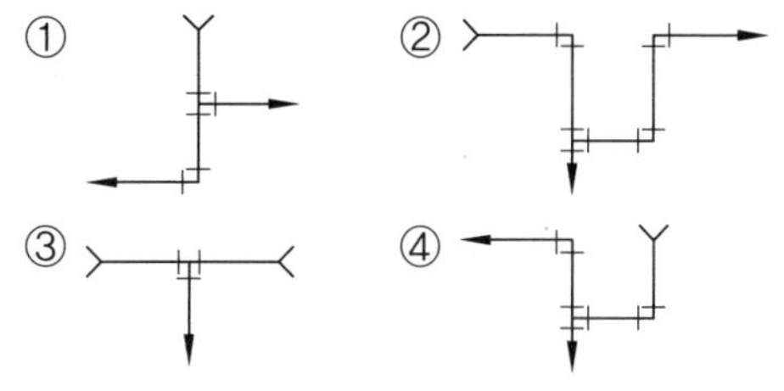

해설 온수난방 배관의 분류(分流)와 합류(合流) 시는 직접 티를 사용하지 않고, ①, ②, ④와 같이 엘보를 사용하여 배관 내 신축을 흡수한다.

28. 다음 중 개방식 팽창탱크의 부속설비로 잘못 열거된 것은?

정답 23. ③ 24. ② 25. ② 26. ④ 27. ③ 28. ②

① 안전관 ② 안전 밸브
③ 배기관 ④ 오버플로관

해설 팽창탱크 (expansion tank)의 종류에는 보통 온수난방용의 개방식과 고온수난방용의 밀폐식이 있다.

29. 방사난방에서 패널 (panel)에 쓰이는 관이 아닌 것은?

① 강관
② 동관
③ 주철관
④ 폴리에틸렌관

해설 열전도도는 동관 > 강관 > 폴리에틸렌관 등의 순서로 작아진다.

30. 파일럿 라인 (pilot line)은 감압 밸브에서 몇 m 이상 떨어진 곳까지 설치해 주는가?

① 1 m ② 2 m 이상
③ 3 m 이상 ④ 5 m 이상

해설 파일럿 라인이란 감압 밸브 설치 시 저압측 압력을 감압 밸브 본체의 벨로스나 다이어프램에 전하는 관을 말한다.

31. 다음 온수난방 배관 시공 시 배관의 구배에 관한 설명 중 틀린 것은?

① 배관의 구배는 $\frac{1}{250}$ 이상으로 한다.
② 단관 중력 환수식의 온수주관은 하향구배를 준다.
③ 상향 복관 환수식에서는 온수 공급관, 복귀관 모두 하향구배를 준다.
④ 강제 순환식은 배관의 구배를 자유롭게 한다.

해설 상향식에서는 온수공급관을 상향구배로, 복귀관을 하향구배로 배관하며, 하향식에서는 온수공급관, 복귀관 모두 하향구배를 준다.

32. 그림과 같은 배관장치가 일정 유량 제어방식이 되도록 A부에 설치해야 하는 것은?

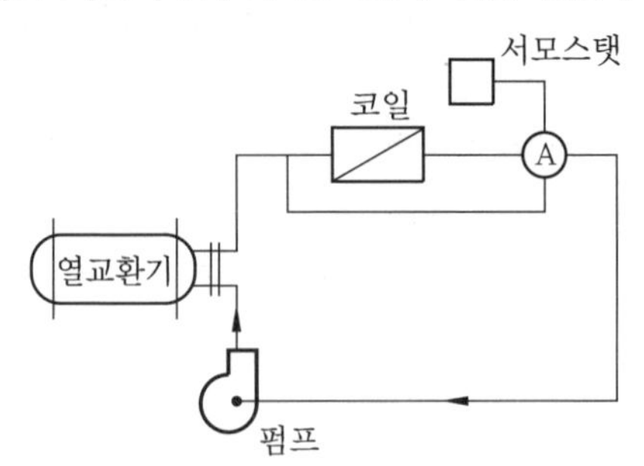

① 3방 밸브 (3 way valve)
② 3방 혼합 밸브 (3 way mixing valve)
③ 2방 밸브 (2 way valve)
④ 바이패스 장치 밸브

33. 냉매 배관 중 토출관 배관 시공에 관한 설명으로 잘못된 것은?

① 응축기가 압축기보다 높은 곳에 있을 때는 2.5 m 보다 높으면 트랩을 장치한다.
② 수평관은 모두 끝내림 구배로 배관한다.
③ 수직관이 너무 높으면 3 m마다 트랩을 1개소씩 설치한다.
④ 유분리기는 응축기보다 온도가 낮지 않은 곳에 취부한다.

해설 수직관이 너무 높게 되면 10 m마다 트랩을 1개소씩 부설한다.

34. 증발기가 응축기보다 아래에 있는 액관의 경우에는 2 m 이상의 역루프 배관을 해 준다. 그 이유는 무엇인가?

① 압축기 가동 정지 시 냉매액이 증발기로 흘러내리는 것을 방지하기 위해서이다.
② 압력강하를 크게 줄인다.
③ 신축을 감소시킨다.
④ 전자 밸브 설치 위치를 확실히 하기 위해서이다.

정답 29. ③ 30. ③ 31. ③ 32. ② 33. ③ 34. ①

35. 증발기와 압축기가 같은 높이에 있을 때는 구배를 어떻게 주어야 하는가?

① $\frac{1}{200}$의 끝내림 구배

② $\frac{1}{100}$의 끝올림 구배

③ $\frac{1}{200}$의 끝올림 구배

④ $\frac{1}{150}$의 평행 배관

36. 동관의 바깥지름이 20 mm 이하일 때의 냉매 배관의 최대 지지간격은?

① 2 m　　② 2.5 m
③ 3 m　　④ 4.5 m

해설 배관의 지지간격

동관의 바깥지름 (mm)	최대 지지간격 (m)
20 이하	2
21 ~ 40	2.5
41 ~ 60	3
61 ~ 80	3.5
81 ~ 100	4
101 ~ 120	4.5
121 ~ 140	5
141 ~ 160	5.5

37. 공기조화 배관 시공 중 펌프를 통과하는 물의 온도를 측정하기 위해 다음 배관도에 온도계를 부착하고자 한다. 어느 곳에 부착해야 적당한가?

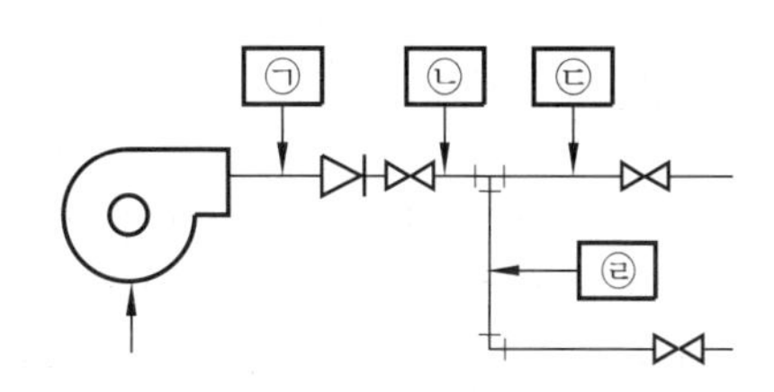

① ㉠　　② ㉡
③ ㉢　　④ ㉣

정답 35. ① 36. ① 37. ②

2-7 가스설비

1 가스설비의 개요

(1) 가스공급 방법

① 저압공급 (수주 50 ~ 250 mm의 압력) : 가스홀더 (gas holder)의 압력을 이용하여 가스를 공급한다. 공급 압력은 홀더의 출구에 정압기 (整圧器)를 설치하여 조정하며, 가스 제조공장과 공급 지역이 비교적 가깝거나 공급면적이 좁을 때 적합한 방법이다.

② 중앙공급 (게이지 압력 100 ~ 2500 g/cm^{2}의 압력) : 압송기로 중압본관에 가스를 압송한 후 지구 (地区) 정압기로 공급 압력을 조정하여 수요자에게 공급한다. 압송 시설비 및 동력비가 들지만, 소구경으로 광범위한 지역에 비교적 균일한 압력으로 가스를 공급할 수 있다.

③ 고압공급 (게이지 압력 2500 g/cm^{2}을 초과하는 압력) : 고압 압송기로 가스를 압축하여 공급하는 방법이다.
원거리 지역에 대량의 가스를 수송할 수 있으며 가스 제조 공장에서 공급지역이 멀거나 공급지역이 넓어서 저압 공급으로서는 부적당할 때, 기존 저압 도관의 수송 능력이 부족할 때, 시가지 등에서 대구경의 저압관 시설이 곤란한 경우의 공급 방법으로 이용된다.

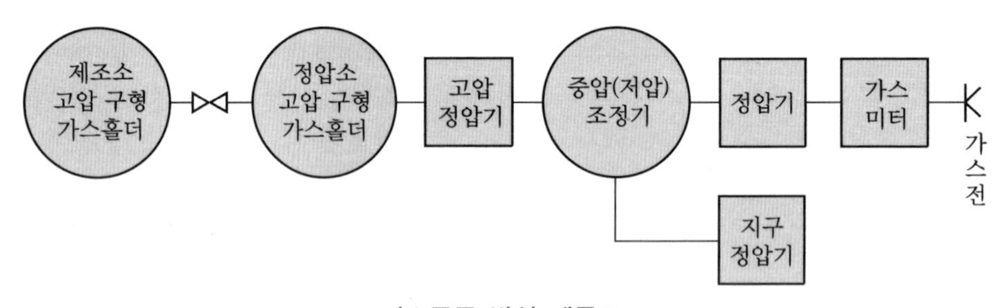

가스공급 방식 계통도

(2) 가스홀더 (gas holder)

① 유수식 (有水式) 가스홀더 : 물탱크와 가스탱크로 구성되어 있으며 단층식과 다층식이 있다. 가스의 출입관은 물탱크부 내에서 올라와 수면 위로 나와 있다. 가스층은 가스의 출입에 따라서 상하로 자유롭게 움직이게 되어 있고 2층 이상인 것은 각 층의 연결부를 수봉 (水封)하고 있다. 가스층의 증가에 따라 홀더 내 압력이 높아진다.

② 무수식 (無水式) 가스홀더 : 고정된 원통형 탱크의 내부를 상하 이동하는 피스톤의 하부에 가스가 저장된다. 이때 피스톤은 가스의 증감에 따라 자유롭게 상하 이동한다.

③ 고압가스홀더 : 가스를 압축하여 저장하는 탱크로서 원통형과 구형이 있다.

(3) 압송기

도시가스는 일반적으로 가스탱크에서 도관으로 각 지역에 공급되며 그 압력은 가스홀더의 압력보다 낮다. 가스의 수요가 적은 경우에는 그 압력으로도 충분하나, 공급 지역이 넓어 수요가 많은 경우에는 가스의 압력이 부족하여 압송기를 사용해서 공급해 준다. 일반적으로 터보 송풍기, 가동 날개 회전 압송기, 루츠 송풍기 (roots blower), 왕복 피스톤 압송기 등이 사용된다.

(4) 정압기 (整壓器 : governor)

시간별 가스 수요량의 변동에 따라 공급 압력을 수요 압력으로 조정한다.

① 기(基)정압기 : 가스 제조 공장 또는 공급소에서 사용하는 정압기로서 홀더의 압력은 일반 공급 압력으로는 부적합하므로 기정압기로 가스의 압력을 조정한다.

② 지구(地区) 정압기 : 일반 지역에 가스를 공급하기 위해 설치한다.

③ 수요자 전용 정압기 : 지구 정압기로 가스의 사용량 및 압력을 원활하게 조정하기 어려운 수요자 및 특수기구 사용 수요자에게 가스를 공급할 경우에 가스압력을 수요자에게 알맞게 조정한다. 그 외에 정압기는 가스 압력별로 고압, 중압 및 저압 정압기로 구분된다.

④ 레이놀즈 정압기 (reynolds governor) : 정압기 중에서 구조, 기능이 가장 우수하여 주로 많이 사용되고 있다. 주동 정압기의 밸브 개폐에 의해 정압이 이루어지고 보조장치의 작용과 관련해서 압력을 조정한다.

⑤ 엠코 정압기 (emco governor) : 레이놀즈 정압기의 저압 보조 정압기의 작용과 유사하여 간단하나 찌꺼기, 수분 등에 의한 고장이 잦아 많이 사용되지 않는다.

⑥ 수요자 정압기 (service governor) : 소량 수요자 전용 정압기로서 작은 관에 부착시키는 것이 이상적이며 근처 고압관에 간단히 장착할 수 있다.

⑦ 부종형 정압기 : 수중에 부유하는 탱크에 밸브가 달려 있으며 탱크 내의 승강(昇降)과 더불어 밸브가 상하로 움직여 가스의 통로를 개폐함으로써 압력을 조정한다. 저압용의 기정압기로 사용되고 있다.

(5) 정압기의 관리 (maintenance)

① 정압기는 불순물을 제거하기 위해 3개월에 1회, 원거리에 있는 것은 1년에 1회 정도로 분해 청소를 정기적으로 실시한다.

② 압력을 조정할 때는 정압기의 작동을 정지시킨 다음에 행한다.

③ 내부 응결수의 동결 방지책으로 면포, 펠트 (flet) 등의 피복재로 방한 시공한다.

2 가스설비 배관

(1) 배관설비 기준

① 재료 : 고압가스를 취급하기 적합한 기계적 성질 및 화학적 성분을 가지는 것일 것

② 구조 : 고압가스를 안전하게 취급할 수 있는 적절한 것일 것

③ 강도 및 두께 : 상용압력의 2배 이상의 압력에서 항복을 일으키지 않는 두께일 것

④ 접합 : 용접 접합으로 하고 필요한 경우 비파괴시험을 할 것

㈎ 맞대기 용접 시 용접 이음매의 간격 : 관지름 이상일 것

㈏ 배관상호 길이 이음매 : 원주방향에서 50 mm 이상 떨어지게 할 것

㈐ 지그 (jig)를 사용하여 가운데서부터 정확하게 위치를 맞출 것

㈑ 관의 두께가 다른 배관의 맞대기 이음 시 관 두께가 완만히 변화되도록 길이방향 기울기를 $\frac{1}{3}$ 이하로 할 것

⑤ 배관은 직선으로 하되, 신축 흡수 조치를 할 것

⑥ 수송하는 가스의 특성 및 설치 환경을 고려하여 위해의 우려가 없도록 설치할 것

⑦ 배관설치 기준 (특정제조만 해당)

㈎ 표지판 설치간격 및 기재사항

㉮ 지하설치 배관 : 500 m 이하

㉯ 지상설치 배관 : 1000 m 이하

㉰ 기재사항 : 고압가스의 종류, 설치구역명, 배관설치 (매설)위치, 신고처, 회사명 및 연락처 등

㈏ 지하매설

㉮ 건축물과 1.5 m 이상, 지하가 및 터널과는 10 m 이상의 거리 유지

㉯ 독성가스 배관과 수도시설 : 300 m 이상의 거리 유지

㉰ 지하의 다른 시설물 : 0.3 m 이상의 거리 유지

㉱ 매설 깊이

- 기준 : 1.2 m 이상
- 산이나 들 지역 : 1 m 이상
- 시가지의 도로 : 1.5 m 이상 (시가지 외의 도로 : 1.2 m 이상)

(다) 도로 밑 매설

㉮ 배관과 도로 경계까지의 거리 : 1 m 이상

㉯ 포장된 노반 최하부와의 거리 : 0.5 m 이상

㉰ 전선, 상수도관, 하수도관, 가스관이 매설되어 있는 경우 이들의 하부에 설치

(라) 철도부지 밑 매설

㉮ 궤도 중심까지 4 m 이상, 부지 경계까지 1 m 이상의 거리 유지

㉯ 매설 깊이 : 1.2 m 이상

(마) 지상설치

㉮ 주택, 학교, 병원, 철도 그 밖의 이와 유사한 시설과 안전확보상 필요한 거리 유지

㉯ 배관 양측에 공지 유지

상용압력	공지의 폭
0.2 MPa 미만	5 m
0.2 MPa 이상 1 MPa 미만	9 m
1 MPa 이상	15 m

㉰ 산업통상자원부장관이 고시하는 지역의 경우는 공지 폭의 $\frac{1}{3}$로 할 수 있다.

(바) 해저설치

㉮ 배관은 해저면 밑에 매설할 것

㉯ 다른 배관과 교차하지 않고, 30 m 이상의 수평거리를 유지할 것

㉰ 배관의 입상부에는 방호구조물을 설치할 것

㉱ 해저면 밑에 매설하지 않고 설치하는 경우 해저면을 고르게 하여 배관이 해저면 밑에 닿도록 할 것

(사) 해상설치

㉮ 지진, 풍압, 파도압 등에 안전한 구조의 지지물로 지지할 것

㉯ 선박의 항해에 손상을 받지 않도록 해면과의 사이에 공간을 확보할 것

㉰ 선박의 충돌에 의하여 배관 및 지지물이 손상을 받을 우려가 있는 경우 방호설비를 설치할 것

㉱ 다른 시설물과 유지관리에 필요한 거리를 유지할 것

(아) 누출확산 방지조치

㉮ 시가지, 하천, 터널, 도로, 수로 및 사질토 등 특수성 지반에 배관을 설치하는 경우

㉯ 이중관 설치 가스 : 포스겐, 황화수소, 시안화수소, 아황산가스, 아크릴알데히드, 염소, 불소, 염화메탄, 산화에틸렌 등

㉰ 이중관 규격 : 바깥층 관 안지름은 안층 관 바깥지름의 1.2배 이상

㈜ 운영상태 감시장치

㉮ 배관장치에는 적절한 장소에 압력계, 유량계, 온도계 등의 계기류를 설치

㉯ 압축기 또는 펌프 및 긴급차단 밸브의 작동상황을 나타내는 표시등 설치

㉰ 경보장치 설치 : 경보장치가 울리는 경우

- 압력이 상용압력의 1.05배를 초과한 경우 (상용압력이 4 MPa 이상인 경우 상용압력에 0.2 MPa을 더한 압력)
- 정상운전 시의 압력보다 15 % 이상 강하한 경우
- 정상운전 시의 유량보다 7 % 이상 변동할 경우
- 긴급차단 밸브가 고장 또는 폐쇄된 때

㉱ 안전제어장치 : 이상 상태가 발생한 경우 압축기, 펌프, 긴급차난장치 등을 정지 또는 폐쇄

- 압력계로 측정한 압력이 상용압력의 1.1배를 초과한 경우
- 정상운전 시의 압력보다 30 % 이상 강하한 경우
- 정상운전 시의 유량보다 15 % 이상 증가한 경우
- 가스누출 경보기가 작동했을 때

(2) 사고예방설비 기준

① 안전장치 설치 : 고압가스설비 안의 압력이 상용압력을 초과하는 경우, 즉시 그 압력을 상용압력 이하로 되돌릴 수 있는 장치

㈎ 기체 및 증기의 압력상승을 방지하기 위하여 설치하는 안전 밸브

㈏ 급격한 압력상승, 독성가스의 누출, 유체의 부식성 또는 반응 생성물의 성상 등에 따라 안전 밸브를 설치하는 것이 부적당한 경우에 설치하는 파열판

㈐ 펌프 및 배관에 있어서 액체의 압력상승을 방지하기 위하여 설치하는 릴리프 밸브 (바이패스 밸브) 또는 안전 밸브

㈑ 안전장치와 병행 설치할 수 있는 자동압력 제어장치 (고압가스설비 등의 내압이 상용압력을 초과한 경우 당해) 고압가스설비 등으로서 가스유입량이 감소하는 경우

② 고압가스설비 등 내의 압력을 자동으로 제어하는 장치

- 가스누출 검지 경보장치 설치 : 독성가스 및 공기보다 무거운 가연성가스

㈎ 종류

㉮ 접촉연소 방식 : 가연성가스

㉯ 격막 갈바니 전지 방식 : 산소

㉰ 반도체 방식 : 가연성, 독성가스

(나) 경보농도 (검지농도)

㉮ 가연성가스 : 폭발하한계의 $\frac{1}{4}$ 이하

㉯ 독성가스 : TLV-TWA (허용농도) 기준농도 이하

㉰ 암모니아 (NH_3)를 실내에서 사용하는 경우 : 50 ppm

(다) 경보기의 정밀도

㉮ 가연성가스 : ±25 %

㉯ 독성가스 : ±30 %

(라) 검지에서 발신까지 걸리는 시간

㉮ 경보농도의 1.6배 농도에서 30초 이내

㉯ 암모니아, 일산화탄소 : 1분 이내

(마) 지시계의 눈금 범위

㉮ 가연성가스 : 0 ~ 폭발하한계 값

㉯ 독성가스 : TLV-TWA 기준농도의 3배 값

㉰ 암모니아 (NH_3)를 실내에서 사용하는 경우 : 150 ppm

③ 경보 : 경보를 발신한 후 가스농도가 변하여도 계속 울릴 것. 긴급할 때 가스를 효과적으로 차단할 수 있는 조치

(가) 긴급차단장치 설치

㉮ 부착위치 : 가연성 또는 독성가스의 고압가스설비 중 특수반응설비 (특정제조만 해당)와 그 밖의 고압가스설비마다 설치한다.

㉯ 저장탱크의 긴급차단장치 또는 역류방지 밸브 부착위치

- 저장탱크 주밸브 (main valve) 외측으로서 가능한 한 저장탱크에 가까운 위치 또는 저장탱크의 내부에 설치하되, 저장탱크의 주밸브와 겸용하여서는 안 된다.
- 저장탱크의 침하 또는 부상, 배관의 열팽창, 지진 그 밖의 외력의 영향을 고려하여야 한다.

㉰ 차단조작 기구

- 동력원 : 액압, 기압, 전기, 스프링
- 조작위치 : 당해 저장탱크로부터 5 m 이상 떨어진 곳
- 차단조작은 간단히 할 수 있고 확실하며, 신속히 차단되는 구조일 것

㉱ 차단기능 : 긴급차단장치를 제조, 수리하였을 경우 수압시험 방법으로 밸브 시트의 누출검사를 실시하여야 한다.

④ 저장설비 및 가스설비와 화기의 거리 : 8 m 이상

⑤ 액화천연가스를 자동차 용기에 충전 시 유해한 양의 수분 및 유화물이 포함되지 않도록 할 것
⑥ 액화천연가스 충전이 끝난 후 접속 부분을 완전히 분리시킨 후에 자동차를 움직일 것

(3) 고압가스 냉동제조 기준

① 배치 기준 : 압축기, 유분리기, 응축기 및 수액기와 배관은 인화성 물질, 발화성 물질과 화기를 취급하는 곳과 인접하여 설치하지 않을 것
② 가스설비 기준
(가) 냉매설비에는 진동, 충격 및 부식 등으로 냉매가스가 누출되지 않도록 필요한 조치를 할 것
㉮ 진동 우려가 있는 곳 : 주름관 사용
㉯ 돌출부가 충격을 받을 우려가 있는 곳 : 적절한 방호 조치
㉰ 부식방지 조치 : 냉매가스 종류에 따른 사용금속 제한
- 암모니아 (NH_3) : 동 및 동합금 (단, 동 함유량 62 % 미만일 때는 사용 가능)-압축기의 축수 또는 이들과 유사한 부분으로 항상 유막으로 덮여 액화 암모니아에 직접 접촉하지 않는 부분에는 청동류를 사용할 수 있다.
- 염화메탄 (CH_3Cl) : 알루미늄 합금
- 프레온 : 2 %를 넘는 마그네슘을 함유한 알루미늄 합금

㉱ 항상 물에 접촉되는 부분에는 순도가 99.7 % 미만의 알루미늄 사용 금지 (단, 적절한 내식처리를 한 때는 제외)
(나) 내진성능 확보 : 세로방향 동체부 길이 5 m 이상의 응축기, 내용적 5000 L 이상인 수액기
③ 사고예방설비 기준
(가) 냉매설비에는 안전장치를 설치해야 한다.
(나) 독성가스 및 공기보다 무거운 가연성가스를 취급하는 시설에는 가스누출 검지 경보장치를 설치해야 한다.
(다) 가연성가스 (암모니아, 브롬화메탄 및 공기 중에서 자기발화하는 가스 제외)의 가스설비 중 전기설비는 방폭성능을 가지는 구조이어야 한다.
(라) 가연성가스, 독성가스를 냉매로 사용하는 곳에는 누설된 냉매가스가 체류하지 않도록 조치해야 한다.
㉮ 통풍구 설치 : 냉동능력 1톤당 0.05 m^2 이상의 면적
㉯ 기계통풍장치 설치 : 냉동능력 1톤당 2 m^3/분 이상의 환기능력을 갖는 장치

㈒ 자동제어장치 설치 : 다음 각 호에서 정한 조건을 갖추고 있는 장치는 자동제어장치를 구비한 것으로 본다.

㉮ 압축기의 고압측 압력이 상용압력을 초과할 때에 압축기의 운전을 정지하는 장치

㉯ 개방형 압축기의 경우 저압측 압력이 상용압력보다 이상 저하할 때 압축기의 운전을 정지하는 장치

㉰ 강제윤활 장치를 갖는 개방형 압축기의 경우 윤활유 압력이 운전에 지장을 주는 상태에 이르는 압력까지 저하할 때 압축기를 정지하는 장치

㉱ 압축기를 구동하는 동력장치의 과부하 보호장치

㉲ 셀형 액체 냉각기인 경우는 액체의 동결방지장치

㉳ 수랭식 응축기인 경우는 냉각수 단수보호장치

㉴ 공랭식 응축기 및 증발식 응축기인 경우는 당해 응축기용 송풍기가 운전되지 않도록 하는 연동기구

㉵ 난방용 전열기를 내장한 에어컨 또는 이와 유사한 전열기를 내장한 냉동설비에서 과열방지장치

2-8 압축공기설비

(1) 압축공기설비 시험

① 안전 밸브, 방출 밸브에 설치된 스톱 밸브는 항상 완전히 열어 놓을 것

② 내압시험 : 설계압력의 1.5배 이상의 압력

③ 기밀시험 : 설계압력 이상 (산소 사용 금지)-기밀시험을 공기로 할 때 140℃ 이하 유지

(2) 압축공기설비 점검

① 압축기 최종단에 설치한 안전장치 : 1년에 1회 이상

② 그 밖의 안전 밸브 : 2년에 1회 이상

③ 안전 밸브 작동압력 : 설계압력 이상, 내압시험압력의 $\frac{8}{10}$ 이하

>>> 제2장

예상문제

1. 가스 공급을 위한 시설로 필요없는 것은?

① 가스홀더 ② 압송기
③ 정적기 ④ 정압기

해설 가스 공급 시설에는 ①, ②, ④ 외에 도관 등을 들 수 있다.

2. 제조 공장에서 정제된 가스를 저장하여 가스의 품질을 균일하게 유지하며 제조량과 수요량을 조절하는 저장탱크를 무엇이라 하는가?

① 스토리지 탱크
② 가스홀더
③ 정압기
④ 정제기

3. 가스홀더의 종류에 들어가지 않는 것은?

① 유수식 ② 무수식
③ 중압식 ④ 고압식

4. 다음은 가스 압송기에 사용되는 송풍기를 나열한 것이다. 아닌 것은?

① 터보 송풍기
② 루츠 송풍기
③ 팬식 송풍기
④ 왕복 피스톤 송풍기

5. 정압기를 사용 압력별로 분류한 것이 아닌 것은?

① 저압 정압기
② 중앙 정압기
③ 고압 정압기
④ 초고압 정압기

해설 ① 저압 정압기 : 가스홀더의 압력을 실제 사용 압력으로 조정하는 작용을 한다.
② 중압 정압기 : 중압력을 일정한 저압력으로 조정한다.
③ 고압 정압기 : 공장이나 정압소에서 압송된 고압가스를 중압력으로 낮추는 작용을 한다.

6. 다음은 가스 정압기의 관리 방법을 열거한 것이다. 잘못된 것은?

① 불순물 제거를 위해 3개월에 1회, 원거리에 있는 것은 1년에 1회 정도 분해 청소를 실시한다.
② 정압기 내의 압력 조정을 할 때에는 정압기를 가동한 채로 행한다.
③ 정압기 내부의 동결을 방지하기 위해 면포, 펠트 등으로 방한 시공을 한다.
④ 자동 기록 압력계의 차트를 대체하기 위해 차례로 순회하며 작업한다.

해설 정압기 내 압력 조정 시에는 정압기의 작동을 정지시킨 다음에 조정해 준다.

7. 가스홀더의 압력을 이용하여 가스를 공급하며 가스제조 공장과 공급지역이 가깝거나 공급 면적이 좁을 때 적당한 가스 공급 방법은 무엇인가?

① 저압공급
② 중앙공급
③ 고압공급
④ 초고압 공급

8. LP 가스 배관 재료의 구비조건을 열거한 다음 사항 중 잘못된 것은?

① 관 내의 가스 유통이 원활할 것

정답 1. ③ 2. ② 3. ③ 4. ③ 5. ④ 6. ② 7. ① 8. ④

② 내압과 외압 등에 견디는 강도를 가질 것
③ 토양, 지하수 등에 대해 내식성을 가질 것
④ 관의 접합 방법은 다소 복잡해도 가능하나, 가스의 누설을 방지할 수 있을 것

해설 LP 가스 배관 재료의 구비조건은 ①, ②, ③ 외에 관의 접합 방법이 용이할 것, 절단 가공이 용이할 것 등이다.

9. 가스 배관의 부식 원인을 열거한 것 중 아닌 것은?

① 누전전류
② 화학현상
③ 전기화학적 현상
④ 질소, 나트륨 등의 불순물

10. 이중관으로 배관 시공해야 할 가스의 대상을 열거한 것 중 틀린 것은?

① 암모니아 ② 염소
③ 포스겐 ④ 질소

해설 이중관으로 배관 시공해야 할 가스에는 ①, ②, ③ 외에 산화에틸렌, 시안화수소, 아황산가스, 염화에틸, 황화수소 등의 독성가스이다.

11. 다음 중 가스 배관을 지하에 매설할 때의 기준 사항을 잘못 열거한 것은?

① 폭 8 m 이하의 도로에서는 지면으로부터 60 cm 이상 깊게 매설한다.
② 폭 8 m 이상의 도로에서는 지면으로부터 1 m 이상 깊게 매설한다.
③ 도로가 아닌 곳에 매설할 때에는 지면으로부터 60 cm 이상 깊게 묻는다.
④ 도로에 매설되어 있는 배관의 누설검사는 최고 사용압력이 고압일 때 3년에 1회 이상 실시한다.

해설 도로에 매설되어 있는 배관의 누설검사는 최고 사용압력이 고압일 때 1년에 1회 이상, 기타의 압력일 때 3년에 1회 이상 배관의 누설검사를 실시해야 한다.

12. 건물의 벽을 관통하는 부분의 가스 배관이 갖추어야 할 조건은?

① 보호관 내에 삽입하거나 방식 피복한다.
② 직사광선, 빗물 등을 받지 않도록 격납상자 내에 설치한다.
③ 건물의 벽 속에 밸브류 등을 설치해 주는 것이 편리하다.
④ 건물의 벽을 관통하는 부분의 가스 배관에는 식별색을 칠하지 않는다.

13. 가스 배관 중 입상관이 노출되어 외부인이 조작할 우려가 있는 경우 몇 m의 높이로 설치해야 하는가?

① 1 m 이내
② 1.0 m ~ 1.5 m 이내
③ 1.6 m ~ 2 m 이내
④ 2 m ~ 2.5 m 이내

14. 다음 정압기에 관한 설명 중 틀린 것은 어느 것인가?

① 정압기는 가스 압력별로 고압, 저압 및 초저압 정압기로 구분된다.
② 구조 기능이 가장 우수한 것은 레이놀즈식 이다.
③ 원거리에 있는 정압기는 1년에 1회 정도 분해 청소를 실시해야 한다.
④ 일반적인 정압기는 3개월에 1회 정기 청소를 해 주도록 법규에 규정되어 있다.

해설 정압기는 고압, 중압, 저압으로 구분된다.

15. 다음은 매설 도관의 부식 방지 대책을 열거한 것이다. 틀린 것은?

정답 9. ④ 10. ④ 11. ④ 12. ① 13. ③ 14. ① 15. ④

① 도관 자체의 선택에 유의한다.
② 이종관과의 접촉을 피한다.
③ 매설도관 표면에 물이 괴지 않도록 시공한다.
④ 도관 자체에는 피복할 필요가 없다.

해설 도관의 방식 대책 중 가장 효과적인 것은 도관 자체를 피복해주는 것이다.

16. 가스 배관 경로 선정 요소로 틀린 것은?

① 최단 거리로 할 것
② 구부러지거나 오르내림이 적을 것
③ 가능한 한 옥내에 설치할 것
④ 은폐, 매설을 가급적 피할 것

해설 가스 배관은 가능한 한 옥외에 설치해야 한다.

17. 고압가스 도관을 설치할 때의 다음 조치사항 중 잘못된 것은?

① 도관을 지하에 설치할 때는 아스팔트 쥬우트 방식제를 사용하여 녹이 슬지 않도록 조치한다.
② 도관을 수중에 매설할 때는 선박, 파도 등의 영향을 받지 않는 깊은 곳에 설치한다.
③ 도관을 지상에 설치할 때는 외면에 방식제로 도장한다.
④ 노관을 철도 차량 횡단부 지하에 매설할 때는 지면으로부터 0.8 m 이상 깊게 묻어야 한다.

해설 도관을 철도 차량 횡단부 지하에 매설할 때는 지면으로부터 1.2 m 이상 깊게 묻어야 하며, 강제케이싱 보호장치를 해주는 것이 좋다.

정답 16. ③ 17. ④

Chapter 03

유지보수공사 및 검사 계획 수립

3-1 유지보수공사 관리

(1) 유지보수 계획 수립

① 냉동장치에 있어서 적정한 운전을 확보하기 위한 냉매계통 보수의 첫째 조건은 청정(淸淨)건조, 기밀의 확보라 할 수 있다. 그러므로 보수작업에 있어서는 이 점에 특히 유의한다.

② 안전장치는 확실하게 작동하게끔 정기적으로 확인하는 것이 중요하며, 특히 설정압력은 정규압력인 것을 확인한다.

③ 압축기나 압력용기류의 강도에 관계가 있는 부분을 보수한 경우에는 내압시험, 기밀시험 등의 필요한 시험을 실시한다.

④ 냉동장치의 냉매계통을 보수한 경우에는 누설시험 등 필요한 시험을 실시한다.

⑤ 고압가스 안전관리법에 규정되고 있는 위해 예방규정을 정할 때는 장치마다 그 제조건을 고려하여 될 수 있는 대로 구체적으로 기술해 둔다.

⑥ 수리기간 중에 기계실의 온도가 0℃ 이하로 내려갈 가능성이 있을 때는 응축기나 수배관으로부터 물을 충분히 배제하여 동파를 방지한다.

⑦ 냉매계통 중의 부품을 개방할 때는 반드시 국부적으로도 펌프다운 한 다음 개방한다. 특히 액관의 경우에는 주의하여 냉매의 분출을 피한다. 장치의 액배관 중 부품을 분해할 때는 분해하여야 할 부품의 입구측 밸브를 닫고, 압축기를 운전해서 액냉매를 제거한다. 이때, 이 부품은 급속하게 차거워지나, 다시 따뜻해지면 액냉매가 없어진 것으로 볼 수 있다. 다음, 출구측 밸브를 닫는다. 바이패스 밸브가 있을 때는 출구측의 밸브를 닫고 이것을 열어야 한다.

⑧ 냉매계통 내에 냉매가스가 남은 채로 용단, 용접 등 불꽃을 사용하지 말아야 한다. 또한 냉매계통을 가열할 필요가 있을 때는 40℃ 이하의 온수 습포를 사용하고, 증기를 불어대거나 하지 않아야 한다.

⑨ 내부가 진공으로 되어 있는 냉매계통을 개방하지 말아야 한다. 공기의 침입 및 수분의 침입에 의하여, 흔히 고장의 원인이 된다. 점검 수리를 위하여 펌프다운 할 때는 0.1 kg/cm^2 정도의 압력을 남겨둔다.

⑩ 점검 또는 수리를 한 다음에는 그 부분에 소량의 냉매를 통해서 개방한 부분의 공기를 확실하게 몰아낸다(프레온의 경우).

⑪ 압축기의 운전을 할 수 없다고 해서 과부하 릴레이나 기타 안전장치를 이유없이 단락해 버리면 안 된다.

⑫ 전동기, 제어기, 전자 밸브 및 보호 스위치 등의 점검, 수리, 조정은 전원을 끊은 다음 행하도록 한다.

(2) 주 1회 점검

① 압축기 크랭크 케이스의 유면을 장치의 운전 중 안정된 상태에서 체크한다.

② 유압을 체크하여 필요한 경우는 오일스트레이너의 막힘, 크랭크 케이스의 유면을 확인한다.

③ 압축기를 정지하여 샤프트씰로부터 기름이 샌 흔적이 없는지 확인한다.

④ 장치 전체에 이상이 없는지 확인한다.

⑤ 운전기록을 조사하여 비정상적인 변화가 없는지 확인한다.

(3) 월 1회 점검

① 전동기의 윤활유를 점검한다.

② 벨트의 장력을 체크 조정한다.

③ 풀리의 이완 또는 플렉시블 커플링의 이완을 조사한다.

④ 토출압력을 체크하여 비정상적으로 높을 때는 냉각수(냉각공기)측을 점검하고, 공기의 유입 여부도 조사한다.

⑤ 흡입압력을 체크하여 이상이 있으면 증발기, 흡입배관을 점검하고, 팽창 밸브를 점검, 조절한다.

⑥ 냉매계통의 가스누설을 가스검지기로 정밀하게 검사한다.

⑦ 고압압력 스위치의 작동을 확인한다. 기타 안전장치도 필요에 따라 실시한다.

⑧ 냉각수의 오염, 필요한 경우는 수질검사를 실시한다.

(4) 연 1회 점검

① 응축기로부터 배수하여 점검하고 냉각관을 청소한다. 또한 냉각수 계통도 함께 실시한다(수질이 나쁠 때는 더욱 빈번하게 점검, 청소할 필요가 있다).

② 전동기의 베어링을 점검한다.
③ 마모한 벨트를 교환한다.
④ 압축기를 개방, 점검한다(밸브 기구, 피스톤, 실린더, 샤프트 실 등). 대략 5000시간마다 1회 오버홀(over haul)한다. 연 7000시간이 되는 경우에는 연 1회의 중간에 밸브 주변을 점검한다.
⑤ 드라이어의 건조제를 점검, 교환한다.
⑥ 냉매계통의 필터를 청소한다.
⑦ 안전 밸브의 점검, 필요한 경우는 분출압력을 한다.

3-2 냉동기 오버홀 정비

(1) 압축기

① 부품을 분해할 때는 흠이 나지 않도록 조심해서 다뤄야 한다. 특히 알루미늄 합금제의 부품이나 축봉장치 및 밸브, 밸브시트는 심중히 취급한다.
② 공구는 깨끗하게 닦은 것을 사용한다.
③ 압축기의 분해, 조립을 하는 작업장은 깨끗한 환경이고, 충분히 밝은 장소여야 한다.
④ 분해한 부품은 깨끗한 장소에 순서대로 정돈해 둔다. 수리가 장기간에 걸칠 때는 녹이 나지 않도록 냉동기유를 발라서 보존한다.
⑤ 부품 중 특히 깨끗함이 요구되는 부분의 세정에는 상온의 무수알코올이나, 가솔린을 사용하고 세정 후 세정액이 남지 않도록 충분히 닦아내야 한다.
⑥ 부품을 닦는 경우에는 걸레와 같은 섬유질의 것을 쓰지 말고, 스펀지와 같은(몰트프렌 등) 실밥이 남지 않는 것을 사용한다.
⑦ 유사한 부품이나 한 쌍으로 해서 조립할 필요가 있는 부품은 흐트러지거나 혼동하지 않도록 특히 주의한다.
⑧ 부품에 녹, 수분, 이물, 오손유(汚損油) 등을 부착한 채로 조립하지 말아야 한다.
⑨ 맞춤부분을 갖는 부품의 교환에 있어서는 적정한 틈새가 얻어지도록 그 조합을 잘 선택한다.
⑩ 부품을 분해할 때 패킹이 금속면에 부착하고 있을 때가 있으나, 패킹이 찢어지지 않도록, 특히 금속면에 상처를 입히지 않도록 취급하여야 한다. 잘 벗겨지지 않을 때는 패킹을 망가뜨리는 한이 있더라도 금속면을 상하지 않도록 한다.

⑪ 패킹을 붙일 때는 우선 기계 가공면에 깨끗한 냉동기유를 바른 다음에 패킹을 올려놓아야 한다.

⑫ 조임볼트는 사용부분을 변경하지 않도록 한다. 같은 치수, 형상이라도 재질이나 나사의 산이 다를 때가 있다. 또한 와셔는 재조립 시에 잊지 않도록 한다. 특히 ISO 규격나사와 구 규격나사를 혼동해서는 안 된다.

⑬ 볼트는 절대로 편체(片締)하지 말아야 한다.

⑭ 볼트의 조임 토크는 취급설명서 등에서 지시된 값에 의한다.

(2) 흡입토출 밸브 분해 순서

① 실린더 커버

② 세이프티 헤드 스프링

③ 토출 밸브 어셈블리

④ 토출 밸브 어셈블리의 내부

㈎ 토출 밸브 가이드

㈏ 토출 밸브

㈐ 내부 토출 밸브 시트

㈑ 내부 토출 밸브 조립볼트

㈒ 외부 토출 밸브 시트 : 이것은 그 하면이 흡입 밸브 가이드와 밀착하여 가스를 차단하고 있는 것이므로 흠을 내지 않도록 특히 주의한다.

⑤ 흡입 밸브 가이드

⑥ 흡입 밸브 : 토출 밸브 시트는 외부 토출 밸브 시트와 내부 토출 밸브 시트로 나누어져 있어 토출 밸브 조립품의 하면은 피스톤의 오목한 상면 사이에 톱클리어런스를 형성하고 있다. 이 톱클리어런스는 외부 토출 밸브 시트의 두께로써 조정하고 있다. 흡입 밸브, 토출 밸브는 그 뒷면에서 밸브 스프링으로 눌려지고 있다. 밸브 스프링은 원추 스프링으로 되어 있으며, 각각 외부 토출 밸브 시트 및 토출 밸브 가이드의 이면에 있는 구멍에 삽입되고 스프링 힘으로 물려 있으므로 아래로 향하게 해도 빠져나오지 않는다. 밸브 스프링은 흡입, 토출 밸브용 공통이지만, 스프링 삽입구멍 깊이를 바꾸어 흡입 밸브용에는 약하게 토출 밸브용에는 강하게 하고 있다. 조립 시, 밸브 스프링은 반시계 방향으로 비틀면서 삽입하면 쉽게 들어가지만, 올바르게 붙이도록 주의해야 한다.

(3) 피스톤

① 실린더커버, 안전 스프링, 밸브 조립품의 순서로 떼어낸다.

② 연결봉(connecting rod) 대단부(大端部)의 조립볼트를 풀어낸다.

③ 피스톤과 로드를 함께 위로 뽑아낸다.

3-3 세관작업

(1) 화학세정 정치법

응축기의 냉각수 출입구관의 접속을 풀어내서 호스(고무 또는 비닐)를 접속한다. 이때 냉각수용 압력 스위치 등을 동시에 떼어내서 플레어너트에 캡을 씌워 막아 둔다. 접속이 완료되면 호스를 들어 올려 고정하고, 세정액의 액면이 응축기의 상단보다 1 m 이상이 되도록 액을 채워서 소요시간 방치한다. 일정한 소요시간이 경과한 다음에는 세정액을 방출해서 충분하게(20분 이상) 수세하여 세정액이 잔류하지 않도록 한다. 또한 세정액을 충전할 때는 거품이 일어나서 넘쳐흐르지 않도록 액면으로부터 호스 상단까지 0.5 m 정도 올린다. 이 방법에서는 세제가 세정작용을 끝날 때까지 상당한 시간을 취하지 않으면 효과를 발휘할 수 없다. 그 시간은 세제의 종류에 따라 달라지지만, 10~15시간 정도이며, 시간을 단축하기 위해서는 액의 농도를 짙게 하여야 한다.

(2) 화학세정 순환법

세제순환펌프(필요한 경우에는 내산펌프), 탱크 및 응축기의 냉각수 출입구에 호스로 접속한다. 이때 냉각수용 압력 스위치 등은 정치법의 경우와 마찬가지로 캡을 씌워 둔다. 접속이 끝나면 세정액을 탱크에 넣어 펌프를 운전하여 순환세정을 한다. 일정시간 경과 하면 세정액을 방출해서 약 20분간 수세한다. 쿨링타워를 갖는 소형 냉동장치에서는 쿨링타워의 수조에 세정액을 직접 주입하여 순환수 펌프를 운전하여 세정하는 경우도 있다. 세정이 끝나면 냉각수계통의 액을 배제한 다음 쿨링타워에 청수를 보급하여 순환수펌프를 운전하여 수세한다. 5분간 3~4회 정도씩 물을 새로 바꾸어서 수세를 반복한다. 세정 후에는 쿨링타워의 노즐을 떼어내서 청소해 둔다. 순환법에 의하여 세정작업을 할 때는 작업 전에 누수, 펌프의 압력 등을 조사하여 세정액의 누설이 없도록 한다. 또한, 수배관계통을 세정하면 더러움이 상당히 격심한 경우도 있다. 순환법에 의하면 강제적으로 세정액이 순환하기 때문에 세정시간이 상당히 단축되므로 주로 이 방법이 이용된다.

세정효과의 확인은 다음 방법에 의한다.

① 세정 중에 나오는 물때의 정도를 확인한다.

② 냉각수계통의 압력손실 변화(감소)를 냉각수펌프의 토출압력 등으로 확인한다.

③ 압축기의 고압측 압력의 변화(감소)로서 확인한다.

3-4 배관 도면(배관표시법)

(1) 관의 도시법

관은 하나의 실선으로 표시하고, 동일 도면 내의 관을 표시할 때 그 크기는 같은 굵기의 선으로 하는 것을 원칙으로 한다.

① 유체의 종류, 상태, 목적 : 관 내를 흐르는 유체의 종류, 상태, 목적을 표시하는 경우는 문자기호에 의해 인출선을 사용하여 도시하는 것을 원칙으로 한다. 단, 유체의 종류를 표시하는 문자 기호는 필요에 따라 관을 표시하는 선을 인출선 사이에 넣을 수 있다. 또한 유체의 종류 중 공기, 가스, 기름, 증기 및 물을 표시할 때는 다음 표에 표시한 기호를 사용한다.

② 유체의 흐르는 방향은 화살표로 표시한다.

유체의 종류와 문자 기호

유체의 종류	공기	가스	유류	수증기	증기	물
문자 기호	A	G	O	S	V	W

유체의 종류에 따른 배관 도색

유체의 종류	도색	유체의 종류	도색
공기	백색	물	청색
가스	황색	증기	암적색
유류	암황적색	전기	미황적색
수증기	암황색	산알칼리	회자색

(2) 관의 연결 방법과 도시 기호

이음 종류	연결 방식	도시 기호	예	이음 종류	연결 방식	도시 기호
관이음	나사식			신축이음	루프형	
	용접식				슬리브형	
	플랜지식				벨로스형	
	턱걸이식				스위블형	
	유니언식					

(3) 관의 접속 상태

접속 상태	도시 기호
접속하고 있을 때	
분기하고 있을 때	
접속하지 않을 때	

(4) 관의 입체적 표시

상태	기호
관이 도면에 직각으로 앞쪽을 향해 구부러져 있을 때	A
관이 앞쪽에서 도면 직각으로 구부러져 있을 때	A
관 A가 앞쪽에서 도면 직각으로 구부러져 관 B에 접속할 때	A B

(5) 밸브 및 계기의 표시

종류	기호	종류	기호
옥형 밸브(글로브 밸브)		일반 조작 밸브	
사절 밸브(슬루스 밸브)		전자 밸브	S
앵글 밸브		전동 밸브	M
역지 밸브(체크 밸브)		도출 밸브	
안전 밸브(스프링식)		공기빼기 밸브	
안전 밸브(추식)		닫혀 있는 일반 밸브	
일반 콕		닫혀 있는 일반 콕	
삼방 콕		온도계·압력계	T P

(6) 배관 도면의 종류

① 평면 배관도 : 위에서 아래로 보면서 그린 그림
② 입면 배관도 : 측면에서 본 그림
③ 입체 배관도 : 입체적 형상을 평면에 나타낸 그림
④ 부분 조립도 : 배관 일부를 인출하여 그린 그림

참고 공업 배관제도

① **계통도 (flow diagram)** : 기기장치 모양의 배관 기호로 도시하고 주요 밸브, 온도, 유량, 압력 등을 기입한 대표적인 도면이다.
② **PID (Piping and Instrument Diagram)** : 가격 산출, 관 장치의 설계, 제작, 시공, 운전, 조작, 공정 수정 등에 큰 도움을 주기 위해서 모든 주 계통의 라인, 계기, 제어기 및 장치기기 등에서 필요한 자료를 모두 도시한 도면이다.
③ **관장치도 (배관도)** : 실제 공장에서 제작, 설치, 시공할 수 있도록 PID를 기본 도면으로 하여 그린 도면이다.

(7) 치수 기입법

① 치수 표시 : 숫자로 나타내되, mm로 기입한다 (A : mm, B : in).
② 높이 표시
㈎ EL : 관의 중심을 기준으로 배관의 높이를 표시한다.
㈏ BOP (Bottom Of Pipe) : 지름이 다른 관의 높이를 나타낼 때 적용되며 관 바깥지름의 아랫면까지를 기준으로 하여 표시한다.

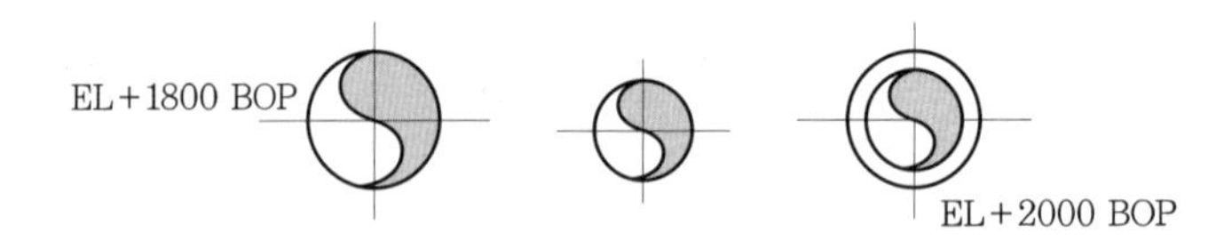

㈐ TOP (Top Of Pipe) : BOP와 같은 목적으로 사용되나, 관 윗면을 기준으로 하여 표시한다.

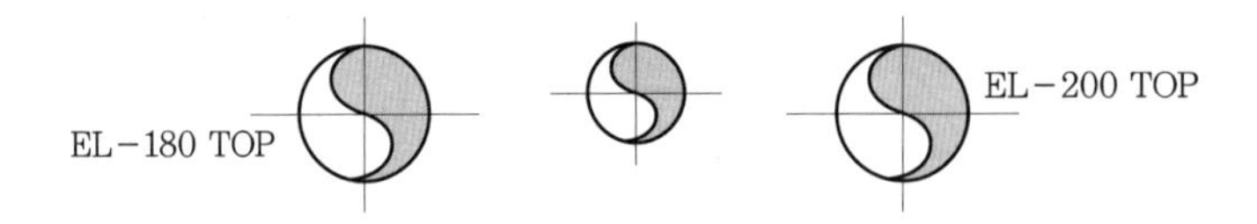

㈑ GL (Ground Line) : 포장된 지표면을 기준으로 하여 배관장치의 높이를 표시할 때 적용된다.
㈒ FL (Floor Line) : 1층의 바닥면을 기준으로 하여 높이를 표시한다.

(8) 배관의 피복공사

① 급수 배관의 피복

(가) 방로 피복 : 우모 펠트가 좋으며 10 mm 미만의 관에는 1단, 그 이상일 때는 2단으로 시공한다.

㉮ 방로 피복을 하지 않는 곳

- 땅속과 콘크리트 바닥 속 배관
- 급수기구의 부속품
- 그 밖의 불필요한 부분

㉯ 피복 순서 : 보온재 피복 → 면포, 마포, 비닐테이프로 감는다. → 철사로 동여 맨다.

(나) 방식 피복 : 녹 방지용 도료를 칠해 준다. 특히, 콘크리트 속이나 지중 매설 시에는 제트 아스팔트를 감아 준다.

② 급탕 배관의 보온 피복 : 저탕탱크나 보일러 주위에는 아스베스토스 또는 시멘트와 규조토를 섞어 물로 반죽하여 2 ~ 3회에 걸쳐 50 mm 정도 두껍게 바른다. 중간부에는 철망으로 보강하고 배관계에는 반원통형 규조토를 사용해 주는 것이 좋다. 곡부 보온 시 생기는 규조토의 균열을 방지하기 위해 석면 로프를 감아주며 보온재 위에는 모두 마포나 면포를 감고 페인팅하여 마무리한다.

③ 난방 배관의 보온 피복

(가) 증기난방 배관 : 천장 속 배관, 난방하는 방 등에 설치된 배관을 제외하고 전 배관에 보온 피복하며 환수관은 보온 피복을 하지 않는 것이 보통이다.

(나) 온수난방 배관 : 보온 방법은 증기난방에 준하며, 환수관도 보온 피복해 준다.

참고 **보온 피복을 하지 않는 곳** : 실내 또는 암거 내 배관에 장치된 밸브, 플랜지 접합부

④ 배관시설의 기능시험

(가) 급수, 급탕배관의 급수관은 10.5 kg/cm^2 이상의 수압으로 10분간 유지한다.

(나) 위생설비의 배수 통기관의 수압시험은 3 m 이상의 수두압으로, 기밀시험은 0.35 kg/cm^2의 압력으로 15분간 유지시키고 최종 단계 시험으로 연기시험과 박하시험이 있다.

(다) 냉동장치의 누설과 진공시험은 해당 압력으로 24시간 방치하여 시험한다.

>>> 제3장

예상문제

1. 다음 중 유체의 종류가 가스를 표시하는 문자는 어느 것인가?

① G ② A
③ W ④ C

2. 다음 중 오는 엘보를 나사 이음으로 표시한 것은?

해설 ②는 가는 엘보의 나사 이음, ③은 가는 엘보의 플랜지 이음, ④는 오는 엘보의 용접 이음을 나타낸다.

3. 다음 그림과 같이 지름이 다른 티를 부르는 방법이 옳은 것은?

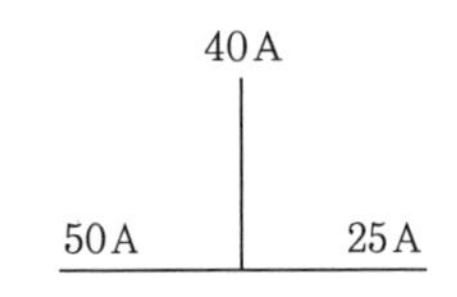

① 50×40×25 A
② 50×25×40 A
③ 25×50×40 A
④ 40×50×25 A

4. 다음 중 파이프 속을 흐르는 유체가 가스임을 가리키는 기호는?

③ G ④ S

5. 다음 관의 종류 및 굵기에 대한 표시 중 옳은 것은?

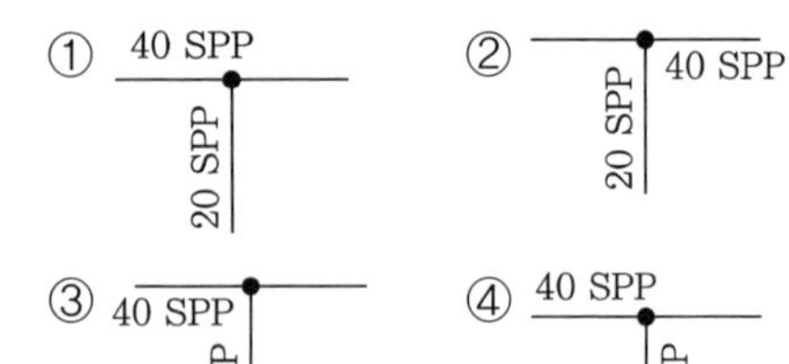

6. 다음 파이프의 도시 기호에서 접속하지 않고 있는 상태는?

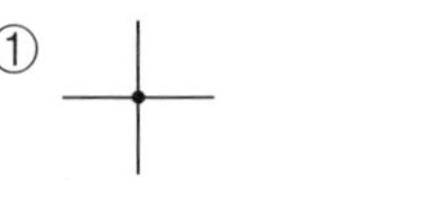
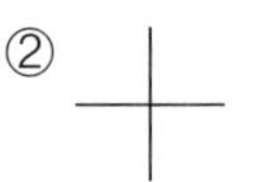

③ ④

해설 ①은 접속하고 있을 때, ③은 관의 앞쪽에서 도면 직각으로 구부러져 있을 때, ④는 도면 직각으로 앞쪽으로 구부러져 있을 때의 도시 기호이다.

7. 다음 도시 기호 중에 오는 T의 기호는 어느 것인가?

① ②
③ ④

8. 다음 중 관 지지용 앵커의 도시 기호는?

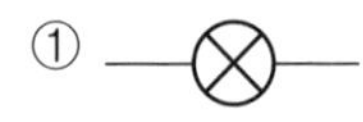

해설 ②는 가이드(guide), ③은 스프링 지지, ④는 행어(hanger)이다.

9. 다음 신축 조인트의 도면 기호 중 틀린 것은 어느 것인가?

정답 1. ① 2. ① 3. ② 4. ③ 5. ① 6. ② 7. ④ 8. ① 9. ③

① 루프형 : 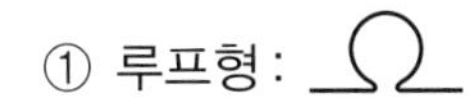

② 스위블형 :

③ 슬리브형 :

④ 벨로스형 :

10. 다음 배관 기호 중 온수난방 공급관의 도시 기호는?

① ② ③ ④ B B

11. 다음 중 슬리브 용접 이음을 표시한 것은 어느 것인가?

① ② ③ ④

12. 다음 중 캡(cap)의 도시 기호로 맞는 것은 어느 것인가?

① ② ③ ④

13. 다음 중 유량 조절용으로 가장 적합한 밸브에 대한 도시 기호로 맞는 것은?

① ② ③ ④ S

해설 유량 조절용으로 가장 적합한 것은 옥형 밸브이다.

14. 다음 중 역지 밸브(check valve)의 도면 표시 기호는?

① ② ③ ④

15. 다음 중 스프링 안전 밸브(spring type safety valve)의 도시 기호는?

① ② ③ ④

해설 ①은 앵글 밸브, ③은 추 안전 밸브, ④는 일반 콕이다.

16. ▶◀ 는 무슨 밸브를 말하는가?

① 닫혀 있는 일반 밸브
② 닫혀 있는 콕
③ 열려 있는 밸브
④ 위험 표시의 밸브

17. 다음 중 파이프 슈의 도시 기호는?

① H ② SH ③ S ④

해설 ②는 스프링 행어, ③은 바닥지지이다.

18. 다음의 도시 기호가 나타내는 것은 무엇인가?

① 드레인관
② 급탕관
③ 팽창관
④ 배수관

정답 10. ① 11. ④ 12. ① 13. ② 14. ② 15. ② 16. ① 17. ④ 18. ②

19. 다음 중 75 mm 급수용 주철관의 도면 기호는 어느 것인가?

① ② ③ ④

20. 다음 중 증기 트랩의 도시 기호는?

① ② S ③ OS ④ GT

21. 다음 기호 중 콕(cock)의 기호는?

① ② ③ ④

22. 다음 관 이음의 기호를 보고 그 명칭을 고르면?

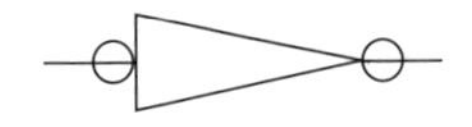

① 슬리브 턱걸이 이음
② 리듀서 턱걸이 이음
③ 편심 리듀서 땜 이음
④ 동심 리듀서 땜 이음

23. 배관 도시 기호 중 가 뜻하는 것은?

① 감압 밸브
② 봉함 밸브
③ 다이어프램 밸브
④ 자동팽창식 밸브

24. 다음 중 온도 지시계를 표시한 것은 어느 것인가?

① RT ② FI
③ G ④ TL

25. 다음 도시 기호 중 다이어프램 밸브는 어느 것인가?

① ② ③ ④

해설 ② 다이어프램 밸브, ③ 봉함 밸브

26. 다음 기호가 나타내는 것은?

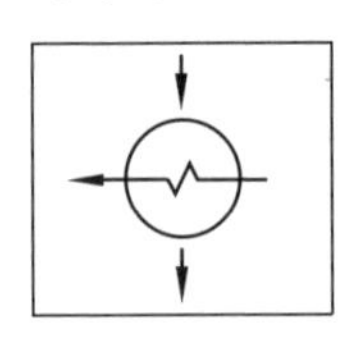

① 열교환기 ② 추출기
③ 밸브 ④ 과열방지기

27. 다음 중 핀 방열기의 도면 기호는?

① ② ③ ④ F

해설 ① 주형 방열기, ③ 대류 방열기, ④ 소화전

28. 다음 중 바닥 배수구의 도면 기호는?

① M ② ③ ④

해설 ① 양수기, ② 하우스 트랩, ④ 기구 배수구

정답 19. ③ 20. ① 21. ① 22. ④ 23. ① 24. ④ 25. ② 26. ① 27. ② 28. ③

29. 다음 중 오리피스 플랜지의 도면 기호는?

① ② ③ ④

해설 ② 줄임 플랜지, ③ 일반 플랜지, ④ 플러그

30. 다음 중 편심 줄이개(eccentric reducer)의 나사 이음 도시 기호는?

① ② ③ ④

31. 다음 중 동관의 치수 기호 방법이 아닌 것은 어느 것인가?

① K ② L ③ M ④ N

32. 배관 제도에는 관 계통도와 관 장치도의 2종류가 있으며 관 장치도에는 복선 표시법과 단선 표시법이 있다. 아래 도면에서 A 부품의 나사 이음 단선 표시법으로 맞는 것은?

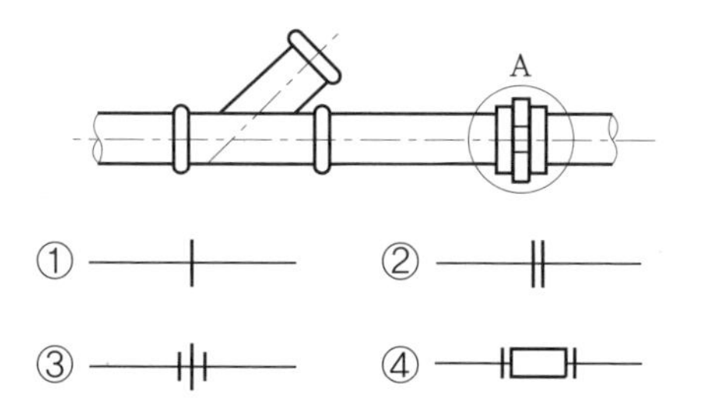

① ② ③ ④

33. 모든 관 계통의 계기, 제어기 및 장치기기 등에서 필요한 모든 자료를 도시한 공장 배관 도면을 무엇이라 하는가?

① 계통도 ② PID
③ 관 장치도 ④ 입체도

해설 PID는 Piping and Instrument Diagram의 약어이다.

34. 다음 중 소켓 용접용 스트레이너의 도시 기호는?

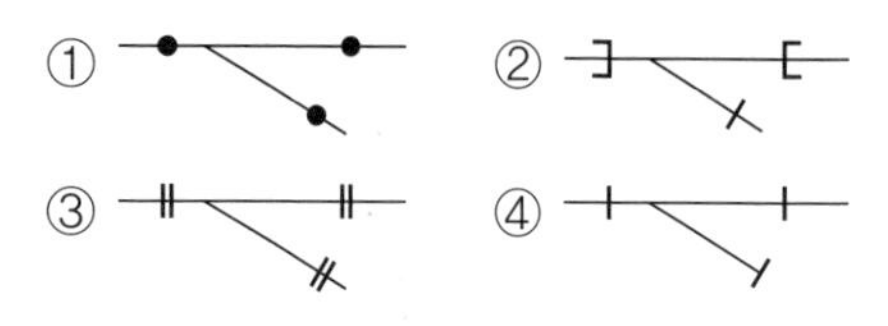

해설 ①은 맞대기 용접용, ③은 플랜지용, ④는 나사용이다.

35. 다음 중 주 1회 점검사항이 아닌 것은?

① 유면
② 오일 스트레이너 점검
③ 전동기 윤활유 점검
④ 압축기 정지 시 윤활유 누설 유무

해설 전동기 윤활유는 월 1회 점검사항이다.

36. 다음 중 연 1회 점검사항이 아닌 것은?

① 냉각수 오염 상태
② 전동기 베어링 점검
③ 드라이어 점검
④ 안전 밸브 점검

해설 냉각수 오염 상태는 월 1회 점검사항이다.

37. 압축기 오버홀 할 때, 제일 나중에 뽑은 부속품은 무엇인가?

① 실린더 커버 ② 안전 스프링
③ 연결봉 ④ 피스톤과 로드

38. 다음 중에서 배관의 세정효과를 확인하는 방법이 아닌 것은?

① 세정 중에 나오는 물때 정도
② 냉각수계통의 압력손실 변화
③ 응축압력 변화
④ 증발압력 변화

해설 배관세정은 고압측(응축기) 부분이므로 증발압력(저압) 변화는 관련이 없다.

정답 29. ① 30. ② 31. ④ 32. ③ 33. ② 34. ② 35. ③ 36. ① 37. ④ 38. ④

출제 예상문제

출제 예상문제 (1)

제1과목 에너지 관리

1. 단일덕트 방식에 대한 설명으로 틀린 것은?

① 중앙기계실에 설치한 공기조화기에서 조화한 공기를 주덕트를 통해 각 실로 분배한다.
② 단일덕트 일정 풍량 방식은 개별 제어에 적합하다.
③ 단일덕트 방식에서는 큰 덕트 스페이스를 필요로 한다.
④ 단일덕트 일정 풍량 방식에서는 재열을 필요로 할 때도 있다.

해설 단일덕트 일정 풍량 방식은 개별 제어 및 개별식 제어가 불가능하다.

2. 내벽 열전달률 4.7 W/m²·K, 외벽 열전달률 5.8 W/m²·K, 열전도율 2.9 W/m·℃, 벽두께 25 cm, 외기온도 −10℃, 실내온도 20℃일 때 열관류율(W/m²·K)은?

① 1.8 ② 2.1 ③ 3.6 ④ 5.2

해설 ㉠ 열저항 $R = \frac{1}{K}$

$$= \frac{1}{4.7} + \frac{0.25}{2.9} + \frac{1}{5.8}\ [\mathrm{m^2 \cdot K/W}]$$

㉡ 열관류율 $K = \frac{1}{R} = 2.12\ \mathrm{W/m^2 \cdot K}$

3. 변풍량 유닛의 종류별 특징에 대한 설명으로 틀린 것은?

① 바이패스형은 덕트 내의 정압변동이 거의 없고 발생 소음이 작다.
② 유인형은 실내 발생열을 온열원으로 이용 가능하다.
③ 교축형은 압력손실이 작고 동력 절감이 가능하다.
④ 바이패스형은 압력손실이 작지만 송풍기 동력 절감이 어렵다.

해설 교축형은 송풍기를 제어하므로 정압 변동이 크고 동력이 절약된다.

4. 냉방부하의 종류에 따라 연관되는 열의 종류로 틀린 것은?

① 인체의 발생열 – 현열, 잠열
② 극간풍에 의한 열량 – 현열, 잠열
③ 조명부하 – 현열, 잠열
④ 외기 도입량 – 현열, 잠열

해설 조명부하는 현열(감열)뿐이다.

5. 건구온도 30℃, 습구온도 27℃일 때 불쾌지수(DI)는 얼마인가?

① 57 ② 62 ③ 77 ④ 82

해설 불쾌지수
= 0.72 × (건구온도 + 습구온도) + 40.6
= 0.72 × (30 + 27) + 40.6 = 81.64

6. 송풍기의 법칙에 따라 송풍기 날개 직경이 D_1일 때, 소요동력이 L_1인 송풍기를 직경 D_2로 크게 했을 때 소요동력 L_2를 구하는 공식으로 옳은 것은? (단, 회전속도는 일정하다.)

① $L_2 = L_1\left(\frac{D_1}{D_2}\right)^5$ ② $L_2 = L_1\left(\frac{D_1}{D_2}\right)^4$

③ $L_2 = L_1\left(\frac{D_2}{D_1}\right)^4$ ④ $L_2 = L_1\left(\frac{D_2}{D_1}\right)^5$

해설 동력은 회전수가 일정할 때 날개지름 변화비의 5승에 비례한다.

정답 1. ② 2. ② 3. ③ 4. ③ 5. ④ 6. ④

7. 습공기의 습도에 대한 설명으로 틀린 것은?

① 절대습도는 건공기 중에 포함된 수증기량을 나타낸다.
② 수증기 분압은 절대습도에 반비례 관계가 있다.
③ 상대습도는 습공기의 수증기 분압과 포화공기의 수증기 분압의 비로 나타낸다.
④ 비교습도는 습공기의 절대습도와 포화공기의 절대습도의 비로 나타낸다.

해설 절대습도와 수증기 분압 노점(이슬점) 온도는 비례한다.

8. 아래 그림에 나타낸 장치를 표의 조건으로 냉방운전을 할 때 A실에 필요한 송풍량(m^3/h)은? (단, A실의 냉방부하는 현열부하 8.8 kW, 잠열부하 2.8 kW이고, 공기의 정압비열은 1.01 kJ/kg·K, 밀도는 1.2 kg/m^3이며, 덕트에서 열손실은 무시한다.)

지점	온도(DB), ℃	습도(RH), %
A	26	50
B	17	–
C	16	85

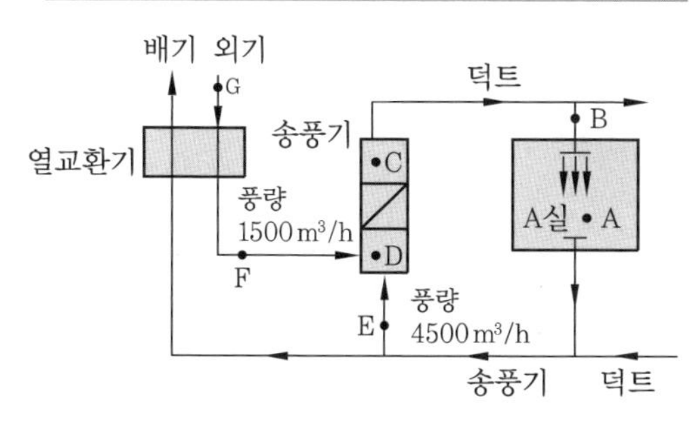

① 924 ② 1847
③ 2904 ④ 3831

해설 송풍량 $Q = \dfrac{q_s}{\gamma_c(t_A - t_B)}$

$= \dfrac{8.8 \times 3600}{1.2 \times 1.01 \times (26-17)}$

$= 2904.3\ m^3/h$

9. 다음 중 증기난방 장치의 구성으로 가장 거리가 먼 것은?

① 트랩 ② 감압 밸브
③ 응축수 탱크 ④ 팽창탱크

해설 팽창탱크는 온수난방 장치의 부속기기이다.

10. 환기에 따른 공기조화부하의 절감 대책으로 틀린 것은?

① 예랭, 예열 시 외기도입을 차단한다.
② 열 발생원이 집중되어 있는 경우 국소배기를 채용한다.
③ 전열교환기를 채용한다.
④ 실내 정화를 위해 환기횟수를 증가시킨다.

해설 환기횟수를 증가시키면 실내 청정도는 양호하지만 공조부하는 증가한다.

11. 온수난방에 대한 설명으로 틀린 것은?

① 저온수 난방에서 공급수의 온도는 100℃ 이하이다.
② 사람이 상주하는 주택에서는 복사난방을 주로 한다.
③ 고온수 난방의 경우 밀폐식 팽창탱크를 사용한다.
④ 2관식 역환수 방식에서는 펌프에 가까운 방열기일수록 온수 순환량이 많아진다.

해설 2관식 직접환수 방식에서는 펌프에 가까운 방열기일수록 온수 순환량이 많아진다.

12. 방열기에서 상당방열면적(EDR)은 아래의 식으로 나타낸다. 이 중 Q_o는 무엇을 뜻하는가? (단, 사용단위로 Q는 W, Q_o는 W/m^2이다.)

$$EDR\,[m^2] = \frac{Q}{Q_o}$$

① 증발량

정답 7. ② 8. ③ 9. ④ 10. ④ 11. ④ 12. ④

② 응축수량
③ 방열기의 전방열량
④ 방열기의 표준방열량

해설 Q : 방열기의 전방열량(W)
Q_o : 방열기의 표준 또는 상당방열량(W/m^2)

13. 공조기 냉수코일 설계 기준으로 틀린 것은?

① 공기류와 수류의 방향은 역류가 되도록 한다.
② 대수평균 온도차는 가능한 한 작게 한다.
③ 코일을 통과하는 공기의 전면풍속은 2~3 m/s로 한다.
④ 코일의 설치는 관이 수평으로 놓이게 한다.

해설 대수평균 온도차는 가능한 크게 하여 전열작용을 양호하게 한다.

14. 공기 세정기의 구성품인 일리미네이터의 주된 기능은?

① 미립화된 물과 공기와의 접촉 촉진
② 균일한 공기 흐름 유도
③ 공기 내부의 먼지 제거
④ 공기 중의 물방울 제거

해설 일리미네이터는 공기 송풍에 따라 수분이 비산되는 것을 방지한다(공기 중 물방울 제거).

15. 다음 중 열수분비(μ)와 현열비(SHF)와의 관계식으로 옳은 것은? (단, q_S는 현열량, q_L은 잠열량, L은 가습량이다.)

① $\mu = SHF \times \dfrac{q_S}{L}$ ② $\mu = \dfrac{1}{SHF} \times \dfrac{q_L}{L}$

③ $\mu = SHF \times \dfrac{q_L}{L}$ ④ $\mu = \dfrac{1}{SHF} \times \dfrac{q_S}{L}$

해설 ㉠ $q_t = \dfrac{q_S}{SHF}$ 이므로

㉡ $\mu = \dfrac{q_t}{L} = \dfrac{1}{L} \times \dfrac{q_S}{SHF} = \dfrac{1}{SHF} \times \dfrac{q_S}{L}$

16. 대류 및 복사에 의한 열전달률에 의해 기온과 평균복사온도를 가중 평균한 값으로 복사 난방 공간의 열 환경을 평가하기 위한 지표를 나타내는 것은?

① 작용온도(operative temperature)
② 건구온도(drybulb teperature)
③ 카타 냉각력(kata cooling power)
④ 불쾌지수(discomfort index)

해설 작용온도(효과온도)
㉠ 온도와 복사온도, 기류의 영향을 열쾌적지표로 인체의 난방량을 좌우하는 실제적 지표
㉡ 건구온도, 기류 및 주위 벽파의 사이에 열복사의 종합효과를 나타낸 것으로 실온과 평균복사온도를 조합시킨 온도

17. A, B 두 방의 열손실은 각각 4 kW이다. 높이 600 mm인 주철제 5세주 방열기를 사용하여 실내농도를 모두 18.5℃로 유지시키고자 한다. A실은 102℃의 증기를 사용하며, B실은 평균 80℃의 온수를 사용할 때 두 방 전체에 필요한 총 방열기의 절수는? (단, 표준방열량을 적용하며, 방열기 1절(節)의 상당방열면적은 0.23 m^3이다.)

① 23개 ② 34개 ③ 42개 ④ 56개

해설 절수 $= \dfrac{4 \times 3600}{650 \times 4.2 \times 0.23} + \dfrac{4 \times 3600}{450 \times 4.2 \times 0.23}$
$= 56.05$개

18. 전공기 방식에 대한 설명으로 틀린 것은?

① 송풍량이 충분하여 실내오염이 적다.
② 환기용 팬을 설치하면 외기냉방이 가능하다.
③ 실내에 노출되는 기기가 없어 마감이 깨끗하다.
④ 천장의 여유 공간이 작을 때 적합하다.

해설 천장의 여유 공간이 클 때 전공기 방식의 덕트 설치가 적합하다.

정답 13. ② 14. ④ 15. ④ 16. ① 17. ④ 18. ④

19. 건물 내 환경계통 시스템인 공조설비의 종합 점검인 TBA에 해당되지 않는 것은 어느 것인가?

① 시스템의 시험
② 시스템의 조정
③ 시스템의 평가
④ 시스템의 운전

해설 건물 내 환경계통 종합점검 TBA는
㉠ 시험 (testing)
㉡ 조정 (adjusting)
㉢ 평가 (balancing) 등이다.

20. 건물 내 환경계통 시스템인 공조설비 종합점검인 TBA 적용 목적이 아닌 것은 무엇인가?

① 설계 및 운전의 오류 수정
② 설계 목적에 부합되는 시설의 완성
③ 시설 및 기기의 수명 연장
④ 초기투자의 절감

해설 설계 및 시공의 오류 수정

제2과목 공조냉동 설계

21. 최근 에너지를 효율적으로 사용하자는 측면에서 빙축열 시스템이 보급되고 있다. 빙축열 시스템의 분류에 대한 조합으로 적절하지 않은 것은?

① 정적 제빙형 – 관외착빙형
② 정적 제빙형 – 빙 박리형
③ 동적 제빙형 – 리키드 아이스형
④ 동적 제빙형 – 과냉각 아이스형

해설 빙축열 시스템 제빙형식에 따른 분류
㉠ 정적형 : 관외착빙형, 관내착빙형, 캡슐형 또는 용기형
㉡ 동적형 : 빙 박리형, 액체식 빙 생성형(아이스형)

22. 냉동장치의 운전에 관한 설명으로 옳은 것은 어느 것인가?

① 압축기에 액백(liquid back) 현상이 일어나면 토출가스 온도가 내려가고 구동 전동기의 전류계 지시값이 변동한다.
② 수액기 내에 냉매액을 충만시키면 증발기에서 열부하 감소에 대응하기 쉽다.
③ 냉매 충전량이 부족하면 증발압력이 높게 되어 냉동능력이 저하한다.
④ 냉동부하에 비해 과대한 용량의 압축기를 사용하면 저압이 높게 되고, 장치의 성적계수는 상승한다.

해설 액백이 발생하면 실린더가 냉각되어 토출가스 온도가 내려가고 불규칙한 압축으로 소음, 진동이 발생되고 전류값이 변동되며 압축기 파손을 초래한다.

23. 다음의 역카르노 사이클에서 등온 팽창과정을 나타내는 것은?

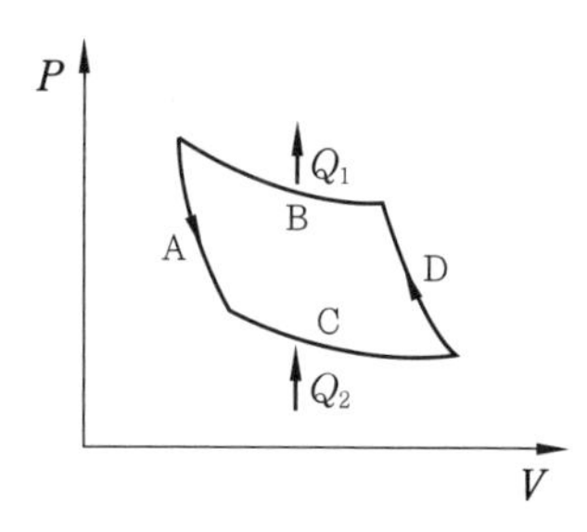

① A ② B
③ C ④ D

해설 A : 단열 팽창 B : 등온 압축
C : 등온 팽창 D : 단열 압축

24. 비열이 3.86 kJ/kg·K인 액 920 kg을 1시간 동안 25℃에서 5℃로 냉각시키는데 소요되는 냉각열량은 몇 냉동톤(RT)인가? (단, 1 RT는 3.5 kW이다.)

① 3.2 ② 5.6
③ 7.8 ④ 8.3

정답 19. ④ 20. ① 21. ② 22. ① 23. ③ 24. ②

해설 $R = \frac{920 \times 3.86 \times (25-5)}{3.5 \times 3600} = 5.64 \text{ RT}$

25. 흡수식 냉동기에 사용하는 흡수제의 구비조건으로 틀린 것은?

① 농도 변화에 의한 증기압의 변화가 클 것
② 용액의 증기압이 낮을 것
③ 점도가 높지 않을 것
④ 부식성이 없을 것

해설 농도 변화에 의한 증기압의 변화가 작을 것

26. 실제 냉동 사이클에서 압축과정 동안 냉매 변환 중 스크루 냉동기는 어떤 압축과정에 가장 가까운가?

① 단열 압축　　② 등온 압축
③ 등적 압축　　④ 과열 압축

해설 압축기는 가열 단열 압축 정상류 변화이다.

27. 그림과 같은 냉동 사이클로 작동하는 압축기가 있다. 이 압축기의 체적효율이 0.65, 압축효율이 0.8, 기계효율이 0.9라고 한다면 실제 성적계수는?

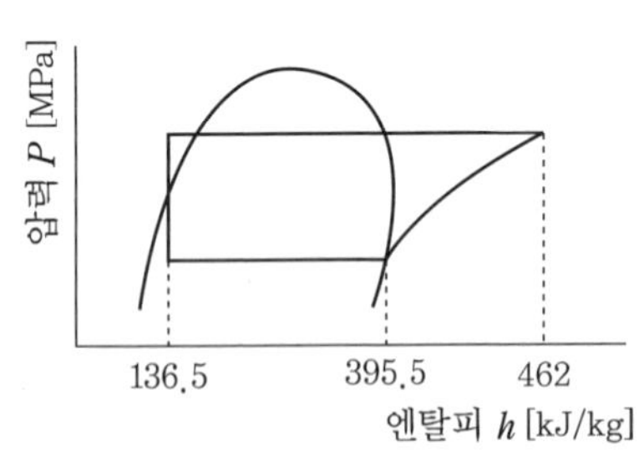

① 3.89　　② 2.81
③ 1.82　　④ 1.42

해설 $\text{COP} = \frac{395.5 - 136.5}{462 - 395.5} \times 0.65 \times 0.8 \times 0.9 = 1.82$

참고 냉매순환량 $G = \frac{V}{\nu} \cdot \eta_\nu$이므로 실제 성적계수에 체적효율을 곱한다.

28. 증발기의 종류에 대한 설명으로 옳은 것은?

① 대형 냉동기에서는 주로 직접 팽창식 증발기를 사용한다.
② 직접 팽창식 증발기는 2차 냉매를 냉각시켜 물체를 냉동, 냉각시키는 방식이다.
③ 만액식 증발기는 팽창 밸브에서 교축 팽창된 냉매를 직접 증발기로 공급하는 방식이다.
④ 간접 팽창식 증발기는 제빙, 양조 등의 산업용 냉동기에 주로 사용된다.

해설 ① : 동결장치에 직접 팽창식 증발기 사용
② : 간접 팽창식 설명이다.
③ : 팽창된 냉매를 저압 수액기에서 각 증발기로 공급한다.

29. 냉동기유의 구비조건으로 틀린 것은?

① 응고점이 높아 저온에서도 유동성이 있을 것
② 냉매나 수분, 공기 등이 쉽게 용해되지 않을 것
③ 쉽게 산화하거나 열화하지 않을 것
④ 적당한 점도를 가질 것

해설 냉동유(윤활유)는 응고점과 유동온도가 낮고, 점화 또는 발화온도가 높을 것

30. 운전 중인 냉동장치의 저압측 진공게이지가 50 cmHg을 나타내고 있다. 이때의 진공도는 얼마인가?

① 65.8 %　　② 40.8 %
③ 26.5 %　　④ 3.4 %

해설 진공도 $= \frac{50}{76} \times 100 = 65.79\,\%$

31. 다음 중 가장 큰 에너지는?

① 100 kW 출력의 엔진이 10시간 동안 한 일

정답 25. ① 26. ① 27. ③ 28. ④ 29. ① 30. ①

② 발열량 10000 kJ/kg의 연료를 100 kg 연소시켜 나오는 열량

③ 대기압 하에서 10℃의 물 10 m^{3}를 90℃로 가열하는데 필요한 열량 (단, 물의 비열은 4.2 kJ/kg·K이다.)

④ 시속 100 km로 주행하는 총 질량 2000 kg인 자동차의 운동에너지

해설 ① $100 \times 10 \times 3600 = 3600000$ kJ

② $10000 \times 100 = 1000000$ kJ

③ $10 \times 1000 \times 4.2 \times (90 - 10) = 3360000$ kJ

④ $2000 \times 100000 \times \frac{9.8}{1000} = 1960000$ kJ

32. 실린더 내의 공기가 100 kPa, 20℃ 상태에서 300 kPa이 될 때까지 가역 단열과정으로 압축된다. 이 과정에서 실린더 내의 계에서 엔트로피의 변화(kJ/kg·K)는? (단, 공기의 비열비(k)는 1.4이다.)

① −1.35 ② 0
③ 1.35 ④ 13.5

해설 가역 단열 정상류 변화일 때 엔트로피는 불변이다.

33. 용기 안에 있는 유체의 초기 내부에너지는 700 kJ이다. 냉각과정 동안 250 kJ의 열을 잃고, 용기 내에 설치된 회전날개로 유체에 100 kJ의 일을 한다. 최종상태의 유체의 내부에너지(kJ)는 얼마인가?

① 350 ② 450
③ 550 ④ 650

해설 $\Delta q = (u_1 - u_2) + \Delta W$

$u_2 = u_1 - \Delta W + \Delta q$

$= 700 - (-100) + (-250) = 550$ kJ

34. 열역학적 관점에서 다음 장치들에 대한 설명으로 옳은 것은?

① 노즐은 유체를 서서히 낮은 압력으로 팽창하여 속도를 감속시키는 기구이다.

② 디퓨저는 저속의 유체를 가속하는 기구이며 그 결과 유체의 압력이 증가한다.

③ 터빈은 작동유체의 압력을 이용하여 열을 생성하는 회전식 기계이다.

④ 압축기의 목적은 외부에서 유입된 동력을 이용하여 유체의 압력을 높이는 것이다.

해설 압축기는 동력(일)을 받아서 저온저압의 유체를 고온고압으로 높이는 열펌프이다.

35. 준평형 정적과정을 거치는 시스템에 대한 열전달량은? (단, 운동에너지와 위치에너지의 변화는 무시한다.)

① 0이다.

② 이루어진 일량과 같다.

③ 엔탈피 변화량과 같다.

④ 내부에너지 변화량과 같다.

해설 $\Delta q = \Delta u + ApdV$

$= \Delta u + 0 = \Delta u$

즉 열량 변화는 전부 내부에너지 변화로 표시된다.

36. 보일러에 온도 40℃, 엔탈피 167 kJ/kg인 물이 공급되어 온도 350℃, 엔탈피 3115 kJ/kg인 수증기가 발생한다. 입구와 출구에서의 유속은 각각 5 m/s, 50 m/s이고, 공급되는 물의 양이 2000 kg/h일 때, 보일러에 공급해야 할 열량(kW)은? (단, 위치에너지 변화는 무시한다.)

① 631 ② 832
③ 1237 ④ 1638

해설 $q = \frac{2000 \times (3115 - 167)}{3600} = 1637.8$ kW

정답 31. ① 32. ② 33. ③ 34. ④ 35. ④ 36. ④

37. 피스톤-실린더 장치에 들어있는 100 kPa, 27℃의 공기가 600 kPa까지 가역 단열과정으로 압축된다. 비열비가 1.4로 일정하다면 이 과정 동안에 공기가 받은 일(kJ/kg)은? (단, 공기의 기체상수는 0.287 kJ/kg·K이다.)

① 263.6　② 171.8
③ 143.5　④ 116.9

해설 $w_a = \dfrac{1}{1.4-1} \times 0.287 \times (273+27) \times \left\{1-\left(\dfrac{600}{100}\right)^{\frac{1.4-1}{1.4}}\right\} = 143.5\ \mathrm{kJ/kg}$

38. 이상기체 1 kg을 300 K, 100 kPa에서 500 K까지 "PV^n = 일정"의 과정(n = 1.2)을 따라 변화시켰다. 이 기체의 엔트로피 변화량(kJ/K)은? (단, 기체의 비열비는 1.3, 기체상수는 0.287 kJ/kg·K이다.)

① −0.244　② −0.287
③ −0.344　④ −0.373

해설 ㉠ 정적비열 $= \dfrac{1}{1.3-1} \times 0.287 = 0.96\ \mathrm{kJ/kg \cdot K}$

㉡ $C_m = \dfrac{1.2-1.3}{1.2-1} \times 0.96 = -0.48\ \mathrm{kJ/kg \cdot K}$

㉢ $\Delta S = -0.48 \ln\dfrac{500}{300} = -0.245\ \mathrm{kJ/K}$

39. 펌프를 사용하여 150 kPa, 26℃의 물을 가역 단열과정으로 650 kPa까지 변화시킨 경우, 펌프의 일(kJ/kg)은? (단, 26℃의 포화액의 비체적은 0.001 m³/kg이다.)

① 0.4　② 0.5
③ 0.6　④ 0.7

해설 $W_t = 0.001 \times (650-150) = 0.5\ \mathrm{kJ/kg}$

40. 공기 10 kg이 압력 200 kPa, 체적 5 m³인 상태에서 압력 400 kPa, 온도 300℃인 상태로 변한 경우 최종 체적(m³)은 얼마인가? (단, 공기의 기체상수는 0.287 kJ/kg·K이다.)

① 10.7　② 8.3
③ 6.8　④ 4.1

해설 $V_2 = \dfrac{GRT_2}{P_2} = \dfrac{10 \times 0.287 \times (273+300)}{400} = 4.11\ \mathrm{m^3}$

제3과목 시운전 및 안전관리

41. 다음 신호흐름 선도에서 $\dfrac{C(s)}{R(s)}$는?

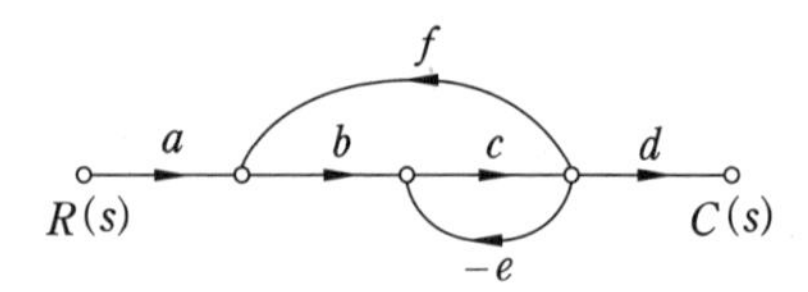

① $\dfrac{abcd}{1+ce+bcf}$　② $\dfrac{abcd}{1-ce+bcf}$
③ $\dfrac{abcd}{1+ce-bcf}$　④ $\dfrac{abcd}{1-ce-bcf}$

해설 $G_1 = abcd,\ \Delta_1 = 1$

$L_{11} = -ce,\ L_{21} = bcf$

$\Delta = 1-(L_{11}+L_{21}) = 1+ce-bcf$

$\therefore G = \dfrac{C}{R} = \dfrac{G_1 \cdot \Delta_1}{\Delta} = \dfrac{abcd}{1+ce-bcf}$

42. 코일에 흐르고 있는 전류가 5배로 되면 축적되는 에너지는 몇 배가 되는가?

① 10　② 15
③ 20　④ 25

해설 $W = \dfrac{1}{2}LI^2 = x \times 5^2 = 25x$ 배

정답 37. ③ 38. ① 39. ② 40. ④ 41. ③ 42. ④

43. 역률 0.85, 선전류 50 A, 유효전력 28 kW인 평형 3상 Δ 부하의 전압(V)은 약 얼마인가?

① 300　② 380
③ 476　④ 660

해설 $V = \frac{P}{\sqrt{3} I \cos\theta} = \frac{28000}{\sqrt{3} \times 50 \times 0.85}$
$= 380.37\ \text{V}$

44. 탄성식 압력계에 해당되는 것은?

① 경사관식　② 압전기식
③ 환상평형식　④ 벨로스식

해설 벨로스식 : 열팽창계수가 큰 액체 또는 기체에 의한 벨로스의 신축 작용을 이용한 것으로 탄성식 압력계이다.

45. 다음 블록선도의 전달함수는?

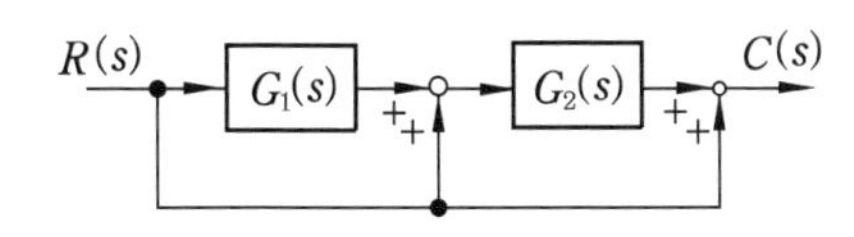

① $G_1(s)G_2(s) + G_2(s) + 1$
② $G_1(s)G_2(s) + 1$
③ $G_1(s)G_2(s) + G_2$
④ $G_1(s)G_2(s) + G_1 + 1$

해설 $(RG_1 + R)G_2 + R = C$
$RG_1G_2 + RG_2 + R = C$
$R(G_1G_2 + G_2 + 1) = C$
$\therefore \frac{C}{R} = G_1G_2 + G_2 + 1$

46. 다음 중 간략화한 논리식이 다른 것은?

① $(A+B) \cdot (A+\overline{B})$
② $A \cdot (A+B)$
③ $A + (\overline{A} \cdot B)$
④ $(A \cdot B) + (A \cdot \overline{B})$

해설 ① $AA + A\overline{B} + AB + B\overline{B}$
$= A + A(B + \overline{B})$
$= A + A = A$
② $AA + AB = A(1+B) = A$
③ $A\overline{A} + AB = AB$
④ $A(B + \overline{B}) = A$

47. 물체의 위치, 방향 및 자세 등의 기계적 변위를 제어량으로 해서 목표값의 임의의 변화에 추종하도록 구성된 제어계는?

① 프로그램 제어
② 프로세스 제어
③ 서보 기구
④ 자동 조정

해설 서보 기구는 위치, 방향, 자세 등을 제어하여 비행기 및 선박의 방향 제어, 미사일 발사대의 자동 위치 제어, 추적용 레이더 자동평행 기록계 등에 사용한다.

48. 전자석의 흡인력은 자석밀도 B (Wb/m^2)와 어떤 관계에 있는가?

① B에 비례　② $B^{1.5}$에 비례
③ B^2에 비례　④ B^3에 비례

해설 흡인력 $F_x = \frac{B^2}{2\mu_o} \cdot S$ [N]을 가지므로 자속밀도는 B^2에 비례한다.
여기서, μ_o : 비투자율, S : 면적 (m^2)

49. 피드백 제어의 특징에 대한 설명으로 틀린 것은?

① 외란에 대한 영향을 줄일 수 있다.
② 목표값과 출력을 비교한다.
③ 조절부와 조작부로 구성된 제어 요소를 가지고 있다.
④ 입력과 출력의 비를 나타내는 전체 이득이 증가한다.

해설 피드백 제어는 입력과 출력을 비교하는 비교부가 반드시 필요하다.

정답 43. ② 44. ④ 45. ① 46. ③ 47. ③ 48. ③ 49. ④

50. 목표값 이외의 외부 입력으로 제어량을 변화시키며 인위적으로 제어할 수 없는 요소는?

① 제어동작신호 ② 조작량
③ 외란 ④ 오차

해설 외란 : 제어계의 상태를 교란시키는 외적작용으로 목표치가 아닌 입력을 말한다.

51. 2전력계법으로 3상 전력을 측정할 때 전력계의 지시가 $W_1 = 200$ W, $W_2 = 200$ 이다. 부하전력(W)은?

① 200 ② 400
③ $200\sqrt{3}$ ④ $400\sqrt{3}$

해설 부하전력 $= 200 + 200 = 400$ W

52. $R = 10\ \Omega$, $L = 10$ mH에 가변콘덴서 C를 직렬로 구성시킨 회로에 교류주파수 1000 Hz를 가하여 직렬공진을 시켰다면 가변콘덴서는 약 몇 μF인가?

① 2.533 ② 12.675
③ 25.35 ④ 126.75

해설 주파수 $f = \dfrac{1}{2\pi\sqrt{LC}}$ 식에서

∴ 가변콘덴서

$$C = \frac{1}{(2\pi f)^2 \cdot L} = \frac{1000}{(2\pi \times 1000)^2 \times 10}$$

$= 2.533 \times 10^{-6}$[F] $= 2.533\ \mu$F

53. 스위치 S의 개폐에 관계없이 전류 I가 항상 30 A라면 R_3와 R_4는 각각 몇 Ω인가?

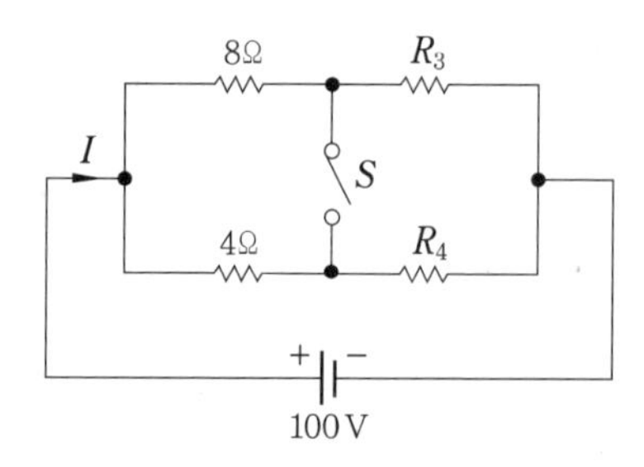

① $R_3 = 1$, $R_4 = 3$
② $R_3 = 2$, $R_4 = 1$
③ $R_3 = 3$, $R_4 = 2$
④ $R_3 = 4$, $R_4 = 4$

해설 ㉠ $I_1 = 30 \times \dfrac{4}{8+4} = 10$ A

㉡ $R_3 = \dfrac{100 - (10 \times 8)}{10} = 2\ \Omega$

㉢ $I_2 = 30 \times \dfrac{8}{8+4} = 20$ A

㉣ $R_4 = \dfrac{100 - (20 \times 4)}{20} = 1\ \Omega$

54. 아래 $R-L-C$ 직렬회로의 합성 임피던스(Ω)는?

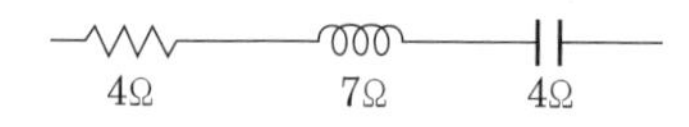

① 1 ② 5 ③ 7 ④ 15

해설 $Z = \sqrt{4^2 + (7-4)^2} = 5\ \Omega$

55. 변압기의 효율이 가장 좋을 때의 조건은?

① 철손 $= \dfrac{2}{3} \times$ 동손
② 철손 = 2 × 동손
③ 철손 $= \dfrac{1}{2} \times$ 동손
④ 철손 = 동손

해설 변압기 효율이 가장 좋아지려면 철손과 동손이 같을 때이다.

56. 입력 신호가 모두 "1" 일 때만 출력이 생성되는 논리회로는?

① AND 회로 ② OR 회로
③ NOR 회로 ④ NOT 회로

해설 ① AND(논리적) 회로 : 입력 A, B가 모두 1일 때 출력 생성

정답 50. ③ 51. ② 52. ① 53. ② 54. ② 55. ④ 56. ①

② OR (논리합) 회로 : 압력 A, B의 어느 한쪽 단자가 1일 때 출력 생성
③ NOR 회로 : OR 회로에 NOT 회로를 접속한 논리합의 부정회로
④ NOT (논리부정) 회로 : 입력이 0일 때 출력 생성, 입력이 1이면 출력을 생성하지 못한다.

57. 공기조화에서 "ET"는 무엇을 의미하는가?

① 인체가 느끼는 쾌적온도의 지표
② 유효습도
③ 적정 공기 속도
④ 직접 냉난방 부하

해설 신유효 온도(NET ; new effective temperature)는 착의량 0.6 Clo, 작업량 1.0 Met의 조건에서 4가지 열 환경 요소를 고려한 단일 지표로서 인체가 느끼는 쾌적 범위를 나타낸다.

58. 보일러 파열사고 원인 중 가장 빈번히 일어나는 것은?

① 강도 부족　② 압력 초과
③ 부식　④ 그루빙

해설 운전 부주의에 의한 저수위의 과열로 인한 압력 초과로 파열사고가 자주 발생한다.

59. 헬라이드 토치의 연료로 적합하지 않은 것은?

① 부탄　② 알코올
③ 프로판　④ 아세틸렌

해설 부탄은 연소 공기량이 많으므로 헬라이드 토치에 사용하면 불꽃 색깔 변동이 작다.

60. 다음 사항 중 옳은 것은?

① 고압 차단 스위치 작동압력은 안전 밸브 작동압력보다 조금 높게 한다.
② 온도식 자동 팽창 밸브의 감온통은 증발기의 입구측에 붙인다.
③ 가용전은 응축기의 보호를 위하여 사용된다.
④ 가용전, 파열판은 암모니아 냉동장치에만 사용된다.

해설 ㉠ 고압 차단 스위치의 작동압력은 정상고압 +3 ~ 4 kg/cm^{2}이고, 안전 밸브의 작동압력은 정상고압 +4 ~ 5 kg/cm^{2}이다.
㉡ 온도식 자동 팽창 밸브 감온통(감온구)은 증발기 출구 흡입관에 부착한다.
㉢ 가용전과 파열판은 프레온 냉동장치에 부착하며, 가용전은 고압액관에 부착하여 압력 상승 시 장치를 보호하고, 파열판은 터보냉동장치의 저압측에 설치한다.

제4과목 유지보수 공사관리

61. 펌프 흡입측 수평배관에서 관경을 바꿀 때 편심 레듀서를 사용하는 목적은?

① 유속을 빠르게 하기 위하여
② 펌프압력을 높이기 위하여
③ 역류 발생을 방지하기 위하여
④ 공기가 고이는 것을 방지하기 위하여

해설 편심 레듀서는 상향 구배일 때 상단, 하향 구배일 때 공기가 체류하는 것을 방지한다.

62. 다음 중 배관의 중심이동이나 구부러짐 등의 변위를 흡수하기 위한 이음이 아닌 것은?

① 슬리브형 이음　② 플렉시블 이음
③ 루프형 이음　④ 플라스탄 이음

해설 플라스탄 이음은 연관이음 방법이며, 신축이음 방법이 아니다.

63. 온수배관 시공 시 유의사항으로 틀린 것은?

① 일반적으로 팽창관에는 밸브를 설치하지 않는다.
② 배관의 최저부에는 배수 밸브를 설치한다.

정답 57. ①　58. ②　59. ①　60. ③　61. ④　62. ④　63. ③

③ 공기 밸브는 순환펌프의 흡입측에 부착한다.
④ 수평관은 팽창탱크를 향하여 올림구배로 배관한다.

해설 공기빼기(에어포켓) 밸브는 배관 중에 공기가 발생될 우려가 있는 곳에 사절 밸브를 설치한다.

64. 다음 중 밸브 몸통 내에 밸브대를 축으로 하여 원판 형태의 디스크가 회전함에 따라 개폐하는 밸브는 무엇인가?

① 버터플라이 밸브
② 슬루스 밸브
③ 앵글 밸브
④ 볼 밸브

해설 버터플라이 밸브는 밸브판의 지름을 축으로 하여 밸브판을 회전함으로써 유량을 조정하는 밸브이며, 기밀을 완전하게 하는 것은 곤란하다. 유량을 급속 제어(조절)하는 데는 편리하다.

65. 강관의 나사이음 시 관을 절단한 후 관 단면의 안쪽에 생기는 거스러미를 제거할 때 사용하는 공구는?

① 파이프 바이스 ② 파이프 리머
③ 파이프 렌치 ④ 파이프 커터

해설 파이프 리머는 배관을 절단 후 생기는 배관 안쪽의 거스러미를 제거하는 데 사용하는 공구이다.

66. 옥상탱크에서 오버플로관을 설치하는 가장 적합한 위치는?

① 배수관보다 하위에 설치한다.
② 양수관보다 상위에 설치한다.
③ 급수관과 수평위치에 설치한다.
④ 양수관과 동일 수평위치에 설치한다.

해설 오버플로는 옥상탱크(고가탱크) 최상위 수면보다 높을 때 배출하는 장치, 일명 넘치는 관(일수관)이다.

67. 하트포드(hart ford) 배관법에 관한 설명으로 틀린 것은?

① 보일러 내의 안전 저수면 보다 높은 위치에 환수관을 접속한다.
② 저압증기 난방에서 보일러 주변의 배관에 사용한다.
③ 하트포드 배관법은 보일러 내의 수면을 안전수위 이하로 유지하기 위해 사용된다.
④ 하트포드 배관 접속 시 환수주관에 침적된 찌꺼기의 보일러 유입을 방지할 수 있다.

해설 하트포드 연결법은 저압 증기난방 장치에서 환수주관을 보일러 밑에 접속하여 생기는 나쁜 결과를 막기 위해 증기관과 환수관 사이에 표준 수면에서 50 mm 아래에 균형관을 연결한다.

68. 중앙식 급탕법에 대한 설명으로 틀린 것은?

① 탱크 속에 직접 증기를 분사하여 물을 가열하는 기수 혼합식의 경우 소음이 많아 증기관에 소음기(silencer)를 설치한다.
② 열원으로 비교적 가격이 저렴한 석탄, 중유 등을 사용하므로 연료비가 적게 든다.
③ 급탕설비를 다른 설비 기계류와 동일한 장소에 설치하므로 관리가 용이하다.
④ 저탕탱크 속에 가열 코일을 설치하고, 여기에 증기보일러를 통해 증기를 공급하여 탱크 안의 물을 직접 가열하는 방식을 직접 가열식 중앙 급탕법이라 한다.

해설 저장탱크와 급탕관
㉠ 급탕관은 상수도 물을 가열하여 공급하는 관이다.
㉡ 복귀관은 저탕탱크 하부에 연결하여 급탕 출구로부터 최원거리를 택한다.
㉢ 저탕탱크와 보일러의 배수는 일반 배수관에 직결하지 말고 일단 물받이로 받아 간접 배수한다.

정답 64. ① 65. ② 66. ② 67. ③ 68. ④

69. 공기조화설비에서 에어워셔의 플러딩 노즐이 하는 역할은?

① 공기 중에 포함된 수분을 제거한다.
② 입구공기의 난류를 정류로 만든다.
③ 일리미네이터에 부착된 먼지를 제거한다.
④ 출구에 섞여 나가는 비산수를 제거한다.

해설 일리미네이터는 공기를 따라서 비산되는 수분을 방지한다.

70. 다음 공조용 배관 중 배관 샤프트 내에서 단열시공을 하지 않는 배관은?

① 온수관 ② 냉수관
③ 증기관 ④ 냉각수관

해설 냉각수관은 응축기에 공급하는 물배관으로 단열시공의 필요성이 없다.

71. 급수온도 5℃, 급탕온도 60℃, 가열전 급탕설비의 전수량은 2 m^3, 급수와 급탕의 압력차는 50 kPa일 때, 절대압력 300 kPa의 정수두가 걸리는 위치에 설치하는 밀폐식 팽창탱크의 용량(m^3)은? (단, 팽창탱크의 초기 봉입 절대압력은 300 kPa이고, 5℃일 때 밀도는 1000 kg/m^3, 60℃일 때 밀도는 983.1 kg/m^3이다.)

① 0.83 ② 0.57 ③ 0.24 ④ 0.17

해설 ㉠ $\Delta v = \left(\frac{1}{0.9831} - \frac{1}{1}\right) \times 2000$
$= 34.38\,l = 0.03438\ m^3$

㉡ $V = \frac{\Delta v}{\frac{P_0}{P_1} - \frac{P_0}{P_2}}$
$= \frac{0.03438}{\frac{300}{300} - \frac{300}{300+50}} = 0.24\ m^3$

여기서, Δu : 온수 팽창량 (m^3)
P_0 : 초기 봉입압력 = 300 kPa
P_1 : 가열 전 압력 = 300 kPa
P_2 : 급탕장치 최대 절대압력 = 300 + 50 kPa

72. 배관재료에 대한 설명으로 틀린 것은?

① 배관용 탄소강 강관은 1 MPa 이상, 10 MPa 이하 증기관에 적합하다.
② 주철관은 용도에 따라 수도용, 배수용, 가스용, 광산용으로 구분한다.
③ 연관은 화학 공업용으로 사용되는 1종관과 일반용으로 쓰이는 2종관, 가스용으로 사용되는 3종관이 있다.
④ 동관은 관 두께에 따라 K형, L형, M형으로 구분한다.

해설 ㉠ 배관용 탄소강관은 냉·난방장치에 사용하면 안 된다.
㉡ 배관용 탄소강관은 350℃ 이하, 10 kg/cm^2 (0.98 MPa) 이하 증기관에 적합하다.

73. 다음 중 증기난방용 방열기를 열손실이 가장 많은 창문 쪽의 벽면에 설치할 때 벽면과의 거리로 가장 적절한 것은?

① 5 ~ 6 cm ② 10 ~ 11 cm
③ 19 ~ 20 cm ④ 25 ~ 26 cm

74. 저·중압의 공기 가열기, 열교환기 등 다량의 응축수를 처리하는데 사용되며, 작동원리에 따라 다량 트랩, 부자형 트랩으로 구분하는 트랩은?

① 바이메탈 트랩 ② 벨로스 트랩
③ 플로트 트랩 ④ 벨 트랩

해설 플로트 트랩은 다량의 응축수를 배출하므로 일명 다량 트랩이라 한다.

75. 냉동장치에서 압축기의 표시 방법으로 틀린 것은?

① : 밀폐형 일반
② : 로터리형

정답 69. ③ 70. ④ 71. ③ 72. ① 73. ① 74. ③ 75. ③

③ (도형) : 원심형

④ (도형) : 왕복동형

해설 ③은 고속 다기통 압축기 표시법이다.

76. 공조배관설비에서 수격작용의 방지 방법으로 틀린 것은?

① 관 내의 유속을 낮게 한다.
② 밸브는 펌프 흡입구 가까이 설치하고 제어한다.
③ 펌프에 플라이 휠(fly wheel)을 설치한다.
④ 서지탱크를 설치한다.

해설 수격작용 방지법으로 펌프 출구에 역류 방지 밸브(체크 밸브)를 설치한다.

77. 압축공기 배관설비에 대한 설명으로 틀린 것은?

① 분리기는 윤활유를 공기나 가스에서 분리시켜 제거하는 장치로서 보통 중간냉각기와 후부냉각기 사이에 설치한다.
② 위험성 가스가 체류되어 있는 압축기 실은 밀폐시킨다.
③ 맥동을 완화하기 위하여 공기탱크를 장치한다.
④ 가스관, 냉각수관 및 공기탱크 등에 안전밸브를 설치한다.

해설 위험성이 있는 가스(독성, 가연성)가 체류되어 있는 압축기 실은 개방하여 통풍이 양호한 구조로 한다.

78. 프레온 냉동기에서 압축기로부터 응축기에 이르는 배관의 설치 시 유의사항으로 틀린 것은?

① 배관이 합류할 때는 T자형보다 Y자형으로 하는 것이 좋다.
② 압축기로부터 올라온 토출관이 응축기에 연결되는 수평부분은 응축기 쪽으로 하향 구배로 배관한다.
③ 2대의 압축기가 아래쪽에 있고 1대의 응축기가 위쪽에 있는 경우 토출가스 헤더는 압축기 위에 배관하여 토출가스 관에 연결한다.
④ 압축기와 응축기가 각각 2대이고 압축기가 응축기의 하부에 설치된 경우 압축기의 크랭크 케이스 균압관은 수평으로 배관한다.

해설 압축기 토출관을 역루프 배관하여 하향 구배된 고압가스관 상부에 연결한다.

79. 수도 직결식 급수방식에서 건물 내에 급수를 할 경우 수도 본관에서의 최저 필요압력을 구하기 위한 필요 요소가 아닌 것은?

① 수도 본관에서 최고 높이에 해당하는 수전까지의 관 재질에 따른 저항
② 수도 본관에서 최고 높이에 해당하는 수전이나 기구별 소요압력
③ 수도 본관에서 최고 높이에 해당하는 수전까지의 관 내 마찰손실수두
④ 수도 본관에서 최고 높이에 해당하는 수전까지의 상당압력

해설 최저 필요압력은 수도 본관에서 최고 높이에 해당하는 수전까지 배관 전손실 압력에 해당하는 양정(수두)이다.

80. 정압기를 사용 압력별로 분류한 것이 아닌 것은?

① 저압 정압기　② 중압 정압기
③ 고압 정압기　④ 초고압 정압기

해설 ① 저압 정압기 : 가스홀더의 압력을 실제 사용압력으로 조정하는 작용을 한다.
② 중압 정압기 : 중압력을 일정한 저압력으로 조정한다.
③ 고압 정압기 : 공장이나 정압소에서 압송된 고압가스를 중압력으로 낮추는 작용을 한다.

정답 76. ② 77. ② 78. ③ 79. ① 80. ④

출제 예상문제 (2)

제1과목 에너지 관리

1. 냉방 시 실내부하에 속하지 않는 것은?

① 외기의 도입으로 인한 취득열량
② 극간풍에 의한 취득열량
③ 벽체로부터의 취득열량
④ 유리로부터의 취득열량

해설 ①은 외기부하에 해당된다.

2. 크기 1000 × 500 mm의 직관 덕트에 35℃의 온풍 18000 m^3/h이 흐르고 있다. 이 덕트가 −10℃의 실외 부분을 지날 때 길이 20 m당 덕트 표면으로부터의 열손실(kW)은? (단, 덕트는 암면 25 mm로 보온되어 있고, 이때 1000 m당 온도차 1℃에 대한 온도강하는 0.9℃이다. 공기의 밀도는 1.2 kg/m^3, 정압비열은 1.01 kJ/kg·K이다.)

① 3.0　② 3.8
③ 4.9　④ 6.0

해설 ㉠ 20 m당 손실온도

$$=\frac{0.9}{1000}\times\{35-(-10)\}\times 20=0.81\,\mathrm{K}$$

㉡ 손실열량

$$=\frac{18000}{3600}\times 1.2\times 1.01\times 0.81=4.9\,\mathrm{kW}$$

3. 송풍기의 풍량조절법이 아닌 것은?

① 토출댐퍼에 의한 제어
② 흡입댐퍼에 의한 제어
③ 토출베인에 의한 제어
④ 흡입베인에 의한 제어

해설 송풍기 풍량조절법은 ①, ②, ④ 외에 회전수 가감에 의한 제어법이 있다.

4. 유효 온도차(상당 외기 온도차)에 대한 설명으로 틀린 것은?

① 태양 일사량을 고려한 온도차이다.
② 계절, 시각 및 방위에 따라 변화한다.
③ 실내온도와는 무관하다.
④ 냉방부하 시에 적용된다.

해설 유효(상당 외기) 온도차는 실내외 온도차에 축열계수를 곱한 값이다.

5. 보일러의 출력에는 상용출력과 정격출력이 있다. 다음 중 이들의 관계가 적당한 것은?

① 상용출력 = 난방부하 + 급탕부하 + 배관부하
② 정격출력 = 배관 열손실부하 + 보일러 예열부하
③ 상용출력 = 배관 열손실부하 + 보일러 예열부하
④ 정격출력 = 난방부하 + 급탕부하 + 배관부하 + 예열부하 + 온수부하

해설 ㉠ 필요출력 = 난방부하 + 급기 급탕부하
㉡ 상용출력 = 난방부하 + 급기 급탕부하 + 배관 손실부하
㉢ 정격출력 = 난방부하 + 급기 급탕부하 + 배관 손실부하 + 예열부하

6. 6인용 입원실이 100인실 병원의 입원실 전체 환기를 위한 최소 신선 공기량(m^3/h)은? (단, 외기 중 CO_2 함유량은 0.0003 m^3/m^3이고, 실내 CO_2의 허용농도는 0.1 %, 재실자의 CO_2 발생량은 개인당 0.015 m^3/h이다.)

정답 1. ① 2. ③ 3. ③ 4. ③ 5. ① 6. ④

① 6857 ② 8857
③ 10857 ④ 12857

해설 $Q = \frac{6 \times 100 \times 0.015}{0.001 - 0.0003} = 12857.14\ m^3/h]$

7. 인체의 발열에 관한 설명으로 틀린 것은?

① 증발 : 인체 피부에서의 수분이 증발하며, 그 증발열로 체내 열을 방출한다.
② 대류 : 인체 표면과 주위 공기와의 사이에 열의 이동으로 인위적으로 조절이 가능하며, 주위 공기의 온도와 기류에 영향을 받는다.
③ 복사 : 실내온도와 관계없이 유리창과 벽면 등의 표면온도와 인체 표면의 온도차에 따라 실제 느끼지 못하는 사이 방출되는 열이다.
④ 전도 : 겨울철 유리창 근처에서 추위를 느끼는 것은 전도에 의한 열 방출이다.

해설 ④는 콜드 드래프트 현상이다.

8. 중앙식 난방법의 하나로서 각 건물마다 보일러 시설 없이 일정 장소에서 여러 건물에 증기 또는 고온수 등을 보내서 난방하는 방식은?

① 복사난방 ② 지역난방
③ 개별난방 ④ 온풍난방

해설 지역난방은 1개소 또는 수개소의 보일러실에서 지역 내의 공장, 아파트, 병원, 학교 등 다수의 건물에 증기 또는 온수를 배관으로 공급하여 난방하는 방식이다.

9. 다음 공기조화 방식 중 냉매 방식인 것은?

① 유인 유닛 방식
② 멀티 존 방식
③ 팬코일 유닛 방식
④ 패키지 유닛 방식

해설 패키지 유닛 방식은 개별 냉매 방식이다.

10. 보일러에서 화염이 없어지면 화염 검출기가 이를 감지하여 연료공급을 즉시 정지시키는 형태의 제어는?

① 시퀀스 제어
② 피드백 제어
③ 인터로크 제어
④ 수면 제어

해설 인터로크 제어는 연속동작장치로 보조기기를 먼저 동작시키고 주기기를 기동시키는 방법과 한 개의 기기가 정지하면 연속적으로 다른 기기도 정지하는 방법이 있다.

11. 수관식 보일러의 특징에 관한 설명으로 틀린 것은?

① 관(드럼)의 직경이 작아서 고온·고압용에 적당하다.
② 전열면적이 커서 증기발생시간이 빠르다.
③ 구조가 단순하여 청소나 검사 수리가 용이하다.
④ 보유수량이 적어 부하 변동 시 압력변화가 크다.

해설 수관식 보일러는 구조가 복잡하여 청소 보수 등이 곤란하다.

12. 증기난방 배관에서 증기트랩을 사용하는 이유로 옳은 것은?

① 관 내의 공기를 배출하기 위하여
② 배관의 신축을 흡수하기 위하여
③ 관 내의 압력을 조절하기 위하여
④ 증기관에 발생된 응축수를 제거하기 위하여

해설 증기트랩은 방열기 또는 증기관 내에 생기는 응축수 및 공기를 증기로부터 분리하여 증기는 통과시키지 않고 응축수만 환수관으로 배출하는 장치이다.

정답 7. ④ 8. ② 9. ④ 10. ③ 11. ③ 12. ④

13. 다음의 취출과 관련한 용어 설명으로 틀린 것은?

① 그릴(grill)은 취출구의 전면에 설치하는 면격자이다.
② 아스펙트(aspect)비는 짧은 변을 긴 변으로 나눈 값이다.
③ 셔터(shutter)는 취출구의 후부에 설치하는 풍량조절용 또는 개폐용의 기구이다.
④ 드래프트(draft)는 인체에 닿아 불쾌감을 주는 기류이다.

해설 아스펙트비는 각 형 덕트에서 긴 변을 짧은 변으로 나눈 값이다.

14. 인위적으로 실내 또는 일정한 공간의 공기를 사용 목적에 적합하도록 공기조화 하는데 있어서 고려하지 않아도 되는 것은?

① 온도 ② 습도
③ 색도 ④ 기류

해설 실내 공기조화의 4대 요소는 온도, 습도, 기류 분포도(유속), 청정도이다.

15. 복사난방 방식의 특징에 대한 설명으로 틀린 것은?

① 외기 온도의 갑작스러운 변화에 대응이 용이하다.
② 실내 상하 온도분포가 균일하여 난방효과가 이상적이다.
③ 실내 공기 온도가 낮아도 되므로 열손실이 적다.
④ 바닥에 난방기기가 필요 없어 바닥면의 이용도가 높다.

해설 바닥 복사난방은 실내가 개방상태에서도 온기류가 하부에 있으므로 난방효과가 좋다.

16. 전열교환기에 관한 설명으로 틀린 것은?

① 공기조화기기의 용량설계에 영향을 주지 않는다.
② 열교환기 설치로 설비비와 요구 공간이 증가한다.
③ 회전식과 고정식이 있다.
④ 배기와 환기의 열교환으로 현열과 잠열을 교환한다.

해설 전열교환기는 외기와 환기(폐기)를 열교환하는 것으로 폐열회수가 가능하므로 공조기 용량설계에 영향을 준다.

17. 송풍기의 크기는 송풍기의 번호(No, #)로 나타내는데, 원심 송풍기의 송풍기 번호를 구하는 식으로 옳은 것은?

① $\text{No}(\#) = \dfrac{\text{회전날개의 지름(mm)}}{100\text{ mm}}$

② $\text{No}(\#) = \dfrac{\text{회전날개의 지름(mm)}}{150\text{ mm}}$

③ $\text{No}(\#) = \dfrac{\text{회전날개의 지름(mm)}}{200\text{ mm}}$

④ $\text{No}(\#) = \dfrac{\text{회전날개의 지름(mm)}}{250\text{ mm}}$

해설 ①은 축류형 송풍기 No이다.
②의 원심형 송풍기 No는 날개지름 150의 배수로 한 것이다.

18. 온수난방에 대한 설명으로 틀린 것은?

① 온수의 체적팽창을 고려하여 팽창탱크를 설치한다.
② 보일러가 정지하여도 실내온도의 급격한 강하가 적다.
③ 밀폐식일 경우 배관의 부식이 많아 수명이 짧다.
④ 방열기에 공급되는 온수 온도와 유량 조절이 용이하다.

해설 배관부식은 온수난방보다 증기난방이 심하다.

정답 13. ② 14. ③ 15. ① 16. ① 17. ② 18. ③

19. 다음 습공기 선도에 나타낸 과정과 일치하는 장치도는?

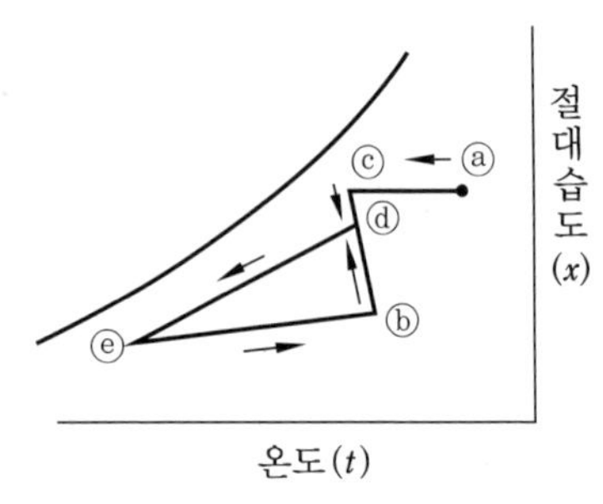

①
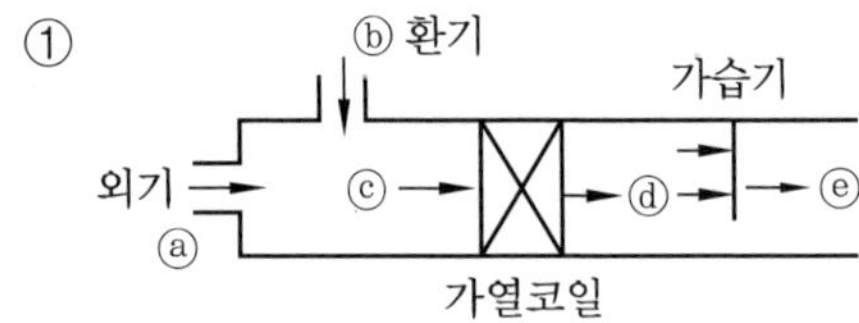

②
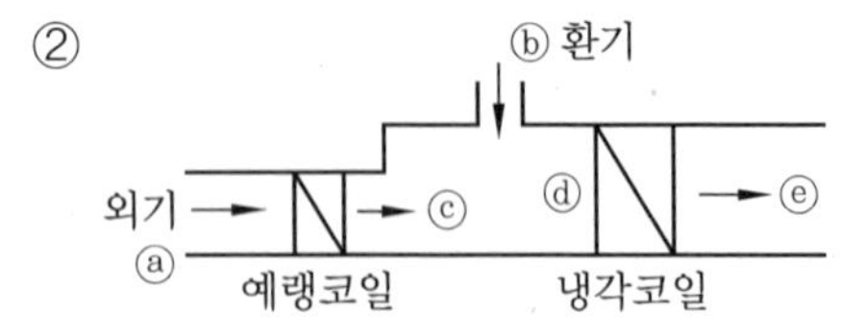

③
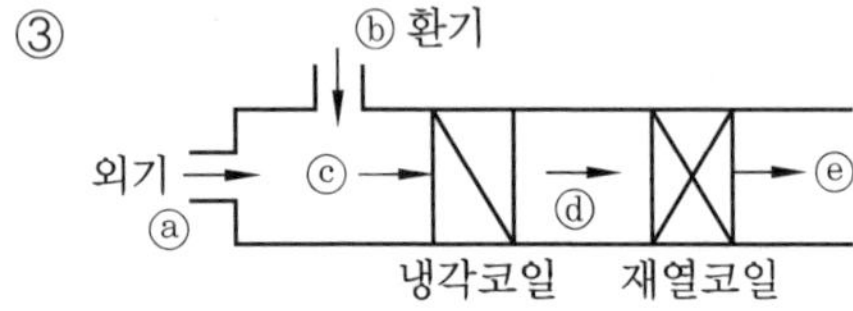

④
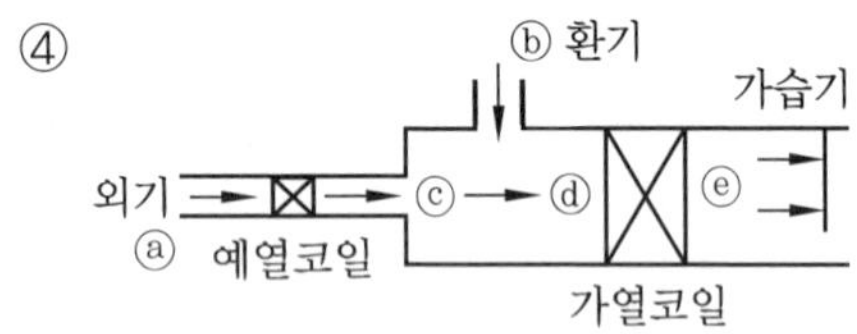

20. 동일한 덕트장치에서 송풍기의 날개의 직경이 d_1, 전동기 동력이 L_1인 송풍기를 직경 d_2로 교환했을 때 동력의 변화로 옳은 것은? (단, 회전수는 일정하다.)

① $L_2=\left(\frac{d_2}{d_1}\right)^2 L_1$ ② $L_2=\left(\frac{d_2}{d_1}\right)^3 L_1$

③ $L_2=\left(\frac{d_2}{d_1}\right)^4 L_1$ ④ $L_2=\left(\frac{d_2}{d_1}\right)^5 L_1$

해설 동력은 날개지름 변화의 5승에 비례한다.

제2과목 공조냉동 설계

21. 다음 중 터보 압축기의 용량(능력) 제어 방법이 아닌 것은?

① 회전속도에 의한 제어
② 흡입 댐퍼에 의한 제어
③ 부스터에 의한 제어
④ 흡입 가이드 베인에 의한 제어

해설 터보 냉동장치 용량 제어는 ①, ②, ④ 외에 바이패스 제어, 디퓨저 제어 등이 있다.

22. 프레온 냉매를 사용하는 냉동장치에 공기가 침입하면 어떤 현상이 일어나는가?

① 고압 압력이 높아지므로 냉매 순환량이 많아지고 냉동능력도 증가한다.
② 냉동톤당 소요동력이 증가한다.
③ 고압 압력은 공기의 분압만큼 낮아진다.
④ 배출가스의 온도가 상승하므로 응축기의 열통과율이 높아지고 냉동능력도 증가한다.

해설 공기가 침입하면 불응축가스 발생으로 응축온도와 압력이 상승하여 압축비가 증대하고 체적효율이 감소하여 단위 능력당(냉동톤당) 소요동력이 증가한다.

23. 냉동부하가 25 RT인 브라인 쿨러가 있다. 열전달계수가 1.53 kW/m²·K이고, 브라인 입구온도가 −5℃, 출구온도가 −10℃, 냉매의 증발온도가 −15℃일 때 전열면적(m²)은 얼마인가? (단, 1 RT는 3.8 kW이고, 산술평균 온도차를 이용한다.)

① 16.7 ② 12.1 ③ 8.3 ④ 6.5

해설 전열면적

$$=\frac{25\times 3.8}{1.53\times\left\{\frac{(-5)+(-10)}{2}-(-15)\right\}}$$

$=8.27\ \text{m}^2$

정답 19. ② 20. ④ 21. ③ 22. ② 23. ③

24. 다음의 $p-h$ 선도상에서 냉동능력이 1냉동톤인 소형 냉장고의 실제 소요동력(kW)은? (단, 1냉동톤은 3.8 kW이며, 압축효율은 0.75, 기계효율은 0.9이다.)

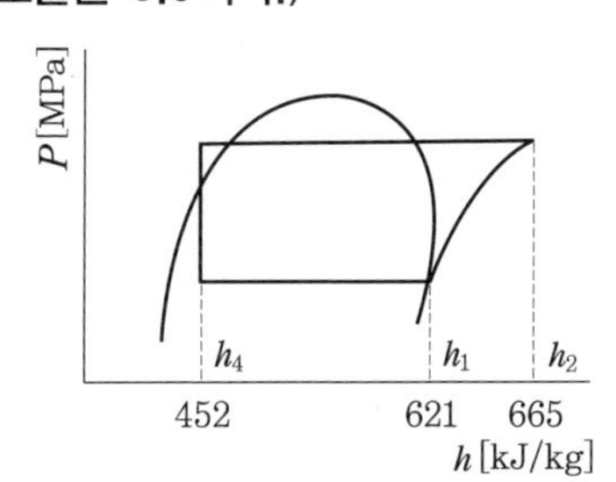

① 1.47 ② 1.81
③ 2.73 ④ 3.27

해설 $소요동력=\frac{3.8}{621-452}\times\frac{665-621}{0.75\times0.9}$
$=1.465\text{ kW}$

25. 공기열원 수가열 열펌프 장치를 가열운전(시운전)할 때 압축기 토출 밸브 부근에서 토출가스 온도를 측정하였더니 일반적인 온도보다 지나치게 높게 나타났다. 이러한 현상의 원인으로 가장 거리가 먼 것은?

① 냉매 분해가 일어났다.
② 팽창 밸브가 지나치게 교축되었다.
③ 공기측 열교환기(증발기)에서 눈에 띄게 착상이 일어났다.
④ 가열측 순환 온수의 유량이 설계 값보다 많다.

해설 공기열원 수가열 열펌프 장치는 가열측 순환 온수의 유량이 설계 값보다 적을 때 온도가 상승한다.

26. 흡수식 냉동 사이클 선도에 대한 설명으로 틀린 것은?

① 듀링 선도는 수용액의 농도, 온도, 압력 관계를 나타낸다.
② 증발잠열 등 흡수식 냉동기 설계상 필요한 열량은 엔탈피-농도 선도를 통해 구할 수 있다.
③ 듀링 선도에서는 각 열교환기 내의 열교환량을 표현할 수 없다.
④ 엔탈피-농도 선도는 수평축에 비엔탈피, 수직축에 농도를 잡고 포화용액의 등온, 등압선과 발생증기의 등압선을 그은 것이다.

해설 엔탈피-중량농도 선도는 수직축에 비엔탈피, 수평축에 농도를 잡고 수용액의 비엔탈피, 농도, 온도, 압력을 표현한 것이다.

27. 두께 30 cm의 벽돌로 된 벽이 있다. 내면온도 21℃, 외면온도가 35℃일 때 이 벽을 통해 흐르는 열량(W/m^2)은? (단, 벽돌의 열전도율은 0.793 W/m·K이다.)

① 32 ② 37
③ 40 ④ 43

해설 $열량=\frac{0.793}{0.3}\times(35-21)=37\text{ W/m}^2$

28. 프레온 냉동장치의 배관공사 중에 수분이 장치 내에 잔류했을 경우 이 수분에 의해 장치에 나타나는 현상으로 틀린 것은?

① 프레온 냉매는 수분의 용해도가 적으므로 냉동장치 내의 온도가 0℃ 이하이면 수분은 빙결한다.
② 수분은 냉동장치 내에서 철재 재료 등을 부식시킨다.
③ 증발기의 전열기능을 저하시키고, 흡입관 내 냉매 흐름을 방해한다.
④ 프레온 냉매와 수분이 서로 화합 반응하여 알칼리를 생성시킨다.

해설 프레온 냉매와 수분은 분리되어 팽창 밸브를 통과 시 빙결현상 등의 악영향을 미친다.

정답 24. ① 25. ④ 26. ④ 27. ② 28. ④

29. 증기 압축식 열펌프에 관한 설명으로 틀린 것은?

① 하나의 장치로 난방 및 냉방으로 사용할 수 있다.
② 일반적으로 성적계수가 1보다 작다.
③ 난방을 위한 별도의 보일러 설치가 필요 없어 대기오염이 적다.
④ 증발온도가 높고 응축온도가 낮을수록 성적계수가 커진다.

해설 열펌프 성적계수는 냉동기 성적계수보다 1이 크다.
즉, 열펌프 성적계수 $= \frac{q_c}{Aw}$
$= \frac{q_e + Aw}{Aw} = \frac{q_e}{Aw} + 1$
= 냉동기 성적계수 + 1

30. 다음 중 가연성이 있어 조건이 나쁘면 인화, 폭발위험이 가장 큰 냉매는?

① R-717 ② R-744
③ R-718 ④ R-502

해설 ① R-717 : NH_3
② R-744 : CO_2
③ R-718 : H_2O
④ R-502 : 공비혼합냉매

31. 팽창밸브 중 과열도를 검출하여 냉매유량을 제어하는 것은?

① 정압식 자동 팽창밸브
② 수동 팽창밸브
③ 온도식 자동 팽창밸브
④ 모세관

해설 온도식 자동 팽창밸브는 증발기 출구의 과열도에 의해서 밸브 개도를 조정한다.

32. 다음 안전장치에 대한 설명으로 틀린 것은?

① 가용전은 응축기, 수액기 등의 압력용기에 안전장치로 설치된다.
② 파열판은 얇은 금속판으로 용기의 구멍을 막고 있는 구조이며 안전밸브로 사용된다.
③ 안전밸브는 고압측의 각 부분에 설치하여 일정 이상 고압이 되면 밸브가 열려 저압부로 보내거나 외부로 방출하도록 한다.
④ 고압차단 스위치는 조정 설정압력보다 벨로스에 가해진 압력이 낮아졌을 때 압축기를 정지시키는 안전장치이다.

해설 고압차단 스위치는 조정된 설정압력보다 높을 때 작동하여 압축기를 정지시킨다.

33. 냉동능력이 15 RT인 냉동장치가 있다. 흡입증기 포화온도가 -10℃이며, 건조포화증기 흡입압축으로 운전된다. 이때 응축온도가 45℃이라면 이 냉동장치의 응축부하(kW)는 얼마인가? (단, 1 RT는 3.8 kW이다.)

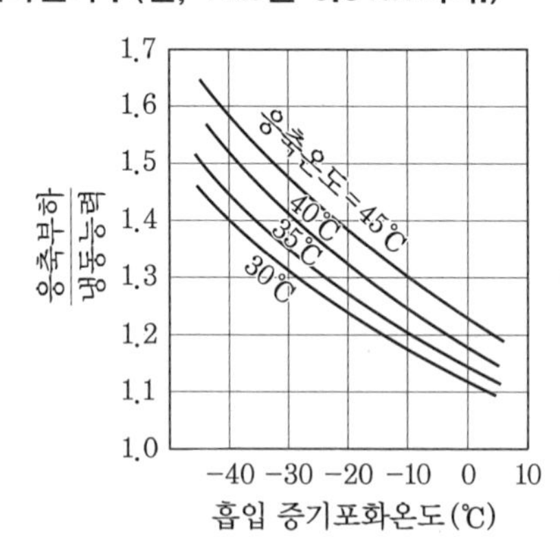

① 74.1 ② 58.7 ③ 49.8 ④ 36.2

해설 ㉠ 그림에서 포화온도 -10℃와 응축온도 45℃의 비율은 1.3이다.
㉡ 응축부하 = 15 × 3.8 × 1.3 = 74.1 kW

34. 전류 25 A, 전압 13 V를 가하여 축전지를 충전하고, 충전하는 동안 축전지로부터 15 W의 열손실이 있다. 축전지의 내부에너지 변화율은 약 몇 W인가?

정답 29. ② 30. ① 31. ③ 32. ④ 33. ① 34. ①

① 310 ② 340
③ 370 ④ 420

해설 $\Delta U = \Delta q - W$
$= 15 - (25 \times 13) = -310\text{ W}$

35. 이상기체 2 kg이 압력 98 kPa, 온도 25℃ 상태에서 체적이 0.5 m³였다면 이 이상기체의 기체상수는 약 몇 J/kg·K인가?

① 79 ② 82 ③ 97 ④ 102

해설 $R = \dfrac{PV}{GT} = \dfrac{98000 \times 0.5}{2 \times (273+25)} = 82.2\text{ J/kg}\cdot\text{K}$

36. 다음 중 스테판-볼츠만의 법칙과 관련이 있는 열전달은?

① 대류 ② 복사
③ 전도 ④ 응축

해설 스테판-볼츠만의 법칙은 완전 방사체에서 발하는 에너지량을 절대온도의 함수로서 주는 법칙, 즉 방사(복사)되는 에너지량은 절대온도 T의 4승에 비례한다.

37. 클라우지우스(Clausius)의 부등식을 옳게 나타낸 것은? (단, T는 절대온도, Q는 시스템으로 공급된 전체 열량을 나타낸다.)

① $\int T\delta Q \le 0$ ② $\int T\delta Q \ge 0$
③ $\int \dfrac{\delta Q}{T} \le 0$ ④ $\int \dfrac{\delta Q}{T} \ge 0$

해설 클라우지우스의 적분(부등식)은 가역과정이면 0이고, 비가역 과정이면 0보다 작다.
즉, $\int \dfrac{\delta Q}{T} \le 0$이다.

38. 이상기체로 작동하는 어떤 기관의 압축비가 17이다. 압축 전의 압력 및 온도는 112 kPa, 25℃이고 압축 후의 압력은 4350 kPa이었다. 압축 후의 온도는 약 몇 ℃인가?

① 53.7 ② 180.2
③ 236.4 ④ 407.8

해설 $\dfrac{T_1}{P_1} = \dfrac{aT_2}{P_2}$

$\therefore\ T_2 = \dfrac{P_2 T_1}{P_1 a} = \dfrac{4350 \times (273+25)}{112 \times 17}$
$= 680.83\text{ K} \fallingdotseq 407.83℃$

39. 100℃의 구리 10 kg을 20℃의 물 2 kg이 들어있는 단열 용기에 넣었다. 물과 구리 사이의 열전달을 통한 평형 온도는 약 몇 ℃인가? (단, 구리 비열은 0.45 kJ/kg·K, 물 비열은 4.2 kJ/kg·K이다.)

① 48 ② 54
③ 60 ④ 68

해설 $10 \times 0.45 \times (100 - t) = 2 \times 4.2 \times (t - 20)$
: $450 - 4.5t = 8.4t - 168$
$t = \dfrac{450 + 168}{8.4 + 4.5}$
$= 47.9℃$

40. 어떤 물질에서 기체상수(R)가 0.189 kJ/kg·K, 임계온도가 305 K, 임계압력이 7380 kPa이다. 이 기체의 압축성 인자(compressibility factor, Z)가 다음과 같은 관계식을 나타낸다고 할 때, 이 물질의 20℃, 1000 kPa 상태에서의 비체적(v)은 약 몇 m³/kg인가? (단, P는 압력, T는 절대온도, P_r은 환산압력, T_r은 환산온도를 나타낸다.)

$$Z = \frac{Pv}{RT} = 1 - 0.8\frac{P_r}{T_r}$$

① 0.0111 ② 0.0303
③ 0.0491 ④ 0.0554

정답 35. ② 36. ② 37. ③ 38. ④ 39. ① 40. ③

해설 ㉠ $P_r = \frac{1000}{7380} = 0.1355\ \mathrm{kPa}$

㉡ $T_r = \frac{293}{305} = 0.96\ \mathrm{K}$

㉢ $Z = 1 - 0.8 \times \frac{0.1355}{0.96} = 0.887$

㉣ $v = \frac{ZRT}{P} = \frac{0.887 \times 0.189 \times 293}{1000}$

$= 0.0491\ \mathrm{m^3/kg}$

제3과목 시운전 및 안전관리

41. 논리식 $A + BC$와 등가인 논리식은?

① $AB + AC$
② $(A+B)(A+C)$
③ $(A+B)C$
④ $(A+C)B$

해설 $(A+B)(A+C)$
$= AA + AB + AC + BC$
$= A(1+B+C) + BC$
$= A + BC$ (간단히 하면)

42. 다음 신호흐름 선도에서 전달함수 $\frac{C(s)}{R(s)}$를 구하면?

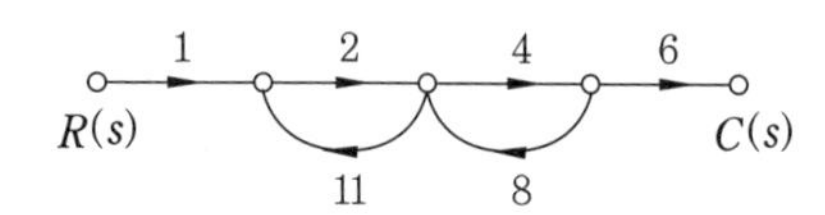

① $-\frac{8}{9}$　　② $-\frac{13}{19}$
③ $-\frac{48}{53}$　　④ $-\frac{105}{77}$

해설 $\frac{C}{R} = \frac{1 \times 2 \times 4 \times 6}{1 - \{(11 \times 2) + (8 \times 4)\}}$

$= \frac{48}{-53} = -\frac{48}{53}$

43. $e(t) = 200\sin wt$ [V], $i(t) = 4\sin\left(wt - \frac{\pi}{3}\right)$ [A]일 때 유효전력(W)은?

① 100　　② 200
③ 300　　④ 400

해설 ㉠ $P = \frac{1}{2} \times 200 \times 4 \times \cos 60°$
$= 200\ \mathrm{W}$

㉡ $P = VI\cos\theta$
$= \frac{200}{\sqrt{2}} \times \frac{4}{\sqrt{2}} \times \cos\frac{\pi}{3}$
$= 200\ \mathrm{W}$

44. 다음 그림과 같은 회로에서 전달함수 $G(s) = \frac{I(s)}{V(s)}$를 구하면?

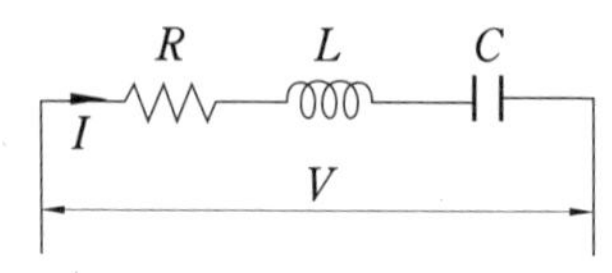

① $R + Ls + Cs$　　② $\frac{1}{R + Ls + Cs}$
③ $R + Ls + \frac{1}{Cs}$　　④ $\frac{1}{R + Ls + \frac{1}{Cs}}$

해설 $v(t) = Ri(t) + L\frac{d}{dt}(t) + \frac{1}{C}\int i(t)dt$

C 초기값을 0으로 하고 라플라스 변환하면

$G = \frac{I(s)}{V(s)} = \frac{1}{R + Ls + \frac{1}{Cs}}$ 이다.

45. 승강기나 에스컬레이터 등의 옥내 전선의 절연저항을 측정하는데 가장 적당한 측정기기는 무엇인가?

① 메거
② 휘트스톤 브리지
③ 켈빈 더블 브리지
④ 코올라우시 브리지

해설 절연저항을 측정하는 계측기는 메거이다.

정답 41. ② 42. ③ 43. ② 44. ④ 45. ①

46. 회전각을 전압으로 변환시키는데 사용되는 위치 변환기는?

① 속도계 ② 증폭기
③ 변조기 ④ 전위차계

해설 전위차계 : 권선형 저항을 이용하여 변위 변각을 측정한다.

47. 다음 그림의 논리회로에서 A, B, C, D를 입력, Y를 출력이라 할 때 출력식은?

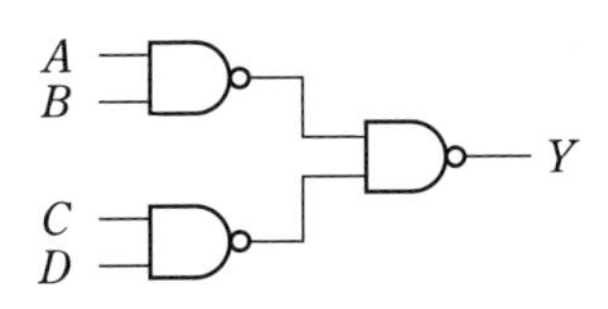

① $A+B+C+D$
② $(A+B)(C+D)$
③ $AB+CD$
④ $ABCD$

해설 $Y=\overline{\overline{A\cdot B}\cdot\overline{C\cdot D}}$
$=\overline{\overline{A}}+\overline{\overline{B}}+\overline{\overline{C}}+\overline{\overline{D}}$
$=\overline{\overline{A}}\cdot\overline{\overline{B}}+\overline{\overline{C}}\cdot\overline{\overline{D}}$
$=A\cdot B+C\cdot D$

48. 환상 솔레노이드 철심에 200회의 코일을 감고 2 A의 전류를 흘릴 때 발생하는 기자력은 몇 AT인가?

① 50 ② 100
③ 200 ④ 400

해설 $F=N\cdot I=200\times 2=400\text{ AT}$

49. 제어편차가 검출될 때 편차가 변화하는 속도에 비례하여 조작량을 가감하도록 하는 제어로서 오차가 커지는 것을 미연에 방지하는 제어 동작은?

① ON/OFF 제어 동작
② 미분 제어 동작
③ 적분 제어 동작
④ 비례 제어 동작

해설 미분 동작 : 제어 오차가 검출될 때 오차가 변화하는 속도에 비례하여 조작량을 가감하는 동작이다.

50. 다음 그림과 같은 RL 직렬회로에서 공급전압의 크기가 10 V일 때 $|V_R|=8\text{V}$이면 V_L의 크기는 몇 V인가?

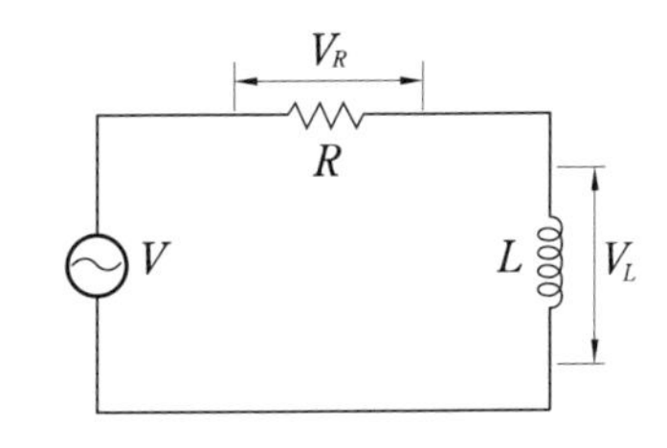

① 2 ② 4
③ 6 ④ 8

해설 $V_L=\sqrt{V^2-V_R^2}=\sqrt{10^2-8^2}$
$=6\text{ V}$

51. 전력(W)에 관한 설명으로 틀린 것은?

① 단위는 J/s이다.
② 열량을 적분하면 전력이다.
③ 단위 시간에 대한 전기에너지이다.
④ 공률(일률)과 같은 단위를 갖는다.

해설 전력 = 전류 × 전압 = $\dfrac{\text{열}}{\text{시간}}$

$=\dfrac{\text{일의 열당량}}{\text{시간}}=\text{J/s}=\text{W}$

52. 전기자 철심을 규소 강판으로 성층하는 주된 이유는?

① 정류자면의 손상이 적다.
② 가공하기 쉽다.

정답 46. ④ 47. ③ 48. ④ 49. ② 50. ③ 51. ② 52. ③

③ 철손을 적게 할 수 있다.
④ 기계손을 적게 할 수 있다.

해설 고정손에 해당되는 철손을 적게 하기 위하여 철심을 규소 강판으로 사용한다.

53. 다음 그림과 같은 단위 피드백 제어 시스템의 전달함수 $\frac{C(s)}{R(s)}$ 는?

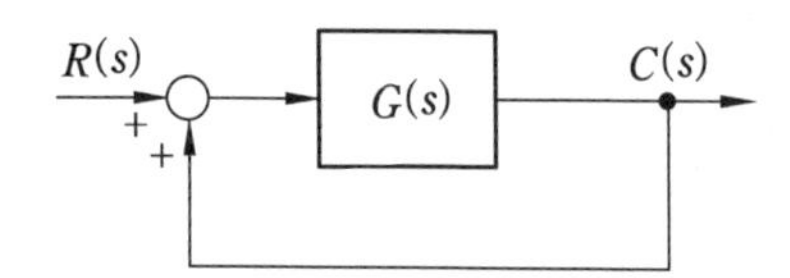

① $\frac{1}{1+G(s)}$ ② $\frac{G(s)}{1+G(s)}$
③ $\frac{1}{1-G(s)}$ ④ $\frac{G(s)}{1-G(s)}$

해설 $(R+C)G=C$
$RG+CG=C$
$RG=C(1-G)$
$\frac{C}{R}=\frac{G}{1-G}$

54. 폐루프 제어 시스템의 구성에서 조절부와 조작부를 합쳐서 무엇이라고 하는가?

① 보상 요소 ② 제어 요소
③ 기준입력 요소 ④ 귀환 요소

해설 제어요소 : 동작신호를 조작량으로 변환하는 요소이고, 조절부와 조작부로 이루어진다.

55. 3상 유도전동기의 출력이 10 kW, 슬립이 4.8 %일 때의 2차 동손은 약 몇 kW인가?

① 0.24 ② 0.36
③ 0.5 ④ 0.8

해설 $S=\frac{P_{c_2}}{P_2}$

$P_{c_2}=S\times P_2=\frac{4.8}{100}\times 10$
$=0.48\text{ kW}$

56. 다음 그림과 같은 회로에서 흐르는 전류 I [A]는?

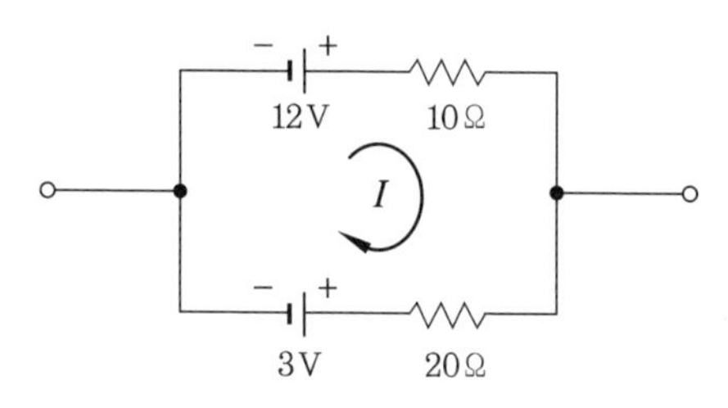

① 0.3 ② 0.36
③ 0.5 ④ 0.8

해설 $I=\frac{12-3}{10+20}=0.3\text{ A}$

57. 유도전동기에 인가되는 전압과 주파수의 비를 일정하게 제어하여 유도전동기의 속도를 정격속도 이하로 제어하는 방식은?

① CVCF 제어 방식
② VVVF 제어 방식
③ 교류 궤환 제어 방식
④ 교류 2단 속도 제어 방식

해설 전압, 회전수, 슬립을 제어할 수 있는 VVVF 인버터 장치의 개발, 실용화 양산화가 3상 교류 유도전동기의 채용을 가능하게 하여 전기차량 대부분의 유도전동기에 VVVF 제어 방식을 채택하고 있다.

58. 안전관리의 목적을 바르게 설명한 것은 어느 것인가?

① 사회적 안정
② 경영 관리의 혁신 도모
③ 좋은 물건의 대량 생산
④ 안전과 능률 향상

해설 안전이 확보되면 근로자의 사기 진작, 생산 능률 향상, 여론 개선, 비용 절감 등이 이루어져 기업은 활성화될 것이다.

59. 안전관리의 중요성과 거리가 먼 것은?

정답 53. ④ 54. ② 55. ③ 56. ① 57. ② 58. ④ 59. ④

① 사회적 책임 완수
② 인도주의 실현
③ 생산성 향상
④ 준법정신 함양

해설 사회적 책임, 인도주의, 생산성 향상 측면에서 안전관리는 매우 중요한 일이다.

60. 안전사고 조사는 사고의 재발을 방지하는 것 외에 무엇을 하기 위함인가?

① 사고 발생자의 규명
② 관련자의 책임 소재 규명
③ 재산 및 인명 피해 정도의 파악
④ 불안전한 상태와 행동의 사실 발견

해설 불안전한 상태와 불안전한 행동의 사실을 발견함으로써 정확한 원인 규명으로 사고 재발을 방지하기 위한 대책을 수립하기 위함이 목적이다.

제4과목 유지보수 공사관리

61. 동관 이음 중 경납땜 이음에 사용되는 것으로 가장 거리가 먼 것은?

① 황동납 ② 은납
③ 양은납 ④ 규소납

해설 규소강은 전기재료로서 변압기, 회전기기의 철심으로 사용되며, 동관 이음쇠 경납땜 이음에 규소납 재료는 없다.

62. 팬코일 유닛 방식의 배관 방식 중 공급관이 2개이고 환수관이 1개인 방식은?

① 1관식 ② 2관식
③ 3관식 ④ 4관식

해설 ㉠ 2관식 : 공급관과 환수관이 각각 1개씩이다.
㉡ 3관식 : 공급관 2개, 환수관 1개
㉢ 4관식 : 공급관 2개, 환수관 2개

63. 길이 30 m 강관의 온도 변화가 120℃일 때 강관에 대한 열팽창량은?(단, 강관의 열팽창계수는 11.9×10^{-6} mm/mm·℃이다.)

① 42.8 mm ② 42.8 cm
③ 42.8 m ④ 4.28 mm

해설 $\Delta l = 11.9 \times 10^{-6} \times (30 \times 1000) \times 120$
$= 42.84$ mm

64. 온수난방 배관에서 리버스 리턴(reverse return) 방식을 채택하는 주된 이유는?

① 온수의 유량 분배를 균일하게 하기 위하여
② 배관의 길이를 짧게 하기 위하여
③ 배관의 신축을 흡수하기 위하여
④ 온수가 식지 않도록 하기 위하여

해설 방열기에 공급되는 배관의 마찰 저항손실을 균일하게 하여 공급수의 유량 분배를 균등하게 한다.

65. 밀폐식 온수난방 배관에 대한 설명으로 틀린 것은?

① 팽창탱크를 사용한다.
② 배관의 부식이 비교적 적어 수명이 길다.
③ 배관경이 적어지고 방열기도 적게 할 수 있다.
④ 배관 내의 온수 온도는 70℃ 이하이다.

해설 저온수 난방의 공급온도는 80℃, 고온수 난방의 공급온도는 150℃가 규정치이며, 난방하는 방식에 따라서 온수 온도는 일정하지 않다.

66. 냉동설비 배관에서 액분리기와 압축기 사이에 냉매배관을 할 때 구배로 옳은 것은?

① $\frac{1}{100}$ 정도의 압축기 측 상향 구배로 한다.
② $\frac{1}{100}$ 정도의 압축기 측 하향 구배로 한다.

정답 60. ④ 61. ④ 62. ③ 63. ① 64. ① 65. ④ 66. ④

③ $\frac{1}{200}$ 정도의 압축기 측 상향 구배로 한다.

④ $\frac{1}{200}$ 정도의 압축기 측 하향 구배로 한다.

해설 냉동설비 배관에서 냉매가 흘러가는 방향으로 $\frac{1}{200}$ 이상 하향(순구배) 구배로 한다.

67. 급수펌프에서 발생하는 캐비테이션 현상의 방지법으로 틀린 것은?

① 펌프설치 위치를 낮춘다.
② 입형 펌프를 사용한다.
③ 흡입손실수두를 줄인다.
④ 회전수를 올려 흡입속도를 증가시킨다.

해설 회전수를 낮추어 유속과 유량을 감소시킨다.

68. 냉매 배관에서 압축기 흡입관의 시공 시 유의사항으로 틀린 것은?

① 압축기가 증발기보다 밑에 있는 경우 흡입관은 작은 트랩을 통과한 후 증발기 상부보다 높은 위치까지 올려 압축기로 가게 한다.
② 흡입관의 수직상승 입상부가 매우 길 때는 냉동기유의 회수를 쉽게 하기 위하여 약 20 m마다 중간에 트랩을 설치한다.
③ 각각의 증발기에서 흡입주관으로 들어가는 관은 주관 상부로부터 들어가도록 접속한다.
④ 2대 이상의 증발기가 있어도 부하의 변동이 그다지 크지 않은 경우는 1개의 입상관으로 충분하다.

해설 입상배관이 길 때는 10 m마다 트랩을 설치하여 냉동유(윤활유) 회수를 용이하게 한다.

69. 급탕배관에 관한 설명으로 틀린 것은?

① 단관식의 경우 급수관경보다 큰 관을 사용해야 한다.
② 하향식 공급 방식에서는 급탕관 및 복귀관은 모두 선하향 구배로 한다.
③ 보통 급탕관은 수명이 짧으므로 장래에 수리, 교체가 용이하도록 노출 배관하는 것이 좋다.
④ 연관은 열에 강하고 부식도 잘되지 않으므로 급탕배관에 적합하다.

해설 연(납)관은 열에 약하고 알칼리성에 심하게 부식되므로 급탕관에는 잘 사용하지 않는다.

70. 염화비닐관의 설명으로 틀린 것은?

① 열팽창률이 크다.
② 관 내 마찰손실이 적다.
③ 산, 알칼리 등에 대해 내식성이 적다.
④ 고온 또는 저온의 장소에 부적당하다.

해설 염화비닐관(PVC, PE)은 산, 알칼리성에 내식성이 크며 햇빛에는 노화된다.

71. 가스배관의 설치 시 유의사항으로 틀린 것은?

① 특별한 경우를 제외한 배관의 최고 사용압력은 중압 이하일 것
② 배관은 하천(하천을 횡단하는 경우는 제외) 또는 하수구 등 암거 내에 설치할 것
③ 지반이 약한 곳에 설치되는 배관은 지반침하에 의해 배관이 손상되지 않도록 필요한 조치 후 배관을 설치할 것
④ 본관 및 공급관은 건축물의 내부 또는 기초 밑에 설치하지 아니할 것

해설 가스배관 시공은 노출배관이 원칙이며 하천, 하수구 등 암거 내에 설치하지 말 것

72. 하향급수 배관 방식에서 수평주관의 설치위치로 가장 적절한 것은?

① 지하층의 천장 또는 1층의 바닥
② 중간층의 바닥 또는 천장
③ 최상층의 바닥 또는 천장
④ 최상층의 천장 또는 옥상

정답 67. ④ 68. ② 69. ④ 70. ③ 71. ② 72. ④

해설 고가탱크 방식은 하향 급수법을 사용하며, 수평주관은 최상층의 천장 또는 옥상에 설치한다.

73. 부하변동에 따라 밸브의 개도를 조절함으로써 만액식 증발기의 액면을 일정하게 유지하는 역할을 하는 것은?

① 에어벤트
② 플로트 밸브
③ 감압밸브
④ 온도식 자동 팽창밸브

해설 만액식 또는 액순환식 증발기의 팽창밸브는 플로트(부자)식을 사용하고, 액면조정용으로 부자식 SW에 의한 전자밸브와 플로트 밸브 등을 사용한다.

74. 냉매배관 시 유의사항으로 틀린 것은?

① 냉동장치 내의 배관은 절대기밀을 유지할 것
② 배관 도중에 고저의 변화를 될 수 있는 한 피할 것
③ 기기 간의 배관은 가능한 한 짧게 할 것
④ 만곡부는 될 수 있는 한 적게 또한 곡률 반지름을 작게 할 것

해설 만곡부는 가능한 적게 하고, 설치할 경우 곡률 반지름을 배관 지름의 6배 이상으로 크게 하여 마찰저항을 감소시킨다.

75. 냉매 액관 중에 플래시가스 발생의 방지대책으로 틀린 것은?

① 온도가 높은 곳을 통과하는 액관은 방열 시공을 한다.
② 액관, 드라이어 등의 구경을 충분히 선정하여 통과저항을 적게 한다.
③ 액펌프를 사용하여 압력강하를 보상할 수 있는 충분한 압력을 준다.
④ 열교환기를 사용하여 액관에 들어가는 냉매의 과랭각도를 없앤다.

해설 팽창밸브 직전의 액냉매를 열교환기 등을 설치하여 과냉각 시켜서 플래시가스 발생량을 감소시켜 냉동교화를 향상시킨다.

76. 난방배관 시공을 위해 벽, 바닥 등에 관통배관 시공을 할 때, 슬리브(sleeve)를 사용하는 이유로 가장 거리가 먼 것은?

① 열팽창에 따른 배관 신축에 적응하기 위해
② 관 교체 시 편리하게 하기 위해
③ 고장 시 수리를 편리하게 하기 위해
④ 유체의 압력을 증가시키기 위해

해설 슬리브를 사용하는 이유는 ①, ②, ③ 외에 보수점검을 용이하게 한다.

77. 배수배관 시공 시 청소구의 설치 위치로 가장 적절하지 않은 곳은?

① 배수 수평주관과 배수 수평 분기관의 분기점
② 길이가 긴 수평 배수관 중간
③ 배수 수직관의 제일 윗부분 또는 근처
④ 배수관이 45° 이상의 각도로 방향을 전환하는 곳

해설 청소구 설치 위치는 배수 수직관의 제일 밑부분 또는 그 근처에 설치한다.

78. 공랭식 응축기 배관 시 유의사항으로 틀린 것은?

① 소형 냉동기에 사용하며 핀이 있는 파이프 속에 냉매를 통하여 바람 이송 냉각설계로 되어 있다.
② 냉방기가 응축기 아래 설치되는 경우 배관 높이가 10 m 이상일 때는 5 m마다 오일 트랩을 설치해야 한다.

정답 73. ② 74. ④ 75. ④ 76. ④ 77. ③ 78. ②

③ 냉방기가 응축기 위에 위치하고, 압축기가 냉방기에 내장되었을 경우에는 오일 트랩이 필요 없다.
④ 수랭식에 비해 능력은 낮지만, 냉각수를 사용하지 않아 동결의 염려가 없다.

해설 냉방기가 응축기 위에 설치되는 경우 수직관 10 m마다 오일 트랩을 설치한다.

79. 급수 방식 중 압력탱크 방식에 대한 설명으로 틀린 것은?

① 국부적으로 고압을 필요로 하는데 적합하다.
② 탱크의 설치 위치에 제한을 받지 않는다.
③ 항상 일정한 수압으로 급수할 수 있다.
④ 높은 곳에 탱크를 설치할 필요가 없으므로 건축물의 구조를 강화할 필요가 없다.

해설 압력탱크 방식은 급수압력이 일정하지 않고 압력차가 크다.

80. 고압가스 제조장치의 재료에 대한 설명으로 옳지 않은 것은?

① 상온·건조 상태의 염소가스에 대해서는 보통강을 사용할 수 있다.
② 암모니아, 아세틸렌의 배관 재료에는 구리 및 구리합금을 사용할 수 없다.
③ 고압의 이산화탄소 세정장치 등에는 내산강을 사용하는 것이 좋다.
④ 암모니아 합성탑 내통의 재료에는 18-8 스테인리스강을 사용한다.

해설 암모니아, 아세틸렌 장치 재료는 동 함유량 62 % 미만의 동합금을 사용할 수 있다.

정답 79. ③ 80. ③

출제 예상문제 (3)

제1과목 에너지 관리

1. 겨울철 창면을 따라 발생하는 콜드 드래프트(cold draft)의 원인으로 틀린 것은?

① 인체 주위의 기류속도가 클 때
② 주위 공기의 습도가 높을 때
③ 주위 벽면의 온도가 낮을 때
④ 창문의 틈새를 통한 극간풍이 많을 때

해설 콜드 드래프트는 ①, ③, ④와 관계가 있고, ②의 공기 중의 습도와는 관련성이 없다.

2. 냉각탑에 관한 설명으로 틀린 것은?

① 어프로치는 냉각탑 출구수온과 입구공기의 건구온도차이다.
② 레인지는 냉각수의 입구와 출구의 온도차이다.
③ 어프로치를 적게 할수록 설비비가 증가한다.
④ 어프로치는 일반 공조용에서 5℃ 정도로 설정한다.

해설 쿨링 어프로치 = 출구수온 − 대기습구온도이므로 클수록 냉각탑 능력이 좋다.

3. 공기조화기에 관한 설명으로 옳은 것은?

① 유닛 히터는 가열코일과 팬, 케이싱으로 구성된다.
② 유인 유닛은 팬만을 내장하고 있다.
③ 공기세정기를 사용하는 경우에는 일리미네이터를 사용하지 않아도 좋다.
④ 팬 코일 유닛은 팬과 코일, 냉동기로 구성된다.

해설 ㉠ 공기조화 장치 유인 유닛에는 팬이 설치되어 있지 않다.
㉡ 공기세정기 출구에 일리미네이터가 내장되어 있어 수분의 비산을 방지한다.
㉢ 팬 코일 유닛은 팬과 코일로 구성되고 냉동기는 없다.

4. 증기난방 방식에서 환수주관을 보일러 수면보다 높은 위치에 배관하는 환수배관 방식은?

① 습식환수 방식
② 강제환수 방식
③ 건식환수 방식
④ 중력환수 방식

해설 환수주관이 보일러 수면보다 높으면 건식환수 방식, 낮으면 습식환수 방식이다.

5. 덕트 내의 풍속이 8 m/s이고 정압이 200 Pa일 때, 전압(Pa)은 얼마인가? (단, 공기밀도는 1.2 kg/m³이다.)

① 197.3 Pa ② 218.4 Pa
③ 238.4 Pa ④ 255.3 Pa

해설 $P_t = P_s + P_v$

$$= P_s + \frac{V^2 \cdot \gamma}{2 \times 9.8 \times 10332} \times 101325$$

$$= 200 + \frac{8^2 \times 1.2 \times 101325}{2 \times 9.8 \times 10332}$$

$$= 238.43 \text{ Pa}$$

6. 덕트의 굴곡부 등에서 덕트 내에 흐르는 기류를 안정시키기 위한 목적으로 사용하는 기구는 무엇인가?

① 스플릿 댐퍼 ② 가이드 베인
③ 릴리프 댐퍼 ④ 버터플라이 댐퍼

정답 1. ② 2. ① 3. ① 4. ③ 5. ③ 6. ②

7. 공조기의 풍량이 45000 kg/h, 코일 통과 풍속을 2.4 m/s로 할 때 냉수코일의 전면적(m^2)은?(단, 공기의 밀도는 1.2 kg/m^3이다.)

① 3.2 ② 4.3 ③ 5.2 ④ 10.4

해설 면적 $= \dfrac{45000}{1.2 \times 2.4 \times 3600} = 4.34\ m^2$

8. 장방형 덕트(장변 a, 단변 b)를 원형 덕트로 바꿀 때 사용하는 계산식은 아래와 같다. 이 식으로 환산된 장방형 덕트와 원형 덕트의 관계는?

$$D_e = 1.3\left[\frac{(a \times b)^5}{(a+b)^2}\right]^{1/8}$$

① 두 덕트의 풍량과 단위 길이당 마찰손실이 같다.
② 두 덕트의 풍량과 풍속이 같다.
③ 두 덕트의 풍속과 단위 길이당 마찰손실이 같다.
④ 두 덕트의 풍량과 풍속 및 단위 길이당 마찰손실이 모두 같다.

해설 덕트 선도에서 구한 원형 덕트를 장방형 덕트로 환산하면 풍속과 단면적은 다르지만, 풍량과 단위 길이당 마찰저항손실은 같다.

9. 9 m × 6 m × 3 m의 강의실에 10명의 학생이 있다. 1인당 CO_2 토출량이 15 L/h이면, 실내 CO_2 양을 0.1 %로 유지시키는데 필요한 환기량(m^3/h)은?(단, 외기의 CO_2 양은 0.04 %로 한다.)

① 80 ② 120 ③ 180 ④ 250

해설 $Q = \dfrac{M}{C - Ca} = \dfrac{10 \times 0.015}{0.001 - 0.0004} = 250\ m^3/h$

10. 난방용 보일러의 요구조건이 아닌 것은?

① 일상취급 및 보수관리가 용이할 것
② 건물로의 반출입이 용이할 것
③ 높이 및 설치면적이 적을 것
④ 전열효율이 낮을 것

해설 난방용 보일러의 요구조건에서는 전열효율이 좋을 것

11. 온수난방에 대한 설명으로 틀린 것은?

① 증기난방에 비하여 연료소비량이 적다.
② 난방부하에 따라 온도 조절을 용이하게 할 수 있다.
③ 축열 용량이 크므로 운전을 정지해도 금방 식지 않는다.
④ 예열시간이 짧아 예열부하가 작다.

해설 온수난방은 예열부하가 공기 또는 증기난방보다 크다.

12. 온풍난방에 관한 설명으로 틀린 것은?

① 송풍 동력이 크며, 설계가 나쁘면 실내로 소음이 전달되기 쉽다.
② 실온과 함께 실내습도, 실내기류를 제어할 수 있다.
③ 실내 층고가 높을 경우에는 상하의 온도차가 크다.
④ 예열부하가 크므로 예열시간이 길다.

해설 온풍난방은 공기의 비열이 1 kJ/kg·K로 작으므로 다른 난방에 비해서 예열시간이 짧다.

13. 일사를 받는 외벽으로부터의 침입열량(q)을 구하는 계산식으로 옳은 것은?(단, K는 열관류율, A는 면적, Δt는 상당 외기 온도차이다.)

① $q = K \times A \times \Delta t$
② $q = \dfrac{0.86 \times A}{\Delta t}$
③ $q = 0.24 \times A \times \dfrac{\Delta t}{K}$
④ $q = \dfrac{0.29 \times K}{(A \times \Delta t)}$

정답 7. ② 8. ① 9. ④ 10. ④ 11. ④ 12. ④ 13. ①

해설 외벽침입열량 = 열관류율 × 면적 × 상당 외기 온도차

14. 공기조화설비 중 수분이 공기에 포함되어 실내로 급기되는 것을 방지하기 위해 설치하는 것은?

① 에어와셔
② 에어필터
③ 일리미네이터
④ 벤틸레이터

해설 일리미네이터는 공기 따라 수분이 이동하는 것을 방지한다.

15. 건구온도(t_1) 5℃, 상대습도 80 %인 습공기를 공기가열기를 사용하여 건구온도(t_2) 43℃가 되는 가열공기 950 m^3/h을 얻으려고 한다. 이때 가열에 필요한 열량(kW)은?

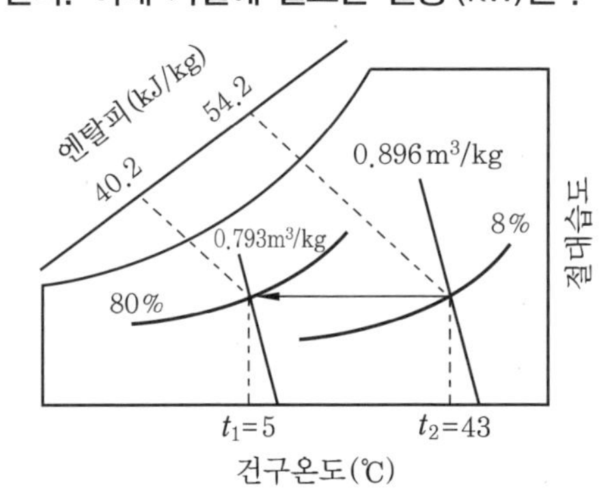

① 2.14 ② 4.65
③ 8.97 ④ 11.02

해설 $q = \frac{950}{0.793 \times 3600} \times (54.2 - 40.2)$
$= 4.659$ kW

16. 팬 코일 유닛 방식에 대한 설명으로 틀린 것은 어느 것인가?

① 일반적으로 사무실, 호텔, 병원 및 점포 등에 사용한다.
② 배관방식에 따라 2관식, 4관식으로 분류한다.
③ 중앙기계실에서 냉수 또는 온수를 공급하여 각 실에 설치한 팬 코일 유닛에 의해 공조하는 방식이다.
④ 팬코일 유닛 방식에서의 열부하 분담은 내부존 팬 코일 유닛 방식과 외부 존 터미널 방식이 있다.

해설 열부하는 내부존 팬 코일 유닛에 있고, 외부 존 방식은 팬 코일 유닛과 팬 코일 유닛 덕트 병용 방식이다.

17. 다음 중 직접 난방 방식이 아닌 것은?

① 온풍 난방 ② 고온수 난방
③ 저압증기 난방 ④ 복사 난방

해설 온풍기 난방 방식은 공기를 가열하여 송풍하므로 간접 난방 방식이다.

18. 공조기에서 냉·온풍을 혼합댐퍼에 의해 일정한 비율로 혼합한 후 각 존 또는 각 실로 보내는 공조 방식은?

① 단일덕트 재열 방식
② 멀티존 유닛 방식
③ 단일덕트 방식
④ 유인 유닛 방식

해설 공조기 출구에서 냉·온풍을 혼합하는 것은 2중 덕트 방식의 멀티존 유닛 방식이다.

19. 다음 원심송풍기의 풍량 제어 방법 중 동일한 송풍량 기준 소요동력이 가장 적은 것은?

① 흡입구 베인 제어
② 스크롤 댐퍼 제어
③ 토출측 댐퍼 제어
④ 회전수 제어

해설 송풍기의 소요동력이 가장 적은 것은 송풍기 회전수 가감법, 즉 회전수 제어 방식이다.

정답 14. ③ 15. ② 16. ④ 17. ① 18. ② 19. ④

20. 공조설비의 점검하는 T(시험), A(조정), B(평가) 적용 목적이 아닌 것은 무엇인가?

① 설계 목적에 부합되는 시설의 완성
② 설계 및 시공의 오류 수정
③ 시설 및 기기의 수명 연장
④ 측정점의 확보 및 선정

해설 ④는 시공 중의 주요 업무에 해당된다.

제2과목 공조냉동 설계

21. 열의 종류에 대한 설명으로 옳은 것은?

① 고체에서 기체가 될 때에 필요한 열을 증발열이라 한다.
② 온도의 변화를 일으켜 온도계에 나타나는 열을 잠열이라 한다.
③ 기체에서 액체로 될 때 제거해야 하는 열을 응축열 또는 감열이라 한다.
④ 고체에서 액체로 될 때 필요한 열은 융해열이며, 이를 잠열이라 한다.

해설 ① : 승화열(잠열)
② : 현열(감열)
③ : 응축열(잠열)

22. 응축압력 및 증발압력이 일정할 때 압축기의 흡입증기 과열도가 크게 된 경우 나타나는 현상으로 옳은 것은?

① 냉매순환량이 증대한다.
② 증발기의 냉동능력은 증대한다.
③ 압축기의 토출가스 온도가 상승한다.
④ 압축기의 체적효율은 변하지 않는다.

해설 ㉠ 냉매순환량 감소
㉡ 냉동능력 감소
㉢ 토출가스 온도 상승
㉣ 체적효율 감소

23. 진공압력이 60 mmHg일 경우 절대압력(kPa)은?(단, 대기압은 101.3 kPa이고, 수은의 비중은 13.6이다.)

① 53.8 ② 93.2 ③ 106.6 ④ 196.4

해설 $P = \frac{760-60}{760} \times 101.3 = 93.3\,\text{kPa}$

24. 물(H_2O) – 리튬브로마이드(LiBr) 흡수식 냉동기에 대한 설명으로 틀린 것은?

① 특수 처리한 순수한 물을 냉매로 사용한다.
② 4～15℃ 정도의 냉수를 얻는 기기로 일반적으로 냉수온도는 출구온도 7℃ 정도를 얻도록 설계한다.
③ LiBr 수용액은 성질이 소금물과 유사하여, 농도가 진하고 온도가 낮을수록 냉매증기를 잘 흡수한다.
④ LiBr의 농도가 진할수록 점도가 높아져 열전도율이 높아진다.

해설 LiBr의 농도가 진하면 냉매 증기의 흡습능력이 향상된다.

25. 흡수식 냉동기에서 냉동 시스템을 구성하는 기기들 중 냉각수가 필요한 기기의 구성으로 옳은 것은?

① 재생기와 증발기
② 흡수기와 응축기
③ 재생기와 응축기
④ 증발기와 흡수기

해설 냉각수의 순환하는 과정은 과냉각기, 흡수기, 응축기 순으로 순환한다.

26. 2중 효용 흡수식 냉동기에 대한 설명으로 틀린 것은?

① 단중 효용 흡수식 냉동기에 비해 증기 소비량이 적다.

정답 20. ④ 21. ④ 22. ③ 23. ② 24. ④ 25. ② 26. ③

② 2개의 재생기를 갖고 있다.
③ 2개의 증발기를 갖고 있다.
④ 증기 대신 가스연소를 사용하기도 한다.

해설 2중 효용 흡수식 냉동기는 2개의 재생기(발생기)와 1개의 증발기를 갖고 있다.

27. 중간냉각이 완전한 2단압축 1단팽창 사이클로 운전되는 R134a 냉동기가 있다. 냉동능력은 10 kW이며, 사이클의 중간압, 저압부의 압력은 각각 350 kPa, 120 kPa이다. 전체 냉매 순환량을 $\dot{m}$, 증발기에서 증발하는 냉매의 양을 $\dot{m}_e$라 할 때, 중간 냉각시키기 위해 바이패스되는 냉매의 양 $\dot{m}-\dot{m}_e$ [kg/h]은 얼마인가?(단, 제1압축기의 입구 과열도는 0이며, 각 엔탈피는 아래 표를 참고한다.)

압력 (kPa)	포화액체 엔탈피 (kJ/kg)	포화증기 엔탈피 (kJ/kg)
120	160.42	379.11
350	195.12	395.04

지점별 엔탈피(kJ/kg)	
$h2$	227.23
$h4$	401.08
$h7$	482.41
$h8$	234.29

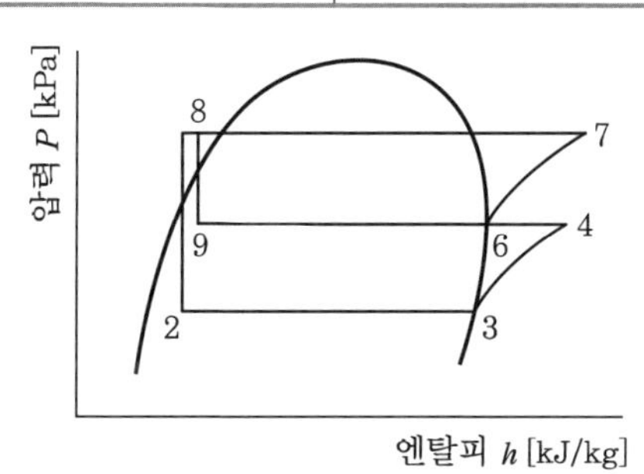

① 5.8　② 11.1
③ 15.7　④ 19.3

해설 중간냉각기의 냉매순환량

$$= \frac{10 \times 3600}{379.11 - 234.29} \times \frac{(401.08 - 395.04) + (234.29 - 227.23)}{395.04 - 234.29}$$

$= 19.31$ kg/h

28. 다음 그림과 같이 수랭식과 공랭식 응축기의 작용을 혼합한 형태의 응축기는?

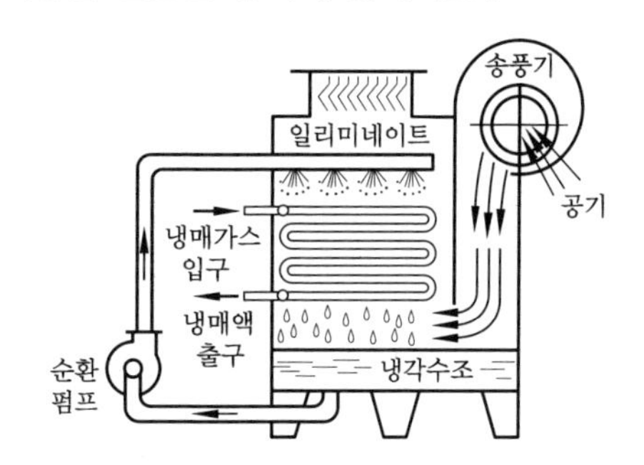

① 증발식 응축기
② 셸코일 응축기
③ 공랭식 응축기
④ 7통로식 응축기

해설 증발식 응축기는 냉각수 소비량이 적은 장점이 있고, 응축 압력 상승으로 압축비가 증가하므로 소비동력이 증대하는 단점이 있다.

29. 다음 중 흡수식 냉동기의 구성 요소가 아닌 것은?

① 증발기　② 응축기
③ 재생기　④ 압축기

해설 흡수식 냉동장치는 압축기 대신에 흡수기와 발생기(재생기)가 있고, 소비동력이 적다.

30. 축열장치의 종류로 가장 거리가 먼 것은?

① 수축열 방식　② 빙축열 방식
③ 잠열축열 방식　④ 공기축열 방식

해설 축열장치는 온축열 방식으로 수축열이 있고, 빙축열 방식으로 수축열(냉수), 빙축열(잠열) 방식 등이 있다.

정답 27. ④　28. ①　29. ④　30. ④

31. 어떤 냉동 사이클에서 냉동효과를 γ [kJ/kg], 흡입건조 포화증기의 비체적을 v [m^3/kg]로 표시하면 NH_3와 R-22에 대한 값은 다음과 같다. 사용 압축기의 피스톤 압출량은 NH_3와 R-22의 경우 동일하며, 체적효율도 75 %로 동일하다. 이 경우 NH_3와 R-22 압축기의 냉동능력을 각각 R_N, R_F [RT]로 표시한다면 R_N/R_F는?

구분	NH_3	R-22
γ [kJ/kg]	1126.37	168.90
v [m^3/kg]	0.509	0.077

① 0.6　② 0.7
③ 1.0　④ 1.5

해설 $$\frac{R_N}{R_F} = \frac{\frac{\gamma_N}{v_N}}{\frac{\gamma_F}{v_F}} = \frac{\gamma_N \cdot v_F}{\gamma_F \cdot v_N}$$

$$= \frac{1126.37 \times 0.077}{168.9 \times 0.509} = 1.01$$

32. 냉각수 입구온도 25℃, 냉각수량 900 kg/min인 응축기의 냉각면적이 80 m^2, 그 열통과율이 1.6 kW/m^2·K이고, 응축온도와 냉각수온의 평균 온도차가 6.5℃이면 냉각수 출구온도(℃)는? (단, 냉각수의 비열은 4.2 kJ/kg·K이다.)

① 28.4　② 32.6
③ 29.6　④ 38.2

해설 $q = G_w C_w (tw_2 - tw_1) = KF\Delta tm$

$$\therefore tw_2 = 25 + \frac{1.6 \times 60 \times 80 \times 6.5}{900 \times 4.2}$$

$$= 38.2 ℃$$

33. 응축기에 관한 설명으로 틀린 것은?

① 응축기의 역할은 저온, 저압의 냉매증기를 냉각하여 액화시키는 것이다.
② 응축기의 용량은 응축기에서 방출하는 열량에 의해 결정된다.
③ 응축기의 열부하는 냉동기의 냉동능력과 압축기 소요일의 열당량을 합한 값과 같다.
④ 응축기 내에서의 냉매상태는 과열영역, 포화영역, 액체영역 등으로 구분할 수 있다.

해설 응축기는 압축기에서 토출되는 고온고압의 과열증기를 외부의 공기 또는 물과 열교환하여 냉매를 액화시키는 장치이다.

34. 실린더 지름 200 mm, 행정 200 mm, 회전수 400 rpm, 기통수 3기통인 냉동기의 냉동능력이 5.72 RT이다. 이때 냉동효과(kJ/kg)는? (단, 체적효율은 0.75, 압축기 흡입 시의 비체적은 0.5 m^3/kg이고, 1 RT는 3.8 kW이다.)

① 115.3　② 110.8
③ 89.4　④ 68.8

해설 ㉠ 피스톤 토출량

$$V = \frac{\pi}{4} \times 0.2^2 \times 0.2 \times 3 \times 400 \times 60$$

$$= 452.16 \text{ m}^3/\text{h}$$

㉡ 냉동효과

$$qe = \frac{5.72 \times 3.8 \times 3600 \times 0.5}{452.16 \times 0.75} = 115.37 \text{ kJ/kg}$$

35. 두께가 200 mm인 두꺼운 평판의 한 면(T_o)은 600 K, 다른 면(T_1)은 300 K로 유지될 때 단위 면적당 평판을 통한 열전달량(W/m^2)은? (단, 열전도율은 온도에 따라 $\lambda(T) = \lambda_o(1+\beta t_m)$로 주어지며, λ_o는 0.029 W/m·K, β는 3.6 × 10^{-3} K^{-1}이고, t_m은 양 면간의 평균온도이다.)

① 114　② 105
③ 97　④ 83

정답 31. ③　32. ④　33. ①　34. ①　35. ①

해설 $q=\frac{0.029}{0.2}\times\left(1+\frac{3.6}{1000}\times\frac{600+300}{2}\right)\times(600-300)$
$=113.97\ \text{W/m}^2$

36. 이상적인 디젤기관의 압축비가 16일 때 압축 전의 공기 온도가 90℃라면 압축 후의 공기 온도(℃)는 얼마인가?(단, 공기의 비열비는 1.40이다.)

① 1101.9 ② 718.7
③ 808.2 ④ 827.4

해설 $T_2=(273+90)\times 16^{1.4-1}$
$=1100.4\ \text{K}=827.4℃$

37. 풍선에 공기 2 kg이 들어 있다. 일정 압력 500 kPa 하에서 가열 팽창하여 체적이 1.2배가 되었다. 공기의 초기온도가 20℃일 때 최종온도(℃)는 얼마인가?

① 32.4 ② 53.7
③ 78.6 ④ 92.3

해설 $\frac{V_1}{T_1}=\frac{V_2}{T_2}$ 식에서
$T_2=\frac{1.2}{1}\times(273+20)$
$=351.6\ \text{K}=78.6℃$

38. 밀폐계에서 기체의 압력이 100 kPa으로 일정하게 유지되면서 체적이 1 m^3에서 2 m^3으로 증가되었을 때 옳은 설명은?

① 밀폐계의 에너지 변화는 없다.
② 외부로 행한 일은 100 kJ이다.
③ 기체가 이상기체라면 온도가 일정하다.
④ 기체가 받은 열은 100 kJ이다.

해설 $W=P(V_2-V_1)$
$=100(2-1)$
$=100\ \text{kJ}$

39. 최고온도 1300 K와 최저온도 300 K 사이에서 작동하는 공기표준 Brayton 사이클의 열효율(%)은?(단, 압력비는 9, 공기의 비열비는 1.4이다.)

① 30.4 ② 36.5
③ 42.1 ④ 46.6

해설 $\eta=1-\left(\frac{1}{\phi}\right)^{\frac{k-1}{k}}=1-\left(\frac{1}{9}\right)^{\frac{1.4-1}{1.4}}$
$=0.46622 ≒ 46.62\ \%$

40. 다음 그림과 같이 A, B 두 종류의 기체가 한 용기 안에서 박막으로 분리되어 있다. A의 체적은 0.1 m^3, 질량은 2 kg이고, B의 밀도 1 kg/m^3, 체적은 0.4 m^3, 평형에 도달하였을 때 기체 혼합물의 밀도(kg/m^3)는 얼마인가?

A	B

① 4.8 ② 6.0
③ 7.2 ④ 8.4

해설 ㉠ A의 밀도 $=\frac{2}{0.1}=20\ \text{kg/m}^3$

㉡ 혼합물의 밀도 $=\frac{(0.1\times 20)+(0.4\times 1)}{0.1+0.4}$
$=4.8\ \text{kg/m}^3$

제3과목 시운전 및 안전관리

41. 다음 접점회로의 논리식으로 옳은 것은?

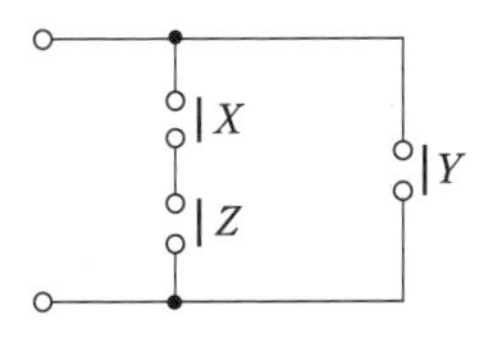

① $X\cdot Y\cdot Z$ ② $(X+Y)\cdot Z$
③ $(X\cdot Z)+Y$ ④ $X+Y+Z$

정답 36. ④ 37. ③ 38. ② 39. ④ 40. ① 41. ③

42. 두 대 이상의 변압기를 병렬 운전하고자 할 때 이상적인 조건으로 틀린 것은?

① 각 변압기의 극성이 같을 것
② 각 변압기의 손실비가 같을 것
③ 정격용량에 비례해서 전류를 분담할 것
④ 변압기 상호간 순환전류가 흐르지 않을 것

해설 병렬 운전의 조건은 ①, ③, ④ 외에 각 기기의 저항과 누설 리액턴스비가 동일할 것

43. 다음 신호흐름 선도에서 전달함수 $\frac{C(s)}{R(s)}$를 구하면?

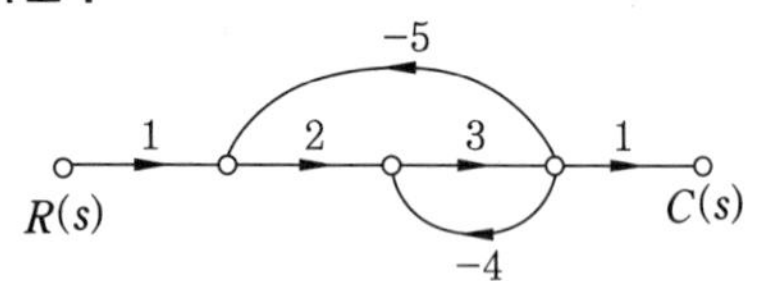

① $-\frac{6}{41}$ ② $\frac{6}{41}$

③ $-\frac{6}{43}$ ④ $\frac{6}{43}$

해설 ㉠ $G_1 = 1 \times 2 \times 3 \times 1 = 6$, $\Delta_1 = 1$
㉡ $L_{11} = 3 \times (-4) = -12$
㉢ $L_{21} = (-5) \times 2 \times 3 = -30$
㉣ $\Delta = 1 - (L_{11} + L_{21})$
$= 1 - \{(-12) + (-30)\} = 43$
㉤ $G = \frac{C}{R} = \frac{G_1 \Delta_1}{\Delta}$
$= \frac{6 \times 1}{43} = \frac{6}{43}$

44. 입력에 대한 출력의 오차가 발생하는 제어 시스템에서 오차가 변화하는 속도에 비례하여 조작량을 가변하는 제어 방식은?

① 미분 제어 ② 정치 제어
③ on-off 제어 ④ 시퀀스 제어

해설 미분 제어 : 제어 오차가 검출될 때 오차가 변화하는 속도에 비례하여 조작량을 가감하는 동작이다.

45. 시퀀스 제어에 관한 설명으로 틀린 것은?

① 조합 논리회로가 사용된다.
② 시간지연 요소가 사용된다.
③ 제어용 계전기가 사용된다.
④ 폐회로 제어계로 사용된다.

해설 시퀀스 제어는 조합 논리순서 회로로서 신호의 통로가 열려있는 개루프 제어계로 사용된다.

46. 피드백 제어에 관한 설명으로 틀린 것은?

① 정확성이 증가한다.
② 대역폭이 증가한다.
③ 입력과 출력의 비를 나타내는 전체 이득이 증가한다.
④ 개루프 제어에 비해 구조가 비교적 복잡하고 설치비가 많이 든다.

해설 계의 특성변화에 대한 입력과 출력비의 감도는 감소한다.

47. 어떤 코일에 흐르는 전류가 0.01초 사이에 20 A에서 10 A로 변할 때 20 V의 기전력이 발생한다고 하면 자기 인덕턴스(mH)는?

① 10 ② 20 ③ 30 ④ 50

해설 $e = L \cdot \frac{di}{dt}$ 식에서

$L = \frac{0.01}{20-10} \times 20 = 0.02\text{ H} = 20\text{ mH}$

48. 다음 중 전류계에 대한 설명으로 틀린 것은?

① 전류계의 내부저항이 전압계의 내부저항보다 작다.
② 전류계를 회로에 병렬접속하면 계기가 손상될 수 있다.
③ 직류용 계기에는 (+), (−)의 단자가 구별되어 있다.
④ 전류계의 측정 범위를 확장하기 위해 직렬로 접속한 저항을 분류기라고 한다.

정답 42. ② 43. ④ 44. ① 45. ④ 46. ③ 47. ② 48. ④

해설 전류계의 측정 범위를 확장하기 위해 병렬로 접속한 저항을 분류기라 한다.

49. 절연의 종류를 최고 허용온도가 낮은 것부터 높은 순서로 나열한 것은?

① A종 < Y종 < E종 < B종
② Y종 < A종 < E종 < B종
③ E종 < Y종 < B종 < A종
④ B종 < A종 < E종 < Y종

해설 절연의 허용온도

절연의 종류	허용온도(℃)
Y종	30
A종	105
E종	120
B종	130
F종	155
H종	180
C종	180 이상

50. 100 V에서 500 W를 소비하는 저항이 있다. 이 저항에 100 V의 전원을 200 V로 바꾸어 접속하면 소비되는 전력(W)은?

① 250 ② 500 ③ 1000 ④ 2000

해설 ㉠ $P = \dfrac{V^2}{R}$ 식에서

㉡ $R = \dfrac{V_1^2}{P_1} = \dfrac{V_2^2}{P_2}$

$\therefore\ P_2 = \dfrac{V_2^2}{V_1^2} \cdot P_1 = \dfrac{200}{100^2} \times 500 = 2000\ \text{W}$

51. 코일에 단상 200 V의 전압을 가하면 10 A의 전류가 흐르고 1.6 kW의 전력이 소비된다. 이 코일과 병렬로 콘덴서를 접속하여 회로의 합성역률을 100 %로 하기 위한 용량 리액턴스(Ω)는 약 얼마인가?

① 11.1 ② 22.2 ③ 33.3 ④ 44.4

해설 ㉠ 피상전력 P_a

$= VI = 200 \times 10 = 2000\ \text{VA}$

㉡ 무효전력 $P_r = \sqrt{P_a^2 - P^2}$

$= \sqrt{2000^2 - 1600^2} = 1200\ \text{Var}$

㉢ 역률 100 %가 되기 위해서

1200 Var의 콘덴서 $P_r = 2\pi fc \cdot V^2 = \dfrac{V^2}{X_C}$

$\therefore\ X_C = \dfrac{V^2}{P_r} = \dfrac{200^2}{1200} = 33.33\ \Omega$

52. 기계적 제어의 요소로서 변위를 공기압으로 변환하는 요소는?

① 벨로스 ② 트랜지스터
③ 다이어프램 ④ 노즐 플래퍼

해설 변위를 압력으로 변환하는 요소는 노즐 플래퍼, 유압분사관, 스프링 등이 있다.

53. 다음 회로에서 E = 100 V, R = 4 Ω, X_L = 5 Ω, X_c = 2 Ω일 때 이 회로에 흐르는 전류(A)는?

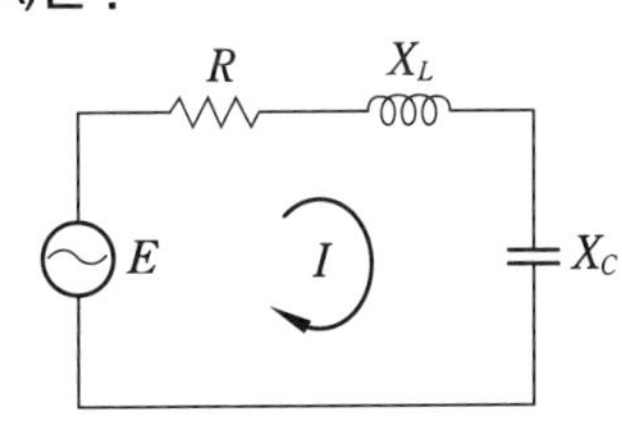

① 10 A ② 15 A
③ 20 A ④ 25 A

해설 ㉠ 임피던스 $Z = \sqrt{R^2 + (X_L - X_C)^2}$

$= \sqrt{4^2 + (5-2)^2} = 5\ \Omega$

㉡ 전류 $I = \dfrac{V}{Z} = \dfrac{100}{5} = 20\ \text{A}$

54. 다음 블록선도의 전달함수 $\dfrac{C(s)}{R(s)}$는?

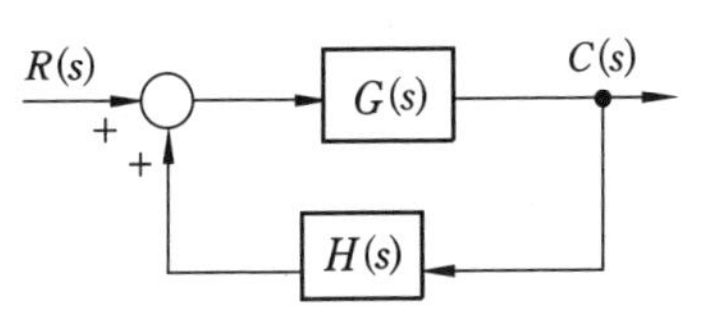

정답 49. ② 50. ④ 51. ③ 52. ④ 53. ③ 54. ①

① $\dfrac{G(s)}{1-G(s)H(s)}$

② $\dfrac{G(s)}{1+G(s)H(s)}$

③ $\dfrac{H(s)}{1-G(s)H(s)}$

④ $\dfrac{H(s)}{1+G(s)H(s)}$

해설 $(R+CH)G=C$

$RG+CGH=C$

$RG=C-CGH=C(1-GH)$

$\therefore \dfrac{C}{R}=\dfrac{G}{1-GH}$

55. 전압을 V, 전류를 I, 저항을 R, 그리고 도체의 비저항을 ρ라 할 때 옴의 법칙을 나타낸 식은?

① $V=\dfrac{R}{I}$　　② $V=\dfrac{I}{R}$

③ $V=IR$　　④ $V=IR\rho$

56. 전동기를 전원에 접속한 상태에서 중력부하를 하강시킬 때 속도가 빨라지는 경우 전동기의 유기기전력이 전원전압보다 높아져서 발전기로 동작하고 발생전력을 전원으로 되돌려 줌과 동시에 속도를 감속하는 제동법은?

① 희생제동　　② 역전제동

③ 발전제동　　④ 유도제동

해설 희생제동은 유도전동기를 전원에 연결한 상태에서 유도발전기를 동작시켜 발생전력을 전원으로 변환하면서 제동하는 방법이다.

57. 전기 기기 및 전로의 누전 여부를 알아보기 위해 사용되는 계측기는?

① 메거　　② 전압계

③ 전류계　　④ 검전기

해설 절연저항의 누전측정 계측기는 메거이다.

58. 평형 3상 전원에서 각 상간 전압의 위상차(rad)는?

① $\dfrac{\pi}{2}$　　② $\dfrac{\pi}{3}$

③ $\dfrac{\pi}{6}$　　④ $\dfrac{2\pi}{3}$

해설 평형 3상 전원에서 각 상간 전압의 위상차는 120°이므로 $\pi:180=x:120$

$\therefore x=\dfrac{120\pi}{180}=\dfrac{2}{3}\pi$ [rad/s]

59. 영구자석의 재료로 요구되는 사항은?

① 잔류자기 및 보자력이 큰 것

② 잔류자기가 크고 보자력이 작은 것

③ 잔류자기는 작고 보자력이 큰 것

④ 잔류자기 및 보자력이 작은 것

해설 영구자석은 강한 자화상태를 오래 보존하는 자석으로 외부로부터 전기에너지를 공급받지 않아도 자성을 안정되게 유지한다. 잔류자기와 보자력이 큰 물질을 이용하여 제작한다.

60. 다음 회로도를 보고 진리표를 채우고자 한다. 빈칸에 알맞은 값은?

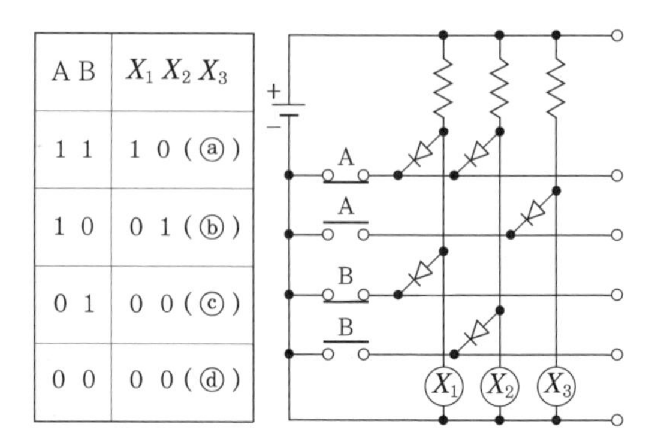

A B	X_1 X_2 X_3
1 1	1 0 (ⓐ)
1 0	0 1 (ⓑ)
0 1	0 0 (ⓒ)
0 0	0 0 (ⓓ)

① ⓐ 1, ⓑ 1, ⓒ 0, ⓓ 0

② ⓐ 0, ⓑ 0, ⓒ 1, ⓓ 1

③ ⓐ 0, ⓑ 1, ⓒ 0, ⓓ 1

④ ⓐ 1, ⓑ 0, ⓒ 1, ⓓ 0

정답 55. ③　56. ①　57. ①　58. ④　59. ①　60. ②

제4과목 유지보수 공사관리

61. 급수배관의 수격현상 방지 방법으로 가장 거리가 먼 것은?

① 펌프에 플라이 휠을 설치한다.
② 관지름을 작게 하고 유속을 매우 빠르게 한다.
③ 에어체임버를 설치한다.
④ 완폐형 체크 밸브를 설치한다.

해설 관지름을 크게 하고 유속을 느리게 하여 수격현상을 방지한다.

62. 경질염화비닐관의 TS식 이음에서 작용하는 3가지 접착효과로 가장 거리가 먼 것은?

① 유동삽입 ② 일출접착
③ 소성삽입 ④ 변형삽입

해설 경질염화비닐관의 TS식 이음에서 유동삽입, 일출접착, 변형삽입이 3가지 접착효과이다.

63. 펌프 주위 배관시공에 관한 사항으로 틀린 것은?

① 풋 밸브 등 모든 관의 이음은 수밀, 기밀을 유지할 수 있도록 한다.
② 흡입관의 길이는 가능한 한 짧게 배관하여 저항이 작도록 한다.
③ 흡입관의 수평배관은 펌프를 향하여 하향 구배로 한다.
④ 양정이 높을 경우 펌프 토출구와 게이트 밸브 사이에 체크 밸브를 설치한다.

해설 펌프 흡입관 수평배관은 펌프를 향하여 상향 구배한다.

64. 무기질 단열재에 관한 설명으로 틀린 것은?

① 암면은 단열성이 우수하고 아스팔트 가공된 보랭용의 경우 흡수성이 양호하다.
② 유리섬유는 가볍고 유연하여 작업성이 매우 좋으며, 칼이나 가위 등으로 쉽게 절단된다.
③ 탄산마그네슘 보온재는 열전도율이 낮으며 300 ~ 320℃에서 열분해한다.
④ 규조토 보온재는 비교적 단열효과가 낮으므로 어느 정도 두껍게 시공하는 것이 좋다.

해설 암면은 식물성 내열성 합성수지 등의 접착제를 써서 띠 모양, 판 모양, 원통형으로 가공하여 400℃ 이하의 파이프, 덕트, 탱크 등에 보온재로 사용한다.

65. 다음 중 기수혼합식(증기분류식) 급탕설비에서 소음을 방지하는 기구는?

① 가열코일 ② 사일런서
③ 순환펌프 ④ 서머스탯

해설 급탕설비의 기수혼합식에서 소음을 줄이기 위하여 스팀 사일런서를 사용한다.

66. 증기난방법에 관한 설명으로 틀린 것은?

① 저압식은 증기의 사용압력이 0.1 MPa 미만인 경우이며, 주로 10 ~ 35 kPa인 증기를 사용한다.
② 단관 중력 환수식의 경우 증기와 응축수가 역류하지 않도록 선단 하향 구배로 한다.
③ 환수주관을 보일러 수면보다 높은 위치에 배관한 것은 습식 환수관식이다.
④ 증기의 순환이 가장 빠르며 방열기, 보일러 등의 설치 위치에 제한을 받지 않고 대규모 난방용으로 주로 채택되는 방식은 진공 환수식이다.

해설 환수주관이 보일러 수면보다 높으면 건식, 낮으면 습식 환수관이다.

67. 같은 지름의 관을 직선으로 연결할 때 사용하는 배관 이음쇠가 아닌 것은?

정답 61. ② 62. ③ 63. ③ 64. ① 65. ② 66. ③ 67. ③

① 소켓　② 유니언
③ 밴드　④ 플랜지

해설 밴드는 45°, 90° 곡관 이음쇠이다.

68. 기체 수송설비에서 압축공기 배관의 부속장치가 아닌 것은?

① 후부냉각기　② 공기여과기
③ 안전 밸브　④ 공기빼기 밸브

해설 공기빼기 밸브는 난방장치에서 온도가 높고 위치가 높은 곳에 설치하여 장치 내의 공기를 배출하여 순환유체의 흐름을 양호하게 한다.

69. 가스수요의 시간적 변화에 따라 일정한 가스량을 안정하게 공급하고 저장할 수 있는 가스홀더의 종류가 아닌 것은?

① 무수(無水)식　② 유수(有水)식
③ 주수(柱水)식　④ 구(球)형

해설 가스홀더의 종류에는 유수식, 무수식, 구형 가스홀더 등이 있다.

70. 제조소 및 공급소 밖의 도시가스 배관을 시가지 외의 도로 노면 밑에 매설하는 경우에는 노면으로부터 배관의 외면까지 최소 몇 m 이상을 유지해야 하는가?

① 1.0　② 1.2　③ 1.5　④ 2.0

해설 지하 매설 배관의 매설 깊이
㉠ 공동주택 등의 부지 외 : 0.6 m 이상
㉡ 폭 4 m 이상 8 m 미만 도로 : 1 m 이상
㉢ 폭 8 m 이상의 도로 : 1.2 m 이상
㉣ ㉠이나 ㉢에 해당하지 않는 곳 : 0.8 m 이상

71. 다음 도시 기호의 이음은?

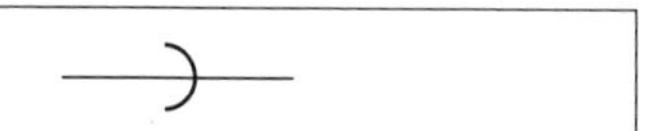

① 나사식 이음
② 용접식 이음
③ 소켓식 이음
④ 플랜지식 이음

해설 위의 도시 기호는 주철관 이음의 턱걸이(소켓식) 이음이라 한다.

72. 패킹재의 선정 시 고려사항으로 관 내 유체의 화학적 성질이 아닌 것은?

① 점도　② 부식성
③ 휘발성　④ 용해능력

해설 ㉠ 패킹재의 물리적 성질 : 온도, 압력, 가스체와 액체의 구분, 밀도, 점도 등
㉡ 패킹재의 화학적 성질 : 화학 성분의 안정도, 부식성, 용해능력, 휘발성, 인화성과 폭발성 등

73. 도시가스 배관 시 배관이 움직이지 않도록 관 지름 13 mm 이상 33 mm 미만의 경우 몇 m마다 고정장치를 설치해야 하는가?

① 1 m　② 2 m
③ 3 m　④ 4 m

해설 ㉠ 관지름 10 mm 이상 13 mm 미만은 1 m마다
㉡ 관지름 13 mm 이상 33 mm 미만은 2 m마다
㉢ 관지름 33 mm 이상은 3 m마다

74. 급수관의 평균 유속이 2 m/s이고 유량이 100 L/s로 흐르고 있다. 관 내의 마찰손실을 무시할 때 안지름(mm)은 얼마인가?

① 173　② 227
③ 247　④ 252

해설 $D = \sqrt{\dfrac{4 \times 0.1}{3.14 \times 2}} = 0.2523\ \text{m} = 252.3\ \text{mm}$

75. 밸브의 역할로 가장 거리가 먼 것은?

① 유체의 밀도 조절
② 유체의 방향 전환
③ 유체의 유량 조절
④ 유체의 흐름 단속

정답 68. ④　69. ③　70. ②　71. ③　72. ①　73. ②　74. ④　75. ①

해설 밸브의 역할
㉠ 유체 유량 조절
㉡ 유체 흐름 단속
㉢ 유체 방향 전환
㉣ 감압작용 등

76. 온수배관 시공 시 유의사항으로 틀린 것은?

① 배관 재료는 내열성을 고려한다.
② 온수배관에는 공기가 고이지 않도록 구배를 준다.
③ 온수 보일러의 릴리프 관에는 게이트 밸브를 설치한다.
④ 배관의 신축을 고려한다.

해설 ①은 배관 재료 선정 시 고려할 사항이다.

77. 배관용 패킹 재료 선정 시 고려해야 할 사항으로 가장 거리가 먼 것은?

① 유체의 압력　② 재료의 부식성
③ 진동의 유무　④ 시트면의 형상

해설 시트면의 형상은 부착 방법에 의한 고려사항이다.

78. 냉동배관 시 플렉시블 조인트의 설치에 관한 설명으로 틀린 것은?

① 가급적 압축기 가까이에 설치한다.
② 압축기의 진동방향에 대하여 직각으로 설치한다.
③ 압축기가 가동할 때 무리한 힘이 가해지지 않도록 설치한다.
④ 기계·구조물 등에 접촉되도록 견고하게 설치한다.

해설 플렉시블 조인트는 구형, 통형, 벨로스형을 한 합성고무제의 짧은 관과 플렉시블 튜브 등의 양단에 플랜지를 설치한 이음매를 말한다. 배관 설치와 열팽창 등의 외력에 의한 변형을 흡수하고 방음·방진 등의 작용도 한다.

79. 온수난방 배관에서 역귀환 방식을 채택하는 주된 목적으로 가장 적합한 것은?

① 배관의 신축을 흡수하기 위하여
② 온수가 식지 않게 하기 위하여
③ 배관길이를 짧게 하기 위하여
④ 온수의 유량 분배를 균일하게 하기 위하여

해설 방열기에 공급되는 배관의 마찰 저항손실을 균일하게 하여 공급수의 유량 분배를 균등하게 한다.

80. 급탕배관 시공에 관한 설명으로 틀린 것은?

① 배관의 굽힘 부분에는 벨로스 이음을 한다.
② 하향식 급탕주관의 최상부에는 공기빼기 장치를 설치한다.
③ 팽창관의 관경은 겨울철 동결을 고려하여 25 A 이상으로 한다.
④ 단관식 급탕배관 방식에는 상향배관, 하향배관 방식이 있다.

해설 배관의 굽힘부는 밴드 이음(스위블 이음)을 한다.

정답 76. ① 77. ④ 78. ④ 79. ④ 80. ①

출제 예상문제 (4)

제1과목 에너지 관리

1. 다음 중 난방설비의 난방부하를 계산하는 방법 중 현열만을 고려하는 경우는?

① 환기부하
② 외기부하
③ 전도에 의한 열 손실
④ 침입 외기에 의한 난방 손실

해설 전도란 고체 단위 길이당 열 이동이므로 ③은 현열만 고려한 것이다.

2. 다음 중 냉방부하의 종류에 해당되지 않는 것은?

① 일사에 의해 실내로 들어오는 열
② 벽이나 지붕을 통해 실내로 들어오는 열
③ 침입 외기를 가습하기 위한 열
④ 조명이나 인체와 같이 실내에서 발생하는 열

해설 ③ 침입 외기를 냉각하기 위한 열

3. 송풍 덕트 내의 정압 제어가 필요 없고, 발생 소음이 적은 변풍량 유닛은?

① 유인형 ② 슬롯형
③ 바이패스형 ④ 노즐형

해설 바이패스 유닛의 특징
㉠ 덕트 내의 정압 변동이 없으므로 발생 소음이 적다.
㉡ 일정 풍량을 송풍하므로 에어필터에서 집진 효과가 크다.
㉢ 천장 내의 조명열이 제거된다.
㉣ 송풍량이 일정하므로 동력 절약을 기대할 수 없다.
㉤ 덕트계통의 증축에 유연성이 적다.

4. 증기난방에 대한 설명으로 틀린 것은?

① 건식 환수 시스템에서 환수관에는 증기가 유입되지 않도록 증기관과 환수관 사이에 증기트랩을 설치한다.
② 중력식 환수 시스템에서 환수관은 선하향 구배를 취해야 한다.
③ 증기난방은 극장 같이 천장고가 높은 실내에 적합하다.
④ 진공식 환수 시스템에서 관경을 가늘게 할 수 있고 리프트 피팅을 사용하여 환수관 도중에 입상시킬 수 있다.

해설 극장과 같이 일시적으로 사용되는 곳에는 온풍로 난방법이 적합하다.

5. 정방실에 35 kW의 모터에 의해 구동되는 정방기가 12대 있을 때 전력에 의한 취득 열량(kW)은? (단, 전동기와 이것에 의해 구동되는 기계가 같은 방에 있으며, 전동기의 가동률은 0.74이고, 전동기 효율은 0.87, 전동기 부하율은 0.92이다.)

① 483 ② 420
③ 357 ④ 329

해설 $q = \frac{35}{0.87} \times 12 \times 0.74 \times 0.92$
$= 328.7 \text{ kJ/s} \fallingdotseq 329 \text{ kW}$

6. 다음 중 보온, 보랭, 방로의 목적으로 덕트 전체를 단열해야 하는 것은?

① 급기 덕트 ② 배기 덕트
③ 외기 덕트 ④ 배연 덕트

해설 ②, ③, ④는 공기 또는 폐열을 수송하므로 단열장치가 필요 없다.

정답 1. ③ 2. ③ 3. ③ 4. ③ 5. ④ 6. ①

7. 덕트의 소음 방지 대책에 해당되지 않는 것은 어느 것인가?

① 덕트의 도중에 흡음재를 부착한다.
② 송풍기 출구 부근에 플레넘 체임버를 장치한다.
③ 댐퍼 입·출구에 흡음재를 부착한다.
④ 덕트를 여러 개로 분기시킨다.

해설 덕트를 분기시키면 분기부에서 소음 발생의 우려가 있다.

8. 취출구에서 수평으로 취출된 공기가 일정 거리만큼 진행된 뒤 기류 중심선과 취출구 중심의 수직거리를 무엇이라고 하는가?

① 강하도 ② 도달거리
③ 취출 온도차 ④ 셔터

해설 최대 강하거리는 냉풍 및 온풍을 토출할 때 토출구에서 도달거리에 도달하는 동안 일어나는 기류의 강하 또는 상승을 말하며, 이를 강하도 및 최대 상승거리 또는 상승도라 한다.

9. 증기설비에 사용하는 증기 트랩 중 기계식 트랩의 종류로 맞게 조합한 것은?

① 버킷 트랩, 플로트 트랩
② 버킷 트랩, 벨로스 트랩
③ 바이메탈 트랩, 열동식 트랩
④ 플로트 트랩, 열동식 트랩

해설 버킷 트랩, 플로트 트랩은 기계식이고, 벨로스 트랩, 바이메탈 트랩, 열동식(일종의 바이메탈) 트랩은 온도 조절식이다.

10. 공기조화 방식에서 변풍량 단일 덕트 방식의 특징에 대한 설명으로 틀린 것은?

① 송풍기의 풍량 제어가 가능하므로 부분부하 시 반송에너지 소비량을 경감시킬 수 있다.
② 동시 사용률을 고려하여 기기용량을 결정할 수 있으므로 설비용량이 커질 수 있다.
③ 변풍량 유닛을 실별 또는 존별로 배치함으로써 개별 제어 및 존 제어가 가능하다.
④ 부하 변동에 따라 실내온도를 유지할 수 있으므로 열원설비용 에너지 낭비가 적다.

해설 동시 사용률로 설비용량을 결정하므로 최대부하율을 사용하는 정풍량 방식보다 20 % 정도 설비용량이 작다.

11. 다음 중 공기조화설비의 계획 시 조닝을 하는 목적으로 가장 거리가 먼 것은?

① 효과적인 실내 환경의 유지
② 설비비의 경감
③ 운전 가동면에서의 에너지 절약
④ 부하 특성에 대한 대처

해설 공기조화 계획의 조닝(zoning)은 공조설비에 있어서 건물 내를 몇 개의 공조계통으로 구분하여 각각의 공조계통이 담당하는 구역별로 공조하는 방식으로 설비비의 경감과는 거리가 멀다.

12. 축류 취출구의 종류가 아닌 것은?

① 펑커루버형 취출구
② 그릴형 취출구
③ 라인형 취출구
④ 팬형 취출구

해설 팬형과 아네모스탯형 취출구는 복류형이다.

13. 건물의 콘크리트 벽체의 실내측에 단열재를 부착하여 실내측 표면에 결로가 생기지 않도록 하려 한다. 외기온도가 0℃, 실내온도가 20℃, 실내공기의 노점온도가 12℃, 콘크리트 두께가 100 mm일 때, 결로를 막기 위한 단열재의 최소 두께(mm)는?(단, 콘크리트와 단열재의 접촉부분의 열저항은 무시한다.)

정답 7. ④ 8. ① 9. ① 10. ② 11. ② 12. ④ 13. ③

열전도도	콘크리트	1.63 W/m·K
	단열재	0.17 W/m·K
대류 열전달계수	외기	23.3 W/m·K
	실내공기	9.3 W/m·K

① 11.7 ② 10.7
③ 9.7 ④ 8.7

해설 ㉠ 전열량 $q = K \times (20 - 0)$
$= 9.3 \times (20 - 12)$

∴ 열통과율 $K = \frac{9.3 \times (20-12)}{20}$
$= 3.72\ W/m^2 \cdot K$

㉡ 열저항 $R = \frac{1}{K} = \frac{1}{3.72}$
$= \frac{1}{23.3} + \frac{0.1}{1.63} + \frac{l}{0.17} + \frac{1}{9.3}$

∴ 단열재 두께 l
$= 0.17 \times \left\{ \frac{1}{3.72} - \left(\frac{1}{23.3} + \frac{0.1}{1.63} + \frac{1}{9.3} \right) \right\}$
$= 0.00969\ m ≒ 9.7\ mm$

14. 공기조화 방식 중 전공기 방식이 아닌 것은?

① 변풍량 단일 덕트 방식
② 이중 덕트 방식
③ 정풍량 단일 덕트 방식
④ 팬 코일 유닛 방식(덕트 병용)

해설 ④는 수공기 방식이다.

15. 외기의 건구온도 32℃와 환기의 건구온도 24℃인 공기를 1 : 3(외기 : 환기)의 비율로 혼합하였다. 이 혼합공기의 온도는 얼마인가?

① 26℃ ② 28℃
③ 29℃ ④ 30℃

해설 혼합공기 온도
$= \frac{(1 \times 32) + (3 \times 24)}{1+3} = 26\ ℃$

16. 부하계산 시 고려되는 지중온도에 대한 설명으로 틀린 것은?

① 지중온도는 지하실 또는 지중배관 등의 열손실을 구하기 위하여 주로 이용된다.
② 지중온도는 외기온도 및 일사의 영향에 의해 1일 또는 연간을 통하여 주기적으로 변한다.
③ 지중온도는 지표면의 상태변화, 지중의 수분에 따라 변화하나, 토질의 종류에 따라서는 큰 차이가 없다.
④ 연간변화에 있어 불역층 이하의 지중온도는 1 m 증가함에 따라 0.03 ~ 0.05℃ 씩 상승한다.

해설 지중온도는 지표면의 상태, 지하수의 변화, 토질의 종류에 따라 변화한다.

17. 이중 덕트 방식에 설치하는 혼합상자의 구비 조건으로 틀린 것은?

① 냉풍·온풍 덕트 내에 정압 변동에 의해 송풍량이 예민하게 변화할 것
② 혼합 비율 변동에 따른 송풍량의 변동이 완만할 것
③ 냉풍·온풍 댐퍼의 공기 누설이 적을 것
④ 자동 제어 신뢰도가 높고 소음 발생이 적을 것

해설 혼합상자의 제어 : 실내온도 조절기의 작동에 의해서 부하 변동에 따른 냉풍, 온풍의 혼합비가 결정되며, 송풍량은 완만하게 변동된다.

18. 보일러의 부속장치인 과열기가 하는 역할은 무엇인가?

① 연료 연소에 쓰이는 공기를 예열시킨다.
② 포화액을 습증기로 만든다.
③ 습증기를 건포화증기로 만든다.
④ 포화증기를 과열증기로 만든다.

해설 과열기 : 보일러에서 발생되는 습포화증기를 배기가스의 폐열을 이용하여 과열증기로 만들어 주는 특수 열효율 향상 장치

정답 14. ④ 15. ① 16. ③ 17. ① 18. ④

19. 공조기 내에 일리미네이터를 설치하는 이유로 가장 적절한 것은?

① 풍량을 줄여 풍속을 낮추기 위해
② 공조기 내의 기류의 분포를 고르게 하기 위해
③ 결로수가 비산되는 것을 방지하기 위해
④ 먼지 및 이물질을 효율적으로 제거하기 위해

해설 일리미네이터는 바람따라 수분(결로수)이 비산되는 것을 방지한다.

20. 저온공조 방식에 관한 내용으로 가장 거리가 먼 것은?

① 배관지름의 감소
② 팬 동력 감소로 인한 운전비 절감
③ 저온공기 공급으로 인한 급기 풍량 증가
④ 낮은 습도의 공기 공급으로 인한 쾌적성 향상

해설 저온공조 방식 : 공조기에서 공급하는 공기 온도를 일반적인 공조 방식(15～16℃)보다 낮은 온도(3～11℃)로 공급하는 방법으로 송풍량을 최대 50% 정도 감소시켜 반송동력을 절감하는 경제적인 시스템이다.

제2과목 공조냉동 설계

21. 다음 그림과 같은 단열된 용기 안에 25℃의 물이 0.8 m³ 들어 있다. 이 용기 안에 100℃, 50 kg의 쇳덩어리를 넣은 후 열적 평형이 이루어졌을 때 최종 온도는 약 몇 ℃인가?(단, 물의 비열은 4.18 kJ/kg·K, 철의 비열은 0.45 kJ/kg·K이다.)

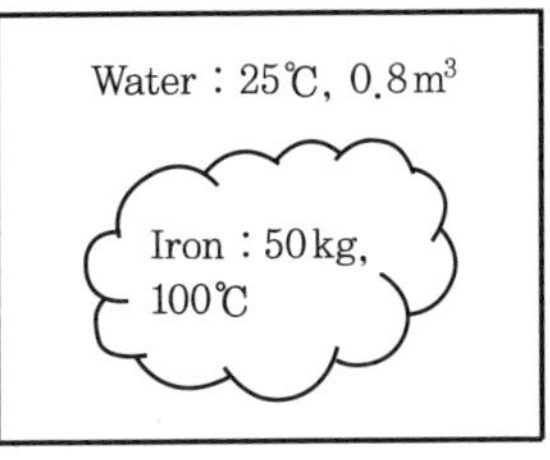

① 25.5℃ ② 27.4℃
③ 29.2℃ ④ 31.4℃

해설 $q=(0.8\times1000)\times4.18\times(t-25)$
$=50\times0.45\times(100-t)$
$=3344t-83600$
$=2250-22.5t$
$=3344t+22.5t=2250+83600$

$$\therefore\ t=\frac{2250+83600}{3344+22.5}=25.5℃$$

22. 체적이 일정하고 단열된 용기 내에 80℃, 320 kPa의 헬륨 2 kg이 들어 있다. 용기 내에 있는 회전날개가 20 W의 동력으로 30분 동안 회전한다고 할 때 용기 내의 최종 온도는 약 몇 ℃인가?(단, 헬륨의 정적비열은 3.12 kJ/kg·K이다.)

① 81.9℃ ② 83.3℃
③ 84.9℃ ④ 85.8℃

해설 $q=20\times30\times60=2\times3120\times(t-80)$
$=3600=6240t-499200$

$$\therefore\ t=\frac{3600+499200}{6240}=85.769\fallingdotseq85.8℃$$

23. 이상적인 오토 사이클에서 열효율을 55%로 하려면 압축비를 약 얼마로 하면 되겠는가?(단, 기체의 비열비는 1.4이다.)

① 5.9 ② 6.8
③ 7.4 ④ 8.5

해설 $\eta=1-\left(\frac{1}{\varepsilon}\right)^{k-1}$

$$\therefore\ \varepsilon=\frac{1}{(1-\eta)^{\frac{1}{k-1}}}=\frac{1}{(1-0.55)^{\frac{1}{1.4-1}}}=7.36$$

정답 19. ③ 20. ③ 21. ① 22. ④ 23. ③

24. 유리창을 통해 실내에서 실외로 열전달이 일어난다. 이때 열전달량은 약 몇 W인가?(단, 대류열전달계수는 50 W/m^2·K, 유리창 표면온도는 25℃, 외기온도는 10℃, 유리창 면적은 2 m^{2}이다.)

① 150　　② 500
③ 1500　　④ 5000

해설 $q = KF\Delta t = 50 \times 2 \times (25-10) = 1500$ W

25. 열역학 제2법칙에 관해서는 여러 가지 표현으로 나타낼 수 있는데, 다음 중 열역학 제2법칙과 관계되는 설명으로 볼 수 없는 것은?

① 열을 일로 변환하는 것은 불가능하다.
② 열효율이 100 %인 열기관을 만들 수 없다.
③ 열은 저온 물체로부터 고온 물체로 자연적으로 전달되지 않는다.
④ 입력되는 일 없이 작동하는 냉동기를 만들 수 없다.

해설 열역학 제1법칙은 열을 일로 바꿀 수 있고, 또 그 역도 가능함을 말하지만, 제2법칙은 그 변화가 일어나는데 제한이 있는 것을 의미한다.

26. 실린더에 밀폐된 8 kg의 공기가 다음 그림과 같이 P_1 = 800 kPa, 체적 V_1 = 0.27 m^{3}에서 P_2 = 350 kPa, 체적 V_2 = 0.80 m^{3}으로 직선 변화하였다. 이 과정에서 공기가 한 일은 약 몇 kJ인가?

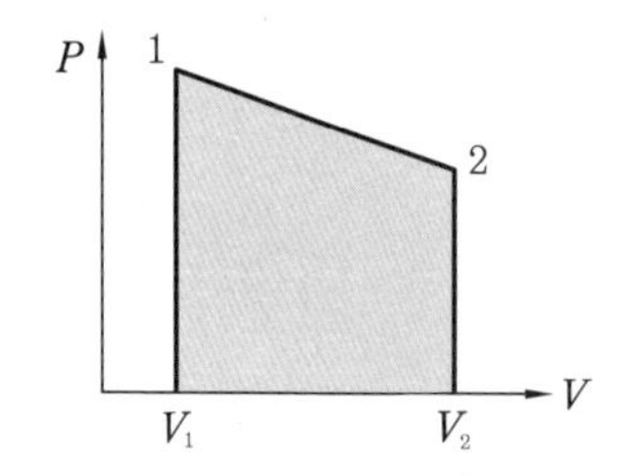

① 305　　② 334
③ 362　　④ 390

해설 $W = \frac{1}{2}(P_1 - P_2) \times (V_2 - V_1) + P_2(V_2 - V_1)$

$= \frac{1}{2}(P_1 + P_2) \times (V_2 - V_1)$

$= \frac{1}{2}(800+350) \times (0.8 - 0.27)$

$= 304.75 \fallingdotseq 305$ kJ

27. 계의 엔트로피 변화에 대한 열역학적 관계식 중 옳은 것은?(단, T는 온도, S는 엔트로피, U는 내부에너지, V는 체적, P는 압력, H는 엔탈피를 나타낸다.)

① $TdS = dU - PdV$
② $TdS = dH - PdV$
③ $TdS = dU - VdP$
④ $TdS = dH - VdP$

해설 $dQ = TdS = dU + PdV = dH - VdP$

28. 터빈, 압축기, 노즐과 같은 정상 유동장치의 해석에 유용한 몰리에르(Mollier) 선도를 옳게 설명한 것은?

① 가로축에 엔트로피, 세로축에 엔탈피를 나타내는 선도이다.
② 가로축에 엔탈피, 세로축에 온도를 나타내는 선도이다.
③ 가로축에 엔트로피, 세로축에 밀도를 나타내는 선도이다.
④ 가로축에 비체적, 세로축에 압력을 나타내는 선도이다.

해설 몰리에르 선도 : 엔탈피(h)를 세로축, 엔트로피(S)를 가로축으로 취해 증기의 상태(압력, 비용적, 온도, 건도 등)를 나타낸 선도

29. 다음 중 강도성 상태량(intensive property)이 아닌 것은?

① 온도　　② 압력
③ 체적　　④ 밀도

정답 24. ③ 25. ① 26. ① 27. ④ 28. ① 29. ③

해설 ㉠ 강도성 상태량 : 계의 질량과 무관한 상태량 (압력, 온도, 높이, 밀도 등)
㉡ 종량성 상태량 : 계의 질량에 의존하는 상태량 (체적, 모든 종류의 에너지 등)

30. 이상기체 1 kg이 초기에 압력 2 kPa, 부피 0.1 m^3를 차지하고 있다. 가역 등온과정에 따라 부피가 0.3 m^3로 변화했을 때 기체가 한 일은 약 몇 J인가?

① 9540 ② 2200
③ 954 ④ 220

해설 $W = P_1 V_1 \ln \frac{V_2}{V_1} = 2000 \times 0.1 \ln \frac{0.3}{0.1}$
$= 219.7 ≒ 220 \text{ J}$

31. 제빙능력은 원료수 온도 및 브라인 온도 등의 조건에 따라 다르다. 다음 중 제빙에 필요한 냉동능력을 구하는 데 쓰이는 항목으로 가장 거리가 먼 것은?

① 온도 t_w [℃]인 제빙용 원수를 0℃까지 냉각하는 데 필요한 열량
② 물의 동결 잠열에 대한 열량 (79.68 kcal/kg)
③ 제빙장치 내의 발생열과 제빙용 원수의 수질 상태
④ 브라인 온도 t_1 [℃] 부근까지 얼음을 냉각하는 데 필요한 열량

해설 제빙장치의 발생열 = 제빙 열량 + 기기 열량 + 작업 인원 열량 + 외부 침입 열량

32. 냉동장치에서 흡입압력 조정밸브는 어떤 경우를 방지하기 위해 설치하는가?

① 수액기의 액면이 높은 경우
② 흡입압력이 일정한 경우
③ 고압측 압력이 높은 경우
④ 흡입압력이 설정압력 이상으로 상승하는 경우

해설 흡입압력 조정밸브 (SPR)는 흡입관 압축기 입구에 설치하며, 흡입압력이 일정압력 이하 (설정압력 이상 상승 방지)가 되게 하여 압축기용 전동기 과부하를 방지한다.

33. 다음 중 증발기 출구와 압축기 흡입관 사이에 설치하는 저압측 부속장치는?

① 액분리기 ② 수액기
③ 건조기 ④ 유분리기

해설 액분리기는 흡입관에서 증발기보다 150 mm 이상 높은 곳에 설치하여 액압축으로부터 위험을 방지하는 압축기 보호용 장치이다.

34. 다음의 냉매 중 지구온난화지수 (GWP)가 가장 낮은 것은?

① R1234yf ② R23
③ R12 ④ R744

해설 냉매번호 십자리와 백자리 숫자는 CH_4와 C_2H_6 계열 냉매로 대기 분출 시 H, F, Cl, C 등이 발생되므로 대기 오염의 주범이 되며 R744는 무기질 냉매 (CO_2)로서 GWP가 ①, ②, ③보다 작은 편이다.

35. 다음 중 불응축가스를 제거하는 가스 퍼저 (gas purger)의 설치 위치로 가장 적당한 곳은?

① 수액기 상부 ② 압축기 흡입부
③ 유분리기 상부 ④ 액분리기 상부

해설 불응축가스 퍼저장치는 수액기 상부에 설치하며 균압관에서 불응축가스를 흡입하여 분리시켜서 냉매는 수액기로, 불응축가스는 대기로 방출시킨다.

36. 냉동기, 열기관, 발전소, 화학플랜트 등에서의 뜨거운 배수를 주위의 공기와 직접 열교환시켜 냉각시키는 방식의 냉각탑은?

정답 30. ④ 31. ③ 32. ④ 33. ① 34. ④ 35. ① 36. ④

① 밀폐식 냉각탑 ② 증발식 냉각탑
③ 원심식 냉각탑 ④ 개방식 냉각탑

해설 유체의 방열량을 공기와 직접 접촉시켜서 열 교환시키는 방식은 개방식 냉각탑이다.

37. 염화나트륨 브라인을 사용한 식품냉장용 냉동장치에서 브라인의 순환량이 220 L/min이고, 냉각관 입구의 브라인 온도가 −5℃, 출구의 브라인 온도가 −9℃라면 이 브라인 쿨러의 냉동능력(kJ/h)은?(단, 브라인의 비열은 3.15 kJ/kg·K, 비중은 1.15이다.)

① 3187 ② 191268
③ 255024 ④ 621621

해설 $q=\left(\frac{220}{1000}\times 60\times 1150\right)\times 3.15$
$\times\{(-5)-(-9)\}=191268\text{ kJ/h}$

38. 냉동장치의 냉동부하가 3냉동톤이며, 압축기의 소요동력이 20 kW일 때 응축기에 사용되는 냉각수량(L/h)은?(단, 냉각수 입구온도는 15℃이고, 출구온도는 25℃이다.)

① 2716 ② 2547
③ 1530 ④ 600

해설 $Q_c=G_w\times 1\times(25-15)$
$=(3\times 3320)+(20\times 860)$
$\therefore\ G_w=\frac{(3\times 3320)+(20\times 860)}{10}$
$=2716\text{ kg/h}\fallingdotseq 2716\text{ L/h}$

39. 전열면적이 20 m^{2}인 수랭식 응축기의 용량이 200 kW이다. 냉각수의 유량은 5 kg/s이고, 응축기 입구에서 냉각수 온도는 20℃이다. 열관류율이 800 W/m^2·K일 때, 응축기 내부 냉매의 온도(℃)는 얼마인가?(단, 온도차는 산술평균 온도차를 이용하고, 물의 비열은 4.18 kJ/kg·K이며, 응축기 내부 냉매의 온도는 일정하다고 가정한다.)

① 36.5 ② 37.3
③ 38.1 ④ 38.9

해설 ㉠ 냉각수 출구수온
$t_{w_2}=t_{w_1}+\frac{Q_c}{G\cdot C}=20+\frac{200}{5\times 4.18}$
$=29.569\fallingdotseq 29.57℃$
㉡ 응축온도
$t_c=\frac{t_{w_1}+t_{w_2}}{2}+\frac{Q_c}{K\cdot F}$
$=\frac{20+29.57}{2}+\frac{200}{0.8\times 20}$
$=37.28\fallingdotseq 37.3℃$

40. 대기압에서 암모니아액 1 kg을 증발시킨 열량은 0℃ 얼음 몇 kg을 융해시킨 것과 유사한가?

① 2.1 ② 3.1
③ 4.1 ④ 5.1

해설 ㉠ 1 atm에서 NH_3의 비등점이 −33.3℃일 때 1369.15 kJ/kg의 증발잠열을 갖고 있다.
㉡ 얼음량 $=\frac{1369.15}{333.6}=4.1\text{ kg}$

제3과목 시운전 및 안전관리

41. 서보기구의 특징에 관한 설명으로 틀린 것은 어느 것인가?

① 원격 제어의 경우가 많다.
② 제어량이 기계적 변위이다.
③ 추치 제어에 해당하는 제어장치가 많다.
④ 신호는 아날로그에 비해 디지털인 경우가 많다.

해설 서보기구는 위치, 방향, 자세 등의 기계적 변위를 제어량으로 해서 임의적 변위에 추종하도록 구성된 전기, 전자식 제어장치로 신호는 아날로그 또는 디지털 겸용이다.

정답 37. ② 38. ① 39. ② 40. ③ 41. ④

42. 다음은 직류전동기의 토크 특성을 나타내는 그래프이다. ⓐ, ⓑ, ⓒ, ⓓ에 알맞은 것은 무엇인가?

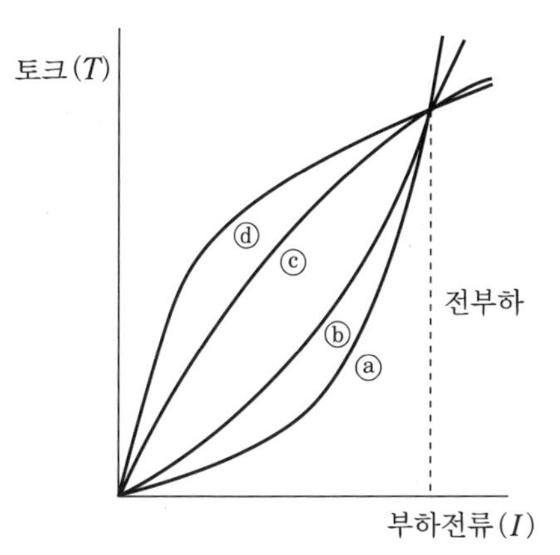

① ⓐ : 직권발전기, ⓑ : 가동 복권발전기, ⓒ : 분권발전기, ⓓ : 차동 복권발전기
② ⓐ : 분권발전기, ⓑ : 직권발전기, ⓒ : 가동 복권발전기, ⓓ : 차동 복권발전기
③ ⓐ : 직권발전기, ⓑ : 분권발전기, ⓒ : 가동 복권발전기, ⓓ : 차동 복권발전기
④ ⓐ : 분권발전기, ⓑ : 가동 복권발전기, ⓒ : 직권발전기, ⓓ : 차동 복권발전기

43. 4000 Ω 의 저항기 양단에 100 V의 전압을 인가할 경우 흐르는 전류의 크기(mA)는?

① 4 ② 15
③ 25 ④ 40

해설 $I = \frac{100}{4000} = 0.025\,\text{A} \fallingdotseq 25\,\text{mA}$

44. 공기 중 자계의 세기가 100 A/m인 점에 놓아 둔 자극에 작용하는 힘은 8×10^{-3} N이다. 이 자극의 세기는 몇 Wb인가?

① 8×10 ② 8×10^{5}
③ 8×10^{-1} ④ 8×10^{-5}

해설 자극의 세기 (H)

$$= \frac{F}{I} = \frac{8 \times 10^{-3}}{100} = 8 \times 10^{-5}\ \text{Wb}$$

45. 다음 중 온도를 전압으로 변환시키는 것은?

① 광전관 ② 열전대
③ 포토다이오드 ④ 광전다이오드

해설 ㉠ 빛(광)을 임피던스 또는 전압으로 변환시키는 것 : 광전관, 포토다이오드, 광전다이오드 등
㉡ 온도를 전압 또는 전압을 온도로 변환시키는 것 : 열전대

46. 다음과 같이 신호흐름 선도와 등가인 블록선도를 그리려고 한다. 이때 $G(s)$로 알맞은 것은?

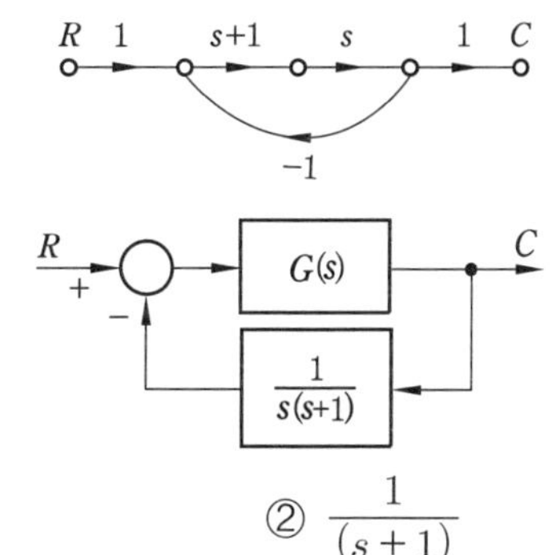

① s ② $\frac{1}{(s+1)}$
③ 1 ④ $s(s+1)$

해설 ㉠ 신호의 흐름

$G_1 = 1 \times (s+1) \times s \times 1 = s(s+1)$, $\Delta_1 = 1$

$\Delta = 1 - \{(-1) \times (s+1)s\} = 1 + s(s+1)$

$$\therefore \frac{C}{R} = \frac{G_1 \cdot \Delta_1}{\Delta} = \frac{s(s+1)}{1+s(s+1)}$$

㉡ 블록선도

$$\left(R - \frac{C}{s(s+1)}\right)G = C,\ RG - \frac{CG}{s(s+1)} = C$$

$RG = C\left\{1 + \frac{G}{s(s+1)}\right\}$에서 $G = 1$이라면

$$\frac{C}{R} = \frac{1}{1 + \frac{1}{s(s+1)}} = \frac{s(s+1)}{1+s(s+1)}$$

정답 42. ① 43. ③ 44. ④ 45. ② 46. ③

47. 정상편차를 개선하고 응답속도를 빠르게 하며 오버슈트를 감소시키는 동작은?

① K　　② $K(1+sT)$

③ $K\left(1+\frac{1}{sT}\right)$　　④ $K\left(1+sT+\frac{1}{sT}\right)$

해설 ① : 비례 동작
② : 비례 미분 동작
③ : 비례 적분 동작
④ : 비례 적분 미분 동작(제어 동작의 단점을 보완한 제어)

48. 최대 눈금 100 mA, 내부저항 1.5 Ω인 전류계에 0.3 Ω의 분류기를 접속하여 전류를 측정할 때 전류계의 지시가 50 mA라면 실제 전류는 몇 mA인가?

① 200　② 300　③ 400　④ 600

해설 $50 = I \times \frac{0.3}{1.5+0.3}$

$\therefore\ I = \frac{1.8}{0.3} \times 50 = 300\ \text{mA}$

49. 다음 그림과 같은 RLC 병렬 공진 회로에 관한 설명으로 틀린 것은?

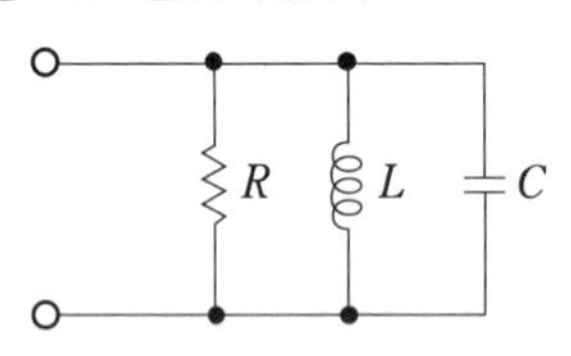

① 공진 조건은 $\omega C = \frac{1}{\omega L}$이다.
② 공진 시 공진전류는 최소가 된다.
③ R이 작을수록 선택도 Q가 높다.
④ 공진 시 입력 어드미턴스는 매우 작아진다.

해설 선택도 $Q = \frac{R}{\omega L} = \omega CR$이므로 R이 클수록 선택도 Q가 높다.

50. SCR에 관한 설명으로 틀린 것은?

① PNPN 소자이다.
② 스위칭 소자이다.
③ 양방향성 사이리스터이다.
④ 직류나 교류의 전력 제어용으로 사용된다.

해설 SCR은 단일 방향성 사이리스터이다.

51. 병렬 운전 시 균압모선을 설치해야 되는 직류발전기로만 구성된 것은?

① 직권발전기, 분권발전기
② 분권발전기, 복권발전기
③ 직권발전기, 복권발전기
④ 분권발전기, 동기발전기

해설 균압모선은 병렬 운전을 안정하게 하기 위하여 설치하는 것으로 일반적으로 직권 및 복권발전기에서 직권계자 권선에 흐르는 전류를 균등하게 분류하도록 한다.

52. 정현파 교류의 실횻값(V)과 최댓값(V_m)의 관계식으로 옳은 것은?

① $V=\sqrt{2}\,V_m$　　② $V=\frac{1}{\sqrt{2}}V_m$

③ $V=\sqrt{3}\,V_m$　　④ $V=\frac{1}{\sqrt{3}}V_m$

해설 ㉠ 최댓값 $V_m = \sqrt{2}\,V = \frac{\pi}{2}V_a$

㉡ 실횻값 $V = \frac{1}{\sqrt{2}}V_m = \frac{\pi}{2\sqrt{2}}V_a$

㉢ 평균값 $V_a = \frac{2}{\pi}V_m = \frac{2\sqrt{2}}{\pi}V$

53. 비례 적분 제어 동작의 특징으로 옳은 것은 어느 것인가?

① 간헐 현상이 있다.
② 잔류편차가 많이 생긴다.
③ 응답의 안정성이 낮은 편이다.
④ 응답의 진동시간이 매우 길다.

해설 비례 적분 동작 : 오프셋을 소멸시키기 위하여 적분 동작을 부가시킨 제어 동작으로 제어결과가 진동적(간헐 현상)으로 되기 쉽다.

정답 47. ④　48. ②　49. ③　50. ③　51. ③　52. ②　53. ①

54. 목표값을 직접 사용하기 곤란할 때, 주 되먹임 요소와 비교하여 사용하는 것은?

① 제어 요소 ② 비교장치
③ 되먹임 요소 ④ 기준 입력 요소

해설 기준 입력 요소 : 목표값을 제어할 수 있는 신호로 변화하는 요소이며 설정부라고 한다.

55. 피드백 제어계에서 목표치를 기준입력신호로 바꾸는 역할을 하는 요소는?

① 비교부 ② 조절부
③ 조작부 ④ 설정부

56. 특성방정식이 $s^3+2s^2+Ks+5=0$인 제어계가 안정하기 위한 K 값은?

① $K>0$ ② $K<0$
③ $K>\frac{5}{2}$ ④ $K<\frac{5}{2}$

해설 루드의 표는

s^3	1	K
s^2	2	5
s^1	$\frac{2K-5}{2}$	0
s^0	5	

제1열의 부호 변화가 없으려면 $2K-5>0$

$\therefore K>\frac{5}{2}$

57. 세라믹 콘덴서 소자의 표면에 103^K라고 적혀 있을 때 이 콘덴서의 용량은 몇 μF인가?

① 0.01 ② 0.1
③ 103 ④ 10^3

58. 다음 중 PLC (programmable logic controll-er)의 출력부에 설치하는 것이 아닌 것은?

① 전자개폐기
② 열동계전기
③ 시그널램프
④ 솔레노이드 밸브

해설 열동계전기는 과전류계전기로 전동기의 과부하 방지용이며, 전자개폐기에 부착되는 것으로 PLC 출력부와는 관계없다.

59. 적분시간이 2초, 비례감도가 5 mA / mV인 PI 조절계의 전달함수는?

① $\frac{1+2s}{5s}$ ② $\frac{1+5s}{2s}$
③ $\frac{1+2s}{0.4s}$ ④ $\frac{1+0.4s}{2s}$

해설 $G_s=K_p\left(1+\frac{1}{T_I s}\right)=5\times\left(1+\frac{1}{2s}\right)$

$=5+\frac{5}{2s}=\frac{5+10s}{2s}=\frac{1+2s}{0.4s}$

60. 다음 설명으로 알맞은 전기 관련 법칙은?

> 도선에서 두 점 사이 전류의 크기는 그 두 점 사이의 전위차에 비례하고, 전기저항에 반비례한다.

① 옴의 법칙 ② 렌츠의 법칙
③ 플레밍의 법칙 ④ 전압 분배의 법칙

해설 옴의 법칙 $I=\frac{V}{R}$ 식에 적용된다.

제4과목 유지보수 공사관리

61. 증기난방 배관 시공법에 대한 설명으로 틀린 것은?

① 증기주관에서 지관을 분기하는 경우 관의 팽창을 고려하여 스위블 이음법으로 한다.

② 진공환수식 배관의 증기주관은 $\frac{1}{100}$~$\frac{1}{200}$의 선상향 구배로 한다.

정답 54. ④ 55. ④ 56. ③ 57. ① 58. ② 59. ③ 60. ① 61. ②

③ 주형 방열기는 일반적으로 벽에서 50 ~ 60 mm 정도 떨어지게 설치한다.
④ 보일러 주변의 배관 방법에서는 증기관과 환수관 사이에 밸런스관을 달고, 하트포드 (hartford) 접속법을 사용한다.

해설 진공환수식 배관의 증기주관은 $\frac{1}{200} \sim \frac{1}{300}$ 의 끝내림 (하향) 구배로 한다.

62. 급탕배관의 단락현상 (short circuit)을 방지할 수 있는 배관 방식은?

① 리버스 리턴 배관 방식
② 다이렉트 리턴 배관 방식
③ 단관식 배관 방식
④ 상향식 배관 방식

해설 리버스 리턴 배관 방식은 전체 배관의 마찰저항을 균일하게 하여 공급되는 온수를 균등하게 보급하는 방식이다.

63. 다음 중 온수온도 90℃의 온수난방 배관의 보온재로 사용하기에 가장 부적합한 것은?

① 암면
② 펄라이트
③ 규산칼슘
④ 폴리스티렌

해설 폴리스티렌의 안전 사용온도는 70℃ 이하이다.

64. 간접 가열식 급탕법에 관한 설명으로 틀린 것은?

① 대규모 급탕설비에 부적당하다.
② 순환증기는 높이에 관계없이 저압으로 사용 가능하다.
③ 저탕탱크와 가열용 코일이 설치되어 있다.
④ 난방용 증기보일러가 있는 곳에 설치하면 설비비를 절약하고 관리가 편하다.

해설 대규모 급탕설비에 적당하다.

65. 증발량 5000 kg/h인 보일러의 증기 엔탈피가 2688 kJ/kg이고, 급수 엔탈피가 63 kJ/kg일 때, 보일러의 상당 증발량 (kg/h)은? (단, 100℃ 물의 증발잠열은 2264 kJ/kg이다.)

① 278　　② 4800
③ 5797　　④ 3125000

해설 $G_e = \frac{5000 \times (2688 - 63)}{2264} = 5797.26\,\text{kg/h}$

66. 증기난방설비의 특징에 대한 설명으로 틀린 것은?

① 증발열을 이용하므로 열의 운반능력이 크다.
② 예열시간이 온수난방에 비해 짧고 증기 순환이 빠르다.
③ 방열면적을 온수난방보다 적게 할 수 있다.
④ 실내 상하 온도차가 작다.

해설 실내 상하 온도차가 온풍로 난방보다는 작으나 온수난방보다는 큰 편이다.

67. 벤더에 의한 관 굽힘 시 주름이 생겼다. 주된 원인은?

① 재료에 결함이 있다.
② 굽힘형의 홈이 관지름보다 작다.
③ 클램프 또는 관에 기름이 묻어 있다.
④ 압력형이 조정이 세고 저항이 크다.

해설 벤더에 의한 관 굽힘 시 굽힘 반지름이 작거나 벤더의 홈이 배관지름보다 작을 경우 주름이 발생한다.

68. 냉동장치의 배관 설치에 관한 내용으로 틀린 것은?

① 토출가스의 합류 부분 배관은 T 이음으로 한다.
② 압축기와 응축기의 수평배관은 하향 구배로 한다.

정답 62. ①　63. ④　64. ①　65. ③　66. ④　67. ②　68. ①

③ 토출가스 배관에는 역류 방지 밸브를 설치한다.
④ 토출관의 입상이 10 m 이상일 경우 10 m 마다 중간 트랩을 설치한다.

해설 토출가스의 합류 부분 배관은 Y 이음으로 하여 유체 손실 저항을 작게 한다.

69. 가스배관 재료 중 내약품성 및 전기 절연성이 우수하며 사용온도가 80℃ 이하인 관은?

① 주철관 ② 강관
③ 동관 ④ 폴리에틸렌관

해설 폴리에틸렌의 안전 사용온도는 70℃ 이하이다.

70. 도시가스 배관 설비기준에서 배관을 시가지의 도로 노면 밑에 매설하는 경우에는 노면으로부터 배관의 외면까지 얼마 이상을 유지해야 하는가?(단, 방호구조물 안에 설치하는 경우는 제외한다.)

① 0.8 m ② 1 m
③ 1.5 m ④ 2 m

71. 급탕설비의 설계 및 시공에 관한 설명으로 틀린 것은?

① 중앙식 급탕 방식은 개별식 급탕 방식보다 시공비가 많이 든다.
② 온수의 순환이 잘되고 공기가 고이는 것을 방지하기 위해 배관에 구배를 둔다.
③ 게이트 밸브는 공기고임을 만들기 때문에 글로브 밸브를 사용한다.
④ 순환 방식은 순환펌프에 의한 강제 순환식과 온수의 비중량 차이에 의한 중력식이 있다.

해설 급탕설비 배관에 슬루스(게이트) 밸브를 설치하여 유체의 흐름을 단속한다.

72. 냉매배관 재료 중 암모니아를 냉매로 사용하는 냉동설비에 가장 적합한 것은?

① 동, 동합금 ② 아연, 주석
③ 철, 강 ④ 크롬, 니켈합금

해설 ㉠ NH_3 냉매는 철, 강에 대해서는 부식성이 없고 동 또는 동합금, 아연 등은 침식시킨다.
㉡ 크롬, 니켈합금은 고온, 저온 배관용으로 사용한다.

73. 다음 중 "접속하고 있을 때"를 나타내는 관의 도시 기호는?

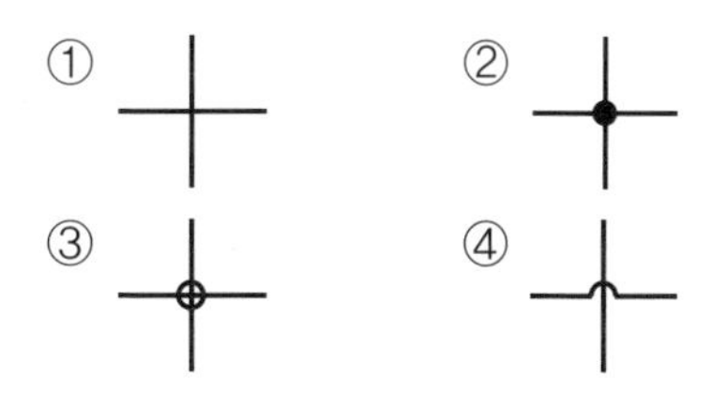

74. 증기 및 물배관 등에서 찌꺼기를 제거하기 위하여 설치하는 부속품은?

① 유니언 ② P 트랩
③ 부싱 ④ 스트레이너

75. 공조배관 설계 시 유속을 빠르게 했을 경우의 현상으로 틀린 것은?

① 관경이 작아진다.
② 운전비가 감소한다.
③ 소음이 발생된다.
④ 마찰손실이 증대한다.

해설 유속을 빠르게 하면 유량이 증가하여 펌프 소요동력이 증가한다.

76. 관의 두께별 분류에서 가장 두꺼우므로 고압배관으로 사용할 수 있는 동관의 종류는 어느 것인가?

① K형 동관 ② S형 동관
③ L형 동관 ④ N형 동관

정답 69. ④ 70. ③ 71. ③ 72. ③ 73. ② 74. ④ 75. ② 76. ①

해설 동관의 분류
㉠ K형 : 가장 두껍고 의료용으로 사용
㉡ L형 : 두껍고 의료용, 급배수, 냉난방, 가스배관으로 사용
㉢ M형 : 보통 두께이고 의료용, 급배수, 냉난방, 가스배관으로 사용

77. 다음 중 동관 이음 방법에 해당하지 않는 것은 어느 것인가?

① 타이톤 이음 ② 납땜 이음
③ 압축 이음 ④ 플랜지 이음

해설 타이톤 이음은 미국 US 파이프 회사에서 개발한 주철관 이음 방법이다.

78. 배수관의 관지름 선정 방법에 관한 설명으로 틀린 것은?

① 기구 배수관의 관지름은 배수 트랩의 지름 이상으로 하고 최소 30 mm 정도로 한다.
② 수직, 수평관 모두 배수가 흐르는 방향으로 관지름이 축소되어서는 안 된다.
③ 배수 수직관은 어느 층에서나 최하부의 가장 큰 배수부하를 담당하는 부분과 동일한 관지름으로 한다.
④ 땅속에 매설되는 배수관 최소 지름은 30 mm 정도로 한다.

해설 ④ 배수관 최소 지름은 75 mm 이상으로 한다.

79. 고가수조식 급수 방식의 장점이 아닌 것은?

① 급수압력이 일정하다.
② 대규모 급수에 적합하다.
③ 단수 시에도 일정량의 급수가 가능하다.
④ 급수 공급계통에서 물의 오염 가능성이 없다.

해설 고가수조식 (옥상탱크식) 급수 방식은 수조와 급수 공급계통에서 물의 오염 가능성이 있다.

80. 냉매배관 시공 시 주의사항으로 틀린 것은 어느 것인가?

① 배관 길이는 되도록 짧게 한다.
② 온도 변화에 의한 신축을 고려한다.
③ 곡률 반지름은 가능한 작게 한다.
④ 수평 배관은 냉매 흐름 방향으로 하향 구배 한다.

해설 냉매배관의 곡부 시공에서 곡률 반지름은 배관 지름의 6배 이상으로 크게 하여 마찰 손실 저항을 작게 한다.

정답 77. ① 78. ④ 79. ④ 80. ③

출제 예상문제 (5)

제1과목 에너지 관리

1. 덕트의 마찰저항을 증가시키는 요인 중 값이 커지면 마찰저항이 감소되는 것은?

① 덕트 재료의 마찰저항 계수
② 덕트 길이
③ 덕트 지름
④ 풍속

해설 $P_g = \lambda \cdot \frac{l}{d} \cdot \frac{V^2}{2g}$ [mmAq]에서 덕트 지름(d)이 크면 마찰저항이 감소된다.

2. EDR (equivalent direct radiation)에 관한 설명으로 틀린 것은?

① 증기의 표준방열량은 2790 kJ/m²·h이다.
② 온수의 표준방열량은 1860 kJ/m²·h이다.
③ 상당방열면적을 의미한다.
④ 방열기의 표준방열량을 전방열량으로 나눈 값이다.

해설 EDR은 상당방열면적으로 전방열량을 상당방열량으로 나눈 값이다.

3. 냉수 코일 설계 기준에 대한 설명으로 틀린 것은 어느 것인가?

① 코일은 관이 수평으로 놓이게 설치한다.
② 관 내 유속은 1 m/s 정도로 한다.
③ 공기 냉각용 코일의 열 수는 일반적으로 4~8열이 주로 사용된다.
④ 냉수 입·출구 온도차는 10℃ 이상으로 한다.

해설 냉수 입·출구 온도차는 5℃ 정도가 적당하다.

4. 온수관의 온도가 80℃, 환수관의 온도가 60℃인 자연순환식 온수난방장치에서의 자연순환수두(mmAq)는?(단, 보일러에서 방열기까지의 높이는 5 m, 60℃에서의 온수 밀도는 983.24 kg/m³, 80℃에서의 온수밀도는 971.84 kg/m³이다.)

① 55　　② 56
③ 57　　④ 58

해설 $P = (\gamma_1 - \gamma_2) \cdot H$
$= (983.24 - 971.84) \times 5 = 57\ \text{mmAq}$

5. 온수난방 배관 방식에서 단관식과 비교한 복관식에 대한 설명으로 틀린 것은?

① 설비비가 많이 든다.
② 온도 변화가 크다.
③ 온수 순환이 좋다.
④ 안정성이 높다.

해설 복관식은 단관식에 비해서 각 방열기에 공급되는 열량(온도)의 변화가 작다.

6. 실내의 CO_2 농도 기준이 1000 ppm이고, 1인당 CO_2 발생량이 18 L/h인 경우, 실내 1인당 필요한 환기량(m³/h)은?(단, 외기 CO_2 농도는 300 ppm이다.)

① 22.7　　② 23.7
③ 25.7　　④ 26.7

해설 $Q = \frac{18 \times 10^{-3}}{0.001 - 0.0003} = 25.71\ \text{m}^3/\text{h}$

7. 다음 중 공기세정기에 대한 설명으로 틀린 것은 어느 것인가?

정답 1. ③ 2. ④ 3. ④ 4. ③ 5. ② 6. ③ 7. ③

① 세정기 단면의 종횡비를 크게 하면 성능이 떨어진다.
② 공기세정기의 수·공기비는 성능에 영향을 미친다.
③ 세정기 출구에는 분무된 물방울의 비산을 방지하기 위해 루버를 설치한다.
④ 스프레이 헤더의 수를 뱅크(bank)라 하고 1본을 1뱅크, 2본을 2뱅크라 한다.

해설 루버는 세정기 입구에서 공기를 안내하는 장치이고, 출구에서 물방울의 비산을 방지하는 것은 일리미네이터이다.

8. 공장에 12 kW의 전동기로 구동되는 기계장치 25대를 설치하려고 한다. 전동기는 실내에 설치하고 기계장치는 실외에 설치한다면 실내로 취득되는 열량(kW)은?(단, 전동기의 부하율은 0.78, 가동률은 0.9, 전동기 효율은 0.87이다.)

① 242.1 kW ② 210.6 kW
③ 44.8 kW ④ 31.5 kW

해설 $Q = \frac{12}{0.87} \times 25 \times 0.78 \times 0.9 = 242.07\ \text{kW}$

9. 공기세정기에서 순환수 분무에 대한 설명으로 틀린 것은?(단, 출구 수온은 입구 공기의 습구온도와 같다.)

① 단열변화
② 증발냉각
③ 습구온도 일정
④ 상대습도 일정

해설 순환수를 분무 가습하면 상대습도는 상승한다.

10. 어떤 냉각기의 1열(列) 코일의 바이패스 팩터가 0.65라면 4열(列)의 바이패스 팩터는 약 얼마가 되는가?

① 0.18 ② 1.82
③ 2.83 ④ 4.84

해설 $BF_2 = BF_1^n = 0.65^4 = 0.178 \fallingdotseq 0.18$

11. 압력 1 MPa, 건도 0.89인 습증기 100 kg이 일정압력의 조건에서 엔탈피가 3052 kJ/kg인 300℃의 과열증기로 되는 데 필요한 열량(kJ)은?(단, 1 MPa에서 포화액의 엔탈피는 759 kJ/kg, 증발잠열은 2018 kJ/kg이다.)

① 44208 kJ ② 49698 kJ
③ 229311 kJ ④ 103432 kJ

해설 ㉠ 습증기 엔탈피 $= 759 + (0.89 \times 2018) = 2555.02\ \text{kJ/kg}$
㉡ 열량 $= 100 \times (3052 - 2555.02) = 49698\ \text{kJ}$

12. 다음 냉방부하 요소 중 잠열을 고려하지 않아도 되는 것은?

① 인체에서의 발생열
② 커피포트에서의 발생열
③ 유리를 통과하는 복사열
④ 틈새바람에 의한 취득열

해설 ①, ②, ④는 현열과 잠열이 있고, 유리를 통과하는 복사(일사)열은 현열뿐이다.

13. 용어에 대한 설명으로 틀린 것은?

① 자유면적 : 취출구 혹은 흡입구 구멍면적의 합계
② 도달거리 : 기류의 중심속도가 0.25 m/s에 이르렀을 때, 취출구에서의 수평거리
③ 유인비 : 전공기량에 대한 취출공기량(1차 공기)의 비
④ 강하도 : 수평으로 취출된 기류가 일정거리만큼 진행한 뒤 기류 중심선과 취출구 중심의 수직거리

해설 ③ 유인비 $= \frac{\text{합계 공기}}{\text{1차 공기}}$

정답 8. ① 9. ④ 10. ① 11. ② 12. ③ 13. ③

14. 극간풍이 비교적 많고 재실 인원이 적은 실의 중앙 공조 방식으로 가장 경제적인 방식은 무엇인가?

① 변풍량 2중 덕트 방식
② 팬 코일 유닛 방식
③ 정풍량 2중 덕트 방식
④ 정풍량 단일 덕트 방식

해설 팬 코일 유닛 방식은 각 유닛마다 조절할 수 있어 각 실 조절에 적합하여 경제적인 방식이다.

15. 타원형 덕트(flat oval duct)와 같은 저항을 갖는 상당직경 D_e를 바르게 나타낸 것은? (단, A는 타원형 덕트 단면적, P는 타원형 덕트 둘레길이이다.)

① $D_e = \dfrac{1.55P^{0.25}}{A^{0.625}}$

② $D_e = \dfrac{1.55A^{0.25}}{P^{0.625}}$

③ $D_e = \dfrac{1.55P^{0.625}}{A^{0.25}}$

④ $D_e = \dfrac{1.55A^{0.625}}{P^{0.25}}$

16. 습공기의 상태변화를 나타내는 방법 중 하나인 열수분비의 정의로 옳은 것은?

① 절대습도 변화량에 대한 잠열량 변화량의 비율
② 절대습도 변화량에 대한 전열량 변화량의 비율
③ 상대습도 변화량에 대한 현열량 변화량의 비율
④ 상대습도 변화량에 대한 잠열량 변화량의 비율

해설 열수분비$(u) = \dfrac{\text{전열량}}{\text{수분량}} = \dfrac{h_2 - h_1}{x_2 - x_1}$ [kJ/kg]

17. 증기난방 방식에 대한 설명으로 틀린 것은?

① 환수 방식에 따라 중력 환수식과 진공 환수식, 기계 환수식으로 구분한다.
② 배관 방법에 따라 단관식과 복관식이 있다.
③ 예열시간이 길지만 열량 조절이 용이하다.
④ 운전 시 증기 해머로 인한 소음을 일으키기 쉽다.

해설 비열이 1.84 kJ/kg·K로 공기 1 kJ/kg보다는 크지만, 예열시간이 짧은 편이다.

18. 다음 중 덕트 설계 시 주의사항으로 틀린 것은?

① 장방형 덕트 단면의 종횡비는 가능한 한 6 : 1 이상으로 해야 한다.
② 덕트의 풍속은 15 m/s 이하, 정압은 50 mmAq 이하의 저속 덕트를 이용하여 소음을 줄인다.
③ 덕트의 분기점에는 댐퍼를 설치하여 압력 평행을 유지시킨다.
④ 재료는 아연도금강판, 알루미늄판 등을 이용하여 마찰 저항손실을 줄인다.

해설 종횡비는 4 : 1 이하가 바람직하며, 6 : 1을 넘지 않는 범위로 한다.

19. 전압기준 국부저항계수 ζ_T와 정압기준 국부저항계수 ζ_S의 관계를 바르게 나타낸 것은? (단, 덕트 상류풍속은 v_1, 하류풍속은 v_2이다.)

① $\zeta_T = \zeta_S - 1 + \left(\dfrac{v_2}{v_1}\right)^2$

② $\zeta_T = \zeta_S + 1 - \left(\dfrac{v_2}{v_1}\right)^2$

③ $\zeta_T = \zeta_S - 1 - \left(\dfrac{v_2}{v_1}\right)^2$

④ $\zeta_T = \zeta_S + 1 + \left(\dfrac{v_2}{v_1}\right)^2$

정답 14. ② 15. ④ 16. ② 17. ③ 18. ① 19. ②

해설 ㉠ 전압기준 $\Delta P_t = \zeta_T \dfrac{\gamma}{2g} v_1^2$

$= \zeta_T \dfrac{\gamma}{2g} v_2^2$ [mmAq]

㉡ 정압기준 $\Delta P_s = \zeta_S \dfrac{\gamma}{2g} v_1^2$

$= \zeta_S \dfrac{\gamma}{2g} v_2^2$ [mmAq]

㉢ 동압 변화 $\Delta P_v = \dfrac{\gamma}{2g}(v_1^2 - v_2^2)$

$= \Delta P_t - \Delta P_s = \zeta_T \dfrac{\gamma}{2g} v_1^2 - \zeta_S \dfrac{\gamma}{2g} v_1^2$

$= (\zeta_T - \zeta_S) \dfrac{\gamma}{2g} v_1^2$

$\therefore \zeta_T = \zeta_S + \dfrac{v_1^2 - v_2^2}{v_1^2} = \zeta_S + 1 - \left(\dfrac{v_2}{v_1}\right)^2$

20. 난방부하 계산 시 일반적으로 무시할 수 있는 부하의 종류가 아닌 것은?

① 틈새바람 부하
② 조명기구 발열 부하
③ 재실자 발생 부하
④ 일사부하

해설 ②, ③, ④는 실내 취득 열량이므로 냉방부하 계산에만 적용된다.

제2과목 공조냉동 설계

21. 클라우지우스(Clausius) 부등식을 옳게 표현한 것은?(단, T는 절대온도, Q는 시스템으로 공급된 전체 열량을 표시한다.)

① $\oint \dfrac{\delta Q}{T} \geq 0$　② $\oint \dfrac{\delta Q}{T} \leq 0$
③ $\oint T\delta Q \geq 0$　④ $\oint T\delta Q \leq 0$

해설 ①은 엔트로피의 부등식이고, ②는 클라우지우스의 부등식으로 가역일 때는 변화가 없고 비가역이면 0보다 작다.

22. 압력이 100 kPa이며 온도가 25℃인 방의 크기가 240 m^3이다. 이 방에 들어 있는 공기의 질량은 약 몇 kg인가?(단, 공기는 이상기체로 가정하며, 공기의 기체상수는 0.287 kJ/kg·K이다.)

① 0.00357　② 0.28
③ 3.57　④ 280

해설 $G = \dfrac{100 \times 240}{0.287 \times (273 + 25)} = 280.6$ kg

23. 카르노 사이클로 작동되는 열기관이 고온체에서 100 kJ의 열을 받고 있다. 이 기관의 열효율이 30 %라면 방출되는 열량은 약 몇 kJ인가?

① 30　② 50　③ 60　④ 70

해설 $\eta = 1 - \dfrac{Q_2}{Q_1}$ 에서

방출되는 열 $Q_2 = (1 - 0.3) \times 100 = 70$ kJ

24. 어떤 시스템에서 유체는 외부로부터 19 kJ의 일을 받으면서 167 kJ의 열을 흡수하였다. 이때 내부에너지의 변화는 어떻게 되는가?

① 148 kJ 상승한다.
② 186 kJ 상승한다.
③ 148 kJ 감소한다.
④ 186 kJ 감소한다.

해설 $\Delta q = \Delta u + \Delta w$

$\Delta u = \Delta q - \Delta w = 167 - (-19)$

$= 186$ kJ 상승한다.

25. 가역 과정으로 실린더 안의 공기를 50 kPa, 10℃ 상태에서 압력(P)과 체적(V)의 관계가 다음과 같은 과정으로 300 kPa까지 압축할 때 단위 질량당 방출되는 열량은 약 몇 kJ/kg인가?(단, 기체상수는 0.287 kJ/kg·K이고, 정적비열은 0.7 kJ/kg·K이다.)

정답 20. ①　21. ②　22. ④　23. ④　24. ②　25. ②

$$PV^{1.3} = \text{일정}$$

① 17.2 ② 37.2
③ 57.2 ④ 77.2

해설 ㉠ $T_2 = (273+10) \times \left(\frac{300}{50}\right)^{\frac{1.3-1}{1.3}}$
$= 427.92\ \text{K}$

㉡ $q = \Delta u + w_a$
$= C_v(T_2 - T_1) + \frac{1}{n-1} RT_1\left(1 - \frac{T_2}{T_1}\right)$
$= 0.7 \times (427.92 - 283)$
$+ \frac{1}{1.3-1} \times 0.287 \times 283 \times \left(1 - \frac{427.92}{283}\right)$
$= 37.19 ≒ 37.2\ \text{kJ/kg}$

26. 어떤 사이클이 다음 온도(T) – 엔트로피(s) 선도와 같을 때 작동 유체에 주어진 열량은 약 몇 kJ/kg인가?

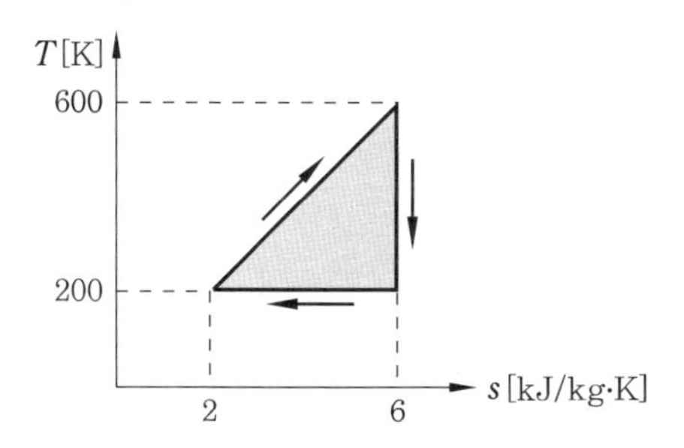

① 4 ② 400
③ 800 ④ 1600

해설 $q = \frac{1}{2} \times (6-2) \times (600-200) = 800\ \text{kJ/kg}$

27. 보일러에 물(온도 20℃, 엔탈피 84 kJ/kg)이 유입되어 600 kPa의 포화증기(온도 159℃, 엔탈피 2757 kJ/kg) 상태로 유출된다. 물의 질량유량이 300 kg/h이라면 보일러에 공급된 열량은 약 몇 kW인가?

① 121 ② 140
③ 223 ④ 345

해설 $Q = 300 \times (2757 - 84) \times \frac{1}{3600}$
$= 222.75\ \text{kJ/s} ≒ 223\ \text{kW}$

28. 효율이 40 %인 열기관에서 유효하게 발생되는 동력이 110 kW라면 주위로 방출되는 총 열량은 약 몇 kW인가?

① 375 ② 165
③ 135 ④ 85

해설 $Q_2 = Q_1 - Q_a = \frac{110}{0.4} - 110 = 165\ \text{kW}$

29. 화씨 온도가 86℉일 때 섭씨 온도는 몇 ℃인가?

① 30 ② 45 ③ 60 ④ 75

해설 $t_{℃} = \frac{5}{9}(t_{℉} - 32) = \frac{5}{9} \times (86-32) = 30℃$

30. Van der Waals 상태 방정식은 다음과 같이 나타낸다. 이 식에서 $\frac{a}{v^2}$, b는 각각 무엇을 의미하는 것인가? (단, P는 압력, v는 비체적, R은 기체상수, T는 온도를 나타낸다.)

$$\left(P + \frac{a}{v^2}\right) \times (v - b) = RT$$

① 분자 간의 작용 인력, 분자 내부에너지
② 분자 간의 작용 인력, 기체 분자들이 차지하는 체적
③ 분자 자체의 질량, 분자 내부에너지
④ 분자 자체의 질량, 기체 분자들이 차지하는 체적

31. 2차 유체로 사용되는 브라인의 구비조건으로 틀린 것은?

① 비등점이 높고, 응고점이 낮을 것
② 점도가 낮을 것

정답 26. ③ 27. ③ 28. ② 29. ① 30. ② 31. ④

③ 부식성이 없을 것
④ 열전달률이 작을 것

해설 열전달률이 클 것(좋을 것)

32. 암모니아용 압축기의 실린더에 있는 워터재킷의 주된 설치 목적은?

① 밸브 및 스프링의 수명을 연장하기 위해
② 압축 효율의 상승을 도모하기 위해
③ 암모니아는 토출온도가 낮기 때문에 이를 방지하기 위해
④ 암모니아의 응고를 방지하기 위해

해설 워터재킷은 실린더를 냉각하여 압축, 체적, 기계 효율을 향상시킨다.

33. 식품의 평균 초온이 0℃일 때 이것을 동결하여 온도 중심점을 −15℃까지 내리는 데 걸리는 시간을 나타내는 것은?

① 시간상수
② 유효 냉각시간
③ 공칭 동결시간
④ 유효 동결시간

34. 다음 중 절연내력이 크고 절연물질을 침식시키지 않기 때문에 밀폐형 압축기에 사용하기 적합한 냉매는?

① NH_3
② H_2O
③ 공기
④ 프레온계 냉매

해설 프레온 냉매는 무독, 무취, 비폭발성이고 전기적 절연물질을 침식시키지 않으므로 밀폐형 압축기에 사용할 수 있다.

35. 축 동력 10 kW, 냉매순환량 33 kg/min인 냉동기에서 증발기 입구 엔탈피가 406 kJ/kg, 증발기 출구 엔탈피가 615 kJ/kg, 응축기 입구 엔탈피가 632 kJ/kg이다. 실제 성능계수(ⓐ)와 이론 성능계수(ⓑ)는 각각 얼마인가?

① ⓐ 8.5, ⓑ 12.3
② ⓐ 8.5, ⓑ 9.5
③ ⓐ 11.5, ⓑ 9.5
④ ⓐ 11.5, ⓑ 12.3

해설 ㉠ 실제 성능계수

$$= \frac{33 \times (615 - 406)}{10 \times 60} = 11.49$$

㉡ 이론 성능계수 $= \frac{615 - 406}{632 - 615} = 12.29$

36. 다음 그림은 2단 압축 암모니아 사이클을 나타낸 것이다. 냉동능력이 2 RT인 경우 저단 압축기의 냉매순환량(kg/h)은?(단, 1 RT는 3.8 kW이다.)

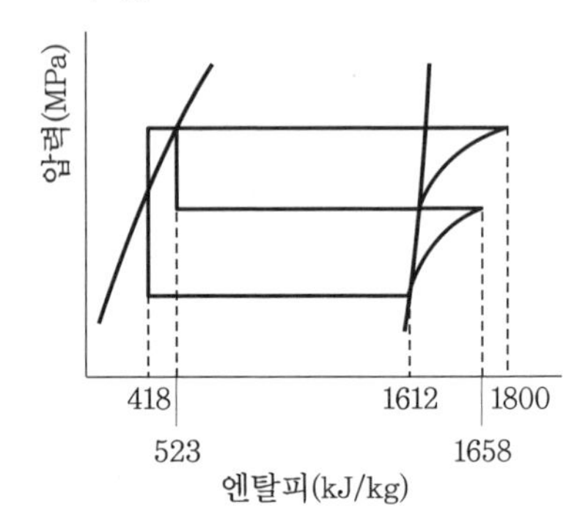

① 10.1 ② 22.9
③ 32.5 ④ 43.2

해설 $G = \frac{2 \times 3.8 \times 3600}{1612 - 418} = 22.9 \text{ kg/h}$

37. 2단 압축 냉동장치 내 중간 냉각기 설치에 대한 설명으로 옳은 것은?

① 냉동효과를 증대시킬 수 있다.
② 증발기에 공급되는 냉매액을 과열시킨다.
③ 저압 압축기 흡입가스 중의 액을 분리시킨다.
④ 압축비가 증가되어 압축 효율이 저하된다.

정답 32. ② 33. ③ 34. ④ 35. ④ 36. ② 37. ①

해설 중간 냉각기 역할

㉠ 저단 압축기 토출가스 온도의 과열도를 제거하여 고단 압축기의 과열압축을 방지해서 토출가스 온도 상승을 감소시킨다.

㉡ 팽창 밸브 직전의 액냉매를 과냉각하여 플래시가스 발생량을 감소시킴으로써 냉동효과를 향상시킨다.

㉢ 고단 압축기 액압축을 방지한다.

38. 어떤 냉동기의 증발기 내 압력이 245 kPa이며, 이 압력에서의 포화온도, 포화액 엔탈피 및 건포화증기 엔탈피, 정압비열은 다음 조건과 같다. 증발기 입구측 냉매의 엔탈피가 455 kJ/kg이고, 증발기 출구측 냉매온도가 −10℃의 과열증기일 경우 증발기에서 냉매가 취득한 열량(kJ/kg)은?

조건
• 포화온도 : −20℃
• 포화액 엔탈피 : 396 kJ/kg
• 건포화증기 엔탈피 : 615.6 kJ/kg
• 정압비열 : 0.67 kJ/kg·K

① 167.3 ② 152.3
③ 148.3 ④ 112.3

해설 ㉠ 증발기 출구 냉매 엔탈피

$=615.6+0.67\{(-10)-(20)\}$

$=622.3$ kJ/kg

㉡ 냉동효과 $=622.3-455=167.3$ kJ/kg

39. 단면이 1 m^{2}인 단열재를 통하여 0.3 kW의 열이 흐르고 있다. 이 단열재의 두께는 2.5 cm이고 열전도계수가 0.2 W/m·℃일 때 양면 사이의 온도차(℃)는?

① 54.5 ② 42.5
③ 37.5 ④ 32.5

해설 $0.3\times1000=1\times\dfrac{0.2}{0.025}\times\Delta t$

$\therefore\ \Delta t=\dfrac{300\times0.025}{0.2}=37.5$℃

40. 다음 중 냉매배관 내에 플래시가스(flash gas)가 발생했을 때 나타나는 현상으로 틀린 것은?

① 팽창 밸브의 능력 부족 현상 발생
② 냉매 부족과 같은 현상 발생
③ 액관 중의 기포 발생
④ 팽창 밸브에서의 냉매순환량 증가

해설 플래시가스가 발생하면 팽창 밸브에서 냉매순환량이 감소한다.

제3과목 시운전 및 안전관리

41. 다음 그림과 같은 피드백 회로의 종합 전달함수는?

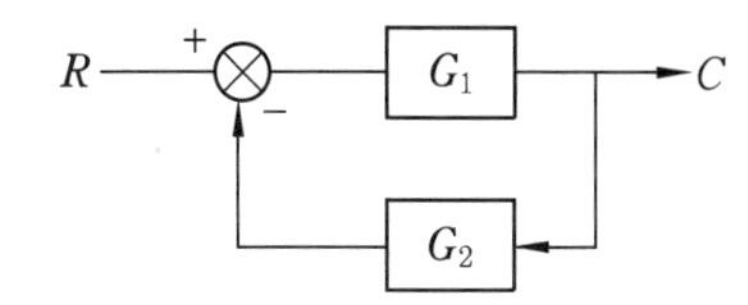

① $\dfrac{1}{G_1}+\dfrac{1}{G_2}$ ② $\dfrac{G_1}{1-G_1G_2}$
③ $\dfrac{G_1}{1+G_1G_2}$ ④ $\dfrac{G_1G_2}{1-G_1G_2}$

해설 $(R-CG_2)\cdot G_1=C$

$RG_1-CG_1G_2=C$

$RG_1=C(1+G_1G_2)$

$\therefore\ \dfrac{C}{R}=\dfrac{G_1}{1+G_1G_2}$

42. $G(j\omega)=e^{-j\omega0.4}$일 때 $\omega=2.5$에서의 위상각은 약 몇 도인가?

① −28.6 ② −42.9
③ −57.3 ④ −71.5

정답 38. ① 39. ③ 40. ④ 41. ③ 42. ③

해설 $G(j\omega) = e^{-j\omega L} = \cos\omega T - j\sin\omega T$

$|G(j\omega)| = \sqrt{(\cos\omega T)^2 - (\sin\omega T)^2} = 1$

$\angle G(j\omega) = \tan^{-1}\left(\frac{\sin\omega T}{\cos\omega T}\right) = -\omega T$

$= -2.5 \times 0.4 = -1$

$\therefore \pi \rightarrow 180$

$-1 \rightarrow x$

$x = -\frac{180}{\pi} = -57.29° ≒ -57.3°$

43. 정격주파수 60 Hz의 농형 유도전동기를 50 Hz의 정격전압에서 사용할 때, 감소하는 것은 어느 것인가?

① 토크　　② 온도
③ 역률　　④ 여자전류

해설 ㉠ 회전속도가 $\frac{50}{60}$으로 감소한다.
㉡ 여자전류가 증가하여 역률이 감소한다.
㉢ 온도가 계속 상승한다.
㉣ 최대토크가 증가한다.
㉤ 기동전류가 증가한다.

44. PLC (programmable logic controller)에서 CPU부의 구성과 거리가 먼 것은?

① 연산부
② 전원부
③ 데이터 메모리부
④ 프로그램 메모리부

해설 PLC의 제어를 담당하는 부분은 연산부와 메모리부, 외부 장치와의 인터페이스부로 구성된다.

45. 다음 설명은 어떤 자성체를 표현한 것인가?

N극을 가까이 하면 N극으로, S극을 가까이 하면 S극으로 자화되는 물질로 구리, 금, 은 등이 있다.

① 강자성체　　② 상자성체
③ 반자성체　　④ 초강자성체

해설 반자성체는 자계 내에 놓여진 경우에 자력선의 인입측이 양극 (N극), 나오는 쪽이 음극 (S극)으로 대자하는 물질을 말하며, 비투자율은 1보다 약간 작다 (안티몬, 구리, 비스무트, 금, 은 등이다).

46. 90 Ω 의 저항 3개가 Δ 결선으로 되어 있을 때, 상당 (단상) 해석을 위한 등가 Y 결선에 대해 각 상의 저항 크기는 몇 Ω 인가?

① 10　　② 30
③ 90　　④ 120

해설 $R_y = \frac{1}{3}R_a = \frac{1}{3} \times 90 = 30\ \Omega$

47. PI 동작의 전달함수는? (단, K_P는 비례감도이고, T_I는 적분시간이다.)

① K_P　　② $K_P s T_I$
③ $K_P(1+sT_I)$　　④ $K_P\left(1+\frac{1}{sT_I}\right)$

해설 ㉠ K_P : 비례 제어
㉡ $K_P\left(1+\frac{1}{sT_I}\right)$: 비례 적분 제어
㉢ $K_P(1+sT_D)$: 비례 미분 제어
㉣ $K_P\left(1+\frac{1}{sT_I}+sT_D\right)$: 비례 적분 미분 제어

48. 어떤 교류 전압의 실횻값이 100 V일 때 최댓값은 약 몇 V가 되는가?

① 100　　② 141
③ 173　　④ 200

해설 $V_m = \sqrt{2} \times 100 = 141\ \text{V}$

49. 200 V, 1 kW 전열기에서 전열선의 길이를 $\frac{1}{2}$로 할 경우, 소비전력은 몇 kW인가?

① 1　　② 2
③ 3　　④ 4

정답 43. ③ 44. ② 45. ③ 46. ② 47. ④ 48. ② 49. ②

해설 ㉠ 처음 저항 $R_1 = \frac{200^2}{1000} = 40\ \Omega$

㉡ 전력 $P_2 = \frac{200^2}{\frac{1}{2} \times 40} = 2000\ \text{W} = 2\ \text{kW}$

50. 유도전동기에서 슬립이 '0'이란 의미와 같은 것은?

① 유도제동기의 역할을 한다.
② 유도전동기가 정지상태이다.
③ 유도전동기가 전부하 운전상태이다.
④ 유도전동기가 동기속도로 회전한다.

해설 슬립이 0이란 것은 회전저항체가 없다는 의미로 전동기는 동기속도로 운전된다.

51. 여러 가지 전해액을 이용한 전기분해에서 동일량의 전기로 석출되는 물질의 양은 각각의 화학당량에 비례한다고 하는 법칙은?

① 줄의 법칙 ② 렌츠의 법칙
③ 쿨롱의 법칙 ④ 패러데이의 법칙

해설 패러데이 법칙 : 전극 반응에 의해서 발생한 반응량과 반응에 관여한 전류 사이에는 일정한 대응 관계가 있고, 물질의 전기화학변화를 발생하는 데 필요한 전기량을 전기화학당량이라 한다.

52. 제어계의 분류에서 엘리베이터에 적용되는 제어 방법은?

① 정치 제어 ② 추종 제어
③ 비율 제어 ④ 프로그램 제어

해설 프로그램 제어 : 미리 정해진 프로그램에 따라 제어량을 변화시키는 것을 목적으로 하는 제어법

53. 추종 제어에 속하지 않는 제어량은?

① 위치 ② 방위
③ 자세 ④ 유량

해설 유량 제어는 프로세스 제어에 속한다.

54. 제어장치가 제어대상에 가하는 제어신호로 제어장치의 출력인 동시에 제어대상의 입력인 신호는?

① 조작량 ② 제어량
③ 목표값 ④ 동작신호

해설 조작량 : 제어 요소가 제어대상에 주는 양

55. 다음과 같은 회로에 전압계 3대와 저항 10 Ω을 설치하여 $V_1 = 80$ V, $V_2 = 20$ V, $V_3 = 100$ V의 실효치 전압을 계측하였다. 이때 순저항 부하에서 소모하는 유효전력은 몇 W인가?

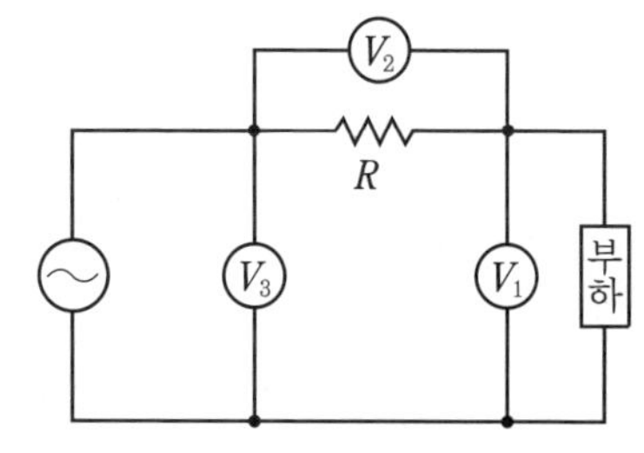

① 160 ② 320
③ 460 ④ 640

해설 유효전력 $P = \frac{1}{2R} \times (V_3^2 - V_2^2 - V_1^2)$

$= \frac{1}{2 \times 10} \times (100^2 - 20^2 - 80^2) = 160\ \text{W}$

56. 제어계의 과도 응답 특성을 해석하기 위해 사용하는 단위 계단 입력은?

① $\delta(t)$ ② $u(t)$
③ $-3tu(t)$ ④ $\sin(120\pi t)$

57. 제어대상의 상태를 자동적으로 제어하며, 목표값이 제어 공정과 기타의 제한 조건에 순응하면서 가능한 가장 짧은 시간에 요구되는 최종상태까지 가도록 설계하는 제어는?

① 디지털 제어 ② 적응 제어
③ 최적 제어 ④ 정치 제어

정답 50. ④ 51. ④ 52. ④ 53. ④ 54. ① 55. ① 56. ② 57. ③

58. 도체가 대전된 경우 도체의 성질과 전하 분포에 관한 설명으로 틀린 것은?

① 도체 내부의 전계는 ∞이다.
② 전하는 도체 표면에만 존재한다.
③ 도체는 등전위이고 표면은 등전위면이다.
④ 도체 표면상의 전계는 면에 대하여 수직이다.

해설 도체 내부의 전계는 0이다.

59. 단위 피드백 제어계통에서 입력과 출력이 같다면 전향전달함수 $G(s)$의 값은?

① 0 ② 0.707
③ 1 ④ ∞

60. 과도 응답의 소멸되는 정도를 나타내는 감쇠비(decay ratio)로 옳은 것은?

① $\frac{\text{제2오버슈트}}{\text{최대 오버슈트}}$ ② $\frac{\text{제4오버슈트}}{\text{최대 오버슈트}}$
③ $\frac{\text{최대 오버슈트}}{\text{제2오버슈트}}$ ④ $\frac{\text{최대 오버슈트}}{\text{제4오버슈트}}$

해설 ㉠ 오버슈트는 응답 중에 생기는 입력과 출력 사이의 최대 편차량을 말한다.
㉡ 감쇠비 $= \frac{\text{제2오버슈트}}{\text{최대 오버슈트}}$

제4과목 유지보수 공사관리

61. 5세주형 700 mm의 주철제 방열기를 설치하여 증기온도가 110℃, 실내 공기온도가 20℃이며 난방부하가 29 kW일 때 방열기의 소요 쪽수는? (단, 방열계수는 8 W/m^2·℃, 1쪽당 방열면적은 0.28 m^{2}이다.)

① 144쪽 ② 154쪽
③ 164쪽 ④ 174쪽

해설 ㉠ 상당방열면적 $= \frac{29000}{8 \times (110-20)} = 40.28 ≒ 40.3\ \text{m}^2$
㉡ 방열기 쪽수 $= \frac{40.3}{0.28} = 143.9 ≒ 144$쪽

62. 패럴렐 슬라이드 밸브(parallel slide valve)에 대한 설명으로 틀린 것은?

① 평행한 두 개의 밸브 몸체 사이에 스프링이 삽입되어 있다.
② 밸브 몸체와 디스크 사이에 시트가 있어 밸브 측면의 마찰이 적다.
③ 쐐기 모양의 밸브로서 쐐기의 각도는 보통 6~8° 이다.
④ 밸브 시트는 일반적으로 경질금속을 사용한다.

해설 패럴렐 슬라이드 밸브는 서로 평행인 2개의 밸브 디스크의 조합으로 구성되어 있다.

63. 통기관의 설치 목적으로 가장 거리가 먼 것은?

① 배수의 흐름을 원활하게 하여 배수관의 부식을 방지한다.
② 봉수가 사이펀 작용으로 파괴되는 것을 방지한다.
③ 배수계통 내에 신선한 공기를 유입하기 위해 환기시킨다.
④ 배수계통 내의 배수 및 공기의 흐름을 원활하게 한다.

해설 통기관의 목적
㉠ 사이펀 작용 및 배압으로부터 트랩의 봉수를 보호한다.
㉡ 배수관 내의 흐름을 원활하게 한다.
㉢ 배수관 내에 신선한 공기를 유통시켜 배수관 계통의 환기를 도모하여 관 내를 청결하게 유지한다.
㉣ 이중 통기관은 트랩의 봉수를 보호하는 역할을 한다.

정답 58. ① 59. ④ 60. ① 61. ① 62. ③ 63. ①

64. 다음 장치 중 일반적으로 보온, 보랭이 필요한 것은?

① 공조기용의 냉각수 배관
② 방열기 주변 배관
③ 환기용 덕트
④ 급탕배관

해설 보온·보랭이 필요한 것은 공기조화용 냉수 배관, 급탕배관, 온수 및 증기배관이다.

65. 밀폐 배관계에서는 압력계획이 필요하다. 압력계획을 하는 이유로 틀린 것은?

① 운전 중 배관계 내에 대기압보다 낮은 개소가 있으면 접속부에서 공기를 흡입할 우려가 있기 때문에
② 운전 중 수온에 알맞은 최소압력 이상으로 유지하지 않으면 순환수 비등이나 플래시 현상 발생 우려가 있기 때문에
③ 펌프의 운전으로 배관계 각 부의 압력이 감소하므로 수격작용, 공기정체 등의 문제가 생기기 때문에
④ 수온의 변화에 의한 체적의 팽창·수축으로 배관 각 부에 악영향을 미치기 때문에

해설 수격작용은 물의 역류에 의해 기기가 파손되는 것이다.

66. 다음 중 배관작업용 공구의 설명으로 틀린 것은?

① 파이프 리머(pipe reamer) : 관을 파이프커터 등으로 절단한 후 관 단면의 안쪽에 생긴 거스러미(burr)를 제거
② 플레어링 툴(flaring tools) : 동관을 압축 이음 하기 위하여 관 끝을 나팔 모양으로 가공
③ 파이프 바이스(pipe vice) : 관을 절단하거나 나사 이음을 할 때 관이 움직이지 않도록 고정
④ 사이징 툴(sizing tools) : 동일 지름의 관을 이음쇠 없이 납땜 이음을 할 때 한쪽 관 끝을 소켓 모양으로 가공

해설 사이징 툴은 동관을 박아 넣는 이음으로 접합할 경우 정확하게 원형으로 끝을 정형하기 위해 사용하는 공구이다.

67. 냉동장치의 배관공사가 완료된 후 방열공사의 시공 및 냉매를 충전하기 전에 전 계통에 걸쳐 실시하며, 진공시험으로 최종적인 기밀 유무를 확인하기 전에 하는 시험은?

① 내압시험 ② 기밀시험
③ 누설시험 ④ 수압시험

해설 냉동장치 설치 후 누설시험, 진공시험, 냉매 충전 순으로 각종 시험을 한다.

68. 배관의 끝을 막을 때 사용하는 이음쇠는?

① 유니언 ② 니플
③ 플러그 ④ 소켓

해설 배관의 끝을 막는 이음쇠는 캡, 플러그 등이 있다.

69. 전기가 정전되어도 계속하여 급수를 할 수 있으며 급수 오염 가능성이 적은 급수 방식은?

① 압력탱크 방식 ② 수도직결 방식
③ 부스터 방식 ④ 고가탱크 방식

해설 정전이 되어도 계속 급수할 수 있는 방법에는 수도직결 방식과 고가탱크 방식이 있는데, 고가탱크 방식은 급수 오염의 우려가 있다.

70. 다음 중 난방 또는 급탕설비의 보온 재료로 가장 부적합한 것은?

① 유리 섬유 ② 발포 폴리스티렌폼
③ 암면 ④ 규산칼슘

해설 폴리스티렌폼의 안전 사용 온도는 70℃이므로 급탕설비의 보온 재료로 부적당하다.

정답 64. ④ 65. ③ 66. ④ 67. ③ 68. ③ 69. ② 70. ②

71. 보일러 등 압력용기와 그 밖에 고압 유체를 취급하는 배관에 설치하여 관 또는 용기 내의 압력이 규정 한도에 달하면 내부에너지를 자동적으로 외부에 방출하여 항상 안전한 수준으로 압력을 유지하는 밸브는 어느 것인가?

① 감압 밸브 ② 온도조절 밸브
③ 안전 밸브 ④ 전자 밸브

해설 안전 밸브는 장치 내가 일정 압력 이상일 때 압력을 방출하여 장치를 안전하게 한다.

72. 급수 방식 중 급수량의 변화에 따라 펌프의 회전수를 제어하여 급수압을 일정하게 유지할 수 있는 회전수 제어 시스템을 이용한 방식은?

① 고가수조 방식 ② 수도직결 방식
③ 압력수조 방식 ④ 펌프직송 방식

해설 펌프직송 방식은 펌프의 회전수 가감으로 급수유량을 조정할 수 있다.

73. 배수의 성질에 따른 구분에서 수세식 변기의 대·소변에서 나오는 배수는 어느 것인가?

① 오수 ② 잡배수
③ 특수배수 ④ 우수배수

해설 오수 : 액체성 또는 고체성의 더러운 물질이 섞여 있는 물로서 생활이나 사업에 의해 발생되거나 부수되는 배수

74. 리버스 리턴 배관 방식에 대한 설명으로 틀린 것은?

① 각 기기 간의 배관회로 길이가 거의 같다.
② 저항의 밸런싱을 취하기 쉽다.
③ 개방회로 시스템(open loop system)에서 권장된다.
④ 환수관이 2중이므로 배관 설치 공간이 커지고 재료비가 많이 든다.

해설 리버스 리턴 배관 방식은 열교환기와 방열기를 연결하는 배관과 같이 대기와 접촉시키지 않은 밀폐회로에 사용한다.

75. 다음 중 열팽창에 의한 관의 신축으로 배관의 이동을 구속 또는 제한하는 장치가 아닌 것은 어느 것인가?

① 앵커(anchor)
② 스토퍼(stopper)
③ 가이드(guide)
④ 인서트(insert)

해설 인서트 : 관 또는 덕트를 천장에 매달아 지지할 때 미리 콘크리트에 매입하는 장쇠

76. 순동 이음쇠를 사용할 때에 비하여 동합금 주물 이음쇠를 사용할 때 고려할 사항으로 가장 거리가 먼 것은?

① 순동 이음쇠 사용에 비해 모세관 현상에 의한 용융 확산이 어렵다.
② 순동 이음쇠와 비교하여 용접재 부착력은 큰 차이가 없다.
③ 순동 이음쇠와 비교하여 냉벽 부분이 발생할 수 있다.
④ 순동 이음쇠 사용에 비해 열팽창의 불균일에 의한 부정적 틈새가 발생할 수 있다.

해설 동합금 주물 이음쇠의 용접재 부착력은 순동 이음쇠와 비교하여 ①, ③, ④와 같이 차이가 있다.

77. 다음 저압가스 배관의 직경(D)을 구하는 식에서 S가 의미하는 것은? (단, L은 관의 길이를 의미한다.)

$$D^5 = \frac{Q^2 \cdot S \cdot L}{K^2 \cdot H}$$

① 관의 내경 ② 공급 압력차
③ 가스 유량 ④ 가스 비중

정답 71. ③ 72. ④ 73. ① 74. ③ 75. ④ 76. ② 77. ④

해설 Q : 수송량 (m^3/h)
D : 배관 안지름 (cm)
H : 압력손실 (kg/m^2 = mmAq)
L : 배관 길이 (m)
K : 정수 (유량계수 = 0.7055)
S : 가스 비중 $\left(= \frac{\text{분자량}(M)}{29}\right)$
(공기의 비중 : 1)

78. 가스 미터를 구조상 직접식 (실측식)과 간접식 (추정식)으로 분류한다. 다음 중 직접식 가스 미터는?

① 습식
② 터빈식
③ 벤투리식
④ 오리피스식

해설 (1) 직접식 (실측식)
㉠ 건식은 막식형으로 독립내기식 (T형, H형), 클로버식 (B형)이 있고 회전식으로 루츠형, 로터리 피스톤식, 오벌 기어식이 있다.
㉡ 습식으로 기준 습식 가스 미터 등이 있다.
(2) 간접식 (추정식 또는 추량식) : 델타식 (볼텍스식), 터빈형, 오리피스식, 벤투리식 등이 있다.

79. 보온 시공 시 외피의 마무리재로서 옥외 노출부에 사용되는 재료로 사용하기에 가장 적당한 것은?

① 면포
② 아연 철판
③ 방수 마포
④ 비닐 테이프

해설 보온 시공 시 외피의 마무리 (래깅) 재료로 아연도금 철판, Al판, STS 등을 사용한다.

80. LP가스 공급, 소비 설비의 압력손실 요인으로 틀린 것은?

① 배관의 입하에 의한 압력손실
② 엘보, 티 등에 의한 압력손실
③ 배관의 직관부에서 일어나는 압력손실
④ 가스 미터, 콕, 밸브 등에 의한 압력손실

해설 ① 배관의 입상에 의한 압력손실

정답 78. ① 79. ② 80. ①

출제 예상문제 (6)

제1과목 에너지 관리

1. 실내 난방을 온풍기로 하고 있다. 이때 실내 현열량 6.5 kW, 송풍 공기온도 30℃, 외기온도 −10℃, 실내온도 20℃일 때, 온풍기의 풍량(m^3/h)은 얼마인가? (단, 공기비열은 1.005 kJ/kg·K, 밀도는 1.2 kg/m^3이다.)

① 1940.3　　② 1882.1
③ 1324.1　　④ 890.1

해설 $q = Q_r C \Delta t$ 식에서

$$\text{송풍량 } Q = \frac{6.5 \times 3600}{1.2 \times 1.005 \times (30-20)} = 1940.298 \fallingdotseq 1940.3\ \text{m}^3/\text{h}$$

2. 가로 20 m, 세로 7 m, 높이 4.3 m인 방이 있다. 다음 표를 이용하여 용적 기준으로 한 전체 필요 환기량(m^3/h)은 얼마인가?

실용적 (m^3)	500 미만	500~1000	1000~1500	1500~2000	2000~2500
환기 횟수 n [회/h]	0.7	0.6	0.55	0.5	0.42

① 421　　② 361
③ 331　　④ 253

해설 ㉠ 실용적 $= 20 \times 7 \times 4.3 = 602\ \text{m}^3$
㉡ 환기량 $= 0.6 \times 602 = 361.2\ \text{m}^3/\text{h}$

3. 난방설비에 관한 설명으로 옳은 것은?

① 증기난방은 실내 상·하 온도차가 작은 특징이 있다.
② 복사난방의 설비비는 온수나 증기난방에 비해 저렴하다.
③ 방열기의 트랩은 증기의 유량을 조절하는 역할을 한다.
④ 온풍난방은 신속한 난방효과를 얻을 수 있는 특징이 있다.

해설 ① 증기난방은 실내 상·하 온도차가 크다.
② 복사난방은 패널시공으로 설비비가 고가이다.
③ 트랩은 응축수를 분리하여 배출한다.
④ 온풍난방은 일시적으로 사용하는 곳에서 신속한 난방효과를 얻을 수 있다.

4. 다음 공기 선도상에서 난방풍량이 25000 m^3/h인 경우 가열코일의 열량(kW)은? (단, 1은 외기, 2는 실내 상태점을 나타내며, 공기의 비중량은 1.2 kg/m^3이다.)

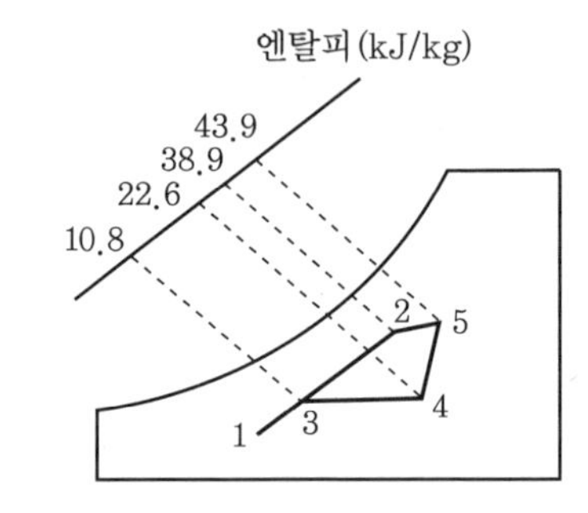

① 98.3　② 87.1　③ 73.2　④ 61.4

해설 가열코일의 열량

$$= \frac{25000 \times 1.2}{3600} \times (22.6 - 10.8) = 98.33\ \text{kW}$$

5. 공기조화 방식 중 중앙식의 수 − 공기 방식에 해당하는 것은?

① 유인 유닛 방식
② 패키지 유닛 방식
③ 단일 덕트 정풍량 방식
④ 이중 덕트 정풍량 방식

정답 1. ① 2. ② 3. ④ 4. ① 5. ①

해설 ②는 냉매 방식으로 개별식이고 ③, ④는 전공기 중앙 방식이다.

6. **다음 가습 방법 중 물분무식이 아닌 것은?**

① 원심식
② 초음파식
③ 노즐분무식
④ 적외선식

해설 순환수분무(단열가습) 방식에는 원심식, 초음파식, 노즐분무식이 있다.

7. **다음 중 덕트 설계 시 주의사항으로 틀린 것은 어느 것인가?**

① 덕트의 분기지점에 댐퍼를 설치하여 압력 평행을 유지시킨다.
② 압력손실이 적은 덕트를 이용하고 확대 시와 축소 시에는 일정 각도 이내가 되도록 한다.
③ 종횡비(aspect ratio)는 가능한 크게 하여 덕트 내 저항을 최소화한다.
④ 덕트 굴곡부의 곡률 반경은 가능한 크게 하며, 곡률이 매우 작을 경우 가이드 베인을 설치한다.

해설 덕트 설계에서 종횡비는 3 : 2가 가장 적당하며, 가능한 4 : 1 이하로 하고 최대 6 : 1 이하로 한다.

8. **보일러의 능력을 나타내는 표시 방법 중 가장 적은 값을 나타내는 출력은?**

① 정격 출력 ② 과부하 출력
③ 정미 출력 ④ 상용 출력

해설 보일러의 능력 순서는 과부하 출력>정격 출력>상용 출력>정미 출력 순이다.

9. **덕트의 부속품에 관한 설명으로 틀린 것은?**

① 댐퍼는 통과 풍량의 조정 또는 개폐에 사용되는 기구이다.
② 분기 덕트 내의 풍량 제어용으로 주로 익형 댐퍼를 사용한다.
③ 방화구획 관통부에는 방화 댐퍼 또는 방연 댐퍼를 설치한다.
④ 가이드 베인은 곡부의 기류를 세분해서 와류의 크기를 적게 하는 것이 목적이다.

해설 분기 덕트 내의 풍량 제어용으로 스플릿 댐퍼를 사용한다.

10. **난방부하가 10 kW인 온수난방설비에서 방열기의 출·입구 온도차가 12℃이고, 실내·외 온도차가 18℃일 때 온수순환량(kg/s)은 얼마인가? (단, 물의 비열은 4.2 kJ/kg·℃이다.)**

① 1.3 ② 0.8
③ 0.5 ④ 0.2

해설 $q = GC\Delta t$ 식에서

온수순환량 $G = \dfrac{10}{4.2 \times 12}$

$= 0.198 \fallingdotseq 0.2\ \text{kg/s}$

11. **다음 중 온수난방과 관계없는 장치는 무엇인가?**

① 트랩
② 팽창탱크
③ 순환펌프
④ 공기빼기 밸브

해설 트랩은 응축수와 증기를 분리하는 장치이다.

12. **공조기용 코일은 관 내 유속에 따라 배열 방식을 구분하는데, 그 배열 방식에 해당하지 않는 것은?**

① 풀서킷
② 더블서킷
③ 하프서킷
④ 탑다운서킷

해설 코일은 배관 배열 방식에 따라서 풀서킷, 더블서킷, 하프서킷 세 종류가 있다.

정답 6. ④ 7. ③ 8. ③ 9. ② 10. ④ 11. ① 12. ④

13. 어떤 단열된 공조기의 장치도가 다음 그림과 같을 때 수분비(U)를 구하는 식으로 옳은 것은?(단, h_1, h_2 : 입구 및 출구 엔탈피[kJ/kg], x_1, x_2 : 입구 및 출구 절대습도[kg/kg], q_s : 가열량[W], L : 가습량[kg/h], h_L : 가습수분[L]의 엔탈피[kJ/kg], G : 유량[kg/h]이다.)

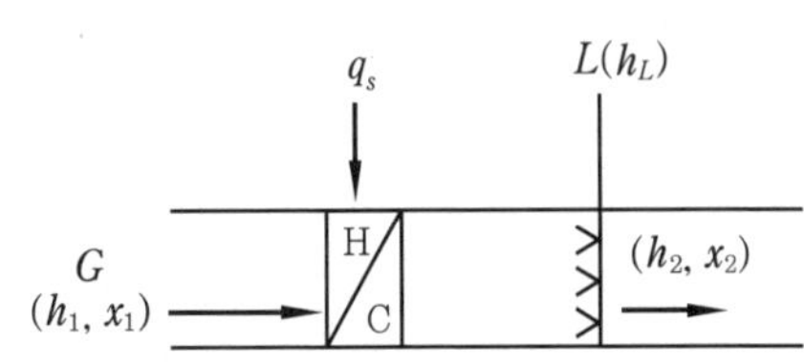

가열, 가습 과정의 장치도

① $U=\frac{q_s}{G}-h_L$ ② $U=\frac{q_s}{L}-h_L$

③ $U=\frac{q_s}{L}+h_L$ ④ $U=\frac{q_s}{G}+h_L$

해설 $U=\frac{i_2-i_1}{x_2-x_1}=\frac{G(i_2-i_1)}{G(x_2-x_1)}$

$=\frac{q_t}{L}=\frac{q_s+q_L}{L}$

$=\frac{q_s}{L}+\frac{q_L}{L}=\frac{q_s}{L}+h_L$ [kJ/kg]

14. 유인 유닛 방식에 관한 설명으로 틀린 것은?

① 각 실 제어를 쉽게 할 수 있다.
② 덕트 스페이스를 작게 할 수 있다.
③ 유닛에는 가동 부분이 없어 수명이 길다.
④ 송풍량이 비교적 커 외기 냉방효과가 크다.

해설 유인 유닛 방식은 외기 냉방효과가 작다.

15. 다음 송풍기의 풍량 제어 방법 중 송풍량과 축동력의 관계를 고려하여 에너지 절감효과가 가장 좋은 제어 방법은?(단, 모두 동일한 조건으로 운전된다.)

① 회전수 제어
② 흡입베인 제어
③ 취출댐퍼 제어
④ 흡입댐퍼 제어

해설 에너지 절감효과는 회전수>흡입베인>흡입댐퍼>취출댐퍼 순이다.

16. 다음 중 저속 덕트와 고속 덕트를 구분하는 기준이 되는 풍속은?

① 15 m/s ② 20 m/s
③ 25 m/s ④ 30 m/s

해설 저속 덕트 풍속은 8 ~ 15 m/s 정도이고, 고속 덕트 풍속은 20 ~ 25 m/s이며 저속과 고속 덕트의 구분은 15 m/s 기준으로 한다.

17. 공조부하 중 재열부하에 관한 설명으로 틀린 것은?

① 냉방부하에 속한다.
② 냉각코일의 용량 산출 시 포함시킨다.
③ 부하 계산 시 현열, 잠열부하를 고려한다.
④ 냉각된 공기를 가열하는 데 소요되는 열량이다.

해설 공기를 가열시키면 절대습도가 불변이므로 재열부하에는 현열부하만 고려한다.

18. 다음의 특징에 해당하는 보일러는 무엇인가?

공조용으로 사용하기보다는 편리하게 고압의 증기를 발생하는 경우에 사용하며, 드럼이 없이 수관으로 되어 있다. 보유수량이 적어 가열시간이 짧고 부하변동에 대한 추종성이 좋다.

① 주철제 보일러
② 연관 보일러
③ 수관 보일러
④ 관류 보일러

정답 13. ③ 14. ④ 15. ① 16. ① 17. ③ 18. ④

해설 관류 보일러는 드럼이 없이 수관으로만 구성되어 있고 순환수량이 적어서 가열시간이 짧으며 고압용 보일러로 사용되고 효율이 매우 높다.

19. 보일러에서 급수내관을 설치하는 목적으로 가장 적합한 것은?

① 보일러수 역류 방지
② 슬러지 생성 방지
③ 부동팽창 방지
④ 과열 방지

해설 보일러 급수 시 동판의 부동팽창을 방지하기 위하여 안전저수위보다 50 mm 아래에 설치한다.

20. 외기온도 5℃에서 실내온도 20℃로 유지되고 있는 방이 있다. 내벽 열전달계수 5.8 $W/m^2 \cdot K$, 외벽 열전달계수 17.5 $W/m^2 \cdot K$, 열전도율이 2.3 W/m·K이고, 벽 두께가 10 cm일 때, 이 벽체의 열저항($m^2 \cdot K/W$)은 얼마인가?

① 0.27 ② 0.55 ③ 1.37 ④ 2.35

해설 열저항 $R = \frac{1}{5.8} + \frac{0.1}{2.3} + \frac{1}{17.5}$

$= 0.273\ m^2 \cdot K/W$

제2과목 공조냉동 설계

21. 두께 10 mm, 열전도율 15 W/m·℃인 금속판 두 면의 온도가 각각 70℃와 50℃일 때 전열면 1 m^2당 1분 동안에 전달되는 열량(kJ)은 얼마인가?

① 1800 ② 14000
③ 92000 ④ 162000

해설 $q = \frac{0.015}{0.01} \times 1 \times (70-50) \times 60$

$= 1800\ kJ/min$

22. 압축비가 18인 오토 사이클의 효율(%)은? (단, 기체의 비열비는 1.41이다.)

① 65.7 ② 69.4
③ 71.3 ④ 74.6

해설 $\eta = 1 - \left(\frac{1}{18}\right)^{1.41-1} = 0.6942 \fallingdotseq 69.4\ \%$

23. 800 kPa, 350℃의 수증기를 200 kPa로 교축한다. 이 과정에 대하여 운동에너지의 변화를 무시할 수 있다고 할 때 이 수증기의 Joule-Thomson 계수(K/kPa)는 얼마인가? (단, 교축 후의 온도는 344℃이다.)

① 0.005 ② 0.01
③ 0.02 ④ 0.03

해설 계수 $= \frac{(273+350)-(273+344)}{800-200}$

$= 0.01\ K/kPa$

24. 표준대기압 상태에서 물 1 kg이 100℃로부터 전부 증기로 변하는 데 필요한 열량이 0.652 kJ이다. 이 증발과정에서의 엔트로피 증가량(J/K)은 얼마인가?

① 1.75 ② 2.75 ③ 3.75 ④ 4.00

해설 $S = \frac{652}{273+100} = 1.747 = 1.75\ J/K$

25. 최고온도(T_H)와 최저온도(T_L)가 모두 동일한 이상적인 가역 사이클 중 효율이 다른 하나는? (단, 사이클 작동에 사용되는 가스(기체)는 모두 동일하다.)

① 카르노 사이클 ② 브레이턴 사이클
③ 스털링 사이클 ④ 에릭슨 사이클

해설 ㉠ 카르노, 스털링, 에릭슨 사이클의 효율

$= 1 - \frac{T_2}{T_1}$

㉡ 브레이턴 사이클의 효율 $= 1 - \frac{T_4 - T_1}{T_3 - T_2}$

정답 19. ③ 20. ① 21. ① 22. ② 23. ② 24. ① 25. ②

26. 체적이 1 m^{3}인 용기에 물이 5 kg 들어 있으며 그 압력을 측정해보니 500 kPa이었다. 이 용기에 있는 물 중에 증기량(kg)은 얼마인가? (단, 500 kPa에서 포화액체와 포화증기의 비체적은 각각 0.001093 m^3/kg, 0.37489 m^3/kg이다.)

① 0.005　② 0.94
③ 1.87　④ 2.66

해설 ㉠ 용기 내의 비체적 $v = \frac{1}{5} = 0.2\ \text{m}^3/\text{kg}$

㉡ 건조도 $x = \frac{0.2 - 0.001093}{0.37489 - 0.001093} = 0.532$

㉢ 증기질량 $= 5 \times 0.532 = 2.66$ kg

27. 배기량(displacement volume)이 1200 cc, 극간체적(clearance volume)이 200 cc인 가솔린 기관의 압축비는 얼마인가?

①　② 6
③ 7　④ 8

해설 압축비 $= \frac{V_s + V_c}{V_c} = \frac{1200 + 200}{200} = 7$

28. 다음 그림과 같이 다수의 추를 올려놓은 피스톤이 끼워져 있는 실린더에 들어 있는 가스를 계로 생각한다. 초기 압력이 300 kPa이고, 초기 체적은 0.05 m^{3}이다. 피스톤을 고정하여 체적을 일정하게 유지하면서 압력이 200 kPa로 떨어질 때까지 계에서 열을 제거한다. 이때 계가 외부에 한 일(kJ)은 얼마인가?

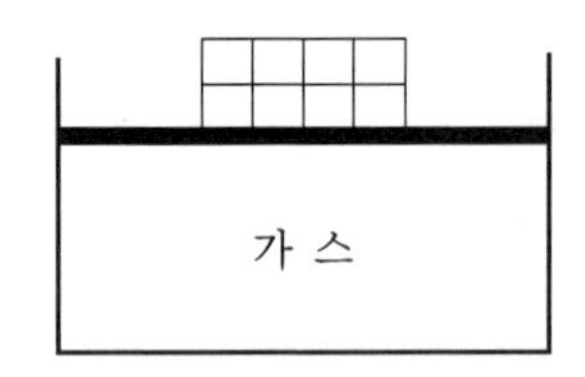

① 0　② 5
③ 10　④ 15

해설 외부에서 받은 일 $(w_t) = -\int_1^2 Vdp$

$= -V(P_2 - P_1) = -0.05 \times (200 - 300)$

$= 5$ kJ (공업일)이고, 외부에 한 일은 0 kJ로 없다.

29. 열역학적 상태량은 일반적으로 강도성 상태량과 용량성 상태량으로 분류할 수 있다. 강도성 상태량에 속하지 않는 것은?

① 압력　② 온도
③ 밀도　④ 체적

해설 ㉠ 강도성 상태량 : 물질의 질량에 관계없는 상태량(온도, 밀도, 비체적, 압력)

㉡ 용량성 상태량 : 물질의 질량에 관계있는 상태량(내부에너지, 엔탈피, 엔트로피, 체적)

30. 공기 표준 브레이턴(Brayton) 사이클 기관에서 최고 압력이 500 kPa, 최저 압력은 100 kPa이다. 비열비(k)가 1.5일 때, 이 사이클의 열효율(%)은?

① 3.9　② 18.9　③ 36.9　④ 26.9

해설 압축비 $= \frac{500}{100} = 5$

$\eta = 1 - \left(\frac{1}{5}\right)^{\frac{1.4-1}{1.4}} = 0.3686 ≒ 36.9\ \%$

31. 다음 그림은 단효용 흡수식 냉동기에서 일어나는 과정을 나타낸 것이다. 각 과정에 대한 설명으로 틀린 것은?

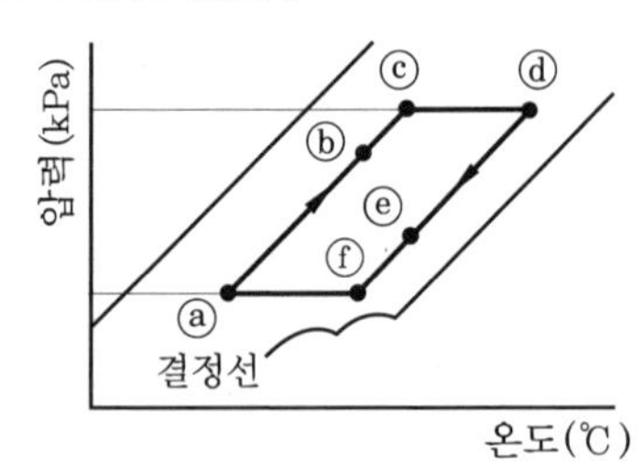

① ⓐ→ⓑ 과정 : 재생기에서 돌아오는 고온 농용액과 열교환에 의한 희용액의 온도 증가

정답 26. ④　27. ③　28. ①　29. ④　30. ③　31. ③

② ⓑ → ⓒ 과정 : 재생기 내에서 비등점에 이르기까지의 가열
③ ⓒ → ⓓ 과정 : 재생기 내에서 가열에 의한 냉매 응축
④ ⓓ → ⓔ 과정 : 흡수기에서의 저온 희용액과 열교환에 의한 농용액의 온도 감소

해설 ⓒ → ⓓ 과정은 발생기 (재생기)에서 묽은 용액이 가열용 증기관으로부터 열을 흡수하여 냉매증기 (수증기)를 방출시키므로 농도가 점점 증가하여 진한 용액으로 농축되는 과정이다.

32. 다음 카르노 사이클의 $P-V$ 선도를 $T-S$ 선도로 바르게 나타낸 것은?

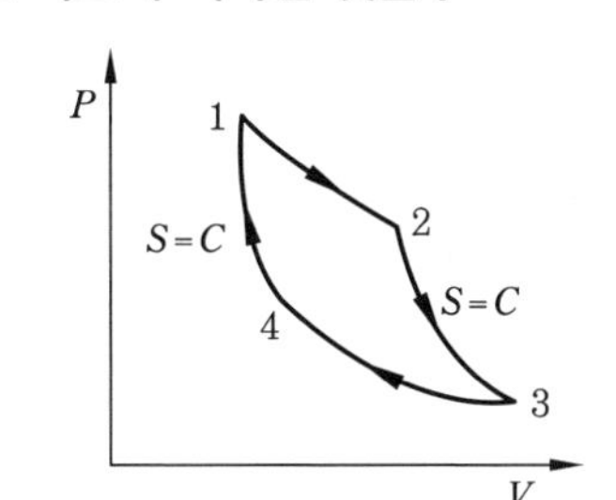

①
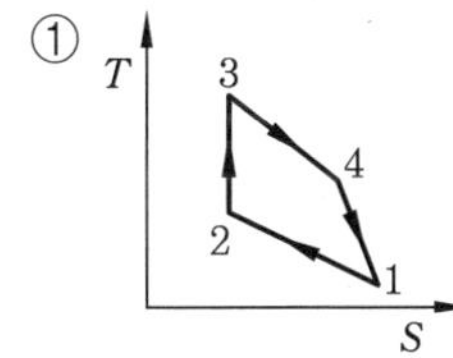

②
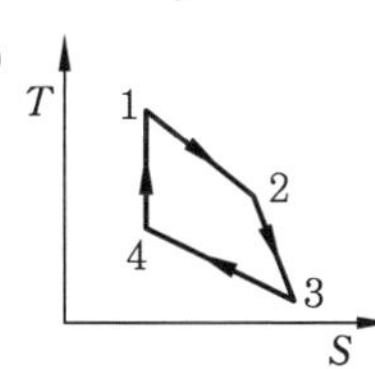

③
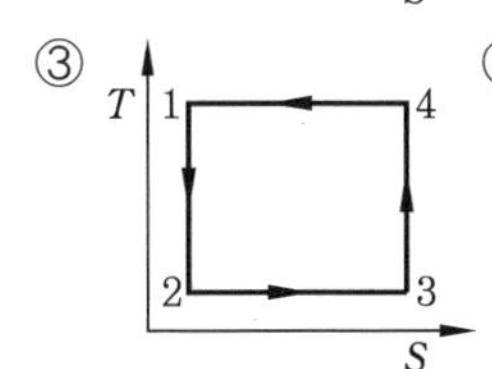

④
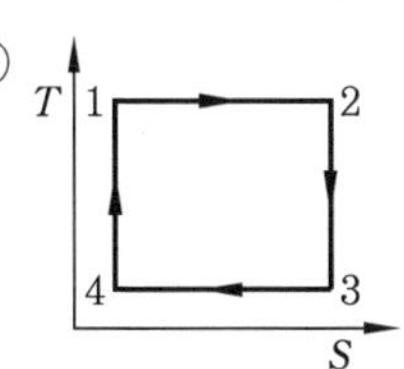

해설 카르노는 두 개의 단열과 두 개의 등온 사이클로 ④이고, ③은 역카르노 사이클의 $T-S$ 선도이다.

33. 스테판-볼츠만 (Stefan-Boltzmann)의 법칙과 관계있는 열 이동 현상은?

① 열 전도 ② 열 대류
③ 열 복사 ④ 열 통과

해설 스테판-볼츠만의 법칙 : 완전 방사체에서 발하는 에너지량을 절대온도의 함수로서 주는 법칙으로 완전 방사체 (복사체)의 단위면적, 단위시간 내에서 방사 (복사)되는 에너지 W는 완전 방사체의 절대온도 T의 4승에 비례한다.

34. 다음 그림과 같은 2단 압축 1단 팽창식 냉동장치에서 고단측의 냉매 순환량 (kg/h)은? (단, 저단측 냉매 순환량은 1000 kg /h이며, 각 지점에서의 엔탈피는 아래 표와 같다.)

지점	엔탈피 (kJ/kg)	지점	엔탈피 (kJ/kg)
1	1641.2	4	1838.0
2	1796.1	5	535.9
3	1674.7	7	420.8

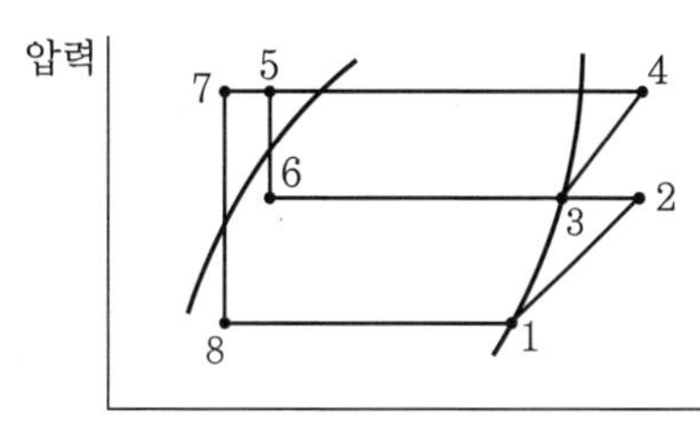

① 1058.2 ② 1207.7
③ 1488.5 ④ 1594.6

해설 $G_H = G_L \cdot \dfrac{h_2 - h_7}{h_3 - h_6}$

$$= 1000 \times \frac{1796.1 - 420.8}{1674.7 - 535.9} = 1207.67 \text{ kg/h}$$

35. 증발기의 착상이 냉동장치에 미치는 영향에 대한 설명으로 틀린 것은?

① 액압축 가능성의 증대
② 증발온도 및 증발압력의 상승
③ 냉동능력당 소요동력의 증대
④ 냉동능력 저하에 따른 냉장 (동) 실내온도 상승

정답 32. ④ 33. ③ 34. ② 35. ②

해설 증발기에 착상이 생기면 전열작용이 방해되므로 증발압력과 온도를 감소시켜 냉매 순환량을 적게 하므로 액압축을 방지한다.

36. 다음 중 일반적으로 냉방 시스템에서 물을 냉매로 사용하는 냉동 방식은?

① 터보식
② 흡수식
③ 전자식
④ 증기압축식

해설 흡수식에서 냉매가 물일 때 흡수제는 LiBr 또는 LiCl이다.

37. 전열면적 40 m^2, 냉각수량 300 L/min, 열통과율 3140 kJ/m^2·h·K인 수랭식 응축기를 사용하며, 응축부하가 439614 kJ/h일 때 냉각수 입구온도가 23℃라면 응축온도(℃)는 얼마인가? (단, 냉각수의 비열은 4.186 kJ/kg·K이다.)

① 29.42℃ ② 25.92℃
③ 20.35℃ ④ 18.28℃

해설 ㉠ 냉각수 출구온도

$$= 23 + \frac{439614}{300 \times 60 \times 4.186} = 28.83 ℃$$

㉡ 응축온도 $= \frac{23 + 28.83}{2} + \frac{439614}{3140 \times 40}$

$$= 29.415 \fallingdotseq 29.42 ℃$$

38. 냉동장치에서 일원 냉동 사이클과 이원 냉동 사이클을 구분 짓는 가장 큰 차이점은 무엇인가?

① 증발기의 대수
② 압축기의 대수
③ 사용 냉매 개수
④ 중간 냉각기의 유무

해설 이원 냉동 사이클은 사용 냉매가 2개이고, 삼원 냉동 사이클은 사용 냉매가 3개이다.

39. 불응축가스가 냉동장치에 미치는 영향으로 틀린 것은?

① 체적효율 상승 ② 응축압력 상승
③ 냉동능력 감소 ④ 소요동력 증대

해설 불응축가스가 응축기 상부에 체류하면 전열면적이 감소하고, 응축온도와 압력이 상승하며 압축비가 증가한다. 또한 냉동능력이 감소하고, 소요동력이 증대하며 체적효율은 감소한다.

40. 1대의 압축기로 −20℃, −10℃, 0℃, 5℃의 온도가 각각 다른 저장실로 구성된 냉동장치에서 증발압력 조정밸브(EPR)를 설치하지 않는 저장실은?

① −20℃의 저장실
② −10℃의 저장실
③ 0℃의 저장실
④ 5℃의 저장실

해설 EPR은 증발온도와 압력이 높은 증발기 출구에 설치하고, 증발온도와 압력이 제일 낮은 −20℃ 증발기 출구에는 체크밸브(CV)를 설치한다.

제3과목 시운전 및 안전관리

41. 사이클링(cycling)을 일으키는 제어는?

① I 제어 ② PI 제어
③ PID 제어 ④ ON−OFF 제어

해설 ON−OFF 제어 : 제어 결과가 사이클링 또는 오프셋을 일으킨다.

42. 60 Hz, 4극, 슬립 6 %인 유도전동기를 어느 공장에서 운전하고자 할 때 예상되는 회전수는 약 몇 rpm인가?

① 240 ② 720 ③ 1690 ④ 1800

해설 회전수 $= (1 - 0.06) \times \frac{120}{4} \times 60$

$$= 1692 \text{ rpm}$$

정답 36. ② 37. ① 38. ③ 39. ① 40. ① 41. ④ 42. ③

43. 다음 중 제어 동작에 대한 설명으로 틀린 것은?

① 비례 동작 : 편차의 제곱에 비례한 조작신호를 출력한다.
② 적분 동작 : 편차의 적분값에 비례한 조작신호를 출력한다.
③ 미분 동작 : 조작신호가 편차의 변화속도에 비례하는 동작을 한다.
④ 2위치 동작 : ON－OFF 동작이라고도 하며, 편차의 정부(＋, －)에 따라 조작부를 전폐 또는 전개하는 것이다.

해설 비례 동작 : 검출값 편차의 크기에 비례하여 조작부를 제어하는 것

44. 전류의 측정 범위를 확대하기 위하여 사용되는 것은?

① 배율기
② 분류기
③ 전위차계
④ 계기용 변압기

해설 ㉠ 배율기 : 전압의 측정 범위를 확대하기 위하여 사용된다.
㉡ 분류기 : 전류의 측정 범위를 확대하기 위하여 사용된다.

45. 다음 그림과 같은 Δ 결선회로를 등가 Y 결선으로 변환할 때 R_c의 저항값(Ω)은?

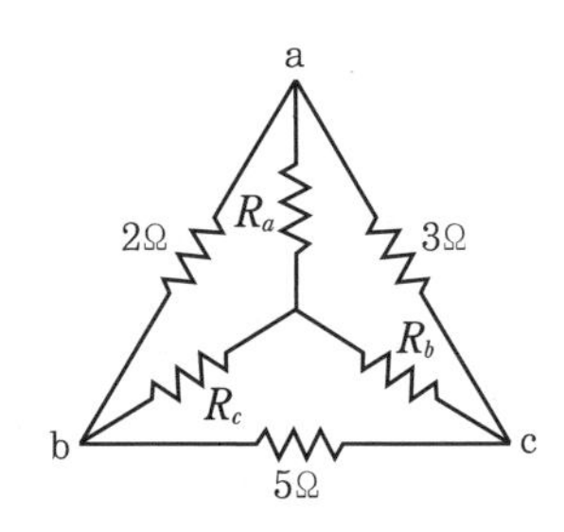

① 1Ω　② 3Ω　③ 5Ω　④ 7Ω

해설 $R_c = \dfrac{2\times5}{2+3+5} = 1\,\Omega$

46. 제어 시스템의 구성에서 제어 요소는 무엇으로 구성되는가?

① 검출부
② 검출부와 조절부
③ 검출부와 조작부
④ 조작부와 조절부

해설 제어 요소 : 동작신호를 조작량으로 변화하는 요소이고, 조절부와 조작부로 이루어진다.

47. 다음 중 제어계에서 미분 요소에 해당하는 것은?

① 한 지점을 가진 지렛대에 의하여 변위를 변환한다.
② 전기로에 열을 가하여도 처음에는 열이 올라가지 않는다.
③ 직렬 RC 회로에 전압을 가하여 C에 충전 전압을 가한다.
④ 계단 전압에서 임펄스 전압을 얻는다.

해설 ① : 비례 요소
② : 적분 요소
③ : 비례 요소

48. 특성방정식의 근이 복소평면의 좌반면에 있으면 이 계는?

① 불안정하다.　② 조건부 안정이다.
③ 반안정이다.　④ 안정이다.

해설 선형 제어계가 안정하려면 특성방정식의 근이 모두 S 평면의 좌반평면에 존재해야 한다.

49. 피드백(feedback) 제어 시스템의 피드백 효과로 틀린 것은?

① 정상상태 오차 개선
② 정확도 개선
③ 시스템 복잡화
④ 외부 조건의 변화에 대한 영향 증가

해설 ④는 시퀀스 제어의 특징이다.

정답 43. ①　44. ②　45. ①　46. ④　47. ④　48. ④　49. ④

50. 다음 그림과 같은 회로에서 부하전류 I_L은 몇 A인가?

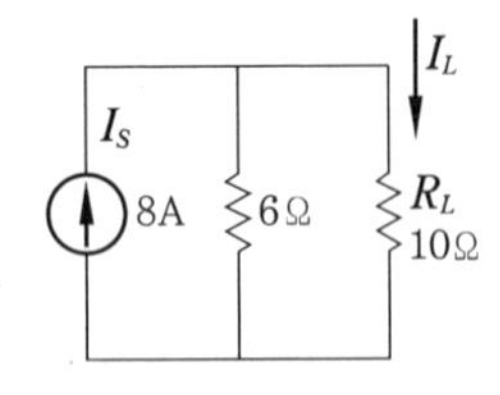

① 1 ② 2
③ 3 ④ 4

해설 $I_L = \frac{6}{6+10} \times 8 = 3\text{ A}$

51. 어떤 전지에 5 A의 전류가 10분간 흘렀다면 이 전지에서 나온 전기량은 몇 C인가?

① 1000 ② 2000
③ 3000 ④ 4000

해설 $Q = It = 5 \times 10 \times 60 = 3000\text{ C}$

52. 일정 전압의 직류 전원 V에 저항 R을 접속하니 정격전류 I가 흘렀다. 정격전류 I의 130 %를 흘리기 위해 필요한 저항은 약 얼마인가?

① $0.6R$ ② $0.77R$
③ $1.3R$ ④ $3R$

해설 $V = IR = I_2R_2 = 1.3IR_2$

$\therefore R_2 = \frac{1}{1.3}R = 0.769R$

53. 다음 그림에서 3개의 입력단자에 모두 1을 입력하면 출력단자 A와 B의 출력은?

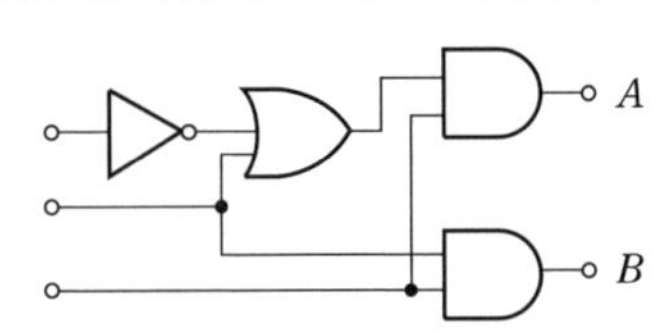

① $A=0,\ B=0$ ② $A=0,\ B=1$
③ $A=1,\ B=0$ ④ $A=1,\ B=1$

해설 $A = 1 \times 1 = 1$

$B = 1 \times 1 = 1$

54. 다음 신호흐름 선도와 등가인 블록선도는?

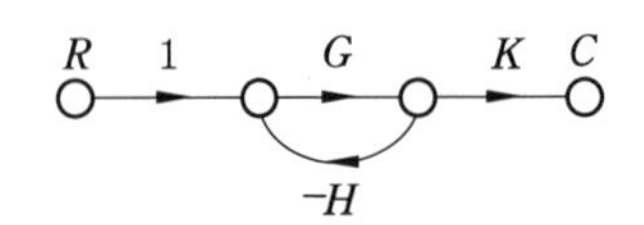

①

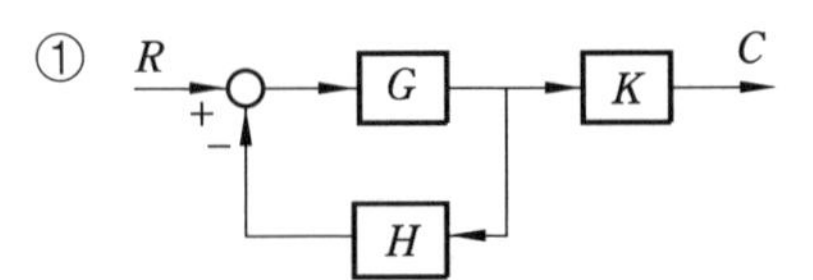

②

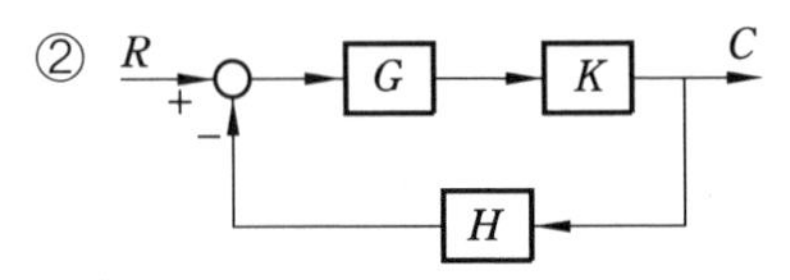

③

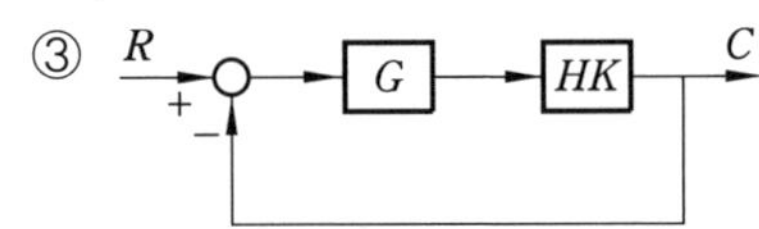

④

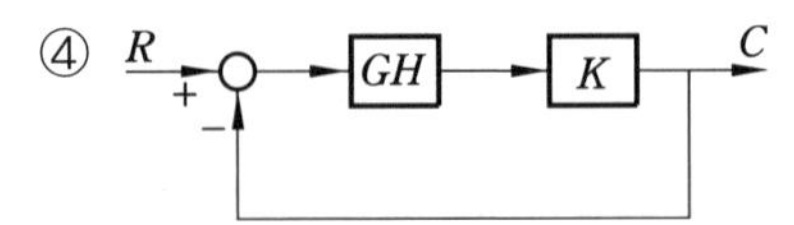

해설 신호흐름

$G_1 = 1 \times G \times K = GK,\ \Delta_1 = 1$

$L_{11} = -HG$

$\Delta = 1 - L_{11} = 1 - (-HG) = 1 + HG$

$\therefore \frac{C}{R} = \frac{G_1\Delta_1}{\Delta} = \frac{GK}{1+HG}$

① $\left(R - \frac{CH}{K}\right)G \times K = C$

$RGK - CHG = C$

$RGK = C(1 + HG)$

$\therefore \frac{C}{R} = \frac{GK}{1+HG}$

55. 교류에서 역률에 관한 설명으로 틀린 것은?

① 역률은 $\sqrt{1-(\text{무효율})^2}$로 계산할 수 있다.

② 역률을 이용하여 교류전력의 효율을 알 수 있다.

③ 역률이 클수록 유효전력보다 무효전력이 커진다.

정답 50. ③ 51. ③ 52. ② 53. ④ 54. ① 55. ③

④ 교류회로의 전압과 전율의 위상차에 코사인 (cos)을 취한 값이다.

해설 역률이 클수록 유효전력이 커진다.

56. 다음 블록선도의 전달함수는?

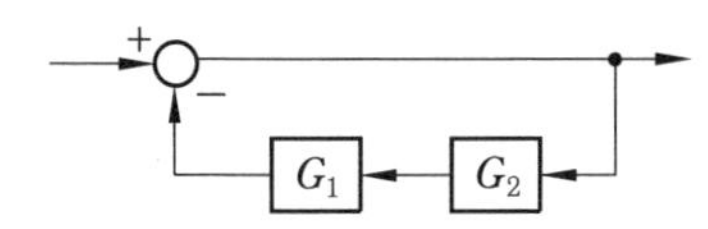

① $\dfrac{1}{G_2(G_1+1)}$

② $\dfrac{1}{G_1(G_2+1)}$

③ $\dfrac{1}{G_1 G_2(1+G_1 G_2)}$

④ $\dfrac{1}{1+G_1 G_2}$

해설 $R - CG_1G_2 = C$

$R = C + CG_1G_2 = C(1+G_1G_2)$

$\therefore \dfrac{C}{R} = \dfrac{1}{1+G_1G_2}$

57. 100 mH의 인덕턴스를 갖는 코일에 10 A의 전류를 흘릴 때 축적되는 에너지 (J)의 값은?

① 0.5 ② 1 ③ 5 ④ 10

해설 $W = \dfrac{1}{2}LI^2 = \dfrac{1}{2} \times 100 \times 10^{-3} \times 10^2 = 5\text{ J}$

58. 변압기의 1차 및 2차의 전압, 권선수, 전류를 각각 E_1, N_1, I_1 및 E_2, N_2, I_2라고 할 때 성립하는 식으로 옳은 것은?

① $\dfrac{E_2}{E_1} = \dfrac{N_1}{N_2} = \dfrac{I_2}{I_1}$

② $\dfrac{E_1}{E_2} = \dfrac{N_2}{N_1} = \dfrac{I_1}{I_2}$

③ $\dfrac{E_2}{E_1} = \dfrac{N_2}{N_1} = \dfrac{I_1}{I_2}$

④ $\dfrac{E_1}{E_2} = \dfrac{N_1}{N_2} = \dfrac{I_1}{I_2}$

59. 다음 중 온도를 임피던스로 변환시키는 요소는 무엇인가?

① 측온 저항체 ② 광전지
③ 광전 다이오드 ④ 전자석

해설 ㉠ 광전 다이오드, 광전지 : 광 (빛)을 전압으로 변환
㉡ 전자석 : 전압을 변위로 변환

60. 근궤적의 성질로 틀린 것은?

① 근궤적은 실수축을 기준으로 대칭이다.
② 근궤적은 개루프 전달함수의 극점으로부터 출발한다.
③ 근궤적의 가지 수는 특성방정식의 극점 수와 영점 수 중 큰 수와 같다.
④ 점근선은 허수축에서 교차한다.

해설 점근선은 실수축 상에서만 교차한다.

제4과목 유지보수 공사관리

61. 방열량이 3000 kW인 방열기에 공급하여야 하는 온수량 (m^3/s)은 얼마인가? (단, 방열기 입구온도 80℃, 출구온도 70 ℃, 온수 평균온도에서 물의 비열은 4.2 kJ/kg·K, 물의 밀도는 977.5 kg/m^3이다.)

① 0.002 ② 0.025
③ 0.073 ④ 0.098

해설 $Q = \dfrac{3000}{977.5 \times 4.2 \times (80-70)} = 0.073\text{ m}^3/\text{s}$

62. 다이헤드형 동력 나사 절삭기에서 할 수 없는 작업은?

정답 56. ④ 57. ③ 58. ③ 59. ① 60. ④ 61. ③ 62. ④

① 리밍 ② 나사 절삭
③ 절단 ④ 벤딩

해설 다이헤드형 동력 나사 절삭기는 관의 절단, 리밍 작업 (거스러미 제거), 나사 절삭 3가지를 연속으로 할 수 있으며 현장에서 가장 많이 사용한다.

63. 저장탱크 내부에 가열 코일을 설치하고 코일 속에 증기를 공급하여 물을 가열하는 급탕법은 무엇인가?

① 간접 가열식
② 기수 혼합식
③ 직접 가열식
④ 가스 순간 탕비식

64. 주철관의 이음 방법 중 고무링 (고무개스킷 포함)을 사용하지 않는 방법은 어느 것인가?

① 기계식 이음 ② 타이톤 이음
③ 소켓 이음 ④ 빅토릭 이음

해설 소켓 이음 : 관의 소켓부에 납과 얀(yarn)을 넣는 접합법

65. 저압 증기의 분기점을 2개 이상의 엘보로 연결하여 한쪽이 팽창하면 비틀림이 일어나 팽창을 흡수하는 특징의 이음 방법은 어느 것인가?

① 슬리브형 ② 벨로스형
③ 스위블형 ④ 루프형

해설 스위블형 : 2개 이상의 엘보를 사용하여 이음부의 나사 회전으로 배관의 신축을 흡수한다.

66. 배관계통 중 펌프에서의 공동 현상(cavitation)을 방지하기 위한 대책으로 틀린 것은?

① 펌프의 설치 위치를 낮춘다.
② 회전수를 줄인다.
③ 양 흡입을 단 흡입으로 바꾼다.
④ 굴곡부를 적게 하여 흡입관의 마찰손실 수두를 작게 한다.

해설 공동 현상을 방지하려면 단 흡입을 양 흡입으로 바꿔야 한다.

67. 지름 20 mm 이하의 동관을 이음할 때, 기계의 점검 보수, 기타 관을 분해하기 쉽게 하기 위해 이용하는 동관 이음 방법은?

① 슬리브 이음
② 플레어 이음
③ 사이징 이음
④ 플랜지 이음

68. 냉동장치의 액분리기에서 분리된 액이 압축기로 흡입되지 않도록 하기 위한 액 회수 방법으로 틀린 것은?

① 고압 액관으로 보내는 방법
② 응축기로 재순환시키는 방법
③ 고압 수액기로 보내는 방법
④ 열교환기를 이용하여 증발시키는 방법

해설 액 회수 방법으로 ①, ③, ④ 외에 만액식 증발기에서는 액을 증발기에 재사용한다.

69. 배수 및 통기배관에 대한 설명으로 틀린 것은?

① 루프 통기식은 여러 개의 기구군에 1개의 통기지관을 빼내어 통기주관에 연결하는 방식이다.
② 도피 통기관의 관경은 배수관의 $\frac{1}{4}$ 이상이 되어야 하며 최소 40 mm 이하가 되어서는 안된다.
③ 루프 통기식 배관에 의해 통기할 수 있는 기구의 수는 8개 이내이다.
④ 한랭지의 배수관은 동결되지 않도록 피복을 한다.

해설 통기관의 관경은 최소 40 mm 이상이어야 한다.

정답 63. ① 64. ③ 65. ③ 66. ③ 67. ② 68. ② 69. ②

70. 고가(옥상) 탱크 급수 방식의 특징에 대한 설명으로 틀린 것은?

① 저수시간이 길어지면 수질이 나빠지기 쉽다.
② 대규모의 급수 수요에 쉽게 대응할 수 있다.
③ 단수 시에도 일정량의 급수를 계속할 수 있다.
④ 급수 공급 압력의 변화가 심하다.

해설 ④ 급수 공급 압력이 일정하다.

71. 공장에서 제조 정제된 가스를 저장했다가 공급하기 위한 압력탱크로서 가스압력을 균일하게 하며, 급격한 수요 변화에도 제조량과 소비량을 조절하기 위한 장치는?

① 정압기 ② 압축기
③ 오리피스 ④ 가스홀더

72. 배수 통기배관의 시공 시 유의사항으로 옳은 것은?

① 배수 입관의 최하단에는 트랩을 설치한다.
② 배수 트랩은 반드시 이중으로 한다.
③ 통기관은 기구의 오버플로선 이하에서 통기 입관에 연결한다.
④ 냉장고의 배수는 간접 배수로 한다.

해설 냉장고의 배수는 간접 배수하고, 통기관도 단독 배관한다.

73. 지역난방의 특징에 관한 설명으로 틀린 것은?

① 대기 오염물질이 증가한다.
② 도시의 방재수준 향상이 가능하다.
③ 사용자에게는 화재에 대한 우려가 적다.
④ 대규모 열원기기를 이용한 에너지의 효율적 이용이 가능하다.

해설 설비의 고도 합리화로 대기 오염이 적다.

74. 급수관의 수리 시 물을 배제하기 위한 관의 최소 구배 기준은?

① $\frac{1}{120}$ 이상 ② $\frac{1}{150}$ 이상
③ $\frac{1}{200}$ 이상 ④ $\frac{1}{250}$ 이상

해설 급수관의 구배는 $\frac{1}{250}$ 이상 끝올림 구배로 한다. (단, 옥상탱크식에서 수평주관은 내림 구배, 각 층의 수평지관은 올림 구배로 한다.)

75. 냉매배관 시 흡입관 시공에 대한 설명으로 틀린 것은?

① 압축기 가까이에 트랩을 설치하면 액이나 오일이 고여 액백 발생의 우려가 있으므로 피해야 한다.
② 흡입관의 입상이 매우 길 경우에는 중간에 트랩을 설치한다.
③ 각각의 증발기에서 흡입주관으로 들어가는 관은 주관의 하부에 접속한다.
④ 2대 이상의 증발기가 다른 위치에 있고 압축기가 그보다 밑에 있는 경우 증발기 출구의 관은 트랩을 만든 후 증발기 상부 이상으로 올리고 나서 압축기로 향하게 한다.

해설 각 증발기에서 흡입주관으로 들어가는 관은 주관의 상부에 접속한다.

76. 배관 용접 작업 중 다음과 같은 결함을 무엇이라고 하는가?

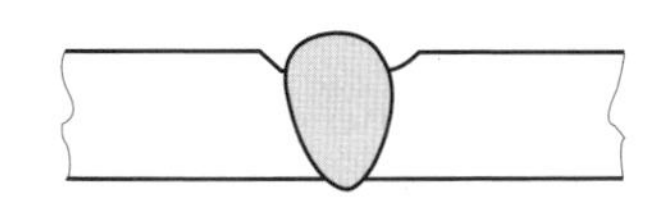

① 용입 불량 ② 언더컷
③ 오버랩 ④ 피트

정답 70. ④ 71. ④ 72. ④ 73. ① 74. ④ 75. ③ 76. ②

해설 언더컷 : 용접 시에 모재가 패어지고 용착금속이 채워지지 않으면 홈이 되어 남아 있는 부분으로 용접 전류가 지나치게 크고 운봉속도가 빠를 때 생기기 쉽다.

77. 유체 흐름의 방향을 바꾸어 주는 관 이음쇠는 무엇인가?

① 리턴벤드 ② 리듀서
③ 니플 ④ 유니언

78. 온수난방 배관에서 에어 포켓(air pocket)이 발생될 우려가 있는 곳에 설치하는 공기빼기 밸브(◇)의 설치 위치로 가장 적절한 것은?

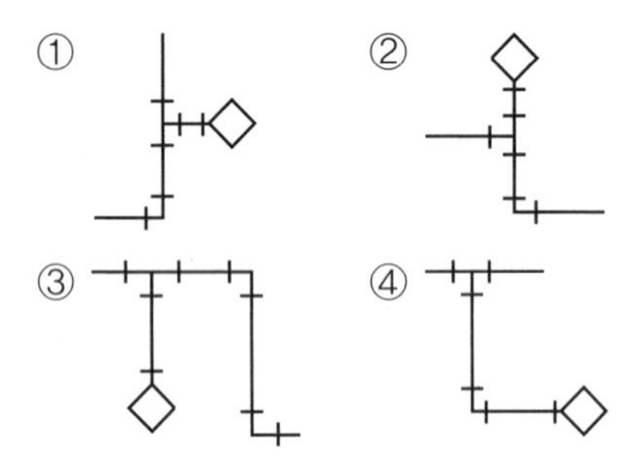

79. 부력에 의해 밸브를 개폐하여 간헐적으로 응축수를 배출하는 구조를 가진 증기 트랩은?

① 버킷 트랩
② 열동식 트랩
③ 벨 트랩
④ 충격식 트랩

해설 부력에 의해 밸브를 개폐하여 응축수를 배출하는 기계식 트랩에는 버킷 트랩과 플로트 트랩이 있다.

80. 다음 중 가스배관에 관한 설명으로 틀린 것은?

① 특별한 경우를 제외한 옥내배관은 매설배관을 원칙으로 한다.
② 부득이하게 콘크리트 주요 구조부를 통과할 경우에는 슬리브를 사용한다.
③ 가스배관에는 적당한 구배를 두어야 한다.
④ 열에 의한 신축, 진동 등의 영향을 고려하여 적절한 간격으로 지지하여야 한다.

해설 옥내 가스배관은 노출배관을 원칙으로 한다.

정답 77. ① 78. ② 79. ① 80. ①

출제 예상문제 (7)

제1과목 에너지 관리

1. 온도가 30℃이고, 절대습도가 0.02 kg/kg′인 실외 공기와 온도가 20℃, 절대습도가 0.01 kg/kg′인 실내 공기를 1 : 2의 비율로 혼합하였다. 혼합된 공기의 건구온도와 절대습도의 값은?

① 23.3℃, 0.013 kg/kg′
② 26.6℃, 0.025 kg/kg′
③ 26.6℃, 0.013 kg/kg′
④ 23.3℃, 0.025 kg/kg′

해설 ㉠ 건구온도

$$= \frac{(1\times 30)+(2\times 20)}{1+2} = 23.3℃$$

㉡ 절대습도

$$= \frac{(1\times 0.02)+(2\times 0.01)}{1+2}$$

$$= 0.0133\,\text{kg/kg}'$$

2. 냉수코일 설계 시 유의사항으로 옳은 것은?

① 대향류로 하고 대수평균 온도차를 되도록 크게 한다.
② 병행류로 하고 대수평균 온도차를 되도록 작게 한다.
③ 코일 통과 풍속을 5 m/s 이상으로 취하는 것이 경제적이다.
④ 일반적으로 냉수 입·출구 온도차는 10℃보다 크게 취하여 통과유량을 적게 하는 것이 좋다.

해설 공기와 물의 흐름은 대향류로 하고 대수 평균 온도차는 되도록 크게 한다. 코일 통과 풍속은 2 ~ 3 m/s로 하고, 냉수 입·출구 온도차는 5℃ 전후로 4 ~ 6열로 설계한다.

3. 건물의 지하실, 대규모 조리장 등에 적합한 기계환기법 (강제급기+강제배기)은 어느 것인가?

① 제1종 환기 ② 제2종 환기
③ 제3종 환기 ④ 제4종 환기

해설 ㉠ 제1종 환기 : 강제 급·배기
㉡ 제2종 환기 : 강제 급기, 자연 배기
㉢ 제3종 환기 : 자연 급기, 강제 배기
㉣ 제4종 환기 : 자연 급·배기

4. 다음 난방 방식의 표준방열량에 대한 것으로 옳은 것은?

① 증기난방 : 0.523 kW
② 온수난방 : 0.756 kW
③ 복사난방 : 1.003 kW
④ 온풍난방 : 표준방열량이 없다.

해설 ㉠ 증기난방 : 0.756 kW
㉡ 온수난방 : 0.523 kW
㉢ 복사난방과 온풍난방은 표준방열량이 없다.

5. 냉 · 난방 시의 실내 현열부하를 q_s [W], 실내와 말단장치의 온도를 각각 t_r, t_d라 할 때 송풍량 Q [L/s]를 구하는 식은?

① $Q = \dfrac{q_s}{0.24(t_r - t_d)}$

② $Q = \dfrac{q_s}{1.2(t_r - t_d)}$

③ $Q = \dfrac{q_s}{1.85(t_r - t_d)}$

④ $Q = \dfrac{q_s}{2501(t_r - t_d)}$

정답 1. ① 2. ① 3. ① 4. ④ 5. ②

해설 공기 비열 : 1 J/g·K, 공기 비중량 : 1.2 g/L

$$Q = \frac{q_s}{\gamma C_p \Delta t} = \frac{q_s}{1.2 \times 1 \times (t_r - t_d)}$$

$$= \frac{q_s}{1.2(t_r - t_d)} \text{ [L/s]}$$

6. 에어와셔에 대한 내용으로 옳지 않은 것은?

① 세정실(spray chamber)은 일리미네이터 뒤에 있어 공기를 세정한다.
② 분무 노즐(spray nozzle)은 스탠드 파이프에 부착되어 스프레이 헤더에 연결된다.
③ 플러딩 노즐(flooding nozzle)은 먼지를 세정한다.
④ 다공판 또는 루버(louver)는 기류를 정류해서 세정실 내를 통과시키기 위한 것이다.

해설 세정실은 일리미네이터 앞쪽의 공기를 세정한다.

7. 덕트 내 풍속을 이용하는 피토관을 이용하여 전압 23.8 mmAq, 정압 10 mmAq를 측정하였다. 이 경우 풍속은 약 얼마인가?

① 10 m/s　　② 15 m/s
③ 20 m/s　　④ 25 m/s

해설 동압 $P_v = P_t - P_s = \frac{V^2}{2g}\gamma$ 식에서

$$V = \sqrt{2g\frac{P_t - P_s}{\gamma}}$$

$$= \sqrt{2 \times 9.8 \times \frac{23.8 - 10}{1.2}} = 15.01 \text{ m/s}$$

8. 어떤 방의 취득 현열량이 8360 kJ/h로 되었다. 실내온도를 28℃로 유지하기 위하여 16℃의 공기를 취출하기로 계획한다면 실내로의 송풍량은 약 얼마인가? (단, 공기의 비중량은 1.2 kg/m^3, 정압비열은 1.004 kJ/kg·℃이다.)

① 426.2 m^3/h　　② 467.5 m^3/h
③ 578.7 m^3/h　　④ 612.3 m^3/h

해설 $$Q = \frac{8360}{1.2 \times 1.004 \times (28 - 16)} = 578.24 \text{ m}^3/\text{h}$$

9. 다음 조건의 외기와 재순환 공기를 혼합하려고 할 때 혼합공기의 건구온도는 약 얼마인가?

- 외기 34℃ DB, 1000 m^3/h
- 재순환 공기 26℃ DB, 2000 m^3/h

① 31.3℃　　② 28.6℃
③ 18.6℃　　④ 10.3℃

해설 혼합공기 온도(t_m)

$$= \frac{(1000 \times 34) + (2000 \times 26)}{1000 + 2000} = 28.67℃$$

10. 온풍난방의 특징에 관한 설명으로 틀린 것은 어느 것인가?

① 예열부하가 거의 없으므로 기동시간이 짧다.
② 취급이 간단하고 취급자격자를 필요로 하지 않는다.
③ 방열기기나 배관 등의 시설이 필요 없어 설비비가 싸다.
④ 취출 온도차가 적어 온도 분포가 고르다.

해설 취출 풍량이 적어 실내 상하의 온도차가 크다.

11. 간이계산법에 의한 건평 150 m^{2}에 소요되는 보일러의 급탕부하는 얼마인가? (단, 건물의 열손실은 90 kJ/m^2·h, 급탕량은 100 kg/h, 급수 및 급탕온도는 각각 30℃, 70℃이다.)

① 3500 kJ/h　　② 4000 kJ/h
③ 13500 kJ/h　　④ 16800 kJ/h

해설 $Q = 100 \times 4.2 \times (70 - 30) = 16800 \text{kJ/h}$

정답 6. ①　7. ②　8. ③　9. ②　10. ④　11. ④

12. 덕트 조립 방법 중 원형 덕트의 이음 방법이 아닌 것은?

① 드로 밴드 이음(draw band joint)
② 비드 크림프 이음(beaded crimp joint)
③ 더블 심(double seam)
④ 스파이럴 심(spiral seam)

해설 더블 심은 각이 진 모서리 부분에 이용하는 것으로 공법이 까다로워 최근에는 잘 사용하지 않는다.

13. 공기 냉각 · 가열 코일에 대한 설명으로 틀린 것은?

① 코일의 관 내에 물 또는 증기, 냉매 등의 열매를 통과시키고 외측에는 공기를 통과시켜서 열매와 공기 간의 열교환을 시킨다.
② 코일에 일반적으로 16 mm 정도의 동관 또는 강관의 외측에 동, 강 또는 알루미늄제의 판을 붙인 구조로 되어 있다.
③ 에로핀 중 감아 붙인 핀이 주름진 것을 스무드 핀, 주름이 없는 평면상의 것을 링클핀이라고 한다.
④ 관의 외부에 얇게 리본 모양의 금속판을 일정한 간격으로 감아 붙인 핀의 형상을 에로핀형이라 한다.

해설 에로핀 코일 중 감아 붙인 핀이 주름진 것을 링클 핀, 주름이 없는 평면상의 것을 스무드 핀이라고 한다.

14. 유인 유닛 공조 방식에 대한 설명으로 틀린 것은?

① 1차 공기를 고속 덕트로 공급하므로 덕트 스페이스를 줄일 수 있다.
② 실내 유닛에는 회전기기가 없으므로 시스템의 내용연수가 길다.
③ 실내부하를 주로 1차 공기로 처리하므로 중앙공조기는 커진다.
④ 송풍량이 적어 외기 냉방효과가 낮다.

해설 ㉠ 실내부하의 대부분은 2차 냉수에 의해서 처리되므로 열반송 동력이 작다.
㉡ 중앙공조기는 1차 공기만 처리하므로 공조기의 규모를 작게 할 수 있다.

15. 온풍난방에서 중력식 순환 방식과 비교한 강제 순환 방식의 특징에 관한 설명으로 틀린 것은?

① 기기 설치장소가 비교적 자유롭다.
② 급기 덕트가 작아서 은폐가 용이하다.
③ 공급되는 공기는 필터 등에 의하여 깨끗하게 처리될 수 있다.
④ 공기순환이 어렵고 쾌적성 확보가 곤란하다.

해설 공기순환이 쉽고 예열시간이 짧으며, 확실한 환기가 될 수 있고 실내온도 조절이 쉽다.

16. 공조 방식에서 가변풍량 덕트 방식에 관한 설명으로 틀린 것은?

① 운전비 및 에너지의 절약이 가능하다.
② 공조해야 할 공간의 열부하 증감에 따라 송풍량을 조절할 수 있다.
③ 다른 난방 방식과 동시에 이용할 수 없다.
④ 실내 칸막이 변경이나 부하의 증감에 대처하기 쉽다.

해설 다른 난방 방식과 동시에 이용할 수 있다.

17. 특정한 곳에 열원을 두고 열수송 및 분배망을 이용하여 한정된 지역으로 열매를 공급하는 난방법은?

① 간접 난방법　② 지역 난방법
③ 단독 난방법　④ 개별 난방법

해설 지역난방은 1개소 또는 수 개소의 보일러실에서 지역 내 공장, 아파트, 병원, 학교 등 다수의 건물에 증기 또는 온수를 배관으로 공급하여 난방을 하는 방식이다.

정답 12. ③ 13. ③ 14. ③ 15. ④ 16. ③ 17. ②

18. 공조용 열원장치에서 히트펌프 방식에 대한 설명으로 틀린 것은?

① 히트펌프 방식은 냉방과 난방을 동시에 공급할 수 있다.
② 히트펌프 원리를 이용하여 지열 시스템 구성이 가능하다.
③ 히트펌프 방식 열원기기의 구동동력은 전기와 가스를 이용한다.
④ 히트펌프를 이용해 난방은 가능하나 급탕 공급은 불가능하다.

해설 히트펌프를 이용하여 냉·난방과 급탕 공급이 가능하다.

19. 겨울철에 어떤 방을 난방하는 데 있어서 이 방의 현열 손실이 12000 kJ/h이고 잠열 손실이 4000 kJ/h이며, 실온을 21℃, 습도를 50 %로 유지하려 할 때 취출구의 온도차를 10℃로 하면 취출구 공기 상태점은?

① 21℃, 50 %인 상태점을 지나는 현열비 0.75에 평행한 선과 건구온도 31℃인 선이 교차하는 점
② 21℃, 50 %인 점을 지나고 현열비 0.33에 평행한 선과 건구온도 31℃인 선이 교차하는 점
③ 21℃, 50 %인 점을 지나고 현열비 0.75에 평행한 선과 건구온도 11℃인 선이 교차하는 점
④ 21℃, 50 %인 점과 31℃, 50 %인 점을 잇는 선분을 4 : 3으로 내분하는 점

해설 ㉠ $SHF = \dfrac{12000}{12000+4000} = 0.75$

㉡ 실내공급 취출구 온도 = 21+10=31℃

20. 다음 중 관류보일러에 대한 설명으로 옳은 것은?

① 드럼과 여러 개의 수관으로 구성되어 있다.
② 관을 자유로이 배치할 수 있어 보일러 전체를 합리적인 구조로 할 수 있다.
③ 전열면적당 보유수량이 커 시동시간이 길다.
④ 고압 대용량에 부적합하다.

해설 관류보일러는 드럼이 없고 수관으로만 구성되어 있으며, 전열면적당 보유수량이 적어 시동시간이 짧다. 고압 대용량에 적합하며 효율이 매우 높다.

제2과목 공조냉동 설계

21. 증기터빈 발전소에서 터빈 입구의 증기 엔탈피는 출구의 엔탈피보다 136 kJ/kg 높고, 터빈에서의 열손실은 10 kJ/kg이다. 증기속도는 터빈 입구에서 10 m/s이고, 출구에서 110 m/s일 때 이 터빈에서 발생시킬 수 있는 일은 약 몇 kJ/kg인가?

① 10 ② 90
③ 120 ④ 140

해설 터빈 일량 $= 136 - 10 - \dfrac{110^2 - 10^2}{2000}$

$= 120\,\text{kJ/kg}$

22. 다음 그림과 같은 온도(T) – 엔트로피(S)로 표시된 이상적인 랭킨 사이클에서 각 상태의 엔탈피(h)가 조건과 같다면, 이 사이클의 효율은 약 몇 %인가? (단, h_1 = 30 kJ/kg, h_2 = 31 kJ/kg, h_3 = 274 kJ/kg, h_4 = 668 kJ/kg, h_5 = 764 kJ/kg, h_6 = 478 kJ/kg이다.)

정답 18. ④ 19. ① 20. ② 21. ③ 22. ①

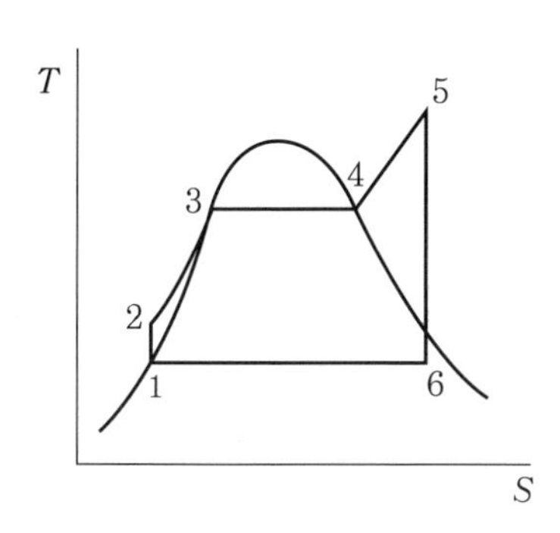

① 39 ② 42 ③ 53 ④ 58

해설 $\eta = \dfrac{(h_5 - h_6) - (h_2 - h_1)}{h_5 - h_2}$

$= \dfrac{(764 - 478) - (31 - 30)}{764 - 31} = 0.388 ≒ 39\ \%$

23. 압력 2 MPa, 온도 300℃의 수증기가 20 m/s 속도로 증기터빈으로 들어간다. 터빈 출구에서 수증기 압력이 100 kPa, 속도는 100 m/s이다. 가역 단열과정으로 가정 시, 터빈을 통과하는 수증기 1 kg당 출력일은 약 몇 kJ/kg인가? (단, 수증기 표로부터 2 MPa, 300℃에서 비엔탈피는 3023.5 kJ/kg, 비엔트로피는 6.7663 kJ/kg · K이고, 출구에서의 비엔탈피 및 비엔트로피는 아래 표와 같다.)

출구	포화액	포화증기
비엔탈피 (kJ/kg)	417.44	2675.46
비엔트로피 (kJ/kg · K)	1.3025	7.3593

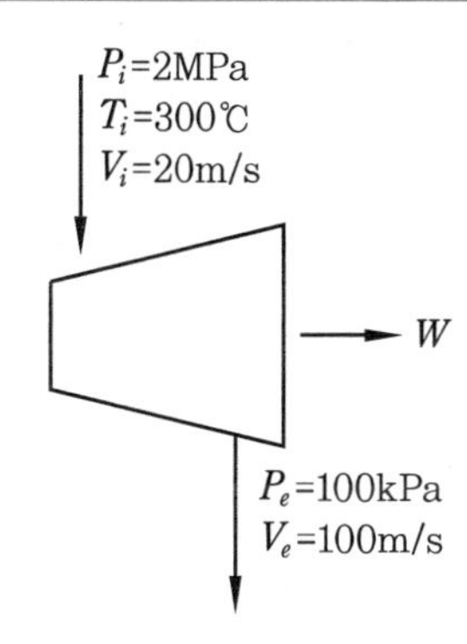

① 1534 ② 564.3
③ 153.4 ④ 764.5

해설 ㉠ 건조도 $x = \dfrac{6.7663 - 1.3025}{7.3593 - 1.3025} = 0.921$

㉡ 터빈 출구 비엔탈피

$= 417.44 + 0.9 \times (2675.46 - 417.44)$

$= 2449.658 ≒ 2449.66$ kJ/kg

㉢ 출력일

$= (3023.5 - 2449.66) - \left(\dfrac{100 - 20}{44.64}\right)^2$

$= 570.63$ kJ/kg

24. 어떤 기체가 5 kJ의 열을 받고 0.18 kN · m의 일을 외부로 하였다. 이때의 내부에너지의 변화량은?

① 3.24 kJ ② 4.82 kJ
③ 5.18 kJ ④ 6.14 kJ

해설 $\Delta u = \Delta q - \Delta W = 5 - 0.18 = 4.82$ kJ

25. 단위질량의 이상기체가 정적과정 하에서 온도가 T_1에서 T_2로 변하였고, 압력도 P_1에서 P_2로 변하였다면, 엔트로피 변화량 ΔS는? (단, C_v와 C_p는 각각 정적비열과 정압비열이다.)

① $\Delta S = C_v \ln \dfrac{P_1}{P_2}$ ② $\Delta S = C_p \ln \dfrac{P_2}{P_1}$

③ $\Delta S = C_v \ln \dfrac{T_2}{T_1}$ ④ $\Delta S = C_p \ln \dfrac{T_1}{T_2}$

해설 $\Delta S = C_v \ln \dfrac{T_2}{T_1} = C_v \ln \dfrac{P_2}{P_1}$ [kJ/kg · K]

26. 초기 압력 100 kPa, 초기 체적 0.1 m^{3}인 기체를 버너로 가열하여 기체 체적이 정압과정으로 0.5 m^{3}이 되었다면 이 과정 동안 시스템이 외부에 한 일은 약 몇 kJ인가?

① 10 ② 20 ③ 30 ④ 40

해설 $W = P(V_2 - V_1) = 100 \times (0.5 - 0.1)$

$= 40$ kJ

정답 23. ② 24. ② 25. ③ 26. ④

27. 엔트로피(s) 변화 등과 같이 직접 측정할 수 없는 양들을 압력(P), 비체적(v), 온도(T)와 같은 측정 가능한 상태량으로 나타내는 Maxwell 관계식과 관련하여 다음 중 틀린 것은?

① $\left(\frac{\partial v}{\partial T}\right)_P = -\left(\frac{\partial s}{\partial P}\right)_T$

② $\left(\frac{\partial T}{\partial v}\right)_s = -\left(\frac{\partial P}{\partial s}\right)_v$

③ $\left(\frac{\partial T}{\partial P}\right)_s = \left(\frac{\partial v}{\partial s}\right)_P$

④ $\left(\frac{\partial P}{\partial v}\right)_T = \left(\frac{\partial s}{\partial T}\right)_v$

해설 ④ $\left(\frac{\partial s}{\partial v}\right)_P = \left(\frac{\partial P}{\partial T}\right)_s$

28. 대기압이 100 kPa일 때, 계기 압력이 5.23 MPa인 증기의 절대 압력은 약 몇 MPa인가?

① 3.02 ② 4.12 ③ 5.33 ④ 6.43

해설 $P_a = 5.23 + 0.1 = 5.33\,\text{MPa}$

29. 축열 시스템 중 빙축열 방식이 수축열 방식에 비해 유리하다고 할 수 없는 것은 어느 것인가?

① 축열조를 소형화할 수 있다.
② 낮은 온도를 이용할 수 있다.
③ 난방 시의 축열 대응에 적합하다.
④ 축열조의 설치 장소가 자유롭다.

해설 빙축열 방식은 난방 시에 온수 축열을 기대하기 어렵다.

30. 유량이 1800 kg/h인 30℃ 물을 -10℃의 얼음으로 만드는 능력을 가진 냉동장치의 압축기 소요동력은 약 얼마인가? (단, 응축기의 냉각수 입구온도 30℃, 냉각수 출구온도 35℃, 냉각수 수량 50 m³/h이고, 열손실은 무시하는 것으로 한다.)

① 30 kW ② 40 kW
③ 50 kW ④ 60 kW

해설 $N = \frac{Q_c - Q_e}{860}$

$= \frac{50000 \times 1 \times (35-30) - 1800 \times [(1 \times 30 + 80 + 0.5 \times 10)]}{860}$

$= 50\,\text{kW}$

31. 냉매의 구비조건에 대한 설명으로 틀린 것은 어느 것인가?

① 동일한 냉동능력에 대하여 냉매가스의 용적이 적을 것
② 저온에 있어서도 대기압 이상의 압력에서 증발하고 비교적 저압에서 액화할 것
③ 점도가 크고 열전도율이 좋을 것
④ 증발열이 크며 액체의 비열이 작을 것

해설 ③ 점도가 작고 전열이 양호하며 표면장력이 작을 것

32. 냉매에 관한 설명으로 옳은 것은?

① 암모니아 냉매가스가 누설된 경우 비중이 공기보다 무거워 바닥에 정체한다.
② 암모니아의 증발잠열은 프레온계 냉매보다 작다.
③ 암모니아는 프레온계 냉매에 비하여 동일 운전 압력 조건에서는 토출가스 온도가 높다.
④ 프레온계 냉매는 화학적으로 안정한 냉매이므로 장치 내에 수분이 혼입되어도 운전상 지장이 없다.

해설 암모니아는 비열비가 커서 동일 운전 조건에서 사용하는 냉매 중 토출가스 온도가 제일 높다(기준 냉동 사이클에서 98℃).

33. 흡수식 냉동기에서 냉매의 순환경로는 어느 것인가?

① 흡수기 → 증발기 → 재생기 → 열교환기

정답 27. ④ 28. ③ 29. ③ 30. ③ 31. ③ 32. ③ 33. ②

② 증발기 → 흡수기 → 열교환기 → 재생기
③ 증발기 → 재생기 → 흡수기 → 열교환기
④ 증발기 → 열교환기 → 재생기 → 흡수기

해설 ㉠ ②는 냉매 순환경로이다.
㉡ 흡수제 (용매) 순환경로 : 흡수기 → 열교환기 → 재생기 → 열교환기 → 흡수기

34. 고온가스 제상 (hot gas defrost) 방식에 대한 설명으로 틀린 것은?

① 압축기의 고온·고압가스를 이용한다.
② 소형 냉동장치에 사용하면 언제라도 정상운전을 할 수 있다.
③ 비교적 설비하기가 용이하다.
④ 제상 소요시간이 비교적 짧다.

해설 소형 냉동장치의 제상 방식은 주로 전열식이고, 고온·고압가스 방식은 주로 대형장치에 사용한다.

35. 다음의 장치는 액 – 가스 열교환기가 설치되어 있는 1단 증기압축식 냉동장치를 나타낸 것이다. 이 냉동장치가 운전 시에 아래와 같은 현상이 발생하였다. 이 현상에 대한 원인으로 옳은 것은?

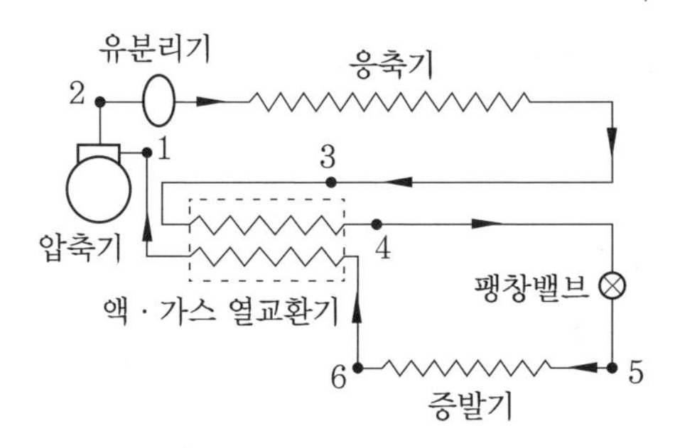

액–가스 열교환기에서 응축기 출구 냉매액과 증발기 출구 냉매증기가 서로 열교환할 때, 이 열교환기 내에서 증발기 출구 냉매 온도 변화 $(T_1 - T_6)$는 18℃이고, 응축기 출구 냉매액의 온도 변화 $(T_3 - T_4)$는 1℃이다.

① 증발기 출구 (점 6)의 냉매상태는 습증기이다.
② 응축기 출구 (점 3)의 냉매상태는 불응축 상태이다.
③ 응축기 내에 불응축가스가 혼입되어 있다.
④ 액 – 가스 열교환기의 열손실이 상당히 많다.

해설 $h_1 - h_6 = h_3 - h_4 = 18$℃로 일정한 상태에서 열교환을 한다면 응축기 출구 상태가 불응축가스에서 18℃에 해당하는 열량만큼 냉각할 때 h_4에서 1℃ 과냉각될 수 있다.

36. 냉동장치의 냉매량이 부족할 때 일어나는 현상으로 옳은 것은?

① 흡입압력이 낮아진다.
② 토출압력이 높아진다.
③ 냉동능력이 증가한다.
④ 흡입압력이 높아진다.

해설 냉매가 부족하면 흡입·토출압력, 냉동능력이 낮아지고 토출가스 온도는 상승한다.

37. 증기 압축식 냉동 사이클에서 증발온도를 일정하게 유지하고 응축온도를 상승시킬 경우에 나타나는 현상으로 틀린 것은?

① 성적계수 감소
② 토출가스 온도 상승
③ 소요동력 증대
④ 플래시가스 발생량 감소

해설 증발온도를 일정하게 하고 응축온도를 상승시키면 고압이 높아지므로 다음과 같은 현상이 나타난다.
㉠ 압축비 상승
㉡ 체적효율 감소
㉢ 플래시가스 발생량 증가
㉣ 냉동효과 감소
㉤ 성적계수 감소
㉥ 단위능력당 소요동력 증대
㉦ 실린더 과열
㉧ 토출가스 온도 상승

정답 34. ② 35. ② 36. ① 37. ④

38. 냉매액 강제순환식 증발기에 대한 설명으로 틀린 것은?

① 냉매액이 충분한 속도로 순환되므로 타 증발기에 비해 전열이 좋다.
② 일반적으로 설비가 복잡하며 대용량의 저온냉장실이나 급속 동결장치에 사용한다.
③ 강제순환식이므로 증발기에 오일이 고일 염려가 적고 배관 저항에 의한 압력강하도 작다.
④ 냉매액에 의한 리퀴드백(liquid back)의 발생이 적으며 저압 수액기와 액펌프의 위치에 제한이 없다.

해설 저압 수액기 액면과 펌프의 낙차는 1~2 m (실제 1.2~1.6 m) 정도이다.

39. 암모니아 냉매의 누설검지 방법으로 적절하지 않은 것은?

① 냄새로 알 수 있다.
② 리트머스 시험지를 사용한다.
③ 페놀프탈레인 시험지를 사용한다.
④ 할로겐 누설검지기를 사용한다.

해설 ④항은 freon 냉매의 누설검지 방법이다.

40. 그림과 같은 사이클을 난방용 히트펌프로 사용한다면 이론 성적계수를 구하는 식은 다음 중 어느 것인가?

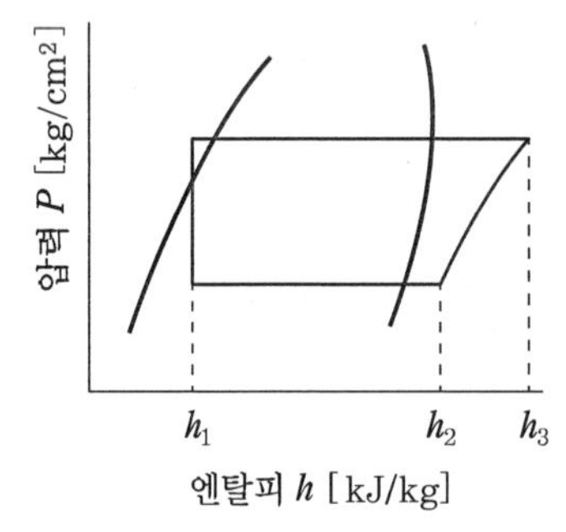

압력-엔탈피 선도

① $COP=\frac{h_2-h_1}{h_3-h_2}$

② $COP=1+\frac{h_3-h_1}{h_3+h_2}$

③ $COP=\frac{h_2+h_1}{h_3+h_2}$

④ $COP=1+\frac{h_2-h_1}{h_3-h_2}$

해설 ㉠ 냉동기 성적계수 $\varepsilon_c=\frac{h_2-h_1}{h_3-h_2}$

㉡ 히터펌프 성적계수 $\varepsilon_H=\frac{q_c}{AW}=\frac{h_3-h_1}{h_3-h_2}$

$=\frac{q_e+AW}{AW}=1+\varepsilon_c=1+\frac{h_2-h_1}{h_3-h_2}$

제3과목 시운전 및 안전관리

41. 다음 회로에서 A와 B 간의 합성저항은 약 몇 Ω인가? (단, 각 저항의 단위는 모두 Ω이다.)

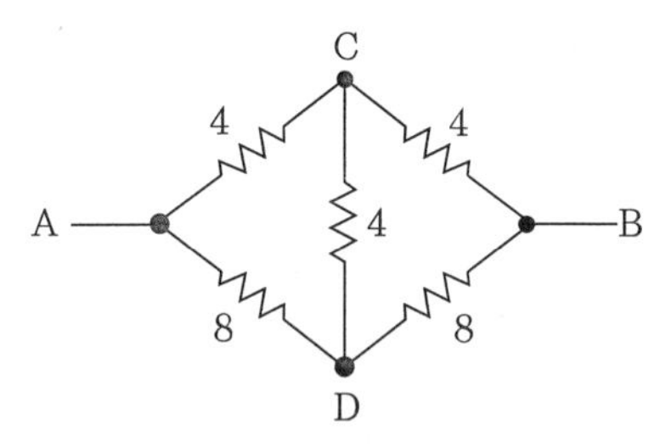

① 2.66 ② 3.2
③ 5.33 ④ 6.4

해설 합성저항 $R=\frac{(4+4)\times(8+8)}{(4+4)+(8+8)}=5.33\,\Omega$

42. 기계장치, 프로세스 및 시스템 등에서 제어되는 전체 또는 부분으로서 제어량을 변화시키는 제어는?

① 제어장치 ② 제어대상
③ 조작장치 ④ 검출장치

정답 38. ④ 39. ④ 40. ④ 41. ③ 42. ②

해설 제어대상 : 제어하고자 하는 목적의 장치 또는 기계

43. 목표값이 미리 정해진 시간적 변화를 하는 경우 제어량을 변화시키는 제어는?

① 정치 제어
② 추종 제어
③ 비율 제어
④ 프로그램 제어

해설 프로그램 제어는 미리 정해진 프로그램에 따라 제어량을 변화시키는 것을 목적으로 사용된다.

44. 입력이 $011_{(2)}$일 때, 출력은 3 V인 컴퓨터 제어의 D/A 변환기에서 입력을 $101_{(2)}$로 하였을 때 출력은 몇 V인가? (단, 3 bit 디지털 입력이 $011_{(2)}$은 off, on, on을 뜻하고 입력과 출력은 비례한다.)

① 3　　② 4
③ 5　　④ 6

해설 2진수 011은 10진수의 3이고 2진수의 101은 10진수의 5이므로, 10진수 3일 때 3 V라면 5일 때는 5 V이다.

45. 토크가 증가하면 속도가 낮아져 대체적으로 일정한 출력이 발생하는 것을 이용해서 전차, 기중기 등에 주로 사용하는 직류전동기는?

① 직권전동기
② 분권전동기
③ 가동 복권전동기
④ 차동 복권전동기

해설 직권전동기는 기동 토크가 I_a 제곱에 비례하고 부하에 따라 자동적으로 속도가 증감된다. 중부하에서도 입력이 지나치게 커지지 않기 때문에 전차, 기중기, 권상기동과 같이 부하변동이 심하고 큰 토크가 요구되는 용도에 사용된다.

46. 제어량을 원하는 상태로 하기 위한 입력신호는 무엇인가?

① 제어명령　　② 작업명령
③ 명령처리　　④ 신호처리

해설 제어된 제어대상의 양을 제어량이라 하며, 일반적으로 출력을 의미하는데 입력신호는 제어명령이다.

47. 평행하게 왕복되는 두 도선에 흐르는 전류 간의 전자력은? (단, 두 도선간의 거리는 r [m]라 한다.)

① r에 비례하며 흡인력이다.
② r^2에 비례하며 흡인력이다.
③ $\frac{1}{r}$에 비례하며 반발력이다.
④ $\frac{1}{r^2}$에 비례하며 반발력이다.

해설 전류는 그 둘레에 자계를 만든다. 따라서 전류와 그 자계 내에 있는 자석 사이에는 힘이 작용한다. 이것을 전자력이라 하고 전류 $I = \frac{E}{r}$ [A]이므로, 전자력은 $\frac{1}{r}$에 비례한다.

48. 피드백 제어계에서 제어장치가 제어대상에 가하는 제어신호로 제어장치의 출력인 동시에 제어대상의 입력인 신호는?

① 목표값　　② 조작량
③ 제어량　　④ 동작신호

해설 제어요소가 제어대상에 주는 양을 조작량이라 한다.

49. 다음 중 피드백 제어의 장점으로 틀린 것은?

① 목표값에 정확히 도달할 수 있다.
② 제어계의 특성을 향상시킬 수 있다.
③ 외부 조건의 변화에 대한 영향을 줄일 수 있다.

정답 43. ④　44. ③　45. ①　46. ①　47. ③　48. ②　49. ④

④ 제어기 부품들의 성능이 나쁘면 큰 영향을 받는다.

해설 ④는 피드백 제어의 단점이다.

50. 다음과 같은 두 개의 교류전압이 있다. 두 개의 전압은 서로 어느 정도의 시간차를 가지고 있는가?

$$v_1 = 10\cos 10t,\ v_2 = 10\cos 5t$$

① 약 0.25초 ② 약 0.46초
③ 약 0.63초 ④ 약 0.72초

해설 $t = \frac{\pi}{5} = \frac{3.14}{5} = 0.628 ≒ 0.63$초

51. 다음 그림과 같은 계통의 전달함수는 어느 것인가?

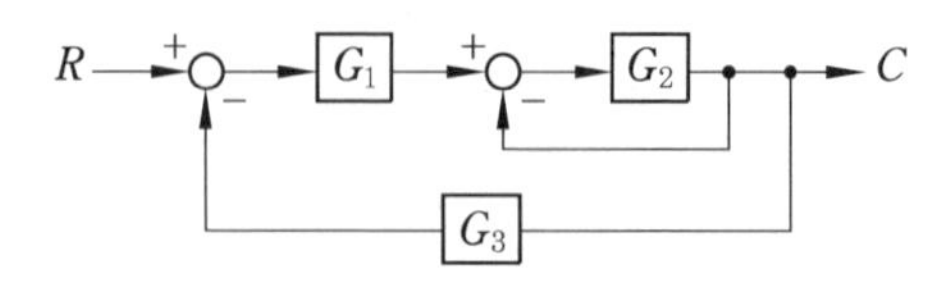

① $\dfrac{G_1G_2}{1+G_1G_2}$

② $\dfrac{G_1G_2}{1+G_1+G_2G_3}$

③ $\dfrac{G_1G_2}{1+G_2+G_1G_2G_3}$

④ $\dfrac{G_1G_2}{1+G_1G_2+G_2G_3}$

해설 $\{(R-CG_3)G_1-C\}G_2=C$

$RG_1G_2-CG_1G_2G_3-CG_2=C$

$RG_1G_2=C(1+G_2+G_1G_2G_3)$

$\therefore \dfrac{C}{R}=\dfrac{G_1G_2}{1+G_2+G_1G_2G_3}$

52. 평행판 간격을 처음의 2배로 증가시킬 경우 정전용량 값은?

① $\frac{1}{2}$로 된다. ② 2배로 된다.
③ $\frac{1}{4}$로 된다. ④ 4배로 된다.

해설 $C_m = \dfrac{C\cdot C}{C+C} = \dfrac{C^2}{2C} = \dfrac{C}{2}$이므로 정전용량 값은 $\frac{1}{2}$로 된다.

53. 내부저항 r인 전류계의 측정범위를 n배로 확대하려고 할 때 전류계에 접속하는 분류기 저항(Ω)값은?

① nr ② $\dfrac{r}{n}$
③ $(n-1)r$ ④ $\dfrac{r}{(n-1)}$

해설 $I=\dfrac{R}{r+R}\cdot n,\ Ir+IR=nR$

$Ir=nR-IR,\ Ir=(n-I)R$

$\therefore R=\dfrac{Ir}{n-I}$이므로 분류기 저항값은 $\dfrac{r}{n-I}$이 된다.

54. 다음 그림과 같은 계전기 접점회로의 논리식은 무엇인가?

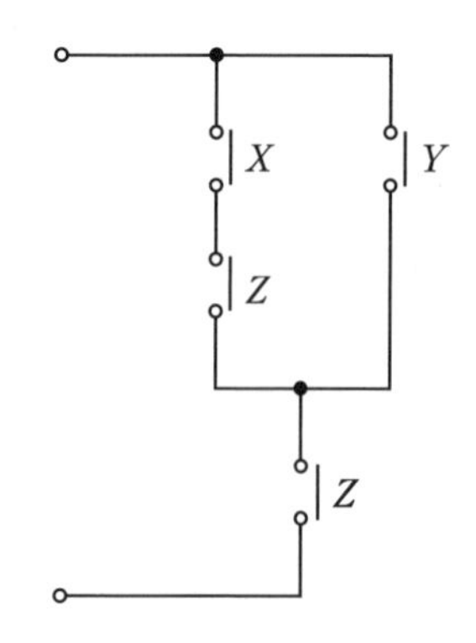

① $XZ+Y$ ② $(X+Y)Z$
③ $(X+Z)Y$ ④ $X+Y+Z$

해설 $(XZ+Y)Z=XZ+YZ=(X+Y)Z$

정답 50. ③ 51. ③ 52. ① 53. ④ 54. ②

55. 전달함수 $G(s)=\dfrac{s+b}{s+a}$를 갖는 회로가 진상 보상회로의 특성을 갖기 위한 조건으로 옳은 것은?

① $a>b$ ② $a<b$
③ $a>1$ ④ $b>1$

해설 ㉠ $a>b$: 진상 보상회로 $G(s)=\dfrac{s+b}{s+a}$

㉡ $a<b$: 지상 보상회로 $G(s)=\dfrac{a(s+b)}{b(s+a)}$

56. 예비전원으로 사용되는 축전지의 내부저항을 측정할 때 가장 적합한 브리지는 어느 것인가?

① 캠벨 브리지
② 맥스웰 브리지
③ 휘트스톤 브리지
④ 콜라우시 브리지

해설 콜라우시 브리지는 휘트스톤 브리지의 하나로 직류에 있어서는 표준저항기를 비교하는 정밀 브리지, 교류에서는 전지의 내부저항이나 접지판 저항을 가청주파수로 측정하는 브리지이다.

57. 물 20 L를 15℃에서 60℃로 가열하려고 한다. 이때 필요한 열량은 몇 kJ인가? (단, 가열 시 손실은 없는 것으로 한다.)

① 2930 ② 3350
③ 3768 ④ 4187

해설 $q=20\times4.187\times(60-15)=3768.3\text{ kJ}$

58. 다음 중 제어하려는 물리량을 무엇이라 하는가?

① 제어 ② 제어량
③ 물질량 ④ 제어대상

해설 제어량은 제어대상에 속하는 양으로 제어대상을 제어하는 것을 목적으로 하는 물리적인 양을 말한다.

59. 전동기에 일정 부하를 걸어 운전 시 전동기 온도 변화로 옳은 것은?

①

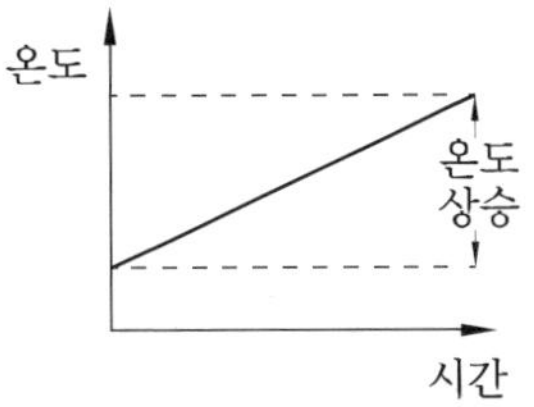

②

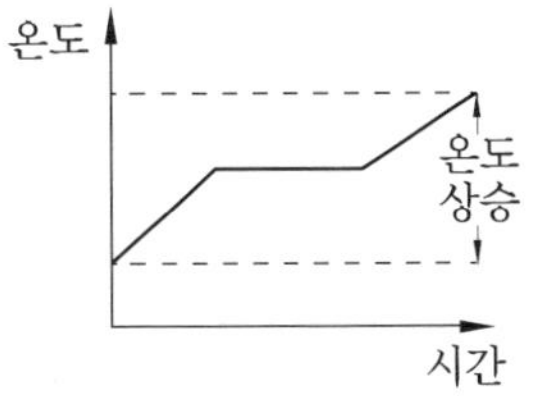

③

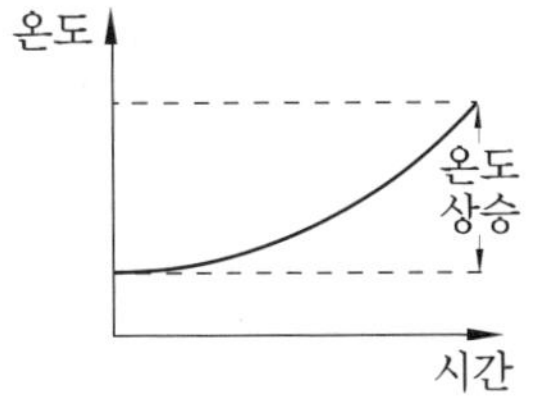

④

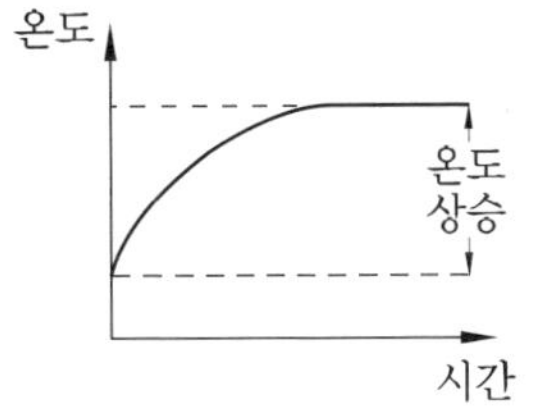

60. 서보 드라이브에서 펄스로 지령하는 제어운전은?

① 위치 제어운전
② 속도 제어운전
③ 토크 제어운전
④ 변위 제어운전

해설 서보기구는 물체의 위치, 방위, 자세 등의 기계적 변위를 제어량으로 해서 목표값이 임의의 변화에 추종하도록 구성된 제어계로 펄스로 지령하는 것을 위치 제어운전이라 한다.

정답 55. ① 56. ④ 57. ③ 58. ② 59. ④ 60. ①

제4과목 유지보수 공사관리

61. 배관용 보온재의 구비조건에 관한 설명으로 틀린 것은?

① 내열성이 높을수록 좋다.
② 열전도율이 적을수록 좋다.
③ 비중이 작을수록 좋다.
④ 흡수성이 클수록 좋다.

해설 흡수성, 흡습성이 작을수록 열전도율이 작아서 좋다.

62. 가열기에서 최고위 급탕 전까지 높이가 12 m이고, 급탕온도가 85℃, 복귀탕의 온도가 70℃일 때, 자연 순환수두(mmAq)는? (단, 85℃일 때 밀도는 0.96876 kg/L이고, 70℃일 때 밀도는 0.97781 kg/L이다.)

① 70.5 ② 80.5
③ 90.5 ④ 108.6

해설 $P=(\gamma_2-\gamma_1)H$
$=(977.81-968.76)\times 12=108.6\,\text{mmAq}$

63. 관경 100 A인 강관을 수평주관으로 시공할 때 다음 중 지지 간격으로 가장 적절한 것은?

① 2 m 이내 ② 4 m 이내
③ 8 m 이내 ④ 12 m 이내

해설 ㉠ 20 A 이하 : 1.8 m
㉡ 25 A ~ 40 A : 2 m
㉢ 50 A ~ 90 A : 3 m
㉣ 90 A ~ 150 A : 4 m
㉤ 200 A 이상 : 5 m

64. 상수 및 급탕배관에서 상수 이외의 배관 또는 장치가 접속되는 것을 무엇이라고 하는가?

① 크로스 커넥션 ② 역압 커넥션
③ 사이펀 커넥션 ④ 에어갭 커넥션

65. 보온재를 유기질과 무기질로 구분할 때, 다음 중 성질이 다른 하나는?

① 우모펠트 ② 규조토
③ 탄산마그네슘 ④ 슬래그 섬유

해설 ①은 유기질, ②, ③, ④는 무기질이다.

66. 도시가스의 공급설비 중 가스홀더의 종류가 아닌 것은?

① 유수식 ② 중수식
③ 무수식 ④ 고압식

해설 가스홀더는 유수식, 무수식, 고압식으로 구분한다.

67. 다음 중 냉매배관 시 주의사항으로 틀린 것은?

① 배관은 가능한 간단하게 한다.
② 배관의 굽힘을 적게 한다.
③ 배관에 큰 응력이 발생할 염려가 있는 곳에서 루프배관을 한다.
④ 냉매의 열손실을 방지하기 위해 바닥에 매설한다.

해설 냉매배관의 열손실을 방지하기 위해 단열피복하며 노출배관이 원칙이다.

68. 냉각 레그(cooling leg) 시공에 대한 설명으로 틀린 것은?

① 관경은 증기주관보다 한 치수 크게 한다.
② 냉각 레그와 환수관 사이에는 트랩을 설치하여야 한다.
③ 응축수를 냉각하여 재증발을 방지하기 위한 배관이다.
④ 보온피복을 할 필요가 없다.

해설 냉각 레그는 주관과 같은 지름으로 100 mm 이상 내리고 하부로 150 mm 이상 연장해서 드레인 포켓을 만들어주며, 냉각관은 트랩 앞에서 1.5 m 이상 떨어진 곳까지 나관배관한다.

정답 61. ④ 62. ④ 63. ② 64. ① 65. ① 66. ② 67. ④ 68. ①

69. **기체 수송설비에서 압축공기 배관의 부속장치가 아닌 것은?**

① 후부냉각기
② 공기여과기
③ 안전 밸브
④ 공기빼기 밸브

해설 공기빼기 밸브는 난방배관에서 공기가 체류하면 유체 수송을 방해하므로 장치 중에서 높은 곳에 설치하여 체류된 공기를 배출하는 장치이다.

70. **다음 중 가스설비에 관한 설명으로 틀린 것은?**

① 일반적으로 사용되고 있는 가스유량 중 1시간당 최댓값을 설계유량으로 한다.
② 가스미터는 설계유량을 통과시킬 수 있는 능력을 가진 것을 선정한다.
③ 배관 관경은 설계유량이 흐를 때 배관의 끝부분에서 필요한 압력이 확보될 수 있도록 한다.
④ 일반적으로 공급되고 있는 천연가스에는 일산화탄소가 많이 함유되어 있다.

해설 천연가스(LNG)의 주성분은 메탄(CH_4)이다.

71. **다음 중 증기트랩에 관한 설명으로 옳은 것은?**

① 플로트 트랩은 응축수나 공기가 자동적으로 환수관에 배출되며, 저 · 고압에 쓰이고 형식에 따라 앵글형과 스트레이트형이 있다.
② 열동식 트랩은 고압, 중압의 증기관에 적합하며, 환수관을 트랩보다 위쪽에 배관할 수도 있고, 형식에 따라 상향식과 하향식이 있다.
③ 임펄스 증기 트랩은 실린더 속의 온도 변화에 따라 연속적으로 밸브가 개폐하며, 작동 시 구조상 증기가 약간 새는 결점이 있다.
④ 버킷 트랩은 구조상 공기를 함께 배출하지 못하지만, 다량의 응축수를 처리하는 데 적합하며 다량 트랩이라고 한다.

해설 충동 증기 트랩(impulse steam trap) : 온도가 높아진 응축수는 압력이 낮아지면 다시 증발하게 된다. 이때 증발로 인하여 생기는 부피의 증가를 밸브의 개폐에 이용한 것으로 항상 다소의 증기가 새는 결점이 있다.

72. **다음 중 폴리에틸렌관의 이음 방법이 아닌 것은?**

① 콤포 이음
② 융착 이음
③ 플랜지 이음
④ 테이퍼 이음

해설 폴리에틸렌관의 이음 방법에는 용착 슬리브 이음, 테이퍼 접합, 인서트 접합, 플랜지 접합, 용접법 등이 있다.

73. **동일 구경의 관을 직선 연결할 때 사용하는 관 이음 재료가 아닌 것은?**

① 소켓 ② 플러그
③ 유니언 ④ 플랜지

해설 플러그는 관 끝을 막는 재료이다.

74. **열교환기 입구에 설치하여 탱크 내의 온도에 따라 밸브를 개폐하며, 열매의 유입량을 조절하여 탱크 내의 온도를 설정범위로 유지시키는 밸브는?**

① 감압 밸브
② 플랩 밸브
③ 바이패스 밸브
④ 온도조절 밸브

75. **급수배관 내에 공기실을 설치하는 주된 목적은 무엇인가?**

정답 69. ④ 70. ④ 71. ③ 72. ① 73. ② 74. ④ 75. ③

① 공기 밸브를 작게 하기 위하여
② 수압시험을 원활하기 위하여
③ 수격작용을 방지하기 위하여
④ 관 내 흐름을 원활하게 하기 위하여

76. 다음 보기에서 설명하는 통기관 설비 방식과 특징으로 적합한 방식은?

보기
• 배수관의 청소구 위치로 인해서 수평관이 구부러지지 않게 시공한다. • 배수 수평 분기관이 수평주관의 수위에 잠기면 안 된다. • 배수관의 끝 부분은 항상 대기 중에 개방되도록 한다. • 이음쇠를 통해 배수에 선회력을 주어 관 내 통기를 위한 공기 코어를 유지하도록 한다.

① 섹스티아(sextia) 방식
② 소벤트(sovent) 방식
③ 각개통기 방식
④ 신정통기 방식

해설 섹스티아 방식 : 섹스티아 이음쇠로서 수평 분기관의 배수의 수류에 선회력을 만들어 관 내 통기홀을 만들도록 되어 있고, 섹스티아 곡관은 수직관 내에서 내려온 배수의 수류에 선회력을 만들어 공기홀이 지속되도록 만든 것

77. 25 mm 강관의 용접이음용 숏(short) 엘보의 곡률 반지름(mm)은 얼마 정도로 하면 되는가?

① 25 ② 37.5
③ 50 ④ 62.5

해설 ㉠ 용접이음용 숏 엘보의 곡률 반지름은 배관 지름과 같다.
㉡ 용접이음용 롱 엘보의 곡률 반지름은 배관 지름의 1.5배이다.

78. 다음 중 배수설비와 관련된 용어는 어느 것인가?

① 공기실(air chamber)
② 봉수(seal water)
③ 볼 탭(ball tap)
④ 드렌처(drencher)

해설 봉수 깊이는 50 ~ 100 mm 정도로 하여 지하수관으로부터 유해·유취 가스가 실내로 역류하는 것을 방지한다.

79. 도시가스 계량기(30 m^3/h 미만)의 설치 시 바닥으로부터 설치 높이로 가장 적합한 것은? (단, 설치 높이의 제한을 두지 않는 특정 장소는 제외한다.)

① 0.5 m 이하
② 0.7 m 이상 1 m 이내
③ 1.6 m 이상 2 m 이내
④ 2 m 이상 2.5 m 이내

80. 진공환수식 증기난방 배관에 대한 설명으로 틀린 것은?

① 배관 도중에 공기빼기 밸브를 설치한다.
② 배관 기울기를 작게 할 수 있다.
③ 리프트 피팅에 의해 응축수를 상부로 배출할 수 있다.
④ 응축수의 유속이 빠르게 되므로 환수관을 가늘게 할 수 있다.

해설 진공환수식 증기난방 배관에는 공기빼기 밸브를 설치하지 않는다.

정답 76. ① 77. ① 78. ② 79. ③ 80. ①

출제 예상문제 (8)

제1과목 에너지 관리

1. 난방부하가 27300 kJ/h인 어떤 방에 대해 온수난방을 하고자 한다. 방열기의 상당방열면적(m^2)은? (단, 온수 표준방열량은 1890 $kJ/m^2 \cdot h$이다.)

① 6.7 ② 8.4 ③ 10 ④ 14.4

해설 $EDR = \frac{27300}{1890} = 14.4 m^2$

2. 다음 중 감습(제습)장치의 방식이 아닌 것은?

① 흡수식 ② 감압식
③ 냉각식 ④ 압축식

해설 감습(제습)장치의 방식에는 냉각식, 화학식(흡수식, 흡착식), 압축식 등이 있다.

3. 실내 설계온도 26℃인 사무실의 실내유효 현열부하는 20.42 kW, 실내유효 잠열부하는 4.27 kW이다. 냉각코일의 장치 노점온도는 13.5℃, 바이패스 팩터가 0.1일 때, 송풍량(L/s)은? (단, 공기의 밀도는 1.2 kg/m^3, 정압비열은 1.006 kJ/kg · K이다.)

① 1350 ② 1503
③ 12530 ④ 13532

해설 ㉠ 냉각코일 출구온도
$= 26-(1-0.1)\times(26-13.5) = 14.75℃$
㉡ 송풍량
$= \frac{20.42 \times 1000}{1.2 \times 1.006 \times (26-14.75)} = 1503.57 \text{ L/s}$

4. 유효온도(effective temperature)의 3요소는 무엇인가?

① 밀도, 온도, 비열
② 온도, 기류, 밀도
③ 온도, 습도, 비열
④ 온도, 습도, 기류

5. 배출가스 또는 배기가스 등의 열을 열원으로 하는 보일러는?

① 관류보일러 ② 폐열보일러
③ 입형보일러 ④ 수관보일러

해설 폐열보일러는 배기가스의 폐열(여열)을 열원으로 하는 특수 보일러로서 하이네 보일러와 리 보일러가 있다.

6. 공기조화설비의 구성에서 각종 설비별 기기로 바르게 짝지어진 것은?

① 열원설비 – 냉동기, 보일러, 히트펌프
② 열교환설비 – 열교환기, 가열기
③ 열매 수송설비 – 덕트, 배관, 오일펌프
④ 실내 유닛 – 토출구, 유인 유닛, 자동제어기기

해설 열원설비 : 냉동기, 보일러, 히트펌프 등의 주기기 또는 부속기기

7. 덕트의 분기점에서 풍량을 조절하기 위하여 설치하는 댐퍼는?

① 방화 댐퍼 ② 스플릿 댐퍼
③ 피벗 댐퍼 ④ 터닝 베인

해설 ㉠ 방화 댐퍼 : 화재 시 70℃에서 덕트를 폐쇄시키는 장치 (피벗 댐퍼도 방화용 댐퍼의 일종)
㉡ 스플릿 댐퍼 : 분기부 풍향과 풍량 조절

정답 1. ④ 2. ② 3. ② 4. ④ 5. ② 6. ① 7. ②

8. 냉방부하 계산 결과 실내 취득열량은 q_R, 송풍기 및 덕트 취득열량은 q_F, 외기부하는 q_O, 펌프 및 배관 취득열량은 q_p일 때, 공조기 부하를 바르게 나타낸 것은?

① $q_R+q_O+q_p$　② $q_F+q_O+q_p$
③ $q_R+q_O+q_F$　④ $q_R+q_p+q_F$

해설 펌프 및 배관 취득열량은 증발기 부하에 해당하는 것으로 냉동기 부하이다. 즉, 공조기(냉각코일) 부하 $=q_R+q_O+q_F$이다.

9. 다음 공조 방식 중에서 전 공기 방식에 속하지 않는 것은?

① 단일 덕트 방식
② 이중 덕트 방식
③ 팬 코일 유닛 방식
④ 각층 유닛 방식

해설 팬 코일 유닛 방식은 수(물) 방식이다.

10. 온수보일러의 수두압을 측정하는 계기는?

① 수고계　② 수면계
③ 수량계　④ 수위 조절기

해설 수고계는 온수보일러에서 압력계 대용으로 사용하는 수두압 측정용 계기이다.

11. 공기조화 방식을 결정할 때에 고려할 요소로 가장 거리가 먼 것은?

① 건물의 종류　② 건물의 안정성
③ 건물의 규모　④ 건물의 사용목적

12. 증기난방 방식에서 환수주관을 보일러 수면보다 높은 위치에 배관하는 환수배관 방식은?

① 습식환수 방식　② 강제환수 방식
③ 건식환수 방식　④ 중력환수 방식

해설 ㉠ 건식환수 : 환수주관이 보일러 수면보다 높을 때 환수하는 방식
㉡ 습식환수 : 환수주관이 보일러 수면보다 아래에 있을 때 환수하는 방식

13. 온수난방설비에 사용되는 팽창탱크에 대한 설명으로 틀린 것은?

① 밀폐식 팽창탱크의 상부 공기층은 난방장치의 압력변동을 완화하는 역할을 할 수 있다.
② 밀폐식 팽창탱크는 일반적으로 개방식에 비해 탱크 용적을 크게 설계해야 한다.
③ 개방식 탱크를 사용하는 경우는 장치 내의 온수온도를 85℃ 이상으로 해야 한다.
④ 팽창탱크는 난방장치가 정지하여도 일정압 이상으로 유지하여 공기 침입 방지역할을 한다.

해설 개방식 탱크를 사용하는 경우 장치 내의 온수온도는 100℃ 이하이다.

14. 냉수코일 설계상 유의사항으로 틀린 것은?

① 코일의 통과 풍속은 2 ~ 3 m/s로 한다.
② 코일의 설치는 관이 수평으로 놓이게 한다.
③ 코일 내 냉수속도는 2.5 m/s 이상으로 한다.
④ 코일의 출입구 수온 차이는 5 ~ 10℃ 전후로 한다.

해설 코일 내 냉수속도는 0.5 ~ 1.5 m/s (평균 1 m/s) 정도이다.

15. 가열로(加熱爐)의 벽 두께가 80 mm이다. 벽의 안쪽과 바깥쪽의 온도차는 32℃, 벽의 면적은 60 m², 벽의 열전도율은 168 kJ/m · h · K일 때, 시간당 방열량(kJ/h)은 얼마인가?

① 31.92×10^5　② 37.38×10^5
③ 40.32×10^5　④ 42.84×10^5

해설 $q=\frac{168}{0.08}\times60\times32$

$=4032000=40.32\times10^5$ kJ/h

정답 8. ③　9. ③　10. ①　11. ②　12. ③　13. ③　14. ③　15. ③

16. 다음 중 온수난방과 가장 거리가 먼 것은?

① 팽창탱크 ② 공기빼기 밸브
③ 관말트랩 ④ 순환펌프

해설 트랩은 증기난방에서 증기와 응축수를 분리하는 장치이다.

17. 공기조화 방식 중 혼합상자에서 적당한 비율로 냉풍과 온풍을 자동적으로 혼합하여 각 실에 공급하는 방식은?

① 중앙식
② 2중 덕트 방식
③ 유인 유닛 방식
④ 각층 유닛 방식

해설 2중 덕트 방식은 냉·온풍을 혼합하여 공급하는 방식으로 계절에 따라 냉·난방을 변환시킬 필요가 없지만, 냉·온풍의 혼합에 따른 에너지 손실이 크다.

18. 다음의 공기조화장치에서 냉각코일부하를 올바르게 표현한 것은? (단, G_F는 외기량[kg/h]이며, G는 전풍량[kg/h]이다.)

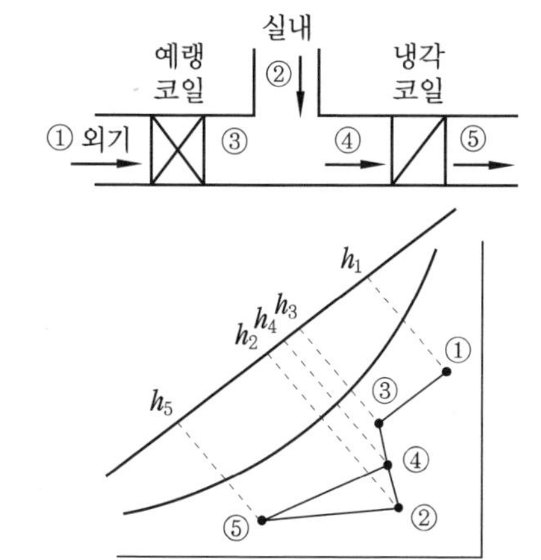

① $G_F(h_1-h_3)+G_F(h_1-h_2)+G(h_2-h_5)$
② $G(h_1-h_3)-G_F(h_1-h_3)+G_F(h_2-h_5)$
③ $G_F(h_1-h_2)-G_F(h_1-h_3)+G(h_2-h_5)$
④ $G(h_1-h_2)+G_F(h_1-h_3)+G_F(h_2-h_5)$

해설 냉각코일부하 q_{cc}

$$= G(h_4-h_5) = G(h_2-h_5)+G(h_4-h_2)$$
$$= G_F(h_3-h_2)+G(h_2-h_5)$$
$$= G_F(h_1-h_2)-G_F(h_1-h_3)+G(h_2-h_5)$$

19. 온풍난방의 특징에 대한 설명으로 틀린 것은?

① 예열시간이 짧아 간헐운전이 가능하다.
② 실내 상하의 온도차가 커서 쾌적성이 떨어진다.
③ 소음 발생이 비교적 크다.
④ 방열기, 배관 설치로 인해 설비비가 비싸다.

해설 온풍난방 설비는 배관 등의 설치가 필요 없다.

20. 에어와셔를 통과하는 공기의 상태변화에 대한 설명으로 틀린 것은?

① 분무수의 온도가 입구공기의 노점온도보다 낮으면 냉각 감습된다.
② 순환수 분무하면 공기는 냉각가습되어 엔탈피가 감소한다.
③ 증기분무를 하면 공기는 가열가습되고 엔탈피도 증가한다.
④ 분무수의 온도가 입구공기 노점온도보다 높고 습구온도보다 낮으면 냉각가습된다.

해설 순환수 분무는 습공기선상 가습으로 엔탈피가 일정한 단열가습이다.

제2과목 공조냉동 설계

21. 이상기체에 대한 관계식 중 옳은 것은? (단, C_p, C_v는 정압 및 정적비열, k는 비열비이고, R은 기체상수이다.)

① $C_p = C_v - R$ ② $C_p = \dfrac{k-1}{k}R$

정답 16. ③ 17. ② 18. ③ 19. ④ 20. ② 21. ③

③ $C_p = \dfrac{k}{k-1}R$ ④ $R = \dfrac{C_p + C_v}{2}$

해설 ㉠ 정압비열 $C_p = \dfrac{k}{k-1}R$

$= C_v + R$

㉡ 정적비열 $C_v = \dfrac{1}{k-1}R$

$= C_p - R$

22. 온도가 T_1인 고열원으로부터 온도가 T_2인 저열원으로 열전도, 대류, 복사 등에 의해 Q만큼 열전달이 이루어졌을 때 전체 엔트로피 변화량을 나타내는 식은?

① $\dfrac{T_1 - T_2}{Q(T_1 \times T_2)}$ ② $\dfrac{Q(T_1 + T_2)}{T_1 \times T_2}$

③ $\dfrac{Q(T_1 - T_2)}{T_1 \times T_2}$ ④ $\dfrac{T_1 + T_2}{Q(T_1 \times T_2)}$

해설 $\Delta S = S_2 - S_1$

$= \dfrac{Q}{T_2} - \dfrac{Q}{T_1} = \dfrac{Q(T_1 - T_2)}{T_1 \times T_2}$

23. 1 kg의 공기가 100℃를 유지하면서 가역 등온팽창하여 외부에 500 kJ의 일을 하였다. 이때 엔트로피의 변화량은 약 몇 kJ/K인가?

① 1.895 ② 1.665
③ 1.467 ④ 1.340

해설 $\Delta S = \dfrac{500}{273+100} = 1.3405\ \text{kJ/K}$

24. 증기 압축 냉동 사이클로 운전하는 냉동기에서 압축기 입구, 응축기 입구, 증발기 입구의 엔탈피가 각각 387.2 kJ/kg, 435.1 kJ/kg, 241.8 kJ/kg일 경우 성능계수는 약 얼마인가?

① 3.0 ② 4.0 ③ 5.0 ④ 6.0

해설 성적계수 $\varepsilon = \dfrac{387.2 - 241.8}{435.1 - 387.2} = 3.04$

25. 습증기 상태에서 엔탈피 h를 구하는 식은? (단, h_f는 포화액의 엔탈피, h_g는 포화증기의 엔탈피, x는 건도이다.)

① $h = h_f + (xh_g - h_f)$
② $h = h_f + x(h_g - h_f)$
③ $h = h_f + x(h_f - h_g)$
④ $h = h_g + x(h_g - h_f)$

해설 건조도 $x = \dfrac{h - h_f}{h_g - h_f}$ 식에서

엔탈피 $h = h_f + x(h_g - h_f)$이다.

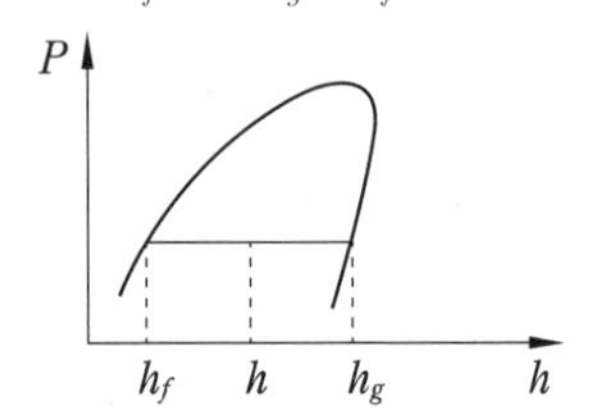

26. 다음의 열역학 상태량 중 종량적 상태량(extensive property)에 속하는 것은?

① 압력 ② 체적
③ 온도 ④ 밀도

해설 ㉠ 강도성 상태량 : 물질의 질량에 관계없이 그 크기가 결정되는 상태량으로 온도, 압력, 비체적 등이 있다.

㉡ 종량성 상태량 : 물질의 질량에 따라 그 크기가 결정되는 상태량으로 물질의 질량에 정비례 관계가 있고 체적, 내부에너지, 엔탈피, 엔트로피 등이 있다.

27. 온도 150℃, 압력 0.5 MPa의 공기 0.2 kg이 압력이 일정한 과정에서 원래 체적의 2배로 늘어난다. 이 과정에서의 일은 약 몇 kJ인가? (단, 공기는 기체상수가 0.287 kJ/kg · K인 이상기체로 가정한다.)

① 12.3 kJ ② 16.5 kJ
③ 20.5 kJ ④ 24.3 kJ

정답 22. ③ 23. ④ 24. ① 25. ② 26. ② 27. ④

해설 $W_a = GRT_1\left(\frac{V_2}{V_1}-1\right)$

$= 0.2 \times 0.287 \times (150+273) \times \left(\frac{2}{1}-1\right)$

$= 24.28\,\text{kJ}$

28. 천제연 폭포의 높이가 55 m이고 주위와 열 교환을 무시한다면 폭포수가 낙하한 후 수면에 도달할 때까지 온도 상승은 약 몇 K인가? (단, 폭포수의 비열은 4.2 kJ/kg · K이다.)

① 0.87 ② 0.31
③ 0.13 ④ 0.68

해설 $\Delta t = \frac{G \cdot l \cdot g}{C} = \frac{1 \times 55 \times 9.8}{4.2 \times 1000}$

$= 0.128\,\text{K}$

29. 유체의 교축과정에서 Joule－Thomson계수(μ_J)가 중요하게 고려되는데 이에 대한 설명으로 옳은 것은?

① 등엔탈피 과정에 대한 온도 변화와 압력 변화의 비를 나타내며 $\mu_J < 0$인 경우 온도상승을 의미한다.
② 등엔탈피 과정에 대한 온도 변화와 압력 변화의 비를 나타내며 $\mu_J < 0$인 경우 온도강하를 의미한다.
③ 정적 과정에 대한 온도 변화와 압력 변화의 비를 나타내며 $\mu_J < 0$인 경우 온도상승을 의미한다.
④ 정적 과정에 대한 온도 변화와 압력 변화의 비를 나타내며 $\mu_J < 0$인 경우 온도강하를 의미한다.

해설 Joule－Thomson 계수는 교축 과정(등엔탈피) 중 단위 압력 변화에 대한 온도 변화를 나타내는 척도로서 $\mu_J = \left(\frac{\partial T}{\partial P}\right)_h$에서 $\mu_J < 0$인 경우 온도는 상승한다.

30. 1대 압축기로 증발온도를 -30℃ 이하의 저온도로 만들 경우 일어나는 현상이 아닌 것은?

① 압축기 체적효율의 감소
② 압축기 토출 증기의 온도 상승
③ 압축기의 단위 흡입체적당 냉동효과 상승
④ 냉동능력당의 소요동력 증대

해설 압축기의 단위능력당 냉동효과가 감소한다.

31. 제방장치에서 135 kg용 빙관을 사용하는 냉동장치와 가장 거리가 먼 것은?

① 헤어 핀 코일
② 브라인 펌프
③ 공기교반장치
④ 브라인 아지테이터(agitator)

해설 브라인은 펌프 대신에 브라인 교반기에 의해 순환시킨다.

32. 모세관 팽창 밸브의 특징에 대한 설명으로 옳은 것은?

① 가정용 냉장고 등 소용량 냉동장치에 사용된다.
② 베이퍼 로크 현상이 발생할 수 있다.
③ 내부 균압관이 설치되어 있다.
④ 증발부하에 따라 유량 조절이 가능하다.

해설 ② 저비점 액 펌프장치에서 발생한다.
③ TEV에서 증발 압력강하가 0.14 kg/cm^2 이하일 때 사용된다.
④ 팽창 밸브의 역할로서 모세관과 정압식 팽창 밸브는 제외한다.

33. 증발기에서의 착상이 냉동장치에 미치는 영향에 대한 설명으로 옳은 것은?

① 압축비 및 성적계수 감소
② 냉각능력 저하에 따른 냉장실 내 온도강하
③ 증발온도 및 증발압력 강하

정답 28. ③ 29. ① 30. ③ 31. ② 32. ① 33. ③

④ 냉동능력에 대한 소요동력 감소의 열통과율이 높아지고 냉동능력도 증가

해설 ① 압축비 증가에 따른 소요동력 증가로 성적계수 감소
② 전열 불량으로 냉각능력 저하 및 냉장실 내 온도상승
③ 전열 불량으로 증발온도와 압력 강하
④ 단위능력에 대한 소요동력 증대

34. 냉동능력이 7 kW인 냉동장치에서 수랭식 응축기의 냉각수 입 · 출구 온도차가 8℃인 경우, 냉각수의 유량(kg/h)은? (단, 압축기의 소요동력은 2 kW이다.)

① 630 ② 750
③ 860 ④ 967

해설 $G = \dfrac{(7+2)\times 3600}{4.187\times 8} = 967.3\,\text{kg/h}$

35. 다음 중 냉동에 관한 설명으로 옳은 것은?

① 팽창 밸브에서 팽창 전후의 냉매 엔탈피값은 변한다.
② 단열압축은 외부와의 열의 출입이 없기 때문에 단열압축 전후의 냉매온도는 변한다.
③ 응축기 내에서 냉매가 버려야 하는 열은 현열이다.
④ 현열에는 응고열, 융해열, 응축열, 증발열, 승화열 등이 있다.

해설 단열압축 후 토출가스 온도는 $\left(\dfrac{P_2}{P_1}\right)^{\frac{k-1}{k}}$에 비례하여 상승한다.

36. $P-h$ 선도(압력-엔탈피)에서 나타내지 못하는 것은?

① 엔탈피 ② 습구온도
③ 건조도 ④ 비체적

해설 습구온도는 습공기 선도($t-x$, $t-i$ 선도)에 나타난다.

37. 냉동장치가 정상적으로 운전되고 있을 때에 관한 설명으로 틀린 것은?

① 팽창 밸브 직후의 온도는 직전의 온도보다 낮다.
② 크랭크 케이스 내의 유온은 증발온도보다 높다.
③ 응축기의 냉각수 출구온도는 응축온도보다 높다.
④ 응축온도는 증발온도보다 높다.

해설 응축기 냉각수 출구온도는 응축온도보다 낮다.

38. 냉동장치 내 공기가 혼입되었을 때, 나타나는 현상으로 옳은 것은?

① 응축기에서 소리가 난다.
② 응축온도가 떨어진다.
③ 토출온도가 높다.
④ 증발압력이 낮아진다.

해설 냉동장치 내 공기가 혼입되면 나타나는 현상
㉠ 응축온도와 압력 상승
㉡ 압축비 상승
㉢ 체적효율 감소
㉣ 냉매순환량 감소
㉤ 단위능력당 소비동력 증대
㉥ 실린더 과열
㉦ 토출가스 온도 상승
㉧ 윤활유 열화 및 탄화
㉨ 윤활 부품 마모 및 파손
㉩ 축수하중 증대

39. 만액식 증발기를 사용하는 R134a용 냉동장치가 다음 그림과 같다. 이 장치에서 압축기의 냉매 순환량이 0.2 kg/s이며, 이론 냉동 사이클의 각 점에서의 엔탈피가 다음 표와 같을 때, 이론 성능계수(COP)는? (단, 배관의 열손실은 무시한다.)

정답 34. ④ 35. ② 36. ② 37. ③ 38. ③ 39. ④

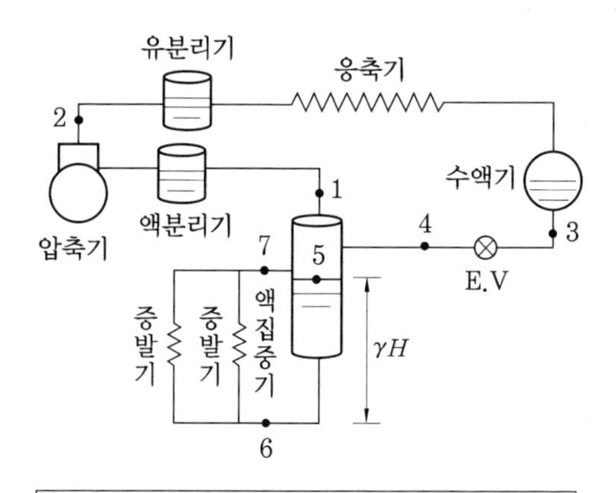

- $h_1=393$ kJ/kg
- $h_2=440$ kJ/kg
- $h_3=230$ kJ/kg
- $h_4=230$ kJ/kg
- $h_5=185$ kJ/kg
- $h_6=185$ kJ/kg
- $h_7=385$ kJ/kg

① 1.98 ② 2.39
③ 2.87 ④ 4.26

해설 $\varepsilon=\dfrac{h_7-h_6}{h_2-h_1}=\dfrac{385-185}{440-393}=4.255 ≒ 4.26$

40. 다음 중 냉매에 관한 설명으로 옳은 것은?

① 냉매표기 R+xyz 형태에서 xyz는 공비 혼합 냉매 경우 400번대, 비공비 혼합 냉매 경우 500번대로 표시한다.
② R502는 R22와 R113과의 공비 혼합 냉매이다.
③ 흡수식 냉동기는 냉매로 NH_3와 R-11이 일반적으로 사용된다.
④ R1234yf는 HFO 계열의 냉매로서 지구온난화지수(GWP)가 매우 낮아 R134a의 대체 냉매로 활용 가능하다.

해설 ① 공비 혼합 냉매는 500번대이다.
② R502 : R115+R22, R22+C_3H_8, R218+R22 등이 있다.
③ 흡수식 냉동장치의 냉매와 용제(흡수제) : 냉장 = H_2O + LiBr, 냉동 = NH_3 + H_2O
④ R−1xyz는 불포화 탄화수소계 냉매로서 R−11yz는 C_2HCl_3(3염화에틸렌) 계열이고, R−12yz는 C_3H_6(프로필렌) 계열이다. R−1234는 $C_3H_2F_4$이다.

제3과목 시운전 및 안전관리

41. 다음 그림과 같이 철심에 두 개의 코일 C_1, C_2를 감고 코일 C_1에 흐르는 전류 I에 ΔI 만큼의 변화를 주었다. 이때 일어나는 현상에 대한 설명으로 옳지 않은 것은?

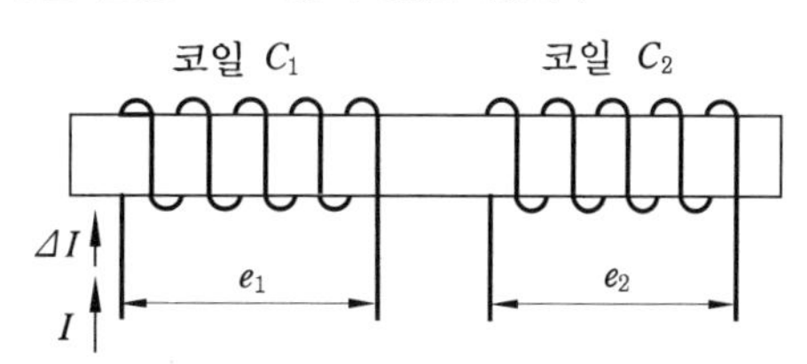

① 코일 C_2에서 발생하는 기전력 e_2는 렌츠의 법칙에 의하여 설명이 가능하다.
② 코일 C_1에서 발생하는 기전력 e_1은 자속의 시간 미분값과 코일의 감은 횟수의 곱에 비례한다.
③ 전류의 변화는 자속의 변화를 일으키며, 자속의 변화는 코일 C_1에 기전력 e_1을 발생시킨다.
④ 코일 C_2에서 발생하는 기전력 e_2와 전류 I의 시간 미분값의 관계를 설명해 주는 것이 자기 인덕턴스이다.

해설 코일 C_2에서 발생하는 기전력 e_2는 전류 I의 시간 미분값과 자기 인덕턴스 곱에 비례한다.
즉 $e=-L\dfrac{di}{dt}$ [V]이다.

42. 다음 그림과 같은 제어에 해당하는 것은?

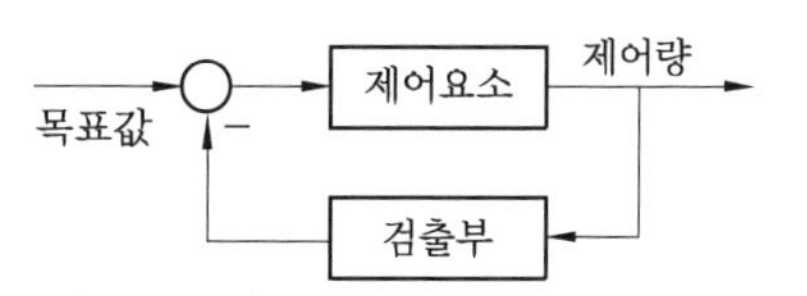

정답 40. ④ 41. ④ 42. ④

① 개방 제어　　② 시퀀스 제어
③ 개루프 제어　　④ 폐루프 제어

해설 출력 신호를 입력 신호로 되돌려서 제어량의 목표값과 비교하여 정확한 제어가 가능하도록 한 제어계를 피드백(폐루프) 제어라 한다.

43. 물체의 위치, 방위, 자세 등의 기계적 변위를 제어량으로 하여 목표값의 임의의 변화에 항상 추종되도록 구성된 제어장치는?

① 서보기구
② 자동조정
③ 정치 제어
④ 프로세스 제어

해설 서보기구는 물체의 위치, 방향, 자세 등의 기계적 변위를 제어량으로 하여 비행기 및 선박의 방향 제어계, 미사일 발사대의 자동위치 제어계, 추적용 레이더, 자동 평형 기록계 등에 추종되도록 구성된 제어장치이다.

44. 다음 중 무인 엘리베이터의 자동 제어로 가장 적합한 것은?

① 추종 제어
② 정치 제어
③ 프로그램 제어
④ 프로세스 제어

해설 프로그램 제어는 미리 정해진 프로그램에 따라 제어량을 변화시키는 것을 목적으로 사용된다.

45. 다음의 논리식을 간단히 한 것은?

$$X=\overline{A}\,\overline{B}\,C+A\overline{B}\,\overline{C}+A\overline{B}C$$

① $\overline{B}(A+C)$　　② $C(A+\overline{B})$
③ $\overline{C}(A+B)$　　④ $\overline{A}(B+C)$

해설 $X=\overline{A}\,\overline{B}\,C+A\overline{B}\,\overline{C}+A\overline{B}C$
$=\overline{B}(\overline{A}C+A\overline{C}+AC)$
$=\overline{B}(A+C)$

46. PLC 프로그래밍에서 여러 개의 입력신호 중 하나 또는 그 이상의 신호가 ON되었을 때 출력이 나오는 회로는?

① OR 회로　　② AND 회로
③ NOT 회로　　④ 자기 유지 회로

47. 단상변압기 2대를 사용하여 3상 전압을 얻고자 하는 결선방법은?

① Y 결선　　② V 결선
③ Δ 결선　　④ Y-Δ 결선

48. 직류기에서 전압 정류의 역할을 하는 것은?

① 보극　　② 보상권선
③ 탄소 브러시　　④ 리액턴스 코일

해설 보극은 회전기의 중성대 부분의 전기가 반작용을 상쇄하고 전압 정류를 하기 위해, 또한 정류 자속을 발생시키기 위해 사용하는 극을 말한다.

49. 전동기 2차측에 기동저항기를 접속하고 비례 추이를 이용하여 기동하는 전동기는?

① 단상 유도전동기
② 2상 유도전동기
③ 권선형 유도전동기
④ 2중 농형 유도전동기

해설 권선형 유도전동기에 2차 저항 제어가 채용되며 토크의 비례 추이를 응용하여 2차 저항을 조정하고 속도를 제어한다.

50. 100 V, 40 W의 전구에 0.4 A의 전류가 흐른다면 이 전구의 저항은?

① 100 Ω　　② 150 Ω
③ 200 Ω　　④ 250 Ω

해설 $R=\frac{V}{I}=\frac{100}{0.4}=250\ \Omega$

정답 43. ① 44. ③ 45. ① 46. ① 47. ② 48. ① 49. ③ 50. ④

51. 공작기계의 물품 가공을 위하여 주로 펄스를 이용한 프로그램 제어를 하는 것은 어느 것인가?

① 수치 제어 ② 속도 제어
③ PLC 제어 ④ 계산기 제어

52. 다음 중 절연저항을 측정하는 데 사용되는 계측기는?

① 메거
② 저항계
③ 켈빈 브리지
④ 휘트스톤 브리지

해설 메거는 수동 발전기를 내장하고 주로 메가옴(MΩ) 이상의 절연저항을 측정하는 계기로 최근에는 발전기 대신 트랜지스터(전자) 발전기로 승압용 변압기를 내장한 것이 쓰이고 있다.

53. 다음 중 검출용 스위치에 속하지 않는 것은 어느 것인가?

① 광전 스위치 ② 액면 스위치
③ 리밋 스위치 ④ 누름버튼 스위치

해설 누름버튼 스위치는 조작용 스위치이다.

54. 다음과 같은 회로에서 i_2가 0이 되기 위한 C의 값은? (단, L은 합성 인덕턴스, M은 상호 인덕턴스이다.)

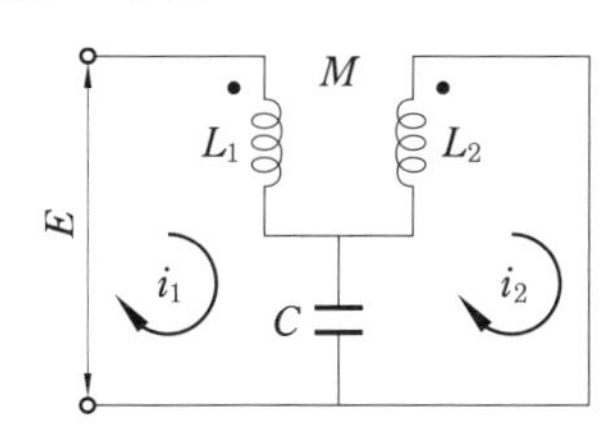

① $\dfrac{1}{\omega L}$ ② $\dfrac{1}{\omega^2 L}$
③ $\dfrac{1}{\omega M}$ ④ $\dfrac{1}{\omega^2 M}$

해설 2차 회로의 전압 방정식은

$$j\omega(L_2 - M)I_2 + j\omega M(I_2 - I_1) + \frac{1}{j\omega C}(I_2 - I_1) = 0$$

$$\left(-j\omega M + j\frac{1}{\omega C}\right)I_1 + \left(j\omega L_2 + j\frac{1}{\omega C}\right)I_2 = 0$$

I_2가 0이 되려면 I_1의 계수가 0이어야 하므로

$$-j\omega M + j\frac{1}{\omega C} = 0$$

$$\therefore C = \frac{1}{\omega^2 M}$$

55. 오차 발생시간과 오차의 크기로 둘러싸인 면적에 비례하여 동작하는 것은?

① P 동작 ② I 동작
③ D 동작 ④ PD 동작

해설 적분 제어(I 동작) : 적분값의 크기에 비례하여 조작부를 제어하는 것으로 오프셋을 소멸시킨다.

56. 개루프 전달함수 $G(s) = \dfrac{1}{s^2 + 2s + 3}$인 단위 궤환계에서 단위 계단입력을 가하였을 때의 오프셋(off set)은?

① 0 ② 0.25
③ 0.5 ④ 0.75

해설 $e_{ss} = \lim\limits_{s \to 0} \dfrac{s}{1 + G(s)} R(s)$에서

$R(s) = \dfrac{1}{s}$이므로

$$\therefore e_{ssp} = \lim_{s \to 0} \frac{s}{1 + G(s)} \cdot \frac{1}{s}$$

$$= \lim_{s \to 0} \frac{1}{1 + G(s)}$$

$$= \lim_{s \to 0} \frac{1}{1 + \dfrac{1}{s^2 + 2s + 3}}$$

$$= \lim_{s \to 0} \frac{s^2 + 2s + 3}{s^2 + 2s + 3 + 1} = \frac{3}{4} = 0.75$$

정답 51. ① 52. ① 53. ④ 54. ④ 55. ② 56. ④

57. 저항 8Ω과 유도 리액턴스 6Ω이 직렬접속된 회로의 역률은?

① 0.6 ② 0.8
③ 0.9 ④ 1

해설 $\cos\theta = \frac{R}{Z} = \frac{8}{\sqrt{8^2+6^2}} = 0.8$

58. 온도 보상용으로 사용되는 소자는?

① 서미스터 ② 배리스터
③ 제너 다이오드 ④ 버랙터 다이오드

해설 서미스터(thermistor) : 반도체의 일종으로 전기저항이 온도의 상승에 따라 현저하게 감소하는 회로용 소자로서 철, 구리, 니켈, 코발트, 망간 등의 산화물을 소결해 만든 것(온도 측정 제어, 계측기의 온도 보상)

59. 다음과 같은 회로에서 a, b 양단자간의 합성저항은? (단, 그림에서의 저항 단위는 Ω이다.)

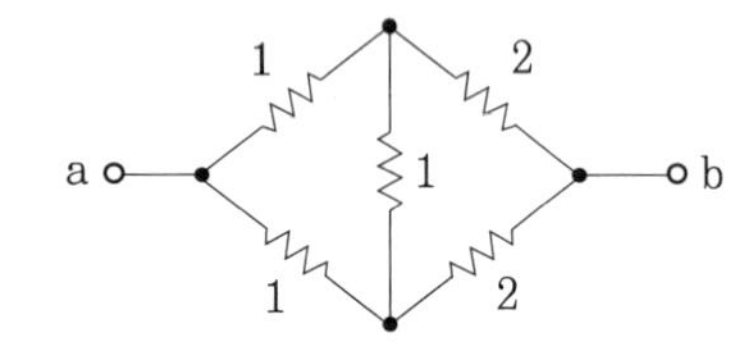

① 1.0Ω ② 1.5Ω
③ 3.0Ω ④ 6.0Ω

해설 문제 그림을 등가시키면 다음과 같다.

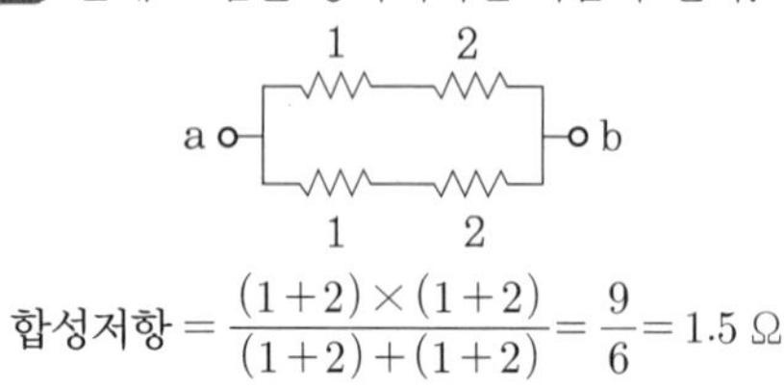

$$합성저항 = \frac{(1+2)\times(1+2)}{(1+2)+(1+2)} = \frac{9}{6} = 1.5\,\Omega$$

60. 온 오프(on-off) 동작에 관한 설명으로 옳은 것은?

① 응답속도는 빠르나 오프셋이 생긴다.
② 사이클링은 제거할 수 있으나 오프셋이 생긴다.
③ 간단한 단속적 제어동작이고 사이클링이 생긴다.
④ 오프셋은 없앨 수 있으나 응답시간이 늦어질 수 있다.

해설 온 오프 동작 : 설정값에 의해서 조작부를 개폐하여 운전하며, 제어 결과가 사이클링(cycling) 또는 오프셋(offset)을 일으킨다.

제4과목 유지보수 공사관리

61. 도시가스 배관 시 배관이 움직이지 않도록 관지름 13~33 mm 미만의 경우 몇 m마다 고정장치를 설치해야 하는가?

① 1 m ② 2 m
③ 3 m ④ 4 m

해설 ㉠ 관지름 13 mm 미만 : 1 m마다
㉡ 관지름 13 mm 이상 33 mm 미만 : 2 m마다
㉢ 관지름 33 mm 이상 : 3 m마다

62. 냉매배관에 사용되는 재료에 대한 설명으로 틀린 것은?

① 배관 선택 시 냉매의 종류에 따라 적절한 재료를 선택해야 한다.
② 동관은 가능한 이음매 있는 관을 사용한다.
③ 저압용 배관은 저온에서도 재료의 물리적 성질이 변하지 않는 것으로 사용한다.
④ 구부릴 수 있는 관은 내구성을 고려하여 충분한 강도가 있는 것을 사용한다.

해설 동관은 이음매 없는 관을 사용한다.

63. 동관의 호칭경이 20 A일 때 실제 외경은?

① 15.87 mm ② 22.22 mm
③ 28.57 mm ④ 34.93 mm

정답 57. ② 58. ① 59. ② 60. ③ 61. ② 62. ② 63. ②

64. 팬 코일 유닛 방식의 배관 방식에서 공급관이 2개이고 회수관이 1개인 방식으로 옳은 것은?

① 1관식　　② 2관식
③ 3관식　　④ 4관식

해설 3관식 : 2개의 공급관 (냉수관 1개, 온수관 1개)과 1개의 공통 환수관을 접속하여 사용하는 방식

65. 방열기 전체의 수저항이 배관의 마찰손실에 비해 큰 경우 채용하는 환수 방식은?

① 개방류 방식　　② 재순환 방식
③ 역귀환 방식　　④ 직접귀환 방식

해설 직접환수 회로 (다이렉트 리턴) 방식은 방열기 전체의 수저항이 배관의 마찰손실에 비하여 큰 경우 또는 방열기 수저항이 다른 경우에 채용한다.

66. 증기와 응축수의 온도 차이를 이용하여 응축수를 배출하는 트랩은?

① 버킷 트랩 (bucket trap)
② 디스크 트랩 (disk trap)
③ 벨로스 트랩 (bellows trap)
④ 플로트 트랩 (float trap)

해설 벨로스 (열동식) 트랩은 인청동의 박판으로 만든 벨로스 내부에 휘발성이 많은 액체 (에테르)를 채운 것으로 드레인이나 공기가 들어오면 온도가 내려가 벨로스가 수축하여 밸브를 열게 된다.

67. 배관의 분해, 수리 및 교체가 필요할 때 사용하는 관 이음재의 종류는?

① 부싱　　② 소켓
③ 엘보　　④ 유니언

해설 배관의 분해, 수리 및 교체가 필요할 때 사용하는 관 이음쇠는 플랜지와 유니언이다.

68. 급수량 산정에 있어서 시간 평균 예상 급수량(Q_h)이 3000 L/h였다면, 순간 최대 예상 급수량(Q_p)은?

① 75 ~ 100 L/min
② 150 ~ 200 L/min
③ 225 ~ 250 L/min
④ 275 ~ 300 L/min

해설 $Q_p = \frac{(3 \sim 4) Q_h}{60} = \frac{(3 \sim 4) \times 3000}{60}$
$= 150 \sim 200 \text{ L/min}$

69. 다음 중 증기 난방법에 관한 설명으로 틀린 것은?

① 저압 증기난방에 사용하는 증기의 압력은 0.15 ~ 0.35 kg/cm^2 정도이다.
② 단관 중력 환수식의 경우 증기와 응축수가 역류하지 않도록 선단 하향 구배로 한다.
③ 환수주관을 보일러 수면보다 높은 위치에 배관한 것은 습식 환수관식이다.
④ 증기의 순환이 가장 빠르며 방열기, 보일러 등의 설치 위치에 제한을 받지 않고 대규모 난방용으로 주로 채택되는 방식은 진공 환수식이다.

해설 ③은 건식 환수관식에 대한 설명이다.

70. 배관의 자중이나 열팽창에 의한 힘 이외에 기계의 진동, 수격작용, 지진 등 다른 하중에 의해 발생하는 변위 또는 진동을 억제시키기 위한 장치는?

① 스프링 행어　　② 브레이스
③ 앵커　　④ 가이드

해설 브레이스는 펌프, 압축기 등의 진동을 흡수하는 데 사용하는 장치로 고무, 코르크, 스프링 등이 있다.

정답 64. ③　65. ④　66. ③　67. ④　68. ②　69. ③　70. ②

71. 펌프를 운전할 때 공동현상(캐비테이션)의 발생 원인으로 가장 거리가 먼 것은?

① 토출양정이 높다.
② 유체의 온도가 높다.
③ 날개차의 원주속도가 크다.
④ 흡입관의 마찰저항이 크다.

해설 공동현상 발생 원인
㉠ 흡입양정이 높을 때
㉡ 유체온도가 높을 때
㉢ 유속이 빠를 때
㉣ 회전수가 빠를 때(원주속도가 클 때)
㉤ 흡입관 저항이 클 때
㉥ 유량이 많을 때
㉦ 흡입관 지름이 작을 때

72. 급수 방식 중 대규모의 급수 수요에 대응이 용이하고 단수 시에도 일정량의 급수를 계속할 수 있으며 거의 일정한 압력으로 항상 급수되는 방식은?

① 양수 펌프식 ② 수도 직결식
③ 고가 탱크식 ④ 압력 탱크식

해설 고가 탱크식 : 탱크의 크기는 1일 사용수량의 1~2시간 분 이상의 양을 저수할 수 있어야 한다. 설치 높이는 샤워실 플러시 밸브의 경우 7 m, 보통 수전은 3 m 이상이며 급수압이 일정하고 단수에도 계속 급수할 수 있다.

73. 증기 트랩의 종류를 대분류한 것으로 가장 거리가 먼 것은?

① 박스 트랩 ② 기계적 트랩
③ 온도조절 트랩 ④ 열역학적 트랩

해설 박스 트랩은 배수 트랩의 종류에 해당한다.

74. 다음 중 열팽창에 의한 배관의 이동을 구속 또는 제한하기 위해 사용되는 관 지지 장치는 무엇인가?

① 행어(hanger)
② 서포트(support)
③ 브레이스(brace)
④ 리스트레인트(restraint)

해설 ① 행어 : 배관의 하중을 위에서 걸어당겨 받치는 지지구
② 서포트 : 아래에서 위로 떠받쳐서 배관을 지지하는 기구
③ 브레이스 : 펌프, 압축기 등의 진동을 흡수하는 장치
④ 리스트레인트 : 열팽창에 의한 배관의 이동을 구속 또는 제한하는 장치

75. 다음 그림과 같은 입체도에 대한 설명으로 맞는 것은?

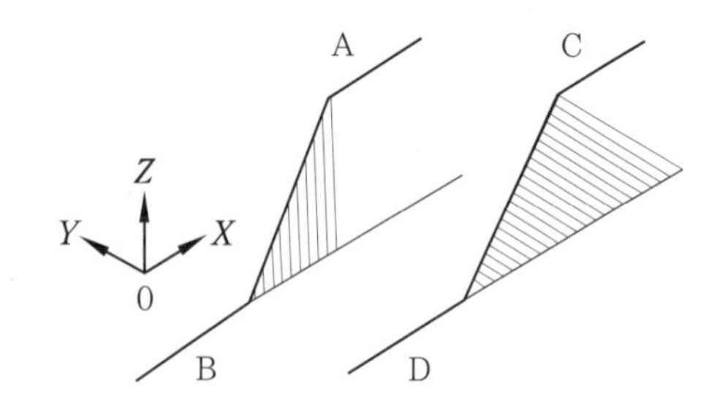

① 직선 A와 B, 직선 C와 D는 각각 동일한 수직평면에 있다.
② A와 B는 수직높이 차가 다르고, 직선 C와 D는 동일한 수평평면에 있다.
③ 직선 A와 B, 직선 C와 D는 각각 동일한 수평평면에 있다.
④ 직선 A와 B는 동일한 수평평면에, 직선 C와 D는 동일한 수직평면에 있다.

76. 급수배관 시공에 관한 설명으로 가장 거리가 먼 것은?

① 수리와 기타 필요 시 관 속의 물을 완전히 뺄 수 있도록 기울기를 주어야 한다.
② 공기가 모여 있는 곳이 없도록 하여야 하며, 공기가 모일 경우 공기빼기 밸브를 부착한다.

정답 71. ① 72. ③ 73. ① 74. ④ 75. ② 76. ③

③ 급수관에서 상향 급수는 선단 하향 구배로 하고, 하향 급수에서는 선단 상향 구배로 한다.

④ 가능한 마찰손실이 작도록 배관하며 관의 축소는 편심 리듀서를 써서 공기의 고임을 피한다.

해설 급수관에서 상향 급수는 선단 상향 구배로 하고, 하향 급수에서는 선단 하향 구배로 한다.

77. **베이퍼 로크 현상을 방지하기 위한 방법으로 틀린 것은?**

① 실린더 라이너의 외부를 가열한다.

② 흡입배관을 크게 하고 단열 처리한다.

③ 펌프의 설치 위치를 낮춘다.

④ 흡입관로를 깨끗이 청소한다.

해설 ①은 베이퍼 로크 현상을 촉진시킨다.

78. **저압 증기난방장치에서 적용되는 하트포드 접속법(Hartford connection)과 관련된 용어로 가장 거리가 먼 것은?**

① 균형관

② 보일러 주변 배관

③ 보일러수의 역류 방지

④ 리프트 피팅

해설 리프트 피팅 : 진공환수식 증기 난방법에서 저압 증기환수관이 진공펌프의 흡입구보다 낮은 위치에 있을 때 응축수를 끌어올리기 위해 설치하는 장치로, 1단 흡상 높이는 1.5 m 이내로 하며, 환수주관보다 1~2 정도 작은 치수를 사용한다.

79. **배수 및 통기설비에서 배관시공법에 관한 주의사항으로 틀린 것은?**

① 우수 수직관에 배수관을 연결해서는 안 된다.

② 오버 플로관은 트랩의 유입구측에 연결해야 한다.

③ 바닥 아래에서 빼내는 각 통기관에는 횡주부를 형성시키지 않는다.

④ 통기 수직관은 최하위의 배수 수평지관보다 높은 위치에서 연결해야 한다.

해설 통기 수직관의 하부는 최저수위의 배수 수평 분기관보다 낮은 위치에서 45° Y 이음을 사용하여 배수 수직관 또는 수평주관에 접속한다.

80. **온수난방 배관에서 에어 포켓(air pocket)이 발생될 우려가 있는 곳에 설치하는 공기빼기 밸브의 설치 위치로 가장 적절한 것은?**

①

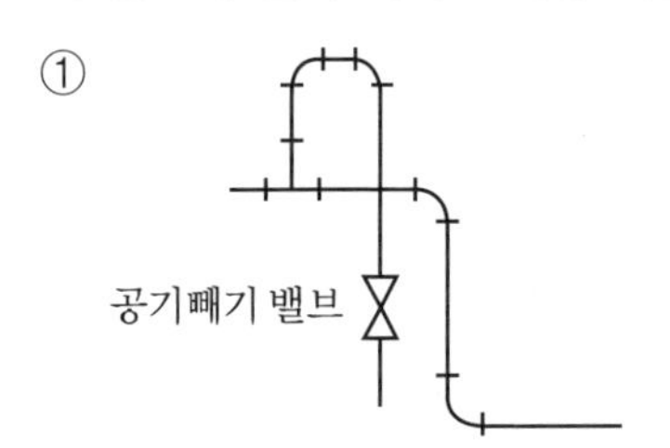

②

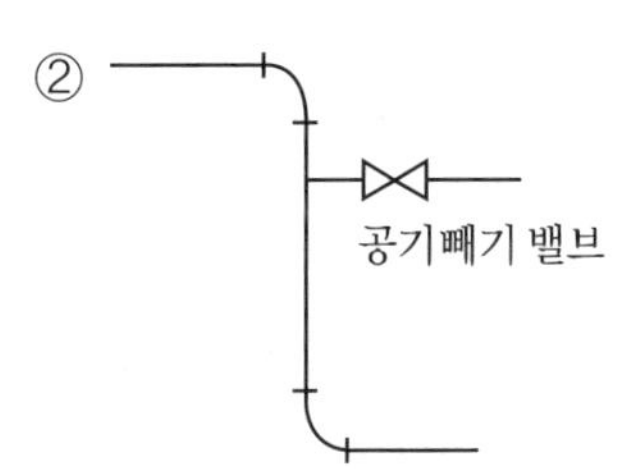

③

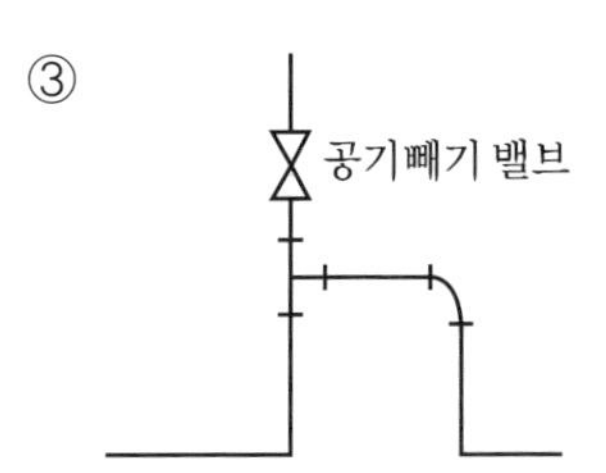

④

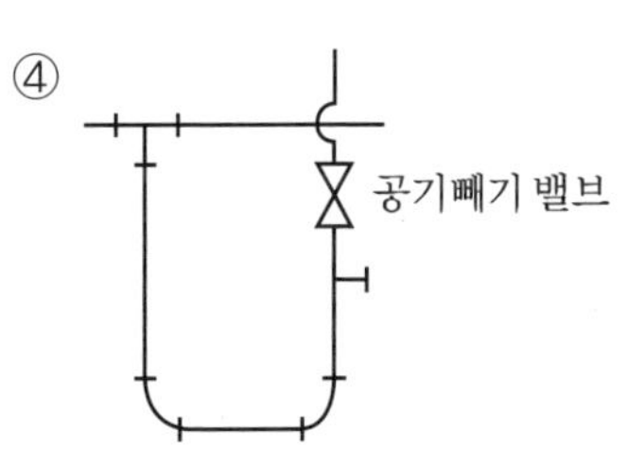

정답 77. ① 78. ④ 79. ④ 80. ③

출제 예상문제 (9)

제1과목 에너지 관리

1. 장방형 덕트(장변 a, 단변 b)를 원형 덕트로 바꿀 때 사용하는 식은 다음과 같다. 이 식으로 환산된 장방형 덕트와 원형 덕트의 관계는 무엇인가?

$$D_e = 1.3\left[\frac{(a \cdot b)^5}{(a+b)^2}\right]^{1/8}$$

① 두 덕트의 풍량과 단위 길이당 마찰손실이 같다.
② 두 덕트의 풍량과 풍속이 같다.
③ 두 덕트의 풍속과 단위길이당 마찰손실이 같다.
④ 두 덕트의 풍량과 풍속 및 단위길이당 마찰손실이 모두 같다.

2. 열회수 방식 중 공조설비의 에너지 절약기법으로 많이 이용되고 있으며, 외기 도입량이 많고 운전시간이 긴 시설에서 효과가 큰 것은?

① 잠열교환기 방식
② 현열교환기 방식
③ 비열교환기 방식
④ 전열교환기 방식

해설 폐열회수방에서는 공대공 전열교환기를 주로 사용한다.

3. 중앙식 공조 방식의 특징에 대한 설명으로 틀린 것은?

① 중앙 집중식이므로 운전 및 유지관리가 용이하다.
② 리턴 팬을 설치하면 외기냉방이 가능하게 된다.
③ 대형 건물보다는 소형 건물에 적합한 방식이다.
④ 덕트가 대형이고, 개별식에 비해 설치공간이 크다.

해설 대형 공조 기계실이 필요하므로 소형 건물보다는 대형 건물에 적합하다.

4. 어느 건물 서편의 유리 면적이 40 m^2이다. 안쪽에 크림색의 베네시언 블라인드를 설치한 유리면으로부터 오후 4시에 침입하는 열량(kW)은? (단, 외기는 33℃, 실내는 27℃, 유리는 1중이며, 유리의 열통과율(K)은 5.9 $W/m^2 \cdot$℃, 유리창의 복사량(I_{gr})은 608 $W/m^2 \cdot$℃, 차폐계수(K_s)는 0.56이다.)

① 1.4 ② 3.6 ③ 13.6 ④ 15

해설 ㉠ 일사량 $= 608 \times 40 \times 0.56 = 13619.2$ W
㉡ 전도열량 $= 5.9 \times 40 \times (33-27) = 1416$ W
㉢ 침입열량
$= 13619.2 + 1416 = 15035 \text{ W} ≒ 15 \text{ kW}$

5. 보일러의 스케일 방지 방법으로 틀린 것은?

① 슬러지는 적절한 분출로 제거한다.
② 스케일 방지 성분인 칼슘의 생성을 돕기 위해 경도가 높은 물을 보일러수로 활용한다.
③ 경수연화장치를 이용하여 스케일 생성을 방지한다.
④ 인산염을 일정 농도가 되도록 투입한다.

해설 스케일(관석) 성분인 칼슘, 마그네슘 생성을 방지하기 위하여 경도가 낮은 물을 사용해야 한다.

정답 1. ① 2. ④ 3. ③ 4. ④ 5. ②

6. 외부의 신선한 공기를 공급하여 실내에서 발생한 열과 오염물질을 대류효과 또는 급배기 팬을 이용하여 외부로 배출시키는 환기 방식은?

① 자연환기　② 전달환기
③ 치환환기　④ 국소환기

해설 치환환기는 제1종 병용식 환기 방식으로 급배기 팬을 이용하여 실내 공기를 신선 외기로 교환(치환)시킨다.

7. 다음 중 사용되는 공기 선도가 아닌 것은? (단, h : 엔탈피, x : 절대습도, t : 온도, p : 압력이다.)

① $h-x$ 선도　② $t-x$ 선도
③ $t-h$ 선도　④ $p-h$ 선도

해설 $p-h$ 선도(압력 - 엔탈피 선도)는 냉동장치의 냉매 선도이다.

8. 다음 중 일반 공기 냉각용 냉수코일에서 가장 많이 사용되는 코일의 열수로 가장 적정한 것은?

① 0.5 ~ 1　② 1.5 ~ 2
③ 4 ~ 8　④ 10 ~ 14

해설 보편적으로 공기 냉각용 냉수코일 열수는 4 ~ 8열이며, 공기 출구온도가 12℃ 이하이거나 대수 평균온도차가 작을 경우 8열 이상일 때도 있다.

9. 일사를 받는 외벽으로부터의 침입열량(q)을 구하는 식으로 옳은 것은? (단, k는 열관류율, A는 면적, Δt는 상당외기 온도차이다.)

① $q = k \times A \times \Delta t$
② $q = 0.86 \times A / \Delta t$
③ $q = 0.24 \times A \times \Delta t / k$
④ $q = 0.29 \times k / (A \times \Delta t)$

10. 공기의 감습장치에 관한 설명으로 틀린 것은?

① 화학적 감습법은 흡착과 흡수 기능을 이용하는 방법이다.
② 압축식 감습법은 감습만을 목적으로 사용하는 경우 재열이 필요하므로 비경제적이다.
③ 흡착식 감습법은 실리카겔 등을 사용하며, 흡습재의 재생이 가능하다.
④ 흡수식 감습법은 활성 알루미나를 이용하기 때문에 연속적이고 큰 용량의 것에는 적용하기 곤란하다.

해설 흡수식은 KOH 또는 NaOH 수용액을 사용하며 활성 알루미나는 흡착식에 사용한다.

11. 간접난방과 직접난방 방식에 대한 설명으로 틀린 것은?

① 간접난방은 중앙 공조기에 의해 공기를 가열해 실내로 공급하는 방식이다.
② 직접난방은 방열기에 의해서 실내공기를 가열하는 방식이다.
③ 직접난방은 방열체의 방열 형식에 따라 대류난방과 복사난방으로 나눌 수 있다.
④ 온풍난방과 증기난방은 간접난방에 해당된다.

해설 온풍난방은 간접난방이고, 증기방열기를 사용하는 경우는 직접난방이다.

12. 다음 중 온수난방용 기기가 아닌 것은 어느 것인가?

① 방열기　② 공기방출기
③ 순환펌프　④ 증발탱크

해설 고압증기의 환수관을 그대로 저압증기의 환수관에 직결해서 생기는 증발을 막기 위하여 증발탱크를 설치한다.

정답 6. ③　7. ④　8. ③　9. ①　10. ④　11. ④　12. ④

13. 다음 중 축류형 취출구에 해당되는 것은?

① 아네모스탯형 취출구
② 펑커루버형 취출구
③ 팬형 취출구
④ 다공판형 취출구

해설 ㉠ 복류형 취출구 : 팬형, 아네모스탯형 등
㉡ 축류형 취출구 : 노즐형, 펑커루버형, 베인격자형(그릴, 레지스터) 등
㉢ 라인형 토출구 : 브리즈, 캄, 티(T), 슬롯형, 다공판형 등

14. 냉수코일의 설계상 유의사항으로 옳은 것은?

① 일반적으로 통과 풍속은 2～3 m/s로 한다.
② 입구 냉수온도는 20℃ 이상으로 취급한다.
③ 관 내의 물의 유속은 4 m/s 전후로 한다.
④ 병류형으로 하는 것이 보통이다.

해설 일반적으로 풍속은 2～3 m/s, 수속은 0.5～1.5 m/s이다.

15. 수증기 발생으로 인한 환기를 계획하고자 할 때, 필요 환기량 Q[m^3/h]의 계산식으로 옳은 것은? (단, q_s : 발생 현열량[kJ/h], W : 수증기 발생량[kg/h], M : 먼지 발생량[m^3/h], t_i[℃] : 허용 실내온도, x_i[kg/kg] : 허용 실내 절대습도, t_o[℃] : 도입 외기온도, x_o[kg/kg] : 도입 외기 절대습도, K, K_o : 허용 실내 및 도입 외기가스 농도, C, C_o : 허용 실내 및 도입 외기먼지 농도이다.)

① $Q = \dfrac{q_s}{0.29(t_i - t_o)}$

② $Q = \dfrac{W}{1.2(x_i - x_o)}$

③ $Q = \dfrac{100 \cdot M}{K - K_o}$

④ $Q = \dfrac{M}{C - C_o}$

해설 ㉠ 수증기 발생량
$$W = G(x_i - x_o) = Q\gamma(x_i - x_o)\,[\text{kg/h}]$$
㉡ 환기량
$$Q = \frac{W}{\gamma(x_i - x_o)} = \frac{W}{1.2(x_i - x_o)}\,[\text{m}^3/\text{h}]$$

16. 다음 그림에서 상태 1인 공기를 2로 변화시켰을 때의 현열비를 바르게 나타낸 것은?

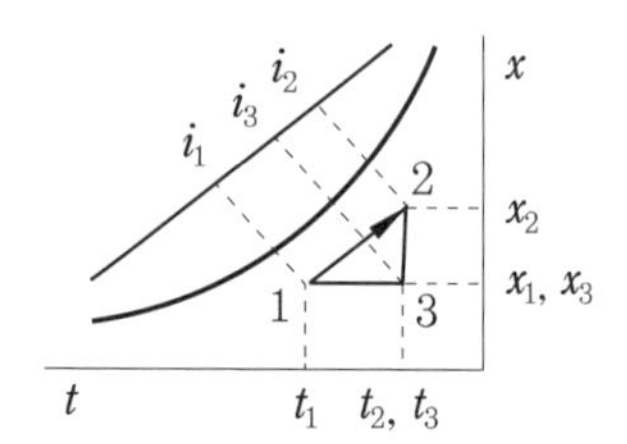

① $\dfrac{i_3 - i_1}{i_2 - i_1}$　② $\dfrac{i_2 - i_3}{i_2 - i_1}$

③ $\dfrac{x_2 - x_1}{t_1 - t_2}$　④ $\dfrac{t_1 - t_2}{i_3 - i_1}$

해설 현열비 $= \dfrac{\text{현열량}}{\text{전열량}} = \dfrac{i_3 - i_1}{i_2 - i_1}$

17. 다음 보일러의 종류 중 수관보일러 분류에 속하지 않는 것은?

① 자연순환식 보일러
② 강제순환식 보일러
③ 연관보일러
④ 관류보일러

해설 수관보일러는 물의 순환 방식에 따라 자연순환식, 강제순환식, 관류보일러로 분류하며, 연관보일러는 원통형 보일러에 속한다.

18. 제주 지방의 어느 한 건물에 대한 냉방기간 동안의 취득열량(GJ/기간)은? (단, 냉방도일 CD_{24-24} =162.4 deg℃ · day, 건물 구조체 표면적 500 m^2, 열관류율은 0.58 W/m^2 · ℃, 환기에 의한 취득열량은 168 W/℃이다.)

정답 13. ② 14. ① 15. ② 16. ① 17. ③ 18. ②

① 9.37 ② 6.43
③ 4.07 ④ 2.36

해설 기간 취득열량 $= (0.58 \times 500 + 168) \times 162.4 \times 24 \times 3600 = 6426362880\,\text{J} \fallingdotseq 6.43\,\text{GJ}$

19. 송풍량 2000 m^3/min을 송풍기 전후의 전압차 20 Pa로 송풍하기 위한 필요 전동기 출력(kW)은? (단, 송풍기의 전압효율은 80 %, 전동효율은 V 벨트로 0.95이며, 여유율은 0.2이다.)

① 1.05 ② 10.35
③ 14.04 ④ 25.32

해설 $N = \dfrac{20 \times 2000}{60 \times 0.8 \times 0.95} \times 1.2$
$= 1052\ \text{J/s} \fallingdotseq 1.05\ \text{kW}$

20. 에어와셔 단열 가습 시 포화효율은 어떻게 표시하는가? (단, 입구공기의 건구온도 t_1, 출구공기의 건구온도 t_2, 입구공기의 습구온도 t_{w1}, 출구공기의 습구온도 t_{w2}이다.)

① $\eta = \dfrac{(t_1 - t_2)}{(t_2 - t_{w2})}$

② $\eta = \dfrac{(t_1 - t_2)}{(t_1 - t_{w1})}$

③ $\eta = \dfrac{(t_2 - t_1)}{(t_{w2} - t_1)}$

④ $\eta = \dfrac{(t_1 - t_{w1})}{(t_2 - t_1)}$

해설 단열 가습 시 포화효율
$\eta = \dfrac{(t_1 - t_2)}{(t_1 - t_{w1})}$

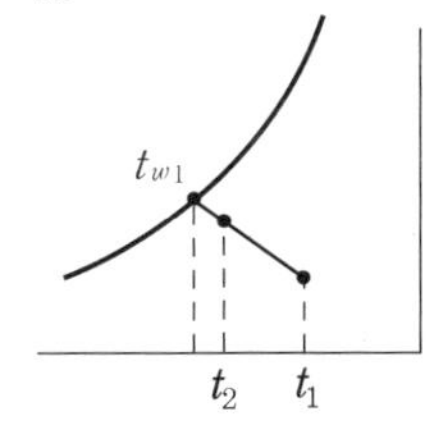

제2과목 공조냉동 설계

21. 다음 그림과 같이 카르노 사이클로 운전하는 기관 2개가 직렬로 연결되어 있는 시스템에서 두 열기관의 효율이 똑같다고 하면 중간 온도 T는 약 몇 K인가?

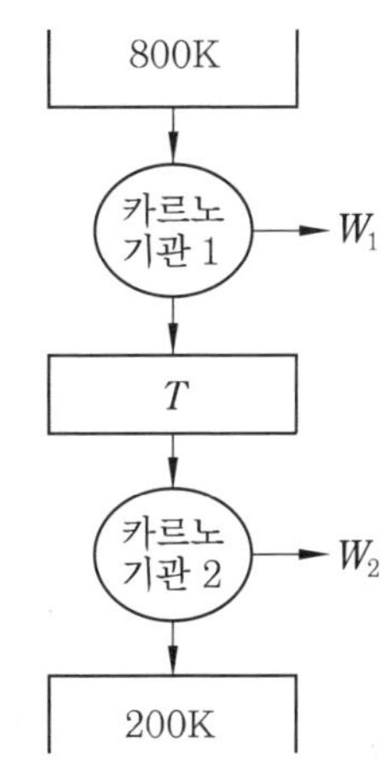

① 330 ② 400 ③ 500 ④ 660

해설 $\eta = \dfrac{800 - T}{800} = \dfrac{T - 200}{T}$
$800T - 160000 = 800T - T^2$
$T^2 = 160000$
$\therefore\ T = 400\ \text{K}$

22. 역카르노 사이클로 운전하는 이상적인 냉동 사이클에서 응축기 온도가 40℃, 증발기 온도가 −10℃이면 성능계수는?

① 4.26 ② 5.26
③ 3.56 ④ 6.568

해설 $COP = \dfrac{273 - 10}{(273 + 40) - (273 - 10)} = 5.26$

23. 밀폐 시스템에서 초기 상태가 300 K, 0.5 m^3인 이상기체를 등온과정으로 150 kPa에서 600 kPa까지 천천히 압축하였다. 이 압축과정에 필요한 일은 약 몇 kJ인가?

정답 19. ① 20. ② 21. ② 22. ② 23. ①

① 104 ② 208
③ 304 ④ 612

해설 $W_a = wt = P_1 V_1 \ln\frac{P_1}{P_2}$

$= 150 \times 0.5 \ln\frac{150}{600} = -103.97\ \mathrm{kJ}$

24. 에어컨을 이용하여 실내의 열을 외부로 방출하려 한다. 실외 35℃, 실내 20℃인 조건에서 실내로부터 3 kW의 열을 방출하려 할 때 필요한 에어컨의 최소 동력은 약 몇 kW인가?

① 0.154 ② 1.54
③ 0.308 ④ 3.0

해설 $COP = \frac{3}{N} = \frac{273+20}{(273+35)-(273+20)}$

$\therefore N = 0.1535 \fallingdotseq 0.154\ \mathrm{kW}$

25. 압력 250 kPa, 체적 0.35 m^3의 공기가 일정 압력 하에서 팽창하여, 체적이 0.5 m^3로 되었다. 이때 내부에너지의 증가가 93.9 kJ이었다면, 팽창에 필요한 열량은 약 몇 kJ인가?

① 43.8 ② 56.4
③ 131.4 ④ 175.2

해설 $q = u + AP\Delta V$

$= 93.9 + 1 \times 250 \times (0.5 - 0.35) = 131.4\ \mathrm{kJ}$

26. 이상기체의 가역 폴리트로픽 과정은 다음과 같다. 이에 대한 설명으로 옳은 것은? (단, P는 압력, v는 비체적, C는 상수이다.)

$$Pv^n = C$$

① $n = 0$이면 등온과정
② $n = 1$이면 정적과정
③ $n = \infty$이면 정압과정
④ $n = k$ (비열비)이면 가역 단열과정

해설 ㉠ $n = 0$: 등압과정
㉡ $n = 1$: 등온과정
㉢ $n = \infty$: 등적과정
㉣ $n = k$: 단열과정
㉤ $1 < n < k$: 폴리트로픽 과정

27. 열과 일에 대한 설명 중 옳은 것은?

① 열역학적 과정에서 열과 일은 모두 경로에 무관한 상태함수로 나타낸다.
② 일과 열의 단위는 대표적으로 Watt (W)를 사용한다.
③ 열역학 제1법칙은 열과 일의 방향성을 제시한다.
④ 한 사이클 과정을 지나 원래 상태로 돌아왔을 때 시스템에 가해진 전체 열량은 시스템이 수행한 전체 일의 양과 같다.

해설 ① 열과 일은 도정함수, 즉 경로함수이다.
② 일과 열의 대표적 단위는 kJ (kN·m)이다.
③ 열역학 제1법칙은 열과 일의 변환 법칙이다.

28. 공기의 정압비열(C_p, kJ/kg · ℃)이 다음과 같다고 가정한다. 이때 공기 5 kg을 0℃에서 100℃까지 일정한 압력 하에서 가열하는 데 필요한 열량은 약 몇 kJ인가? (단, 다음 식에서 t는 섭씨온도를 나타낸다.)

$$C_p = 1.0053 + 0.000079 \times t\ [\mathrm{kJ/kg \cdot ℃}]$$

① 85.5 ② 100.9
③ 312.7 ④ 504.6

해설 $q = G\int_{T_1}^{T_2} C_p dT$

$= G\left[1.0053T + 0.000079\frac{T^2}{2}\right]_0^{100}$

$= 5 \times \left(1.0053 \times 100 + 0.000079 \times \frac{100^2}{2}\right)$

$= 504.63\mathrm{kJ}$

29. 카르노 냉동기 사이클과 카르노 열펌프 사이클에서 최고 온도와 최소 온도가 서로 같다. 카르노 냉동기의 성적계수는 COP_R이라고

정답 24. ① 25. ③ 26. ④ 27. ④ 28. ④ 29. ④

하고, 카르노 열펌프의 성적계수는 COP_{HP}라고 할 때 다음 중 옳은 것은?

① $COP_{HP}+COP_R=1$
② $COP_{HP}+COP_R=0$
③ $COP_R-COP_{HP}=1$
④ $COP_{HP}-COP_R=1$

해설 $COP_{HP}=COP_R+1$이므로
$COP_{HP}-COP_R=1$

30. 클라우지우스(Clausius) 적분 중 비가역 사이클에 대하여 옳은 식은? (단, Q는 시스템에 공급되는 열, T는 절대온도를 나타낸다.)

① $\oint \frac{dQ}{T}=0$　② $\oint \frac{dQ}{T}<0$
③ $\oint \frac{dQ}{T}>0$　④ $\oint \frac{dQ}{T}\geq 0$

해설 ①은 가역과정이고, ②는 비가역과정이다.

31. 흡수식 냉동기의 특징에 대한 설명으로 옳은 것은?

① 자동 제어가 어렵고 운전경비가 많이 소요된다.
② 초기 운전 시 정격 성능을 발휘할 때까지의 도달 속도가 느리다.
③ 부분 부하에 대한 대응성이 어렵다.
④ 증기 압축식보다 소음 및 진동이 크다.

해설 예랭 시간이 길어서 정격 성능을 발휘할 때까지의 도달 속도가 느리다.

32. 내경이 20 mm인 관 안으로 포화상태의 냉매가 흐르고 있으며 관은 단열재로 싸여있다. 관의 두께는 1 mm이며, 관재질의 열전도도는 50 W/m · K이며, 단열재의 열전도도는 0.02 W/m · K이다. 단열재의 내경과 외경은 각각 22 mm와 42 mm일 때, 단위길이당 열손실(W)은 얼마인가? (단, 이때 냉매의 온도는 60℃, 주변 공기의 온도는 0℃이며, 냉매측과 공기측의 평균대류열전달계수는 각각 2000 W/m² · K와 10 W/m² · K이다. 관과 단열재 접촉부의 열저항은 무시한다.)

① 9.87　② 10.15
③ 11.65　④ 13.37

해설 다층원통의 열손실(Q)

$$=\frac{60-0}{\frac{1}{2\pi\times 50\times 1}\ln\frac{22}{20}+\frac{1}{2\pi\times 0.02\times 1}\ln\frac{42}{22}}$$
$=11.65$ W

33. 40냉동톤의 냉동부하를 가지는 제빙공장이 있다. 이 제빙공장 냉동기의 압축기 출구 엔탈피가 1919.4 kJ/kg, 증발기 출구 엔탈피가 1549.8 kJ/kg, 증발기 입구 엔탈피가 537.6 kJ/kg일 때, 냉매 순환량(kg/h)은? (단, 1 RT는 13944 kJ/h이다.)

① 551　② 403
③ 290　④ 25.9

해설 $G=\frac{40\times 13944}{1549.8-537.6}=551.04$ kg/h

34. 암모니아 냉동장치에서 고압측 게이지 압력이 14 kg/cm² · g, 저압측 게이지 압력이 3 kg/cm² · g이고, 피스톤 압출량이 100 m³/h, 흡입증기의 비체적이 0.5 m³/kg이라 할 때, 이 장치에서의 압축비와 냉매 순환량(kg/h)은 각각 얼마인가? (단, 압축기의 체적효율은 0.7로 한다.)

① 3.73, 70　② 3.73, 140
③ 4.67, 70　④ 4.67, 140

해설 ㉠ 압축비 $=\frac{14+1.033}{3+1.033}=3.727$

㉡ 냉매 순환량 $=\frac{100}{0.5}\times 0.7=140$ kg/h

정답 30. ② 31. ② 32. ③ 33. ① 34. ②

35. 피스톤 압출량이 48 m^3/h인 압축기를 사용하는 다음과 같은 냉동장치가 있다. 압축기 체적효율(η_V)이 0.75이고, 배관에서의 열손실을 무시하는 경우, 이 냉동장치의 냉동능력(RT)은 얼마인가? (단, 1 RT는 13944 kJ/h이다.)

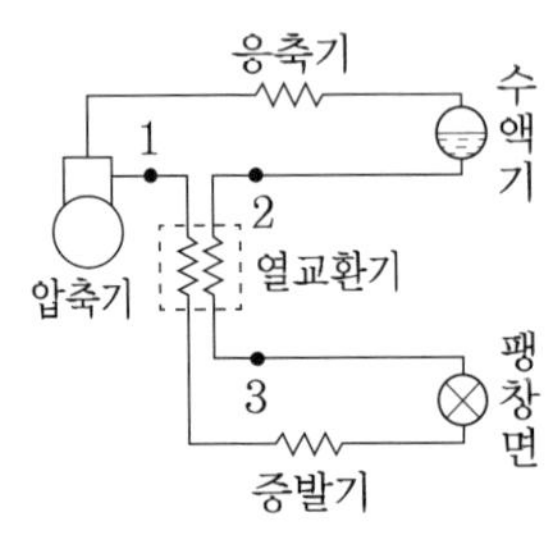

① 1.83 ② 2.54 ③ 2.71 ④ 2.84

해설 냉동능력

$$R = \frac{48}{0.12} \times 0.75 \times (569.1 - 443.1) \times \frac{1}{13944}$$

$= 2.71$ RT

36. 열통과율 3780 $kJ/m^2 \cdot h \cdot K$, 전열면적 5 m^2인 다음 그림과 같은 대향류 열교환기에서의 열교환량(kJ/h)은? (단, t_1 : 27℃, t_2 : 13℃, t_{w1} : 5℃, t_{w2} : 10℃이다.)

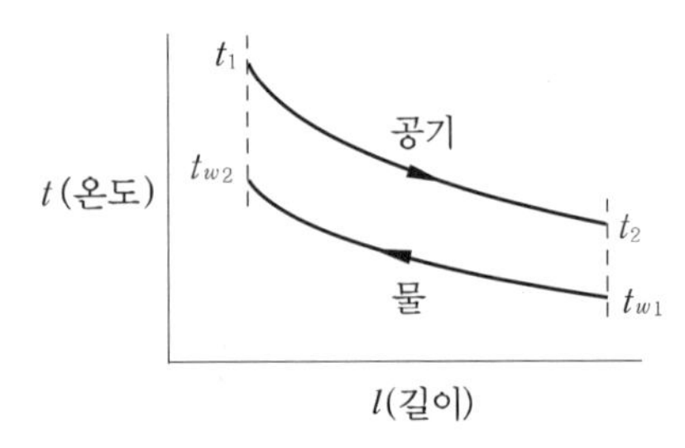

① 112833 ② 225666
③ 189000 ④ 379029

해설 ㉠ $\Delta_1 = 27 - 10 = 17$℃

㉡ $\Delta_2 = 13 - 5 = 8$℃

㉢ $MTD = \dfrac{17-8}{\ln\dfrac{17}{8}} = 11.939 ≒ 11.94$℃

$\therefore Q = 3780 \times 5 \times 11.94 = 225666$ kJ/h

37. 냉동장치에 사용하는 브라인 순환량이 200 L/min이고, 비열이 2.94 kJ/kg · K이다. 브라인의 입 · 출구 온도는 각각 −6℃와 −10℃일 때, 브라인 쿨러의 냉동능력(kJ/h)은? (단, 브라인의 비중은 1.2이다.)

① 154896 ② 163212
③ 169344 ④ 181440

해설 냉동능력(Q_e)

$= (0.2 \times 60 \times 1200) \times 2.94 \times \{(-6) - (-10)\}$

$= 169344$ kJ/h

38. 프레온 냉매의 경우 흡입배관에 이중 입상관을 설치하는 목적으로 가장 적합한 것은?

① 오일 회수를 용이하게 하기 위하여
② 흡입가스의 과열을 방지하기 위하여
③ 냉매액의 흡입을 방지하기 위하여
④ 흡입관에서의 압력강하를 줄이기 위하여

해설 부하변동이 심한 장치에서 흡입관에 이중입상관을 설치하여 오일(윤활유) 회수를 용이하게 한다.

39. 다음 중 흡수식 냉동기의 용량 제어 방법으로 적당하지 않은 것은?

① 흡수기 공급흡수제 조절
② 재생기 공급용액량 조절
③ 재생기 공급증기 조절
④ 응축수량 조절

해설 흡수식 냉동기의 용량 제어 방법
㉠ 구동열원(재생기 공급 열량) 제어(조절)
㉡ 재생기 공급용액량(증기 또는 온수) 조절(10 ~ 100 %)
㉢ 바이패스 제어
㉣ 흡수액 순환량 제어(10 ~ 100 %)
㉤ 응축수량 조절

40. 냉동장치 운전 중 팽창 밸브의 열림이 적을 때, 발생하는 현상이 아닌 것은?

정답 35. ③ 36. ② 37. ③ 38. ① 39. ① 40. ③

① 증발압력은 저하한다.
② 냉매 순환량은 감소한다.
③ 액압축으로 압축기가 손상된다.
④ 체적효율은 저하한다.

해설 팽창 밸브의 열림이 적으면 냉매 순환량이 감소하여 흡입가스가 과열되므로 액압축의 우려가 없다.

제3과목 시운전 및 안전관리

41. 변압기의 부하손(동손)에 관한 설명으로 옳은 것은?

① 동손은 온도 변화와 관계없다.
② 동손은 주파수에 의해 변화한다.
③ 동손은 부하 전류에 의해 변화한다.
④ 동손은 자속 밀도에 의해 변화한다.

해설 부하손은 부하 전류에 의해 변화하는 1차, 2차 권선의 저항손이다.

42. 목표값이 다른 양과 일정한 비율 관계를 가지고 변화하는 경우의 제어는?

① 추종 제어　② 비율 제어
③ 정치 제어　④ 프로그램 제어

해설 비율 제어 : 목표값이 다른 것과 일정 비율 관계를 가지고 변화하는 경우의 추종 제어

43. 프로세스 제어용 검출기기는?

① 유량계　② 전위차계
③ 속도검출기　④ 전압검출기

해설 프로세스 제어 : 온도, 유량, 압력, 액위, 농도, 밀도 등의 플랜트나 생산 공정 중의 상태량을 제어량으로 하는 제어

44. $R-L-C$ 직렬 회로에서 전압(E)과 전류(I) 사이의 위상 관계에 관한 설명으로 옳지 않은 것은?

① $X_L = X_C$인 경우 I는 E와 동상이다.
② $X_L > X_C$인 경우 I는 E보다 θ만큼 뒤진다.
③ $X_L < X_C$인 경우 I는 E보다 θ만큼 앞선다.
④ $X_L < (X_C - R)$인 경우 I는 E보다 θ만큼 뒤진다.

해설 ④에서와 같은 회로가 실제 구성된다면 I는 E보다 θ만큼 앞선다. ③과 뜻이 같다.

45. 다음 그림과 같은 $R-L-C$ 회로의 전달함수는?

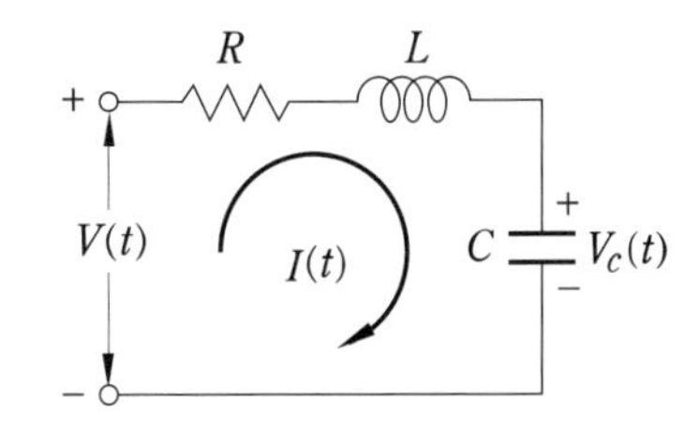

① $\dfrac{1}{LCs+RC+1}$

② $\dfrac{1}{LC+RCs+1}$

③ $\dfrac{1}{LCs^2+RCs+1}$

④ $\dfrac{1}{LCs+RCs^2+1}$

해설 $G(s) = \dfrac{V_c(s)}{V(s)}$

$$= \frac{\frac{1}{Cs}}{R+Ls+\frac{1}{Cs}} = \frac{1}{LCs^2+RCs+1}$$

46. 디지털 제어에 관한 설명으로 옳지 않은 것은?

① 디지털 제어의 연산속도는 샘플링계에서 결정된다.
② 디지털 제어를 채택하면 조정 개수 및 부품수가 아날로그 제어보다 줄어든다.

정답 41. ③ 42. ② 43. ① 44. ④ 45. ③ 46. ④

③ 디지털 제어는 아날로그 제어보다 부품 편차 및 경년변화의 영향을 덜 받는다.
④ 정밀한 속도 제어가 요구되는 경우 분해능이 떨어지더라도 디지털 제어를 채택하는 것이 바람직하다.

해설 디지털 제어는 분해능력이 높다.

47. 다음 그림과 같은 피드백 제어계에서의 폐루프 종합 전달함수는?

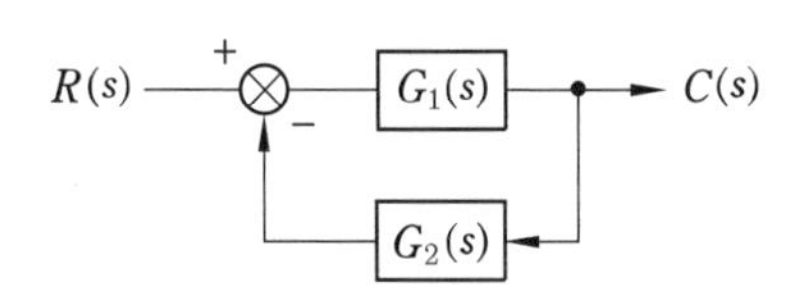

① $\dfrac{1}{G_1(s)} + \dfrac{1}{G_2(s)}$

② $\dfrac{1}{G_1(s) + G_2(s)}$

③ $\dfrac{G_1(s)}{1 + G_1(s)G_2(s)}$

④ $\dfrac{G_1(s)G_2(s)}{1 + G_1(s)G_2(s)}$

해설 $[R(s) - C(s)G_2(s)]G_1(s) = C(s)$

$R(s)G_1(s) - C(s)G_1(s)G_2(s) = C(s)$

$R(s)G_1(s) = C(s)[1 + G_1(s)G_2(s)]$

$\therefore \dfrac{C(s)}{R(s)} = \dfrac{G_1(s)}{1 + G_1(s)G_2(s)}$

48. 자성을 갖고 있지 않은 철편에 코일을 감아서 여기에 흐르는 전류의 크기와 방향을 바꾸면 히스테리시스 곡선이 발생되는데, 이 곡선 표현에서 X축과 Y축을 옳게 나타낸 것은 어느 것인가?

① X축 – 자화력, Y축 – 자속밀도
② X축 – 자속밀도, Y축 – 자화력
③ X축 – 자화세기, Y축 – 잔류자속
④ X축 – 잔류자속, Y축 – 자화세기

49. 다음 그림과 같은 회로에서 전력계 W와 직류 전압계 V의 지시가 각각 60 W, 150 V일 때 부하전력은 얼마인가? (단, 전력계의 전류코일의 저항은 무시하며, 전압계의 저항은 1 kΩ이다.)

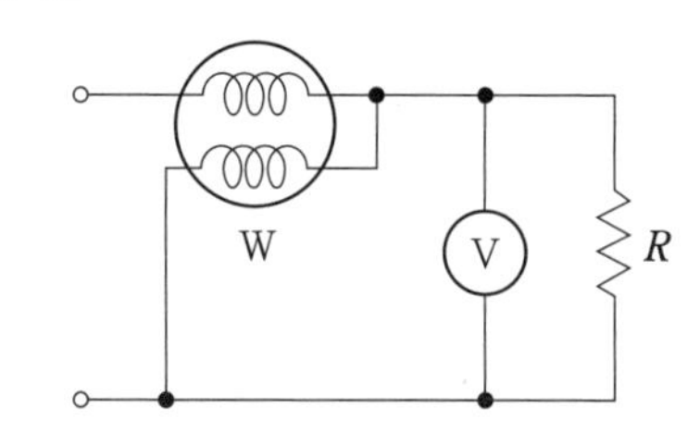

① 27.5 W ② 30.5 W
③ 34.5 W ④ 37.5 W

해설 ㉠ 전압계 전력 $= \dfrac{150^2}{1000} = 22.5\,\text{W}$

㉡ 부하전력 $= 60 - 22.5 = 37.5\,\text{W}$

50. 제어계의 동작상태를 교란하는 외란의 영향을 제거할 수 있는 제어는?

① 순서 제어
② 피드백 제어
③ 시퀀스 제어
④ 개루프 제어

해설 피드백 제어 : 출력 신호를 입력 신호로 되돌려서 제어량의 목표값과 비교하여 정확한 제어가 가능하므로 외란의 영향을 제거할 수 있다.

51. $G(j\omega) = \dfrac{1}{1 + 3(j\omega) + 3(j\omega)^2}$ 일 때 이 요소의 인디셜 응답은?

① 진동 ② 비진동
③ 임계진동 ④ 선형진동

52. 다음의 논리식 중 다른 값을 나타내는 논리식은?

① $X(\overline{X} + Y)$ ② $X(X + Y)$
③ $XY + X\overline{Y}$ ④ $(X + Y)(X + \overline{Y})$

정답 47. ③ 48. ① 49. ④ 50. ② 51. ① 52. ①

해설 ① $X(\overline{X}+Y)=X\overline{X}+XY=XY$

② $X(X+Y)=XX+XY=X(1+Y)=X$

③ $XY+X\overline{Y}=X(Y+\overline{Y})=X$

④ $(X+Y)(X+\overline{Y})$

$=XX+X\overline{Y}+XY+Y\overline{Y}$

$=X+X(\overline{Y}+Y)=X+X=X$

53. 다음 중 불연속 제어에 속하는 것은?

① 비율 제어　　② 비례 제어
③ 미분 제어　　④ ON-OFF 제어

해설 불연속 제어는 제어량과 목표값을 비교하여 편차가 어느 값 이상일 때 조작 동작을 하는 경우로서 릴레이형 (ON-OFF type) 제어계가 여기에 속하며, 열, 온도, 수위면 조정 등에 사용된다.

54. 저항 R [Ω]에 전류 I [A]를 일정 시간 동안 흘렸을 때 도선에 발생하는 열량의 크기로 옳은 것은?

① 전류의 세기에 비례
② 전류의 세기에 반비례
③ 전류의 세기의 제곱에 비례
④ 전류의 세기의 제곱에 반비례

해설 열량 $H=I^2RT$ [J]이므로 전류의 세기의 제곱에 비례한다.

55. 어떤 코일에 흐르는 전류가 0.01초 사이에 일정하게 50 A에서 10 A로 변할 때 20 V의 기전력이 발생할 경우 자기 인덕턴스 (mH)는 얼마인가?

① 5　　② 10
③ 20　　④ 40

해설 $e=L\cdot\dfrac{di}{dt}$ 식에서

$L=\dfrac{dt}{di}\cdot e=\dfrac{0.01}{50-10}\times 20$

$=5\times 10^{-3}\text{H}=5\text{ mH}$

56. 유도전동기에서 슬립이 "0"이라고 하는 것은?

① 유도전동기가 정지 상태인 것을 나타낸다.
② 유도전동기가 전부하 상태인 것을 나타낸다.
③ 유도전동기가 동기속도로 회전한다는 것이다.
④ 유도전동기가 제동기의 역할을 한다는 것이다.

해설 $N=N_S(1-S)$에서 S가 "0"이면 $N=N_S$가 되므로 유도전동기가 동기속도로 회전한다.

57. 공기식 조작기기에 관한 설명으로 옳은 것은 어느 것인가?

① 큰 출력을 얻을 수 있다.
② PID 동작을 만들기 쉽다.
③ 속응성이 장거리에서는 빠르다.
④ 신호를 먼 곳까지 보낼 수 있다.

해설 ①, ③은 유압식, ④는 전기식에 대한 설명이다.

58. 자기회로에서 퍼미언스(permeance)에 대응하는 전기 회로의 요소는?

① 도전율　　② 컨덕턴스
③ 정전용량　　④ 엘라스턴스

해설 ㉠ 퍼미언스 : 자속의 통과하기 쉬움을 나타내는 양으로, 자기저항의 역수이고 단위는 Wb/AT이다.
㉡ 컨덕턴스 : 전기저항의 역수이고 단위는 ℧이다.

59. 다음 설명에 알맞은 전기 관련 법칙은 어느 것인가?

회로 내의 임의의 폐회로에서 한쪽 방향으로 일주하면서 취할 때 공급된 기전력의 대수합은 각 회로 소자에서 발생한 전압강하의 대수합과 같다.

정답 53. ④　54. ③　55. ①　56. ③　57. ②　58. ②　59. ④

① 옴의 법칙　② 가우스 법칙
③ 쿨롱의 법칙　④ 키르히호프의 법칙

해설 문제의 내용은 키르히호프의 제2법칙에 대한 설명이다.

60. 방사성 위험물을 원격으로 조작하는 인공수(人工手 : manipulator)에 사용되는 제어계는?

① 서보기구　② 자동조정
③ 시퀀스 제어　④ 프로세스 제어

해설 서보기구는 물체의 위치, 방향, 자세 등의 기계적 변위를 제어량으로 해서 목표값이 임의의 변화에 추종하도록 구성된 제어계로 원격 조작을 하는 곳에 사용된다.

제4과목 유지보수 공사관리

61. 배관설비 공사에서 파이프 래크의 폭에 관한 설명으로 틀린 것은?

① 파이프 래크의 실제 폭은 신규 라인을 대비하여 계산된 폭보다 20 % 정도 크게 한다.
② 파이프 래크상의 배관 밀도가 작아지는 부분에 대해서는 파이프 래크의 폭을 좁게 한다.
③ 고온 배관에서는 열팽창에 의하여 과대한 구속을 받지 않도록 충분한 간격을 둔다.
④ 인접하는 파이프의 외측과 외측과의 최소 간격을 25 mm로 하여 래크의 폭을 결정한다.

해설 파이프 래크의 실제 폭은 계산된 폭보다 20 % 정도 크게(파이프 지름보다 크게) 하고, 열팽창을 고려하여 충분한 간격을 둔다.

62. 다음 중 방열기나 팬 코일 유닛에 가장 적합한 관 이음은?

① 스위블 이음　② 루프 이음
③ 슬리브 이음　④ 벨로스 이음

해설 일반적으로 난방설비의 신축 이음은 스위블 이음으로 한다.

63. 원심력 철근 콘크리트관에 대한 설명으로 틀린 것은?

① 흄(hume)관이라고 한다.
② 보통관과 압력관으로 나뉜다.
③ A형 이음재 형상은 칼라 이음쇠를 말한다.
④ B형 이음재 형상은 삽입 이음쇠를 말한다.

해설 B형 이음재 형상도 칼라 이음쇠이다.

64. 냉매배관 중 토출관 배관 시공에 관한 설명으로 틀린 것은?

① 응축기가 압축기보다 2.5 m 이상 높은 곳에 있을 때는 트랩을 설치한다.
② 수평관은 모두 끝내림 구배로 배관한다.
③ 수직관이 너무 높으면 3 m마다 트랩을 설치한다.
④ 유분리기는 응축기보다 온도가 낮지 않은 곳에 설치한다.

해설 수직관이 너무 높으면 10 m마다 트랩을 설치한다.

65. 배관의 보온재를 선택할 때 고려해야 할 점이 아닌 것은?

① 불연성일 것
② 열전도율이 클 것
③ 물리적, 화학적 강도가 클 것
④ 흡수성이 적을 것

해설 보온재는 단열재이므로 열전도율이 작아야 한다.

66. 다음 중 냉매액관 중에 플래시가스 발생 원인이 아닌 것은?

정답 60. ① 61. ④ 62. ① 63. ④ 64. ③ 65. ② 66. ①

① 열교환기를 사용하여 과냉각도가 클 때
② 관경이 매우 작거나 현저히 입상할 경우
③ 여과망이나 드라이어가 막혔을 때
④ 온도가 높은 장소를 통과할 때

해설 플래시가스 발생 방지법으로 팽창밸브 직전 냉매를 5℃ 정도 과냉각시킨다.

67. 고가 탱크식 급수 방법에 대한 설명으로 틀린 것은?

① 고층 건물이나 상수도 압력이 부족할 때 사용된다.
② 고가 탱크의 용량은 양수펌프의 양수량과 상호 관계가 있다.
③ 건물 내의 밸브나 각 기구에 일정한 압력으로 물을 공급한다.
④ 고가 탱크에 펌프로 물을 압송하여 탱크 내에 공기를 압축 가압하여 일정한 압력을 유지시킨다.

해설 ④는 압력 탱크식 급수 방법에 대한 설명이다.

68. 지역난방 열공급 관로 중 지중 매설 방식과 비교한 공동구내 배관시설의 장점이 아닌 것은?

① 부식 및 침수 우려가 적다.
② 유지보수가 용이하다.
③ 누수 점검 및 확인이 쉽다.
④ 건설비용이 적고 시공이 용이하다.

해설 공동구내 배관시설은 건설비용이 많이 들고, 시공이 어렵다.

69. 스케줄 번호에 의해 관의 두께를 나타내는 강관은?

① 배관용 탄소강관
② 수도용 아연도금강관
③ 압력배관용 탄소강관
④ 내식성 급수용 강관

해설 스케줄 번호로 두께를 결정하는 배관의 종류에는 압력배관용 탄소강관(SPPS), SPPH, SPHT, SPA, STS, SPLT 등이 있다.

70. 배관을 지지장치에 완전하게 구속시켜 움직이지 못하도록 한 장치는?

① 리지드 행어 ② 앵커
③ 스토커 ④ 브레이스

해설 리스트레인트에서 앵커는 배관을 지지점 위치에 완전히 고정하는 지지구이다.

71. 증기보일러 배관에서 환수관의 일부가 파손된 경우 보일러수의 유출로 안전수위 이하가 되어 보일러수가 빈 상태로 되는 것을 방지하기 위해 하는 접속법은?

① 하트포드 접속법 ② 리프트 접속법
③ 스위블 접속법 ④ 슬리브 접속법

해설 하트포드 접속법 : 저압 증기난방 장치에서 환수주관을 보일러 밑에 접속하여 생기는 나쁜 결과를 막기 위해 증기관과 환수관 사이에 표준 수면보다 50 mm 아래에 균형관을 연결한다.

72. 동력나사 절삭기의 종류 중 관의 절단, 나사 절삭, 거스러미 제거 등의 작업을 연속적으로 할 수 있는 유형은?

① 리드형 ② 호브형
③ 오스터형 ④ 다이헤드형

73. 냉동배관 재료로서 갖추어야 할 조건으로 틀린 것은?

① 저온에서 강도가 커야 한다.
② 가공성이 좋아야 한다.
③ 내식성이 작아야 한다.
④ 관 내 마찰저항이 작아야 한다.

해설 냉동배관 재료는 내식성(부식에 견디는 능력)이 커야 한다.

정답 67. ④ 68. ④ 69. ③ 70. ② 71. ① 72. ④ 73. ③

74. 급탕배관의 신축방지를 위한 시공 시 틀린 것은?

① 배관의 굽힘 부분에는 스위블 이음으로 접합한다.
② 건물의 벽 관통 부분 배관에는 슬리브를 끼운다.
③ 배관 직관부에는 팽창량을 흡수하기 위해 신축 이음쇠를 사용한다.
④ 급탕 밸브나 플랜지 등의 패킹은 고무, 가죽 등을 사용한다.

해설 급탕용 패킹은 고무, 네오프렌, 테플론 등을 사용한다.

75. 5명 가족이 생활하는 아파트에서 급탕 가열기의 용량(kJ/h)은? (단, 1일 1인당 급탕량 90 L/d, 1일 사용량에 대한 가열능력 비율 1/7, 탕의 온도 70℃, 급수온도 20℃이다.)

① 1922 ② 2692
③ 9421 ④ 13458

해설 $q = 5 \times 90 \times \frac{1}{7} \times 4.187 \times (70 - 20)$
$= 13458.2 \text{ kJ/h}$

76. 온수난방에서 개방식 팽창탱크에 관한 설명으로 틀린 것은?

① 공기빼기 배기관을 설치한다.
② 4℃의 물을 100℃로 높였을 때 팽창체적 비율이 4.3 % 정도이므로 이를 고려하여 팽창탱크를 설치한다.
③ 팽창탱크에는 오버 플로관을 설치한다.
④ 팽창관에는 반드시 밸브를 설치한다.

해설 팽창관, 안전관, 일수관에는 절대로 밸브를 설치해서는 안 된다.

77. 도시가스의 공급 계통에 따른 공급 순서로 옳은 것은?

① 원료 → 압송 → 제조 → 저장 → 압력 조정
② 원료 → 제조 → 압송 → 저장 → 압력 조정
③ 원료 → 저장 → 압송 → 제조 → 압력 조정
④ 원료 → 저장 → 제조 → 압송 → 압력 조정

78. 증기배관의 수평 환수관에서 관경을 축소할 때 사용하는 이음쇠로 가장 적합한 것은?

① 소켓 ② 부싱
③ 플랜지 ④ 리듀서

해설 수평배관은 편심 리듀서를 이용하여 배관지름을 바꾸며, 끝올림 구배는 배관 윗면을, 내림 구배는 배관 아랫면을 일치시킨다.

79. 다음 중 안전 밸브의 그림 기호는?

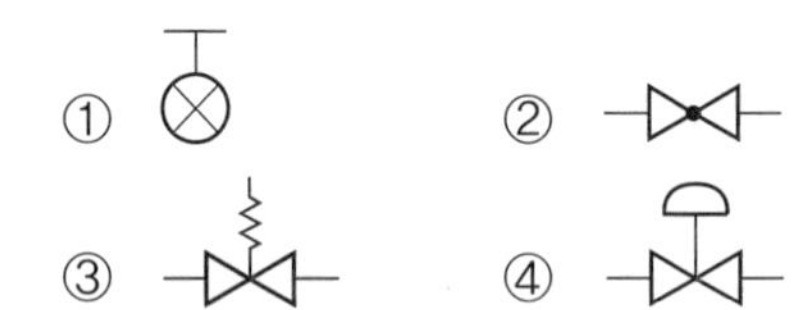

해설 ① 수동 팽창 밸브
② 글로브 밸브
④ 다이어프램식 감압 밸브

80. 도시가스 배관 매설에 대한 설명으로 틀린 것은?

① 배관을 철도부지에 매설하는 경우 배관의 외면으로부터 궤도 중심까지 거리는 4 m 이상 유지할 것
② 배관을 철도부지에 매설하는 경우 배관의 외면으로부터 철도부지 경계까지 거리는 0.6 m 이상 유지할 것
③ 배관을 철도부지에 매설하는 경우 지표면으로부터 배관의 외면까지의 깊이는 1.2 m 이상 유지할 것
④ 배관의 외면으로부터 도로의 경계까지 수평거리는 1 m 이상 유지할 것

해설 배관을 철도부지에 매설하는 경우 배관의 외면으로부터 철도부지 경계까지 거리는 1 m 이상 유지한다.

정답 74. ④ 75. ④ 76. ④ 77. ② 78. ④ 79. ③ 80. ②

출제 예상문제 (10)

제1과목 에너지 관리

1. 다음 그림에 대한 설명으로 틀린 것은? (단, 하절기 공기조화 과정이다.)

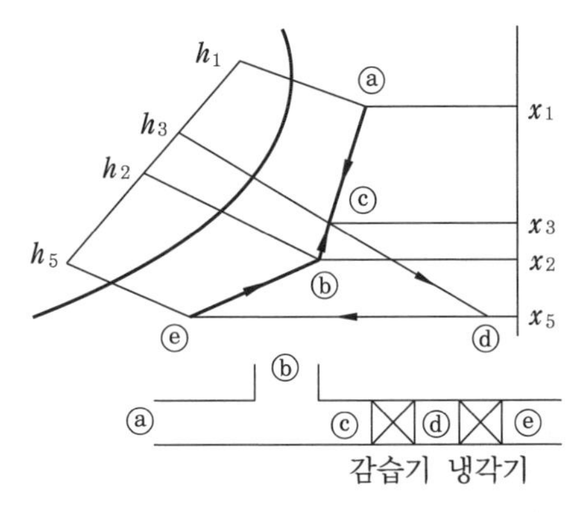

① ⓒ를 감습기에 통과시키면 엔탈피 변화 없이 감습된다.
② ⓓ는 냉각기를 통해 엔탈피가 감소되며 ⓔ로 변화된다.
③ 냉각기 출구 공기 ⓔ를 취출하면 실내에서 취득열량을 얻어 ⓑ에 이른다.
④ 실내공기 ⓐ와 외기 ⓑ를 혼합하면 ⓒ가 된다.

해설 외기 ⓐ와 실내공기 ⓑ를 혼합하면 ⓒ가 된다.

2. 다음은 어느 방식에 대한 설명인가?

- 각 실이나 존의 온도를 개별제어하기 쉽다.
- 일사량 변화가 심한 파라미터 존에 적합하다.
- 실내부하가 적어지면 송풍량이 적어지므로 실내 공기의 오염도가 높다.

① 정풍량 단일 덕트 방식
② 변풍량 단일 덕트 방식
③ 패키지 방식
④ 유인 유닛 방식

3. 원형덕트에서 사각덕트로 환산시키는 식으로 옳은 것은? (단, a는 사각덕트의 장변길이, b는 단변길이, d는 원형덕트의 직경 또는 상당직경이다.)

① $d=1.2\cdot\left[\dfrac{(ab)^5}{(a+b)^2}\right]^8$

② $d=1.2\cdot\left[\dfrac{(ab)^2}{(a+b)^5}\right]^8$

③ $d=1.3\cdot\left[\dfrac{(ab)^2}{(a+b)^5}\right]^{1/8}$

④ $d=1.3\cdot\left[\dfrac{(ab)^5}{(a+b)^2}\right]^{1/8}$

4. 다음 중 흡수식 냉동기의 구성기기가 아닌 것은?

① 응축기 ② 흡수기
③ 발생기 ④ 압축기

해설 흡수식 냉동장치 구성요소 : 흡수기 → 열교환기 → 발생기 (재생기) → 응축기 → 흡수기

5. 냉난방 공기조화설비에 관한 설명으로 틀린 것은?

① 조명기구에 의한 영향은 현열로서 냉방부하 계산 시 고려되어야 한다.
② 패키지 유닛 방식을 이용하면 중앙공조 방식에 비해 공기조화용 기계실의 면적이 적게 요구된다.

정답 1. ④ 2. ② 3. ④ 4. ④ 5. ④

③ 이중 덕트 방식은 개별제어를 할 수 있는 이점은 있지만 일반적으로 설비비 및 운전비가 많아진다.
④ 지역 냉난방은 개별 냉난방에 비해 일반적으로 공사비는 현저하게 감소한다.

해설 지역난방은 개별난방에 비해서 공사비가 증가한다.

6. 단일 덕트 재열 방식의 특징에 관한 설명으로 옳은 것은?

① 부하 패턴이 다른 다수의 실 또는 존의 공조에 적합하다.
② 식당과 같이 잠열부하가 많은 곳의 공조에는 부적합하다.
③ 전수 방식으로서 부하변동이 큰 실이나 존에서 에너지 절약형으로 사용된다.
④ 시스템의 유지·보수 면에서는 일반 단일 덕트에 비해 우수하다.

해설 단일 덕트 재열 방식 : 각 실의 토출구 직전에 설치하여 취출온도를 희망하는 설정값으로 유지하는 방식으로 재열용 열매로 증기 또는 온수가 이용된다.

7. 유효온도(effective temperature)에 대한 설명으로 옳은 것은?

① 온도, 습도를 하나로 조합한 상태의 측정 온도이다.
② 각기 다른 실내온도에서 습도에 따라 실내 환경을 평가하는 척도로 사용된다.
③ 인체가 느끼는 쾌적온도로서 바람이 없는 정지된 상태에서 상대습도가 100 %인 포화상태의 공기온도를 나타낸다.
④ 유효온도 선도는 복사영향을 무시하여 건구온도 대신에 글로브 온도계의 온도를 사용한다.

해설 유효온도는 인체가 느끼는 쾌적 환경을 나타내는 것으로 유속, 습도, 온도 등으로 결정된다.

8. 습공기 100 kg이 있다. 이때 혼합되어 있는 수증기의 질량이 2 kg이라면 공기의 절대습도는?

① 0.0002 kg/kg ② 0.02 kg/kg
③ 0.2 kg/kg ④ 0.98 kg/kg

해설 $x = \frac{2}{100} = 0.02$ kg/kg

9. 크기 1000 × 500 mm의 직통 덕트에 35℃의 온풍 18000 m^3/h이 흐르고 있다. 이 덕트가 −10℃의 실외 부분을 지날 때 길이 20 m당 덕트 표면으로부터의 열손실은? (단, 덕트는 암면 25 mm로 보온되어 있고, 이때 1000 m당 온도 차 1℃에 대한 온도강하는 0.9℃이다. 공기의 밀도는 1.2 kg/m^3, 정압비열은 1.01 kJ/kg·K이다.)

① 3.0 kW ② 3.8 kW
③ 4.9 kW ④ 6.0 kW

해설 $q = \left(\frac{18000}{3600} \times 1.2\right) \times 1.01 \times \frac{20}{1000} \times 0.9 \times \{35-(-10)\} = 4.9$ kW

10. 습공기의 수증기 분압이 P_v, 동일 온도의 포화수증기압이 P_s일 때, 다음 설명 중 틀린 것은?

① $P_v < P_s$일 때 불포화습공기
② $P_v = P_s$일 때 포화습공기
③ $\frac{P_s}{P_v} \times 100$ %은 상대습도
④ $P_v = 0$일 때 건공기

해설 상대습도 $\phi = \frac{P_v}{P_s} \times 100$ %이다.

11. 덕트의 굴곡부 등에서 덕트 내에 흐르는 기류를 안정시키기 위한 목적으로 사용하는 기구는?

정답 6. ① 7. ③ 8. ② 9. ③ 10. ③ 11. ②

① 스플릿 댐퍼
② 가이드 베인
③ 릴리프 댐퍼
④ 버터플라이 댐퍼

해설 ① 스플릿 댐퍼 : 분기부 풍향 조정
② 가이드 베인 : 덕트 굴곡부 기류 안정
③ 릴리프 댐퍼 : 송풍기가 정지될 때 공기의 역류 방지용
④ 버터플라이 댐퍼 : 소형 덕트 개폐용 또는 풍량 조정용

12. 실리카겔, 활성알루미나 등을 사용하여 감습을 하는 방식은?

① 냉각 감습　② 압축 감습
③ 흡수식 감습　④ 흡착식 감습

해설 흡착 감습 재료 : 실리카겔, 활성알루미나, 소바비드, 합성제오라이트 등

13. 난방설비에서 온수헤더 또는 증기헤더를 사용하는 주된 이유로 가장 적합한 것은?

① 미관을 좋게 하기 위해서
② 온수 및 증기의 온도차가 커지는 것을 방지하기 위해서
③ 워터 해머(water hammer)를 방지하기 위해서
④ 온수 및 증기를 각 계통별로 공급하기 위해서

해설 헤더 : 온수 또는 증기를 각 개통별(방열기)로 공급하는 기기

14. 환기(ventilation)란 A에 있는 공기의 오염을 막기 위하여 B로부터 C를 공급하여, 실내의 D를 실외로 배출하여 실내의 오염 공기를 교환 또는 희석시키는 것을 말한다. 여기서 A, B, C, D로 적절한 것은?

① A－일정 공간, B－실외, C－청정한 공기, D－오염된 공기
② A－실외, B－일정 공간, C－청정한 공기, D－오염된 공기
③ A－일정 공간, B－실외, C－오염된 공기, D－청정한 공기
④ A－실외, B－일정 공간, C－오염된 공기, D－청정한 공기

15. 다음과 같이 단열된 덕트 내에 공기가 통하고 이것에 열량 Q [kJ/h]와 수분 L [kg/h]을 가하여 열평형이 이루어졌을 때, 공기에 가해진 열량은? (단, 공기의 유량은 G [kg/h], 가열코일 입·출구의 엔탈피, 절대습도를 각각 h_1, h_2 [kJ/kg], x_1, x_2 [kg/kg]로 하고, 수분의 엔탈피를 h_L [kJ/kg]로 한다.)

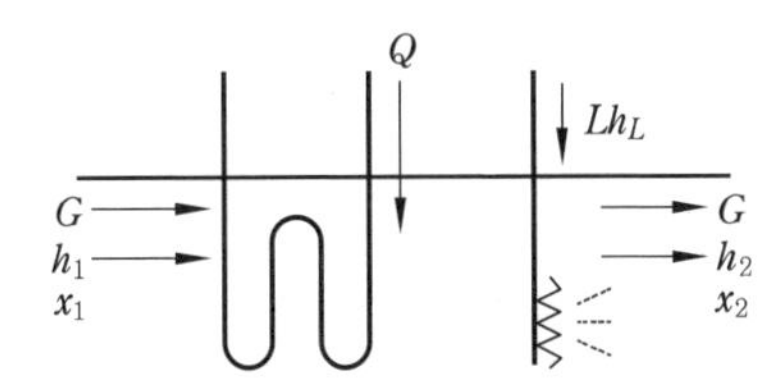

① $G(h_2-h_1)+Lh_L$
② $G(x_2-x_1)+Lh_L$
③ $G(h_2-h_1)-Lh_L$
④ $G(x_2-x_1)-Lh_L$

해설 가습장치가 가열 코일 다음이므로 코일열량 $G(h_2-h_1)$에 가습열량(Lh_L)을 뺀 값이 공기에 가해진 열량이다.

16. 공기열원 열펌프를 냉동 사이클 또는 난방 사이클로 전환하기 위하여 사용하는 밸브는?

① 체크 밸브
② 글로브 밸브
③ 4방 밸브
④ 릴리프 밸브

해설 열펌프는 냉동 사이클의 냉매순환을 역회전시키므로 4방 밸브가 필요하다.

정답 12. ④　13. ④　14. ①　15. ③　16. ③

17. 국부저항 상류의 풍속을 V_1, 하류의 풍속을 V_2라 하고 전압 기준 국부저항계수를 ζ_T, 정압 기준 국부저항계수를 ζ_S라 할 때 두 저항계수의 관계식은?

① $\zeta_T = \zeta_S + 1 - (V_1 / V_2)^2$
② $\zeta_T = \zeta_S + 1 - (V_2 / V_1)^2$
③ $\zeta_T = \zeta_S + 1 + (V_1 / V_2)^2$
④ $\zeta_T = \zeta_S + 1 + (V_2 / V_1)^2$

18. 냉동 창고의 벽체가 15 cm, 열전도율 1.4 W/m·K인 콘크리트와 두께 5 cm, 열전도율이 1.2 W/m·K인 모르타르로 구성되어 있다면, 벽체의 열통과율은? (단, 내벽측 표면 열전달률은 8 W/m²·K, 외벽측 표면 열전달률은 20 W/m²·K이다.)

① 0.026 W/m²·K
② 0.323 W/m²·K
③ 3.088 W/m²·K
④ 38.175 W/m²·K

해설 ㉠ 열저항 R

$$= \frac{1}{k} = \frac{1}{8} + \frac{0.15}{1.4} + \frac{0.05}{1.2} + \frac{1}{20} \ \mathrm{m^2 \cdot K/W}$$

㉡ 열통과율 $K = \frac{1}{R} = 3.088 \ \mathrm{W/m^2 \cdot K}$

19. 공조설비를 구성하는 공기조화기는 공기여과기, 냉·온수코일, 가습기, 송풍기로 구성되어 있는데, 다음 중 이들 장치와 직접 연결되어 사용되는 설비가 아닌 것은?

① 공급덕트 ② 주증기관
③ 냉각수관 ④ 냉수관

해설 냉각수관은 냉동설비일 때 응축기에 연결된다.

20. 10℃의 냉풍을 급기하는 덕트가 건구온도 30℃, 상대습도 70 %인 실내에 설치되어 있다. 이때 덕트의 표면에 결로가 발생하지 않도록 하려면 보온재의 두께는 최소 몇 mm 이상이어야 하는가? (단, 30℃, 70 %인 노점온도 24℃, 보온재의 열전도율은 0.03 W/m·K, 내표면의 열전달률은 40 W/m²·K, 외표면의 열전달률은 8 W/m²·K, 보온재 이외의 열저항은 무시한다.)

① 5 ② 8 ③ 16 ④ 20

해설 $q = 8 \times (30 - 24) = \frac{0.03}{l} \times (24 - 10)$

$\therefore\ l = 8.75 \times 10^{-3}\,\mathrm{m} \fallingdotseq 8.75\,\mathrm{mm}$

제2과목 공조냉동 설계

21. 다음에 열거한 시스템의 상태량 중 종량적 상태량인 것은?

① 엔탈피 ② 온도
③ 압력 ④ 비체적

해설 ㉠ 강도성 상태량 : 계의 질량과 무관한 상태량 (압력, 온도, 높이, 점도 등)
㉡ 종량적 상태량 : 계의 질량에 의존하는 상태량 (체적, 모든 종류의 에너지 등)

22. 300 L 체적의 진공인 탱크가 25℃, 6 MPa의 공기를 공급하는 관에 연결된다. 밸브를 열어 탱크 안의 공기 압력이 5 MPa이 될 때까지 공기를 채우고 밸브를 닫았다. 이 과정이 단열이고 운동에너지와 위치에너지의 변화는 무시해도 좋을 경우에 탱크 안의 공기의 온도는 약 몇 ℃가 되는가? (단, 공기의 비열비는 1.4이다.)

① 1.5 ② 25.0
③ 84.4 ④ 144.2

정답 17. ② 18. ③ 19. ③ 20. ② 21. ① 22. ④

해설 $U + AP_1V_1 = h_1 = U_2 + AP_2V_2 \fallingdotseq U_2$

$C_pT_1 = C_vT_2$

$T_2 = \frac{C_p}{C_v}T_1 = KT_1$

$= 1.4 \times (273+25) = 417.2\,\text{K} = 144.2℃$

23. 열역학 제1법칙에 관한 설명으로 거리가 먼 것은?

① 열역학적계에 대한 에너지 보존법칙을 나타낸다.
② 외부에 어떠한 영향을 남기지 않고 계가 열원으로부터 받은 열을 모두 일로 바꾸는 것은 불가능하다.
③ 열은 에너지의 한 형태로서 일을 열로 변환하거나 열을 일로 변환하는 것이 가능하다.
④ 열을 일로 변환하거나 일을 열로 변환할 때, 에너지의 총량은 변하지 않고 일정하다.

해설 에너지 보존의 법칙으로 외부에 영향을 남기지 않고 받는 열을 모두 일로 바꾸는 것이 가능하다.

24. 분자량이 M이고 질량이 $2V$인 이상기체 A가 압력 p, T(절대온도)일 때 부피가 V이다. 동일한 질량의 다른 이상기체 B가 압력 $2p$, 온도 $2T$(절대온도)일 때 부피가 $2V$이면 이 기체의 분자량은 얼마인가?

① $0.5M$　② M
③ $2M$　④ $4M$

해설 $G = \frac{pV}{\frac{1}{M} \times T} = \frac{2p \times 2V}{\frac{1}{M_2} \times 27}$

$\frac{pVM}{T} = \frac{4pVM_2}{2T}$

$\therefore M_2 = \frac{2M}{4} = 0.5M$

25. 다음 냉동 사이클에서 열역학 제1법칙과 제2법칙을 모두 만족하는 Q_1, Q_2, W는?

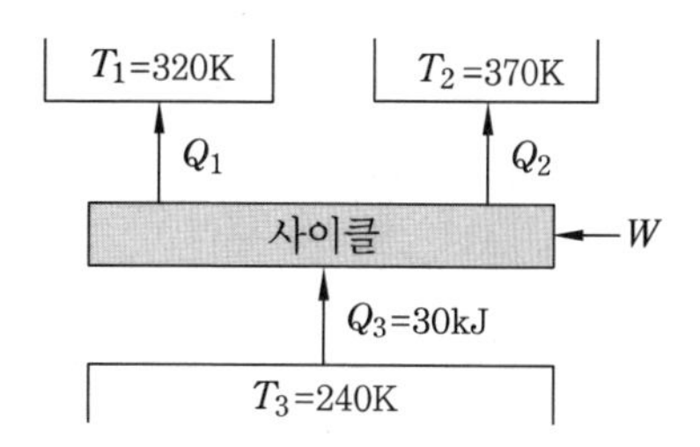

① $Q_1 = 20$ kJ, $Q_2 = 20$ kJ, $W = 20$ kJ
② $Q_1 = 20$ kJ, $Q_2 = 30$ kJ, $W = 20$ kJ
③ $Q_1 = 20$ kJ, $Q_2 = 20$ kJ, $W = 10$ kJ
④ $Q_1 = 20$ kJ, $Q_2 = 15$ kJ, $W = 5$ kJ

해설 ㉠ 사이클 출구 평균온도

$= \frac{320+370}{2} = 345\,\text{K}$

㉡ 비율 $= \frac{345}{240} = \frac{Q_1 + Q_2}{30}$

$\therefore Q_1 + Q_2 = 43.125\,\text{kJ}$ 이상

㉢ $Q_1 + Q_2 = 30 + W$에서

$W = 13.125\,\text{kJ}$ 이상이 되므로 답은 ②이다.

26. 4 kg의 공기가 들어 있는 체적 0.4 m^3의 용기(A)와 체적이 0.2 m^3인 진공의 용기(B)를 밸브로 연결하였다. 두 용기의 온도가 같을 때 밸브를 열어 용기 A와 B의 압력이 평형에 도달했을 경우, 이 계의 엔트로피 증가량은 약 몇 J/K인가? (단, 공기의 기체상수는 0.287 kJ/kg · K이다.)

① 712.8　② 595.7
③ 465.5　④ 348.2

해설 $S = GR\ln\frac{V_2}{V_1}$

$= 4 \times 287\ln\frac{0.4+0.2}{0.4} = 465.47\,\text{J/K}$

정답 23. ② 24. ① 25. ② 26. ③

27. 증기 터빈의 입구 조건은 3 MPa, 350℃이고, 출구의 압력은 30 kPa이다. 이때 정상 등엔트로피 과정으로 가정할 경우, 유체의 단위질량당 터빈에서 발생되는 출력은 약 몇 kJ/kg인가? (단, 표에서 h는 단위질량당 엔탈피, s는 단위질량당 엔트로피이다.)

터빈 입구	h[kJ/kg]	s[kJ/kg·K]
	3115.3	6.7428

터빈 출구	엔트로피 (kJ/kg·K)		
	포화액 s_f	증발 s_{fg}	포화증기 s_g
	0.9439	6.8247	7.7686

터빈 출구	엔탈피(kJ/K)		
	포화액 h_f	증발 h_{fg}	포화증기 h_g
	289.2	2336.1	2625.3

① 679.2 ② 490.3
③ 841.1 ④ 970.4

해설 ㉠ 터빈 출구 건조도

$$x = \frac{s - s_f}{s_g - s_f} = \frac{6.7428 - 0.9439}{7.7686 - 0.9439} = 0.849 ≒ 0.85$$

㉡ 터빈 출구 엔탈피

$$h' = h_f + x(h_g - h_f) = 289.2 + 0.85 \times (2625.3 - 289.2) = 2274.9 \text{ kJ/kg}$$

㉢ 터빈 출력

$$Aw = h - h' = 3115.3 - 2274.9 = 840.4 \text{ kJ/kg}$$

28. 피스톤-실린더 시스템에 100 kPa의 압력을 갖는 1 kg의 공기가 들어 있다. 초기 체적은 0.5 m^{3}이고, 이 시스템에 온도가 일정한 상태에서 열을 가하여 부피가 1.0 m^{3}이 되었다. 이 과정 중 전달된 에너지는 약 몇 kJ인가?

① 30.7 ② 34.7 ③ 44.8 ④ 50.0

해설 $W = P_1 V_1 \ln\frac{V_2}{V_1} = 100 \times 0.5 \times \ln\frac{1}{0.5} = 34.65 \text{ kJ}$

29. Rankine 사이클에 대한 설명으로 틀린 것은?

① 응축기에서의 열방출 온도가 낮을수록 열효율이 좋다.
② 증기의 최고온도는 터빈 재료의 내열특성에 의하여 제한된다.
③ 팽창일에 비하여 압축일이 적은 편이다.
④ 터빈 출구에서 건도가 낮을수록 효율이 좋아진다.

해설 터빈 출구에서 압력이 낮을수록 열효율이 좋아진다.

30. 물 1 kg이 포화온도 120℃에서 증발할 때, 증발잠열은 2203 kJ이다. 증발하는 동안 물의 엔트로피 증가량은 약 몇 kJ/K인가?

① 4.3 ② 5.6
③ 6.5 ④ 7.4

해설 $S = \frac{q}{T} = \frac{2203}{273 + 120} = 5.6 \text{ kJ/K}$

31. 증발기에 관한 설명으로 틀린 것은?

① 냉매는 증발기 속에서 습증기가 건포화증기로 변한다.
② 건식 증발기는 유 회수가 용이하다.
③ 만액식 증발기는 액백을 방지하기 위해 액분리기를 설치한다.
④ 액순환식 증발기는 액 펌프나 저압 수액기가 필요 없으므로 소형 냉동기에 유리하다.

해설 액순환식 증발기는 펌프 흡입 낙차가 1~2 m (실제 1.2~1.6 m)이고 경제적, 기술적 측면에서 소형장치는 설치가 불가능하다.

정답 27. ③ 28. ② 29. ④ 30. ② 31. ④

32. 아래의 사이클이 적용된 냉동장치의 냉동 능력이 119 kW일 때, 다음 설명 중 틀린 것은? (단, 압축기의 단열효율 η_c는 0.7, 기계효율 η_m은 0.85이며, 기계적 마찰손실 일은 열이 되어 냉매에 더해지는 것으로 가정한다.)

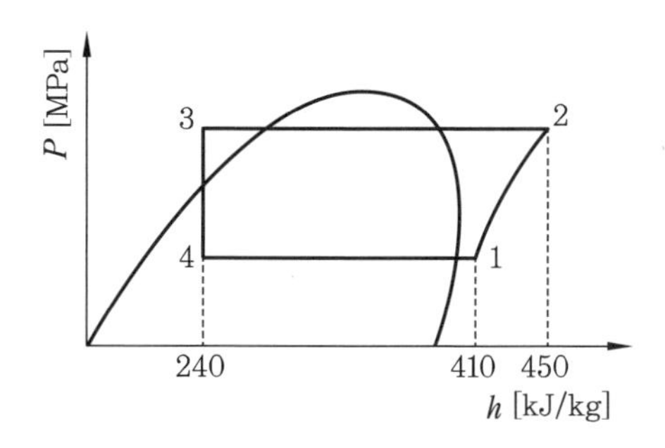

① 냉매순환량은 0.7 kg/s이다.
② 냉동장치의 실제 성능계수는 4.25이다.
③ 실제 압축기 토출가스의 엔탈피는 약 467 kJ/kg이다.
④ 실제 압축기 축 동력은 약 47.1 kW이다.

해설 ㉠ 냉매순환량 $= \dfrac{119}{410-240} = 0.7\ \text{kg/s}$

㉡ 성능계수 $= \dfrac{410-240}{450-410} \times 0.7 \times 0.85 = 2.53$

㉢ 토출가스 엔탈피 $= 410 + \dfrac{450-410}{0.7}$

$= 467.14\ \text{kJ/kg}$

㉣ 동력 $= \dfrac{0.7 \times (450-410)}{0.7 \times 0.85} = 47.05 ≒ 47.1\ \text{kW}$

33. 냉동장치의 고압부에 대한 안전장치가 아닌 것은?

① 안전 밸브　② 고압 스위치
③ 가용전　④ 방폭문

해설 고압측 안전장치는 고압 스위치, 안전 밸브(스프링식, 가용전식, 파열판식) 등이 있다.

34. 냉동기에 사용되는 제어 밸브에 관한 설명으로 옳은 것은?

① 온도 자동 팽창 밸브는 응축기의 온도를 일정하게 유지 · 제어한다.
② 흡입압력 조정 밸브는 압축기의 흡입압력이 설정치 이상이 되지 않도록 제어한다.
③ 전자 밸브를 설치할 경우 흐름방향을 고려할 필요가 없다.
④ 고압측 플로트(float) 밸브는 냉매액의 속도로 제어한다.

해설 ㉠ 온도 자동 팽창 밸브 : 증발기 출구 과열도를 일정하게 유지시킨다.
㉡ 흡입 압력 조정 밸브 : 압축기 흡입압력이 일정 이하가 되게 한다.
㉢ 전자 밸브 : 유체의 흐름을 단속하는 밸브로서 방향을 고려한다.
㉣ 고압측 플로트 밸브 : 응축기 액면 높이에 따라서 작동한다.

35. 2단 압축 1단 팽창 냉동장치에서 각 점의 엔탈피는 다음의 $P-h$ 선도와 같다고 할 때, 중간 냉각기 냉매 순환량은? (단, 냉동능력은 20 RT, 1 RT는 13944 kJ/h이다.)

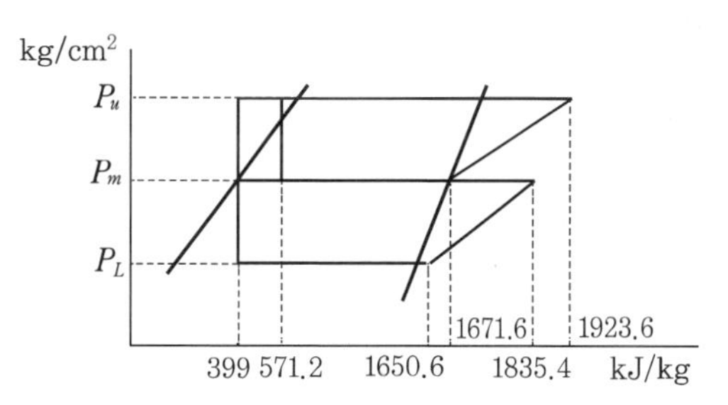

① 68.04 kg/h　② 85.89 kg/h
③ 222.82 kg/h　④ 290.8 kg/h

해설 중간 냉각기 냉매 순환량

$$G_m = \frac{20 \times 13944}{1650.6 - 339} \times \frac{(1835.4 - 1671.6) + (571.2 - 399)}{1671.6 - 571.2}$$

$= 68.036\ \text{kg/h}$

36. 증기 압축식 냉동기와 비교하여 흡수식 냉동기의 특징이 아닌 것은?

정답 32. ② 33. ④ 34. ② 35. ① 36. ②

① 일반적으로 증기 압축식 냉동기보다 성능계수가 낮다.
② 압축기의 소비동력을 비교적 절감시킬 수 있다.
③ 초기 운전 시 정격성능을 발휘할 때까지 도달속도가 느리다.
④ 냉각수 배관, 펌프, 냉각탑의 용량이 커져 보조기기 설비비가 증가한다.

해설 흡수식 냉동장치는 압축기가 없고, 전체 소비동력은 증기 압축식 보다 작다.

37. 냉동능력이 418320 kJ/h이고, 압축소요 동력이 35 kW인 냉동기에서 응축기의 냉각수 입구온도가 20℃, 냉각수량이 360 L/min이면 응축기 출구의 냉각수 온도는? (단, 냉각수의 정압비열은 4.21 kJ/kg·K이다.)

① 22℃ ② 24℃ ③ 26℃ ④ 28℃

해설 응축기 출구 수온

$$t_2 = \frac{418320 + (35 \times 3600)}{360 \times 60 \times 4.2} + 20 = 26℃$$

38. 냉동 사이클에서 습압축으로 일어나는 현상과 가장 거리가 먼 것은?

① 응축잠열 감소
② 냉동능력 감소
③ 성적계수 감소
④ 압축기의 체적 효율 감소

해설 토출가스 온도 감소로 응축 전열량이 감소한다(잠열 일정).

39. 일반적인 냉매의 구비조건으로 옳은 것은?

① 활성이며 부식성이 없을 것
② 전기저항이 작을 것
③ 점성이 크고 유동저항이 클 것
④ 열전달률이 양호할 것

해설 ㉠ 점도가 낮고, 전열이 양호하며 표면장력이 작을 것
㉡ 절연내력이 크고, 전기 절연 물질을 침식시키지 말 것

40. 다음 중 터보 압축기의 용량(능력) 제어 방법이 아닌 것은?

① 회전속도에 의한 제어
② 흡입 댐퍼(damper)에 의한 제어
③ 부스터(booster)에 의한 제어
④ 흡입 가이드 베인(guide vane)에 의한 제어

해설 흡입 베인 제어, 바이패스 제어, 회전수 제어, 흡입 댐퍼 제어, 디퓨저 제어 등이 있다.

제3과목 시운전 및 안전관리

41. 그림과 같은 블록선도에서 $\frac{X_3}{X_1}$를 구하면?

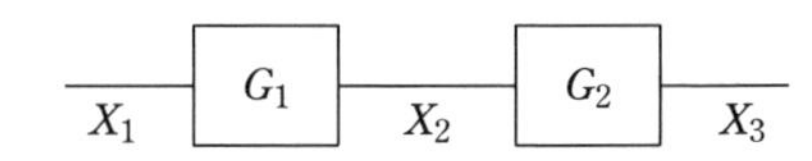

① $G_1 + G_2$ ② $G_1 - G_2$
③ $G_1 \cdot G_2$ ④ $\frac{G_1}{G_2}$

42. 내부저항 90 Ω, 최대 지시값 100 μA의 직류 전류계로 최대 지시값 1 mA를 측정하기 위한 분류기 저항은 몇 Ω인가?

① 9 ② 10
③ 90 ④ 100

해설 $100 \times 10^{-6} = \frac{R}{90 + R} \times 1 \times 10^{-3}$

$1 \times 10^{-3} R = 100 \times 90 \times 10^{-6} + 100 \times 10^{-6} R$

$$\therefore R = \frac{100 \times 90 \times 10^{-6}}{1 \times 10^{-3} - 100 \times 10^{-6}} = \frac{0.009}{0.0009} = 10\,\Omega$$

정답 37. ③ 38. ① 39. ④ 40. ③ 41. ③ 42. ②

43. 100 V용 전구 30 W와 60 W 두 개를 직렬로 연결하고 직류 100 V 전원에 접속하였을 때 두 전구의 상태로 옳은 것은?

① 30 W 전구가 더 밝다.
② 60 W 전구가 더 밝다.
③ 두 전구의 밝기가 모두 같다.
④ 두 전구가 모두 켜지지 않는다.

44. 조절계의 조절 요소에서 비례 미분 제어에 관한 기호는?

① P ② PI ③ PD ④ PID

해설 ① 비례 요소 ② 비례 적분 요소
③ 비례 미분 요소 ④ 비례 적분 미분 요소

45. $A=6+j8$, $B=20\angle 60°$일 때 $A+B$를 직각 좌표형식으로 표현하면?

① $16+j18$ ② $26+j28$
③ $16+j25.32$ ④ $23.32+j18$

해설 ㉠ $20\angle 60° = 20\times(\cos 60° + j\sin 60°)$
$= 20\times(0.5+j0.867) = 10+j17.32$
㉡ $A+B=(6+j8)+(10+j17.32)=16+j25.32$

46. 보일러의 자동연소 제어가 속하는 제어는?

① 비율 제어 ② 추치 제어
③ 추종 제어 ④ 정치 제어

47. 서보기구에서 주로 사용하는 제어량은 어느 것인가?

① 전류 ② 전압
③ 방향 ④ 속도

해설 서보기구는 물체의 위치, 방향, 자세 등의 기계적 변위를 제어량으로 해서 목표값이 임의의 변화에 추종하도록 구성된 제어계이다.

48. 비례 적분 미분 제어를 이용했을 때의 특징에 해당되지 않는 것은?

① 정정시간을 적게 한다.
② 응답의 안정성이 작다.
③ 잔류편차를 최소화시킨다.
④ 응답의 오버슈트를 감소시킨다.

해설 비례 적분 제어 : 오프셋을 소멸시키기 위하여 적분 동작을 부가시킨 제어 동작으로 정상 특성을 고려한 제어

49. 유도전동기에 인가되는 전압과 주파수를 동시에 변환시켜 직류전동기와 동등한 제어 성능을 얻을 수 있는 제어 방식은?

① VVVF 방식
② 교류 궤환 제어 방식
③ 교류 1단 속도 제어 방식
④ 교류 2단 속도 제어 방식

해설 VVVF 방식은 인버터라고도 하며, 전기적으로 직류를 교류로 역변환하여 전압과 주파수를 동시에 변환할 수 있는 장치로 전동기 회전속도를 고효율로 용이하게 제어한다.

50. 단면적 S [m^2]를 통과하는 자속을 Φ [Wb]라 하면 자속밀도 B [Wb/m^2]를 나타낸 식으로 옳은 것은?

① $B=S\Phi$ ② $B=\dfrac{\Phi}{S}$
③ $B=\dfrac{S}{\Phi}$ ④ $B=\dfrac{\Phi}{\mu S}$

51. 어떤 저항에 전압 100 V, 전류 50 A를 5분간 흘렸을 때 발생하는 열량은 약 몇 kJ인가?

① 900 ② 1800 ③ 1500 ④ 7200

해설 $H = VIt = 100\times 50\times 5\times 60$
$= 1500000\text{J} = 1500\text{ kJ}$

52. 3상 유도전동기의 출력이 5 kW, 전압 200 V, 역률 80 %, 효율이 90 %일 때 유입되는 선전류는 약 몇 A인가?

정답 43. ① 44. ③ 45. ③ 46. ① 47. ③ 48. ② 49. ① 50. ② 51. ③ 52. ③

① 14 ② 17 ③ 20 ④ 25

해설 $I=\dfrac{5000}{\sqrt{3}\times 200\times 0.8\times 0.9}=20\,\text{A}$

53. 탄성식 압력계에 해당되는 것은?

① 경사관식 ② 압전기식
③ 환상평형식 ④ 벨로스식

해설 벨로스식은 압력식으로 탄성식 압력계이다.

54. 정현파 전압 $v=220\sqrt{2}\sin(\omega t+30°)\,\text{V}$ 보다 위상이 90° 뒤지고 최댓값이 20 A인 정현파 전류의 순싯값은 몇 A인가?

① $20\sin(\omega t-30°)$
② $20\sin(\omega t-60°)$
③ $20\sqrt{2}\sin(\omega t+60°)$
④ $20\sqrt{2}\sin(\omega t-60°)$

해설 $i=I_m\sin\theta=20\sin(\omega t+30°-90°)$
$=20\sin(\omega t-60°)\,[\text{A}]$

55. 빛의 양(조도)에 의해서 동작되는 CdS를 이용한 센서에 해당하는 것은?

① 저항 변화형
② 용량 변화형
③ 전압 변화형
④ 인덕턴스 변화형

해설 측온저항(열선, 서미스터, 백금, 니켈)으로 빛의 양(조도)을 임피던스로 전환한다.

56. 전원전압을 안정게 유지하기 위하여 사용되는 다이오드로 가장 옳은 것은?

① 제너 다이오드
② 터널 다이오드
③ 보드형 다이오드
④ 버렉터 다이오드

해설 제너 다이오드 : 주로 정전압 전원 회로에 사용된다.

57. 그림과 같은 펄스를 라플라스 변환하면 그 값은?

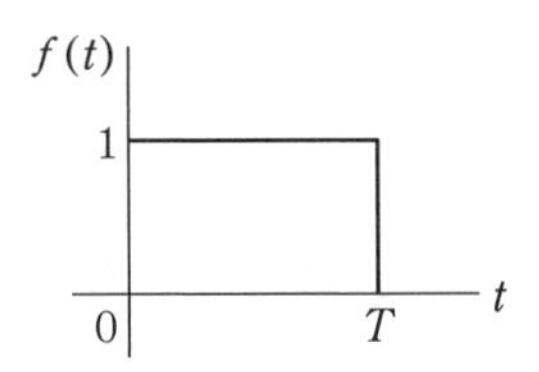

① $\dfrac{1}{T}\left(\dfrac{1-e^{Ts}}{s}\right)$ ② $\dfrac{1}{T}\left(\dfrac{1+e^{Ts}}{s}\right)$

③ $\dfrac{1}{s}(1-e^{-Ts})$ ④ $\dfrac{1}{s}(1+e^{Ts})$

해설 $f(t)=u(t)-u(t-T)$
$\mathcal{L}[f(t)]=\mathcal{L}[u(t)-u(t-T)]$
$=\dfrac{1}{s}-\dfrac{e^{-Ts}}{s}=\dfrac{1}{s}(1-e^{-Ts})$

58. 피드백 제어계의 제어장치에 속하지 않는 것은?

① 설정부 ② 조절부
③ 검출부 ④ 제어대상

해설 제어장치 : 제어를 하기 위해 제어대상에 부착되는 장치이고, 조절부, 설정부, 검출부 등이 이에 해당된다.

59. 평행한 두 도체에 같은 방향의 전류를 흘렸을 때 두 도체 사이에 작용하는 힘은?

① 흡인력
② 반발력
③ $\dfrac{I}{2\pi r}$의 힘
④ 힘이 작용하지 않는다.

60. 논리식 $\overline{x}\cdot y+\overline{x}\cdot\overline{y}$를 간단히 표시한 것은?

① $\overline{x}$ ② $\overline{y}$ ③ 0 ④ $x+y$

해설 $\overline{x}\cdot y+\overline{x}\cdot\overline{y}=\overline{x}(y+\overline{y})=\overline{x}$

정답 53. ④ 54. ② 55. ① 56. ① 57. ③ 58. ④ 59. ① 60. ①

제4과목 유지보수 공사관리

61. 급수배관 시공 시 수격작용의 방지 대책으로 틀린 것은?

① 플래시 밸브 또는 급속 개폐식 수전을 사용한다.
② 관 지름은 유속이 2.0 ~ 2.5 m/s 이내가 되도록 설정한다.
③ 역류 방지를 위하여 체크 밸브를 설치하는 것이 좋다.
④ 급수관에서 분기할 때에는 T 이음을 사용한다.

해설 수격작용 방지를 위하여 체크 밸브 또는 서지탱크를 설치한다.

62. 고무링과 가단 주철제의 칼라를 죄어서 이음하는 방법은?

① 플랜지 접합 ② 빅토릭 접합
③ 기계적 접합 ④ 동관 접합

해설 빅토릭 접합 : 가스배관용으로 빅토릭형 주철관을 고무링과 칼라(누름판)를 사용하여 접합한다.

63. 공랭식 응축기 배관 시 틀린 것은?

① 소형 냉동기에 사용하며 핀이 있는 파이프 속에 냉매를 통하여 바람 이송 냉각설계로 되어 있다.
② 냉방기가 응축기 아래 설치되는 경우 배관 높이가 10 m 이상일 때는 5 m마다 오일 트랩을 설치해야 한다.
③ 냉방기가 응축기 위에 위치하고, 압축기가 냉방기에 내장되었을 경우에는 오일 트랩이 필요없다.
④ 수랭식에 비해 능력은 낮지만, 냉각수를 사용하지 않아 동결의 염려가 없다.

해설 오일 트랩은 높이가 2.5 m 이상일 때 10 m마다 설치한다.

64. 증기난방 배관 시 단관 중력 환수식 배관에서 증기와 응축수의 흐름 방향이 다른 역류관의 구배는 얼마로 하는가?

① 1/50 ~ 1/100
② 1/100 ~ 1/200
③ 1/200 ~ 1/250
④ 1/250 ~ 1/300

65. 공동주택, 그 외의 건축물 등에 도시가스를 공급하는 경우 정압기에서 가스 사용자가 점유하고 있는 토지의 경계까지 이르는 배관을 무엇이라고 하는가?

① 내관 ② 공급관
③ 본관 ④ 중압관

66. 냉동장치에서 압축기의 진동이 배관에 전달되는 것을 흡수하기 위하여 압축기 토출, 흡입 배관 등에 설치해 주는 것은?

① 팽창 밸브 ② 안전 밸브
③ 사이트 글라스 ④ 플렉시블 튜브

해설 브레이스 : 펌프, 압축기 등의 진동을 흡수하는 것으로 기초판에는 고무, 코르크, 스프링 등이 있고, 배관에는 플렉시블 튜브, U 벤드 등이 있다.

67. 온수난방 배관 설치 시 주의 사항으로 틀린 것은?

① 온수 방열기마다 수동식 에어벤트를 설치한다.
② 수평 배관에서 관경을 바꿀 때는 편심 이음을 사용한다.
③ 팽창관에 스톱 밸브를 부착하여 긴급상황 시 유체 흐름을 차단하도록 한다.

정답 61. ① 62. ② 63. ② 64. ① 65. ② 66. ④ 67. ③

④ 수리나 난방 휴지 시 배수를 위한 드레인 밸브를 설치한다.

해설 팽창관, 안전관, 일수관에는 절대로 밸브를 설치해서는 안 된다.

68. 급수에 사용되는 물은 탄산칼슘의 함유량에 따라 연수와 경수로 구분된다. 경수 사용 시 발생될 수 있는 현상으로 틀린 것은?

① 보일러 용수로 사용 시 내면에 관석이 많이 발생한다.
② 전열효율이 저하하고 과열 원인이 된다.
③ 보일러의 수명이 단축된다.
④ 비누거품이 많이 발생한다.

해설 경수는 비누거품 발생이 적다.

69. 관의 종류와 이음 방법의 연결로 틀린 것은?

① 강관 – 나사 이음
② 동관 – 압축 이음
③ 주철관 – 칼라 이음
④ 스테인리스강관 – 몰코 이음

해설 주철관 이음 : 소켓 접합, 기계적 접합, 빅토릭 접합, 타이톤 접합, 플랜지 접합 등이다.

70. 냉동설비 배관에서 액분리기와 압축기 사이에 냉매배관을 할 때 구배로 옳은 것은?

① 1/100 정도의 압축기측 상향 구배로 한다.
② 1/100 정도의 압축기측 하향 구배로 한다.
③ 1/200 정도의 압축기측 상향 구배로 한다.
④ 1/200 정도의 압축기측 하향 구배로 한다.

해설 냉동장치는 냉매가 흘러가는 방향으로 1/200 이상 내림 (하향) 구배를 한다.

71. 밀폐식 온수난방 배관에 대한 설명으로 틀린 것은?

① 배관의 부식이 비교적 적어 수명이 길다.
② 배관경이 적어지고 방열기도 적게 할 수 있다.
③ 팽창탱크를 사용한다.
④ 배관 내의 온수온도는 70℃ 이하이다.

해설 밀폐식 온수난방의 기준온도는 150℃이다.

72. 강관의 나사 이음 시 관을 절단한 후 관 단면의 안쪽에 생기는 거스러미를 제거할 때 사용하는 공구는?

① 파이프 바이스
② 파이프 리머
③ 파이프 렌치
④ 파이프 커터

73. 순동 이음쇠를 사용할 때에 비하여 동합금 주물 이음쇠를 사용할 때 고려할 사항으로 가장 거리가 먼 것은?

① 순동 이음쇠 사용에 비해 모세관 현상에 의한 용융 확산이 어렵다.
② 순동 이음쇠와 비교하여 용접재 부착력은 큰 차이가 없다.
③ 순동 이음쇠와 비교하여 냉벽 부분이 발생할 수 있다.
④ 순동 이음쇠 사용에 비해 열팽창의 불균일에 의한 부정적 틈새가 발생할 수 있다.

해설 동합금 주물 이음은 용접재 사용이 어렵다.

74. 급수펌프에 대한 배관 시공법 중 옳은 것은?

① 수평관에서 관경을 바꿀 경우 동심 리듀서를 사용한다.
② 흡입관은 되도록 길게 하고 굴곡 부분이 되도록 많게 하여야 한다.
③ 풋 밸브는 동 수위면보다 흡입관경의 2배 이상 물속에 들어가야 한다.
④ 토출측은 진공계를, 흡입측은 압력계를 설치한다.

정답 68. ④ 69. ③ 70. ④ 71. ④ 72. ② 73. ② 74. ③

해설 ㉠ 펌프 흡입 토출측에 압력계를 설치한다.
㉡ 수평관은 편심 리듀서를 사용한다.
㉢ 흡입관은 가능한 짧게 하고 관지름을 크게 한다.

75. 배관용 패킹 재료 선정 시 고려해야 할 사항으로 가장 거리가 먼 것은?

① 유체의 압력 ② 재료의 부식성
③ 진동의 유무 ④ 시트면의 형상

76. 다음 중 난방배관에 대한 설명으로 옳은 것은?

① 환수주관의 위치가 보일러 표준 수위보다 위쪽에 배관되어 있으면 습식환수라고 한다.
② 진공환수식 증기난방에서 하트포드 접속법을 활용하면 응축수를 1.5 m까지 흡상할 수 있다.
③ 온수난방의 경우 증기난방보다 운전 중 침입 공기에 의한 배관의 부식 우려가 크다.
④ 증기배관 도중에 글로브 밸브를 설치하는 경우에는 밸브축이 옆을 향하도록 설치하여야 한다.

해설 ① : 건식 환수관
② 진공환수식에서 리프팅관은 1.5 m까지 입상시킨다.
③ 배관 부식은 증기난방이 크다.

77. 배관의 이음에 관한 설명으로 틀린 것은?

① 동관의 압축 이음(flare joint)은 지름이 작은 관에서 분해·결합이 필요한 경우에 주로 적용하는 이음 방식이다.
② 주철관의 타이톤 이음은 고무링을 압륜으로 죄어 볼트로 체결하는 이음 방식이다.
③ 스테인리스 강관의 프레스 이음은 고무링이 들어 있는 이음쇠에 관을 넣고 압축공구로 눌러 이음하는 방식이다.
④ 경질염화비닐관의 TS 이음은 접착제를 발라 이음관에 삽입하여 이음하는 방식이다.

해설 ②는 빅토릭 이음에 대한 설명이다.

78. 급탕배관의 신축을 흡수하기 위한 시공 방법으로 틀린 것은?

① 건물의 벽 관통 부분 배관에는 슬리브를 끼운다.
② 배관의 굽힘 부분에는 벨로스 이음으로 접합한다.
③ 복식 신축관 이음쇠는 신축구간의 중간에 설치한다.
④ 동관을 지지할 때에는 석면, 고무 등의 보호재를 사용하여 고정시킨다.

해설 배관의 굽힘 부분은 스위블 이음을 한다.

79. 배수의 성질에 의한 구분에서 수세식 변기의 대·소변에서 나오는 배수는?

① 오수 ② 잡배수
③ 특수배수 ④ 우수배수

80. 개방식 팽창탱크 장치 내 전수량이 20000 L이며 수온을 20℃에서 80℃로 상승시킬 경우, 물의 팽창수량은? (단, 비중량은 20℃일 때 0.99823 kg/L, 80℃일 때 0.97183 kg/L이다.)

① 54.3 L ② 400 L
③ 544 L ④ 5430 L

해설 $\Delta V = \left(\frac{1}{\rho_2} - \frac{1}{\rho_1}\right)V$

$= \left(\frac{1}{0.97183} - \frac{1}{0.99823}\right) \times 20000$

$= 544.27\ \text{L}$

정답 75. ④ 76. ④ 77. ② 78. ② 79. ① 80. ③

출제 예상문제 (11)

제1과목 에너지 관리

1. 기후에 따른 불쾌감을 표시하는 불쾌지수는 무엇을 고려한 지수인가?

① 기온과 기류 ② 기온과 노점
③ 기온과 복사열 ④ 기온과 습도

해설 불쾌지수 = 0.72×(건구온도 + 습구온도) + 40.6 으로 단순히 기온 및 습도에 의한 것이다.

2. 개별 공기조화 방식에 사용되는 공기조화기에 대한 설명으로 틀린 것은?

① 사용하는 공기조화기의 냉각코일에는 간접 팽창코일을 사용한다.
② 설치가 간편하고 운전 및 조작이 용이하다.
③ 제어대상에 맞는 개별 공조기를 설치하여 최적의 운전이 가능하다.
④ 소음이 크나, 국소운전이 가능하여 에너지 절약적이다.

해설 개별 공기조화 방식에서 사용하는 냉각코일은 직접 팽창식 코일을 사용한다.

3. 외기 및 반송(return)공기의 분진량이 각각 C_O, C_R이고, 공급되는 외기량 및 필터로 반송되는 공기량이 각각 Q_O, Q_R이며, 실내 발생량이 M이라 할 때 필터의 효율(η)을 구하는 식으로 옳은 것은?

① $\eta = \dfrac{Q_O(C_O - C_R) + M}{C_O Q_O + C_R Q_R}$

② $\eta = \dfrac{Q_O(C_O - C_R) + M}{C_O Q_O - C_R Q_R}$

③ $\eta = \dfrac{Q_O(C_O - + C_R) + M}{C_O Q_O + C_R Q_R}$

④ $\eta = \dfrac{Q_O(C_O - C_R) - M}{C_O Q_O - C_R Q_R}$

해설 여과 효율

$= \dfrac{\text{필터 입구공기 중의 먼지량} - \text{필터 출구공기 중의 먼지량}}{\text{필터 입구공기 중의 먼지량}}$

$= \dfrac{\text{필터에 제거되는 먼지량}}{\text{필터입구공기 중의 먼지량}}$ 이므로 ①번이 답이다.

4. 극간풍(틈새바람)에 의한 침입 외기량이 2800 L/s일 때, 현열부하(q_S)와 잠열부하(q_L)는 얼마인가? (단, 실내의 공기온도와 절대습도는 각각 25℃, 0.0179 kg/kg DA이고, 외기의 공기온도와 절대습도는 각각 32℃, 0.0209 kg/kg DA이며, 건공기 정압비열 1.005 kJ/kg·K, 0℃ 물의 증발잠열 2501 kJ/kg, 공기밀도 1.2 kg/m³이다.)

① q_S : 23.6 kW, q_L : 17.8 kW
② q_S : 18.9 kW, q_L : 17.8 kW
③ q_S : 23.6 kW, q_L : 25.2 kW
④ q_S : 18.9 kW, q_L : 25.2 kW

해설 ㉠ $q_S = GC_P \Delta T$

$= \dfrac{2800}{1000} \times 1.2 \times 1.005 \times (32-25)$

$= 23.64$ kJ/s

≒ 23.6 kW

㉡ $q_L = GR\Delta X$

$= \dfrac{2800}{1000} \times 1.2 \times 2501 \times (0.0209 - 0.0179)$

$= 25.21$ kJ/s

≒ 25.2 kW

정답 1. ④ 2. ① 3. ① 4. ③

5. 바닥취출 공조 방식의 특징으로 틀린 것은?

① 천장 덕트를 최소화하여 건축 층고를 줄일 수 있다.
② 개개인에 맞추어 풍량 및 풍속 조절이 어려워 쾌적성이 저해된다.
③ 가압식의 경우 급기거리가 18 m 이하로 제한된다.
④ 취출온도와 실내온도 차이가 10℃ 이상이면 드래프트 현상을 유발할 수 있다.

해설 개개인에 맞추어 풍량 및 풍속 조절이 간단하여 쾌적성이 향상된다.

6. 노점온도(dew point temperature)에 대한 설명으로 옳은 것은?

① 습공기가 어느 한계까지 냉각되어 그 속에 있던 수증기가 이슬방울로 응축되기 시작하는 온도
② 건공기가 어느 한계까지 냉각되어 그 속에 있던 공기가 팽창하기 시작하는 온도
③ 습공기가 어느 한계까지 냉각되어 그 속에 있던 수증기가 자연 증발하기 시작하는 온도
④ 건공기가 어느 한계까지 냉각되어 그 속에 있던 공기가 수축하기 시작하는 온도

해설 공기의 온도가 낮아지면 공기 중의 수분이 응축결로 되기 시작하는 온도를 노점(이슬점) 온도라 하고 습공기의 수증기 분압과 동일한 분압을 갖는 포화습공기의 온도이다.

7. 온수난방에 대한 설명으로 틀린 것은?

① 난방부하에 따라 온도 조절을 용이하게 할 수 있다.
② 예열시간은 길지만 잘 식지 않으므로 증기난방에 비하여 배관의 동결 우려가 적다.
③ 열용량이 증기보다 크고 실온 변동이 적다.
④ 증기난방보다 작은 방열기 또는 배관이 필요하므로 배관공사비를 절감할 수 있다.

해설 온수난방의 방열량이 증기난방보다 적으므로 방열기의 면적이 크고 설비비가 20 % 이상 증기난방보다 고가이다.

8. 습공기의 상대습도(ϕ)와 절대습도(ω)의 관계에 대한 계산식으로 옳은 것은? (단, P_a는 건공기 분압, P_s는 습공기와 같은 온도의 포화수증기 압력이다.)

① $\phi = \dfrac{\omega}{0.622}\dfrac{P_a}{P_s}$ ② $\phi = \dfrac{\omega}{0.622}\dfrac{P_s}{P_a}$

③ $\phi = \dfrac{0.622}{\omega}\dfrac{P_s}{P_a}$ ④ $\phi = \dfrac{0.622}{\omega}\dfrac{P_a}{P_s}$

해설 ㉠ 절대습도 $\omega = 0.622\dfrac{P_\omega}{P_a}$ 식에서

$$P_\omega = \frac{\omega \cdot P_a}{0.622}$$

㉡ 상대습도 $\phi = \dfrac{P_\omega}{P_s} = \dfrac{\omega \cdot P_a}{0.622 \cdot P_s}$

9. 취출기류에 관한 설명으로 틀린 것은?

① 거주영역에서 취출구의 최소 확산반경이 겹치면 편류현상이 발생한다.
② 취출구의 베인 각도를 확대시키면 소음이 감소한다.
③ 천장 취출 시 베인의 각도를 냉방과 난방 시 다르게 조정해야 한다.
④ 취출기류의 강하 및 상승거리는 기류의 풍속 및 실내공기와의 온도차에 따라 변한다.

해설 취출구의 베인 각도를 변경시켜서 취출 기류의 방향을 조정한다.

10. 공기조화설비에서 공기의 경로로 옳은 것은?

① 환기덕트 → 공조기 → 급기덕트 → 취출구
② 공조기 → 환기덕트 → 급기덕트 → 취출구
③ 냉각탑 → 공조기 → 냉동기 → 취출구
④ 공조기 → 냉동기 → 환기덕트 → 취출구

정답 5. ② 6. ① 7. ④ 8. ① 9. ② 10. ①

해설 공기조화설비는 환기와 외기가 혼합하여 공조기에서 냉·난방하여 송풍기로 급기덕트를 하여 각 취출구에서 급기된다.

11. **보일러의 성능에 관한 설명으로 틀린 것은?**

① 증발계수는 1시간당 증기 발생량에 시간당 연료 소비량으로 나눈 값이다.
② 1보일러 마력은 매시 100℃의 물 15.65 kg을 같은 온도의 증기로 변화시킬 수 있는 능력이다.
③ 보일러 효율은 증기에 흡수된 열량과 연료의 발열량의 비이다.
④ 보일러 마력을 전열면적으로 표시할 때는 수관보일러의 전열면적 0.929 m^2를 1보일러 마력이라 한다.

해설 증발계수(증발력)

$= \frac{\text{증기 엔탈피} - \text{급수 엔탈피}}{2256}$ 이며 실제 발생 증기 엔탈피를 100℃ 물의 증발잠열 2256 kJ/kg으로 나눈 값이다.

12. **냉동창고의 벽체가 두께 15 cm, 열전도율 1.6 W/m·℃인 콘크리트와 두께 5 cm, 열전도율이 1.4 W/m·℃인 모르타르로 구성되어 있다면 벽체의 열통과율($W/m^2 \cdot ℃$)은? (단, 내벽측 표면 열전달률은 9.3 $W/m^2 \cdot ℃$, 외벽측 표면 열전달률은 23.2 $W/m^2 \cdot ℃$이다.)**

① 1.11 ② 2.58
③ 3.57 ④ 5.91

해설 ㉠ 열저항 $R = \frac{1}{k}$

$$= \frac{1}{9.3} + \frac{0.15}{1.6} + \frac{0.05}{1.4} + \frac{1}{23.2} \ m^2 \cdot ℃/W$$

㉡ 열통과율 $k = \frac{1}{R} = 3.57 \ W/m^2 \cdot ℃$

13. **가습장치에 대한 설명으로 옳은 것은?**

① 증기분무 방법은 제어의 응답성이 빠르다.
② 초음파 가습기는 다량의 가습에 적당하다.
③ 순환수 가습은 가열 및 가습 효과가 있다.
④ 온수 가습은 가열·감습이 된다.

해설 ① 증기분무 가습은 가습 효율이 100 %에 가까우므로 응답성이 빠르다.
② 초음파 가습은 소용량에 적합하다.
③ 순환수분무 가습은 단열 가습이다.
④ 온수 가습은 가열 가습이다.

14. **공기조화설비에 관한 설명으로 틀린 것은?**

① 이중 덕트 방식은 개별제어를 할 수 있는 이점이 있지만, 단일 덕트 방식에 비해 설비비 및 운전비가 많아진다.
② 변풍량 방식은 부하의 증가에 대처하기 용이하며, 개별제어가 가능하다.
③ 유인 유닛 방식은 개별제어가 용이하며, 고속 덕트를 사용할 수 있어 덕트 스페이스를 작게 할 수 있다.
④ 각층 유닛 방식은 중앙기계실 면적을 작게 차지하고, 공조기의 유지관리가 편하다.

해설 각층 유닛 방식은 공조기 수가 많으므로 설비비가 많이 들고, 진동소음이 크며 유지보수관리가 복잡하다.

15. **다음 온수난방 분류 중 적당하지 않은 것은?**

① 고온수식, 저온수식
② 중력순환식, 강제순환식
③ 건식환수법, 습식환수법
④ 상향공급식, 하향공급식

해설 증기난방의 환수 방식에 건식과 습식환수가 있다.

16. **축열 시스템에서 수축열조의 특징으로 옳은 것은?**

① 단열, 방수공사가 필요 없고 축열조를 따로 구축하는 경우 추가비용이 소요되지 않는다.

정답 11. ① 12. ③ 13. ① 14. ④ 15. ③ 16. ④

② 축열배관 계통이 여분으로 필요하고 배관 설비비 및 반송 동력비가 절약된다.
③ 축열수의 혼합에 따른 수온저하 때문에 공조기 코일 열수, 2차측 배관계의 설비가 감소할 가능성이 있다.
④ 열원기기는 공조부하의 변동에 직접 추종할 필요가 없고 효율이 높은 전부하에서의 연속운전이 가능하다.

해설 수축열 장치는 심야전력으로 열원기기를 운전하여 축열을 시켜서 공기조화 시에 전부하에서 연속운전이 가능하다.

17. 온풍난방에 관한 설명으로 틀린 것은?

① 실내 층고가 높을 경우 상하 온도차가 커진다.
② 실내의 환기나 온습도 조절이 비교적 용이하다.
③ 직접난방에 비하여 설비비가 높다.
④ 국부적으로 과열되거나 난방이 잘 안 되는 부분이 발생한다.

해설 온풍난방은 열효율이 높고, 연소비가 절약되며 직접난방에 비하여 설비비가 싸다.

18. 냉방부하에 따른 열의 종류로 틀린 것은?

① 인체의 발생열 – 현열, 잠열
② 틈새바람에 의한 열량 – 현열, 잠열
③ 외기 도입량 – 현열, 잠열
④ 조명의 발생열 – 현열, 잠열

해설 조명과 같은 전기기는 현열(감열)뿐이다.

19. 다음 중 라인형 취출구의 종류로 가장 거리가 먼 것은?

① 슬롯형 ② 브리즈 라인형
③ 그릴형 ④ T – 라인형

해설 라인형 취출구(토출구)의 종류는 브리즈 라인형, 슬롯형, T – 라인형, 캄라인형, 다공판형 토출구 등이 있다.

20. 다음 중 원심식 송풍기가 아닌 것은?

① 다익 송풍기
② 프로펠러 송풍기
③ 터보 송풍기
④ 익형 송풍기

해설 프로펠러 송풍기는 축류형이다.

제2과목 공조냉동 설계

21. 10℃에서 160℃까지 공기의 평균 정적비열은 0.7315 kJ/kg·K이다. 이 온도 변화에서 공기 1 kg의 내부에너지 변화는 약 몇 kJ인가?

① 101.1 ② 109.7
③ 120.6 ④ 131.7

해설 내부에너지 변화$(u) = C_v \cdot \Delta T$
$= 0.7315 \times (160 - 10)$
$= 109.73$ kJ

22. 오토 사이클의 압축비(ε)가 8일 때 이론 열효율은 약 몇 %인가? (단, 비열비(k)는 1.4이다.)

① 36.8 ② 46.7
③ 56.5 ④ 66.6

해설 열효율$= 1 - \left(\frac{1}{8}\right)^{1.4-1} = 0.5647 \fallingdotseq 56.5\,\%$

23. 증기를 가역 단열과정으로 거쳐 팽창시키면 증기의 엔트로피는?

① 증가한다.
② 감소한다.
③ 변하지 않는다.
④ 경우에 따라 증가도 하고, 감소도 한다.

정답 17. ③ 18. ④ 19. ③ 20. ② 21. ② 22. ③ 23. ③

해설 ㉠ 가열 단열과정에서 팽창시키면 엔트로피는 변화가 없다.
㉡ 비가역 단열과정에서 팽창시키면 엔탈피는 변화가 없다.

24. 완전가스의 내부에너지(u)는 어떤 함수인가?

① 압력과 온도의 함수이다.
② 압력만의 함수이다.
③ 체적과 압력의 함수이다.
④ 온도만의 함수이다.

해설 완전가스 내부에너지 $(u) = C_v \cdot \Delta T$이므로 온도만의 함수이다.

25. 온도가 127℃, 압력이 0.5 MPa, 비체적이 0.4 m³/kg인 이상기체가 같은 압력 하에서 비체적이 0.3 m³/kg으로 되었다면 온도는 약 몇 ℃가 되는가?

① 16 ② 27
③ 96 ④ 300

해설 $\frac{V_1}{T_1} = \frac{V_2}{T_2}$ 식에서

$$T_2 = \frac{0.3}{0.4} \times (273 + 127) = 300\,\text{K} = 27\,℃$$

26. 계가 비가역 사이클을 이룰 때 클라우지우스(Clausius)의 적분을 옳게 나타낸 것은? (단, T는 온도, Q는 열량이다.)

① $\int \frac{\delta Q}{T} < 0$ ② $\int \frac{\delta Q}{T} > 0$
③ $\int \frac{\delta Q}{T} \geq 0$ ④ $\int \frac{\delta Q}{T} \leq 0$

해설 클라우지우스의 적분은 가역과정이면 0이고, 비가역 과정이면 0보다 작다. 즉 $\int \frac{\delta Q}{T} \leq 0$ 식이 성립된다. 비가역 과정이면 $\int \frac{\delta Q}{T} < 0$ 이다.

27. 증기동력 사이클의 종류 중 재열 사이클의 목적으로 가장 거리가 먼 것은?

① 수명이 연장된다.
② 이론 열효율이 증가한다.
③ 터빈 출구의 질(quality)을 향상시킨다.
④ 터빈 출구의 습도가 증가하여 터빈 날개를 보호한다.

해설 재열 사이클은 팽창일을 증대시키고 터빈 출구의 습도를 감소(건도 증가)시켜서 터빈의 수명이 증가되고, 열효율을 개선시킨다.

28. 밀폐용기에 비내부에너지가 200 kJ/kg인 기체가 0.5 kg 들어있다. 이 기체를 용량이 500 W인 전기가열기로 2분 동안 가열한다면 최종상태에서 기체의 내부에너지는 약 몇 kJ인가? (단, 열량은 기체로만 전달된다고 한다.)

① 20 ② 100
③ 120 ④ 160

해설 $u = 0.5 \times 200 + \frac{500 \times 2 \times 60}{1000} = 160\,\text{kJ}$

29. 비열비가 1.29, 분자량이 44인 이상기체의 정압비열은 약 몇 kJ/kg·K인가? (단, 일반 기체상수는 8.314 kJ/kmol·K이다.)

① 0.51 ② 0.69
③ 0.84 ④ 0.91

해설 $C_P = \frac{K}{K-1} \cdot A \cdot R$

$$= \frac{1.29}{1.29-1} \times 1 \times \frac{8.314}{44} = 0.84\,\text{kJ/kg} \cdot \text{K}$$

30. 열펌프를 난방에 이용하려 한다. 실내온도는 18℃이고, 실외온도는 −15℃이며 벽을 통한 열손실은 12 kW이다. 열펌프를 구동하기 위해 필요한 최소 동력은 약 몇 kW인가?

① 0.65 ② 0.74
③ 1.36 ④ 1.53

정답 24. ④ 25. ② 26. ① 27. ④ 28. ④ 29. ③ 30. ③

해설 $\frac{T_1}{T_1 - T_2} = \frac{Q_1}{N}$

$N = \frac{(273+18)-(273-15)}{273+18} \times 12 = 1.36\text{ kW}$

31. 브라인(2차 냉매) 중 무기질 브라인이 아닌 것은?

① 염화마그네슘 ② 에틸렌글리콜
③ 염화칼슘 ④ 식염수

해설 에틸렌글리콜은 유기질 브라인으로 제상장치에 주로 사용한다.

32. 냉동기유의 구비조건으로 틀린 것은?

① 점도가 적당할 것
② 응고점이 높고 인화점이 낮을 것
③ 유성이 좋고 유막을 잘 형성할 수 있을 것
④ 수분 등의 불순물을 포함하지 않을 것

해설 냉동유(윤활유)는 응고점이 낮고 인화점이 높아야 한다.

33. 냉동장치가 정상운전되고 있을 때 나타나는 현상으로 옳은 것은?

① 팽창 밸브 직후의 온도는 직전의 온도보다 높다.
② 크랭크 케이스 내의 유온은 증발온도보다 낮다.
③ 수액기 내의 액온은 응축온도보다 높다.
④ 응축기의 냉각수 출구온도는 응축온도보다 낮다.

해설 ㉠ 기준 냉동장치에서 팽창 밸브 직전온도 25℃, 직후온도 −15℃이다.
㉡ 크랭크 케이스 유온은 증발온도보다 높고 프레온 장치는 30℃ 이상, NH_3 장치는 40℃ 이하로 유지시킨다.
㉢ 수액기 내의 액온도는 이론적으로 응축온도보다 5℃ 낮다.

34. 다음 그림은 R−134a를 냉매로 한 건식 증발기를 가진 냉동장치의 개략도이다. 지점 1, 2에서의 게이지 압력은 각각 0.2 MPa, 1.4 MPa으로 측정되었다. 각 지점에서의 엔탈피가 아래 표와 같을 때, 5지점에서의 엔탈피(kJ/kg)는 얼마인가?(단, 비체적(v_1)은 0.08 m³/kg이다.)

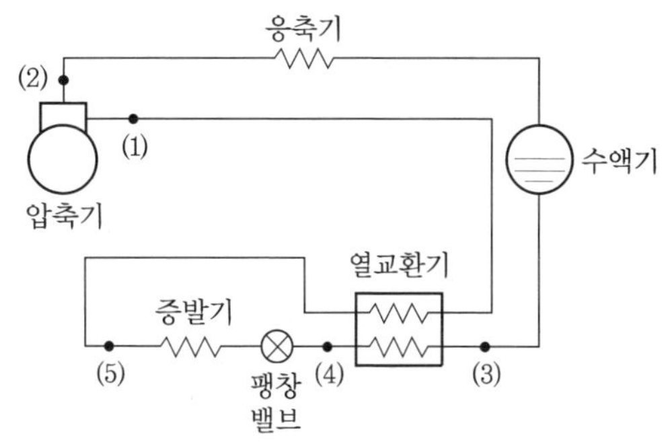

지점	엔탈피(kJ/kg)
1	623.8
2	665.7
3	460.5
4	439.6

① 20.9 ② 112.8
③ 408.6 ④ 602.9

해설 열교환량 $= h_1 - h_5 = h_3 - h_4$

$\therefore h_5 = h_1 - (h_3 - h_4)$

$= 623.8 - (460.5 - 439.6) = 602.9\text{ kJ/kg}$

35. 냉동용 압축기를 냉동법의 원리에 의해 분류할 때, 저온에서 증발한 가스를 압축기로 압축하여 고온으로 이동시키는 냉동법을 무엇이라고 하는가?

① 화학식 냉동법
② 기계식 냉동법
③ 흡착식 냉동법
④ 전자식 냉동법

해설 냉동기계를 이용하는 증기압축식 냉동법은

정답 31. ② 32. ② 33. ④ 34. ④ 35. ②

증발기의 저온저압의 기체냉매를 응축기에서 쉽게 응축할 수 있게 고온고압의 과열증기로 만든다.

36. 실제기체가 이상기체의 상태방정식을 근사하게 만족시키는 경우는 어떤 조건인가?

① 압력과 온도가 모두 낮은 경우
② 압력이 높고 온도가 낮은 경우
③ 압력이 낮고 온도가 높은 경우
④ 압력과 온도 모두 높은 경우

해설 이상기체 상태식을 근사하게 만족시키는 것은 압력이 낮고 온도가 높은 경우이고, ②는 응축(액화) 조건이다.

37. 가역 카르노 사이클에서 고온부 40℃, 저온부 0℃로 운전될 때 열기관의 효율은?

① 7.825 ② 6.825
③ 0.147 ④ 0.128

해설 $\eta = \frac{(273+40)-273}{273+40} = 0.1278$

38. 표준 냉동 사이클에서 냉매의 교축 후에 나타나는 현상으로 틀린 것은?

① 온도는 강하한다.
② 압력은 강하한다.
③ 엔탈피는 일정하다.
④ 엔트로피는 감소한다.

해설 팽창 밸브에서 교축현상이 발생하면 엔탈피는 불변이고 엔트로피는 증가한다.

39. 다음 조건을 이용하여 응축기 설계 시 1 RT (3.86 kW)당 응축면적(m^2)은? (단, 온도차는 산술평균 온도차를 적용한다.)

조건
• 응축온도 : 35℃ • 냉각수 입구온도 : 28℃ • 냉각수 출구온도 : 32℃ • 열통과율 : 1.05 kW/m^2 · ℃

① 1.05 ② 0.74
③ 0.52 ④ 0.35

해설 $응축면적 = \frac{1 \times 3.86}{1.05 \times \left(35 - \frac{28+32}{2}\right)}$
$= 0.735\ m^2$

40. 수액기에 대한 설명으로 틀린 것은?

① 응축기에서 응축된 고온고압의 냉매액을 일시 저장하는 용기이다.
② 장치 안에 있는 모든 냉매를 응축기와 함께 회수할 정도의 크기를 선택하는 것이 좋다.
③ 소형 냉동기에는 필요로 하지 않는다.
④ 어큐뮬레이터라고도 한다.

해설 어큐뮬레이터는 액분리기이고, 수액기는 리시버 탱크(liquid receiver)라 한다.

제3과목 시운전 및 안전관리

41. 목표치가 시간에 관계없이 일정한 경우로 정전압 장치, 일정 속도 제어 등에 해당하는 제어는?

① 정치 제어
② 비율 제어
③ 추종 제어
④ 프로그램 제어

해설 정치 제어 : 제어량을 어떤 일정한 목표값으로 유지하는 것을 목적으로 하는 제어법이다.

42. 단상 교류전력을 측정하는 방법이 아닌 것은?

① 3전압계법
② 3전류계법
③ 단상 전력계법
④ 2전력계법

정답 36. ③ 37. ④ 38. ④ 39. ② 40. ④ 41. ① 42. ④

해설 단상 교류전력을 측정하는 방법은 3전압계법, 3전류계법, 단상 전력계법 등이 있고, 그 전력계법은 3상 전력을 측정하는 방법이다.

43. 교류를 직류로 변환하는 전기기기가 아닌 것은?

① 수은정류기 ② 단극발전기
③ 회전변류기 ④ 컨버터

해설 발전기는 교류를 발생시키는 기기이고, 직류로 변환하는 기기는 정류기, 변류기, 컨버터 등이 있다.

44. 제어계의 구성도에서 개루프 제어계에는 없고, 폐루프 제어계에만 있는 제어 구성 요소는?

① 검출부 ② 조작량
③ 목표값 ④ 제어대상

해설 폐루프(피드백) 제어기는 출력을 피드백(검출)시켜서 입력과 비교하는 구성 요소로 되어 있다.

45. $R=4\ \Omega$, $X_L=9\ \Omega$, $X_C=6\ \Omega$인 직렬접속 회로의 어드미턴스(℧)는?

① $4+j8$ ② $0.16-j0.12$
③ $4-j8$ ④ $0.16+j0.12$

해설 ㉠ 임피던스 $Z=R+\gamma'(X_L-X_C)$
$=4+j(9-6)=4+j3\ \Omega$

㉡ 어드미턴스 $Y=\dfrac{1}{Z}=G+\gamma' B$

$$=\frac{1}{R+iX}=\frac{R-jX}{(R+jX)(R-jX)}$$

$$=\frac{R}{R^2+X^2}-j\frac{X}{R^2+X^2}$$

$$=\frac{4}{4^2+3^2}-j\frac{3}{4^2+3^2}$$

$=0.16-j0.12$ ℧

46. 발열체의 구비조건으로 틀린 것은?

① 내열성이 클 것
② 용융온도가 높을 것
③ 산화온도가 낮을 것
④ 고온에서 기계적 강도가 클 것

해설 발열체는 산화온도가 높을 것

47. PLC(Progrmmable Logic Controller)에 대한 설명 중 틀린 것은?

① 무접점 제어 방식이다.
② 산술연산, 비교연산을 처리할 수 있다.
③ 시퀀스 제어 방식과는 함께 사용할 수 없다.
④ 계전기, 타이머, 카운터의 기능까지 쉽게 프로그램할 수 있다.

해설 PLC는 시퀀스 제어 방식과 함께 사용할 수 있다.

48. 다음 그림과 같은 유접점 논리회로를 간단히 하면?

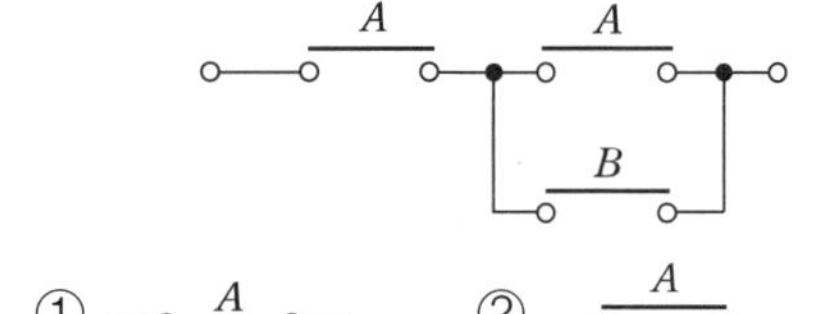

① A (a접점) ② A (b접점)
③ B (a접점) ④ B (b접점)

해설 $A(A+B)=AA+AB$
$=A+AB=A(1+B)=A$

49. 다음 그림과 같은 블록선도에서 $C(s)$는? (단, $G_1(s)=5$, $G_2(s)=2$, $H(s)=0.1$, $R(s)=1$이다.)

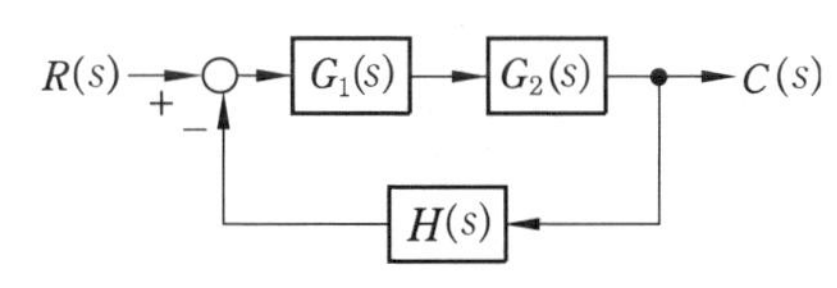

① 0 ② 1 ③ 5 ④ ∞

정답 43. ② 44. ① 45. ② 46. ③ 47. ③ 48. ② 49. ③

해설 $(R-CH)G_1G_2=C$

$RG_1G_2-CHG_1G_2=C$

$RG_1G_2=C+CHG_1G_2$

$RG_1G_2=C(1+HG_1G_2)$

$\frac{C}{R}=\frac{G_1G_2}{1+HG_1G_2}$

$=\frac{5\times 2}{1+(0.1\times 5\times 2)}=\frac{10}{2}$

$=\frac{5}{1}$에서 $R=1$, $C=5$이다.

50. 전위의 분포가 $V=15x+4y^2$으로 주어질 때 점($x=3$, $y=4$)에서 전계의 세기(V/m)는?

① $-15i+32j$ ② $-15i-32j$
③ $15i+32j$ ④ $15i-32j$

해설 전계와 전위의 관계식에서

$E=-g[\text{rad}]$

$V=-\overline{V}V=-\left(\frac{\partial}{\partial x}i+\frac{\partial}{\partial y}j+\frac{\partial}{\partial z}k\right)$

$\times(15x+4y^2)=-15i+yi$

$\therefore [E]\ x=3,\ y=4=-15i-j\times 4$

$=-15i-32j$

51. 입력이 011(2)일 때, 출력이 3 V인 컴퓨터 제어의 D/A 변환기에서 입력을 101(2)로 하였을 때 출력은 몇 V인가? (단, 3 bit 디지털 입력이 011(2)은 off, on, on을 뜻하고 입력과 출력은 비례한다.)

① 3 ② 4
③ 5 ④ 6

해설 ㉠ 011은 2.5 ~ 3.5 V
㉡ 101은 4.5 ~ 5.5 V이므로 출력은 5 V이다.

52. $G(s)=\frac{10}{s(s+1)(s+2)}$의 최종값은?

① 0 ② 1
③ 5 ④ 10

해설 최종값 정리에 의해서

$\lim_{t\to\infty}G(t)=\lim_{s\to 0}G(s)$

$=\frac{10}{s(s+1)(s+2)}=\frac{10}{s^2+2s+s+2}$

$=\frac{10}{s^2+3s+2}=\frac{10}{2}=5$

53. 잔류편차와 사이클링이 없고, 간헐현상이 나타나는 것이 특징인 동작은?

① I 동작 ② D 동작
③ P 동작 ④ PI 동작

해설 PI 동작은 오프셋을 소멸시키기 위하여 적분동작을 부가시킨 제어동작으로서 제어결과 진동적으로 되기 쉽다.

54. 피상전력이 P_a [kVA]이고 무효전력이 P_r [kvar]인 경우 유효전력 P [kW]를 나타낸 것은?

① $P=\sqrt{P_a-P_r}$

② $P=\sqrt{P_a^2-P_r^2}$

③ $P=\sqrt{P_a+P_r}$

④ $P=\sqrt{P_a^2+P_r^2}$

해설 피상전력 $P_a^2=P^2+P_r^2$이므로

유효전력 $P=\sqrt{P_a^2-P_r^2}$ 이다.

55. 3상 교류에서 a, b, c에 대한 전압을 기호법으로 표시하면 $E_a=E\angle 0°$, $E_b=E\angle -120°$, $E_c=E\angle 120°$로 표시된다. 여기서 $a=-\frac{1}{2}+j\frac{\sqrt{3}}{2}$라는 페이저 연산자를 이용하면 E_c는 어떻게 표시되는가?

① $E_c=E$ ② $E_c=a^2E$

③ $E_c=aE$ ④ $E_c=\left(\frac{1}{a}\right)E$

정답 50. ② 51. ③ 52. ③ 53. ④ 54. ② 55. ③

해설 (1) 대칭좌표법에서

㉠ $E_a = E\angle 0°$

㉡ $E_b = E\angle 240°$

㉢ $E_c = E\angle 120°$

(2) 회전연산자 a는

㉠ $a = \angle 120° = \frac{1}{2} + \frac{\sqrt{3}}{2}i$

㉡ $a^2 = \angle 240° = -\frac{1}{2} - \frac{\sqrt{3}}{2}i$

㉢ $a^3 = \angle 360° = 1$

(3) 회전연산자 a를 이용한 각상의 전압

$E_a = E\angle 0°$

$E_b = E\angle 240° = a^2E$

$E_c = E\angle 120° = aE$

56. 상호인덕턴스 150 mH인 a, b 두 개의 코일이 있다. b의 코일에 전류를 균일한 변화율로 $\frac{1}{50}$초 동안에 10 A변화시키면 a코일에 유기되는 기전력(V)의 크기는?

① 75 ② 100
③ 150 ④ 200

해설 $e = L\frac{di}{dt} = 150 \times 10^{-3} = \frac{10}{\frac{1}{50}}$

$= 150 \times 10^{-3} \times 10 \times 50 = 75\text{ V}$

57. 비전해 콘덴서의 누설전류 유무를 알아보는 데 사용될 수 있는 것은?

① 역률계 ② 전압계
③ 분류기 ④ 자속계

58. 어떤 전지에 연결된 외부회로의 저항은 4 Ω이고, 전류는 5 A가 흐른다. 외부회로에 4 Ω 대신 8 Ω의 저항을 접속하였더니 전류가 3 A로 떨어졌다면, 이 전지의 기전력(V)은?

① 10 ② 20 ③ 30 ④ 40

59. 다음 논리식 중 틀린 것은?

① $\overline{A \cdot B} = \overline{A} + \overline{B}$
② $\overline{A + B} = \overline{A} \cdot \overline{B}$
③ $A + A = A$
④ $A + \overline{A} \cdot B = A + \overline{B}$

해설 ④ : $A + \overline{A} = 1$이다.

60. 스위치를 닫거나 열기만 하는 제어 동작은?

① 비례 동작 ② 미분 동작
③ 적분 동작 ④ 2위치 동작

해설 2위치 동작은 on, off 회로이다.

제4과목 유지보수 공사관리

61. 증기난방설비 중 증기헤더에 관한 설명으로 틀린 것은?

① 증기를 일단 증기헤더에 모은 다음 각 계통별로 분배한다.
② 헤더의 설치 위치에 따라 공급헤더와 리턴헤더로 구분한다.
③ 증기헤더는 압력계, 드레인 포켓, 트랩장치 등을 함께 부착시킨다.
④ 증기헤더의 접속관에 설치하는 밸브류는 바닥 위 5 m 정도의 위치에 설치하는 것이 좋다.

해설 증기헤더에 설치하는 밸브는 바닥에서 1.5 m 이상에 설치한다.

62. 밸브 종류 중 디스크의 형상을 원뿔 모양으로 하여 고압 소유량의 유체를 누설 없이 조절할 목적으로 사용되는 밸브는?

① 앵글 밸브 ② 슬루스 밸브
③ 니들 밸브 ④ 버터 플라이 밸브

정답 56. ① 57. ② 58. ③ 59. ④ 60. ④ 61. ④ 62. ③

해설 니들 밸브는 디스크의 모양이 반구형으로 일명 구형 밸브라 한다.

63. 다음 배관지지 장치 중 변위가 큰 개소에 사용하기에 가장 적절한 행어(hanger)는?

① 리지드 행어 ② 콘스탄트 행어
③ 베리어블 행어 ④ 스프링 행어

해설 콘스탄트 행어는 배관의 상하 이동이 가능하도록 되어 있다.

64. 냉매유속이 낮아지게 되면 흡입관에서의 오일 회수가 어려워지므로 오일 회수를 용이하게 하기 위하여 설치하는 것은?

① 2중 입상관 ② 루프 배관
③ 액 트랩 ④ 리프팅 배관

해설 흡입관에서 냉매유량의 변동이 심한 장치에서 유속을 7.5 m/s 이상으로 유지하여 oil 회수를 용이하게 하기 위하여 2중 입상관을 사용한다.

65. 보온재의 구비조건으로 틀린 것은?

① 부피와 비중이 커야 한다.
② 흡수성이 적어야 한다.
③ 안전사용 온도 범위에 적합해야 한다.
④ 열전도율이 낮아야 한다.

해설 보온재는 부피와 비중이 작아야 한다.

66. 다음 관의 결합 방식 표시 방법 중 용접식의 그림 기호로 옳은 것은?

해설 ① 일반(나사) 이음
② 맞대기 용접 이음
③ 플랜지 이음
④ 유체의 흐르는 방향 표시

67. 중차량이 통과하는 도로에서의 급수배관 매설 깊이 기준으로 옳은 것은?

① 450 mm 이상
② 750 mm 이상
③ 900 mm 이상
④ 1200 mm 이상

해설 배관 매설 깊이
㉠ 일반평지 450 mm 이상
㉡ 차량 통행이 있는 장소 750 mm 이상
㉢ 중차량은 1000 mm 이상

68. 공조배관 설계 시 유속을 빠르게 설계하였을 때 나타나는 결과로 옳은 것은?

① 소음이 작아진다.
② 펌프양정이 높아진다.
③ 설비비가 커진다.
④ 운전비가 감소한다.

해설 속도수두(양정) $= \frac{V^2}{2g}$ mAg로 유속이 빠르면 속도양정과 마찰손실 양정이 높아진다.

69. 온수난방설비의 온수배관 시공법에 관한 설명으로 틀린 것은?

① 공기가 고일 염려가 있는 곳에는 공기배출을 고려한다.
② 수평배관에서 관의 지름을 바꿀 때에는 편심 리듀서를 사용한다.
③ 배관 재료는 내열성을 고려한다.
④ 팽창관에는 슬루스 밸브를 설치한다.

해설 팽창관, 안전관, 일수관에는 절대로 밸브를 설치해서는 안 된다.

70. 지중 매설하는 도시가스배관 설치 방법에 대한 설명으로 틀린 것은?

① 배관을 시가지 도로 노면 밑에 매설하는 경우 노면으로부터 배관의 외면까지 1.5 m 이상 간격을 두고 설치해야 한다.

정답 63. ② 64. ① 65. ① 66. ② 67. ④ 68. ② 69. ④ 70. ②

② 배관의 외면으로부터 도로의 경계까지 수평거리 1.5 m 이상, 도로 밑의 다른 시설물과는 0.5 m 이상 간격을 두고 설치해야 한다.
③ 배관을 인도·보도 등 노면 외의 도로 밑에 매설하는 경우에는 지표면으로부터 배관의 외면까지 1.2 m 이상 간격을 두고 설치해야 한다.
④ 배관을 포장되어 있는 차도에 매설하는 경우 그 포장부분의 노반의 밑에 매설하고 배관의 외면과 노반의 최하부와의 거리는 0.5 m 이상 간격을 두고 설치해야 한다.

해설 도로경계까지의 수평거리 1 m 이상, 도로 밑의 다른 시설물과는 0.3 m 이상, 매설 깊이는 1.5 m 이상, 시가지 도로 산과 들의 매설 깊이는 1 m 이상이며 기준은 1.2 m 이상이다.

71. 직접 가열식 중앙 급탕법의 급탕 순환 경로의 순서로 옳은 것은?

① 급탕입주관 → 분기관 → 저탕조 → 복귀주관 → 위생기구
② 분기관 → 저탕조 → 급탕입주관 → 위생기구 → 복귀주관
③ 저탕조 → 급탕입주관 → 복귀주관 → 분기관 → 위생기구
④ 저탕조 → 급탕입주관 → 분기관 → 위생기구 → 복귀주관

72. 증기압축식 냉동 사이클에서 냉매배관의 흡입관은 어느 구간을 의미하는가?

① 압축기 – 응축기 사이
② 응축기 – 팽창 밸브 사이
③ 팽창 밸브 – 증발기 사이
④ 증발기 – 압축기 사이

해설 ① 토출관 ② 액관
③ 습증기관 ④ 흡입관

73. 도시가스의 제조소 및 공급소 밖의 배관 표시 기준에 관한 내용으로 틀린 것은?

① 가스배관을 지상에 설치할 경우에는 배관의 표면 색상을 황색으로 표시한다.
② 최고 사용압력이 중압인 가스배관을 매설할 경우에는 황색으로 표시한다.
③ 배관을 지하에 매설하는 경우에는 그 배관이 매설되어 있음을 명확하게 알 수 있도록 표시한다.
④ 배관의 외부에 사용가스명, 최고 사용압력 및 가스의 흐름방향을 표시하여야 한다. 다만, 지하에 매설하는 경우에는 흐름방향을 표시하지 아니할 수 있다.

해설 매설배관의 색깔은 저압배관은 황색, 중·고압배관은 적색이다.

74. 다음 중 수직배관에서 역류방지 목적으로 사용하기에 가장 적절한 밸브는?

① 리프트식 체크 밸브
② 스윙식 체크 밸브
③ 안전 밸브
④ 코크 밸브

해설 ㉠ 리프트식 체크 밸브는 수평 배관에 사용
㉡ 스윙식 체크 밸브는 수직수평 배관에 사용

75. 주철관 이음 중 고무링 하나만으로 이음하며 이음 과정이 간편하여 관 부설을 신속하게 할 수 있는 것은?

① 기계식 이음
② 빅토릭 이음
③ 타이튼 이음
④ 소켓 이음

해설 타이튼 이음은 미국 US 파이프 회사에서 개발한 것으로 소켓 부분에 고무링 한 개로 접합이 가능하고 현재 널리 이용되고 있다.

정답 71. ④ 72. ④ 73. ② 74. ② 75. ③

76. 배수설비의 종류에서 요리실, 욕조, 세척 싱크와 세면기 등에서 배출되는 물을 배수하는 설비의 명칭으로 옳은 것은?

① 오수설비
② 잡배수설비
③ 빗물 배수설비
④ 특수 배수설비

77. 다음 중 연관의 접합 과정에 쓰이는 공구가 아닌 것은?

① 봄볼　② 턴핀
③ 드레서　④ 사이징 툴

해설 사이징 툴은 동관 접합 공구이다.

78. 다음 중 동관의 이음 방법과 가장 거리가 먼 것은?

① 플레어 이음
② 납땜 이음
③ 플랜지 이음
④ 소켓 이음

해설 소켓 이음은 주철관에서 얀과 납코킹으로 이음하는 방법이다.

79. 펌프의 양수량이 60 m^3/min이고 전양정이 20 m일 때, 벌류트 펌프로 구동할 경우 필요한 동력(kW)은 얼마인가? (단, 물의 비중량은 9800 N/m^3이고, 펌프의 효율은 60 %로 한다.)

① 196.1　② 200
③ 326.7　④ 405.8

해설 $L\,[\text{kW}] = \dfrac{\gamma \cdot Q \cdot H}{\eta} = \dfrac{9.8 \times 60 \times 20}{60 \times 0.6}$
$= 326.67\ \text{kW}$

80. 플래시 밸브 또는 급속 개폐식 수전을 사용할 때 급수의 유속이 불규칙적으로 변하여 생기는 현상을 무엇이라고 하는가?

① 수밀작용　② 파동작용
③ 맥동작용　④ 수격작용

해설 플래시 밸브 또는 펌프에서 유수를 급속 개폐하면 급수의 유속이 불규칙적으로 변화하여 역률하는 현상을 수격작용이라 한다.

정답 76. ② 77. ④ 78. ④ 79. ③ 80. ④

출제 예상문제 (12)

제1과목 에너지 관리

1. 20명의 인원이 각각 1개비의 담배를 동시에 피울 경우 필요한 실내 환기량은? (단, 담배 1개비당 발생하는 배연량은 0.54 g/h, 1 m^3/h의 환기 가능한 허용 담배 연소량은 0.017 g/h이다.)

① 235 m^3/h ② 347 m^3/h
③ 527 m^3/h ④ 635 m^3/h

해설 실내 환기량 $= \frac{20 \times 0.54}{0.017} = 635.29 \text{m}^3/\text{h}$

2. 보일러 출력표시에 대한 설명으로 틀린 것은?

① 정격출력 : 연속 운전이 가능한 보일러의 능력으로 난방부하, 급탕부하, 배관부하, 예열부하의 합이다.
② 정미출력 : 난방부하, 급탕부하, 예열부하의 합이다.
③ 상용출력 : 정격출력에서 예열부하를 뺀 값이다.
④ 과부하출력 : 운전 초기에 과부하가 발생했을 때는 정격출력의 10 ~ 20 % 정도 증가해서 운전할 때의 출력으로 한다.

해설 정미 (필요)출력 = 난방부하 + 급탕부하

3. 다음 공조 방식 중 개별식에 속하는 것은 어느 것인가?

① 팬 코일 유닛 방식
② 단일 덕트 방식
③ 2중 덕트 방식
④ 패키지 유닛 방식

해설 ①, ②, ③은 중앙 공급 방식이다.

4. 습공기의 가습 방법으로 가장 거리가 먼 것은?

① 순환수를 분무하는 방법
② 온수를 분무하는 방법
③ 수증기를 분무하는 방법
④ 외부 공기를 가열하는 방법

해설 공기를 가열하면 절대습도는 불변이다.

5. 동일한 송풍기에서 회전수를 2배로 했을 경우 풍량, 정압, 소요동력의 변화에 대한 설명으로 옳은 것은?

① 풍량 1배, 정압 2배, 소요동력 2배
② 풍량 1배, 정압 2배, 소요동력 4배
③ 풍량 2배, 정압 4배, 소요동력 4배
④ 풍량 2배, 정압 4배, 소요동력 8배

해설 ㉠ 풍량은 회전수 변화량에 비례한다.
㉡ 압력은 회전수 변화량의 제곱에 비례한다.
㉢ 동력은 회전수 변화량의 세제곱에 비례한다.

6. 건물의 외벽 크기가 10 m × 2.5 m이며, 벽 두께가 250 mm인 벽체의 양 표면온도가 각각 −15℃, 26℃일 때, 이 벽체를 통한 단위 시간당의 손실열량은? (단, 벽의 열전도율은 0.05 W/m·K이다.)

① 20.5 W
② 205 W
③ 102.5 W
④ 240 W

해설 $q = \frac{0.05}{0.25} \times (10 \times 2.5) \times \{26 - (-15)\}$
$= 205 \text{ W}$

정답 1. ④ 2. ② 3. ④ 4. ④ 5. ④ 6. ②

7. 흡수식 냉동기에 관한 설명으로 틀린 것은?

① 비교적 소용량보다는 대용량에 적합하다.
② 발생기에는 증기에 의한 가열이 이루어진다.
③ 냉매는 브롬화리튬(LiBr), 흡수제는 물(H_2O)의 조합으로 이루어진다.
④ 흡수기에서는 냉각수를 사용하여 냉각시킨다.

해설 흡수식 냉동기에서 냉매는 물(H_2O), 흡수제는 브롬화리튬(LiBr)이다.

8. 장방형 덕트(긴 변 a, 짧은 변 b)의 원형 덕트 지름 환산식으로 옳은 것은 어느 것인가?

① $d_e = 1.3\left[\dfrac{(ab)^2}{a+b}\right]^{1/8}$

② $d_e = 1.3\left[\dfrac{(ab)^5}{a+b}\right]^{1/6}$

③ $d_e = 1.3\left[\dfrac{(ab)^5}{(a+b)^2}\right]^{1/8}$

④ $d_e = 1.3\left[\dfrac{(ab)^2}{a+b}\right]^{1/6}$

9. 온수난방 설계 시 다르시-바이스바하(Darcy-Weisbach)의 수식을 적용한다. 이 식에서 마찰저항계수와 관련이 있는 인자는?

① 누셀수(Nu)와 상대조도
② 프란틀수(Pr)와 절대조도
③ 레이놀즈수(Re)와 상대조도
④ 그라스호프수(Gr)와 절대조도

10. 공기 중의 수증기가 응축하기 시작할 때의 온도, 즉 공기가 포화상태로 될 때의 온도를 무엇이라고 하는가?

① 건구온도 ② 노점온도
③ 습구온도 ④ 상당외기온도

해설 수증기가 응축하는 온도를 이슬점(노점) 온도 또는 응결점 온도라 한다.

11. 공기 중의 수분이 벽이나 천장, 바닥 등에 닿았을 때 응축되어 이슬이 맺히는 경우가 있다. 이와 같은 수분의 응축 결로를 방지하는 방법으로 적절하지 않은 것은?

① 다습한 외기를 도입하지 않도록 한다.
② 벽체인 경우 단열재를 부착한다.
③ 유리창인 경우 2중 유리를 사용한다.
④ 공기와 접촉하는 벽면의 온도를 노점온도 이하로 낮춘다.

해설 응축 결로를 방지하려면 벽면의 온도를 이슬점(노점) 온도 이상으로 한다.

12. 에너지 절약의 효과 및 사무자동화(OA)에 의한 건물에서 내부 발생열의 증가와 부하변동에 대한 제어성이 우수하기 때문에 대규모 사무실 건물에 적합한 공기조화 방식은?

① 정풍량(CAV) 단일 덕트 방식
② 유인 유닛 방식
③ 룸 쿨러 방식
④ 가변풍량(VAV) 단일 덕트 방식

해설 송풍기 회전수를 가감하는 가변풍량 방식이 에너지 절약 효과가 가장 우수하다.

13. 바닥취출 공조 방식의 특징으로 틀린 것은?

① 천장 덕트를 최소화하여 건축 층고를 줄일 수 있다.
② 개개인에 맞추어 풍량 및 풍속 조절이 어려워 쾌적성이 저해된다.
③ 가압식의 경우 급기거리가 18 m 이하로 제한된다.
④ 취출온도와 실내온도 차이가 10℃ 이상이면 드래프트 현상을 유발할 수 있다.

정답 7. ③ 8. ③ 9. ③ 10. ② 11. ④ 12. ④ 13. ②

해설 바닥취출 방식은 이물질 배출로 인하여 실내 쾌적성이 저해될 우려가 있으나 개개인에 알맞은 풍량 및 풍속 조절이 가능하다.

14. **실내의 냉방 현열부하가 21000 kJ/h, 잠열부하가 3360 kJ/h인 방을 실온 26℃로 냉각하는 경우 송풍량은 얼마인가? (단, 취출온도는 15℃이며, 건공기의 정압비열은 1.008 kJ/kg · K, 공기의 비중량은 1.2 kg/m³이다.)**

① 1578 m^3/h ② 878 m^3/h
③ 678 m^3/h ④ 578 m^3/h

해설 $\text{송풍량} = \dfrac{21000}{1.2 \times 1.008 \times (26-15)} = 1578.28\ m^3/h$

15. **실내를 항상 급기용 송풍기를 이용하여 정압(+)상태로 유지할 수 있어서 오염된 공기의 침입을 방지하고, 연소용 공기가 필요한 보일러실, 반도체 무균실, 소규모 변전실, 창고 등에 적합한 환기법은?**

① 제1종 환기 ② 제2종 환기
③ 제3종 환기 ④ 제4종 환기

해설 ㉠ 제1종 환기 : 강제급 · 배기
㉡ 제2종 환기 : 강제급기, 자연배기
㉢ 제3종 환기 : 자연급기, 강제배기
㉣ 제4종 환기 : 자연급 · 배기

16. **단일 덕트 재열 방식의 특징으로 틀린 것은?**

① 냉각기에 재열부하가 추가된다.
② 송풍 공기량이 증가한다.
③ 실별 제어가 가능하다.
④ 현열비가 큰 장소에 적합하다.

해설 실내부하 변동이 작은 장소에 적합하다.

17. **가변풍량 공조 방식의 특징으로 틀린 것은?**

① 다른 방식에 비하여 에너지 절약 효과가 높다.
② 실내공기의 청정화를 위하여 대풍량이 요구될 때 적합하다.
③ 각 실의 실온을 개별적으로 제어할 때 적합하다.
④ 동시 사용률을 고려하여 기기용량을 결정할 수 있어 정풍량 방식에 비하여 기기의 용량을 적게 할 수 있다.

해설 가변풍량 방식은 저부하 시에 실내공기의 청정화를 얻기 어렵다.

18. **습공기의 성질에 대한 설명으로 틀린 것은?**

① 상대습도란 어떤 공기의 절대습도와 동일온도의 포화습공기의 절대습도의 비를 말한다.
② 절대습도는 습공기에 포함된 수증기의 중량을 건공기 1 kg에 대하여 나타낸 것이다.
③ 포화공기란 습공기 중의 절대습도, 건구온도 등이 변화하면서 수증기가 포화상태에 이른 공기를 말한다.
④ 무입공기란 포화수증기 이상의 수분을 함유하여 공기 중에 미세한 물방울을 함유하는 공기를 말한다.

해설 $\text{상대습도} = \dfrac{\text{수증기분압}}{\text{포화수증기분압}}$

19. **공기조화설비는 공기조화기, 열원장치 등 4대 주요장치로 구성되어 있다. 4대 주요장치의 하나인 공기조화기에 해당되는 것이 아닌 것은?**

① 에어필터 ② 공기냉각기
③ 공기가열기 ④ 왕복동 압축기

해설 왕복동 압축기, 보일러 등은 열원장치에 해당된다.

정답 14. ① 15. ② 16. ④ 17. ② 18. ① 19. ④

20. 다음 습공기 선도의 공기조화 과정을 나타낸 장치도는? (단, ⓐ = 외기, ⓑ = 환기, HC = 가열기, CC = 냉각기이다.)

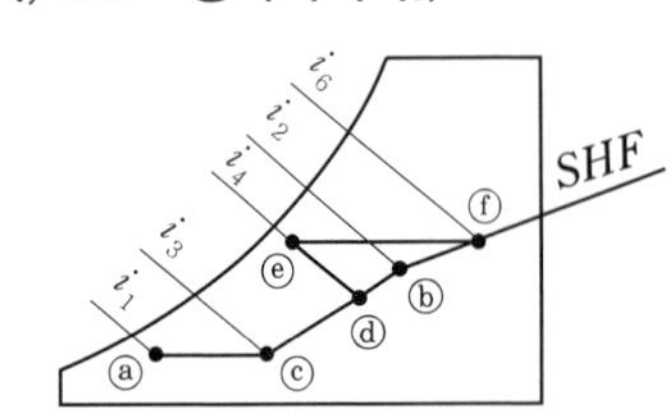

①

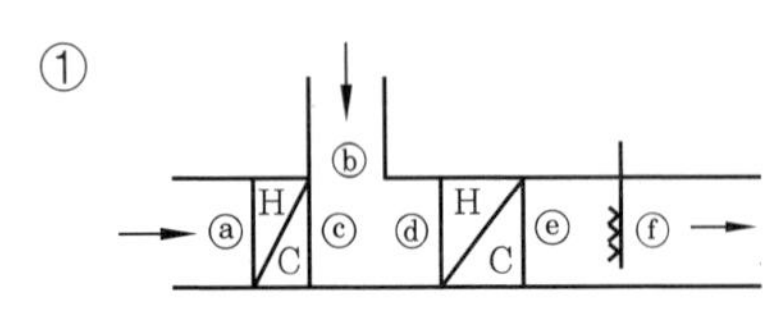

②

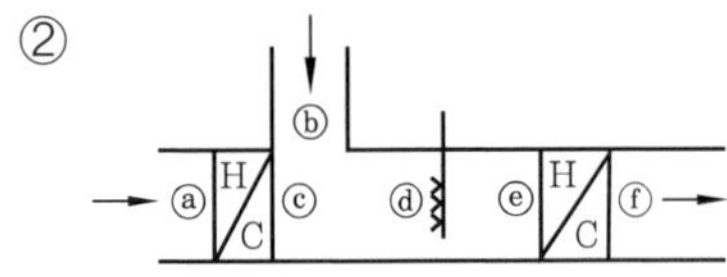

③

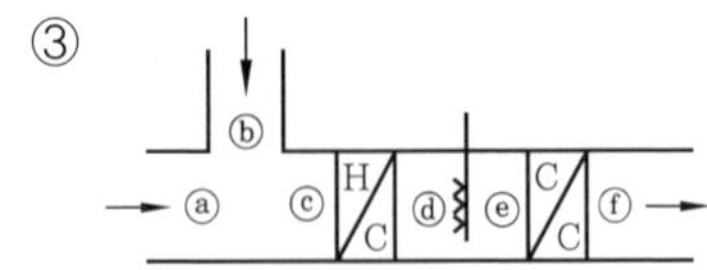

④

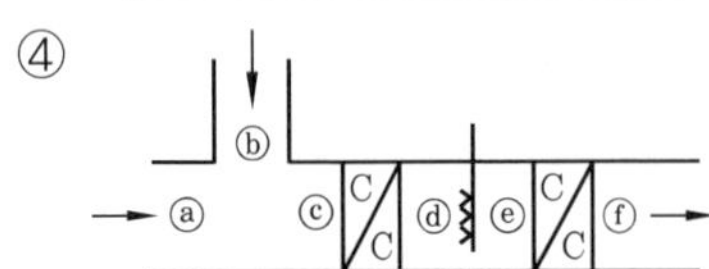

해설 ⓐ→ⓒ : 예열
ⓑ→ⓒ : 외기 손실열
ⓓ→ⓔ : 단열 가습
ⓔ→ⓕ : 재열
ⓕ→ⓑ : 실내 손실열

제2과목 공조냉동 설계

21. 저열원 20℃와 고열원 700℃ 사이에서 작동하는 카르노 열기관의 열효율은 약 몇 %인가?

① 30.1 ② 69.9
③ 52.9 ④ 74.1

해설 $\eta = \frac{T_1 - T_2}{T_1} = \frac{(273+700)-(273+20)}{273+700}$

$= 0.69886 \fallingdotseq 69.9\ \%$

22. 다음 중 비가역 과정으로 볼 수 없는 것은?

① 마찰 현상
② 낮은 압력으로의 자유 팽창
③ 등온 열전달
④ 상이한 조성물질의 혼합

해설 등온 열전달은 상태 변화에서 가능하므로 가역 과정이다.

23. 다음 그림의 랭킨 사이클(온도(T)-엔트로피(s) 선도)에서 각각의 지점의 엔탈피는 표와 같을 때 이 사이클의 효율은 약 몇 %인가?

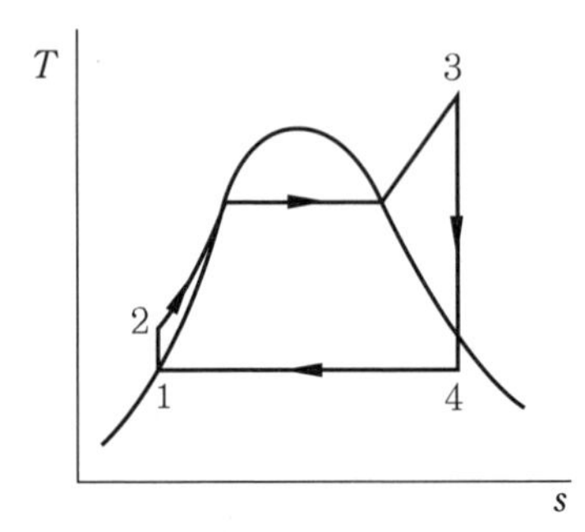

구분	엔탈피(kJ/kg)
1지점	185
2지점	210
3지점	3100
4지점	2100

① 33.7 ② 28.4
③ 25.2 ④ 22.9

해설 $\eta = \frac{(h_3 - h_4)-(h_2 - h_1)}{h_3 - h_2}$

$= \frac{(3100-2100)-(210-185)}{3100-210}$

$= 0.3373 \fallingdotseq 33.7\ \%$

정답 20. ② 21. ② 22. ③ 23. ①

24. 다음 그림과 같이 상태 1, 2 사이에서 계가 1 →A→2→B→1과 같은 사이클을 이루고 있을 때, 열역학 제1법칙에 가장 적합한 표현은? (단, 여기서 Q는 열량, W는 계가 하는 일, U는 내부에너지를 나타낸다.)

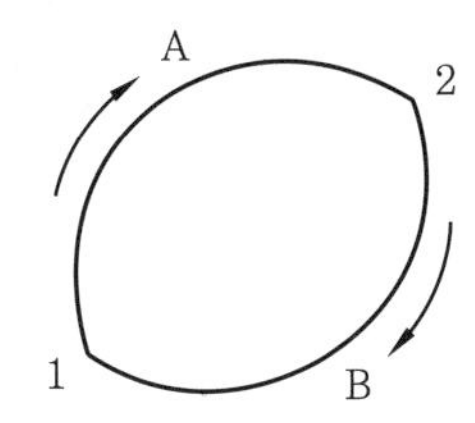

① $dU = \delta Q + \delta W$
② $\Delta U = Q - W$
③ $\oint \delta Q = \oint \delta W$
④ $\oint \delta Q = \oint \delta U$

해설 열역학 제1법칙은 에너지 보존이 성립함을 표시하는 법칙으로 열과 일은 상호 비례한다.

25. 100 kPa, 25℃ 상태의 공기가 있다. 이 공기의 엔탈피가 298.615 kJ/kg이라면 내부에너지는 약 몇 kJ/kg인가? (단, 공기는 분자량 28.97인 이상기체로 가정한다.)

① 213.05　　② 241.07
③ 298.15　　④ 383.72

해설 $\Delta u = \Delta h - APV = \Delta h - AP \cdot \dfrac{RT}{P}$

$= \Delta h - A\dfrac{8.3143}{M} \cdot T$

$= 298.165 - 1 \times \dfrac{8.3143}{28.97} \times (273 + 25)$

$= 213.08$ kJ/kg

26. 압력이 일정할 때 공기 5 kg을 0℃에서 100℃까지 가열하는 데 필요한 열량은 약 몇 kJ인가? (단 비열(C_p)은 온도 T[℃]에 관계한 함수로 C_p[kJ/kg · ℃] $= 1.01 + 0.000079 \times T$이다.)

① 365　② 436　③ 480　④ 507

해설 $q = 5 \times \left[1.01t + 0.000079\dfrac{t^2}{2}\right]_0^{100}$

$= 5 \times \left(1.01 \times 100 + 0.000079 \times \dfrac{100^2}{2}\right)$

$= 506.975$ kJ

27. 다음 온도에 관한 설명 중 틀린 것은?

① 온도는 뜨겁거나 차가운 정도를 나타낸다.
② 열역학 제0법칙은 온도 측정과 관계된 법칙이다.
③ 섭씨온도는 표준 기압 하에서 물의 어는점과 끓는점을 각각 0과 100으로 부여한 온도 척도이다.
④ 화씨온도 F와 절대온도 K 사이에는 K = F + 273.5의 관계가 성립한다.

해설 화씨온도 F와 절대온도 R 사이에는 R = F + 460의 관계가 성립한다.

28. 밀폐계에서 기체의 압력이 100 kPa으로 일정하게 유지되면서 체적이 1 m^3에서 2 m^3으로 증가되었을 때 옳은 설명은?

① 밀폐계의 에너지 변화는 없다.
② 외부로 행한 일은 100 kJ이다.
③ 기체가 이상기체라면 온도가 일정하다.
④ 기체가 받은 열은 100 kJ이다.

해설 $W = P(V_2 - V_1)$

$= 100(2-1) = 100$ kJ

29. 출력 10000 kW의 터빈 플랜트의 시간당 연료 소비량이 5000 kg/h이다. 이 플랜트의 열효율은 약 몇 %인가? (단, 연료의 발열량은 33440 kJ/kg이다.)

① 25.4　　② 21.5
③ 10.9　　④ 40.8

해설 $\eta = \dfrac{10000 \times 3600}{5000 \times 33440} = 0.2153 ≒ 21.5$ %

정답 24. ③　25. ①　26. ④　27. ④　28. ②　29. ②

30. 어느 증기터빈에 0.4 kg/s로 증기가 공급되어 260 kW의 출력을 낸다. 입구의 증기 엔탈피 및 속도는 각각 3000 kJ/kg, 720 m/s, 출구의 증기 엔탈피 및 속도는 각각 2500 kJ/kg, 120 m/s이면, 이 터빈의 열손실은 약 몇 kW가 되는가?

① 15.9 ② 40.8 ③ 20.0 ④ 104

해설 $q = W + \dfrac{AG(V_2^2 - V_1^2)}{2g} + G(h_2 - h_1)$

$= 260 + \dfrac{0.4 \times (120^2 - 720^2)}{2 \times 9.8 \times 427} \times 4.185$

$+ 0.4 \times (2500 - 3000) = -40.8\,\text{kW}$

31. 증기압축식 냉동장치에 관한 설명으로 옳은 것은?

① 증발식 응축기에서는 대기의 습구온도가 저하하면 고압압력은 통상의 운전압력보다 높게 된다.
② 압축기의 흡입압력이 낮게 되면 토출압력도 낮게 되어 냉동능력이 증대한다.
③ 언로더 부착 압축기를 사용하면 급격하게 부하가 증가하여도 액백(liquid back) 현상을 막을 수 있다.
④ 액배관에 플래시가스가 발생하면 냉매 순환량이 감소되어 증발기의 냉동능력이 저하된다.

해설 ① 증발식 응축기는 대기 습구온도가 낮으면 고압측 압력이 낮아진다.
② 흡입압력(저압)이 낮으면 냉동효과가 감소하여 냉동능력이 감소한다.
③ 언로더(무부하 경감장치)를 부착하면 부하의 증감에 따른 용량 제어가 가능하다.

32. 다음 중 열전달에 관한 설명으로 틀린 것은?

① 전도란 물체 사이의 온도차에 의한 열의 이동 현상이다.
② 대류란 유체의 순환에 의한 열의 이동 현상이다.
③ 대류 열전달계수의 단위는 열통과율의 단위와 같다.
④ 열전도율의 단위는 $W/m^2 \cdot K$이다.

해설 열전도율의 단위는 kcal/m·h·℃ 또는 J/m·h·K (W/m·K)이다.

33. 프레온 냉매를 사용하는 냉동장치에 공기가 침입하면 어떤 현상이 일어나는가?

① 고압 압력이 높아지므로 냉매 순환량이 많아지고 냉동능력도 증가한다.
② 냉동톤당 소요동력이 증가한다.
③ 고압압력은 공기의 분압만큼 낮아진다.
④ 배출가스의 온도가 상승하므로 응축기의 열통과율이 높아지고 냉동능력도 증가한다.

해설 공기가 침입하면 불응축가스 생성으로 고압이 증가하므로 단위능력당 소요동력이 증가한다.

34. 2단 냉동 사이클에서 응축압력을 P_c, 증발압력을 P_e라 할 때, 이론적인 최적의 중간압력으로 가장 적당한 것은?

① $P_c \times P_e$ ② $(P_c \times P_e)^{\frac{1}{2}}$
③ $(P_c \times P_e)^{\frac{1}{3}}$ ④ $(P_c \times P_e)^{\frac{1}{4}}$

해설 중간압력 $P_m = a \times P_e = \dfrac{P_c}{a}$

$= \sqrt{P_c \times P_e} = (P_c \times P_e)^{\frac{1}{2}}$

35. 냉매의 구비조건에 대한 설명으로 틀린 것은?

① 부식성이 적을 것
② 증기의 비체적이 작을 것
③ 임계온도가 충분히 높을 것
④ 점도와 표면장력이 크고 전열 성능이 좋을 것

해설 점도와 표면장력이 작고 전열 성능이 양호할 것

정답 30. ② 31. ④ 32. ④ 33. ② 34. ② 35. ④

36. 공랭식 냉동장치에서 응축압력이 과다하게 높은 경우가 아닌 것은?

① 순환공기 온도가 높을 때
② 응축기가 불결한 상태일 때
③ 장치 내 불응축가스가 존재할 때
④ 공기 순환량이 충분할 때

해설 공기 순환량이 많으면 응축온도와 압력이 낮아진다.

37. 냉동장치에서 디스트리뷰터(distributor)의 역할로 옳은 것은?

① 냉매의 분배
② 흡입가스의 과열 방지
③ 증발온도의 저하 방지
④ 플래시가스의 발생 방지

해설 디스트리뷰터는 증발기 입구에 설치하여 증발기 코일에 냉매를 분배하는 역할을 한다.

38. 냉매 액가스 열교환기의 사용에 대한 설명으로 틀린 것은?

① 액가스 열교환기는 보통 암모니아 장치에는 사용하지 않는다.
② 프레온 냉동장치에서 액압축 방지 및 액관 중의 플래시가스 발생을 방지하는 데 도움이 된다.
③ 증발기로 들어가는 저온의 냉매 증기와 압축기에서 응축기에 이르는 고온의 냉매액을 열교환시키는 방법을 이용한다.
④ 습압축을 방지하여 냉동효과와 성적계수를 향상시킬 수 있다.

해설 냉매 액가스 열교환기는 팽창 밸브 직전의 고압 냉매액과 증발기 출구 흡입가스를 열교환시키는 기능이 있다.

39. 다음 압축기 중 압축방식에 의한 분류에 속하지 않는 것은?

① 왕복동식 압축기
② 흡수식 압축기
③ 회전식 압축기
④ 스크루식 압축기

해설 흡수식 냉동장치는 압축기가 없고, 열에너지를 압력에너지로 전환하는 장치이다.

40. 다음 선도와 같이 응축온도만 변화하였을 때 각 사이클의 특성 비교로 틀린 것은? (단, 사이클 A : A – B – C – D – A, 사이클 B : A – B′ – C′ – D′ – A, 사이클 C : A – B″ – C″ – D″ – A이다.)

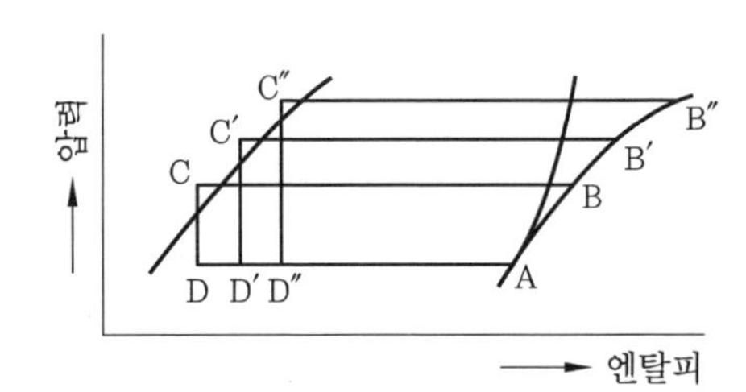

(응축온도만 변했을 경우)

① 압축비 : 사이클 C > 사이클 B > 사이클 A
② 압축일량 : 사이클 C > 사이클 B > 사이클 A
③ 냉동효과 : 사이클 C > 사이클 B > 사이클 A
④ 성적계수 : 사이클 C < 사이클 B < 사이클 A

해설 냉동효과 : 사이클 A > 사이클 B > 사이클 C

제3과목 시운전 및 안전관리

41. 논리식 중 동일한 값을 나타내지 않는 것은?

① $X(X+Y)$　　② $XY+X\overline{Y}$
③ $X(\overline{X}+Y)$　　④ $(X+Y)(X+\overline{Y})$

정답 36. ④ 37. ① 38. ③ 39. ② 40. ③ 41. ③

해설 ① $X(X+Y)=XX+XY=X(1+Y)=X$

② $XY+X\overline{Y}=X(Y+\overline{Y})=X$

③ $X(\overline{X}+Y)=X\overline{X}+XY=XY$

④ $(X+Y)(X+\overline{Y})=XX+X\overline{Y}+XY+Y\overline{Y}=X+X(\overline{Y}+Y)=X+X=X$

42. 광전형 센서에 대한 설명으로 틀린 것은?

① 전압 변화형 센서이다.
② 포토다이오드, 포토TR 등이 있다.
③ 반도체의 PN 접합 기전력을 이용한다.
④ 초전 효과(pyroelectric effect)를 이용한다.

해설 초전 효과는 결정의 일부를 가열했을 때 결정 표면에 전하가 나타나는 현상으로, 온도변화에 의해서 생기는 자발분극을 말한다.

43. 3상 권선형 유도전동기 2차측에 외부저항을 접속하여 2차 저항값을 증가시키면 나타나는 특성으로 옳은 것은?

① 슬립 감소
② 속도 증가
③ 기동토크 증가
④ 최대토크 증가

해설 2차 저항값이 증가하면 슬립은 저항값에 비례하므로 증가하고, 속도는 반비례하므로 감소하며, 최대토크는 불변이다.

44. R, L, C가 서로 직렬로 연결되어 있는 회로에서 양단의 전압과 전류가 동상이 되는 조건은?

① $\omega=LC$ ② $\omega=L^2C$
③ $\omega=\dfrac{1}{LC}$ ④ $\omega=\dfrac{1}{\sqrt{LC}}$

해설 동위상이 되는 조건

㉠ $X_L=X_C$ ㉡ $\omega L=\dfrac{1}{\omega C}$
㉢ $\omega^2LC=1$ ㉣ $\omega=\dfrac{1}{\sqrt{LC}}$

45. 콘덴서의 정전용량을 높이는 방법으로 틀린 것은?

① 극판의 면적을 넓게 한다.
② 극판 간의 간격을 작게 한다.
③ 극판 간의 절연파괴 전압을 작게 한다.
④ 극판 사이의 유전체를 비유전율이 큰 것으로 사용한다.

해설 정전용량(전기량) $Q=CV$에서 전압을 상승시킨다.

46. 다음 그림과 같은 계전기 접점회로의 논리식은?

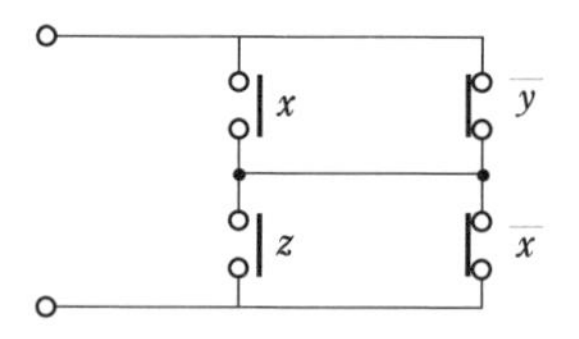

① $xz+\overline{y}\,\overline{x}$ ② $xz+z\overline{x}$
③ $(x+\overline{y})(z+\overline{x})$ ④ $(x+z)(\overline{y}+\overline{x})$

해설 $(x+\overline{y})(z+\overline{x})=xz+x\overline{x}+z\overline{y}+\overline{x}\,\overline{y}$
$=x+\overline{y}(z+\overline{x})$

47. 다음 중 계측기 선정 시 고려사항이 아닌 것은?

① 신뢰도 ② 정확도
③ 미려도 ④ 신속도

해설 계측기 선정 시 고려사항에는 ①, ②, ④ 외에 정밀도 등이 있다.

48. $\dfrac{3}{2}\pi$ [rad] 단위를 각도(°) 단위로 표시하면 얼마인가?

① 120° ② 240°
③ 270° ④ 360°

해설 $\dfrac{3}{2}\pi\ [\text{rad}]=\dfrac{3}{2}\times180=270°$

정답 42. ④ 43. ③ 44. ④ 45. ③ 46. ③ 47. ③ 48. ③

49. 궤환 제어계에 속하지 않는 신호로서 외부에서 제어량이 그 값에 맞도록 제어계에 주어지는 신호를 무엇이라 하는가?

① 목표값 ② 기준 입력
③ 동작 신호 ④ 궤환 신호

해설 목표값 : 제어량이 어떤 값을 목표로 정하도록 외부에서 주어지는 값

50. 타력 제어와 비교한 자력 제어의 특징 중 틀린 것은?

① 저비용 ② 구조 간단
③ 확실한 동작 ④ 빠른 조작 속도

해설 자력 제어 : 조작부를 움직이기 위해 필요한 에너지가 제어 대상에서 검출부를 통해 직접 얻어지는 제어로서 정상특성을 개선한다.

51. 그림 (a)의 직렬로 연결된 저항회로에서 입력전압 V_1과 출력전압 V_o의 관계를 그림 (b)의 신호흐름 선도로 나타낼 때 A에 들어갈 전달함수는?

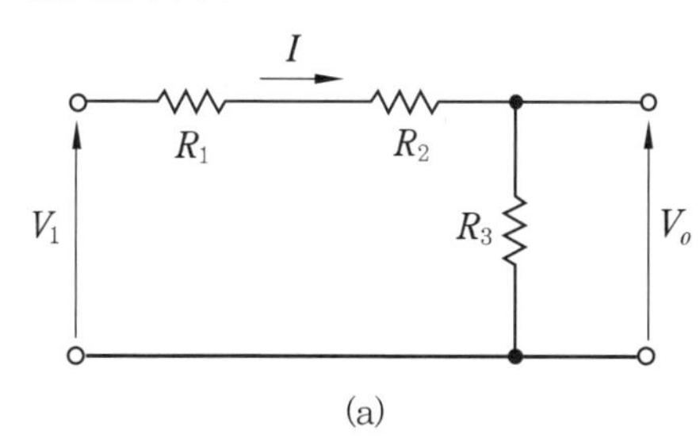

(a)

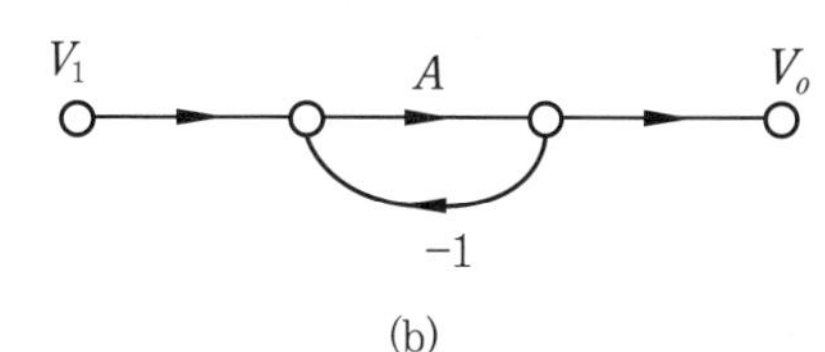

(b)

① $\dfrac{R_3}{R_1+R_2}$ ② $\dfrac{R_1}{R_2+R_3}$
③ $\dfrac{R_2}{R_1+R_3}$ ④ $\dfrac{R_3}{R_1+R_2+R_3}$

해설 ㉠ $V_o = \dfrac{R_3}{(R_1+R_2)\cdot R_3}$

㉡ $V = \dfrac{R_1+R_2}{(R_1+R_2)\cdot R_3}$

㉢ $\dfrac{V_o}{V_1} = \dfrac{A}{1+A}$

$$\therefore A = \frac{V_o}{V_1 - V_o} = \frac{V_o}{(V+V_o)-V_o} = \frac{V_o}{V}$$

$$= \frac{\dfrac{R_3}{(R_1+R_2)\cdot R_3}}{\dfrac{R_1+R_2}{(R_1+R_2)\cdot R_3}} = \frac{R_3}{R_1+R_2}$$

52. 다음 (a), (b) 두 개의 블록선도가 등가가 되기 위한 K는?

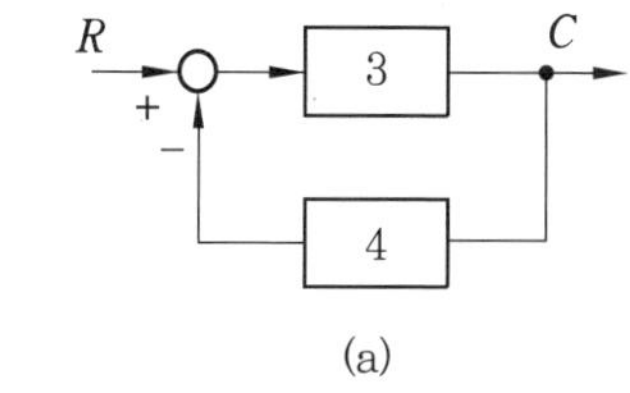

(a)

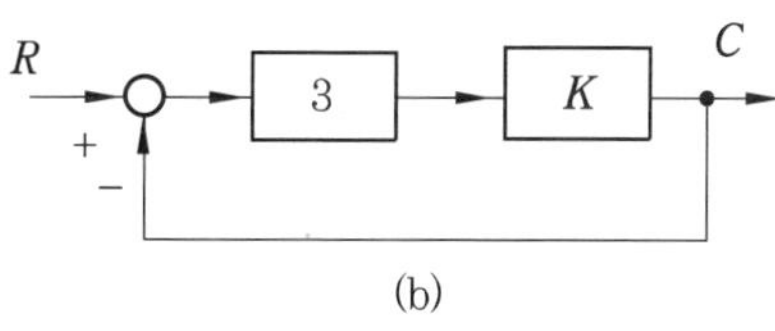

(b)

① 0 ② 0.1 ③ 0.2 ④ 0.3

해설 ㉠ 등가 변화 전 $\dfrac{C}{R} = \dfrac{3}{1+3\times4} = \dfrac{3}{13}$

㉡ 등가 변화 후 $\dfrac{C}{R} = \dfrac{3K}{1+3K} = \dfrac{3}{13}$

$\therefore K = \dfrac{3}{30} = 0.1$

53. 무인 커피판매기는 무슨 제어인가?

① 서보기구
② 자동조정
③ 시퀀스 제어
④ 프로세스 제어

해설 무인 커피판매기는 한 단계 동작이 끝나고 다음 단계로 넘어가므로 시퀀스 제어이다.

정답 49. ① 50. ④ 51. ① 52. ② 53. ③

54. 공작기계를 이용한 제품 가공을 위해 프로그램을 이용하는 제어와 가장 관계 깊은 것은?

① 속도 제어　② 수치 제어
③ 공정 제어　④ 최적 제어

해설 추치 제어는 목표치가 시간에 따라 변화할 경우 그것에 제어량을 추종시키기 위한 제어로 자동 추미라고도 하며, ㉠ 추종 제어, ㉡ 비율 제어, ㉢ 프로그램(수치) 제어가 있다.

55. 전압, 전류, 주파수 등의 양을 주로 제어하는 것으로 응답속도가 빨라야 하는 것이 특징이며, 정전압장치나 발전기 및 조속기의 제어 등에 활용하는 제어 방법은?

① 서보기구
② 비율 제어
③ 자동조정
④ 프로세스 제어

56. 단상변압기 3대를 Δ 결선하여 3상 전원을 공급하다가 1대의 고장으로 인하여 고장난 변압기를 제거하고 V 결선으로 바꾸어 전력을 공급할 경우 출력은 당초 전력의 약 몇 %까지 가능하겠는가?

① 46.7　② 57.7
③ 66.7　④ 86.7

해설 ㉠ 이용률 $= \dfrac{\sqrt{3}\,VI\cos\theta}{2\,VI\cos\theta} = \dfrac{\sqrt{3}}{2}$
$= 0.866 = 86.6\ \%$

㉡ 출력 $= \dfrac{\sqrt{3}\,VI\cos\theta}{3\,VI\cos\theta} = \dfrac{\sqrt{3}}{3}$
$= 0.577 = 57.7\ \%$

57. 도체를 늘려서 길이가 4배인 도선을 만들었다면 도체의 전기저항은 처음의 몇 배인가?

① $\dfrac{1}{4}$　② $\dfrac{1}{16}$　③ 4　④ 16

해설 $R_2 = n^2 R_1 = 4^2 R_1 = 16R_1$

58. $L = 4H$인 인덕턴스에 $i = -30e^{-3t}$ [A]의 전류가 흐를 때 인덕턴스에 발생하는 단자전압은 몇 V인가?

① $90e^{-3t}$　② $120e^{-3t}$
③ $180e^{-3t}$　④ $360e^{-3t}$

해설 $e_L = -L\dfrac{di}{dt} = -4\dfrac{d}{dt}(-30e^{-3t})$
$= 4 \times 30 \times 3e^{-3t} = 360e^{-3t}$

59. 다음 중 출력의 변동을 조정하는 동시에 목표값에 정확히 추종하도록 설계한 제어계는?

① 타력 제어
② 추치 제어
③ 안정 제어
④ 프로세스 제어

60. 제어기기의 변환 요소에서 온도를 전압으로 변환시키는 요소는?

① 열전대　② 광전지
③ 벨로스　④ 가변 저항기

해설 ① 온도 → 전압
② 빛(광) → 전압
③ 압력 → 변위
④ 변위 → 임피던스

제4과목 유지보수 공사관리

61. 다음 중 관의 부식 방지 방법으로 틀린 것은?

① 전기 절연을 시킨다.
② 아연 도금을 한다.
③ 열처리를 한다.
④ 습기의 접촉을 없게 한다.

해설 배관을 열처리하면 부식이 촉진된다.

정답 54. ② 55. ③ 56. ② 57. ④ 58. ④ 59. ② 60. ① 61. ③

62. **급탕배관에서 설치되는 팽창관의 설치 위치로 적당한 것은?**

① 순환펌프와 가열장치 사이
② 가열장치와 고가탱크 사이
③ 급탕관과 환수관 사이
④ 반탕관과 순환펌프 사이

해설 팽창관은 가열장치(가열코일) 출구와 고가탱크 사이에 설치한다.

63. **기수 혼합식 급탕설비에서 소음을 줄이기 위해 사용되는 기구는?**

① 서모스탯　② 사일런서
③ 순환펌프　④ 감압 밸브

해설 기수 혼합식(증기 열원 이용 방식)에서 소음 발생의 결점을 줄이기 위하여 스팀 사일런서(steam silencer)를 다량의 급탕이 요구되는 곳에 사용한다.

64. **다음 중 소형, 경량으로 설치면적이 적고 효율이 좋으므로 가장 많이 사용되고 있는 냉각탑의 종류는?**

① 대기식 냉각탑
② 대향류식 냉각탑
③ 직교류식 냉각탑
④ 밀폐식 냉각탑

해설 전열 순서 : 대향류식 > 직교류식 > 평행류식

65. **도시가스 입상배관의 관 지름이 20 mm일 때 움직이지 않도록 몇 m마다 고정장치를 부착해야 하는가?**

① 1　② 2　③ 3　④ 4

해설 입상배관의 지지 : 관 지름 13 mm 미만은 1 m마다, 13 mm 이상 33 m 미만은 2 m마다, 33 mm 이상은 3 m마다 고정장치를 부착해야 한다.

66. **공장에서 제조 정제된 가스를 저장했다가 공급하기 위한 압력탱크로 가스압력을 균일하게 하며, 급격한 수요변화에도 제조량과 소비량을 조절하기 위한 장치는?**

① 정압기　② 압축기
③ 오리피스　④ 가스홀더

해설 가스의 공급량이 제조량보다 많을 때는 가스홀더에서 가스를 공급하고, 적을 때는 가스홀더에 가스를 저장하여 제조량과 공급량의 차를 조정하여 일정한 가스를 공급한다.

67. **배관 도시 기호 치수기입법 중 높이 표시에 관한 설명으로 틀린 것은?**

① EL : 배관의 높이를 관의 중심을 기준으로 표시
② GL : 포장된 지표면을 기준으로 하여 배관장치의 높이를 표시
③ FL : 1층의 바닥면을 기준으로 표시
④ TOP : 지름이 다른 관의 높이를 나타낼 때 관 바깥지름의 아랫면까지를 기준으로 표시

해설 TOP : 관 바깥지름의 윗면까지를 기준으로 표시

68. **다음 중 급수배관에 관한 설명으로 옳은 것은?**

① 수평배관은 필요할 경우 관 내의 물을 배제하기 위하여 $\frac{1}{100} \sim \frac{1}{150}$ 의 구배를 준다.
② 상향식 급수배관의 경우 수평주관은 내림 구배, 수평분기관은 올림 구배로 한다.
③ 배관이 벽이나 바닥을 관통하는 곳에는 후일 수리 시 교체가 쉽도록 슬리브(sleeve)를 설치한다.
④ 급수관과 배수관을 수평으로 매설하는 경우 급수관을 배수관의 아래쪽이 되도록 매설한다.

정답 62. ②　63. ②　64. ②　65. ②　66. ④　67. ④　68. ③

해설 배관이 벽이나 바닥을 관통하는 곳에는 정비, 보수, 교체가 용이하게 슬리브를 설치한다.

69. 호칭지름 20 A인 강관을 2개의 45° 엘보를 사용해서 다음 그림과 같이 연결하고자 한다. 밑면과 높이가 똑같이 150 mm라면 빗면 연결 부분의 관의 실제 소요길이(l)는? (단, 45° 엘보 나사부의 길이는 15 mm, 이음쇠의 중심선에서 단면까지 거리는 25 mm로 한다.)

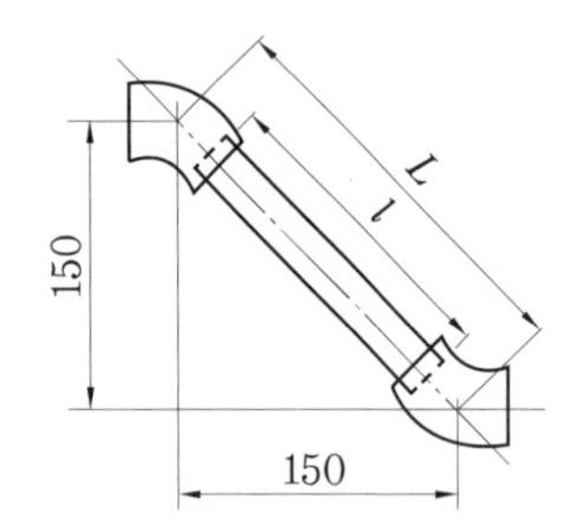

① 178 mm ② 180 mm
③ 192 mm ④ 212 mm

해설 $l=\sqrt{l_1^2+l_2^2}-2(A-a)$
$=\sqrt{150^2+150^2}-2(25-15)$
$=192.13$ mm

70. 저압 가스배관에서 관 안지름 25 mm에서 압력손실이 320 mmAq이라면, 관 안지름이 50 mm로 2배가 증가되었을 때 압력손실은 얼마인가?

① 160 mmAq ② 80 mmAq
③ 32 mmAq ④ 10 mmAq

해설 유량 $Q=\dfrac{\sqrt{P_1\times D_1^5}}{SL}=\dfrac{\sqrt{P_2\times D_2^5}}{SL}$

$\therefore P_2=\dfrac{25^5}{50^5}\times 320=10\text{mmAq}$

71. 증기배관의 트랩장치에 관한 설명으로 옳은 것은?

① 저압증기에서는 보통 버킷형 트랩을 사용한다.
② 냉각 레그(cooling leg)는 트랩의 입구 쪽에 설치한다.
③ 트랩의 출구 쪽에는 스트레이너를 설치한다.
④ 플로트형 트랩은 상 · 하 구분 없이 수직으로 설치한다.

해설 냉각 레그(cooling leg)는 건조 환수법에 있어 증기관 끝에서부터 트랩에 이르는 파이프로, 관 내의 증기를 냉각하여 응축시키기 위하여 트랩 앞에서 1.5 m 이상 떨어진 곳까지 나관배관한다.

72. 냉동배관 재료 구비조건으로 틀린 것은?

① 가공성이 양호할 것
② 내식성이 좋을 것
③ 냉매와 윤활유가 혼합될 때, 화학적 작용으로 인해 냉매의 성질이 변하지 않을 것
④ 저온에서 기계적 강도 및 압력손실이 적을 것

해설 냉동배관 재료는 저온에서 강도가 크고 압력손실이 적을 것

73. 다음 중 보온재의 구비조건으로 틀린 것은?

① 열전도율이 적을 것
② 균열 신축이 적을 것
③ 내식성 및 내열성이 있을 것
④ 비중이 크고 흡습성이 클 것

해설 비중이 작고 흡습성이 작을 것

74. 급탕배관의 관 지름을 결정할 때 고려해야 할 요소로 가장 거리가 먼 것은?

① 1 m마다 마찰손실
② 순환수량
③ 관 내 유속
④ 펌프의 양정

정답 69. ③ 70. ④ 71. ② 72. ④ 73. ④ 74. ④

해설 관 지름 결정 시 고려사항
㉠ 유량(순환수량)
㉡ 유속
㉢ 마찰손실

75. 증기난방 배관설비의 응축수 환수방법 중 증기의 순환이 가장 빠른 방법은 어느 것인가?
① 진공 환수식
② 기계 환수식
③ 자연 환수식
④ 중력 환수식

해설 진공 환수식은 환수주관 말단에 진공펌프를 설치하여 진공도를 100 ~ 250 mmHg로 유지시키므로 증기 순환 및 환수가 가장 빠른 방법이다.

76. 가스배관 경로 선정 시 고려하여야 할 내용으로 적당하지 않은 것은?
① 최단거리로 할 것
② 구부러지거나 오르내림을 적게 할 것
③ 가능한 은폐매설을 할 것
④ 가능한 옥외에 설치할 것

해설 가스배관은 가능한 노출배관으로 할 것

77. 부력에 의해 밸브를 개폐하여 간헐적으로 응축수를 배출하는 구조를 가진 증기트랩은?
① 열동식 트랩
② 버킷 트랩
③ 플로트 트랩
④ 충격식 트랩

해설 버킷 트랩은 버킷의 부력에 의해서 밸브를 개폐하여 간헐적으로 응축수를 배출하는 구조로 상향식과 하향식이 있고 고압, 중압의 증기 환수용으로 쓰인다.

78. 통기관에 관한 설명으로 틀린 것은?
① 각개 통기관의 관지름은 그것이 접속되는 배수관 관지름의 $\frac{1}{2}$ 이상으로 한다.
② 통기 방식에는 신정통기, 각개통기, 회로통기 방식이 있다.
③ 통기관은 트랩 내의 봉수를 보호하고 관내 청결을 유지한다.
④ 배수입관에서 통기입관의 접속은 90° T 이음으로 한다.

해설 통기 수직관은 최하위의 배수 수평 지관보다도 더욱 낮은 점에서 배수관과 45° Y 조인트로 연결해야 한다.

79. 배관에 사용되는 강관은 1℃ 변화함에 따라 1 m당 몇 mm만큼 팽창하는가? (단, 관의 열팽창계수는 0.00012 m/m · ℃이다.)
① 0.012 ② 0.12
③ 0.022 ④ 0.22

해설 $\Delta l = 1 \times 0.00012 \times 1000 = 0.12$ mm

80. 다음 신축이음 중 주로 증기 및 온수난방용 배관에 사용되는 것은?
① 루프형 신축이음
② 슬리브형 신축이음
③ 스위블형 신축이음
④ 벨로스형 신축이음

해설 스위블형 신축이음 : 2개 이상의 엘보를 사용하여 이음부의 나사 회전을 이용해서 배관의 신축을 흡수하는 것으로 신축의 크기는 직관길이 30 m에 대하여 회전관 1.5 m 정도로 조립한다. 주로 증기 및 온수난방용 배관으로 사용한다.

정답 75. ① 76. ③ 77. ② 78. ④ 79. ② 80. ③

출제 예상문제 (13)

제1과목 에너지 관리

1. 각 층 유닛 방식에 관한 설명으로 틀린 것은?

① 외기용 공조기가 있는 경우에는 습도 제어가 곤란하다.
② 장치가 세분화되므로 설비비가 많이 들며, 기기 관리가 불편하다.
③ 각 층마다 부하 및 운전시간이 다른 경우에 적합하다.
④ 송풍 덕트가 짧게 된다.

해설 외기용 공조기가 있는 경우 제습, 가습 등의 습도 제어를 할 수 있다.

2. 냉각탑(cooling tower)에 대한 설명으로 틀린 것은?

① 일반적으로 쿨링 어프로치는 5℃ 정도로 한다.
② 냉각탑은 응축기에서 냉각수가 얻은 열을 공기 중에 방출하는 장치이다.
③ 쿨링 레인지란 냉각탑에서의 냉각수 입·출구 수온차이다.
④ 일반적으로 냉각탑으로의 보급수량은 순환수량의 15 % 정도이다.

해설 일반적으로 냉각탑의 보급수량은 1 냉각톤당 13 L/min이다.

3. 다음 중 직접 난방법이 아닌 것은?

① 온풍 난방 ② 고온수 난방
③ 저압증기 난방 ④ 복사 난방

해설 열원장치에서 공기를 가열하는 온풍 난방은 간접 난방법이다.

4. 다음 습공기 선도상에서 ⓐ의 공기가 온도가 높은 다량의 물과 접촉하여 가열, 가습되고 ⓒ의 상태로 변화한 경우를 나타낸 것은 어느 것인가?

①
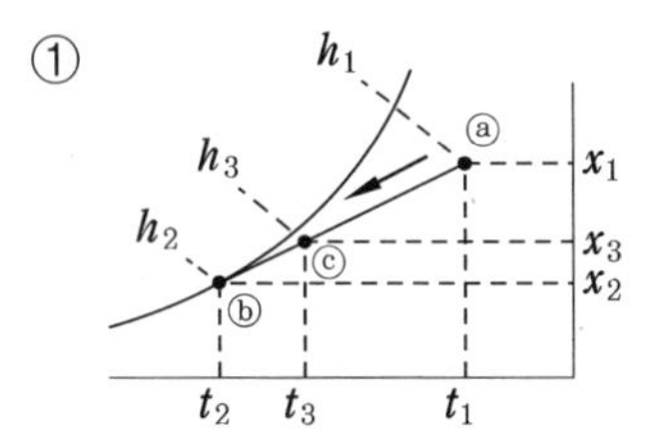

②
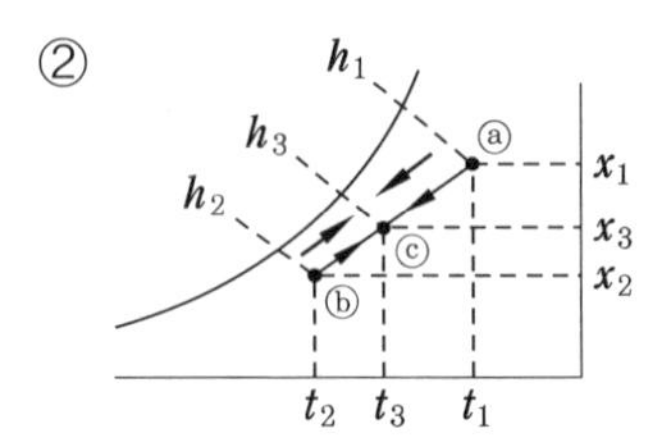

③
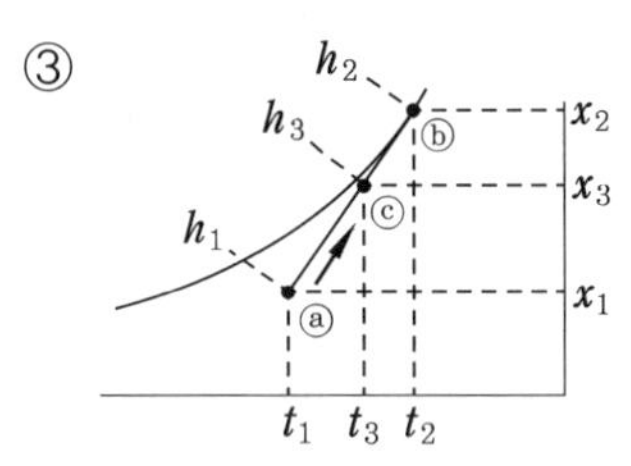

④
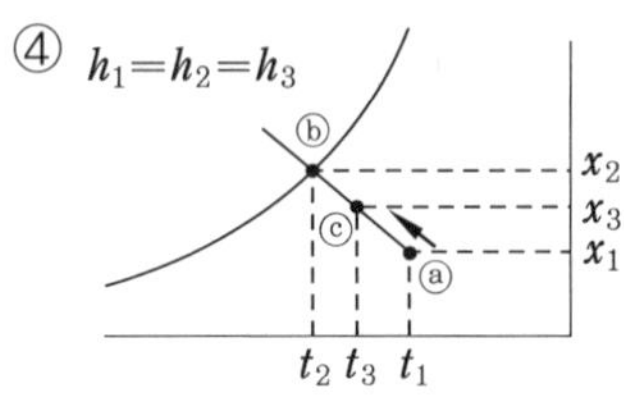

해설 ① : 냉각 감습
② : 혼합
③ : 가열 가습(증기 분무 가습)
④ : 단열 가습(순환수 분무 가습)

정답 1. ① 2. ④ 3. ① 4. ③

5. 화력발전설비에서 생산된 전력을 사용함과 동시에 전력이 생산되는 과정에서 발생되는 열을 난방 등에 이용하는 방식은 어느 것인가?

① 히트펌프 (heat pump) 방식
② 가스엔진 구동형 히트펌프 방식
③ 열병합발전 (co-generation) 방식
④ 지열 방식

해설 열병합발전 : 하나의 에너지원으로부터 전기에너지와 열에너지 같은 2개 이상의 유효에너지를 병합하여 생산하는 방식 (전기 생산과 열원기기의 두 역할)

6. 각종 공조 방식 중 개별 방식에 관한 설명으로 틀린 것은?

① 개별제어가 가능하다.
② 외기 냉방이 용이하다.
③ 국소적인 운전이 가능하여 에너지 절약적이다.
④ 대량 생산이 가능하여, 설비비와 운전비가 저렴해진다.

해설 개별 방식은 냉동기를 내장하므로 소음·진동이 크고 수명이 짧으며 외기 냉방을 할 수 없다.

7. 방열기에서 상당방열면적 (EDR)은 보기의 식으로 나타낸다. 이 중 Q_o는 무엇을 의미하는가? (단, 사용 단위로 Q는 W, Q_o는 W/m^{2}이다.)

보기
$EDR\,[\text{m}^2] = \dfrac{Q}{Q_o}$

① 증발량
② 응축수량
③ 방열기의 전방열량
④ 방열기의 표준방열량

해설 EDR : 상당방열면적 (m^2)
Q : 전방열량 (W)
Q_o : 표준방열량 또는 보정방열량 (상당방열량) [W/m^2]

8. 에어 필터의 종류 중 병원의 수술실, 반도체 공장의 청정구역 (clean room) 등에 이용되는 고성능 에어 필터는?

① 백 필터 ② 롤 필터
③ HEPA 필터 ④ 전기 집진기

해설 HEPA 필터 (고성능 미립자 필터)는 16M DRAM 시대인 청정도 100에 대응하기 위해 개발한 것으로 클린룸 (clean room)에서 메인필터 또는 최종단 필터로 사용된다.

9. 내부에 송풍기와 냉 · 온수 코일이 내장되어 있으며, 각 실내에 설치되어 기계실로부터 냉 · 온수를 공급받아 실내공기의 상태를 직접 조절하는 공조기는?

① 패키지형 공조 ② 인덕션 유닛
③ 팬 코일 유닛 ④ 에어핸들링 유닛

해설 팬 코일 유닛 (FCU)은 에어 필터, 냉온수 코일 및 전동기에 직결된 소형 송풍기를 한 개의 케이싱 속에 넣은 실내용 소형 공조기이다.

10. 단면적 10 m^2, 두께 2.5 cm의 단열벽을 통하여 3 kW의 열량이 내부로부터 외부로 전도된다. 내부 표면온도가 415℃이고, 재료의 열전도율이 0.2 W/m · K일 때, 외부 표면온도는?

① 185℃ ② 218℃
③ 293℃ ④ 378℃

해설 $3000 = \dfrac{0.2}{0.025} \times 10 \times (415 - t)$

$$\therefore t = 415 - \frac{3000 \times 0.025}{0.2 \times 10} = 377.5℃$$

정답 5. ③ 6. ② 7. ④ 8. ③ 9. ③ 10. ④

11. 공기조화 방식 중에서 전공기 방식에 속하는 것은?

① 패키지 유닛 방식
② 복사 냉난방 방식
③ 유인 유닛 방식
④ 저온 공조 방식

해설 ① 냉매 방식
② 수공기 방식 또는 수 방식
③ 수공기 방식
④ 전공기 방식

12. 송풍기의 법칙에서 회전속도가 일정하고 지름이 d, 동력이 L인 송풍기를 지름이 d_1으로 크게 했을 때 동력(L_1)을 나타내는 식은?

① $L_1 = \left(\frac{d}{d_1}\right)^5 L$ ② $L_1 = \left(\frac{d}{d_1}\right)^4 L$

③ $L_1 = \left(\frac{d_1}{d}\right)^4 L$ ④ $L_1 = \left(\frac{d_1}{d}\right)^5 L$

해설 ㉠ 송풍량 $Q_1 = \left(\frac{d_1}{d}\right)^3 Q$
㉡ 전압력 $P_1 = \left(\frac{d_1}{d}\right)^2 P$
㉢ 동력 $L_1 = \left(\frac{d_1}{d}\right)^5 L$

13. 덕트의 크기를 결정하는 방법이 아닌 것은?

① 등속법 ② 등마찰법
③ 등중량법 ④ 정압 재취득법

해설 덕트의 크기 결정 방법에는 등마찰 손실법(등압법), 정압 재취득법, 전압법, 등속법 등이 있다.

14. 9 m × 6 m × 3 m의 강의실에 10명의 학생이 있다. 1인당 CO_2 토출량이 15 L/h이면, 실내 CO_2량을 0.1 %로 유지시키는 데 필요한 환기량 (m^3/h)은? (단, 외기의 CO_2량은 0.04 %로 한다.)

① 80 ② 120 ③ 180 ④ 250

해설 환기량 $= \frac{10 \times 0.015}{0.001 - 0.0004} = 250 \text{ m}^3/\text{h}$

15. 냉방부하 중 유리창을 통한 일사 취득열량을 계산하기 위한 필요 사항으로 가장 거리가 먼 것은?

① 창의 열관류율 ② 창의 면적
③ 차폐계수 ④ 일사의 세기

해설 ①은 유리창의 전도, 대류 열량 계산에 필요하다.

16. 냉수코일의 설계에 관한 설명으로 틀린 것은?

① 공기와 물의 유동방향은 가능한 대향류가 되도록 한다.
② 코일의 열수는 일반 공기 냉각용에는 4~8열이 주로 사용된다.
③ 수온의 상승은 일반적으로 20℃ 정도로 한다.
④ 수속은 일반적으로 1 m/s 정도로 한다.

해설 냉수코일을 통과하는 수온의 상승은 5℃ 전후로 한다.

17. 온풍난방의 특징에 관한 설명으로 틀린 것은?

① 송풍 동력이 크며, 설계가 나쁘면 실내로 소음이 전달되기 쉽다.
② 실온과 함께 실내습도, 실내기류를 제어할 수 있다.
③ 실내 층고가 높을 경우에는 상하의 온도차가 크다.
④ 예열부하가 크므로 예열시간이 길다.

해설 공기는 비열이 1 kJ/kg · K로 예열부하가 작으므로 예열시간이 짧다.

18. 냉방부하의 종류 중 현열부하만 취득하는 것은?

① 태양복사열

정답 11. ④ 12. ④ 13. ③ 14. ④ 15. ① 16. ③ 17. ④ 18. ①

② 인체에서의 발생열
③ 침입외기에 의한 취득열
④ 틈새 바람에 의한 부하

해설 ②, ③, ④는 수분이 있으므로 현열과 잠열이 있지만, 태양열은 전부 현열뿐이다.

19. 건구온도 30℃, 절대습도 0.015 kg/kg′인 습공기의 엔탈피 (kJ/kg)는? (단, 건공기 정압비열 1.01 kJ/kg · K, 수증기 정압비열 1.85 kJ/kg · K, 0℃에서 포화수의 증발잠열은 2500 kJ/kg이다.)

① 68.63　② 91.12
③ 103.34　④ 150.54

해설 습공기 엔탈피 h

$= (1.01 \times 30) + \{2500 + (1.85 \times 30)\} \times 0.015$

$= 68.63$ kJ/kg

20. 연도를 통과하는 배기가스의 분무수를 접촉시켜 공해물질을 흡수, 융해, 응축작용에 의해 불순물을 제거하는 집진장치는 무엇인가?

① 세정식 집진기
② 사이클론 집진기
③ 공기 주입식 집진기
④ 전기 집진기

해설 세정식 집진기 (습식 집진기)는 분진을 포함한 가스를 세정액과 충돌 또는 접촉시켜서 입자를 액중에 포집하는 방식으로 스크러버라고 한다. 습식 집진기는 세정액의 접촉 방법에 따라 유수식, 가압수식, 회전식으로 분류된다.

제2과목 공조냉동 설계

21. 1 kg의 기체로 구성되는 밀폐계가 50 kJ의 열을 받아 15 kJ의 일을 했을 때 내부에너지 변화량은 얼마인가? (단, 운동에너지의 변화는 무시한다.)

① 65 kJ　② 35 kJ
③ 26 kJ　④ 15 kJ

해설 $\Delta u = 50 - 15 = 35$ kJ

22. 초기에 온도 T, 압력 P 상태의 기체 (질량 m)가 들어있는 견고한 용기에 같은 기체를 추가로 주입하여 최종적으로 질량 $3m$, 온도 $2m$ 상태가 되었다. 이때 최종상태에서의 압력은? (단, 기체는 이상기체이고, 온도는 절대온도를 나타낸다.)

① $6P$　② $3P$
③ $2P$　④ $\frac{3}{2}P$

해설 $V = \frac{m_1 R T_1}{P_1} = \frac{m_2 R T_2}{P_2}$

$$P_2 = \frac{m_2 T_2}{m_1 T_1} = \frac{3 \times 2}{1 \times 1} \cdot P = 6P$$

23. 어떤 물질 1 kg이 20℃에서 30℃로 되기 위해 필요한 열량은 약 몇 kJ인가? (단, 비열 [C, kJ/kg · K]은 온도에 대한 함수로서 $C = 3.594 + 0.0372\,T$이며, 여기서 온도 [T]의 단위는 K이다.)

① 4　② 24
③ 45　④ 147

해설 $q = G\int_1^2 C\,dT$

$$= G\int_{20}^{30} (3.594 + 0.0372\,T)\,dT$$

$$= 1 \times \left[3.594\,T + 0.0372\frac{T^2}{2}\right]_{293}^{303}$$

$$= 1 \times \left(3.594 \times 303 + 0.0372 \times \frac{303^2}{2}\right)$$

$$- 1 \times \left(3.594 \times 293 + 0.0372 \times \frac{293^2}{2}\right)$$

$= 146.79 ≒ 147$ kJ

정답 19. ① 20. ① 21. ② 22. ① 23. ④

24. 가스터빈으로 구동되는 동력 발전소의 출력이 10 MW이고 열효율이 25 %라고 한다. 연료의 발열량이 45000 kJ/kg이라면 시간당 공급해야 할 연료량은 약 몇 kg/h인가?

① 3200 ② 6400
③ 8320 ④ 12800

해설 연료량 $= \dfrac{10000 \times 3600}{0.25 \times 45000} = 3200 \text{ kg/h}$

25. 어느 발명가가 바닷물로부터 매시간 1800 kJ의 열량을 공급받아 0.5 kW 출력의 열기관을 만들었다고 주장한다면, 이 사실은 열역학 제 몇 법칙에 위반되겠는가?

① 제0법칙 ② 제1법칙
③ 제2법칙 ④ 제3법칙

해설 $\dfrac{1800}{3600} = 0.5 \text{kJ/s}$, 즉 0.5 kW로 열효율 100 %인 제2종 영구기관이므로 열역학 제2법칙에 위배된다.

26. 다음 중 강도성 상태량(intensive property)에 속하는 것은?

① 온도 ② 체적
③ 질량 ④ 내부에너지

해설 ㉠ 강도성 상태량 : 물질의 질량에 관계없이 그 크기가 결정되는 상태량(온도, 압력, 비체적, 밀도 등)
㉡ 종량성(용량성) 상태량 : 물질의 질량에 따라 그 크기가 결정되는 상태량(체적, 내부에너지, 엔탈피, 엔트로피 등)

27. 다음 그림과 같이 다수의 추를 올려놓은 피스톤이 설치된 실린더 안에 가스가 들어 있다. 이때 가스의 최초 압력이 300 kPa이고, 초기 체적은 0.05 m^{3}이다. 여기에 열을 가하여 피스톤을 상승시킴과 동시에 피스톤 추를 덜어내어 가스온도를 일정하게 유지하여 실린더 내부의 체적을 증가시킬 경우 이 과정에서 가스가 한 일은 약 몇 kJ인가? (단, 이상기체 모델로 간주하고, 상승 후의 체적은 0.2 m^{3}이다.)

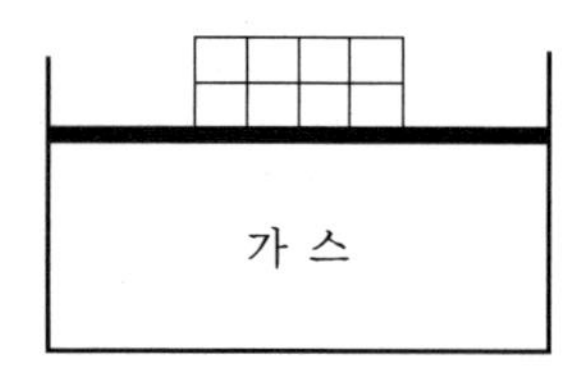

① 10.79 ② 15.79
③ 20.79 ④ 25.79

해설 $W = P_1 V_1 \ln \dfrac{V_2}{V_1}$

$= 300 \times 0.05 \ln \dfrac{0.2}{0.05} = 20.79 \text{ kJ}$

28. 체적이 0.1 m^{3}인 용기 안에 압력 1 MPa, 온도 250℃의 공기가 들어 있다. 정적과정을 거쳐 압력이 0.35 MPa로 될 때 이 용기에서 일어난 열전달 과정으로 옳은 것은? (단, 공기의 기체상수는 0.287 kJ/kg · K, 정압비열은 1.0035 kJ/kg · K, 정적비열은 0.7165 kJ/kg · K이다.)

① 약 162 kJ의 열이 용기에서 나간다.
② 약 162 kJ의 열이 용기로 들어간다.
③ 약 227 kJ의 열이 용기에서 나간다.
④ 약 227 kJ의 열이 용기로 들어간다.

해설 ㉠ $\dfrac{P_1 V_1}{T_1} = \dfrac{P_2 V_2}{T_2}$ 식에서

$T_2 = \dfrac{P_2}{P_1} T_1 = \dfrac{0.35}{1} \times 523 = 183.05 \text{ K}$

㉡ $q = G C_v \Delta T = \dfrac{P_1 V_1}{R T_1} C_v \Delta T$

$= \dfrac{1000 \times 0.1}{0.287 \times 523} \times 0.7165 \times (523 - 183.05)$

$= 162.27 \text{ kJ}$

정답 24. ① 25. ③ 26. ① 27. ③ 28. ①

29. 출력 15 kW의 디젤 기관에서 마찰 손실이 그 출력의 15 %일 때 그 마찰 손실에 의해서 시간당 발생하는 열량은 약 몇 kJ인가?

① 2.25 ② 25 ③ 810 ④ 8100

해설 $q = 0.15 \times 15 \times 3600 = 8100\,\text{kJ}$

30. 물 2 L를 1 kW의 전열기를 사용하여 20℃로부터 100℃까지 가열하는 데 소요되는 시간은 약 몇 분(min)인가? (단, 전열기 열량의 50 %가 물을 가열하는 데 유효하게 사용되고, 물은 증발하지 않는 것으로 가정한다. 물의 비열은 4.18 kJ/kg · K이다.)

① 22.3 ② 27.6 ③ 35.4 ④ 44.6

해설 $q = 2 \times 4.18 \times (100 - 20)$
$= 1 \times 60 \times H \times 0.5$
$\therefore H = \dfrac{2 \times 4.18 \times 80}{1 \times 60 \times 0.5} = 22.29 ≒ 22.3$분

31. 냉동장치에서 응축기에 관한 설명으로 옳은 것은?

① 응축기 내의 액회수가 원활하지 못하면 액면이 높아져 열교환의 면적이 적어지므로 응축압력이 낮아진다.
② 응축기에서 방출하는 냉매가스의 열량은 증발기에서 흡수하는 열량보다 크다.
③ 냉매가스의 응축온도는 압축기의 토출가스 온도보다 높다.
④ 응축기 냉각수 출구온도는 응축온도보다 높다.

해설 응축기 방출열량 = 증발기 흡수열량 + 압축일의 열량이므로 압축일의 열량만큼 응축열량이 크다.

32. 2원 냉동장치에 관한 설명으로 틀린 것은?

① 증발온도 −70℃ 이하의 초저온 냉동기에 적합하다.
② 저단압축기 토출냉매의 과냉각을 위해 압축기 출구에 중간 냉각기를 설치한다.
③ 저온측 냉매는 고온측 냉매보다 비등점이 낮은 냉매를 사용한다.
④ 두 대의 압축기 소비동력을 고려하여 성능계수(COP)를 구한다.

해설 저단압축기 토출냉매의 과열도를 제거하기 위하여 중간 냉각기를 설치한 것은 2단 압축 냉동장치이다.

33. 증발온도 −30℃, 응축온도 45℃에서 작동되는 이상적인 냉동기의 성적계수는?

① 2.2 ② 3.2
③ 4.2 ④ 5.2

해설 $COP = \dfrac{273 - 30}{(273 + 45) - (273 - 30)} = 3.24$

34. 증발하기 쉬운 유체를 이용한 냉동 방법이 아닌 것은?

① 증기분사식 냉동법
② 열전냉동법
③ 흡수식 냉동법
④ 증기압축식 냉동법

해설 열전냉동법은 어떤 두 종류의 금속을 접합하여 이것에 직류 전기를 통하면 접합부에서 열의 방출과 흡수가 일어나는 현상을 이용한 냉동법이다.

35. 압력 2.5 kg/cm^{2}에서 포화온도는 −20℃이고, 이 압력에서의 포화액 및 포화증기의 비체적 값이 각각 0.74 L/kg, 0.09254 m^3/kg일 때, 압력 2.5 kg/cm^{2}에서 건도(x)가 0.98인 습증기의 비체적(m^3/kg)은 얼마인가?

① 0.08050 ② 0.00584
③ 0.06754 ④ 0.09070

해설 $v = 0.00074 + 0.98 \times (0.09254 - 0.00074)$
$= 0.090704\,\text{m}^3/\text{kg}$

정답 29. ④ 30. ① 31. ② 32. ② 33. ② 34. ② 35. ④

36. 여름철 공기열원 열펌프 장치로 냉방 운전할 때, 외기의 건구온도 저하 시 나타나는 현상으로 옳은 것은?

① 응축압력이 상승하고, 장치의 소비전력이 증가한다.
② 응축압력이 상승하고, 장치의 소비전력이 감소한다.
③ 응축압력이 저하하고, 장치의 소비전력이 증가한다.
④ 응축압력이 저하하고, 장치의 소비전력이 감소한다.

해설 외기의 건구온도가 낮아지면 응축온도와 압력이 낮아지므로 압축비가 감소하여 단위능력당 소비동력(소비전력)이 감소한다.

37. 다기통 콤파운드 압축기가 다음과 같이 2단 압축 1단 팽창 냉동 사이클로 운전되고 있다. 냉동능력이 12 RT일 때 저단측 피스톤 토출량(m^3/h)은? (단, 저 · 고단측의 체적효율은 모두 0.65이고, 1 RT는 13944 kJ/h이다.)

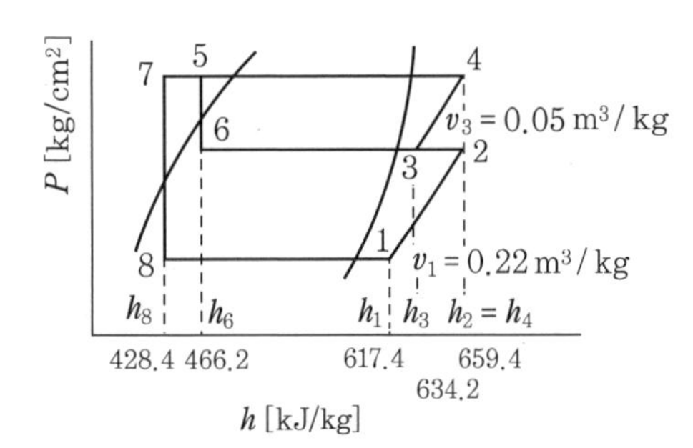

① 219.2　　② 249.2
③ 299.7　　④ 329.7

해설 $V_L = \dfrac{RT \times 13944}{(h_1 - h_8) \times \eta_v} \times v_1$

$= \dfrac{12 \times 13944 \times 0.22}{(617.4 - 428.4) \times 0.65} \fallingdotseq 299.7 \, m^3/h$

38. 증발온도는 일정하고 응축온도가 상승할 경우 나타나는 현상으로 틀린 것은?

① 냉동능력 증대
② 체적효율 저하
③ 압축비 증대
④ 토출가스 온도 상승

해설 응축온도가 높다는 것은 응축압력이 높다는 뜻이므로 다음과 같은 영향이 있다.

㉠ 압축비 증대　　㉡ 체적효율 저하
㉢ 냉매 순환량 감소　　㉣ 냉동능력 감소
㉤ 실린더 과열　　㉥ 축수하중 증대
㉦ 토출가스 온도 상승
㉧ 윤활유 열화 및 탄화
㉨ 윤활부품 마모 및 파손
㉩ 단위능력당 소비동력 증대

39. 제빙에 필요한 시간을 구하는 공식이 보기와 같다. 이 공식에서 a와 b가 의미하는 것은 무엇인가?

보기

$$\tau = (0.53 \sim 0.6) \frac{a^2}{-b}$$

① a : 브라인 온도, b : 결빙 두께
② a : 결빙 두께, b : 브라인 유량
③ a : 결빙 두께, b : 브라인 온도
④ a : 브라인 유량, b : 결빙 두께

해설 a : 얼음(결빙) 두께(cm)
b : 브라인 온도(℃)

40. 냉동능력 감소와 압축기 과열 등의 악영향을 미치는 냉동배관 내의 불응축가스를 제거하기 위해 설치하는 장치는?

① 액 – 가스 열교환기
② 여과기
③ 어큐뮬레이터
④ 가스 퍼저

해설 불응축가스는 가스 퍼저로 분리하여 대기로 방출하고, 냉매는 수액기로 회수한다.

정답 36. ④ 37. ③ 38. ① 39. ③ 40. ④

제3과목 시운전 및 안전관리

41. 최대 눈금이 100 V인 직류 전압계가 있다. 이 전압계를 사용하여 150 V의 전압을 측정하려면 배율기의 저항(Ω)은? (단, 전압계의 내부저항은 5000 Ω이다.)

① 1000 ② 2500
③ 5000 ④ 10000

해설 $100 = 150 \times \dfrac{5000}{5000+R}$

$\therefore R = 2500\ \Omega$

42. 스위치를 닫거나 열기만 하는 제어 동작은?

① 비례 동작 ② 미분 동작
③ 적분 동작 ④ 2위치 동작

해설 2위치 동작(on/off 동작)은 설정값에 의해 조작부를 개폐하여 운전한다. 릴레이형으로 열, 온도, 수위면 조정 등에 사용되며 냉동기, 전기다리미, 난방용 보일러 등에 쓰인다.

43. 정격 10 kW의 3상 유도전동기가 기계손 200 W, 전부하 슬립 4 %로 운전될 때 2차 동손은 몇 W인가?

① 375 ② 392
③ 409 ④ 425

해설 ㉠ 축 출력 $P_M = 10000 + 200 = 10200\ \text{W}$

㉡ 동손 $P_c = \dfrac{s}{1-s} P_M$

$= \dfrac{0.04}{1-0.04} \times 10200 = 425\ \text{W}$

44. 저항체에 전류가 흐르면 줄열이 발생하는데 이때 전류 I와 전력 P의 관계는?

① $I = P$ ② $I = P^{0.5}$
③ $I = P^{1.5}$ ④ $I = P^2$

해설 $P = I^2 R$ 식에서 $I = \left(\dfrac{P}{R}\right)^{\frac{1}{2}}$ 이므로 전류는 $P^{0.5}$에 비례한다.

45. 자동 제어에서 미리 정해 놓은 순서에 따라 제어의 각 단계가 순차적으로 진행되는 제어 방식은?

① 서보 제어 ② 되먹임 제어
③ 시퀀스 제어 ④ 프로세스 제어

해설 시퀀스 제어의 특징

㉠ 입력신호에서 출력신호까지 정해진 순서에 따라 일방적으로 제어 명령이 정해진다.

㉡ 어떠한 조건을 만족하여도 제어 신호가 전달된다.

㉢ 제어 결과에 따라 조작이 자동적으로 이행된다.

46. 정전용량이 같은 2개의 콘덴서를 병렬로 연결했을 때의 합성 정전용량은 직렬로 했을 때의 합성 정전용량의 몇 배인가?

① $\dfrac{1}{2}$ ② 2 ③ 4 ④ 8

해설 ㉠ 병렬결선 시 합성 정전용량 : $n \cdot C$

㉡ 직렬결선 시 합성 정전용량 : $\dfrac{C}{n}$

$\therefore \dfrac{\text{병렬}}{\text{직렬}} = \dfrac{n \cdot C}{\dfrac{C}{n}} = n^2 = 2^2 = 4$

47. 3상 농형 유도전동기 기동 방법이 아닌 것은?

① 2차 저항법 ② 전전압 기동법
③ 기동 보상기법 ④ 리액터 기동법

해설 2차 저항법은 권선형 유도전동기의 속도 제어법이다.

48. 어떤 회로에 정현파 전압을 가하니 90° 위상이 뒤진 전류가 흘렀다면 이 회로의 부하는?

정답 41. ② 42. ④ 43. ④ 44. ② 45. ③ 46. ③ 47. ① 48. ④

① 저항 ② 용량성
③ 무부하 ④ 유도성

해설 유도성 리액턴스(코일)에서 전압이 전류보다 90° 앞서고, 반대로 전류는 전압보다 90° 뒤진다.

49. 자동 제어기기의 조작용 기기가 아닌 것은?

① 클러치 ② 전자 밸브
③ 서보전동기 ④ 앰플리다인

해설 앰플리다인, 로토트롤 등은 회전기의 증폭기기 종류이다.

50. 다음 중 전동기의 회전방향을 알기 위한 법칙은?

① 렌츠의 법칙
② 암페어의 법칙
③ 플레밍의 왼손법칙
④ 플레밍의 오른손법칙

해설 플레밍 법칙: 발전기나 전동기에서 자계(F), 운동(M), 전류(I) 각 벡터의 방향 관계를 쉽게 알기 위한 기억술로 오른손법칙은 발전기, 왼손법칙은 전동기와 관계있다.

51. 다음 그림과 같은 논리회로가 나타내는 식은 어느 것인가?

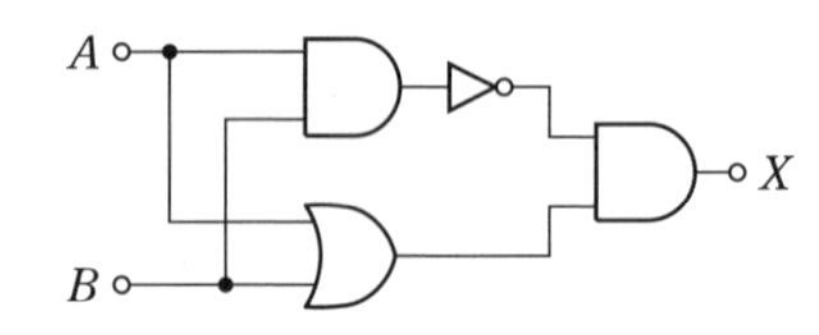

① $X = AB + BA$
② $X = (\overline{A+B})AB$
③ $X = \overline{AB}(A+B)$
④ $X = AB(A+B)$

해설 $X = \overline{AB} \cdot (A+B) = (\overline{A}+\overline{B}) \cdot (A+B)$
$= \overline{A}A + \overline{A}B + A\overline{B} + \overline{B}B = \overline{A}B + A\overline{B}$
$= A \oplus B$

52. 온도, 유량, 압력 등의 상태량을 제어량으로 하는 제어계는?

① 서보기구 ② 정치 제어
③ 샘플값 제어 ④ 프로세스 제어

해설 프로세스 제어는 온도, 유량, 압력, 액위, 농도, 밀도 등의 플랜트나 생산 공정 중의 상태량을 제어량으로 하는 제어로서 외란의 억제를 주 목적으로 한다.

53. 다음 중 서보전동기의 특징이 아닌 것은?

① 속응성이 높다.
② 전기자의 지름이 작다.
③ 시동, 정지 및 역전의 동작을 자주 반복한다.
④ 큰 회전력을 얻기 위해 축 방향으로 전기자의 길이가 짧다.

해설 직권식 서보전동기는 전기자에 흐르는 전류를 가감하여 회전속도를 제어하므로 전기자의 길이와는 관계없다.

54. 발열체의 구비조건으로 틀린 것은?

① 내열성이 클 것
② 용융온도가 높을 것
③ 산화온도가 낮을 것
④ 고온에서 기계적 강도가 클 것

해설 산화온도가 높을 것

55. 입력으로 단위 계단함수 $u(t)$를 가했을 때, 출력이 그림과 같은 조절계의 기본 동작은?

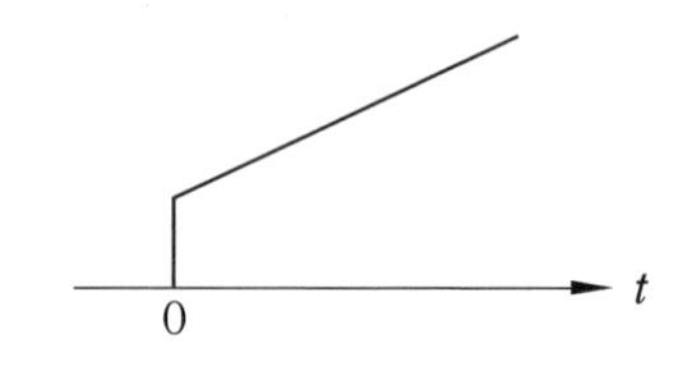

① 비례 동작
② 2위치 동작
③ 비례 적분 동작
④ 비례 미분 동작

정답 49. ④ 50. ③ 51. ③ 52. ④ 53. ④ 54. ③ 55. ③

56. 다음 중 피드백 제어계의 특징으로 옳은 것은 ?

① 정확성이 감소된다.
② 감대폭이 증가된다.
③ 특성 변화에 대한 입력 대 출력비의 감도가 증대된다.
④ 발진을 일으켜도 안정된 상태로 되어가는 경향이 있다.

해설 피드백 제어계의 특징
㉠ 정확성의 증가
㉡ 감대폭의 증가
㉢ 계의 특성 변화에 대한 입력 대 출력비의 감도 감소
㉣ 구조가 복잡하고 시설비가 증가
㉤ 비선형성과 외형에 대한 효과의 감소
㉥ 발진을 일으키면 불안정한 상태로 가는 경향성

57. $i = I_{m1}\sin\omega t + I_{m2}\sin(2\omega t + \theta)$의 실횻값을 구하면?

① $\dfrac{I_{m1} + I_{m2}}{2}$　② $\sqrt{\dfrac{I_{m1}^2 + I_{m2}^2}{2}}$

③ $\dfrac{\sqrt{I_{m1}^2 + I_{m2}^2}}{2}$　④ $\sqrt{\dfrac{I_{m1} + I_{m2}}{2}}$

해설 실횻값 $I = \dfrac{I_{m1}}{\sqrt{2}} + \dfrac{I_{m2}}{\sqrt{2}}$

$= \dfrac{I_{m1} + I_{m2}}{\sqrt{2}} = \sqrt{\dfrac{I_{m1}^2 + I_{m2}^2}{2}}$

58. 다음 중 온도 - 전압의 변환장치는 어느 것인가?

① 열전대　② 전자석
③ 벨로스　④ 광전다이오드

해설 ① 열전대 : 온도 → 전압
② 전자석 : 전압 → 변위
③ 벨로스 : 압력 → 변위
④ 광전다이오드 : 빛 (광) → 전압

59. 다음과 같은 피드백 회로에서 종합전달함수는?

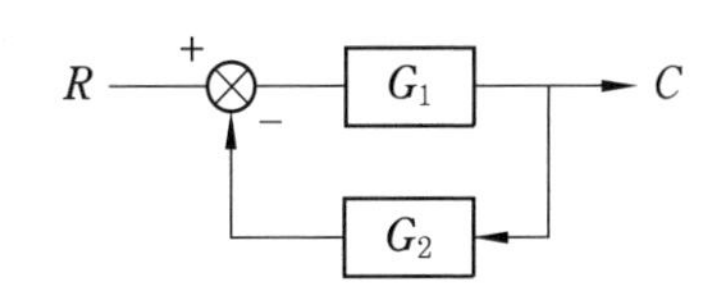

① $\dfrac{1}{G_1} + \dfrac{1}{G_2}$　② $\dfrac{G_1}{1 - G_1 \cdot G_2}$

③ $\dfrac{G_1}{1 + G_1 \cdot G_2}$　④ $\dfrac{G_1 \cdot G_2}{1 + G_1 \cdot G_2}$

해설 $(R - CG_2)G_1 = C$

$RG_1 - CG_1G_2 = C$

$RG_1 = C + CG_1G_2 = C(1 + G_1G_2)$

$\therefore \dfrac{C}{R} = \dfrac{G_1}{1 + G_1 \cdot G_2}$

60. 다음 중 서보기구에서 제어량은 어느 것인가?

① 유량　② 전압
③ 위치　④ 주파수

해설 서보기구는 물체의 위치, 방향, 자세 등의 기계적 변위를 제어량으로 해서 목표값의 임의적 변화에 추종하도록 구성된 제어계이다.

제4과목 유지보수 공사관리

61. 냉매 배관용 팽창 밸브 종류로 가장 거리가 먼 것은?

① 수동형 팽창 밸브
② 정압 팽창 밸브
③ 열동식 팽창 밸브
④ 팩리스 팽창 밸브

해설 팩리스 밸브는 글랜드 패킹 대신 밸브 로드와 밸브 본체를 분리하여 그것들 사이에 벨로스나 다이어프램을 설치하고 밀봉한 밸브이다. 냉매용이나 진공 환수식의 방열기 밸브 등에 사용되며 팽창 밸브 종류에는 없다.

정답 56. ② 57. ② 58. ① 59. ③ 60. ③ 61. ④

62. 급수관에서 수평관을 상향 구배 주어 시공하려고 할 때, 행어로 고정한 지점에서 구배를 자유롭게 조정할 수 있는 지지 금속은 어느 것인가?

① 고정 인서트 ② 앵커
③ 롤러 ④ 턴버클

해설 턴버클은 양끝에 오른나사와 왼나사가 있어 막대나 로프를 당겨서 조이는 데 쓰이며, 행어로 고정한 지점에서 배관의 구배를 수정할 때 사용한다.

63. 배관의 종류별 주요 접합 방법이 아닌 것은?

① MR 조인트 이음 – 스테인리스 강관
② 플레어 접합 이음 – 동관
③ TS식 이음 – PVC관
④ 콤포 이음 – 연관

해설 연관 접합법
㉠ 플라스턴 접합 : 직선 접합, 맞대기 접합, 수전 소켓 접합, 분기관 접합, 만다린 접합 등
㉡ 살붙임 납땜 접합(성금 납땜)

64. 보온재 선정 시 고려해야 할 조건으로 틀린 것은?

① 부피 및 비중이 작아야 한다.
② 열전도율이 가능한 적어야 한다.
③ 물리적, 화학적 강도가 커야 한다.
④ 흡수성이 크고, 가공이 용이해야 한다.

해설 흡수성이 작고, 가공이 용이할 것

65. 스테인리스 강관의 특징에 대한 설명으로 틀린 것은?

① 내식성이 우수하여 안지름의 축소, 저항 증대 현상이 없다.
② 위생적이라서 적수, 백수, 청수의 염려가 없다.
③ 저온 충격성이 작고, 한랭지 배관이 가능하다.
④ 나사식, 용접식, 몰코식, 플랜지식 이음법이 있다.

해설 스테인리스 강관은 저온 충격성이 크고, 한랭지 배관이 가능하며 동결에 대한 저항이 크다.

66. 공조설비 구성 장치 중 공기 분배(운반)장치에 해당하는 것은?

① 냉각코일 및 필터
② 냉동기 및 보일러
③ 제습기 및 가습기
④ 송풍기 및 덕트

해설 공기 운반장치는 송풍기와 덕트이고, 액체 운반장치는 펌프와 배관이다.

67. 냉동설비의 토출가스 배관 시공 시 압축기와 응축기가 동일선상에 있는 경우 수평관의 구배는 어떻게 해야 하는가?

① 1/100의 올림 구배로 한다.
② 1/100의 내림 구배로 한다.
③ 1/50의 내림 구배로 한다.
④ 1/50의 올림 구배로 한다.

68. 급수배관 설계 및 시공상의 주의사항으로 틀린 것은?

① 수평배관에는 공기나 오물이 정체하지 않도록 한다.
② 주배관에는 적당한 위치에 플랜지(유니언)를 달아 보수점검에 대비한다.
③ 수격작용이 우려되는 곳에는 진공 브레이커를 설치한다.
④ 음료용 급수관과 다른 용도의 배관을 접속하지 않아야 한다.

해설 수격작용이 우려되는 경우 급속 개폐식 수전 근방에 공기실(air chamber)을 설치한다.

정답 62. ④ 63. ④ 64. ④ 65. ③ 66. ④ 67. ③ 68. ③

69. 급수관의 유속을 제한 (1.5 ~ 2 m/s 이하)하는 이유로 가장 거리가 먼 것은?

① 유속이 빠르면 흐름방향이 변하는 개소의 원심력에 의한 부압 (–)이 생겨 캐비테이션이 발생하기 때문에
② 관 지름을 작게 할 수 있어 재료비 및 시공비가 절약되기 때문에
③ 유속이 빠른 경우 배관의 마찰손실 및 관 내면의 침식이 커지기 때문에
④ 워터해머 발생 시 충격압에 의해 소음, 진동이 발생하기 때문에

해설 유속을 2 m/s 이하로 느리게 하면 배관 지름이 커진다.

70. 온수배관 시공 시 유의사항으로 틀린 것은?

① 일반적으로 팽창관에는 밸브를 달지 않는다.
② 배관의 최저부에는 배수 밸브를 부착하는 것이 좋다.
③ 공기 밸브는 순환펌프의 흡입측에 부착하는 것이 좋다.
④ 수평관은 팽창탱크를 향하여 올림 구배가 되도록 한다.

해설 공기빼기 밸브는 설비 중에서 높은 곳에 설치한다.

71. 관지름 300 mm, 배관길이 500 m의 중압가스 수송관에서 A, B점의 게이지 압력이 각각 $3\,kgf/cm^2$, $2\,kgf/cm^2$인 경우 가스유량 (m^3/h)은? (단, 가스비중은 0.64, 유량계수는 52.31로 한다.)

① 10238 ② 20583
③ 38318 ④ 40153

해설 $Q = K\sqrt{\dfrac{(P_1^2 - P_2^2)d^5}{S \cdot L}}$

$= 52.31 \times \sqrt{\dfrac{(4.033^2 - 3.033^2) \times 30^5}{0.64 \times 500}}$

$= 38317.7\,m^3/h$

72. 증기난방 방식에서 응축수 환수 방법에 따른 분류가 아닌 것은?

① 기계 환수식 ② 응축 환수식
③ 진공 환수식 ④ 중력 환수식

해설 증기난방 방식은 응축수 환수 방법에 따라 중력 환수식 (소규모 난방), 기계 환수식 (대규모 난방), 진공 환수식 (대규모 난방) 등으로 분류한다.

73. 증기로 가열하는 간접가열식 급탕설비에서 저탕탱크 주위에 설치하는 장치와 가장 거리가 먼 것은?

① 증기 트랩장치
② 자동온도 조절장치
③ 개방형 팽창탱크
④ 안전장치와 온도계

해설 간접가열식 급탕설비에는 ①, ②, ④ 외에 밀폐식 팽창탱크를 설치한다.

74. 신축 이음쇠의 종류에 해당되지 않는 것은?

① 벨로스형 ② 플랜지형
③ 루프형 ④ 슬리브형

해설 신축 이음쇠의 종류에는 ①, ③, ④ 외에 스위블형, 볼조인트 등이 있다.

75. 다음 방열기 표시에서 "5"의 의미는 무엇인가?

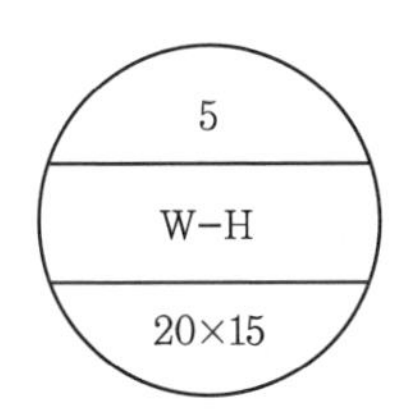

① 방열기의 섹션 수
② 방열기의 사용압력

정답 69. ② 70. ③ 71. ③ 72. ② 73. ③ 74. ② 75. ①

③ 방열기의 종별과 형
④ 유입관의 관지름

해설 ㉠ 5 : 섹션 수(절수)
㉡ W : 벽걸이형
㉢ H : 횡형(가로)
㉣ V : 종형(세로)
㉤ 20 : 유입관 지름 20 mm
㉥ 15 : 유출관 지름 15 mm

76. 다음 중 도시가스 배관 설치 기준으로 틀린 것은?

① 배관은 지반의 동결에 의해 손상을 받지 않는 깊이로 한다.
② 배관 접합은 용접을 원칙으로 한다.
③ 가스계량기의 설치 높이는 바닥으로부터 1.6 m 이상 2 m 이내의 높이에 수직, 수평으로 설치한다.
④ 폭 8 m 이상의 도로에 관을 매설할 경우에는 매설 깊이를 지면으로부터 0.6 m 이상으로 한다.

해설 폭 8 m 이상의 도로에 관을 매설할 경우 지면에서 1.2 m 이상의 깊이에 매설한다.

77. 난방배관 시공을 위해 벽, 바닥 등에 관통 배관 시공을 할 때, 슬리브(sleeve)를 사용하는 이유로 가장 거리가 먼 것은?

① 열팽창에 따른 배관 신축에 적응하기 위해
② 후일 관 교체 시 편리하게 하기 위해
③ 고장 시 수리를 편리하게 하기 위해
④ 유체의 압력을 증가시키기 위해

해설 슬리브는 열팽창에 의한 배관의 신축 및 정비, 교체를 편리하게 하기 위해 사용한다.

78. 도시가스 제조사업소의 부지 경계에서 정압기지의 경계까지 이르는 배관을 무엇이라고 하는가?

① 본관 ② 내관
③ 공급관 ④ 사용관

해설 ① : 가스 공급을 총칭하는 관이며, 도시가스 제조공장의 부지 경계에서 정압기지까지의 배관
② : 가스 사용자가 소유하거나 점유하고 있는 토지의 경계로부터 연소기까지의 배관
③ : 정압기에서 가스 사용자가 소유하거나 점유하고 있는 토지의 경계까지의 배관

79. 공조배관설비에서 수격작용의 방지책으로 틀린 것은?

① 관 내의 유속을 낮게 한다.
② 밸브는 펌프 흡입구 가까이 설치하고 제어한다.
③ 펌프에 플라이 휠(fly wheel)을 설치한다.
④ 서지탱크를 설치한다.

해설 밸브는 펌프 토출구 가까이 설치한다.

80. 증기난방 배관 시공에서 환수관에 수직 상향부가 필요할 때 리프트 피팅(lift fitting)을 써서 응축수가 위쪽으로 배출되게 하는 방식은 무엇인가?

① 단관 중력 환수식
② 복관 중력 환수식
③ 진공 환수식
④ 압력 환수식

해설 진공 환수식에서 리프트 피팅은 환수주관보다 지름이 1~2 정도 작은 치수를 사용하고 1단 흡상 높이는 1.5 m 이내로 하며, 그 사용개수를 가능한 적게 하고 급수펌프 근처에서 1개소만 설치해 준다.

정답 76. ④ 77. ④ 78. ① 79. ② 80. ③

출제 예상문제 (14)

제1과목 에너지 관리

1. 취출온도를 일정하게 하여 부하에 따라 송풍량을 변화시켜 실온을 제어하는 방식은?

① 가변풍량 방식
② 재열코일 방식
③ 정풍량 방식
④ 유인 유닛 방식

해설 가변풍량 방식은 다른 방식에 비해 에너지가 절약되고 개별실 제어가 용이하다.

2. 복사난방 방식의 특징에 대한 설명으로 틀린 것은?

① 실내에 방열기를 설치하지 않으므로 바닥이나 벽면을 유용하게 이용할 수 있다.
② 복사열에 의한 난방으로서 쾌감도가 크다.
③ 외기온도가 갑자기 변하여도 열용량이 크므로 방열량의 조정이 용이하다.
④ 실내의 온도 분포가 균일하며, 열이 방의 위쪽으로 빠지지 않으므로 경제적이다.

해설 복사열을 이용하므로 쾌감도가 높고 방열량 조정이 어려우며, 일시적으로 사용하는 곳은 예열시간이 길어서 비합리적이다.

3. 온풍난방에서 중력식 순환 방식과 비교한 강제 순환 방식의 특징에 관한 설명으로 틀린 것은?

① 기기 설치장소가 비교적 자유롭다.
② 급기 덕트가 작아서 은폐가 용이하다.
③ 공급되는 공기는 필터 등에 의하여 깨끗하게 처리될 수 있다.
④ 공기순환이 어렵고 쾌적성 확보가 곤란하다.

해설 강제 순환 방식은 공기순환은 쉽지만, 상하의 온도차가 커서 불쾌감을 줄 수 있다.

4. 다음과 같이 단열된 덕트 내에 공기가 통하고 이것에 열량 Q [kJ/h]와 수분 L [kg/h]을 가하여 열평형이 이루어 졌을 때, 공기에 가해진 열량(Q)은 어떻게 나타내는가? (단, 공기의 유량은 G [kg/h], 가열코일 입·출구의 엔탈피, 절대습도를 각각 h_1, h_2 [kJ/kg], x_1, x_2 [kg/kg]이며, 수분의 엔탈피는 h_L [kJ/kg]이다.)

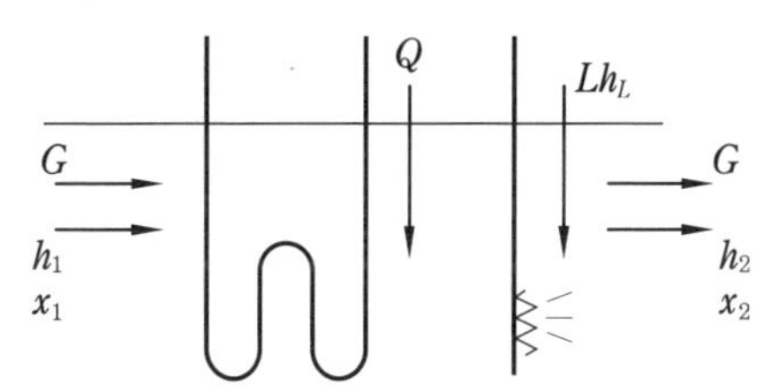

① $G(h_2 - h_1) + Lh_L$
② $G(x_2 - x_1) + Lh_L$
③ $G(h_2 - h_1) - Lh_L$
④ $G(x_2 - x_1) - Lh_L$

해설 공기에 가해진 열량 = 가열코일 열량 − 수분에 의한 잠열량
$= G(h_2 - h_1) - Lh_L$ [kJ/h]

5. 극간풍의 방지 방법으로 가장 적절하지 않은 것은?

① 회전문 설치
② 자동문 설치

정답 1. ① 2. ③ 3. ④ 4. ③ 5. ②

③ 에어 커튼 설치
④ 충분한 간격의 이중문 설치

6. 대기압(760 mmHg)에서 온도 28℃, 상대습도 50 %인 습공기 내의 건공기 분압(mmHg)은 얼마인가? (단, 수증기 포화압력은 31.84 mmHg이다.)

① 16 ② 32
③ 372 ④ 744

해설 $P_a = 760 - (0.5 \times 31.84) = 744.08$ mmHg

7. 보일러의 수위를 제어하는 주된 목적으로 가장 적절한 것은?

① 보일러의 급수장치가 동결되지 않도록 하기 위하여
② 보일러의 연료공급이 잘 이루어지도록 하기 위하여
③ 보일러가 과열로 인해 손상되지 않도록 하기 위하여
④ 보일러에서의 출력을 부하에 따라 조절하기 위하여

해설 보일러 수위 제어는 과열운전을 방지하기 위함이다.

8. 다음 그림과 같이 송풍기의 흡입 측에만 덕트가 연결되어 있을 경우 동압(mmAq)은 얼마인가?

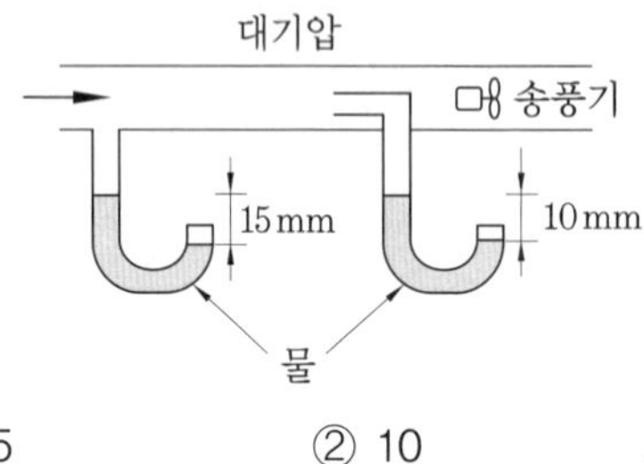

① 5 ② 10
③ 15 ④ 25

해설 $P_v = P_t - P_s = 15 - 10 = 5$ mmAq

9. 취출구 관련 용어에 대한 설명으로 틀린 것은?

① 장방형 취출구의 긴 변과 짧은 변의 비를 아스펙트비라 한다.
② 취출구에서 취출된 공기를 1차 공기라 하고, 취출공기에 의해 유인되는 실내공기를 2차 공기라 한다.
③ 취출구에서 취출된 공기가 진행해서 취출기류의 중심선상의 풍속이 1.5 m/s로 되는 위치까지의 수평거리를 도달거리라 한다.
④ 수평으로 취출된 공기가 어떤 거리를 진행했을 때 기류의 중심선과 취출구의 중심의 거리를 강하도라 한다.

해설 도달거리는 토출기류의 풍속이 0.25 m/s로 되는 위치까지의 거리이다.

10. 단일 덕트 재열 방식의 특징에 관한 설명으로 옳은 것은?

① 부하 패턴이 다른 다수의 실 또는 존의 공조에 적합하다.
② 식당과 같이 잠열부하가 많은 곳의 공조에는 부적합하다.
③ 전수 방식으로서 부하변동이 큰 실이나 존에서 에너지 절약형으로 사용된다.
④ 시스템의 유지·보수 면에서는 일반 단일 덕트에 비해 우수하다.

해설 단일 덕트 방식에서 실별 제어가 불가능하므로 각 실의 토출구 직전에 설치하여 존별 공조에 이용한다.

11. 온수난방의 특징에 대한 설명으로 틀린 것은?

① 증기난방에 비하여 연료소비량이 적다.
② 예열시간은 길지만 잘 식지 않으므로 증기난방에 비하여 배관의 동결 피해가 적다.

정답 6. ④ 7. ③ 8. ① 9. ③ 10. ① 11. ④

③ 보일러 취급이 증기보일러에 비해 안전하고 간단하므로 소규모 주택에 적합하다.
④ 열용량이 크기 때문에 짧은 시간에 예열할 수 있다.

해설 온수난방은 예열시간이 길지만, 잘 식지 않으므로 환수관의 동결 우려가 적다.

12. 건구온도 30℃, 절대습도 0.01 kg/kg′인 외부공기 30 %와 건구온도 20℃, 절대습도 0.02 kg/kg′인 실내공기 70 %를 혼합하였을 때 최종 건구온도(T)와 절대습도(x)는 얼마인가?

① T = 23℃, x = 0.017 kg/kg′
② T = 27℃, x = 0.017 kg/kg′
③ T = 23℃, x = 0.013 kg/kg′
④ T = 27℃, x = 0.013 kg/kg′

해설 ㉠ 건구온도 = 0.3 × 30 + 0.7 × 20 = 23℃
㉡ 절대습도 = 0.3 × 0.01 + 0.7 × 0.02
= 0.017 kg/kg′

13. 다음 중 난방부하를 경감시키는 요인으로만 짝지어진 것은?

① 지붕을 통한 전도 열량, 태양열의 일사부하
② 조명부하, 틈새바람에 의한 부하
③ 실내기구부하, 재실인원의 발생 열량
④ 기기(덕트 등)부하, 외기부하

해설 ③은 실내 취득 열량으로 난방부하의 경감 요인이 된다.

14. 열매에 따른 방열기의 표준방열량(W/m^2) 기준으로 가장 적절한 것은?

① 온수 : 405.2, 증기 : 822.3
② 온수 : 523.3, 증기 : 822.3
③ 온수 : 405.2, 증기 : 755.8
④ 온수 : 523.3, 증기 : 755.8

해설 ㉠ 온수 $= 450 \times \frac{1}{860} \times 1000$
$= 523.26\ W/m^2$
㉡ 증기 $= 650 \times \frac{1}{860} \times 1000$
$= 755.8\ W/m^2$

15. 가변풍량 방식에 대한 설명으로 틀린 것은?

① 부분부하 대응으로 송풍기 동력이 커진다.
② 시운전 시 토출구의 풍량조정이 간단하다.
③ 부하변동에 대해 제어응답이 빠르므로 거주성이 향상된다.
④ 동시 부하율을 고려하여 설비용량을 적게 할 수 있다.

해설 부분부하 시 fan의 소비전력이 절약된다.

16. 보일러의 발생증기를 한 곳으로만 취출하면 그 부근에 압력이 저하하여 수면동요 현상과 동시에 비수가 발생된다. 이를 방지하기 위한 장치는?

① 급수내관 ② 비수방지관
③ 기수분리기 ④ 인젝터

17. 콜드 드래프트 현상의 발생 원인으로 가장 거리가 먼 것은?

① 인체 주위의 공기온도가 너무 낮을 때
② 기류의 속도가 낮고 습도가 높을 때
③ 주위 벽면의 온도가 낮을 때
④ 겨울에 창문의 극간풍이 많을 때

해설 인체 주위의 기류속도가 크고 습도가 낮을 때 콜드 드래프트 현상이 크다.

18. 건구온도 10℃, 절대습도 0.003 kg/kg′인 공기 50 m^3을 20℃까지 가열하는데 필요한 열량(kJ)은? (단, 공기의 정압비열은 1.01 kJ/kg·K, 공기의 밀도는 1.2 kg/m^3이다.)

정답 12. ① 13. ③ 14. ④ 15. ① 16. ② 17. ② 18. ②

① 425　　② 606
③ 713　　④ 884

해설 $q = 50 \times 1.2 \times 1.01 \times (20-10)$
$= 606\ \text{kJ}$

19. 에어와셔 내에 온수를 분무할 때 공기는 습공기 선도에서 어떠한 변화과정이 일어나는가?

① 가습·냉각　　② 과냉각
③ 건조·냉각　　④ 감습·과열

해설 온수분무가습을 하면 건구온도 감소(냉각), 엔탈피, 상대습도, 절대습도(가습) 등은 상승한다.

20. 내부에 송풍기와 냉·온수 코일이 내장되어 있으며, 각 실내에 설치되어 기계실로부터 냉·온수를 공급받아 실내공기의 상태를 직접 조절하는 공조기는?

① 패키지형 공조기
② 인덕션 유닛
③ 팬 코일 유닛
④ 에어핸드링 유닛

해설 팬 코일 유닛은 증기, 온수, 냉수를 공급하여 송풍기로 실내공기를 유동하여 냉·난방할 수 있다.

제2과목 공조냉동 설계

21. 압력 100 kPa, 온도 20℃인 일정량의 이상기체가 있다. 압력을 일정하게 유지하면서 부피가 처음 부피의 2배가 되었을 때 기체의 온도는 약 몇 ℃가 되는가?

① 148　　② 256
③ 313　　④ 586

해설 $\dfrac{V_1}{T_1} = \dfrac{V_2}{T_2}$

$\therefore\ T_2 = \dfrac{V_2}{V_1} \times T_1$

$= \dfrac{2}{1} \times (273+20) = 586\text{K} = 313℃$

22. 실린더에 밀폐된 8 kg의 공기가 그림과 같이 압력 $P_1 = 800$ kPa, 체적 $V_1 = 0.27\ \text{m}^3$에서 $P_2 = 350$ kPa, $V_2 = 0.80\ \text{m}^3$으로 직선 변화하였다. 이 과정에서 공기가 한 일은 약 몇 kJ인가?

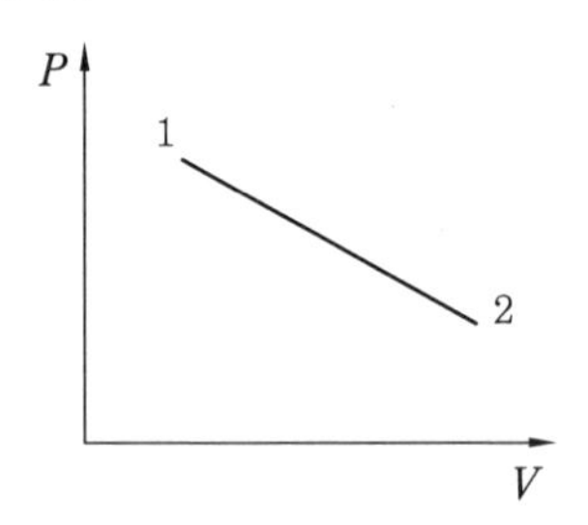

① 305　② 334　③ 362　④ 390

해설 $W = P_2(V_2 - V_1) + \dfrac{1}{2}(P_1 - P_2) \times (V_2 - V_1)$

$= \dfrac{1}{2}(P_1 + P_2) \times (V_2 - V_1)$

$= \dfrac{1}{2}(800+350) \times (0.8-0.27)$

$= 304.75\ \text{kJ}$

23. 다음 4가지 경우에서 (　) 안의 물질이 보유한 엔트로피가 증가한 경우는?

> ㉠ 컵에 있는 (물)이 증발하였다.
> ㉡ 목욕탕의 (수증기)가 차가운 타일 벽에서 물로 응결되었다.
> ㉢ 실린더 안의 (공기)가 가역 단열적으로 팽창되었다.
> ㉣ 뜨거운 (커피)가 식어서 주위온도와 같게 되었다.

① ㉠　② ㉡　③ ㉢　④ ㉣

정답 19. ①　20. ③　21. ③　22. ①　23. ①

해설 ㉠ : 열량은 증가하고 온도가 일정하므로

$S=\frac{q}{T}$에서 엔트로피 증가

㉡과 ㉣ : 열량은 감소하고 온도가 일정하므로 엔트로피 감소

㉢ : 가역 단열과정은 엔트로피 불변

24. 유리창을 통해 실내에서 실외로 열전달이 일어난다. 이때 열전달량은 약 몇 W인가? (단, 대류열전달계수는 50 $W/m^2 \cdot K$, 유리창 표면온도는 25℃, 외기온도는 10℃, 유리창 면적은 2 m^2이다.)

① 150 ② 500
③ 1500 ④ 5000

해설 $q=K \cdot F \cdot \Delta t$

$=50\times 2\times(25-10)=1500\ W$

25. 질량이 5 kg인 강제 용기 속에 물이 20 L 들어있다. 용기와 물이 24℃인 상태에서 이 속에 질량이 5 kg이고 온도가 180℃인 어떤 물체를 넣었더니 일정 시간 후 온도가 35℃가 되면서 열평형에 도달하였다. 이때 이 물체의 비열은 약 몇 kJ/kg·K인가? (단, 물의 비열은 4.2 kJ/kg·K, 강의 비열은 0.46 kJ/kg·K이다.)

① 0.88 ② 1.12
③ 1.31 ④ 1.86

해설 $(5\times 0.46+20\times 4.2)\times(35-24)$

$=5\times C\times(180-35)$

$\therefore\ C=1.309\ kJ/kg\cdot K$

26. 기체상수가 0462 kJ/kg·K인 수증기를 이상기체로 간주할 때 정압비열(kJ/kg·K)은 약 얼마인가? (단, 이 수증기의 비열비는 1.33이다.)

① 1.86 ② 1.54
③ 0.64 ④ 0.44

해설 $C_P=\frac{k}{k-1}\cdot R$

$=\frac{1.33}{1.33-1}\times 0.462=1.862\ kJ/kg\cdot K$

27. 냉동기 냉매의 일반적인 구비조건으로 적합하지 않은 것은?

① 임계 온도가 높고, 응고 온도가 낮을 것
② 증발열이 작고, 증기의 비체적이 클 것
③ 증기 및 액체의 점성(점성계수)이 작을 것
④ 부식성이 없고, 안정성이 있을 것

해설 냉매의 구비조건은 증발열이 크고, 액체의 비열이 작을 것

28. 열역학 제2법칙과 관계된 설명으로 가장 옳은 것은?

① 과정(상태변화)의 방향성을 제시한다.
② 열역학적 에너지의 양을 결정한다.
③ 열역학적 에너지의 종류를 판단한다.
④ 과정에서 발생한 총 일의 양을 결정한다.

해설 열역학 제2법칙은 비가역의 법칙으로 어떤 과정(상태변화)의 방향성을 제시하고 제종 영구기관에 위배되는 법칙이다.

29. 냉동장치의 냉매량이 부족할 때 일어나는 현상으로 옳은 것은?

① 흡입압력이 낮아진다.
② 토출압력이 높아진다.
③ 냉동능력이 증가한다.
④ 흡입압력이 높아진다.

해설 냉매량이 부족하면 흡입 토출압력이 낮아지고 흡입가스가 과열되어 토출가스 온도가 상승되며, 냉동능력이 감소한다.

30. 몰리에르 선도상에서 표준 냉동 사이클의 냉매 상태변화에 대한 설명으로 옳은 것은?

정답 24. ③ 25. ③ 26. ① 27. ② 28. ① 29. ① 30. ①

① 등엔트로피 변화는 압축과정에서 일어난다.
② 등엔트로피 변화는 증발과정에서 일어난다.
③ 등엔트로피 변화는 팽창과정에서 일어난다.
④ 등엔트로피 변화는 응축과정에서 일어난다.

해설 ① 압축과정 : 등엔트로피 과정
② 증발과정 : 등온, 등압과정
③ 팽창과정 : 등엔탈피 과정
④ 응축과정 : 등압과정

31. 다음 그림에서 사이클 A(1-2-3-4-1)로 운전될 때 증발기의 냉동능력은 5 RT, 압축기의 체적효율은 0.78이었다. 그러나 운전 중 부하가 감소하여 압축기 흡입 밸브 개도를 줄여서 운전하였더니 사이클 B(1′-2′-3-4-1-1′)로 되었다. 사이클 B로 운전될 때의 체적효율이 0.7이라면 이때의 냉동능력(RT)은 얼마인가?(단, 1 RT는 3.8 kW이다.)

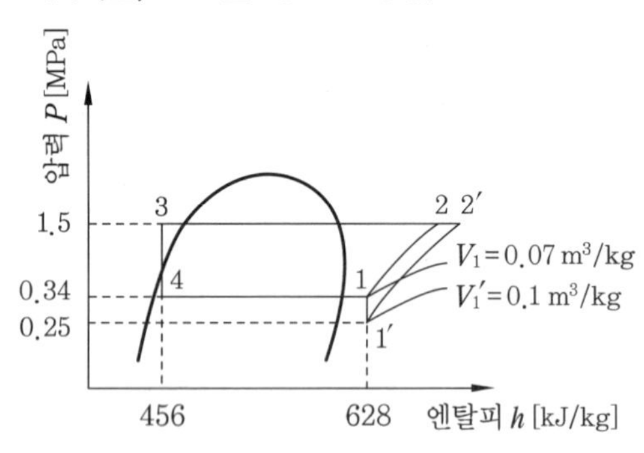

① 1.37 ② 2.63 ③ 2.94 ④ 3.14

해설 ㉠ 피스톤 토출량

$$\frac{V}{0.7}\times 0.78=\frac{5\times 3.8\times 3600}{628-456}$$

$\therefore\ V=35.688\ m^3/h$

㉡ 냉동능력

$$R=\frac{35.688\times 0.7\times(628-456)}{0.1\times 3.8\times 3600}$$

$=3.14\ RT$

32. 냉동장치의 운전 중 장치 내에 공기가 침입하였을 때 나타나는 현상으로 옳은 것은?

① 토출가스 압력이 낮게 된다.
② 모터의 암페어가 적게 된다.
③ 냉각능력에는 변화가 없다.
④ 토출가스 온도가 높게 된다.

해설 공기가 침입하면 불응축가스가 생성되므로 압축비가 증대하여 실린더가 과열되고 토출가스 온도가 상승한다.

33. 브라인 냉각용 증발기가 설치된 소형 냉동기가 있다. 브라인 순환량이 20 kg/min이고, 브라인의 입·출구 온도차는 15 K이다. 압축기의 실제 소요동력이 5.6 kW일 때, 이 냉동기의 실제 성적계수는?(단, 브라인의 비열은 3.3 kJ/kg·K이다.)

① 1.82 ② 2.18 ③ 2.94 ④ 3.31

해설 $COP=\dfrac{20\times 3.3\times 15}{5.6\times 60}=2.94$

34. 흡수식 냉동기에서 냉매의 과랭 원인으로 가장 거리가 먼 것은?

① 냉수 및 냉매량 부족
② 냉각수 부족
③ 증발기 전열면적 오염
④ 냉매에 용액이 혼입

해설 냉각수가 부족하면 냉매의 온도가 상승하여 과열된다.

35. 증기압축식 냉동장치에 관한 설명으로 옳은 것은?

① 증발식 응축기에서는 대기의 습구온도가 저하하면 고압압력은 통상의 운전압력보다 높게 된다.
② 압축기의 흡입압력이 낮게 되면 토출압력도 낮게 되어 냉동능력이 증대한다.

정답 31. ④ 32. ④ 33. ③ 34. ② 35. ④

③ 언로더 부착 압축기를 사용하면 급격하게 부하가 증가하여도 액백현상을 막을 수 있다.
④ 액배관에 플래시가스가 발생하면 냉매 순환량이 감소되어 증발기의 냉동능력이 저하된다.

해설 액관에서 플래시가스가 발생하면 팽창 밸브를 통과하는 냉매 순환량이 감소하므로 냉동능력이 감소한다.

36. 압축기의 기통수가 6기통이며, 피스톤 직경이 140 mm, 행정이 110 mm, 회전수가 800 rpm인 NH_3 표준 냉동 사이클의 냉동능력(kW)은?(단, 압축기의 체적효율은 0.75, 냉동효과는 1126.3 kJ/kg, 비체적은 0.5 m^3/kg이다.)

① 122.7 ② 148.3 ③ 193.4 ④ 228.9

해설 $R = \frac{V}{v} \cdot \eta v \cdot q$

$$= \frac{\frac{\pi}{4} \times 0.14^2 \times 0.11 \times 6 \times 800}{0.5 \times 60} \times 0.75 \times 1126.3$$

$= 228.86$ kW

37. 펠티에(Feltier) 효과를 이용하는 냉동 방법에 대한 설명으로 틀린 것은?

① 펠티에 효과를 냉동에 이용한 것이 전자냉동 또는 열전기식 냉동법이다.
② 펠티에 효과를 냉동법으로 실용화하는 것은 어려운 점이 많았으나 반도체 기술이 발달하면서 실용화되었다.
③ 펠티에 효과가 적용된 냉동 방법은 휴대용 냉장고, 가정용 특수냉장고, 물 냉각기, 핵 잠수함 내의 냉난방장치 등에 사용된다.
④ 증기 압축식 냉동장치와 마찬가지로 압축기, 응축기, 증발기 등을 이용한 것이다.

해설 전자냉동장치는 두 종류의 다른 금속을 접합하여 여기에 직류전기를 통하면 접합부에서 열의 방출과 흡수가 일어나는 현상으로 펠티에 효과를 이용한 것이다.

38. 냉각탑에 대한 설명으로 틀린 것은?

① 밀폐식은 개방식 냉각탑에 비해 냉각수가 외기에 의해 오염될 염려가 적다.
② 냉각탑의 성능은 입구공기의 습구온도에 영향을 받는다.
③ 쿨링 레인지는 냉각탑의 냉각수 입·출구 온도의 차이다.
④ 어프로치는 냉각탑의 냉각수 입구온도에서 냉각탑 입구공기의 습구온도의 차이다.

해설 ㉠ 쿨링 레인지 = 냉각탑 냉각수 입구온도 − 출구온도 : 5℃ 정도가 최적이다.
㉡ 어프로치 = 냉각탑 냉각수 출구온도 − 대기습구온도 : 5℃ 정도가 최적이다.

39. 제빙에 필요한 시간을 구하는 공식이 다음과 같다. 이 공식에서 a와 b가 의미하는 것은?

$$\tau = (0.53 \sim 0.6)\frac{a^2}{-b}$$

① a : 브라인 온도, b : 결빙 두께
② a : 결빙 두께, b : 브라인 유량
③ a : 결빙 두께, b : 브라인 온도
④ a : 브라인 유량, b : 결빙 두께

해설 결빙 시간 $= \frac{(0.53 \sim 0.6) \times t^2}{-t_b}$

식에서 문제의 a는 결빙 두께(cm), b는 브라인 온도(℃)이다.

40. 증기 압축식 냉동 사이클에서 증발온도를 일정하게 유지시키고, 응축온도를 상승시킬 때 나타나는 현상이 아닌 것은?

① 소요동력 증가

정답 36. ④ 37. ④ 38. ④ 39. ③ 40. ④

② 성적계수 감소
③ 토출가스 온도 상승
④ 플래시가스 발생량 감소

해설 응축온도를 상승시키면 응축압력이 상승되므로 압축비가 커져서 ①, ②, ③ 외에 플래시가스 발생량 증가, 냉동능력 감소, 실린더 과열 등의 나쁜 영향을 미친다.

제3과목 시운전 및 안전관리

41. 저항에 전류가 흐르면 줄열이 발생하는데 저항에 흐르는 전류 I와 전력 P의 관계는?

① $I \propto P$　　② $I \propto P^{0.5}$
③ $I \propto P^{1.5}$　　④ $I \propto P^2$

해설 전력 $P = I^2R$ 식에서 전류 I는 $P^{0.5}$에 비례한다.

42. 다음 논리회로의 출력은?

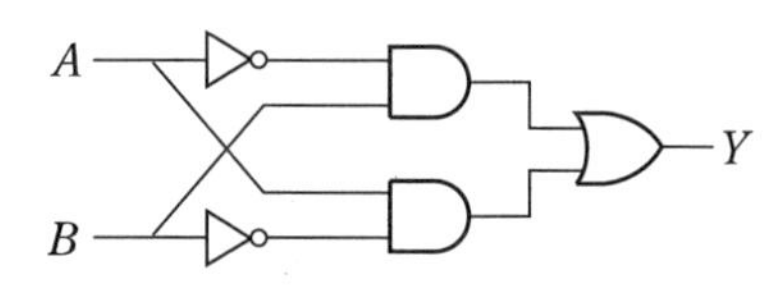

① $Y = A\overline{B} + \overline{A}B$
② $Y = \overline{A}B + \overline{A}\overline{B}$
③ $Y = \overline{A}\overline{B} + A\overline{B}$
④ $Y = \overline{A} + \overline{B}$

해설 $\overline{A} \cdot B + A \cdot \overline{B} = A \oplus B$가 되는 베타적 논리 OR 회로이다.

43. 전동기의 회전방향을 알기 위한 법칙은?

① 렌츠의 법칙
② 암페어의 법칙
③ 플레밍의 왼손법칙
④ 플레밍의 오른손법칙

해설 플레밍의 법칙 : 엄지손가락은 운동(M), 집게손가락 자계(F), 가운데손가락 전류(I)를 나타내는 것으로 오른손법칙은 발전기, 왼손법칙은 전동기와 관계있다.

44. 열전대에 대한 설명이 아닌 것은?

① 열전대를 구성하는 소선은 열기전력이 커야 한다.
② 철, 콘스탄탄 등의 금속을 이용한다.
③ 제백효과를 이용한다.
④ 열팽창 계수에 따른 변형 또는 내부 응력을 이용한다.

해설 열전대는 두 종류의 금속 접합점에서 온도차를 주면 열전효과(제백효과)로 인하여 그 사이에 발생하는 기전력을 이른다.

45. 콘덴서의 전위차와 축적되는 에너지의 관계식을 그림으로 나타내면 어떤 그림이 되는가?

① 직선　　② 타원
③ 쌍곡선　　④ 포물선

해설 콘덴서에 축적되는 전계에너지는 $W = \frac{1}{2}(V^2)$ [J]으로 포물선을 나타낸다.

46. 다음 논리 기호의 논리식은?

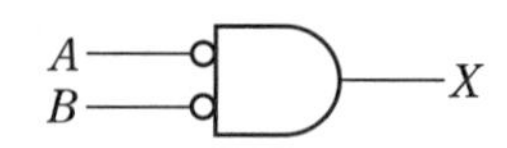

① $X = A + B$
② $X = \overline{AB}$
③ $X = AB$
④ $X = \overline{A + B}$

해설 $X = \overline{A} \cdot \overline{B} = \overline{A + B}$

47. 워드 레오나드 속도 제어 방식이 속하는 제어 방법은?

① 저항 제어　　② 계자 제어
③ 전압 제어　　④ 직병렬 제어

정답 41. ② 42. ① 43. ③ 44. ④ 45. ④ 46. ④ 47. ③

해설 워드 레오나드 속도 제어 방식은 직류전동기 속도 제어 방식으로 타여자, 직권전동기의 전원으로 타력식의 가감전압 직류발전기를 장치한다. 넓은 범위의 속도 제어가 가능하고 효율이 좋다.

48. $R_1 = 100\ \Omega$, $R_2 = 1000\ \Omega$, $R_3 = 800\ \Omega$ 일 때 전류계의 지시가 0이 되었다. 이때 저항 R_4는 몇 Ω 인가?

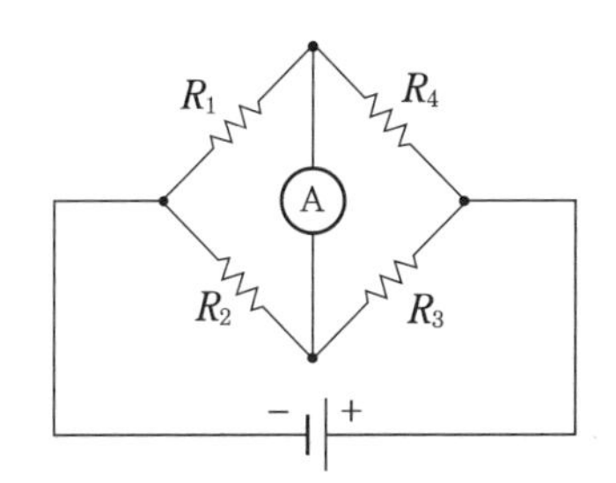

① 80 ② 160
③ 240 ④ 320

해설 $R_1 \cdot R_3 = R_2 \cdot R_4$

$\therefore R_4 = \dfrac{R_1}{R_2} \cdot R_3$

$= \dfrac{100}{1000} \times 800 = 80\ \Omega$

49. 다음 블록선도를 등가 합성 전달함수로 나타낸 것은?

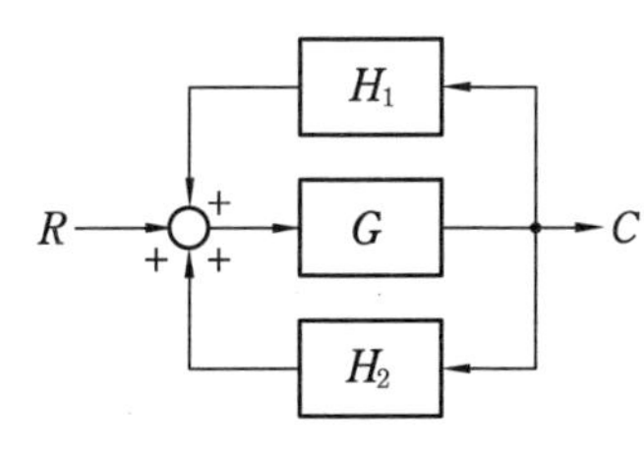

① $\dfrac{G}{1 - H_1 - H_2}$

② $\dfrac{G}{1 - H_1 G - H_2 G}$

③ $\dfrac{G - 1}{1 - H_1 G - H_2 G}$

④ $\dfrac{H_1 G + H_2 G}{1 - G}$

해설 $(R + CH_1 + CH_2)G = C$

$RG + CH_1 G + CH_2 G = C$

$RG = C(1 - H_1 G - H_2 G)$

$\therefore \dfrac{C}{R} = \dfrac{G}{1 - H_1 G - H_2 G}$

50. 3상 유도전동기의 주파수가 60 Hz, 극수가 6극, 전부하 시 회전수가 1160 rpm이라면 슬립은 약 얼마인가?

① 0.03 ② 0.24
③ 0.45 ④ 0.57

해설 ㉠ 동기속도 $N_s = \dfrac{120}{6} \times 60 = 1200\ \text{rpm}$

㉡ 슬립 $S = \dfrac{1200 - 1160}{1200} = 0.033$

51. 100 V용 전구 30 W와 60 W 두 개를 직렬로 연결하고 직류 100 V 전원에 접속하였을 때 두 전구의 상태로 옳은 것은?

① 30 W 전구가 더 밝다.
② 60 W 전구가 더 밝다.
③ 두 전구의 밝기가 모두 같다.
④ 두 전구가 모두 켜지지 않는다.

52. 다음 조건을 만족시키지 못하는 회로는?

조건
어떤 회로에 흐르는 전류가 20 A이고, 위상이 60°이며, 앞선 전류가 흐를 수 있는 조건

① RL 병렬 ② RC 병렬
③ RLC 병렬 ④ RLC 직렬

해설 병렬회로에서는 전압은 일정하게 흐르고 전류가 분산되므로 RL 병렬회로에서 인덕턴스는 전류가 뒤지므로 저항에 흐르는 전류는 앞서게 된다.

정답 48. ① 49. ② 50. ① 51. ① 52. ①

53. 제어량에 따른 분류 중 프로세스 제어에 속하지 않는 것은?

① 압력 ② 유량
③ 온도 ④ 속도

해설 프로세스 제어는 온도, 유량, 압력, 액위, 농도, 밀도 등의 플랜트나 생상공정 중의 상태량을 제어량으로 하는 제어이고 속도는 자동조정에 속한다.

54. R, L, C가 서로 직렬로 연결되어 있는 회로에서 양단의 전압과 전류의 위상이 동상이 되는 조건은?

① $\omega = LC$ ② $\omega = L^2C$
③ $\omega = \frac{1}{LC}$ ④ $\omega = \frac{1}{\sqrt{LC}}$

해설 동위상이 되는 조건

㉠ $X_L = X_C$ ㉡ $\omega L = \frac{1}{\omega C}$

㉢ $\omega^2 = \frac{1}{LC}$ ㉣ $\omega = \frac{1}{\sqrt{LC}}$

55. 피드백 제어에서 제어 요소에 대한 설명 중 옳은 것은?

① 조작부와 검출부로 구성되어 있다.
② 동작신호를 조작량으로 변화시키는 요소이다.
③ 제어를 받는 출력량으로 제어대상에 속하는 요소이다.
④ 제어량을 주궤환 신호로 변화시키는 요소이다.

해설 ① : 제어장치 ③ : 제어량
④ : 기준 입력 요소

56. 입력신호 $x(t)$와 출력신호 $y(t)$의 관계가 $y(t) = K\frac{dx(t)}{dt}$로 표현되는 것은 어떤 요소인가?

① 비례 요소 ② 미분 요소
③ 적분 요소 ④ 지연 요소

해설 미분동작 $y(t) = K\frac{dx(t)}{dt}$ 식에서 K는 미분 시간이다.

57. 전류계와 전압계는 내부저항이 존재한다. 이 내부저항은 전압 또는 전류를 측정하고자 하는 부하의 저항에 비하여 어떤 특성을 가져야 하는가?

① 내부저항이 전류계는 가능한 커야 하며, 전압계는 가능한 작아야 한다.
② 내부저항이 전류계는 가능한 커야 하며, 전압계도 가능한 커야 한다.
③ 내부저항이 전류계는 가능한 작아야 하며, 전압계는 가능한 커야 한다.
④ 내부저항이 전류계는 가능한 작아야 하며, 전압계도 가능한 작아야 한다.

58. 입력신호 중 어느 하나가 "1"일 때 출력이 "0"이 되는 회로는?

① AND 회로 ② OR 회로
③ NOT 회로 ④ NOR 회로

59. 안전관리의 목적을 바르게 설명한 것은 어느 것인가?

① 사회적 안정
② 경영 관리의 혁신 도모
③ 좋은 물건의 대량 생산
④ 안전과 능률 향상

해설 안전이 확보되면 ㉠ 근로자의 사기 진작, ㉡ 생산 능률 향상, ㉢ 여론 개선, ㉣ 비용 절감 등이 이루어져 기업은 활성화될 것이다.

60. 냉동제조의 시설 및 기술기준으로 적당하지 않은 것은?

정답 53. ④ 54. ④ 55. ② 56. ② 57. ③ 58. ④ 59. ④ 60. ④

① 냉동제조설비 중 특정설비는 검사에 합격한 것일 것
② 냉동제조시설 중 냉매설비에는 자동 제어 장치를 설치할 것
③ 제조설비는 진동, 충격, 부식 등으로 냉매가스가 누설되지 아니할 것
④ 압축기 최종단에 설치한 안전장치는 2년에 1회 이상 작동시험을 할 것

해설 압축기를 설치한 안전 밸브는 1년에 1회 이상 시험한다.

제4과목 유지보수 공사관리

61. 동관작업용 사이징 툴(sizing tool) 공구에 관한 설명으로 옳은 것은?

① 동관의 확관용 공구
② 동관의 끝부분을 원형으로 정형하는 공구
③ 동관의 끝을 나팔형으로 만드는 공구
④ 동관 절단 후 생긴 거스러미를 제거하는 공구

해설 사이징 툴은 동관을 납땜하기 위하여 원형으로 관 끝을 확관시키는 공구이다.

62. 다음 중 암모니아 냉동장치에 사용되는 배관 재료로 가장 적합하지 않은 것은?

① 이음매 없는 동관
② 배관용 탄소강관
③ 저온배관용 강관
④ 배관용 스테인리스강관

해설 NH_3는 Cu, Al, Zn 등을 부식시킨다.

63. 배수배관의 시공 시 유의사항으로 틀린 것은?

① 배수를 가능한 천천히 옥외 하수관으로 유출할 수 있을 것
② 옥외 하수관에서 하수 가스나 쥐 또는 각종 벌레 등이 건물 안으로 침입하는 것을 방지할 수 있는 방법으로 시공할 것
③ 배수관 및 통기관은 내구성이 풍부하여야 하며 가스나 물이 새지 않도록 기구 상호 간의 접합을 완벽하게 할 것
④ 한랭지에서는 배수관이 동결되지 않도록 피복할 것

해설 배수관은 배수량이 일정한 속도로 옥외 하수관으로 유출할 수 있을 것

64. 다음 중 열을 잘 반사하고 확산하여 방열기 표면 등의 도장용으로 사용하기에 가장 적합한 도료는?

① 광명단 ② 산화철
③ 합성수지 ④ 알루미늄

해설 알루미늄 도료(은분)는 Al 분말에 유성바니시를 섞은 도료로 금속광택이 있어서 열을 잘 반사하므로 난방용 방열기 등의 외면에 도장한다.

65. 캐비테이션(cavitation) 현상의 발생 조건이 아닌 것은?

① 흡입양정이 지나치게 클 경우
② 흡입관의 저항이 증대될 경우
③ 흡입 유체의 온도가 높은 경우
④ 흡입관의 압력이 양압인 경우

해설 캐비테이션 발생 조건은 ①, ②, ③ 외에 흡입압력이 음압(진공)인 경우 발생한다.

66. 증기난방 배관시공에서 환수관에 수직 상향부가 필요할 때 리프트 피팅(lift fitting)을 써서 응축수가 위쪽으로 배출되게 하는 방식은?

① 단관 중력 환수식
② 복관 중력 환수식
③ 진공 환수식
④ 압력 환수식

정답 61. ② 62. ① 63. ① 64. ④ 65. ④ 66. ③

해설 진공 환수식 증기난방에서 응축수를 위쪽으로 배출하기 위하여 1.5 m 이하의 높이로 리프트 피팅을 설치한다.

67. 다음 보온재 중 안전사용(최고)온도가 가장 높은 것은?(단, 동일조건 기준으로 한다.)

① 글라스 울 보온판
② 우모펠트
③ 규산칼슘 보온판
④ 석면 보온판

해설 ① 글라스 울 : 300℃ 이하
② 우모펠트 : 100℃ 이하
③ 규산칼슘 : 700℃ 이하
④ 석면 : 450℃ 이하

68. 급수관의 유속을 제한(1.5～2 m/s 이하)하는 이유로 가장 거리가 먼 것은?

① 유속이 빠르면 흐름방향이 변하는 개소의 원심력에 의한 부압(-)이 생겨 캐비테이션이 발생하기 때문에
② 관 지름을 작게 할 수 있어 재료비 및 시공비가 절약되기 때문에
③ 유속이 빠른 경우 배관의 마찰손실 및 관 내면의 침식이 커지기 때문에
④ 워터해머 발생 시 충격압에 의해 소음, 진동이 발생하기 때문에

해설 관 지름을 일정규격으로 하고 유속을 최대 2.3 m/s 이하로 하여 부식을 방지한다. 즉, 관지름을 크게 한다.

69. 보온재의 열전도율이 작아지는 조건으로 틀린 것은?

① 재료의 두께가 두꺼울수록
② 재료 내 기공이 작고 기공률이 클수록
③ 재료의 밀도가 클수록
④ 재료의 온도가 낮을수록

해설 보온재의 보온성은 내부의 거품 기류층의 상태와 그 양에 의하여 달라지고 밀도가 조밀(작을)할수록 열전도율이 작아진다.

70. 강관의 용접 접합법으로 가장 적합하지 않은 것은?

① 맞대기 용접　② 슬리브 용접
③ 플랜지 용접　④ 플라스턴 용접

해설 플라스턴 접합은 연한 접합법이다.

71. 고온수 난방 방식에서 넓은 지역에 공급하기 위해 사용되는 2차측 접속 방식에 해당되지 않는 것은?

① 직결 방식
② 브리드인 방식
③ 열교환 방식
④ 오리피스 접합 방식

해설 고온수 난방 방식에서 2차측 접속 방식은 ①, ②, ③뿐이다.

72. 간접 가열식 급탕법에 관한 설명으로 틀린 것은?

① 대규모 급탕설비에 부적당하다.
② 순환증기는 높이에 관계없이 저압으로 사용 가능하다.
③ 저탕탱크와 가열용 코일이 설치되어 있다.
④ 난방용 증기보일러가 있는 곳에 설치하면 설비비를 절약하고 관리가 편하다.

해설 간접 가열식 급탕설비는 대규모 급탕설비에 적당하다.

73. 공기조화설비 중 복사난방의 패널형식이 아닌 것은?

① 바닥패널　② 천장패널
③ 벽패널　④ 유닛패널

정답 67. ③　68. ②　69. ③　70. ④　71. ④　72. ①　73. ④

74. 다음 중 신축 이음쇠의 종류로 가장 거리가 먼 것은?

① 벨로스형 ② 플랜지형
③ 루프형 ④ 슬리브형

해설 플랜지형과 유니온형은 배관의 점검보수를 위하여 분해할 필요성이 있는 곳에 설치하는 이음쇠이다.

75. 하향 공급식 급탕 배관법의 구배 방법으로 옳은 것은?

① 급탕관은 끝올림, 복귀관은 끝내림 구배를 준다.
② 급탕관은 끝내림, 복귀관은 끝올림 구배를 준다.
③ 급탕관, 복귀관 모두 끝올림 구배를 준다.
④ 급탕관, 복귀관 모두 끝내림 구배를 준다.

76. 공조설비에서 증기코일의 동결 방지 대책으로 틀린 것은?

① 외기와 실내 환기가 혼합되지 않도록 차단한다.
② 외기 댐퍼와 송풍기를 인터록 시킨다.
③ 야간의 운전정지 중에도 순환펌프를 운전한다.
④ 증기코일 내에 응축수가 고이지 않도록 한다.

해설 공조설비에서는 외기와 환기를 혼합하여 실내의 청정도, 습도, 온도 등을 조정하는 것으로 증기코일의 동결 방지 대책과는 관련이 없다.

77. 동일 구경의 관을 직선 연결할 때 사용하는 관 이음 재료가 아닌 것은?

① 소켓 ② 플러그
③ 유니온 ④ 플랜지

해설 플러그는 배관 끝을 막을 때 사용하는 기구이다.

78. 배관설비 공사에서 파이프 래크의 폭에 관한 설명으로 틀린 것은?

① 파이프 래크의 실제 폭은 신규라인을 대비하여 계산된 폭보다 20 % 정도 크게 한다.
② 파이프 래크상의 배관밀도가 작아지는 부분에 대해서는 파이프 래크의 폭을 좁게 한다.
③ 고온배관에서는 열팽창에 의하여 과대한 구속을 받지 않도록 충분한 간격을 둔다.
④ 인접하는 파이프의 외측과 외측과의 최소 간격을 25 mm로 하여 래크의 폭을 결정한다.

해설 파이프 래크는 배관을 나란히 지지하기 위한 선반이다.

79. 수배관 사용 시 부식을 방지하기 위한 방법으로 틀린 것은?

① 밀폐 사이클의 경우 물을 가득 채우고 공기를 제거한다.
② 개방 사이클로 하여 순환수가 공기와 충분히 접하도록 한다.
③ 캐비테이션을 일으키지 않도록 배관한다.
④ 배관에 방식도장을 한다.

해설 순환수를 공기와 접촉시키면 산화작용에 의하여 배관 부식이 촉진된다.

80. 온수배관에서 배관의 길이팽창을 흡수하기 위해 설치하는 것은?

① 팽창관 ② 완충기
③ 신축 이음쇠 ④ 흡수기

해설 난방장치의 신축 이음은 주로 스위블형 신축 이음쇠를 사용한다.

정답 74. ② 75. ④ 76. ① 77. ② 78. ④ 79. ② 80. ③

출제 예상문제 (15)

제1과목 에너지 관리

1. 보일러의 종류 중 수관 보일러 분류에 속하지 않는 것은?

① 자연순환식 보일러
② 강제순환식 보일러
③ 연관 보일러
④ 관류 보일러

해설 ㉠ 연관 보일러는 동(drum) 내에 노통 대신에 연관을 설치하여 전열면적을 증가시킨 보일러이다.
㉡ 수관 보일러는 동(drum)과 수관으로 구성되어 있으며 수관을 주체로 한 보일러이다 (자연순환식, 강제순환식, 관류 보일러 등).

2. 다음 그림은 공조기에 ⓐ 상태의 외기와 ⓑ 상태의 실내에서 되돌아온 공기가 공조기로 들어와 ⓕ 상태로 실내에 공급되는 과정을 습공기 선도에 표현한 것이다. 공조기 내 과정을 맞게 서술한 것은?

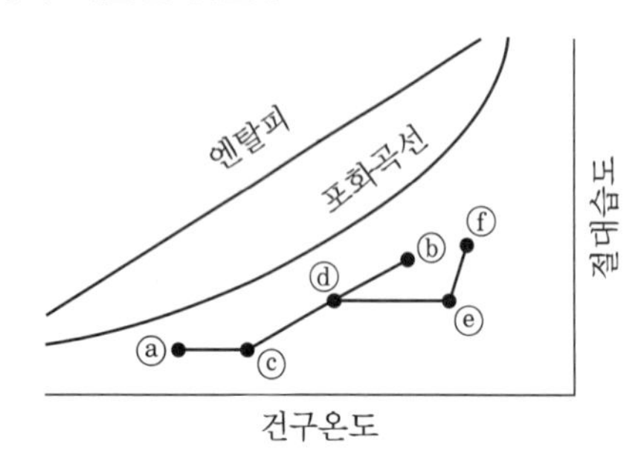

① 예열 – 혼합 – 가열 – 물분무가습
② 예열 – 혼합 – 가열 – 증기가습
③ 예열 – 증기가습 – 가열 – 증기가습
④ 혼합 – 제습 – 증기가습 – 가열

해설 ⓐ→ⓒ : 외기예열
ⓓ : 환기 ⓑ와 외기 ⓒ의 혼합상태
ⓓ→ⓔ : 재가열상태
ⓔ→ⓕ : 증기분무가습
ⓕ→ⓑ : 실내 손실열량
즉, 예열 – 혼합 – 가열 – 증기가습을 하는 과정이다.

3. 이중 덕트 방식에 설치하는 혼합 상자의 구비 조건으로 틀린 것은?

① 냉풍 · 온풍 덕트 내의 정압변동에 의해 송풍량이 예민하게 변화할 것
② 혼합비율 변동에 따른 송풍량의 변동이 완만할 것
③ 냉풍 · 온풍 댐퍼의 공기누설이 적을 것
④ 자동제어 신뢰도가 높고 소음발생이 적을 것

해설 이중 덕트의 혼합 상자의 혼합변동은 실내 부하에 따라서 완만하게 변동할 것

4. 냉방부하 중 유리창을 통한 일사취득열량을 계산하기 위한 필요사항으로 가장 거리가 먼 것은?

① 창의 열관류율 ② 창의 면적
③ 차폐계수 ④ 일사의 세기

해설 일사량 = 창 면적당 일사의 세기(복사열)× 창 면적×차폐계수(kJ/h)

5. 다음 열원 방식 중에 하절기 피크전력의 평준화를 실현할 수 없는 것은?

① GHP 방식
② EHP 방식
③ 지역냉난방 방식
④ 축열 방식

정답 1. ③ 2. ② 3. ① 4. ① 5. ②

해설 GHP (가스엔진 구동열펌프), 지역냉난방, 축열 방식은 피크전력의 평준화(심야 전력 이용 가능)를 실현할 수 있고, EHP 방식은 전력을 이용한 냉난방 방식이다.

6. 일반적으로 난방부하를 계산할 때 실내 손실열량으로 고려해야 하는 것은?

① 인체에서 발생하는 잠열
② 극간풍에 의한 잠열
③ 조명에서 발생하는 현열
④ 기기에서 발생하는 현열

해설 ①, ③, ④는 취득열량으로 냉방부하이다.

7. 원심 송풍기에 사용되는 풍량 제어 방법으로 가장 거리가 먼 것은?

① 송풍기의 회전수 변화에 의한 방법
② 흡입구에 설치한 베인에 의한 방법
③ 바이패스에 의한 방법
④ 스크롤 댐퍼에 의한 방법

해설 바이패스 방식은 정유량(풍량) 방식으로 풍량 제어 방법이 아니다.

8. 냉수코일의 설계에 대한 설명으로 옳은 것은? (단, q_s : 코일의 냉각부하, k : 코일 전열계수, FA : 코일의 정면면적, MTD : 대수평균 온도차(℃), M : 젖은 면계수이다.)

① 코일 내의 순환수량은 코일 출입구의 수온차가 약 5～10℃가 되도록 선정한다.
② 관 내의 수속은 2～3 m/s 내외가 되도록 한다.
③ 수량이 적어 관 내의 수속이 늦게 될 때에는 더블 서킷(double circuit)을 사용한다.
④ 코일의 열수 $(N) = \dfrac{q_s \times MTD}{M \times k \times FA}$ 이다.

해설 냉수코일의 입출구 온도차는 5℃가 기준이고 최대 15℃까지 할 수 있으며 가능하면 5～10℃가 되도록 선정한다.

9. 온도 10℃, 상대습도 50 %의 공기를 25℃로 하면 상대습도(%)는 얼마인가? (단, 10℃일 경우의 포화증기압은 1.226 kPa, 25℃일 경우의 포화증기압은 3.163 kPa이다.)

① 9.5 %
② 19.4 %
③ 27.2 %
④ 35.5 %

해설 ㉠ $P_w = \phi P_s$ [kPa]

㉡ $\phi_2 = \dfrac{\phi_1 P_{s1}}{P_{s2}} = \dfrac{0.5 \times 1.226}{3.163} \times 100 = 19.38$ %

10. 건구온도 22℃, 절대습도 0.0135 kg/kg′인 공기의 엔탈피(kJ/kg)는 얼마인가? (단, 공기밀도 1.2 kg/m^3, 건공기 정압비열 1.01 kJ/kg · K, 수증기 정압비열 1.85 kJ/kg · K, 0℃ 포화수의 증발잠열 2501 kJ/kg이다.)

① 58.4 kJ/kg
② 61.2 kJ/kg
③ 56.5 kJ/kg
④ 52.4 kJ/kg

해설 $h = C_p \cdot t + x(R + C_s t)$

$= 1.01 \times 22 + 0.0135 \times (2501 + 1.85 \times 22)$

$= 56.483$ kJ/kg

11. 보일러 능력의 표시법에 대한 설명으로 옳은 것은?

① 정격출력 : 정미출력의 2배이다.
② 정미출력 : 연속해서 운전할 수 있는 보일러의 최대 능력이다.
③ 상용출력 : 배관 손실을 고려하여 정미출력의 1.05～1.10배 정도이다.
④ 과부하 출력 : 운전시간 24시간 이후는 정미출력의 10～20 % 더 많이 출력되는 정도이다.

해설 ㉠ 정미출력=급기부하+급탕부하
㉡ 상용출력=급기부하+급탕부하+배관손실(kJ/h)
㉢ 배관손실=정미출력×1.05～1.1배 정도이지만, 설계 과정에 따라서 최대 1.2～1.25배 정도도 있다.

정답 6. ② 7. ③ 8. ① 9. ② 10. ③ 11. ③

12. **송풍기 회전날개의 크기가 일정할 때, 송풍기의 회전속도를 변화시킬 경우 상사법칙에 대한 설명으로 옳은 것은?**

① 송풍기 풍량은 회전속도비에 비례하여 변화한다.
② 송풍기 압력은 회전속도비의 3제곱에 비례하여 변화한다.
③ 송풍기 동력은 회전속도비의 제곱에 비례하여 변화한다.
④ 송풍기 풍량, 압력, 동력은 모두 회전속도비의 제곱에 비례하여 변화한다.

해설 ① 풍량 : $\frac{Q_2}{Q_1}=\frac{N_2}{N_1}$

② 전압력 : $\frac{P_2}{P_1}=\left(\frac{N_2}{N_1}\right)^2$

③ 축동력 : $\frac{L_2}{L_1}=\left(\frac{N_2}{N_1}\right)^3$

13. **온수난방 배관 방식에서 단관식과 비교한 복관식에 대한 설명으로 틀린 것은?**

① 설비비가 많이 든다.
② 온도 변화가 많다.
③ 온수 순환이 좋다.
④ 안정성이 높다.

해설 복관식은 공급관과 환수관이 분리되므로 방열기 공급수 온도 변화가 적다.

14. **건축 구조체의 열통과율에 대한 설명으로 옳은 것은?**

① 열통과율은 구조체 표면 열전달 및 구조체 내 열전도율에 대한 열이동의 과정을 총 합한 값을 말한다.
② 표면 열전달 저항이 커지면 열통과율도 커진다.
③ 수평 구조체의 경우 상향열류가 하향열류보다 열통과율이 작다.
④ 각종 재료의 열전도율은 대부분 함습율의 증가로 인하여 열전도율이 작아진다.

해설 ㉠ 열저항 $R=\frac{1}{k}$

$=\frac{1}{\alpha_i}+\Sigma\frac{l}{\lambda}+\frac{1}{d_o}$ [m²·h·k/kJ]

㉡ 열통과율 $k=\frac{1}{R}$ [kJ/m²·h·k]

여기서, α : 실내의 표면열율 (kJ/m²·h·k)
λ : 구조체의 열전도율 (kJ/m·h·k)
l : 구조체의 두께 (m)

15. **다음 중 출입의 빈도가 잦아 틈새바람에 의한 손실부하가 비교적 큰 경우 난방 방식으로 적용하기에 가장 적합한 것은?**

① 증기난방 ② 온풍난방
③ 복사난방 ④ 온수난방

해설 복사난방은 가열된 공기가 상부로 이동하는 속도가 느리므로 틈새바람 또는 실내가 개방된 상태에서도 난방효과가 양호하다.

16. **단일덕트 정풍량 방식에 대한 설명으로 틀린 것은?**

① 각 실의 실온을 개별적으로 제어할 수가 있다.
② 설비비가 다른 방식에 비해서 적게 든다.
③ 기계실에 기기류가 집중 설치되므로 운전, 보수가 용이하고, 진동, 소음의 전달 염려가 적다.
④ 외기의 도입이 용이하며 환기팬 등을 이용하면 외기냉방이 가능하고 전열교환기의 설치도 가능하다.

해설 단일덕트 정풍량 방식은 개별실 또는 개별 제어가 불가능하다.

17. **난방부하를 산정 할 때 난방부하의 요소에 속하지 않는 것은?**

① 벽체의 열통과에 의한 열손실

정답 12. ① 13. ② 14. ① 15. ③ 16. ① 17. ②

② 유리창의 대류에 의한 열손실
③ 침입외기에 의한 난방손실
④ 외기부하

해설 유리창의 대류에 의한 취득열량은 냉방부하이다.

18. 실내의 냉방 현열부하가 5.8 kW, 잠열부하가 0.93 kW인 방을 실온 26℃로 냉각하는 경우 송풍량(m^3/h)은? (단, 취출온도는 15℃이며, 공기의 밀도 1.2 kg/m^3, 정압비열 1.01 kJ/kg · K이다.)

① 1566.1 m^3/h ② 1732.4 m^3/h
③ 1999.8 m^3/h ④ 2104.2 m^3/h

해설 현열량 $q_g = 5.8 \times 3600 = Q \times 1.2 \times 1.01 \times (26-15)$

$$\therefore \text{ 송풍량 } Q = \frac{5.8 \times 3600}{1.2 \times 1.01 \times (26-15)} = 1566.15 \text{ m}^3/\text{h}$$

19. 공조설비의 구성은 열원설비, 열운반장치, 공조기, 자동제어장치로 이루어진다. 이에 해당하는 장치로서 직접적인 관계가 없는 것은?

① 펌프 ② 덕트
③ 스프링클러 ④ 냉동기

해설 스프링클러는 소화설비이다.

20. 다음 그림은 냉방 시의 공기조화 과정을 나타낸다. 그림과 같은 조건일 경우 취출풍량이 1000 m^3/h이라면 소요되는 냉각코일의 용량(kW)은 얼마인가? (단, 공기의 밀도는 1.2 kg/m^3이다.)

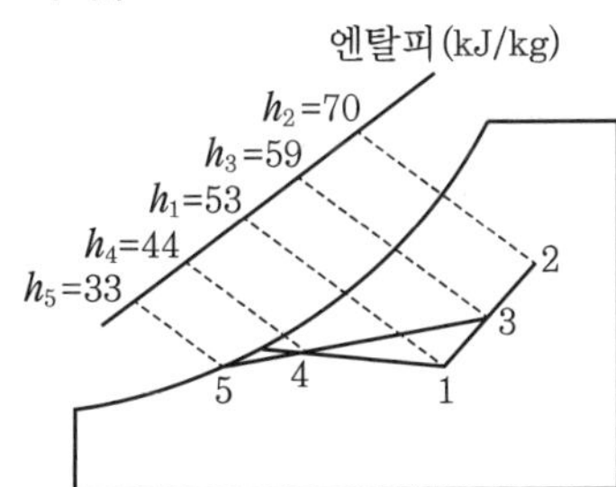

1 : 실내공기의 상태점
2 : 외기의 상태점
3 : 혼합공기의 상태점
4 : 취출공기의 상태점
5 : 코일의 장치 노점온도

① 8 kW ② 5 kW ③ 3 kW ④ 1 kW

해설 $q = \frac{1000}{3600} \times 1.2 \times (59-44) = 5 \text{ kW}$

제2과목 공조냉동 설계

21. 500℃와 100℃ 사이에서 작동하는 이상적인 Carnot 열기관이 있다. 열기관에서 생산되는 일이 200 kW이라면 공급되는 열량은 약 몇 kW인가?

① 255 ② 284
③ 312 ④ 387

해설 $\eta = \frac{T_1 - T_2}{T_1} = \frac{Q_a}{Q_1}$ 식에서

$$Q_1 = \frac{T_1}{T_1 - T_2} \times Q_a = \frac{273+500}{(273+500)-(273+100)} \times 200 = 386.5 \text{ kW}$$

22. 외부에서 받은 열량이 모두 내부에너지 변화만을 가져오는 완전가스의 상태 변화는?

① 정적 변화 ② 정압 변화
③ 등온 변화 ④ 단열 변화

해설 정적 (등적) 변화에서 절대일은 없고, 외부에서 받은일 (공업일)은 내부에너지만 변화한다.

23. 절대압력 100 kPa, 온도 100℃인 상태에 있는 수소의 비체적(m^3/kg)은? (단, 수소의 분자량은 2이고, 일반 기체상수는 8.3145 kJ/kmol · K이다.)

정답 18. ① 19. ③ 20. ② 21. ④ 22. ① 23. ②

① 31.0 m^3/kg ② 15.5 m^3/kg
③ 0.428 m^3/kg ④ 0.0321 m^3/kg

해설 비체적 $= \frac{RT}{\rho}$

$$= \frac{8.3145 \times (273+100)}{2 \times 100} = 15.5 \text{ m}^3/\text{kg}$$

24. 다음 그림은 이상적인 오토 사이클의 압력(P)－부피(V) 선도이다. 여기서 "㉠"의 과정은 어떤 과정인가?

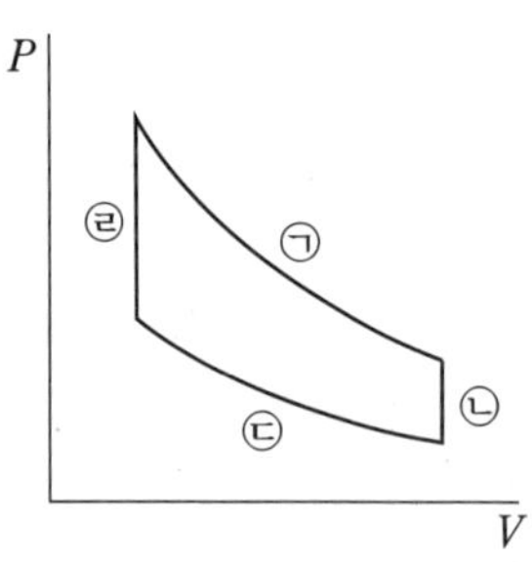

① 단열 압축 과정
② 단열 팽창 과정
③ 등온 압축 과정
④ 등온 팽창 과정

해설 ㉠ : 단열 팽창 과정
㉡ : 등적 변화 과정
㉢ : 단열 압축 과정
㉣ : 등적 변화 과정

참고 오토 사이클은 등적 사이클이다.

25. 비열비 1.3, 압력비 3인 이상적인 브레이턴 사이클(Brayton Cycle)의 이론 열효율이 X(%)였다. 여기서 열효율 12%를 추가 향상시키기 위해서는 압력비를 약 얼마로 해야 하는가? (단, 향상된 후 열효율은 (X+12)%이며, 압력비를 제외한 다른 조건은 동일하다.)

① 4.6 ② 6.2
③ 8.4 ④ 10.8

해설 ㉠ $\eta_1 = 1 - \left(\frac{1}{\phi}\right)^{\frac{k-1}{k}} = 1 - \left(\frac{1}{3}\right)^{\frac{1.3-1}{1.3}}$

$= 0.2239$

㉡ $\eta_2 = 0.2239 + 0.12 = 0.3439$

$= 1 - \left(\frac{1}{\phi_2}\right)^{\frac{1.3-1}{1.3}}$

$\therefore \ \phi_2 = \frac{1}{(1-0.3439)^{\frac{1.3}{1.3-1}}} = 6.21$

26. 어느 발명가가 바닷물로부터 매시간 1800 kJ의 열량을 공급받아 0.5 kW 출력의 열기관을 만들었다고 주장한다면, 이 사실은 열역학 제 몇 법칙에 위배되는가?

① 제0법칙 ② 제1법칙
③ 제2법칙 ④ 제3법칙

해설 어떤 일이 일어나는 과정을 설명한 것으로 열역학 제2법칙이다.

27. 다음 그림과 같이 다수의 추를 올려놓은 피스톤이 끼워져 있는 실린더에 들어있는 가스를 계로 생각한다. 초기 압력이 300 kPa이고, 초기 체적은 0.05 m^3이다. 압력을 일정하게 유지하면서 열을 가하여 가스의 체적을 0.2 m^3으로 증가시킬 때 계가 한 일(kJ)은?

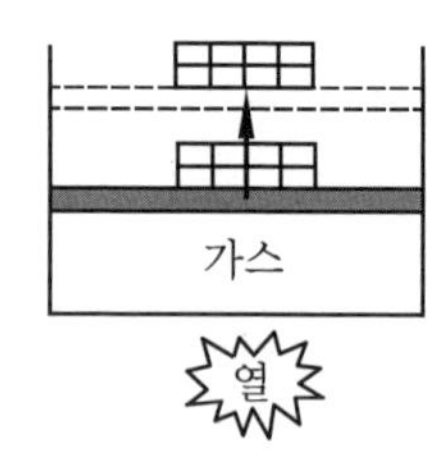

① 30 kJ ② 35 kJ ③ 40 kJ ④ 45 kJ

해설 절대일 W_a

$= P(V_2 - V_1) = 300 \times (0.2 - 0.05) = 45 \text{ kJ}$

28. 1 kg의 헬륨이 100 kPa 하에서 정압 가열되어 온도가 27℃에서 77℃로 변하였을 때 엔트로피의 변화량은 약 몇 kJ/K인가? (단, 헬륨의 엔탈피[h, kJ/kg]는 아래와 같은 관계식을 가진다.)

정답 24. ② 25. ② 26. ③ 27. ④ 28. ③

$$h = 5.238\,T$$
여기서, T는 온도(K)

① 0.694　　② 0.756
③ 0.807　　④ 0.968

해설 $\Delta S = 5.238 \ln \frac{273+77}{273+27} = 0.8074$ kJ/K

29. 스크류 압축기에 대한 설명으로 틀린 것은?

① 동일 용량의 왕복동 압축기에 비하여 소형경량으로 설치 면적이 작다.
② 장시간 연속운전이 가능하다.
③ 부품수가 적고 수명이 길다.
④ 오일펌프를 설치하지 않는다.

해설 스크류 압축기는 오일펌프를 별개로 설치한다.

30. 단위 시간당 전도에 의한 열량에 대한 설명으로 틀린 것은?

① 전도열량은 물체의 두께에 반비례한다.
② 전도열량은 물체의 온도 차에 비례한다.
③ 전도열량은 전열면적에 반비례한다.
④ 전도열량은 열전도율에 비례한다.

해설 전열량 $q = \frac{\lambda}{l} F \cdot \Delta t$ 식과 같이 전도열량은 전열면적에 비례한다.

31. 응축기에 관한 설명으로 틀린 것은?

① 증발식 응축기의 냉각작용은 물의 증발잠열을 이용하는 방식이다.
② 이중관식 응축기는 설치면적이 작고, 냉각수량도 작기 때문에 과냉각 냉매를 얻을 수 있는 장점이 있다.
③ 입형 셸 튜브 응축기는 설치면적이 작고, 전열이 양호하며 냉각관의 청소가 가능하다.
④ 공랭식 응축기는 응축압력이 수랭식보다 일반적으로 낮기 때문에 같은 냉동기일 경우 형상이 작아진다.

해설 공랭식 응축기는 공기의 전열량이 물보다 적으므로 수랭식보다 형상이 커진다.

32. 모리엘 선도 내 등건조도선의 건조도(x) 0.2는 무엇을 의미하는가?

① 습증기 중의 건포화증기 20%(중량비율)
② 습증기 중의 액체인 상태 20%(중량비율)
③ 건증기 중의 건포화증기 20%(중량비율)
④ 건증기 중의 액체인 상태 20%(중량비율)

해설 건조도 0.2는 습증기 중의 증기 20%이고, 액냉매 80%라는 뜻이다.

33. 냉동장치에서 냉매 1kg이 팽창밸브를 통과하여 5℃의 포화증기로 될 때까지 50kJ의 열을 흡수하였다. 같은 조건에서 냉동능력이 400kW라면 증발 냉매량(kg/s)은 얼마인가?

① 5kg/s　　② 6kg/s
③ 7kg/s　　④ 8kg/s

해설 냉매 순환량 $G = \frac{400}{50} = 8$ kg/s

34. 염화칼슘 브라인에 대한 설명으로 옳은 것은?

① 염화칼슘 브라인은 식품에 대해 무해하므로 식품동결에 주로 사용된다.
② 염화칼슘 브라인은 염화나트륨 브라인보다 일반적으로 부식성이 크다.
③ 염화칼슘 브라인은 공기 중에 장시간 방치하여 두어도 금속에 대한 부식성은 없다.
④ 염화칼슘 브라인은 염화나트륨 브라인보다 동일조건에서 동결온도가 낮다.

해설 동결온도 : 염화나트륨은 −21.2℃이고, 염화칼슘은 −55℃이다.

정답 29. ④　30. ③　31. ④　32. ①　33. ④　34. ④

35. 냉각탑에 관한 설명으로 옳은 것은?

① 오염된 공기를 깨끗하게 정화하며 동시에 공기를 냉각하는 장치이다.
② 냉매를 통과시켜 공기를 냉각시키는 장치이다.
③ 찬 우물물을 냉각시켜 공기를 냉각하는 장치이다.
④ 냉동기의 냉각수가 흡수한 열을 외기에 방사하고 온도가 내려간 물을 재순환시키는 장치이다.

해설 응축기에서 냉각수가 흡수한 열을 외부로 방출하며 외기 습구온도의 영향을 받는다.

36. 증기 압축식 냉동기에 설치되는 가용전에 대한 설명으로 틀린 것은?

① 냉동설비의 화재 발생 시 가용합금이 용융되어 냉매를 대기로 유출시켜 냉동기 파손을 방지한다.
② 안전성을 높이기 위해 압축가스의 영향이 미치는 압축기 토출부에 설치한다.
③ 가용전의 구경은 최소 안전밸브의 구경의 $\frac{1}{2}$ 이상으로 한다.
④ 암모니아 냉동장치에서는 가용합금이 침식되므로 사용하지 않는다.

해설 가용전은 프레온 냉동장치에서 고압측에 설치하는 안전장치로 설치 주의사항은 토출가스 온도의 영향을 받는 곳은 피한다.

37. 다음 선도와 같이 응축온도만 변화하였을 때 각 사이클의 특성 비교로 틀린 것은? (단, 사이클 A : A－B－C－D－A, 사이클 B : A－B′－C′－D′－A, 사이클 C : A－B″－C″－D″－A이다.)

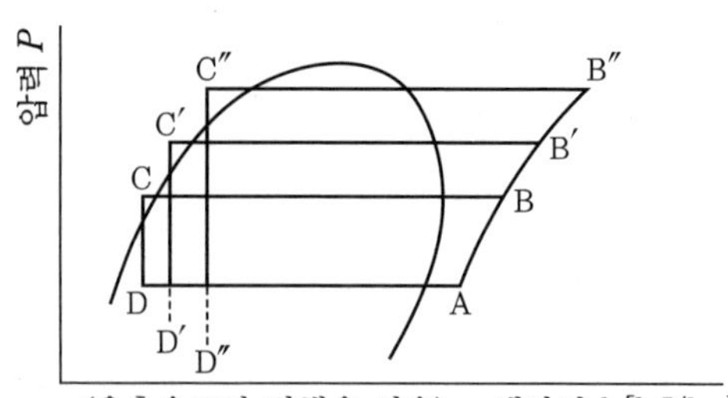

① 압축비 : 사이클 C > 사이클 B > 사이클 A
② 압축일량 : 사이클 C > 사이클 B > 사이클 A
③ 냉동효과 : 사이클 C > 사이클 B > 사이클 A
④ 성적계수 : 사이클 A > 사이클 B > 사이클 C

해설 냉동효과 : 사이클 A > 사이클 B > 사이클 C 순이다.

38. 흡수식 냉동기에 대한 설명으로 틀린 것은?

① 흡수식 냉동기는 열의 공급과 냉각으로 냉매와 흡수제가 함께 분리되고 섞이는 형태로 사이클을 이룬다.
② 냉매가 암모니아일 경우에는 흡수제로 리튬브로마이드(LiBr)를 사용한다.
③ 리튬브로마이드 수용액 사용 시 재료에 대한 부식성 문제로 용액에 미량의 부식 억제제를 첨가한다.
④ 압축식에 비해 열효율이 나쁘며 설치면적을 많이 차지한다.

해설 냉매가 암모니아(NH_3)일 경우 흡수제는 물(H_2O)이다.

39. 암모니아 냉매의 특성에 대한 설명으로 틀린 것은?

① 암모니아는 오존파괴지수(ODP)와 지구온난화지수(GWP)가 각각 0으로 온실가스 배출에 대한 영향이 적다.

정답 35. ④ 36. ② 37. ③ 38. ② 39. ④

② 암모니아는 독성이 강하여 조금만 누설되어도 눈, 코, 기관지 등을 심하게 자극한다.
③ 암모니아는 물에 잘 용해되지만 윤활유에는 잘 녹지 않는다.
④ 암모니아는 전기절연성이 양호하므로 밀폐식 압축기에 주로 사용된다.

해설 암모니아는 전기의 절연성이 불량하고, 동 또는 동합금과 절연물질인 에나멜을 부식시키므로 밀폐식 압축기에 사용할 수 없다.

40. 왕복동식 압축기의 회전수를 n (rpm), 피스톤의 행정을 S (m)라 하면 피스톤의 평균속도 V_m (m/s)를 나타내는 식은?

① $V_m = \dfrac{\pi \cdot S \cdot n}{60}$ ② $V_m = \dfrac{S \cdot n}{60}$
③ $V_m = \dfrac{S \cdot n}{30}$ ④ $V_m = \dfrac{S \cdot n}{120}$

해설 피스톤의 행정속도

$V_m = \dfrac{2 \cdot S \cdot n}{60} = \dfrac{S \cdot n}{30}$ [m/s]

제3과목 시운전 및 안전관리

41. 다음 유접점 회로를 논리식으로 변환하면?

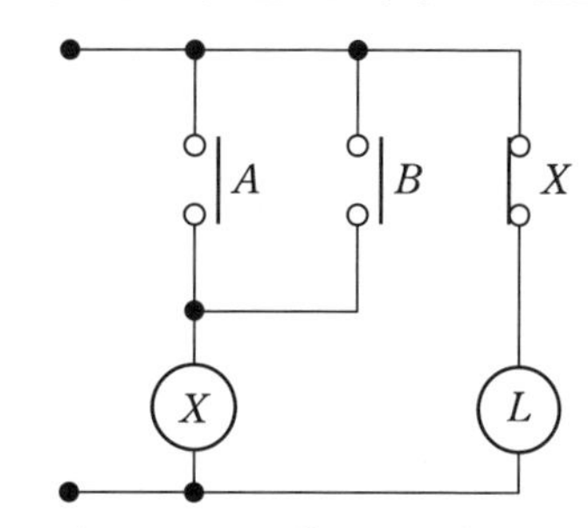

① $L = A \cdot B$ ② $L = A + B$
③ $L = \overline{(A+B)}$ ④ $L = \overline{(A \cdot B)}$

해설 OR 회로에 NOT 회로를 접속한 OR－NOT 회로로서 논리식은 $L = \overline{(A+B)}$ 가 된다.

42. 다음 그림과 같은 논리회로가 나타내는 식은 어느 것인가?

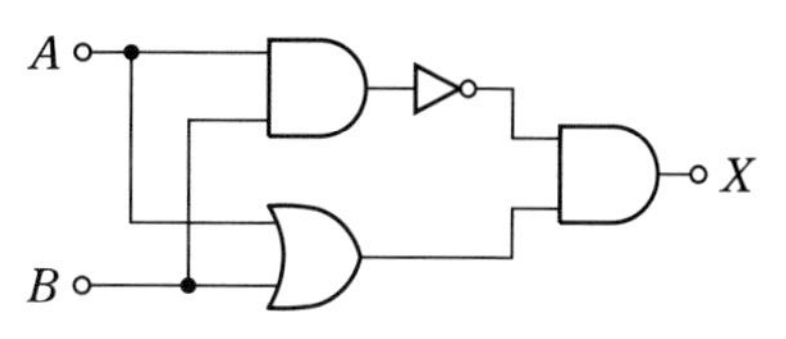

① $X = AB + BA$
② $X = \overline{(A+B)}AB$
③ $X = \overline{AB}(A+B)$
④ $X = AB + (A+B)$

해설 $X = \overline{AB} \cdot (A+B) = (\overline{A} + \overline{B}) \cdot (A+B)$
$= \overline{A}A + \overline{A}B + A\overline{B} + \overline{B}B = \overline{A}B + A\overline{B}$
$= A \oplus B$

43. 착상이 냉동장치에 미치는 영향으로 가장 거리가 먼 것은?

① 냉장실 내 온도가 상승한다.
② 증발온도 및 증발압력이 저하한다.
③ 냉동능력당 전력 소비량이 감소한다.
④ 냉동능력당 소요동력이 증대한다.

해설 증발압력이 낮아지므로 압축비가 증가하여 단위능력당 소요동력이 증가한다.

44. 나관식 냉각코일로 물 1000 kg/h를 20℃에서 5℃로 냉각시키기 위한 코일의 전열면적은 몇 m^2인가? (단, 냉매액과 물의 대수평균 온도차는 5℃, 물의 비열은 4.2 kJ/kg · ℃, 열관류율은 0.23 kW/m^2 · ℃이다.)

① 15.2 ② 30.0 ③ 65.3 ④ 81.4

해설 전열면적 $= \dfrac{1000 \times 4.2 \times (20-5)}{0.23 \times 3600 \times 5}$
$= 15.22\ m^2$

45. 열전달에 관한 설명으로 틀린 것은?

① 전도란 물체 사이의 온도차에 의한 열의 이동 현상이다.

정답 40. ③ 41. ③ 42. ③ 43. ③ 44. ① 45. ④

② 대류란 유체의 순환에 의한 열의 이동 현상이다.
③ 대류 열전달계수의 단위는 열통과율의 단위와 같다.
④ 열전도율의 단위는 $W/m^2 \cdot K$이다.

해설 열전도율의 단위는 W/m·k이다.

46. 0.24 MPa 압력에서 작동되는 냉동기의 포화액 및 건포화증기의 엔탈피는 각각 396 kJ/kg, 615 kJ/kg이다. 동일압력에서 건도가 0.75인 지점의 습증기의 엔탈피(kJ/kg)는 얼마인가?

① 398.75 kJ/kg ② 481.28 kJ/kg
③ 501.49 kJ/kg ④ 560.25 kJ/kg

해설 습증기 엔탈피 = 396 + 0.75 × (615 − 396)
= 560.25 kJ/kg

47. 일정 전압의 직류전원에 저항을 접속하고, 전류를 흘릴 때 이 전류값을 20 % 감소시키기 위한 저항값은 처음 저항의 몇 배가 되는가? (단, 저항을 제외한 기타 조건은 동일하다.)

① 0.65 ② 0.85 ③ 0.91 ④ 1.25

해설 $V = I_1R_1 = (1-0.2)I_1R_2$

$\therefore R_2 = \dfrac{I_1}{(1-0.2)I_1} \times R_1 = 1.25R_1$

48. 절연저항을 측정하는데 사용되는 계기는?

① 메거(Megger)
② 회로시험기
③ $R-L-C$ 미터
④ 검류계

49. 전압 방정식이 $e(t) = Ri(t) + L\dfrac{di(t)}{dt}$로 주어지는 RL 직렬회로가 있다. 직류전압 E를 인가했을 때, 이 회로의 정상상태 전류는?

① $\dfrac{E}{RL}$ ② E
③ $\dfrac{E}{R}$ ④ $\dfrac{RL}{E}$

50. 조절부의 동작에 따른 분류 중 불연속 제어에 해당되는 것은?

① ON/OFF 제어 동작
② 비례 제어 동작
③ 적분 제어 동작
④ 미분 제어 동작

해설 ON/OFF 제어는 2위치 제어로서 불연속 제어이다.

51. 논리식 $L = \overline{x} \cdot \overline{y} \cdot z + \overline{x} \cdot y \cdot z + x \cdot \overline{y} \cdot z + x \cdot y \cdot z$를 간단히 하면?

① x ② z
③ $x \cdot \overline{y}$ ④ $x \cdot \overline{z}$

해설 $L = z(\overline{x}\,\overline{y} + \overline{x}y + x\overline{y} + xy)$
$= z\{\overline{x}(\overline{y}+y) + x(\overline{y}+y)\}$
$= z(\overline{x}+x) = z$

52. $v = 141\sin(377t - \dfrac{\pi}{6})$인 파형의 주파수(Hz)는 약 얼마인가?

① 50 Hz ② 60 Hz
③ 100 Hz ④ 377 Hz

해설 $w = 2\pi f = 377$

$\therefore f = \dfrac{377}{2\pi} = 60.03$ Hz

53. 다음 설명이 나타내는 법칙은?

회로 내의 임의의 한 폐회로에서 한 방향으로 전류가 일주하면서 취한 전압상승의 대수합은 각 회로 소자에서 발생한 전압강하의 대수합과 같다.

정답 46. ④ 47. ④ 48. ① 49. ③ 50. ① 51. ② 52. ② 53. ④

① 옴의 법칙
② 가우스 법칙
③ 쿨롱의 법칙
④ 키르히호프의 법칙

해설 문제의 내용은 키르히호프의 제2법칙을 설명한 것이다.

54. 무인으로 운전되는 엘리베이터의 자동 제어 방식은?

① 프로그램 제어
② 추종 제어
③ 비율 제어
④ 정치 제어

해설 프로그램 제어 : 미리 정해진 프로그램에 따라 제어량을 변화시키는 것을 목적으로 하는 제어이다.

55. 다음의 제어기기에서 압력을 변위로 변환하는 변환 요소가 아닌 것은?

① 스프링 ② 벨로스
③ 노즐플래퍼 ④ 다이어프램

해설 압력을 변위로 변환하는 요소는 벨로스, 스프링, 다이어프램이고, 노즐플래퍼는 변위를 압력으로 변환시키는 장치이다.

56. 제어계에서 전달함수의 정의는?

① 모든 초기값을 0으로 하였을 때 계의 입력 신호의 라플라스 값에 대한 출력 신호의 라플라스 값의 비
② 모든 초기값을 1로 하였을 때 계의 입력 신호의 라플라스 값에 대한 출력 신호의 라플라스 값의 비
③ 모든 초기값을 ∞로 하였을 때 계의 입력 신호의 라플라스 값에 대한 출력 신호의 라플라스 값의 비
④ 모든 초기값을 입력과 출력의 비로 한다.

해설 전달함수는 그 계에 대한 임펄스 응답의 라플라스 변화와 같고, 초기값을 0으로 했을 때 출력과 입력의 라플라스 변환의 비이다.

57. 자동 조정 제어의 제어량에 해당하는 것은?

① 전압 ② 온도
③ 위치 ④ 압력

해설 자동 조정은 전압, 전류, 주파수, 회전속도, 힘 등 전기적, 기계적량을 제어하는 것이다.

58. 발전기에 적용되는 법칙으로 유도 기전력의 방향을 알기 위해 사용되는 법칙은?

① 옴의 법칙
② 암페어의 주회 적분 법칙
③ 플레밍의 왼손법칙
④ 플레밍의 오른손법칙

59. 피드백 제어계에서 제어 요소에 대한 설명으로 옳은 것은?

① 목표값에 비례하는 기준 입력 신호를 발생하는 요소이다.
② 제어량의 값을 목표값과 비교하기 위하여 피드백 되는 요소이다.
③ 조작부와 조절부로 구성되고 동작 신호를 조작량으로 변환하는 요소이다.
④ 기준입력과 주궤환 신호의 차로 제어 동작을 일으키는 요소이다.

해설 제어 요소는 동작 신호를 조작량으로 변화하는 요소이고, 조절부와 조작부로 이루어진다.

60. 2차계 시스템의 응답형태를 결정하는 것은?

① 히스테리시스
② 정밀도
③ 분해도
④ 제동계수

정답 54. ① 55. ③ 56. ① 57. ① 58. ④ 59. ③ 60. ④

제4과목 유지보수 공사관리

61. 순동 이음쇠를 사용할 때에 비하여 동합금 주물 이음쇠를 사용할 때 고려할 사항으로 가장 거리가 먼 것은?

① 순동 이음쇠 사용에 비해 모세관 현상에 의한 용융 확산이 어렵다.
② 순동 이음쇠와 비교하여 용접재 부착력은 큰 차이가 없다.
③ 순동 이음쇠와 비교하여 냉벽 부분이 발생할 수 있다.
④ 순동 이음쇠 사용에 비해 열팽창의 불균일에 의한 부정적 틈새가 발생할 수 있다.

62. 증기 및 물배관 등에서 찌꺼기를 제거하기 위하여 설치하는 부속품으로 옳은 것은?

① 유니온 ② P 트랩
③ 부싱 ④ 스트레이너

63. 관경 300 mm, 배관길이 500 m의 중압가스 수송관에서 공급 압력과 도착 압력이 게이지 압력으로 각각 3 kgf/cm^2, 2 kgf/cm^{2}인 경우 가스유량(m^3/h)은 얼마인가? (단, 가스비중은 0.64, 유량계수는 52.31이다.)

① 10238 ② 20583
③ 38317 ④ 40153

해설 유량 $Q = K\sqrt{\dfrac{(P_1^2 - P_2^2)d^5}{S \times L}}$

$= 52.31\sqrt{\dfrac{(4^2-3^2)\times 30^5}{0.64\times 500}} = 38138.34$

64. 다음 중 배수설비에서 소제구(C.O)의 설치 위치로 가장 부적절한 곳은?

① 가옥 배수관과 옥외의 하수관이 접속되는 근처
② 배수 수직관의 최상단부
③ 수평지관이나 횡주관의 기점부
④ 배수관이 45° 이상의 각도로 구부러지는 곳

해설 배수 수직관의 제일 밑부분 또는 그 근처

65. 다음 중 폴리에틸렌관의 접합법이 아닌 것은?

① 나사 접합
② 인서트 접합
③ 소켓 접합
④ 용착 슬리브 접합

해설 소켓 접합법은 주철관 접합법이다.

66. 배관의 접합 방법 중 용접 접합의 특징으로 틀린 것은?

① 중량이 무겁다.
② 유체의 저항 손실이 적다.
③ 접합부 강도가 강하여 누수 우려가 적다.
④ 보온 피복 시공이 용이하다.

해설 용접 접합은 다른 접합보다 강도가 강하고 가볍다.

67. 폴리부틸렌관(PB) 이음에 대한 설명으로 틀린 것은?

① 에이콘 이음이라고도 한다.
② 나사 이음 및 용접 이음이 필요 없다.
③ 그랩링, O-링, 스페이스 와셔가 필요하다.
④ 이종관 접합 시는 어댑터를 사용하여 인서트 이음을 한다.

해설 이종관 이음은 삽입시켜서 그랩링(Grapring)과 O-링(Ring)에 의해서 접합한다.

68. 병원, 연구소 등에서 발생하는 배수로 하수도에 직접 방류할 수 없는 유독한 물질을 함유한 배수를 무엇이라 하는가?

정답 61. ② 62. ④ 63. ③ 64. ② 65. ③ 66. ① 67. ④ 68. ④

① 오수 ② 우수
③ 잡배수 ④ 특수배수

69. LP 가스 공급, 소비설비의 압력손실 요인으로 틀린 것은?

① 배관의 입하에 의한 압력손실
② 엘보, 티 등에 의한 압력손실
③ 배관의 직관부에서 일어나는 압력손실
④ 가스 미터, 콕, 밸브 등에 의한 압력손실

해설 배관 입하 시에는 압력손실이 없다

70. 밀폐 배관계에서는 압력계획이 필요하다. 압력계획을 하는 이유로 틀린 것은?

① 운전 중 배관계 내에 대기압보다 낮은 개소가 있으면 접속부에서 공기를 흡입할 우려가 있기 때문에
② 운전 중 수온에 알맞은 최소압력 이상으로 유지하지 않으면 순환수 비등이나 플래시 현상 발생 우려가 있기 때문에
③ 펌프의 운전으로 배관계 각 부의 압력이 감소하므로 수격작용, 공기정체 등의 문제가 생기기 때문에
④ 수온의 변화에 의한 체적의 팽창 · 수축으로 배관 각 부에 악영향을 미치기 때문에

해설 밀폐배관이므로 펌프 운전에서 배관계의 압력손실은 발생하지만, 수격현상 등의 영향은 없다.

71. 펌프 운전 시 발생하는 캐비테이션 현상에 대한 방지 대책으로 틀린 것은?

① 흡입양정을 짧게 한다.
② 펌프의 회전수를 낮춘다.
③ 단흡입 펌프를 사용한다.
④ 흡입관의 관경을 굵게, 굽힘을 적게 한다.

해설 캐비테이션 현상 방지 대책으로 양흡입 펌프를 사용한다.

72. 급탕설비에 관한 설명으로 옳은 것은?

① 급탕배관의 순환 방식은 상향순환식, 하향순환식, 상하향 혼용순환식으로 구분된다.
② 물에 증기를 직접 분사시켜 가열하는 기수혼합식의 사용 증기압은 0.01 MPa (0.1 kgf/cm^2) 이하가 적당하다.
③ 가열에 따른 관의 신축을 흡수하기 위하여 팽창탱크를 설치한다.
④ 강제순환식 급탕 배관의 구배는 $\frac{1}{200}$ ~ $\frac{1}{300}$ 정도로 한다.

해설 급탕배관에서 중력순환식은 $\frac{1}{150}$, 강제순환식은 $\frac{1}{200}$의 구배로 한다.

73. 강관작업에서 다음 그림처럼 15 A 나사용 90° 엘보 2개를 사용하여 길이가 200 mm가 되도록 연결작업을 하려고 한다. 이때 실제 15 A 강관의 길이(mm)는 얼마인가? (단, 나사가 물리는 최소길이(여유치수)는 11 mm, 이음쇠의 중심에서 단면까지의 길이는 27 mm이다.)

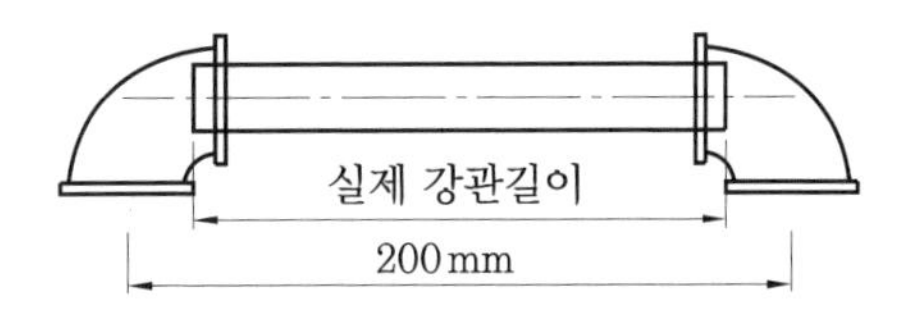

① 142 mm ② 158 mm
③ 168 mm ④ 176 mm

해설 직선 배관길이 $l = L - 2(A - a)$
$= 200 - 2 \times (27 - 11) = 168$ mm

74. 온수난방에서 개방식 팽창탱크에 관한 설명으로 틀린 것은?

① 공기빼기 배기관을 설치한다.
② 팽창관에는 반드시 밸브를 설치한다.

정답 69. ① 70. ③ 71. ③ 72. ④ 73. ③ 74. ②

③ 팽창탱크에는 오버 플로우관을 설치한다.
④ 4℃의 물을 100℃로 높였을 때 팽창체적 비율이 4.3% 정도이므로 이를 고려하여 팽창탱크를 설치한다.

해설 팽창관, 안전관 오버플로우(넘치는)관에는 절대로 밸브를 설치해서는 안 된다.

75. 관 공작용 공구에 대한 설명으로 틀린 것은?

① 익스팬더 : 동관의 끝부분을 원형으로 정형 시 사용
② 봄볼 : 주관에서 분기관을 따내기 작업 시 구멍을 뚫을 때 사용
③ 열풍 용접기 : PVC 관의 접합, 수리를 위한 용접 시 사용
④ 리드형 오스타 : 강관에 수동으로 나사를 절삭할 때 사용

해설 익스팬더는 동관의 끝부분을 확관하는데 사용한다.

76. 공기조화설비에서 수배관 시공 시 주요 기기류의 접속배관에는 수리 시 전 계통의 물을 배수하지 않도록 서비스용 밸브를 설치한다. 이때 밸브를 완전히 열었을 때 저항이 작은 밸브가 요구되는데 가장 적당한 밸브는?

① 나비밸브 ② 게이트 밸브
③ 니들밸브 ④ 글로브 밸브

해설 수배관에서 정비 보수 시에 배수용 밸브는 게이트(슬로스 또는 사절) 밸브를 사용한다.

77. 스테인리스 강관에 삽입하고 전용 압착공구를 사용하여 원형의 단면을 갖는 이음쇠를 6각의 형태로 압착시켜 접착하는 배관 이음쇠는?

① 나사식 이음쇠
② 그립식 관 이음쇠
③ 몰코 조인트 이음쇠
④ MR 조인트 이음쇠

해설 스테인리스 강관은 일반적으로 몰코 조인트 이음쇠를 사용하지만, 65 A (75 su) 이상은 부재 가공하여 랩 조인트 접합하며 맞대기 용접, 플랜지 이음 등이 있다.

78. 중앙식 급탕 방식의 특징으로 틀린 것은?

① 일반적으로 다른 설비 기계류와 동일한 장소에 설치할 수 있어 관리가 용이하다.
② 저탕량이 많으므로 피크부하에 대응할 수 있다.
③ 일반적으로 열원장치는 공조설비와 겸용하여 설치되기 때문에 열원단가가 싸다.
④ 배관이 연장되므로 열효율이 높다.

해설 중앙식 급탕 방식은 장거리 배관으로 열손실이 발생한다.

79. 냉매 배관용 팽창밸브 종류로 가장 거리가 먼 것은?

① 수동식 팽창밸브
② 정압식 자동 팽창밸브
③ 온도식 자동 팽창밸브
④ 팩리스 자동 팽창밸브

해설 냉매용 팽창밸브는 수동식, 정압식, 온도식, 플로트 팽창밸브가 있고, 팩리스 밸브(Packless valve)는 글랜드 패킹을 사용하지 않고 벨로스나 다이어프램을 사용하여 외부와 완전히 격리하여 누설을 방지하는 일종의 감압밸브이다.

80. 다음 중 흡수성이 있으므로 방습재를 병용해야 하며, 아스팔트로 가공한 것은 −60℃까지의 보냉용으로 사용이 가능한 것은?

① 펠트 ② 탄화코르크
③ 석면 ④ 암면

해설 펠트는 유기질 보온재로 안전 사용온도가 100℃ 이하로 보냉용으로 사용되며 동물성, 식물성이 있고 아스팔트로 방습한 것은 −60℃까지 사용할 수 있다.

정답 75. ① 76. ② 77. ③ 78. ④ 79. ④ 80. ①

공조냉동기계기사

부록 2

과년도 출제문제

2022년 3월 5일 시행 (1회)

제1과목 에너지 관리

1. 다음 온열환경지표 중 복사의 영향을 고려하지 않는 것은?

① 유효온도(ET)
② 수정유효온도(CET)
③ 예상온열감(PMV)
④ 작용온도(OT)

해설 ㉠ 야글러의 유효온도(ET)는 온도, 습도, 유속으로 결정되는 온열환경이다.
㉡ 수정유효온도(CET)는 유효온도에 복사열을 포함시킨 것이다.

2. 주간 피크(peak) 전력을 줄이기 위한 냉방시스템 방식으로 가장 거리가 먼 것은?

① 터보 냉동기 방식
② 수축열 방식
③ 흡수식 냉동기 방식
④ 빙축열 방식

해설 터보 냉동기는 일반 냉동 장치와 같이 많은 전력이 소모된다.

3. 실내 공기 상태에 대한 설명으로 옳은 것은?

① 유리면 등의 표면에 결로가 생기는 것은 그 표면온도가 실내의 노점온도보다 높게 될 때이다.
② 실내 공기 온도가 높으면 절대습도도 높다.
③ 실내 공기의 건구온도와 그 공기의 노점온도와의 차는 상대습도가 높을수록 작아진다.
④ 건구온도가 낮은 공기일수록 많은 수증기를 함유할 수 있다.

4. 열교환기에서 냉수코일 입구 측의 공기와 물의 온도차가 16℃, 냉수코일 출구 측의 공기와 물의 온도차가 6℃이면 대수평균온도차(℃)는 얼마인가?

① 10.2 ② 9.25
③ 8.37 ④ 8.00

해설 $MTD = \dfrac{16-6}{\ln\dfrac{16}{6}} = 10.195 ≒ 10.2℃$

5. 습공기를 단열 가습하는 경우 열수분비(u)는 얼마인가?

① 0 ② 0.5
③ 1 ④ ∞

해설 열수분비 $u = \dfrac{h_2 - h_1}{x_2 - x_1} = \dfrac{0}{x_2 - x_1} = 0$

6. 습공기 선도($t-x$ 선도) 상에서 알 수 없는 것은?

① 엔탈피 ② 습구온도
③ 풍속 ④ 상대습도

해설 습공기 선도에서 건구온도, 습구온도, 노점온도, 절대습도, 수증기 분압, 엔탈피, 비용적 등을 알 수 있다.

7. 다음 중 풍량조절 댐퍼의 설치 위치로 가장 적절하지 않은 곳은?

① 송풍기, 공조기의 토출측 및 흡입측
② 연소의 우려가 있는 부분의 외벽 개구부
③ 분기 덕트에서 풍량 조정을 필요로 하

정답 1. ① 2. ① 3. ③ 4. ① 5. ① 6. ③ 7. ②

는 곳

④ 덕트계에서 분기하여 사용하는 것

해설 풍량 조절 댐퍼는 연소의 우려가 있는 부분은 피할 것

8. 수랭식 응축기에서 냉각수 입·출구 온도차가 5℃, 냉각수량이 300 LPM인 경우 이 냉각수에서 1시간에 흡수하는 열량은 1시간당 LNG 몇 N·m^{3}을 연소한 열량과 같은가? (단, 냉각수의 비열은 4.2 kJ/kg·℃, LNG 발열량은 43961.4 kJ/N·m^3, 열손실은 무시한다.)

① 4.6 ② 6.3 ③ 8.6 ④ 10.8

해설 연소량 $= \frac{300 \times 60 \times 4.2 \times 5}{43961.4}$

$= 8.59 \fallingdotseq 8.6\,\text{N} \cdot \text{m}^3$

9. 덕트의 분기점에서 풍량을 조절하기 위하여 설치하는 댐퍼로 가장 적절한 것은?

① 방화 댐퍼 ② 스플릿 댐퍼
③ 피봇 댐퍼 ④ 터닝 베인

해설 스플릿 댐퍼는 덕트 분기부의 풍량과 풍향을 조절한다.

10. 증기난방 방식에 대한 설명으로 틀린 것은?

① 환수방식에 따라 중력환수식과 진공환수식, 기계환수식으로 구분한다.
② 배관방법에 따라 단관식과 복관식이 있다.
③ 예열시간이 길지만 열량 조절이 용이하다.
④ 운전 시 증기 해머로 인한 소음을 일으키기 쉽다.

해설 증기는 비열이 적어서 공기 다음으로 예열시간이 짧다.

11. 공기 중의 수증기가 응축하기 시작할 때의 온도, 즉 공기가 포화상태로 될 때의 온도를 무엇이라고 하는가?

① 건구온도 ② 노점온도
③ 습구온도 ④ 상당외기온도

해설 공기 중의 수분이 응축결하는 온도를 이슬점 온도, 즉 노점온도라 한다.

12. 다음 중 일반 사무용 건물의 난방부하 계산 결과에 가장 작은 영향을 미치는 것은?

① 외기온도
② 벽체로부터의 손실열량
③ 인체 부하
④ 틈새바람 부하

13. 에어와셔 단열 가습 시 포화효율(η)은 어떻게 표시하는가? (단, 입구공기의 건구온도 t_1, 출구공기의 건구온도 t_2, 입구공기의 습구온도 t_{w1}, 출구공기의 습구온도 t_{w2}이다.)

① $\eta = \frac{(t_1 - t_2)}{(t_2 - t_{w2})}$ ② $\eta = \frac{(t_1 - t_2)}{(t_1 - t_{w1})}$

③ $\eta = \frac{(t_2 - t_1)}{(t_{w2} - t_1)}$ ④ $\eta = \frac{(t_1 - t_{w1})}{(t_2 - t_1)}$

14. 정방실에 35 kW의 모터에 의해 구동되는 정방기가 12대 있을 때 전력에 의한 취득열량(kW)은 얼마인가? (단, 전동기와 이것에 의해 구동되는 기계가 같은 방에 있으며, 전동기의 가동률은 0.74이고, 전동기 효율은 0.87, 전동기 부하율은 0.92이다.)

① 483 ② 420
③ 357 ④ 329

해설 $q = \frac{35}{0.87} \times 12 \times 0.74 \times 0.92 = 328.66\,\text{kW}$

15. 보일러의 시운전 보고서에 관한 내용으로 가장 관련이 없는 것은?

정답 8. ③ 9. ② 10. ③ 11. ② 12. ③ 13. ② 14. ④ 15. ②

① 제어기 세팅값과 입 · 출수 조건 기록
② 입 · 출구 공기의 습구온도
③ 연도 가스의 분석
④ 성능과 효율 측정값을 기록, 설계값과 비교

해설 입 · 출구 공기의 건구온도이다.

16. 다음 용어에 대한 설명으로 틀린 것은?

① 자유면적 : 취출구 혹은 흡입구 구멍면적의 합계
② 도달거리 : 기류의 중심속도가 0.25 m/s에 이르렀을 때, 취출구에서의 수평거리
③ 유인비 : 전공기량에 대한 취출공기량(1차 공기)의 비
④ 강하도 : 수평으로 취출된 기류가 일정거리만큼 진행한 뒤 기류 중심선과 취출구 중심과의 수직거리

해설 유인비 $= \dfrac{\text{합계 공기}}{\text{1차 공기}}$

즉, 1차 공기에 대한 취출공기량(전공기량=합계 공기)의 비이다.

17. 증기난방과 온수난방의 비교 설명으로 틀린 것은?

① 주 이용열로 증기난방은 잠열이고, 온수난방은 현열이다.
② 증기난방에 비하여 온수난방은 방열량을 쉽게 조절할 수 있다.
③ 장거리 수송으로 증기난방은 발생증기압에 의하여, 온수난방은 자연순환력 또는 펌프 등의 기계력에 의한다.
④ 온수난방에 비하여 증기난방은 예열부하와 시간이 많이 소요된다.

해설 온수난방에 비하여 증기난방은 예열부하가 적어서 시간이 짧게 소요된다.

18. 공기조화 시스템에 사용되는 댐퍼의 특성에 대한 설명으로 틀린 것은?

① 일반 댐퍼(volume control damper) : 공기 유량조절이나 차단용이며, 아연도금 철판이나 알루미늄 재료로 제작된다.
② 방화 댐퍼(fire damper) : 방화벽을 관통하는 덕트에 설치되며, 화재 발생 시 자동으로 폐쇄되어 화염의 전파를 방지한다.
③ 밸런싱 댐퍼(balancing damper) : 덕트의 여러 분기관에 설치되어 분기관의 풍량을 조절하며, 주로 T.A.B 시 사용된다.
④ 정풍량 댐퍼(linear volume control damper) : 에너지절약을 위해 결정된 유량을 선형적으로 조절하며, 역류방지 기능이 있어 비싸다.

해설 정풍량 장치는 유량조절 기능이 없다.

19. 공기조화기의 T.A.B 측정 절차 중 측정 요건으로 틀린 것은?

① 시스템의 검토 공정이 완료되고 시스템 검토보고서가 완료되어야 한다.
② 설계도면 및 관련 자료를 검토한 내용을 토대로 하여 보고서 양식에 장비규격 등의 기준이 완료되어야 한다.
③ 댐퍼, 말단 유닛, 터미널의 개도는 완전 밀폐되어야 한다.
④ 제작사의 공기조화기 시운전이 완료되어야 한다.

20. 강제순환식 온수난방에서 개방형 팽창탱크를 설치하려고 할 때, 적당한 온수의 온도는?

① 100℃ 미만　　② 130℃ 미만
③ 150℃ 미만　　④ 170℃ 미만

해설 ㉠ 개방식 팽창탱크는 100℃ 미만의 저온수 난방에 사용 : 표준온도 80℃
㉡ 밀폐식 팽창탱크는 100℃ 이상의 고온수 난방에 사용 : 표준온도 150℃

정답 16. ③　17. ④　18. ④　19. ③　20. ①

제2과목 공조냉동 설계

21. 부피가 0.4m³인 밀폐된 용기에 압력 3 MPa, 온도 100℃의 이상기체가 들어있다. 기체의 정압비열 5 kJ/kg · K, 정적비열 3 kJ/kg · K일 때 기체의 질량(kg)은 얼마인가?

① 1.2 ② 1.6
③ 2.4 ④ 2.7

해설 ㉠ $R = C_v\left(\frac{C_p}{C_v} - 1\right) = 3 \times \left(\frac{5}{3} - 1\right) = 2$

㉡ $G = \frac{3000 \times 0.4}{2 \times (273 + 100)} = 1.6\text{kg}$

22. 온도 100℃, 압력 200 kPa의 이상기체 0.4 kg이 가역단열 과정으로 압력이 100 kPa로 변화하였다면, 기체가 한 일(kJ)은 얼마인가? (단, 기체 비열비 1.4, 정적비열 0.7 kJ/kg · K이다.)

① 13.7 ② 18.8
③ 23.6 ④ 29.4

해설 ㉠ $R = 0.7 \times (1.4 - 1) = 0.28$

㉡ $w = 0.28 \times (273 + 100) \times \left\{1 - \left(\frac{100}{200}\right)^{\frac{1.4-1}{1.4}}\right\}$

$= 18.76\ \text{kJ}$

23. 70 kPa에서 어떤 기체의 체적이 12 m³이었다. 이 기체를 800 kPa까지 폴리트로픽 과정으로 압축했을 때 체적이 2 m³으로 변화했다면, 이 기체의 폴리트로픽 지수는 약 얼마인가?

① 1.21 ② 1.28
③ 1.36 ④ 1.43

24. 공기 정압비열(C_p, kJ/kg · ℃)이 다음과 같을 때 공기 5 kg을 0℃에서 100℃까지 일정한 압력 하에서 가열하는데 필요한 열량(kJ)은 약 얼마인가? (단, 다음 식에서 t는 섭씨온도를 나타낸다.)

$$C_p = 1.0053 + 0.000079 \times t\ [\text{kJ/kg}\cdot℃]$$

① 85.5 ② 100.9
③ 312.7 ④ 504.6

해설 $q = 5\int_0^{100} 1.0053 + 0.000079\,dt$

$= 5 \times \left[1.0053 \times 100 + 0.000079 \times \frac{100^2}{2}\right]$

$= 504.625\,\text{kJ}$

25. 흡수식 냉동기의 냉매의 순환 과정으로 옳은 것은?

① 증발기(냉각기) → 흡수기 → 재생기 → 응축기
② 증발기(냉각기) → 재생기 → 흡수기 → 응축기
③ 흡수기 → 증발기(냉각기) → 재생기 → 응축기
④ 흡수기 → 재생기 → 증발기(냉각기) → 응축기

26. 이상기체 1 kg이 초기에 압력 2 kPa, 부피 0.1 m³를 차지하고 있다. 가역등온과정에 따라 부피가 0.3 m³로 변화했을 때 기체가 한 일(J)은 얼마인가?

① 9540 ② 2200
③ 954 ④ 220

해설 $W = P_1 V_1 \ln\frac{V_2}{V_1}$

$= 2000 \times 0.1 \times \ln\frac{0.3}{0.1} = 219.7\text{J}$

27. 증기터빈에서 질량유량이 1.5 kg/s이고, 열손실률이 8.5 kW이다. 터빈으로 출입하는 수증기에 대하여 그림에 표시한 바와 같은 데이

정답 21. ② 22. ② 23. ③ 24. ④ 25. ① 26. ④ 27. ②

터가 주어진다면 터빈의 출력(kW)은 약 얼마인가?

$m_i = 1.5\,kg/s$
$z_i = 6\,m$
$v_i = 50\,m/s$
$h_i = 3137.0\,kJ/kg$

control surface

터빈

$m_e = 1.5\,kg/s$
$z_e = 3\,m$
$v_e = 200\,m/s$
$h_e = 2675.5\,kJ/kg$

① 273.3　② 655.7
③ 1357.2　④ 2616.8

해설 터빈 출력 $= 1.5 \times (3137 - 2675.5)$
$= 692.25\,kW$

28. 냉동 사이클에서 응축온도 47℃, 증발온도 −10℃이면 이론적인 최대 성적계수는 얼마인가?

① 0.21　② 3.45　③ 4.61　④ 5.36

해설 $COP = \dfrac{273 - 10}{(273 + 47) - (273 - 10)} = 4.614$

29. 압축기의 체적효율에 대한 설명으로 옳은 것은?

① 간극체적(top clearance)이 작을수록 체적효율은 작다.
② 같은 흡입압력, 같은 증기 과열도에서 압축비가 클수록 체적효율은 작다.
③ 피스톤 링 및 흡입 밸브의 시트에서 누설이 작을수록 체적효율이 작다.
④ 이론적 요구 압축동력과 실제 소요 압축동력의 비이다.

해설 압축비가 크면
㉠ 체적효율 감소
㉡ 냉매순환량 감소
㉢ 냉동능력 감소
㉣ 단위능력당 소요동력 증가
㉤ 실린더 과열
㉥ 토출가스온도 상승
㉦ 축수하중 증대

30. 냉동장치에서 플래시 가스의 발생 원인으로 틀린 것은?

① 액관이 직사광선에 노출되었다.
② 응축기의 냉각수 유량이 갑자기 많아졌다.
③ 액관이 현저하게 입상하거나 지나치게 길다.
④ 관의 지름이 작거나 관 내 스케일에 의해 관경이 작아졌다.

해설 플래시 가스는 응축기 출구에서 증발기 입구 사이에서 발생한다.

31. 프레온 냉동장치에서 가용전에 대한 설명으로 틀린 것은?

① 가용전의 용융온도는 일반적으로 75℃ 이하로 되어 있다.
② 가용전은 Sn, Cd, Bi 등의 합금이다.
③ 온도상승에 따른 이상 고압으로부터 응축기 파손을 방지한다.
④ 가용전의 지름은 안전밸브 최소지름의 1/2 이하이어야 한다.

해설 가용전의 지름은 안전밸브 최소지름의 1/2 이상이어야 한다.

32. 흡수식 냉동기에 사용되는 흡수제의 구비조건으로 틀린 것은?

① 냉매와 비등온도 차이가 작을 것
② 화학적으로 안정하고 부식성이 없을 것
③ 재생에 필요한 열량이 크지 않을 것

정답 28. ③　29. ②　30. ②　31. ④　32. ①

④ 점성이 작을 것

해설 냉매와 비등온도 차가 클 것

33. 클리어런스 포켓이 설치된 압축기에서 클리어런스가 커질 경우에 대한 설명으로 틀린 것은?

① 냉동능력이 감소한다.
② 피스톤의 체적 배출량이 감소한다.
③ 체적효율이 저하한다.
④ 실제 냉매흡입량이 감소한다.

해설 피스톤의 체적 배출량은 일정하고 냉매순환량이 감소한다.

34. 이상기체 1 kg을 일정 체적 하에 20℃로부터 100℃로 가열하는 데 836 kJ의 열량이 소요되었다면 정압비열(kJ/kg · K)은 약 얼마인가? (단, 해당가스의 분자량은 2이다.)

① 2.09　　② 6.27
③ 10.5　　④ 14.6

해설 ㉠ 정적비열 $C_v = \dfrac{836}{1\times(100-20)} = 10.46\,\text{kJ/kg}\cdot\text{K}$

㉡ 정압비열 $= 10.46 + \dfrac{8.3143}{2} = 14.607\,\text{kJ/kg}\cdot\text{K}$

35. 20℃의 물로부터 0℃의 얼음을 매 시간당 90 kg을 만드는 냉동기의 냉동능력(kW)은 얼마인가? (단, 물의 비열 4.2 kJ/kg · K, 물의 응고 잠열 335 kJ/kg이다.)

① 7.8　　② 8.0
③ 9.2　　④ 10.5

해설 $R = \dfrac{90\times[(4.2\times20)+335]}{3600} = 10.48\,\text{kW}$

36. 2차 유체로 사용되는 브라인의 구비 조건으로 틀린 것은?

① 비등점이 높고, 응고점이 낮을 것
② 점도가 낮을 것
③ 부식성이 없을 것
④ 열전달률이 작을 것

해설 열전달률이 클 것

37. 카르노 사이클로 작동되는 기관의 실린더 내에서 1 kg의 공기가 온도 120℃에서 열량 40 kJ를 받아 등온팽창 한다면 엔트로피의 변화(kJ/kg · K)는 약 얼마인가?

① 0.102　　② 0.132
③ 0.162　　④ 0.192

해설 $S = \dfrac{40}{273+120} = 0.1017\,\text{kJ/kg}\cdot\text{K}$

38. 표준냉동사이클의 단열교축 과정에서 입구 상태와 출구 상태의 엔탈피는 어떻게 되는가?

① 입구 상태가 크다.
② 출구 상태가 크다.
③ 같다.
④ 경우에 따라 다르다.

해설 단열 과정에서 열의 출입이 없으므로 압축기에서는 가역 정상류 변화이다. 엔트로피가 일정하고 팽창밸브에서는 비가역 단열교축 과정으로 엔탈피가 일정하다.

39. 온도식 자동 팽창밸브에 대한 설명으로 틀린 것은?

① 형식에는 일반적으로 벨로스식과 다이어프램식이 있다.
② 구조는 크게 감온부와 작동부로 구성된다.
③ 만액식 증발기나 건식 증발기에 모두 사용이 가능하다.
④ 증발기 내 압력을 일정하게 유지하도록 냉매유량을 조절한다.

해설 온도식 자동 팽창밸브는 증발기 출구의 과열도가 일정하다.

정답 33. ② 34. ④ 35. ④ 36. ④ 37. ① 38. ③ 39. ④

40. 다음 중 검사질량의 가역 열전달 과정에 관한 설명으로 옳은 것은?

① 열전달량은 $\int PdV$와 같다.
② 열전달량은 $\int PdV$보다 크다.
③ 열전달량은 $\int TdS$와 같다.
④ 열전달량은 $\int TdS$보다 크다.

제3과목 시운전 및 안전관리

41. 고압가스 안전관리법령에 따라 ( ) 안의 내용으로 옳은 것은?

> "충전용기"란 고압가스의 충전질량 또는 충전압력의 (㉠)이 충전되어 있는 상태의 용기를 말한다.
> "잔가스용기"란 고압가스의 충전질량 또는 충전압력의 (㉡)이 충전되어 있는 상태의 용기를 말한다.

① ㉠ 2분의 1 이상, ㉡ 2분의 1 미만
② ㉠ 2분의 1 초과, ㉡ 2분의 1 이하
③ ㉠ 5분의 2 이상, ㉡ 5분의 2 미만
④ ㉠ 5분의 2 초과, ㉡ 5분의 2 이하

42. 기계설비법령에 따라 기계설비 발전 기본계획은 몇 년마다 수립·시행하여야 하는가?

① 1 ② 2 ③ 3 ④ 5

43. 기계설비법령에 따라 기계설비 유지관리교육에 관한 업무를 위탁받아 시행하는 기관은?

① 한국기계설비건설협회
② 대한기계설비건설협회
③ 한국공작기계산업협회
④ 한국건설기계산업협회

44. 고압가스 안전관리법령에서 규정하는 냉동기 제조 등록을 해야 하는 냉동기의 기준은 얼마인가?

① 냉동능력 3톤 이상인 냉동기
② 냉동능력 5톤 이상인 냉동기
③ 냉동능력 8톤 이상인 냉동기
④ 냉동능력 10톤 이상인 냉동기

45. 다음 중 고압가스 안전관리법령에 따라 500만원 이하의 벌금 기준에 해당되는 경우는?

> ㉠ 고압가스를 제조하려는 자가 신고를 하지 아니하고 고압가스를 제조한 경우
> ㉡ 특정고압가스 사용신고자가 특정고압가스의 사용 전에 안전관리자를 선임하지 않은 경우
> ㉢ 고압가스의 수입을 업(業)으로 하려는 자가 등록을 하지 아니하고 고압가스 수입업을 한 경우
> ㉣ 고압가스를 운반하려는 자가 등록을 하지 아니하고 고압가스를 운반한 경우

① ㉠ ② ㉠, ㉡
③ ㉠, ㉡, ㉢ ④ ㉠, ㉡, ㉢, ㉣

46. 전류의 측정 범위를 확대하기 위하여 사용되는 것은?

① 배율기 ② 분류기
③ 저항기 ④ 계기용변압기

해설 배율기는 전압의 측정 범위를 확대하는 것이다.

47. 절연저항 측정 시 가장 적당한 방법은?

① 메거에 의한 방법
② 전압, 전류계에 의한 방법
③ 전위차계에 의한 방법

정답 40. ③ 41. ① 42. ④ 43. ② 44. ① 45. ② 46. ② 47. ①

④ 더블브리지에 의한 방법

48. 저항 100Ω의 전열기에 5A의 전류를 흘렸을 때 소비되는 전력은 몇 W인가?

① 500 ② 1000
③ 1500 ④ 2500

해설 $P=I^2R=5^2\times100=2500\,\text{W}$

49. 유도전동기에서 슬립이 "0" 이라고 하는 것은?

① 유도전동기가 정지 상태인 것을 나타낸다.
② 유도전동기가 전부하 상태인 것을 나타낸다.
③ 유도전동기가 동기속도로 회전한다는 것이다.
④ 유도전동기가 제동기의 역할을 한다는 것이다.

50. 논리식 중 동일한 값을 나타내지 않는 것은?

① $X(X+Y)$ ② $XY+X\overline{Y}$
③ $X(\overline{X}+Y)$ ④ $(X+Y)(X+\overline{Y})$

해설 $X(\overline{X}+Y)=X\overline{X}+XY=XY$

51. $i_t=I_m\sin wt$인 정현파 교류가 있다. 이 전류보다 90° 앞선 전류를 표시하는 식은?

① $I_m\cos wt$
② $I_m\sin wt$
③ $I_m\cos(wt+90°)$
④ $I_m\sin(wt-90°)$

52. $i=I_{m1}\sin\omega t+I_{m2}\sin(2\omega t+\theta)$의 실효값은?

① $\dfrac{I_{m1}+I_{m2}}{2}$ ② $\sqrt{\dfrac{I_{m1}^2+I_{m2}^2}{2}}$
③ $\dfrac{\sqrt{I_{m1}^2+I_{m2}^2}}{2}$ ④ $\sqrt{\dfrac{I_{m1}+I_{m2}}{2}}$

53. 그림과 같은 브리지 정류회로는 어느 점에 교류입력을 연결하여야 하는가?

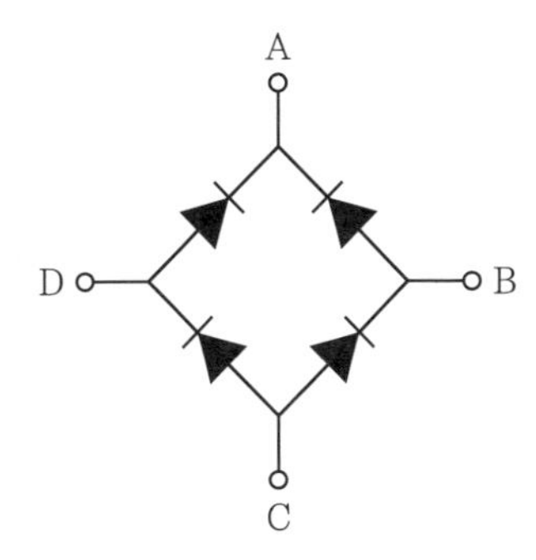

① A-B점 ② A-C점
③ B-C점 ④ B-D점

해설 A점은 직류 +, C점은 직류 − 전원이 유출된다.

54. 추종제어에 속하지 않는 제어량은?

① 위치 ② 방위
③ 자세 ④ 유량

해설 유량은 프로세스 제어에 해당한다.

55. 직류 · 교류 양용에 만능으로 사용할 수 있는 전동기는?

① 직권 정류자 전동기
② 직류 복권 전동기
③ 유도 전동기
④ 동기 전동기

56. 배율기의 저항이 50 kΩ, 전압계의 내부 저항이 25 kΩ이다. 전압계가 100 V를 지시하였을 때, 측정한 전압(V)은?

① 10 ② 50
③ 100 ④ 300

정답 48. ④ 49. ③ 50. ③ 51. ① 52. ② 53. ④ 54. ④ 55. ① 56. ④

해설 $100 = E \times \dfrac{25}{50+25}$

$E = \dfrac{75}{25} \times 100 = 300\text{V}$

57. 다음 그림의 논리회로와 같은 진리값을 NAND 소자만으로 구성하여 나타내려면 NAND 소자는 최소 몇 개가 필요한가?

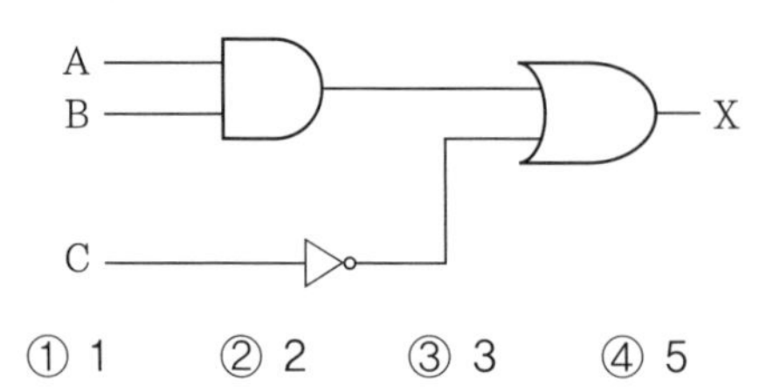

① 1 ② 2 ③ 3 ④ 5

58. 궤환제어계에 속하지 않는 신호로서 외부에서 제어량이 그 값에 맞도록 제어계에 주어지는 신호를 무엇이라 하는가?

① 목표값 ② 기준 입력
③ 동작 신호 ④ 궤환 신호

59. 다음 그림과 같은 전자릴레이 회로는 어떤 게이트 회로인가?

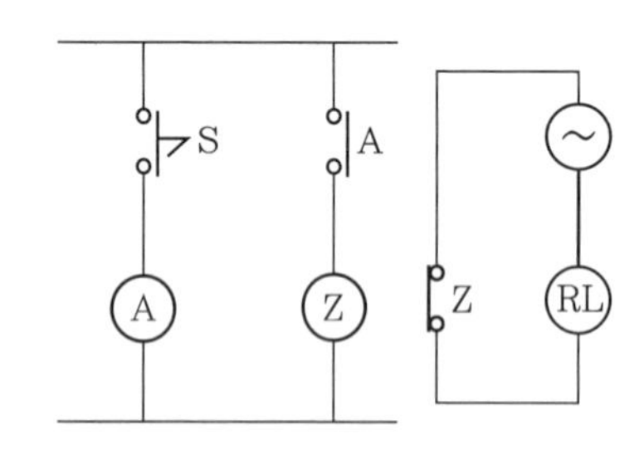

① OR ② AND
③ NOR ④ NOT

해설 Z의 보조접점이 b접점이므로 NOT 회로이다.

60. 제어량에 따른 분류 중 프로세스 제어에 속하지 않는 것은?

① 압력 ② 유량
③ 온도 ④ 속도

해설 속도는 자동 조정에 속한다.

제4과목 유지보수 공사관리

61. 급수배관 시공 시 수격작용의 방지 대책으로 틀린 것은?

① 플래시 밸브 또는 급속 개폐식 수전을 사용한다.
② 관 지름은 유속이 2.0~2.5 m/s 이내가 되도록 설정한다.
③ 역류 방지를 위하여 체크 밸브를 설치하는 것이 좋다.
④ 급수관에서 분기할 때에는 T 이음을 사용한다.

해설 ①번과 같은 경우는 수격현상이 번번이 발생한다.

62. 다음 중 사용압력이 가장 높은 동관은?

① L관 ② M관 ③ K관 ④ N관

해설 압력이 높은 순위는 K, L, M 순이고, N관은 KS 규격품이 아니다.

63. 공조설비 중 덕트 설계 시 주의사항으로 틀린 것은?

① 덕트 내 정압손실을 적게 설계할 것
② 덕트의 경로는 가능한 최장거리로 할 것
③ 소음 및 진동이 적게 설계할 것
④ 건물의 구조에 맞도록 설계할 것

해설 덕트 경로는 가능한 최단거리로 한다.

64. 가스배관 시공에 대한 설명으로 틀린 것은?

① 건물 내 배관은 안전을 고려하여 벽, 바닥 등에 매설하여 시공한다.
② 건축물의 벽을 관통하는 부분의 배관에

정답 57. ② 58. ① 59. ④ 60. ④ 61. ① 62. ③ 63. ② 64. ①

는 보호관 및 부식방지 피복을 한다.
③ 배관의 경로와 위치는 장래의 계획, 다른 설비와의 조화 등을 고려하여 정한다.
④ 부식의 우려가 있는 장소에 배관하는 경우에는 방식, 절연조치를 한다.

해설 가스 배관은 원칙적으로 노출배관을 한다.

65. 증기배관 중 냉각 레그(cooling leg)에 관한 내용으로 옳은 것은?

① 완전한 응축수를 회수하기 위함이다.
② 고온증기의 동파 방지설비이다.
③ 열전도 차단을 위한 보온단열 구간이다.
④ 익스팬션 조인트이다.

해설 냉각 레그는 완전한 응축수를 회수하기 위하여 1.5m 나관배관을 한다.

66. 보온재의 구비조건으로 틀린 것은?

① 표면시공이 좋아야 한다.
② 재질 자체의 모세관 현상이 커야 한다.
③ 보랭 효율이 좋아야 한다.
④ 난연성이나 불연성이어야 한다.

해설 재질 자체의 모세관 현상이 없어야 한다.

67. 신축 이음쇠의 종류에 해당하지 않는 것은?

① 벨로스형　② 플랜지형
③ 루프형　④ 슬리브형

68. 고압 증기관에서 권장하는 유속기준으로 가장 적합한 것은?

① 5~10 m/s　② 15~20 m/s
③ 30~50 m/s　④ 60~70 m/s

69. 증기난방의 환수방법 중 증기의 순환이 가장 빠르며 방열기의 설치위치에 제한을 받지 않고 대규모 난방에 주로 채택되는 방식은?

① 단관식 상향 증기 난방법
② 단관식 하향 증기 난방법
③ 진공환수식 증기 난방법
④ 기계환수식 증기 난방법

70. 온수난방 배관 시 유의사항으로 틀린 것은?

① 온수 방열기마다 반드시 수동식 에어벤트를 부착한다.
② 배관 중 공기가 고일 우려가 있는 곳에는 에어벤트를 설치한다.
③ 수리나 난방 휴지시의 배수를 위한 드레인 밸브를 설치한다.
④ 보일러에서 팽창탱크에 이르는 팽창관에는 밸브를 2개 이상 부착한다.

해설 팽창관에는 절대로 밸브를 설치해서는 안 된다.

71. 강관에서 호칭관경의 연결로 틀린 것은?

① 25A : $1\frac{1}{2}$B　② 20A : $\frac{3}{4}$B
③ 32A : $1\frac{1}{4}$B　④ 50A : 2B

72. 펌프 주위 배관에 관한 설명으로 옳은 것은?

① 펌프의 흡입측에는 압력계를, 토출측에는 진공계(연성계)를 설치한다.
② 흡입관이나 토출관에는 펌프의 진동이나 관의 열팽창을 흡수하기 위하여 신축이음을 한다.
③ 흡입관의 수평배관은 펌프를 향해 1/50 ~ 1/100의 올림구배를 준다.
④ 토출관의 게이트밸브 설치높이는 1.3 m 이상으로 하고 바로 위에 체크밸브를 설치한다.

73. 중·고압 가스배관의 유량(Q)을 구하는 계산식으로 옳은 것은? (단, P_1 : 처음압력,

정답 65. ① 66. ② 67. ② 68. ③ 69. ③ 70. ④ 71. ① 72. ②, ③ 73. ③

P_2 : 최종압력, d : 관 내경, l : 관 길이, s : 가스비중, K : 유량계수이다.)

① $Q=K\sqrt{\dfrac{(P_1-P_2)^2d^5}{s\cdot l}}$

② $Q=K\sqrt{\dfrac{(P_2-P_1)^2d^4}{s\cdot l}}$

③ $Q=K\sqrt{\dfrac{({P_1}^2-{P_2}^2)d^5}{s\cdot l}}$

④ $Q=K\sqrt{\dfrac{({P_2}^2-{P_1}^2)d^4}{s\cdot l}}$

74. 보온재의 열전도율이 작아지는 조건으로 틀린 것은?

① 재료의 두께가 두꺼울수록
② 재질 내 수분이 작을수록
③ 재료의 밀도가 클수록
④ 재료의 온도가 낮을수록

해설 재료의 밀도가 작을수록 작아진다.

75. 다음 중 증기사용 간접가열식 온수공급탱크의 가열관으로 가장 적절한 관은?

① 납관 ② 주철관
③ 동관 ④ 도관

76. 펌프의 양수량이 60 m^3/min이고 전양정이 20 m일 때, 벌류트 펌프로 구동할 경우 필요한 동력(kW)은 얼마인가? (단, 물의 비중량은 9800 N/m^3이고, 펌프의 효율은 60 %로 한다.)

① 196.1 ② 200.2
③ 326.7 ④ 405.8

해설 $L=\dfrac{9.8\times60\times20}{60\times0.6}=326.66$ kW

77. 다음 중 주철관 이음에 해당되는 것은?

① 납땜 이음
② 열간 이음
③ 타이튼 이음
④ 플라스턴 이음

해설 타이튼 이음은 미국 US 파이프 회사에서 개발한 주철관 이음법이다.

78. 전기가 정전되어도 계속하여 급수를 할 수 있으며 급수오염 가능성이 적은 급수방식은?

① 압력탱크 방식
② 수도직결 방식
③ 부스터 방식
④ 고가탱크 방식

79. 도시가스의 공급설비 중 가스 홀더의 종류가 아닌 것은?

① 유수식
② 중수식
③ 무수식
④ 고압식

해설 가스 홀더의 종류는 유수식, 무수식, 고압가스 홀더가 있다.

80. 강관의 두께를 선정할 때 기준이 되는 것은?

① 곡률반경
② 내경
③ 외경
④ 스케줄 번호

해설 스케줄 번호 $SCH=10\times\dfrac{P}{S}$로 배관의 두께를 선정하는 기준이 된다.

정답 74. ③ 75. ③ 76. ③ 77. ③ 78. ② 79. ② 80. ④

2022년 4월 24일 시행 (2회)

제1과목 에너지 관리

1. 습공기의 상대습도(ϕ)와 절대습도(ω)와의 관계식으로 옳은 것은? (단, P_a는 건공기 분압, P_s는 습공기와 같은 온도의 포화수증기 압력이다.)

① $\phi = \dfrac{\omega}{0.622}\dfrac{P_a}{P_s}$ ② $\phi = \dfrac{\omega}{0.622}\dfrac{P_s}{P_a}$

③ $\phi = \dfrac{0.622}{\omega}\dfrac{P_s}{P_a}$ ④ $\phi = \dfrac{0.622}{\omega}\dfrac{P_a}{P_s}$

해설 $\omega = 0.622\dfrac{P_w}{P_a} = 0.622\dfrac{\phi P_s}{P_a}$

$\therefore \phi = \dfrac{\omega P_a}{0.622 P_s}$

2. 난방방식 종류별 특징에 대한 설명으로 틀린 것은?

① 저온 복사난방 중 바닥 복사난방은 특히 실내기온의 온도분포가 균일하다.
② 온풍난방은 공장과 같은 난방에 많이 쓰이고 설비비가 싸며 예열시간이 짧다.
③ 온수난방은 배관부식이 크고 워밍업 시간이 증기난방보다 짧으며 관의 동파 우려가 있다.
④ 증기난방은 부하변동에 대응한 조절이 곤란하고 실온분포가 온수난방보다 나쁘다.

해설 온수난방은 예열(워밍업) 시간이 증기난방보다 길고 배관 부식이 적으며, 비열이 커서 배관의 동파 우려가 적다.

3. 덕트의 경로 중 단면적이 확대되었을 경우 압력 변화에 대한 설명으로 틀린 것은?

① 전압이 증가한다.
② 동압이 감소한다.
③ 정압이 증가한다.
④ 풍속이 감소한다.

해설 전압이 감소한다.

4. 건축의 평면도를 일정한 크기의 격자로 나누어서 이 격자의 구획 내에 취출구, 흡입구, 조명, 스프링클러 등 모든 필요한 설비 요소를 배치하는 방식은?

① 모듈 방식 ② 셔터 방식
③ 펑커루버 방식 ④ 클래스 방식

5. 습공기의 가습 방법으로 가장 거리가 먼 것은 어느 것인가?

① 순환수를 분무하는 방법
② 온수를 분무하는 방법
③ 수증기를 분무하는 방법
④ 외부 공기를 가열하는 방법

해설 외부 공기를 가열하면 건구온도는 상승하지만 절대습도 수증기 분압 노점온도는 변화가 없다.

6. 공기조화설비를 구성하는 열운반 장치로서 공조기에 직접 연결되어 사용하는 펌프로 가장 거리가 먼 것은?

① 냉각수 펌프
② 냉수 순환펌프
③ 온수 순환펌프
④ 응축수(진공) 펌프

해설 냉각수 펌프는 냉동장치의 응축기에 공급하는 장치이다.

정답 1. ① 2. ③ 3. ① 4. ① 5. ④ 6. ①

7. 저압 증기난방 배관에 대한 설명으로 옳은 것은?

① 하향공급식의 경우에는 상향공급식의 경우보다 배관경이 커야 한다.
② 상향공급식의 경우에는 하향공급식의 경우보다 배관경이 커야 한다.
③ 상향공급식이나 하향공급식은 배관경과 무관하다.
④ 하향공급식의 경우 상향공급식보다 워터해머를 일으키기 쉬운 배관법이다.

8. 현열만을 가하는 경우로 500 m^3/h의 건구온도(t_1) 5℃, 상대습도(ψ_1) 80%인 습공기를 공기 가열기로 가열하여 건구온도(t_2) 43℃, 상대습도(ψ_2) 8%인 가열공기를 만들고자 한다. 이때 필요한 열량(kW)은 얼마인가? (단, 공기의 비열은 1.01 kJ/kg·℃, 공기의 밀도는 1.2kg/m^3이다.)

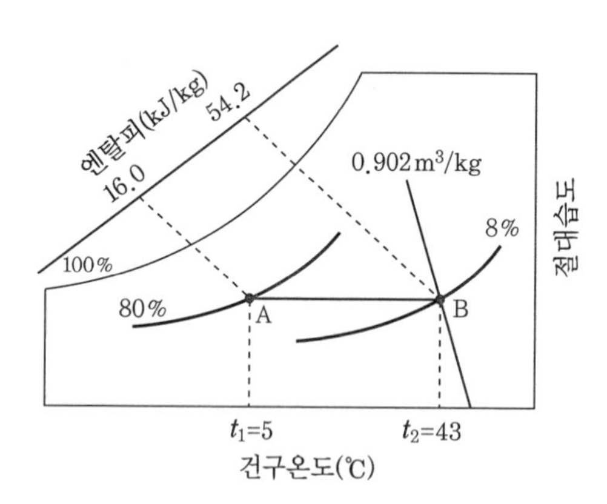

① 3.2 ② 5.8 ③ 6.4 ④ 8.7

해설 $q=\frac{500\times1.2}{3600}\times1.01\times(43-5)$
$=6.39$ kJ/s≒6.4 kW

9. 다음 중 열전도율(W/m·℃)이 가장 작은 것은?

① 납 ② 유리 ③ 얼음 ④ 물

10. 다음은 암모니아 냉매설비 운전을 위한 안전관리 절차서에 대한 설명이다. 이 중 틀린 내용은?

> ㉠ 노출 확인 절차서 : 반드시 호흡용 보호구를 착용한 후 감지기를 이용하여 공기 중 암모니아 농도를 측정한다.
> ㉡ 노출로 인한 위험관리 절차서 : 암모니아가 노출되었을 때 호흡기를 보호할 수 있는 호흡 보호 프로그램을 수립하여 운영하는 것이 바람직하다.
> ㉢ 근로자 작업 확인 및 교육 절차서 : 암모니아 설비가 밀폐된 곳이나 외진 곳에 설치된 경우, 해당 지역에서 근로자 작업을 할 때에는 다음 중 어느 하나에 의해 근로자의 안전을 확인할 수 있어야 한다.
> (가) CCTV 등을 통한 육안 확인
> (나) 무전기나 전화를 통한 음성 확인
> ㉣ 암모니아 설비 및 안전설비의 유지관리 절차서 : 암모니아 설비 주변에 설치된 안전대책의 작동 및 사용 가능 여부를 최소한 매년 1회 확인하고 점검하여야 한다.

① ㉠ ② ㉡ ③ ㉢ ④ ㉣

11. 외기에 접하고 있는 벽이나 지붕으로부터의 취득 열량은 건물 내외의 온도차에 의해 전도의 형식으로 전달된다. 그러나 외벽의 온도는 일사에 의한 복사열의 흡수로 외기온도보다 높게 되는데 이 온도를 무엇이라고 하는가?

① 건구온도 ② 노점온도
③ 상당외기온도 ④ 습구온도

해설 상당외기온도=실내외 온도차×축열계수

12. 보일러의 스케일 방지방법으로 틀린 것은?

① 슬러지는 적절한 분출로 제거한다.

정답 7. ② 8. ③ 9. ④ 10. ④ 11. ③ 12. ②

② 스케일 방지 성분인 칼슘의 생성을 돕기 위해 경도가 높은 물을 보일러수로 활용한다.
③ 경수 연화장치를 이용하여 스케일 생성을 방지한다.
④ 인산염을 일정 농도가 되도록 투입한다.

해설 경도가 높은 물은 스케일 생성 원인이 되므로 경수 연화장치를 이용하여 방지한다.

13. 습공기 선도상의 상태변화에 대한 설명으로 틀린 것은?

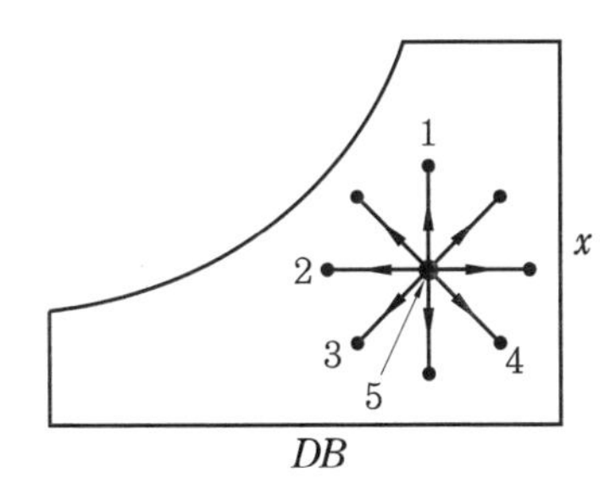

① 5→1 : 가습
② 5→2 : 현열냉각
③ 5→3 : 냉각가습
④ 5→4 : 가열감습

해설 ① 5→1 : 등온가습
② 5→2 : 현열(감열)냉각
③ 5→3 : 냉각감습(냉각코일)
④ 5→4 : 가열감습(화학감습)

14. 다음 중 보온, 보랭, 방로의 목적으로 덕트 전체를 단열해야 하는 것은?

① 급기 덕트　② 배기 덕트
③ 외기 덕트　④ 배연 덕트

15. 어느 건물 서편의 유리면적이 40 m^{2}이다. 안쪽에 크림색의 베네시언 블라인드를 설치한 유리면으로부터 침입하는 열량(kW)은 얼마인가? (단, 외기 33℃, 실내공기 27℃, 유리는 1중이며, 유리의 열통과율은 5.9 W/m^2·℃, 유리창의 복사량(I_{gr})은 608 W/m^2, 차폐계수는 0.56이다.)

① 15.0　② 13.6　③ 3.6　④ 1.4

해설 ㉠ 복사열량 $= \frac{608}{1000} \times 40 \times 0.56$
$= 13.619$ kW
㉡ 전도열량 $= \frac{5.9}{1000} \times 40 \times (33-27)$
$= 1.42$ kW
㉢ 침입하는 열량 $= 13.62 + 1.42 = 15.04$ kW

16. T.A.B 수행을 위한 계측 기기의 측정 위치로 가장 적절하지 않은 것은?

① 온도 측정 위치는 증발기 및 응축기의 입·출구에서 최대한 가까운 곳으로 한다.
② 유량 측정 위치는 펌프의 출구에서 가장 가까운 곳으로 한다.
③ 압력 측정 위치는 입·출구에 설치된 압력계용 탭에서 한다.
④ 배기가스 온도 측정 위치는 연소기의 온도계 설치 위치 또는 시료 채취 출구를 이용한다.

해설 유량 측정은 배관의 분기구 등 유량 측정 개소에 측정구를 설치한다.

17. 난방부하가 7559.5 W인 어떤 방에 대해 온수난방을 하고자 한다. 방열기의 상당방열면적(m^2)은 얼마인가? (단, 방열량은 표준방열량으로 한다.)

① 6.7　② 8.4　③ 10.2　④ 14.4

해설 $\text{EDR} = \dfrac{7559.5}{\dfrac{450}{860} \times 1000} = 14.43 \text{ m}^2$

18. 에어와셔 내에서 물을 가열하지도 냉각하지도 않고 연속적으로 순환 분무시키면서 공기를 통과시켰을 때 공기의 상태변화는 어떻게 되는가?

정답 13. ③　14. ①　15. ①　16. ②　17. ④　18. ③

① 건구온도는 높아지고, 습구온도는 낮아진다.
② 절대온도는 높아지고, 습구온도도 높아진다.
③ 상대습도는 높아지고, 건구온도는 낮아진다.
④ 건구온도는 높아지고, 상대습도는 낮아진다.

19. 크기에 비해 전열면적이 크므로 증기 발생이 빠르고, 열효율도 좋지만 내부 청소가 곤란하므로 양질의 보일러수를 사용할 필요가 있는 보일러는?

① 입형 보일러 ② 주철제 보일러
③ 노통 보일러 ④ 연관 보일러

20. 온수난방과 비교하여 증기난방에 대한 설명으로 옳은 것은?

① 예열시간이 짧다.
② 실내온도의 조절이 용이하다.
③ 방열기 표면의 온도가 낮아 쾌적한 느낌을 준다.
④ 실내에서 상하온도차가 작으며, 방열량의 제어가 다른 난방에 비해 쉽다.

해설 온수의 비열은 4.2 kJ/kg · K이고, 증기의 비열은 1.84kJ/kg · K로 증기의 예열시간이 짧다.

제2과목 공조냉동 설계

21. 공기압축기에서 입구 공기의 온도와 압력은 각각 27℃, 100 kPa이고, 체적 유량은 0.01 m^3/s이다. 출구에서 압력이 400 kPa이고, 이 압축기의 등엔트로피 효율이 0.8일 때, 압축기의 소요 동력(kW)은 얼마인가? (단, 공기의 정압비열과 기체상수는 각각 1 kJ/kg · K, 0.287 kJ/kg · K이고, 비열비는 1.4이다.)

① 0.9 ② 1.7 ③ 2.1 ④ 3.8

해설 $w=\dfrac{1.4}{1.4-1}\times 100\times 0.01\times \left\{1-\left(\dfrac{400}{100}\right)^{\frac{1.4-1}{1.4}}\right\}\times\dfrac{1}{0.8}=2.1\,\text{kW}$

22. 다음은 2단압축 1단팽창 냉동장치의 중간냉각기를 나타낸 것이다. 각 부에 대한 설명으로 틀린 것은?

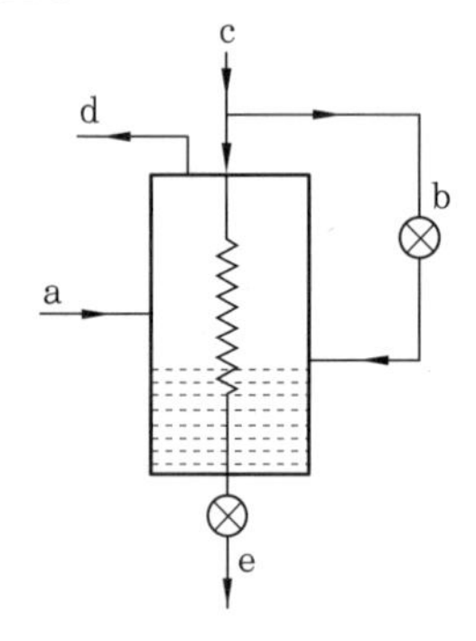

① a의 냉매관은 저단압축기에서 중간냉각기로 냉매가 유입되는 배관이다.
② b는 제1(중간냉각기 앞) 팽창밸브이다.
③ d부분의 냉매증기온도는 a부분의 냉매증기온도보다 낮다.
④ a와 c의 냉매순환량은 같다.

해설 ㉠ a는 저단압축기 출구이고 e는 증발기를 지나서 압축기 입구측으로 가는 통로이므로 a와 e는 저단압축기 냉매순환량이다.
㉡ c는 고단압축기 냉매순환량이다.

23. 흡수식 냉동기의 냉매와 흡수제 조합으로 가장 적절한 것은?

① 물(냉매) – 프레온(흡수제)
② 암모니아(냉매) – 물(흡수제)
③ 메틸아민(냉매) – 황산(흡수제)
④ 물(냉매) – 디메틸에테르(흡수제)

해설 ㉠ 암모니아 → 물 (흡수제)
㉡ 물 → LiBr 또는 LiCl (흡수제)

정답 19. ④ 20. ① 21. ③ 22. ④ 23. ②

24. 견고한 밀폐 용기 안에 공기가 압력 100 kPa, 체적 1 m^3, 온도 20℃ 상태로 있다. 이 용기를 가열하여 압력이 150 kPa이 되었다. 최종 상태의 온도와 가열량은 각각 얼마인가? (단, 공기는 이상기체이며, 공기의 정적비열은 0.717 kJ/kg · K, 기체상수는 0.287 kJ/kg · K이다.)

① 303.2 K, 117.8 kJ
② 303.2 K, 124.9 kJ
③ 439.7 K, 117.8 kJ
④ 439.7 K, 124.9 kJ

해설 ㉠ 질량$=\dfrac{100\times 1}{0.287\times(273+20)}=1.1892$ kg

㉡ $T_2=\dfrac{150\times 1}{1.1892\times 0.287}=439.5$ K

㉢ 가열량=1.189×0.717×(439.5−293)
=124.89 kJ

25. 밀폐계에서 기체의 압력이 500 kPa로 일정하게 유지되면서 체적이 0.2 m^3에서 0.7 m^3로 팽창하였다. 이 과정 동안에 내부에너지의 증가가 60 kJ이라면 계가 한 일(kJ)은 얼마인가?

① 450 ② 310
③ 250 ④ 150

해설 $W=500\times(0.7-0.2)=250$ kJ

26. 이상기체가 등온과정으로 부피가 2배로 팽창할 때 한 일이 W_1이다. 이 이상기체가 같은 초기 조건 하에서 폴리트로픽 과정 ($n=2$)으로 부피가 2배로 팽창할 때 W_1 대비 한 일은 얼마인가?

① $\dfrac{1}{2\ln 2}\times W_1$ ② $\dfrac{1}{\ln 2}\times W_1$
③ $\dfrac{\ln 2}{2}\times W_1$ ④ $2\ln 2\times W_1$

27. 증발기에 대한 설명으로 틀린 것은?

① 냉각실 온도가 일정한 경우, 냉각실 온도와 증발기 내 냉매 증발온도의 차이가 작을수록 압축기 효율은 좋다.
② 동일 조건에서 건식 증발기는 만액식 증발기에 비해 충전 냉매량이 적다.
③ 일반적으로 건식 증발기 입구에서는 냉매의 증기가 액냉매에 섞여 있고, 출구에서 냉매는 과열도를 갖는다.
④ 만액식 증발기에서는 증발기 내부에 윤활유가 고일 염려가 없어 윤활유를 압축기로 보내는 장치가 필요하지 않다.

해설 만액식 증발기는 증발기 코일에 윤활유가 체류할 우려가 있어서 오일회수 장치가 필수적이다.

28. 다음 중 압력 값이 다른 것은?

① 1 mAq ② 73.56 mmHg
③ 980.665 Pa ④ 0.98 N/cm^2

해설 980.665 Pa=980.665 N/m^2
=0.0980665 N/cm^2

29. 냉동기에서 고압의 액체냉매와 저압의 흡입증기를 서로 열교환시키는 열교환기의 주된 설치 목적은?

① 압축기 흡입증기 과열도를 낮추어 압축효율을 높이기 위함
② 일종의 재생 사이클을 만들기 위함
③ 냉매액을 과랭시켜 플래시 가스 발생을 억제하기 위함
④ 이원 냉동 사이클에서의 캐스케이드 응축기를 만들기 위함

해설 액가스 열교환기는 팽창밸브 직전의 액냉매를 과냉각시켜서 플래시 가스 발생을 감소시켜 냉동 효과를 향상시킨다.

30. 피스톤-실린더 시스템에 100 kPa의 압력을 갖는 1 kg의 공기가 들어있다. 초기 체적은 0.5 m^3이고, 이 시스템에 온도가 일정한 상태에서

정답 24. ④ 25. ③ 26. ① 27. ④ 28. ③ 29. ③ 30. ②

열을 가하여 부피가 1.0 m^{3}이 되었다. 이 과정 중 시스템에 가해진 열량(kJ)은 얼마인가?

① 30.7 ② 34.7
③ 44.8 ④ 50.0

해설 $W = P_1 V_1 \ln\frac{V_2}{V_1}$

$= 100 \times 0.5 \ln\frac{1}{0.5} = 34.65\,\text{kJ}$

31. 다음 조건을 이용하여 응축기 설계 시 1 RT (3.86 kW)당 응축면적(m^2)은 얼마인가? (단, 온도차는 산술평균온도차를 적용한다.)

조건
방열계수 : 1.3 응축온도 : 35℃ 냉각수 입구온도 : 28℃ 냉각수 출구온도 : 32℃ 열통과율 : 1.05 kW/m^2 · ℃

① 1.25 ② 0.96
③ 0.74 ④ 0.45

해설 $Q_c = 1 \times 3.86 \times 1.3$

$= 1.05 \times F \times \left(35 - \frac{28+32}{2}\right)$

$\therefore\ F = 0.955 ≒ 0.96\,\text{m}^2$

32. 역카르노 사이클로 300 K와 240 K 사이에서 작동하고 있는 냉동기가 있다. 이 냉동기의 성능계수는 얼마인가?

① 3 ② 4 ③ 5 ④ 6

해설 $COP = \frac{240}{300-240} = 4$

33. 체적 2500 L인 탱크에 압력 294 kPa, 온도 10℃의 공기가 들어 있다. 이 공기를 80℃까지 가열하는데 필요한 열량(kJ)은 얼마인가? (단, 공기의 기체상수는 0.287 kJ/kg · K, 정적비열은 0.717 kJ/kg · K이다.

① 408 ② 432
③ 454 ④ 469

해설 ㉠ 질량 $= \frac{294 \times 2.5}{0.287 \times (273+10)}$

$= 9.049 ≒ 9.05\,\text{kg}$

㉡ 열량 $= 9.05 \times 0.717 \times (80-10) = 454.22\,\text{kJ}$

34. 다음 그림은 냉동 사이클을 압력-엔탈피 $(P-h)$ 선도에 나타낸 것이다. 다음 설명 중 옳은 것은?

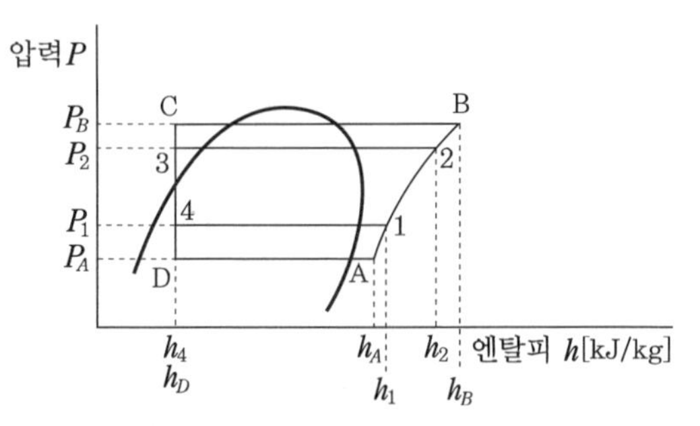

① 냉동 사이클이 1 − 2 − 3 − 4 − 1에서 1 − B − C − 4 − 1로 변하는 경우 냉매 1kg당 압축일의 증가는 $(h_B - h_1)$이다.

② 냉동 사이클이 1 − 2 − 3 − 4 − 1에서 1 − B − C − 4 − 1로 변하는 경우 성적계수는 $\left[\frac{(h_1-h_4)}{(h_2-h_1)}\right]$에서 $\left[\frac{(h_1-h_4)}{(h_B-h_1)}\right]$로 된다.

③ 냉동 사이클이 1 − 2 − 3 − 4 − 1에서 A − 2 − 3 − D − A로 변하는 경우 증발 압력이 P_1에서 P_A로 낮아져 압축비는 $\left(\frac{P_2}{P_1}\right)$에서 $\left(\frac{P_1}{P_A}\right)$로 된다.

④ 냉동 사이클이 1 − 2 − 3 − 4 − 1에서 A − 2 − 3 − D − A로 변하는 경우 냉동 효과는 $(h_1 - h_4)$에서 $(h_A - h_4)$로 감소하지만, 압축기 흡입증기의 비체적은 변하지 않는다.

해설 ① 압축일의 증가는 $h_B - h_2$이다.

정답 31. ② 32. ② 33. ③ 34. ②

③ 압축비는 $\frac{P_2}{P_1}$ 에서 $\frac{P_2}{P_A}$ 로 된다.

④ 흡입증기 비체적은 증가한다.

35. 다음 중 증발기 내 압력을 일정하게 유지하기 위해 설치하는 팽창장치는?

① 모세관
② 정압식 자동 팽창밸브
③ 플로트식 팽창밸브
④ 수동식 팽창밸브

36. 외기온도 −5℃, 실내온도 18℃, 실내습도 70%일 때, 벽 내면에서 결로가 생기지 않도록 하기 위해서는 내·외기 대류와 벽의 전도를 포함하여 전체 벽의 열통과율($W/m^2 \cdot K$)은 얼마 이하이어야 하는가? (단, 실내공기 18℃, 70%일 때 노점온도는 12.5℃이며, 벽의 내면 열전달률은 7 $W/m^2 \cdot K$이다.)

① 1.91 ② 1.83 ③ 1.76 ④ 1.67

해설 $q = KF(t_r - t_o) = \alpha i F(t_r - t_o)$

$$K = \frac{18-12.5}{18-(-5)} \times 7 = 1.67 \text{ W/m}^2 \cdot \text{K}$$

37. 다음 이상기체에 대한 설명으로 옳은 것은 어느 것인가?

① 이상기체의 내부에너지는 압력이 높아지면 증가한다.
② 이상기체의 내부에너지는 온도만의 함수이다.
③ 이상기체의 내부에너지는 항상 일정하다.
④ 이상기체의 내부에너지는 온도와 무관하다.

해설 내부에너지 $U = C_v \cdot T$ [kJ/kg]

38. 다음 중 냉매를 사용하지 않는 냉동장치는?

① 열전 냉동장치
② 흡수식 냉동장치
③ 교축 팽창식 냉동장치
④ 증기 압축식 냉동장치

39. 냉동장치의 냉동능력이 38.8 kW, 소요동력이 10 kW이었다. 이때 응축기 냉각수의 입·출구 온도차가 6℃, 응축온도와 냉각수 온도와의 평균온도차가 8℃일 때 수랭식 응축기의 냉각수량(L/min)은 얼마인가? (단, 물의 정압비열은 4.2 kJ/kg·℃이다.)

① 126.1 ② 116.2 ③ 97.1 ④ 87.1

해설 $G_w = \frac{(38.8+10)\times 60}{4.2\times 6} = 116.19$ kg/min

≒116.2 L/min

40. 열과 일에 대한 설명으로 옳은 것은?

① 열역학적 과정에서 열과 일은 모두 경로에 무관한 상태함수로 나타낸다.
② 일과 열의 단위는 대표적으로 Watt(W)를 사용한다.
③ 열역학 제1법칙은 열과 일의 방향성을 제시한다.
④ 한 사이클 과정을 지나 원래 상태로 돌아왔을 때 시스템에 가해진 전체 열량은 시스템이 수행한 전체 일의 양과 같다.

제3과목 시운전 및 안전관리

41. 산업안전보건법령상 냉동·냉장 창고시설 건설공사에 대한 유해위험방지계획서를 제출해야 하는 대상 시설의 연면적 기준은 얼마인가?

① 3천 제곱미터 이상
② 4천 제곱미터 이상
③ 5천 제곱미터 이상
④ 6천 제곱미터 이상

정답 35. ② 36. ④ 37. ② 38. ① 39. ② 40. ④ 41. ③

42. 기계설비법령에 따른 기계설비의 착공 전 확인과 사용 전 검사의 대상 건축물 또는 시설물에 해당하지 않는 것은?

① 연면적 1만 제곱미터 이상인 건축물
② 목욕장으로 사용되는 바닥면적 합계가 500 제곱미터 이상인 건축물
③ 기숙사로 사용되는 바닥면적 합계가 1천 제곱미터 이상인 건축물
④ 판매시설로 사용되는 바닥면적 합계가 3천 제곱미터 이상인 건축물

해설 바닥면적의 합계가 500 m^2 이상인 건축물

43. 고압가스안전관리법령에 따라 "냉매로 사용되는 가스 등 대통령령으로 정하는 종류의 고압가스"는 품질기준을 고시하여야 하는데, 목적 또는 용량에 따라 고압가스에서 제외될 수 있다. 이러한 제외 기준에 해당되는 경우로 모두 고른 것은?

> 가. 수출용으로 판매 또는 인도되거나 판매 또는 인도될 목적으로 저장·운송 또는 보관되는 고압가스
> 나. 시험용 또는 연구개발용으로 판매 또는 인도되거나 판매 또는 인도될 목적으로 저장·운송 또는 보관되는 고압가스(해당 고압가스를 직접 시험하거나 연구 개발하는 경우만 해당한다.)
> 다. 1회 수입되는 양이 400킬로그램 이하인 고압가스

① 가, 나 ② 가, 다
③ 나, 다 ④ 가, 나, 다

44. 고압가스안전관리법령에 따라 일체형 냉동기의 조건으로 틀린 것은?

① 냉매설비 및 압축기용 원동기가 하나의 프레임 위에 일체로 조립된 것
② 냉동설비를 사용할 때 스톱밸브 조작이 필요한 것
③ 응축기 유닛 및 증발유닛이 냉매배관으로 연결된 것으로 하루 냉동능력이 20톤 미만인 공조용 패키지 에어컨
④ 사용 장소에 분할 반입하는 경우에는 냉매설비에 용접 또는 절단을 수반하는 공사를 하지 않고 재조립하여 냉동제조용으로 사용할 수 있는 것

45. 기계설비법령에 따라 기계설비성능점검업자는 기계설비성능점검업에 등록한 사항 중 대통령령으로 정하는 사항이 변경된 경우에는 변경등록을 하여야 한다. 만약 변경등록을 정해진 기간 내 못한 경우, 1차 위반 시 받게 되는 행정처분 기준은?

① 등록취소 ② 업무정지 2개월
③ 업무정지 1개월 ④ 시정명령

46. 엘리베이터용 전동기의 필요 특성으로 틀린 것은?

① 소음이 작아야 한다.
② 기동 토크가 작아야 한다.
③ 회전부분의 관성모멘트가 작아야 한다.
④ 가속도의 변화비율이 일정 값이 되어야 한다.

해설 기동 토크가 커야 한다.

47. 서보 전동기는 서보 기구의 제어계 중 어떤 기능을 담당하는가?

① 조작부 ② 검출부
③ 제어부 ④ 비교부

48. 다음은 직류 전동기의 토크 특성을 나타내는 그래프이다. (A), (B), (C), (D)에 알맞은 것은 어느 것인가?

정답 42. ③ 43. ① 44. ② 45. ④ 46. ② 47. ① 48. ①

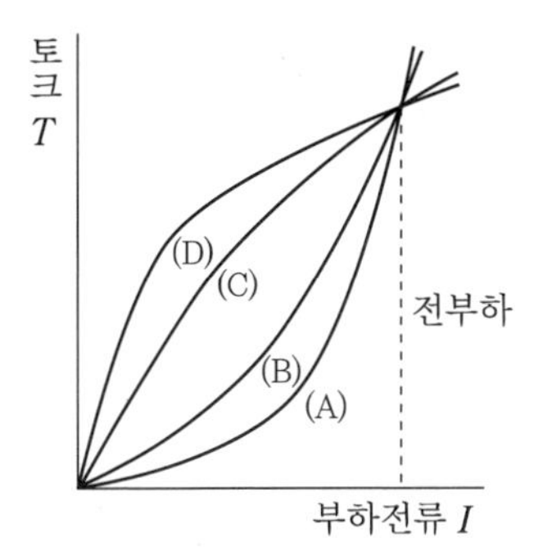

① (A) : 직권 발전기
(B) : 가동 복권 발전기
(C) : 분권 발전기
(D) : 차동 복권 발전기

② (A) : 분권 발전기
(B) : 직권 발전기
(C) : 가동 복권 발전기
(D) : 차동 복권 발전기

③ (A) : 직권 발전기
(B) : 분권 발전기
(C) : 가동 복권 발전기
(D) : 차동 복권 발전기

④ (A) : 분권 발전기
(B) : 가동 복권 발전기
(C) : 직권 발전기
(D) : 차동 복권 발전기

49. 그림과 같은 유접점 논리회로를 간단히 하면 어떻게 되는가?

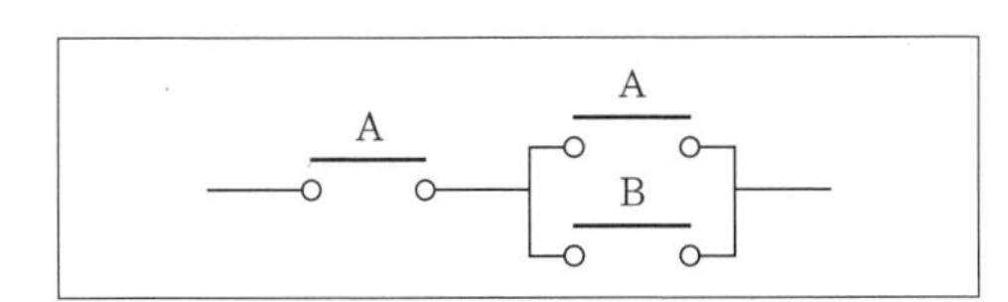

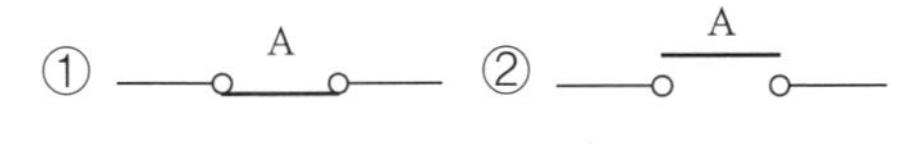

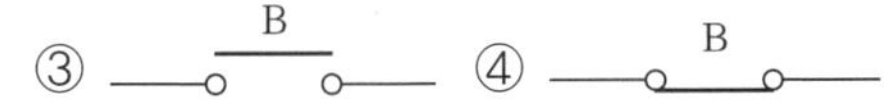

해설 A · (A+B)=AA+AB=A+AB=A(1+B)=A

50. 10 kVA의 단상변압기 2대로 V결선하여 공급할 수 있는 최대 3상 전력은 약 몇 kVA인가?

① 20 ② 17.3 ③ 10 ④ 8.7

해설 이용률$=10\times2\times\dfrac{\sqrt{3}}{2}=17.32\text{kVA}$

51. 교류에서 역률에 관한 설명으로 틀린 것은 어느 것인가?

① 역률은 $\sqrt{1-(\text{무효율})^2}$ 로 계산할 수 있다.
② 역률을 이용하여 교류전력의 효율을 알 수 있다.
③ 역률이 클수록 유효전력보다 무효전력이 커진다.
④ 교류회로의 전압과 전류의 위상차에 코사인(cos)을 취한 값이다.

해설 역률$=\dfrac{\text{유효전력}}{\text{피상전력}}$이므로 유효전력이 커야 역률이 커진다.

52. 아날로그 신호로 이루어지는 정략적 제어로서 일정한 목표값과 출력값을 비교 · 검토하여 자동적으로 행하는 제어는?

① 피드백 제어 ② 시퀀스 제어
③ 오픈루프 제어 ④ 프로그램 제어

53. $G(s)=\dfrac{2(s+2)}{(s^2+5s+6)}$의 특성 방정식의 근은?

① 2, 3 ② −2, −3
③ 2, −3 ④ −2, 3

해설 $s^2+5s+6=0$
$(s+2),\ (s+3)=0$이므로
$s=-2,\ -3$

54. $R=8\Omega,\ X_L=2\Omega,\ X_C=8\Omega$ 의 직렬회로에 100V의 교류전압을 가할 때, 전압과 전류의 위상 관계로 옳은 것은?

정답 49. ② 50. ② 51. ③ 52. ① 53. ② 54. ②

① 전류가 전압보다 약 37° 뒤진다.
② 전류가 전압보다 약 37° 앞선다.
③ 전류가 전압보다 약 43° 뒤진다.
④ 전류가 전압보다 약 43° 앞선다.

55. 역률이 80 %이고, 유효전력이 80 kW일 때, 피상전력(kVA)은?

① 100 ② 120 ③ 160 ④ 200

해설 $P_a = \frac{P}{\cos\theta} = \frac{80}{0.8} = 100\ \text{kVA}$

56. 직류전압, 직류전류, 교류전압 및 저항 등을 측정할 수 있는 계측기기는?

① 검전기 ② 검상기
③ 메거 ④ 회로시험기

해설 테스트기(회로시험기)이다.

57. 자장 안에 놓여 있는 도선에 전류가 흐를 때 도선이 받는 힘은 $F = BIl\sin\theta$[N]이다. 이 것을 설명하는 법칙과 응용기기가 알맞게 짝지어진 것은?

① 플레밍의 오른손법칙 – 발전기
② 플레밍의 왼손법칙 – 전동기
③ 플레밍의 왼손법칙 – 발전기
④ 플레밍의 오른손법칙 – 전동기

58. 다음의 논리식을 간단히 한 것은?

$$X = \overline{A}\,\overline{B}C + A\overline{B}\,\overline{C} + A\overline{B}C$$

① $\overline{B}(A+C)$ ② $C(A+\overline{B})$
③ $\overline{C}(A+B)$ ④ $\overline{A}(B+C)$

해설 $X = \overline{A}\,\overline{B}C + A\overline{B}\,\overline{C} + A\overline{B}C$
$= \overline{B}(\overline{A}C + A\overline{C} + AC)$
$= \overline{B}[\overline{A}C + A(\overline{C} + C)]$
$= \overline{B}(\overline{A}C + A) = \overline{B}(A + C)$

59. 전압을 인가하여 전동기가 동작하고 있는 동안에 교류전류를 측정할 수 있는 계기는?

① 훅 미터(클램프 미터)
② 회로시험기
③ 절연저항계
④ 어스 테스터

60. 그림과 같은 단자 1, 2 사이의 계전기 접점 회로 논리식은?

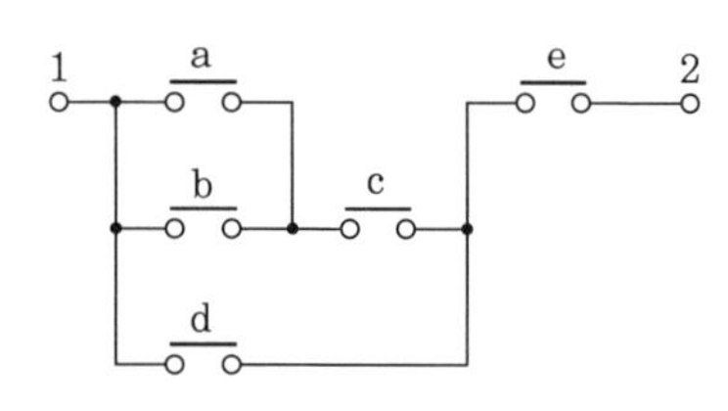

① {(a+b)d+c}e ② {(ab+c)d}+e
③ {(a+b)c+d}e ④ (ab+d)c+e

제4과목 유지보수 공사관리

61. 배수 배관이 막혔을 때 이것을 점검, 수리하기 위해 청소구를 설치하는데, 다음 중 설치 필요 장소로 적절하지 않은 곳은?

① 배수 수평 주관과 배수 수평 분기관의 분기점에 설치
② 배수관이 45° 이상의 각도로 방향을 전환하는 곳에 설치
③ 길이가 긴 수평 배수관인 경우 관경이 100A 이하일 때 5m 마다 설치
④ 배수 수직관의 제일 밑 부분에 설치

해설 수평 배관 관지름 100A 이하일 때는 15m마다 1개소씩 설치한다.

62. 증기와 응축수의 온도 차이를 이용하여 응축수를 배출하는 트랩은?

① 버킷 트랩 ② 디스크 트랩
③ 벨로스 트랩 ④ 플로트 트랩

정답 55. ① 56. ④ 57. ② 58. ① 59. ① 60. ③ 61. ③ 62. ③

해설 벨로스(충동증기) 트랩 : 온도가 높아진 응축수는 압력이 낮아지면 다시 증발하게 된다. 이때 증발로 인하여 생기는 부피의 증가를 밸브의 개폐에 이용한 것이다.

63. 정압기의 종류 중 구조에 따라 분류할 때 아닌 것은?

① 피셔식 정압기
② 액셜 플로식 정압기
③ 가스미터식 정압기
④ 레이놀즈식 정압기

64. 슬리브 신축 이음쇠에 대한 설명으로 틀린 것은?

① 신축량이 크고 신축으로 인한 응력이 생기지 않는다.
② 직선으로 이음하므로 설치 공간이 루프형에 비하여 적다.
③ 배관에 곡선부가 있어도 파손이 되지 않는다.
④ 장시간 사용 시 패킹의 마모로 누수의 원인이 된다.

해설 슬리브 신축 이음은 본체의 일부 또는 전부가 주철제이므로 배관에 곡선이 있으면 파손된다.

65. 간접 가열 급탕법과 가장 거리가 먼 장치는?

① 증기 사일런서 ② 저탕조
③ 보일러 ④ 고가수조

해설 사일런서는 기수 혼합 장치에서 소음방지기이다.

66. 강관의 종류와 KS 규격 기호가 바르게 짝지어진 것은?

① 배관용 탄소강관 : SPA
② 저온배관용 탄소강관 : SPPT
③ 고압배관용 탄소강관 : SPTH
④ 압력배관용 탄소강관 : SPPS

해설 SPA : 배관용 합금관
SPP : 배관용 탄소강관
SPPH : 고압배관용 탄소강관

67. 폴리에틸렌 배관의 접합 방법이 아닌 것은?

① 기볼트 접합 ② 용착 슬리브 접합
③ 인서트 접합 ④ 테이퍼 접합

68. 배관 접속 상태 표시 중 배관 A가 앞쪽으로 수직하게 구부러져 있음을 나타낸 것은?

① A ——⊙ ② A ——○
③ A —○— ④ A ——x——

69. 증기보일러 배관에서 환수관의 일부가 파손된 경우 보일러수의 유출로 안전수위 이하가 되어 보일러수가 빈 상태로 되는 것을 방지하기 위해 하는 접속법은?

① 하트포드 접속법② 리프트 접속법
③ 스위블 접속법 ④ 슬리브 접속법

해설 하트포드 접속법 : 저압증기 난방장치에서 환수주관을 보일러 밑에 접속하여 생기는 나쁜 결과를 막기 위해 증기관과 환수관 사이에 표준 수면보다 50mm 아래에 균형관을 연결한다.

70. 도시가스 입상배관의 관 지름이 20 mm일 때 움직이지 않도록 몇 m마다 고정 장치를 부착해야 하는가?

① 1m ② 2m ③ 3m ④ 4m

71. 증기난방 배관 시공법에 대한 설명으로 틀린 것은?

① 증기주관에서 지관을 분기하는 경우 관의 팽창을 고려하여 스위블 이음법으로 한다.
② 진공환수식 배관의 증기주관은 1/100 ~ 1/200 선상향 구배로 한다.

정답 63. ③ 64. ③ 65. ① 66. ④ 67. ① 68. ① 69. ① 70. ② 71. ②

③ 주형방열기는 일반적으로 벽에서 50 ~ 60 mm 정도 떨어지게 설치한다.
④ 보일러 주변의 배관방법에서는 증기관과 환수관 사이에 밸런스관을 달고, 하트포드 접속법을 사용한다.

해설 진공환수식 증기주관은 $\frac{1}{200} \sim \frac{1}{300}$ 의 끝내림 구배를 한다.

72. 급수배관에서 수격현상을 방지하는 방법으로 가장 적절한 것은?

① 도피관을 설치하여 옥상탱크에 연결한다.
② 수압관을 갑자기 높인다.
③ 밸브나 수도꼭지를 갑자기 열고 닫는다.
④ 급폐쇄형 밸브 근처에 공기실을 설치한다.

73. 홈이 만들어진 관 또는 이음쇠에 고무링을 삽입하고 그 위에 하우징(housing)을 덮어 볼트와 너트로 죄는 이음방식은?

① 그루브 이음 ② 그립 이음
③ 플레어 이음 ④ 플랜지 이음

74. 90℃의 온수 2000 kg/h을 필요로 하는 간접가열식 급탕탱크에서 가열관의 표면적(m^2)은 얼마인가? (단, 급수의 온도는 10℃, 급수의 비열은 4.2 kJ/kg · K, 가열관으로 사용할 동관의 전열량은 1.28 kW/m^2 · ℃, 증기의 온도는 110℃이며 전열효율은 80%이다.)

① 2.92 ② 3.03 ③ 3.72 ④ 4.07

해설 $$전열면적 = \frac{2000 \times 4.2 \times (90-10)}{1.28 \times 3600 \times \left(110 - \frac{10+90}{2}\right) \times 0.8} = 3.038\ m^2$$

75. 급수배관에서 크로스 커넥션을 방지하기 위하여 설치하는 기구는?

① 체크밸브 ② 워터해머 어레스터
③ 신축이음 ④ 버큠 브레이커

76. 다음 강관 표시방법 중 "S-H"의 의미로 옳은 것은?

SPPS-S-H-1965, 11-100A×SCH40×6

① 강관의 종류 ② 제조회사명
③ 제조방법 ④ 제품표시

77. 냉풍 또는 온풍을 만들어 각 실로 송풍하는 공기조화 장치의 구성 순서로 옳은 것은?

① 공기여과기 → 공기가열기 → 공기가습기 → 공기냉각기
② 공기가열기 → 공기여과기 → 공기냉각기 → 공기가습기
③ 공기여과기 → 공기가습기 → 공기가열기 → 공기냉각기
④ 공기여과기 → 공기냉각기 → 공기가열기 → 공기가습기

78. 롤러 서포트를 사용하여 배관을 지지하는 주된 이유는?

① 신축 허용 ② 부식 방지
③ 진동 방지 ④ 해체 용이

79. 배관의 끝을 막을 때 사용하는 이음쇠는?

① 유니언 ② 니플
③ 플러그 ④ 소켓

80. 다음 보온재 중 안전사용온도가 가장 낮은 것은?

① 규조토 ② 암면
③ 펄라이트 ④ 발포 폴리스티렌

해설 규조토 : 250℃
암면 : 400℃
펄라이트 650℃
폴리스티렌 : 70℃

정답 72. ④ 73. ① 74. ② 75. ① 76. ③ 77. ④ 78. ① 79. ③ 80. ④

공조냉동기계기사 필기 총정리

2022년 1월 10일 1판1쇄
2023년 1월 10일 1판2쇄

저　자 : 김증식 · 김동범
펴낸이 : 이정일

펴낸곳 : 도서출판 **일진사**
www.iljinsa.com
(우) 04317 서울시 용산구 효창원로 64길 6
전화 : 704-1616 / 팩스 : 715-3536
등록 : 제1979-000009호 (1979.4.2)

값 30,000 원

ISBN : 978-89-429-1675-7